EX LIBRIS

Liam Kennedy

III · MCMXC

Der kleine
DUDEN
Deutsches Wörterbuch

Der kleine DUDEN

Deutsches Wörterbuch

Bearbeitet
von der Dudenredaktion

2. Auflage

DUDENVERLAG
Mannheim/Wien/Zürich

CIP-Titelaufnahme der Deutschen Bibliothek
Der kleine Duden »Deutsches Wörterbuch« /bearb.
von d. Dudenred. – 2. Aufl. – Mannheim; Wien;
Zürich: Bibliographisches Institut, 1982
ISBN 3-411-01961-1
NE: Deutsches Wörterbuch

Satz: Bibliographisches Institut & F. A. Brockhaus AG und
Zechnersche Buchdruckerei, Speyer (Mono-Photo-System 600)
Druck und Einband: Klambt-Druck GmbH, Speyer
Printed in Germany
ISBN 3-411-01961-1

Vorwort

Nicht jeder braucht alles. Aber viele Dinge braucht doch jeder von uns. So ist es auch mit den Wörtern. Was wir im täglichen Leben, zu Hause und am Arbeitsplatz, im Verkehr und beim Einkaufen, zur Unterhaltung und Verständigung mit unseren Mitmenschen benötigen – diese Wörter sind uns vertraut. Und doch kommt es immer wieder vor, daß wir unsicher sind, wie irgendein Wort geschrieben und getrennt wird, was es bedeutet, ob es eine Mehrzahl hat und wie diese lautet. Dann ist es wichtig, ein kleines Wörterbuch zur Hand zu haben, in dem man nachschlagen kann, ein Wörterbuch, in dem man sich schnell zurechtfindet, ohne lange suchen zu müssen – ein Wörterbuch, das handlich und doch zuverlässig ist.

Wörterbücher werden in unserer Zeit immer wichtiger. Um jedem die Möglichkeit zu bieten, ein Nachschlagewerk über die Sprache zu besitzen, hat die Dudenredaktion dieses preiswerte kleine Wörterbuch entwickelt. Es enthält den Grundstock des deutschen Wortschatzes einschließlich der wichtigsten Fremdwörter. Es zeigt die Rechtschreibung, die Betonung und Aussprache, die Silbentrennung und die Beugungsformen der Wörter und gibt bei Wörtern der Umgangssprache und der Fach- und Sondersprachen sowie bei Fremdwörtern die Bedeutung an. Dieses „Deutsche Wörterbuch" ist leicht und einfach zu benutzen. Es ist ein Gebrauchswörterbuch für den Alltag.

Die Dudenredaktion

Erläuterungen zum Wörterverzeichnis

Zeichenerklärung

Im Wörterverzeichnis werden die folgenden Zeichen mit besonderer
Bedeutung verwendet:

Zeichen:	Erläuterungen:	Beispiele:
.	Der untergesetzte Punkt kennzeichnet eine kurze betonte Silbe.	bestellen
–	Der untergesetzte Strich kennzeichnet eine lange betonte Silbe.	verschließen
|	Der senkrechte Strich dient zur Angabe der Silbentrennung.	Be|strah|lung dar|auf
┊	Die senkrechte punktierte Linie gibt eine Trennung an, die man nur im Notfall anwenden sollte.	Nati┊on
ⓦ	Als Warenzeichen geschützte Wörter sind durch das Zeichen ⓦ kenntlich gemacht. Etwaiges Fehlen dieses Zeichens bietet keine Gewähr dafür, daß es sich hier um ein Wort handelt, das von jedermann frei benutzt werden darf.	Diolen ⓦ
-	Der waagerechte Strich steht stellvertretend für das Stichwort.	ab; - und zu; Allerlei, das; -s, -s; Leipziger -
...	Drei Punkte stehen, wenn Teile eines Wortes ausgelassen werden.	Streß, der; ...sses, ...sse
‿	Der Bogen steht innerhalb einer Ableitung oder Zusammensetzung, um anzuzeigen, daß der vor ihm stehende Wortteil bei den folgenden Wörtern an Stelle der drei Punkte zu setzen ist.	Biber‿pelz, ...schwanz
[ ]	Die eckigen Klammern schließen Ausprachebezeichnungen, zusätzliche Trennungsangaben, Zusätze zu Erklärungen in runden Klammern und beliebige Auslassungen ein.	Ecke [*Trenn.:* Ek|ke]; abschnitt[s]weise; Wißbegier[de]
( )	Die runden Klammern schließen Erklärungen, Verdeutschungen und Hinweise zum heutigen Sprachgebrauch ein. Sie enthalten außerdem grammatische Angaben bei Ableitungen und Zusammensetzungen innerhalb von Wortgruppen.	auserkoren (auserwählt)

Anordnung und Behandlung der Stichwörter

Die Stichwörter sind nach dem Abc angeordnet. Die Umlaute ä, ö, ü, äu werden wie die Selbstlaute a, o, u, au behandelt, der Buchstabe ß wie ss.

Bei den starken und unregelmäßigen Zeitwörtern[1] werden neben der Grundform auch die 3. Person Einzahl der Vergangenheit und das Mittelwort der Vergangenheit angegeben:

> liegen; lag, gelegen.

Dies gilt nicht für zusammengesetzte oder mit einer Vorsilbe gebildete Zeitwörter. Die entsprechenden Formen sind immer beim einfachen Zeitwort nachzuschlagen,

> also vorziehen bei ziehen
> oder eintreffen bei treffen.

```
┌──────────────┐
│  Hauptwörter │
└──────────────┘
```

Bei einfachen Hauptwörtern[2] sind das zugehörige Geschlechtswort und zwei Beugungsformen angegeben, nämlich der Wesfall der Einzahl und der Werfall der Mehrzahl:

> Knabe, der; -n, -n
> (das bedeutet: der Knabe, des Knaben, die Knaben).

Hauptwörter, die nur in der Mehrzahl vorkommen, werden durch ein nachgestelltes *Mehrz.* gekennzeichnet:

> Leute *Mehrz.*

Die Angabe des Geschlechtswortes und der Beugung fehlt meistens bei abgeleiteten Hauptwörtern, die mit einer der folgenden Silben gebildet sind:

Endsilbe:	Beispiel:	Hierzu ist zu ergänzen:
-chen	Mädchen	das; -s, -
-lein	Englein	das; -s, -
-ei	Bäckerei	die; -, -en
-er	Lehrer	der; -s, -
-heit	Freiheit	die; -, -en
-keit	Ähnlichkeit	die; -, -en
-ling	Jüngling	der; -s, -e
-schaft	Landschaft	die; -, -en
-tum	Reichtum	der; -s, ...tümer
-ung	Prüfung	die; -, -en

---

[1]vgl. S. 14 ff.
[2]vgl. S. 12 ff.

8

Für zusammengesetzte Hauptwörter findet man die entsprechenden Angaben beim jeweiligen Grundwort,

> also für Eisenbahn bei Bahn
> oder für Fruchtsaft bei Saft.

Bei Eigenschaftswörtern werden unregelmäßige Steigerungsformen angegeben:

> gut; besser, beste.

Ausspracheangaben

Aussprachebezeichnungen stehen bei Fremdwörtern und einigen deutschen Wörtern, deren Aussprache von der sonst üblichen abweicht. Die folgenden besonderen Zeichen ergänzen hierbei das Abc:

Zeichen	Erläuterung	Beispiel
å	ist ein fast wie ein o gesprochenes a	Trawler [*trå...*]
ch	ist der Ich-Laut wie in heimli*ch*	Chemie [*che...*]
ch	ist der Ach-Laut wie in Ba*ch*	Don Juan [*don chuan*]
ᵉ	ist das unbetonte e wie in Has*e*	Blamage [*...masch*ᵉ]
ng	bedeutet, daß der vorangehende Selbstlaut durch die Nase gesprochen wird	Terrain [*...räng*]
ʳ	ist das nur angedeutete r wie in He*r*d	Girl [*gö*ʳ*l*]
ⁱ	ist ein i, das nur angedeutet, nicht voll gesprochen wird	Lady [*le*ⁱ*di*]
s	ist das stimmhafte (weiche) S wie in Ra*s*en	Friseuse [*...sös*ᵉ]
ß	ist das stimmlose (scharfe) S wie in e*ss*en	Police [*...liß*ᵉ]
sch	ist ein stimmhaftes (weiches) sch	Genie [*sche...*]
th	ist ein mit der Zungenspitze hinter den oberen Vorderzähnen erzeugter stimmloser Reibelaut (eine Art gelispeltes *ß*)	Thriller [*thril*ᵉ*r*]
ᵘ	ist ein u, das nur angedeutet, nicht voll gesprochen wird	Go-Kart [*go*ᵘ*...*]

Die Ausspracheangaben stehen hinter dem Stichwort in eckigen Klammern. Vorangehende oder nachgestellte Punkte (...) zeigen an, daß der erste oder letzte Teil des Wortes wie im Deutschen ausgesprochen wird.

Abonnement [*abon*⁽ᵉ⁾*mang*, schweiz. auch: *...mänt*]

9

Ein unter den Selbstlaut gesetzter Punkt gibt   Beefsteak [b*ı*fßt*e*k]
betonte Kürze an, ein Strich betonte Länge.
Sollen bei schwieriger auszusprechenden Fremdwörtern zusätzlich unbetonte Längen gekennzeichnet werden, dann wird die Betonung durch
einen Akzent angegeben.

Im Wörterverzeichnis verwendete Abkürzungen

Abkürzungen, bei denen nur die Nachsilbe -isch zu ergänzen ist, sind
nicht aufgeführt (z. B. arab. = arabisch). Für die Nachsilbe -lich ist
die Abkürzung ...l. (z. B. ähnl. = ähnlich); in Zusammensetzungen werden
die Wörter -sprache und -sprachlich mit ...spr. abgekürzt (z. B. hochspr.
= hochsprachlich; Ausspr. = Aussprache).

Abk.	Abkürzung	gebr.	gebräuchlich
afrik.	afrikanisch	geh.	gehoben
allg.	allgemein	Geol.	Geologie
amerik.	amerikanisch	germ.	germanisch
Amtsd.	Amtsdeutsch	Ggs.	Gegensatz
Anm.	Anmerkung	gr.	griechisch
Astron.	Astronomie		
A.T.	Altes Testament	hist.	historisch
		hl.	heilig
		idg.	indogermanisch
Bauw.	Bauwesen	insbes.	insbesondere
Bd./Bde.	Band/Bände	it.	italienisch
Bem.	Bemerkung		
berl.	berlinerisch	Jh.	Jahrhundert
bes.	besonders	jmd.	jemand
Bez.	Bezeichnung	jmdm.	jemandem
Bindew.	Bindewort	jmdn.	jemanden
Biol.	Biologie	jmds.	jemandes
Bot.	Botanik		
		kath.	katholisch
		Kochk.	Kochkunst
		Kurzbez.	Kurzbezeichnung
chin.	chinesisch	Kurzw.	Kurzwort
		landsch.	landschaftlich
dicht.	dichterisch	Landw.	Landwirtschaft
Druckw.	Druckwesen	lat.	lateinisch
dt.	deutsch		
		MA.	Mittelalter
eigtl.	eigentlich	math.	mathematisch
Einz.	Einzahl	Math.	Mathematik
etw.	etwa/etwas	mdal.	mundartlich
ev.	evangelisch	Med.	Medizin
		Mehrz.	Mehrzahl
fotogr.	fotografisch	Meteor.	Meteorologie
fr.	französisch	mitteld.	mitteldeutsch

nationalsoz.	nationalsozialistisch	Textilw.	Textilwesen
niederd.	niederdeutsch	Trenn.	Trennung
niederl.	niederländisch		
nordamerik.	nordamerikanisch	u.	und
nordd.	norddeutsch	u.a.	und andere
N.T.	Neues Testament	u.ä.	und ähnliches
		übertr.	übertragen
o.ä.	oder ähnlich/	ugs.	umgangssprachlich
	oder ähnliches	Umstandsw.	Umstandswort
od.	oder	ung.	ungarisch
ostd.	ostdeutsch	urspr.	ursprünglich
österr.	österreichisch	usw.	und so weiter
ostmitteld.	ostmitteldeutsch		
ostpr.	ostpreußisch	veralt.	veraltet
		Verhältnisw.	Verhältniswort
Päd.	Pädagogik	vgl./vgl.d.	vergleiche/
Papierdt.	Papierdeutsch		vergleiche dies
Prof.	Professor		
Psych.	Psychologie	Wemf.	Wemfall
		Wenf.	Wenfall
Rechtsw.	Rechtswissenschaft	Wesf.	Wesfall
rel.	religiös	westd.	westdeutsch
		westmitteld.	westmitteldeutsch
Sammelbez.	Sammelbezeichnung	Wirtsch.	Wirtschaft
scherzh.	scherzhaft		
schweiz.	schweizerisch	z.B.	zum Beispiel
Sprachw.	Sprachwissenschaft	Zool.	Zoologie
südd.	süddeutsch	z.T.	zum Teil
südwestd.	südwestdeutsch		
svw.	soviel wie		

Kurze Formenlehre

Das Wörterverzeichnis dieses Wörterbuches enthält eine Fülle von grammatischen Angaben zu den Stichwörtern. Die folgende Einführung in die Formenlehre der deutschen Sprache soll es dem Benutzer erleichtern, sich dieser Angaben in vollem Umfange zu bedienen.

Wortarten

In der deutschen Sprache unterscheidet man folgende Wortarten:

Bezeichnungen:	Beispiele:
Zeitwörter	gehen, kaufen
Hauptwörter	Hut, Gelächter
Eigenschaftswörter	leise, wahr

Begleiter und Stellvertreter der Hauptwörter

a)	Geschlechtswörter	der, die, das, ein, eine
b)	Fürwörter	du, mein, dieser
c)	Zahlwörter	drei, viele

11

Wörter, die nicht gebeugt werden

a) Umstandswörter   sehr, dort, jetzt
b) Verhältniswörter   auf, zwischen, in
c) Bindewörter   und, auch, weil
d) Empfindungswörter   ach! oh!

Beugung des Hauptwortes

Im Zusammenhang des Satzes verändern einige Wörter ihre Form; sie werden gebeugt. Das Hauptwort kann im Deutschen in vier verschiedenen Fällen (Werfall, Wesfall, Wemfall und Wenfall) jeweils in der Einzahl und in der Mehrzahl gebraucht werden. Man unterscheidet drei Arten der Beugung des Hauptwortes: die starke, die schwache und die gemischte Beugung.

a) Die starke Beugung

Die männlichen und sächlichen Hauptwörter dieser Gruppe bilden den Wesfall in der Einzahl mit -es oder -s:

des Glases, des Papiers.

Der Werfall in der Mehrzahl endet auf -e, -er oder -s,

die Schafe, die Bretter, die Uhus,

er kann auch endungslos sein oder Umlaut haben:

die Lehrer, die Gärten.

Bei den weiblichen Hauptwörtern ist die Einzahl endungslos; der Werfall in der Mehrzahl endet auf -e oder -s und hat zum Teil Umlaut:

die Trübsale, die Muttis, die Kräfte.

Beispiele für die starke Beugung:

Einzahl:

Werfall	der Maler	das Glas	die Luft
Wesfall	des Malers	des Glases	der Luft
Wemfall	dem Maler	dem Glas[e]	der Luft
Wenfall	den Maler	das Glas	die Luft

Mehrzahl:

Werfall	die Maler	die Gläser	die Lüfte
Wesfall	der Maler	der Gläser	der Lüfte
Wemfall	den Malern	den Gläsern	den Lüften
Wenfall	die Maler	die Gläser	die Lüfte

```
im Wesfall -es oder -s?
```

Das -e- im Wesfall der starken Beugung hängt vor allem von lautlichen Bedingungen ab. Es steht immer bei Hauptwörtern, die auf s, ß, x, z oder tz enden:

des Hauses, des Gewürzes.

Außerdem bleibt es oft erhalten bei Hauptwörtern, die auf *sch* oder *st* enden, und bei Hauptwörtern, die einsilbig sind oder deren Endsilbe betont wird (in der gesprochenen Sprache wird hier das -e- in vielen Fällen weggelassen):

> des Fis*ches*, des Gas*tes;*
> des Man*nes*, des Erfolg*es.*

Bei Hauptwörtern auf *-en, -em, -el* und *-er* steht immer die Form ohne -e-:

> des Wag*ens*, des At*ems*, des Gürt*els*, des Lehr*ers.*

Das -e- entfällt meist bei Hauptwörtern mit unbetonter Endsilbe (sofern sie nicht auf s, ß, x, z, tz enden) und bei Hauptwörtern, die auf Selbstlaut enden:

> des Urteil*s*, des Anfang*s;* des Uhu*s.*

```
 _____
| -e im Wemfall? |
 ‾‾‾‾‾‾‾‾‾‾‾
```

Der Wemfall der starken Hauptwörter wird heute meist ohne -e gebildet. Bei einigen Wörtern ist sowohl die Form mit -e als auch die ohne -e möglich:

> dem Kind – dem Kind*e,*
> in diesem Sinn – in diesem Sinn*e.*

b) Die schwache Beugung

Mit Ausnahme des Werfalls in der Einzahl enden die Formen der männlichen Hauptwörter dieser Gruppe alle auf -en oder -n:

> des Mensch*en*, die Has*en.*

Die weiblichen Hauptwörter sind in der Einzahl endlungslos, in der Mehrzahl enden sie auf -en oder -n:

> die Frau*en*, die Gab*en.*

Beispiele für die schwache Beugung:

Einzahl:

Werfall	der Bär	die Kammer
Wesfall	des Bären	der Kammer
Wemfall	dem Bären	der Kammer
Wenfall	den Bären	die Kammer

Mehrzahl:

Werfall	die Bären	die Kammern
Wesfall	der Bären	der Kammern
Wemfall	den Bären	den Kammern
Wenfall	die Bären	die Kammern

c) Die gemischte Beugung

Eine Gruppe von männlichen und sächlichen Hauptwörtern wird in der Einzahl stark, in der Mehrzahl schwach dekliniert. Der Wesfall in der Einzahl endet auf -es oder -s, der Werfall in der Mehrzahl auf -en oder -n:

> des Staat*es*, die Staat*en*; des End*es*, die End*en*

Beispiele für die gemischte Beugung:

Einzahl:

Werfall	der See	das Auge
Wesfall	des Sees	des Auges
Wemfall	dem See	dem Auge
Wenfall	den See	das Auge

Mehrzahl:

Werfall	die Seen	die Augen
Wesfall	der Seen	der Augen
Wemfall	den Seen	den Augen
Wenfall	die Seen	die Augen

Beugung des Eigenschaftswortes

Im Unterschied zum Hauptwort kann jedes Eigenschaftswort, das als Beifügung verwendet wird, nach Bedarf stark oder schwach gebeugt werden. Wenn ein Geschlechtswort oder ein stark gebeugtes Fürwort deutlich macht, in welchem Fall das Hauptwort steht, dann wird das Eigenschaftswort schwach gebeugt:

> *der* jung*en* Mann, *des* jung*en* Mannes;
> mit *diesem* klein*en* Kind.

Steht aber das Eigenschaftswort allein oder hat das vorangehende Begleitwort keine starke Endung, so wird das Eigenschaftswort stark gebeugt:

> lieb*er* Freund; *ein* jung*er* Mann;
> *unser* klein*es* Kätzchen.

Stehen bei einem Hauptwort zwei oder mehrere Eigenschaftswörter, dann werden sie im allgemeinen in gleicher Weise gebeugt:

> ein breit*er*, tief*er* Graben;
> mit dunkl*em* bayrisch*em* Bier.

Die frühere Regel, nach der das zweite Eigenschaftswort im Wemfall der Einzahl und Wesfall der Mehrzahl schwach gebeugt werden müsse, gilt nicht mehr.

Beugung des Zeitwortes

Das Zeitwort kann gebeugt werden, indem man nur die Grundform (z. B. bringen) verändert (z. B. er brachte) oder indem man die Grundform

14

oder das Mittelwort der Vergangenheit (z. B. gebracht) mit einer oder mehreren Formen von *haben*, *sein* oder *werden* verbindet:

> ich werde bringen, du bringst, er hat gebracht,
> sie sind gebracht worden.

Personalformen

Bei der Beugung des Zeitwortes unterscheidet man in Einzahl und Mehrzahl jeweils drei Personalformen:

	Einzahl:	Mehrzahl:
1. Person	ich singe	wir singen
2. Person	du singst	ihr singt
3. Person	er, sie, es $\Big\}$ singt der Mann	sie $\Big\}$ singen die Männer

---

Zeiten

Durch das Zeitwort können verschiedene Zeitstufen ausgedrückt werden:

Gegenwart	er kauft; er kommt
Vergangenheit	er kaufte; er kam
Zukunft	er wird kaufen; er wird kommen
vollendete Gegenwart	er hat gekauft; er ist gekommen
vollendete Vergangenheit	er hatte gekauft; er war gekommen
vollendete Zukunft	er wird gekauft haben, er wird gekommen sein

Außerdem zeigt das gebeugte Zeitwort an, ob Tatform oder Leideform vorliegt:

Tatform:	Leideform:
wir grüßen	wir werden gegrüßt
er faßte	er wurde gefaßt
du hast gesehen	du bist gesehen worden

Das Zeitwort kann in der Wirklichkeitsform, der Möglichkeitsform oder der Befehlsform gebraucht werden:

Wirklichkeitsform:	Möglichkeitsform:	Befehlsform:
er geht	er gehe	geh!
wir kamen	wir kämen	
ich war geblieben	ich wäre geblieben	

---

würde + Grundform

Wenn die Möglichkeitsform ungebräuchlich oder von der Wirklichkeitsform nicht zu unterscheiden ist, kann sie durch eine Form ersetzt werden, die mit *würde* und der Grundform des Zeitwortes gebildet wird:

> Ich *würde* ihm gerne *helfen* (statt *hülfe*).
> Sonst *würden* wir dort nicht *wohnen* (statt *wohnten*).

Bestimmte Zeitwörter verändern bei der Beugung ihren Wortstamm:

> ich *komm*e – ich *kam*,

andere behalten ihn bei:

> ich *kauf*e – ich *kauf*te.

Je nach Veränderung oder Nichtveränderung unterscheidet man starke, schwache und unregelmäßige Zeitwörter.

a) Die starke Beugung

Zur starken Beugung zählt man die Zeitwörter, deren Stammselbstlaut sich in der Vergangenheit von dem der Gegenwart unterscheidet und deren Mittelwort der Vergangenheit auf -en ausgeht:

> schw*i*mmen – schw*a*mm – geschw*o*mm*en*;
> f*a*hren – f*u*hr – gefahr*en*.

b) Die schwache Beugung

Schwach nennt man die Zeitwörter, die bei gleichbleibendem Stammselbstlaut die Vergangenheit mit -t- bilden und beim Mittelwort der Vergangenheit die Endung -et oder -t haben:

> *end*en – *end*ete – ge*end*et;
> ze*ig*en – ze*ig*te – ge*zeig*t.

c) Die unregelmäßige Beugung

Hierunter fallen alle Zeitwörter, die weder der schwachen noch der starken Beugung eindeutig zugeordnet werden können:

> nennen – nannte – genannt
> denken – dachte – gedacht
> tun – tat – getan

Rechtschreibung und Zeichensetzung

Groß- und Kleinschreibung

Für die deutsche Groß- und Kleinschreibung gelten die nachstehenden Richtlinien. In Zweifelsfällen, die hiernach nicht entschieden werden können, schreibe man mit kleinen Anfangsbuchstaben.

a) Groß schreibt man das erste Wort eines Satzes.
b) Groß schreibt man alle wirklichen Hauptwörter:

> Himmel, Kindheit, Reichtum, Verständnis.

c) Groß schreibt man Wörter aller Art, wenn sie als Hauptwörter gebraucht werden:

> das Gute, der Abgeordnete, allerlei Schönes,
> etwas Wichtiges, die Deinigen, ein Achtel,
> das Auf und Nieder, das Entweder-Oder,
> das Lesen, das Zustandekommen, das
> In-den-Tag-hinein-Leben.

d) Groß schreibt man Anredefürwörter in Briefen. Die Höflichkeitsanrede „Sie" mit dem zugehörigen besitzanzeigenden Fürwort „Ihr" wird immer groß geschrieben:

> Liebe Tante,
> heute möchte ich *Dir* herzlich für *Dein*
> Weihnachtsgeschenk danken . . . . .
> „Würden *Sie* mir bitte Feuer geben?" fragte er.

e) Groß schreibt man die von erdkundlichen Namen abgeleiteten Wörter auf -er:

> Schweizer Industrie, eine Kölner Firma

f) Klein schreibt man die von erdkundlichen Namen abgeleiteten Eigenschaftswörter auf -isch, wenn sie nicht Teil eines Eigennamens sind:

> chinesische Seide, westfälischer Schinken;
> a b e r : Holsteinische Schweiz.

g) Klein geschrieben werden Hauptwörter, wenn sie wie Wörter einer anderen Wortart verwendet werden:

> anfangs, abends, sonntags, ein bißchen, schuld sein,
> es tut mir leid.

Zusammen- und Getrenntschreibung

Im Bereich der Zusammen- und Getrenntschreibung unterliegt die deutsche Rechtschreibung einer ständigen Entwicklung. Feste Richtlinien können daher nicht aufgestellt werden. Die folgenden Hinweise sind Orientierungshilfen; im Zweifelsfall schreibe man getrennt.

a) Zusammen schreibt man, wenn ein neuer Begriff entsteht:

> Du sollst dich nicht so gehenlassen.
> Er wird mir die Summe gutschreiben.

Getrennt schreibt man, wenn die beiden zusammengehörigen Wörter ihren ursprünglichen Sinn bewahrt haben:

> Du mußt den Teig jetzt gehen lassen.
> Der Schüler kann gut schreiben.

b) Verbindungen mit einem Hauptwort schreibt man zusammen, wenn das Hauptwort verblaßt ist und nicht mehr als eigenständig empfunden wird:

> wetterleuchten, kopfstehen;
> infolge, zugunsten.

Getrennt schreibt man, wenn das Hauptwort als eigenständig angesehen wird:

> Sorge tragen, Posten stehen;
> unter Bezug auf, in Frage.

Der Entwicklungsvorgang bringt es mit sich, daß Getrennt- und Zusammenschreibung nebeneinander stehen können:

> Dank sagen – danksagen;
> auf Grund – aufgrund.

Das Komma

Die meisten Schwierigkeiten der Zeichensetzung betreffen das Komma. Es hat die Aufgabe, den Satz zu gliedern und die beim Sprechen entstehenden Pausen anzuzeigen.

a) Das Komma steht bei Aufzählungen zwischen Wörtern gleicher Wortart oder zwischen gleichartigen Wortgruppen, wenn sie nicht durch *und* oder *oder* verbunden sind:

> Feuer, Wasser, Luft und Erde. Wir gingen bei gutem, warmem Wetter spazieren.
> Das Autorennen findet am Montag, den 5. Mai statt.
> (Das Komma trennt hier zwei Zeitangaben; vgl. b.)

b) Das Komma trennt nachgestellte Einschübe vom übrigen Satz ab:

> In Frankfurt, *der bekannten Handelsstadt,* befindet sich ein großes Messegelände.
> Das Schiff kommt wöchentlich einmal, *und zwar sonntags.*
> Das Autorennen findet am Montag, *dem 5. Mai,* statt.
> (Hier wird ein nachgestellter Einschub durch Kommas eingeschlossen; vgl. a.)

c) Die erweiterte Grundform eines Zeitwortes wird in den meisten Fällen durch Komma abgetrennt. Dabei gilt das *zu* allein nicht als Erweiterung:

> Wir hatten keine Gelegenheit, *uns zu sehen.*
> Aber: Wir hatten keine Gelegenheit *zu baden.*

d) Das Komma trennt Hauptsätze. Aber zwischen Hauptsätzen, die durch *und* oder *oder* verbunden sind u n d einen Satzteil gemeinsam haben, steht kein Komma:

> Ich kam, ich sah, ich siegte.
> Wir trinken noch ein Bier, und dann gehe ich nach Hause.
> A b e r : Sie bestiegen den Wagen und fuhren davon.
> (*Sie* ist gemeinsamer Satzteil.)
> Er geht ins Kino und sein Bruder ins Konzert.
> (Hier ist *geht* gemeinsamer Satzteil.)

```
Gliedsatz (Nebensatz)
```

e) Das Komma trennt den Gliedsatz vom Hauptsatz. Unter einem Gliedsatz (auch Nebensatz genannt) versteht man einen Satz, der einen Teil eines anderen Satzes ersetzen kann:

> *Daß du zuverlässig bist,* freut mich.
> (*Deine Zuverlässigkeit* freut mich.)
> Alle Kinder, *die fleißig sind,* erhalten ein Buch.
> (Alle *fleißigen* Kinder erhalten ein Buch.)

A

A (Buchstabe); das A; des A, die A

a, A, das; -, - (Tonbezeichnung)

A, α = Alpha

à (bes. Kaufmannsspr.: zu [je]); 3 Stück à 20 Pfennig, dafür besser: ...zu [je] 20 Pfennig

Aa̱, das; - (Kinderspr.: feste menschliche Ausscheidung); - machen

Aal, der; -[e]s, -e; a b e r : Älchen (vgl. d.); **aa̱|len,** sich (ugs. für: sich ausruhen); **aa̱l|glatt**

Aa̱r, der; -[e]s, -e (dicht. für: Adler)

Aas, das; -es, (Tierleichen [selten]:) -e u. (als Schimpfwort:) Äser; **aa̱|sen** (ugs.: verschwenderisch umgehen); **Aa̱s|gei|er**

ab; *Umstandsw.:* - und zu, (landsch.:) - und an (von Zeit zu Zeit); *Verhältnisw.* mit *Wemf.:* - Bremen, - [unserem] Werk; - erstem März

ab|än|dern; Ab|än|de|rung; Aḇ-än|de|rungs|vor|schlag

ab|ar|bei|ten

Ab|art; ab|ar|tig

ab|as|ten, sich (ugs.: sich abplagen)

Aḇ|bau, der; -[e]s, (Bergmannsspr.: Abbaustellen:) -e u. (landsch.: abseits gelegenes Anwesen *Mehrz.*:) -ten; **ab|bau|en**

Aḇ|bé [*abe*], der; -s, -s (kath. Kirche: Titel des niederen Weltgeistlichen in Frankreich)

ab|be|ru|fen; Ab|be|ru|fung

ab|be|stel|len; Ab|be|stel|lung

ab|bie|gen

Aḇ|bild; ab|bil|den; Ab|bil|dung

Aḇ|bit|te; - leisten, tun

ab|bla̱|sen

ab|blät|tern

ab|blen|den; Ab|blend|licht (*Mehrz.* ...lichter)

ab|blit|zen; jmdn. - lassen (ugs.: jmdn. abweisen)

ab|blocken [*Trenn.:* ...blok|ken] (Sportspr.: abwehren)

ab|bre|chen

ab|brem|sen; Ab|brem|sung

ab|brin|gen; jmdn. von etwas -

ab|bröckeln [*Trenn.:* ...brök-keln]

Aḇ|bruch, der; -[e]s, ...brüche; jmdm. - tun

ab|bür|sten

Abc, das; -, -; **Abc-Buch** (Fibel); **Abc-Schüt|ze**

Aḇ|dampf; ab|damp|fen (Dampf abgeben; als Dampf abgeschieden werden; ugs.: abfahren); **ab-dämp|fen** (etwas [in seiner Wirkung] mildern)

ab|dan|ken; Ab|dan|kung (schweiz. auch für: Trauerfeier)

ab|decken[1]; **Ab|decker**[1] (Schinder); **Ab|decke|rei**[1]; **Ab-deckung**[1]

ab|dich|ten; Ab|dich|tung

ab|dros|seln

Aḇ|druck, der; -[e]s, ...drücke (in Gips u. a.) u. (Druckw.:) ...drücke; **ab|drucken**[1]; ein Buch -; **ab-drücken**[1]; das Gewehr -

abe|ce̱|lich; abe|ce̱|wei|se

Abend, der; -s, -e; zu Abend essen; guten Abend sagen; guten Abend! (Gruß); heute, morgen abend; [am] Dienstag abend (an dem bestimmten, einmaligen); [um] 8 Uhr abends; Dienstag od. dienstags abends (unbestimmt, wiederkehrend); **Abend es-sen, ...land** (das; -[e]s); **abend-lich; Abenḏ.mahl** (*Mehrz.* ...mahle); **Abend|mahls|brot; Abenḏ.rot** od. **...rö̱|te; abends**

Aben|teu|er, das; -s, -; **aben-teu|er|lich; Aben|teu|rer**

aber; *Bindew.:* er sah sie, aber ([je]doch) er hörte sie nicht. *Umstandsw.* in Fügungen wie: aber

---

[1] *Trenn.:* ...k|k...

19

und abermals (wieder und wiederum); tausend und aber (wieder[um]) tausend; **Aber,** das; -s, -; es ist ein - dabei; viele Wenn und - vorbringen
Aber|glau|be; aber|gläu|bisch
ab|er|ken|nen; ich erkenne ab, (selten:) ich aberkenne; ich erkannte ab, (selten:) ich aberkannte; jmdm. etwas -; **Ab-er|ken|nung**
aber|ma|lig; aber|mals
ab|es|sen
ab|fah|ren; Ab|fahrt; Ab-fahrt[s]ge|lei|se od. **...gleis; Ab|fahrts|lauf, ...ren|nen; Ab|fahrt[s]|si|gnal**
Ab|fall, der; **Ab|fall|ei|mer; ab-fal|len; ab|fäl|lig**
ab|fan|gen
ab|fas|sen; Ab|fas|sung
ab|fer|ti|gen; Ab|fer|ti|gung
ab|fin|den; Ab|fin|dung
ab|fla|chen; sich -
ab|flau|en
ab|flie|gen
ab|flie|ßen
Ab|flug
Ab|fluß; Ab|fluß|hahn
ab|fra|gen; jmdn. od. jmdm. et-was -
Ab|fuhr, die; -, -en; **ab|füh|ren; Ab|führ|mit|tel; Ab|füh|rung**
Ab|ga|be (für: Steuer usw. meist *Mehrz.*); **ab|ga|ben|pflich|tig; Ab|ga|be|ter|min**
Ab|gang, der; **Ab|gän|ger** (Amtsdt.: von der Schule Abgehender); **ab|gän|gig; Ab-gangs|zeug|nis**
Ab|gas (bei Verbrennungsvorgängen entweichendes Gas)
ab|ge|ar|bei|tet
ab|ge|ben
ab|ge|blaßt
ab|ge|brannt (ugs.: ohne Geldmittel)
ab|ge|brüht (ugs.: [sittlich] abgestumpft, unempfindlich)
ab|ge|dro|schen; -e (ugs.: [zu] oft gebrauchte) Redensart
ab|ge|feimt (durchtrieben)
ab|ge|hen

ab|ge|kar|tet (ugs.); -e Sache
ab|ge|klärt
ab|ge|le|gen
ab|ge|lei|ert; -e (ugs.: [zu] oft gebrauchte, platte) Worte
ab|ge|macht (ugs.); -e Sache
ab|ge|mer|gelt (erschöpft; abgemagert); vgl. abmergeln
ab|ge|neigt
Ab|ge|ord|ne|te, der u. die; -n, -n
ab|ge|ris|sen; -e (abgenutzte, zerlumpte) Kleider
ab|ge|sagt; ein -er (ausgesprochener) Feind des Nikotins
Ab|ge|sand|te, der u. die; -n, -n
Ab|ge|sang
ab|ge|schie|den (geh.: einsam [gelegen]; verstorben); **Ab|ge-schie|de|ne** (geh.), der u. die; -n, -n; **Ab|ge|schie|den|heit**
ab|ge|schlafft (müde, erschöpft); vgl. abschlaffen
ab|ge|schla|gen; Ab|ge|schla-gen|heit
ab|ge|schmackt; -e (platte) Worte
ab|ge|se|hen; abgesehen von ...
ab|ge|spannt
ab|ge|ta|kelt (ugs.: heruntergekommen, ausgedient)
ab|ge|tan; -e (erledigte) Sache
ab|ge|wetzt
ab|ge|wo|gen
ab|ge|wöh|nen
ab|ge|zehrt
ab|ge|zo|gen; -er (geh.: abstrakter) Begriff; vgl. abziehen
Ab|gott, der; -[e]s, Abgötter; **ab-göt|tisch**
ab|gra|ben; jmdm. das Wasser -
ab|gren|zen; Ab|gren|zung
Ab|grund; ab|grün|dig
ab|gucken [*Trenn.:* ...guk|ken] (ugs.); [von od. bei] jmdm. et-was -
Ab|guß
ab|ha|ben (ugs.)
ab|hacken [*Trenn.:* ...hak|ken]
ab|ha|ken
ab|hal|ten; Ab|hal|tung
ab|han|deln; ein Thema -
ab|han|den; - kommen (verlorengehen)

Ab|hand|lung
Ab|hang; ¹ab|hän|gen; hing ab, abgehangen; ²ab|hän|gen; hängte ab, abgehängt; ab|hän|gig; -e (indirekte) Rede; Ab|hän|gig|keit, die; -
ab|här|ten; Ab|här|tung
ab|hau|en (ugs. auch: davonlaufen); ich hieb den Ast ab; wir hauten ab
ab|he|ben
ab|hel|fen; einem Mangel -
ab|het|zen; sich -
ab|heu|ern
Ab|hil|fe
ab|hold; jmdm., einer Sache - sein
ab|ho|len; Ab|ho|ler
ab|hö|ren; jmdn. od. jmdm. etwas -; Ab|hör|ge|rät
Ab|itur, das; -s, (selten:) -e (Reifeprüfung); Ab|itu|ri|ent, der; -en, -en (Reifeprüfling); Ab|itu|ri|en|tin, die; -, -nen
ab|kan|zeln (ugs.: scharf tadeln)
ab|kap|seln
Ab|kehr, die; -
ab|klap|pern (ugs.: suchend, fragend ablaufen)
ab|klin|gen
ab|knal|len
ab|knap|sen; jmdm. etwas - (ugs.: entziehen)
ab|knicken [Trenn: ...knik|ken]; abknickende Vorfahrt
ab|knöp|fen; jmdm. Geld -
Ab|kom|men, das; -s, -; ab|kömm|lich; Ab|kömm|ling
ab|kön|nen nordd. ugs. (aushalten, vertragen); du weißt doch, daß ich das nicht abkann
ab|kop|peln
ab|krat|zen
ab|küh|len; Ab|küh|lung
Ab|kunft, die; -
ab|kür|zen; Ab|kür|zung
ab|la|den; vgl. ¹laden; Ab|la|de|platz; Ab|la|dung
Ab|la|ge; ab|la|gern; Ab|la|ge|rung
Ab|laß, der; Ablasses, Ablässe; Ab|laß|brief; ab|las|sen
Ab|lauf; ab|lau|fen
Ab|laut (Sprachw.: gesetzmäßi-

ger Selbstlautwechsel in der Stammsilbe etymologisch verwandter Wörter, z. B. „singen, sang, gesungen")
Ab|le|ben, das; -s (Tod)
ab|lecken [Trenn: lek|ken]
ab|le|gen; Ab|le|ger (Pflanzentrieb; ugs. scherzh. für: Sohn)
ab|leh|nen; einen Vorschlag -; Ab|leh|nung
ab|lei|sten; Ab|lei|stung
ab|lei|ten; Ab|lei|tung
ab|len|ken; Ab|len|kung
ab|le|sen; Ab|le|ser
ab|leug|nen
ab|lich|ten; Ab|lich|tung
ab|lie|fern; Ab|lie|fe|rung
ab|lie|gen; weit -
ab|lo|chen (auf Lochkarten übertragen); Ab|lo|cher; Ab|lo|chung
ab|lö|sen; Ab|lö|se|sum|me; Ab|lö|sung; Ab|lö|sungs|sum|me
ab|luch|sen (ugs.); jmdm. etwas -
ab|ma|chen; Ab|ma|chung
ab|ma|gern; Ab|ma|ge|rung
ab|ma|len; ein Bild -
Ab|marsch, der; ab|mar|schie|ren
ab|mel|den; Ab|mel|dung
ab|mer|geln, sich (ugs. für: sich abmühen, abquälen); vgl. abgemergelt
ab|mes|sen; Ab|mes|sung
ab|mon|tie|ren
ab|mü|hen, sich
ab|murk|sen (ugs. für: umbringen)
ab|mu|stern (Seemannsspr.: entlassen; den Dienst aufgeben)
ab|nä|hen; Ab|nä|her
Ab|nah|me, die; -, -n; ab|neh|men; Ab|neh|mer
Ab|nei|gung
ab|norm (vom Normalen abweichend, regelwidrig; krankhaft); ab|nor|mal [auch: ...mal] (ugs.: nicht normal, ungewöhnlich); Ab|nor|mi|tät, die; -, -en
ab|nut|zen, (bes. südd., österr.:) ab|nüt|zen

Abon|ne|ment [*abon(ᵉ)maŋg*, schweiz. auch: ...*mänt*], das; -s, -s (schweiz. auch: -e); (Dauerbezug von Zeitungen u. ä., Dauermiete für Theater u. ä.); **Abon|ne|ment[s]|vor|stellung**; **Abon|ne|ment**, der; -en, -en (Inhaber eines Abonnements); **abon|nie|ren**; abonniert sein auf etwas

ab|ord|nen; **Ab|ord|nung**

¹**Ab|ort**, der; -[e]s, -e (Klosett)

²**Ab|ort**, der; -s, -e (Med.: Fehlgeburt)

ab|pas|sen

ab|pau|sen; eine Zeichnung -

ab|pfei|fen; **Ab|pfiff** (Sportspr.)

ab|pflücken [*Trenn.*: ...pflük|ken]

ab|pla|gen, sich

ab|pral|len

ab|put|zen

ab|qua|li|fi|zie|ren

ab|rackern [*Trenn.*: ...rak|kern], sich (ugs. für: sich abarbeiten)

ab|ra|ten; jmdm. von etwas -

Ab|raum, der; -[e]s (Bergmannsspr.: Deckschicht über Lagerstätten); **ab|räu|men**

ab|rea|gie|ren; sich -

ab|rech|nen; **Ab|rech|nung**

Ab|re|de; etwas in - stellen

ab|rei|ben; **Ab|rei|bung**

Ab|rei|se (*Mehrz.* selten); **ab|rei|sen**

Ab|reiß|block (*Mehrz.* ...blocks); **ab|rei|ßen**; vgl. abgerissen; **Ab|reiß|ka|len|der**

ab|rich|ten; **Ab|rich|tung**

Ab|rieb, der; -[e]s, (abgeriebene Teilchen:) -e (Technik); **ab|rieb|fest**

ab|rie|geln

Ab|riß, der; Abrisses, Abrisse

Ab|ruf, der; -[e]s; auf -; **ab|ruf|be|reit**; sich - halten; **ab|ru|fen**

ab|run|den; eine Zahl [nach oben, unten] -; **Ab|run|dung**

ab|rupt (abgebrochen, zusammenhanglos, plötzlich, jäh)

ab|rü|sten; **Ab|rü|stung**

ab|sacken [*Trenn.*: ...sak|ken] (ugs. auch für: [ab]sinken)

Ab|sa|ge, die; -, -n, **ab|sa|gen**

ab|sä|gen

ab|sah|nen

Ab|satz

ab|schaf|fen; **Ab|schaf|fung**

ab|schät|zen; **ab|schät|zig**

Ab|schaum, der; -[e]s

ab|sche|ren; den Bart -

Ab|scheu, der; -[e]s (seltener: die; -); **ab|scheu|er|re|gend**; **ab|scheu|lich**

Ab|schied, der; -[e]s, -e; **Ab|schieds|be|such**

ab|schir|men; **Ab|schir|mung**

ab|schlach|ten

ab|schlaf|fen (ugs. für: schlaff werden); sich entspannen, weil man müde, erschöpft ist)

Ab|schlag; auf -; **ab|schla|gen**; **ab|schlä|gig** (Amtsdt.); jmdn. od. etwas - bescheiden ([jmdm.] etwas nicht genehmigen); **Ab|schlags|zah|lung**

ab|schlep|pen; **Ab|schlepp|seil**

ab|schlie|ßen; **Ab|schlie|ßung**; **Ab|schluß**; zum - bringen

ab|schmir|geln

ab|schnei|den; **Ab|schnitt**; **ab|schnitt[s]|wei|se**

ab|schrecken[1]; **ab|schreckend**; **Ab|schreckung**[1]

ab|schrei|ben; **Ab|schrei|bung**; **Ab|schrift**; **ab|schrift|lich** (Papierdt.)

ab|schuf|ten, sich (ugs. für: sich abarbeiten)

Ab|schuß; **ab|schüs|sig**

ab|schwä|chen

ab|seh|bar [auch: ...*se*...]; **ab|se|hen**; vgl. abgesehen

ab|sei|len; sich -

ab|sein (ugs. für: entfernt, getrennt sein; abgespannt sein)

¹**Ab|sei|te**, die; -, -n landsch. (Nebenraum, -bau)

²**Ab|sei|te** (Stoffrückseite); **ab|sei|tig**; **Ab|sei|tig|keit**; **ab|seits**; *Verhältnisw.* mit *Wesf.*: - des Ortes; *Umstandsw.*: - stehen, sein; **Ab|seits**, das; -, - (Sportspr.); - pfeifen

---

[1] *Trenn.*: ...k|k...

ạb|sen|den; Ạb|sen|der

ạb|ser|vie|ren (ugs. für: seines Einflusses berauben)

ạb|set|zen; sich -; Ạb|set|zung

Ạb|sicht, die; -, -en; ạb|sicht|lich [auch: ...sịcht...]

ạb|so|lụt (uneingeschränkt; unbedingt; rein); Ạb|so|lut|heit, die; -; Ạb|so|lu|ti|on [...zion], die; -, -en (Los-, Freisprechung, bes. Sündenvergebung); Ạb|so|lu|tis|mus, der; - (unbeschränkte Herrschaft eines Monarchen, Willkürherrschaft); ạb|so|lu|tistisch; Ạb|sol|vent [...wạnt], der; -en, -en (Schulabgänger mit Abschlußprüfung); ạb|sol|vie|ren (Absolution erteilen; erledigen, ableisten; [Schule] durchlaufen)

ạb|son|der|lich; ạb|son|dern; sich -; Ạb|son|de|rung

ạb|sor|bie|ren (aufsaugen; [gänzlich] beanspruchen); Ạb|sorp|ti|on [...zion], die; -, -en

ạb|spa|ren, sich; sich etwas am Munde -

ạb|spei|sen

ạb|spen|stig; jmdm. jmdn. od. etwas - machen

ạb|sper|ren; Ạb|sper|rung

Ạb|spiel, das; -[e]s; ạb|spie|len

Ạb|spra|che; ạb|spre|chen

ạb|sprin|gen; Ạb|sprung

ạb|spu|len; ein Tonband -

ạb|spü|len; Geschirr -

ạb|stam|men; Ạb|stam|mung

Ạb|stand; von etwas - nehmen; Ạb|stand|hal|ter (Vorrichtung am Fahrrad)

ạb|stat|ten; jmdm. einen Besuch - (geh.)

ạb|stau|ben; Ạb|stau|ber (Sportspr. für: Zufallstor)

Ạb|ste|cher (kleine Nebenreise)

ạb|ste|hen

ạb|stei|gen; Ạb|stei|ge|quar|tier; Ạb|stei|ger (Sportspr.)

ạb|stel|len; Ạb|stell_ge|lei|se od. ...gleis, ...raum; Ạb|stel|lung

ạb|stem|peln

Ạb|stieg, der; -[e]s, -e

ạb|stim|men; Ạb|stim|mung

ạb|sti|nent (enthaltsam, alkohol. Getränke meidend); Ạb|sti|nẹnz, die; -; Ạb|sti|nẹnz|ler (enthaltsam lebender Mensch, bes. in bezug auf Alkohol)

ạb|stop|pen

Ạb|stoß; ạb|sto|ßen; ạb|sto|ßend

ạb|stot|tern (ugs. für: in Raten bezahlen)

ạb|stra|hie|ren (gedanklich verallgemeinern)

ạb|strakt (unwirklich, begrifflich, nur gedacht); -e (vom Gegenständlichen absehende) Kunst; Ạb|strakt|heit; Ạb|strak|ti|on [...zion], die; -, -en

ạb|strei|chen; Ạb|strei|cher

ạb|strei|ten

Ạb|strich

ạb|strụs (verworren, schwer verständlich)

ạb|stumpf|fen; Ạb|stumpf|fung

Ạb|sturz; ạb|stür|zen

ạb|sụrd (ungereimt, unvernünftig, sinnwidrig, sinnlos); Ạb|sur|di|tät, die; -, -en

Ạb|szẹß, der; ...esses, ...esse (Med.: Eiteransammlung im Gewebe)

Ạb|szis|se, die; -, -n (Math.: auf der Abszissenachse abgetragene erste Koordinate eines Punktes)

Ạbt, der; -[e]s, Äbte (Kloster-, Stiftsvorsteher)

ạb|ta|keln; ein Schiff - (das Takelwerk entfernen, außer Dienst stellen); vgl. abgetakelt

ạb|tau|en; einen Kühlschrank -

Ạb|tei

Ạb|teil, [ugs. auch: ạp...] das; -[e]s, -e; ạb|tei|len; ¹Ạb|tei|lung, die; - (Abtrennung); ²Ạb|tei|lung ([durch Abtrennung entstandener] Teil)

ạb|tip|pen (ugs. für: mit der Schreibmaschine abschreiben)

Ạb|tis|sin, die; -, -nen (Kloster-, Stiftsvorsteherin)

Ạb|trag, der; -[e]s, Abträge; jmdm. od. einer Sache - tun (geh. für: schaden); ạb|tra|gen; ạb-

23

träg|lich (schädlich); jmdm. od. einer Sache - sein

Ab|trans|port; ab|trans|por|tie|ren

ab|trei|ben; Ab|trei|bung; Ab|trei|bungs-pa|ra|graph (§ 218 des Strafgesetzbuches), **...ver|such**

ab|tren|nen; Ab|tren|nung

ab|tre|ten; Ab|tre|ter; Ab|tre|tung

Ab|trift (Seemannsspr., Fliegerspr.: Versetzung [seitlich zum Kurs] durch Wind usw.)

Ab|tritt (ugs. für: Abort)

ab|trock|nen

ab|trün|nig; Ab|trün|nig|keit, die; -

ab|tun; etwas als Scherz -; vgl. abgetan

ab|ur|tei|len; Ab|ur|tei|lung

ab|wä|gen; wägte, wog ab; abgewogen, abgewägt

Ab|wahl; ab|wäh|len

ab|wan|deln; Ab|wand|lung

ab|wan|dern; Ab|wan|de|rung

Ab|wär|me (Technik: nicht genutzte Wärmeenergie)

ab|war|ten

ab|wärts; abwärts (nach unten) gehen; **ab|wärts|ge|hen** (ugs. für: schlechter werden)

Ab|wasch, der; -[e]s (Geschirrspülen; schmutziges Geschirr); **ab|wa|schen; Ab|wasch|was|ser**

Ab|was|ser (Mehrz. ...wässer)

ab|wech|seln; ab|wech|selnd; Ab|wech|se|lung, Ab|wechs|lung

Ab|wege, die (Mehrz.); **ab|we|gig**

Ab|wehr, die; -; **ab|weh|ren**

¹**ab|wei|chen;** ein Pflaster -

²**ab|wei|chen;** vom Kurs -; **Ab|wei|chung**

ab|wei|sen; Ab|wei|sung

ab|wen|den; ich wandte od. wendete mich ab, habe mich abgewandt od. abgewendet; **Ab|wen|dung,** die; -

ab|wer|ben; Ab|wer|bung

ab|wer|ten; Ab|wer|tung

ab|we|send; Ab|we|sen|de, der u. die; -n, -n; **Ab|we|sen|heit,** die; -

ab|wickeln [Trenn.: ...wik|keln]; **Ab|wicke|lung** [Trenn.: ...wik|ke...], **Ab|wick|lung**

ab|wim|meln (ugs. für: mit Ausflüchten abweisen)

ab|wirt|schaf|ten; abgewirtschaftet

ab|wracken [Trenn.: ...wrak|ken]; ein Schiff - (verschrotten)

Ab|wurf; Ab|wurf|vor|rich|tung

ab|wür|gen

ab|zah|len; ab|zäh|len; Ab|zähl|reim; Ab|zah|lung; Ab|zah|lungs|ge|schäft

ab|zap|peln, sich

Ab|zei|chen; ab|zeich|nen; sich -

Ab|zieh|bild; ab|zie|hen

ab|zir|keln; abgezirkelt

Ab|zug; ab|züg|lich (Kaufmannsspr.); Verhältnisw. mit Wesf.: - des gewährten Rabatts, aber: - Rabatt; **ab|zugs|fä|hig**

ab|zwacken [Trenn.: ...zwak|ken] (ugs. für: entziehen, abnehmen)

Ab|zweig (Amtsdt.: Abzweigung); **ab|zwei|gen; Ab|zweig|stel|le; Ab|zwei|gung**

a cap|pel|la [- ka...] (Musik: ohne Begleitung von Instrumenten); **A-cap|pel|la-Chor**

ach!; ach so!; ach ja!; ach je!; ach und weh schreien; **Ach,** das; -s, -[s]; mit - und Krach; mit - und Weh

Achat, der; -[e]s, -e (ein Halbedelstein)

acheln landsch. (essen)

Achil|les_fer|se (verwundbare Stelle), **...seh|ne** (sehniges Ende des Wadenmuskels am Fersenbein)

Ach-Laut

Ach|se, die; -, -n

Ach|sel, die; -, -n; **Ach|sel_höh|le, ...klap|pe, ...zucken** [Trenn.: ...zuk|ken], das; -s; **ach|sel|zuckend** [Trenn.: ...zuk|kend]

Ach|sen|bruch

acht; acht Schüler; wir sind [un-ser] acht; wir sind zu acht; ¹**Acht,** die; -, -en (Ziffer, Zahl); die Ziffer -

²**Acht,** die; - (Aufmerksamkeit; Fürsorge); [ganz] außer acht lassen; sich in acht nehmen

³**Acht,** die; - (Ausschließung [vom Rechtsschutz], Ächtung); in Acht und Bann tun

acht|bar; Acht|bar|keit, die; -; **ach|te;** der achte (der Reihe nach); der Achte (der Leistung nach)

acht|tel; ein - Zentner; **Ach|tel,** das; -s, -; ein - Rotwein; **Ach|tel-fi|na|le** (Sportspr.), **...li|ter**

ach|ten

äch|ten

Acht|en|der (ein Hirsch mit acht Geweihenden); **acht|tens; Ach|ter** (Ziffer 8; Form einer 8; ein Boot für acht Ruderer); **Ach|ter-bahn; ach|ter|lei**

ach|tern (Seemannsspr.: hinten); nach -

acht|fach

acht|ge|ben; gib acht!; auf etwas -

acht|ha|ben; vgl. achtgeben

acht|hun|dert; acht|jäh|rig; Acht|kampf (Sportspr.)

acht|los; Acht|lo|sig|keit

acht|mal; achtmal so groß wie (seltener: als) ...; acht- bis neunmal; **acht|ma|lig**

acht|sam; Acht|sam|keit

Acht|stun|den|tag; acht|tau-send; Acht|ton|ner; Acht|uhr-zug (mit Ziffer: 8-Uhr-Zug)

Ach|tung, die; -; Achtung!

Äch|tung

ach|tung|ge|bie|tend; ach-tungs|voll

acht|zehn; im Jahre achtzehnhundert; **Acht|zehn|en|der** (ein Hirsch mit achtzehn Geweihenden)

acht|zig; er ist achtzig Jahre alt

acht|zi|ger; in den achtziger Jahren [des Jahrhunderts], **a b e r :** ein Mann in den Achtzigerjahren,

in den Achtzigern (über achtzig Jahre alt); **Acht|zi|ger** (jmd., der [über] 80 Jahre ist)

Acht|zy|lin|der (ugs. für: Achtzy-lindermotor od. damit ausgerü-stetes Kraftfahrzeug); **Acht|zy-lin|der|mo|tor**

äch|zen; du ächzt (ächzest)

Acker¹, der; -s, Äcker; 30 - Land; **Acker|bau¹,** der; -[e]s; **acker-bau|trei|bend¹; Äcker|chen¹; ackern¹**

a con|to [- _konto_] (auf [laufen-de] Rechnung von ...); vgl. Akon-tozahlung

Ac|tion [_äksch⁽ᵉ⁾n_], die; - (span-nende [Film]handlung)

ad ab|sur|dum; - - führen (das Widersinnige nachweisen)

ad ac|ta (,,zu den Akten''); - - legen

ada|gio [_adadscho_] (Musik: sanft, langsam, ruhig); **Ada|gio,** das; -s, -s (langsames Tonstück)

Adams_ap|fel, ...ko|stüm

ad|äquat (angemessen); **Ad-äquat|heit,** die; -

ad|die|ren (zusammenzählen); **Ad|dier|ma|schi|ne; Ad|di|ti-on** [..._zion_], die; -, -en

ade!; ade sagen; **Ade,** das; -s, -s

Ade|bar, der; -s, -e niederd. (Storch)

Adel, der; -s; **ade|lig,** adlig; **adeln; Adels|prä|di|kat**

Ader, die; -, -n; **Äder|chen; Ader|laß,** der; ...lasses; ...lässe; **Äde|rung**

Ad|hä|si|on, die; -, -en (Aneinan-derhaften von Körpern)

adieu! [_adjö_] (,,Gott befohlen!''; veralt., landsch.: lebe [lebt] wohl!); jmdm. - sagen; **Adieu,** das; -s, -s (veralt. für: Lebewohl)

Ad|jek|tiv [auch: ..._tif_], das; -s, -e [..._wᵉ_] (Sprachw.: Eigen-schaftswort, z. B. ,,schön''); **ad-jek|ti|visch** [auch: ..._ti_...]

ad|ju|stie|ren ([Werkstücke] zu-richten; eichen; fein einstellen); **Ad|ju|stie|rung**

---

¹ _Trenn.:_ ...k|k...

Ad|ju|tant, der; -en, -en (bei-
geordneter Offizier)
Ad|ler, der; -s, -
ad|lig, ade|lig; Ad|li|ge, der u. die;
-n, -n
Ad|mi|ni|stra|ti|on [...zion], die;
-, -en (Verwaltung[sbehörde])
ad|mi|ni|stra|tiv (zur Verwal-
tung gehörend)
Ad|mi|ral, der; -s, -e u. (seltener:)
...äle (Marineoffizier im Gene-
ralsrang; ein Schmetterling); Ad-
mi|ra|li|tät; Ad|mi|rals|rang;
Ad|mi|ral|stab (oberster Füh-
rungsstab einer Kriegsmarine)
Ado|nis, der; -, -se (schöner
Jüngling, Mann)
ad|op|tie|ren (an Kindes Statt an-
nehmen); Ad|op|ti|on [...zion],
die; -, -en; Ad|op|tiv_el|tern,
...kind
Adres|sant (Absender), der; -en,
-en; Adres|sat, der; -en, -en
(Empfänger; [bei Wechseln:]
Bezogener); Adreß|buch;
Adres|se, die; -, -n (Anschrift);
Adres|sen|samm|lung; adres-
sie|ren; Adres|sier|ma|schi|ne
adrett (nett, hübsch, ordentlich,
sauber)
ad|sor|bie|ren ([Gase od. gelöste
Stoffe an der Oberfläche fester
Körper] anlagern); Ad|sorp|ti-
on [...zion], die; -, -en
A-Dur [auch: a_dur], das; - (Tonart; Zeichen: A); A-Dur-Ton-
lei|ter
Ad|vent [...wänt], der; -[e]s,
(selten:) -e („Ankunft''; Zeit vor
Weihnachten); Ad|ven|tist, der;
-en, -en (Angehöriger einer be-
stimmten Sekte); Ad|vents-
.kranz, ...sonn|tag
Ad|verb [...wärp], das; -s, -ien
[...i^{e}n] (Sprachw.: Umstands-
wort, z. B. „dort''); ad|ver|bi|al
(umstandswörtlich); adverbiale
Bestimmung; Ad|ver|bi|al_be-
stim|mung, ...satz; ad|ver|bi-
ell (seltener für: adverbial)
Ad|vo|kat, der; -en, -en (veralt.;
landsch. [bes. schweiz.]:
[Rechts]anwalt)

Ae|ro_gramm [a-ero...] (Luft-
postleichtbrief), ..plan, der;
-[e]s, -e (veralt. für: Flugzeug);
Ae|ro|train (Luftkissenzug)
Af|fä|re, die; -, -n (Angelegen-
heit; [unangenehmer] Vorfall;
Streitsache)
Äff|chen; Af|fe, der; -n, -n
Af|fekt, der; -[e]s, -e (Gemüts-
bewegung, stärkere Erregung);
af|fek|tiert (geziert, gekün-
stelt); Af|fek|tiert|heit
äf|fen; af|fen|ar|tig; Af|fen-
brot|baum (eine afrik. Baum-
art); Af|fen|hit|ze (ugs.); Af-
fen|lie|be, die; -; Af|fen|schan-
de (ugs.); Af|fe|rei (ugs. abwer-
tend für: eitles Gebaren)
af|fig (ugs. abwertend für: eitel);
Af|fig|keit; Äf|fin, die; -, -nen;
äf|fisch
Afri|kaan|der,   Afri|kan|der
(weißer Südafrikaner mit Afri-
kaans als Muttersprache); afri-
kaans; die -e Sprache; Afri-
kaans, das; - (Sprache der Bu-
ren); Afri|ka|ner (Eingeborener,
Bewohner von Afrika); afri|ka-
nisch
Af|ter, der; -s, -
AG = Aktiengesellschaft
Aga|ve [...w^e], die; -, -n (aloe-
ähnl. Pflanze der [Sub]tropen)
Agent, der; -en, -en (Spion; veralt. für: Geschäftsvermittler, Ver-
treter); Agen|ten_ring, ...tä-
tig|keit; Agen|tur, die; -, -en
(Geschäftsstelle, Vertretung)
Ag|gre|gat, das; -[e]s, -e (Ma-
schinensatz); Ag|gre|gat|zu-
stand (Erscheinungsform eines
Stoffes)
Ag|gres|si|on, die; -, -en (An-
griff[sverhalten], Überfall); Ag-
gres|si|ons_krieg, ...trieb; ag-
gres|siv (angreifend; angriffslu-
stig); Ag|gres|si|vi|tät, die; -,
-en; Ag|gres|sor, der; -s, ...oren
(Angreifer)
Ägi|de, die; - (Schutz, Obhut);
unter der - von ...
agie|ren (handeln; Theater: eine
Rolle spielen)

agil (flink, wendig, beweglich);
Agi|li|tät, die; -
Agi|ta|ti|on [...*zion*], die; -, -en
(politische Hetze; intensive politische Aufklärungs-, Werbetätig-
keit); **Agi|ta|tor,** der; -s, ...oren
(jmd., der Agitation betreibt);
agi|ta|to|risch; agi|tie|ren;
Agit|prop (Kurzw. aus: Agita-
tion und Propaganda)
à go|go *fr.* [*agogo*] (in Hülle u.
Fülle, nach Belieben)
Agraf|fe, die; -, -n (Schmuck-
spange; Bauw.: klammerförmige
Rundbogenverzierung; Med.:
Wundklammer)
Agra|ri|er [...*i°r*] (Großgrundbe-
sitzer, Landwirt; oft mit abwer-
tendem Sinn); **agra|risch;**
Agrar_po|li|tik, ...re|form
Agree|ment, das; -s, -s
[*°grim°nt*] (Politik: formlose
Übereinkunft im zwischenstaatl.
Verkehr); vgl. Gentleman's
Agreement; **Agré|ment,** das; -s,
-s [*agremang*] (Politik: Zustimmung zur Ernennung eines diplomat. Vertreters)
Agro|nom, der; -en, -en (wissen-
schaftlich ausgebildeter Land-
wirt); **Agro|no|mie,** die; - (Ak-
kerbaukunde, Landwirtschafts-
wissenschaft); **agro|no|misch**
ägyp|tisch; eine -e (tiefe) Finster-
nis; -e Augenkrankheit;
Ägyp|to|lo|gie, die; - (wissen-
schaftl. Erforschung des ägypt.
Altertums)
ah! [auch: *a̱*]; ah so!; ah was!;
Ah, das; -s, -s; ein lautes - ertön-
te; **äh!** [auch: *ä̱*]; **aha!** [auch:
aha̱]; **Aha-Er|leb|nis** [auch:
aha̱...] (Psych.)
Ah|le, die; -, -n (Pfriem)
Ahn, der; -s u. -en, -en (Stamm-
vater, Vorfahr)
ahn|den (geh. für: strafen; rä-
chen); **Ahn|dung**
¹Ah|ne, der; -n, -n (geh. Neben-
form von: Ahn); **²Ah|ne,** die; -,
-n (Stammutter, Vorfahrin)
äh|neln
ah|nen

Ah|nen|bild; Ahn_frau, ...herr
ähn|lich; ähnliches (solches);
und ähnliche[s] (Abk.: u. ä.); das
Ähnliche; Ähnliches und Ver-
schiedenes; etwas, viel, nichts
Ähnliches; **Ähn|lich|keit**
Ah|nung; ah|nungs|los; Ah-
nungs|lo|sig|keit
ahoi! [*ahe̱u*] (Seemannsspr.: Anruf [eines Schiffes]); Boot ahoi!
Ahorn, der; -s, -e (ein Laubbaum)
Äh|re, die; -, -n; **Äh|ren|le|se**
Air [*ä̱r*], das; -s (Aussehen, Haltung; Fluidum)
Air|bus [*ä̱r*...] (großes Verkehrs-
flugzeug für den Passagierdienst
auf den kurzen Strecken); **Air-**
con|di|tio|ning [*ä̱r-kondisch°-
ning*], das; -s, -s (Klimaanlage)
Aja|tol|lah, der; -[s], -s (schiiti-
scher Ehrentitel)
Aka|de|mie, die; -, ...ien (gelehrte
Gesellschaft; [Fach]hochschule;
österr. auch: literar. od. musik.
Veranstaltung); **Aka|de|mi|ker**
(Person mit Hochschulausbil-
dung); **aka|de|misch;** das -e
Viertel
Aka|zie [...*i°*], die; -, -n (trop.
Laubbaum od. Strauch)
Ake|lei, die; -, -en (Zierpflanze)
Aki (= Aktualitätenkino), das; -s,
-s
Ak|kli|ma|ti|sa|ti|on [...*zion*],
die; -, -en (Anpassung); **ak|kli-**
ma|ti|sie|ren; sich -; **Ak|kli|ma-**
ti|sie|rung
Ak|kord, der; -[e]s, -e (Musik:
Zusammenklang; Wirtsch.:
Stücklohn; Übereinkommen);
Ak|kord_ar|beit, ...ar|bei|ter;
Ak|kor|de|on, das; -s, -s (Hand-
harmonika)
ak|kre|di|tie|ren (Politik: beglau-
bigen; bevollmächtigen)
Ak|ku, der; -s, -s (Kurzw. für:
Akkumulator); **Ak|ku|mu|la|ti-**
on [...*zion*], die; -, -en (Anhäu-
fung); **Ak|ku|mu|la|tor,** der; -s,
...oren (ein Stromspeicher; ein
Druckwasserbehälter; Kurzw.:
Akku); **ak|ku|mu|lie|ren** (an-
häufen; sammeln, speichern)

27

ak|ku|rat (sorgfältig, ordentlich; landsch. für: genau); **Ak|ku|ra|tes|se,** die; -

Ak|ku|sa|tiv [auch: ...*tif*], der; -s, -e [...*w*ᵉ] (Sprachw.: Wenfall, 4. Fall); **Ak|ku|sa|tiv|ob|jekt** [auch: ...*tif*...]

Ak|ne, die; -, -n (Med.: Hautausschlag)

Akon|to|zah|lung (Abschlagszahlung); vgl. a conto

Ak|qui|si|teur [...*tör*], der; -s, -e (Kunden-, Anzeigenwerber)

Akri|bie, die; - (höchste Sorgfalt, Genauigkeit)

Akro|bat, der; -en, -en; **Akro|ba|tik,** die; -; **Akro|ba|tin,** die; -, -nen; **akro|ba|tisch**

äks! (ugs. für: pfui!)

Akt, der; -[e]s, -e (Abschnitt, Aufzug eines Theaterstückes; Handlung, Vorgang; Stellung u. künstler. Darstellung des nackten Körpers; vgl. Akte); **Ak|te,** die; -, -n, (auch:) Akt, der; -[e]s, -e (Schriftstück; Urkunde); **Ak|tei** (Aktensammlung); **ak|ten|kun|dig; Ak|ten_schrank, ...ta|sche; Ak|teur** [*aktör*], der; -s, -e (der Handelnde; [Schau]spieler); **Ak|tie** [...*ziᵉ*], die; -, -n (Anteil[schein]); **Ak|ti|en_ge|sell|schaft** (Abk.: AG)

Ak|ti|on [*akzion*], die; -, -en (Unternehmung; Handlung); eine konzertierte - vgl. konzertierte

Ak|tio|när [*akzi*...], der; -s, -e (Besitzer von Aktien); **Ak|tio|närs|ver|samm|lung**

Ak|tio|nist [*akzi*...], der; -en, -en (Person, die bestrebt ist, das Bewußtsein des Menschen oder bestehende Zustände durch provozierende, revolutionäre, künstlerische Aktionen zu verändern)

Ak|ti|ons|ra|di|us [*akzionß*...] (Wirkungsbereich; Reichweite; Fahr-, Flugbereich)

ak|tiv [bei Gegenüberstellung zu passiv auch: *aktif*] (tätig, rührig, im Einsatz; seltener für: aktivisch); -e [...*w*ᵉ] Bestechung; -e Bilanz; -er Wortschatz; -es Wahl-recht; **¹Ak|tiv** [auch: *aktif*], das; -s (Sprachw.: Tat-, Tätigkeitsform); **²Ak|tiv,** das; -s, -s u. (seltener:) -e [...*w*ᵉ] (DDR: Gruppe von Personen, die gemeinsam an der Lösung bestimmter Aufgaben arbeiten); **Ak|ti|va** [...*wa*], die (Mehrz.) (Summe der Vermögenswerte eines Unternehmens); **ak|ti|vie|ren** [...*wi*...] (in Tätigkeit setzen; Vermögensteile in die Bilanz einsetzen); **ak|ti|visch** (Sprachw.: das Aktiv betreffend, in der Tatform stehend); **Ak|ti|vis|mus,** der; - (Bereitschaft zu zielstrebigem Handeln); **Ak|ti|vist,** der; -en, -en (zielbewußt Handelnder; DDR: Arbeiter, dessen Leistungen vorbildlich sind); **Ak|ti|vi|tät,** die; -, (einzelne Handlungen,. Maßnahmen:) -en (Tätigkeitsdrang, Wirksamkeit)

ak|tua|li|sie|ren (aktuell machen); **Ak|tua|li|tät,** die; -, -en (Gegenwartsbezogenheit; Bedeutsamkeit für die unmittelbare Gegenwart); **Ak|tua|li|tä|ten|ki|no** (Abk.: Aki [vgl. d.]; **ak|tu|ell** (im augenblickl. Interesse liegend, zeitgemäß, zeitnah)

aku|punk|tie|ren; Aku|punk|tur, die; -, -en (Heilbehandlung durch Nadelstiche)

Aku|stik, die; - (Lehre vom Schall, von den Tönen; Klangwirkung); **aku|stisch**

akut; -e (brennende) Frage; -e (unvermittelt auftretende, heftig verlaufende) Krankheit; **Akut,** der; -[e]s, -e (ein Betonungszeichen: ´, z. B. é)

Ak|zent, der; -[e]s, -e (Betonung[szeichen]; Tonfall, Aussprache; Nachdruck); **ak|zen|tu|ie|ren**

ak|zep|ta|bel (annehmbar); ...a-ble Bedingungen; **ak|zep|tie|ren** (annehmen); **Ak|zep|tie|rung**

à la (im Stile von, nach Art von)

alaaf! (niederrheinischer Hochruf); Kölle -

Ala|ba|ster, der; -s (eine Gipsart)

à la carte [*a la kart*] (nach der Speisekarte)

Alarm, der; -[e]s, -e (Warnung[szeichen, -signal]); **alarm|be|reit; Alarm|be|reit|schaft; alar|mie|ren** (Alarm geben, warnen; aufrütteln)

Alaun, der; -s, -e (ein Salz); **Alaun|stein**

Al|ba|tros, der; -, -se (ein Sturmvogel)

Alb|druck, Alb|drücken (falsche Schreibung für: Alpdruck, Alpdrücken)

Al|be|rei

¹**al|bern;** albert nicht so!; ²**al|bern;** -es Geschwätz; **Al|bern|heit**

Al|bi|nis|mus, der; - (Unfähigkeit, Farbstoffe in Haut, Haaren u. Augen zu bilden); **Al|bi|no,** der; -s, -s („Weißling"; Mensch, Tier od. Pflanze mit fehlender Farbstoffbildung; vgl. Kakerlak)

Alb|traum (falsche Schreibung für: Alptraum)

Al|bum, das; -s, Alben („weiße Tafel"; Gedenk-, Stamm-, Sammelbuch)

Al|can|ta|ra, das; -[s] (ein Velourslederimitat)

Äl|chen (kleiner Aal; Fadenwurm)

Al|chi|mie, die; - (hist.: Chemie des MA.s; vermeintl. Goldmacherkunst); **Al|chi|mist,** der; -en, -en (die Alchimie Ausübender); **al|chi|mi|stisch**

Ale [*e'l*], das; -s (engl. Bier)

alert landsch. (munter, frisch)

Al|ge, die; -, -n (eine niedere Wasserpflanze)

Al|ge|bra [österr.: ...*gebra*], die; -, (für: algebraische Struktur auch *Mehrz.*:) ...e|bren (Buchstabenrechnung) ...Lehre von math. Gleichungen); **al|ge|bra|isch**

Ali|bi, das; -s, -s („anderswo"; [Nachweis der] Abwesenheit [vom Tatort des Verbrechens]; Unschuldsbeweis, Rechtfertigung)

Ali|men|te, die *(Mehrz.)* (Unterhaltsbeiträge, bes. für uneheliche Kinder)

Al|ka|li [auch: *al...*], das; -s, Alkalien [...*i°n*] (eine laugenartige chem. Verbindung); **al|ka|lisch** (laugenhaft)

Al|ko|hol [auch: *alkohol*], der; -s, -e (eine organ. Verbindung; Bestandteil der alkohol. Getränke); **al|ko|hol|arm, ...frei; Al|ko|ho|li|ka,** die *(Mehrz.)* (alkohol. Getränke); **Al|ko|ho|li|ker; al|ko|ho|lisch; al|ko|ho|li|sie|ren** (mit Alkohol versetzen; scherzh. für: unter Alkohol setzen); **al|ko|ho|li|siert** (scherzh. für: betrunken); **Al|ko|ho|li|sie|rung; Al|ko|ho|lis|mus,** der; -

all; all und jeder; trotz allem; allen Ernstes; aller guten Dinge sind drei; alle beide; sie kamen alle; all[e] die Mühe; alle vier Jahre; alle (ugs. für: zu Ende, aufgebraucht) sein, werden; alles, was; alles in allem; alles Gute; alles Mögliche (er versuchte alles Mögliche [alle Möglichkeiten]), a b e r : alles mögliche (er versuchte alles mögliche [viel, allerlei]); alles andere, übrige; mein ein und [mein] alles

All, das; -s (Weltall)

all|abend|lich; all|abends

all|be|kannt

all|dem, all|le|dem; bei -

Al|lee, die; -, Alleen (mit Bäumen eingefaßte Straße)

Al|le|go|rie, die; -, ...ien (Sinnbild; Gleichnis); **al|le|go|risch; al|le|go|ri|sie|ren** (versinnbildlichen)

al|le|gret|to (Musik: mäßig schnell, mäßig lebhaft); **Al|le|gret|to,** das; -s, -s u. ...tti (mäßig schnelles Musikstück); **al|le|gro** (Musik: lebhaft); **Al|le|gro,** das; -s, -s u. ...gri (schnelles Musikstück)

al|lein ; - sein, stehen, bleiben; jmdn. - lassen; von allein[e] (ugs.); **al|lei|ne** (ugs. für: allein); **Al|lein|.gang ...herrscher;** allei|nig; al|lein|se|lig|ma|chend (kath. Kirche); al|lein ste|hen, aber: al|lein|ste|hend; All|lein|ste|hen|de, der u. die; -n, -n al|le|mal; ein für -, aber: ein für alle Male

al|len|falls; vgl. Fall, der; al|lent|hal|ben

al|ler|al|ler|letzt; zuallerallerletzt al|ler|art (allerlei); allerart Dinge, aber: Dinge aller Art al|ler|be|ste; am allerbesten; es ist das allerbeste (sehr gut), daß...; es ist das Allerbeste, was... al|ler|dings al|ler|en|den (geh. für: überall) al|ler|erst; zuallererst All|er|gie, die; -, ...ien (Med.: Überempfindlichkeit); All|er|gi|ker; al|ler|gisch al|ler|hand (ugs.); - Neues; - Streiche; er weiß - (ugs. für: viel); das ist ja, doch - (ugs.) Al|ler|hei|li|gen, das; - (kath. Fest zu Ehren aller Heiligen); Al|ler|hei|li|gen|fest; Al|ler|hei|lig|ste, das; -n al|ler|höchst; allerhöchstens; auf das, aufs allerhöchste al|ler|lei; - Wichtiges; - Farben; Al|ler|lei, das; -s, -s; Leipziger - al|ler|letzt; zuallerletzt al|ler|liebst; Al|ler|lieb|ste, der u. die; -n, -n al|ler|meist; zuallermeist al|ler|nächst; al|ler|neu[e]|ste; das Allerneu[e]ste al|ler|or|ten, al|ler|orts Al|ler|see|len, das; - (kath. Gedächtnistag für die Verstorbenen); Al|ler|see|len|tag al|ler|seits, all|seits al|ler|wärts Al|ler|welts|kerl (ugs.) al|ler|we|nig|ste; das Allerwenigste, was ...; am allerwenigsten; allerwenigstens Al|ler|wer|te|ste, der; -n, -n (ugs. scherzh. für: Gesäß) al|les; vgl. all al|le|samt Al|les|bes|ser|wis|ser, ...fres|ser

al|lez! [*ale*] („geht!"; vorwärts!) al|le|zeit, all|zeit (immer) all|fäl|lig [auch: ...*fäl*...] österr., schweiz. (etwaig, allenfalls [vorkommend], eventuell) all|ge|mein; im allgemeinen (gewöhnlich; Abk.: i. allg.), aber: er bewegt sich stets nur im Allgemeinen (beachtet nicht das Besondere); die -e Schul-, Wehrpflicht; -e Geschäfts-, Versicherungsbedingungen; All|ge|mein|be|fin|den, ...bil|dung (die; -); all|ge|mein|gül|tig; die allgemeingültigen Ausführungen, aber: die Ausführungen sind allgemein gültig; All|ge|mein|gut; All|ge|mein|heit, die; -; All|ge|mein|platz (abgegriffene Redensart; meist *Mehrz.*); all|ge|mein|ver|ständ|lich; vgl. allgemeingültig all|ge|wal|tig All|heil|mit|tel, das Al|li|anz, die; -, -en ([Staaten]-bündnis) Al|li|ga|tor, der; -s, ...oren (Panzerechse) al|li|ie|ren, sich (sich verbünden); Al|li|ier|te, der u. die; -n, -n all|jähr|lich All|macht, die; -; all|mäch|tig; All|mäch|ti|ge, der; -n (Gott); Allmächtiger! all|mäh|lich All|men|de, die; -, -n (gemeinsam genutztes Gemeindegut) all|mo|nat|lich all|nächt|lich Al|lon|ge|pe|rücke [*along-seh*...] [Trenn.: ...rük|ke] (langlockige Perücke des 17. u. 18.Jh.s) al|lons! [*along*] („laßt uns gehen!"; vorwärts!, los!) Al|lo|pa|thie, die; - (Heilkunst [Schulmedizin]) Al|lo|tria, die *(Mehrz.)* (Unfug), heute meist: das; -s all right! [*ål rait*] (richtig!, in Ordnung!) All|round_man ([*ålraundm*ᵉ*n*]);

jmd., der in vielen Bereichen Bescheid weiß; der; -s, ...men), **...sport|ler** (Sportler, der viele Sportarten beherrscht) **all|sei|tig**; **all|seits,** a̱l|ler|sei̱ts **All|strom|ge|rät** (für Gleich- u. Wechselstrom) **All|tag**; **all|täg|lich** [auch: a̱ltäk... (= alltags) od. altäk... (= täglich, gewohnt)]; **All|täg|lich|keit**; **all|tags**; alltags wie feiertags; **All|tags|spra|che,** die; - **all|über|all** **Al|lü|ren,** die *(Mehrz.)* ([schlechte] Umgangsformen) **all|wis|send**; Doktor Allwissend (Märchengestalt); **All|wis|sen|heit,** die; - **all|wö|chent|lich** **all|zeit,** a̱l|lezeit (immer) **all|zu**; allzubald, allzufrüh, a̱llzugern, a̱llzulang[e], a̱llzuoft, a̱llzusehr, a̱llzuselten, a̱llzuvie̱l, a̱llzuwe̱it, aber (bei deutlich unterscheidbarer Betonung [und Beugung des zweiten Wortes] getrennt): die Last ist a̱llzu schwer, er hatte a̱llzu vie̱le Bedenken **All|zweck|tuch** *(Mehrz. ...tücher)* **Alm,** die; -, -en (Bergweide) **Al|ma|nach,** der; -s, -e (Kalender, [bebildertes] Jahrbuch) **Al|mo|sen,** das; -s, - (kleine Spende, [milde] Gabe) **Aloe** [a̱lo-e], die; -, -n (eine Zier- u. Heilpflanze) **[1]Alp,** der; -s, -e (gespenstisches Wesen; Alpdrücken) **[2]Alp,** A̱l|pe, die; -, Alpen (svw. Alm) **[1]Al|pa|ka,** das; -s, -s (Lamaart Südamerikas); **[2]Al|pa|ka,** das; -s (Wolle vom Alpaka; Reißwolle) **Alp.druck** (der; -[e]s, ...drücke), **...drücken** [*Trenn.:* ...drük|ken] (das; -s) **Al|pe** vgl. **[2]Alp**; **Al|pen|jä|ger,** **...veil|chen** **Al|pha,** das; -[s], -s (gr. Buchstabe: *A, α*); **Al|pha|bet,** das; -[e]s, -e (Abc); **al|pha|be-tisch**; **al|pha|be|ti|sie|ren**

Alp|horn *(Mehrz. ...hörner)* **al|pin** (die Alpen, das Hochgebirge betreffend, darin vorkommend); -e Kombination (Skisport); **Al|pi|ni,** die *(Mehrz.)* (it. Alpenjäger); **Al|pi|nis|mus,** der; - (sportl. Bergsteigen); **Al|pi|nist,** der; -en, -en (sportl. Bergsteiger im Hochgebirge); **Al|pi|ni|stik,** die; - (svw. Alpinismus); **Al|pi|num,** das; -s, ...nen (Alpenpflanzenanlage); **Älp|ler** (Alpenbewohner) **Alp|traum** **Al|raun,** der; -[e]s, -e u. **Al|rau|ne,** die; -, -n (menschenähnliche Zauberwurzel; Zauberwesen) **als**; - ob; - daß; sie ist schöner als ihre Freundin, aber (bei Gleichheit): sie ist so schön wie ihre Freundin; **als|bald**; **als|bal-dig**; **als|dann** **al|so** **alt**; älter, älteste; alte Sprachen; ein alter Mann; er ist immer der alte (derselbe); er ist der ältere, älteste meiner Söhne; alt und jung (jedermann); es beim alten lassen; aus alt mach neu; Altes und Neues; Alte und Junge; mein Ältester (ältester Sohn); der Alte Fritz; das Alte Testament (Abk.: A. T.); die Alte Welt (Europa, Asien u. Afrika) **Alt,** der; -s u. der Altstimme, -e u. die Altstimmen (tiefe Frauen- od. Knabenstimme; Sängerin mit dieser Stimme) **Al|tan,** der; -[e]s, -e (Balkon; Söller) **Al|tar,** der; -[e]s, ...täre; **Al|tar-bild**; **Al|tar[s]|sa|kra|ment** **alt|backen** [*Trenn.:* ...bak|ken]; -es Brot **Alt|bau,** der; -[e]s, -ten; **Alt|bau-woh|nung** **alt|be|kannt** **alt|be|währt** **Alt|bun|des|prä|si|dent** **alt|deutsch**; -e Bierstube **Al|te,** der u. die; -n, -n (ugs. für: Vater u. Mutter, Ehemann u. Ehefrau, Chef u. Chefin)

alt|ehr|wür|dig
alt|ein|ge|ses|sen
Al|ten_heim, ...hil|fe (die; -),
...teil, das
Al|ter, das; -s, -; seit alters, vor
alters, von alters her
al|te|rie|ren, sich (sich aufregen)
al|tern
al|ter|na|tiv (wahlweise; zwi-
schen zwei Möglichkeiten die
Wahl lassend); [1]Al|ter|na|ti|ve
[...w⁰], die; -, -n (Entscheidung
zwischen zwei [oder mehr] Möglichkeiten; die andere, zweite
Möglichkeit); [2]Al|ter|na|ti|ve
[...w⁰], der u. die; -n, -n (meist
Mehrz.; Anhänger[in] einer Lebensform, die sich bes. vom
Konsumdenken abwendet); al-
ter|nie|ren ([ab]wechseln)
Al|tern, das; -s
al|ter|probt
al|ters vgl. Alter; Al|ters_be-
schwer|den (Mehrz.), ...heim,
...ru|he|geld; al|ters|schwach;
Al|ters|ver|sor|gung
Al|ter|tum, das; -s; das klassische
-; Al|ter|tü|me|lei; al|ter|tü-
meln (das Wesen des Altertums
[übertrieben] nachahmen); Al-
ter|tü|mer, die (Mehrz.) (Ge-
genstände aus dem Altertum);
al|ter|tüm|lich; Al|ter|tüm-
lich|keit; Al|ter|tums|for-
scher
Al|te|rung (auch: Reifung; Tech-
nik: [bei Metall od. Flüssigkeit]
Änderung des Gefüges oder der
Zusammensetzung durch Altern)
Äl|te|ste, der u. die; -n, -n (einer
Kirchengemeinde u. a.)
alt|frän|kisch
alt|ge|dient
alt|ge|wohnt
Alt|gold
Alt|händ|ler
alt|her|ge|bracht
Alt|her|ren|mann|schaft
(Sportspr.)
alt|hoch|deutsch
Äl|ti|stin, die; -, -nen
alt|jüng|fer|lich
alt|klug

ält|lich
Alt|ma|te|ri|al
Alt|mei|ster (als Vorbild gelten-
der Meister, auch in der Wissenschaft)
Alt|me|tall
alt|mo|disch
alt|nor|disch
Alt|pa|pier
Alt|phi|lo|lo|ge
Al|tru|is|mus, der; - (Selbstlosig-
keit); Al|tru|ist der; -en, -en; al-
tru|istisch
alt|sprach|lich; -er Zweig
Alt|stim|me
alt|te|sta|men|ta|risch; alt|te-
sta|ment|lich
Alt|tier (Jägerspr.: Muttertier
beim Rot- u. Damwild)
alt|über|lie|fert
alt|vä|te|risch (altmodisch); alt-
vä|ter|lich (ehrwürdig)
alt|ver|traut
Alt|vor|dern, die (Mehrz.) (geh.
für: Vorfahren)
Alt|wa|ren|händ|ler
Alt|was|ser, das; -s, ...wasser
(ehemaliger Flußarm)
Alt|wei|ber|som|mer (warme
Spätherbsttage; vom Wind getragene Spinnweben)
Alu, das; -s (Kurzw. für: Alumini-
um); Alu|mi|ni|um, das; -s
(chem. Grundstoff, Metall; Zei-
chen: Al); Alu|mi|ni|um|fo|lie
am (an dem); - [nächsten] Sonntag, dem (od. den) 27. März; -
besten usw.
Amal|gam, das; -s, -e (Quecksil-
berlegierung); amal|ga|mie|ren
(eine   Quecksilberlegierung
herstellen; Gold u. Silber mit
Quecksilber aus Erzen gewin-
nen)
Ama|ryl|lis, die; -, ...llen (eine
Zierpflanze)
Ama|teur [...tör], der; -s, -e
([Kunst-,   Sport]liebhaber;
Nichtfachmann);   Ama|teur-
sport|ler
Ama|ti, die; -, -s (von der Geigen-
bauerfamilie Amati hergestellte
Geige)

Ama|zo|ne, die; -, -n (Angehörige eines krieger. Frauenvolkes der gr. Sage; auch: Turnierreiterin)
Am|bi|ti|on [...*zion*] die; -, -en (Ehrgeiz; hohes Streben); **am|bi|ti|ös** (ehrgeizig)
Am|boß, der; ...bosses, ...bosse
Am|bro|sia, die; - (dicht.: Götterspeise); **am|bro|sisch** (dicht.: himmlisch)
am|bu|lant (wandernd; ohne festen Sitz); -e Behandlung (bei der der Kranke den Arzt aufsucht); -es Gewerbe (Wandergewerbe); **Am|bu|lanz,** die; -, -en (veralt. für: bewegliches Lazarett; Krankentransportwagen; Abteilung einer Klinik für ambulante Behandlung); **am|bu|la|to|risch;** -e Behandlung; **Am|bu|la|to|ri|um,** das; -s, ...ien [...*i⁰n*] (Raum, Abteilung für ambulante Behandlung)
Amei|se, die; -, -n; **Amei|sen-_bär,** **...hau|fen,** **...säu|re** (die; -)
amen; zu allem ja und - sagen (ugs.); **Amen,** das; -s, - (feierliche Bekräftigung); sein - (Einverständnis) zu etwas geben (ugs.)
Ame|ri|ka|ner; ame|ri|ka|nisch; ame|ri|ka|ni|sie|ren; Ame|ri|ka|ni|sie|rung; Ame|ri|ka|nis|mus, der; -, ...men (Spracheigentümlichkeit des amerik. Englisch in einer anderen Sprache; amerik. Lebens- und Arbeitsauffassung); **Ame|ri|ka|ni|stik,** die; - (Erforschung der Geschichte u. Kultur Amerikas)
Ame|thyst, der; -[e]s, -e (ein Halbedelstein)
Am|me, die; -, -n; **Am|men|märchen**
Am|mer, die; -, -n (ein Vogel)
Am|mo|ni|ak [auch: *am*...], das; -s (gasförmige Verbindung von Stickstoff u. Wasserstoff)
Amne|stie, die; -, ...ien (Begnadigung, Straferlaß); **amnestieren**
Amok [auch: *amọk*], der; -s (Er-

scheinung des Amoklaufens); -laufen (in einem Anfall von Geistesgestörtheit mit einer Waffe umherlaufen und blindwütig töten); **Amok_lau|fen** (das; -s), **...läu|fer**
a-Moll [auch: *amọl*], das; - (Tonart; Zeichen: a); **a-Moll-Tonleiter**
amo|ra|lisch (sich über die Moral hinwegsetzend); **Amo|ra|li|tät,** die; - (amoralische Lebenshaltung)
Amo|ret|te, die; -, -n (meist *Mehrz.*; Figur eines geflügelten Liebesgottes)
Amor|ti|sa|ti|on [...*zion*], die; -, -en ([allmähliche] Tilgung; Abschreibung, Abtragung [einer Schuld]); **amor|ti|sie|ren**
Am|pel, die; -, -n (Hängelampe; Hängevase; Verkehrssignal)
Am|pere [...*pär*; nach dem fr. Physiker Ampère], das; -[s], - (Einheit der elektr. Stromstärke; Zeichen: A)
Amp|fer, der; -s, - (eine Pflanze)
Am|phi|bie [*amfibi⁰*], die; -, -n (meist *Mehrz.*) u. **Am|phi|bi|um,** das; -s, ...ien [...*i⁰n*] („beidlebiges" Tier, Lurch); **Am|phi|bi|enfahr|zeug** (Land-Wasser-Fahrzeug); **am|phi|bisch; Am|phibi|um** vgl. Amphibie
Am|phi|thea|ter (elliptisches, meist dachloses Theatergebäude mit stufenweise aufsteigenden Sitzen, Rundtheater); **am|phithea|tra|lisch**
Am|pho|ra, Am|pho|re, die; -, ...oren (zweihenkliges Gefäß der Antike)
Am|pul|le, die; -, -n (Glasröhrchen [bes. mit sterilen Lösungen zum Einspritzen])
Am|pu|ta|ti|on [...*zion*], die; -, -en ([Glied]abtrennung); **ampu|tie|ren**
Am|sel, die; -, -n
Amt, das; -[e]s, Ämter; von Amts wegen; ein - bekleiden; **Ämtchen; am|tie|ren; amt|lich; Amt|mann** (*Mehrz.* ...männer u.

...leute); **Amts_deutsch, ...ge-richt** (Abk.: AG); **amts|hal|ber; Amts_schim|mel** (ugs.; der; -s), **...weg**

Amu|lett, das; -[e]s, -e (Zauber-[schutz]mittel)

amü|sant (unterhaltend; vergnüglich); **Amü|se|ment** [amüs^emang], das; -s, -s; **amü-sie|ren;** sich -

an; *Verhältnisw.* mit *Wemf.* und *Wenf.*: an dem Zaun stehen, a b e r : an den Zaun stellen; es ist nicht an dem; an [und für] sich (eigentlich, im Grunde); am (an dem; vgl. am); ans (an das; vgl. ans); *Umstandsw.*: Gemeinden von an [die] 1 000 Einwohnern; ab und an (landsch. für: ab und zu)

Ana|chro|nis|mus [...*kro*...], der; -, ...men (falsche zeitliche Einordnung; durch die Zeit überholte Einrichtung); **ana|chro|ni-stisch**

Ana|gramm, das; -s, -e (Buchstabenversetzrätsel)

ana|log (ähnlich; entsprechend); - [zu] diesem Fall; **Ana|lo|gie,** die; -, ...ien

An|al|pha|bet [auch: *an*...], der; -en, -en (des Lesens u. Schreibens Unkundiger); **An|al|pha-be|ten|tum** [auch: *an*...], das; -s

Ana|ly|se, die; -, -n (Zergliederung, Untersuchung); **ana|ly-sie|ren; ana|ly|tisch;** -e Geometrie

An|ämie, die; -, ...ien (Med.: Blutarmut)

Ana|nas, die; -, - u. -se (eine tropische Frucht)

An|ar|chie, die; -, ...ien (autoritätsloser Zustand; Herrschafts-, Gesetzlosigkeit); **an|ar|chisch; An|ar|chis|mus,** der; - (Lehre, die sich gegen jede Autorität richtet u. für unbeschränkte Freiheit des Individuums eintritt); **An|ar-chist,** der; -en, -en (Vertreter des Anarchismus); **an|ar|chi-stisch**

An|äs|the|sie, die; -, ...ien (Med.:

Schmerzunempfindlichkeit; Betäubung des Schmerzes; **An|äs-the|sist** (Narkosefacharzt)

Ana|tom, der; -en, -en („Zergliederer"; Lehrer der Anatomie); **Ana|to|mie,** die; -, (für: Forschungsanstalt der Anatomen auch *Mehrz.*:) ...ien (Lehre von Form u. Körperbau der Lebewesen; [Kunst der] Zergliederung; Gebäude, in dem Anatomie gelehrt wird); **ana|to|misch**

an|bah|nen; An|bah|nung

an|ban|deln südd., österr. (anbändeln); **an|bän|deln** (ugs.)

An|bau, der; -[e]s, (für: Gebäudeteil auch *Mehrz.*:) -ten; **an-bau|en; An|bau|mö|bel**

An|be|ginn; seit-, von - [an]

an|bei [auch: *anbei*]

an|[be]|lan|gen; was mich an-[be]langt

an|be|rau|men; ich beraum[t]e an, (selten:) ich anberaum[t]e; anberaumt; anzuberaumen; **An|be|rau|mung**

an|be|ten

An|be|tracht; in - dessen, daß...

an|be|tref|fen; was mich anbetrifft, so ...

an|bie|dern, sich; **An|bie|de-rung**

an|bin|den; angebunden (vgl. d.)

an|bre|chen; der Tag bricht an

An|bruch, der; -[e]s

An|cho|vis [...*chowiß*]; vgl. Anschovis

An|dacht, die; -, (für Gebetsstunde auch *Mehrz.*:) -en; **an|däch-tig; an|dachts|voll**

an|dan|te („gehend"; Musik: mäßig langsam); **An|dan|te,** das; -[s], -s (mäßig langsames Tonstück)

an|dau|ern; an|dau|ernd

An|den|ken, das; -s, (für: Erinnerungsgegenstand auch *Mehrz.*:) -

an|de|re, andre; (immer klein geschrieben:) der, die, das, eine, keine, alles and[e]re usw.; und and[e]re, und and[e]res (Abk.: u. a.); und and[e]re mehr, und

34

and[e]res mehr (Abk.: u. a. m.);
unter and[e]rem, anderm (Abk.:
u. a.); eines and[e]ren, andern
belehren; sich eines and[e]ren,
andern besinnen; ein and[e]res
Mal: ein um das and[e]re Mal;
ein und das and[e]re Mal; vgl.
anders; **an|de|ren|falls**[1]; **an|de|**
ren|orts[1], an|der|orts (geh.);
an|de|ren|tags[1]; **an|de|ren|**
teils[1]; einesteils ... -; **an|de|rer|**
seits, an|der|seits, and|rer|seits;
einerseits ... -; **an|der|lei**; an|
der|mal; ein -
än|dern
an|dern|falls usw. vgl. anderen-
falls usw.; **an|der|orts** (geh.),
an|de|ren|orts, an|dern|orts
an|ders; jemand, niemand, wer
anders (südd., österr.: and[e]-
rer); mit jemand, niemand anders
(südd., österr.: and[e]rem, anderm) reden; anders als ... (nicht:
anders wie ...); **an|ders|ar|tig;**
an|ders|den|kend; An|ders-
den|ken|de, der u. die; -n, -n
an|der|seits, an|de|rer|seits, and-
rer|seits
an|ders|ge|ar|tet; An|ders|ge-
sinn|te, der u. die; -n, -n; **An-**
ders|gläu|bi|ge, der u. die; -n
-n; **an|ders|her|um, an|ders-**
rum; An|ders|sein; an|ders-
wo; an|ders|wo|her; an|ders-
wo|hin
an|dert|halb; in - Stunden; -
Pfund; **an|dert|halb|fach; an|**
dert|halb|mal; - so groß wie
(seltener: als)
Än|de|rung
an|der|wärts; an|der|weit; an-
der|wei|tig
an|deu|ten; An|deu|tung; an-
deu|tungs|wei|se
an|die|nen   (Kaufmannsspr.:
[Waren] anbieten)
An|drang, der; -[e]s
and|re; vgl. andere
an|dre|hen; jmdm. etwas - (ugs.
für: jmdm. etwas Minderwertiges
aufschwatzen)

---

[1] Auch: an|dern|...

an|drer|seits, an|de|rer|seits, an-
der|seits
an|dro|hen; An|dro|hung
an|ecken [Trenn.: ...ek|ken] (ugs.
für: Anstoß erregen)
an|eig|nen, sich; ich eigne mir et-
was an; **An|eig|nung**
an|ein|an|der; - denken; - anfü-
gen; **an|ein|an|der|fü|gen;** er hat
die Teile aneinandergefügt; **an-**
ein|an|der|ge|ra|ten (sich strei-
ten); **an|ein|an|der|gren|zen;**
an|ein|an|der|le|gen; an|ein-
an|der|rei|hen
An|ek|do|te, die; -, -n (kurze Ge-
schichte mit überraschender
Pointe); **an|ek|do|ten|haft; an-**
ek|do|tisch
an|ekeln; der Anblick ekelte mich
an
Ane|mo|ne, die; -, -n (Windrös-
chen)
an|emp|feh|len (besser das ein-
fache Wort: empfehlen); ich
empfehle (empfahl) an u. ich an-
empfehle (anempfahl); anemp-
fohlen; anzuempfehlen
an|er|bie|ten, sich; ich erbiete
mich an; anerboten; anzuerbie-
ten; **An|er|bie|ten** s; -s, -
an|er|kann|ter|ma|ßen; an|er-
ken|nen; ich erkenne (erkannte)
an, (seltener:) ich anerkenne
(anerkannte); anerkannt; an-
zuerkennen; **an|er|ken|nens-**
wert; An|er|ken|nung; An|er-
ken|nungs|schrei|ben
an|fah|ren (auch für: heftig anre-
den);   **An|fahrts_stra|ße,**
...weg
An|fall; an|fal|len; an|fäl|lig;
An|fäl|lig|keit, die; -, (selten:)
-en
An|fang, der; -[e]s, ...fänge; im
-; von - an; zu -; - Januar; **an-**
fan|gen; An|fän|ger; An|fän-
ge|rin, die; -, -nen; **an|fäng-**
lich; an|fangs; An|fangs|sta-
di|um
an|fecht|bar; an|fech|ten; das
ficht mich nicht an; **An|fech-**
tung
an|fein|den; An|fein|dung

an|fer|ti|gen; An|fer|ti|gung
an|feuch|ten; An|feuch|tung
an|feu|ern; An|feue|rung
an|flie|gen; das Flugzeug hat
Frankfurt angeflogen; An|flug
an|for|dern; An|for|de|rung
An|fra|ge; die kleine oder große
- [im Parlament]; an|fra|gen; bei
jmdm. -
an|freun|den, sich
An|fuhr, die; -, -en; an|füh|ren;
An|füh|rer; An|füh|rung; An|
füh|rungs_strich, ...zei|chen
An|ga|be (ugs. [nur *Einz.*] auch
für: Prahlerei, Übertreibung)
an|gän|gig
an|ge|ben; An|ge|ber (ugs.); An|
ge|be|rei (ugs.); an|ge|be|risch
(ugs.)
An|ge|bin|de, das; -s, - (Ge-
schenk)
an|geb|lich
an|ge|bo|ren
An|ge|bot
an|ge|bun|den; kurz - (ugs. für:
mürrisch, abweisend) sein
an|ge|dei|hen; jmdm. etwas - las-
sen
an|ge|grif|fen (auch erschöpft)
an|ge|hei|ra|tet
an|ge|hei|tert
an|ge|hen; das geht nicht an, es
geht mich [nichts] an; jmdn. um
etwas - (bitten); an|ge|hend
(künftig)
an|ge|hö|ren; einem Volk[e] -;
an|ge|hö|rig; An|ge|hö|ri|ge,
der u. die; -n, -n
An|ge|klag|te, der u. die; -n, -n
an|ge|krän|kelt
An|gel, die; -, -n
an|ge|le|gen; ich lasse mir etwas
- sein; An|ge|le|gen|heit; an|ge|
le|gent|lich; auf das, aufs -ste
an|geln
an|ge|mes|sen; An|ge|mes|sen|
heit, die; -
an|ge|nehm
an|ge|nom|men; -er Standort;
angenommen, daß ...
An|ger, der; -s, -
an|ge|säu|selt (ugs. für: leicht
betrunken)

An|ge|schul|dig|te, der u. die; -n,
-n
an|ge|se|hen (geachtet)
An|ge|sicht; an|ge|sichts; *Ver-
hältnisw.* mit *Wesf.*: - des Todes
an|ge|spannt
An|ge|stell|te, der u. die; -n, -n;
An|ge|stell|ten|ver|si|che|rung
an|ge|stie|felt; - kommen (ugs.
für: mit großen, schwerfälligen
Schritten herankommen)
an|ge|strengt
an|ge|trun|ken (leicht betrun-
ken)
an|ge|wandt; -e Kunst; -e Ma-
thematik, Physik; vgl. anwenden
an|ge|wie|sen; auf eine Person
oder eine Sache - sein
an|ge|wöh|nen; ich gewöhne mir
etwas an; An|ge|wohn|heit;
An|ge|wöh|nung
an|ge|wur|zelt; wie - stehenblei-
ben
An|gi|na [*anggina*], die; -, ...nen
(Mandelentzündung); An|gi|na
pec|to|ris [- *päk*...], die; - -
(Herzkrampf)
Ang|ler
an|gli|ka|nisch [*anggli*...]; -e Kir-
che (engl. Staatskirche); an|gli|
sie|ren (englisch machen; engli-
sieren); An|glist, der; -en, -en
(Wissenschaftler auf dem Gebiet
der Anglistik); An|gli|stik, die;
- (engl. Sprach- u. Literaturwis-
senschaft); An|gli|zis|mus, der;
-, ...men (engl. Spracheigentüm-
lichkeit in einer anderen Spra-
che); An|glo|ame|ri|ka|ner
[*annglo*..., auch: *ang*...] (aus
England stammender Ame-
rikaner); An|glo-Ame|ri|ka|ner
(Sammelname für Engländer u.
Amerikaner)
An|go|ra_kat|ze, ...wol|le [*ang-
gora*...]; nach Angora, dem früheren Namen von Ankara]
an|grei|fen; vgl. angegriffen; An|
grei|fer
an|gren|zen
An|griff, der; -[e]s, -e; in - neh-
men; An|griffs|krieg
Angst, die; -, Ängste; in [tau-

send] Ängsten sein; Angst haben; mir ist, wird angst und ban-
ge; **angst|er|füllt; Angst|geg-
ner** (Sportspr.: Gegner, vor dem
man besondere Angst hat), **...ha-
se** (ugs.); **äng|sti|gen;** sich -;
ängst|lich; Ängst|lich|keit,
die; -; **angst|voll**
an|ha|ben (ugs.); ..., daß er nichts
anhat; er kann mir nichts -
An|halt (Anhaltspunkt); **an|hal-
tend; An|hal|ter** (ugs.); per -
fahren (Fahrzeuge anhalten, um
mitgenommen zu werden); **An-
halts|punkt**
an Hand, (jetzt häufig:) **an|hand;**
mit *Wesf.:* an Hand od. anhand
des Buches; an Hand od. anhand
von Unterlagen
An|hang, (ugs.) **¹an|hän|gen;** er hing
mit treulich an; **²an|hän|gen;** er
hängte den Zettel [an die Tür]
an; **An|hän|ger; An|hän|ger-
schaft; an|hän|gig** (Rechtsspr.:
beim Gericht zur Entscheidung
liegend); eine Klage - machen
(Klage erheben); **an|häng|lich**
(ergeben); **An|häng|lich|keit,**
die; -; **An|häng|sel,** das; -s, -;
an|hangs|wei|se
an|hau|en (ugs. auch für: jmdn.
formlos ansprechen; auch: um
etwas angehen); wir hauten das
Mädchen an
an|häu|fen; An|häu|fung
an|he|ben (auch für: anfangen)
an|hef|ten
an|hei|meln; es heimelt mich an
an|heim·fal|len (zufallen; es fällt
anheim; anheimgefallen; an-
heimzufallen), **...stel|len**
an|hei|schig; sich - machen
an|hei|zen; den Ofen -; (übertr.:)
die Stimmung -
an|heu|ern
An|hieb, nur in: auf -
an|him|meln
An|hö|he
an|hö|ren
Ani|lin, das; -s (Ausgangsstoff für
Farben u. Hilfsmittel)
ani|ma|lisch (tierisch, den Tieren
eigentümlich); **ani|mie|ren** (be-

leben, anregen, ermuntern); **Ani-
mo|si|tät,** die; -, -en (Erbitte-
rung; Abneigung)
Anis [*aniß,* auch, österr. nur:
aniß], der; -es, -e (eine Gewürz-
u. Heilpflanze); **Ani|sette**
[*...sät*] der; -s, -s (Anisbrannt-
wein)
An|kauf; an|kau|fen
An|ker, der; -s, -; vor - gehen,
liegen; **an|kern; An|ker|platz**
An|kla|ge; An|kla|ge|bank
(*Mehrz.* ...bänke); **an|kla|gen**
an|klam|mern; sich -
An|klang; - finden
An|klei|de|ka|bi|ne; an|klei|den;
sich -; **An|klei|de|raum**
an|knüp|fen; An|knüp|fung
an|koh|len; jmdn. - (ugs. für: zum
Spaß belügen)
an|kom|men; mich (veralt.: mir)
kommt ein Ekel an; es kommt
mir nicht darauf an; **An|kömm-
ling**
an|kop|peln
an|krei|den; jmdm. etwas - (ugs.
für: zur Last legen)
an|kreu|zen
an|kün|di|gen; An|kün|di|gung
An|kunft, die; -; **An|kunfts|zeit**
an|kur|beln
An|la|ge; etw. als - übersenden;
An|la|ge|be|ra|ter (Wirtsch.)
an|la|gern (Chemie)
an|lan|den; etwas, jmdn. - (an
Land bringen)
an|lan|gen vgl. anbelangen
An|laß, der; ...lasses, ...lässe; - ge-
ben, nehmen; **an|las|sen; An-
las|ser; an|läß|lich** (Amtsdt.);
Verhältnisw. mit *Wesf.:* - des Fe-
stes
an|la|sten (aufbürden; zur Last
legen)
An|lauf; an|lau|fen; An|lauf|zeit
An|laut; an|lau|ten (von Wör-
tern, Silben: mit einem bestimmten Laut beginnen)
an|le|gen; An|le|ge|platz
an|leh|nen; ich lehne mich an die
Wand an; **An|leh|nung; an|leh-
nungs|be|dürf|tig**
An|lei|he

37

an|lei|ten; An|lei|tung
An|lern|be|ruf; an|ler|nen; jmdn.
    -; An|lern|ling; An|lernzeit
an|lie|fern
an|lie|gen; eng am Körper -; vgl.
    angelegen; An|lie|gen, das; -s,
    - (Wunsch); An|lie|ger (An-
    wohner); An|lie|ger|ver|kehr
an|locken [Trenn.: ...lok|ken]
an|ma|chen
an|ma|len
An|marsch, der; An|marsch-
    weg
an|ma|ßen, sich; du maßt dir
    etwas an; an|ma|ßend; An-
    ma|ßung
An|mel|de|for|mu|lar; an|mel-
    den; An|mel|dung
an|mer|ken; ich ließ mir nichts
    -; An|mer|kung (Abk.: Anm.)
an|mie|ten; An|mie|tung
an|mon|tie|ren
an|mu|stern (Seemannsspr.: an-
    werben; den Dienst aufnehmen)
An|mut, die; -; an|mu|ten; es
    mutet mich komisch an; an-
    mutig; an|mut[s]voll
an|nä|hern; sich -; an|nä|hernd;
    An|nä|he|rung;   An|nä|he-
    rungs|ver|such;   an|nä|he-
    rungs|wei|se
An|nah|me, die; -, -n; - an Kindes
    Statt; An|nah|me|ver|wei|ge-
    rung
An|na|len, die (Mehrz.) ([ge-
    schichtliche] Jahrbücher)
an|neh|m|bar; an|neh|men; vgl.
    angenommen;   an|nehm|lich;
    An|nehm|lich|keit
an|nek|tie|ren (sich [gewaltsam]
    aneignen); An|ne|xi|on, die; -,
    -en ([gewaltsame] Aneignung)
An|no (im Jahre; Abk.: a. od. A.);
    - elf; - dazumal; - Tobak (ugs.
    für: in alter Zeit); An|no Do|mi|ni
    (im Jahre des Herrn; Abk.: A.
    D.)
An|non|ce [anongße], die; -, -n
    (Zeitungsanzeige);   An|non-
    cen|ex|pe|di|ti|on (Anzeigen-
    vermittlung); an|non|cie|ren
an|nul|lie|ren (für ungültig erklä-
    ren); An|nul|lie|rung

An|ode, die; -, -n („Eingang"; po-
    sitive Elektrode, Pluspol)
an|omal [auch: a...] (unregelmä-
    ßig, regelwidrig); An|oma|lie,
    die; -, ...ien
an|onym (ohne Nennung des Na-
    mens, ungenannt); An|ony|mi-
    tät, die; - (Verschweigung,
    Nichtangabe des Namens, der
    Unterschrift)
Ano|rak, der; -s, -s (Kajakjacke;
    Windbluse mit Kapuze)
an|ord|nen; An|ord|nung
an|or|ga|nisch (unbelebt)
an|or|mal (regelwidrig, unge-
    wöhnlich, krankhaft)
an|packen]Trenn.: ...pak|ken]
An|pad|deln, das; -s (jährl. Be-
    ginn des Paddelsports)
an|pas|sen; An|pas|sung; an-
    pas|sungs|fä|hig
an|pei|len
an|pfei|fen (ugs. auch für: heftig
    tadeln); An|pfiff
an|pflan|zen; An|pflan|zung
an|pflau|men (ugs. für: necken,
    verspotten); An|pflau|me|rei
an|pö|beln (in ungebührlicher
    Weise belästigen)
An|prall; an|pral|len
an|pran|gern; An|pran|ge|rung
an|prei|sen; An|prei|sung
An|pro|be; an|pro|ben; an|pro-
    bie|ren
an|pum|pen (ugs.); jmdn. - (sich
    von ihm Geld leihen)
An|rai|ner (Rechtsspr.,   auch
    österr.: Anlieger, Grenznachbar);
    An|rai|ner|staat
an|ra|ten; An|ra|ten, das; -s;
    auf -
an|rech|nen; das rechne ich dir
    hoch an; An|rech|nung
An|recht
An|re|de; an|re|den; jmdn. mit
    Sie, Du -
an|re|gen; an|re|gend; An|re-
    gung; An|re|gungs|mit|tel, das
an|rei|chern; An|rei|che|rung
an|rei|hen
An|rei|se; an|rei|sen; An|rei|se-
    tag
an|rei|ßen; An|rei|ßer (Vor-

zeichner in Metallindustrie und Tischlerei; aufdringlicher Kundenwerber); **an|rei|ße|risch** (marktschreierisch; aufdringlich)

An|reiz; an|rei|zen

an|rem|peln (ugs.)

An|rich|te, die; -, -n; **an|rich|ten**

an|rü|chig; An|rü|chig|keit

an|rucken [*Trenn.:* ...ruk|ken] (mit einem Ruck anfahren); **an|rücken** [*Trenn.:* ...rük|ken] (in einer Formation näherkommen)

An|rudern, das; -s (jährl. Beginn des Rudersports)

An|ruf; an|ru|fen; An|ru|fung

an|rüh|ren

ans (an das); bis - Ende

An|sa|ge, die; -, -n; **an|sa|gen**

an|sä|gen

An|sa|ger (früher für: Rundfunksprecher)

an|sam|meln; An|samm|lung

an|säs|sig

An|satz; An|satz|punkt

an|säu|seln; ich säusele mir einen an (ugs. für: betrinke mich leicht); vgl. angesäuselt

an|schaf|fen (bayr., österr. auch: anordnen); **An|schaf|fung; An|schaf|fungs|ko|sten,** die (Mehrz.)

an|schau|en; an|schau|lich; An|schau|lich|keit, die; -; **An|schau|ung; An|schau|ungs|un|ter|richt**

An|schein, der; -[e]s; allem, dem - nach; **an|schei|nend;** vgl. scheinbar

an|schei|ßen (derb für: heftig tadeln)

an|schicken [*Trenn.:* ...schik|ken], sich

An|schiß (derb für: heftiger Tadel)

An|schlag; an|schla|gen; das Essen schlägt an; **An|schlag|säu|le**

an|schlei|chen, sich

[1]**an|schlei|fen;** er hat das Messer angeschliffen (ein wenig scharf geschliffen); [2]**an|schlei|fen;** er hat den Sack angeschleift (ugs. für: schleifend herangezogen)

an|schlie|ßen; an|schlie|ßend; An|schluß; im - an die Versammlung; **An|schluß|ka|bel**

an|schmie|gen, sich; **an|schmieg|sam; An|schmieg|sam|keit,** die; -

an|schmie|ren (ugs. auch für: betrügen)

an|schnal|len; sich -

an|schnau|zen (ugs. für: grob tadeln); **An|schnau|zer** (ugs.)

an|schnei|den; An|schnitt

An|scho|vis [...*wiß*], die; -, - ([gesalzene] kleine Sardelle)

an|schrei|ben; An|schrei|ben; An|schrift; An|schrif|ten|buch

an|schul|di|gen; An|schul|di|gung

an|schwär|zen (ugs. auch für: verleumden)

an|schwei|ßen

[1]**an|schwel|len;** der Strom schwillt an, war angeschwollen; [2]**an|schwel|len;** der Regen hat die Flüsse angeschwellt; **An|schwel|lung**

an|schwem|men; An|schwem|mung

an|schwin|deln

An|se|geln, das; -s (jährl. Beginn des Segel[flug]sports)

an|se|hen; vgl. angesehen; **An|se|hen,** das; -s; ohne - der Person (gerecht); **an|sehn|lich; An|sehn|lich|keit,** die; -

an|sei|len; sich -

an|sein (ugs.); das Licht ist an, ist angewesen, a b e r : ..., daß das Licht an ist, war

an|set|zen

An|sicht, die; -, -en; meiner - nach (Abk.: m. A. n.); **an|sich|tig;** mit *Wesf.:* des Gebirges - werden (geh.); **An|sichts|kar|te**

an|sie|deln; An|sie|de|lung, An|sied|lung; An|sied|ler

An|sin|nen, das; -s, -; ein - an jmdn. stellen

An|sitz (Jägerspr.)

an|son|sten (im übrigen, anderenfalls)

an|span|nen; An|span|nung
An|spiel (Sportspr.), das; -[e]s;
an|spie|len; An|spie|lung
An|sporn, der; -[e]s; an|spor-
nen
An|spra|che; an|spre|chen; an-
spre|chend; am -sten
An|spruch; an|spruchs|los;
An|spruchs|lo|sig|keit, die; -;
an|spruchs|voll
an|sta|cheln
An|stalt, die; -, -en; An|stalts-
er|zie|hung (die; -), ...lei|ter,
der
An|stand; keinen - an dem Vorha-
ben nehmen (geh. für: keine Bedenken haben); (Jägerspr.:) auf
dem - stehen; an|stän|dig;
Anstän|dig|keit, die; -; an-
stands|hal|ber, ...los; An-
stands|re|gel
an|statt; vgl. statt u. Statt; anstatt
daß
an|ste|chen; ein Faß - (anzapfen)
an|stecken[1]; an|steckend[1]; -e
Krankheit; An|steck|na|del; An-
steckung[1]; An|steckungs-
ge|fahr[1]
an|ste|hen; ich stehe nicht an
(habe keine Bedenken); es steht
mir nicht an (es geziemt sich nicht
für mich)
an Stel|le, (jetzt häufig:) an|stel-
le; mit West.: an Stelle od. anstel-
le des Vaters; an Stelle od. anstel-
le von Worten
an|stel|len; sich -; An|stel|le|rei;
an|stel|lig (geschickt); An-
stel|lig|keit, die; -; An|stel-
lung; An|stel|lungs|ver|trag
An|stich (eines Fasses [Bier])
An|stieg, der; -[e]s, -e
an|stif|ten; An|stif|ter; An|stif-
tung
an|stim|men
An|stoß; - nehmen an etwas; an-
sto|ßen; an|stö|ßig; An|stö-
ßig|keit
an|strah|len; An|strah|lung
an|strän|gen; ein Pferd -
an|stre|ben; an|stre|bens|wert

an|strei|chen; An|strei|cher
an|stren|gen; sich - (sehr bemü-
hen); einen Prozeß -; an|stren-
gend; An|stren|gung
An|strich
an|stücken [Trenn.: ...stük|ken]
An|sturm, der; -[e]s; an|stür-
men
an|su|chen; um etwas - (Pa-
pierdt.: um etwas bitten); An|su-
chen, das; -s, - (Papierdt.: förm-
liche Bitte; Gesuch); auf -
Ant|ago|nis|mus, der; -, ...men
(Widerstreit; Gegensatz); Ant-
ago|nist, der; -en, -en (Gegner);
ant|ago|ni|stisch
An|teil; - haben, nehmen; an|tei-
lig; An|teil|nah|me, die; -; an-
teil[s]|mä|ßig
An|ten|ne, die; -, -n (Vorrichtung
zum Senden od. Empfangen
elektromagnet. Wellen; Fühler
der Gliedertiere)
An|tho|lo|gie, die; -, ...ien
(„Blumenlese"; [Gedicht]-
sammlung; Auswahl)
An|thra|zit, der; -s, -e (glänzende
Steinkohle)
An|thro|po|lo|gie, die; - (Men-
schenkunde, Geschichte der
Menschenrassen); An|thro|po-
soph, der; -en, -en (Vertreter der
Anthroposophie); An|thro|po-
so|phie, die; - („Menschen-
weisheit"; Lehre Rudolf
Steiners); an|thro|po|so-
phisch
An|ti|al|ko|ho|li|ker [auch: an-
ti...] (Alkoholgegner)
an|ti|au|to|ri|tär (sich gegen
[mißbrauchte] Autorität aufleh-
nend)
Antibabypille, (auch:) Anti-
Baby-Pille [...bebi...] (ugs. für
ein hormonales Empfängnisver-
hütungsmittel)
An|ti|bio|ti|kum, das; -s, ...ka
(Med.: biologischer Wirkstoff
gegen Krankheitserreger)
An|ti|christ [...krißt] (der Wi-
derchrist, Teufel), der; -[s] u.
(Gegner des Christentums) der;
-en, -en; an|ti|christ|lich

---

[1] Trenn.: ...k|k...

40

An|ti|fa|schis|mus [auch: *ạnti*...]
(Gegnerschaft gegen den Fa-
schismus); **An|ti|fa|schist**
[auch: *ạnti*...], der; -en, -en
(Gegner des Faschismus); **an|ti-
fa|schi|stisch** [auch: *ạnti*...]
an|tik (altertümlich; dem klass.
Altertum angehörend); **An|ti|ke**
(das klass. Altertum u. seine Kultur), die; - u. (antikes Kunst-
werk:) die; -, -n (meist *Mehrz.*);
**An|ti|ken|samm|lung; an|ti|ki-
sie|ren** (nach der Art der Antike
gestalten; alten Geschmack
nachahmen)
An|ti|lo|pe, die; -, -n (ein Huftier)
An|ti|pa|thie, die; -, ...ien (Abnei-
gung; Widerwille)
An|ti|po|de, der; -n, -n (auf dem
gegenüberliegenden Punkt der
Erde wohnender Mensch;
übertr.: Gegner)
An|ti|qua, die; - (Lateinschrift);
An|ti|quar, der; -s, -e (Händler
mit Altertümern, mit alten Bü-
chern); **An|ti|qua|ri|at**, das;
-[e]s, -e (Altbuchhandlung, Alt-
buchhandel); **an|ti|qua|risch;
An|ti|qua|schrift; an|ti|quiert**
(veraltet; altertümlich); **An|ti-
quiert|heit; An|ti|qui|tät**, die;
-, -en (meist *Mehrz.*; Altertüm-
liches; Kunstwerke, Möbel,
Münzen u. a.); **An|ti|qui|tä|ten-
han|del, ...samm|ler**
An|ti|[ra|ke|ten]|ra|ke|te
An|ti|se|mit, der; -en, -en (Ju-
dengegner); **an|ti|se|mi|tisch;
An|ti|se|mi|tis|mus**, der; -
an|ti|sep|tisch (keimtötend)
An|ti|the|se [auch: *ạnti*...] (ent-
gegengesetzte Behauptung);
an|ti|the|tisch
Ant|litz, das; -es, (selten:) -e
An|trag, der; -[e]s, ...träge; einen
- auf etwas stellen; **an|tra|gen;
An|trags|for|mu|lar; an|trags-
ge|mäß; An|trag|stel|ler**
**an|trei|ben; An|trei|ber; An-
trieb; An|triebs|kraft**
an|trin|ken; sich einen - (ugs.)
**An|tritt; An|tritts|be|such,
...re|de**

an|tun; jmdm. etwas -; sich et-
was -
Ant|wort, die; -, -en; um [od.
Um] - wird gebeten (Abk.: u.
[od. U.] A. w. g.); **ant|wor|ten;
Ant|wort|schein** (Postw.)
an|ver|trau|en; jmdm. einen Brief
-; sich jmdm. -; ich vertrau[t]e
an, (seltener:) ich anvertrau[t]e;
anvertraut; anzuvertrauen
An|ver|wand|te, der u. die; -n,
-n
an|vi|sie|ren
an|wach|sen
an|wäh|len (Fernsprechwesen)
An|walt, der; -[e]s, ...wälte; **An-
wäl|tin**, die; -, -nen; **An|walts-
kam|mer**
an|wan|deln; An|wand|lung
an|wär|men
An.wär|ter, ...wart|schaft
(die; -, [selten:] -en)
an|wei|sen; Geld -; vgl. angewie-
sen; **An|wei|sung**
**an|wend|bar; An|wend|bar-
keit**, die; -; **an|wen|den**; ich
wandte od. wendete die Regel
an, habe angewandt od. ange-
wendet; die angewandte od. an-
gewendete Regel; vgl. ange-
wandt; **An|wen|dung**
an|wer|ben; An|wer|bung
an|wer|fen
An|we|sen (Grundstück [mit
Wohnhaus, Stall usw.]); **an|we-
send; An|we|sen|de,** der u. die;
-n, -n; **An|we|sen|heit**, die; -;
An|we|sen|heits|li|ste
an|wi|dern; es widert mich an
An|woh|ner
An|wurf
an|wur|zeln; vgl. angewurzelt
An|zahl, die; -; **an|zah|len; An-
zah|lung**
an|zap|fen; An|zap|fung
An|zei|chen
an|zeich|nen
An|zei|ge, die; -, -n; **an|zei|gen;
An|zei|ge[n]|blatt; An|zei-
gen|teil; an|zei|ge|pflich|tig**; -e
Krankheit; **An|zei|ger**
an|zet|teln (ugs.); **An|zet-
telung**

41

an|zie|hen; sich -; an|zie|hend; An|zie|hung; An|zie|hungs|kraft, die

An|zug; es ist Gefahr im -; an|züg|lich; An|züg|lich|keit; An|zugs|kraft; An|zug|stoff

an|zün|den; An|zün|der

an|zwecken [Trenn.: ...zwek|ken]

an|zwei|feln; An|zwei|fe|lung, An|zweif|lung

AOK = Allgemeine Ortskrankenkasse

Äon, der; -s, -en (meist Mehrz.; Zeitraum, Weltalter; Ewigkeit)

Aor|ta, die; -, ...ten (Hauptschlagader)

Apa|che [apatsche u. apache], der; -n, -n (Angehöriger eines Indianerstammes; [nur: apache:] Verbrecher, Zuhälter [in Paris])

apart (geschmackvoll, reizvoll); Apart|heid, die; - (völlige Trennung zwischen Weißen u. Farbigen in der Republik Südafrika); Apart|ment [epa'tment], das; -s, -s (Kleinstwohnung [in meist luxuriösem Mietshaus]); vgl. Appartement; Apart|ment|haus

Apa|thie, die; - (Teilnahmslosigkeit); apa|thisch

aper südd., schweiz., österr. (schneefrei); -e Wiesen

Ape|ri|tif, der; -s, -s (appetitanregendes alkohol. Getränk)

Ap|fel, der; -s, Äpfel; Ap|fel|baum; Äp|fel|chen; Ap|fel|si|ne, die; -, -n; Ap|fel|si|nen|scha|le

Aphel|an|dra, die; -, ...dren (eine Pflanzengattung; z. T. beliebte Zierpflanzen)

Apho|ris|mus, der; -, ...men (Gedankensplitter; geistreicher, knapp formulierter Gedanke); apho|ri|stisch

Aphro|di|si|a|kum, das; -s, ...ka (den Geschlechtstrieb anregendes Mittel)

APO, (auch:) Apo, die; - (außerparlamentarische Opposition)

apo|dik|tisch (unwiderleglich; keinen Widerspruch duldend)

Apo|ka|lyp|se, die; -, -n (Schrift über das Weltende, bes. die Offenbarung des Johannes; Unheil, Grauen); apo|ka|lyp|tisch; die Apokalyptischen Reiter

apo|li|tisch (unpolitisch, der Politik gegenüber gleichgültig)

Apol|lo (Bez. für ein amerik. Raumfahrtprogramm, das die Landung bemannter Raumfahrzeuge auf dem Mond zum Ziel hatte); Apol|lo-Raum|schiff

Apo|lo|get, der; -en, -en (Verfechter, Verteidiger); Apo|lo|ge|tik, die; -, -en (Verteidigung der christl. Lehren); apo|lo|ge|tisch

Apo|stel, der; -s, -

a po|ste|rio|ri (aus der Wahrnehmung gewonnen, aus Erfahrung)

apo|sto|lisch (nach Art der Apostel; von den Aposteln ausgehend); die -en Väter; den -en Segen erteilen; das Apostolische Glaubensbekenntnis; der Apostolische Nuntius, Stuhl

Apo|stroph, der; -s, -e (Auslassungszeichen, Häkchen, z. B. in „hatt'''"); apo|stro|phie|ren ([feierlich] anreden; [jmdn.] nachdrücklich bezeichnen, sich [auf jmdn., etwas] beziehen); jmdn. als primitiv -; Apo|stro|phie|rung

Apo|the|ke, die; -, -n; Apo|the|ker

Apo|theo|se, die; -, -n (Vergottung; Verklärung)

Ap|pa|rat, der; -[e]s, -e (größeres Gerät, Vorrichtung technischer Art); Ap|pa|rat|schik, der; -s, -s (Funktionär im Staats- u. Parteiapparat totalitärer Staaten des Ostens, der Weisungen u. Maßnahmen bürokratisch durchzusetzen sucht); Ap|pa|ra|tur, die; -, -en (Gesamtanlage von Apparaten)

Ap|par|te|ment [...mang, schweiz.: ...mänt], das; -s, -s (komfortable Wohnung, Zimmerflucht; auch für: Apartment); Ap|par|te|ment|haus

Ap|pell, der; -s, -e (Aufruf; Mahn-

ruf; Militär: Antreten zur Befehls-
ausgabe usw.); **ap|pel|lie|ren**
(sich mahnend, beschwörend an
jmdn. wenden; veralt. für: Beru-
fung einlegen); **Ap|pell|platz**
Ap|pen|dix, die; -, ...dizes (all-
tagsspr. auch: der, -, ...dizes)
[...*zäß*] (Med.: Wurmfortsatz des
Blinddarms); **Ap|pen|di|zi|tis,**
die; -, ...it|iden (Entzündung der
Appendix)
Ap|pe|tit, der; -[e]s, -e; **ap|pe-
tit|an|re|gend; ap|pe|tit|lich;
ap|pe|tit|los; Ap|pe|tit|lo|sig-
keit,** die; -; **Ap|pe|tit[s]|hap-
pen** (ugs.); **Ap|pe|tit|züg|ler**
(den Appetit zügelndes Medika-
ment)
ap|plau|die|ren (Beifall klat-
schen); jmdm. -; **Ap|plaus,** der;
-es, -e (Beifall)
ap|port! ([Anruf an den Hund:]
bring es her!); **Ap|port,** der; -s,
-e (Herbeibringen; Zugebrach-
tes); **ap|por|tie|ren**
Ap|po|si|ti|on [...*zion*], die; -, -en
(Sprachw.: haupt- od. fürwörtl.
Beifügung, meist im gleichen Fall
wie das Bezugswort, z. B. der
große Forscher, „Mitglied der
Akademie ..."; einem Mann wie
„ihm"); **ap|po|si|tio|nell**
Ap|pre|teur [...*tör*], der; -s, -e
(Zurichter, Ausrüster [von Ge-
weben]); **ap|pre|tie|ren** ([Ge-
webe] zurichten, ausrüsten);
Ap|pre|tur, die; -, -en ([Gewe-
be]zurichtung, -veredelung)
Ap|pro|ba|ti|on [...*zion*], die; -,
-en (staatl. Zulassung als Arzt
od. Apotheker); **ap|pro|bie|ren;**
approbierter Arzt
ap|pro|xi|ma|tiv (annähernd)
Après-Ski [*apräschi*], das; - (be-
queme Kleidung, die man nach
dem Skilaufen trägt); **Après-
Ski-Klei|dung**
Apri|ko|se, die; -, -n; **Apri|ko-
sen|mar|me|la|de**
April, der; -[s], -e (vierter Monat
im Jahr, Ostermond, Wandelmo-
nat; Abk.: Apr.); **April_scherz,
...wet|ter**

a prio|ri (von der Wahrnehmung
unabhängig, aus Vernunftgrün-
den; von vornherein)
apro|pos [*apropo*] (veraltend für:
nebenbei bemerkt; übrigens)
Ap|sis, die; -, ...si|den (halbrunde,
auch vieleckige Altarnische;
[halbrunde] Nische im Zelt zur
Aufnahme von Gepäck u. a.)
Aquä|dukt, der; -[e]s, -e (über
eine Brücke geführte antike Was-
serleitung); **Aqua|ma|rin,** der;
-s, -e (ein Edelstein);
Aqua|naut, der; -en, -en (jmd.,
der in einer Unterwasserstation
die Umweltbedingungen in
größerer Meerestiefe erforscht);
Aqua|pla|ning [auch: ...*ple'-
ning*], das; -[s] (das Auf-
schwimmen der Reifen eines
Kraftfahrzeugs auf aufgestautem
Wasser einer regennassen Stra-
ße); **Aqua|rell,** das; -s, -e (mit
Wasserfarben gemaltes Bild); in
- (Wasserfarben) malen; **aqua-
rel|lie|ren** (in Wasserfarben ma-
len); **Aqua|ria|ner** (Aquarien-
liebhaber); **Aqua|ri|um,** das; -s,
...ien [...*i^e n*] (Behälter zur Pflege
und Züchtung von kleinen Was-
sertieren und -pflanzen)
Äqua|tor, der; -s („Gleicher";
größter Breitenkreis); **Äqua|tor-
tau|fe**
Aqua|vit [*akwawit*], der; -s, -e
(ein Branntwein)
Äqui|va|lent [...*iwa*...], das;
-[e]s, -e (Gegenwert; Aus-
gleich)
Ar, das (auch: der); -s, -e (ein
Flächenmaß; Zeichen: a); drei -
Ära, die; -, (selten:) Ären (Zeital-
ter, -rechnung); christliche -
Ara|bes|ke, die; -, -n (Pflanzen-
ornament); **ara|bisch; -es Voll-
blut; -e Ziffern; ara|bi|sie|ren;
Ara|bist,** der; -en, -en (Wissen-
schaftler auf dem Gebiet der
Arabistik); **Ara|bi|stik,** die; -
(Erforschung der arabischen
Sprache u. Literatur)
Ara|lie [...*i^e*], die; -, -n (trop.
Pflanzengattung)

Ar|beit, die; -, -en; ar|bei|ten; Ar|bei|ter; Ar|bei|te|rin, die; -, -nen; Ar|bei|ter|schaft, die; -; Ar|beit..ge|ber, ...neh|mer; ar|beit|sam; Ar|beit|sam|keit, die; -; Ar|beits..amt, ...be|schaf|fung, ...es|sen (bes. Politik); ar|beits|fä|hig; Ar|beits..fä|hig|keit (die; -), ...ge|richt, ...kraft, die, ...lohn; ar|beits|los; Ar|beits|lo|se, der u. die; -n, -n; Ar|beits|lo|sen|ver|si|che|rung, die; -; Ar|beits..lo|sig|keit (die; -), ...platz; ar|beit[s]|su|chend; Ar|beit[s]-su|chen|de, der u. die; -n, -n; Ar|beits|zeit

ar|cha|isch (aus sehr früher Zeit [stammend], altertümlich); ar|chai|sie|ren (archaische Formen verwenden; altertümeln); Ar|cha|is|mus, der; -, ...men (altertümliche Ausdrucksform, veraltetes Wort)

Ar|chäo|lo|ge, der; -n, -n (Wissenschaftler auf dem Gebiet der Archäologie, Altertumsforscher); Ar|chäo|lo|gie, die; - (Altertumskunde); ar|chäo|lo|gisch

Ar|che, die; -, -n („Kasten''); - Noah

Ar|chi|pel, der; -s, -e (Inselmeer, -gruppe); Ar|chi|tekt, der; -en, -en; Ar|chi|tek|ten|bü|ro; Ar|chi|tek|to|nik, die; -, -en (Wissenschaft der Baukunst [nur Einz.]; Bauart; planmäßiger Aufbau); ar|chi|tek|to|nisch (baulich; baukünstlerisch); Ar|chi|tek|tur, die; -, -en (Baukunst; Baustil)

Ar|chiv, das; -s, -e [...w⁰] (Urkundensammlung; Titel wissenschaftlicher Zeitschriften); Ar|chi|va|li|en [...wali⁰n], die (Mehrz.) (Aktenstücke [aus einem Archiv]); ar|chi|va|lisch (urkundlich); Ar|chi|var, der; -s, -e (Archivbeamter); ar|chi|vie|ren (in ein Archiv aufnehmen)

Are|al, das; -s, -e ([Boden]fläche, Gelände; schweiz. für: Grundstück)

Ären (Mehrz. von: Ära)

Are|na, die; -, ...nen ([sandbestreuter] Kampfplatz; Sportplatz; Manege im Zirkus)

arg; ärger, ärgste; im argen liegen; vor dem Ärgsten bewahren; das Ärgste verhüten; nichts Arges denken

Är|ger, der; -s; är|ger|lich; är|gern; sich über etwas -; Är|ger|nis, das; ...nisses, ...nisse; Arg|list, die; -; arg|li|stig; arg|los; Arg|lo|sig|keit, die; -

Ar|gu|ment, das; -[e]s, -e (Beweis[mittel, -grund]); Ar|gu|men|ta|ti|on [...zion], die; -, -en (Beweisführung); ar|gu|men|tie|ren

Ar|gus|au|gen, die (Mehrz.) (scharfe, wachsame Augen)

Arg|wohn, der; -[e]s; arg|wöh|nen; ich argwöhne; geargwöhnt; zu -; arg|wöh|nisch

Ari|ad|ne|fa|den, der; -s

Arie [ari⁰], die; -, -n (Solo-gesangstück mit Instrumentalbegleitung)

Ari|er [...i⁰r], der; -s, - („Edler''; Angehöriger frühgeschichtl. Völker mit idg. Sprache; nationalsoz.: Nichtjude, Angehöriger der nord. Rasse); arisch [zu: Arier]; ari|sie|ren (nationalsoz.: in arischen Besitz überführen)

Ari|sto|krat, der; -en, -en (Angehöriger des Adels; vornehmer Mensch); Ari|sto|kra|tie, die; -, ...ien; ari|sto|kra|tisch

Arith|me|tik [auch: ...tik], die; - (Zahlenlehre, Rechnen mit Zahlen); Arith|me|ti|ker; arith|me|tisch (auf die Arithmetik bezüglich); -es Mittel (Durchschnittswert)

Arka|den, die (Mehrz.) (Bogenreihe)

arm; ärmer, ärmste; arme Ritter (eine Speise)

Arm, der; -[e]s, -e; vgl. Armvoll

Ar|ma|da, die; -, ...den u. -s („Rüstung''; [mächtige] Kriegsflotte)

Ar|ma|tur, die; -, en; Ar|ma|tu|ren|brett

Arm|band, das (*Mehrz.* ...bänder); **Arm|band|uhr; Arm|bin-de**

Arm|brust, die; -, ...brüste, (auch:) -e

Ärm|chen

Är|me, der u. die; -n, -n

Ar|mee, die; -, Armeen (Heer; Heeresabteilung); **Ar|mee-korps**

Ärmel, der; -s, -; **Ar|mes|län|ge;** auf - an jmdn. herankommen

Ar|me|sün|der, der; *Wesf.* des Armensünders, *Mehrz.* die Armensünder; ein Armersünder, zwei Armesünder; **Ar|me|sün|der-glocke** [*Trenn.*: ...glok|ke] (vgl. Armsünderglocke), die; *Wesf.* der Arme[n]sünderglocke, *Mehrz.* die Arme[n]sünderglocken

ar|mie|ren (veralt. für: bewaffnen; Technik: ausrüsten, bestükken, bewehren); **Ar|mie|rung; Ar|mie|rungs|ei|sen** (Stahlbetonbau: Bewehrungseisen)

ärm|lich; Ärm|lich|keit, die; -

Ärm|ling (Ärmel zum Überstreifen)

arm|se|lig; Arm|se|lig|keit, die; -

Arm|sün|der|glocke [*Trenn.*: ...glok|ke], die; -, -n; (auch:) Armesünderglocke

Ar|mut, die; -; **Ar|muts|zeug|nis**

Arm|voll, der; -, -; zwei - Reisig

Är|ni|ka, die; -, -s (eine Heilpflanze); **Är|ni|ka|tink|tur**

Arom, das; -s, -e (dicht. für: Aroma); **Aro|ma,** das; -s, ...men, -s u. (älter:) -ta; **aro|ma|tisch; aro|ma|ti|sie|ren**

Ar|rak, der; -s, -e u. -s (Branntwein, bes. aus Reis)

Ar|ran|ge|ment [*arangsch*e*-mang*], das; -s, -s (Anordnung; Übereinkunft; Einrichtung eines Musikstücks); **Ar|ran|geur** [*arangschör*], der; -s, -e (wer ein Musikstück einrichtet, einen Schlager instrumentiert od. allgemein etwas arrangiert); **ar|ran-gie|ren** [*arangschir*e*n*]

Ar|rest, der; -[e]s, -e (Beschlagnahme; Haft; Nachsitzen); **Ar-re|stant,** der; -en, -en (Häftling); **Ar|rest|zel|le; ar|re|tie-ren** (anhalten; sperren; veralt. für: verhaften); **Ar|re|tie|rung** (Sperrvorrichtung)

ar|ri|vie|ren [...*wir*e*n*] (in der Welt vorwärtskommen); **ar|ri|viert** (anerkannt, erfolgreich); **Ar|ri-vier|te** (anerkannte[r] Künstler[in]; Emporkömmling), der u. die; -n, -n

ar|ro|gant (anmaßend); **Ar|ro-ganz,** die; -

Arsch (derb), der; -[e]s, Ärsche; **Arsch-backe** [*Trenn.*: ...bak|ke] (derb), **...krie|cher** (derb für: übertrieben schmeichlerischer Mensch), **...loch** (derb), **...pau-ker** (ugs. abschätzig für: Lehrer)

Ar|sen, das; -s (chem. Grundstoff; Zeichen: As)

Ar|se|nal, das; -s, -e (Zeughaus; Geräte-, Waffenlager)

Ar|se|nik, das; -s (gift. Arsenverbindung)

Art, die; -, -en; **ar|ten;** nach jmdm. -; **Ar|ten|reich|tum,** der; -[e]s; **art|er|hal|tend**

Ar|te|rie [...*i*e], die; -, -n (Schlagader); **ar|te|ri|ell; Ar|te|ri|en-ver|kal|kung; Ar|te|rio|skle-ro|se** (Arterienverkalkung); **ar-te|rio|skle|ro|tisch**

Ar|thri|ti|ker, der; -s, - (an Arthritis Leidender); **Ar|thri|tis,** die; -, ...itiden (Gelenkentzündung); **ar|thri|tisch**

ar|tig (gesittet; folgsam); **Ar|tig-keit**

Ar|ti|kel [auch: ...*ti*...], der; -s, - („kleines Glied"; Geschlechtswort; Abschnitt [Abk.: Art.]; Ware; Aufsatz); **Ar|ti|kel|se|rie** [auch: ...*ti*...] (Folge von Artikeln zu einem Thema); **Ar|ti|ku|la|ti-on** [...*zion*], die; -, -en (Biol.: Gliederung, Gelenkverbindung; Sprachw.: Lautbildung, Aussprache); **ar|ti|ku|la|to|risch; ar|ti|ku|lie|ren** (deutlich aussprechen, formulieren)

Ar|til|le|rie, die; -, ...ien; Ar|til|le-
rist, der; -en, -en; ar|til|le|ri-
stisch
Ar|ti|schocke [Trenn.: ...schok-
ke], die; -, -n (eine Zier- u. Gemü-
sepflanze)
Ar|tist, der; -en, -en; Ar|ti|stik,
die; - (Kunst der Artisten); Ar|ti-
stin, die; -, -nen; ar|ti|stisch
art|ver|wandt
Ar|ve [ərwe, schweiz.: ərfe], die;
-, -n alemann. (Zirbelkiefer)
Arz|nei; Arz|nei-buch, ...mit-
tel, das; Arz|nei|mit|tel|leh|re;
Arzt, der; -es, Ärzte; Ärz|te-
schaft, die; -; Arzt|hel|fe|rin;
Ärz|tin, die; -, -nen; ärzt|lich
As, das; Asses, Asse (Eins [auf
Karten]; das od. der Beste [z. B.
im Sport]; Tennis: für den Gegner
unerreichbarer Aufschlagball)
As|best, der; -[e]s, -e (minerali-
sche Faser); As|best|plat|te
Asch|be|cher, Aschen|be|cher;
asch|blond; Asche, die; -,
(techn.:) -n; Asche|ge|halt,
der; Aschen|bahn; Asch[en]-
be|cher; Aschen|brö|del, das;
-s, (für: jmd., der ein unscheinba-
res Leben führt, auch Mehrz.:)
- (Märchengestalt); Aschen-
put|tel, das; -s, - hess. (Aschen-
brödel); Ascher (ugs. für:
Aschenbecher); Ascher|mitt-
woch (Mittwoch nach Fast-
nacht); asch-fahl, ...grau,
aber: bis ins Aschgraue (bis zum
Überdruß)
Ase, der; -n, -n (meist Mehrz.;
germ. Gottheit)
äsen; das Rotwild äst (frißt)
Asep|sis, die; - (Med.: Keimfrei-
heit); asep|tisch (keimfrei)
Äser (Mehrz. von: Aas)
Asi|at, der; -en, -en; asia|tisch;
-e Grippe
As|ke|se, die; - (enthaltsame Le-
bensweise); As|ket, der; -en,
-en (enthaltsam lebender
Mensch); As|ke|tik, die; -; as-
ke|tisch
aso|zi|al [auch: ...al] (gemein-
schaftsschädigend; gemein-

schaftsfremd); Aso|zia|li|tät,
die; -
Aspekt, der; -[e]s, -e (Ansicht,
Gesichtspunkt; Astron.: bestimmte Stellung der Planeten
zueinander)
As|phalt [auch: aß...], der; -[e]s,
-e; as|phal|tie|ren; As|phalt-
stra|ße
Aspik [auch: aßpik u. aßpik], der;
-s, -e (Gallert aus Gelatine od.
Kalbsknochen)
Aspi|rant, der; -en, -en (Bewer-
ber; Anwärter; DDR: wissenschaftliche Nachwuchskraft in
der Weiterbildung); Aspi|ra|ti-
on [...zion], die; -, -en (veralt.
für: Bestrebung [meist Mehrz.]
As|sel, die; -, -n (ein Krebstier)
As|ses|sor, der; -s, ...oren (,,Bei-
sitzer''; Anwärter der höheren
Beamtenlaufbahn; Abk.: Ass.);
As|ses|so|rin, die; -, -nen
As|si|mi|la|ti|on [...zion], As|si-
mi|lie|rung, die; -, -en (Anglei-
chung); as|si|mi|lie|ren
As|si|stent, der; -en, -en (Gehil-
fe, Mitarbeiter); As|si|sten|tin,
die; -, -nen; As|si|stenz, die;
-, -en (Beistand); As|si|stenz-
arzt; as|si|stie|ren (beistehen)
As|so|zia|ti|on [...zion], die; -,
-en (Vereinigung; Psych.: Vor-
stellungsverknüpfung); as|so-
zi|ieren (verknüpfen); sich -
(sich [genossenschaftlich] zu-
sammenschließen); assoziierte
Staaten
Ast, der; -[e]s, Äste; AStA =
Allgemeiner Studentenausschuß
Äst|chen
asten (ugs. für: sich abmühen);
geastet
Aster, die; -, -n (,,Sternblume'';
eine Zierpflanze); Astern|art
Asthe|nie, die; -, ...ien (Med.: all-
gemeine Körperschwäche);
Asthe|ni|ker (schmaler,
schmächtiger Mensch); asthe-
nisch
Äs|thet, der; -en, -en
([überfeinerter] Freund des
Schönen); Äs|the|tik, die; -

(Wissenschaft von den Gesetzen
der Kunst, bes. vom Schönen);
äs|the|tisch (auch für: über-
feinert); **Äs|the|ti|zis|mus,** der;
- (das Ästhetische betonende
Haltung)

Asth|ma, das; -s (anfallsweise
auftretende Atemnot); **Asth-
ma|ti|ker,** der; -s, -; **asth|ma-
tisch**

ästi|mie|ren (veraltend für:
schätzen, würdigen)

as|t|rein; etwas ist nicht ganz -
(ugs. für: ist anrüchig)

Astro|lo|ge, der; -n, -n (Stern-
deuter); **Astro|lo|gie,** die; -
(Sterndeutung); **astro|lo-
gisch; Astro|naut,** der; -en, -en
(Weltraumfahrer); **Astro|nau-
tik,** die; - (Wissenschaft von der
Raumfahrt, auch: die Raumfahrt
selbst); **astro|nau|tisch;
Astro|nom,** der; -en, -en
(Stern-, Himmelsforscher);
Astro|no|mie, die; - (Stern-,
Himmelskunde); **astro|no-
misch**

Asyl, das; -s, -e (Zufluchtsort,
Heim); **Asy|lant,** der; -en, -en
(Bewerber um politisches Asyl);
Asyl|recht, das; -[e]s

Asym|me|trie, die; -, -ien (Man-
gel an Ebenmaß; Ungleichmä-
ßigkeit); **asym|me|trisch**

Ata|vis|mus [...*wiß*...], der; -,
...men (plötzl. Wiederauftreten
von Eigenschaften der Ahnen);
ata|vi|stisch

Ate|lier [*at°lie*], das; -s, -s
([Künstler]werkstatt; [fotogr.]
Aufnahmeraum); **Ate|lier|fest**

Atem, der; -s; - holen; außer -
sein; **atem|be|rau|bend; Atem-
be|schwer|den,** die (*Mehrz.*);
Atem|ho|len, das; -s; **atem|los;
Atem|pau|se**

a tem|po (ugs.: sofort, schnell;
Musik: im Anfangstempo)

Athe|is|mus, der; - (Leugnung
der Existenz [eines gestalthaften]
Gottes, einer von Gott bestimm-
ten Weltordnung); **Athe|ist,** der;
-en, -en; **athe|is|tisch**

Äther, der; -s, (für: Betäubungs-,
Lösungsmittel auch *Mehrz.*: -
(„Himmelsluft"; feiner Urstoff in
der gr. Philosophie; geh. für:
Himmel); **äthe|risch** (ätherar-
tig; himmlisch; zart); ätherische
Öle

Ath|let, der; -en, -en („Wett-
kämpfer"); **Ath|le|tik,** die; -;
bes. in: Leichtathletik, Schwer-
athletik; **Ath|le|ti|ker,** der; -s, -
(Mensch von athletischer Kon-
stitution); **ath|le|tisch**

¹**At|las,** der; - u. Atlasses, Atlasse
u. Atlanten (geographisches Kar-
tenwerk; Bildtafelwerk)

²**At|las,** der; - u. Atlasses, Atlasse
(ein Seidengewebe)

at|men

At|mo|sphä|re, die; -, -n (Luft-
hülle; Druckmaß; Stimmung,
Umwelt); **At|mo|sphä|ren-
über|druck** (*Mehrz.* ...drücke);
at|mo|sphä|risch

At|mung; at|mungs|ak|tiv

Atoll, das; -s, -e (ringförmige Ko-
ralleninsel)

Atom, das; -s, -e („unteilbar";
kleinster Materieteil eines chem.
Grundstoffes); **ato|mar** (das
Atom, die Kernenergie, die Atomwaffen betreffend; mit Atomwaf-
fen [versehen]); **Atom|bom|be**
(kurz: A-Bombe); **Atom|bom-
ber; Atom_ener|gie** (die; -),
...ge|wicht; Atomiseur
[...*sör*], der; -s, -e (Zerstäuber);
ato|mi|sie|ren (in Atome auf-
lösen; völlig zerstören); **Ato|mi-
sie|rung; Atom_kraft|werk,
...krieg, ...macht** (Staat, der im
Besitz von Atomwaffen ist),
**...müll, ...physik, ...strom;
Atom-U-Boot; Atom|waf|fe**
(meist *Mehrz.*); **Atom|waf|fen-
sperr|ver|trag,** der; -[e]s

ato|nal [auch: *atonal*] (Musik: an
keine Tonart gebunden); -e Musik

ätsch! (ugs.)

At|ta|ché [*atasche*], der; -s, -s
(„Zugeordneter"; Anwärter des
diplomatischen Dienstes; Aus-

landsvertretungen zugeteilter Berater); **At|tacke** [*Trenn.*: ...tak|ke], die; -, -n ([Reiter]angriff); **at|tackie|ren** [*Trenn.*: ...tak|kie...]

At|ten|tat [auch: *a*...], das; -[e]s, -e; **At|ten|tä|ter** [auch: *a*...], der; -s, -

At|test, das; -[e]s, -e (ärztl. Bescheinigung; Gutachten; Zeugnis); **at|te|stie|ren**

At|ti|tü|de, die; -, -n (Haltung; [innere] Einstellung; Ballett: eine [Schluß]figur)

At|trak|ti|on [...*zion*], die; -, -en; **at|trak|tiv;** **At|trak|ti|vi|tät** [...*wi*...], die; -

At|trap|pe, die; -, -n ([täuschend ähnliche] Nachbildung; Schau-, Blindpackung)

At|tri|but, das; -[e]s, -e (Sprachw.: Beifügung; auch: Eigenschaft, Merkmal; Beigabe); **at|tri|bu|tiv** (beifügend); **At|tri|but|satz**

ät|zen (füttern [von Raubvögeln]); **ät|zen** (beizen); **Ätz|flüs|sig|keit**

au!; au Backe!; auweh! (ugs.)

Au, Aue, die; -, Auen (landsch. od. dicht.: feuchte Niederung)

Au|ber|gi|ne [*obärschin*e], die; -, -n (Nachtschattengewächs mit gurkenähnlichen Früchten; Eierpflanze)

auch; wenn auch; auch wenn; **Auch|künst|ler**

Au|di|enz, die; -, -en (feierl. Empfang; Zulassung zu einer Unterredung); **Au|dio|vi|si|on,** die; - (Gebiet der audiovisuellen Technik); **au|dio|vi|su|ell** (zugleich hör- u. sichtbar, Hören u. Sehen ansprechend); **-er** Unterricht; **Au|di|to|ri|um,** das; -s, ...ien [...*i*e*n*] (ein Hörsaal [der Hochschule]; Zuhörerschaft)

Aue vgl. Au; **Au|en|land|schaft**

Au|er|hahn

Au|er|och|se

auf; *Verhältnisw.* mit *Wemf.* u. *Wenf.*: auf dem Tisch liegen, **aber**: auf den Tisch legen; auf

Grund; aufs neue; auf das, aufs beste; auf seiten; auf einmal; *Umstandsw.*: auf und ab, auf und nieder; auf und davon; das Auf und Nieder, das Auf und Ab

auf|ar|bei|ten; Auf|ar|bei|tung

auf|at|men

auf|bah|ren; Auf|bah|rung

Auf|bau, der; -[e]s, (für: Gebäude-, Schiffsteil auch *Mehrz.*:) -ten; **Auf|bau|ar|beit; auf|bau|en;** eine Theorie auf einer Annahme -; jmdn. - (an jmds. Aufstieg arbeiten)

auf|bäu|men, sich

auf|bau|schen (übertreiben)

auf|be|geh|ren

auf|be|hal|ten; den Hut -

auf|be|kom|men; Aufgaben -

auf|bes|sern; Auf|bes|se|rung

auf|be|wah|ren; Auf|be|wah|rung

auf|bie|ten; Auf|bie|tung, die; -; unter - aller Kräfte

auf|bin|den; jmdm. etwas - (ugs. für: weismachen)

auf|blä|hen; Auf|blä|hung

auf|bla|sen; vgl. aufgeblasen

auf|blei|ben

auf|blen|den

auf|blicken[1]

auf|blit|zen

auf|blü|hen

auf|bocken[1]

auf|brau|chen

auf|brau|sen; auf|brau|send

auf|bre|chen

auf|brin|gen (auch für: kapern); vgl. aufgebracht

Auf|bruch, der; -[e]s, ...brüche

auf|brü|hen

auf|brum|men (ugs. für: auferlegen); eine Strafe -

auf|bü|geln

auf|bür|den; Auf|bür|dung

auf|decken[1]**; Auf|deckung**[1]

auf|don|nern, sich (ugs.: sich auffällig kleiden u. schminken)

auf|drän|gen; jmdm. etwas -; sich jmdm. -

auf|dre|hen

---

[1] *Trenn.*: ...k|k...

auf|dring|lich; Auf|dring|lich-keit

auf|drö|seln landsch. ([Gewebe usw. mühsam] aufdrehen)

Auf|druck, der; -[e]s, -e; **auf-drucken**[1]

auf|drücken[1]

auf|ein|an|der; aufeinander (auf sich gegenseitig) achten, warten, aufeinander auffahren; **auf|ein-an|der|bei|ßen;** die Zähne -; **Auf|ein|an|der|fol|ge,** die; -; **auf|ein|an|der_fol|gen, ...le-gen, ...pral|len, ...pres|sen, ...sto|ßen, ...tref|fen**

Auf|ent|halt, der; -[e]s, -e; **Auf-ent|halts|ge|neh|mi|gung**

auf|er|le|gen; ich erlege ihm etwas auf, (seltener:) ich auferlege; auferlegt; aufzuerlegen

auf|er|ste|hen; üblich sind nur ungetrennte Formen, z. B. wenn er auferstünde, er ist auferstanden; **Auf|er|ste|hung,** die; -

auf|er|wecken[1]; vgl. auferstehen; **Auf|er|weckung**[1]

auf|fah|ren; Auf|fahrt; Auf-fahr|un|fall

auf|fal|len; auf fällt, daß ...; **auf-fal|lend; auf|fäl|lig; Auf|fäl-lig|keit**

auf|fan|gen; Auf|fang|la|ger

auf|fas|sen; Auf|fas|sung; Auf-fas|sungs|ga|be

auf|fin|den; Auf|fin|dung

auf|flie|gen

auf|for|dern; Auf|for|de|rung; Auf|for|de|rungs|satz

auf|for|sten (Wald [wieder] an-pflanzen); **Auf|for|stung**

auf|fres|sen

auf|fri|schen; der Wind frischt auf; **Auf|fri|schung**

auf|füh|ren; Auf|füh|rung; Auf-füh|rungs|recht

auf|fül|len; Auf|fül|lung

Auf|ga|be

auf|ga|beln (ugs. auch für: zufäl-lig treffen u. mitnehmen)

Auf|ga|ben|be|reich, der; **Auf-ga|be|stem|pel**

Auf|ga|lopp (Sportspr.: Galop-pieren an den Schiedsrichtern vorbei zum Start; Auftakt, erste Runde, Beginn)

Auf|gang, der

auf|ge|ben

auf|ge|bläht

auf|ge|bla|sen; ein -er (eingebil-deter) Kerl

Auf|ge|bot; Auf|ge|bots|schein

auf|ge|bracht (erregt, erzürnt)

auf|ge|don|nert vgl. aufdonnern

auf|ge|dreht (ugs. für: angeregt)

auf|ge|dun|sen

auf|ge|hen; es geht mir auf (es wird mir klar)

auf|ge|klärt

auf|ge|knöpft (ugs. für: mitteil-sam)

auf|ge|kratzt; in -er (ugs. für: fro-her) Stimmung sein

auf|ge|legt (auch für: zu etwas bereit, gelaunt); zum Spazieren-gehen - sein

auf|ge|paßt!

auf|ge|räumt (auch für: heiter); in -er Stimmung sein

auf|ge|regt; Auf|ge|regt|heit, die; -

auf|ge|schlos|sen; - (mitteil-sam) sein; **Auf|ge|schlos|sen-heit,** die; -

auf|ge|schmis|sen; - (ugs. für: hilflos) sein

auf|ge|schos|sen; hoch -

auf|ge|ta|kelt (ugs. für: auffällig, geschmacklos gekleidet)

auf|ge|weckt; ein -er (kluger) Junge; **Auf|ge|weckt|heit,** die; -

auf|ge|wor|fen; eine -e Nase

auf|glie|dern; Auf|glie|de|rung

auf Grund, (häufig auch schon:) **auf|grund** (vgl. Grund)

Auf|guß

auf|ha|ben (ugs.); ..., daß er einen Hut aufhat; für die Schule viel - (als Aufgabe)

auf|hal|sen (ugs. für: aufbürden)

auf|hal|ten; Auf|hal|tung

auf|hän|gen; sich -; vgl. [2]hängen; **Auf|hän|ger; Auf|hän|ge|vor-rich|tung**

---

[1] *Trenn.:* ...k|k...

auf|häu|fen

auf|he|ben; Auf|he|ben, das; -s; [ein] großes -, viel -[s] von dem Buch machen; **Auf|he|bung,** die; -

auf|hei|tern; Auf|hei|te|rung

auf|het|zen; Auf|het|zung

auf|hor|chen; die Nachricht ließ - **auf|hö|ren**

auf|hucken [Trenn.: ...huk|ken] (ugs.: auf den Rücken nehmen)

Auf|kauf; auf|kau|fen; Auf|käu|fer

auf|keh|ren

auf|kla|ren (Seemannsspr.: aufräumen; klar werden, sich aufklären [vom Wetter]); es klart auf;

auf|klä|ren (erkennen lassen; belehren); der Himmel klärt sich auf (wird klar); **Auf|klä|rer; auf|klä|re|risch; Auf|klä|rung; Auf|klä|rungs|flug|zeug**

auf|kle|ben; Auf|kle|ber

auf|knacken [Trenn.: ...knak|ken]

auf|knöp|fen; vgl. aufgeknöpft

auf|knüp|fen; Auf|knüp|fung

auf|kom|men

auf|krat|zen; vgl. aufgekratzt

auf|krem|peln

auf|krie|gen (ugs.)

auf|kün|den, (älter für:) **auf|kün|di|gen; Auf|kün|di|gung**

auf|la|den; vgl. ¹laden; **Auf|la|de|platz**

Auf|la|ge (Abk.: Aufl.); **Auf|la|ge[n]|hö|he**

auf|las|sen (aufsteigen lassen; Bergmannsspr.: Grube stillegen; Rechtsspr.: Grundeigentum übertragen); **Auf|las|sung**

auf|lau|ern; jmdm. -

Auf|lauf (Ansammlung; Speise); **Auf|lauf|brem|se; auf|lau|fen** (anwachsen [von Schulden]; Seemannsspr.: auf Grund geraten)

auf|lecken [Trenn.: ...lek|ken]

Auf|le|ge|ma|trat|ze; auf|le|gen; vgl. aufgelegt

auf|leh|nen, sich; **Auf|leh|nung**

Auf|lie|fe|rer; auf|lie|fern; Auf|lie|fe|rung

auf|lie|gen (ausliegen; auch: sich wundliegen)

auf|li|sten; Auf|li|stung

auf|lockern [Trenn.: ...lok|kern]

auf|lö|sen; Auf|lö|sung; Auf|lö|sungs|pro|zeß

auf'm (ugs. für: auf dem)

auf|ma|chen; auf- und zumachen; **Auf|ma|cher** (wirkungsvoller Titel, eingängige Schlagzeile für einen Zeitungs- od. Illustriertenartikel); **Auf|ma|chung**

Auf|marsch, der; **auf|mar|schie|ren**

auf|mer|ken; auf|merk|sam; jmdn. auf etwas - machen; **Auf|merk|sam|keit**

auf|mö|beln (ugs. für: aufmuntern; etw. erneuern)

auf|mucken [Trenn.: ...muk|ken] (ugs.)

auf|mun|tern; Auf|mun|te|rung

auf|müp|fig landsch. (aufsässig, trotzig); **Auf|müp|fig|keit**

auf'n (ugs. für: auf den)

Auf|nah|me, die; -, -n; **auf|nah|me|fä|hig; Auf|nah|me|prü|fung; auf|neh|men; Auf|neh|mer** landsch. (Scheuerlappen)

auf|nö|ti|gen

auf|ok|troy|ieren [...oktroajir°n] (aufdrängen, aufzwingen)

auf|op|fern; sich -; **Auf|op|fe|rung,** die; -, (selten:) -en; **auf|op|fe|rungs|voll**

auf|packen [Trenn.: ...pak|ken]

auf|päp|peln

auf|pas|sen; Auf|pas|ser

auf|pfrop|fen

auf|picken [Trenn.: ...pik|ken]

auf|plu|stern; sich -

Auf|prall, der; -[e]s, (selten:) -e; **auf|pral|len**

auf|put|zen; sich -

auf|quel|len; vgl. ¹quellen

auf|raf|fen; sich -

auf|rap|peln, sich (ugs. für: sich aufraffen)

auf|rau|hen

auf|räu|men; vgl. aufgeräumt; **Auf|räu|mung; Auf|räu|mungs|ar|bei|ten,** die (Mehrz.)

auf|rech|nen; Auf|rech|nung

auf|recht; - (gerade, in aufrechter Haltung) halten, sitzen, stehen, stellen; er kann sich nicht - halten; **auf|recht|er|hal|ten** (weiterbestehen lassen); ich erhalte aufrecht, habe -; aufrechtzuerhalten; **Auf|recht|er|hal|tung,** die; -

auf|re|gen; auf|re|gend; Auf|re|gung

auf|rei|ben; auf|rei|bend

auf|rei|zen; auf|rei|zend; Auf|rei|zung

auf|rich|ten; auf|rich|tig; Auf|rich|tig|keit, die; -; **Auf|rich|tung,** die; -

Auf|riß (Bauzeichnung)

auf|rücken [Trenn.: ...rük|ken]

Auf|ruf; auf|ru|fen

Auf|ruhr, der; -[e]s; **auf|rüh|ren; Auf|rüh|rer; auf|rüh|re|risch**

auf|run|den (Zahlen nach oben runden); **Auf|run|den**

auf|rü|sten; Auf|rü|stung

auf|rüt|teln

aufs (auf das)

auf|säs|sig; Auf|säs|sig|keit

Auf|satz; Auf|satz|the|ma

auf|schei|nen österr. (erscheinen, ersichtlich sein, vorkommen)

auf|scheu|chen

auf|schie|ben; Auf|schie|bung

Auf|schlag; auf|schla|gen

auf|schlie|ßen; vgl. aufgeschlossen; **Auf|schlie|ßung**

Auf|schluß; auf|schlüs|seln; Auf|schlüs|se|lung; auf|schluß|reich

auf|schnap|pen

auf|schnei|den; Auf|schnei|der; Auf|schnei|de|rei; auf|schnei|de|risch; Auf|schnitt; kalter -

¹auf|schrecken [Trenn.: ...schrek|ken]; sie schrak od. schreckte auf; sie war aufgeschreckt; vgl. ¹schrecken; **²auf|schrecken** [Trenn.: ...schrek|ken]; ich schreckte ihn auf; sie hatte ihn aufgeschreckt; vgl. ²schrecken

Auf|schrei; auf|schrei|en

auf|schrei|ben; Auf|schrift

Auf|schub

auf|schwat|zen, (landsch.:) **auf|schwät|zen**

¹auf|schwel|len; der Leib schwoll auf, ist aufgeschwollen; vgl. ¹schwellen; **²auf|schwel|len;** der Exkurs schwellte das Buch auf, hat das Buch aufgeschwellt; vgl. ²aufschwellen;

Auf|schwel|lung

auf|schwem|men

auf|schwin|gen, sich; **Auf|schwung**

auf|se|hen; Auf|se|hen, das; -s; **auf|se|hen|er|re|gend; Auf|se|her; Auf|se|he|rin,** die; -, -nen

auf|sein (ugs. für: geöffnet sein; außer Bett sein)

auf sei|ten; mit Wesf.: - - - der Regierung

auf|set|zen; Auf|set|zer (Sportspr.)

Auf|sicht, die; -, -en; **auf|sicht|füh|rend; Auf|sicht|füh|ren|de,** der u. die; -n, -n; **Auf|sichts_be|am|te, ...rat** (Mehrz. ...räte); **Auf|sichts|rats|sit|zung**

auf|sit|zen; jmdn. - lassen (jmdn. im Stich lassen); jmdm. - (auf jmdn. hereinfallen)

auf|spie|len; sich -

auf|spie|ßen

auf|split|tern; Auf|split|te|rung

aufspray|en [...ßpre¹-ᵉn]

auf|spren|gen; eine Tür - (mit Gewalt öffnen)

auf|spu|len; ein Tonband -

auf|spü|len; Sand -

auf|spü|ren; Auf|spü|rung

auf|sta|cheln

Auf|stand; auf|stän|disch; Auf|stän|di|sche, der u. die; -n, -n; **Auf|stands|versuch**

auf|sta|peln

auf|stecken [Trenn.: ...stek|ken]; vgl. ²stecken

auf|ste|hen

auf|stei|gen; Auf|stei|ger (Sportspr.)

auf|stel|len; <u>Auf</u>|stel|lung
auf|stem|men (mit dem Stemm-
eisen öffnen); sich -
<u>Auf</u>|stieg, der; -[e]s, -e; <u>Auf</u>-
stiegs_mög|lich|keit, ...spiel
(Sportspr.)
<u>auf</u>|stö|bern
<u>auf</u>|stocken [*Trenn.*: ...stok|ken]
([um ein Stockwerk] erhöhen)
<u>auf</u>|sto|ßen; mir stößt etwas auf
<u>auf</u>|stre|ben; <u>auf</u>|stre|bend
<u>auf</u>|strei|chen; <u>Auf</u>|strich
<u>auf</u>|ta|keln (Seemannsspr.: mit
Takelwerk ausrüsten); sich -
(ugs. für: sich auffällig, ge-
schmacklos kleiden und schmin-
ken); vgl. aufgetakelt
<u>Auf</u>|takt, der; -[e]s, -e
<u>auf</u>|tan|ken; ein Auto -; das Flug-
zeug tankt auf
<u>auf</u>|tei|len; <u>Auf</u>|tei|lung
<u>auf</u>|ti|schen ([Speisen] auftra-
gen; meist übertr. ugs. für: vorbringen)
<u>Auf</u>|trag, der; -[e]s, ...träge; im
-[e]; <u>auf</u>|tra|gen; <u>Auf</u>|trag|ge-
ber; <u>Auf</u>|trags|be|stä|ti|gung;
<u>auf</u>|trags|ge|mäß
<u>auf</u>|tre|ten; <u>Auf</u>|tre|ten, das; -s
<u>Auf</u>|trieb; <u>Auf</u>|triebs|kraft
<u>Auf</u>|tritt; <u>Auf</u>|tritts|ver|bot
<u>auf</u>|trump|fen
<u>auf</u>|tun; sich -
<u>auf</u>|tür|men; sich -
<u>auf</u> und ab; - - - gehen (ohne
bestimmtes Ziel); <u>Auf</u> und <u>Ab</u>,
das; - - -
<u>auf</u> und da|von; - - - gehen
(ugs.); sich - - - machen (ugs.)
<u>Auf</u>|wand, der; -[e]s; <u>auf</u>-
wand|reich; <u>Auf</u>|wands|ent-
schä|di|gung
<u>Auf</u>|war|te|frau; <u>auf</u>|war|ten;
<u>Auf</u>|wär|ter; <u>Auf</u>|wär|te|rin,
die; -, -nen
<u>auf</u>|wärts; auf- und abwärts; <u>auf</u>-
wärts (nach oben) gehen usw.,
a b e r : <u>aufwärtsgehen</u> (besser
werden); <u>Auf</u>|wärts|ent|wick-
lung
<u>Auf</u>|war|tung
<u>Auf</u>|wasch, der; -[e]s (Geschirr-
spülen; schmutziges Geschirr)

<u>auf</u>|wecken [*Trenn.*: ...wek|ken];
vgl. aufgeweckt
<u>auf</u>|wei|chen; vgl. ¹weichen;
<u>Auf</u>|wei|chung
<u>Auf</u>|weis, der; -es, -e; <u>auf</u>|wei-
sen
<u>auf</u>|wen|den; ich wandte oder
wendete viel Zeit auf, habe auf-
gewandt od. aufgewendet; auf-
gewandte od. aufgewendete
Zeit; <u>auf</u>|wen|dig (luxuriös);
<u>Auf</u>|wen|dung
<u>auf</u>|wer|fen; sich zum Richter -
<u>auf</u>|wer|ten; <u>Auf</u>|wer|tung
<u>auf</u>|wickeln [*Trenn.*: ...wik|keln]
<u>Auf</u>|wie|ge|lei; <u>auf</u>|wie|geln;
<u>Auf</u>|wie|ge|lung, <u>Auf</u>|wieg-
lung
<u>auf</u>|wie|gen
<u>Auf</u>|wieg|ler; <u>auf</u>|wieg|le|risch
<u>auf</u>|wi|schen; <u>Auf</u>|wisch|lap-
pen
<u>Auf</u>|wuchs
<u>auf</u>|wüh|len
<u>auf</u>|zäh|len; <u>Auf</u>|zäh|lung
<u>auf</u>|zäu|men; das Pferd am od.
beim Schwanz - (ugs. für: etwas
verkehrt beginnen)
<u>auf</u>|zeich|nen; <u>Auf</u>|zeich|nung
<u>auf</u>|zei|gen (dartun)
<u>auf</u> Zeit (Abk.: a. Z.)
<u>auf</u>|zie|hen; <u>Auf</u>|zucht
<u>Auf</u>|zug; <u>Auf</u>|zug[s]füh|rer; <u>Auf</u>-
zug[s]schacht
<u>auf</u>|zwin|gen
<u>Aug</u>|ap|fel; <u>Au</u>|ge, das; -s, -n;
- um -; <u>Äu</u>|gel|chen, <u>Äug</u>|lein);
<u>äu</u>|geln (veralt. für: [verstohlen]
blicken; auch für: okulieren); <u>äu</u>-
gen ([angespannt] blicken);
<u>Au</u>|gen|arzt, ...bank (*Mehrz.*
...banken), ...blick¹; <u>au</u>|gen-
blick|lich¹; <u>Au</u>|gen|blicks|sa-
che; <u>Au</u>|gen|braue; <u>au</u>|gen|fäl-
lig; <u>Au</u>|gen_far|be, ...pul|ver
(das; -s; ugs. für: sehr kleine,
die Augen anstrengende Schrift),
...schein (der; -[e]s); <u>au</u>|gen-
schein|lich [auch: ...*schain*...];
<u>Au</u>|gen_wei|de (die; -), ...zeu-
ge; <u>Au</u>|gen|zeu|gen|be|richt

---

¹ Auch: ...*blik*...

Au|gi|as|stall (bildl.: verrottete Zustände)

Äug|lein, Äu|gel|chen

Au|gust, der; -[s], -e (achter Monat im Jahr; Abk.: Aug.); Au|gu|sti|ner, der; -s, - (Angehöriger eines kath. Ordens)

Auk|ti|on [...*zion*], die; -, -en (Versteigerung); Auk|tio|na|tor, der; -s, ...oren (Versteigerer)

Au|la, die; -, Aulen u. -s (Vorhof in besseren gr. u. röm. Häusern; Fest-, Versammlungssaal in [Hoch]schulen)

au pair [*o pär*] (Leistung gegen Leistung, ohne Bezahlung); Au-pair-Stel|le

Au|reo|le, die; -, -n (Heiligenschein; Hof [um Sonne und Mond])

Au|ri|kel, die; -, -n (eine Zierpflanze)

aus; *Verhältnisw.* mit *Wemf.*: - dem Hause; - aller Herren Länder[n]; *Umstandsw.*: aus und ein gehen (verkehren); weder aus noch ein wissen; Aus, das; - (Sportspr.: Raum außerhalb des Spielfeldes)

aus|ar|bei|ten; sich -; Aus|ar|bei|tung

aus|at|men; Aus|at|mung

aus|ba|den; eine Sache - müssen (ugs.)

aus|ba|lan|cie|ren; Aus|ba|lan|cie|rung

aus|bal|do|wern (ugs. für: auskundschaften)

Aus|ball (Sportspr.)

Aus|bau, der; -[e]s, (für: Gebäudeteil, abseits gelegenes Anwesen auch *Mehrz.:*) ...bauten

aus|bau|en; aus|bau|fä|hig; Aus|bau|woh|nung

aus|be|din|gen; sich etwas -

aus|bes|sern; Aus|bes|se|rung; aus|bes|se|rungs|be|dürf|tig

Aus|beu|te, die; -, -n

aus|beu|ten; Aus|beu|ter; Aus|beu|te|rei; aus|beu|te|risch; Aus|beu|ter|klas|se; Aus|beu|tung

aus|bil|den; Aus|bil|den|de, der

u. die; -n, -n; Aus|bil|der; Aus|bil|dung; Aus|bil|dungs|ver|trag

aus|bit|ten; sich etwas -

¹aus|blei|chen (bleich machen); du bleichtest aus; ausgebleicht; vgl. ¹bleichen; ²aus|blei|chen (bleich werden); es blich aus; ausgeblichen (auch schon: ausgebleicht); vgl. ²bleichen

Aus|blick

aus|boo|ten

aus|bor|gen; sich etwas von jmdm. -

aus|bre|chen; Aus|bre|cher

aus|brei|ten; Aus|brei|tung

aus|brin|gen; einen Trinkspruch -

Aus|bruch, der; -[e]s, ...brüche; Aus|bruchs|ver|such

aus|bud|deln (ugs.)

aus|bü|geln

aus|bu|hen (mit Buhrufen an jmdm. Kritik üben)

Aus|bund, der; -[e]s

aus|bür|gern; Aus|bür|ge|rung

Aus|dau|er; aus|dau|ernd

aus|deh|nen; sich -; Aus|deh|nung; Aus|deh|nungs|ko|ef|fi|zi|ent

aus|den|ken; sich etwas -

aus|die|nen; vgl. ausgedient

aus|dor|ren; aus|dör|ren

Aus|druck, der; -[e]s, ...drücke u. (Druckw.:) ...drucke; aus|drucken [*Trenn.:* ...druk|ken] ([ein Buch] fertig drucken); aus|drücken [*Trenn.:* ...drük|ken]; sich -; aus|drück|lich [auch: ...*drük*...]; aus|drucks|voll; Aus|drucks|wei|se

aus|dun|sten, (häufiger:) aus|dün|sten

aus|ein|an|der; auseinander sein; auseinander (voneinander getrennt) setzen, liegen; aus|ein|an|der|ge|hen (sich trennen, unterscheiden; ugs. für: dick werden); aus|ein|an|der|hal|ten (sondern); aus|ein|an|der|set|zen (erklären); sich mit jmdm. od. etwas -; Aus|ein|an|der|set|zung

aus|er|ko|ren (auserwählt)

aus|er|le|sen
aus|er|se|hen
aus|er|wäh|len; aus|er|wählt; Aus|er|wähl|te, der u. die; -n, -n
aus|fah|ren; aus|fah|rend (jäh, beleidigend); Aus|fahrt; Aus|fahrt[s]|er|laub|nis
Aus|fall, der; aus|fal|len; vgl. ausgefallen; aus|fäl|len (Chemie: gelöste Stoffe in Kristalle, Flocken, Tröpfchen überführen); aus|fal|lend od. aus|fäl|lig (beleidigend); Aus|fall[s]|er|schei|nung (Med.); Aus|fall|stra|ße
aus|fech|ten
aus|fin|dig; - machen
aus|flip|pen (ugs.: die bürgerliche Gesellschaft nach Drogenkonsum verlassen, ein unbürgerliches, ungordnetes Leben führen); ausgeflippt (auch für: durch ständigen Drogenkonsum außer Selbstkontrolle)
Aus|flucht, die; -, ...flüchte
Aus|flug; Aus|flüg|ler; Aus|flugs|ver|kehr
Aus|fluß
aus|fra|gen; Aus|fra|ge|rei
aus|fran|sen; vgl. ausgefranst
aus|fres|sen; etwas ausgefressen (ugs. für: verbrochen) haben
Aus|fuhr, die; -, -en); aus|füh|ren; Aus|fuhr|land (Mehrz. ...länder); aus|führ|lich[1]; Aus|führ|lich|keit[1], die; -; Aus|füh|rung; Aus|füh|rungs|be|stim|mung
aus|fül|len; Aus|fül|lung
Aus|ga|be (Abk. für Drucke: Ausg.); Aus|ga|be[n]|buch; Aus|ga|ben|po|li|tik; Aus|ga|be|ter|min
Aus|gang; aus|gangs (Papierdt.); mit Wesf.: - des Tunnels; Aus|gangs|ba|sis
aus|ge|ben; Geld -; sich -
aus|ge|bleicht; vgl. [1]ausbleichen; aus|ge|bli|chen; vgl. [2]ausbleichen

aus|ge|bucht (voll besetzt, ohne freie Plätze); ein -es Flugzeug
aus|ge|bufft (ugs. für: raffiniert)
Aus|ge|burt
aus|ge|dient; ein -er Soldat; - haben
aus|ge|fal|len (auch für: ungewöhnlich); -e Ideen
aus|ge|feilt
aus|ge|flippt vgl. ausflippen
aus|ge|franst; eine -e Hose
aus|ge|fuchst (ugs. für: durchtrieben)
aus|ge|gli|chen; ein -er Mensch; Aus|ge|gli|chen|heit, die; -
aus|ge|hun|gert (sehr hungrig)
aus|ge|klü|gelt
aus|ge|kocht (ugs. für: durchtrieben); ein -er Kerl
aus|ge|las|sen (auch für: übermütig); ein -er Junge; Aus|ge|las|sen|heit, die; -
aus|ge|la|stet
aus|ge|laugt; -e Böden
aus|ge|lei|ert
aus|ge|lernt; ein -er Schlosser; Aus|ge|lern|te, der u. die; -n, -n
aus|ge|lit|ten; - haben
aus|ge|macht (feststehend); als - gelten; ein -er (ugs. für: großer) Schwindel
aus|ge|mer|gelt
aus|ge|nom|men; alle waren zugegen, er ausgenommen (od. ausgenommen er)
aus|ge|picht (ugs. für: gerissen, durchtrieben)
aus|ge|po|wert
aus|ge|prägt; eine -e (stark entwickelte) Vorliebe
aus|ge|pumpt (ugs. für: erschöpft)
aus|ge|rech|net
aus|ge|schlos|sen (unmöglich); es ist [nicht] -, daß ...
aus|ge|spro|chen (entschieden, sehr groß); eine -e Abneigung; aus|ge|spro|che|ner|ma|ßen
aus|ge|stal|ten; Aus|ge|stal|tung
aus|ge|steu|ert; Aus|ge|steu|er|te, der u. die; -n, -n

[1] Auch: ...für...

aus|ge|sucht ([aus]erlesen; aus-gesprochen)

aus|ge|wach|sen (voll ausge-reift)

aus|ge|wo|gen (wohl abge-stimmt, harmonisch); **Aus|ge-wo|gen|heit,** die; -

aus|ge|zeich|net (vorzüglich, hervorragend); -e Leistungen

aus|gie|big (reichlich)

Aus|gleich, der; -[e]s, -e; **aus-glei|chen;** vgl. ausgeglichen; **Aus|gleichs.ge|trie|be** (für: Differential), **...sport**

aus|gra|ben; **Aus.grä|ber, ...gra|bung**

aus|grei|fen; **Aus|griff**

Aus|guck, der; -[e]s, -e

Aus|guß

aus|ha|ben (ugs.); ..., daß er den Mantel aushat; das Buch -

aus|hal|ten; es ist nicht zum Aus-halten

aus|hän|di|gen; **Aus|hän|di-gung**

Aus|hang; ¹aus|hän|gen; die Verordnung hat ausgehangen; vgl. ¹hängen; ²aus|hän|gen; ich habe das Fenster ausgehängt; vgl. ²hängen; **Aus|hän|ge-schild,** das

aus|har|ren

aus|hau|chen; sein Leben -

aus|he|ben (herausheben; zum Heeresdienst einberufen); **Aus-he|ber** (Griff beim Ringen)

aus|he|cken [*Trenn.*: ...hek|ken] (ugs. für: listig ersinnen)

aus|hel|fen; **Aus|hel|fer; Aus-hil|fe; Aus|hilfs|kraft,** die; aus|hilfs|wei|se

aus|hol|zen; **Aus|hol|zung**

aus|hor|chen; **Aus|hor|cher**

aus|hun|gern; vgl. ausgehungert

aus|ixen (ugs. für: mit dem Buch-staben x ungültig machen)

aus|käm|men; **Aus|käm|mung**

aus|keh|ren

aus|ken|nen, sich

aus|kip|pen

aus|klam|mern; **Aus|klam|me-rung**

aus|kla|mü|sern vgl. klamüsern

Aus|klang

aus|klei|den; sich -; **Aus|klei-dung**

aus|klop|fen; **Aus|klop|fer**

aus|knei|fen (ugs. für: feige u. heimlich weglaufen)

aus|knip|sen

aus|kno|beln (ugs. auch für: aus-denken)

aus|knocken [...*nok*ᵉ*n*; *Trenn.*: ...knok|ken] (Boxsport: durch K. o. besiegen; ugs. für: ausste-chen, besiegen)

aus|kom|men; **Aus|kom|men,** das; -s; **aus|kömm|lich**

aus|ko|sten

aus|kot|zen (derb); sich -

aus|kra|men

aus|krat|zen

aus|krie|gen (ugs.)

aus|ku|geln (ugs. für: ausrenken)

aus|küh|len; **Aus|küh|lung**

Aus|kul|ta|ti|on [...*zion*], die; -, -en (Med.: Behorchung); **aus-kul|tie|ren**

aus|kund|schaf|ten

Aus|kunft, die; -, ...künfte; **Aus-kunf|tei; Aus|kunfts|stel|le**

aus|kup|peln; den Motor -

aus|ku|rie|ren

aus|la|chen

¹aus|la|den; Waren -; ²aus|la-den; jmdn. -; **aus|la|dend** (nach außen ragend); **Aus|la|dung**

Aus|la|ge

aus|la|gern; **Aus|la|ge|rung**

Aus|land, das; -[e]s; **Aus|län-der; Aus|län|de|rin,** die; -, -nen; aus|län|disch; **Aus|lands|rei-se**

aus|las|sen; vgl. ausgelassen; **Aus|las|sung; Aus|las|sungs-zei|chen** (für: Apostroph)

aus|la|sten; **Aus|la|stung**

Aus|lauf; Aus|lauf|bahn (Ski-sport); aus|lau|fen; **Aus|läu|fer**

Aus|laut; aus|lau|ten

aus|le|ben; sich -

aus|lee|ren; **Aus|lee|rung**

aus|le|gen; **Aus|le|ger; Aus|le-ge|wa|re** (Teppichstoffe zum Auslegen von Fußböden); **Aus-le|gung**

aus|lei|ern
Aus|lei|he; aus|lei|hen
aus|ler|nen; vgl. ausgelernt
Aus|le|se; Aus|le|se|pro|zeß
aus|lie|fern; Aus|lie|fe|rung
aus|lö|schen; er löschte das Licht
aus, hat es ausgelöscht
aus|lo|sen
aus|lö|sen; Aus|lö|ser
aus'm (ugs. für: aus dem)
aus|ma|chen; eine Sache -; vgl.
ausgemacht
aus|mah|len; Aus|mah|lung
(z. B. des Kornes), die; -
aus|ma|len; Aus|ma|lung (z. B.
des Bildes)
aus|mä|ren, sich (bes. ostmittel-
teldt. für: fertig werden, zu
trödeln aufhören)
Aus|maß, das
aus|mer|zen (radikal beseitigen);
Aus|mer|zung
aus|mes|sen; Aus|mes|sung
aus|mi|sten
aus|mu|stern; Aus|mu|ste-
rung
Aus|nah|me, die; -, -n; Aus|nah-
me.fall, der, ...zu|stand; aus-
nahms.los, ...wei|se; aus-
neh|men; sich -; vgl. ausgenom-
men; aus|neh|mend (sehr)
aus|nut|zen, (bes. südd., österr.:)
aus|nüt|zen
aus|packen [Trenn.: ...pak|ken]
aus|peit|schen; Aus|peit-
schung
Aus|pend|ler (Person, die außer-
halb ihres Wohnortes arbeitet)
Au|spi|zi|um, das; -s, ...ien
[...iᵉn] („Vogelschau"; Vorbedeutung); unter jemandes Auspizien, unter den Auspizien von...
(Oberleitung, Schutz)
aus|plün|dern; Aus|plün|de-
rung
aus|po|sau|nen (ugs. für: etwas
[gegen den Willen eines ande-
ren] bekanntmachen)
aus|po|wern (bis zur Verelen-
dung ausbeuten); Aus|po|we-
rung
aus|prä|gen; vgl. ausgeprägt;
Aus|prä|gung

aus|pro|bie|ren
Aus|puff, der; -[e]s, -e; Aus-
puff|topf
aus|pum|pen; vgl. ausgepumpt
aus|punk|ten (Boxsport: nach
Punkten besiegen)
aus|quar|tie|ren; Aus|quar|tie-
rung
aus|quat|schen; sich -
aus|quetschen
aus|ra|die|ren
aus|ran|gie|ren [...sehirᵉn] (ugs.
für: aussondern; ausscheiden)
aus|rau|ben; aus|räu|bern
aus|räu|chern
aus|räu|men
aus|rech|nen; Aus|rech|nung
Aus|re|de; aus|re|den; jmdm. et-
was -
aus|rei|chen; aus|rei|chend; er
hat [die Note] „ausreichend" erhalten; er hat mit [der Note]
„ausreichend" bestanden
Aus|rei|se; aus|rei|sen; Aus|rei-
se|sper|re
aus|rei|ßen; Aus|rei|ßer
aus|ren|ken; Aus|ren|kung
aus|rich|ten; etwas -; Aus|rich-
ter; Aus|rich|tung
aus|rot|ten; Aus|rot|tung
aus|rücken [Trenn.: ...rük|ken]
([die Garnison] verlassen; ugs.
für: fliehen)
Aus|ruf; aus|ru|fen; Aus|ru|fer;
Aus|ru|fe|zei|chen; Aus|ru-
fung; Aus|ru|fungs|zei|chen
aus|ru|hen
aus|rü|sten; Aus|rü|ster; Aus-
rü|stung; Aus|rü|stungs|ge-
gen|stand
aus|rut|schen; Aus|rut|scher
Aus|saat; aus|sä|en
Aus|sa|ge, die; -, -n; aus|sa|gen;
Aus|sa|ge|wei|se, die
(Sprachw. für: Modus)
Aus|satz (eine Krankheit), der;
-es; aus|sät|zig
aus|schach|ten; Aus|schach-
tung
aus|schal|ten; Aus|schal|tung
Aus|schank
Aus|schau, die; -; - halten; aus-
schauen

aus|schei|den; **Aus|schei-dung**; **Aus|schei|dungs|spiel**
aus|schei|ken (Bier, Wein usw.)
aus|sche|ren (von Schiffen, Kraftfahrzeugen od. Flugzeugen: die Linie, Spur verlassen); scherte aus; ausgeschert
aus|schil|dern (Verkehrswege mit Verkehrsschildern ausstatten); **Aus|schil|de|rung**
aus|schlach|ten (ugs. auch für: etwas ausbeuten)
aus|schla|fen, sich
Aus|schlag; aus|schla|gen; aus|schlag|ge|bend
aus|schlie|ßen; vgl. ausgeschlossen; **aus|schlie|ßend**; aus|schließ|lich[1]; *Verhältnisw.* mit *Wesf.:* - des Weines; - Porto; - Getränken; **aus|schließ|lich-keit**[1], die; -; **Aus|schlie|ßung**
Aus|schluß
aus|schmücken [*Trenn.:* ...schmük|ken]; **Aus-schmückung** [*Trenn.:* ...schmük|kung]
aus|schnei|den; **Aus|schnei-dung; Aus|schnitt**
aus|schöp|fen; **Aus|schöp-fung**
aus|schrei|ben; **Aus|schrei-bung**
aus|schrei|ten; **Aus|schrei-tung** (meist *Mehrz.*)
Aus|schuß; **Aus|schuß|sit-zung**
aus|schüt|ten; **Aus|schüt|tung**
aus|schwei|fen; **aus|schwei-fend; Aus|schwei|fung**
aus|se|hen; **Aus|se|hen**, das; -s
aus|sein (ugs. für: zu Ende sein); das Theater ist aus, ist ausgewesen; ..., daß das Theater aus ist, war; auf etwas - (ugs. für: versessen sein)
au|ßen; von - [her]; nach innen und -; nach - [hin]; **Au|ßen**, der; -, - (Sportspr.: Außenspieler); er spielt - (als Außenspieler); **Au|ßen|bord|mo|tor; au|ßen-bords** (außerhalb des Schiffes)

aus|sen|den; **Aus|sen|dung**, die; -
Au|ßen|dienst; Au|ßen-han-del, ...po|li|tik; au|ßen|po|li-tisch; Au|ßen-sei|te, ...sei|ter, ...ste|hen|de (der u. die; -n, -n
au|ßer; *Bindew.:* - daß/wenn/wo: wir fahren in die Ferien, - [wenn] es regnet; niemand kann diese Schrift lesen - er selbst; *Verhältnisw.* mit *Wemf.:* niemand kann es lesen - ihm selbst; - [dem] Haus[e]; - allem Zweifel; - Dienst (Abk.: a.D.); ich bin - mir (empört); mit *Wenf.* (bei Zeitwörtern der Bewegung): ich gerate - mich (auch: mir) vor Freude; mit *Wesf.* nur in: - Landes gehen, sein; - Hauses (neben: Haus[e]); **Au|ßer|acht|las|sen**, das; -s; **Au|ßer|acht|las|sung**; au|ßer|dem; au|ßer|dienst-lich; äu|ße|re; die - Mission; **Äu-ße|re**, das; ...r[e]n; im Äußer[e]n; sein -s; ein erschreckendes Äußere[s]; Minister des -n; au|ßer|ge|wöhn|lich; au|ßer|halb mit *Wesf.:* - des Lagers; - Münchens; **Au|ßer|kraft|set|zung; äu|ßer|lich; Äu|ßer|lich|keit**
äu|ßern; sich -
au|ßer|or|dent|lich; -er Professor (Abk.: ao., a.o. Prof.); au|ßer|par|la|men|ta|risch; die -e Opposition (Abk.: APO, auch: Apo); **au|ßer|plan|mä|ßig** (Abk.: apl.)
äu|ßerst (auch: sehr, in hohem Grade); bis zum äußersten (sehr); auf das, aufs äußerste (sehr) erschrocken sein; das Äußerste befürchten; auf das, aufs Äußerste (auf die schlimmsten Dinge) gefaßt sein; es bis zum Äußersten treiben; es auf das, aufs Äußerste ankommen, zum Äußersten kommen lassen
au|ßer|stand [auch: *au*...]; - set-zen; **au|ßer|stan|de** [auch: *au*...]; - sein; sich - sehen; sich [als] - erweisen
äu|ßer|sten|falls
Äu|ße|rung

---

[1] Auch: *außschließ*... od. ...*schließ*...

aus|set|zen; Aus|set|zung
Aus|sicht, die; -, -en; aus|sichts|los; Aus|sichts|lo|sig|keit, die; -; aus|sichts|reich; Aus|sichts|turm
aus|sie|deln; Aus|sied|ler; Aus|sie|de|lung, Aus|sied|lung
aus|söh|nen; sich -; Aus|söh|nung
aus|sor|tie|ren
aus|span|nen (ugs. auch für: abspenstig machen)
aus|sper|ren; Aus|sper|rung
aus|spie|len; jmdn. gegen jmdn. -
aus|spio|nie|ren
Aus|spra|che; Aus|spra|che|wör|ter|buch; aus|spre|chen; sich -; vgl. ausgesprochen; Aus|spruch
aus|spucken [Trenn.: ...spuk|ken]
aus|staf|fie|ren (ausstatten); Aus|staf|fie|rung
Aus|stand, der; -[e]s; in den - treten (streiken)
aus|stat|ten; Aus|stat|tung
aus|ste|hen; jmdn. nicht - können; die Rechnung steht noch aus
aus|stei|gen
aus|stel|len; Aus|stel|ler; Aus|stell|fen|ster (Kfz); Aus|stel|lung; Aus|stel|lungs|ge|län|de
Aus|ster|be|etat [...eta]; nur noch in festen Wendungen wie: auf dem - stehen (ugs.); aus|ster|ben
Aus|steu|er, die; aus|steu|ern; Aus|steue|rung
Aus|stieg, der; -[e]s, -e
Aus|stoß, der; -es (z. B. von Bier); aus|sto|ßen
aus|strah|len; Aus|strah|lung
aus|strecken [Trenn.: ...strek|ken]
aus|streu|en; Gerüchte -
aus|su|chen; vgl. ausgesucht
Aus|tausch, der; -[e]s; aus|tau|schen; Aus|tausch|mo|tor (aus teilweise neuen Teilen bestehender Ersatzmotor)
aus|tei|len; Aus|tei|lung
Au|ster, die; -, -n (eßbare Meeresmuschel); Au|stern|bank (Mehrz. ...bänke)
aus|to|ben, sich
Aus|trag, der; -[e]s; die Meisterschaften kommen zum -; aus|tra|gen; Aus|trä|ger (Person, die etwas austrägt); Aus|tra|gung
aus|trei|ben; Aus|trei|bung
aus|tre|ten
aus|trick|sen (Sportspr.: mit einem Trick ausspielen)
Aus|tritt; Aus|tritts|er|klä|rung
aus|trock|nen; Aus|trock|nung
aus|tüf|teln
aus|üben; Aus|übung
Aus|ver|kauf; aus|ver|kau|fen
aus|wach|sen; es ist zum Auswachsen (ugs.); vgl. ausgewachsen
Aus|wahl; aus|wäh|len; Aus|wahl|mög|lich|keit
Aus|wan|de|rer; Aus|wan|de|rer|schiff; aus|wan|dern; Aus|wan|de|rung
aus|wär|tig; -er Dienst; das Auswärtige Amt (Abk.: AA); Minister des Auswärtigen; aus|wärts; nach, von -; nach - gehen; auswärts (außer dem Hause) essen; aus|wärts|ge|hen, aus|wärts|lau|fen (mit auswärts gerichteten Füßen); Aus|wärts|spiel
aus|wech|seln; Aus|wech|se|lung, Aus|wechs|lung
Aus|weg; aus|weg|los; Aus|weg|lo|sig|keit, die; -
aus|wei|chen; aus|wei|chend; Aus|weich|mög|lich|keit
aus|wei|den (Eingeweide entfernen [bei Wild usw.])
Aus|weis, der; -es, -e; aus|wei|sen; sich -; Aus|weis|kon|trol|le; Aus|wei|sung
aus|wei|ten; Aus|wei|tung
aus|wen|dig; - lernen, wissen; Aus|wen|dig|ler|nen, das; -s
aus|wer|fen; Aus|wer|fer (Technik)
aus|wer|ten; Aus|wer|tung
aus|wickeln [Trenn.: ...wik|keln]
aus|wie|gen; vgl. ausgewogen

aus|wir|ken, sich; Aus|wir-
kung
aus|wi|schen; jmdm. eins - (ugs.
für: schaden)
aus|wrin|gen
Aus|wuchs
aus|wuch|ten (bes. Kfz-Tech-
nik)
Aus|wurf
aus|zah|len; das zahlt sich nicht
aus (ugs. für: das lohnt sich
nicht); aus|zäh|len
Aus|zeh|rung (Schwindsucht;
Kräfteverfall), die; -
aus|zeich|nen; sich -; vgl. ausge-
zeichnet; Aus|zeich|nung
aus|zie|hen; Aus|zieh|tisch
Aus|zu|bil|den|de, der u. die; -n,
-n
Aus|zug; Aus|zug|mehl; aus-
zugs|wei|se
aut|ark (sich selbst genügend;
wirtschaftlich unabhängig vom
Ausland); Aut|ar|kie, die; -,
...ien (wirtschaftliche Unabhängigkeit vom Ausland durch
Selbstversorgung)
au|then|tisch (im Wortlaut ver-
bürgt; rechtsgültig); au|then|ti-
sie|ren (glaubwürdig, rechts-
gültig machen); Au|then|ti|zi-
tät, die; - (Echtheit; Rechtsgül-
tigkeit)
Au|to, das; -s, -s (kurz für: Auto-
mobil); Auto fahren; ich bin Auto
gefahren
Au|to|bahn; Au|to|bahn|rast-
stät|te
Au|to|bio|gra|phie, die; -, -ien
(literar. Darstellung des eigenen
Lebens); au|to|bio|gra|phisch
Au|to|bus, der; ...busses, ...busse
(kurz für: Autoomnibus)
Au|to-Cross (Geländeprüfung
für Autosportler); das; -
Au|to|di|dakt, der; -en, -en
(„Selbstlerner"; durch Selbstun-
terricht sich Bildender); au|to-
di|dak|tisch
Au|to_fäh|re, ...fah|ren (das;
-s), ...fah|rer, ...fried|hof
(ugs.)
au|to|gen (ursprünglich: selbst-

tätig); -e Schweißung (mit heißer Stichflamme erfolgende
Schweißung)
Au|to|gramm, das; -s, -e (eigen-
händig geschriebener Name)
Au|to_in|du|strie, ...ki|no (Frei-
lichtkino, in dem man Filme vom
Auto aus betrachtet)
Au|to|krat, der; -en, -en (Selbst-
herrscher; selbstherrlicher
Mensch); Au|to|kra|tie, die; -,
...ien (unumschränkte [Selbst]-
herrschaft); au|to|kra|tisch
Au|to|mat, der; -en, -en; Au|to-
ma|ten|re|stau|rant; Au|to-
ma|tik, die; -, -en (Vorrichtung,
die einen techn. Vorgang steuert
u. regelt); Au|to|ma|ti|on
[...zion], die; - (vollautomatische
Fabrikation); au|to|ma|tisch
(selbsttätig; selbstregelnd; un-
willkürlich; zwangsläufig); au-
to|ma|ti|sie|ren (auf vollauto-
matische Fabrikation umstellen);
Au|to|ma|ti|sie|rung; Au|to-
ma|tis|mus, der; -, ...men (sich
selbst steuernder, unbewußter,
eigengesetzlicher Ablauf)
Au|to|mo|bil, das; -s, -e; Au|to-
mo|bil|aus|stel|lung; Au|to-
mo|bi|list, der; -en, -en bes.
schweiz. (Autofahrer)
au|to|nom (selbständig, unab-
hängig; eigengesetzlich); -es
Nervensystem; Au|to|no|mie,
die; -, ...ien (Selbständigkeit,
Unabhängigkeit; Eigengesetz-
lichkeit)
Au|to|pi|lot (automatische
Steuerung von Flugzeugen, Ra-
keten u. ä.)
Aut|op|sie, die; -, ...ien (eigenes
Sehen, Augenschein; Med.:
Leichenöffnung)
Au|tor, der; -s, ...oren
Au|to|ren|abend; Au|to|ri|sa|ti-
on [...zion], die; -, -en (Ermächti-
gung, Vollmacht); au|to|ri|sie-
ren; au|to|ri|siert ([einzig] be-
rechtigt); au|to|ri|tär (in [illegi-
timer] Autoritätsanmaßung han-
delnd, regierend; diktatorisch);
ein autoritäres Regime; Au|to-

ri|tät, die; -, -en (anerkanntes
Ansehen; bedeutender Vertreter
seines Faches; maßgebende In-
stitution); au|to|ri|ta|tiv (sich
auf echte Autorität stützend,
maßgebend); au|to|ri|täts-
gläu|big; Au|tor|schaft, die; -
Au|to|skoo|ter
Au|to|sug|ge|sti|on, die; -, -en
(Selbstbeeinflussung)
autsch!
au|weh!
avan|cie|ren [awangßir°n]
(befördert werden; aufrücken)
Avant|gar|de [awang..., auch:
...gard°] (veralt. für: Vorhut; die
Vorkämpfer für eine Idee);
Avant-gar|dis|mus, ...gar|dist
(Vorkämpfer); avant|gar|di-
stisch
avan|ti [awanti] (ugs. für: „vor-
wärts!")
Ave-Ma|ria [awe...], das; -[s],
-[s] („Gegrüßet seist du, Maria!"; ein kath. Gebet)
Ave|nue [aw°nü] die; -, ...uen
[...ü°n] („Zufahrt"; Prachtstra-
ße)
Aver|si|on, die; -, -en (Abnei-
gung, Widerwille)
avi|sie|ren (ankündigen)
axi|al (in der Achsenrichtung)
Axi|om, das; -s, -e (keines Be-
weises bedürfender Grundsatz)
Axt, die; -, Äxte
Aya|tol|lah vgl. Ajatollah
Aza|lee, (auch:) Aza|lie [...i°],
die; -, -n (eine Zierpflanze aus
der Familie der Heidekrautge-
wächse)
Azur, der; -s (dicht. für: Himmels-
blau); azur|blau; azurn (dicht.
für: himmelblau)

B

B (Buchstabe); das B; des B, die
B
b, B, das; -, - (Tonbezeichnung)
bab|beln (ugs. für: schwatzen)
Ba|bu|sche, Pam|pu|sche [auch:

...usche], die; -, -n (meist
Mehrz.) landsch., bes. ostmitteld.
(Stoffpantoffel)
Ba|by [bebi], das; -s, -s (Säug-
ling, Kleinkind)
ba|by|lo|nisch; -e Kunst, Reli-
gion; die Babylonische Gefan-
genschaft; der Babylonische
Turm
Ba|by|sit|ter, der; -s, -
Bac|cha|nal [bachanal], das; -s,
-e u. -ien [...i°n] (altröm. Bac-
chusfest; wüstes Trinkgelage);
Bac|chant, der; -en, -en (Trink-
bruder; trunkener Schwärmer);
bac|chan|tisch (trunken; aus-
gelassen)
Bach, der; -[e]s, Bäche
Ba|che, die; -, -n (w. Wild-
schwein)
Bä|chel|chen, Bäch|lein; Bach-
stel|ze
Back|bord, das; -[e]s, -e (linke
Schiffsseite [von hinten gese-
hen]); back|bord[s]
Bäck|chen; Backe[1], die; -, -n
u. Backen[1], der; -s, - (landsch.)
backen[1] (Brot usw.); du bäckst
(auch: backst); er bäckt (auch:
backt); du backtest (älter: bu-
k[e]st); du backtest (älter: bü-
kest); gebacken; back[e]!; Beugung in der Bedeutung von „kle-
ben" (vgl. „festbacken"): der
Schnee backt, backte, hat ge-
backt
Backen|zahn[1], Back|zahn
Bäcker[1]; Bäcke|rei[1]; Bäcker-
la|den[1]; Bäcker[s]|frau[1]
Back|fisch (auch: halbwüchsi-
ges Mädchen)
Back|hand [bäkhänt], die; -, -
(auch: der; -[s], -s) (Sportspr.:
Rückhandschlag)
Back|hendl, das; -s, -[n] österr.
(Backhuhn)
Back|ofen
Back|pfei|fe (Ohrfeige); back-
pfei|fen; er backpfeifte ihn, hat
ihn gebackpfeift; Back|pfei-
fen|ge|sicht (ugs.)

---

[1] Trenn.: ...k|k...

Back|pflau|me; Back|stein; Back|wa|re (meist *Mehrz.*)

Back|zahn, Backen|zahn [*Trenn.*: ...k|k...]

Bad, das; -[e]s, Bäder; Ba|de|an|stalt; ba|den; - gehen

Bad|min|ton [*bädmint*^e*n*; nach dem Landsitz des Herzogs von Beaufort in England], das; - (Federballspiel)

Bae|de|ker Ⓦ [*bä...*; nach dem Verleger], der; -s (auch: -), - (Reisehandbuch)

baff (ugs. für: verblüfft); - sein

Ba|ga|ge [*bagasch*^e], die; -, -n (veralt. für: Gepäck, Troß; ugs. für: Gesindel)

Ba|ga|tel|le, die; -, -n (unbedeutende Kleinigkeit; kleines, leichtes Musikstück); ba|ga|tel|li|sie|ren (als unbedeutende Kleinigkeit behandeln); Ba|ga|tell|sa|che

Bag|ger, der; -s, - (Gerät zum Wegschaffen von Erdreich od. Geröll); bag|gern; Bag|ger|füh|rer

bah!, pah (ugs.)

bäh! (ugs.)

Bahn, die; -, -en; sich Bahn brechen (ich breche mir Bahn); bahn|bre|chend; eine -e Erfindung; Bahn|bus, der; ...busses, ...busse (Kurzw. für: Bahnomnibus); bah|nen; Bahn|hof (Abk.: Bf., Bhf.); Bahn|hofs|buch|hand|lung; bahn|la|gernd; -e Sendungen; Bahn|steig; Bahn|steig|kar|te

Bah|re, die; -, -n; Bahr|tuch (*Mehrz.* ...tücher)

Bai, die; -, -en (Bucht)

Bai|ser [*bäse*], das; -s, -s (ein Schaumgebäck)

Baja|de|re, die; -, -n (ind. [Tempel]tänzerin)

Baja|zzo, der; -s, -s (Possenreißer; auch Titel einer Oper von Leoncavallo)

Bajo|nett [nach der Stadt Bayonne in Südfrankreich], das; -[e]s, -e (Seitengewehr); Bajo|nett|ver|schluß (Schnellver-

bindung von Rohren, Stangen od. Hülsen)

Ba|ke, die; -, -n (festes Orientierungszeichen für Seefahrt, Luftfahrt, Straßenverkehr; Vorsignal auf Bahnstrecken)

Bak|ken, der; -[s], - (Skisport: Sprungschanze)

Bak|schisch, das; -[s], -e (Almosen; Trinkgeld; Bestechungsgeld)

Bak|te|rie [...*i*^e], die; -, -n (Spaltpilz); bak|te|ri|ell; Bak|te|ri|en|trä|ger; Bak|te|rio|lo|ge, der; -n, -n (Wissenschaftler auf dem Gebiet der Bakteriologie); Bak|te|rio|lo|gie, die; - (Lehre von den Bakterien); bak|te|rio|lo|gisch

Ba|la|lai|ka, die; -, -s u. ...ken (russ. Saiteninstrument)

Ba|lan|ce [*balangß*^(e)], die; -, -n (Gleichgewicht); Ba|lan|ce|akt; ba|lan|cie|ren [*balangßir*^e*n*] (das Gleichgewicht halten, ausgleichen); Ba|lan|cier|bal|ken

bal|bie|ren (ugs. für: rasieren); jmdn. über den Löffel - [auch: barbieren] (ugs. für: betrügen)

bald; Steigerung: eher, am ehesten; möglichst - (besser als: baldmöglichst); so - als od. wie möglich

Bal|da|chin [*baldachin*] [nach der Stadt Baldacco, d. h. Bagdad], der; -s, -e (Trag-, Betthimmel)

Bäl|de, nur noch in: in - (Papierdt.: bald); bal|dig; -st; bald|mög|lichst (dafür besser: möglichst bald)

Bal|dri|an, der; -s, -e (eine Heilpflanze); Bal|dri|an|trop|fen (*Mehrz.*)

¹Balg, der; -[e]s, Bälge (Tierhaut; Luftsack; ausgestopfter Körper einer Puppe); ²Balg, der od. das; -[e]s, Bälger (ugs. für: unartiges Kind)

bal|gen, sich (ugs. für: raufen); Bal|ge|rei

Bal|ken, der; -s, -; Bal|ken|kon|struk|ti|on; Bal|kon [*balkong*,

(fr.:) ...*kong*, (auch, bes. südd.,
österr. u. schweiz.:) ...*kon*], der;
-s, -s u. (bei nichtnasalierter Ausspr.:) -e
¹**Ball,** der; -[e]s, Bälle (runder
Körper); Ball spielen
²**Ball,** der; -[e]s, Bälle (Tanzfest);
Bal|la|de, die; -, -n (episch-dra-
matisches Gedicht); **bal|la|den-
haft; bal|la|desk;** -e Erzählung
Bal|last [auch: *balast*], der; -[e]s
(tote Last; Bürde)
Bäll|chen; bal|len; Bal|len, der;
-s, -
Bal|le|rei (sinnloses, lautes
Schießen)
Bal|le|ri|na, Bal|le|ri|ne, die; -,
...nen (Ballettänzerin)
bal|lern (ugs. für: knallen)
Bal|lett, das; -[e]s, -e (Bühnen-,
Schautanz; Tanzgruppe); **Bal-
lettänzerin** [*Trenn*.: Bal|lett-
tän|ze|rin], die; -, -nen; **Bal|let-
teu|se** [*baletös*], die; -, -n (Bal-
lettänzerin); **Bal|lett_korps**
(Theatertanzgruppe), **...trup|pe**
Bal|li|stik, die; - (Lehre von der
Bewegung geschleuderter od.
geschossener Körper); **bal|li-
stisch;** -e Kurve (Flugbahn)
Bal|lon [*balong*, (fr.:) ...*long*,
(auch, weiz.:) ...südd., österr. u.
schweiz.:) ...*lon*], der; -s, -s u.
(bei nichtnasalierter Ausspr.:) -e
(mit Gas gefüllter Ball; Korbfla-
sche; Glaskolben; Luftfahrzeug)
Bal|lung; Bal|lungs|raum
Bal|sam, der; -s, -e (Gemisch von
Harzen mit ätherischen Ölen, bes.
als Linderungsmittel; in gehobener Sprache auch: Linderung,
Labsal); **bal|sa|mie|ren** (einsal-
ben); **Bal|sa|mie|rung; bal|sa-
misch** (würzig; lindernd)
Ba|lu|stra|de, die; -, -n (Brü-
stung, Geländer)
Balz, die; -, -en (Paarungsspiel
und- Paarungszeit bestimmter
Vögel); **bal|zen** (werben [von
bestimmten Vögeln]); **Balz|zeit**
Bam|bi|no, der; -s, ...ni u. (ugs.:)
-s („Kindlein"; Jesuskind; ugs.
für: kleines Kind, kleiner Junge)

Bam|bus, der; ...busses u. -,
...busse (trop. Riesengras);
Bam|bus|stab
Bam|mel, der; -s (ugs. für: Angst)
bam|meln (ugs. für: baumeln)
ba|nal (alltäglich, fade, flach);
Ba|na|li|tät, die; -, -n
Ba|na|ne, die; -, -n (eine trop.
Pflanze u. Frucht); **Ba|na|nen-
-rei|fe|rei, ...stecker** [*Trenn*.:
...stek|ker] (Elektrotechnik)
Ba|nau|se, die; -, -n, -n (Mensch
ohne Kunstsinn; Spießbürger);
Ba|nau|sen|tum, das; -s; **ba-
nau|sisch**
¹**Band** (Buch; Abk.: Bd.), der;
-[e]s, Bände (Abk.: Bde.);
²**Band,** das; -[e]s, -e (Fessel);
außer Rand und -; ³**Band,** das;
-[e]s, Bänder ([Gewebe]strei-
fen; Gelenkband); auf - spielen,
sprechen; am laufenden Band
⁴**Band** [*bänt*], die; -, -s (Gruppe
von Musikern, bes. Tanzkapelle
u. Jazzband)
Ban|da|ge [...*asche*], die; -, -n
(Stütz- od. Schutzverband);
ban|da|gie|ren [...*schir*ᵉn] (mit
Bandagen versehen)
Bänd|chen, das; -s, - u. (für: [Ge-
webe]streifen:) Bänderchen
¹**Ban|de,** die; -, -n (Einfassung,
z. B. Billardbande)
²**Ban|de,** die; -, -n (abwertend
für: Schar, z. B. Räuber-, Schü-
lerbande)
Bän|der|chen (*Mehrz*. von:
Bändchen)
Ban|de|ril|la [...*rilja*], die; -, -s
(mit Bändern, Fähnchen u. a. ge-
schmückter Wurfpfeil, den der
Banderillero dem Stier in den
Nacken stößt); **Ban|de|ril|le|ro**
[...*riljero*], der; -s, -s (der im Stier-
kampf die Banderillas dem Stier
in den Nacken stößt)
Ban|de|ro|le, die; -, -n (Steuer-
band)
bän|di|gen; Bän|di|gung
Ban|dit, der; -en, -en ([Straßen]-
räuber)
Band_maß, das, **...nu|deln**
(*Mehrz*.)

Ban|do|ne|on u. Ban|do|ni|on [nach dem dt. Erfinder Band], das; -s, -s (ein Musikinstrument) Band|schei|be (Med.); Band-schei|ben|scha|den; Band-wurm; Band|wurm|be|fall

bang, ban|ge; banger u. bänger; am bangsten u. am bängsten; mir ist angst u. bang[e]; bange ma-chen; Bangemachen (auch: ban-ge machen) gilt nicht; ban|gen; Ban|gig|keit, die; -; bäng|lich; Bang|nis, die; -, -se

Ban|jo [auch: *bändscho*], das; -s, -s (ein Musikinstrument)

¹Bank, die; -, Bänke (Sitzgele-genheit); ²Bank, die; -, -en (Kre-ditanstalt); Bank|be|am|te; Bänk|chen

Bän|kel_lied, ...sän|ger

Ban|kert, der; -s, -e (abwertend für: uneheliches Kind)

¹Ban|kett, das; -[e]s, -e (Fest-mahl); ²Ban|kett, das; -[e]s, -e, (auch:) Ban|ket|te, die; -, -n ([unfester] Randstreifen neben einer Straße)

Ban|kier [*bangkie*], der; -s, -s (Inhaber eines Bankhauses); Bank|kon|to

bank|rott (zahlungsunfähig; auch übertr.: am Ende, erledigt); - gehen, sein, werden; Bank-rott, der; -[e]s, -e; - machen; Bank|rott|er|klä|rung

Bann, der; -[e]s, -e (Ausschluß [aus einer Gemeinschaft]; Ge-richtsbarkeit; abgegrenztes Ge-biet; zwingende Gewalt); Bann-bul|le, die; ban|nen

Ban|ner, das; -s, - (Fahne); Ban-ner|trä|ger

Bann_kreis, ...mei|le

Ban|tam|ge|wicht (Körperge-wichtsklasse in der Schwerathle-tik); Ban|tam|huhn (Zwerg-huhn)

Bap|tis|mus, der; - („Taufe''; Lehre evangel. Freikirchen, die nur die Erwachsenentaufe zu-läßt); Bap|tist, der; -en, -en (Anhänger des Baptismus); Bap|ti|ste|ri|um, das; -s, ...ien

[...*iᵉn*] (Taufbecken; Taufkirche, -kapelle)

bar (bloß); aller Ehre[n] -; bar[es] Geld; bar zahlen; in -; gegen -; -er Unsinn

Bar, die; -, -s (kleines [Nacht]lo-kal; Schanktisch)

Bär, der; -en, -en

Ba|racke [*Trenn.*: ...rak|ke], die; -, -n (leichtes, meist eingeschos-siges Behelfshaus); Ba|racken-la|ger [*Trenn.*: ...rak|ken...] (*Mehrz.* ...lager)

Bar|bar, der; -en, -en (urspr.: Nichtgrieche; jetzt: roher, unge-sitteter, wilder Mensch); Bar|ba-rei (Roheit); bar|ba|risch (roh)

bär|bei|ßig (grimmig; verdrieß-lich); Bär|bei|ßig|keit

Bar|bier, der; -s, -e (veralt. für: Haar-, Bartpfleger); bar|bie|ren (veralt. für: den Bart scheren); vgl. auch: balbieren

bar|dauz!, par|dauz!

Bar|de, der; -n, -n ([altkelt.] Sän-ger u. Dichter; abwertend für: lyr. Dichter)

Bä|ren_dienst (ugs. für: schlech-ter Dienst), ...dreck südd., österr. ugs. (Lakritze), ...fang (urspr. ostpr. Honiglikör; der; -[e]s), ...hun|ger (ugs. für: gro-ßer Hunger); ...na|tur (bes. kräf-tiger, körperlich unempfindlicher Mensch); bä|ren|stark (ugs. für: sehr stark)

Ba|rett, das; -[e]s, -e (flache, randlose Kopfbedeckung, meist als Amtstracht)

bar|fuß; - gehen; Bar|fü|ßer, der; -s, - (barfuß gehender od. nur Sandalen tragender Mönch); bar|fü|ßig

Bar|geld, das; -[e]s; bar|geld-los; -er Zahlungsverkehr

bar|haupt; bar|häup|tig

bä|rig (landsch.: bärenhaft, stark, robust)

Ba|ri|ton, der; -s, -e (Männer-stimme zwischen Tenor u. Baß; auch: Sänger mit dieser Stimme); Ba|ri|to|nist, der; -en, -en (Bari-tonsänger)

Bark

Bark, die; -, -en (ein Segelschiff); Bar|ka|ro|le, Bar|ke|ro|le, die; -, -n (Boot; Gondellied); Bar|kasse, die; -, -n (Motorboot; auf Kriegsschiffen größtes Beiboot) Bar|ke, die; -, -n (kleines Boot); Bar|ke|ro|le vgl. Barkarole bar|men nord- u. ostd. (abwertend für: klagen) barm|her|zig; Barm|her|zigkeit, die; - Bar|mi|xer (Getränkemischer in einer ²Bar) ba|rock („schief, unregelmäßig"; im Stil des Barocks; verschnörkelt, überladen); Ba|rock, das od. der; -[s] ([Kunst]stil); Barock.kir|che, ...stil (der; -[e]s) Ba|ro|me|ter, das; -s, - (Luftdruckmesser); Ba|ro|me|terstand Ba|ron, der; -s, -e (Freiherr); Baro|neß, die; -, ...essen u. (häufiger:) Ba|ro|nes|se, die; -, -n (Freifräulein); Ba|ro|nin, die; -, -nen (Freifrau) Bar|ras, der (Soldatenspr.: Heerwesen; Militär) Bar|re, die; -, -n (Schranke aus waagerechten Stangen; Sand-, Schlammbank); Bar|ren, der; -s, - (Turngerät; Handelsform der Metalle in Stangen) Bar|rie|re, die; -, -n (Schranke; Sperre); Bar|ri|ka|de, die; -, -n ([Straßen]sperre, Hindernis) barsch (unfreundlich, rauh) Barsch, der; -[e]s, -e (ein Fisch) Bar|schaft Barsch|heit Bar|sor|ti|ment (Buchhandelsbetrieb zwischen Verlag u. Einzelbuchhandel) Bart, der; -[e]s, Bärte; Bärtchen; Bart.flech|te, ...haar; bär|tig; Bär|tig|keit, die; -; bart|los; Bart|lo|sig|keit, die; - Bar|zah|lung Ba|salt, der; -[e]s, -e (Gestein) Ba|sar, der; -s, -e (oriental. Händlerviertel; Warenverkauf zu Wohltätigkeitszwecken) Bäs|chen

¹Ba|se, die; -, -n (Kusine) ²Ba|se, die; -, -n („Grundlage"; Verbindung, die mit Säuren Salze bildet) Base|ball [be'ßbål], der; -s (amerik. Schlagballspiel) Ba|se|dow-Krank|heit [nach dem Arzt K. v. Basedow], die; - (auf vermehrter Tätigkeit der Schilddrüse beruhende Krankheit, Glotzaugenkrankheit) Ba|sen (auch Mehrz. von: Basis) ba|sie|ren; etwas basiert auf der Tatsache (beruht auf der, gründet sich auf die Tatsache) Ba|si|li|ka, die; -, ...ken (Halle; Kirchenbauform mit überhöhtem Mittelschiff) Ba|si|lisk, der; -en, -en (Fabeltier; trop. Echse); Ba|si|lis|kenblick (böser, stechender Blick) Ba|sis, die; -, Basen (Grundlage, -linie, -fläche; Grundzahl; Fuß[punkt]; Sockel; Unterbau; Stütz-, Ausgangspunkt); basisch (Chemie: sich wie eine ²Base verhaltend); -e Farbstoffe, Salze; -er Stahl; Ba|sis|grup|pe (links orientierter politisch aktiver [Studenten]arbeitskreis) Bas|ken|müt|ze Bas|ket|ball, der; -[e]s (Korbball[spiel]) Bas|kü|le, die; -, -n (Treibriegelverschluß für Fenster u. Türen), Bas|kü|le|ver|schluß Bas|re|li|ef [béreliäf] (Flachbildwerk, flacherhabene Arbeit) baß (veralt., aber noch scherzh. iron. für: sehr); er war baß erstaunt Baß, der; Basses, Bässe (tiefe Männerstimme; Sänger; Streichinstrument; Baß|gei|ge Bas|sin [baßäng], das; -s, -s (künstliches Wasserbecken) Bas|sist, der; -en, -en (Baßsänger); Baß.schlüs|sel, ...stimme Bast, der; -[e]s, -e (Pflanzenfaser; Haut am Geweih) ba|sta (ugs. für: genug!); [und] damit -!

Ba|stard, der; -[e]s, -e (Misch-
ling; uneheliches Kind)
Ba|stei (vorspringender Teil an
alten Festungsbauten)
ba|steln ([in der Freizeit, aus
Liebhaberei] kleine Arbeiten machen)
ba|sten (aus Bast); **bast|far-
ben, bast|far|big**
Ba|stil|le [*baßtije*], die; -, -n (fe-
stes Schloß, bes. das 1789 er-
stürmte Staatsgefängnis in Pa-
ris); **Ba|sti|on,** die; -, -en (Boll-
werk)
Bast|ler
Ba|sto|na|de, die; -, -n (bis ins
19. Jh. im Orient übl. Prügelstrafe
mit dem Stock, bes. auf die Fuß-
sohlen)
Ba|tail|lon [*bataljon*], das; -s, -e
(Truppenabteilung; Abk.: Bat.)
Ba|tik, der; -s, -en, auch: die;
-, -en (auf Java geübtes Färbe-
verfahren mit Verwendung von
Wachs [nur *Einz.*]; gemustertes
Gewebe); **Ba|tik|druck** (*Mehrz.*
...drucke); **ba|ti|ken;** gebatikt
Ba|tist, der; -[e]s, -e (feines Ge-
webe); **ba|ti|sten** (aus Batist)
Bat|te|rie, die; -, ...ien (Einheit
der Artillerie [Abk.: Batt(r).];
Elektrotechnik: Zusammenschal-
tung mehrerer Elemente od.
Akkumulatorenzellen zu einer
Stromquelle)
Bat|zen, der; -s, - (ugs. für: Klum-
pen; frühere Münze; schweiz.
noch für: Zehnrappenstück)
Bau, der; -[e]s, (für: Tierwoh-
nung u. [Bergmannsspr.:] Stol-
len *Mehrz.*:) -e u. (für: Gebäude
Mehrz.:) -ten; sich im od. in -
befinden
Bauch, der; -[e]s, Bäuche; **Bäu-
chel|chen,** Bäuchlein; **bau-
chig, bäu|chig; Bauch_knei-
pen** (das; -s; landsch. für:
Bauchweh), **...lan|dung;**
Bäuch|lein, Bäuchel|chen;
bäuch|lings; bauch|re|den
(meist nur in der Grundform
gebr.); **Bauch_red|ner, ...weh**
(das; -s)

Bau|de, die; -, -n (Unterkunfts-
hütte im Gebirge, Berggasthof)
Bau|denk|mal, das; -[e]s, ...mä-
ler (geh. auch: ...male); **bau|en;
Bau|ele|ment**
¹**Bau|er,** der; -s, - (Be-, Erbauer)
²**Bau|er,** der; -n (selten: -s), -n
(Landmann; Schachfigur; Spiel-
karte)
³**Bau|er,** das (seltener: der); -s,
- (Käfig)
**Bäu|er|chen, Bäu|er|lein; Bäue-
rin,** die; -, -nen; **bäu|er|lich;
Bau|ern|fän|ger** (abwertend);
**Bau|ern|fän|ge|rei; Bau|ern-
früh|stück** (eine Speise); **Bau-
ern|schaft,** die; - (Gesamtheit
der Bauern); **Bau|ers|frau**
bau|fäl|lig; Bau|fäl|lig|keit, die;
-; **Bau|klotz,** der; -es, ...klötze
(ugs. auch: ...klötzer); Bauklöt-
ze[r] staunen; **bau|lich; Bau-
lich|keit** (Papierdt.; meist
Mehrz.)
Baum, der; -[e]s, Bäume; **Bäum-
chen**
bau|meln
bäu|men, sich; **Baum|wol|le;
baum|wol|len** (aus Baumwolle)
**Bau_platz, ...po|li|zei; bau|po-
li|zei|lich; bau|reif;** ein -es
Grundstück
bäu|risch
Bausch, der; -[e]s, -e u. Bäu-
sche; in - und Bogen (ganz und
gar)
bau|schen; sich -; **bau|schig**
bau|spa|ren (fast nur in der
Grundform gebräuchlich); bau-
zusparen; **Bau|spar|kas|se;
Bau|ten** vgl. Bau
bauz!
bay[e]risch
Ba|zar vgl. Basar
Ba|zil|len|trä|ger; Ba|zil|lus, der;
-, ...llen (sporenbildender Spalt-
pilz, oft Krankheitserreger)
be|ab|sich|ti|gen
**be|ach|ten; be|ach|tens|wert;
be|acht|lich; Be|ach|tung**
be|ackern [*Trenn.:* ...ak|kern]
(den Acker bestellen; ugs. auch
für: gründlich bearbeiten)

be|am|peln; eine beampelte Kreuzung
Be|am|te, der; -n, -n; Be|am|ten|schaft; be|am|tet; Be|am|tin, die; -, -nen
be|äng|sti|gend
be|an|spru|chen; Be|an|spruchung
be|an|stan|den; Be|an|standung
be|an|tra|gen; beantragt; Be|antra|gung
be|ant|wor|ten; Be|ant|wortung
be|ar|bei|ten; Be|ar|bei|tung
be|arg|wöh|nen
Beat [bīt], der; -[s] (im Jazz: Schlagrhythmus; betonter Taktteil; die so geartete Musik); Beatle [bīt°l], der; -s, -s (Name der Mitglieder einer Liverpooler Musikergruppe; allg. für: Jugendlicher mit einer diese Gruppe kennzeichnenden Frisur); Beatmu|sik [bīt...], die; -
be|auf|sich|ti|gen; Be|auf|sich|ti|gung
be|auf|tra|gen; beauftragt; Be|auf|trag|te, der u. die; -n, -n
be|äu|gen; beäugt
be|bau|en; Be|bau|ung
be|ben; Be|ben, das; -s, -
be|bil|dern; Be|bil|de|rung
Be|cher, der; -s, -; be|chern (ugs. scherzh. für: tüchtig trinken)
be|cir|cen [b°zirz°n, nach der sagenhaften gr. Zauberin Circe] (ugs. für: verführen, bezaubern)
Becken [Trenn.: Bek|ken], das; -s, -
Beck|mes|ser (Gestalt aus Wagners „Meistersinger"; kleinlicher Kritiker); Beck|mes|se|rei; beck|mes|sern (kleinlich tadeln, kritteln); ich beckmessere u. ...meßre; gebeckmessert
be|dacht; auf eine Sache - sein; Be|dacht, der; -[e]s; mit -; auf etwas - nehmen (Papierdt.); Be|dach|te (wem ein Vermächtnis ausgesetzt ist), der u. die; -n, -n; be|däch|tig; Be|däch|tig-

keit, die; -; be|dacht|sam; Be|dacht|sam|keit, die; -
be|dan|ken, sich
Be|darf, der; -[e]s; nach -; - an (Kaufmannsspr. auch: in) etwas; Be|darfs|fall, der; im -[e]
be|dau|er|lich; be|dau|er|li|cher|wei|se; be|dau|ern; Be|dau|ern, das; -s; be|dau|erns|wert
be|decken [Trenn.: ...dek|ken]; be|deckt; -er Himmel; Be|deckung [Trenn.: ...dek|kung]
be|den|ken; bedacht (vgl. d.); Be|den|ken, das; -s, -; be|den|ken|los; be|denk|lich; Be|denk|lich|keit; Be|denk|zeit
be|dep|pert (ugs. für: eingeschüchtert, ratlos, gedrückt)
be|deu|ten; be|deu|tend; be|deut|sam; Be|deut|sam|keit, die; -; Be|deu|tung; be|deu|tungs|los; Be|deu|tungs|lo|sig|keit
be|die|nen; sich eines Kompasses - (geh.); bedient sein (ugs. für: in einer schwierigen Situation sein); be|dien|stet (in Dienst stehend); Be|dien|ste|te, der u. die; -n, -n; Be|dien|te, der; -n, -n (veralt. für: Diener); Be|die|nung; Be|die|nungs|feh|ler
be|din|gen; bedang u. bedingte; bedungen (ausbedungen, ausgemacht, z. B. der bedungene Lohn); vgl. bedingt; be|dingt (eingeschränkt, an Bedingungen geknüpft, unter bestimmten Voraussetzungen geltend); -er Reflex; -e Strafaussetzung; Be|dingt|heit, die; -; Be|din|gung; be|din|gungs|los
be|drän|gen; Be|dräng|nis, die; -, -se; Be|drän|gung
be|dripst nordd. (kleinlaut)
be|dro|hen; be|droh|lich; Be|dro|hung
be|drucken[1]; be|drücken[1]; Be|drücker[1]
Be|dui|ne, der; -n, -n (arab. Nomade)

---

[1] Trenn.: ...k|k...

be|dun|gen vgl. bedingen
be|dür|fen (geh.); eines guten
Zuspruches -; Be|dürf|nis, das;
-ses, -se; Be|dürf|nis|an|stalt;
be|dürf|nis|los; be|dürf|tig; mit
Wesf.: des Trostes -; Be|dürf-
tig|keit
Beef|steak [*bifßtek*], das; -s, -s
(Rinds[lenden]stück); deutsches -
be|eh|ren; sich -
be|ei|len, sich; Be|ei|lung! (ugs.
für: bitte schnell!)
be|ein|drucken [*Trenn.*: ...k|k...];
von etwas beeindruckt sein
be|ein|flus|sen; be|ein|flus-
sung; Be|ein|flus|sungs|mög-
lich|keit
be|ein|träch|ti|gen
Be|el|ze|bub [auch: *bel...*], der;
- (Herr der bösen Geister, ober-
ster Teufel im N. T.)
be|en|den; beendet; be|en|di-
gen; beendigt; Be|en|di|gung;
Be|en|dung
be|en|gen; Be|engt|heit
be|er|ben; jmdn. -; Be|er|bung
be|er|di|gen; Be|er|di|gung; Be-
er|di|gungs|in|sti|tut
Bee|re, die; -, -n; Bee|ren|obst
Beet, das; -[e]s, -e
Bee|te, (heute hochspr.:) Be|te
(vgl. d.)
be|fä|hi|gen; ein befähigter
Mensch; Be|fä|hi|gung; Be|fä-
hi|gungs|nach|weis
be|fah|ren; eine Straße -
Be|fall, der; -[e]s; be|fal|len
be|fan|gen (schüchtern; vorein-
genommen); Be|fan|gen|heit,
die; -
be|fas|sen; befaßt; sich -
be|feh|den (mit Fehde überzie-
hen, bekämpfen); sich -; Be|feh-
dung
Be|fehl, der; -[e]s, -e; be|feh-
len; befahl, befohlen; be|feh|le-
risch; be|feh|li|gen; be|fehls-
ge|mäß; Be|fehls|ha|ber
be|fein|den; sich -; Be|fein|dung
be|fe|sti|gen; Be|fe|sti|gung
be|feuch|ten; Be|feuch|tung
Beff|chen (Doppelstreifen über

der Brust bei Amtstrachten, bes.
von ev. Geistlichen)
be|fin|den; befunden; den Plan
für gut usw. -; sich -; Be|fin|den,
das; -s; be|find|lich (vorhan-
den)
be|flag|gen; Be|flag|gung, die; -
be|flecken [*Trenn.*: ...flek|ken]
be|flei|ßi|gen, sich; mit Wesf.:
sich eines ordentlichen Betra-
gens -
be|flis|sen (eifrig bemüht); um
Anerkennung -; Be|flis|sen-
heit, die; -
be|flü|geln
be|fol|gen; Be|fol|gung
be|för|dern; Be|för|de|rung; Be-
för|de|rungs|be|din|gun|gen
be|fra|gen; befragte, befragt; auf
Befragen; Be|fra|gung
be|frei|en; sich -; Be|frei|er; Be-
frei|ung
be|frem|den; es befremdet; Be-
frem|den, das; -s; be|frem-
dend; be|fremd|lich; Be|frem-
dung, die; -
be|freun|den, sich; be|freun|det
be|frie|den (Frieden bringen;
geh. für: einhegen); befriedet;
be|frie|di|gen (zufriedenstel-
len); be|frie|di|gend; vgl. aus-
reichend; Be|frie|di|gung; Be-
frie|dung, die; -
be|fruch|ten; Be|fruch|tung
be|fu|gen; Be|fug|nis, die; -, -se;
be|fugt; - sein
be|fum|meln (ugs. für: untersu-
chen, befühlen, geschickt bearbeiten)
Be|fund (Feststellung); nach -;
ohne - (Med.; Abk.: o. B.)
be|fürch|ten; Be|fürch|tung
be|für|wor|ten; Be|für|wor|ter;
Be|für|wor|tung
be|gabt; Be|gab|te, der u. die;
-n, -n; Be|ga|bungs|re|ser|ve
be|gaf|fen (ugs. abwertend)
Be|gäng|nis, das; -ses, -se (feier-
liche Bestattung)
be|gat|ten; sich -; Be|gat|tung
be|ge|ben, sich; Be|ge|ben|heit
be|geg|nen; jmdm. -; Be|geg-
nung

be|ge|hen; Be|ge|hung

Be|gehr, der od. das (veralt.); -s; be|geh|ren; Be|geh|ren, das; -s; be|geh|rens|wert; be|gehr|lich; Be|gehr|lich|keit

be|gei|stern; sich -; Be|gei|ste|rung, die; -; Be|gei|ste|rungs|sturm

Be|gier; Be|gier|de, die; -, -n; be|gie|rig

Be|ginn, der; -[e]s; von - an; zu -; be|gin|nen; begann, begonnen

be|glau|bi|gen; beglaubigte Abschrift; Be|glau|bi|gung; Be|glau|bi|gungs|schrei|ben

be|glei|chen; Be|glei|chung

be|glei|ten (mitgehen); begleitet; Be|glei|ter; Be|gleit|er|schei|nung; Be|glei|tung

be|glück|wün|schen; beglückwünscht

be|gna|det (meist nur noch für: begabt); be|gna|di|gen (Strafe erlassen); Be|gna|di|gung; Be|gna|di|gungs|recht, das; -[e]s

be|gnü|gen, sich

Be|go|nie [...*i*ᵉ; nach dem Franzosen Michel Bégon], die; -, -n (eine Zierpflanze)

be|gra|ben; Be|gräb|nis, das; -ses, -se; Be|gräb|nis|ko|sten, die (*Mehrz.*)

be|gra|di|gen ([einen ungeraden Weg od. Wasserlauf] geradelegen, [eine gebrochene Grenzlinie] ausgleichen); Be|gra|di|gung

be|grei|fen; vgl. begriffen; be|greif|lich; be|greif|li|cher|wei|se

be|gren|zen; be|grenzt; Be|grenzt|heit; Be|gren|zung

Be|griff, der; -[e]s, -e; im Begriff[e] sein; be|grif|fen; diese Tierart ist im Aussterben -; be|griff|lich; be|griffs|stut|zig; Be|griffs|ver|wir|rung

be|grün|den; Be|grün|der; Be|grün|dung

be|grü|ßen; be|grü|ßens|wert; Be|grü|ßung; Be|grü|ßungs|an|spra|che

be|gucken [*Trenn.*: ...guk|ken] (ugs.)

be|gün|sti|gen; Be|gün|sti|gung

be|gut|ach|ten; begutachtet; Be|gut|ach|tung

be|gü|tert

be|gü|ti|gen; Be|gü|ti|gung

be|haart; Be|haa|rung

be|hä|big; Be|hä|big|keit, die; -

be|haf|tet; mit etwas - sein

be|ha|gen; Be|ha|gen, das; -s; be|hag|lich; Be|hag|lich|keit

be|hal|ten; Be|häl|ter; Be|hält|nis, das; -ses, -se

be|han|deln; Be|hand|lung

be|han|gen; der Baum ist mit Äpfeln -; be|hän|gen; behängt

be|har|ren; be|harr|lich; Be|harr|lich|keit, die; -; Be|har|rung; Be|har|rungs|ver|mö|gen

be|hau|en; ich behaute den Stamm

be|haup|ten; sich -; Be|haup|tung

be|he|ben; Be|he|bung

be|hei|zen; Be|hei|zung, die; -

Be|helf, der; -[e]s, -e; be|hel|fen, sich; ich behelfe mich; Be|helfs|heim; be|helfs|mä|ßig

be|hel|li|gen (belästigen)

be|hend, be|hen|de (eigtl.: bei der Hand); Be|hen|dig|keit, die; -

be|her|ber|gen; Be|her|ber|gung

be|herr|schen; sich -; be|herrscht; Be|herrsch|te, der u. die; Be|herrscht|heit, die; -; Be|herr|schung

be|her|zi|gen; be|her|zi|gens|wert; Be|her|zi|gung; be|herzt (entschlossen); Be|herzt|heit, die; -

be|hilf|lich

be|hin|dern; Be|hin|de|rung

be|hor|chen (abhören; belauschen)

Be|hör|de, die; -, -n; Be|hör|den|an|ge|stell|te; be|hörd|lich; be|hörd|li|cher|seits

be|hufs (Amtsdt.); mit *Wesf.*: - des Neubaues

be|hü|ten; behüt' dich Gott!; be-
hut|sam; Be|hut|sam|keit, die;
-; Be|hü|tung
bei (Abk.: b.); *Verhältnisw.* mit
Wemf.; bei weitem; bei[m] Ab-
gang des Schauspielers; bei[m]
Eintritt in den Saal; bei aller Be-
scheidenheit
bei|be|hal|ten; Bei|be|hal|tung,
die; -
bei|brin|gen; jmdm. etwas - (leh-
ren); eine Bescheinigung -
Beich|te, die; -, -n; beich|ten;
Beicht|ge|heim|nis; Beicht-
_stuhl, ...va|ter (der die Beichte
hörende Priester)
bei|de; -s; alles -s; - jungen Leute;
alle -; wir - (selten: wir -n); bei-
de|mal; bei|der|lei; - Ge-
schlecht[e]s; bei|der|sei|tig;
bei|der|seits; mit *Wesf.*: - des
Flusses
bei|dre|hen (Seemannsspr.: die
Fahrt verlangsamen)
bei|ein|an|der; beieinander (einer
bei dem andern) sein
Bei|fah|rer; Bei|fah|rer|sitz
Bei|fall, der; -[e]s; bei|fäl|lig;
Bei|fall[s]|klat|schen, das; -s;
Bei|falls|kund|ge|bung
Bei|film
bei|fü|gen; Bei|fü|gung
Bei|fuß, der; -es (eine Gewürz-
u. Heilpflanze)
Bei|ga|be (Zugabe)
beige [*bäsch*[e], auch: *besch*]
(sandfarben); ein - Kleid; Beige, das; -, - (ugs.: -s)
(ein Farbton)
bei|ge|ben (auch für: sich fügen);
klein -
Bei|ge|ord|ne|te, der u. die; -n,
-n
Bei|ge|schmack, der; -[e]s
bei|hef|ten; beigeheftet
Bei|hil|fe
bei|kom|men; sich - (ugs. für: sich
einfallen) lassen
Beil, das; -[e]s, -e (ein Werkzeug)
bei|la|den; vgl. ¹laden; Bei|la-
dung
Bei|la|ge

bei|läu|fig; Bei|läu|fig|keit
bei|le|gen; Bei|le|gung
bei|lei|be; - nicht
Bei|leid; Bei|leids_be|zei|gung
od. ...be|zeu|gung
bei|lie|gend (Abk.: beil.)
beim (bei dem; Abk.: b.); es -
alten lassen; beim Singen u. -
Spielen
bei|mes|sen
Bein, das; -[e]s, -e
bei|nah, bei|na|he [auch: *bái-*
na[e], *baina*[e]]
Bei|na|me
Bein|bruch, der
be|in|hal|ten (Papierdt.: enthal-
ten, umfassen)
bei|pflich|ten; Bei|pflich|tung
(Zustimmung)
Bei|pro|gramm
Bei|rat (*Mehrz.* ...räte)
be|ir|ren; sich nicht - lassen
bei|sam|men; beisammen sein;
Bei|sam|men|sein, das; -s
Bei|satz (für: Apposition)
bei|schie|ßen ([Geld]beitrag lei-
sten)
Bei|schlaf; Bei|schlä|fe|rin
Bei|sein, das; -s; in seinem Bei-
sein
bei|sei|te; beiseite legen, schaf-
fen, stoßen usw.; Bei|sei|te-
schaf|fung, die; -
bei|set|zen; Bei_set|zung,
...sit|zer
Bei|spiel, das; -[e]s, -e; zum -
(Abk.: z. B.); bei|spiel_ge|bend,
...los; Bei|spiel|satz; bei-
spiels_hal|ber, ...wei|se
bei|sprin|gen (helfen)
bei|ßen; biß, gebissen; der Hund
beißt ihn (auch: ihm) ins Bein;
Bei|ße|rei; beiß|wü|tig; Beiß-
zan|ge
Bei|stand, der; -[e]s, Beistände;
Bei|stands|pakt; bei|ste|hen
bei|steu|ern
bei|stim|men
Bei|strich (für: Komma)
Bei|trag, der; -[e]s, ...träge; bei-
tra|gen; er hat das Seine, sie hat
das Ihre dazu beigetragen; Bei-
trags|rück|er|stat|tung

bei|trei|ben; Bei|trei|bung ([zwangsmäßige] Einziehung [von Geld])

bei|tre|ten; Bei|tritt; Bei|tritts|er|klä|rung

Bei|wa|gen; Bei|wa|gen|fah|rer

Bei|werk (Nebenwerk; auch für: Unwichtiges)

bei|woh|nen; Bei|woh|nung

¹**Bei|ze,** die; -, -n (chem. Flüssigkeit zum Färben, Gerben u. ä.)

²**Bei|ze,** die; -, -n (Beizjagd)

bei|zei|ten

bei|zen

be|ja|hen; eine bejahende Antwort; **be|ja|hen|den|falls**

be|jahrt

Be|ja|hung

be|jam|mern; be|jam|merns|wert

be|kämp|fen; Be|kämp|fung

be|kannt; er soll mich mit ihm bekannt machen; sich mit einer Sache bekannt (vertraut) machen; einen Autor bekannt machen; **Be|kann|te,** der u. die; -n, -n; jemand -s; liebe -; **Be|kann|ten|kreis; be|kann|ter|ma|ßen; Be|kannt|ga|be,** die; -; **be|kannt|ge|ben; Be|kannt|heit; Be|kannt|heits|grad; be|kannt|lich; be|kannt|ma|chen;** (veröffentlichen, eröffnen); **Be|kannt ma|chung, ...schaft; be|kannt|wer|den;** (veröffentlicht werden; in die Öffentlichkeit dringen); die Sache ist bekanntgeworden; wenn der Wortlaut bekannt wird

be|keh|ren; sich -; **Be|keh|rer; Be|kehr|te,** der u. die; -n, -n; **Be|keh|rung**

be|ken|nen; sich -; **Be|ken|ner|brief** (Brief, in dem sich jmd. zu einem [politisch motivierten] Verbrechen bekennt); **Be|kennt|nis,** das; ...nisses, ...nisse; **Be|kennt|nis|schu|le** (Schule mit Unterricht im Geiste eines religiösen Bekenntnisses)

be|kla|gen; sich -; **be|kla|gens|wert; Be|klag|te** (jmd., gegen den eine [Zivil]klage erhoben wird), der u. die; -n, -n; **Be|klag|ten|par|tei**

be|klau|en (ugs. für: bestehlen)

be|kleckern [Trenn.: ...klek|kern] (ugs. für: beklecksen); sich -; **be|kleck|sen;** sich -; bekleckst

be|klei|den; ein Amt -; **Be|klei|dung; Be|klei|dungs|industrie**

be|klem|men; beklemmt; **be|klem|mend; Be|klem|mung; be|klom|men** (ängstlich, bedrückt); **Be|klom|men|heit,** die; -

be|kloppt (ugs. für: blöd)

be|knien (ugs.: jmdn. dringend u. ausdauernd bitten)

be|kom|men; ich habe es -; es ist mir gut -; **be|kömm|lich**

be|kom|pli|men|tie|ren (jmdm. viele Komplimente machen)

be|kö|sti|gen; Be|kö|sti|gung

be|kräf|ti|gen; Be|kräf|ti|gung

be|kreu|zi|gen, sich

be|krie|gen

be|krit|teln (bemängeln, [kleinlich] tadeln)

be|küm|mern; das bekümmert ihn; sich um jmdn. oder etwas -; **Be|küm|mer|nis,** die; -, -se; **Be|küm|mert|heit**

be|kun|den; sich -; **Be|kun|dung**

be|la|den; vgl. ¹laden; **Be|la|dung**

Be|lag, der; -[e]s, ...läge

Be|la|ge|rer; be|la|gern; Be|la|ge|rung; Be|la|ge|rungs|zu|stand

be|läm|mert (falsch für: belemmert)

Be|lang, der; -[e]s, -e; von - sein; **be|lan|gen;** jmdn. - (zur Rechenschaft ziehen; verklagen); **be|lang|los; Be|lang|lo|sig|keit**

be|las|sen; Be|las|sung

be|la|sten; be|la|stend

be|lä|sti|gen; Be|lä|sti|gung

Be|la|stung; Be|la|stungs|zeu|ge

be|lau|fen; sich -; die Kosten haben sich auf ... belaufen

be|le|ben; be|lebt; ein -er Platz; **Be|lebt|heit; Be|le|bung,** die; -

Be|leg (Beweis[stück]), der; -[e]s, -e; zum -[e]; be|le|gen; Be|leg|ex|em|plar; Be|leg|schaft; Be|leg|schafts|stär|ke; be|legt; Be|le|gung, die; -

be|leh|nen (in ein Lehen einsetzen); Be|leh|nung

be|leh|ren; eines and[e]ren od. andern -; eines Besser[e]n od. Beßren -; Be|leh|rung

be|leibt; Be|leibt|heit, die; -

be|lei|di|gen; Be|lei|di|ger; be|lei|digt; Be|lei|di|gung; Be|lei|di|gungs|pro|zeß

be|leih|bar; be|lei|hen; Be|lei|hung

be|lem|mert (ugs. für: schlimm, übel)

be|le|sen (unterrichtet; viel wissend); Be|le|sen|heit, die; -

be|leuch|ten; Be|leuch|tung; Be|leuch|tungs|kör|per

be|leum|det, be|leu|mun|det; er ist gut, übel -

bel|fern (ugs. für: laut schimpfen, zanken)

be|lich|ten; Be|lich|tung; Be|lich|tungs_mes|ser, der, ...zeit

be|lie|ben (wünschen); es beliebt (gefällt) mir; Be|lie|ben, das; -s; nach -; es steht in seinem -; be|lie|big; alles -e (was auch immer), jeder -e; etwas Beliebiges (etwas nach Belieben); be|liebt; Be|liebt|heit, die; -

be|lie|fern; Be|lie|fe|rung, die; -

Bel|la|don|na, die; -, ...nen (Tollkirsche)

bel|len

Bel|le|trist, der; -en, -en (Unterhaltungsschriftsteller); Bel|le|tri|stik, die; - (Unterhaltungsliteratur); bel|le|tri|stisch

Belle|vue [*bälwü*], die; -, -n (veralt. für: „schöne Aussicht"; Aussichtspunkt)

be|lo|bi|gen; Be|lo|bi|gung

be|loh|nen; Be|loh|nung

be|lüf|ten; Be|lüf|tung

be|lü|gen

be|lu|sti|gen; sich -; Be|lu|sti|gung

Bel|ve|de|re [...*we*...], das; -[e]

-s („schöne Aussicht"; Aussichtspunkt; Bez. für: Schloß, Gaststätte mit schöner Aussicht)

Belz|nickel [*Trenn.*: ...nik|kel], der; -s, - westmitteldt. (vermummte Gestalt der Vorweihnachtszeit, Nikolaus, Knecht Ruprecht)

be|mäch|ti|gen, sich; sich des Geldes -; Be|mäch|ti|gung

be|mä|keln (ugs. für: bemängeln)

be|ma|len; Be|ma|lung

be|män|geln

be|man|nen (ein Schiff); Be|man|nung

be|män|teln (beschönigen)

be|merk|bar; sich - machen; be|mer|ken; Be|mer|ken, das; -s; mit dem -; be|mer|kens|wert; Be|mer|kung (Abk.: Bem.)

be|mes|sen; sich -; Be|mes|sung

be|mit|lei|den; Be|mit|lei|dung

be|mit|telt (wohlhabend)

Bem|me, die; -, -n ostmitteld. (Brotschnitte mit Aufstrich, Belag)

be|mo|geln (ugs. für: betrügen)

be|moost

be|mü|hen; sich -; er ist um sie bemüht; Be|mü|hung

be|mü|ßigt; ich sehe mich -

be|mut|tern; ich ...ere; Be|mut|te|rung

be|nach|bart

be|nach|rich|ti|gen; Be|nach|rich|ti|gung

be|nach|tei|li|gen; Be|nach|tei|li|gung

be|na|gen

be|nannt

Ben|del, der od. das; -s, - ([schmales] Band, Schnur)

be|ne|beln (verwirren, den Verstand trüben); be|ne|belt (ugs. für: [durch Alkohol] geistig verwirrt)

be|ne|dei|en (segnen; seligpreisen); benedeit (älter: gebenedeit)

Be|ne|dik|ti|ner, der; -s, - (Mönch des Benediktinerordens; auch: Likörsorte)

71

Be|ne|fiz|vor|stel|lung (Vorstellung zugunsten eines Künstlers)
be|neh|men; sich -; vgl. benommen; Be|neh|men, das; -s; sich mit jmdm. ins - setzen
be|nei|den; be|nei|dens|wert
be|nen|nen; Be|nen|nung
be|net|zen; Be|net|zung
ben|ga|lisch; -es Feuer (Buntfeuer); -e Beleuchtung
Ben|gel, der; -s, -, ugs.: -s (veralt. für: Stock, Prügelholz; auch: [ungezogener] Junge)
be|nie|sen; etwas -
Be|nimm, der; -s (ugs. für: Betragen, Verhalten)
Ben|ja|min, der; -s, -e (Jüngster)
be|nom|men (fast betäubt); Be|nom|men|heit, die; -
be|no|ten; einen Aufsatz -
be|nö|ti|gen
be|num|mern; Be|num|me|rung
be|nut|zen, (bes. südd., österr.:) be|nüt|zen; Be|nut|zer|kreis; Be|nut|zung, (bes. südd., österr.:) Be|nüt|zung; Be|nut|zungs|ge|bühr
Ben|zin, das; -s, -e (Treibstoff; Lösungsmittel); Ben|zin|ka|ni|ster; Ben|zol, das; -s, -e (Teerdestillat aus Steinkohlen; Lösungsmittel)
be|ob|ach|ten; Be|ob|ach|ter; Be|ob|ach|tung; Be|ob|ach|tungs|ma|te|ri|al
be|pa|cken [Trenn.: ...päk|ken]
be|pflan|zen; Be|pflan|zung
be|pfla|stern; Be|pfla|ste|rung
be|pin|seln
be|quat|schen (ugs. für: bereden)
be|quem; be|que|men, sich; Be|quem|lich|keit
be|rap|pen (ugs. für: bezahlen)
be|ra|ten; beratender Ingenieur; Be|ra|ter; be|rat|schla|gen; be|ratschlagt; Be|rat|schla|gung; Be|ra|tung; Be|ra|tungs|stel|le
be|rau|ben; Be|rau|bung
be|rau|schen; sich -; be|rau|schend; be|rauscht; Be|rauscht|heit, die; -; Be|rau|schung

Ber|be|rit|ze, die; -, -n (Sauerdorn, ein Zierstrauch)
be|rech|nen; Be|rech|nung
be|rech|ti|gen; berechtigt; be|rech|tig|ter|wei|se; Be|rech|ti|gung; Be|rech|ti|gungs|schein
be|re|den; be|red|sam; Be|red|sam|keit, die; -; be|redt; auf das, aufs -este; Be|redt|heit, die; -
be|reg|nen; Be|reg|nung; Be|reg|nungs|an|la|ge
Be|reich, der (seltener: das); -[e]s, -e
be|rei|chern; sich -; Be|rei|che|rung; Be|rei|che|rungs|ver|such
be|rei|fen (mit Reifen versehen); bereift
be|reift (mit Reif bedeckt)
Be|rei|fung
be|rei|ni|gen; Be|rei|ni|gung
be|rei|sen; ein Land -; Be|rei|sung
be|reit; zu etwas - sein, sich - erklären, sich - finden, sich - halten; be|rei|ten (zubereiten); bereitet
be|reit|hal|ten; ich habe es bereitgehalten; be|reit|le|gen; ich habe das Buch bereitgelegt; be|reit|lie|gen; die Bücher werden -; be|reit|ma|chen; ich habe alles bereitgemacht; be|reits (schon); Be|reit|schaft; Be|reit|schafts|dienst; be|reit|ste|hen; ich habe bereitgestanden; be|reit|stel|len; ich habe das Paket bereitgestellt; Be|reit|stel|lung; Be|rei|tung; be|reit|wil|lig; -st; Be|reit|wil|lig|keit, die; -
be|ren|nen; das Tor - (Sportspr.)
be|ren|ten (Amtsdt.: eine Rente zusprechen)
be|reu|en
Berg, der; -[e]s, -e; die Haare stehen einem zu -[e] (ugs.); berg|ab; - gehen; berg|ab|wärts
Ber|ga|mot|te, die; -, -n (eine Birnensorte; eine Zitrusfrucht)

berg|an; - gehen; berg|auf; -
steigen; berg|auf|wärts; Berg-
bau, der; -[e]s; ber|ge|hoch,
berg|hoch
ber|gen; sich -; barg, geborgen
ber|ge|wei|se (ugs.: in großen
Mengen); Berg|fried, der;
-[e]s, -e (Hauptturm auf Burgen;
Wehrturm); berg|hoch, ber|ge-
hoch; ber|gig
Berg|mann (*Mehrz.* ...leute);
berg|män|nisch; Berg-
manns|spra|che; Berg-stei-
gen (das; -s), ...stei|ger; Berg-
und-Tal-Bahn, die; -, -en
Ber|gung; Ber|gungs|kom-
man|do
Berg|werk; Berg|werks|ei-
gen|tü|mer
Be|richt, der; -[e]s, -e; - erstat-
ten; be|rich|ten; falsch, gut be-
richtet sein; Be|rich|ter; Be-
rich|ter|stat|ter; Be|rich|ter-
stat|tung; be|rich|ti|gen; Be-
rich|ti|gung; Be|richts|heft
(Heft für wöchentl. Arbeitsbe-
richte von Lehrlingen)
be|rie|chen; sich - (ugs. für: vor-
sichtig Kontakte herstellen)
be|rie|seln; Be|rie|se|lung, Be-
ries|lung; Be|rie|se|lungs|an-
la|ge
be|rin|gen ([Vögel u. a.] mit Rin-
gen [am Fuß] versehen)
be|rit|ten (mit Reittier[en] verse-
hen)
Ber|li|ner (auch kurz für: Berliner
Pfannkuchen); ber|li|ne|risch
vgl. berlinisch; ber|li|nern (berli-
nerisch sprechen); ber|li|nisch
Bern|har|di|ner, der; -s, - (eine
Hunderasse); Bern|har|di|ner-
hund
Bern|stein („Brennstein"; ein
fossiles Harz); bern|stei|ne[r]n
(aus Bernstein)
Ber|ser|ker [auch: bär...], der; -s,
- (wilder Krieger; auch für: blind-
wütig tobender Mensch); ber-
ser|ker|haft; Ber|ser|ker|wut
ber|sten; barst, geborsten
be|rüch|tigt
be|rücken [*Trenn.*: ...rük|ken]

(betören); be|rückend [*Trenn.*:
...rük|kend]
be|rück|sich|ti|gen; Be|rück-
sich|ti|gung
Be|ruf, der; -[e]s, -e; be|ru|fen;
sich auf jmdn. od. etwas -; be-
ruf|lich; Be|rufs-auf|bau-
schu|le (Schulform des zweiten
Bildungsweges zur Erlangung
der Fachschulreife), ...aus|bil-
dung, ...be|am|te, ...be|ra-
tung, ...be|zeich|nung; be-
rufs|tä|tig; Be|rufs|tä|ti|ge, der
u. die; -n, -n; Be|ru|fung; Be|ru-
fungs|ver|fah|ren
be|ru|hen; es beruht auf einem
Irrtum; etwas auf sich - lassen;
be|ru|hi|gen; sich -; Be|ru|hi-
gung; Be|ru|hi|gungs-mit|tel,
das, ...sprit|ze
be|rühmt; be|rühmt-be|rüch-
tigt; Be|rühmt|heit
be|rüh|ren; sich -; Be|rüh|rung;
Be|rüh|rungs-li|nie, ...punkt
Be|ryll, der; -[e]s, -e (ein Edel-
stein)
be|sa|gen; das besagt nichts; be-
sagt (Amtsdt.: erwähnt)
be|sai|ten; besaitet; vgl. zartbe-
saitet
be|sa|men; Be|sa|mung (Be-
fruchtung); Be|sa|mungs|sta-
ti|on
be|sänf|ti|gen; Be|sänf|ti|gung
be|sät; mit etwas - sein
Be|satz, der; -es, ...sätze; Be|sat-
zung; Be|sat|zungs|macht
be|sau|fen, sich (derb für: sich
betrinken); besoffen; [1]Be|säuf-
nis, die; -, -se od. -ses; -ses,
-se (ugs. für: Sauferei, Zechgela-
ge); [2]Be|säuf|nis, die; - (ugs.
für: Volltrunkenheit)
be|schä|di|gen; Be|schä|di-
gung
[1]be|schaf|fen (besorgen); vgl.
[1]schaffen; [2]be|schaf|fen (gear-
tet); mit seiner Gesundheit ist es
gut beschaffen; Be|schaf|fen-
heit; Be|schaf|fung
be|schäf|ti|gen; sich -; beschäf-
tigt sein; Be|schäf|tig|te, der u.
die; -n, -n; Be|schäf|ti|gung;

be|schäf|ti|gungs|los; Be-
schäf|ti|gungs|the|ra|pie
be|schä|men; be|schä|mend;
be|schä|men|der|wei|se; Be-
schä|mung
Be|schau, die; -; be|schau|en;
Be|schau|er; be|schau|lich;
Be|schau|lich|keit, die; -; Be-
schau|ung
Be|scheid, der; -[e]s, -e; - geben,
sagen, tun, wissen; [1]be|schei-
den; ein -er Mann; [2]be|schei-
den; beschied, beschieden; einen Antrag abschlägig -
(Amtsdt.: ablehnen); jmdn. -
(geh. für: kommen
lassen); sich - (sich zufriedenge-
ben); Be|schei|den|heit, die; -
be|schei|nen
be|schei|ni|gen; Be|schei|ni-
gung
be|schei|ßen (derb für: betrü-
gen); beschissen
be|schen|ken; Be|schenk|te,
der u. die; -n, -n
[1]be|sche|ren (beschneiden); be-
schoren; vgl. [1]scheren
[2]be|sche|ren (schenken); be-
schert; jmdm. [etwas] -; die El-
tern bescheren den Kindern
[Spielwaren]; Be|sche|rung
(ugs. auch für: [unangenehme]
Überraschung)
be|schicken [Trenn.: ...schik-
ken]; Be|schickung [Trenn.:
...schik|kung]
be|schlie|den; das ist ihm be-
schieden; vgl. [2]bescheiden
be|schie|ßen; Be|schie|ßung
be|schil|dern (mit einem Schild
versehen); Be|schil|de|rung
be|schimp|fen; Be|schimp-
fung
be|schir|men; Be|schir|mung
Be|schiß, der; ...isses (derb für:
Betrug); be|schis|sen; vgl. be-
scheißen
be|schlab|bern, sich (sich beim
Essen beschmutzen)
Be|schlag, der; -[e]s, Beschläge;
mit - belegen; in - nehmen, hal-
ten; [1]be|schla|gen; gut -
(bewandert; kenntnisreich);

[2]be|schla|gen; Pferde -; die
Fenster sind -; die Glasscheibe
beschlägt [sich] (läuft an); Be-
schla|gen|heit [zu: [1]beschla-
gen]; Be|schlag|nah|me, die; -,
-n; be|schlag|nah|men; be-
schlagnahmt; Be|schlag|nah-
mung
be|schlei|chen
be|schleu|ni|gen; Be|schleu|ni-
ger; be|schleu|nigt (schnell-
stens); Be|schleu|ni|gung
be|schlie|ßen; Be|schlie|ßer
(Aufseher, Haushälter); Be-
schlie|ße|rin, die; -, -nen; be-
schlos|sen; be|schlos|se|ner-
ma|ßen; Be|schluß; be-
schluß|fä|hig; Be|schluß|fä-
hig|keit, die; -; Be|schluß|fas-
sung
be|schmei|ßen (ugs.)
be|schmie|ren
be|schmut|zen; Be|schmut-
zung
be|schnei|den; Be|schnei|dung
be|schnei|en; beschneite Dächer
be|schnup|pern
be|schö|ni|gen; Be|schö|ni-
gung
be|schrän|ken; sich -; be-
schrankt (mit Schranken versehen); -er Bahnübergang; be-
schränkt (beengt; geistesarm);
Be|schränkt|heit, die; -; be-
schrän|kung
be|schrei|ben; Be|schrei|bung
be|schrif|ten; Be|schrif|tung
be|schul|di|gen; eines Verbre-
chens -; Be|schul|dig|te, der u.
die; -n, -n; Be|schul|di|gung
be|schum|meln (ugs. für: [in
Kleinigkeiten] betrügen)
be|schuppt (mit Schuppen be-
deckt)
be|schup|sen landsch. (betrü-
gen)
Be|schuß, der; ...schusses
be|schüt|zen; Be|schüt|zer; Be-
schüt|zung
be|schwat|zen (ugs.)
Be|schwer|de, die; -, -n; - füh-
ren; be|schwer|de|frei; Be-
schwer|de_füh|ren|de (der u.

die; -n, -n), ...füh|rer; be-
schwe|ren; sich -; be|schwer-
lich; Be|schwer|lich|keit; Be-
schwe|rung
be|schwich|ti|gen; Be-
schwich|ti|gung
be|schwin|deln
be|schwingt (hochgemut; be-
geistert); Be|schwingt|heit,
die; -
be|schwipst (ugs. für: leicht be-
trunken); Be|schwip|ste, der u.
die; -n, -n
be|schwö|ren; beschwor, be-
schworen; Be|schwö|rer; Be-
schwö|rung; Be|schwö-
rungs|for|mel
be|see|len (beleben; mit Seele er-
füllen); be|seelt; -e Natur; Be-
seelt|heit, die; -; Be|see|lung
be|se|hen
be|sei|ti|gen; Be|sei|ti|gung
be|se|li|gen (geh.); ein beseli-
gendes Erlebnis; be|se|ligt
Be|sen, der; -s, -; be|sen|rein;
Be|sen|stiel
be|ses|sen; vom Teufel -; Be-
ses|se|ne, der u. die; -n, -n; Be-
ses|sen|heit, die; -
be|set|zen; besetzt; Be|setzt-
zei|chen (Telefon); Be|set-
zung
be|sich|ti|gen; Be|sich|ti|gung
be|sie|deln
be|sie|geln
be|sie|gen; Be|sieg|te, der u. die;
-n, -n
be|sin|nen, sich; be|sinn|lich;
Be|sinn|lich|keit, die; -; Be-
sin|nung, die; -; be|sin|nungs-
los
Be|sitz, der; -es; be|sit|zen; Be-
sit|zer; Be|sit|zer|grei|fung;
Be|sit|zer|wech|sel; be|sitz-
los; Be|sitz_lo|se (der u. die;
-n, -n), ...nah|me (die; -, -n),
...tum; Be|sit|zung; Be|sitz-
wech|sel
be|sof|fen (derb für: betrunken);
Be|sof|fen|heit, die; -
be|soh|len; Be|soh|lung
be|sol|den; Be|sol|dung; Be-
sol|dungs|grup|pe

be|son|de|re; zur -n Verwendung
(Abk.: z. b. V.); im besonder[e]n,
im besondren; das Besond[e]re
(Seltenes, Außergewöhnliches);
etwas, nichts Besond[e]res; Be-
son|der|heit; be|son|ders
(Abk.: bes.); besonders[,] wenn
be|son|nen (überlegt, umsich-
tig); Be|son|nen|heit, die; -
be|sor|gen; Be|sorg|nis, die; -,
-se; be|sorg|nis|er|re|gend;
be|sorgt; Be|sorgt|heit, die; -;
Be|sor|gung
be|span|nen; Be|span|nung
be|spickt
be|spie|geln
be|spie|len; eine Schallplatte -;
einen Ort - (dort Aufführungen
geben)
be|spit|zeln (heimlich beobach-
ten und aushorchen); Be|spit-
ze|lung, Be|spitz|lung
be|spöt|teln
be|spre|chen; sich -; Be|spre-
cher; Be|spre|chung
be|spren|gen; mit Wasser -
be|spren|keln
be|sprin|gen (begatten [von Tie-
ren])
be|sprit|zen
be|sprü|hen
be|spu|cken [Trenn.: ...spuk|ken]
bes|ser; es ist das bessere (es
ist besser), daß ...; eines Besse-
r[e]n belehren; eine Wendung
zum Besser[e]n -; bes|ser|ge-
hen; dem Kranken wird es bald
-; bes|sern; sich -; bes|ser-
stel|len (in eine bessere finan-
zielle, wirtschaftliche Lage ver-
setzen); Bes|se|rung; Bes|ser-
wis|ser; Bes|ser|wis|se|rei
be|stal|len ([förmlich] in ein Amt
einsetzen, mit einer Aufgabe be-
trauen); wohlbestallt; Be|stal-
lung; Be|stal|lungs|ur|kun|de
Be|stand, der; -[e]s, Bestände;
- haben; von - sein; be|stan|den
(auch für: bewachsen); mit Wald
- sein; be|stän|dig; das Barome-
ter steht auf „beständig"; Be-
stän|dig|keit; Be|stands|auf-
nah|me; Be|stand|teil, der

be|stär|ken; Be|stär|kung
be|stä|ti|gen; Be|stä|ti|gung
be|stat|ten; Be|stat|tung
be|stau|ben; bestaubt; be|stäu|ben; Be|stäu|bung
best|be|zahlt
be|ste; das beste [Buch] seiner Bücher; auf das, aufs beste; am besten; nicht zum besten (nicht gut) gelungen; zum besten dienen, geben, gereichen, haben, halten, kehren, lenken, stehen, wenden; der erste, nächste beste; es ist das beste, er hält es für das beste (am besten), das ...; das Beste in seiner Art; das Beste ist für ihn gut genug; er hält dies für das Beste (die beste Sache), was er je gesehen hat; er ist der Beste in der Klasse; zu deinem Besten; er hat sein Bestes getan; das Beste von allem ist, daß ...
be|ste|chen; be|stech|lich; Be|stech|lich|keit, die; -; Be|ste|chung; Be|ste|chungs|ver|such
Be|steck, das; -[e]s, -e (ugs.: -s)
be|ste|hen; auf etwas; ich bestehe auf meiner (heute selten: meine) Forderung; Be|ste|hen, das; -s; seit - der Firma; be|ste|hen|blei|ben; bestehengeblieben
be|steh|len
be|stei|gen; Be|stei|gung
be|stel|len; Be|stel|ler; Be|stell|block (Mehrz. ...blocks); Bestelliste [Trenn.: Be|stell|li|ste], die; -, -n; Be|stel|lung
be|sten|falls; be|stens
be|steu|ern; Be|steue|rung
best.ge|haßt, ...ge|pflegt
be|stia|lisch (unmenschlich, viehisch); Be|stia|li|tät, die; -, -en (tierisches, grausames Verhalten)
be|sticken [Trenn.: ...stik|ken]
Be|stie [...i*], die; -, -n (wildes Tier; Unmensch)
be|stim|men; be|stimmt; an einem -en Tage; bestimmter Artikel; Be|stimmt|heit; Be|stim-

mung; Be|stim|mungs|bahn|hof; be|stim|mungs|ge|mäß
be|stirnt; -er Himmel
Best|lei|stung
best|mög|lich, dafür besser: möglichst gut; falsch: bestmöglichst
be|stra|fen; Be|stra|fung
be|strah|len; Be|strah|lung
be|stre|ben, sich; Be|stre|ben, das; -s; be|strebt; - sein; Be|stre|bung
be|strei|chen; Be|strei|chung
be|strei|ken; Be|strei|kung; - eines Betriebes
be|strei|ten; Be|strei|tung
best|re|nom|miert; das bestrenommierte Hotel
be|streu|en; Be|streu|ung
be|stricken[1] (bezaubern); be|strickend[1]; Be|strickung[1]
Best|sel|ler, der; -s, - (Ware [bes. Buch] mit dem größten Absatz)
be|stücken [Trenn.: ...stük|ken] (mit Teilstücken ausrüsten, bes. beim Schiff mit Geschützen)
Be|stuh|lung
be|stür|men; Be|stür|mung
be|stür|zen; be|stür|zend; be|stürzt; -sein; Be|stürzt|heit, die; -; Be|stür|zung
Be|such, der; -[e]s, -e; auf, zu - sein; be|su|chen; Be|su|cher; Be|su|cher|strom; Be|suchs|er|laub|nis
be|su|deln, Be|su|de|lung, Be|sud|lung
Be|ta, das; -[s], -s (gr. Buchstabe: B, β)
be|tagt
be|tan|ken
be|ta|sten
be|tä|ti|gen; sich -; Be|tä|ti|gung; Be|tä|ti|gungs|feld
be|tat|schen (ugs.)
be|täu|ben; Be|täu|bung; Be|täu|bungs|mit|tel, das
Be|te, (nicht korrekte Nebenform:) Bee|te, die; -, -n (Wurzelgemüse; Futterpflanze); rote - (nordd. für: rote Rübe)

---

[1] Trenn.: ...k|k...

be|tei|li|gen; sich -; Be|tei|lig|te,
der u. die; -n, -n; Be|tei|ligt|
sein; Be|tei|li|gung;
Be|tel, der; -s (Kau- u. Genußmit-
tel aus der Betelnuß)
be|ten; Be|ter
be|teu|ern; Be|teue|rung
be|ti|teln [auch ...tit...]
be|töl|peln; Be|töl|pe|lung
Be|ton [beton, (fr.:) betong,
auch, österr. nur dt. Ausspr.: be-
ton], der; -s (bei dt. Aussprache:) -e (Baustoff aus der Mischung von Zement, Wasser,
Sand usw.); Be|ton|bau (Mehrz.
...bauten)
be|to|nen
be|to|nie|ren (auch übertr. für:
festlegen, unveränderlich ma-
chen); Be|to|nie|rung
be|ton|ter|ma|ßen; Be|to|nung
be|tö|ren; Be|tö|rer; Be|tö|rung
Be|tracht, nur noch in Fügungen
wie: in - kommen, ziehen; außer
- bleiben; be|trach|ten; sich -;
Be|trach|ter; be|trächt|lich;
um ein -es (bedeutend, sehr);
Be|trach|tung; Be|trach-
tungs|wei|se, die
Be|trag, der; -[e]s, Beträge; be-
tra|gen; sich -; Be|tra|gen, das;
-s
be|trau|en; mit etwas betraut;
Be|trau|ung
Be|treff (Amtsdt.; Abk.: Betr.),
der; -[e]s, -e; in betreff des Bahn-
baues; be|tref|fen; was mich be-
trifft; vgl. betroffen; be|tref|fend
(in Betracht kommend; Abk.:
betr.); die -e Behörde; den Bahn-
bau -; Be|tref|fen|de, der u. die;
-n, -n; be|treffs (Amtsdt.; Abk.:
betr.; mit Wesf.: - des Neubaus
(besser: wegen)
be|trei|ben; Be|trei|ben, das; -s;
auf mein -; Be|trei|bung
be|treßt (mit Tressen versehen)
¹be|tre|ten (verwirrt; verwun-
dert); ²be|tre|ten; er hat den
Raum -; Be|tre|ten, das; -s
be|treu|en; Be|treu|er; Be|treu-
ung, die; -; Be|treu|ungs|stel-
le

Be|trieb, der; -[e]s, -e; in - set-
zen; die Maschine ist in - (läuft);
er ist im - (hält sich an der Arbeits-
stelle auf); be|trieb|lich; be-
trieb|sam; Be|trieb|sam|keit,
die; -; Be|triebs|an|ge|hö|ri|ge,
...an|lei|tung, ...aus|flug,
...rat (Mehrz. ...räte); Be-
triebs|rats|mit|glied, ...vor-
sit|zen|de
be|trin|ken, sich; betrunken
be|trof|fen; Be|trof|fen|heit,
die; -
be|trü|ben; be|trüb|lich; be-
trüb|li|cher|wei|se; Be|trüb-
nis, die; -, -se; be|trübt; Be-
trübt|heit, die; -
Be|trug; be|trü|gen; Be|trü|ger;
Be|trü|ge|rei; be|trü|ge|risch
be|trun|ken; Be|trun|ke|ne, der
u. die; -n, -n; Be|trun|ken|heit,
die; -
Bett, das; -[e]s, -en; zu -[e] gehen
Bett|tag; vgl. Buß- und Bettag
Bett|couch, ...decke [Trenn.:
...dek|ke]
Bet|tel, der; -s; bet|tel|arm;
Bet|te|lei; bet|teln
bet|ten; sich -; Bet|ten|ma-
chen, das; -s Bett|ge|stell;
bett|lä|ge|rig
Bett|ler
¹Bett|tuch [Trenn.: Bett|tuch],
das; -[e]s, ...tücher ²Bett|tuch
(beim jüdischen Gottesdienst;
Mehrz. ...tücher)
Bet|tung
be|tucht landsch. (still; sicher,
vertrauenswert; wohlhabend)
be|tu|lich (in umständlicher Wei-
se freundlich u. geschäftig); Be-
tu|lich|keit, die; -
beu|gen (auch für: flektieren, de-
klinieren, konjugieren); sich -;
Beu|gung (auch für: Flexion,
Deklination, Konjugation); Beu-
gungs|en|dung
Beu|le, die; -, -n; beu|len (Falten
werfen); sich -
be|un|ru|hi|gen; sich -; Be|un|ru-
hi|gung, die; -
be|ur|kun|den; Be|ur|kun|dung

be|ur|lau|ben; Be|ur|lau|bung
be|ur|tei|len; Be|ur|tei|ler; Be-
ur|tei|lung; Be|ur|tei|lungs-
maß|stab
Beu|te, die; - (Erbeutetes); beu-
te|gie|rig; Beu|te|gut
Beu|tel, der; -s, -; beu|teln; das
Kleid beutelt [sich]; das Mehl
wird gebeutelt (gesiebt); ich
habe ihn gebeutelt (tüchtig ge-
schüttelt); Beu|tel_schnei|der,
...tier
be|völ|kern; Be|völ|ke|rung;
Be|völ|ke|rungs_dichte, ...ex-
plo|si|on, ...po|li|tik,
...schicht
be|voll|mäch|ti|gen; Be|voll-
mäch|tig|te, der u. die; -n, -n
be|vor
be|vor|mun|den
be|vor|ra|ten (mit einem Vorrat
ausstatten)
be|vor|ste|hen
be|vor|zu|gen; Be|vor|zu|gung
be|wa|chen; Be|wa|cher
be|wach|sen
Be|wa|chung
be|waff|nen; Be|waff|ne|te, der
u. die; -n-n; Be|waff|nung
be|wah|ren (hüten); jmdn. vor
Schaden -; be|wäh|ren, sich;
be|wahr|hei|ten, sich; be-
währt; Be|wäh|rung (Erpro-
bung); Be|wäh|rungs_frist,
...hel|fer, ...pro|be, ...zeit
be|wal|den
be|wäl|ti|gen
be|wan|dert (erfahren)
Be|wandt|nis, die; -, -se
be|wäs|sern; Be|wäs|se|rung,
Be|wäß|rung
¹be|we|gen (Lage ändern); be-
wegte; bewegt; ²be|we|gen
(veranlassen); bewog; bewo-
gen; Be|weg|grund; be|weg-
lich; Be|weg|lich|keit, die; -;
be|wegt; - sein; Be|we|gung;
Be|we|gungs_ab|lauf, ...frei-
heit
be|weh|ren (ausrüsten; bewaff-
nen)
be|wei|ben, sich (ugs. für: sich
verheiraten)

be|weih|räu|chern (auch abwer-
tend für: übertrieben loben)
be|wei|nen; Be|wei|nung; -
Christi
Be|weis, der; -es, -e; unter - stel-
len (Amtsdt.; besser: beweisen);
be|wei|sen; bewiesen; be-
weis|kräf|tig; Be|weis_mit-
tel, das
be|wen|den, nur in: - lassen; Be-
wen|den, das; -s; es hat dabei
sein Bewenden (es bleibt dabei)
be|wer|ben, sich; Be|wer|bung
be|wer|fen
be|werk|stel|li|gen
be|wer|ten; Be|wer|tung
Be|wet|te|rung (Bergmannsspr.:
Versorgung der Grubenbaue mit
Frischluft)
be|wickeln [Trenn.: wik|keln]
be|wil|li|gen; Be|wil|li|gung
be|will|komm|nen
be|wir|ken
be|wir|ten; be|wirt|schaf|ten
Be|wir|tung
be|wohn|bar; be|woh|nen; Be-
woh|ner
be|wöl|ken, sich; Be|wöl|kung,
die
Be|wuchs, der; -es
be|wun|de|rer; be|wun|dern;
Be|wun|de|rung; Be|wund|rer
be|wußt; ich bin mir keines Ver-
gehens -; Be|wußt|heit, die; -;
be|wußt|los; Be|wußt|lo|sig-
keit, die; -; be|wußt|ma|chen
(klarmachen); er hat ihm den Zusammenhang bewußtgemacht;
aber: be|wußt (mit Absicht, mit
Bewußtsein) ma|chen; er hat
den Fehler bewußt gemacht; Be-
wußt|sein, das; -s;
be|zah|len
be|zäh|men; sich -
be|zau|bern; be|zau|bernd
be|zeich|nen; be|zeich|nend;
Be|zeich|nung
be|zei|gen (zu erkennen geben,
kundgeben); Beileid, Ehren -;
Be|zei|gung
be|zeu|gen (Zeugnis ablegen; aus
eigenem Erleben bekunden); die
Wahrheit -; Be|zeu|gung

be|zich|ti|gen; jemanden eines Verbrechens -; Be|zich|ti|gung
be|zieh|bar; be|zie|hen; sich auf eine Sache -; Be|zie|her; Be|zie|hung;
be|zif|fern; sich - (dafür besser: sich belaufen) auf etwas
Be|zirk, der -[e]s, -e; be|zirk|lich
be|zir|zen vgl. becircen
Be|zug (österr. auch für: Gehalt); in bezug auf; mit Bezug auf; auf etwas Bezug haben, nehmen (dafür besser: sich auf etwas beziehen); Bezug nehmend auf (dafür besser: mit Bezug auf); Be|zü|ge, die (Mehrz.; Einkommen); be|züg|lich; - Ihres Briefes; Be|zugs|per|son, ...preis
be|zu|schus|sen (einen Zuschuß gewähren); bezuschußte, bezuschußt; Be|zu|schus|sung
be|zwecken [Trenn.: ...zwek-ken]
be|zwei|feln
be|zwin|gen
BfA = Bundesversicherungsanstalt für Angestellte
BGB = Bürgerliches Gesetzbuch
BGL = Betriebsgewerkschaftsleitung
BH [beha], der; -[s], -[s]: (ugs.: Büstenhalter)
bi... (in Zusammensetzungen: zwei...; doppel[t]...); Bi... (Zwei...; Doppel[t]...)
Bi|ath|lon, das; -s, -s (Kombination aus Schilanglauf u. Scheibenschießen)
bib|bern (ugs. für: zittern)
Bi|bel, die; -, -n (die Hl. Schrift)
¹Bi|ber, der; -s, - (ein Nagetier; Pelz); ²Bi|ber, der od. das; -s (Rohflanell)
Bi|ber|pelz, ...schwanz (auch: Dachziegelart)
Bi|bi, der; -s, -s (ugs.: steifer Hut [aus Biberpelz], Baskenmütze)
Bi|blio|gra|phie, die; -, ...ien (Bücherkunde, -verzeichnis); bi|blio|gra|phie|ren (den Titel einer Schrift bibliographisch verzeichnen, auch: genau feststellen); bi|blio|gra|phisch (bü-

cherkundlich); Bi|blio|ma|ne; der, -n, -n (Büchernarr); bi|blio|phil (schöne od. seltene Bücher liebend); Bi|blio|phi|le, der u. die; -n, -n (Bücherliebhaber[in]); Bi|blio|thek, die; -, -en ([wissenschaftliche] Bücherei); Bi|blio|the|kar, der; -s, -e (Beamter od. Angestellter in wissenschaftl. Bibliotheken od. Volksbüchereien); Bi|blio|the|ka|rin, die; -, -nen
bi|blisch
Bick|bee|re nordd. (Heidelbeere)
Bi|det [bide], das; -s, -s (längliches Sitzbecken für Spülungen)
bie|der; Bie|der|mann (Mehrz. ...männer), ...mei|er, das; -[s] ([Kunst]stil in der Zeit des Vormärz [1815 bis 1848])
bie|gen; bog, gebogen; auf Biegen oder Brechen (ugs.); bieg|sam
Bie|ne, die; -, -n; Bie|nen|fleiß; Bie|nen_ho|nig, ...kö|ni|gin, ...korb, ...schwarm, ...spra|che, ...stich (auch: Kuchenart), ...stock (Mehrz. ...stöcke), ...volk
Bi|en|na|le [biä...], die; -, -n (zweijährliche Veranstaltung od. Schau, bes. in der bildenden Kunst u. im Film)
Bier, das; -[e]s, -e; Bier_deckel [Trenn.: ...dek|kel], ...do|se, ...fla|sche, ...glas (Mehrz. ...gläser), ...ruhe (ugs.: Verhalten eines Menschen, der durch nichts aus der Ruhe zu bringen ist); Bier_un|ter|satz, ...zei|tung, ...zelt
Bie|se, die; -, -n (farbiger Vorstoß an Uniformen; Säumchen)
Biest, das; -[e]s, -er (derb: „Vieh" [Schimpfwort])
bie|ten; bot, geboten
Bi|fo|kal|glas (Brillenglas mit Fern- und Nahteil; Mehrz. ...gläser)
Bi|ga|mie, die; -, ...ien (Doppelehe)
Big Band [- bänd], die; --, --s (großes Jazz- od. Tanzorchester)

Big Ben, der; -- („großer Benjamin"; Stundenglocke der Uhr im Londoner Parlamentsgebäude)
bi|gott (frömmelnd; scheinheilig); **Bi|got|te|rie,** die; -, ...ien
Bi|jou|te|rie, die; -, ...ien ([Handel mit] Schmuckwaren)
Bi|ki|ni, der; -s, -s (zweiteiliger Badeanzug)
Bi|lanz, die; -, -en (Gegenüberstellung von Vermögen und Kapital für ein Geschäftsjahr; übertr.: Ergebnis)
bi|la|te|ral [auch: ...a̱l] (zweiseitig; -e Verträge
Bild, das; -[e]s, -er; **Bild_bei|la|ge,** ...be|richt, ...be|richt|er|stat|ter, ...be|schrei|bung; **bil|den;** sich -; **Bil|der_bo|gen,** ...buch; **Bil|der_rah|men,** ...rät|sel; **Bild|hau|er; bild|hübsch; bild|kräf|tig; bildlich; Bild|nis,** das; -ses, -se; **Bild_re|por|ta|ge,** ...re|por|ter, ...röh|re; **bild|sam; Bild_säu|le,** ...schirm; **bild|schön**
Bil|dung; Bil|dungs_grad, ...lücke [Trenn.: ...lük|ke], ...rei|se, ...stu|fe, ...ur|laub, ...we|sen (das; -s)
Bil|ge, die; -, -n (Seemannsspr.: Kielraum eines Schiffes, in dem sich das Leckwasser sammelt)
Bil|lard [biljart, österr.: bijar], das; -s, -e u. (österr.:) -s (Kugelspiel; dazugehörender Tisch)
Bil|lett, das; -[e]s, -s u. -e [biljät, österr. bije] (Einlaßkarte, Fahrkarte, -schein)
Bil|li|ar|de, die; -, -n (10¹⁵; tausend Billionen)
bil|lig; bil|li|gen
Bil|li|on, die; -, -en (10¹²; eine Million Millionen od. 1 000 Milliarden)
Bil|sen|kraut, das; -[e]s (giftiges Kraut)
Bim|mel, die; -, -n (ugs.: Glocke); **Bim|mel|bahn** (ugs.); **bim|meln** (ugs.)
bim|sen (ugs.: schleifen; durch angestrengtes Lernen einprägen); **Bims|stein**

bi|när, bi|när, bi|na|risch (fachspr.: aus zwei Einheiten bestehend, Zweistoff...)
Bin|de, die; -, -n; **Bin|de|ge|webe; Bin|de|ge|webs_ent|zün|dung,** ...mas|sa|ge; **Bin|de_glied,** ...haut, ...haut|ent|zün|dung, ...mit|tel, das; **bin|den; band, gebunden; Bin|der; Bin|de_strich, ...wort** (für: Konjunktion; Mehrz. ...wörter); **Bind|fa|den**
Bin|go [bi̱nggo], das; -[s] (engl. Glücksspiel; eine Art Lotto)
bin|nen; mit Wemf.; - einem Jahre (geh. auch mit Wesf.: - eines Jahres); **Bin|nen_han|del,** ...land, ...markt, ...meer, ...see
Bin|se, die; -, -n (grasähnliche Pflanze); in die -n gehen (ugs.: verlorengehen; unbrauchbar werden); **Bin|sen_wahr|heit** (ugs. für: allbekannte Wahrheit)
bio... (leben[s]...); **Bio...** (Leben[s]...); **Bio|che|mie** (Lehre von den chemischen Vorgängen in Lebewesen; heilkundlich angewandte Chemie); **Bio|ge|ne|se,** die; -, -n (Entwicklung[sgeschichte] der Lebewesen); **Biograph,** der; -en, -en (Verfasser einer Lebensbeschreibung); **Bio|gra|phie,** die; -, ...ien (Lebensbeschreibung); **bio|gra|phisch; Bio|la|den** (Geschäft, das Erzeugnisse aus biologischem Anbau verkauft); **Bio|lo|ge,** der; -n, -n; **Bio|lo|gie,** die; - (Lehre von der belebten Natur); **bio|lo|gisch**
Bir|cher|mües|li (Müsli nach dem Arzt Bircher-Benner)
Bir|ke, die; -, -n (Laubbaum); **bir|ken** (aus Birkenholz); **Birken_holz,** ...reis, das, ...wald; **Birk_hahn,** ...huhn
Birn|baum; Bir|ne, die; -, -n; **bir|nen|för|mig**
bis; - [nach] Berlin; - hierher; - wann?; - auf die Haut; - zu 50%; deutsche Dichter des 10. bis 15. Jahrhunderts; vier- bis fünfmal

Bi|sam, der; -s, -e u. -s (Moschus [nur *Einz.*]; Pelz); Bi|sam|rat|te (große Wühlmaus)

Bi|schof, der; -s, Bischöfe (kirchl. Würdenträger); bi|schöf|lich; Bi|schofs_hut, der, ...kon|fe|renz; bi|schofs|li|la; Bi|schofs_sitz, ...stab

Bi|se, die; -, -n schweiz. (Nord[ost]wind)

bi|se|xu|ell [auch: *bi...*] (mit beiden Geschlechtern sexuell verkehrend; zweigeschlechtig)

bis|her (bis jetzt); bis|he|rig

Bis|kuit [*..kwit*], das (auch: der); -[e]s, -s, auch: -e (leichtes Gebäck)

bis|lang (bis jetzt)

Bis|marck|he|ring

Bi|son, der; -s, -s (nordamerik. Büffel)

Biß, der; Bisses, Bisse; biß|chen; das -, ein - (ein wenig); bis|sel, bis|serl landsch. (bißchen); Bis|sen, der; -s, -; Biß|gurn, die; -, - (bayr., österr. ugs.: zänkische Frau); bis|sig

Bi|stro, das; -s, -s (kleine Schenke od. Kneipe)

Bis|tum (Amtsbezirk eines kath. Bischofs)

bis|wei|len

Bis|wind, der; -[e]s (schweiz., südbad. neben: Bise)

Bit, das; -[s], -[s] (Nachrichtentechnik: Informationseinheit); Zeichen: bit

Bit|te, die; -, -n; bit|ten; bat, gebeten

bit|ter; bit|ter|bö|se; bit|ter_ernst; bit|ter|kalt; Bit|ter|keit; Bit|ter|klee; bit|ter|lich; Bit|ter|ling (Fisch; Pflanze; Pilz); Bit|ter|man|del|öl; Bit|ter|nis, die; -, -se; bit|ter|süß

Bitt_gang, der, ...ge|such

Bitt_schrift, ...stel|ler

Bi|tu|men, das; -s, -, auch: ...mina (aus organischen Stoffen natürlich entstandene teerartige Masse) [1]bit|zeln südd. u. westd. (prickeln, [vor Kälte] beißend wehtun)

[2]bit|zeln mitteld. (in kleine Stückchen schneiden, schnitzeln)

Bi|wak, das; -s, -s u. -e (Feld[nacht]lager); bi|wa|kie|ren

bi|zarr (seltsam)

Bi|zeps, der; -[es], -e (Beugemuskel des Oberarmes)

Bla|bla, das; -[s] (ugs.: Gerede; lange u. fruchtlose Diskussion um Nichtigkeiten)

Black_out [*bläkaut*], das; -[s], -s (Theater: plötzliche Verdunkelung am Szenenschluß; auch: kleiner Sketch; Raumfahrt: Abbrechen des Funkkontakts); Black Power [*bläk pau°r*], die; - - (amerik. Freiheitsbewegung der Neger)

blaf|fen (bellen), bläf|fen

Blag, das; -s, -en u. Bla|ge, die; -, -n (ugs.: kleines, meist unartiges, lästiges Kind)

blä|hen; sich -; Blä|hung

bla|ken niederd. (schwelen, rußen)

blä|ken (ugs.: brüllen)

bla|kig (rußend)

bla|ma|bel (beschämend); Bla|ma|ge [...*masch°*], die; -, -n (Schande; Bloßstellung); bla|mie|ren; sich -

blan|chie|ren [*blangschi...*] (Kochk.: abbrühen)

bland (Med.: milde, reizlos [von einer Diät]; ruhig verlaufend [von einer Krankheit])

blank (rein, bloß); blanker, blankste

blan|ko (leer, unausgefüllt); Blan|ko_scheck, ...voll|macht (übertr.: unbeschränkte Vollmacht); blank|zie|hen; er hat den Säbel blankgezogen

Bla|se, die; -, -n; Bla|se|balg (*Mehrz.* ...bälge); bla|sen; blies, geblasen; Bla|sen|lei|den; Blä|ser

bla|siert (hochnäsig, hochmütig); Bla|siert|heit, die; -

Blas_in|stru|ment

Blas_mu|sik

Blas|phe|mie, die; -, ...ien (Gotteslästerung; verletzende Äußerung über etwas Heiliges); **blasphe|misch**

blaß; blasser (auch: blässer), blasseste (auch: blässeste); **Bläß|bock; Bläs|se,** die; - (Bläßheit); **Bläß|huhn; bläßlich**

Bla|stu|la, die; - (Biol.: Entwicklungsstadium des Embryos)

Blatt, das; -[e]s, Blätter (Jägerspr. auch für: Schulterstück od. Instrument zum Blatten)

Blat|tern, die (Mehrz.) (Infektionskrankheit)

blät|tern

Blät|ter_teig, ...wald (scherzh. für: viele Zeitungen verschiedener Richtung); **Blatt_gold, ...grün, ...laus; Blatt|pflan|ze; blätt|rig,** blät|te|rig; **Blattschuß; Blatt|werk,** das; -[e]s

blau; -er; -[e]ste: sein blaues Wunder erleben (ugs.: staunen); der blaue Planet (die Erde); blauer Montag; einen blauen Brief (ugs.: Mahnschreiben der Schule an die Eltern; auch: Kündigungsschreiben) erhalten; **Blau,** das; -s, - u. (ugs.:) -s (blaue Farbe); **blau|äu|gig; Blau|bart,** der; -[e]s, ...bärte (Frauenmörder [im Märchen]) **...bee|re** (ostmitteld.: Heidelbeere); **Blaue,** das; -n; das - vom Himmel [herunter]reden; Fahrt ins -; **Bläue,** die; - (Himmel[sblau]); **Blau|kraut,** das; -[e]s (südd., österr.: Rotkohl); **bläu|lich; Blau|licht** (Mehrz. ...lichter); **blau|machen** (ugs.: nicht arbeiten); **Blau|mei|se** (ein Vogel); **Blausäu|re,** die; **blau|sti|chig;** ein -es Farbfoto; **Blau|strumpf** (abschätzig: einseitig intellektuelle Frau)

Bla|zer [blɛsər], der; -s, - (Klubjacke [mit Klubabzeichen])

Blech, das; -[e]s, -e; **Blech_büch|se, ...do|se; ble|chen** (ugs.: zahlen); **ble|chern** (aus Blech); **Blech|mu|sik; Blechner** südwestd. (Klempner); **Blech|scha|den**

ble|cken [Trenn.: blek|ken]; die Zähne -

¹**Blei,** das; -[e]s, -e (chem. Grundstoff, Metall; Zeichen: Pb)

²**Blei;** der (auch: das); -[e]s, -e (ugs.: Bleistift)

Blei|be, die; -, -n (Unterkunft); **blei|ben;** blieb, geblieben; **bleiben|las|sen;** ich habe es - (unterlassen)

bleich; ¹**blei|chen** (bleich machen); bleichte, gebleicht; ²**bleichen** (bleich werden); bleichte, gebleicht; **Bleich_ge|sicht** (Mehrz. ...gesichter), **...sand, ...sucht** (die; -)

blei|ern (aus Blei); **Blei|kri|stall; blei|schwer; Blei|stift,** der

Blen|de, die; -, -n (auch: blindes Fenster, Nische; Optik: lichtabschirmende Scheibe; Mineral; auch für: Attrappe); **blen|dend; Blend|werk**

Bles|se, die; -, -n (weißer [Stirn]fleck, Tier mit weißem Fleck); **Bleß|huhn** vgl. Bläßhuhn

bleu [blø̈] blau (leicht ins Grünliche spielend])

bleu|en (ugs.: schlagen)

Blick, der; -[e]s, -e; **blicken** [Trenn.: blik|ken]

blind; Blind|darm; Blind|darment|zün|dung; Blin|de, der u. die; -n -n; **Blin|den|schrift; blind|flie|gen; Blind_flug, ...gän|ger; blind|lings; Blindschlei|che,** die; -, -n; **blindschrei|ben** (auf der Schreibmaschine)

blin|ken; Blin|ker; Blink_feu|er (Seezeichen); **...licht** (Mehrz. ...lichter)

blin|zeln

Blitz, der; -es, -e; **Blitz|ab|leiter; blitz|ar|tig; blitz_blank,** (ugs. auch:) **blitz|e|blank; blitzen** (ugs. auch: mit Blitzlicht fotografieren); du blitzt; **Blitz_gespräch, ...kar|rie|re, ...licht** (Mehrz. ...lichter); **blitz|sau|ber; Blitz|schlag; blitz|schnell**

Bliz|zard [blɪsərt], der; -s, -s (Schneesturm [in Nordamerika])

Blo|cher schweiz. (Bohner)
Block, der; -[e]s, (für: Beton-,
Eisen-, Felsblock:) Blöcke u.
(für: Abreiß-, Brief-, Steno-
[gramm]-, Zeichenblock, auch
meist für: Häuser-, Wohnblock:)
Blocks; (für: Macht-, Wirt-
schaftsblock u.a.:) Blöcke od.
Blocks; (für: Macht-, Wirt-
schaftsblock u.a.:) Blöcke od.
Blocks **Blocka|de**[1]([See]sperre
Druckw.: im Satz durch Blockie-
ren gekennzeichnete Stelle);
Blocker[1] landsch. (Bohnerbe-
sen); **Block|flö|te; block|frei;**
-e Staaten; **Block|haus;**
blockie|ren[1] (einschließen,
blocken, [ab]sperren; Druckw.:
fehlenden Text durch **II** kenn-
zeichnen)
blöd, blö|de; Blö|di|an, der;
-[e]s, -e (dummer Mensch);
Blöd|sinn, der; -[e]s
blö|ken
blond; blon|die|ren (blond fär-
ben); **Blon|di|ne,** die; -, -n
(blonde Frau)
[1]bloß (nur); **[2]bloß** (entblößt);
Blö|ße, die; -, -n; **bloß_le|gen,**
...lie|gen, ...stel|len
Blou|son [blusọ̈ng], das (auch:
der); -[s], -s (über dem Rock
getragene, an den Hüften engan-
liegende Bluse)
blub|bern niederd. (glucksen
rasch u. undeutlich sprechen)
Blue jeans [blúdschịns], die
(Mehrz.) (blaue [Arbeits]hose
aus geköpertem Baumwollgewebe); **Blues** [blụs], der; -, -
(urspr. religiöses Lied der nord-
amerik. Neger, dann langsamer
Tanz im 4/4-Takt)
Bluff [auch noch: blöf], der; -s,
-s (Verblüffung; Täuschung)
bluf|fen [auch noch: blöf^en]
blü|hen; Blu|me, die; -, -n
blü|me|rant (ugs.: schwindelig,
flau)
Blu|se, die; -, -n
Blut; das; -[e]s, (Med. fachspr.:)
-e; **[1]blut|arm** (arm an Blut);
[2]blut|arm (ugs.: sehr arm);

Blut_ar|mut, ...bahn, ...bank
(Mehrz. ...banken); **Blut_bu-
che, ...druck** (der; -[e]s)
Blü|te; die; -, -n
blu|ten
Blu|ter (ein Mensch, der zu
schwer stillbaren Blutungen
neigt)
**Blut_ge|fäß, ...ge|rinn|sel,
...grup|pe; blu|tig;**
blut|jung (ugs.: sehr jung)
**Blut_pro|be, ...ra|che,
...rausch; Blut|schan|de,** die;
-; **Blut|sen|kung** (Med.), **Blut-
spen|der; bluts|ver|wandt;
Blut|ver|gif|tung; Blut-
wä|sche**
Bö, (auch:) Böe,die; -, Böen (hef-
tiger Windstoß)
Boa, die; -, -s (Riesenschlange;
langer, schmaler Schal aus Pelz
oder Federn)
Bob, der; -s, -s (Kurzform für:
Bobsleigh); **Bob|bahn: Bob-
sleigh** [bọbßle'], der; -s, -s
(Rennschlitten; Kurzform: Bob)
Boc|cia [bọtscha], das od. die;
-, -s (it. Kugelspiel)
Bock, der; -[e]s, Böcke; **bock-
bei|nig**
Bock|bier
bocken[1]; **bockig**[1]; **Bocks_beu-
tel** (bauchige Flasche; Franken-
wein in solcher Flasche), **...horn**
(Mehrz. ...hörner; laß dich nicht
ins - jagen [ugs.: einschüch-
tern]), **Bock_sprin|gen,
...sprung, ...wurst**
Bod|den, der; -s, - (Strandsee,
[Ostsee]bucht)
Bo|de|ga, die; -, -s (span. Wein-
keller, -schenke)
Bo|den, der; -s, Böden; **Boden-
_belag, ...frost; bo|den|los;
Bo|den_ne|bel, ...per|so|nal;
bo|den|stän|dig; Bo|den|sta-
ti|on; Bo|den|tur|nen**
Bo|dy|buil|der [bọdibild^er], der;
-s, - (jmd., der Bodybuilding be-
treibt); **Bo|dy|buil|ding,** das;
-[s] (moderne Methode der Kör-

---

[1] Trenn.: ...ok|k...   [1] Trenn.: ...k|k...

perbildung u. Vervollkommnung der Körperformen); **Bo|dy|check** [...*tschäk*] (erlaubtes Rempeln beim Eishockey)
Böe vgl. Bö
Boe|ing [*bo^uing*], die; -, -s (amerik. Flugzeugtyp)
Bo|fist [auch: *bofißt*], **Bo|vist** [auch:*bowißt*],der; -[e]s, -e (ein Pilz)
Bo|gen, der; -s, - (bes. südd., österr. auch: Bögen)
Bo|heme [*boäm*, auch: *bohäm*], die; - (unbürgerliches Milieu der Künstler); **Bo|he|mi|en** [*boämjäng*], der; -s, -s (Angehöriger der Boheme)
Boh|le, die; -, -n (starkes Brett)
Böh|me, der; -n, -n
böh|misch (auch ugs.: unverständlich)
Boh|ne, die; -, -n; **Boh|nen|kaf|fee**
Boh|ner|be|sen; **boh|nern** ([Fußboden] mit Wachs glätten)
boh|ren; Boh|rer
bö|ig; -er Wind (in kurzen Stößen wehender Wind)
Boi|ler [*beul^er*], der; -s, - (Warmwasserbereiter)
Bo|je, die; -, -n (Seemannsspr.: [verankerter] Schwimmkörper, als Seezeichen od. zum Festmachen verwendet)
Bo|le|ro, der; -s, -s (Tanz; kurze Jacke)
Dol|le, die; -, -n landsch. (Zwiebel)
Böl|ler (kleiner Mörser zum Schießen); **böl|lern** landsch. (poltern, krachen); **böl|lern**
Boll|werk
Bol|sche|wik, der; -en, -i u. (abschätzig:) -en (Mitglied der Kommunistischen Partei der Sowjetunion); **Bol|sche|wis|mus,**der; -; **Bol|sche|wist,** der; -en, -en
Bol|zen, der; -s, -; **bol|zen** (Fußball: systemlos spielen); du bolzt
Bom|bar|de|ment [...*d^emang*], österr.: *bombardmang*], das; -s, -s (Beschießung [mit Bomben]);

bom|bar|die|ren; Bom|bar|die|rung
bom|ba|stisch (abwertend: übertrieben aufwendig)
Bom|be, die; -, -n (mit Sprengstoff angefüllter Hohlkörper; auch ugs.: sehr kräftiger Stoß mit dem Ball); **bom|ben** (ugs.); **Bom|ben|an|griff, ...er|folg** (ugs. für: großer Erfolg); **Bom|ben|stim|mung** (ugs.), **...tep|pich, ...ter|ror; Bom|ber**
Bom|mel, die; -, -n nordd. (Quaste)
Bon [*bong*], der; -s, -s (Gutschein)
Bon|bon [*bongbong*], der od. (österr. nur:) das, -s, -s (Zuckerware, -zeug); **Bon|bon|nie|re** [*bongboniär^e*], die; -, -n (Pralinenpackung; Behälter für Bonbons, Pralinen)
Bon|go [*bonggo*], das od. die; -, -s (einfellige Trommel kubanischen Ursprungs)
Bon|mot [*bongmo*], das; -s, -s (treffende, geistreiche Wendung)
Bon|ne, die; -, -n (Kindermädchen, Erzieherin)
[1]**Bon|sai,** der; -s, -s (jap. Zwergbaum); [2]**Bon|sai,** das; - (Kunst des Ziehens von Zwergbäumen)
Bo|nus, der; - u. -ses, - u. -se od. ...ni (im Handel Gutschrift an Kunden od. Vertreter; bei Aktiengesellschaften einmalige Vergütung neben der Dividende)
Bon|ze, der; -n, -n ([buddhistischer] Mönch, Priester; verächtlich: auf seine Vorteile bedachter Funktionär)
Boof|ke, der; -s, -s bes. berlin. (ungebildeter Mensch, Tölpel)
Boo|gie-Woo|gie [*bugiwugi*, auch: *bugiwugi*], der; -[s], -s (Jazzart; ein Tanz)
Boom [*bum*], der; -s, -s ([plötzlicher] Wirtschaftsaufschwung, Hochkonjunktur)
Boot, das; -[e]s, -e, (landsch. auch:) Böte
[1]**Bord,** das; -[e]s, -e ([Bücher-, Wand]brett); [2]**Bord,** der; -[e]s,

-e ([Schiffs]rand, -deck, -seite; übertr. Schiff, Luftfahrzeug)

Bor|dell, das; -s, -e (Dirnenhaus)

Bord_funk, ...fun|ker

bor|die|ren (einfassen, besetzen)

Bord_kan|te, ...stein

Bor|dü|re, die; -, -n (Einfassung, [farbiger] Geweberand, Besatz)

Bo|retsch vgl. Borretsch

bor|gen

Bor|ke, die; -, -n (Rinde); **Bor|ken|kä|fer**

Born, der; -[e]s, -e (dicht: Wasserquelle, Brunnen)

bor|niert (geistig beschränkt, engstirnig); **Bor|niert|heit**

Bor|retsch, der; -[e]s (ein Küchenkraut)

Bör|se, die; -, -n (Gebäude zur Abhaltung eines regelmäßigen Marktes für Wertpapiere; Geldbeutel)

Bor|ste, die; -, -n (starkes Haar); **bor|stig**

Bor|te, die; -, -n (gemustertes Band als Besatz; Randstreifen)

bös, bö|se; jenseits von Gut und Böse; **bös|ar|tig**

Bö|schung

bö|se vgl. bös; **Bö|se|wicht,** der; -[e]s, -er, (auch, österr. nur:) -e; **bos|haft; Bos|haf|tig|keit; Bos|heit**

Bos|kop, der; -s, - (Apfelsorte)

Boß, der; Bosses, Bosse ([Betriebs-, Partei]leiter)

bos|seln (ugs.: kleine Arbeiten [peinlich genau] machen)

bös|wil|lig; Bös|wil|lig|keit

Bo|ta|nik; der; - (Pflanzenkunde); **Bo|ta|ni|ker; bo|ta|nisch**

Bo|te, der; -n, -n

Bot|schaft; Bot|schaf|ter

Bött|cher (Bottichmacher)

Bot|tich, der; -[e]s, -e

Bou|clé, der; -s, -s (Gewebe u. Teppich aus bestimmtem Zwirn)

Bou|doir [budoar], das; -s, -s (Zimmer der Dame)

Bouil|lon [buljong, buljong od. bujong], die; -, -s (Kraft-, Fleischbrühe)

Bou|le|vard [bul^ewar], der; -s, -s

(breite [Ring]straße); **Bou|le|vard_pres|se, ...thea|ter**

Bou|quet]buke], das; -s, -s

Bour|bo|ne [bur...], der; -n, -n (Angehöriger eines fr. Herrschergeschlechtes)

bour|geois [burschoa, in beifügender Verwendung; bur-schoas...] (der Bourgeoisie angehörend, entsprechend); **Bour|geois** [burschoa], der; -, - (abwertend: wohlhabender, satter Bürger; **Bour|geoi|sie** [burschoasi], die; -, ...ien ([wohlhabender] Bürgerstand; [auch: durch Wohlleben entartetes] Bürgertum)

Bou|tique [butik], die; -, -s [...tikß] u. -n [...k^en] (kleiner Laden für mod. Neuheiten)

Bow|den|zug [baud^en...] (Drahtkabel zur Übertragung von Zugkräften)

Bow|le [bol^e], die; -, -n (Getränk aus Wein, Zucker u. Früchten; Gefäß für dieses Getränk)

Bow|ling [bo^uling], das; -s, -s (amerik. Art des Kegelspiels mit 10 Kegeln; engl. Kugelspiel auf glattem Rasen)

Box, die; -, -en (Pferdestand; Unterstellraum; einfache, kastenförmige Kamera)

bo|xen (mit den Fäusten kämpfen); er boxt; **Bo|xer,** der; -s, (Faustkämpfer; bes. südd., österr. auch: Faustschlag; Hund einer bestimmten Rasse)

Box|kalf [in engl. Aussprache auch: ...kaf], das; -s, -s (Kalbleder)

Boy [beu], der; -s, -s ([Lauf]junge; Diener, Bote)

Boy|kott [beu...], der; -[e]s, -e (Verruf[serklärung], Ächtung; Abbruch der Geschäftsbeziehungen); **boy|kot|tie|ren**

Boy-Scout [beußkaut], der; -[s], -s (engl. Bez. für: Pfadfinder)

brab|beln (ugs. für: undeutlich vor sich hin reden)

brach (unbestellt; unbebaut); **Bra|che,** die; -, -n (Brachfeld)

Bra|chi|al|ge|walt, die; - (rohe, körperliche Gewalt)
brach|lie|gen (unbebaut liegen)
Bracke [*Trenn*.: Brak|ke], der; -n, -n, (seltener:) die; -, -n (Spürhundrasse)
Brack|was|ser, das; -s, ...wasser (Gemisch von Süß- und Salzwasser in den Flußmündungen)
Brä|gen, der; -s, - (Nebenform von: Bregen)
Brah|ma|ne, der; -n, -n (Angehöriger einer ind. Priesterkaste)
bra|mar|ba|sie|ren (aufschneiden, prahlen)
bram|sig nordd. ugs. (derb; protzig; prahlerisch)
Bran|che [*brangsch*e], die; -, -n (Wirtschafts-, Geschäftszweig; Fachgebiet)
Brand der; -[e]s, Brände; **brand|ak|tu|ell**
brand|mar|ken; Brand|mau|er, ...**mei|ster; brand|neu; Brand|sal|be; brand|schat|zen;** du brandschatzt; **Brand|soh|le,** ...**stif|ter,** ...**stif|tung; Bran|dung; Brand|wun|de; Bran|dy** [*brändi*], der; -s, -s ([feiner] Branntwein); **Brannt|wein**
[1]**Bra|sil,** der; -s, -e u. -s (Tabak; Kaffeesorte); [2]**Bra|sil,** die; -, -[s] (Zigarre)
Brät, das; -s landsch., bes. schweiz. (feingehacktes [Bratwurst]fleisch); **Brat|ap|fel; Bra|ten,** der; -s, -; **Bra|ten|rock** (scherzh.: Gehrock); **Brathendl,** das; -s, -[n] südd., österr. (Brathähnchen); **Brat|he|ring,** ...**kar|tof|feln,** die (Mehrz.); **Brat|ling** (gebratener Kloß aus Gemüse, Hülsenfrüchten); **Brät|ling** (Fisch; Pilz); **Brat|pfan|ne**
Brat|sche, die; -, -n (ein Streichinstrument)
Brat|wurst
Brauch, der; -[e]s, Bräuche; **brauch|bar; brau|chen**
Braue, die; -, -n
brauen; Brau|er; Braue|rei
braun; Braun, das; -s, - u. (ugs.:)

-s (braune Farbe); **Bräu|ne,** die; - (braune Färbung); **bräu|nen; braun|ge|brannt; Braun|koh|le; Braun|koh|len|bri|kett; bräun|lich**
Brau|se, die; -, -n; **brau|sen**
Braut, die; -, Bräute; **Bräu|ti|gam,** der; -s, -e; **Braut|jung|fer,** ...**kleid,** ...**kranz; Braut|leu|te; bräut|lich; Braut|paar,** ...**schau;** auf - gehen **Braut|stand,** der; -[e]s
brav [*braf*] (tapfer; tüchtig; artig, ordentlich); -er, -ste; **bra|vo!** [*...wo*] (sehr gut!); **Bra|vo,** das, -s, -s (Beifallsruf); **Bra|vour** [*...wur*], die; - (Tapferkeit; Schneid); **Bra|vour|arie** [*...ie*]; **bravou|rös** (tapfer, schneidig; meisterhaft)
break! [*brek*] Trennkommando des Ringrichters beim Boxkampf)
brech|bar; Brech|boh|ne; Brech|ei|sen; bre|chen; brach, gebrochen; **Brech|mit|tel,** das, ...**reiz,** ...**stan|ge**
Bre|douil|le [*bredulje*], die; - landsch. (Verlegenheit, Bedrängnis) in der - sein
Bree|ches [*britsch*eß, auch: *bri*...], die (Mehrz.) (Sport-, bes. Reithose)
Bre|gen, der; -s, - nordd. (Gehirn [vom Schlachttier])
Brei, der; -[e]s, -e; **brei|ig**
breit, des langen und -en (umständlich); **breit|bei|nig; Brei|te,** die; -, -; **breit|ma|chen;** sich (ugs.: sich anmaßend benehmen); **breit|schla|gen** (ugs.: durch Überredung für etwas gewinnen); **breit|schult|rig; Breit|schwanz** (Lammfell); **breit|tre|ten** (ugs.: weitschweifig darlegen); **Breit|wand** (im Kino); **Breit|wand|film**
[1]**Brem|se,** die; -, -n (ein Insekt)
[2]**Brem|se,** die; -, -n; **brem|sen; Brems|spur; Brem|sung; Brems|vor|rich|tung,** ...**weg**
brenn|bar; Brenn|bar|keit, der; -; **bren|nen;** brannte, gebrannt;

Bren|ne|rei; Brennessel [*Trenn.*: Brenn|nes|sel], die; -, -n;
Brẹnn|holz, ...ma|te|ri|al, ...punkt, ...spi|ri|tus, ...stoff, ...weite
brẹnz|lich (österr. häufiger für: brenzlig); **brẹnz|lig**
Brẹ|sche, die; -, -n (gewaltsam gebrochene Lücke; Mauerbruch; Riß); eine - schlagen
Brẹtt, das; -[e]s, -er; **Brẹt|ter|bu|de; Brẹttl,** das; -s, - (Kleinkunstbühne; südd. österr. auch: Ski); **Brẹtt|spiel**
Bre|vier, das; -s, -e (Gebetbuch der kath. Geistlichen; Stundengebet; kurze Stellensammlung aus den Werken eines Schriftstellers)
Brẹzel, die; -, -n; **Brẹ|zen,** der; -s, - u. die; -, - (österr.)
Bridge [*bridsch*], das; - (Kartenspiel)
Brief, der; -[e]s, -e; **Brief|beschwe|rer, ...bo|gen, ...block** (*Mehrz.* ...blocks), **...druck|sache, ...kar|te, ...ka|sten** (*Mehrz.* ...kästen), **...kopf; brief|lich; Brief|mar|ke; Brief|öff|ner, ...pa|pier, ...schaften** (*Mehrz.*), **...schrei|ber, ...ta|sche, ...trä|ger, ...umschlag, ...wahl, ...wech|sel**
Brie|kä|se
Bries, das; -es, -e u. **Brie|sel,** das; -s, - (innere Brustdrüse bei Tieren, bes. beim Kalb)
Bri|ga|de, die; -, -n (größere Truppenabteilung; DDR: kleinste Arbeitsgruppe in einem Produktionsbetrieb); **Bri|ga|dier** [...*ie* u. bei dt. Ausspr.: ...*ir*], der; -s, -s u. bei dt. Ausspr. -e (Befehlshaber einer Truppenabteilung, Brigade; DDR: Leiter einer Arbeitsbrigade); **Brigg,** die; -, -s (zweimastiges Segelschiff)
Bri|kẹtt, das; -s, -s u. (selten:) -e (aus kleinstückigem od. staubförmigem Gut durch Pressen gewonnenes festes Formstück, z. B. Preßkohle)
bril|lant [*briljạnt*] (glänzend;

fein); **Bril|lạnt,** der; -en, -en (geschliffener Diamant)
Bril|le, die; -, -n
bril|lie|ren [*briljir°n*] (glänzen)
Brim|bo|ri|um, das; -s (ugs.: Gerede; Umschweife)
Brịm|sen, der; -s, - österr. (Schafkäse)
brin|gen; brachte, gebracht
bri|sant (sprengend, hochexplosiv; sehr aktuell); **Bri|sạnz,** die; -, -en (Sprengkraft)
Bri|se, die; -, -n ([Fahr]wind; Lüftchen)
Broad|way [*brạdwe'*], der; -s (Hauptstraße in New York)
bröckeln[1]
Brọcken [*Trenn.*: Brok|ken], der; -s, - (das Abgebrochene)
bröck|lig
bro|deln (dampfend aufsteigen, aufwallen; österr. auch: Zeit vertrödeln); **Brọ|dem,** der; -s (geh.: Qualm, Dampf, Dunst)
Broi|ler [*breul°r*], der; -s, - (Hähnchen zum Grillen)
Bro|kạt, der; -[e]s, -e (kostbares gemustertes Seidengewebe)
Brọm|bee|re; Brọm|beerstrauch
bron|chi|al; Bron|chi|al|asthma, ...ka|tarrh (Luftröhrenkatarrh); **Bron|chie** [...*i°*], die; -, -n (meist *Mehrz.*) (Luftröhrenast); **Bron|chi|tis,** die; -, ...itiden (Bronchialkatarrh)
Bron|ze [*brọngß°*], die; -, -n (Metallmischung; Kunstgegenstand aus Bronze; nur *Einz.*: Farbe); **Brọn|ze|zeit,** die; - (vorgeschichtl. Kulturzeit)
Brọ|sa|me, die; -, -n (meist Mehrz.)
Brọ|sche, die; -, -n (Vorstecknadel; Spange)
bro|schie|ren (Druckbogen in einem Papierumschlag heften od. leimen); **bro|schiert; Broschü|re,** die; -, -n (leicht gebundenes Heftchen, Druckheft; Flugschrift)

─────────

[1] *Trenn.*: ...k|k...

brö|seln (bröckeln)
Brot, das; -]e]s, -e; Brot.auf|strich, ...beu|tel; Bröt|chen
(ein Gebäck); Bröt|chen|ge|ber
(ugs. scherzh.: Arbeitgeber);
Brot.er|werb, ...korb, ...kru|me, ...laib; brot|los; -e Künste;
Brot.stu|di|um, ...zeit (südd.
ugs.: Zwischenmahlzeit [am Vormittag])
brot|zeln (Nebenform von: brutzeln)
Brow|ning [*braun*...], der; -s, -s
(Schußwaffe)
¹Bruch, der; -[e]s, Brüche (Brechen; Zerbrochenes)
²Bruch [auch: *bruch*], der u. das;
-[e]s, Brüche (landsch. auch:
Brücher (Sumpfland)
Bruch.band (das; *Mehrz.* ...bänder), ...bu|de (ugs.: baufällige
Hütte; schlechtes, baufälliges
Haus)
brü|chig (morsch); Brü|chig|keit; Bruch|lan|dung; bruch|los; Bruch.rech|nen (das; -s),
...rech|nung, die; -); Bruch|stück; Bruch.teil, der, ...zahl
Brücke [*Trenn.:* Brük|ke], die; -,
-n; Brücken.bau [*Trenn.:* Brük|ken...] (*Mehrz.* ...bauten), ...bo|gen, ...kopf
Bru|der, der; -s, Brüder; brü|der|lich; Brü|der|lich|keit, die; -;
Bru|der|schaft (rel. Vereinigung); Brü|der|schaft (brüderliches Verhältnis); Bru|der.volk, ...zwist
Brü|he, die; -, -n; brü|hen
brül|len
brum|meln (ugs.: leise brummen;
undeutlich sprechen); brum|men; Brum|mer; brum|mig
brü|nett (braunhaarig, -häutig)
Brunft, die; (Jägerspr.: beim
Wild [bes. Hirsch] svw. Brunst)
Brun|nen, der; -s. -
Brunst, die; -, Brünste (Periode
der geschlechtl. Erregung u. Paarungsbereitschaft bei einigen
Tieren)
brüsk (barsch; rücksichtslos);
brüs|kie|ren (barsch, rück-

sichtslos behandeln); Brüs|kie|rung
Brust, die; -, Brüste; brü|sten,
sich; Brust.schwim|men (das;
-s), ...stim|me, ...tee,; Brü|stung; Brust|war|ze
Brut, die; -, -en
bru|tal (roh; gefühllos; gewalttätig); bru|ta|li|sie|ren; Bru|ta|li|tät, die; -, -en
brü|ten
brut|to (mit Verpackung; ohne
Abzug der [Un]kosten; vgl.
Brut|to.ein|kom|men, ...re|gi|ster|ton|ne (Abk.: BRT), ...so|zi|al|pro|dukt
brut|zeln (ugs. in zischendem
Fett braten)
Bub, der; -en, -en südd., österr.
u. schweiz. (Junge); Büb|chen,
Büb|lein; Bu|be, der; -n, -n
(abwertend: gemeiner, niederträchtiger Mensch; Spielkartenbezeichnung); Bu|ben.streich,
...stück; Bu|bi, der; -s, -s (Koseform von: Bub); Bu|bi|kopf
(weibl. Haartracht)
Buch, das; -[e]s, Bücher
Buch.aus|stat|tung, ...bin|der;
Buch|bin|de|rei; Buch.drucker|kunst [*Trenn.:* ...druk|ker...], die; -
Bu|che, die; -, -n; Buch|ecker
[*Trenn.:* ...ek|ker],die, -, -n
bu|chen (in ein Rechnungs- od.
Vormerkbuch eintragen; Plätze
für eine Reise reservieren lassen)
Buch|fink
Buch|füh|rung; Buch|hal|ter;
Buch.hal|tung, ...han|del,
...händ|ler; Buch|hand|lung;
Buch|ma|cher (Vermittler von
Rennwetten)
Buch|prü|fer (Bücherrevisor)
Buchs|baum
Buch|se, die; -, -n (Steckdose;
Hohlzylinder zur Aufnahme eines
Zapfens usw.); Büch|se, die; -,
-n (zylindrisches [Metall]gefäß
mit Deckel; Feuerwaffe); Büch|sen.fleisch, ...licht (zum
Schießen ausreichende Helligkeit; das; -[e]s), ...öff|ner

Buch|sta|be, der; -ns (selten: -en), -n; **buch|sta|bie|ren; buch|stäb|lich** (genau nach dem Wortlaut)

Bucht, die; -, -en

Buch|wei|zen (Nutzpflanze)

Buckel[1]**,** der; -s, - (Höcker, Rücken); **buckeln**[1] (einen Buckel machen; Metall treiben; auf dem Buckel tragen)

bücken[1]**,** sich

buck|lig

[1]Bück|ling (scherzh., auch abschätzig: Verbeugung)

[2]Bück|ling (geräucherter Hering)

Bud|del, die; -, -n (ugs.: Flasche)

bud|deln (ugs.: im Sand wühlen, graben)

Bud|dhis|mus, der; - (Lehre Buddhas); **Bud|dhist,** der; -en, -en

Bu|de, die; -, -n

Bud|get [*büdsche*]**,** das; -s, -s ([Staats]haushaltsplan, Voranschlag)

Bu|do, das; -s (Sammelbegriff f. Judo, Karate u. ä. Sportarten)

Bü|fett, Buf|fet [*büfe*] (österr. auch: Büf|fet [*büfe*], schweiz.: Buf|fet [*büfe*]), das; -[e]s, -s u. -e (bei dt. Ausspr. von Büfett auch:) -e (Anrichte[tisch]; Geschirrschrank; Schanktisch)

Büf|fel, der; -s, - (Untergattung der Rinder); **büf|feln** (ugs.: lange u. angestrengt lernen)

Buf|fet, Büf|fett vgl. Büfett

Buf|fo, der; -s, -s u. Buffi (Sänger komischer Rollen)

Bü|gel, der; -s, -; **Bü|gel_ei|sen, ...fal|te; bü|geln**

bug|sie|ren ([Schiff] schleppen, ins Schlepptau nehmen; ugs.: mühsam an einen Ort befördern)

buh (Ausruf als Ausdruck des Mißfallens)

Bu|hei, das; -s (ugs.: unnütze Worte, Theater um etw.); - machen

bu|hen (ugs.: durch Buhrufe sein Mißfallen ausdrücken)

Bühl, der; -[e]s, -e u. **Bü|hel,** der; -s, - südd. u. österr. (Hügel)

buh|len: um jmds. Gunst b.

Buh|mann (familiär: böser Mann, Schreckgespenst; *Mehrz.* ...männer)

Buh|ne, die; -, -n (künstlicher Damm zum Uferschutz)

Büh|ne, die; -, -n ([hölzerne] Plattform; Schaubühne; Spielfläche; Hebebühne; südd., schweiz. auch: Dachboden)

Bu|kett, das; -[e]s, -e ([Blumen]strauß; Duft [des Weines])

Bu|let|te, die; -, -n (gebratenes Fleischklößchen)

Bull|au|ge (rundes Schiffsfenster)

Bull|dog|ge (Hunderasse); **Bull|do|zer** [*buldos*[e]*r*]**,** der; -s, - (schwere Zugmaschine, Bagger)

[1]Bul|le, der; -n, -n (Stier, männl. Zuchtrind)

[2]Bul|le, die; -, -n (mittelalterl. Urkunde; feierl. päpstl. Erlaß)

Bulle|tin [*bültäng*]**,** das; -s, -s (amtliche Bekanntmachung; [Tages]bericht; Krankenbericht)

bul|lig

Bu|me|rang [auch: *bu*...]**,** der; -s, -e od. -s (gekrümmtes Wurfholz)

Bum|mel, der; -s, - (ugs.: Spaziergang); **Bum|me|lant,** der; -en, -en; **Bum|me|lei; bum|meln; Bum|mel_streik, ...zug** (scherzh.); **bum|mern** (ugs.: dröhnend klopfen)

bum|sen (ugs.: dröhnend aufschlagen; derb: koitieren); **Bums|lo|kal** (ugs.: zweifelhaftes Vergnügungslokal)

[1]Bund, der; -[e]s, Bünde (Vereinigung); **[2]Bund,** das; -[e]s, -e (Gebinde); vier - Stroh

Bün|del, das; -s, - (Golfhose); **bün|dig** (bindend; Bauw.: in gleicher Fläche liegend; kurz und -; **Bünd|nis,** das; -ses, -se

Bun|ga|low [*bunggalo*]**,** der; -s, -s (eingeschossiges [Sommer]haus)

---

[1] *Trenn.:* ...k|k...

Bun|ker, der; -s, - (Behälter zur
Aufnahme u. Abgabe von Mas-
sengut [Kohle, Erz]; Betonunter-
stand; [Golf:] Sandloch); **bun-
kern** (Massengüter in den Bun-
ker füllen)
bunt; ein bunter Abend
Bunt|specht, ...stift, der
Bür|de, die; -, -n
Bu|re, der; -n, -n (Nachkomme
der niederl. u. dt. Ansiedler in
Südafrika)
Burg, die; -, -en
Bür|ge, der; -n, -n; **bür|gen**
Bür|ger; Bür|ger|be|geh|ren,
das; -s, -; **Bür|ger_in|itia|ti|ve,
...krieg; bür|ger|lich; Bür|ger-
mei|ster** [oft auch: ...*maißt*ᵉ*r*];
Bür|ger_steig, ...tum (das; -s)
Bürg|schaft
bur|lesk (possenhaft)
Bur|nus, der; - u. -ses, -se (Be-
duinenmantel mit Kapuze)
Bü|ro, das; -s, -s; **Bü|ro|krat,** der;
-en, -en; **Bü|ro|kra|tie,** die; -,
...*i*en; **bü|ro|kra|tisch**
Bursch, der; -en, -en (landsch.:
junger Mann; Studentenspr.:
Verbindungsstudent mit allen
Rechten); **Bur|sche,** der; -n, -n
(Kerl; Studentenspr. auch für:
Bursch); **bur|schi|kos** (unge-
zwungen, formlos; flott)
Bür|ste, die; -, -n; **bür|sten**
Bür|zel, der; -s, - (Schwanz[wur-
zel], bes. von Vögeln)
Bus, der; -ses, -se (Kurzform für:
Autobus, Omnibus)
Busch, der; -[e]s, Büsche; **bu-
schig**
Bu|sen, der; -s, -; **Bu|sen|freund**
Busi|neß [*bisniß*], das; - (Ge-
schäft[sleben])
Bus|sard, der; -s, -e (ein Raubvo-
gel)
Bu|ße, die; -, -n (auch: Geldstra-
fe); **bü|ßen** (schweiz. auch:
jmdn. mit einer Geldstrafe belegen)
Buß|geld; Buß|geld|be|scheid
Buß- und Bet|tag
Bü|ste, die; -, -n; **Bü|sten|hal-
ter** (Abk.: BH)

But|ler [*batl*ᵉ*r*], der; -s, - (Diener
in vornehmen Häusern)
Bütt, die; -, -en landsch. (faßför-
miges Podium für Karnevalsred-
ner)
Büt|ten, das; -s (Papierart)
But|ter, die; -
But|ter|fly|stil [*bat*ᵉ*rflai*...], der;
-[e]s (Schwimmsport: Schmet-
terlingsstil)
But|zen|schei|be ([runde] Glas-
scheibe mit Buckel in der Mitte)
Büx, Bu|xe, die; -, - Büxen u. Bu-
xen nordd. (Hose)
bye-bye! [*baibai*] (ugs.: auf Wiedersehen!)

C

Vgl. auch **K, Sch** und **Z**

C (Buchstabe); das C; des C, die
C
c, C, das; -, - (Tonbezeichnung)
Ca|ba|ret [*kabare*] vgl. Kabarett
Ca|brio|let [*kabriole*], das; -s, -s
Ca|fé [*kafe*], das; -s, -s (Kaffee-
haus, -stube); **Ca|fe|te|ria** [*ka-
feteria*], die; -, -s (Café od. Re-
staurant mit Selbstbedienung)
Cal|ci... usw. vgl. Kalzi... usw.
Call|girl [*kålgö'l*] (Prostituierte,
die auf telefon. Anruf hin kommt
od. jmdn. empfängt)
Ca|mem|bert [*kamangbär*, auch:
*kam*ᵉ*mbär*], der; -s, -s (ein
Weichkäse)
Camp [*kämp*], das; -s, -s ([Feld-,
Gefangenen]lager; auch Kurz-
form für: Campingplatz)
cam|pen [*käm*...]; **Cam|per;
Cam|ping,** das; -s (Leben auf
Zeltplätzen im Zelt od. Wohnwa-
gen, Zeltleben); **Cam|pus** [*ka*...;
auch in engl. Aussprache:
*kämp*ᵉ*ß*], der; -, - (Universitäts-
gelände, bes. in den USA)
Ca|na|sta [*ka*...], das; -s (aus
Uruguay stammendes Kartenspiel)

Can|can [*kangkang*], der; -s, -s (ein Tanz)

Cant [*känt*], der; -s (heuchlerische Sprache; Scheinheiligkeit; auch: Rotwelsch)

Cape [*kep*], das; -s, -s (ärmelloser Umhang)

Ca|pric|cio, (auch:) **Ka|pric|cio** [*kapritscho*], das; -s, -s (scherzhaftes, launiges Musikstück)

Car [*kar*], der; -s, -s schweiz. (Kurzform für: Autocar; Reiseomnibus)

Ca|ra|bi|nie|re vgl. Karabiniere

Ca|ra|van [*karawan*, auch: *kärawan*, seltener: *kär*ᵉ*wän* od. *kär*ᵉ*wän*], der; -s, -s (kombinierter Personen- u. Lastenwagen; Wohnwagen)

Car|bid vgl. Karbid

care of [*kär* -] (in Briefanschriften usw.: bei ...; Abk.: c/o)

Ca|ri|tas [*ka...*], die; - (Kurzbez. für den Deutschen Caritasverband der kath. Kirche)

Car|toon [*ka'tun*], der od. das; -[s], -s (engl. Bez. für: Karikatur)

Ca|sa|no|va [*kasa...*], der; -[s], -s (ugs.: Frauenheld, -verführer)

Cas|sa|ta [*ka...*], die; -, -s (Speiseeisspezialität)

Catch-as-catch-can [*kätsch*ᵉ*skätschkän*], das; - (Freistilringkampf unbekannter Herkunft); **cat|chen** [*kätsch*ᵉ*n*]; **Cat|cher** [*kätsch*ᵉ*r*] (Freistilringkämpfer)

Catch|up vgl. Ketchup

C-Dur [*zedur*, auch: *zedur*], das; - (Tonart; Zeichen: C); **C-Dur-Ton|lei|ter** [*ze...*]

Cel|list [(t)*schä...*], der; -en, -en (Cellospieler); **Cel|lo,** das; -s, -s u. ...lli (Kurzform für: Violoncello)

Cel|lo|phan ⓦ [*zälofan*], das; -s (glasklare Folie)

Cel|si|us [*zäl...*] (Einheit der Grade beim 100teiligen Thermometer; Zeichen: C); 5° C

Cem|ba|lo [*tschäm...*], das; -s, -s u. ...li (Kielflügel, ein Tasteninstrument)

Cen|ter [*ßänt*ᵉ*r*], das; -s, - (Zentrum)

Cer|ve|lat [*ßärw*ᵉ*la*], der; -s, -s schweiz. (Brühwurst aus Rindfleisch mit Schwarten und Speck)

Cha-Cha-Cha [*tschatschatscha*], der; -[s], -s (ein Tanz)

Chair|man [*tschä'm*ᵉ*n*], der; -, ...men (engl. Bez. für den Vorsitzenden eines polit. od. wirtschaftl. Gremiums)

Chai|se [*schäs*ᵉ], die; -, -n (veralt.: Stuhl, Sessel; [halbverdeckter] Wagen); **Chai|se|longue** [*schäs*ᵉ*longg*], die; -, -n [*schäs*ᵉ-*longg*ᵉ*n*] u. -s, ugs. auch: [*...long*], das; -s, -s (gepolsterte Liegestatt mit Kopflehne, Liege)

Cha|let [*schale*, *...lä*], das; -s, -s (Sennhütte; Schweizerhäuschen, Landhaus)

Cha|mä|le|on [*ka...*], das; -s, -s (bes. auf Bäumen lebende Echse)

Cham|bre sé|pa|rée [*schangbr*ᵉ *ßepare*], das; - -, -s -s [*schangbr*ᵉ *ßepare*] (Sonderraum)

cha|mois [*schamoa*] (gemsfarben, gelbbräunlich)

Cham|pa|gner [*schampanj*ᵉ*r*] (ein Schaumwein); **Cham|pi|gnon** [*schangpinjong*, meist *schampinjong*], der; -s, -s (ein Edelpilz); **Cham|pi|on** [*tschämpj*ᵉ*n*, auch: *schangpiong*], der; -s, -s (Meister in einer Sportart)

Chan|ce [*schangß*ᵉ, österr.: *schangß*], die; -, -n (günstige Möglichkeit, Gelegenheit)

Change fr. u. engl. [*schangseh*, engl. Ausspr.: *tsche'ndsch*], (bei fr. Ausspr.:) die; -, (bei engl. Ausspr.:) der; - (frz. u. engl. Bez. für: Tausch, Wechsel, bes. von Geld); **chan|geant** fr. [*schang-schang*] (von Stoffen: in mehreren Farben schillernd); **chan-gie|ren** [*schangsehir*ᵉ*n*] (schillern [von Stoffen]; Reitsport: vom Rechts- zum Linksgalopp übergehen; Jägerspr.: die Fährte wechseln [vom Jagdhund])

Chan|son [*schangßong*], das; -s,

-s; **Chan|so|net|te,** (nach fr. Schreibung auch:) **Chan|son|net|te** [*schangßo*...], die; -, -n (Chansonsängerin; kleines Chanson); **Chan|son|nier** [*schangßonie*], der; -s, -s (Chansonsänger, -dichter)

Cha|os [*ka̱oß*], das; -; **Cha̱o|ten** [*ka*...], die (*Mehrz.*) (polit. Chaos erstrebende Radikale); **cha̱o|tisch**

Cha|rak|ter [*ka*...], der; -s, ...e̱re; **Cha|rak|ter.dar|stel|ler, ...ei|gen|schaft, ...feh|ler; cha|rak|ter|fest; cha|rak|te|ri|sie|ren; Cha|rak|te|ri|stik,** die; -, -en (Kennzeichnung; [eingehende, treffende] Schilderung; Technik: Kennlinie; Kennziffer eines Logarithmus); **cha|rak|te|ri|stisch; cha|rak|ter|lich; cha|rak|ter|los; Cha|rak|ter|zug**

Char|ge [*scharsche*], die; -, -n (Rang; Militär: Dienstgrad; Technik: Ladung, Beschickung [von metallurgischen Öfen]; Theater: [stark ausgeprägte] Nebenrolle)

Cha|ri|té [*scharite*], die; -, -s (Name von Krankenhäusern)

Charles|ton [*tscha'lßt°n*], der; -, -s (ein Tanz)

char|mant [*schar*...]; **Charme** [*scharm*], der; -s; **Char|meur** [...ö̱r], der; -s, -e (charmanter Plauderer); **Char|meuse** [*scharmö̱s*], die; - (maschenfeste Wirkware [aus Kunstseide])

char|tern [(*t*)*schar*...] (ein Schiff od. Flugzeug mieten)

Chas|sis [*schaßi̱*], das; - [...ßi̱(ß)], - [...ßi̱ß] (Fahrgestell des Kraftwagens; Rahmen [eines Rundfunkgerätes])

Cha|suble [*schasübl*, auch in engl. Aussprache: *tschäsjubl*], das; -s, -s (ärmelloses [an den Seiten offenes] Überkleid)

Chauf|feur [*schoför*], der; -s, -e

Chaus|see [*schoße̱*], die; -, ...sseen (Landstraße)

Chau|vi|nis|mus [*schowi*...], der; - (einseitige, überspitzte Vaterlandsbegeisterung); **Chau|vi|nist,** der; -en, -en

Check [*tschäk*], der; -s, -s (beim Eishockey jede Behinderung des Spielverlaufs); **checken** [*tschäk°n*; *Trenn.*: ...k|k...] (Eishockey: behindern, [an]rempeln; nachprüfen, kontrollieren)

Chef [*schäf*, österr.: *schef*], der; -s, -s; **Che|fin,** die; -, -nen

Che|mie [*che*..., österr.: *ke*...], die; -; **Che|mi|ka|lie,** die; -, -ien [...*i°n*] (meist *Mehrz.*); **Che|mi|ker; che|misch**

Cher|ry Bran|dy [(*t*)*schäri brändi̱*], der; - -s, - -s (feiner Kirschlikör)

che|va|le|resk [*sch°wa*...] (ritterlich)

Che|vi|ot [(*t*)*schäwiot* od. *sche̱*... od. *schä*... (österr. nur so)], der; -s, -s (ein Wollstoff)

Che|vreau [*sch°wro̱*, auch: *schä*...], das; -s (Ziegenleder)

Chi|an|ti [*ki*...], der; -[s] (it. Rotwein)

chic usw. vgl. schick usw. (in den gebeugten Formen sollte die fr. Schreibung besser nicht verwendet werden)

Chi|co|rée [*schikore*, auch: ...*re̱*], die; - od. der; -s (ein Gemüse)

Chif|fon [*schifong*, österr. ...*fon*], der; -s, -s u. (österr.:) -e (feines Gewebe)

Chif|fre [*schifr°*, auch: *schif°r*], die; -, -n (Ziffer; Geheimzeichen, -schrift; Kennwort); **chif|frie|ren** (in Geheimschrift abfassen)

Chi|mä|re usw. vgl. Schimäre usw.

Chi|nin [*chi*..., österr.: *ki*...], das; -s (Alkaloid der Chinarinde; ein Fiebermittel)

Chip [*tschip*], der; -s, -s (Spielmarke [bei Glücksspielen])

Chip|pen|dale [(*t*)*schip°nde'l*], das; -[s] ([Möbel]stil)

Chips [*tschipß*], die (*Mehrz.*) (in Fett gebackene Scheibchen roher Kartoffeln)

Chi|ro|mant [*chi*..., österr.: *ki*...], der; -en, -en (Handliniendeuter);

Chi|ro|man|tie, die; -; **Chi|roprak|tik,** die; - (Heilmethode, Wirbel- u. Bandscheibenverschiebungen durch Massagegriffe zu beseitigen); **Chir|urg,** der; -en, -en (Facharzt für operative Medizin); **Chir|ur|gie,** die; -, ...ien; **chir|ur|gisch**

Chlor [*klor*], das; -s (chem. Grundstoff; Zeichen: Cl); **chloren** (keimfrei machen); **Chlo|roform,** das; -s (Betäubungs-, Lösungsmittel); **chlo|ro|formie|ren** (mit Chloroform betäuben); **Chlo|ro|phyll,** das; -s (Blattgrün)

Cho|le|ra [*ko...*], die; - (eine Infektionskrankheit); **Cho|le|riker** (leidenschaftlicher, reizbarer, jähzorniger Mensch); **chole|risch** (jähzornig; aufbrausend); **Cho|le|ste|rin,** das; -s (Bestandteil der Gallensteine)

¹**Chor** [*kor*], der u. (seltener:) das; -[e]s, -e u. Chöre ([erhöhter] Kirchenraum mit [Haupt]altar); ²**Chor,** der; -[e]s, Chöre (Gruppengesangswerk; Gemeinschaft von Sängern od. von Spielern gleichartiger Orchesterinstrumente); **Cho|ral,** der; -s, ...räle (Kirchenlied der ev. Gemeinde); **Cho|reo|gra|phie,** die; -, ...ien (Tanzbeschreibung; Regieentwurf für die Tanzbewegungen); **Cho|rist,** der; -en, -en ([Berufs]chorsänger); **Cho|ri|stin,** die; -, -nen; **Chor.kna|be, ...leiter,** der, **...sän|ger**

Cho|se [*schos*ᵉ], die; -, -n (ugs. Sache, Angelegenheit)

Chow-Chow [*tschau-tschau*], der; -s, -s (chin. Spitz)

Christ [*kr...*], der; -en, -en (Anhänger des Christentums); **Christ|baum** landsch. (Weihnachtsbaum); **Chri|sten|heit,** die; -; **Chri|sten|leh|re,** die; - (kirchl. Unterweisung der konfirmierten ev. Jugend; DDR: ev. Religionsunterricht); **Christkind; christ|lich; Christ|mette; Chri|stus** (Jesus Christus)

Chrom [*krom*], das; -s (chem. Grundstoff, Metall; Zeichen: Cr); **Chro|mo|som,** das; -s, -en (Biol.: in jedem Zellkern vorhandene, für die Vererbung bedeutungsvolle Kernschleife)

Chro|nik [*kro...*], die; -, -en (Aufzeichnung geschichtl. Ereignisse nach ihrer Zeitfolge); **chronisch** (langsam verlaufend, langwierig); **Chro|nist,** der; -en, -en (Verfasser einer Chronik); **Chro|no|lo|gie,** die; - ([Lehre von der] Zeitrechnung; zeitliche Folge); **chro|no|lo|gisch** (zeitlich geordnet); **Chro|no|me|ter,** das u. (ugs. auch:) der; -s, - (genau gehende Uhr; Taktmesser)

Chrys|an|the|me [*krü...*], die; -, -n u. **Chrys|an|the|mum** [auch: *chrü...*], das; -s, ...emen (Zierpflanze mit großen strahligen Blüten)

Chuz|pe [*ehuzpᵉ*], die; - (ugs. verächtlich: Dreistigkeit, Unverschämtheit)

Chy|lus [*chü...*], der; - (Med.: fetthaltige, daher milchig aussehende Darmlymphe; resorbierter Speisebrei)

Ci|ne|ast [*ßi...*], der; -en, -en (Filmfachmann, Filmschaffender; auch für: Filmfan)

cir|ca (häufige Schreibung für: zirka; Abk.: ca.)

Cir|cu|lus vi|tio|sus [*zir... wiz...*], der; - -, ...li ...si (Zirkelschluß, bei dem das zu Beweisende in der Voraussetzung enthalten ist)

Cir|cus vgl. Zirkus

Ci|ty [*ßiti*], die; -, -s (Geschäftsviertel in Großstädten; Innenstadt)

Clan [*klan*, engl. Ausspr.: *klän*], der; -s, -e u. (bei engl. Ausspr.:) -s ([schott.] Lehns-, Stammesverband)

cle|ver [*kläwᵉr*] (klug, gewitzt; Sport: eine Sportart besonders gut beherrschend)

Clinch [*klin(t)sch*], der; -[e]s (Umklammerung des Gegners im Boxkampf)

Clip, der; -s, -s (Modeschmuck, der durch eine Klemme festgehalten wird)

Clip|per ⓦ, der; -s, - (Überseeflugzeug der amerik. Luftverkehrsgesellschaft Pan American World Airways)

Cli|que [*klik^e*, auch: *klik^e*], die; -, -n (Sippschaft; Bande; Klüngel)

Clo|chard [*kloschar*], der; -[s], -s (fr. ugs. Bez. für: Landstreicher, Pennbruder)

Clou [*klu*], der; -s, -s (Glanz-, Höhepunkt; Zugstück; Kernpunkt)

Clown [*klaun*], der; -s, -s (Spaßmacher)

Club vgl. Klub

c-Moll [*zemol*, auch: *zemol*], das; - (Tonart; Zeichen: c); **c-Moll-Ton|lei|ter**

Coach [*ko^utsch*], der; -[s], -s (Sportlehrer, Trainer u. Betreuer eines Sportlers)

Cocker|spa|niel [*Trenn.*: Cokker...] [*kok^erßpänj^el*], der; -[s], -s (angeblich aus Spanien stammende engl. Jagdhundart)

Cock|pit, das; -s, -s (vertiefter Sitzraum für die Besatzung von Jachten u. ä.; Pilotenkabine)

Cock|tail [*kokte'l*], der; -s, -s (alkohol. Mischgetränk); **Cock-tail_kleid**, **...par|ty**, **...schür|ze**

Code vgl. Kode

Coeur [*kör*], das; -[s], -[s] (Herz im Kartenspiel)

Cof|fe|in vgl. Koffein

Co|gnac ⓦ [*konjak*], der; -s, -s (fr. Weinbrand)

Coif|feur [*koaför*, (schweiz.:) *koaför*], der; -s, -e (schweiz., sonst geh. für: Friseur)

Co|itus usw. vgl. Koitus usw.

Col|la|ge [*kolasch^e*], die; -, -n (aus buntem Papier od. anderem Material geklebtes Bild)

Col|lege [*kolidsch*], das; -[s], -s (in England u. in den USA höhere Schule,·auch Universität)

Col|li|co ⓦ [*ko*...], der; -s, -s (zusammenlegbare, bahneigene Transportkiste); **Col|li|co-Ki-ste**

Col|lie [*koli*], der; -s, -s (schott. Schäferhund)

Col|lier vgl. Kollier

Colt ⓦ [*kolt*], der; -s, -s (Revolver)

Com|bo [*kombo*], die; -, -s (kleine Besetzung in der Jazzmusik)

Come|back [*kambäk*], das; -[s], -s (Wiederauftreten eines bekannten Künstlers, Sportlers, Politikers nach längerer Pause; auch auf Sachen bezogen)

Co|mics [*komikß*], die (Mehrz.) (Kurzw. für: Comic strips [*komik ßtripß*]: primitive Bildserien, meist abenteuerlichen Inhalts)

Com|mu|ni|qué vgl. Kommuniqué

Com|pa|gnie [*kongpanji*] vgl. Kompanie

Com|po|ser [*kompo^us^er*], der; -s, - (Druckw.: elektr. Schreibmaschine mit auswechselbarem Kugelkopf)

Com|pu|ter [*kompjut^er*], der; -s, - (elektron. Rechenanlage, Rechner)

Con|cierge [*kongßjärsch*], der od. die; -, -s (fr. Bez. für: Gefängniswärter[in]; Pförtner[in])

Con|fé|ren|cier [*kongferangßie*], der; -s, -s (Sprecher, Ansager)

Con|tact|lin|co vgl. Kontakt...

Con|tai|ner [*k^ente'n^er*], der; -s, - (Großbehälter für den Verkehr von Werk zu Werk)

con|tra (lat. Schreibung von: kontra)

cool [*kul*] (ugs. für: ruhig, überlegen; kaltschnäuzig); **Cool Jazz** [- *dsehäs*], der; - - (Jazzstil der 50er Jahre)

Co|pi|lot vgl. Kopilot

Co|py|right [*kopirait*], das; -s, -s (amerik. Verlagsrecht)

Cord vgl. Kord

Cor|don bleu [*kordongblö*], das; - -, -s -s [...*dongblö*] (mit einer Käsescheibe und gekochtem Schinken gefülltes [Filet]steak)

Cor|ned beef [_ko̱'n⁽ᵉ⁾d bif̱_], das; - - (gepökeltes Büchsen-rindfleisch)

Cor|ner [_ko̱'nᵉr_], (auch:) Ko̱r|ner, der; -s, - (Börsenwesen: Aufkäufergruppe; Ringecke [beim Boxen]; österr., sonst veralt. für: Ecke, Eckball beim Fußballspiel)

Corn-flakes [_ko̱'nfle̱'kß_], die (_Mehrz._; Maisflocken)

Corps vgl. Korps

Cor|pus de|lic|ti [_ko̱... -_], das; - -, ...pora (Gegenstand od. Werkzeug eines Verbrechers; Beweisstück)

Cot|tage [_ko̱tidseh_], das; -, - (engl. Bez. für: Landhaus; Häuschen; österr.: Villenviertel)

Cot|ton [_ko̱t(ᵉ)n_], der od. das; - (engl. Bez. für: Baumwolle)

Couch [_ka̱utsch_], die u. (schweiz. auch:) der; -, -es [...is] u. (ugs.) -en (Liegestatt)

Cou|leur [_kulöṟ_], die; -, -en u. -s (fr. Bez. für: Farbe [nur _Einz._]; Trumpf [im Kartenspiel]; Studentenspr.: Band u. Mütze einer Verbindung)

Cou|lomb [_kulo̱ng_], das; -s, - (Maßeinheit für die Elektrizitätsmenge; Zeichen: C)

Count|down [_ka̱untdaun_], der u. das; -[s], -s (bis zum Zeitpunkt Null [Startzeitpunkt] zurückschreitende Ansage der Zeiteinheiten, oft übertr. gebraucht)

Coup [_ku̱_], der; -s, -s (Schlag; Streich; [Kunst]griff); **Cou|pé** [_kupe̱_], das; -s, -s ([Wagen]abteil; bestimmte Autokarosserieform)

Cou|plet [_kuple̱_], das; -s, -s (Lied [für die Kleinkunstbühne])

Cou|pon [_kupo̱ng_], der; -s, -s ([Stoff]abschnitt; Zinsschein)

Cou|ra|ge [_kura̱sch ᵉ_], die; - (Mut); **cou|ra|giert** [_kura̱schi̱rt_] (beherzt)

Cou|sin [_kusä̱ng_], der; -s, -s (Vetter); **Cou|si|ne** [_kusi̱nᵉ_], die; -, -n (Base)

Cou|vert [_kuwä̱r_], das; -s, -s usw. vgl. Kuvert usw.

Co|ver|girl [_ka̱w ᵉrgö̱'l_] (auf der Titelseite einer Illustrierten abgebildetes Mädchen)

Cow|boy [_ka̱ubeu_], der; -s, -s (berittener amerik. Rinderhirt)

Cracker [_Trenn.:_ Crak|ker] [_kra̱kᵉr_], der; -s, -[s] (meist Mehrz.; hartes, sprödes Kleingebäck)

Cra|que|lé [_krakᵉle̱_], das; -s, -s (feine Haarrisse in der Glasur von Keramiken, auch auf Glas)

Creme [_krä̱m, auch: kre̱m_], die; -, -s u. (schweiz.:) -n (pastenartige auftragbare Masse zur Pflege von Haut, Schuhen, Zähnen; auch für: feine [dickflüssige bis feste] Süßspeise; übertr.: das Erlesenste [nur _Einz._]); vgl. auch: Krem; **creme.far|ben** od. ...**far|big**; **cre|men**; die Schuhe -

Crew [_kru̱_], die; -, -s ([Schiffs- u. Flugzeug]mannschaft; Kadetenjahrgang der Kriegsmarine)

Crime [_kra̱im_], das; - (engl. Bez. für: Straftat, Verbrechen)

Crom|ar|gan ⓦ, das; -s (rostfreier Chrom-Nickel-Stahl der Württembergischen Metallwarenfabrik)

Cro|quet|te vgl. Krokette

Crou|pier [_krupie̱_], der; -s, -s (Gehilfe des Bankhalters im Glücksspiel)

Crux, die; - (ugs.: Leid, Kummer)

Csár|dás [_tschárdasch_], der; -, - (ung. Nationaltanz)

Cun|ni|lin|gus [_ku..._], der; - (Lecken am weibl. Geschlechtsorgan)

Cup [_ka̱p_], der; -s, -s (Pokal; Ehrenpreis; Schale des Büstenhalters)

Cu|ra|çao ⓦ [_kuraßa̱o_], der; -[s], -s (ein Likör)

Cur|ling [_kö̱'ling_], das; -s (schott. Eisspiel)

Cur|ri|cu|lum [_kuri̱k..._], das; -s, ...la (Päd.: Theorie des Lehr- u. Lernablaufs; Lehrplan, -programm)

Cur|ry [_kö̱ri_, selten: _karí_], der u. (auch:) das; -s (Gewürzpulver)

Cut [*kạt*, meist: *kọ̈t*] u. **Cut|away** [*kạtᵉwe'*, meist: *kọ̈tᵉwe'*], der; -s, -s (abgerundet geschnittener Herrenschoßrock)

Cut|ter [*kạtᵉr*], der; -s, - (Fleischschneidemaschine zur Wurstbereitung; Film, Rundfunk: Schnittmeister, Tonmeister); **Cut|te|rin**, die; -, -nen

D

D (Buchstabe); das; D; des D, die D

d, D, das; -, - (Tonbezeichnung)

da

da|be|hal|ten (zurückbehalten, nicht weglassen)

da|bei [auch: *dạ...*]; er ist reich und dabei (doch) nicht stolz; **da|bei|blei|ben** (bei einer Tätigkeit bleiben); **da|bei|ha|ben** (ugs.: bei sich haben; teilnehmen lassen); **da|bei|sein** (anwesend, beteiligt sein); **da|bei|sit|zen** (sitzend zugegen sein); **da|bei|ste|hen** (stehend zugegen sein)

da|blei|ben (nicht fortgehen; [in der Schule] nachsitzen)

da ca|po [- *kạpo*] (Musik: noch einmal von Anfang an; Abk.: d. c.)

Dach, das; -[e]s, Dächer

Dach.bo|den, ...decker [*Trenn.:* dek|ker], **...gar|ten, ...geschoß, ...ge|sell|schaft** (Spitzen-, Muttergesellschaft); **Dach.ha|se** (ugs. scherzh. für: Katze), **...kam|mer, ...lu|ke, ...or|ga|ni|sa|ti|on, ...pap|pe, ...pfan|ne, ...rei|ter, ...rin|ne, ...scha|den** (ugs.: geistiger Defekt)

Dachs, der; -es, -e; **Dachs|bau** (*Mehrz.* -e)

Dach|stuhl

Dach|tel, die; -, -n (ugs.: Ohrfeige)

Dackel [*Trenn.:* Dak|kel], der; -s, - (Dachshund, Teckel)

Daddy [*dạ̈dí*], der; -s, -s od. Daddies [*dạ̈dís*] (engl. ugs. Bez. für: Vater)

da|durch [auch: *dạ...*]

Daff|ke (berliner.); nur in: aus - (Trotz)

da|für [auch: *dạ...*]; **da|für|hal|ten** (meinen); er hat dafürgehalten; **da|für|kön|nen**; nichts -

DAG = Deutsche Angestellten-Gewerkschaft

da|ge|gen [auch: *dạ...*]; die Prüfung der anderen war gut, seine - schlecht; **da|ge|gen|hal|ten** (vorhalten, erwidern); **da|ge|gen|stel|len**, sich (sich widersetzen); es nützt dir nichts, dich dagegenzustellen

da|heim; Da|heim, das; -s; **Da|heim|ge|blie|be|ne,** der u. die; -n, -n

da|her [auch: *dạ...*]; **da|her|ge|lau|fen**; ein -er Kerl; **da|her|kom|men**; **da|her|re|den**; dumm -

da|hin|däm|mern; ich dämmere dahin

da|hin|ge|gen [auch: *dạ...*]

da|hin|ge|hen (vergehen); wie schnell sind die Tage dahingegangen; **da|hin|ge|stellt**; - bleiben; **da|hin|le|ben; da|hin|raf|fen; da|hin|se|geln; da|hin|sie|chen;** bei dieser Krankheit wird er elend dahinsiechen; **da|hin|ste|hen** (nicht sicher, noch fraglich sein)

da|hin|ten [auch: *dạ...*]; **da|hin|ter** [auch: *dạ...*]; der Bleistift liegt -; **da|hin|ter|knien**, sich (ugs.: sich bei etwas anstrengen); **da|hin|ter|kom|men** (erkennen, erfahren); **da|hin|ter|set|zen**, sich (ugs.: sich bei etwas anstrengen); **da|hin|ter|stecken** [*Trenn.:* stek|ken] (ugs.: zu bedeuten haben); **da|hin|ter|ste|hen** (unterstützen, helfen)

Dah|lie [...*iᵉ*], die; -, -n (Zierpflanze)

da|las|sen; er hat seinen Mantel dagelassen

Dal|be|rei (ugs.: Alberei); **dal-**

be|rig, dal|brig (ugs.: albern);
dal|bern (ugs.: sich albern ver-
halten)
da|lie|gen (hingestreckt liegen);
er hat völlig erschöpft dagelegen
Dal|les, der; - (ugs.: Armut; Not)
dal|li! (ugs.: schnell!)
da|ma|lig; da|mals
Da|mast, der; -[e]s, -e (ein Ge-
webe)
Da|me, die; -, -n
Dä|mel, der; -s, - (ugs.: Dumm-
kopf, alberner Kerl)
Da|men|ein|zel (Sportspr.); **da-
men|haft;** **Da|men_schnei-
der, ...wahl** (beim Tanz); **Da-
me_spiel, ...stein**
Dam|hirsch
da|misch bayr.-schwäb., österr.
ugs. (dumm, albern; schwinde-
lig; sehr)
da|mit [auch: *da*...]
Däm|lack, der; -s, -e u. -s (ugs.:
Dummkopf)
däm|lich (ugs.: dumm, albern)
Damm, der; -[e]s, Dämme
Damm|bruch; der; -[e]s, ...brü-
che
däm|men (auch für: isolieren)
**däm|me|rig, dämmrig; Däm-
mer|licht, das; -[e]s; däm-
mern;** es dämmert; **Däm|mer-
_schop|pen, ...stun|de; Däm-
me|rung; Däm|mer|zu|stand;
dämm|rig,** däm|me|rig
Damm|riß (Med.)
Däm|mung (auch für: Isolierung)
Dä|mon, der; -s, ...onen; **dä|mo-
nen|haft; Dä|mo|nie,** die; -,
...ien; **dä|mo|nisch**
Dampf, der; -[e]s, Dämpfe
**Dampf|bad; damp|fen; dämp-
fen; Dampf|fer,** der; -s, -
([Dampf]schiff); **Dämp|fer,**
der; -s, -; einen - aufsetzen (ugs.:
mäßigen); **Dampf|hei|zung;
Dampf_kes|sel, ...koch|topf,
...lo|ko|mo|ti|ve, ...ma|schi-
ne, ...nu|del** südd. (eine Speise;
meist *Mehrz.*), **...schiff,
...schiffahrt** [*Trenn.*: ...schiff-
fahrt]; **Dämp|fung; Dampf-
wal|ze**

Dam|wild
da|nach [auch: *da*...]
Da|na|er|ge|schenk [...*na*ᵉ*r*...]
(unheilbringendes Geschenk)
Dancing [*dänßing*], das; -s, -s
(Tanzbar, Tanzlokal)
Dan|dy [*dändi*], der; -s, -s (Stut-
zer, Geck, Modenarr)
da|ne|ben [auch: *da*...]; **da|ne-
ben|be|neh|men,** sich (ugs.:
sich unpassend benehmen); **da-
ne|ben|fal|len;** er ist daneben ge-
fallen; **da|ne|ben|ge|hen** (ugs.:
mißlingen); **da|ne|ben|grei|fen**
(vorbeigreifen; einen Fehlgriff
tun); **da|ne|ben|hau|en** ([am
Nagel] vorbeihauen; ugs.: aus
der Rolle fallen, sich irren); **da-
ne|ben|schie|ßen** (vorbeischie-
ßen; ugs.: sich irren)
da|nie|der; da|nie|der|lie|gen
dank; mit *Wemf.* od. *Wesf.*, in der
Mehrz. überwiegend mit *Wesf.*:
- meinem Fleiße; - eures guten
Willens; - raffinierter Verfahren;
Dank, der; -[e]s; Gott sei -!;
dank|bar; Dank|bar|keit, die;
-; **dan|ken;** danke schön!; **dan-
kens|wert;** **Dan|kes|be|zei-
gung** (nicht: ...bezeugung);
Dan|ke|schön, das; -s; **Dank-
ge|bet; dank|sa|gen** u. **Dank
sa|gen; Dank|sa|gung; Dank-
schrei|ben**
dann; - und wann
dar|an [auch: *dar*...], (ugs.:) dran;
dar|an|ge|ben (geh.: opfern); er
wollte alles darangeben; **dar|an-
ge|hen** (mit etwas beginnen); er
ist endlich darangegangen; **dar-
an|hal|ten,** sich (sich anstren-
gen, beeilen); du mußt dich
schon etwas daranhalten, wenn
du fertig werden willst; **dar|an-
ma|chen,** sich (ugs.: mit etwas
beginnen); **dar|an|set|zen** (für
etwas einsetzen); er hat alles
darangesetzt, um dies Ziel zu er-
reichen
dar|auf [auch: *dar*...], (ugs.:)
drauf; **dar|auf|hin** [auch: *dar*...]
(demzufolge, danach, darauf,
unter diesem Gesichtspunkt)

dar|aus [auch: *dar*...], (ugs.:) draus

dar|ben

dar|bie|ten; Dar|bie|tung

dar|brin|gen; Dar|brin|gung

dar|ein [auch: *dar*...], (ugs.:) dr|ein; dar|ein|fin|den, (ugs.:) dr|ein|fin|den, sich; er hat sich dareingefunden

dar|in [auch: *da*...], (ugs.:) drin; dar|in|nen, (ugs.:) drin|nen

dar|le|gen; Dar|le|gung

Dar|le|hen, Dar|lehn, das; -s, -; Dar|le|hens_kas|se od. Dar|lehns|kas|se, ...sum|me od. Dar|lehns|sum|me, ...ver|trag od. Dar|lehns|ver|trag, ...zins od. Dar|lehns|zins; Dar|lehn usw. vgl. Darlehen usw.

Dar|ling, der; -s, -s (Liebling)

Darm, der; -[e]s, Därme; Darm-_blu|tung, ...ent|lee|rung, ...er|kran|kung, ...flo|ra (Sammelbez. für die Bakterien im Darm), ...in|fek|ti|on, ...ka|tarrh, ...krebs, ...sai|te, ...tä|tig|keit, ...träg|heit, ...ver|schlin|gung, ...ver|schluß, ...wand

dar|nach, dar|ne|ben, dar|nie|der (älter für: danach usw.)

dar|ob [auch: *dar*...], drob

Dar|re, die; -, -n (Trocken- od. Röstvorrichtung; Tierkrankheit)

dar|rei|chen; Dar|rei|chung

dar|ren (Technik: dörren, trocknen, rösten)

dar|stel|len; Dar|stel|ler, der; -s, -; Dar|stel|le|rin, die; -, -nen; dar|stel|le|risch; Dar|stel|lung; Dar|stel|lungs_form, ...ga|be, ...kunst, ...mit|tel, ...wei|se

dar|tun (zeigen, beweisen)

dar|über [auch: *dar*...], (ugs.:) drüber; dar|über|fah|ren (über etwas streichen); er wollte mit der Hand darüberfahren; dar|über|ma|chen, sich (ugs.: mit etwas beginnen); er wollte sich gleich darübermachen; dar|über|schrei|ben; er hat eine Bemerkung darübergeschrieben;

dar|über|ste|hen (überlegen sein); er hat mit seiner Anschauung weit darübergestanden

dar|um [auch: *dar*...], (ugs.:) drum; dar|um|kom|men (nicht bekommen); er ist darumgekommen; dar|um|le|gen (um etwas legen); er hat den Verband darumgelegt; dar|um|ste|hen (um etwas stehen)

dar|un|ter [auch: *dar*...], (ugs.:) drun|ter; dar|un|ter|fal|len (zu etwas od. jmdm. gehören); ich kenne die Bestimmung, er wird auch darunterfallen; dar|un|ter|lie|gen (unter etwas liegen)

das

da|sein (gegenwärtig, zugegen, vorhanden sein); so etwas ist noch nicht dagewesen (vorgekommen); Da|sein, das; -s; Da|seins|angst; Da|seins|be|rech|ti|gung, ...form, ...freu|de, ...kampf, der; -[e]s

das heißt (Abk.: d. h.)

da|sit|zen

das|je|ni|ge; *Wesf.:* desjenigen, *Mehrz.:* diejenigen

daß; so daß (immer getrennt)

das|sel|be; *Wesf.:* desselben, *Mehrz.:* dieselben

da|ste|hen (gelten, wert sein); wie wird er nach diesem Vorgang dastehen; wie hat er dagestanden

Da|tei, die; -, -en (Speichereinrichtung bei der EDV); Da|ton, die (*Mehrz.:* Angaben, Tatsachen); Da|ten_bank (*Mehrz.* ...banken), ...er|fas|sung, ...schutz, ...trä|ger, ...über|tra|gung; da|ten|ver|ar|bei|tend; Da|ten|ver|ar|bei|tung; da|tie|ren ([Brief usw.] mit Zeitangabe versehen); Da|tie|rung

Da|tiv, der; -s, -e [...*w*ᵉ] (Sprachw.: Wemfall, 3. Fall)

da|to (Kaufmannsspr.: heute); bis - (bis heute)

Dat|scha, die; -, -s od. ..schen u. Dat|sche, die; -, -n (russ. Holzhaus; Sommerhaus)

Dat|tel, die; -, -n; Dat|tel_pal|me, ...pflau|me

Da|tum, das; -s, ...ten; Da|tums-
an|ga|be; Da|tum[s]|stem|pel
Dau|be, die; -, -n (Seitenbrett ei-
nes Fasses; hölzernes Zielstück
beim Eisschießen)
Dau|er, die; -, (fachspr. gelegent-
lich:) -n; Dau|er_auf|trag,
...be|la|stung, ...be|schäf|ti-
gung, ...ein|rich|tung; dau|er-
haft; Dau|er_lauf, ...lut|scher;
¹dau|ern; es dauert nicht lange
²dau|ern (leid tun); es dauert
mich
dau|ernd; Dau|er_re|gen,
...wel|le, ...wurst, ...zu|stand
Dau|men, der; -s, -; Dau|men-
ab|druck; dau|men_breit,
...dick
Dau|ne, die; -, -n (Flaumfeder)
Dau|nen_bett, ...decke
[Trenn.: ...dek|ke], ...fe|der,
...kis|sen
¹Daus (Teufel), nur noch in: was
der -!; ei der -! (veralt.)
²Daus, das; -es, Däuser, (auch:)
-e (zwei Augen im Würfelspiel;
As in der Spielkarte)
Da|vis-Pokal, Da|vis-Cup [de¹-
wiß..., ...kap], der; -s (internatio-
naler Tenniswanderpreis)
da|von [auch: da...]; da|von-
blei|ben (nicht anfassen); da-
von|ge|hen (weggehen); da-
von|kom|men (auch übertr.:
Glück haben); er ist noch einmal
davongekommen; da|von|las-
sen; er soll die Finger davonlas-
sen (sich nicht damit abgeben);
da|von|lau|fen (weglaufen);
da|von|ma|chen, sich (ugs.: da-
vonlaufen); da|von|tra|gen
(forttragen): das Pferd hat ihn
in Windeseile davongetragen; er
hat den Sieg davongetragen
da|vor [auch: da...]; da|vor|hän-
gen; sie soll einen Vorhang da-
vorhängen; da|vor|lie|gen; der
Teppich hat davorgelegen; da-
vor|ste|hen; er hat schweigend
davorgestanden
da|wi|der; wenn Sie nichts - ha-
ben
da|zu [auch: da...]; da|zu|ge|hö-

ren (zu jmdm. od. etw. gehören);
da|zu|ge|hö|rig; da|zu|hal|ten,
sich (heranhalten, beeilen); er
hat sich dazugehalten; da|zu-
kom|men (hinzukommen); da-
zu|mal; Anno (österr.: anno) -;
da|zu|rech|nen (rechnend hin-
zufügen); da|zu|tun (hinzutun);
er hat zwei Äpfel dazugetan; Da-
zu|tun in der Fügung: ohne mein
- (ohne meine Hilfe, Unterstüt-
zung)
da|zwi|schen [auch: da...]; da-
zwi|schen|fah|ren (sich in et-
was einmischen, Ordnung schaffen); du mußt mal ordentlich da-
zwischenfahren; da|zwi|schen-
kom|men (auch übertr.: sich in
etwas einmischen); er ist dazwi-
schengekommen; da|zwi-
schen|ru|fen; da|zwi|schen-
tre|ten (auch übertr.: schlichten,
ausgleichen)
DDR = Deutsche Demokratische
Republik
Dea|ler [di|l^er], der; -s, - (Rausch-
gifthändler)
De|ba|kel, das; -s, - (Zusammen-
bruch; blamable Niederlage)
De|bat|te, die; -, -n (Diskussion,
Erörterung); De|bat|ten|schrift
(Eilschrift); de|bat|tie|ren
de|bil (Med.: schwach; leicht gei-
stesschwach); De|bi|li|tät, die;
- (Med.: Schwäche, leichter Grad
des Schwachsinns)
De|bi|tor, der; -s, ...oren (meist
Mehrz.) (Schuldner, der Waren
von einem Lieferer auf Kredit be-
zogen hat)
De|brec|zi|ner, die (*Mehrz.*;
stark gewürzte Würstchen)
De|büt [debü], das; -s, -s (erstes
Auftreten); De|bü|tant, der; -en,
-en (erstmalig Auftretender; An-
fänger); De|bü|tan|tin, die; -,
-nen; de|bü|tie|ren
De|chant [auch, vor allem österr.:
dech...], der; -en, -en (höherer
kath. Geistlicher, Vorsteher eines
kath. Kirchenbezirkes innerhalb
der Diözese u. a.)
de|chif|frie|ren [deschifri̯r^en]

(entziffern; Klartext herstellen);
De|chif|frie|rung

Deck, das; -[e]s, -s; **Deck-
adres|se,** ...**bett,** ...**blatt;
Decke**[1]**,** die; -, -n; **Deckel**[1]**,** der;
-s, -; **deckeln**[1]**; decken**[1]**;
Decken**[1]**.ge|mäl|de,** ...**kon-
struk|ti|on,** ...**lam|pe,** ...**ma-
le|rei; Deck.far|be,** ...**man|tel,**
...**na|me** (der; -ns, -n); **Dek-
kung; deckungs|gleich**[1] (für:
kongruent); **Deck..weiß,**
...**wort** (*Mehrz.* ...wörter)
de|co|die|ren vgl. dekodieren
Dé|col|le|té vgl. Dekolleté
De|di|ka|ti|on [...*zion*]**,** die; -, -en
(Widmung; Geschenk); **de|di-
zie|ren** (widmen; schenken)
De|duk|ti|on [...*zion*], die; -, -en
(Herleitung des Besonderen aus
dem Allgemeinen; Beweis); **de-
duk|tiv** [auch: *de*...]; **de|du|zie-
ren**
De|es|ka|la|ti|on [...*zion*], die; -,
-en (stufenweise Abschwä-
chung, Verringerung); **de|es|ka-
lie|ren**
de fac|to (tatsächlich [beste-
hend]); **De-fac|to-An|er|ken-
nung**
De|fä|ka|ti|on [....*zion*], die; -,
-en (Med.: Reinigung, Klärung;
auch: Kotentleerung); **de|fä|kie-
ren**
De|fä|tis|mus, (schweiz. auch:);
De|fai|tis|mus [...*fä*...] der; -
(Schwarzseherei); **De|fä|tist,**
(schweiz. auch:) **De|fai|tist**
[...*fä*...] (Schwarzseher); **de|fä-
ti|stisch,** (schweiz. auch:) **de-
fai|ti|stisch** [...*fä*...]
de|fekt (schadhaft; fehlerhaft);
De|fekt, der; -[e]s, -e
de|fen|siv (verteidigend); **De-
fen|si|ve** [...*wᵉ*], die; -, -n (Ver-
teidigung, Abwehr); **De|fen|siv-
.krieg,** ...**spiel** (Sportspr.),
...**spie|ler** (Sportspr.), ...**stel-
lung,** ...**tak|tik**
De|fi|lee [schweiz. *de*...], das; -s,
-s u. (auch:) ...le|en ([parademä-

---

¹ *Trenn.:* ...ek|k...

ßiger] Vorbeimarsch); **de|fi|lie-
ren** (parademäßig od. feierlich
vorbeiziehen)
de|fi|nie|ren (den Inhalt eines Be-
griffs o. ä. bestimmen); **De|fi|ni-
ti|on** [...*zion*], die; -, -en; **de|fi-
ni|tiv** (endgültig, abschließend)
De|fi|zit, das; -s, -e (Fehlbetrag);
de|fi|zi|tär
De|fla|ti|on [...*zion*], die; -, -en
(Geol.: Abblasung lockeren Ge-
steins durch Wind; Wirtsch.: un-
zureichende Versorgung einer
Volkswirtschaft mit Geld); **de-
fla|tio|ni|stisch**
De|flo|ra|ti|on [...*zion*], die; -,
-en (Zerstörung des Jungfern-
häutchens beim ersten Ge-
schlechtsverkehr); **de|flo|rie-
ren; De|flo|rie|rung**
De|for|ma|ti|on [...*zion*], die; -,
-en u. **De|for|mie|rung** (Form-
änderung; Verunstaltung); **de-
for|mie|ren**
def|tig (ugs.: derb, saftig)
¹De|gen, der; -s, - (dicht. u. alter-
tüml. für: [junger] Held; Krieger)
²De|gen, der; -s, - (eine Stichwaf-
fe)
De|ge|ne|ra|ti|on [...*zion*], die; -,
-en (Ent-, Ausartung); **de|ge|ne-
rie|ren**
de|gou|tant (ekelhaft)
De|gra|die|rung, die; -, -en
(Rangverlust; Landw.: Veränderung eines guten Bodens zu einem schlechten [durch Auswa-
schung, Kahlschlag u. a.])
dehn|bar; Dehn|bar|keit, die; -;
deh|nen; Deh|nung
Deich, der; -[e]s, -e (Damm);
Deich.fuß, ...**graf,** ...**haupt-
mann**
Deich|sel, die; -, -n (Wagenteil)
deich|seln (ugs.: [etwas Schwie-
riges] zustande bringen)
deik|tisch [auch: *de-ik*...] (hin-
weisend; auf Beispiele gegrün-
det)
dein; dei|ne, deinige; **dei|ner-
seits; dei|nes|glei|chen; dei-
net|we|gen; dei|net|wil|len,**
um -

de|ju|re (von Rechts wegen); **De-ju|re-An|er|ken|nung**

De|ka, das; -[s], - österr. (Kurzform für: Dekagramm)

De|ka|de, die; -, -n (Zehnzahl; zehn Stück; Zeitraum von zehn Tagen, Wochen, Monaten oder Jahren)

de|ka|dent (verfallen; entartet); **De|ka|denz,** die; - (Verfall; Entartung)

De|ka|gramm, das; -s, -[e] (10 g; Zeichen: Dg [in Österreich: dkg])

De|kan, der; -s, -e (Vorsteher einer Fakultät; Amtsbezeichnung für Geistliche); **De|ka|nat,** das; -[e]s, -e (Amt, Bezirk eines Dekans)

de|kar|tel|li|sie|ren (Kartelle entflechten, auflösen)

De|kla|ma|ti|on [...*zion*], die; -, -en (Erklärung; künstlerisch vorgetragener Text); **De|kla|ma|tor,** der; -s, ...oren; **de|kla|ma|to|risch; de|kla|mie|ren**

De|kla|ra|ti|on [...*zion*], die; -, -en (im Rechtsw. Erklärung grundsätzlicher Art; abzugebende Erklärung eines Außenhandelskaufmannes gegenüber den Außenhandelsbehörden [meist Zollbehörden]); **de|kla|rie|ren**

de|klas|sie|ren (herabsetzen)

de|kli|na|bel (veränderlich, beugbar); **De|kli|na|ti|on** [...*zion*], die; -, -en (Sprachw.: Beugung des Haupt-, Eigenschafts-, Für- u. Zahlwortes; Abweichung der Richtung einer Magnetnadel von der wahren Nordrichtung; Abweichung, Winkelabstand eines Gestirns vom Himmelsäquator); **de|kli|nie|ren** (Sprachw.: [Haupt-, Eigenschafts-, Für- und Zahlwörter] beugen)

de|ko|die|ren (in der Technik meist:) de|co|die|ren (einen Kode entschlüsseln); **De|ko|die|rung**

De|kol|le|té, (schweiz.:) Décolleté [*dekolte*], das; -s, -s (tiefer [Kleid]ausschnitt); **de|kolle|tie|ren; de|kolle|tiert; De-kolle|tie|rung**

De|kon|zen|tra|ti|on [...*zion*], die; -, -en (Zerstreuung, Zersplitterung, Auflösung); **de|kon-zen|trie|ren**

De|kor, der u. (auch:) das; -s, -s u. -e ([farbige] Verzierung, Ausschmückung, Vergoldung); **De|ko|ra|teur** [...*tör*], der; -s, -e; **De|ko|ra|teu|rin** [...*törin*], die; -, -nen; **De|ko|ra|ti|on** [...*zion*], die; -, -en; **de|ko|ra|tiv; de|ko-rie|ren; De|ko|rie|rung** (auch Auszeichnung mit Orden u. ä.)

De|ko|rum, das; -s (Anstand, Schicklichkeit)

De|ko|stoff (Kurzform für: Dekorationsstoff)

De|kret, das; -[e]s, -e (Beschluß; Verordnung; behördliche, richterliche Verfügung); **de|kre|tie-ren**

de|ku|vrie|ren (zu erkennen geben, entlarven)

De|le|gat, der; -en, -en (Bevollmächtigter); **De|le|ga|ti|on** [...*zion*], die; -, -en; **De|le|ga|ti-ons|lei|ter,** der, **...mit|glied, ...teil|neh|mer; de|le|gie|ren; De|le|gier|te,** der u. die; -n, -n; **De|le|gie|rung**

de|lek|tie|ren (geh.: ergötzen, erfreuen); sich -

de|li|kat (lecker, wohlschmeckend; zart; heikel); **De|li|ka|tes-se,** die; -, -n (Leckerbissen; Feinkost; in der *Einz.* auch: Zartge-. fühl); **De|li|ka|tes|sen|...** od. **De|li|ka|teß|ge|schäft**

De|likt, das; -[e]s, -e (Vergehen; Straftat)

de|lin|quent (straffällig, verbrecherisch); **De|lin|quent,** der; -en, -en (Übeltäter; Angeklagter)

De|li|ri|um, das; -s, ...ien [...*i^en*] (Fieber-, Rauschzustand)

de|li|zi|ös (köstlich)

Del|le, die; -, -n (ugs.: [leichte] Vertiefung; Beule)

Del|phin, der; -s, -e (Zahnwal); **Del|phi|na|ri|um,** das; -s, ...ien [...*i^en*] (Anlage zur Pflege, Züchtung und Dressur von Delphinen); **del|phin|schwim|men**

(im allg. nur in der Grundform gebr.); er kann nicht -; **Del|phin|schwim|men,** das; -s

Del|ta, das; -s, -s u. ...ten (Schwemmland [an mehrarmigen Flußmündungen]); **del|ta|för|mig; Del|ta|strah|len,** δ-**Strah|len,** die (*Mehrz.*; Höhenstrahlen aus Elektronen mit so hoher Geschwindigkeit, daß sie Zweigspuren erzeugen)

de Lu|xe [*d^elüks*] (aufs beste ausgestattet, mit allem Luxus)

dem

Dem|ago|ge, der; -n, -n (Volksverführer, -aufwiegler); **Dem|ago|gie,** die; -, ...ien; **dem|ago|gisch**

De|mar|che [*demarsch^e*], die; -, -n (diplomatischer Schritt, mündlich vorgetragener diplomatischer Einspruch)

De|mar|ka|ti|on [...*zion*], die; -, -en (Abgrenzung); **De|mar|ka|ti|ons|li|nie; de|mar|kie|ren; De|mar|kie|rung**

de|mas|kie|ren (die Maske abnehmen; jmdn. entlarven); **De|mas|kie|rung**

De|men|ti, das; -s, -s (offz. Widerruf; Berichtigung)

de|men|tie|ren (widerrufen; berichtigen; für unwahr erklären)

dem|ent|spre|chend

dem|ge|gen|über (dagegen, anderseits); **dem|ge|mäß**

de|mi|li|ta|ri|sie|ren (entmilitarisieren)

De|mi|mon|de [*d^emimongd^e*], die; - (Halbwelt)

De|mis|si|on, die; -, -en (Rücktritt eines Ministers od. einer Regierung); **de|mis|sio|nie|ren**

dem|nach; dem|nächst

De|mo|bi|li|sa|ti|on [...*zion*], die; -, -en; **de|mo|bi|li|sie|ren; De|mo|bi|li|sie|rung**

De|mo|krat, der; -en, -en; **De|mo|kra|tie,** die; -, ...ien (Regierungssystem, in dem der Wille des Volkes ausschlaggebend ist); **de|mo|kra|tisch; de|mo|kra|ti|sie|ren; De|mo|kra|ti|sie|rung**

de|mo|lie|ren (gewaltsam entzweimachen, beschädigen)

De|mon|strant, der; -en, -en; **De|mon|stra|ti|on** [...*zion*]; die; -, -en; **de|mon|stra|tiv; De|mon|stra|tiv|pro|no|men,** das; -s, - (Sprachw.: hinweisendes Fürwort, z. B. „dieser, diese, dieses"); **de|mon|strie|ren** (beweisen, vorführen; eine Massenversammlung veranstalten, daran teilnehmen)

De|mon|ta|ge [*demontasch^e*, auch: ...*mong*...], die; -, -n (Abbau, Abbruch [insbes. von Industrieanlagen]); **de|mon|tie|ren**

de|mo|ra|li|sie|ren (den moralischen Halt nehmen; entmutigen)

De|mo|skop, der; -en, -en (Meinungsforscher); **De|mo|sko|pie,** die; -, ...ien (Meinungsumfrage, Meinungsforschung); **de|mo|sko|pisch**

dem|un|er|ach|tet [auch: *dem|un*...], **dem|un|ge|ach|tet** [auch: *demun*...] (für: dessenungeachtet)

De|mut, die; -; **de|mü|tig; de|mü|ti|gen; De|mü|ti|gung; De|muts_ge|bär|de, ...hal|tung; de|mut[s]voll**

dem|zu|fol|ge (demnach)

den

De|na|tu|ra|li|sa|ti|on [...*zion*], die; -, -en (Entlassung aus der bisherigen Staatsangehörigkeit); **de|na|tu|ra|li|sie|ren; de|na|tu|rie|ren** (ungenießbar machen; vergällen); denaturierter Spiritus

de|na|zi|fi|zie|ren (entnazifizieren)

de|nen

Den|gel, der; -s, - (Schneide einer Sense, Sichel od. eines Pfluges); **den|geln** (Sense, Sichel od. Pflug durch Hammerschlag schärfen)

De|nier [*denie*], das; -[s], - (frühere Einheit für die Fadenstärke bei Seide u. Chemiefasern; Abk.: den)

Denk_an|stoß, ...art, ...auf|ga|be; denk|bar; die - günstigsten.

Bedingungen; **den|ken;** dachte, gedacht; **Den|ken** das; -s; **Den|ker; Denk|mal** (*Mehrz.* ...mäler [seltener: ...male); **Denk-mal[s]|kun|de,** die; -; ...**pfle-ge** (die; -), ...**schutz; Denk-_mo|dell,** ...**pause,** ...**schrift,** ...**sport; denkste!** (ugs. für: das hast du dir so gedacht!); **denk-wür|dig; Denk|zet|tel**

denn; in gehobener Sprache für: „als", z. B. süßer - Honig; es sei -, daß ...; **den|noch**

den|tal (Med.: die Zähne betreffend; Sprachw.: mit Hilfe der Zähne gebildet); **Den|tist,** der; -en, -en (früher für: Zahnarzt ohne Hochschulprüfung)

De|nun|zi|ant, der; -en, -en (abwertend: jmd., der einen anderen anzeigt); **De|nun|zia|ti|on** [...*zion*], die; -, -en (Anzeige eines Denunzianten); **de|nun|zie-ren**

De|odo|rant, das; -s, -e u. -s (geruchtilgendes Mittel)

De|par|te|ment [*depart(*e*)mang,* österr.: *departmang,* schweiz.: *depart*e*mänt],* das; -s, -s u. (schweiz.:) -e (Verwaltungsbezirk in Frankreich; Ministerium beim Bund und in einigen Kantonen der Schweiz)

De|pen|dance [*depangdangß],* (schweiz.:) **Dé|pen|dance** [*de-pangdangß],* die; -, -n (Nebengebäude [eines Hotels])

De|pe|sche, die; -, -n; Draht-, Funknachricht); **de|pe|schie-ren**

de|pla|ciert [*depla*ß*irt],* (eingedeutscht:) **de|pla|ziert** (fehl am Platz; unangebracht)

De|po|nie, die; -, ...ien (Lagerplatz, zentraler Müllablageplatz); **de|po|nie|ren**

De|por|ta|ti|on, [...*zion*], die; -, -en (zwangsweise Verschickung; Verbannung); **de|por|tie-ren**

De|pot [*depo],* das; -s, -s (Niederlage; Hinterlegtes; Sammelstelle, Lager; Med.: Ablagerung)

Depp, der; -en u. -s, -en u. -e bes. südd., österr. ugs. (ungeschickter, einfältiger Mensch); **dep|pert** südd., österr. ugs. (einfältig, dumm)

De|pres|si|on, die; -, -en (Niedergeschlagenheit; Senkung; wirtschaftlicher Rückgang; Meteor.: Tief); **de|pres|siv** (gedrückt, niedergeschlagen)

de|pri|mie|ren (niederdrücken; entmutigen); **de|pri|miert** (entmutigt, niedergeschlagen)

De|pu|tat, das; -[e]s, -e (regelmäßige Leistungen in Naturalien als Teil des Lohnes; volle Anzahl der Pflichtstunden eines Lehrers); **De|pu|ta|ti|on** [...*zion*], die; -, -en (Abordnung)

de|ran|giert [...*sehirt*] (verwirrt, zerzaust)

der|art (so); **der|ar|tig**

derb

Der|by [*därbi],* das; -[s], -s (Pferderennen)

der|einst

de|ren

de|rent|we|gen

de|rer

der|ge|stalt (so)

der|glei|chen

der|je|ni|ge

der|lei (dergleichen)

der|mal|einst

der|ma|ßen (so)

der|sel|be; es war derselbe Hund

der|weil, der|wei|le[n]

Der|wisch, der, -[e]s, -e (Mitglied eines islamischen religiösen Ordens)

der|zeit (augenblicklich, gegenwärtig; veralt. für: früher, damals); **der|zei|tig**

des

De|sa|ster, das; -s, - (Mißgeschick; Zusammenbruch)

des|avou|ieren [...*awuir*e*n*] (nicht anerkennen, in Abrede stellen; im Stich lassen, bloßstellen)

De|ser|teur [...*tör],* der; -s, -e (Fahnenflüchtiger, Überläufer); **de|ser|tie|ren; De|ser|ti|on**

[...**zion**], die; -, -en (Fahnen-
flucht)
des|glei|chen
des|halb
De|sign [*disain*], das; -s, -s (Plan,
Entwurf, Muster, Modell); **De|si-
gner** [*disain*ᵉ*r*], der; -s, - (Form-
gestalter für Gebrauchs- u. Ver-
brauchsgüter); **de|si|gni|e|ren**
(bestimmen, bezeichnen, für ein
Amt vorsehen)
Des|il|lu|si|on, die; -, -en (Ent-
täuschung; Ernüchterung); **des-
il|lu|sio|nie|ren**
Des|in|fek|ti|on [...**zion**], die; -,
-en (Vernichtung von Krank-
heitserregern); **des|in|fi|zie|ren**;
Des|in|fi|zie|rung
Des|in|ter|es|se, das; - (Unbetei-
ligtheit, Gleichgültigkeit); **des-
in|ter|es|siert**
de|skrip|tiv (beschreibend)
Des|odo|rans, das; -, ...ranzien
[...*iᵉn*] u. ...rantia [...*zia*] (geruch-
tilgendes Mittel); **des|odo|rie-
ren** (geruchlos machen)
de|so|lat (vereinsamt; trostlos,
traurig)
de|spek|tier|lich (verächtlich,
geringschätzig)
De|spe|ra|do, der; -s, -s [politi-
scher] Heißsporn; Bandit)
Des|pot, der; -en, -en (Gewalt-
herr, Willkürherrscher; herrische
Person); **Des|po|tie,** die; -,
...ien; **des|po|tisch**
des|sel|ben
des|sen; des|sen|un|ge|ach|tet
Des|sert [*däßär* (österr. nur so)
od. *däßärt*], das; -s, -s (Nach-
tisch)
Des|sin [*däßäng*], das; -s, -s
(Zeichnung; Muster)
Des|sous [*däßu*] das; - [*däßu*
od. *däßuß*], - [*däßuß*] (meist
Mehrz.) (Damenunterwäsche)
De|stil|le, die; -, -n (ugs.: Brannt-
weinausschank); **de|stil|lie|ren;**
destilliertes Wasser (chemisch
reines Wasser)
de|sto; - besser
de|struk|tiv (zersetzend, zerstö-
rend)

des|un|ge|ach|tet auch: *däß-
un...*]; **des|we|gen**
De|tail [*detaj*], das; -s, -s (Einzel-
heit, Einzelteil); **de|tail|liert;** -e
Angaben
De|tek|tei, die; -, -en (Detektiv-
büro); **De|tek|tiv,** der; -s, -e
[...*wᵉ*]; dem, den Detektiv (nicht:
Detektiven)
de|ter|mi|nie|ren (bestimmen,
begrenzen, entscheiden)
De|to|na|ti|on [...**zion**], die; -, -en
(Knall, Explosion); **de|to|nie|ren**
(knallen, explodieren)
deu|teln; deu|ten
deut|lich
deutsch; auf deutsche Art, in
deutscher Weise; von deutscher Abstammung; in deutschem Wortlaut; zu deutsch,
auf deutsch, auf gut deutsch,
in deutsch (in deutschem
Text, Wortlaut); der Redner
hat deutsch (nicht englisch)
gesprochen; **Deutsch,** das;
des -[s], dem - (die deutsche
Sprache, sofern sie die Sprache
eines einzelnen oder eines bestimmten Gruppe bezeichnet
oder sonstwie näher bestimmt ist;
Kenntnis der deutschen Sprache)
mein, dein, sein Deutsch ist
schlecht; er kann, lehrt, lernt,
schreibt, spricht, versteht [kein,
nicht, gut, schlecht] Deutsch;
deutsch|spra|chig (in deut-
scher Sprache abgefaßt, vorge-
tragen); -e Bevölkerung;
deutsch|sprach|lich (die deut-
sche Sprache betreffend); -er
Unterricht
Deu|tung; Deu|tungs|ver|such
De|vi|se [...*wis*ᵉ], die; -, -n
(Wahlspruch; meist *Mehrz.* für:
Zahlungsmittel in ausländ. Wäh-
rung); **De|vi|sen|aus|gleich,
...über|schuß**
de|vot [*dewot*] (gottergeben; un-
terwürfig)
Dez, der; -es, -e mdal. (Kopf)
De|zem|ber, der; -[s], - (zwölfter
Monat im Jahr; Christmond, Jul-
mond, Wintermonat)

de|**zent** (anständig; abgetönt; zart)

De|**zer**|**nat,** das; -[e]s, -e (Geschäftsbereich eines Dezernenten; Sachgebiet); De|**zer**|**nent,** der; -en, -en (Sachbearbeiter [bei Behörden])

De|**zi...** (Zehntel...; ein Zehntel einer Einheit)

de|zi|**diert** (entschieden, kurz entschlossen, bestimmt)

de|zi|**mal** (auf die Grundzahl 10 bezogen); De|zi|**mal**_**bruch,** der (Bruch, dessen Nenner mit einer Potenz von 10 gebildet wird), **...sy**|**stem** (das; -s); De|zi|me|**ter** [auch: _dezi..._], der u. das; -s, - ($^1/_{10}$ m; Zeichen: dm); de|zi|**mie**|**ren** (urspr. jeden zehnten Mann mit dem Tode bestrafen; heute: große Verluste beibringen; stark vermindern); de|zi|**miert**

Dia, das; -s, -s (Kurzform für: Diapositiv)

Dia|**be**|**tes,** der; - (Harnruhr); -mellitus (Med.: Zuckerharnruhr, Zuckerkrankheit); Dia|**be**|**ti**|**ker**

Dia|**dem,** das; -s, -e (kostbarer Reif)

Dia|**gno**|**se,** die; -, -n ([Krankheits]erkennung; Zool., Bot.: Bestimmung); dia|**gno**|**stisch;** dia|**gno**|**sti**|**zie**|**ren**

dia|**go**|**nal** (schräglaufend); Dia|**go**|**na**|**le,** die; -, -n (Gerade, die zwei nicht benachbarte Ecken eines Vielecks miteinander verbindet)

Dia|**gramm,** das; -s, -e (zeichnerische Darstellung errechneter Werte in einem Koordinatensystem; Stellungsbild beim Schach; Drudenfuß)

Dia|**kon** [österr.: _dia..._], der; -s u. -en, -e[n] (kath., anglikan. od. orthodoxer Geistlicher, der um einen Weihegrad unter dem Priester steht; Krankenpfleger od. Pfarrhelfer in der ev. Inneren Mission); Dia|**ko**|**nie,** die; - ([berufsmäßige] Sozialtätigkeit [Krankenpflege] Gemeindedienst] in der ev. Kirche); Dia-

ko|**nis**|**se** die; -, -n u. Dia|**ko**|**nis**|**sin,** die; -, -nen (ev. Kranken- u. Gemeindeschwester)

Dia|**lekt,** der; -[e]s, -e (Mundart); Dia|**lek**|**tik,** die; - (Erforschung der Wahrheit durch Aufweis u. Überwindung von Widersprüchen; auch für: Spitzfindigkeit); dia|**lek**|**tisch** (mundartlich; die Dialektik betreffend; auch: spitzfindig); -er Materialismus ([sowjet.] Lehre von den Grundbegriffen der Dialektik u. des Materialismus)

Dia|**log,** der; -[e]s, -e (Zwiegespräch; Wechselrede)

Dia|**ly**|**se,** die; -, -n (chem. Trennungsmethode)

Dia|**mant,** der; -en, -en (Edelstein); dia|**man**|**ten;** -e Hochzeit (60. Jahrestag der Hochzeit)

dia|**me**|**tral** (entgegengesetzt [wie die Endpunkte eines Durchmessers])

Dia|**po**|**si**|**tiv,** das; -s, -e [..._w^e_] (Kopie eines Negativs auf einer durchsichtigen Diapositivplatte; Kurzform: Dia)

Di|**ar**|**rhö**[1], Di|**ar**|**rhöe,** die; -, ...rrhöen (Durchfall)

Dia|**spo**|**ra,** die; - (Gebiete, in denen religiöse Minderheiten leben, auch die religiösen Minderheiten selbst)

di|**ät** (der richtigen Ernährung entsprechend; mäßig); - leben; Di|**ät,** die; - ([richtige] Ernährung; Schonkost); Di|**ä**|**ten,** die (Mehrz.) (Tagegelder; Entschädigung)

dicht; - auf; **Dich**|**te,** die; -, (selten:) -n (Technik auch: Verhältnis der Masse zur Raumeinheit); [1]**dich**|**ten** (dicht machen)

---

[1] In Übereinstimmung mit der Arbeitsgruppe für medizin. Literaturdokumentation in der Deutschen Gesellschaft für Dokumentation und mit führenden Fachverlagen wurde die Form auf -oe zugunsten der Form auf -ö aufgegeben.

²dich|ten (Verse schreiben); Dich|ter; Dich|te|rin, die; -, -nen; dich|te|risch
dicht|hal|ten (ugs. für: schweigen)
dicht|ma|chen (ugs. für: schließen); er hat seinen Laden dichtgemacht
¹Dich|tung (Gedicht)
²Dich|tung (Vorrichtung zum Dichtmachen); Dich|tungs-_mit|tel,das, ...ring
dick; Dick|darm
dicke|tun¹ (ugs. für: sich wichtig machen); dick|fel|lig; Dick|häu|ter; Dickicht¹, das; -s, -e; Dick|kopf; dick|lich; Dick-_milch, ...schä|del; dick|tun vgl. dicketun
Di|dak|tik, die; - (Unterrichtslehre)
die
Dieb, der; -[e]s, -e; Die|bin, die; -, -nen; die|bisch; Dieb|stahl, der; -[e]s, ...stähle
die|je|ni|ge
Die|le, die; -, -n
die|nen; Die|ner; Die|ne|rin, die; -, -nen; die|nern; dien|lich; Dienst, der; -[e]s, -e
Diens|tag, der; -[e]s, -e; Diens-tag|abend [auch: dinßtag-abᵉnt]; am - hat sie Gesangstunde; diens|tags
Dienst_al|ter, ...äl|te|ste, ...an-tritt, dienst|eif|rig, ...fer|tig, ...frei; Dienst_ge|heim|nis, ...ge|spräch, ...grad; dienst-ha|bend; Dienst|ha|ben|de, der u. die; -n, -n; Dienst|lei|stung; Dienst|lei|stungs|ge|wer|be; dienst|lich; Dienst|mann, der; -[e]s, ...männer [österr. nur so] u. ...leute (Gepäckträger)
Dienst_pflicht, ...rang, ...rei-se, ...schluß, ...stel|le; dienst|ver|pflich|tet; Dienst-_wa|gen, ...woh|nung
dies; dies|be|züg|lich
die|sel|be
die|ser; die|ses

die|sig (neblig)
dies|jäh|rig; dies|mal; dies-seits; mit Wesf.: - des Flusses
Diet|rich, der; -s, -e (Nachschlüssel)
dif|fa|mie|ren (im Wert, Ansehen herabsetzen); Dif|fa|mie|rung
dif|fe|rent (verschieden, ungleich); Dif|fe|ren|ti|al [...zi...], das; -s, -e (Math.: unendlich kleine Differenz; Ausgleichsgetriebe); Dif|fe|ren|ti|al|rech-nung; Dif|fe|renz, die; -, -en; dif|fe|ren|zie|ren (trennen; unterscheiden); Dif|fe|ren|ziert-heit (Unterschiedlichkeit, Abgestuftsein); Dif|fe|ren|zie|rung (Sonderung, Abstufung); dif-fe|rie|ren (verschieden sein; voneinander abweichen)
dif|fi|zil (schwierig, mühsam; schwer zu behandeln; heikel)
dif|fus (zerstreut; ungeordnet)
di|gi|tal (Med.: mit dem Finger; bei Rechenmaschinen: ziffernmäßig); Di|gi|tal|rech|ner (eine Rechenmaschine)
Dik|ta|phon, das; -s, -e (Tonbandgerät zum Diktieren); Dik-tat, das; -[e]s, -e; Dik|ta|tor, der; -s, ...oren; dik|ta|to|risch; Dik|ta|tur, die; -, -en; dik|tie-ren; Dik|tier|ge|rät; Dik|ti|on [...zion], die; -, -en (Schreibart; Ausdrucksweise); Dik|tio|när, das u. der; -s, -e (Wörterbuch)
Di|lem|ma, das; -s, -u. -ta (Klemme; Wahl zwischen zwei [unangenehmen] Dingen, Zwangslage, -entscheidung)
Di|let|tant, der; -en, -en (Nichtfachmann; Laie; veraltet: [Kunst]liebhaber); di|let|tan-tisch (unfachmännisch)
Dill, der; -s, -e (eine Gewürzpflanze)
Di|men|si|on, die; -, -en (Ausdehnung; [Aus]maß; Bereich)
Di|ner [dine], das; -s, -s (Mittagessen; [Fest]mahl)
Ding, das; -[e]s, -e u. (abschätzig:) -er (Sache)
ding|fest, nur in jmdn. - machen;

¹ Trenn.: ...ik|k...

Dings, der, die, das; - (ugs. für eine unbekannte od. unbenannte Person od. Sache); **Dingsbums,** der, die, das; - (ugs. für eine unbekannte od. unbenannte Person od. Sache); **Dings|da,** der, die, das; - (ugs. für eine unbekannte od. unbenannte Person od. Sache); **Dings|kir|chen** [auch: ...*kirch*ᵉ*n*] (ugs. für einen unbekannten od. unbenannten Ort); **Ding|wort** (für: Substantiv; *Mehrz.* ...wörter)

di|nie|ren (zu Mittag essen, speisen)

Din|ner, das; -s, -[s] (Hauptmahlzeit in England [abends eingenommen])

Dio|len ⓦ, das; -[s] (synthet. Faser)

Di|oxyd [auch: ...*üt*], das; -s, -e (Oxyd, das zwei Sauerstoffatome enthält)

Di|öze|se, die; -, -n (Amtsgebiet eines [kath.] Bischofs, auch: ev. Kirchenkreis)

Diph|the|rie, die; -, ...ien (eine Infektionskrankheit)

Di|plom, das; -[e]s, -e (amtl. Schriftstück; Urkunde; [Ehren]zeugnis); **Di|plom|ar|beit; Diplo|mat,** der; -en, -en (beglaubigter Vertreter eines Landes bei Fremdstaaten); **Di|plo|ma|tenaus|weis,** ...kof|fer, ...laufbahn, ...paß, ...schreib|tisch (bes. wuchtiger Schreibtisch); **Di|plo|ma|tie,** die; - (Kunst des [staatsmännischen] Verhandelns mit fremden Mächten; Staatskunst; Gesamtheit der Diplomaten; kluge Berechnung); **di|plo|ma|tisch** (staatsmännisch; klug berechnend); **Diplom|in|ge|nieur** (Abk.: Dipl.Ing.)

dir

di|rekt (in gerader Richtung, unmittelbar); **Di|rekt|flug; Direkt|ti|on** [...*zion*]. die; -, -en (schweiz. auch: kantonales Ministerium); **Di|rek|tions.se|kre|tä|rin,** ...zim|mer;

Di|rek|ti|ve [...*w*ᵉ], die; -, -n (Weisung; Verhaltensregel); **Direkt|man|dat; Di|rek|tor,** der; -s, ...oren; **Di|rek|to|rin** [auch: *diräk*...], die; -, -nen; **Di|rek|trice** [...*triß*ᵉ], die; -, -n (leitende Angestellte [bes. in der Bekleidungsindustrie]); **Di|rekt.sendung,** ...spiel (Sportspr.), ...über|tra|gung, ...ver|kauf; **Di|rex,** der; -, -e (Schülerspr. für: Direktor)

Di|ri|gent, der; -en, -en; **Di|rigen|ten.pult,** ...stab; **di|ri|gieren** (leiten; Takt schlagen); **Diri|gis|mus,** der; - (staatl. Lenkung der Wirtschaft); **di|ri|gistisch**

Dirndl, das; -s, - bayr., österr. (junges Mädchen; Dirndlkleid); **Dirndl|kleid; Dir|ne,** die; -, -n (Prostituierte)

Disc|jockey[1] vgl. Diskjockey

Dis|count.ge|schäft [*dißkaunt*...] (Geschäft, in dem Waren sehr billig, mit hohem Rabatt verkauft werden), ...la|den, ...preis

Di|seur [*disör*], der; -s, -e (Sprecher, Vortragskünstler); **Di|seuse** [*disös*ᵉ], die; -, -n

Dis|har|mo|nie, die; -, ...ien (Mißklang; Uneinigkeit); **dishar|mo|nie|ren; dis|har|monisch**

Disk|jockey[1] [*dißkdsehoke,* engl. Ausspr.: ...*ki*], der; -s, -s (jmd., der Schallplatten präsentiert)

Dis|kont, der; -s, -e (Zinsvergütung bei noch nicht fälligen Zahlungen)

Dis|kont|satz (Zinssatz)

Dis|ko|thek, die; -, -en (Schallplattensammlung; Lokal, in dem Schallplatten gespielt werden)

dis|kre|di|tie|ren (in Verruf bringen)

Dis|kre|panz, die; -, -en (Unstimmigkeit, Zwiespältigkeit)

dis|kret (taktvoll, rücksichtsvoll;

---

[1] *Trenn.:* ...k|k...

unauffällig; vertraulich); **Dis-kre|ti|on** [...*zion*], die; -

dis|kri|mi|nie|ren (herabwürdigen, unterschiedlich behandeln); **Dis|kri|mi|nie|rung** (unterschiedliche Behandlung; Herabsetzung, Herabwürdigung)

Dis|kurs, der; -es, -e ([eifrige] Erörterung; Verhandlung)

Dis|kus, der; -, ...ken u. -se (Wurfscheibe)

Dis|kus|si|on, die; -, -en (Erörterung; Aussprache; Meinungsaustausch)

Dis|kus|wer|fer

dis|ku|ta|bel (erwägenswert; strittig); **dis|ku|tie|ren**

Dis|pens, der; -es, -e u. (österr.:) die; -, -en (Aufhebung einer Verpflichtung, Befreiung; Urlaub; Ausnahme[bewilligung]); **dis-pen|sie|ren** (befreien, beurlauben; Arzneien bereiten u. abgeben)

dis|po|nie|ren (über etwas verfügen, einteilen); **dis|po|niert** (auch für: aufgelegt; gestimmt zu ...; empfänglich [für Krankheiten]); **Dis|po|si|ti|on** [...*zion*], die; -, -en (Anordnung, Gliederung; Verfügung; Anlage; Empfänglichkeit [für Krankheiten])

Dis|put, der; -[e]s, -e (Wortwechsel; Streitgespräch); **dis-pu|tie|ren**

Dis|qua|li|fi|ka|ti|on [...*zion*], die; -, -en (Untauglichkeitserklärung; Ausschließung vom sportlichen Wettbewerb); **dis|qua|li-fi|zie|ren**

Dis|ser|ta|ti|on [...*zion*], die; -, -en (wissenschaftl. Abhandlung zur Erlangung der Doktorwürde)

Dis|si|dent, der; -en, -en (außerhalb einer staatlich anerkannten Religionsgemeinschaft Stehender)

dis|so|nant (mißtönend); **Dis-so|nanz,** die; -, -en (Mißklang; Unstimmigkeit)

Di|stanz, die; -, -en (Abstand, Entfernung); **di|stan|zie|ren** ([im Wettkampf] überbieten,

hinter sich lassen); sich - (von jmdm. od. etwas abrücken)

Di|stel, die; -, -n

di|stin|gu|iert [*dißtinggirt*] (vornehm); **di|stink|tiv** (unterscheidend)

Dis|tri|bu|ti|on [...*zion*], die; -, -en (Verteilung; Auflösung; Wirtsch.: Einkommensverteilung, Verteilung von Handelsgütern)

Di|strikt, der; -[e]s, -e (Bezirk, abgeschlossener Bereich)

Dis|zi|plin, die; -, -en (Zucht; Ordnung; Fach einer Wissenschaft); **dis|zi|pli|na|risch** (die [dienstliche] Zucht, Strafgewalt betreffend; streng); **Dis|zi|pli-nar_stra|fe, ...ver|fah|ren** (Dienststrafverfahren); **dis|zi-pli|nie|ren** (zur Ordnung erziehen); **dis|zi|pli|niert**

di|to (dasselbe, ebenso)

Di|va [*diwa*], die; -, -s u. ...ven [...*wᵉn*] (erste Sängerin, gefeierte Schauspielerin)

Di|ver|genz, die; -, -en (Auseinandergehen; Meinungsverschiedenheit); **di|ver|gie|ren; di|ver|gie|rend**

di|vers [*diwärß*] (verschieden)

Di|vi|dend [...*wi*...], der; -en, -en (Bruchrechnung: Zähler); **Di|vi-den|de,** die; -, -n (der auf eine Aktie entfallende Gewinn[anteil]); **di|vi|die|ren** (teilen)

Di|vi|si|on, die; -, -en (Math.: Teilung; Heeresabteilung); **Di-vi|sor,** der; -s, ...oren (Bruchrechnung: Nenner)

Di|wan, der; -s, -e (niedriges Liegesofa)

Di|xie|land amerik. [*dikßiländ*], der; -[s] u. **Di|xie|land-Jazz** (nordamerik. Bez. für eine bestimmte Variante des Jazz)

Do|ber|mann, der; -s, ...männer (Hunderasse)

doch

Docht, der; -[e]s, -e

Dock, das; -s, -s (Anlage zum Ausbessern von Schiffen); **Dok-ker** [*Trenn.*: Dok|ker], der; -s,

- (Dockarbeiter); **Dock|ha|fen;
Docking** [*Trenn.*: Dok|king],
das; -s, -s (Ankoppelung der
Mondfähre an das Raumschiff)
Do|ge [*dosche*; it. Ausspr. *do-
dsche*], der; -n, -n (früher: Titel
des Staatsoberhauptes in Vene-
dig u. Genua); **Do|gen|pa|last**
Dog|ge, die; -, -n (eine Hunderas-
se)
Dog|ma, das; -s, ...men (Kir-
chenlehre; [Glaubens]satz;
Lehrmeinung); **dog|ma|tisch**
(die [Glaubens]lehre betreffend;
lehrhaft; streng [an Lehrsätze]
gebunden); **Dog|ma|tis|mus,**
der; - (Abhängigkeit von [Glau-
bens]lehren)
Doh|le, die; -, -n (ein Rabenvo-
gel)
Do-it-your|self-Be|we|gung
[*du it ju'ßälf...*] (Bewegung, die
sich als eine Art Hobby die eigene
Ausführung handwerklicher Arbeiten zum Ziel gesetzt hat)
Dok|tor, der; -s, ...oren (höchster
akadem. Grad; auch für: Arzt;
Abk.: Dr. [in der *Mehrz.* Dres.,
wenn mehrere Personen, nicht
mehrere Titel einer Person ge-
meint sind]); **Dok|to|rand,** der;
-en, -en (Student, der sich auf
die Doktorprüfung vorbereitet);
Dok|to|ran|din, die; -, -nen;
**Dok|tor|ar|beit; Dok|tor-fra-
ge** (sehr schwierige Frage),
...grad, ...hut, der; **Dok|to|rin**
[auch: *dokt...*], die; -, -nen (für:
Ärztin); **Dok|tor-in|ge|nieur**
(Abk.: Dr.-Ing.), **...prü|fung,**
...ti|tel; Dok|trin, die; -, -en
(Lehrsatz; Lehrmeinung); **dok-
tri|när** (an einer Lehrmeinung
starr festhaltend; gedanklich ein-
seitig)
Do|ku|ment, das; -[e]s, -e
(Urkunde; Schriftstück; Be-
weis); **Do|ku|men|tar-auf-
nah|me, ...film** (Film, der die
Wirklichkeit von Mensch u.
Landschaft wiedergibt); **do|ku-
men|ta|risch** (urkundlich; be-
legbar); **Do|ku|men|ta|ti|on**

[*...zion*], die; -, -en (Zusammen-
stellung, Ordnung und Nutzbar-
machung von Dokumenten u.
Materialien jeder Art, z. B. von
Urkunden, Akten, Zeitschriften-
aufsätzen, Begriffen, sprach-
lichen Erscheinungen u. a.); **do-
ku|men|tie|ren** (beurkunden;
beweisen)
Dolch, der; -[e]s, -e; **Dolch-
stoß; Dolch|stoß|le|gen|de,**
die; - (nach 1918 in Deutschland
verbreitete Behauptung, der 1.
Weltkrieg sei durch Verrat in der
Heimat verloren worden)
Dol|de, die; -, -n
doll nordd. ugs. (unglaublich)
Dol|lar, der; -s, -s (Münzeinheit
in den USA, in Kanada u. Äthiopi-
en; Zeichen: $); 30 -
dol|met|schen; Dol|met|scher,
der; -s, - (Übersetzer; Sprach-
kundiger); **Dol|met|sche|rin,**
die; -, -nen; **Dol|met|scher-in-
sti|tut, ...schu|le**
Dom, der; -[e]s, -e (Bischofs-,
Hauptkirche); **Do|mä|ne,** die; -,
-n (Staatsgut, -besitz; besonde-
res [Arbeits-, Wissens]gebiet);
Do|me|stik, der; -en, -en (meist
Mehrz.; Dienstbote); **Do|me-
sti|ka|ti|on** [*...zion*], die; -, -en
(Umzüchtung wilder Tiere zu
Haustieren); **do|me|sti|zie|ren;**
do|mi|nant (be-, vorherrschend;
überlagernd, überdeckend); **Do-
mi|nanz,** die; -, -en (Verer-
bungslehre: Vorherrschen be-
stimmter Merkmale); **do|mi|nie-
ren** ([vor]herrschen, beherr-
schen); **Do|mi|ni|ka|ner,** der; -s,
- (Angehöriger des vom hl. Do-
minikus gegr. Ordens); **Do|mi-
ni|ka|ner-klo|ster, ...mönch,
..or|den** (der; -s); **Do|mi|nion**
[*dominj°n*], das; -s, -s u. ...ien
[*...i°n*] (frühere Bez. für einen
sich selbst regierenden Teil des
Commonwealth); **¹Do|mi|no,**
der; -s, -s (Maskenmantel, -ko-
stüm); **²Do|mi|no,** das; -s, -s
(Spiel); **Do|mi|zil,** das; -s, -e
(Wohnsitz; Zahlungsort [von

Wechseln]); **Dom|pfaff,** der; -en, -en (ein Vogel)

Domp|teur [...*tör*], der; -s, -e; **Domp|teu|se** [...*tö̱s*ᵉ], die; -, -n

Don Ju|an [*don ehuan,* auch: *don juan* od. *do̱ng sehuang*], der; - -s, - -s (span. Sagengestalt; Verführer; Frauenheld)

Don|ner, der; -s, -; **don|nern; Don|ners|tag,** der; -[e]s, -e; **don|ners|tags; Don|ner|wet|ter,** das; -s, -

doof (ugs. für: dumm; einfältig; beschränkt); **Doof|heit,** die; -

do|pen [auch: *do̱*...] (Sport: durch [verbotene] Anregungsmittel zu Höchstleistungen antreiben); **Do|ping** [auch: *do̱*...], das; -s, -s

Dop|pel, das; -s, - (zweite Ausfertigung [einer Schrift], Zweitschrift; Tennis: Doppelspiel); **Dop|pel|ad|ler,** ...**axel** (Eislaufigur), ...**bett; dop|pel|bö|dig** (hintergründig); **Dop|pel|decker** [*Trenn.:* ...dek|ker] (ein Flugzeugtyp; scherzh. für: Omnibus mit Oberdeck); **dop|pel|deu|tig; Dop|pel|fen|ster,** ...**gän|ger; dop|pel|glei|sig; Dop|pel|hoch|zeit,** ...**kinn,** ...**kopf** (Kartenspiel; der; -[e]s), ...**le|ben** (das; -s), ...**nel|son** (doppelter Nelson), ...**punkt; dop|pel|rei|hig,** ...**sin|nig; dop|pelt;** -e Buchführung; - gemoppelt (ugs. für: unnötigerweise zweimal); **dop|pelt|koh|len|sau|er; Dop|pel|ver|die|ner,** ...**zent|ner** (100 kg; Zeichen: dz), ...**zim|mer; dop|pel|zün|gig**

Do|ra|do vgl. Eldorado

Dorf, das; -[e]s, Dörfer; **Dorf|be|woh|ner; dörf|lich; Dorf|schen|ke**

Dorn, der; -[e]s, -en (ugs. auch: Dörner) u. (Technik:) -e; **Dor|nen|hecke,** Dorn|hecke [*Trenn.:* ...hek|ke]; **Dor|nen|kro|ne; dor|nen|reich; dor|nig; Dorn|rös|chen,** das; -[s] (eine Märchengestalt)

dör|ren (dürr machen); **Dörr|fleisch,** ...**ge|mü|se,** ...**obst**

Dorsch (ein Fisch), der; -[e]s, -e

dort; dort|her; [auch: *dorthe̱r, do̱rther*]; **dort|hin** [auch: *dorthi̱n, do̱rthin*]; **dor|tig**

Do|se, die; -, -n (kleine Büchse; auch für: Dosis); **Do|sen** (auch *Mehrz.* von: Dosis)

dö|sen (ugs. für: wachend träumen; halb schlafen; unaufmerksam vor sich hin starren)

Do|sen|bier; do|sen|fer|tig; Do|sen|fleisch, ...**milch,** ...**öff|ner**

do|sie|ren (ab-, zumessen)

dö|sig (ugs. für: schläfrig; auch für: stumpfsinnig)

Do|sis, die; -, ...sen (zugemessene [Arznei]gabe, kleine Menge)

Dos|sier [*do̱ßie̱*], das, (veraltend:) der; -s, -s (Aktenheft, -bündel)

do|tie|ren; Do|tie|rung

Dot|ter (Eigelb), der u. das; -s, -; **Dot|ter|blu|me; dot|ter|gelb**

Doua|ne [*duan̲ᵉ*], die; -, -n (fr. Bez. für: Zoll[amt])

dou|beln [*dy̱b*ᵉ*ln*] (Film: die Rolle eines Doubles spielen); **Dou|ble** [*dy̱b*ᵉ*l*], das; -s, -s (Film: Ersatzspieler [ähnlichen Aussehens]); **Dou|blé** [*duble̱*] vgl. Dublee

down! [*dau̲n*] (Befehl an Hunde: nieder!); down (ugs. für: bedrückt, ermüdet) sein

Do|zent, der; -en, -en (Lehrbeauftragter); **Do|zen|tur,** die; -, -en; **do|zie|ren**

Dra|che, der; -n, -n (ein Fabeltier); **Dra|chen,** der; -s, - (Fluggerät; zanksüchtige Person)

Dra|gée, (auch:) **Dra|gee** [...*se̱e*], das; -s, -s (überzuckerte Frucht; Arzneipille)

Dra|go|ner, der; -s, - (früher: leichter Reiter; österr. noch für: Rückenspange am Rock u. am Mantel)

Draht, der; -[e]s, Drähte; ¹**drah|ten** (telegrafieren; mit Draht zusammenflechten); ²**drah|ten** (aus Draht); **Draht_esel** (ugs. scherzh. für: Fahrrad), **...ge-flecht, Draht|haar|fox** (Hunderasse); **drah|tig; Draht_kom|mo|de** (ugs. scherzh. für: Klavier), **...korb; draht|los;** -e Telegrafie; **Draht_rol|le, ...seil-bahn, ...ver|hau, ...zaun, ...zie|her** (auch ugs.: jmd., der wie ein Puppenspieler im verborgenen Vorgänge leitet)

Drai|si|ne [*drai...*, ugs. auch: *drä...*], die; -, -n (Vorläufer des Fahrrades; Eisenbahnfahrzeug zur Streckenkontrolle)

dra|ko|nisch (sehr streng)

drall (derb, stramm)

Drall, der; -[e]s, -e ([Geschoß]drehung; Windung der Züge in Feuerwaffen)

Dra|ma, das, -s, ...men (Schauspiel; erregendes od. trauriges Geschehen); **Dra|ma|tik,** die; - (dramatische Dichtkunst; erregende Spannung); **Dra|ma|ti-ker,** der; -s, - (dramatischer Dichter, Schauspieldichter); **dra|ma|tisch** (in Dramenform; auf das Drama bezüglich; gesteigert lebhaft; erregend, spannend); **dra|ma|ti|sie|ren** (als Schauspiel für die Bühne bearbeiten; etwas lebhafter, erregender darstellen, als es in Wirklichkeit ist); **Dra|ma|ti|sie|rung; Dra|ma|turg,** der; -en, -en (literarischer Berater einer Bühnenleitung); **Dra|ma|tur|gie,** die; -, ...ien (Gestaltung, Bearbeitung eines Dramas; Lehre vom Drama); **dra|ma|tur|gisch**

dran (ugs. für: daran); - sein (ugs. für: an der Reihe sein); - glauben müssen (ugs. für: vom Schicksal ereilt werden)

Drä|na|ge [*...asch°*], die; -, -n (früher für: Dränung)

Drang, der; -[e]s, (selten:) Dränge

dran|ge|ben (ugs. für: darangeben; **dran|ge|hen** (ugs. für: darangehen)

Drän|ge|lei; drän|geln; drän-gen; Drang|sal, die; -, -e (Not, bedrängte Lage); **drang|sa|lie-ren** (quälen); **drang|voll**

dran|hal|ten, sich (ugs. für: daranhalten, sich)

dran|kom|men (ugs. für: an die Reihe kommen); **dran|krie|gen** (ugs. für: hereinlegen, übertölpeln); **dran|ma|chen;** sich -

dran|set|zen (ugs. für: daransetzen)

Drä|nung, die; -, -en (Entwässerung des Bodens durch Rohre)

dra|pie|ren ([mit Stoff] behängen, [aus]schmücken; raffen; in Falten legen); **Dra|pie|rung**

dra|stisch (sehr deutlich, wirksam; derb)

dräu|en (veralt. für: drohen)

drauf (ugs. für: darauf); - und dran sein (ugs. für: nahe daran sein); **Drauf|ga|be** (Handgeld beim Vertrags-, Kaufabschluß; österr. auch: Zugabe des Künstlers); **Drauf|gän|ger; drauf-gän|ge|risch; Drauf|gän|ger-tum,** das; -s; **drauf|ge|ben;** jmdm. eins - (ugs. für: jmdm. einen Schlag versetzen; jmdn. zurechtweisen); **drauf|ge|hen** (ugs. auch für: verbraucht werden, sterben); **drauf|le|gen** (ugs. für: zusätzlich bezahlen); **drauf|schla|gen** (ugs. für: auf etwas schlagen; erhöhen, steigern, aufschlagen); **drauf|zah-len** (drauflegen)

draus (ugs. für: daraus)

drau|ßen

drech|seln; Drechs|ler; Drechs|ler|ar|beit

Dreck, der; -[e]s (ugs.); **Dreck_ar|beit, ...ei|mer, ...fink** (der; -en [auch: -s], -en), **...hau|fen; dreckig** [*Trenn.:* drek|kig]; **Dreck|nest** (ugs. abwertend für: Dorf, Kleinstadt); **Drecks-ar|beit; Dreck|sau** (derb); **Drecks|kerl; Dreck_schleu-der** (ugs. abwertend für: freches Mundwerk), **...spatz**

Dreh, der; -[e]s, -s od. -e (ugs.

für: Einfall od. Weg, der zu einer Lösung führt); **Dreh|ach|se, ...ar|beit** (Film; die; -, -en; meist *Mehrz.*), **...bank** (*Mehrz.* ...bän-ke); **dreh|bar; Dreh.bewe-gung, ...blei|stift, ...buch** (Vorlage für Filmaufnahmen); **Dreh|buch|au|tor; Dreh|büh-ne; dre|hen; Dre|her; Dre|he-rei; Dreh|strom|mo|tor; Dreh-_stuhl, ...tür; Dre|hung**

drei, *Wesf.* dreier, *Wemf.* dreien; **Drei,** die; -, -en; er hat in Deutsch eine Drei geschrieben; **drei.ar-mig, ...bän|dig, ...bei|nig; ...di|men|sio|nal; Drei|eck; drei|eckig** [*Trenn.:* ..ek|kig]; **Drei|ecks|ge|schich|te; drei|ein|halb; Drei|ei|nig|keit,** die; -; **drei|er|lei; drei|fach; Drei-fal|tig|keit,** die; -; **Drei|far-ben|druck** (*Mehrz.* ...drucke); **drei|far|big; Drei.fel|der|wirt-schaft** (die; -), **drei|hun|dert; drei|jäh|rig; Drei|kä|se|hoch,** der; -s, -[s]; **Drei|klang; Drei-klas|sen|wahl|recht,** das; -[e]s; **Drei|kö|ni|ge,** die (*Mehrz.*) (Dreikönigsfest); zu - ; **Drei|kö-nigs|fest** (6. Jan.); **drei|mal; Drei|ma|ster,** der; -s, - (dreima-stiges Schiff); **drei|ma|stig; Drei|me|ter|brett**

drein (ugs. für: darein); **drein-blicken** [*Trenn.:* ...blik|ken] (in bestimmter Weise blicken); **fin-ster** - ; **drein|fin|den,** sich (ugs. für: dareinfinden, sich); **drein-re|den** (ugs. für: dareinreden); **drein|schla|gen** (ugs. für: in et-was hineinschlagen)

Drei_rad, ...satz, ...spitz (früher für: dreieckiger Hut); **drei|ßig; drei|ßig|jäh|rig**

dreist; Drei|stig|keit

drei|tau|send; drei|tei|lig; drei-und|ein|halb; drei|und|zwan-zig; drei|vier|tel [...*fir*...]; **Drei-vier|tel|stun|de; Drei|vier|tel-takt** [...*fir*...], der; -[e]s; **Drei-zack,** der; -[e]s, -e; **drei|zehn; Drei|zim|mer|woh|nung**

Dre|sche, die; - (ugs. für: Prü-

gel); **dre|schen;** drosch, gedro-schen; **Dresch|fle|gel**

Dreß, der; - u. Dresses, (selten:) Dresse u. (österr.:) die; -, Dressen ([Sport]kleidung); **dres|sie-ren; Dress|man** [*dräßmän*], der; -s, ...men (männliche Per-son, die Herrenkleidung vor-führt); **Dres|sur,** die; -, -en; **Dres|sur.rei|ten** (das; -s)

drib|beln (Sport: den Ball durch kurze Stöße vortreiben); **Dribb-ling,** das; -s, -s (das Laufen mit dem Ball [am Fuß])

Drift, die; -, -en (Seemannsspr.: vom Wind bewirkte Bewegung des Wassers; auch svw. Abtrift; **drif|ten** (Seemannsspr.: trei-ben)

Drill, der; -[e]s (Militär: Ein-übung, Schinderei); **Drill|boh-rer; dril|len** (Militär: einüben, schinden; mit dem Drillbohrer bohren; Landw.: in Reihen säen)

Dril|lich, der; -s, -e (ein festes Gewebe); **Dril|ling** (auch: Jagdgewehr mit drei Läufen)

Drill|ma|schi|ne (Maschine, die in Reihen sät)

drin (ugs. für: darin)

drin|gen; drang, gedrungen; **drin|gend; dring|lich; Dring-lich|keit,** die; -

Drink, der; -[s], -s (alkohol. [Misch]getränk)

drin|nen (ugs. für: darinnen); **drin|sit|zen** (ugs. für: in der Pat-sche sitzen); **drin|stecken** [*Trenn.:*...stek|ken] (ugs. für: viel Arbeit, Schwierigkeiten haben)

drit|te; jeder dritte; der dritte Stand (Bürgerstand); die dritte Welt (die Entwicklungsländer); er ist der Dritte im Bunde; ein Dritter (ein Unbeteiligter); **Drit-tel,** das (schweiz. meist: der); -s, -; **drit|teln** (in drei Teile tei-len); **drit|tens; Drit|te-Welt-La|den** (Geschäft, in dem Er-zeugnisse aus der dritten Welt verkauft werden)

Drive [*draiw*], der; -s, -s (Treib-schlag beim Golfspiel und Tennis; Jazz: treibender Rhythmus, erzielt durch verfrühten Toneinsatz)

dro|ben (da oben)

Dro|ge, die; -, -n (bes. medizin. verwendeter tier. od. pflanzl. [Roh]stoff); **dro|gen|ab|hän|gig; Dro|ge|rie,** die; -, ...ien; **Dro|gist,** der; -en, -en

Droh|brief; dro|hen

Droh|ne, die; -, -n (Bienenmännchen; übertr. für: Nichtstuer)

dröh|nen

Dro|hung

drol|lig; Drol|lig|keit

Dro|me|dar [auch: dro...], das; -s, -e („Renner''; einhöckeriges Kamel)

Drops, der, (auch:) das; -, - (meist Mehrz.; Fruchtbonbon)

Drosch|ke, die; -, -n; **Droschken-gaul, ...kut|scher**

Dros|sel, die; -, -n (Singvogelart); **Dros|sel|bart;** König - (eine Märchengestalt); **dros|seln; Dros|se|lung, Droß|lung**

drü|ben (auf der anderen Seite); **drü|ber** (ugs. für: darüber)

Druck, der; -[e]s, (techn.:) Drükke, (Druckw.:) Drucke u. (Textilw. für bedruckte Stoffe:) -s; **Druck|buch|sta|be; Drücke-ber|ger; druck|emp|find|lich; drucken[1]; drücken[1]; drük-kend[1]; Drucker[1]; Drücker[1]; Drucke|rei[1]; Drucker-schwär|ze[1]; Druck_er|zeug-nis, ...feh|ler; druck|fer|tig; Druck_knopf, ...mit|tel, das; druck|reif; Druck_sa|che, ...schrift; druck|sen** (ugs. für: nicht recht mit der Sprache herauskommen)

Dru|de, die; -, -n (Nachtgeist; Zauberin; Hexe); **Dru|den|fuß** (Zeichen gegen Zauberei)

Drug|store [dr*a*gsta*̣ː*], der; -s, -s (in den USA urspr. Drogerie, jetzt Verkaufsgeschäft für alle gängigen Bedarfsartikel mit Imbißecke)

drum (ugs. für: darum)

Drum [dr*a*m], die; -, -s (engl. Bez. für: Trommel)

Drum|mer [dr*a*m*e*r], der; -s, - (Jazz: Musiker, der die Drum schlägt); **Drums** [dr*a*ms], die (Mehrz.; Bez. für das Schlagzeug)

Drum und Dran, das; - - -

drun|ten (da unten); **drun|ter** (ugs. für: darunter)

Drü|se, die; -, -n

dry [dr*ai*] (herb [von alkohol. Getränken])

Dschun|gel, der; -s, - (undurchdringliche tropische Sumpfwälder); **Dschun|gel|krieg**

Dschun|ke, die; -, -n (chin. Segelschiff)

du; Du, das; -[s], -[s]; jmdm. das Du anbieten

Dü|bel, der; -s, - (kleiner Holzkeil, Zapfen); **dü|beln**

du|bi|os (zweifelhaft; unsicher)

Du|blee [...bl*ẹ*], das; -s, -s (Metall mit [Edelmetall]überzug; Stoß beim Billardspiel); **Du|blee-gold; Du|blet|te,** die; -, -n

ducken [Trenn.: duk|ken]; **Duck|mäu|ser,** der; -s, - (ugs. für: verängstigter, feiger, heuchlerischer Mensch)

Du|del|ei; du|deln; Du|del|sack (ein Blasinstrument); **Du|del-sack|pfei|fer**

Du|ell, das; -s, -e (Zweikampf); **du|el|lie|ren,** sich

Du|ett, das; -[e]s, -e (Musikstück für zwei Gesangsstimmen)

Duf|fle|coat [d*á*f*e*lko*u*t], der; -s, -s (dreiviertellanger Sportmantel)

Duft, der; -[e]s, Düfte

duf|te (ugs., bes. berl. für: gut, fein)

duf|ten; duf|tig; Duft_stoff, ...was|ser (Mehrz. ...wässer)

Du|ka|ten, der; -s, - (frühere Goldmünze)

dul|den; Dul|der|mie|ne; duld-sam; Duld|sam|keit, die; -

Dult, die; -, -en bayr. (Messe, Jahrmarkt)

---

[1] Trenn.: ...k|k...

dumm; dümmer, dümmste;
Dụm|me|bar|tel, der; -s, - (ugs.
für: dummer Mensch); **dụmm-
dreist;   Dum|me|jun|gen-
streich,** der; *Wesf.* des Dumme[n]jungenstreich[e]s, *Mehrz.*
die Dumme[n]jungenstreiche;
Dụm|mer|jan, der; -s, -e (ugs.
für: dummer Kerl); **dụm|mer-
wei|se; Dụmm|heit; Dụmm-
kopf; dụmm|lich**
Dụm|my [*dạmi*], der; -s, -s od.
...mies (Attrappe; lebensgroße
Puppefür Unfalltests in Kraftfahrzeugen)
dụm|peln (Seemannsspr.: leicht
schlingern)
dụmpf; Dụmpf|heit, die; -;
dụmp|fig
Dụm|ping [*dạmping*], das; -s
(Unterbieten der Preise im Ausland)
dun niederd. (betrunken)
Dü|ne, die; -, -n; **Dü|nen_gras,
...sand**
Dung, der; -[e]s; **Dün|ge|mit-
tel,** das; **dün|gen; Dün|ger,** der;
-s, -; **Dụng|gru|be; Dün|gung**
dun|kel; Dụn|kel, das; -s
Dụn|kel, der; -s
**Dụn|kel_ar|rest;   dụn|kel_äu-
gig, ...blau, ...blond, ...haa|rig
dụn|kel|haft**
**dụn|kel|häu|tig;   Dụn|kel|heit;
Dụn|kel_kam|mer,   ...mann**
(*Mehrz.* ... männer); **dụn|keln;
dụn|kel|rot;   Dụn|kel|zif|fer**
(nicht bekannte Anzahl)
dün|ken; mich od. mir dünkt
dünn; Dünn|darm; Dünn|druck
(*Mehrz.* ...drucke); **Dünn-
druck_aus|ga|be, ...pa|pier**
dünn|ma|chen, sich; (ugs. für:
weglaufen); **dünn|wan|dig**
Dunst, der; -es, Dünste; **dunsten** (Dunst verbreiten); **dün-
sten** (dunsten; in Dampf gar ma-
chen); **Dụnst|glocke** [*Trenn.:*
...glok|ke]; **dụn|stig; Dụnst-
_kreis, ...schicht, ...schlei|er**
Dü|nung, die; -, -en (Seegang
nach dem Sturm)
Duo, das; -s, -s (Musikstück für

zwei Instrumente; auch die zwei
Ausführenden)
dü|pie|ren (täuschen, foppen;
unsicher machen)
Du|pli|kat, das; -[e]s, -e; **du|pli-
zie|ren** (verdoppeln); **Du|pli|zi-
tät,** die; -, -en (Doppelheit; dop-
peltes Vorkommen, Auftreten;
Zweideutigkeit)
Dur, das; -, - („harte" Tonart)
A-Dur
durch; mit *Wenf.:* - ihn
durch|ackern [*Trenn.:* ...ak|kern]
(ugs. für: sorgsam durcharbei-
ten); er hat das ganze Buch
dụrchgeackert
durch|ar|bei|ten (sorgsam bear-
beiten; [den Körper] stählen;
pausenlos arbeiten)
durch|at|men
durch|aus [auch: dụrchauß u.
dụrch...]
durch|bei|ßen
**durch|blät|tern,   durch|blät-
tern;** er hat das Buch dụrchge-
blättert od. durchblättert
durch|bleu|en (ugs. für: durch-
prügeln)
Dụrch|blick;   durch|blicken
[*Trenn.:* ...blik|ken] (hindurch-
blicken)
**Dụrch|blu|tung;   Dụrch|blu-
tungs|stö|rung**
durch|boh|ren; er hat ein Loch
dụrchgebohrt; der Wurm hat sich
dụrchgebohrt; **durch|boh|ren;**
eine Kugel hat die Tür durchbọhrt; von Blicken durchbọhrt
durch|bo|xen (ugs.für: durchset-
zen); er hat das Projekt dụrchge-
boxt; sich -
durch|braten; das Fleisch war
gut dụrchgebraten
durch|bre|chen; es ist [durch den
schadhaften Boden] dụrchge-
brochen; er hat den Stock dụrch-
gebrochen; **durch|bre|chen;** er
hat die Schranken, die Schall-
mauer durchbrọchen; durchbrọ-
chene Arbeit (Stickerei, Goldar-
beit)
durch|bren|nen (auch ugs. für:
sich heimlich davonmachen)

Durch|bruch, der; -[e]s, ...brüche

durch|den|ken; ich habe die Sache noch einmal durchdacht

durch|dis|ku|tie|ren

durch|dre|hen; das Fleisch [durch den Wolf] -; ich bin völlig durchgedreht (ugs. für: verwirrt)

durch|drin|gen; er ist mit seiner Ansicht nicht durchgedrungen; **durch|drin|gen;** er hat das Urwaldgebiet durchdrungen

durch|drücken [*Trenn.*: drük-ken]; er hat die Änderung doch noch durchgedrückt (ugs. für: durchgesetzt)

durch|drun|gen; von etwas - (erfüllt)

durch|ein|an|der; Durch|ein|an|der [auch: *durch*...], das; -s

Durch|fahrt

Durch|fall, der; -s, ...fälle; **durch|fal|len**

durch|fei|ern; sie haben bis zum Morgen durchgefeiert; **durch-fei|ern;** eine durchfeierte Nacht

durch|for|sten (den Wald ausholzen); **durch|forsten** (Akten o. ä. prüfend durchsehen)

durch|führ|bar; durch|füh|ren; Durch|füh|rung

Durch|gang; durch|gän|gig; Durch|gangs_bahn|hof, ...la-ger, ...stra|ße, ...ver|kehr

durch|ge|dreht (ugs. für: verwirrt)

durch|ge|hend

durch|gei|stigt

durch|grei|fen (Ordnung schaffen)

durch|hal|ten (bis zum Ende aushalten); **Durch|hal|te|pa|ro|le**

durch|hau|en; durch|hau|en; er hat den Knoten mit einem Schlag durchhauen

durch|he|cheln; der Flachs wird durchgehechelt; die lieben Verwandten wurden durchgehechelt (ugs. für: es wurde unfreundlich über sie geredet)

durch|hun|gern, sich; ich habe mich mit meiner Familie durchgehungert

durch|käm|men; das Haar wurde durchgekämmt; die Soldaten haben den Wald durchgekämmt oder durchkämmt

durch|kom|men (eine Prüfung bestehen; sich retten)

durch|kreu|zen (kreuzweise durchstreichen); **durch|kreu-zen;** man hat seinen Plan durchkreuzt

durch|las|sen; durch|läs|sig

Durch|laucht, die; -, -en

Durch|lauf|er|hit|zer

durch|le|sen; ich habe den Brief durchgelesen

durch|leuch|ten; das Licht hat [durch das Fenster] durchgeleuchtet; **durch|leuch|ten** (mit Licht, auch mit Röntgenstrahlen durchdringen); die Brust des Kranken wurde durchleuchtet; **Durch|leuch|tung**

durch|lö|chern; das Brett war von Kugeln durchlöchert

durch|ma|chen; die Familie hat viel durchgemacht

Durch|marsch, der; **durch-mar|schie|ren**

Durch|mes|ser, der (Zeichen: *d* [nur kursiv] od. ø)

durch|näs|sen; er war völlig durchnäßt

durch|neh|men; der Lehrer hat den schwierigen Stoff nochmals durchgenommen

durch|nu|me|rie|ren

durch|que|ren

Durch|rei|che, die; -, -n (Öffnung zum Durchreichen von Speisen)

durchs (durch das)

Durch|sa|ge, die; -, -n

durch|schau|bar; durch-schau|en; er hat [durch das Fernrohr] durchgeschaut; **durch|schau|en;** ich habe ihn durchschaut

durch|schei|nen; die Sonne hat durchgeschienen; **durch|schei-nen;** vom Tageslicht durchschienen; **durch|schei|nend**

Durch|schlag|pa|pier; Durch-schlags|kraft, die; -

durch|schnei|den; er hat das Tuch durchgeschnitten; **durch-schnei|den**; von Kanälen durchschnittenes Land; **Durch-schnitt**; im -; **durch|schnitt-lich; Durch|schnitts_al|ter, ...ge|schwin|dig|keit**

Durch|schrift

durch|set|zen (erreichen); ich habe es durchgesetzt; **durch-set|zen**; das Gestein ist mit Erzen durchsetzt

Durch|sicht, die; -; **durch|sich-tig**

durch|sie|ben; sie hat das Mehl durchgesiebt; **durch|sie|ben**; die Tür war von Kugeln durchsiebt

durch|star|ten; der Pilot hat die Maschine durchgestartet

durch|ste|hen; sie hat viel durchgestanden; er hat den Schisprung durchgestanden

Durch|stich

durch|trai|nie|ren; mein Körper ist durchtrainiert

durch|trie|ben (gerissen)

durch|tren|nen, **durch|tren-nen**; er hat das Kabel durchgetrennt od. durchtrennt

durch|weg [auch: *durchwäk*]; **durch|wegs** [auch: *durch-wekß*] (österr. nur so, sonst ugs. neben: durchweg)

durch|wüh|len; die Maus hat sich durchgewühlt; **durch|wüh|len**; die Diebe haben alles durchwühlt od. durchgewühlt

durch|zäh|len; er hat durchgezählt

durch|ze|chen; er hat die Nacht durchgezecht; **durch|ze|chen**; durchzechte Nächte

durch|zie|hen; ich habe den Faden durchgezogen; **durch|zie-hen**; wir haben das Land durchzogen

Durch|zug

durch|zwän|gen; ich habe mich durchgezwängt

dür|fen; darf, gedurft

dürftig

dürr; **Dür|re,** die; -, -n

Durst, der; -[e]s; **dur|sten** (vereinzelt für: dürsten); **dür-sten** (geh.); mich dürstet, ich dürste; **dur|stig; Durst-strecke** [*Trenn.*: strek|ke] (Zeit der Entbehrung)

Du|sche [auch: *du*...], die; -, -n; **du|schen** [auch: *du*...]

Dü|se, die; -, -n

Du|sel, der; -s (ugs. für: unverdientes Glück; auch für: Schwindel, Rausch)

Dü|sen_an|trieb, ...jä|ger

Dus|sel, der; -s, - (ugs. für: Dummkopf)

duß|lig; Duß|lig|keit

du|ster landsch. (düster); **dü-ster; Dü|ster|nis,** die; -, -se

Dutt, der; -[e]s, -s od. -e landsch. (Haarknoten)

Du|ty-free-Shop [*djuti fri schop*], der; -s, -s (Laden, in dem zollfreie Waren verkauft werden [z. B. in Flughäfen])

Dut|zend, das; -s, -e; **dut|zend-fach; dut|zend|mal; Dut|zend-_mensch,** der (abwertend), **...wa|re** (die; -; abwertend); **dut|zend|wei|se**

Duz|bru|der; du|zen; du duzt

Dy|na|mik, die; - (Lehre von den Kräften; Schwung, Triebkraft); **dy|na|misch** (die „Kraft" betreffend; voll innerer Kraft; kraftgespannt, triebkräftig; Kraft...); **dy-na|mi|sie|ren; Dy|na|mi|sie-rung; Dy|na|mit,** das; -s (Sprengstoff); **Dy|na|mo** [oft: *dünamo*], der; -s, -s (Kurzform für: Dynamomaschine); **Dy|na-mo|ma|schi|ne** (Stromerzeuger); **Dy|na|stie,** die; -, ...ien (Herrschergeschlecht, -haus); **dy|na|stisch**

D-Zug [*de*...] („Durchgangszug"; Schnellzug)

E

E (Buchstabe); das E; des E, die E

e, E, das; -, - (Tonbezeichnung)

Eau de Co|lo|gne [_o d^e kolonj^e_], das; - - - (Kölnischwasser)
Eb|be, die; -, -n
eben (flach); **Eben|bild; eben-bür|tig; eben|da** [auch: _eb^endá_] (Abk.: ebd.); **Ebe|ne,** die; -, -n; **eben|falls**
Eben|holz
Eben|maß, das; **eben|mä|ßig**
eben|so; er spielt ebenso gut Klavier wie ich; **eben|so|gut** (ebensowohl); du kannst das ebensogut machen; **eben|so|viel;** ebensoviel sonnige Tage; **eben|so-we|nig**
Eber, der; -s, - (männl. Schwein)
Eber|esche, die; -, -n (ein Laubbaum)
eb|nen
echauf|fiert (erhitzt; aufgeregt)
Echo, das; -s, -s (Widerhall)
Ech|se, die; -, -n (ein Kriechtier)
echt
Echt|heit, die; -
Eck_ball (Sportspr.), **...bank** (_Mehrz._ ...bänke)
Ecke[1], die; -, -n; **Ecken|ste|her**[1]; der; -s, -
Eckern[1], die (_Mehrz._; Farbe im dt. Kartenspiel)
Eck|haus; eckig[1]; **Eck_lohn, ...pfei|ler, ...stoß** (Sportspr.), **...zins**
Eclair [_eklär_], das; -s, -s (ein Gebäck)
edel; Edel|mann (_Mehrz._ ...leu-te), **...me|tall, ...mut; edel|mü-tig; Edel_stein, ...tan|ne, ...weiß** (das; -[es], -e; eine Gebirgspflanze)
Eden, das; -s (Paradies im A. T.)
Edikt, das; -[e]s, -e (amtl. Erlaß von Kaisern u. Königen)
Edi|ti|on [..._zion_], die; -, -en (Ausgabe)
EDV = elektronische Datenverarbeitung
Efeu, der; -s
Eff|eff [auch: _äfäf_ u. _äfäf_] (ugs.); etwas aus dem - (gründlich) verstehen

Ef|fekt, der; -[e]s, -e (Wirkung, Erfolg; Ergebnis); **Ef|fek|ten,** die (_Mehrz._; Wertpapiere); **Ef-fekt|ha|sche|rei; ef|fek|tiv** (tatsächlich; wirksam; greifbar); **Ef|fek|ti|vi|tät,** die; - (Wirkungskraft); **Ef|fek|tiv|lohn; ef-fekt|voll** (wirkungsvoll)
Ef|fet [_äfe_ od. _äfä_], der u. (selten:) das; -s, -s (der Drall einer [Billard]kugel, eines Balles)
[1]**egal** (ugs. für: gleichgültig); das ist mir -; [2]**egal** landsch. (immer [wieder, noch]); er hat - etwas an mir auszusetzen; **ega|li|sie-ren** (gleichmachen, ausgleichen); **ega|li|tär** (auf Gleichheit gerichtet)
Egel, der; -s, - (ein Wurm)
Eg|ge, die; -, -n (ein Ackergerät); **eg|gen**
Ego|is|mus, der; -, ...men (Selbstsucht; Ggs.: Altruismus); **Ego|ist,** der; -en, -en; **egoi-stisch**
Ego|zen|trik, die; - (Ichbezogenheit); **Ego|zen|tri|ker,** der; -s, - (ichbezogener Mensch); **ego-zen|trisch**
eh südd., österr. (ohnehin, sowieso)
Ehe, die; -, -n
Ehe|bett; ehe|bre|chen; Ehe-_bre|cher, ...bre|che|rin (die; -, -nen); **ehe|bre|che|risch; Ehe-bruch,** der
ehe|dem (vormals)
Ehe_frau, ...gat|te, ...ge|spons (scherzh.), **...krach, ...leu|te** (die; _Mehrz._); **ehe|lich; ehe|li-chen**
ehe|ma|lig; ehe|mals
Ehe_mann (_Mehrz._ ...männer), **...paar, ...part|ner**
eher; je eher (früher), je lieber
Ehe_ring, ...schei|dung, ...schlie|ßung, ...stand (der; -[e]s)
Ehr|ab|schnei|der; ehr|bar; Ehr|be|griff; Eh|re, die; -, -n; **eh|ren; Eh|ren|amt; eh|ren-amt|lich; Eh|ren_bür|ger, ...dok|tor** (Abk.: Dr. h. c. u. Dr.

E. h.), **...gast** (*Mehrz.* ...gäste),
...mann (*Mehrz.* ...männer); **eh|ren|rüh|rig**; **Eh|ren_sa|che**,
...tri|bü|ne, **...ur|kun|de**; **eh|ren_voll**, **...wert**; **Eh|ren|wort**
(*Mehrz.* ...worte); **ehr|er|bie|tig**;
Ehr|er|bie|tung, die; -; **Ehr|furcht**, die; -, (selten:) -en; **ehr|fürch|tig**; **Ehr_ge|fühl** (das; -[e]s), **...geiz**; **ehr|gei|zig**; **ehr|lich**; **ehr|li|cher|wei|se**; **Ehr|lich|keit**, die; -; **ehr|los**; **Ehr|lo|sig|keit**; **Eh|rung**; **ehr|wür|dig**
Ei, das; -[e]s, -er
Ei|be, die; -, -n (ein Nadelbaum)
Ei|bisch, der; -[e]s, -e (eine Heilpflanze)
Ei|che, die; -, -n (ein Baum)
Ei|chel, die; -, -n; **Ei|chel|hä|her**
(ein Vogel); **Ei|chel|mast**, die;
Ei|cheln, die (*Mehrz.*; Farbe im
dt. Kartenspiel); [1]**ei|chen** (aus
Eichenholz) [2]**ei|chen** (das gesetzl. Maß geben); prüfen)
Eich_hörn|chen, **...kätz|chen**
od. **...kat|ze** (ein Nagetier)
Eich_maß, das
Eid, der; -[e]s, -e
Ei|dech|se, die; -, -n
Ei|der|dau|ne; **Ei|der_en|te**,
...gans
ei|des|statt|lich (an Eides Statt)
Ei|dot|ter (das Gelbe im Ei);
Ei|er|bri|kett; **Ei|er_hand|gra|na|te**, **...kopf**, **...ku|chen**, **...li|kör**;
ei|ern (ugs.); das Rad oiert, **Ei|er_scha|le**, **...stich** (Suppeneinlage aus Ei), **...stock**
(*Mehrz.* ...stöcke), **...tanz**, **...uhr**
Ei|fer, der; -s; **Ei|fe|rer**; **ei|fern**;
Ei|fer|sucht, die; -; **ei|fer|süch|tig**
eif|rig
Ei|gelb, das; -s, -e (Dotter)
ei|gen; zu - geben, machen; **Ei|gen|art**; **ei|gen|ar|tig**; **Ei|gen|bröt|ler** (Sonderling); **ei|gen|bröt|le|risch**; **ei|gen|hän|dig**;
Ei|gen_heim, **...heit**, **...in|itia|ti|ve**, **...ka|pi|tal**, **...lie|be**,
...lob; **ei|gen|mäch|tig**; **ei|gen|nüt|zig**; **ei|gens**; **Ei|gen|schaft**; **Ei|gen|schafts|wort**

(für: Adjektiv; *Mehrz.* ...wörter);
ei|gen|sin|nig; **ei|gen|stän|dig**;
ei|gent|lich; **Ei|gen|tor**, das
(Sportspr.)
Ei|gen|tum, das; -s; **Ei|gen|tü|mer**; **ei|gen|tüm|lich**
Ei|gen|wil|le; **ei|gen|wil|lig**; **eig|nen**; etwas eignet ihm (ist ihm
eigen); sich - (passen); **Eig|nung** (Befähigung); **Eig|nungs_prü|fung**, **...test**
Ei|klar, Ei|er|klar, das; -s, - österr.
(Eiweiß)
Ei|land, das; -[e]s, -e (dicht. für:
Insel)
Eil_bo|te, **...brief**; **Ei|le**, die; -;
Ei|lei|ter, der
ei|len; **eil|fer|tig**; **Eil|gut**
ei|lig
Ei|mer, der; -s, -
[1]**ein**; es war ein Mann, nicht eine
Frau; es war ein Mann, eine Frau,
ein Kind [es waren nicht zwei];
[2]**ein**; *Umstandsw.*: nicht ein noch
aus wissen (ratlos sein)
Ein|ak|ter (Bühnenstück aus nur
einem Akt)
ein|an|der
ein|ar|bei|ten; **Ein|ar|bei|tung**
ein|ar|mig
ein|äschern
ein|at|men
ein|äu|gig
Ein|bahn|stra|ße
ein|bal|sa|mie|ren
Ein|band, der; -[e]s, ...bände
(Bucheinband)
Ein|bau, der; -[e]s, (für: eingebauter Teil auch *Mehrz.*:) -ten;
ein|bau|en
Ein|baum (Boot aus einem ausgehöhlten Baumstamm)
Ein|bau_schrank, **...teil**, das
ein|be|grif|fen; er zahlte die Zeche, den Wein einbegriffen
ein|be|hal|ten
ein|bei|nig
ein|be|ru|fen; **Ein|be|ru|fe|ne**,
der u. die; -n, -n; **Ein|be|ru|fung**
ein|be|zie|hen
ein|bil|den, sich; **Ein|bil|dung**;
Ein|bil|dungs|kraft, die; -
ein|bin|den

ein|bleu|en (ugs. für: mit Nach-
druck einprägen, einschärfen)
Ein|blick
ein|bre|chen; in ein[em] Haus -;
Ein|bre|cher
ein|brocken [*Trenn.:* ...brok-
ken]; sich, jmdm. etwas - (ugs.
für: Unannehmlichkeiten berei-
ten)
Ein|bruch, der; -[e]s, ...brüche;
ein|bruch[s]|si|cher
ein|bür|gern; sich -
Ein|bu|ße; ein|bü|ßen
ein|cre|men
ein|däm|men; Ein|däm|mung
ein|decken [*Trenn.:* ...dek|ken];
sich -
ein|deu|tig; Ein|deu|tig|keit
ein|dö|sen (ugs. für: in Halbschlaf
fallen; einschlafen)
**ein|drin|gen;   ein|dring|lich;
Ein|dring|ling**
Ein|druck, der; -[e]s, ...drücke;
ein|drücken [*Trenn.:* ...drük-
ken]; **ein|drucks|voll**
ein|dü|beln (mit einem Dübel be-
festigen)
ei|ne
ein|eb|nen; Ein|eb|nung
ein|ein|halb
ei|nen (geh. für: einigen)
ein|en|gen; Ein|en|gung
ei|ner; Ei|ner (Sportboot für ei-
nen Mann); **ei|ner|lei; ei|ner-
seits;** einerseits ... ander[er]-
seits, andrerseits; **ei|nes; ei|nes-
teils;** einesteils ... ander[e]nteils
ein|fach
ein|fä|deln
ein|fah|ren; Ein|fahrt
Ein|fall, der; **ein|fal|len; ein-
falls|los; ein|fall[s]|reich**
Ein|falt, die; -; **ein|fäl|tig; Ein-
falts|pin|sel** (abschätzig)
ein|fas|sen; Ein|fas|sung
Ein|fluß; Ein|fluß|be|reich, der
ein|för|mig; Ein|för|mig|keit
ein|frie|ren; Ein|frie|rung
ein|fro|sten; Ein|fro|stung
ein|fü|gen; sich -; **Ein|fü|gung**
ein|füh|len; Ein|füh|lung
Ein|fuhr, die; -, -en; **ein|füh|ren**
Ein|ga|be

**Ein|gang; ein|gän|gig; ein-
gangs;** mit *Wesf.:* - des Briefes
Ein|ge|bo|re|ne, Ein|ge|bor|ne,
der u. die; -n, -n
ein|ge|denk; mit *Wesf.:* - des Ver-
dienstes
ein|ge|frie|ren
ein|ge|fuchst (ugs. für: eingear-
beitet)
ein|ge|hen; ein|ge|hend
Ein|ge|mach|te, das; -n
ein|ge|sandt; Ein|ge|sandt, das;
-s, -s (Leserzuschrift)
**Ein|ge|ständ|nis;   ein|ge|ste-
hen**
Ein|ge|wei|de, das; -s, - (meist
Mehrz.)
Ein|ge|weih|te, der u. die; -n, -n
ein|ge|wöh|nen; sich -
ein|glie|dern; sich -
ein|gra|ben
ein|gra|vie|ren [...*wir*ᵉ*n*]
ein|grei|fen
ein|gren|zen; Ein|gren|zung
Ein|griff
Ein|halt, der; -[e]s; - gebieten,
tun
ein|hef|ten
ein|hei|misch; Ein|hei|mi|sche,
der u. die; -n, -n
Ein|hei|rat; ein|hei|ra|ten
**Ein|heit; ein|heit|lich; Ein|heit-
lich|keit,** die; -
ein|hel|lig; Ein|hel|lig|keit, die;-
ein|ho|len
Ein|horn (ein Fabeltier; *Mehrz.*
...hörner)
ein|hun|dert
**ei|nig; einig sein, werden; ei|ni-
ge;** einige tausend Schüler; bei
einigem guten Willen
ein|igeln, sich; **Ein|ige|lung**
ei|ni|ge|mal [auch: *ainigᵉmal*],
aber: **ei|ni|ge Ma|le; ei|ni|gen;**
sich -; **ei|ni|ger|ma|ßen; ei|ni-
ges;** er weiß -; **Ei|nig|keit,** die;
-; **Ei|ni|gung,** die -
ein|imp|fen; Ein|imp|fung
ein|ja|gen; jmdm. einen Schrek-
ken -
ein|jäh|rig; Ein|jäh|ri|ge, der od.
die od. das; -n, -n
ein|kal|ku|lie|ren (einplanen)

ein|kas|sie|ren; Ein|kas|sie|rung
Ein|kauf; ein|kau|fen; Ein|käu|fer
Ein|kehr, die; -, -en; ein|keh|ren
ein|kel|lern; Ein|kel|le|rung
ein|ker|ben; Ein|ker|bung
ein|ker|kern; Ein|ker|ke|rung
ein|kes|seln
ein|klam|mern; Ein|klam|me|rung
Ein|klang; im od. in - stehen
ein|kle|ben
ein|klei|den; Ein|klei|dung
ein|knöp|fen
ein|ko|chen; Ein|koch|topf
ein|kom|men; um etwas - (Amtsdt.); Ein|kom|men, das; -s, -; ein|kom|mens|los, ...schwach; Ein|kom|men[s]-steu|er, die
ein|krei|sen; Ein|krei|sung
ein|kre|men vgl. eincremen
Ein|künf|te, die Mehrz.
ein|kup|peln; den Motor -
¹ein|la|den; Waren -; ²ein|la|den; zum Essen -; ein|la|dend; Ein|la|dung
Ein|la|ge
ein|la|gern; Ein|la|ge|rung
Ein|laß, der; ...lasses, lässe; ein|las|sen
Ein|lauf; ein|lau|fen
ein|läu|ten; den Sonntag -
ein|le|ben, sich
Ein|le|ge|ar|beit; ein|le|gen
ein|lei|ten; Ein|lei|tung
ein|len|ken; Ein|len|kung
ein|leuch|ten; ein|leuch|tend
Ein|lie|fe|rer; ein|lie|fern; Ein|lie|fe|rung
ein|lo|chen (ugs. für: einsperren)
ein|lö|sen; Ein|lö|sung
ein|ma|chen
ein|mal; auf -; noch -; ein- bis zweimal; Ein|mal|eins, das; -; ein|ma|lig
Ein|mann|be|trieb
Ein|mark|stück
Ein|marsch, der; ein|mar|schie|ren
Ein|ma|ster; ein|ma|stig
ein|mau|ern; Ein|maue|rung

ein|mei|ßeln
ein|mie|ten; sich -
ein|mi|schen, sich
ein|mot|ten
ein|mum|meln (ugs.: warm ein|hüllen)
ein|mün|den; Ein|mün|dung
ein|mü|tig; Ein|mü|tig|keit, die; -
ein|nä|hen
Ein|nah|me, die; -, -n
ein|neh|men; ein|neh|mend
Ein|öde; Ein|öd|hof
ein|ölen; sich -
ein|ord|nen; sich -
ein|packen [Trenn.: ...pak|ken]
ein|par|ken
ein|pas|sen; Ein|pas|sung
ein|pau|ken (ugs.); Ein|pau|ker
ein|pen|nen ugs. (einschlafen)
Ein|pfen|nig|stück
ein|pflan|zen; Ein|pflan|zung
ein|pla|nen; Ein|pla|nung
ein|pö|keln
ein|po|lig
ein|prä|gen; ein|präg|sam
ein|pro|gram|mie|ren
ein|pu|dern; sich -
ein|quar|tie|ren; Ein|quar|tie|rung
ein|rah|men; ein Bild -
ein|ram|men; Pfähle -
ein|räu|men; Ein|räu|mung
ein|re|den
ein|reg|nen; es hat sich eingeregnet
ein|rei|ben; Ein|rei|bung
ein|rei|chen; Ein|rei|chung
ein|rei|hen; Ein|rei|her; ein|rei|hig
Ein|rei|se; ein|rei|sen
ein|rei|ßen; Ein|reiß|ha|ken
ein|ren|nen
ein|rich|ten; sich -; Ein|rich|tung; Ein|rich|tungs|ge|gen|stand
ein|rol|len
ein|ro|sten
ein|rücken [Trenn.: ...rük|ken]
eins; eins u. zwei macht, ist drei; es ist, schlägt eins (ein Uhr); halb eins; Nummer eins; eins (einig) sein, werden; es ist mir alles eins

(gleichgültig); **Eins,** die; -, -en;
er hat mit der Note „Eins" bestanden

ein|sa|gen landsch. (vorsagen)
ein|sal|zen; Ein|sal|zung
ein|sam; Ein|sam|keit, die; -
ein|sam|meln; Ein|samm|lung
ein|sar|gen; Ein|sar|gung
Ein|satz, der; -[e]s, Einsätze;
Ein|satz|be|fehl; ein|satz|be|reit
ein|sau|gen; Ein|sau|gung
ein|schal|ten; sich -; Ein|schalt|he|bel; Ein|schal|tung
ein|schär|fen
ein|schät|zen; Ein|schät|zung
ein|schen|ken; Wein -
ein|sche|ren (Verkehrswesen: sich in die Kolonne einreihen)
ein|schicken [*Trenn.:* ...schik|ken]
ein|schie|ben; Ein|schieb|sel, das; -s, -; Ein|schie|bung
ein|schif|fen; sich -; Ein|schif|fung
ein|schla|fen
ein|schlä|fern; ein|schlä|fernd; Ein|schlä|fe|rung
Ein|schlag; ein|schla|gen; ein|schlä|gig (zu etwas gehörend)
ein|schlei|chen, sich
ein|schlep|pen
ein|schleu|sen
ein|schlie|ßen; ein|schließ|lich; - des Kaufpreises; Ein|schlie|ßung
ein|schmei|cheln, sich
ein|schmel|zen
ein|schmie|ren; sich -
ein|schmug|geln
ein|schnei|den; ein|schnei|dend
Ein|schnitt
ein|schnü|ren; Ein|schnü|rung
ein|schrän|ken; Ein|schrän|kung
ein|schrau|ben
Ein|schreib|brief, Ein|schrei|be|brief; ein|schrei|ben; Ein|schrei|ben, das; -s, - (eingeschriebene Postsendung)
ein|schrei|ten
ein|schrump|fen

Ein|schub, der; -[e]s, Einschübe
ein|schüch|tern
ein|schu|len; Ein|schu|lung
Ein|schuß; Ein|schuß|stel|le
ein|seg|nen; Ein|seg|nung
ein|se|hen; Ein|se|hen, das; -s; ein - haben
ein|sei|fen
ein|sei|tig; Ein|sei|tig|keit
ein|sen|den; Ein|sen|der; Ein|sen|dung
ein|set|zen; Ein|set|zung
Ein|sicht, die; -, -en; ein|sich|tig; Ein|sich|tig|keit; Ein|sicht|nah|me, die; -, -n
Ein|sie|de|lei
Ein|sied|ler; ein|sied|le|risch
ein|sil|big; Ein|sil|big|keit, die; -
ein|sin|ken; Ein|sink|tie|fe
ein|sit|zen (im Gefängnis sitzen)
Ein|sit|zer; ein|sit|zig
ein|span|nen
Ein|spän|ner; ein|spän|nig
ein|spa|ren; Ein|spa|rung
ein|sper|ren (ugs.)
ein|spie|len; Ein|spie|lung
ein|spra|chig
ein|sprin|gen
ein|sprit|zen; Ein|sprit|zung
Ein|spruch; - erheben
ein|spu|rig
einst
ein|stamp|fen; Ein|stamp|fung
ein|ste|chen
ein|stecken [*Trenn.:* ...stek|ken]
ein|stei|gen
ein|stell|bar; ein|stel|len; sich -; Ein|stell|platz; Ein|stel|lung
Ein|stich; Ein|stich|stel|le
Ein|stieg, der; -[e]s, -e
ein|stim|men
ein|stim|mig; Ein|stim|mig|keit, die; -
ein|stöckig [*Trenn.:* ...stök|kig]
ein|strei|chen; das Geld -
ein|strö|men
ein|stu|die|ren; Ein|stu|die|rung
ein|stür|men; alles stürmt auf ihn ein
Ein|sturz; ein|stür|zen
einst|wei|len; einst|wei|lig; -e Verfügung

Ein|tags_fie|ber, ...**flie|ge**
ein|tan|zen; **Ein|tän|zer** (in Tanzlokalen angestellter Tanzpartner)
ein|tau|chen; **Ein|tau|chung**
ein|tau|schen
ein|tau|send
ein|tei|len; **Ein|tei|lung**
ein|tö|nig; **Ein|tö|nig|keit**
Ein|topf (ugs.); **Ein|topf|ge-richt**
Ein|tracht, die; -; **ein|träch|tig**
Ein|trag, der; -[e]s, ...**träge**; **ein-tra|gen**; **ein|träg|lich**
ein|trän|ken (ugs.); jmdm. etwas -
ein|träu|feln
ein|tref|fen
ein|trei|ben; **Ein|trei|bung**
ein|tre|ten; in ein Zimmer, eine Verhandlung -
ein|trich|tern (ugs.)
Ein|tritt; **Ein|tritts_geld,** ...**kar|te**
ein|trock|nen
ein|tröp|feln
ein|trü|ben; sich -; **Ein|trü|bung**
ein|tru|deln (ugs. für: langsam eintreffen)
ein|üben; sich -; **Ein|übung**
ein[und]ein|halb; **ein|und-zwan|zig**
ein|ver|lei|ben; **Ein|ver|lei|bung**
Ein|ver|nah|me, die; -, -n österr., schweiz. (Verhör); **ein|ver|neh-men**; **Ein|ver|neh|men,** das; -; sich ins - setzen
ein|ver|stan|den; **Ein|ver-ständ|nis**
Ein|waa|ge, die; - (in Dosen eingewogene Menge)
[1]**ein|wach|sen**; ein eingewachsener Nagel
[2]**ein|wach|sen** (mit Wachs einreiben)
Ein|wand, der; -[e]s, ...**wände**
Ein|wan|de|rer; **ein|wan|dern**; **Ein|wan|de|rung**
ein|wand|frei
ein|wärts; **ein|wärts|ge|bo|gen**
ein|wech|seln
ein|wecken [*Trenn.:* ...wek|ken] ([in Weckgläsern] einmachen)

Ein|weg_fla|sche (Flasche zum Wegwerfen), ...**glas**
ein|wei|chen; **Ein|wei|chung**
ein|wei|hen; **Ein|wei|hung**
ein|wei|sen (in ein Amt); **Ein-wei|sung**
ein|wen|den; **Ein|wen|dung**
ein|wer|fen
ein|wer|tig (Chemie); **Ein|wer-tig|keit**
ein|wickeln [*Trenn.:* ...wik|keln]
ein|wil|li|gen; **Ein|wil|li|gung**
ein|win|ken (Verkehrswesen)
ein|wir|ken; **Ein|wir|kung**
Ein|woh|ner; **Ein|woh|ner-_mel|de|amt,** ...**zahl**
Ein|wurf
Ein|zahl, die; - (für: Singular)
ein|zah|len; **Ein|zah|lung**; **Ein-zah|lungs_schal|ter,** ...**schein**
ein|zäu|nen; **Ein|zäu|nung**
ein|zeich|nen; **Ein|zeich|nung**
ein|zei|lig
Ein|zel, das; -s, - (Sportspr.: Einzelspiel); **Ein|zel_fall,** der, ...**gän|ger,** ...**han|del,** ...**heit**
Ein|zel|ler (einzelliges Lebewesen); **ein|zel|lig**
ein|zeln; der, die, das einzelne; einzelnes; vom Einzelnen zum Allgemeinen; **ein|zeln|ste-hend**; ein -er Baum; **Ein|zel-_per|son,** ...**stück**
ein|ze|men|tie|ren
ein|zie|hen; **Ein|zie|hung**
ein|zig, der, die, das einzige; kein einziger; Karl ist unser Einziger; **ein|zig|ar|tig** [auch: *ainzich̯ar-tich*]; **Ein|zig|ar|tig|keit**
Ein|zim|mer|woh|nung
Ein|zug; **Ein|zugs|be|reich**
ein|zwän|gen; **Ein|zwän|gung**
ei|rund; **Ei|rund**
Eis, das; -es; [drei] - essen
Eis_bahn, ...**bär**
Eis|bein (eine Speise)
Eis_berg, ...**beu|tel**
Ei|schnee
Eis_creme od. ...**krem,** ...**die|le**
Ei|sen (chem. Grundstoff, Metall; Zeichen: Fe); das; -s, -
Ei|sen|bahn; **Ei|sen|bah|ner**
Ei|sen|stan|ge; **ei|sen|ver|ar-**

bei|tend; die -e Industrie; **Ei-sen|zeit**, die; -; **ei|sern**; die -e Ration; die -e Lunge; der -e Bestand; der -e Schaffner; das Eiserne Kreuz (ein Orden)

Ei|ses|käl|te; **Eis|flä|che**; **Eis-hei|li|gen**, die *Mehrz.*; **Eis-hockey** [*Trenn.*: hok|key]; **ei-sig**; **eis|kalt**; **Eis_krem** oder ...creme, **...kunst|lauf**, **...lauf**; **eis|lau|fen**; **Eis_schrank**, **...sta-di|on**, **...tanz**, **...vo|gel**, **...zap-fen**, **...zeit**; **eis|zeit|lich**

ei|tel; ein eitler Mensch; **Ei|tel-keit**

Ei|ter, der; -s; **Ei|ter_beu|le**, **...herd**; **eit|rig**; **ei|tern**

Ei|weiß, das; -es, -e; **Ei|zel|le**

Eja|ku|la|ti|on [...*zion*], die; -, -en (Med.: Samenerguß)

¹**Ekel**, der; -s; ²**Ekel**, das; -s, - (ugs. für: widerlicher Mensch); **ekel|er|re|gend**; **ekel|haft**; **ekeln**; sich -

EKG, Ekg = Elektrokardiogramm

Eklat [*eklá*], der; -s, -s (aufsehenerregendes Ereignis); **ekla-tant** (aufsehenerregend; offenkundig)

ek|lig

Ek|lip|tik, die; -, -en (scheinbare Sonnenbahn; Erdbahn)

Ek|sta|se ([religiöse] Verzük-kung; höchste Begeisterung)

Ek|zem, das; -s, -e (Med.: eine Entzündung der Haut)

Ela|bo|rat, das; -[e]s, -e (schlechte schriftl. Ausarbeitung; Machwerk)

Elan, der; -s [fr. Ausspr.: *eláng*] (Schwung; Begeisterung)

ela|stisch (federnd); **Ela|sti|zi-tät**, die; - (Federkraft; Spannkraft)

Elch, der; -[e]s, -e (Hirschart)

El|do|ra|do, Do|ra|do, das; -s, -s (sagenhaftes Goldland in Südamerika; übertr. für: Paradies)

Ele|fant, der; -en, -en

ele|gant; **Ele|ganz**, die; -

Ele|gie, die; -, ...ien (eine Gedichtform; Klagelied, wehmütiges Lied); **ele|gisch**

Elek|tri|fi|ka|ti|on [...*zion*], die; -, -en (schweiz. neben: Elektrifizierung); **elek|tri|fi|zie|ren** (auf elektr. Betrieb umstellen); **Elek-tri|fi|zie|rung**; **Elek|tri|ker**; **elek|trisch**; -e Eisenbahn; -e Lokomotive (Abk.: E-Lok); -er Strom; **Elek|tri|sche**, die; -n, -n (ugs.: elektr. Straßenbahn); **elek|tri|sie|ren**; **Elek|tri|zi|tät**, die; -; **Elek|tri|zi|täts|werk**; **Elek|tro|che|mie**; **elek|tro-che|misch**; **Elek|tro|de**, die; -, -n (den Stromübergang vermittelnder Leiter); **Elek|tro_herd**, **...in|ge|nieur**, **...in|stal|la|teur**; **Elek|tro_kar|dio|gramm** (Abk.: EKG, Ekg); **Elek|tro|ma|gnet**; **elek|tro|ma|gne|tisch**; -es Feld; -e Wellen; **Elek|tro_me-cha|ni|ker**, **...mo|tor**

Elek|tron [auch: *eläk*... od. ...*tron*], das; -s, ...onen (negativ geladenes Elementarteilchen); **Elek|tro|nen_blitz**, **...[ge]-hirn**, **...mi|kro|skop**, **...rech-ner**, **...röh|re**; **Elek|tro|nik**, die; - (Lehre von den Elektronengeräten); **elek|tro|nisch**; -e Musik; -e Datenverarbeitung (Abk.: EDV)

Elek|tro_ofen, **Elek|tro|ra|sie-rer**; **Elek|tro_tech|nik** (die; -), **...tech|ni|ker**

Ele|ment, das; -[e]s, -e (Urstoff; Grundbestandteil; chem. Grundstoff; Naturgewalt; ein elektr. Gerät; Bez. für: [minderwertige] Person, meist *Mehrz.*); er ist, fühlt sich in seinem -; **ele|men|tar** (grundlegend; naturhaft; einfach)

elend; **Elend**, das; -[e]s; **Elends_ge|stalt**, **...quar|tier**, **...vier|tel**

Ele|ve [...*w*ᵉ], der; -n, -n (Land-od. Forstwirt während der prakt. Ausbildungszeit)

elf; wir sind zu elfen od. zu elft

¹**Elf**, der; -en, -en (ein Naturgeist) u. **El|fe**, die; -, -n

²**Elf**, die; -, -en (Zahl; Mannschaftsbez. beim Sport)

El|fe vgl. [1]Elf
Elf|me|ter, der; -s, - (Strafstoß vom Elfmeterpunkt beim Fußball); elft; elf|tau|send; elf|te; elf|tel; Elf|tel, das (schweiz. meist: der); -s, -
El|fen|bein, das; -[e]s, (selten:) -e; el|fen|bei|nern (aus Elfenbein)
eli|mi|nie|ren (beseitigen, ausscheiden); Eli|mi|nie|rung
eli|tär (einer Elite angehörend, auserlesen); Eli|te, die; -, -n [österr.: ...lit] (Auslese der Besten)
Eli|xier, das; -s, -e (Heil-, Zaubertrank)
Ell|bo|gen, El|len|bo|gen, der; -s, ...bogen
El|le, die; -, -n; drei -n Tuch
El|len|bo|gen vgl. Ellbogen
El|lip|se, die; -, -n (Kegelschnitt); el|lip|tisch (in der Form einer Ellipse
E-Lok, die; -, -s (= elektrische Lokomotive)
El|ster, die; -, -n (ein Vogel)
El|ter, das u. der; -s, -n (naturwissenschaftl. u. statist. für: ein Elternteil); el|ter|lich; -e Gewalt; El|tern, die Mehrz.; El|tern|_abend, ...haus; el|tern|los
Email [auch: emaj], das; -s, -s u. Email|le [emaljᵉ, emaj, emaj], die; -, -n (Schmelz[überzug]); email|lie|ren [emaljirᵉn, emajurᵉn]; Email|ma|le|rei
Eman|zi|pa|ti|on [...zion], die; -, -en ("Freilassung"; Verselbständigung; Gleichstellung); eman|zi|pa|to|risch; eman|zi|pie|ren; sich -; eman|zi|piert (frei, ungebunden; betont vorurteilsfrei)
Em|bar|go, das; -s, -s (Zurückhalten od. Beschlagnahme [von Schiffen] im Hafen; Ausfuhrverbot)
Em|blem [fr. Aussprache: angblem], das; -s, -e (Kennzeichen, Hoheitszeichen; Sinnbild)
Em|bo|lie, die; -, ...ien (Med.: Verstopfung von Blutgefäßen durch einen Fremdkörper)

Em|bryo, der (österr. auch: das); -s, -s u. ...onen; (noch nicht geborenes Lebewesen); em|bryo|nal (im Anfangsstadium der Entwicklung)
eme|ri|tie|ren (in den Ruhestand versetzen); eme|ri|tiert (Abk.: em.); -er Professor; Eme|ri|tie|rung
Emi|grant, der; -en, -en (Auswanderer [bes. aus polit. od. religiösen Gründen]); Emi|gran|tin, die; -, -nen; Emi|gra|ti|on [...zion], die; -, -en; emi|grie|ren
emi|nent (hervorragend; außerordentlich); Emi|nenz, die; -, -en (frühere Anrede für Kardinäle)
Emir [auch: ...ir], der; -s, -e (arab. [Fürsten]titel); Emi|rat, das; -[e]s, -e (Fürstentum)
Emis|si|on, die; -, -en (Physik: Ausstrahlung; Technik: Abblasen von Gasen, Ruß u. ä. industriellen Abfallstoffen in die Luft; Wirtsch.: Ausgabe [von Wertpapieren]; Med.: Entleerung)
Emm|chen (ugs. scherzh. für: Mark); das kostet tausend -
Em|men|ta|ler, der; -s, - (Käse)
Emo|ti|on [...zion], die; -, -en (Gemütsbewegung); emo|tio|nal (gefühlsmäßig); emo|tio|na|li|sie|ren
Emp|fang, der; -[e]s, ...fänge; omp|fan|gen, Emp|fan|ger; emp|fäng|lich; Emp|fäng|lich|keit, die; -; Emp|fäng|nis, die; -, -se; Emp|fäng|nis|ver|hü|tung; emp|fangs|be|rech|tigt; Emp|fangs_chef, ...da|me
emp|feh|len; empfahl, empfohlen; sich -; emp|feh|lens|wert; Emp|feh|lung
emp|fin|den; Emp|fin|den, das; -s; emp|find|lich; Emp|find|lich|keit; Emp|fin|dung
em|pha|tisch (mit Nachdruck, stark)
Em|pire [angpir], das; -s u. (fachspr.:) - (Kunststil der Zeit Napoleons I.)
Em|pi|rie, die; - (Erfahrung, Er-

fahrungswissen[schaft]); **em-
pi|risch**
em|por; em|por...; Em|po|re,
die; -, -n (erhöhter Sitzraum [in
Kirchen]); **em|pö|ren;** sich -;
**Em|pö|rer; em|por|kom|men;
Em|por|kömm|ling**
em|sig; Em|sig|keit, die; -
Emu, der; -s, -s (ein Laufvogel)
Emul|si|on, die; -, -en (feinste
Verteilung eines unlösl. nichtkri-
stallinen Stoffes in einer Flüssigkeit; lichtempfindl. Schicht auf
fotogr. Platten, Filmen u. ä.)
En|de, das; -s, -n; am -; zu -
sein; das dicke - kommt nach
(ugs.); letzten Endes (schließ-
lich); **End|ef|fekt;** im -
en|den; nicht enden wollender
Beifall; **End|er|geb|nis**
en dé|tail [*angdetaj*] (im kleinen;
einzeln; im Einzelverkauf; Ggs.:
en gros)
end|gül|tig; End|gül|tig|keit
En|di|vie [...*wi*ᵉ], die; -, -n (eine
Salatpflanze); **En|di|vi|en|sa|lat**
End|la|ger (Lagerplatz für Atom-
müll); **end|lich; End|lich|keit,**
die; -, (selten:) -en; **end|los;** -es
Band
**End.punkt, ...run|de, ...sil|be,
...spiel, ...spurt, ...sta|ti|on;
En|dung; en|dungs|los** (Gram-
matik)
Ener|gie, die; -, ...ien (Tatkraft;
Physik: Fähigkeit, Arbeit zu
leisten); **ener|gie|arm; Ener-
gie.be|darf, ...quel|le; Ener-
gie|ver|sor|gung, ener|gisch**
En|fant ter|rible [*angfang tä-
ribl*], das; - -, -s -s [*angfang
täribl*] (jmd., der gegen die gel-
tenden [gesellschaftlichen] Regeln verstößt und dadurch seine
Umgebung ohne Absicht oft
schockiert)
eng; auf das, aufs engste
En|ga|ge|ment [*anggasch*ᵉ-
mang, österr.: ...*gaschmang*],
das; -s, -s (Verpflichtung, Bindung; [An]stellung, bes. eines
Künstlers); **en|ga|gie|ren** [*ang-
gaschir*ᵉ*n*] (verpflichten, bin-

den); sich - (sich einsetzen); **en-
ga|giert**
**eng|an|lie|gend; eng|an|schlie-
ßend; eng|be|freun|det;** enger,
am engsten befreundet; **eng-
brü|stig; En|ge,** die; -, -n
En|gel, der; -s, -; **En|gel|chen;
En|gel|ma|che|rin,** die; -, -nen
(ugs. verhüllend: Kurpfuscherin,
die illegale Abtreibungen vor-
nimmt); **En|gels|ge|duld; En-
gels|zun|gen,** die *Mehrz.*; mit
[Menschen- und mit] Engels-
zungen (so eindringlich wie
möglich) reden
En|ger|ling (Maikäferlarve)
eng|her|zig
Eng|län|der (auch Bez. für ein
zangenartiges Werkzeug)
Eng|lein
eng|lisch; die -e Krankheit; **Eng-
lisch,** das; -[s] (eine Sprache);
Eng|li|sche, das; -n
Eng|li|sche Gruß, der; - -n -es [zu:
Engel] (ein Gebet)
Eng|lisch|horn (ein Holzblasin-
strument; *Mehrz.* ...hörner)
eng|ma|schig; Eng|paß
en gros [*anggro*] (im großen;
Ggs.: en détail)
eng|stir|nig; Eng|stir|nig|keit,
die; -
En|kel, der; -s, - (Kindeskind);
En|ke|lin, die; -, -nen
En|kla|ve [...*w*ᵉ], die; -, -n (ein
fremdstaatl. Gebiet im eigenen
Staatsgebiet)
en masse [*angmaß*] (ugs. für:
„in Masse"; gehäuft)
en mi|nia|ture [*angminiatür*] (in
kleinem Maßstabe, im kleinen)
enorm (außerordentlich; unge-
heuer)
en pas|sant [*angpaßang*] (im
Vorübergehen; beiläufig)
En|sem|ble [*angßangb*ᵉ*l*], das;
-s, -s (ein zusammengehörendes
Ganzes; Gruppe von Künstlern)
**ent|ar|ten; ent|ar|tet; Ent|ar-
tung**
ent|beh|ren; ein Buch -; des Tro-
stes - (geh.); **ent|behr|lich;
Ent|beh|rung**

ent|bie|ten; Grüße -
ent|bin|den; Ent|bin|dung
ent|blät|tern; sich -
ent|blö|den, nur in: sich nicht
entblöden (sich nicht scheuen)
ent|blö|ßen; sich -; Ent|blö|
ßung
ent|de|cken[1]; Ent|de|cker[1]; Ent|
de|ckung[1]; Ent|de|ckungs-
rei|se[1]
En|te, die; -, -n; kalte - (ein Ge-
tränk)
ent|eh|ren; Ent|eh|rung
ent|eig|nen; Ent|eig|nung
ent|ei|len
ent|ei|sen (von Eis befreien)
En|ten-bra|ten, ...ei, ...kü|ken
En|ten|te [*angtangt*], die; -, -n
(Staatenbündnis); die Große -,
die Kleine -
ent|er|ben; Ent|er|bung
En|te|rich, der; -s, -e (männl. En-
te)
en|tern (auf etwas klettern); ein
Schiff - (mit Enterhaken festhal-
ten und erobern)
En|ter|tai|ner [*ánt*ᵉ*rteᵢ'nᵉr*], der;
-s, - (Unterhalter)
ent|fa|chen; Ent|fa|chung
ent|fah|ren; ein Fluch entfuhr ihm
ent|fal|len
ent|fal|ten; sich -; Ent|fal|tung
ent|fer|nen; sich -; ent|fernt;
nicht im -esten); Ent|fer|nung
ent|fes|seln
ent|fet|ten; Ent|fet|tung
ent|flamm|bar; leicht -es Mate-
rial; ent|flam|men; ent|flammt
ent|flech|ten; Ent|flech|tung
ent|flie|hen
ent|frem|den; sich -; Ent|frem-
dung
ent|füh|ren; Ent|füh|rer; Ent-
füh|rung
ent|ge|gen; ent|ge|gen|brin-
gen; jmdm. Vertrauen -; ent|ge-
gen-fah|ren, ...ge|hen; ent|ge-
gen|ge|setzt; die -e Richtung;
ent|ge|gen|kom|men; ent|ge-
gen|kom|mend; ent|geg|nen;
Ent|geg|nung

ent|ge|hen; ich lasse mir nichts -
ent|gei|stert (sprachlos; ver-
stört)
Ent|gelt, das (veralt.: der); -[e]s,
-e; gegen, ohne -; ent|gel|ten
ent|gif|ten; Ent|gif|tung
ent|glei|sen; Ent|glei|sung
ent|glei|ten
ent|grä|ten; entgräteter Fisch
ent|haa|ren; Ent|haa|rung
ent|hal|ten; sich -; ent|halt|sam;
Ent|halt|sam|keit, die; -; Ent-
hal|tung
ent|här|ten; Ent|här|tung
ent|haup|ten; Ent|haup|tung
ent|häu|ten; Ent|häu|tung
ent|he|ben; jmdn. seines Amtes -
ent|hem|men; Ent|hemmt|heit
ent|hül|len; sich -; Ent|hül|lung
En|thu|si|as|mus, der; - (Begei-
sterung; Leidenschaftlichkeit);
en|thu|si|a|stisch
ent|kal|ken
ent|kei|men; Ent|kei|mung
ent|ker|nen
ent|klei|den; sich -
ent|kom|men
ent|kor|ken
ent|kräf|ten; Ent|kräf|tung
ent|la|den; sich -; Ent|la|dung
ent|lang; den Wald -; - dem Fluß;
ent|lang|lau|fen
ent|lar|ven; sich -; Ent|lar|vung
ent|las|sen; Ent|las|sung
ent|la|sten; Ent|la|stung
ent|lau|ben; ent|laubt
ent|lau|fen
ent|lau|sen; Ent|lau|sung
ent|le|di|gen; sich der Aufgabe -
ent|lee|ren; Ent|lee|rung
ent|le|gen
ent|lei|hen; Ent|lei|her
ent|lo|ben, sich; Ent|lo|bung
ent|locken [*Trenn.:* ...lok|ken]
ent|loh|nen, (schweiz.:) ent-
löh|nen; Ent|loh|nung,
(schweiz.:) Ent|löh|nung
ent|lüf|ten; Ent|lüf|ter (für: Ex-
haustor); Ent|lüf|tung
ent|mach|ten; Ent|mach|tung
ent|man|nen; Ent|man|nung
ent|men|schen; ent|menscht
ent|mi|li|ta|ri|sie|ren

---

[1] *Trenn.:* ...dek|k...

ent|mün|di|gen; Ent|mün|di|gung
ent|mu|ti|gen; Ent|mu|ti|gung
Ent|nah|me, die; -, -n
ent|na|zi|fi|zie|ren
ent|neh|men; [aus] den Worten -
ent|ner|ven [...*f*ᵉ*n*]; ent|nervt
ent|pflich|ten; Ent|pflich|tung
ent|pup|pen, sich
ent|rah|men
ent|rät|seln
ent|rech|ten; Ent|rech|tung
En|tre|cote [*angtr"kot*], das;
-[s], -s (Rippenstück beim Rind)
En|tree [*angtre*], das; -s, -s (Eintritt[sgeld], Eingang; Vorspeise;
Eröffnungsmusik [bei Balletten])
ent|rei|ßen
ent|rich|ten; Ent|rich|tung
ent|rin|nen; Ent|rin|nen, das; -s
ent|rücken [*Trenn.:* ...rük|ken]
ent|rüm|peln; Ent|rüm|pe|lung
ent|rü|sten; sich -; ent|rü|stet
ent|saf|ten; Ent|saf|ter
ent|sa|gen; dem Vorhaben -
Ent|satz, der; -es
ent|schä|di|gen; Ent|schä|di|gung
ent|schär|fen; eine Mine -
Ent|scheid, der; -[e]s, -e; ent|schei|den; sich -; ent|scheidend; Ent|schei|dung; ent|schie|den; auf das, aufs -ste
Ent|schie|den|heit, die; -
ent|schla|fen (sterben)
ent|schlei|ern
ent|schlie|ßen, sich; Entschlie|ßung; ent|schlos|sen;
Ent|schlos|sen|heit, die; -
ent|schlüp|fen
Ent|schluß
ent|schlüs|seln
ent|schluß|fä|hig; Ent|schluß|kraft (die; -)
ent|schul|di|gen; sich wegen etwas -; Ent|schul|di|gung
ent|schwin|den
ent|seelt (geh. für: tot)
ent|sen|den; Ent|sen|dung
ent|set|zen; sich -; Ent|set|zen,
das; -s; ent|set|zen|er|re|gend;
Ent|set|zens|schrei; ent|setz|lich

ent|si|chern
ent|sin|nen, sich
ent|span|nen; sich -; entspannt; -es Wasser; Ent|span|nung
ent|spin|nen, sich
ent|spre|chen; ent|spre|chend
ent|sprie|ßen
ent|sprin|gen
ent|stam|men
ent|ste|hen; Ent|ste|hung; Entste|hungs|ge|schich|te
ent|stei|nen; Kirschen -
ent|stel|len; ent|stellt; Ent|stel|lung
ent|stem|peln; die Nummernschilder wurden entstempelt
ent|stö|ren; Ent|stö|rung
ent|tar|nen; Ent|tar|nung
ent|täu|schen; Ent|täu|schung
ent|thro|nen; Ent|thro|nung
ent|völ|kern; Ent|völ|ke|rung
ent|wach|sen
ent|waff|nen; Ent|waff|nung
ent|war|nen; Ent|war|nung
ent|wäs|sern; Ent|wäs|se|rung
ent|we|der [auch: *änt*...]; entweder – oder
ent|wei|chen; Ent|wei|chung
ent|wei|hen; Ent|wei|hung
ent|wen|den; Ent|wen|dung
ent|wer|fen; Pläne -
ent|wer|ten; sich -; Ent|wer|tung
ent|wickeln [*Trenn.:* wik|keln];
sich -; Ent|wick|ler; Ent|wick|lung; Ent|wick|lungs|hil|fe
ent|win|den
ent|wir|ren; sich -; Ent|wir|rung
ent|wi|schen (ugs.: entkommen)
ent|wöh|nen; Ent|wöh|nung
ent|wür|di|gen
Ent|wurf
ent|wur|zeln; Ent|wur|ze|lung
ent|zau|bern; Ent|zau|be|rung
ent|zer|ren; Ent|zer|rer (Technik)
ent|zie|hen; sich -; Ent|zie|hung
ent|zif|fer|bar; ent|zif|fern
ent|zücken[1]; Ent|zücken[1], das;
-s; ent|zückend[1]

---

[1] *Trenn.:* ...zük|k...

Ent|zug, der; -[e]s
ent|zünd|bar; ent|zün|den;
sich -
ent|zünd|lich; Ent|zün|dung;
Ent|zün|dungs|herd
ent|zwei; - sein; **ent|zwei|bre|chen; ent|zwei|en;** sich -; **ent|zwei|ge|hen; Ent|zwei|ung**
en vogue [*aŋwọg*] (beliebt; modisch; im Schwange)
En|zi|an, der; -s, -e (eine Alpenpflanze; ein alkohol. Getränk)
En|zy|kli|ka auch: *änzü...*], die; -, ...ken (päpstl. Rundschreiben)
En|zy|klo|pä|die, die; -, ...ien (ein Nachschlagewerk); **en|zy|klo|pä|disch** (umfassend)
Epau|let|te [*epolặt*ᵉ], die; -, -n (Schulterstück auf Uniformen)
Epen (*Mehrz.* von: Epos)
Epi|de|mie, die; -, ...ien (Seuche, Massenerkrankung); **epi|de|misch**
Epi|go|ne, der; -n, -n (schwächerer Nachkomme; Nachahmer ohne Schöpferkraft)
Epi|gramm, das; -s, -e (Sinn-, Spottgedicht)
Epi|lep|sie, die; -, ...ien (Fallsucht, meist mit Krämpfen); **Epi|lep|ti|ker; epi|lep|tisch**
Epi|log, der; -s, -e (Nachwort; Nachspiel, Ausklang)
Epi|pha|nias (Fest der „Erscheinung" [des Herrn]; Dreikönigsfest); **Epi|pha|ni|en|fest** = Epiphanias
episch (erzählend; das Epos betreffend); -es Theater
epi|sko|pal (bischöflich); **Epi|sko|pat,** das u. (Theol.:) der; -[e]s, -e (Gesamtheit der Bischöfe; Bischofswürde)
Epi|so|de, die; -, -n (vorübergehendes, nebensächl. Ereignis; Zwischenstück)
Epi|stel, die; -, -n (Apostelbrief im N. T.; vorgeschriebene gottesdienstl. Lesung; ugs. für: Brief, Strafpredigt)
Epo|che, die; -, -n (Beginn eines Zeitraums; Zeitabschnitt); **epo|che|ma|chend**

Epos, das; -, Epen (erzählende Versdichtung; Heldengedicht)
Equipe [*ekip,* schweiz.: *ekip*ᵉ], die; -, -n ([Reiter]mannschaft)
er; - kommt; **Er,** der; -, -s (ugs.: Mensch oder Tier männl. Geschlechts); ein Er und eine Sie saßen dort
er|ach|ten; jmdn. od. etwas als oder für etwas -; **Er|ach|ten,** das; -s; meinem - nach, meines -s
er|ar|bei|ten; Er|ar|bei|tung
er|äu|gen (meist scherzh.)
Erb|an|la|ge, ...an|spruch
er|bar|men; sich -; **Er|bar|men,** das;~-s; zum -; **er|bärm|lich; Er|bärm|lich|keit; er|bar|mungs|los**
er|bau|en; sich -; **Er|bau|er; er|bau|lich; Er|bau|ung**
erb|be|rech|tigt; ¹**Er|be,** der; -n, -n; der gesetzliche -; ²**Er|be,** das; -s; das kulturelle -
er|be|ben
er|ben; Er|ben|ge|mein|schaft
er|be|ten; ein -er Gast
er|bet|teln
er|beu|ten; Er|beu|tung
Er|bin, die; -, -nen
er|bit|ten
er|bit|tern; Er|bit|te|rung
Erb|las|ser (der eine Erbschaft Hinterlassende)
er|blei|chen (bleich werden)
erb|lich; Erb|lich|keit, die; -
er|blicken [*Trenn.:* ...blik|ken]
er|blin|den; Er|blin|dung
er|blü|hen
Erb|mas|se; erb|mä|ßig
er|bo|sen (erzürnen); sich -; ich habe mich erbost
er|bre|chen; sich -
er|brin|gen; den Nachweis -
Erb|schaft; Erb|schaft[s]-steu|er
Erb|se, die; -, -n; **erb|sen|groß; Erb|sen|sup|pe**
Erb.stück, ...sün|de
Erbs|wurst
Erb|teil, das u. (BGB:) der
Erd|ach|se, die; -
er|dacht; eine -e Geschichte
Erd.apfel (landsch. für: Kartof-

fel), **...ball** (der; -[e]s), **...be-ben; Erd|bee|re; Erd_be|stat-tung, ...bo|den; Er|de,** die; -, (selten:) -n; **er|den** (Elektro-technik: Verbindung zwischen einem elektr. Gerät und der Erde herstellen)

er|den|ken; er|denk|lich
Erd|gas; Erd_geist (*Mehrz.* ...geister), **...ge|schoß**
er|dich|ten (scherzh.: [als Ausre-de] erfinden; sich ausdenken)
er|dig; Erd_kreis (der; -es), **...ku|gel, ...kun|de** (die; -); **erd|kund|lich**
Erd_nuß, ...ober|flä|che, ...öl
er|dol|chen; Er|dol|chung
er|drei|sten, sich
er|dröh|nen
er|dros|seln
er|drücken[1]; er|drückend[1]
Erd_rutsch, ...teil, der
er|dul|den
Erd|um|krei|sung; Er|dung (Er-den); **Erd_wall, ...zeit|al|ter**
er|ei|fern, sich; Er|ei|fe|rung
er|eig|nen, sich; **Er|eig|nis,** das; -ses, -se; ein freudiges -; ein gro-ßes -; **er|eig|nis_los, ...reich**
er|ei|len; das Schicksal ereilte ihn
Erek|ti|on [...*zion*] (Med.: Auf-richtung; Anschwellung)
Ere|mit, der; -en, -en (Einsiedler; Klausner)
er|er|ben
er|fahr|bar; [1]**er|fah|ren;** etwas Wichtiges -; [2]**er|fah|ren;** -er Mann; **Er|fah|rung; er|fah-rungs|ge|mäß**
er|fas|sen; erfaßt; Er|fas|sung
er|fin|den; Er|fin|der; er|fin|de-risch; Er|fin|dung; Er|fin-dungs|ga|be
er|fle|hen; erflehte Hilfe
Er|folg, der; -[e]s, -e; **er|fol|gen; er|folg_los, ...reich; Er|folgs-_aus|sicht** (meist *Mehrz.*), **...rech|nung** (Wirtsch.); **er-folg|ver|spre|chend**
er|for|der|lich; er|for|dern; Er-for|der|nis, das; -ses, -se

er|for|schen; Er|for|schung
er|fre|chen, sich
er|freu|en; sich -; **er|freu|lich**
er|frie|ren; Er|frie|rung
er|fri|schen; er|fri|schend; Er-fri|schung
er|füh|len
er|füll|bar; -e Wünsche; **er|fül-len;** sich -; **Er|fül|lung**
er|gän|zen; sich -; Er|gän|zung
er|gat|tern (ugs.: sich durch ge-schicktes Bemühen verschaffen)
er|gau|nern (ugs.: sich durch Be-trug verschaffen)
[1]**er|ge|ben;** sich ins Unvermeid-liche -; [2]**er|ge|ben;** -er Diener; **Er|ge|ben|heit,** die; -; **er|ge-benst; Er|geb|nis,** das; -ses, -se; **er|geb|nis_los**
er|ge|hen; sich -
er|gie|big; **Er|gie|big|keit,** die; -
er|gie|ßen; sich -; Er|gie|ßung
er|go (folglich, also)
er|göt|zen; sich -; **Er|göt|zen,** das; -s; **er|götz|lich**
er|grau|en; ergraut
er|grei|fen; er|grei|fend; Er-grei|fung; er|grif|fen; **Er|grif-fen|heit,** die; -
er|grim|men
er|grün|den; Er|grün|dung
Er|guß; Er|guß|ge|stein
er|ha|ben; Er|ha|ben|heit
Er|halt, der; -[e]s (Empfang; Er-haltung, Bewahrung); **er|hal-ten;** - bleiben; etwas frisch -; **er|hält|lich**
er|hän|gen; sich -
er|här|ten; Er|här|tung
er|he|ben; sich -; **er|he|bend** (fei-erlich); **er|heb|lich; Er|he|bung**
er|hei|ra|ten (durch Heirat erlan-gen)
er|hei|tern; Er|hei|te|rung
[1]**er|hel|len;** das Zimmer - (be-leuchten); sich - (hell werden); [2]**er|hel|len;** daraus erhellt (wird klar), daß ...; **Er|hel|lung**
er|hit|zen; sich -; Er|hit|zung
er|ho|ben
er|ho|fen
er|hö|hen; Er|hö|hung
er|ho|len, sich; **er|hol|sam; Er-**

---

[1] *Trenn.:* ...drük|k...

ho|lung; er|ho|lungs|be|dürf-
tig
er|hö|ren; Er|hö|rung
eri|gie|ren (sich aufrichten)
Eri|ka, die; -, ...ken (Heidekraut)
er|in|ner|lich; er|in|nern; sich -;
Er|in|ne|rung; Er|in|ne|rungs-
_bild, ...ver|mö|gen (das; -s)
er|ja|gen
er|kal|ten; er|käl|ten, sich; Er-
kal|tung; Er|käl|tung
er|kämp|fen
er|kau|fen
er|kenn|bar; Er|kenn|bar|keit,
die; -; er|ken|nen; etwas - (deut-
lich erfassen); auf eine Freiheitsstrafe - (Rechtsspr.); sich zu er-
kennen geben; er|kennt|lich;
sich - zeigen; Er|kennt|nis, die;
-, -se (Einsicht); Er|ken|nungs-
_dienst, ...zei|chen
Er|ker, der; -s, -; Er|ker|fen|ster
er|klär|bar; er|klä|ren; sich -; Er-
klä|rung
er|kleck|lich (beträchtlich)
er|klim|men; Er|klim|mung
er|klin|gen
er|kran|ken; Er|kran|kung
er|kun|den; er|kun|di|gen, sich;
Er|kun|di|gung
er|lah|men; Er|lah|mung
er|lan|gen
Er|laß, der; Erlasses, Erlasse
(österr.: Erlässe); er|las|sen
er|lau|ben; sich -; Er|laub|nis,
die; -
er|läu|tern; Er|läu|te|rung
Er|le, die; -, -n (ein Laubbaum)
er|le|ben; Er|le|ben, das; -s; Er-
le|bens|fall; im -; Er|leb|nis,
das; -ses, -se; er|lebt; -e Rede
er|le|di|gen; Er|le|di|gung
er|le|gen; Er|le|gung
er|leich|tern; sich -; er|leich-
tert; Er|leich|te|rung
er|lei|den
er|ler|nen; Er|ler|nung
er|le|sen; ein -es Gericht
er|leuch|ten; Er|leuch|tung
er|lie|gen; zum Erliegen kommen
er|lo|gen; eine -e Geschichte
Er|lös, der; -es, -e
er|lö|schen; Er|lö|schen, das; -s

er|lö|sen; erlöst; Er|lö|ser; Er|lö-
sung
er|mäch|ti|gen; Er|mäch|ti-
gung
er|mah|nen; Er|mah|nung
Er|man|ge|lung, Er|mang|lung,
die; -; in - eines Besser[e]n
er|man|nen, sich
er|mä|ßi|gen; Er|mä|ßi|gung
er|mat|ten; Er|mat|tung
er|mes|sen; Er|mes|sen, das; -s;
nach meinem -; Er|mes|sens-
frei|heit
er|mit|teln; Er|mitt|lung; Er-
mitt|lungs_rich|ter, ...ver-
fah|ren
er|mög|li|chen
er|mor|den; Er|mor|dung
er|mü|den; Er|mü|dung
er|mun|tern; Er|mun|te|rung
er|mu|ti|gen; Er|mu|ti|gung
er|näh|ren; Er|näh|rer; Er|näh-
rung; Er|näh|rungs|stö|rung
er|nen|nen; Er|nen|nung
er|neu|en; er|neu|ern; sich -; Er-
neue|rung; er|neut
er|nied|ri|gen; sich -; er|nied|ri-
gend; Er|nied|ri|gung
ernst; -er, -este; ernst sein, werden, nehmen; die Lage wird -;
Ernst, der; -es; im -; - machen;
Scherz für - nehmen; es ist mir
[vollkommener] - damit; allen
-es; Ernst|fall; ernst|ge|meint;
ernster, am ernstesten gemeint;
ernst|haft; Ernst|haf|tig|keit,
die; -; ernst|lich
Ern|te, die; -, -n; Ern|te|dank-
fest [auch: ärn...]; ern|ten
er|nüch|tern; Er|nüch|te|rung
Er|obe|rer; Er|obe|rin, die; -,
-nen; er|obern; Er|obe|rung;
Er|obe|rungs|krieg
er|öff|nen; sich -; Er|öff|nung
er|ör|tern; Er|ör|te|rung
Eros [auch: eroß], der; - ([ge-
schlechtl.] Liebe; Philos.: durch
Liebe geweckter schöpferischer
Urtrieb); Eros-Center [auch:
eroß...] (verhüllend für: Bordell);
Ero|tik, die; - (den geistig-seel.
Bereich einbeziehende sinnliche
Liebe); ero|tisch

Er|pel (Enterich), der; -s, -
er|picht; auf eine Sache - (begie-
rig) sein
**er|pres|sen; Er|pres|ser; er-
pres|se|risch; Er|pres|sung**
er|pro|ben; er|probt
er|quicken [*Trenn.:* ...quik|ken];
er|quick|lich; Er|quickung
[*Trenn.:* ...quik|kung]
er|rat|bar; er|ra|ten
er|rech|nen
**er|reg|bar; er|re|gen; Er|re|ger;
Er|regung**
er|reich|bar; er|rei|chen
er|ret|ten; - von (selten: vor); **Er-
ret|ter; Er|ret|tung**
er|rich|ten; Er|rich|tung
er|rin|gen; Er|rin|gung
er|rö|ten; Er|rö|ten, das; -s
Er|run|gen|schaft
Er|satz, der; -es; **Er|satz-
dienst, ...kasse; er|satz-
pflich|tig; Er|satz|teil,** der (sel-
tener: das)
er|sau|fen (ugs. für: ertrinken);
er|säu|fen (ertränken)
er|schaf|fen; Er|schaf|fung
er|schal|len
**er|schei|nen; Er|schei|nung;
Er|schei|nungs|bild, ...form**
er|schie|ßen; Er|schie|ßung
er|schla|gen
er|schlei|chen (durch List errin-
gen); **Er|schlei|chung**
er|schlie|ßen
er|schöp|fen; sich -; **er|schöpft;
Er|schöp|fung**
[1]er|schrecken[1]; ich bin darüber
erschrocken; **[2]er|schrecken[1];**
sein Aussehen hat mich er-
schreckt; **[3]er|schrecken[1],** sich
(ugs.); ich habe mich erschreckt,
erschrocken; **er|schre|ckend;**
-ste; **Er|schüt|te|rung**
er|schwe|ren; Er|schwer|nis,
die; -, -se; **Er|schwe|rung**
er|schwin|deln
**er|schwin|gen; er|schwing-
lich**

er|se|hen
er|seh|nen
er|setz|bar; er|set|zen
er|sicht|lich
er|sit|zen; ersessene Rechte
er|spä|hen
er|spa|ren; Er|spar|nis, die; -s,
-se (österr. auch: das; -ses, -se)
er|sprieß|lich
erst; - recht
er|star|ken; Er|star|kung
er|star|ren; Er|star|rung
er|stat|ten; Er|stat|tung
Erst|auf|füh|rung
er|stau|nen; Er|stau|nen, das;
-s; **er|staun|lich**
**Erst_aus|ga|be, ..be|sitz; erst-
be|ste** (vgl. erste); **Erst|be-
stei|gung**
er|ste; der, die, das erste (der Rei-
he nach); als erster, erstes; der
erste beste; erste Geige spielen;
das erste Programm; das erste
Mal, a b e r : das erstemal; fürs erste, zum ersten; beim, zum ersten
Mal[e], a b e r : beim, zum erstenmal; Erste Hilfe (bei Unglücksfäl-
len); am Ersten des Monats; der,
die Erste (dem Range, der Tüch-
tigkeit nach [nicht der Reihe
nach])
er|ste|chen
er|ste|hen
er|steig|bar; Er|steig|bar|keit,
die; -; **er|stei|gen; Er|stei|gung**
er|stel|len; Er|stel|lung
er|ste|mal; das -; **er|stens**
er|ster|ben; mit -er Stimme
er|ste|re, der (der erste [von
zweien]); -r; **Er|ste[r]-Klas-
se-Ab|teil; Erst|ge|burt**
er|sticken[1]; Er|stickung[1]
Erst|kläs|ser mitteld. (Erstkläß-
ler); **erst|klas|sig; Erst|kläß-
ler** (landsch., bes. österr.) u.
Erst|kläß|ler schweiz. u. südd.
(Schüler der ersten Klasse);
erst|ma|lig; erst|mals
er|strah|len
erst|ran|gig
er|stre|ben; er|stre|bens|wert

---

er|strecken, sich; Er|streckung
Erst|stim|me; Erst|tags|brief
er|stun|ken (derb für: erdichtet);
- und erlogen
er|stür|men; Er|stür|mung
er|su|chen
er|tap|pen; sich -; Er|tap|pung
er|tei|len; Er|tei|lung
er|tö|nen
Er|trag, der; -[e]s, ...träge; er-
trag|bar; er|tra|gen; er|träg-
lich; er|trag_los, ...reich
er|trän|ken; Er|trän|kung
er|trin|ken; Er|trin|ken|de, Er-
trun|ke|ne, der u. die; -n, -n
er|tüch|ti|gen
er|üb|ri|gen; er hat viel erübrigt
(gespart); es erübrigt sich (ist
überflüssig)[,] zu erwähnen ...
eru|ie|ren (herausbringen; ermit-
teln)
Erup|ti|on [...zion] ([vulkan.]
Ausbruch)
er|wa|chen; Er|wa|chen, das; -s
er|wach|sen; Er|wach|se|ne,
der u. die; Er|wach|se|nen|bil-
dung (die; -)
er|wä|gen; er|wä|gens|wert;
Er|wä|gung; in - ziehen
er|wäh|len; Er|wäh|lung
er|wäh|nen; er|wäh|nens|wert;
Er|wäh|nung
er|wan|dern; Er|wan|de|rung
er|wär|men (warm machen);
sich - (begeistern) für
er|war|ten; Er|war|ton, das; -s,
wider -; Er|war|tung
er|we|cken [Trenn.: ...wek|ken]
er|wei|chen; Er|wei|chung
er|wei|sen; sich -
er|wei|tern; Er|wei|te|rung
Er|werb, der; -[e]s, -e; er|wer-
ben; er|werbs|fä|hig; er-
werbs|los; Er|werbs|lo|se, der
u. die; -n, -n; er|werbs|tä|tig;
Er|werbs|tä|ti|ge, der u. die; -n,
-n; Er|wer|bung
er|wi|dern; Er|wi|de|rung
er|wie|sen; er|wie|se|ner|ma-
ßen
er|wir|ken; Er|wir|kung
er|wirt|schaf|ten; Gewinn -
er|wi|schen (ugs.)

er|wor|ben; -e Rechte
er|wünscht
er|wür|gen; Er|wür|gung
Erz, das; -es, -e
er|zäh|len; Er|zäh|ler; er|zäh|le-
risch; Er|zäh|lung
Erz|bi|schof; erz|bi|schöf|lich
er|zen (aus Erz)
Erz|en|gel
er|zeu|gen; Er|zeu|ger; Er|zeug-
nis, das; -ses, -se; Er|zeu|gung
Erz|her|zog; Erz|her|zo|gin;
Erz|her|zog|tum
er|zieh|bar; er|zie|hen; Er|zie-
her; Er|zie|he|rin, die; -, -nen;
er|zie|he|risch; Er|zie|hung,
die; -; Er|zie|hungs|be|rech-
tig|te (der u. die; -n, -n)
er|zie|len; Er|zie|lung
er|zit|tern
er|zür|nen; Er|zür|nung
er|zwin|gen; Er|zwin|gung; er-
zwun|ge|ner|ma|ßen
es; es sei denn, daß; er ist's; das
unbestimmte Es
Esche, die; -, -n (ein Laubbaum)
Esel, der; -s, -; Ese|lei; Ese|lin,
die; -, -nen; Esels|ohr
Es|ka|la|ti|on [...zion], die; -, -en
(stufenweise Steigerung, bes. im
Einsatz polit. u. militär. Mittel);
es|ka|lie|ren (stufenweise stei-
gern)
Es|ka|pa|de (mutwilliger Streich)
Es|kor|te, die; -, -n (Geleit, Be-
deckung; Gefolge)
Es|pe, die; -, -n (Zitterpappel)
Es|pe|ran|to, das; -[s] (eine
künstl. Weltsprache)
Es|pres|so, der; -[s], -s od. ...ssi
(it. Bez. für das in der Maschine
bereitete, starke Kaffeegetränk);
Es|pres|so|bar, die
Es|prit [...pri], der; -s (Geist,
Witz)
Es|say [äßé', auch: äßé', äße u.
äße], der od. das; -s, -s (kürzere
Abhandlung); Es|say|ist, der;
-en, -en (Verfasser von Essays)
eß|bar; Eß|bar|keit, die; -; Eß-
be|steck
Es|se, die; -, -n bes. ostmitteld.
(Schornstein)

es|sen; aß; gegessen; zu Mittag -; **Es|sen,** das; -s, -; **Es|sen|mar-ke; Es|sens|zeit**

Es|senz, die; -, (für: Auszug, Extrakt auch *Mehrz.*:) -en (Wesen; Hauptbegriff; Geist)

Es|sig, der; -s, -e; **Es|sig|es-senz, ...gur|ke; es|sig|sau|er;** essigsaure Tonerde

Eß|löf|fel

Esta|blish|ment [*ißtäblisch-m°nt*], das; -s, -s (Schicht der Einflußreichen u. bürgerlich Etablierten)

Estra|gon, der; -s (Gewürzpflanze)

Est|rich, der; -[s], -e (fugenloser Fußboden; schweiz. für: Dachboden, -raum)

Es|zett, das; -, - (Buchstabe: „ß")

eta|blie|ren (festsetzen; begründen); sich - (sich selbständig machen; sich niederlassen); **Eta-blis|se|ment** [*...ß°mang,* schweiz.: *...mänt*], das; -s, -s u. (schweiz.:) -e (Einrichtung; Betrieb, Anlage, Fabrik; [vornehme] Gaststätte; auch für: Bordell)

Eta|ge [*etasch°,* österr.: *etasch*], die; -, -n (Stock[werk], [Ober]-geschoß)

Etap|pe, die; -, -n ([Teil]strecke, Abschnitt; Stufe; Militär: Versorgungsgebiet hinter der Front)

Etat [*eta*], der; -s, -s ([Staats]-haushalt[splan]; Geldmittel)

ete|pe|te|te (ugs. für: geziert, zimperlich; übertrieben feinfühlig)

Ethik, die; -, (selten:) -en (Philosophie u. Wissenschaft von der Sittlichkeit; Sittenlehre); **ethisch** (sittlich); **Ethos,** das; - (das Ganze der moral. Gesinnung)

Eti|kett, das -[e]s, -e (auch: -s) u. (schweiz., österr., sonst veraltet) ¹**Eti|ket|te,** die; -, -n (Zettel mit [Preis]aufschrift, Schild-[chen]; Auszeichnung [von Waren]); ²**Eti|ket|te,** die; -, -n ([Hof]sitte, Förmlichkeit; feiner

Brauch); **eti|ket|tie|ren** (mit Etikett versehen)

et|li|che; etliche (einige, mehrere) Tage sind vergangen; ich weiß etliches (manches) darüber zu erzählen

Etü|de, die; -, -n (Musik: Übungsstück)

Etui [*ätwi*], das; -s, -s (Behälter, [Schutz]hülle; ärztl. Besteck)

et|wa; in - (annähernd, ungefähr); **et|wa|ig;** etwaige weitere Kosten; **et|was;** etwas Auffälliges, Derartiges, a b e r : etwas anderes; das ist doch etwas; **Et-was,** das; -, -; ein gewisses -

Ety|mo|lo|gie, die; -, ...ien (Sprachw.: Ursprung u. Geschichte der Wörter; Forschungsrichtung, die sich damit befaßt); **ety|mo|lo|gisch**

euch; *in Briefen:* Euch

Eu|cha|ri|stie [*...cha...*], die; -, ...ien (kath. Kirche: Abendmahl, Altarsakrament)

¹**eu|er,** eu[e]re, eu|er (*in Briefen:* Euer usw.); euer Haus; ²**eu|er,** *in Briefen:* Euer (*Wesf.* von ihr); euer (nicht: eurer) sind drei; ich erinnere mich euer (nicht: eurer); **eu[e]|re,** *in Briefen:* Eu[e]re; **eu|er|seits,** *in Briefen:* Euerseits usw.; **eu|ers|glei|chen; eu|ert-hal|ben; eu|ert|we|gen; eu|ert-wil|len;** um -

Eu|ka|lyp|tus, der; -, ...ten u. - (ein Baum)

Eu|le, die; -, -n (nordd. auch: [Decken]besen)

Eu|nuch der; -en, -en (entmannter Haremswächter)

Eu|pho|rie die; - (subjektives Wohlbefinden [von Schwerkranken od. Menschen unter dem Einfluß von Drogen]); **eu|pho|risch**

Eu|ra|tom, die; - (Kurzw. für: Europäische Gemeinschaft für Atomenergie)

eu|re, *in Briefen:* Eure, vgl. eu[e]-re; **eu|[r]er|seits,** *in Briefen:* Eu-[r]erseits usw.; **eu|res|glei-chen; eu|ret|hal|ben; eu|ret-we|gen; eu|ret|wil|len;** um -

Eu|ro|cheque [...*schäk*], der; -s, -s (offizieller, bei den Banken fast aller europ. Länder einzulösender Scheck); **Eu|ro|cheque-Kar|te**
Eu|ro|pä|er, der; -s, -; **eu|ro|pä|isch**; das -e Gleichgewicht; Europäische Wirtschaftsgemeinschaft (Abk.: EWG); **Eu|ro|vi|si|on**, die; - [Kurzw. aus europäisch u. Television] (europ. Organisation zur Kettenübertragung von Fernsehsendungen)
Eu|ter das; -s, -
Eu|tha|na|sie, die; - (Med.: Sterbeerleichterung durch Narkotika)
eva|ku|ie|ren [*ewa...*] ([ein Gebiet von Bewohnern] räumen; [Bewohner aus einem Gebiet] aussiedeln); **Eva|ku|ier|te**, der u. die; -n, -n; **Eva|ku|ie|rung**
evan|ge|lisch [*ew...*, auch: *ef...*] (auf dem Evangelium fußend; protestantisch); die evangelische Kirche; **evan|ge|lisch-lu|the|risch; evan|ge|lisch-re|for|miert; Evan|ge|list**, der; -en, -en (Verfasser eines der 4 Evangelien; Titel in der ev. Freikirche; Wanderprediger); **Evan|ge|li|um**, das; -s, (für: die vier ersten Bücher im N. T. auch *Mehrz.*:) ...ien [...*i*ᵉ*n*] („gute Botschaft", die Frohbotschaft von Jesus Christus)
Even|tua|li|tät [*ewän...*], die; -, -en (Möglichkeit, mögl. Fall); **even|tu|ell** (möglicherweise eintretend; unter Umständen)
evi|dent [*ewi...*] (offenbar; überzeugend, einleuchtend)
Evo|lu|ti|on [*ewolution*] die; -, -en (fortschreitende Entwicklung; Biol.: stammesgeschichtl. Entwicklung der Lebewesen von niederen zu höheren Formen)
EWG = Europäische Wirtschaftsgemeinschaft
ewig; das -e Leben; der -e Frieden; -er Schnee, a b e r : die Ewige Lampe u. das Ewige Licht [in kath. Kirchen]; **Ewig|keit**; **Ewig|keits|sonn|tag** (Toten-

sonntag, letzter Sonntag des Kirchenjahres)
ex (aus; verhüllend für: tot); - trinken (Studentenspr.)
Ex... (ehemalig, z. B. Exminister)
ex|akt (genau; sorgfältig; pünktlich); **Ex|akt|heit**
Ex|amen, das; -s, -od. (seltener:) ...mina; ([Abschluß]prüfung); **Ex|amens|ar|beit**
exe|ku|tie|ren (vollstrecken); **Exe|ku|ti|on** [...*zion*], die; -, -en (Vollstreckung [eines Urteils]; Hinrichtung; österr. auch für: Pfändung); **Exe|ku|ti|ve** [...*w*ᵉ], die; -, -n (vollziehende Gewalt [im Staat])
Ex|em|pel, das; -s, - ([warnendes] Beispiel; Aufgabe); **Ex|em|plar**, das; -s, -e ([einzelnes] Stück); **ex|em|pla|risch** (musterhaft; warnend, abschrekkend)
ex|er|zie|ren (meist von Truppen: üben); **Ex|er|zier|platz**
Exil, das; -s, -e (Verbannung[sort]); **Exil|re|gie|rung**
exi|stent (wirklich, vorhanden); **Exi|stenz**, die; -, (für Mensch *Mehrz.*:) -en (Dasein; Auskommen; Unterhalt; abschätzig für: Mensch); **Exi|stenz|be|rech|ti|gung**
Exi|tus, der; - (Med.: Tod)
Ex|kla|ve [...*w*ᵉ], die; -, -n (ein elgenstaatl. Gebiet in fremdem Staatsgebiet)
ex|klu|siv (nur einem bestimmten Personenkreis zugänglich); **Ex|klu|si|vi|tät**, die; - (Ausschließlichkeit, [gesellschaftl.] Abgeschlossenheit)
Ex|kom|mu|ni|ka|ti|on [...*zion*], die; -, -en (Kirchenbann; Ausschluß aus der Kirchengemeinschaft); **ex|kom|mu|ni|zie|ren**
Ex|kö|nig; Ex|kö|ni|gin
Ex|kre|ment, das; -[e]s, -e (Ausscheidung)
Ex|kurs, der; -es, -e (Abschweifung; einer Abhandlung beigefügte kürzere Ausarbeitung; Anhang); **Ex|kur|si|on**, die; -, -en

(wissenschaftl. Ausflug, Lehrfahrt; Streifzug)

Ex|mi|ni|ster; Ex|mi|ni|ste|rin

exo|tisch (fremdländisch, überseeisch, fremdartig); -e Musik

Ex|pan|der, der; -s, - (ein Sportgerät: Muskelstrecker); **ex|pan-die|ren** ([sich] ausdehnen); **Ex-pan|si|on,** die; -, -en (Ausdehnung; Ausbreitung [eines Staates])

Ex|pe|di|ent, der; -en, -en (Abfertigungsbeauftragter in der Versandabteilung einer Firma); **ex|pe|die|ren** (abfertigen; absenden; befördern); **Ex|pe|di|ti|on** [...*zion*], die; -, -en (Forschungsreise; Versand- od. Abfertigungsabteilung)

Ex|pe|ri|ment, das; -[e]s, -e; **Ex-pe|ri|men|tal...** (auf Experimenten beruhend, z. B. Experimentalphysik); **ex|pe|ri|men|tell** (auf Experimenten beruhend); **ex|pe-ri|men|tie|ren; Ex|per|te,** der; -n, -n (Sachverständiger, Gutachter)

ex|plo|dier|bar; ex|plo|die|ren; ex|plo|si|bel (explosionsfähig, -gefährlich); ...i|ble Stoffe; **Ex-plo|si|on,** die; -, -en; **Ex|plo|si-ons.ge|fahr, ...mo|tor; ex|plo-siv** (leicht explodierend, explosionsartig)

Ex|po|nent, der; -en, -en (Hochzahl, bes. in der Wurzel- u. Potenzrechnung; Vertreter [einer Ansicht]); **ex|po|niert** (hervorgehoben; gefährdet; [Angriffen] ausgesetzt; Fotogr.: belichtet)

Ex|port, der; -[e]s, -e (Ausfuhr); Ex- u. Import; **Ex|por|teur,** [...*tör*], der; -s, -e (Ausfuhrhändler od. -firma)

Ex|po|sé, das; -s, -s (Denkschrift, Bericht, Darlegung; Zusammenfassung; Plan, Skizze [für ein Drehbuch])

ex|preß (ugs. für: eilig, Eil...); **Ex-preß,** der; ...presses, Expreßzüge (österr., sonst veralt. für: Expreßzug); Orientexpreß; **Ex|preß-gut**

Ex|pres|sio|nis|mus, der; - (Kunstrichtung im frühen 20. Jh., Ausdruckskunst); **Ex|pres|sio-nist,** der; -en, -en; **ex|pres|sio-ni|stisch**

Ex|preß|zug

ex|qui|sit (ausgesucht, erlesen)

ex|tem|po|rie|ren (aus dem Stegreif reden, schreiben usw.; einflechten, zusetzen)

ex|ten|siv (der Ausdehnung nach; räumlich; nach außen wirkend); -e Wirtschaft (Form der Bodennutzung mit geringem Einsatz von Arbeitskraft u. Kapital)

Ex|te|rieur [...*iör*], das; -s, -e (Äußeres; Außenseite; Erscheinung)

ex|tra (nebenbei, außerdem, besonders, eigens); (ugs.:) etwas Extraes; **Ex|tra,** das; -s, -s ([nicht serienmäßig mitgeliefertes] Zubehör[teil]); **ex|tra|fein**

Ex|trakt, der (naturw. auch: das), -[e]s, -e (Auszug [aus Büchern, Stoffen]; Hauptinhalt; Kern)

ex|tra|or|di|när (außergewöhnlich, außerordentlich)

ex|tra|va|gant [...*wa*..., auch: *äk*...] (verstiegen, überspannt); **Ex|tra|va|ganz,** die; -, -en [auch: *äk*...]

Ex|tra.wurst (ugs.)

ex|trem („äußerst"; übertrieben); **Ex|trem,** das; -s, -e (höchster Grad, äußerster Standpunkt; Übertreibung); **Ex|tre|mi|tä-ten,** die (*Mehrz.;* Gliedmaßen)

ex|zel|lent (hervorragend); **Ex-zel|lenz,** die; -, -en (ein Titel)

ex|zen|trisch (außerhalb des Mittelpunktes liegend; überspannt, verschroben)

Ex|zeß, der; Exzesses, Exzesse (Ausschreitung; Ausschweifung)

F

F (Buchstabe): das F, des F, die F

f, F, das; -, - (Tonbezeichnung)

Fabel

Fa|bel, die; -, -n (erdichtete [lehrhafte] Erzählung; Grundhandlung einer Dichtung); **Fa|be|lei; fa|bel|haft; fa|beln; Fa|bel|tier**
Fa|brik[1]**,** die; -, -en; **Fa|bri|kant,** der; -en, -en; **Fa|brik**[1]**ar|bei|ter** (österr.: Fabriksarbeiter); **Fa|bri|kat,** das; -[e]s, -e; **Fa|bri|ka|tion** […*zion*]; die; -, -en; **Fa|brika|ti|ons_feh|ler, ...pro|zeß; Fa|brik**[1]**|be|sit|zer; fa|brik**[1]**mä|ßig, ...neu; fa|bri|zie|ren**
Fach, das; -[e]s, Fächer
...fach (z. B. vierfach [mit Ziffer: 4fach]; aber: n-fach)
Fach_ar|bei|ter; ...aus|druck
fä|cheln; Fä|cher, der; -s, -; **fächern**
Fach|ge|biet; fach|ge|recht; Fach_ge|schäft, ...han|del, ...idi|ot (abwertend für: jmd., der nur sein Fachgebiet kennt), **fach|kun|dig; Fach|leh|rer; fach|lich; Fach_li|te|ra|tur, ...mann** (*Mehrz.* ...männer u. ...leute); **fach|män|nisch; fach|sim|peln** (ugs.: [zur Unzeit] Fachgespräche führen); **Fach|werk|haus**
Fackel[2]**,** die; -, -n; **fackeln**[2]**;** wir wollen nicht lange - (ugs. für: zögern); **Fackel|zug**[2]
fad, fa|de
Fäd|chen; fä|deln (einfädeln); **Fa|den,** der; -s, Fäden u. (Längenmaß:) -; **fa|den|schei|nig**
Fa|gott, das; -[e]s, -e (ein Holzblasinstrument)
fä|hig; Fä|hig|keit
fahl; fahlgelb usw.
fahn|den; Fahn|dung; Fahndungs_buch, ...li|ste
Fah|ne, die; -, -n; **Fah|nen|eid; fah|nen|flüch|tig; Fah|nenstan|ge; Fähn|lein; Fähn|rich,** der; -s, -e
Fahr_aus|weis (Fahrkarte, -schein; schweiz. auch für: Führerschein), **...bahn; fahr|bar; fahr|be|reit**

---

[1] Auch: ...*ik.*
[2] *Trenn.:* ...ak|ke...

136

Fahr|dienst, der; -[e]s; **Fahrdienst|lei|ter,** der; **Fäh|re,** die; -, -n; **fah|ren;** fuhr, gefahren; ich fahre Auto, ich fahre Rad; **fahrend;** -e Leute; **fah|ren|las|sen** (ugs. für: aufgeben); er hat sein Vorhaben fahrenlassen; **Fah|rer; Fah|re|rei,** die; -; **Fah|rerflucht,** die; -; **Fah|re|rin,** die; -, -nen; **Fah|rer|sitz; Fahr|gast** (*Mehrz.* ...gäste); **Fahr_geld, ...ge|stell; fah|rig** (zerstreut); **Fahr|kar|te; fahr|läs|sig;** -e Tötung; **Fahr|läs|sig|keit; Fahr|leh|rer**
Fähr|mann (*Mehrz.* ...männer u. ...leute)
Fahr|plan; fahr|plan|mä|ßig; Fahr_preis, ...rad, ...schu|le, ...stuhl, ...stun|de; Fahrt, die; -, -en
Fähr|te (Spur), die; -, -n
Fahr|ten_buch, ...schrei|ber; Fahrt|ko|sten, die (*Mehrz.*); **Fahr_tüch|tig|keit, ...zeug**
fair [*fär*] (einwandfrei; anständig; ehrlich); ein -es Spiel; **Fair|neß** [*fär...*], die; -; **Fair play** [*fär ple*[1]]**,** das; - - (ehrenhaftes, anständiges Spiel od. Verhalten [im Sport])
fä|kal (Med.: kotig); **Fä|ka|li|en** […*i*[e]*n*], die (*Mehrz.;* Med.: Kot)
Fa|kir [österr.: ...*kir*], der; -s, -e ([ind.] Büßer; Zauberkünstler)
Fak|si|mi|le, das; -s, -s („mache ähnlich!"; getreue Nachbildung einer Vorlage, z. B. einer alten Handschrift)
fak|tisch (tatsächlich); -es Vertragsverhältnis (Rechtsspr.)
Fak|tor, der; -s, ...oren („Macher"; Werkmeister [einer Buchdruckerei]; Vervielfältigungszahl; Umstand, Grund); **Fak|totum,** das; -s, -s u. ...ten („tu alles!"; jmd., der alles besorgt; Mädchen für alles); **Fak|tum,** das; -s, ...ta u. ...ten ([nachweisbare] Tatsache; Ereignis)
Fak|tur, der; -s, -en u. (österr.:) **Fak|tu|ra,** die; -, ...ren ([Waren]rechnung); **fak|tu|rie|ren**

([Waren] berechnen, Fakturen ausschreiben)

Fa|kul|tät, die; -, -en (Hochschule: Wissenschaftsgruppe)

falb; Fal|be, der; -n, -n (gelbliches Pferd)

Fal|ke, der; -n, -n; **Fal|ken|jagd; Falk|ner**

Fall, der; -[e]s, Fälle (auch für: Kasus); für den -, daß ...; von - zu -; zu Fall bringen; erster (1.) Fall

Fall|beil; Fal|le, die; -, -n; **fal|len;** fiel, gefallen; **fäl|len; fal|len|las|sen;** er hat seine Absicht fallenlassen (aufgegeben); er hat entsprechende Bemerkungen fallenlassen, (seltener:) fallengelassen (geäußert)

fäl|lig; -er, - gewordener Wechsel; **Fäl|lig|keit**

Fall|obst

Fall|reep, das; -[e]s, - (äußere Schiffstreppe); **Fall|rück|zie|her** (Fußball); **falls; Fall|schirm, ...tür**

falsch; -este; fäl|schen; Fäl|scher; Falsch|geld; Falsch|heit; fälsch|lich; fälsch|li|cher|wei|se; Falsch|mel|dung; falsch|spie|len (betrügerisch spielen); **Falsch|spie|ler; Fäl|schung**

Fall|sett, das; -[e]s, -e (Fistelstimme)

Fält|chen; Fal|te, die; -, -n; **fäl|teln; fal|ten;** gefaltet; **fal|ten|los; Fal|ten|rock**

Fal|ter, der; -s, -

fal|tig (Falten habend)

...fäl|tig (z. B. vielfältig)

Falz, der; -es, -e; **fal|zen**

fa|mi|li|är (die Familie betreffend; vertraut, eng verbunden); **Fa|mi|lie** [...*iᵉ*], die; -, -n; **Fa|mi|li|en_fei|er, ...na|me, ...stand** (der; -[e]s), **...va|ter**

fa|mos (ugs. für: ausgezeichnet, prächtig, großartig)

Fan [*fän*], der; -s, -s (überschwenglich Begeisterter)

Fa|nal, das; -s, -e ([Feuer]zeichen, Brandfackel)

Fa|na|ti|ker (Eiferer; [Glaubens]-schwärmer); **fa|na|tisch** (sich unbedingt, rücksichtslos einsetzend); **Fa|na|tis|mus,** der; -

Fan|fa|re, die; -, -n (Trompetengeschmetter; Blasinstrument)

Fang, der; -[e]s, Fänge; **fan|gen;** fing, gefangen; **Fan|gen,** das; -s landsch. (Haschen, Nachlaufen); - spielen; **Fän|ger; Fang_fra|ge, ...lei|ne, ...netz**

Far|be, die; -, -n; die - Blau; **farb_echt; Far|be|mit|tel,** das; **...far|ben,** (z. B. fleischfarben); **fär|ben; far|ben_blind, ...froh; Farb_fern|se|hen, ...film, ...fil|ter; far|big** (österr. auch: färbig); **...far|big,** (österr.:) ...fär|big, z. B. einfarbig. (österr.:) einfärbig; **Far|bi|ge,** der u. die; -n, -n (Angehöriger einer nichtweißen Rasse); **farb|lich; farb-los; Farb|ton** (*Mehrz.* ...töne); **Fär|bung**

Farm, die; -, -en; **Far|mer,** der; -s, -; **Far|mers|frau**

Farn, der; -[e]s, -e (eine Sporenpflanze); **Farn|kraut**

Fär|se, die; -, -n (Kuh, die noch nicht gekalbt hat)

Fa|san, der; -[e]s, -e[n]; **Fa|sa|ne|rie,** die; -, ...ien (Fasanengehege)

fa|schie|ren österr. (Fleisch durch den Fleischwolf drehen); **Fa|schier|te,** das; -n österr. (Hackfleisch)

Fa|sching, der; -s, -e u. -s

Fa|schis|mus, der; - (antidemokratische, nationalistische Staatsauffassung); **Fa|schist,** der; -en, -en

Fa|se|lei; fa|se|lig; fa|seln (törichtes Zeug reden)

fa|sen (abkanten)

Fa|ser, die; -, -n; **Fä|ser|chen; fa|se|rig; fa|sern**

Fa|shion *engl.* [*fäsch°n*] (Mode; feine Sitte), die; -

fas|rig, fa|se|rig

Fas|nacht landsch. (Fastnacht)

Faß, das; Fasses, Fässer; zwei - Bier

Fas|sa|de, die; -, -n (Vorder-, Schau-, Stirnseite; Ansicht)
faß|bar; Faß|bar|keit, die; -
Faß|bier, Fäß|chen
fas|sen; faßte, gefaßt; **faß|lich; Faß|lich|keit,** die; -
Fas|son [*faßong,* schweiz. u. österr. meist: *faßon.*], die; -, -s (schweiz., österr.: -en) (Form; Muster; Art; Zuschnitt)
Fas|sung; fas|sungs|los
fast (beinahe)
fa|sten; Fa|sten, die (*Mehrz.*; Fasttage); **Fast|nacht,** die; -
Fas|zi|na|ti|on [*...zion*], die; -, -en (Bezauberung, Verblendung); **fas|zi|nie|ren**
fa|tal (verhängnisvoll; unangenehm; peinlich); **Fa|ta|lis|mus,** der; - (Schicksalsglaube)
Fa|ta Mor|ga|na, die; - -, - ...nen u. - -s (eine durch Luftspiegelung verursachte Täuschung)
Fatz|ke, der; -n u. -s, -n u. -s (ugs. für: Geck, eitler Mensch, Hohlkopf)
fau|chen
faul; -e Ausreden; auf der -en Haut liegen (ugs.); **Fäu|le,** die; -; **fau|len; fau|len|zen; Fau|len|zer; Fau|len|ze|rei; Faul|heit,** die; -; **fau|lig; Fäul|nis,** die; -; **Faul_pelz, ...tier**
Faun, der; -[e]s, -e (lüsterner Mensch); **Fau|na,** die; -, ...nen (Tierwelt)
Faust, die; -, Fäuste; **Faust|ball; Fäust|chen; faust|dick;** er hat es - hinter den Ohren
Faux|pas [*fopa*], der; - [*...pa(ß)*], - [*...paß*] („Fehltritt"; Taktlosigkeit; gesellschaftlicher Verstoß)
fa|vo|ri|sie|ren (begünstigen; als voraussichtlichen Sieger [im Sportkampf] nennen); **Fa|vo|rit,** der; -en, -en (Günstling; Liebling; erwarteter Sieger [im Sportkampf]); **Fa|vo|ri|tin,** die; -, -nen
Fa|xe, die; -, -n (meist *Mehrz.*; Vorgetäuschtes; dummer Spaß); **Fa|xen|ma|cher** (Gesichterschneider; Spaßmacher)

Fa|zit, das; -s, -e u. -s („es macht"; [Schluß]summe, Ergebnis; Schlußfolgerung)
Fea|ture [*fïtsch⁰r*], das; -s, -s (auch: der; -, -s) (aktuell aufgemachter Dokumentarbericht, bes. für Funk od. Fernsehen)
Fe|bru|ar, der; -[s] (der zweite Monat des Jahres)
fech|ten; focht, gefochten
Fe|der, die; -, -n; **Fe|der_ball, ...bett, ...fuch|ser** (Pedant); **fe|der|füh|rend; Fe|der_ge|wicht** (Körpergewichtsklasse in der Schwerathletik), **...hal|ter, fe|der|leicht; Fe|der|le|sen,** das; -s; nicht viel -s machen; **fe|dern; Fe|de|rung; Fe|der_wei|ße,** der; -n, -n (gärender Weinmost)
Fee, die; -, Feen (Weissagerin; eine Märchengestalt)
Fe|ge|feu|er, Feg|feu|er; fe|gen
Feh|de, die; -, -n; **Feh|de|hand|schuh**
fehl; - am Ort; Platz; **Fehl,** der; nur noch in: ohne -; **Fehl|an|zei|ge; fehl|bar** schweiz. ([einer Übertretung] schuldig); **Fehl_be|trag, ...ein|schät|zung; feh|len; Feh|ler; feh|ler|frei; feh|ler|haft; feh|ler|los; Feh|ler_quel|le, ...zahl; Fehl_far|be, ...ge|burt; fehl|ge|hen; Fehl|paß** (Sportspr.), **...schlag** (der; -[e]s, ...schläge); **fehl|schla|gen; Fehl|start** (Sportspr.); **fehl|tre|ten; Fehl_tritt, ...zün|dung**
fei|en ([durch vermeintliche Zaubermittel] schützen); gefeit (sicher, geschützt)
Fei|er, die; -, -n; **Fei|er|abend; fei|er|lich; Fei|er|lich|keit; fei|ern; Fei|er_schicht, ...stun|de; Fei|er|tag; fei|er|tags**
feig, fei|ge
Fei|ge, die; -, -n; **Fei|gen|blatt**
Feig|heit; Feig|ling
feil; feil|bie|ten
Fei|le, die; -, -n; **fei|len**
feil|hal|ten
feil|schen

fein; sehr -; eine -e Nase haben; -e Sitten; **Fein**|ar|beit

feind; jmdm. - sein; **Feind,** der; -[e]s, -e; jemandes - sein; **feind-lich; Feind**|schaft; **feind**|se-lig; **Feind**|se|lig|keit

fein|füh|lig; **Fein**|füh|lig|keit, die; -; **Fein**|ge|fühl, das; -[e]s; fein_ge|mah|len, ...ge|spon-nen; **Fein**|heit; fein|kör|nig; **Fein_kost,** ...me|cha|ni|ker; fein|ner|vig; **Fein**|schmecker [*Trenn.*: ...schmek|ker]; **fein**-sin|nig; **Fein**|wasch|mit|tel

feist

fei|xen (ugs. für: grinsend lachen)

Fel|chen, der; -s, - (ein Fisch)

Feld, das; -[e]s, -er; elektrisches -; Feld- u. Gartenfrüchte; **Feld-fla**|sche; **Feld_herr,** ...jä|ger (milit. Truppe), ...mar|schall, ...maus, ...sa|lat, ...ste|cher (Fernglas), ...we|bel (der; -s, -), ...weg, ...zug

Fel|ge, die; -, -n (Radkranz; Reck-übung); **Fel**|gen|brem|se

Fell, das; -[e]s, -e; ein dickes - haben (ugs.)

Fel|la|che, der; -n, -n (Bauer im Vorderen Orient)

Fels ([hartes] Gestein), der; -en, -en; **Fels**|block (*Mehrz.* ...blök-ke); **Fel**|sen, der; -s, - (vegetationslose Stelle, schroffe Ge-steinsbildung); **fel**|sen|fest; **Fels**|wand; **fel**|sig

Fe|me, die; -, -n (heimliches Ge-richt, Freigericht); **Fe**|me|mord

fe|mi|nin (weibisch; Sprachw.: weiblich); **Fe**|mi|ni|num [auch: *fe*...], das; -s, ...na (Sprachw.: weibliches Hauptwort, z. B. „die Erde")

Fen|chel, der; -s (eine Heilpflan-ze); **Fen**|chel|tee

Fen|ster, das; -s, -; **Fen**|ster-_bank (*Mehrz.* ...bänke), ...la-den (*Mehrz.* ...läden, selten: ...la-den), fen|sterln südd., österr. (die Geliebte nachts [am od. durchs Fenster] besuchen); **Fen**|ster_platz, ...put|zer, ...rah|men, ...schei|be

Fe|ri|en [...*i*ᵉ*n*], die (*Mehrz.*; zu-sammenhängende Freizeiten im Schulleben; Urlaub); die großen Ferien; **Fe**|ri|en|reise

Fer|kel, das; -s, -; **Fer**|ke|lei; fer-keln

Fer|ment, das; -s, -e (den Stoff-wechsel fördernde organ. Ver-bindung)

fern; fern dem Heimathaus; von nah und fern; von fern, von fern her; das Ferne suchen; **fern**|ab; **Fern**|amt; fern|blei|ben; fer|ne (geh. u. dichter.); von - [her]; **Fer**|ne, die; -, -n; fer|ner; des -[e]n darlegen

fer|ner|hin [auch: *färn*ᵉ*rhin*]; fer|ners (ugs. für: ferner); **Fern-fah**|rer; fern|ge|lenkt; **Fern**-ge|spräch; fern|ge|steu|ert; **Fern**|glas (*Mehrz.* ...gläser); fern|hal|ten; **Fern**|hei|zung; **Fern_kurs,** ...licht; fern|lie-gend; **Fern**|mel|de|amt; fern-münd|lich (für: telefonisch); fern|öst|lich; **Fern_ruf,** ...schrei|ben, ...schrei|ber; **Fern**|seh_an|ten|ne, ...ap|pa-rat; fern|se|hen; **Fern**|se|hen, das; -s; **Fern**|se|her (Fernseh-gerät; Fernsehteilnehmer); **Fern**|seh_ge|rät, ...ka|me|ra, ...pro|gramm, ...sen|der, ...spiel, ...zu|schau|er; fern-sich|tig; **Fern**|sprech_amt, ...an|schluß, ...ap|pa|rat; **Fern**|spre|cher; **Fern**|sprech-_ge|bühr, ...teil|neh|mer; **Fern_stu|di|um,** ...un|ter-richt, ...ver|kehr

Fer|se (Hacken), die; -, -n; **Fer**-sen|geld, in: - geben (ugs. für: fliehen)

fer|tig; - sein, werden; **fer**|tig-brin|gen (vollbringen); **Fer**|tig-_bau (*Mehrz.* ...bauten), ...bau-wei|se; fer|tig|be|kom|men; fer|ti|gen; **Fer**|tig|haus; **Fer**-tig|keit; fer|tig_ma|chen (ugs. auch für: körperlich oder mora-lisch erledigen), ...stel|len

Fes, der; -[es], -[e] (rote Kopfbe-deckung)

fesch [*fäsch*] (ugs. für: schick, flott, schneidig)
Fes|sel, die; -, -n
Fes|sel|bal|lon; fes|sel|frei
fes|seln; fes|selnd
fest; -e Kosten; -er Wohnsitz
Fest, das; -[e]s, -e; **Fest|akt**
fest|an|ge|stellt; ein festange-
stellter Beamter
Fest|an|spra|che
fest|backen [*Trenn.:* ...bak|ken]
(ankleben); der Stein backt fest
fest|bei|ßen, sich (sich intensiv
u. ausdauernd mit etwas be-
schäftigen)
Fest_bei|trag, ...be|leuch|tung
fest|bin|den; fest|blei|ben
(nicht nachgeben)
Fes|te, die; -, -n
Fest|es|sen
fest|fah|ren; sich -; **fest|ge|fügt**
**Fest_ge|wand, ...got|tes-
dienst**
fest|ha|ken, sich -; **fest|hal|ten;**
sich -; **fe|sti|gen; Fe|stig|keit,**
die; -
Fe|sti|val [*fäßt'w*ᵉ*l* u. *fäßtiwal*],
das; -s, -s (Musikfest, Festspiel)
fest|klam|mern; sich -; **fest-
kle|ben**
Fest|land (*Mehrz.* ...länder);
fest|län|disch
fest|le|gen (auch für: anordnen);
sich - (sich binden)
fest|lich; Fest|lich|keit
fest|ma|chen (auch für: verein-
baren)
Fest|mahl
Fest|me|ter (1 cbm fester Holz-
masse, im Gegensatz zu Raum-
meter; Abk.: fm)
fest|na|geln (ugs. auch für: jmdn.
auf etwas festlegen); **fest|nä-
hen; Fest|nah|me,** die; -, -n;
fest|neh|men (verhaften)
Fest|preis
**Fest_pro|gramm, ...re|de,
...red|ner**
fest|ren|nen, sich; **fest|sau-
gen;** sich -; **fest|schnal|len;**
fest|schrei|ben (durch einen
Vertrag o. ä. vorläufig festlegen)
Fest|schrift

fest|set|zen (auch für: gefangen-
nehmen); **Fest|set|zung**
fest|sit|zen (ugs. auch für: nicht
mehr weiter können)
Fest|spiel; Fest|spiel|haus
fest|ste|hen; fest steht, daß ...;
fest|ste|hend (sicher, gewiß);
fester stehend, am festesten ste-
hend; **fest|stel|len;** er hat es ein-
deutig festgestellt; **Fest|stel-
lung**
**Fest|tag; fest|täg|lich; Fest-
tags|klei|dung**
Fe|stung; Fe|stungs|wall
fest|ver|zins|lich; -e Wertpapie-
re
Fest_vor|stel|lung, ...zelt
fest|zie|hen
Fest|zug
Fe|te [auch: *fät*ᵉ], die; -, -n (ver-
alt., noch scherzh. für: Fest)
Fe|tisch, der; -[e]s, -e (magi-
scher Gegenstand; ein zum Gott
erklärter Gegenstand)
fett; -er Boden; **Fett,** das; -[e]s,
-e; **fett|arm; Fett_au|ge,
...cre|me; fet|ten; Fett|fleck;
fett|ge|druckt; fet|tig; Fett-
lei|big|keit,** die; -; **Fett|näpf-
chen;** nur noch in: bei jmdm.
ins - treten (jmds. Unwillen erre-
gen); **Fett|schicht; fett|trie-
fend**
Fe|tus, der; - u. -ses, -se u. ...ten
(Leibesfrucht vom 3. Monat an)
Fetz|chen, fet|zen; Fet|zen, der;
-s, -; **fet|zig** (ugs.: besonders
gut; toll; prima)
feucht; - werden; **feucht|fröh-
lich** (fröhlich beim Zechen);
Feuch|tig|keit, die; -
feucht|warm
feu|dal (das Lehnswesen betref-
fend; Lehns...; vornehm, großar-
tig; reaktionär); **Feu|dal|herr-
schaft; Feu|da|lis|mus,** der; -
(feudale Gesellschafts- u. Wirt-
schaftsordnung)
Feu|del, der; -s, - niederd.
(Scheuerlappen)
Feu|er, das; -s, -; offenes -; **feu-
er|be|stän|dig; feu|er_fest,
...ge|fähr|lich; Feu|er_ha|ken,**

...herd, ...holz (das; -es); **Feu|er|lei|ter,** die, ...**lö|scher; Feu|er|mel|der; feu|ern; feu|er|rot; Feu|ers|brunst; Feu|er|stuhl** (ugs. für: Motorrad), **Feu|er|ver|si|che|rung,** ...**waf|fe,** ...**wehr; Feu|er|wehr|au|to,** ...**mann** (*Mehrz.* ...männer u. ...leute), **Feu|er|werk; Feu|er|werks|kör|per**

Feuil|le|ton [*föj*ᵉ*tong,* auch: *föj*ᵉ*tong*], das; -s, -s (Zeitungsw.: literarischer Unterhaltungsteil; im Plauderton geschriebener Aufsatz); **Feuil|le|to|nist,** der; -en, -en; **feuil|le|to|ni|stisch**

feu|rig; -e Kohlen auf jmds. Haupt sammeln (ihn beschämen)

¹**Fez** [*feß*] vgl. Fes

²**Fez,** der; -es (ugs. für: Spaß, Vergnügen)

Fia|ker, der; -s, - österr. (leichte Lohnkutsche, Lohnkutscher)

Fi|as|ko, das; -s, -s (Mißerfolg; Zusammenbruch)

Fi|bel, die; -, -n (erstes Lesebuch, Abc-Buch; Elementarlehrbuch)

Fi|ber, die; -, -n (Faser)

Fich|te, die; -, -n (Nadelbaum); **Fich|ten|holz,** ...**na|del**

fic|ken [*Trenn.:* fik|ken] (derb für: Geschlechtsverkehr ausüben)

fi|del („treu''; ugs.: lustig, heiter)

Fi|di|bus, der; - u. -ses, - u. -se (gefalteter Papierstreifen als [Pfeifen]anzünder)

Fie|ber, das; -s, (selten:) -; **Fie|ber|an|fall; fie|ber|frei; fie|ber|haft; Fie|ber|hit|ze; fie|bern; Fie|ber|ther|mo|me|ter, fieb|rig**

Fie|del, die; -, -n (ugs. für: Geige)

fie|pen (Jägerspr. von Rehkitz u. Rehgeiß, auch allg.: einen schwachen, hohen Ton geben)

fies (ugs. für: ekelhaft)

FIFA, Fi|fa, die; - (Internationaler Fußballverband[)

fif|ty-fif|ty [*fifti fifti*] („,fünfzig-fünfzig''; ugs. für: halbpart)

figh|ten [*fait*ᵉ*n*] (Boxen: hart u. draufgängerisch kämpfen)

Fi|gur, die; -, -en; **Fi|gür|chen;**

fi|gür|lich

Fik|ti|on [...*zion*], die; -, -en (Erdichtung; Annahme; Unterstellung); **fik|tiv** (erdichtet; angenommen, nur gedacht)

Fi|let [*file*], das; -s, -s (Netzstoff; Lenden-, Rückenstück); **Fi|let|ar|beit; Fi|let|steak**

Fi|lia|le, die; -, -en (Zweiggeschäft, -stelle)

Fi|li|gran, das; -s, -e (eine aus feinem Draht geflochtene Zierarbeit); **Fi|li|gran|ar|beit**

Fi|li|us, der; -, ...lii [...*li-i*] u. ...usse (scherzh. für: Sohn)

Film, der; -[e]s, -e; **Fil|me|ma|cher** (Regisseur [u. Drehbuchautor]); **Film|fe|sti|val,** ...**fest|spie|le** (die *Mehrz.*), ...**ka|me|ra,** ...**pro|du|zent,** ...**schau|spie|ler,** ...**star** (*Mehrz.* ...stars), ...**vor|füh|rer**

Fil|ter, der od. (Technik meist:) das; -s, -; **fil|tern; Fil|ter|pa|pier; Fil|ter|zi|ga|ret|te**

Filz, der; -es, -e (ugs. auch: Geizhals; österr. auch: unausgeschmolzenes Fett); **fil|zen** (ugs. auch für: nach [verbotenen] Gegenständen durchsuchen); **Filz|hut,** der; **fil|zig; Filz|laus; Filz|pan|tof|fel**

Fim|mel, der; -s, - (ugs. für: Schrulle)

Fi|na|le, das; -s, - (auch: -s); (Schlußteil; Musik: Schlußstück, -satz; Sport: Endrunde, Endspiel); **Fi|na|list,** der; -en, -en (Endrundenteilnehmer)

Fi|nanz, die; -, -en (Geldwesen; Gesamtheit der Geld- und Bankfachleute); **Fi|nanz|amt; Fi|nan|zen,** die (*Mehrz.* Geldwesen; Staatsvermögen; Vermögenslage); **fi|nan|zi|ell; Fi|nan|zier** [*finanzie*], der; -s, -s (Finanz-, Geldmann); **fi|nan|zie|ren; Fi|nan|zie|rung; fi|nanz|kräf|tig; Fi|nanz|kri|se,** ...**la|ge,** ...**mi|ni|ster**

fin|den; fand, gefunden; **Fin|der; Fin|der|lohn; fin|dig;** -er Kopf; **Find|ling**

Fi|nes|se, die; -, -n · (Feinheit; Kniff)

Fin|ger, der; -s, -; (ugs.:) jmdn. um den kleinen - wickeln; lange, krumme - machen (ugs. für: stehlen); **Fin|ger|ab|druck** (*Mehrz.* ...drücke); **fin|ger|dick; Finger|fer|tig|keit, ...hut,** der; **Fin|ger|kup|pe** (Fingerspitze); **Fin|ger|ling; fin|gern; Finger_na|gel, ...ring, ...spit|zen|gefühl** (das; -[e]s)

fin|gie|ren (erdichten; vortäuschen; unterstellen)

Fi|nish [*finisch*], das; -s, -s (letzter Schliff; Vollendung; Sport: Ende, Endkampf)

Fink (ein Vogel), der; -en -en

[1]**Fin|ne,** die; -, -n (Jugendform der Bandwürmer; Hautkrankheit); [2]**Fin|ne,** die; -, -n (Rückenflosse von Hai u. Wal; zugespitzte Seite des Handhammers)

fin|nisch; finn|län|disch

Finn|wal

fin|ster; finst[e]rer, -ste; ein -er Blick; (ugs.:) eine -e Kneipe; im finstern tappen (ungewiß sein), a b e r : wir tappten lange im Finstern (in der Dunkelheit); **Fin|ster|nis,** die; -, -se

Fin|te, die; -, -n (Scheinhieb; Vorwand, Ausflucht); **fin|ten|reich**

Fir|le|fanz, der; -es, -e (ugs. für: Flitterkram; Torheit; Possen)

firm (fest, sicher, [in einem Fachgebiet] beschlagen)

Fir|ma, die; -, ...men

Fir|ma|ment, das; -[e]s, -e

fir|men (die Firmung erteilen)

Fir|men_in|ha|ber, ...schild, das; **...zei|chen; fir|mie|ren** ([den Geschäfts-, Handelsnamen] unterzeichnen; einen Geschäfts-, Handelsnamen führen); **Firm|ling** (der zu Firmende); **Firmung** (kath. Sakrament)

Firn, der; -[e]s, -e ("vorjähriger" Schnee, Altschnee); **fir|nig**

Fir|nis, der; -ses, -se (trocknender Schutzanstrich); **fir|nis|sen**

Firn|schnee

First, der; -[e]s, -e; **First|zie|gel**

Fisch, der; -[e]s, -e; faule -e (ugs. für: Ausreden); kleine -e (ugs. für: Kleinigkeiten); frische Fische; **fisch|äu|gig; Fisch|bein** (das; -[e]s), **...be|steck; Fisch_bra|te|rei, Fisch|brat|kü|che** (Gaststätte für Fischgerichte); **fi|schen; Fi|scher; Fi|scher|boot; Fi|sche|rei; Fisch_ge|richt, ...grä|ten|mu|ster; fi|schig; Fisch_grün|de,** die (*Mehrz.*)

Fi|si|ma|ten|ten, die (*Mehrz.*; ugs. für: leere Ausflüchte)

fis|ka|lisch (dem Fiskus gehörend; staatlich; staatseigen); **Fis|kus,** der; -, (selten:) ...ken u. -se (Staat[sbehörde])

Fi|stel, die; -, -n (Med.: anormaler röhrenförmiger Kanal, der ein Organ mit der Körperoberfläche od. einem anderen Organ verbindet); **fi|steln** (mit Kopfstimme sprechen); **Fi|stel|stim|me**

fit (tauglich; Sport: in Form, [höchst]leistungsfähig); sich - halten; **Fit|ness,** (eingedeutscht auch:) **Fit|neß,** die; - (gute, zur rechten Zeit erlangte körperl. Gesamtverfassung, Bestform)

Fit|tich, der; -[e]s, -e (meist dicht. für: Flügel)

Fitz|chen ("Fädchen"; Kleinigkeit)

fix ("fest", sicher; ugs. für: gewandt); -e Idee (Zwangsvorstellung; törichte Einbildung); -er Preis (fester Preis); - e Kosten; - und fertig; **Fi|xa|tiv,** das; -s, -e [...*w[e]*] (Fixiermittel); **fi|xen** (ugs. für: sich Drogen einspritzen); **Fi|xer** (ugs. für: jmd., der sich Drogen einspritzt); **Fi|xier|bad; fi|xie|ren; Fi|xie|rung; Fi|xig|keit** (ugs. für: Gewandtheit); **Fix_ko|sten** (fixe Kosten), ...**stern** (scheinbar unbeweglicher Stern); **Fi|xum,** das; -s, ...xa ("Festes"; festes Einkommen)

Fjord, der; -[e]s, -e (schmale Meeresbucht mit Steilküsten)

FKK = Freikörperkultur

flach; ein -es Dach; auf dem -en Land[e] (außerhalb der Stadt) wohnen; **Flä|che,** die; -, -n; **flä|chen|haft; Flä|chen|in|halt; flach|fal|len** (ugs. für: sich erübrigen); **flä|chig; Flach|land** (*Mehrz.* ...länder)

Flachs, der; -es (Faserpflanze); **flachs|blond; flach|sen** (ugs. für: necken, spotten, scherzen)

Flach|zan|ge

Flacker|feu|er[1]; **flackern**[1]

Fla|den, der; -s, - (flacher Kuchen; breiige Masse; Kot)

Flag|ge, die; -, -n; **flag|gen; Flagg|schiff**

Flair [*flär*], das; - (Fluidum, Atmosphäre, gewisses Etwas)

Flak, die; -, - (auch: -s) (Kurzw. für: Flugzeugabwehrkanone; Flugabwehrartillerie); **Flak|batte|rie**

Fla|kon [*flakong*], das od. der; -s, -s ([Riech]fläschchen)

flam|bie|ren (Speisen mit Alkohol übergießen u. brennend auftragen)

Fla|men|co [*...ko*], der; -[s], -s (andalus. [Tanz]lied; Tanz)

Fla|min|go [*...minggo*], der; -s, -s (Wasserwatvogel)

Flämm|chen; Flam|me, die; -, -n; **flam|men; Flam|men-_meer, ...tod, ...wer|fer**

Flam|me|ri, der; -[s], -s (kalte Süßspeise)

Fla|nell, der; -s, -e (ein Gewebe); **Fla|nell|an|zug**

fla|nie|ren (müßig umherschlendern)

Flan|ke, die; -, -n; **flan|ken; Flan|ken|an|griff; flan|kie|ren**

Flansch, der; -[e]s, -e (Verbindungsansatz an Rohren, Maschinenteilen usw.); **flan|schen** (etwas mit einem Flansch versehen)

Flaps, der; -es, -e (ugs. für: Flegel); **flap|sig** (ugs.)

Fläsch|chen, Fläsch|lein; Fla|sche, die; -, -n; **Fla|schen_bier, ...bür|ste; fla|schen|grün; Fla-**

schen_hals, ...öff|ner, ...post, ...zug

flat|ter|haft; Flat|ter|haf|tig-keit; flat|te|rig; flat|tern; flatt|rig

flau (ugs.: schlecht, übel)

Flaum, der; -[e]s (weiche Bauchfedern; erster Bartwuchs); **Flaum|fe|der; flau|mig; flaum|weich**

Flausch, der; -[e]s, -e (weiches Wollgewebe); **flau|schig; Flau|se,** die; -, -n (meist *Mehrz.*; ugs. für: Ausflucht; törichter Einfall)

Flau|te, die; -, -n (Windstille; übertr.: Unbelebtheit [z. B. im Geschäftsleben])

flä|zen, sich (sich hinlümmeln)

Flech|te, die; -, -n (Pflanze; Hautausschlag; Zopf); **flechten;** flocht, geflochten; **Flechter; Flecht|werk**

Fleck, der; -[e]s, -e u. **Flecken**[1], der; -s, -; der blinde Fleck (im Auge); blaue Flecke; **Flecken**[1], der; -s, - (größeres Dorf); **flecken|los**[1]; **Flecken|wasser**[1]; **Fleckerl**[1], das; -s, -n österr. (Speise aus quadratisch geschnittenem Nudelteig); **Fleck|fie|ber,** das; -s; **fleckig**[1]; **Fleck|ty|phus**

Fled|de|rer; fled|dern (Gaunerspr.: [Leichen] ausplündern)

Fle|der_maus, ...wisch

Fleet, das; -[e]s, -e niederd. (Kanal, fließendes Wässerchen)

Fle|gel, der; -s, -; **Fle|ge|lei; fle|gel|haft; Fle|gel|jah|re,** die (*Mehrz.*); **fle|geln,** sich -

fle|hen; fle|hent|lich

Fleisch, das; -[e]s; **Fleischbrü|he; Flei|scher; Fleische|rei; Flei|scher|mei|ster; Flei-sches|lust; Fleisch|ex|trakt; fleisch|far|ben, fleisch|far-big; fleisch|fres|send;** -e Pflanzen; **Fleisch|ge|richt; Fleisch|hau|er** (österr. für: Fleischer); **Fleisch|haue|rei**

---

[1] *Trenn.:* ...ak|ke...

1 Trenn.: ...ek|k...

(österr. für: Fleischerei); **flei|schig**; **Fleisch|klöß|chen**; **fleisch|lich**; -e Lüste; **fleisch|los**; **Fleisch_ma|schi|ne** (österr. für: Fleischwolf), **...sa|lat**, **...wer|dung** (Menschwerdung, Verkörperung), **...wun|de**, **...wurst**

Fleiß, der; -es; **Fleiß|ar|beit**; **flei|ßig**

flen|nen (ugs. für: weinen)

flet|schen (die Zähne zeigen)

Fleu|rop [auch: *flörop*], die; - (internationale Blumengeschenkvermittlung)

fle|xi|bel (biegsam, geschmeidig; veränderlich; Sprachw.: beugbar); **...i|ble** Wörter; **Fle|xi|bi|li|tät**, die; (Biegsamkeit); **Fle|xi|on** (Beugung; Sprachw.: Deklination od. Konjugation)

Flick|ar|beit; **flicken**[1]; **Flikken**, der; -s, -; **Flick|werk** (das; -[e]s)

Flie|der, der; -s, - (Zierstrauch; landsch. für: schwarzer Holunder); **Flie|der|bee|re**; **flie|der_far|ben** od. **...far|big**

Flie|ge, die; -, -n; **flie|gen**; flog, geflogen; fliegende Blätter, fliegende Hitze, fliegende Untertasse; **Flie|gen_fen|ster**, **...ge|wicht** (Körpergewichtsklasse in der Schwerathletik), **...pilz**; **Flie|ger**; **Flie|ger|alarm**; **flie|ge|risch**

flie|hen; floh, geflohen; **Flieh-kraft** (für: Zentrifugalkraft)

Flie|se, die; -, -n (Wand- od. Bodenplatte); **Flie|sen|le|ger**

Fließ|band (das; *Mehrz.* ...bänder) **flie|ßen**; floß, geflossen

Flim|mer|ki|ste (ugs. für: Fernsehgerät); **flim|mern**

flink; **Flink|heit**, die; -

Flin|te, die; -, -n (Schrotgewehr); **Flin|ten|ku|gel**

flir|ren (flimmern)

Flirt [auch, österr. nur: *flört*], der; -[e]s, -s (Liebelei; harmloses, kokettes Spiel mit der Liebe);

---

flir|ten [auch, österr. nur: *flö'r't'n*]

Flitt|chen (ugs. für: leichtes Mädchen, Dirne)

Flit|ter, der; -s, -; **flit|tern** (glänzen); **Flit|ter_werk**, **...wo|chen** (die; *Mehrz.*)

flit|zen (ugs. für: [wie ein Pfeil] sausen, eilen); **Flit|zer** (ugs. für: kleines, schnelles Auto)

floa|ten [*flo͜uten*] (den Wechselkurs freigeben); **Floa|ting**, das; -s

Flocke[1], die; -, -n; **flockig**

Floh, der; -[e]s, Flö|he; **flö|hen**; **Floh_markt** (Trödelmarkt), **...zir|kus**

Flom, der; -[e]s u. **Flo|men**, der; -s nordd. (Bauch- u. Nierenfett [des Schweines])

Flor, der; -s, -e u. (selten:) Flöre (dünnes Gewebe; samtartige Oberfläche eines Gewebes) **Flo|ra**, die; -, Floren (Pflanzenwelt [eines Gebietes])

Flo|ren|ti|ner; - Hut; **flo|ren|ti|nisch**

Flo|rett, das; -[e]s, -e

flo|rie|ren (blühen, [geschäftlich] vorankommen; gedeihen); **Flo|rist**, der; -en, -en (Erforscher einer Flora; Blumenbinder); **Flo|ri|stin**, die; -, -nen; **flo|ri|stisch**; **Flos|kel**, die; -, -n („Blümchen"; [inhaltsarme] Redensart); **flos|kel|haft**

Floß, das; -es, Flöße (Wasserfahrzeug); **flöß|bar**; **Flos|se**, die; -, -n; **flö|ßen**; du flößt (flößest); **Flö|ßer**; **Floß|platz**

Flö|te, die; -, -n; **flö|ten**; **Flö|ten|blä|ser**

flö|ten|ge|hen (ugs. für: verlorengehen)

Flö|ten_spiel (das; -[e]s), **...ton** (*Mehrz.* ...töne); **Flö|tist**, der; -en, -en (Flötenspieler)

flott (ungebunden, leicht; flink); **Flot|te**, die; -, -n; **Flot|til|le** [auch: *flotilj'*], die; -, -n (Verband kleiner Kriegsschiffe);

---

[1] *Trenn.*: ...ik|ke...

[1] *Trenn.*: ...ok|k...

flott|ma|chen; er hat das Schiff flottgemacht; **flott|weg** (ugs. für: in einem weg)

Flöz, das; -es, -e (abbaubare Nutzschicht, vor allem Kohle)

Fluch, der; -[e]s, Flüche; **fluch|be|la|den; flu|chen; Flu|cher**

¹**Flucht** [zu fliegen], die; -, -en (Fluchtlinie, Richtung, Gerade)

²**Flucht** [zu: fliehen], die; -, -en; **flucht|ar|tig; flüch|ten,** (schweiz. auch:) sich -; **Flucht|hel|fer; flüch|tig; Flüch|tig|keit; Flüch|tig|keits|feh|ler; Flücht|ling;**

Flucht|li|nie

flucht|ver|däch|tig; Flucht|weg

fluch|wür|dig

Flug, der; -[e]s, Flüge; im -e; **Flug|ab|wehr, ...bahn; flug|be|reit; Flug|blatt; Flü|gel,** der; -s, -; **flü|gel|lahm; Flü|gel|schlag; Flü|gel|tür; Flug|gast** (Mehrz. ...gäste); **flüg|ge; Flug|ge|sell|schaft, ...ha|fen, ...leh|rer, ...loch, ...platz, ...post, ...rei|se; flugs** (schnell, sogleich); **Flug|ver|kehr, ...zeug** (das; -[e]s, -e); **Flug|zeug_bau** (der; -[e]s), **...ent|füh|rung, ...füh|rer, ...trä|ger**

Flu|idum, das; -s, ...da (von einer Person od. Sache ausströmende Wirkung); **Fluk|tua|ti|on** [...zion], die; -, -en (Schwanken, Schwankung); **fluk|tu|ie|ren**

Flun|der, die; -, -n (ein Fisch)

Flun|ke|rei (kleine Lüge, Aufschneiderei); **flun|kern**

Flunsch, der; -[e]s, -e niederd. u. mitteld. ([verdrießlich od. zum Weinen] verzogener Mund)

Flu|or, das; -s (chem. Grundstoff; Zeichen: F); **fluo|res|zie|ren;** fluoreszierender Stoff (Leuchtstoff)

¹**Flur,** die; -, -en (nutzbare Landfläche; Feldflur); ²**Flur,** der; -[e]s,-e (Hausflur); **Flur_be|rei|ni|gung, ...scha|den**

Flu|se, die; -, -n landsch. (Fadenrest, Fadenende)

Fluß, der; Flusses, Flüsse; **fluß|ab|[wärts]; Fluß|arm; fluß|auf|[wärts]; Fluß|bett; flüs|sig; -e** (verfügbare) Gelder; **Flüs|sig|keit; flüs|sig|ma|chen;** Geld -; **Fluß|lauf; Flüß|lein; Fluß_pferd, ...schiffahrt** [Trenn.: ...schiff|fahrt], **...ufer**

flü|stern; Flü|ster_pro|pa|gan|da, ...stim|me

Flut, die; -, -en; **flu|ten; Flut|licht**

flut|schen (ugs. für: gut vorankommen, -gehen); es flutscht

Flut_wel|le, ...zeit

fö|de|ral (föderativ); **Fö|de|ra|lis|mus,** der; - ([Streben nach] Selbständigkeit der Länder innerhalb des Staatsganzen); **fö|de|ra|li|stisch; Fö|de|ra|ti|on** [...zion], die; -, -en (loser [Staaten]bund); **fö|de|ra|tiv** (bundesmäßig); **fö|de|riert** (verbündet)

foh|len (ein Fohlen zur Welt bringen); **Foh|len,** das; -s, -

Föhn, der; -[e]s, -e (warmer, trockener Fallwind); **föh|nig**

Föh|re, die; -, -n (Kiefer)

Fo|kus, der; -, - u. -se (Brennpunkt; Krankheitsherd)

Fol|ge, die; -, -n; Folge leisten; zur Folge haben; **Fol|ge|er|schei|nung; fol|gen;** er ist mir gefolgt (nachgekommen); er hat mir gefolgt (Gehorsam geleistet); **folgend;** folgende [Seite] (Abk.: f.); folgende [Seiten] (Abk.: ff.); der -e (der Reihe nach); -es (dieses); das -e (dieses); im -en, in -em (weiter unten); der Folgende (der einem andern Nachfolgende); das Folgende (das später Erwähnte, Geschehende); aus, in, mit, nach, von dem Folgenden (den folgenden Ausführungen); **fol|gen|der|ma|ßen, fol|ge|rich|tig; fol|gern; Fol|ge|rung; Fol|ge|zeit; folg|lich; folg|sam**

Fo|li|ant, der; -en, -en (Buch in Folio); **Fo|lie** [...ie], die; -, -n (dünnes [Metall]blatt; Prägeblatt; Hintergrund); **Fo|lio,** das;

-,s Folien [...*i*^{e}n] u. -s (Halbbogengröße [Buchformat]); in -; **Fo|lio|band,** der

Folk|lore [*folklor*, auch: *folklor*^{e}], die; - (Volksüberlieferungen; Volkskunde); **folk|lo|ri|stisch**

Fol|ter, die; -, -n; **Fol|ter|bank** (*Mehrz.* ...bänke); **Fol|te|rer; Fol|ter|kam|mer; fol|tern; Fol|te|rung**

Fön ®, der; -[e]s, -e (elektr. Heißluftdusche)

Fond [*fong*], der; -s, -s (Hintergrund eines Gemäldes od. einer Bühne; Rücksitz im Wagen)

Fon|dant [*fongdang*], der (österr.: das); -s, -s (Zuckerwerk)

Fonds [*fong*], der; - [*fong*(*ß*)], - [*fongß*] (Bestand, Geldmittel)

Fon|due [*fongdü*, schweiz.: *fongdü*], das; -s, -s od. die; -, -s ([west]schweiz. Käsegericht)

fö|nen (mit dem Fön behandeln)

Fon|tä|ne, die; -, -n ([Spring]brunnen); **Fon|ta|nel|le,** die; -, -n (Knochenlücke am kindlichen Schädel)

fop|pen; Fop|per; Fop|pe|rei

for|cie|ren [*forßir*^{e}*n*] (mit Gewalt beschleunigen, vorantreiben; steigern); **for|ciert** (auch: gezwungen, unnatürlich)

För|de, die; -, -n niederd. (schmale, lange Meeresbucht)

För|de|rer; För|de|rin, die; -, -nen

for|dern

för|dern; För|der|schacht, ...turm

For|de|rung

För|de|rung; För|de|rungs|maß|nah|me; För|der|werk

Fo|rel|le, die; -, -n (ein Fisch); **Fo|rel|len|zucht**

For|ke, die; -, -n nordd. (Heu-, Mistgabel)

Form, die; -, -en; in - sein; **for|mal** (auf die Form bezüglich; förmlich; unlebendig, äußerlich); **For|ma|li|en** [...*i*^{e}n], die (*Mehrz.*; Äußerlichkeiten); **For|ma|lis|mus,** der; -, ...men ([übertriebene] Berücksichtigung von Äußerlichkeiten; Überbetonung des rein Formalen); **For|ma|list,** der; -en, -en; **for|ma|li|stisch; For|ma|li|tät,** die; -, -en; **for|ma|li|ter** (förmlich, in aller Form); **for|mal|ju|ri|stisch; For|mat,** das; -[e]s, -e; **For|ma|ti|on** [...*zion*], die; -, -en; **form|bar; Form|bar|keit,** die; -; **form|be|stän|dig; For|mel,** die; -, -n; **For|mel-I-Wa|gen** [-*ainß*-] (ein Rennwagen); **for|mel|haft; for|mell** (förmlich, die Formen [peinlich] beobachtend; äußerlich; zum Schein vorgenommen); **for|men; For|men|leh|re** (Teil der Sprachlehre u. der Musiklehre); **for|men|reich; For|men|reich|tum,** der; -s; **Form.feh|ler, ...ge|stal|tung; for|mie|ren; Form|kri|se** (Sportspr.); **förm|lich; Förm|lich|keit; form|los; Form|sa|che; form|schön; For|mu|lar,** das; -s, -e; **for|mu|lie|ren; For|mung; formvoll|en|det**

forsch (schneidig, kühn)

for|schen; For|scher; For|schung; For|schungs.auf|trag, ...rei|sen|de, ...zen|trum

Forst, der; -[e]s, -e[n]; **Forst|amt; För|ster; forst|lich**

For|sy|thie [*forsüzi*^{e}; auch: ...*ti*^{e}; österr.: *forsizi*^{e}], die; -, -n (ein Zierstrauch)

fort; - sein; in einem -

Fort [*for*], das; -s, -s (Festungswerk)

fort|ab; fort|an

Fort|be|stand, der; -[e]s; **fort|be|ste|hen**

fort|be|we|gen; sich -; **Fort|be|we|gung**

fort|bil|den; sich -; **Fort|bil|dung**

fort|blei|ben

fort|brin|gen

Fort|dau|er; fort|dau|ernd

for|te (Musik: stark, laut; Abk.: f); **For|te,** das; -s, -s u. ...ti

fort|ent|wickeln [*Trenn.*: ...wik|keln]; sich -

fort|fah|ren
fort|fal|len
fort|flie|gen
fort|füh|ren; Fort|füh|rung
Fort|gang, der; -[e]s; fort|ge|hen
fort|ge|schrit|ten; Fort|ge|schrit|te|ne, der u. die; -n, -n
fort|ge|setzt
for|tis|si|mo (Musik: sehr stark, sehr laut; Abk.: ff); For|tis|si|mo, das; -s, -s u .-u ...mi
fort|ja|gen
fort|kom|men; Fort|kom|men, das; -s
fort|lau|fen; fort|lau|fend
fort|le|ben
fort|pflan|zen; Fort|pflan|zung
fort|rei|ßen; jmdn. mit sich -
fort|ren|nen
fort|schaf|fen
fort|schicken [Trenn.: ...schik|ken]
fort|schrei|ten; Fort|schritt; fort|schritt|lich; Fort|schritt|lich|keit, die; -; fort|schritts|gläu|big
fort|set|zen; Fort|set|zung
fort|steh|len, sich
fort|wäh|rend
fort|wer|fen
fort|zie|hen
Fo|rum, das; -s, ...ren, ...ra u. -s (altröm. Marktplatz; Gericht, Gerichtshof; Öffentlichkeit); öffentliche Diskussion); Fo|rums|dis|kus|si|on
fos|sil (versteinert; vorweltlich); Fos|sil, das; -s, -ien [...i^en] (meist Mehrz.; Rest von Tieren od. Pflanzen)
¹Fo|to¹, das; -s, -s (schweiz.: die; -s,-s; kurz für: Lichtbild); ²Fo|to, der; -, -s (ugs. kurz für: Fotoapparat); Fo|to_al|bum, ...ap|pa|rat; fo|to|gen (zum Fotografieren od. Filmen geeignet, bildwirksam); Fo|to|graf, der; -en, -en; Fo|to|gra|fie, die; -, ...ien;

¹ Vgl. die nicht eindeutisch geschriebenen Stichwörter pho|to..., Photo... auf S. 292

fo|to|gra|fie|ren; fo|to|gra|fisch; Fo|to|ko|pie (Lichtbildabzug von Schriften, Dokumenten u. a.); fo|to|ko|pie|ren; Fo|to_mo|dell (jmd., der für Fotoaufnahmen Modell steht), ...mon|ta|ge (Zusammenstellung verschiedener Bildausschnitte zu einem Gesamtbild), ...re|por|ter
Fö|tus vgl. Fetus
foul [faul] (Sport: regelwidrig); Foul, das; -s, -s (Regelverstoß); fou|len [faul^en] (Sport: sich regelwidrig verhalten); Foul|spiel [faul...], das; -[e]s (regelwidriges Spielen)
Fox, der; -[es], -e (Kurzform für: Foxterrier, Foxtrott); Fox|ter|ri|er [...i^er] (Hunderasse); Fox|trott, der; -[e]s, -e u. -s (,,Fuchsschritt''; ein Tanz)
Foy|er [foaje], das; -s, -s (Vor-, Wandelhalle [im Theater])
Fracht, die; -, -en; Fracht|brief; Frach|ter (Frachtschiff); fracht|frei; Fracht_gut, ...schiff
Frack, der; -[e]s, Fräcke u. -s; Frack_hemd, ...we|ste
Fra|ge, die; -, -n; in - kommen; Fra|ge_bo|gen, ...für|wort; fra|gen;fragte, gefragt; Fra|ger; Fra|ge|rei; Fra|ge_satz, ...stun|de (im Parlament); Fra|ge-und-Ant|wort-Spiel; Fra|ge|zei|chen; frag|lich; frag|los (sicher, bestimmt)
Frag|ment, das; -[e]s, -e; frag|men|ta|risch
frag|wür|dig; Frag|wür|dig|keit
frais[e] [fräs] (erdbeerfarben)
Frak|ti|on [...zion], die; -, -en; frak|tio|nell; Frak|ti|ons_füh|rer, ...zwang; Frak|tur, die; -, -en (Knochenbruch; dt. Schrift, Bruchschrift; Frak|tur|schrift
Franc [frang], der; -, -s [frang] (Währungseinheit; Abk.: fr, Mehrz. frs)
frank (frei, offen); - und frei
Frank, der; -en, -en u. (bei

Wertangaben auch:) - (eindeutschende Schreibung für: Franc)
Fran|ken, der; -s, - (schweiz. Währungseinheit; Abk.: Fr, sFR.; im dt. Bankwesen: sfr, *Mehrz.* sfrs); vgl. Franc u. Frank
Frank|fur|ter, die (*Mehrz.*; Frankfurter Würstchen)
fran|kie|ren; Fran|kier|ma|schi|ne
fran|ko (frei [die Transportkosten werden vom Absender bezahlt]); - Basel; - dort
fran|ko|phil (franzosenfreundlich)
Fran|se, die; -, -n; **fran|sen; fran|sig**
Franz|brannt|wein
Fran|zis|ka|ner, der; -s, - (Angehöriger eines Mönchsordens); **Fran|zis|ka|ne|rin,** die; -, -nen; **Fran|zis|ka|ner|or|den,** der; -s
fran|zö|sisch; -e Broschur; die Französische Revolution (1789–1794); **Fran|zö|sisch,** das; -[s] (Sprache) **Fran|zö|si|sche,** das; -n
frap|pant (auffallend, überraschend; befremdend)
Frä|se, die; -, -n; **frä|sen; Fräs|ma|schi|ne**
Fraß, der; -es, -e
Fra|ter, der; -s, Fra|tres ([Ordens]bruder); **fra|ter|ni|sie|ren** (sich verbrüdern); **Fra|tres** (*Mehrz.* von: Frater)
Fratz, der; (österr.: -en), -e u. (österr. nur:) -en; (ungezogenes Kind; schelmisches Mädchen); **Frat|ze,** die; -, -n (verzerrtes Gesicht); **frat|zen|haft**
Frau, die; -, -en; **Frau|chen; Frau|en|arzt, ...be|we|gung** (die; -), **...eman|zi|pa|ti|on; Frau|en|held, ...lei|den, ...recht|le|rin** (die; -, -nen); **Frau|en|schuh,** der; -[e]s (Name verschiedener Pflanzen); **Frau|ens|per|son; Fräu|lein,** das; -s, - (ugs. auch: -s); - Müllers Adresse; **frau|lich**
Freak [*frik*], der; -s, -s (Nichtangepaßter; Fan)

frech; Frech|dachs, ...heit
Free|sie [*fresi*ᵉ], die; -, -n (eine Zierpflanze)
Fre|gat|te, die; -, -n (ein Kriegsschiff); **Fre|gat|ten|ka|pi|tän**
frei; der -e Fall; der -e Wille; -e Fahrt; -e Liebe; -e Marktwirtschaft; -e Berufe; -e Wahlen; -es Geleit; jmdm. -e Hand lassen; jmdn. auf -en Fuß setzen; im Freien; ins Freie gehen; frei sein, werden, bleiben; **Frei|bad; frei|be|kom|men;** eine Stunde, die Arme frei bekommen; **frei|be|ruf|lich; Frei|be|trag; Frei|bier,** das; -[e]s; **frei|blei|bend** (Kaufmannsspr.: ohne Verbindlichkeit, ohne Verpflichtung); das Angebot ist -; **Frei|den|ker; frei|den|ke|risch**
frei|en; Frei|er; Frei|ers|fü|ße, die; (*Mehrz.*), nur in: auf -n gehen
Frei|ex|em|plar, ...frau; frei|ge|ben; frei|ge|big; Frei|ge|big|keit; Frei|ge|he|ge, ...geist (*Mehrz.* ...geister); **Frei|ha|fen; frei|hal|ten;** ich werde dich - (für dich bezahlen); **Frei|han|del,** der; -s; **frei|hän|dig; Frei|heit; frei|heit|lich; Frei|heits|be|rau|bung, ...drang, ...ent|zug, ...krieg; frei|heits|lie|bend; Frei|heits|stra|fe; frei|her|aus; Frei|herr; Froi|in** (Freifräulein, die; -, -nen; **Frei|kar|te; frei|kau|fen** (durch ein Lösegeld befreien); **frei|kom|men** (loskommen); **Frei|kör|per|kul|tur** (Abk.: FKK); **frei|las|sen** (einen Gefangenen); **Frei|las|sung, ...lauf; frei|lau|fen,** sich (beim Fußballspiel); **frei|le|bend; frei|le|gen** (entblößen; deckende Schicht entfernen)
frei|lich
Frei|licht|büh|ne, ...mu|se|um; frei|ma|chen (Postw.); ein paar Tage - (Urlaub machen); sich - (Zeit nehmen); **Frei|mar|ke; Frei|mau|rer; Frei|mau|re|rei,** die; -; **frei|mau|re|risch; Frei-**

mut; frei|mü|tig; Frei|platz; frei|pres|sen (die Freilassung [von Gefangenen] durch Geiselnahme o. ä. erzwingen); frei|re|li|gi|ös; frei|schaffend; der freischaffende Künstler; frei|schwim|men, sich (die Schwimmprüfung ablegen); Frei|schwim|mer; frei|sprechen (von Schuld); Frei.sprechung, ...spruch, ...staat (Mehrz. ...staaten), ...statt od. ...stätte; frei|ste|hen; das soll dir - (gestattet sein); ein freistehendes (leeres) Haus; frei|stellen (erlauben); jmdm. etwas -; Frei|stoß (beim Fußball); [in]-direkter -; Frei|stun|de

Frei|tag, der; -[e]s, -e; der Stille Freitag (Karfreitag); frei|tags

Frei.tisch, ...tod (Selbstmord); frei|tra|gend; Frei.trep|pe, ...übung, ...wild; frei|wil|lig; Frei.zei|chen, ...zeit; Freizeit|ge|stal|tung; frei|zü|gig; Frei|zü|gig|keit, die; -

fremd; fremd|ar|tig; ¹Frem|de, der u. die; -n, -n; ²Frem|de (Ausland), die; -; in der -; Fremden.füh|rer, ...heim, ...ver|kehr, ...zim|mer; fremd|gehen (ugs. für: untreu sein); Fremd.heit (Fremdsein), ...herr|schaft, ...kör|per; fremd|län|disch; Fremd|ling; Fremd.spra|che; fremd|sprachig (eine fremde Sprache sprechend); fremd|sprach|lich (auf eine fremde Sprache bezüglich); Fremd|wort (Mehrz. ...wörter); Fremd|wör|ter|buch

fre|ne|tisch (rasend); -er Beifall

fre|quen|tie|ren (häufig besuchen); Fre|quenz, die; -, -en (Besuch, Besucherzahl, Verkehrsdichte; Schwingungszahl)

Fres|ko, das; -s, ...ken ("frisch"; Malerei auf feuchtem Kalkputz)

Fres|sa|li|en [...i^en], die (Mehrz.; scherzh. für: Eßwaren); Fres|se, die; -, -n (derb für: Mund, Maul); fres|sen; fraß, gefressen; Fressen, das; -s; Fres|ser

Freu|de, die; -, -n; [in] Freud und Leid; Freu|den.fest, ...feu|er, ...haus, ...mäd|chen (geh. verhüllend für: Dirne); freu|den|reich; Freu|den.ruf, ...tanz, ...trä|ne; freu|de-strah|lend; freu|dig; ein -es Ereignis; freud|los; freu|en; sich -

Freund, der; -[e]s, -e; jemandes - bleiben; gut - sein; Freund|chen (meist [scherzh.] drohend als Anrede); Freun|des|kreis; Freun|din, die; -, -nen; freund|lich; freund|li|cher|weise; Freund|lich|keit; Freund|schaft; freund|schaft|lich

fre|vel; frevler Mut; Fre|vel, der; -s, -; fre|vel|haft; fre|veln; frevent|lich; Frevler; Frev|le|rin, die; -, -nen; frev|le|risch

Frie|de, der; -ns, -n (älter, geh. für: Frieden); [in] Fried und Freud; Frie|den, der; -s, -; Friedens.for|schung, ...kon|ferenz, ...lie|be, ...no|bel|preis, ...pfei|fe, ...rich|ter, ...schluß; Frie|den[s]|stif|ter, ...stö|rer; Frie|dens.tau|be, ...ver|hand|lun|gen (Mehrz.), ...ver|trag; fried|fer|tig; Fried|hof; fried|lich; fried|lie|bend

frie|ren; fror, gefroren; ich friere an den Füßen; mich friert an den Füßen (nicht: an die Füße); mir od. mich frieren die Füße

Fries, der; -es, -e (Gesimsstreifen, Verzierung; ein Gewebe)

fri|gid, fri|gi|de ([gefühls]kalt, kühl; geschlechtlich nicht hingabefähig); Fri|gi|di|tät, die; - (Med.: geschlechtl. Empfindungslosigkeit [von Frauen])

Fri|ka|del|le, die; -, -n; Fri|kan|del|le, die; -, -n (Schnitte aus gedämpftem Fleisch); Fri|kas|see, das; -s, -s; fri|kas|sie|ren; fri|kas|sie|ren

frisch; etwas - halten; sich - machen; auf -er Tat ertappen; der frisch gebäckene Kuchen; frisch|auf!; Fri|sche, die; -; frisch-fröh|lich; Frisch|ge-

mü|se; Fri|sch|hal|te|packung
[*Trenn*.: ...pak|kung]; **Frisch-
kost; Frisch|ling** (Junges vom
Wildschwein); **Frisch|milch;
frisch|weg; Frisch|zel|le;
Frisch|zel|len_be|hand|lung,
...the|ra|pie**
Fri|seur [...*sör*], der; -s, -e; **Fri-
seu|rin** [...*sörin*] bes. österr. (Fri-
seuse), die; -, -nen; **Fri|seur|sa-
lon; Fri|seu|se** [...*sös*ᵉ], die; -,
-nen; **fri|sie|ren** (ugs. auch: her-
richten, putzen); **Fri|sör** usw.
(eindeutschend für: Friseur
usw.)
Frist, die; -, -en; **fri|sten; frist-
_ge|mäß, ...los;** -e Entlassung
Fri|sur, die; -, -en
Fri|teu|se [...*tös*ᵉ], die; -, -n
(elektr. Gerät zum Fritieren); **fri-
tie|ren;** Fleisch, Kartoffeln - (in
schwimmendem Fett braun bra-
ten); **Fri|tü|re,** die; -, -n (heißes
Ausbackfett; die darin gebackene
Speise)
fri|vol [...*wol*] (leichtfertig;
schlüpfrig); **Fri|vo|li|tät,** die; -,
-en
froh; -en Sinnes; -es Ereignis,
aber: die Frohe Botschaft
(Evangelium); **froh|ge|launt;
froh|ge|mut; fröh|lich; Fröh-
lich|keit,** die; -; **froh|locken**
[*Trenn*.: ...lok|ken]; **Froh|sinn,**
der; -[e]s; **froh|sin|nig**
fromm; frommer od. frömmer,
frommste od. frömmste; **From-
me,** der; -n (veralt. für: Ertrag;
Nutzen); noch gebräuchlich in:
zu Nutz und -n; **Fröm|me|lei;
fröm|meln** (sich fromm zeigen);
from|men (nutzen); es frommt
ihm nicht; **Fromm|heit,** die; -;
Fröm|mig|keit, die; -; **frömm-
le|risch**
Fron, die; -, -en (dem [Lehns]-
herrn zu leistende Arbeit; Herren-
dienst); **Fron_ar|beit** (schweiz.
auch: unbezahlte Arbeit für Ge-
meinde, Genossenschaft, Ver-
ein), **...dienst** (Dienst für den
[Lehns]herrn); **fro|nen** (Fron-
dienste leisten); **frö|nen** ([einer

Leidenschaft] huldigen); **Fron-
leich|nam,** der; -[e]s („des
Herrn Leib''; kath. Fest); **Fron-
leich|nams|pro|zes|si|on**
Front, die; -, -en; - machen (sich
widersetzen); **fron|tal; Fron-
tal|an|griff; Front|an|trieb**
Fron|vogt
Frosch, der; -[e]s, Frösche;
**Frosch|laich; Frösch|lein;
Frosch_mann** (*Mehrz.* ...män-
ner), **...per|spek|ti|ve,
...schen|kel**
Frost, der; -[e]s, Fröste; **Frost-
auf|bruch; frö|ste|lig; frö-
steln;** mich fröstelt; **fro|sten;
Fro|ster,** der; -s, - (Tiefkühlteil
einer Kühlvorrichtung); **Frost-
ge|fahr; fro|stig; Frost_scha-
den, ...schutz**
Frot|tee, das od. der; -[s], -s (Ge-
webe mit noppiger Oberfläche);
frot|tie|ren; Frot|tier|tuch
(*Mehrz.* ...tücher)
frot|zeln (ugs.: necken, aufzie-
hen)
Frucht, die; -, Früchte; **frucht-
bar; Frucht|bar|keit,** die; -;
**frucht|brin|gend; Frücht-
chen; Früch|te|brot,** das;
-[e]s; **fruch|ten;** es fruchtet
(nutzt) nichts; **fruch|tig** (z. B.
vom Wein); **Frucht|kno|ten;
frucht|los; Frucht|pres|se;
frucht|reich; Frucht_saft,
...zucker** [*Trenn*.: ...zuk|ker]
fru|gal (mäßig; einfach; heute
ugs. vielfach für: üppig, schlem-
merhaft); **Fru|ga|li|tät,** die; -
früh; -er Winter; eine - Sorte
Äpfel; zum, mit dem, am früh[e]-
sten; morgen früh; **früh|auf;** von
-; **Früh_auf|ste|her, ...beet;
Frü|he,** die; -; in der - **frü|her;
früh|est|mög|lich;** zum -en Ter-
min; **Früh_ge|burt, ...jahr;
Früh|jahrs_an|fang, ...mü-
dig|keit; Früh|ling,** der; -s, -e;
**Früh|lings|an|fang; früh-
ling[s]|haft; früh|mor|gens;
früh|reif; Früh_schop|pen,
...sport, ...stück; früh-
stücken** [*Trenn*.: stük|ken];

**Früh|stücks_brot, ...pau|se;
früh|zei|tig**

Frust, der; -[e]s (ugs.: Frustration, Frustriertsein); **Fru|stra-
ti|on** [...*zion*], die; -, -en (Psych.:
Erlebnis der Enttäuschung u.
Zurücksetzung); **fru|strie|ren**
(enttäuschen)

Fuchs, der; -es, Füchse; **Fuchs-
bau** (*Mehrz.* ...baue); **fuch|sen;**
sich - (ugs. für: sich ärgern)

Fuch|sie [...*i^e*], die; -, -n (eine
Zierpflanze)

fuch|sig (fuchsrot; fuchswild);
Füch|sin, die; -, -nen; **Fuchs-
jagd; Füchs|lein; Fuchs_loch,
...pelz; fuchs|rot; Fuchs-
schwanz; fuchs|[teu|fels]-
wild**

Fuch|tel, die; -, -n (Stock; strenge Zucht; österr. ugs.: zänkische
Frau); **fuch|teln**

Fu|der, das; -s, - (Wagenladung,
Fuhre; Hohlmaß für Wein)

Fuff|zi|ger, der; -s, - (ugs.: Fünfzigpfennigstück); ein falscher -
(unaufrichtiger Mensch)

Fug, der, nur noch in: mit - und
Recht

¹**Fu|ge,** die; -, -n (Furche, Nute)

²**Fu|ge,** die; -, -n (mehrstimmiges
Tonstück mit bestimmtem Aufbau)

fu|gen (¹Fugen ziehen); **fü|gen;**
sich -; **Fu|gen-s,** das; -, -; **füg-
lich; füg|sam; Füg|sam|keit,**
die; -; **Fu|gung; Fü|gung**

**fühl|bar; füh|len; Füh|ler; fühl-
los; Füh|lung|nah|me,** die; -
Fuh|re, die; -, -n

füh|ren; Buch -; **Füh|rer; Füh-
re|rin,** die; -, -nen; **füh|rer|los;
Füh|rer_schein, ...stand; füh-
rig; Füh|rung; Füh|rungs_an-
spruch, ...spitze, ...tor** (Sportspr.), **...zeug|nis**

**Fuhr_un|ter|neh|mer, ...werk;
fuhr|wer|ken**

Fül|le, die; -; **fül|len**

**Fül|ler; Füll|[fe|der]hal|ter;
füll|lig; Füll|sel,** das; -s, -; **Fül-
lung**

fum|meln (ugs. für: sich [un-

sachgemäß] an etwas zu schaffen machen; reibend putzen)

Fund, der; -[e]s, -e

Fun|da|ment, -[e]s, -e; **fun|da-
men|tal** (grundlegend; schwerwiegend)

Fund_amt (österr.), **...bü|ro,
...gru|be**

fun|die|ren ([be]gründen; mit
[den nötigen] Mitteln versehen);
fun|diert ([fest] begründet;
Kaufmannsspr.: durch Grundbesitz gedeckt, sicher[gestellt])

fün|dig (Bergmannsspr.: ergiebig, reich); - werden

Fund_stät|te, ...stel|le

Fun|dus, der; -, - (Grund u. Boden, Grundstück; Grundlage;
Bestand)

fünf; die - Sinne; wir sind heute
zu fünfen od. zu fünft; fünf gerade
sein lassen (ugs. für: etwas nicht
so genau nehmen); **Fünf,** die;
-, -en (Zahl); eine - würfeln,
schreiben; **Fünf|eck; Fün|fer;
fünf|er|lei; Fün|fer|reihe;** in -n;
Fünf|fa|che, das; -n; **Fünf-
fran|ken|stück, Fünf|frank-
stück; fünf|hun|dert; Fünf-
kampf; Fünf|ling; fünf|mal;
Fünf|mark|stück; Fünf|pfen-
nig|stück; fünf|stel|lig; fünft;
Fünf|ta|ge|wo|che; fünf|tau-
send; fünf|te;** die - Kolonne;
fünf|tel; Fünf|tel, das
(schweiz. meist: der); -s, -; **fünf-
tens; fünf|und|zwan|zig;
fünf|zehn; fünf|zig; Fünf|zi-
ger,** der; -s, - (ugs. für: Fünfzigpfennigstück); **Fünf|zig|mark-
schein**

fun|gie|ren (ein Amt verrichten,
verwalten; tätig, wirksam sein)

Funk, der; -s (Rundfunk[wesen],
drahtlose Telegrafie); **Funk-
_ama|teur, ...aus|stel|lung,
...bild; Fünk|chen; Fun|ke,**
der; -ns, -n; **fun|keln; fun|kel-
na|gel|neu** (ugs.); **fun|ken**
(durch Funk übermitteln; ugs.
auch für: funktionieren); **Fun-
ken,** der; -s, - (häufig übertr.
für: Funke); **Fun|ken|flug; fun-**

ken|sprü|hend; **Fun|ker;
Funk|haus; Funk.kol|leg,
...lot|te|rie, ...meß|ge|rät,
...pei|lung, ...spruch, ...stil|le,
...stö|rung, ...strei|fe, ...ta|xi,
...tech|nik**
Funk|ti|on [...*zion*], die; -, -en
(Verrichtung; Geltung); in, außer
- (im, außer Dienst, Betrieb);
Funk|tio|när, der; -s, -e; **funk-
io|nell** (auf die Funktion bezüg-
lich; wirksam); -e Erkrankung;
**funk|tio|nie|ren; funk|ti|ons-
tüch|tig**
Funk.turm, ...ver|bin|dung
Fun|sel, Fun|zel, die; -, -n (ugs.
für: schlecht brennende Lampe)
für; mit *Wenf.*; ein für allemal;
für und wider, a b e r : das Für und
[das] Wider
für|baß (veralt. für: weiter); -
schreiten
Für|bit|te
Fur|che, die; -, -n; **fur|chig**
Furcht, die; -; **furcht|bar;
furcht|ein|flö|ßend;** ein -es Äu-
ßere[s]; **fürch|ten; fürch|ter-
lich; furcht|er|re|gend;
furcht|los; Furcht|lo|sig|keit,**
die; -; **furcht|sam; Furcht-
sam|keit,** die; -
Fur|chung
für|der|hin (veralt. für: in Zu-
kunft)
für|ein|an|der; füreinander (für
sich gegenseitig) ein∘t∘l∘n
Fu|rie [...*i∘*], die; -, -n (wütendes
Weib; nur *Einz.*: Wut)
Fur|nier, das; -s, -e (dünnes
Deckblatt aus Holz od. Kunst-
stoff); **fur|nie|ren**
Fu|ro|re, die; - od. das; -s („ra-
sender" Beifall; Leidenschaft-
[lichkeit]); - machen (ugs.: Auf-
sehen erregen; Beifall erringen)
fürs (für das); - erste
Für|sor|ge, die; -; **Für|sor|ge|er-
zie|hung; Für|sor|ger** (Beamter
im Dienst der Fürsorge); **Für-
sor|ge|rin,** die; -, -nen; **für-
sorg|lich** (pfleglich, liebevoll)
Für|spra|che; Für|spre|cher
Fürst, der; -en, -en; **Fürst|bi-**

schof; **Für|sten|tum; Für|stin,**
die; -, -nen; **fürst|lich**
Furt, die; -, -en
Fu|run|kel, der (auch: das); -s,
-; **Fu|run|ku|lo|se,** die; -, -n
für|wahr (veralt.)
Für|wort (für: Pronomen; *Mehrz.*
...wörter); **für|wört|lich**
Furz, der; -es, Fürze (derb für:
abgehende Blähung); **fur|zen**
Fu|sel, der; -s, - (ugs. für:
schlechter Branntwein)
fü|si|lie|ren (standrechtlich er-
schießen)
Fu|si|on, die; -, -en (Verschmel-
zung, Zusammenschluß [großer
Unternehmen]); **fu|sio|nie|ren**
Fuß, der; -es, Füße u. (bei Be-
rechnungen:) -; drei - lang; zu
- gehen; zu Füßen fallen; einen
- breit; **Fuß|ball;** - spielen; **Fuß-
bal|ler; Fuß|ball|mei|ster-
schaft; Fuß|ball|spie|len,** das;
-s; **Fuß|ball|spie|ler; Fuß|bo-
den** (*Mehrz.* ...böden); **Fuß-
breit,** der; -, - (Maß); keinen
- weichen; **Füß|chen**
Fus|sel, die; -, -n (auch: der; -s,
-n; mdal. u. ugs. für: Fädchen
[in der Schreibfeder, am Kleid
usw.]); **fus|se|lig; fus|seln;** der
Stoff fusselt
fu|ßen; auf einem Vertrag - ; **Fuß-
en|de; Fuß|fall; fuß|fäl|lig;
Fuß|gän|ger; Fuß|gän|ger-
über|weg, ...zo|ne; ...fü|ßig**
(z. B. vierfüßig)
fuß|lig, fus|se|lig
Fuß.marsch, der, **...no|te,
...soh|le; Fuß[s]tap|fen,** der;
-s, -; **Fuß|volk**
futsch (ugs. für: weg, verloren)
¹**Fut|ter,** das; -s (Nahrung [der
Tiere])
²**Fut|ter,** das; -s, - (innere Stoff-
schicht der Oberbekleidung);
Fut|te|ral, das; -s, -e ([Schutz]-
hülle, Überzug; Behälter)
Fut|ter|mit|tel; fut|tern
(scherzh. für: essen); ¹**füt|tern**
(Tiere)
²**füt|tern** (Futterstoff einlegen);
Fut|ter|stoff

Fut|ter|trog; Füt|te|rung
Fu|tur, das; -s, -e (Sprachw.: Zu-
kunftsform, Zukunft); **fu|tu|ri-**
stisch; Fu|tu|ro|lo|ge, der; -n,
-n (Zukunftsforscher); **Fu|tu|ro-**
lo|gie, die; - (Zukunftsfor-
schung); **fu|tu|ro|lo|gisch**

G

G (Buchstabe); das; G; des G, die
G
g, G, das; -, - (Tonbezeichnung)
Ga|bar|dine [*gạbardin*, auch:
gabardịn], das; -s (auch: die; -;
ein Gewebe)
Ga|be, die; -, -n; **gä|be** vgl. gang
Ga|bel, die; -, -n; **Gä|bel|chen;**
Ga|bel|früh|stück, ga|be|lig;
ga|beln; Ga|bel|stap|ler; Ga-
be|lung
Ga|ben|tisch
Gacke|lei[1]**; gạckeln**[1]**; gak-**
kern[1]**; gack|sen**
Gaf|fel, die; -, -n („Gabel"; Se-
gelstange zum Halten des Gaffel-
segels); **Gaf|fel|se|gel**
gaf|fen; Gaf|fer; Gaf|fe|rei
Gag [*gäg*], der; -s -s (bildwirksa-
mer, witziger Einfall)
Ga|ge [*gạsch*ᵉ], die; -, -n (Bezah-
lung, Gehalt [von Künstlern])
gäh|nen; Gäh|ne|rei
Ga|la [auch: *gala*], die; - (Kleider-
pracht; ritterlich; Festkleid); **Ga|la|vor-**
stel|lung (im Theater)
ga|lak|tisch (zur Galaxis gehö-
rend, sie betreffend)
Ga|lan, der; -s, -e ([vornehm auf-
tretender] Liebhaber); **ga|lant**
(höflich, ritterlich; rücksichtsvoll;
aufmerksam); **Ga|lan|te|rie|wa-**
ren, die (*Mehrz.*; veralt. für:
Schmuck-, Kurzwaren)
Ga|la|xis, (auch:) **Ga|la|xie,** die;
-, (für: Sternsystem allgem.
Mehrz.:) ...xien (Milchstraße)
Ga|lee|re, die; -, -n (mittelalterl.

Ruderkriegsschiff); **Ga|lee|ren-**
skla|ve
Ga|le|rie, die; -, ...ien; **Ga|le|rist,**
der; -en, -en (Galeriebesitzer,
-leiter); **Ga|le|ri|stin,** die; -, -nen
Gal|gen, der; -s, -; **Gal|gen-**
_frist, ...hu|mor (der; -s), **...vo-**
gel
Ga|li|ọns|fi|gur
Gall|ap|fel
Gal|le, die; -, -n; **gal|le[n]|bit-**
ter; Gal|lenbla|se, ...stein
Gal|lert [auch: *...lärt*], das; -[e]s,
-e u. (österr. nur:) **Gal|ler|te**
[auch: *galᵉrtᵉ*], die; -, -n (ela-
stisch-steife Masse aus einge-
dickten pflanzl. u. tier. Säften);
gal|lert|ar|tig [auch, österr. nur:
...lärt...]
gal|lig (Galle enthaltend)
Gal|lo|ne, die; -, -n (engl.-amerik.
Hohlmaß)
Ga|lopp, der; -s, -s u. -e; **ga|lop-**
pie|ren; Ga|lopp|ren|nen
Ga|lo|sche, die; -, -n (Über-
schuh)
gal|va|ni|sie|ren (durch Elektro-
lyse mit Metall überziehen)
Ga|ma|sche, die; -, -n
Gam|be, die; -, -n (Viola da gam-
ba)
Gam|ma, das; -[s], -s (gr.
Buchstabe; Γ, γ); **Gam|ma-**
strah|len, γ-Strah|len, die
(*Mehrz.*; radioaktive Strahlen,
kurzwellige Röntgenstrahlen)
gam|me|lig (ugs. für: verkom-
men; verdorben, faulig); **gam-**
meln (ugs.); **Gạmm|ler;**
Gạmm|le|rin, die; -, -nen
Gams, der u. die, (Jägerspr. u.
landsch.:) das; -, -en (insbeson-
dere Jägerspr. u. landsch. für:
Gemse); **Gạms|bart**
gäng; - und gäbe (landsch., bes.
schweiz. auch: gäng u. gäbe);
Gang, der; -[e]s, Gänge; im -[e]
sein; in - bringen; **Gang|art;**
gạng|bar; Gän|gel|band, das;
-[e]s; **gän|geln; gän|gig**
Gan|gli|en|zel|le [...*iᵉn*] (Nerven-
zelle)
Gang|schal|tung

---

[1] *Trenn.*: ...ak|ke...

153

Gang|ster [*gängßt^er*], der; -s, - (Schwerverbrecher); **Gangster|me|tho|de**

Gang|way [*gängwe'*], die; -, -s (Laufgang zum Besteigen eines Schiffes od. Flugzeuges)

Ga|no|ve [...*w^e*], der; -n, -n (Gaunerspr.: Gauner, Spitzbube, Dieb); **Ga|no|ven|spra|che**

Gans, die; -, Gänse; **Gäns|bra|ten** südd., österr. (Gänsebraten); **Gäns|chen; Gän|se.blüm|chen, ...bra|ten, ...füß|chen** (ugs. für: Anführungsstrich), **...haut, ...klein** (das; -s); **Gän|ser** südd., österr. (Gänserich); **Gän|se|rich,** der; -s, -e; **Gän|se|schmalz**

Gan|ter niederd. (Gänserich)

ganz; [in] ganz Europa; ganze Zahlen (Math.); ganz und gar; etwas wieder ganz machen; im ganzen [gesehen]; im großen [und] ganzen; aufs Ganze gehen; als Ganzes gesehen; das große Ganze; **Gän|ze,** die; - (Geschlossenheit, Gesamtheit); zur - (bes. österr. für: ganz, vollständig); **Ganz|heit,** die; - (gesamtes Wesen); **ganz|heit|lich; ganz|jäh|rig** (während des ganzen Jahres); **ganz|lei|nen** (aus reinem Leinen); **gänz|lich; ganz|tä|gig** (während des ganzen Tages); **¹gar** (bereit, vollständig, fertiggekocht; südd., österr. ugs.: zu Ende), das Fleisch ist erst halb gar; gar kochen; **²gar** (ganz, sehr, sogar); ganz und gar, gar kein, gar nicht, gar nichts; gar sehr

Ga|ra|ge [*garãsch^e*], die; -, -n; **ga|ra|gie|ren** (österr. u. schweiz. neben: [Wagen] einstellen)

Ga|rant, der; -en, -en; **Ga|ran|tie,** die; -, ...[i]en; **ga|ran|tie|ren; Ga|ran|tie|schein**

Gar|aus, der, nur in: jmdm. den - machen

Gar|be, die; -, -n

Gar|de, die; -, -n; **Gar|de|re|gi|ment**

Gar|de|ro|be, die; -, -n; **Gar|de|ro|ben|frau; Gar|de|ro|bie|re**

[...*biär^e*], die; -, -n (Garderobenfrau)

Gar|di|ne, die; -, -n; **Gar|di|nen-.pre|digt** (ugs.), **...stan|ge**

Gar|dist, der; -en, -en (Soldat der Garde)

ga|ren (gar kochen)

gä|ren; gor (auch: gärte); gegoren (auch: gegärt)

gar|ge|kocht; -es Fleisch, a b e r: das Fleisch ist gar gekocht

gar kein

Garn, das; -[e]s, -e

gar nicht; gar nichts

gar|nie|ren (einfassen; mit Zubehör versehen; schmücken); **Gar|nie|rung; Garni|son,** die; -, -en; **Gar|ni|tur,** die; -, -en

Garn|knäu|el

gar|stig; Gar|stig|keit

Gär|stoff

Gar|ten, der; -s, Gärten; **Gar|ten-.ar|beit, ...bau** (der; -[e]s); **Gar|ten.fest, ...haus, ...lo|kal, ...par|ty, ...zaun; Gärt|lein; Gärt|ner; Gärt|ne|rei; Gärt|ne|rin,** die; -, -nen; **gärt|ne|risch; gärt|nern**

Gä|rung; Gä|rungs|pro|zeß

Gar|zeit

Gas, das; -es, -e; - geben; **Gas-ba|de|ofen; gas|för|mig; Gas-.hahn, ...herd; Gas.ko|cher, ...mas|ke; Ga|so|me|ter,** der; -s, - (Gasbehälter); **Gas|pe|dal, ...pi|sto|le**

Gäß|chen; Gas|se, die; -, -n (enge, schmale Straße; österr. auch für: Straße); **Gas|sen|jun|ge; Gas|si,** in: Gassi gehen (ugs. für: mit dem Hund auf die Straße [Gasse] gehen)

Gast, der; -es, Gäste u. (Seemannsspr. für bestimmte Matrosen:) -en; **Gast|ar|bei|ter, Gä|ste|buch; gast|frei; gast-freund|lich; Gast.ge|ber, ...haus; ga|stie|ren** (Theater: Gastrolle geben; bildl.: nur vorübergehend anwesend sein); **gast|lich; Gast|lich|keit; Gast.mahl** (*Mehrz.* ...mähler u. -e)

Ga|stri|tis, die; -, ...iti̱den (Med.: Magenschleimhautentzündung)

Ga|stro|no̱m, der; -en, -en (Gastwirt; Freund feiner Kochkunst); **Ga|stro|no|mie̱**, die; - (feine Kochkunst); **ga|stro|no̱|misch**

Gast_spiel, ...stät|te; **Gast_stu|be**, ...wirt|schaft

Gas_ver|gif|tung, ...werk, ...zäh|ler

Gat|te, der; -n, -n; **gat|ten**, sich; **Gat|ten_lie|be**, ...wahl

Gat|ter, das; -s, - (Gitter, [Holz]-zaun)

Gat|tin, die; -, -nen; **Gat|tung**

Gau, der (landsch.: das); -[e]s, -e

Gau|di, das; -s (südd. auch, österr. nur: die; -; ugs. für: Ausgelassenheit, Spaß)

Gau|ke|lei̱; **gau|keln**; **Gauk|ler**; **Gauk|le|rei̱**; **Gauk|le|rin**, die; -, -nen; **gauk|le|risch**

Gau̱l, der; -[e]s, Gäule; **Gäu̱l|chen**

Gau̱|men, der; -s, -; **Gau̱|men|kit|zel** (ugs.)

Gau̱|ner, der; -s, -; **Gau̱|ner|ban|de**; **Gau|ne|rei̱**; **gau̱|ne|risch**; **gau̱|nern**; **Gau̱|ner|spra|che**

Ga|ze [gạseᵉ], die; -, -n (durchsichtiges Gewebe; Verbandmull)

Ga|zel|le, die; -, -n (Antilopenart)

Ga|zet|te [auch: gasạtᵉ], die; -, -n (veralt., noch abschätzig für: Zeitung)

Ge|ächze (Stöhnen), das; -s

ge|ädert; das Blatt ist schön -

Ge|al|be|re, das; -s

ge|ar|tet; das Kind ist gut -

Ge|äst (Astwerk), das; -[e]s

Ge|bäck, das; -[e]s, -e

Ge|bal|ge (Prügelei), das; -s

Ge|bälk, das; -[e]s

Ge|bär|de, die; -, -n; **ge|bär|den**, sich; **ge|ba|ren**, sich (sich verhalten, sich benehmen); **Ge|ba̱ren**, das; -s

ge|bä̱|ren; gebar, geboren; **Ge|bä̱|re|rin**, die; -, -nen; **Ge|bä̱r|mut|ter** (die; -, [selten:] ...mütter)

ge|bauch|pin|selt (ugs. für: geehrt, geschmeichelt)

Ge|bäu|de, das; -s, -

Ge|bein, das; -[e]s, -e

Ge|bell, das; -[e]s u. **Ge|bel|le**, das; -s

ge|ben; gab, gegeben; **Ge|ber**; **Ge|ber|lau|ne**; in -

Ge|bet, das; -[e]s, -e; **Ge|bet_buch**

Ge|biet, das; -[e]s, -e; **ge|bie|ten**; **ge|bie|tend**; **Ge|bie|ter**; **Ge|bie|te|rin**, die; -, -nen; **ge|bie|te|risch**

Ge|bil|de, das; -s, -; **ge|bil|det**

Ge|bim|mel, das; -s

Ge|bir|ge, das; -s, -; **ge|bir|gig**; **Ge|biṟg|ler**; **Ge|birgs|bach**

Ge|biß, das; Gebisses, Gebisse

Ge|blä|se, das; -s, - (Vorrichtung zum Verdichten u. Bewegen von Gasen)

Ge|blö|del (ugs.), das; -s

ge|blümt, (österr.:) **ge|blumt**

Ge|blüt, das; -[e]s

ge|bo̱|ren (Abk.: geb.; Zeichen: *); sie ist eine geborene Schulz

ge|bor|gen; hier fühle ich mich -; **Ge|bor|gen|heit**, die; -

Ge|bot, das; -[e]s, -e; zu -[e] stehen

ge|brannt; -er Kalk

Ge|bräu, das; -[e]s, -e

Ge|brauch, der; -[e]s, (für Sitte, Verfahrensweise auch Mehrz.:) Gebräuche; **ge|brau|chen** (benutzen; fälschlich für: brauchen, nötig haben); **ge|bräuch|lich**; **Ge|brauchs|an|wei|sung**; **ge|brauchs|fer|tig**; **Ge|braucht_wa|gen**

Ge|braus, **Ge|brau|se**, das; ...ses

ge|bre|chen (selten für: fehlen, mangeln); es gebricht mir an [einer Sache]; **Ge|bre|chen**, das; -s, -; **ge|brech|lich**; **Ge|brech|lich|keit**, die; -

Ge|brü|der, die (Mehrz.)

Ge|brüll das; -[e]s

Ge|brumm, das; -[e]s u. **Ge|brum|me**, das; -s

Ge|bühr, die; -, -en; nach, über -; **ge|büh|ren**; etwas gebührt

ihm (kommt ihm zu); es gebührt
sich nicht, dies zu tun; **ge|büh|
rend;** er erhielt die -e (entspre-
chende) Antwort; **ge|büh|ren|
frei; Ge|büh|ren|ord|nung; ge-
büh|ren|pflich|tig**
ge|bun|den; -e Rede (Verse); **Ge-
bun|den|heit, die;** -
Ge|burt, die; -, -en; **Ge|bur|ten-
kon|trol|le, ge|bür|tig; Ge-
burts_hel|fer, ...tag**
Ge|büsch, das; -[e]s, -e
Geck, der; -en -en
Ge|däcvt|nis, das; -ses, -se; **Ge-
dächt|nis_fei|er, ...schwund;**
Ge|dan|ke, (selten:) **Ge|dan-
ken, der;** ...kens, ...ken; **Ge|dan-
ken|gang; ge|dan|ken|los; Ge-
dan|ken|lo|sig|keit; Ge|dan-
ken|strich; ge|dan|ken|voll**
Ge|därm, das; -[e]s, -e
Ge|deck, das; -[e]s, -e
Ge|deih, der, nur in: auf- und
Verderb; **ge|dei|hen;** gedieh, ge-
diehen; **ge|deih|lich**
ge|den|ken; mit *Wesf.*: gedenket
unser!; **Ge|den|ken, das;** -s
Ge|dicht, das; -[e]s, -e
ge|die|gen; -es (reines) Gold; ein
-er (zuverlässiger) Charakter
Ge|döns, das; -es landsch. (Auf-
heben, Getue); viel - um etwas
machen
Ge|drän|ge, das; -s; **Ge|drän|gel**
(ugs.), **das;** -s; **ge|drängt;** -e
Übersicht
Ge|dröhn, das; -[e]s
ge|drückt; seine Stimmung ist -
ge|drun|gen; eine -e (untersetz-
te) Gestalt
Ge|duld, die; -; **ge|dul|den,** sich;
ge|dul|dig; Ge|dulds_fa|den
(nur in: jmdm. reißt der Geduld-
faden), **...pro|be; Ge|duld[s]-
spiel**
ge|dun|sen; ein -es Gesicht
ge|eig|net; die -en Mittel
Geest, die; -, -en (hochgelege-
nes, trockenes Land im Küsten-
gebiet)
Ge|fahr, die; -, -en; - laufen; **ge-
fahr|brin|gend; ge|fähr|den;
Ge|fähr|dung, die;** -

**Ge|fah|ren|herd; ge|fähr|lich;
Ge|fähr|lich|keit; ge|fahr|los**
Ge|fährt, das; -[e]s, -e (Wagen);
Ge|fähr|te, der; -n, -n (Beglei-
ter); **Ge|fähr|tin, die;** -, -nen
ge|fahr|voll
Ge|fäl|le, das; -s, -; **ge|fal|len;**
es hat mir -; sich etwas - lassen;
[1]**Ge|fal|len, der;** -s, -; jmdm. ei-
nen Gefallen, etwas zu Gefallen
tun; [2]**Ge|fal|len, das;** -s; [kein]
- an etwas finden; **Ge|fal|le|ne,**
der u. die; -n, -n; **ge|fäl|lig; Ge-
fäl|lig|keit; ge|fäl|ligst; ge-
fall|süch|tig**
ge|fan|gen; Ge|fan|ge|ne, der u.
die; -n, -n; **Ge|fan|ge|nen|la-
ger; ge|fan|gen|hal|ten; Ge-
fan|gen|nah|me, die;** -; **ge|fan-
gen|neh|men; Ge|fan|gen-
schaft, die;** -; **ge|fan|gen|set-
zen; Ge|fäng|nis, das;** -ses, -se
Ge|fa|sel, das; -s
Ge|fäß, das; -es, -e
ge|faßt; auf alles - sein
Ge|fecht, das; -[e]s, -e; **ge-
fechts|be|reit; Ge|fechts-
stand**
Ge|fie|der, das; -s, -; **ge|fie|dert;**
-e (mit Federn versehene) Pfeile
Ge|fil|de (dicht. für: Felder), **das;**
-s, -
ge|flammt; -e Muster
Ge|flecht, das; -[e]s, -e
ge|fleckt; rot und weiß -
Ge|flen|ne (ugs. für: andauerndes
Weinen), **das;** -s
ge|flis|sent|lich
Ge|flü|gel, das; -s; **ge|flü|gelt;**
-es Wort (oft angeführter Aus-
spruch u. Ausdruck; *Mehrz.:* -e
Worte)
Ge|fol|ge, das; -s, (selten:) -; im
- von
ge|frä|ßig
Ge|frei|te, der; -n, -n
Ge|frett, das; -s südd., österr.
ugs. (Ärger, Plage)
**ge|frie|ren; Ge|frier|fleisch;
ge|frier|ge|trock|net; Ge-
frier|punkt**
Ge|fro|re|ne, Ge|fror|ne, das; -n
südd., österr. ([Speise]eis)

Ge|fü|ge, das; -s, -; ge|fü|gig
Ge|fühl, das; -[e]s, -e; ge|fühl-
los; ge|fühls_arm, ...be|tont;
Ge|fühls|du|se|lei; ge|fühls-
mä|ßig; ge|fühl|voll
ge|füh|rig (vom Schnee: für das
Schilaufen günstig)
ge|ge|ben; es ist das -e, aber:
er nahm das Gegebene gern; ge-
ge|be|nen|falls
ge|gen; *Verhältnisw.* mit *Wenf.*:
er rannte - das Tor; Ge|gen_an-
griff, ...be|such, ...be|weis
Ge|gend, die; -, -en
ge|gen|ein|an|der; gegeneinan-
der (einer gegen den anderen)
kämpfen
Ge|gen_fahr|bahn, ...ge|wicht,
ge|gen|läu|fig; Ge|gen|lei-
stung; Ge|gen|licht|auf|nah-
me (Fotogr.); Ge|gen_mit|tel,
...pol, ...pro|be; Ge|gen|satz;
ge|gen|sätz|lich; Ge|gen|sätz-
lich|keit; ge|gen|sei|tig; Ge-
gen|sei|tig|keit, die; -; Ge|gen-
spie|ler
Ge|gen|stand; ge|gen|ständ-
lich (sachlich, anschaulich,
klar); ge|gen|stands|los (keiner
Berücksichtigung wert)
Ge|gen_stim|me; ...stück
Ge|gen|teil, das; -[e]s, -e; im -;
ins - umschlagen; ge|gen|tei|lig
ge|gen|über; mit *Wenf.*: - dem
Haus, (auch:) dem Haus -; Ge-
gen|über, das; -s, -; ge|gen-
über_stel|len, ...tre|ten
Ge|gen_ver|kehr, ...vor|schlag
Ge|gen|wart, die; -; ge|gen-
wär|tig [auch: ...wär...]; ge-
gen|warts|be|zo|gen; Ge|gen-
warts|form; ge|gen|warts-
_fremd, ...nah od. ...na|he
Ge|gen_wehr, die, ...wind
ge|gen|zeich|nen (seine Gegen-
unterschrift geben); Ge|gen|zug
Geg|ner; geg|ne|risch; Geg-
ner|schaft, die; -
ge|go|ren; der Saft ist -
Ge|ha|be, das; -s (Ziererei; eigen-
williges Benehmen); ge|ha|ben,
sich; gehab[e] dich wohl!; Ge-
ha|ben, das; -s

Ge|hack|te, das; -n (Hackfleisch)
¹Ge|halt, das; -[e]s, Gehälter
(Besoldung); ²Ge|halt, der;
-[e]s, - (Inhalt; Wert); ge|halt-
arm; ge|hal|ten; - (verpflichtet)
sein; ge|halt|los; Ge|halts-
_emp|fän|ger, ...er|hö|hung;
ge|halt|voll
ge|han|di|kapt [...*händikäpt*]
(behindert, gehemmt, benachtei-
ligt)
Ge|hän|ge, das; -s, -
ge|har|nischt; ein -er (scharfer)
Protest
ge|häs|sig; Ge|häs|sig|keit
Ge|häu|se, das; -s, -
geh|be|hin|dert
ge|hef|tet; die Akten sind -
Ge|he|ge, das; -s, -
ge|heim; das muß geheim blei-
ben; Ge|heim_ab|kom|men,
...bund, der; Ge|heim|bün|de-
lei; Ge|heim_dienst, ...fach;
ge|heim|hal|ten; Ge|heim|hal-
tung; Ge|heim|nis, das; -ses,
-se; Ge|heim|nis_krä|mer,
...trä|ger, Ge|heim|nis|tue|rei,
die; -; ge|heim|nis|voll; Ge-
heim_po|li|zei, ...schrift,
...sen|der; Ge|heim|tue|rei,
die; -
Ge|heiß, das; -es; auf sein -
ge|hemmt
ge|hen; ging, gegangen; geh[e]!;
geht's! (südd., österr.: Ausdruck
der Ablehnung, des Unwillens);
baden gehen, schlafen gehen;
Ge|hen (Sportart), das; -s; 20-
km-Gehen; ge|hen|las|sen (in
Ruhe lassen); er hat ihn gehenlassen; sich - (sich vernachlässi-
gen, zwanglos verhalten); er hat
sich gehenlassen, (seltener:) ge-
hengelassen; Ge|her
Ge|het|ze, das; -s
ge|heu|er; das kommt mir nicht
- vor
Ge|heul, das; -[e]s
Ge|hil|fe, der; -n, -n; Ge|hil|fen-
brief; Ge|hil|fin, die; -, -nen
Ge|hirn, das; -[e]s, -e; Ge|hirn-
_er|schüt|te|rung, ...schlag
gehl mdal. (gelb)

ge|ho|ben; -e Sprache
Ge|höft, das; -[e]s, -e
Ge|hölz, das; -es, -e; Ge|hol|ze, das; -s (Sport: rücksichtsloses u. stümperhaftes Spielen)
Ge|hör, das; -[e]s - finden; ge|hor|chen; du mußt ihm -; der Not gehorchend; ge|hö|ren; das Haus gehört mir; ich gehöre zur Familie; Ge|hör|gang, der; ge|hö|rig; er hat -en Respekt; ge|hör|los
Ge|hörn, das; -[e]s, -e; ge|hörnt
ge|hor|sam; Ge|hor|sam, der; -s; Ge|hor|sam|keit, die; -; Ge|hor|sams|pflicht
Ge|hör|sinn, der; -[e]s
Geh_rock, ...steig, ...weg
Gei|er, der; -s, -
Gei|fer, der; -s; gei|fern
Gei|ge, die; -, -n; gei|gen; Gei|gen_bau|er (der; -s, -), ...bo|gen; Gei|ger (Geigenspieler)
Gei|ger|zäh|ler (Gerät zum Nachweis radioaktiver Strahlen)
geil; gei|len; Geil|heit, die; -
Gei|sel, die; -, -n; (selten:) der; -s, -; - stellen; Gei|sel|nah|me, die; -, -n
Gei|sha [gescha], die; -, -s (jap. Gesellschafterin, Tänzerin)
Geiß, die; -, -en südd., österr., schweiz. (Ziege); Geiß|bock
Gei|ßel, die; -, -n (Peitsche; Treibstecken); gei|ßeln
Geiß|lein (junge Geiß)
Geist, der; -[e]s, (für: Gespenst, kluger Mensch Mehrz.:) -er u. (für: Weingeist usw. Mehrz.:) -e; Gei|ster|bahn; Gei|ster|fah|rer (jmd., der auf der Autobahn in der falschen Richtung fährt); gei|ster|haft; Gei|ster|hand; wie von -; gei|stern; es geistert; Gei|ster|stun|de; gei|stes|ab|we|send; Gei|stes|blitz, ...ga|ben (Mehrz.), ...ge|gen|wart; gei|stes|ge|gen|wär|tig; gei|stes|krank; Gei|stes_krank|heit, ...wis|sen|schaf|ten (Mehrz.); Gei|stes|zu|stand; gei|stig; -e Getränke; -e Nahrung; -es Eigentum; gei|stig-

see|lisch; geist|lich; Geist|li|che, der; -n, -n; Geist|lich|keit, die; -; geist_los, ...reich, ...voll
Geiz, der; -es; gei|zen; Geiz|hals; gei|zig; Geiz|kra|gen
Ge|jam|mer, das; -s
Ge|ki|cher, das; -s
Ge|kläff, das; -[e]s
Ge|klim|per, das; -s
Ge|klirr, das; -[e]s u. Ge|klir|re, das; -s
ge|knickt
ge|konnt; sein Spiel war, wirkte sehr -; Ge|konnt|heit, die; -
Ge|kräch|ze, das; -s
Ge|kreisch, das; -[e]s u. Ge|krei|sche, das; -s
Ge|krit|zel, das; -s
Ge|krö|se, das; -s, -
ge|kün|stelt; ein -es Benehmen
Gel, das; -s, -e (gallertartig ausgeflockter Niederschlag aus kolloider Lösung)
Ge|läch|ter, das; -s, -
ge|lack|mei|ert (ugs. für: angeführt); Ge|lack|mei|er|te, der u. die; -n, -n
ge|la|den (ugs. für: wütend)
Ge|la|ge, das; -s, -
ge|lähmt; Ge|lähm|te, der u. die; -n, -n
Ge|län|de, das; -s, -; ge|län|de|gän|gig; Ge|län|de|lauf
Ge|län|der, das; -s, -
Ge|län|de|sport, der; -[e]s
ge|lan|gen; in jmds. Hände -
ge|las|sen; etw. - hinnehmen; Ge|las|sen|heit, die; -
Ge|la|ti|ne [sche...], die; - ([Knochen]leim, Gallert)
ge|läu|fig
ge|launt; er ist gut gelaunt
Ge|läut, das; -[e]s, -e u. Ge|läu|te, das; -s, -
gelb; gelbe Rüben (südd. für: Mohrrüben), das gelbe Trikot (des Spitzenreiters im Radsport); Gelb, das; -s, - (ugs.: -s; gelbe Farbe); bei Gelb ist die Kreuzung zu räumen; gelb|braun; Gel|be, das; -n; gelb|lich; Gelb|licht, das; -[e]s; Gelb|sucht, die; -

Geld, das; -[e]s, -er; **Geld_beu-
tel,** ...**bör|se; Geld|ge|ber;
geld|gie|rig; Geld|mit|tel,** die
(*Mehrz.*); **Geld_schein,**
...**schrank,** ...**stra|fe,** ...**stück
ge|leckt;** das Zimmer sieht aus
wie - (ugs. für: sehr sauber)
Ge|lee [*schelẹ*] das od. der; -s,
-s
Ge|le|ge, das; -s, -
ge|le|gen; das kommt mir sehr -
(zur rechten Zeit); ich werde zu
-er Zeit wiederkommen; **Ge|le-
gen|heit; Ge|le|gen|heits_ar-
beit,** ...**kauf; ge|le|gent|lich
ge|leh|rig; Ge|leh|rig|keit,** die; -;
**ge|lehr|sam; Ge|lehr|sam-
keit,** die; -; **ge|lehrt;** ein -er
Mann; das Buch ist mir zu -;
Ge|lehr|te, der u. die; -n, -n
Ge|leit, das; -[e]s, -e; **ge|lei|ten;
Ge|leit_schutz,** ...**zug
Ge|lenk,** das; -[e]s, -e; **Ge|lenk-
ent|zün|dung; ge|len|kig; Ge-
len|kig|keit,** die; -
ge|lernt; ein -er Maurer
Ge|lich|ter, das; -s
Ge|lieb|te, der u. die; -n, -n
ge|lie|fert (ugs. für: verloren, rui-
niert)
ge|lie|ren [*schelịrᵉn*] (zu Gelee
werden)
ge|lind, ge|lin|de; ein gelinder
(milder) Regen
ge|lin|gen; gelang, gelungen;
Ge|lin|gen, das; -s
gel|len; es gellte; gegellt
ge|lo|ben; jmdm. etwas - (ver-
sprechen); **Ge|löb|nis,** das; -ses,
-se
ge|lockt; sein Haar ist -
ge|löscht; -er Kalk
ge|löst; Ge|löst|heit, die; -
gelt? [„es gelte!"] bes. südd. u.
österr. (nicht wahr?)
gel|ten; galt, gegolten; - lassen;
geltend machen; **Gel|tung; Gel-
tungs_be|dürf|nis** (das; -ses),
...**be|reich,** der
Ge|lüb|de, das; -s, -
Ge|lüst, das; -[e]s, -e u. **Ge|lü-
ste,** das; -s, -; **ge|lü|sten;** es
gelüstet mich

ge|mach; Ge|mach, das; -[e]s,
...**mächer; ge|mäch|lich** [auch:
gᵉmäch...]
Ge|mahl, der; -[e]s, -e; **Ge|mah-
lin,** die; -, -nen
Ge|mäl|de, das; -s, -; **Ge|mäl|de-
_aus|stel|lung,** ...**ga|le|rie
Ge|mar|kung
ge|ma|sert;** -es Holz
ge|mäß; dem Befehl -; **Ge|mäß,**
das; -es, -e (veralt. für: Gefäß
zum Messen); **ge|mä|ßigt;** -e
Zone (Meteor.)
Ge|mäu|er, das; -s, -
**ge|mein; Ge|mein|be|sitz; Ge-
mein|de,** die; -, -n; **ge|mein|de-
eilen; Ge|mein|de_rat** (*Mehrz.*
...räte), ...**schwe|ster; Ge-
mein|de_ver|wal|tung,** ...**zen-
trum; ge|meind|lich; Ge|mein-
ei|gen|tum; ge|mein|ge|fähr-
lich; Ge|mein|gut,** das; -[e]s;
**Ge|mein|heit; ge|mein|hin;
Ge|mein|nutz; ge|mein|nüt-
zig; ge|mein|sam; Ge|mein-
sam|keit; Ge|mein|schaft; ge-
mein|schaft|lich; ge|mein-
ver|ständ|lich; Ge|mein|wohl
Ge|men|ge,** das; -s, -;
ge|mes|sen; in -er Haltung
Ge|met|zel, das; -s, -
Ge|misch, das; -[e]s, -e; **ge-
mischt;** aus Sand u. Zement -;
-e Gefühle; -es Doppel (Sport-
spr.); **ge|mischt|spra|chig;
Ge|mischt|wa|ren|hand|lung
Gem|me,** die; -, -n (geschnittener
Edelstein)
Gems|bock; Gem|se, die; -, -n
Ge|mur|mel, das; -s
Ge|mü|se, das; -s, - (krautige
Nutzpflanzen; Gericht daraus);
Ge|mü|se_beet, ...**händ|ler
Ge|müt,** das; -[e]s, -er; zu Gemü-
te führen; **ge|müt|lich; Ge|müt-
lich|keit,** die; -; **ge|müts|arm;
Ge|müts_art,** ...**be|we|gung;
ge|müts|krank; Ge|müts-
_mensch,** ...**ru|he,** ...**zu|stand;
ge|müt|voll
gen** (dicht. für: gegen); - Himmel
Gen, das; -s, -e (meist *Mehrz.*;
Erbfaktor)

ge|narbt; -es Leder
ge|nä|schig (naschhaft)
ge|nau; auf das, aufs -[e]ste; ge-
nau[e]stens; nichts Genaues; et-
was - nehmen; ge|nau|ge|nom-
men, aber: er hat es genau ge-
nommen; Ge|nau|ig|keit; ge-
nau|so
Gen|darm, der; -en, -en [sehan...,
auch: sehang...]; Gen|dar|me-
rie, die; -, ...ien
ge|nehm; ge|neh|mi|gen; Ge-
neh|mi|gung
ge|neigt; er ist -, die Stelle anzu-
nehmen; der -e Leser; das Gelände ist leicht -
Ge|ne|ral, der; -s, -e u. ...räle; Ge-
ne|ral_di|rek|tor; ...feld|mar-
schall; ge|ne|ra|li|sie|ren (ver-
allgemeinern); Ge|ne|ral_kon-
su|lat, ...ma|jor, ...pro|be; Ge-
ne|ral|staats|an|walt; Gene-
ral|stab; Ge|ne|ral|streik; ge-
ne|ral|über|ho|len; der Wagen
wurde generalüberholt; Ge|ne-
ral|ver|tre|ter
Ge|ne|ra|ti|on [...zion], die; -,
-en; Ge|ne|ra|ti|ons_kon|flikt,
...wech|sel; Ge|ne|ra|tor, der;
-s, ...oren (Erzeuger für Energie
u. Energieträger [Gas]); ge|ne-
rell
ge|ne|sen; genas, genesen; Ge-
ne|sen|de, der u. die; -n, -n; Ge-
ne|sung; Ge|ne|sungs|heim
Ge|ne|tik, die; - (Vererbungsleh-
re); ge|ne|tisch (erblich bedingt;
die Vererbung betreffend)
Ge|ne|ver [sehenewer od. ge-
ne...], der; -s, - (Wacholderbranntwein)
ge|ni|al; ge|nia|lisch (nach Art
eines Genies); Ge|nia|li|tät,
die; -
Ge|nick, das; -[e]s, -e; Ge|nick-
_schuß, ...star|re
Ge|nie [sehe...], das; -s, -s (höch-
ste schöpferische Geisteskraft;
höchstbegabter, schöpferischer
Mensch)
ge|nie|ren [sehe...]; sich -; ge-
nier|lich (ugs. für: lästig,
störend; schüchtern)

ge|nieß|bar; Ge|nieß|bar|keit,
die; -; ge|nie|ßen; genoß, ge-
nossen; Ge|nie|ßer; ge|nie|ße-
risch
Ge|ni|ta|li|en [...ien], die (Mehrz.;
Med.: Geschlechtsorgane)
Ge|ni|tiv [auch: ge...., od.: genitif],
der; -s, -e [...we] (Sprachw.:
Wesfall, 2. Fall); Ge|ni|us, der;
- (schöpferische Kraft eines
Menschen)
Ge|nos|se, der; -n, -n; Ge|nos-
sen|schaft; ge|nos|sen-
schaft|lich; Ge|nos|sen-
schafts|bank (Mehrz. ...ban-
ken); Ge|nos|sin, die; -, -nen
Genre [schangr], das; -s, -s (Art,
Gattung; Wesen); Genre|bild
(Bild aus dem täglichen Leben)
Gentle|man [dschäntlmen], der;
-s, ...men (Mann von Lebensart
u. Charakter, von guter Familie
u. guter Erziehung); Gentle-
man's od. Gentle|men's
Agree|ment [dschäntlmens
egrim*nt], das; - -, - -s (diplomat.
Übereinkunft ohne formalen Ver-
trag; Abkommen auf Treu u.
Glauben)
ge|nug; - u. übergenug; - Gutes,
Gutes -; - des Guten; von etwas
- haben; Ge|nü|ge, die; -; - tun,
leisten; zur -; ge|nü|gen; dies ge-
nügt für unsere Zwecke; ge|nü-
gend; ge|nüg|sam (anspruchs-
los); Ge|nüg|sam|keit, die; -;
Ge|nug|tu|ung
Ge|nus, das; -, Genera (Gattung,
Art; Sprachw.: grammatisches
Geschlecht)
Ge|nuß, der; Genusses, Genüsse;
ge|nuß|freu|dig; ge|nüß|lich;
Ge|nuß|mit|tel; Ge|nuß|sucht,
die; -; ge|nuß_süch|tig, ...voll
Geo|graph, der; -en, -en; Geo-
gra|phie, die; -; geo|gra-
phisch; Geo|lo|ge, der; -n, -n;
Geo|lo|gie, die; - (Lehre von
Entstehung u. Bau der Erde);
geo|lo|gisch; Geo|me|trie, die;
-, -ien (ein Zweig der Mathema-
tik); geo|me|trisch; -er Ort; -es
Mittel

ge|ord|net; in -en Verhältnissen leben

Ge|päck, das; -[e]s; Ge|päck-_ab|fer|ti|gung, ...auf|be|wah-rung, ...netz, ...schal|ter, ...schein, ...wa|gen

Ge|pard, der; -s, -e (ein Raubtier)

ge|pflegt; ein -es Äußere[s]; Ge-pflegt|heit, die; -; Ge|pflo-gen|heit (Gewohnheit)

Ge|plän|kel, das; -s, -

Ge|plät|scher, das; -s

Ge|prä|ge, das; -s

Ge|prän|ge, das; -s

ge|punk|tet; -er Stoff

Ger, der; -[e]s, -e (Wurfspieß)

ge|ra|de[1]; eine - Zahl; fünf - sein lassen; - darum; der Weg ist - (ändert die Richtung nicht); er wohnt mir - (direkt) gegenüber; er hat ihn - (genau) in das Auge getroffen; er hat es - (soeben) getan; Ge|ra|de[1], die; -n, -n (gerade Linie); vier -[n]; ge|ra|de-aus[1]; - gehen; er geht - (in unveränderter Richtung); ge|ra|de-bie|gen[1] (in gerade Form bringen; ugs. für: einrenken); ge|ra-de|hal|ten[1], sich; (sich ungebeugt halten); ge|ra|de|her-aus[1]; etwas - sagen; ge|ra-de[n]|wegs[1]; ge|ra|de|rich-ten[1] (in gerade Lage bringen); ge|ra|de|sit|zen[1] (aufrecht sitzen); ge|ra|de|so[1]; ge|ra|de-ste|hen[1] (aufrecht stehen; die Konsequenzen auf sich nehmen); ge|ra|de|wegs[1]; ge|ra-de|zu[1]; - gehen; - sein; Ge|rad-heit[1], die; -; ge|rad|li|nig[1]

ge|ram|melt (ugs.); der Saal war - voll (übervoll)

Ge|ran|gel, das; -s

Ge|ra|nie [..._i^e], die; -, -n (Storchschnabel; Zierstaude)

Ge|ran|ke (Rankenwerk), das; -s

Ge|rät, das; -[e]s, -e; ge|ra|ten; es gerät [mir]; ich gerate außer mich (auch: mir) vor Freude; es

ist das geratenste (am besten); Ge|rä|te|schup|pen; Ge|rä|te-tur|nen; Ge|ra|te|wohl [auch: g^erạt^e|wol], das; aufs - (auf gut Glück); Ge|rät|schaf|ten, die (*Mehrz.*)

Ge|räu|cher|te, das; -n

Ge|rau|fe, das; -s

ge|raum; -e (längere) Zeit; ge-räu|mig

Ge|rau|ne, das; -s

Ge|räusch, das; -[e]s, -e; ge-räusch|arm; Ge|rau|sche, das; -s; ge|räusch|emp|find|lich; Ge|räusch|ku|lis|se; ge-räusch|los; ge|räusch|voll

ger|ben („gar" machen); Ger-ber; Ger|be|rei; Ger|ber|lo|he

Ger|be|ra, die; -, -s (eine Schnittblume)

Gerb_säu|re; ...stoff; Ger|bung

ge|recht; jmdm. - werden; Ge-rech|te, der u. die; -n, -n; Ge-rech|tig|keit, die; -; Ge|rech-tig|keits|sinn

Ge|re|de, das; -s

ge|rei|chen; jmdm. zur Ehre -

ge|reizt; in -er Stimmung; Ge-reizt|heit, die; -

Ge|ren|ne, das; -s

ge|reu|en; es gereut mich

Ge|richt, das; -[e]s, -e; ge|richt-lich; -e Medizin; Ge|richts_hof, ...me|di|zin; ge|richts|no|to-risch (Rechtsspr.: vom Gericht zur Kenntnis genommen, gerichtskundig); Ge|richts_saal, ...voll|zie|her

ge|rie|ben (auch ugs. für: schlau); ein -er Bursche

ge|ring; ein geringes (wenig) tun; nicht im geringsten (gar nicht); kein Geringerer als ...; Vornehme u. Geringe; ge|ring|fü|gig; Ge-ring|fü|gig|keit; ge|ring-schät|zen (verachten); ge-ring|schät|zig; Ge|ring|schät-zung, die; -

ge|rin|nen; Ge|rinn|sel, das; -s, -; Ge|rin|nung, die; -

Ge|rip|pe, das; -s, -; ge|rippt

ge|ris|sen; er ist ein -er Bursche; Ge|ris|sen|heit, die; -

---

[1] In der Umgangssprache wendet man häufig die verkürzte Form „grad...", „Grad..." an.

ger|ma|nisch; -e Kunst; ger|ma|ni|sie|ren (eindeutschen); Ger|ma|nist, der; -en, -en (Wissenschaftler auf dem Gebiet der Germanistik); Ger|ma|ni|stik, die; - (deutsche [auch: germanische] Sprach- u. Literaturwissenschaft); ger|ma|ni|stisch

gern, ger|ne; lieber, am liebsten; jmdn. - haben, mögen; etwas - tun; gar zu gern; allzugern; ein gerngesehener Gast; Ger|ne|groß, der; -, -e

Ge|röll, das; -[e]s, -e; Ge|röll|hal|de

Ge|ron|to|lo|gie (Alternsforschung) die; -

Ge|rö|ste|ten, die (Mehrz.) südd., österr. (Bratkartoffeln)

Ger|ste, die; -, (fachspr.:) -n; Ger|sten_korn (das; auch: Vereiterung einer Drüse am Augenlid; Mehrz. ...körner), ...saft (der; -[e]s; scherzh. für: Bier)

Ger|te, die; -, -n; ger|ten_schlank

Ge|ruch, der; -[e]s, Gerüche; ge|ruch|los; ge|ruch[s]|frei; Ge|ruchs_or|gan, ...sinn (der; -[e]s)

Ge|rücht, das; -[e]s, -e; ge|rücht|wei|se

ge|ru|hen (sich geneigt zeigen, sich bereit finden); ge|ruh|sam; Ge|ruh|sam|keit, die; -

Ge|rüm|pel (Abfall, Wertloses), das; -s

Ge|rüst, das; -[e]s, -e

ge|rüt|telt; ein - Maß; - voll

Ger|vais ® [scharwä], der; - [...wä(ß)], - [...wäß] (ein Rahmkäse)

ge|sal|zen; Ge|sal|ze|ne, das; -n

ge|sam|melt; -e Aufmerksamkeit

ge|samt; im -en (zusammengenommen); Ge|samt, das; -s; im -; Ge|samt|aus|ga|be; ge|samt|deutsch; -e Fragen; Ge|samt|ein|druck; Ge|samt_heit (die; -), ...schu|le

Ge|sand|te, der; -n, -n; Ge|sand|ten|po|sten; Ge|sand|tin, die; -, -nen; Ge|sandt|schaft; Ge-

sandt|schafts|rat (Mehrz. ...rä-te)

Ge|sang, der; -[e]s, Gesänge; ge|sang|ar|tig; Ge|sang|buch; ge|sang|lich; Ge|sang_un|ter|richt, ...ver|ein

Ge|säß, das; -es, -e; Ge|säß|ta|sche

Ge|säu|sel, das; -s

Ge|schä|dig|te, der u. die; -n, -n

Ge|schäft, das; -[e]s, -e; -e halber, (auch:) geschäftehalber; Ge|schäf|te|ma|cher; Ge|schäf|te|ma|che|rei; ge|schäf|tig; Ge|schäf|tig|keit, die; -; Ge|schaftl|hu|ber, der; -s, - mdal. (übertrieben geschäftiger, wichtigtuerischer Mensch); ge|schäft|lich; Ge|schäfts_ab|schluß, ...brief, ...frau; ge|schäfts|fä|hig; Ge|schäfts_freund, ...in|ha|ber, ...jahr; ge|schäfts|kun|dig; Ge|schäfts_la|ge, ...lei|tung, ...mann, (Mehrz. ...leute u. ...männer); ge|schäfts|mä|ßig; Ge|schäfts_ord|nung, ...rei|se, ...stel|le, ...stra|ße; ge|schäfts_tüch|tig, ...un|fä|hig

ge|scheckt; ein -es Pferd

ge|sche|hen; geschah; geschehen; Ge|sche|hen, das; -s, -; Ge|scheh|nis, das; -ses, -se

ge|scheit; Ge|scheit|heit, die; -, (selten:) -en

Ge|schenk, das; -[e]s, -e; Ge|schenk|ar|ti|kel; ge|schenk|wei|se

ge|schert bayr., österr. ugs. (ungeschlacht, grob, dumm); Ge|scher|te, der; -n, -n bayr., österr. ugs. (Tölpel, Landbewohner)

Ge|schich|te, die; -, -n; Ge|schich|ten|buch (Buch mit Geschichten [Erzählungen]); ge|schicht|lich; Ge|schichts_buch (Buch mit Geschichtsdarstellungen), ...for|scher, ...wis|sen|schaft

Ge|schick, das; -[e]s, (für: Schicksal auch Mehrz.:) -e; Ge|schick|lich|keit; ge|schickt; ein -er Arzt

ge|schie|den (Eherecht)
Ge|schimp|fe, das; -s
Ge|schirr, das; -[e]s, -e; Ge-
schirr_spül|ma|schi|ne, die,
...tuch (Mehrz. ...tücher)
ge|schla|gen; eine -e Stunde
ge|schlämmt; -e Kreide
Ge|schlecht, das; -[e]s, -er; Ge-
schlech|ter|fol|ge; ge-
schlecht|lich; -e Fortpflanzung;
Ge|schlecht|lich|keit, die; -;
Ge|schlechts_akt, ...be|stim-
mung; ge|schlechts|krank;
ge|schlecht[s]|los; Ge-
schlechts_or|gan, ...rei|fe,
...ver|kehr (der; -[e]s), ...wort
(Mehrz. ...wörter)
ge|schlif|fen; Ge|schlif|fen-
heit, die; -, (selten) -en
Ge|schlin|ge, das; -s, - (Herz,
Lunge, Leber bei Schlachttieren)
ge|schlos|sen; -e Gesellschaft;
Ge|schlos|sen|heit, die; -
Ge|schmack, der; -[e]s, Ge-
schmäcke u. (scherzh.:) Ge-
schmäcker; ge|schmack|bil-
dend; ge|schmackig [Trenn.:
...ak|kig] österr. (wohlschmek-
kend; nett, auch: kitschig); ge-
schmack|lich; ge|schmack-
los; Ge|schmack|lo|sig|keit;
ge|schmacks|bil|dend; Ge-
schmack[s]|sa|che; Ge-
schmacks|ver|ir|rung; ge-
schmack|voll
Ge|schmei|de, das; -s, -; ge-
schmei|dig; Ge|schmei|dig-
keit, die; -
Ge|schmeiß, das; -es (Kot von
Raubvögeln; ekle Brut von Ge-
würm usw. [auch übertr. ugs. von
Personen])
Ge|schmet|ter, das; -s
Ge|schmier, das; -[e]s u. Ge-
schmie|re, das; -s
Ge|schnat|ter, das; -s
ge|schnie|gelt; - und gebügelt
Ge|schöpf, das; -[e]s, -e
Ge|schoß, das; Geschosses, Ge-
schosse
ge|schraubt; Ge|schraubt-
heit, die; -
Ge|schrei, das; -s

Ge|schreib|sel, das; -s
Ge|schütz, das; -es, -e; Ge-
schütz_feu|er, ...rohr
Ge|schwa|der, das; -s, - (Ver-
band von Kriegsschiffen od.
Flugzeugen)
Ge|schwa|fel, das; -s
Ge|schwätz, das; -es; ge-
schwät|zig; Ge|schwät|zig-
keit, die; -
ge|schweift; -e Tischbeine
ge|schwei|ge [denn] (noch viel
weniger)
ge|schwind; Ge|schwin|dig-
keit; Ge|schwin|dig|keits|be-
gren|zung; Ge|schwind-
schritt, der, nur in: im -
Ge|schwi|ster, das; -s, (im allg.
Sprachgebrauch nur Mehrz.:) -
(bes. naturwissenschaftlich u.
statistisch für: eines der Ge-
schwister [Bruder od. Schwe-
ster]); ge|schwi|ster|lich
ge|schwol|len; ein -er Stil
ge|schwo|ren; ein -er Feind des
Alkohols; Ge|schwo|re|ne, der
u. die; -n, -n
Ge|schwulst, die; -, Geschwül-
ste
ge|schwun|gen; eine -e Linie
Ge|schwür, das; -[e]s, -e; Ge-
schwür|bil|dung; ge|schwü-
rig
Ge|sei|re, das; -s (unnützes Gere-
de)
Ge|selch|te, das; -n bayr., österr.
(geräuchertes Fleisch)
Ge|sel|le, der; -n, -n; ge|sel|len,
sich -; ge|sel|lig; Ge|sel|lig-
keit, die; -; Ge|sel|lschaft; -
mit beschränkter Haftung (Abk.:
GmbH); Ge|sel|lschaf|ter; Ge-
sel|lschaf|te|rin, die; -, -nen;
ge|sel|lschaft|lich; Ge|sell-
schafts|an|zug; ge|sell-
schafts|fä|hig; Ge|sell-
schafts_form, ...ord|nung
Ge|setz, das; -es, -e; Ge|set|zes-
kraft, die; -; ge|setz|ge|bend;
-e Gewalt; Ge|setz|ge|ber; ge-
setz|ge|be|risch; Ge|setz|ge-
bung; ge|setz|lich; -e Erbfolge;
Ge|setz|lich|keit; ge|setz|los;

Ge|setz|lo|sig|keit; ge|setz-
mä|ßig; Ge|setz|mä|ßig|keit
ge|setzt; -, [daß] ...; - den Fall,
[daß]
ge|setz|wid|rig
Ge|sicht, das; -[e]s, -er u. (für:
Erscheinung *Mehrz.*:) -e; sein -
wahren; **Ge|sichts|aus|druck,**
...far|be, ...feld, ...punkt,
...win|kel
Ge|sims, das; -es, -e
Ge|sin|de, das; -s, -; **Ge|sin|del,**
das; -s
ge|sinnt (von einer bestimmten
Gesinnung); **Ge|sin|nung; Ge-**
sin|nungs|ge|nos|se; ge|sin-
nungs|los; Ge|sin|nungs|lo-
sig|keit, die; -; **Ge|sin|nungs-**
lump (ugs.); **ge|sin|nungs|mä-**
ßig; Ge|sin|nungs|wan|del
ge|sit|tet; Ge|sit|tung, die; -
Ge|socks, das; - (derb für: Gesin-
del)
Ge|söff, das; -[e]s, -e (derb für:
schlechtes Getränk)
ge|son|dert; - verpacken
ge|son|nen (willens); - sein, et-
was zu tun; vgl. aber: gesinnt
ge|sot|ten; Ge|sot|te|ne, das; -n
ge|spal|ten
Ge|spann, das; -[e]s, -e (Zugtie-
re)
ge|spannt; Ge|spannt|heit,
die; -
ge|spa|ßig bayr. u. österr. (spa-
ßig, lustig)
Ge|spenst, das; -[e]s, -er; **Ge-**
spen|ster|furcht; ge|spen-
ster|haft; ge|spen|stern; ge-
spen|stig, ge|spen|stisch
Ge|spie|le, der; -n, -n (Spielge-
nosse der Jugend); **Ge|spie|lin,**
die; -, -nen
Ge|spinst, das; -[e]s, -e
¹**Ge|spons,** der; -es, -e (nur noch
scherzh. für: Bräutigam; Gatte)
²**Ge|spons,** das; -es, -e (nur
noch scherzh. für: Braut; Gattin)
Ge|spött, das; -[e]s; zum -[e]
werden
Ge|spräch, das; -[e]s, -e; Ge-
spräch am runden Tisch; **ge-**
sprä|chig; Ge|sprä|chig|keit,

die; -; **Ge|sprächs|part|ner;**
ge|sprächs|wei|se
ge|spreizt; -e Flügel; -e (gezier-
te) Reden; **Ge|spreizt|heit**
ge|spren|kelt; das Fell dieses Tie-
res ist -
Ge|spritz|te, der; -n, -n bes. bayr.
u. österr. (Wein mit Sodawasser)
Ge|spür, das; -s
Ge|sta|de, das; -s, -
Ge|stalt, die; -, -en; **ge|stalt|bar;**
ge|stal|ten; ge|stal|ten|reich;
Ge|stal|ter; Ge|stal|te|rin, die;
-, -nen; **ge|stal|te|risch; ge-**
stalt|haft; ...ge|stal|tig (z. B.
vielgestaltig); **ge|stalt|los; Ge-**
stal|tung; Ge|stal|tungs|kraft
Ge|stam|mel, das; -s
ge|stan|den; ein -er (südd. ugs.
für: gesetzter) Mann
ge|stän|dig; Ge|ständ|nis, das;
-ses, -se
Ge|stän|ge, das; -s, -
Ge|stank, der; -[e]s
Ge|sta|po = Geheime Staatspoli-
zei
ge|stat|ten
Ge|ste [auch: *ge*...], die; -, -n
(Gebärde)
Ge|steck, das; -[e]s, -e bayr.
österr. (Hutschmuck [aus Federn
od. Gamsbart])
ge|ste|hen; Ge|ste|hungs|ko-
sten, die (Mehrz.)
Ge|stein, das; -[e]s, -e; **Ge-**
steins|art, ...block (*Mehrz.*
...blöcke)
Ge|stell, das; -[e]s, -e; **Ge|stel-**
lung; Ge|stel|lungs|be|fehl
ge|stern; - abend; bis -; die Mode
von -; **Ge|stern,** das; - (die Ver-
gangenheit)
ge|stie|felt; - u. gespornt (bereit,
fertig) sein
Ge|stik [auch: *ge*...], die; - (Ge-
samtheit der Gesten als Ausdruck
des Seelischen); **ge|sti|ku|lie-**
ren
Ge|stirn, das; -[e]s, -e; **ge-**
stirnt; der -e Himmel
Ge|stö|ber, das; -s, -
ge|stockt; -e Milch (südd. u.
österr. für: Dickmilch)

Ge|stöhn, das; -[e]s u. **Ge|stöh-
ne,** das; -s
Ge|sträuch, das; -[e]s, -e
ge|streckt; -er Galopp
ge|streift; das Kleid ist weiß u.
rot -
ge|streng
Ge|strick, das; -[e]s, -e (ge-
strickte Ware)
gest|rig; mein gestriger Brief
ge|stromt (gefleckt, streifig ohne
scharfe Abgrenzung); eine -e
Dogge
Ge|strüpp, das; -[e]s, -e
Ge|stühl, das; -[e]s, -e
Ge|stüt, das; -[e]s, -e; **Ge|stüt-
pferd**
Ge|such, das; -[e]s, -e
ge|sucht; eine -e Ausdruckswei-
se
ge|sund; gesünder (weniger
üblich: gesunder), gesündeste
(weniger üblich: gesundeste);
gesund sein; jmdn. gesund
schreiben; **ge|sund|be|ten;**
jmdn. -; **Ge|sund_be|ten** (das;
-s), **...brun|nen** (Heilquelle);
ge|sun|den; Ge|sund|heit, die;
-; **ge|sund|heit|lich; Ge|sund-
heits|amt; ge|sund|heits|hal-
ber; Ge|sund|heits|pfle|ge,**
die; -; **ge|sund|heits|schä|di-
gend; Ge|sund|heits_we|sen**
(das; -s), **...zeug|nis, ...zu-
stand** (der; -[e]s); **gesund|ma-
chen,** sich (ugs. für: sich berei-
chern); **ge|sund|sto|ßen,** sich
(ugs.); **Ge|sun|dung,** die; -
Ge|tä|fel, das; -s (Tafelwerk, Tä-
felung); **ge|tä|felt**
Ge|tier, das; -[e]s
ge|ti|gert (geflammt)
Ge|tö|se, das; -s; **Ge|to|se,**
das; -s
ge|tra|gen; eine -e Redeweise
Ge|tram|pel, das; -s
Ge|tränk, das; -[e]s, -e; **Ge-
trän|ke_au|to|mat, ...kar|te,**
...steu|er, die
ge|trau|en, sich; ich getraue mich
(seltener: mir); das zu tun
Ge|trei|de, das; -s, -; **Ge|trei|de-
_an|bau, ...ern|te, ...han|del**

ge|trennt; - schreiben, - lebend;
Ge|trennt|schrei|bung
ge|treu; Ge|treue, der u. die; -n,
-n; **ge|treu|lich**
Ge|trie|be, das; -s, -; **ge|trie|ben;**
-e Arbeit; **Ge|trie|be|über|set-
zung**
ge|trost; ge|trö|sten, sich
Get|to, das; -s, -s (früher: ein
von Juden bewohntes, abgeson-
dertes Stadtviertel)
Ge|tue, das; -s
Ge|tüm|mel, das; -s, -
ge|tüp|felt, ge|tupft; ein -er
Stoff
Ge|tu|schel, das; -s
ge|übt; Ge|übt|heit, die; -
Ge|vat|ter, der; -s u. (älter:) -n,
-n; **Ge|vat|te|rin,** die; -, -nen;
Ge|vat|ter|schaft
Ge|viert, das; -[e]s, -e (Recht-
eck, bes. Quadrat); **ge|vier|teilt**
Ge|wächs, das; -es, -e; **ge-
wach|sen;** jmdm., einer Sache
- sein; **Ge|wächs|haus**
ge|wachst (mit Wachs geglättet)
ge|wagt; Ge|wagt|heit
ge|wählt; er drückt sich - aus
ge|wahr; eine[r] Sache - werden
Ge|währ (Bürgschaft, Sicher-
heit), die; -
ge|wah|ren (bemerken, erken-
nen)
ge|wäh|ren (bewilligen); **ge-
währ|lei|sten; Ge|währ|lei-
stung**
Ge|wahr|sam (Haft, Obhut), der;
-s, -e
Ge|währs|mann (*Mehrz.* ...män-
ner u. ...leute)
Ge|walt, die; -, -en; **Ge|walt|an-
wen|dung; ge|wal|tig; ge-
walt|los; Ge|walt|lo|sig|keit,**
die; -; **Ge|walt_marsch,
...maß|nah|me; ge|walt|sam;
Ge|walt|streich; ge|walt|tä-
tig; Ge|walt|tä|tig|keit; Ge-
walt|ver|zicht**
Ge|wand, das; -[e]s, ...wänder;
Ge|wän|de, das; -s, - (seitl. Um-
grenzung der Fenster und Türen)
ge|wandt; ein -er Mann; **Ge-
wandt|heit,** die; -

Ge|wan|dung

Ge|wann, das; -[e]s, -e (viereckiges Flurstück, Ackerstreifen)

ge|wär|tig; eines Zwischenfalls -; **ge|wär|ti|gen;** zu - haben

Ge|wäsch, das; -[e]s (ugs.: [nutzloses] Geschwätz)

Ge|wäs|ser, das; -s, -

Ge|we|be, das; -s, -; **Ge|webs|trans|plan|ta|ti|on**

ge|weckt; ein -er (kluger) Junge

Ge|wehr, das; -[e]s, -e; **Ge|wehr|lauf**

Ge|weih, das; -[e]s, -e

Ge|wer|be, das; -s, -; **Ge|wer|be_auf|sicht,** ...be|trieb, ...frei|heit, ...in|spek|tor, ...ord|nung, ...schein, ...steu|er,** die; **ge|wer|be|trei|bend; Ge|wer|be|trei|ben|de,** der u. die; -n, -n; **ge|werb|lich; ge|werbs|mä|ßig; Ge|werbs|zweig**

Ge|werk|schaft; Ge|werk|schaf|ter, Ge|werk|schaft|ler; ge|werk|schaft|lich; Ge|werk|schafts_bund, der, ...funk|tio|när, ...mit|glied

Ge|wicht, das; -[e]s, -e; **Ge|wicht|he|ber** (Schwerathlet); **ge|wich|tig; Ge|wich|tig|keit,** die; -; **Ge|wichts_an|ga|be,** ...klas|se, ...ver|lust

ge|wieft (ugs.: schlau, gerissen)

ge|wiegt (ugs.: schlau, durchtrieben)

Ge|wie|her, das; -s

ge|willt (gesonnen)

Ge|wim|mel, das; -s

Ge|wim|mer, das; -s

Ge|win|de, das; -s, -; **Ge|win|de_boh|rer,** ...schnei|der

Ge|winn, der; -[e]s, -e; **Ge|winn_an|teil,** ...be|tei|li|gung; **ge|winn|brin|gend; ge|win|nen; gewann, gewonnen; ge|win|nend; Ge|win|ner; Ge|winn_span|ne, ...sucht** (die -); **ge|winn|süch|tig**

Ge|win|sel, das; -s

Ge|winst (veralt. für: Gewinn), der; -[e]s, -e

ge|wirkt; -er Stoff

Ge|wirr, das; -[e]s, -e

ge|wiß; ein gewisses Etwas

Ge|wis|sen, das; -s, -; **ge|wis|sen|haft; Ge|wis|sen|haf|tig|keit,** die; -; **ge|wis|sen|los; Ge|wis|sen|lo|sig|keit,** die; -; **Ge|wis|sens|biß** (meist *Mehrz.*); **Ge|wis|sens_ent|schei|dung,** ...fra|ge, ...frei|heit** (die; -), ...kon|flikt; **ge|wis|ser|ma|ßen; Ge|wiß|heit; ge|wiß|lich**

Ge|wit|ter, das; -s, -; **ge|wit|tern;** es gewittert; **Ge|wit|ter_re|gen,** ...wol|ke; **ge|wit|trig**

ge|wit|zigt (durch Schaden klug geworden); **ge|witzt** (schlau); **Ge|witzt|heit,** die; -

Ge|wo|ge, das; -s

ge|wo|gen (zugetan); er ist mir -; **Ge|wo|gen|heit,** die; -

ge|wöh|nen; sich an eine Sache -; **Ge|wohn|heit; ge|wohn|heits|mä|ßig; Ge|wohn|heits_mensch** (der; -en, -en), ...recht; **ge|wöhn|lich;** für - (meist); **ge|wohnt** (durch [zufällige] Gewohnheit mit etwas vertraut); ich bin schwere Arbeit -; die -e Arbeit; jung -, alt getan; **ge|wöhnt** (durch [bewußte] Gewöhnung mit etwas vertraut); ich habe mich an diese Arbeit -; **Ge|wöh|nung**

Ge|wöl|be, das; -s, -; **Ge|wöl|be_bo|gen,** ...pfei|ler

Ge|wölk, das; -[e]s

Ge|wöl|le, das; -s, - (von Raubvögeln herausgewürgte unverdauliche Nahrungsreste)

Ge|wühl, das; -[e]s

ge|wür|felt; -e Stoffe

Ge|würm, das; -[e]s, -e

Ge|würz, das; -es, -e; **ge|wür|zig; Ge|würz_gur|ke,** ...nel|ke

Gey|sir [*gai...*], der; -s, -e (in bestimmten Zeitabständen springende heiße Quelle)

ge|zackt; der Felsgipfel ist -

ge|zahnt, ge|zähnt; -es Blatt

Ge|zänk, das; -[e]s

ge|zeich|net

Ge|zei|ten, die (Mehrz; Wechsel von Ebbe u. Flut)

ge|zielt; -e Werbung; - fragen

ge|zie|men, sich; es geziemt sich für ihn; ge|zie|mend

ge|ziert; Ge|ziert|heit

Ge|zirp, das; -[e]s

Ge|zisch, Ge|zi|sche, das; ...sch[e]s; Ge|zi|schel, das; -s

Ge|zücht, das; -[e]s, -e (verächtl. für: Kreatur, Gesindel)

Ge|zweig, das; -[e]s

Ge|zwit|scher, das; -s

ge|zwun|ge|ner|ma|ßen

GG = Grundgesetz

Ghet|to vgl. Getto

Ghost|wri|ter [gouβtrait°r], der; -s, - (Autor, der für eine andere Person schreibt und nicht als Verfasser genannt wird)

Gib|bon, der; -s, -s (ein Affe)

Gicht, die; -; Gicht|an|fall; gich|tig, gich|tisch; Gicht|kno|ten; gicht|krank

Gickel [Trenn.: Gik|kel] mitteld., der; -s, - (Hahn)

gicks (ugs.); weder - noch gacks sagen

Gie|bel, der; -s, -; Gie|bel_dach, ...fen|ster, ...wand

gie|pern nordd. ugs. (gieren); nach etwas -; giep|rig

Gier, die; -; gie|ren (gierig sein); gie|rig; Gie|rig|keit, die; -

Gieß|bach; gie|ßen; goß, gegossen; Gie|ßer; Gie|ße|rei; Gieß_form, ...kan|ne

Gift, das; -[e]s, -e; gif|ten (ugs.: ärgern); es giftet mich; gift|fest; Gift|gas; gift|grün; gif|tig; Gif|tig|keit, die; -; Gift_mi|sche|rin (die; -, -nen), ...mord, ...nu|del (scherzh.: [schlechte] Zigarre u. Zigarette; zänkischer Mensch), ...pflan|ze, ...schlan|ge, ...schrank, ...zahn

Gig, das; -s, -s (leichter Einspänner; Sportruderboot; leichtes Beiboot)

Gi|gant, der; -en, -en (Riese); gi|gan|tisch

Gi|gerl bes. österr., der (auch: das); -s, -n (Modegeck); gi|gerl|haft

Gi|go|lo [schi..., auch: sehi...], der; -s, -s (Eintänzer; ugs. für: Hausfreund, ausgehaltener Mann)

Gil|de, die; -, -n; Gil|de|haus

Gim|pe, die; -, -n (leicht gedrehte Schnur, Ansatzborte)

Gim|pel, der; -s, - (Singvogel; einfältiger Mensch); Gim|pel|fang; auf - ausgehen

Gin [dschin], der; -s, -s (engl. Wacholderbranntwein)

Gink|go [gingko], Gink|jo [gingkjo], der; -s, -s (in Japan u. China heimischer Zierbaum)

Gin|seng [auch: sehin...], der; -s, -s (ostasiat. Pflanze mit heilkräftiger Wurzel)

Gin|ster, der; -s, - (ein Strauch)

Gip|fel, der; -s, - (schweiz. auch für: Hörnchen, Kipfel); Gip|fel_kon|fe|renz, ...kreuz; gip|feln; Gip|fel_punkt, ...tref|fen

Gips, der; -es, -e; Gips_ab|druck (Mehrz. ...abdrücke), ...bü|ste; gip|sen; Gip|ser; gip|sern (aus Gips; gipsartig); Gips|ver|band

Gi|raf|fe [südd., österr.: sehi...], die; -, -n (ein Steppenhuftier)

Girl [gö°l], das; -s, -s (Mädchen; weibl. Mitglied einer Tanztruppe)

Gir|lan|de, die; -, -n ([bandförmiges Laub- od. Blumen]gewinde)

Gir|litz, der; -es, -e (Singvogel)

Gi|ro [schiro], das; -s, -s (österr. auch: Giri) („Kreis"; Überweisung im bargeldlosen Zahlungsverkehr); Gi|ro_bank (Mehrz. ...banken), ...kas|se, ...kon|to

gir|ren; die Taube girrt

Gischt, der, -[e]s (auch: die; -) (Schaum; Sprühwasser, aufschäumende See); gischt_sprü|hend

Gi|tar|re, die; -, -n (ein Saiteninstrument); Gi|tar|ren|spie|ler; Gi|tar|rist, der; -en, -en

Git|ter, das; -s, -; Git|ter_bett|chen, ...fen|ster, ...stab, ...tor

Glace [glaß; schweiz.: glaß°], die; -, -s [glaß], (schweiz.:) -n (glänzender Überzug [Zuckerguß]; Gelee aus Fleischsaft; schweiz.: Speiseeis, Gefrorenes); **Gla|cé** [*glaßé*], der; -[s], -s (glänzendes Gewebe); **Glacé_hand|schuh, ...le|der**

Gla|dio|le, die; -, -n (Schwertlilliengewächs)

Gla|mour|girl [*gläm^ergö'l*], das; -s, -s (Reklame-, Filmschönheit)

Glanz, der; -es; **glän|zen; glän|zend; Glanz|lei|stung; glanz|los; Glanz_num|mer, ...punkt** (Höhepunkt); **glanz|voll**

Glas, das; -es, Gläser; zwei - Bier; ein - voll; **Glas|au|ge; Gläs|chen; Gla|ser; Gla|se|rei; glä|sern** (aus Glas); **Glas|fa|ser; glas|hart; Glas|haus; gla|sie|ren** (mit Glasur versehen); **gla|sig; glas|klar; Glas_per|le, ...schei|be, ...split|ter**

Gla|sur, die; -, -en (glasiger Überzug, Schmelz; Zuckerguß) **glas|wei|se; Glas|wol|le**

glatt; -er (auch: glätter), -este (auch: glätteste); **Glät|te,** die; -, -n; **Glatt|eis; glät|ten; glatt|ge|hen** (ugs.: ohne Hindernis vonstatten gehen); **glatt|ho|beln; glatt_käm|men, ...le|gen, ...ma|chen** (ausgleichen; ugs. für: bezahlen); **glatt|strei|chen; glatt|weg; glatt|zie|hen**

Glat|ze, die; -, -n; **Glatz|kopf**

Glau|be, der; -ns, (selten:) -n; **glau|ben;** er wollte mich - machen, daß ...; **Glau|ben,** der; -s, (selten:) - (seltener für: Glaube); **Glau|bens_be|kennt|nis, ...sa|che**

glaub|haft; gläu|big; Gläu|bi|ge, der u. die; -n, -n; **Gläu|bi|ger,** der; -s, - (jmd., der berechtigt ist, von einem Schuldner eine Leistung zu fordern); **Gläu|bi|ger|ver|samm|lung; glaub|lich;** kaum -; **glaub|wür|dig**

Glau|kom, das; -s, -e (grüner Star [Augenkrankheit])

gleich; der, die, das gleiche; gleich und gleich gesellt sich gern; die Kinder waren gleich groß; die Wörter werden gleich

geschrieben; er soll gleich kommen; **gleich|al|te|rig, gleich|alt|rig; Gleich|be|rech|ti|gung,** die; -; **gleich|blei|ben,** sich (unverändert bleiben); ich bleibe mir gleich; **glei|chen;** glich, geglichen (gleich sein); gleichmachen); **glei|cher|ma|ßen; gleich|falls; gleich_för|mig, ...ge|stimmt; Gleich|ge|wicht,** das; -[e]s, -e; **Gleich|ge|wichts|sinn; gleich|gül|tig; Gleich|heit; Gleich|heits_prin|zip, ...zei|chen; gleich|kom|men** (entsprechen); das war einer Kampfansage gleichgekommen; **gleich|ma|chen** (angleichen); dem Erdboden -; **Gleich|ma|che|rei; gleich|mä|ßig; Gleich|mut,** der; -[e]s u. (selten:) die; -; **Gleich|nis,** das; -ses, -se; **gleich|sam; gleich|schal|ten** (einheitlich durchführen); **gleich|schen|k|lig; Gleich|schritt; gleich|se|hen** (ähnlich sehen); **gleich|sei|tig; gleich|set|zen; Gleich|stand,** der; -[e]s; **gleich|ste|hen** (gleich sein); **gleich|stel|len** (gleichmachen); **Gleich|stel|lung; Gleich|strom; gleich|tun** (erreichen); es jmdm. -; **Glei|chung; gleich|viel;** gleichviel[,] ob/wenn/wo; **gleich|wer|tig; gleich|wie; gleich|wink|lig; gleich|wohl; gleich|zei|tig; Gleich|zei|tig|keit; gleich|zie|hen** (in gleicher Weise handeln)

Gleis, das; -es, -e u. Ge|lei|se, das; -s, -; **Gleis|an|schluß**

glei|ßen (glänzen, glitzern)

Gleit_bahn, ...boot; glei|ten; glitt, geglitten; **Gleit_flä|che, ...flug, ...schie|ne, ...schutz; gleit|si|cher**

Glen|check [*glän|tschäk*], der; -[s], -s (ein Gewebe)

Glet|scher, der; -s, -; **Glet|scher_bach, ...brand** (der; -[e]s), **...feld, ...spal|te, ...zun|ge**

Glied, das; -[e]s, -er; **glie|dern;**

Glie|der_pup|pe, ...rei|ßen;
Glie|de|rung; Glied|ma|ße, die;
-, -n (meist *Mehrz.*)
glim|men; es glomm (auch:
glimmte), geglommen (auch: ge-
glimmt); Glim|mer, der; -s, -
(ein Mineral); glim|mern;
Glimm|sten|gel (scherzh. für:
Zigarre und Zigarette)
glimpf|lich
glit|schig, glitsch|rig
Glit|zer, der; s, -; glit|zern
glo|bal (auf die gesamte Erdober-
fläche bezüglich); Glo|be|trot-
ter [*glob*etr..., auch: *globtr*...],
der; -s, - (Weltenbummler)
Glo|bus, der; - u. ...busses, ...ben
u. (bereits häufiger:) ...busse
(Nachbildung der Erde od. der
Himmelskugel)
Glöck|chen; Glocke[1], die; -, -n;
Glocken|blu|me[1]; glocken-
för|mig[1]; Glocken[1]_ge|läut,
...gie|ße|rei; glocken|hell[1];
Glocken[1]_klang, ...rock,
...spiel, ...turm; glockig[1]
[1]Glo|ria (Ruhm, Ehre); nur noch
in: mit Glanz und - (iron.); [2]Glo-
ria, das; -s (Lobgesang in der
kath. Messe); Glo|ri|en|schein;
glo|ri|fi|zie|ren; Glo|ri|fi|zie-
rung; Glo|ri|o|le, die; -, -n (Heili-
genschein)
glo|sen mdal. (glühen, glimmen)
Glos|se, die; -, -n (spöttische
[Rand]bemerkung, auch als po-
lemische feuilletonistische Kurz-
form); glos|sie|ren
Glotz|au|ge (ugs.); glotz|äu|gig
(ugs.); glot|zen (ugs.)
Glück, das; -[e]s; Glück auf!
(Bergmannsgruß); glück|brin-
gend
Glucke[1], die; -, -n; glucken[1]
glücken[1]
gluckern[1]
glück|haft; glück|lich; glück|li-
cher|wei|se; Glück|sa|che
(seltener für: Glückssache);
glück|se|lig; Glück|se|lig|keit,
die; -, (selten:) -en

glück|sen
Glücks_fall, der, ...kind,
...pfen|nig, ...pilz, ...sa|che
(die; -), ...spiel, ...stern (der;
-s); glück|strah|lend; Glücks-
zahl; glück|ver|hei|ßend;
Glück|wunsch; Glück zu!;
Glück|zu, das; -
Glu|co|se [...*ko*...], die; - (Che-
mie: Traubenzucker)
Glüh|bir|ne; glü|hen; glüh|heiß;
Glüh_lam|pe, ...wein,
...würm|chen
Glupsch|au|gen, die (nordd.)
Mehrz.; glup|schen nordd.
(starr blicken)
Glut, die; -, -en; glut|äu|gig;
Glut|hit|ze
Gly|ze|rin (chem. fachspr.: Glyce-
rin [...*ze*...]), das; -s (dreiwer-
tiger Alkohol); Gly|zi|nie [...*i*e],
die; -, -n (ein Kletterstrauch)
Gna|de, die; -, -n; Gna|den_akt,
...brot (das; -[e]s), ...frist,
...ge|such; gna|den|los; Gna-
den|weg; gnä|dig
Gneis, der; -es, -e (ein Gestein)
Gnom, der; -en, -en (Kobold;
Zwerg); gno|men|haft (in der
Art eines Gnomen)
Gnu, das; -s, -s (ein Steppenhuf-
tier)
Goal [*gol*], das; -s, -s (veralt.,
aber noch österr. u. schweiz. für:
Tor [beim Fußball])
Go|be|lin [...*läng*], der; -s, -s
(Wandteppich mit eingewirkten
Bildern)
Gockel [*Trenn*.: Gok|kel], der; -s,
- (bes. südd.: Hahn)
goe|thesch, goe|thisch [*gö*...]
(nach Art Goethes; nach Goethe
benannt)
Go-go-Girl [*gogogö'l*], das; -s,
-s (Vortänzerin in Tanzlokalen)
Go-in [*go*u*in*], das; -s, -s (unbe-
fugtes [gewaltsames] Eindrin-
gen demonstrierender Gruppen,
meist um eine Diskussion zu er-
zwingen)
Go-Kart [*go*u...], der; -[s], -s
(niedriger, unverkleideter kleiner
Sportrennwagen)

Gold, das; -[e]s (chem. Grundstoff, Edelmetall; Zeichen: Au); **gold|ähn|lich; Gold_am|mer** (ein Singvogel), **...am|sel, ...bar|ren, ...barsch; goldblond; Gold_bro|kat, ...bronze; gol|den; gold_far|ben, ...far|big; Gold_fa|san, ...fisch; gold|gelb; Gold_grä|ber, ...gru|be; gol|dig; Gold_klum|pen, ...le|gie|rung, ...me|dail|le, ...mi|ne, ...mün|ze, ...pa|pier, ...par|mä|ne** (eine Apfelsorte; die; -, -n), **...re|gen** (ein Strauch, Baum), **...reser|ve; gold|rich|tig** (ugs.); **Gold_schmied, ...schnitt, ...waa|ge, ...wäh|rung, ...zahn**

¹**Golf**, der; -[e]s, -e (größere Meeresbucht)

²**Golf**, das; -s (ein Rasenspiel); - spielen; **Gol|fer**, der; -s, - (Golfspieler); **Golf_platz, ...schlä|ger**

Go|li|ath, der; -s, -s (riesiger Mensch)

Gon|del, die; -, -n (schmales Ruderboot; Korb am Luftballon od. Kabine am Luftschiff); **gon|deln** (ugs.: [gemächlich] fahren); **Gon|do|lie|re**, der; -, ...ri (Gondelführer)

Gong, der (selten: das); -s, -s; **gon|gen**; es gongt; **Gongschlag**

gön|nen; Gön|ner; gön|ner|haft; Gön|ner|mie|ne

Go|no|kok|kus, der; -, ...kken (eine Bakterienart); **Go|nor|rhö, Go|nor|rhöe**, die; -, ...rrhöen (Tripper); **go|nor|rho|isch**

good|bye! [_gụd bại_] (leb[t] wohl!)

Good|will [_gụdwil_], der; -s (Ansehen)

Gör, das; -[e]s, -en u. **Gö|re**, die; -, -n ([kleines] Kind; ungezogenes Mädchen)

Go|ril|la, der; -s, -s (größter Menschenaffe; ugs.: Leibwächter hoher Persönlichkeiten)

Go|sche, die; -, -n (landsch. Mund, Maul)

Gos|se, die; -, -n

Go|tik, die; - (Kunststil vom 12. bis 15. Jh.; Zeit des got. Stils); **go|tisch** (im Stil der Gotik)

Gott, der; -es, _Mehrz._: Götter; um -es willen; - sei Dank!; weiß -!; Gott[,] der Herr[,] hat ...; grüß [dich] Gott!; **Göt|ter|bild; gott|er|ge|ben; Göt|ter|spei|se** (auch: Süßspeise), **Got|tes_acker** [_Trenn._: ...ak|ker], **...an|be|te|rin** (Heuschreckenart), **...dienst, ...furcht; got|tesfürch|tig; Got|tes|haus; got|tes|lä|ster|lich; Got|tes|lä|ste|rung, ...sohn** (der; -[e]s), **...ur|teil; gott|ge|fäl|lig, ...gläu|big; Gott|heit**

Göt|tin, die; -, -nen; **gött|lich**; die -e Gnade; **Gött|lich|keit**, die; -; **gott|los**, -este; **Gott|lo|se**, der u. die; -n, -n; **Gott|lo|sig|keit**

gott|se|lig; Gott|se|lig|keit, die; -; **gotts_er|bärm|lich, ...jäm|mer|lich; Gott|va|ter**, der; -s (meist ohne Geschlechtsw.); **gott|ver|las|sen; Gott|ver|trau|en; gott|voll; Göt|ze**, der; -n, -n (Abgott); **Göt|zen_bild, ...dienst**

Gou|da|kä|se [_ehauda..._ und _da..._]

Gou|ver|nan|te [_guw..._], die; -, -n (veralt.: Erzieherin); **Gou|ver|neur** [_...nọr_], der; -s, -e (Statthalter)

Grab, das; -[e]s, Gräber; zu -e tragen; **gra|ben; grub, gegraben; Gra|ben**, der; -s, Gräben; **Grä|ber_feld; Gra|bes_käl|te, ...stil|le; Grab_ge|sang, ...hü|gel, ...mal** (_Mehrz._ ...male), **...re|de, ...stät|te, ...stein, ...sti|chel** (ein Werkzeug)

Gracht, die; -, -en (Wassergraben, Kanal[straße] in Holland)

Grad, der; -[e]s, -e (Temperatureinheit; Einheit für Winkel; Zeichen: °); es ist heute einige - wärmer; ein Winkel von 30 °

gra|de (ugs. für: gerade)

Grad|mes|ser, der; **gra|du|ell** (grad-, stufenweise, allmählich); **Gra|du|ier|te,** der u. die; -n, -n (jmd., der einen akademischen Grad besitzt); **Gra|du|ie|rung; Grad|un|ter|schied; grad|wei|se**

Graf, der; -en, -en; **Gra|fen|ti|tel Gra|fik** usw. (eindeutschende Schreibung von: Graphik usw.)

Grä|fin, die; -, -nen; **gräf|lich,** im Titel: Gräflich; **Graf|schaft Gra|ham|brot**

gram; jmdm. - sein; **Gram,** der; -[e]s; **gra|men,** sich; **gram|er|füllt,** aber: von Gram erfüllt; **gräm|lich**

Gramm, das; -s, -e (Zeichen: g); 2 -; **Gram|ma|tik,** die; -, -en; **gram|ma|ti|ka|lisch; Gram|ma|ti|ker; gram|ma|tisch**

Gram|mo|phon ®, das; -s, -e (Schallplattenspieler)

gram|voll

Gra|nat, der; -[e]s, -e (österr.: der; -en, -en) (ein Halbedelstein)

Gra|nat|ap|fel (Frucht des Granatbaumes), **...baum** (immergrüner Baum des Orients); **Gra|na|te,** die; -, -n; **Gra|nat|split|ter, ...trich|ter, ...wer|fer**

Grand [*grang*, ugs. auch *grang*], der; -s, -s („Großspiel" beim Skat)

Grand|ho|tel [*grang*...]; **gran|di|os** (großartig, überwältigend); -este; **Grand Prix** [*grang pri*], der; - - (fr. Bez. für: „großer Preis"); **Grand|sei|gneur** [*grangßänjör*], der; -s, -s u. -e („vornehmer Herr")

Gra|nit, der; -s, -e (ein Gestein); **gra|nit|ar|tig; Gra|nit|block** (*Mehrz.* ...blöcke); **gra|ni|ten** (aus Granit)

Gran|ne, die; -, -n (Ährenborste); **gran|nig**

gran|tig (landsch. übellaunig)

Gra|nu|lat, das; -[e]s, -e (Substanz in Körnchenform)

Grape|fruit [*grepfrut*, engl. Aus-

spr.: *gré'pfrut*], die; -, -s (eine Art Pampelmuse)

Gra|phik[1], die; -, (für Einzelblatt auch *Mehrz.:*) -en (Sammelbezeichnung für Holzschnitt, Kupferstich, Lithographie u. Handzeichnung); **Gra|phi|ker**[1]; **gra|phisch**[1]; -e Darstellung (Schaubild); -es Gewerbe; **Gra|phit,** der; -s, -e (ein Mineral); **gra|phit|grau; Gra|pho|lo|ge,** der; -n, -n; **Gra|pho|lo|gie,** die; - (Lehre von der Deutung der Handschrift als Ausdruck des Charakters)

grap|schen (ugs.: schnell nach etwas greifen; österr. ugs.: stehlen)

Gras, das; -es, Gräser; **Gras|af|fe** (Schimpfwort für: unreifer Mensch; früher auch: junger Mensch); **Gras|flä|che; gras|grün; Gras_halm, ...hüp|fer, ...mücke** [*Trenn.:* ...mük|ke] (die; -, -n; Singvogel)

gras|sie|ren (sich ausbreiten; wüten [von Seuchen])

gräß|lich; Gräß|lich|keit

Grat, der; -[e]s, -e (Kante; Bergkamm[linie]; Schneide); **Grä|te,** die; -, -n (Fischknochen); **grä|ten|los**

Gra|ti|fi|ka|ti|on [...*zion*], die; -, -en ([freiwillige] Vergütung, Entschädigung, [Sonder]zuwendung, Ehrengabe)

gra|tis; - und franko

Grät|sche, die; -, -n (eine Turnübung); **grät|schen** ([die Beine] seitwärts spreizen)

Gra|tu|lant, der; -en, -en; **Gra|tu|la|ti|on** [...*zion*], die; -, -en; **gra|tu|lie|ren**

grau; - in - malen; **Grau,** das; -s, - u. (ugs.:) -s (graue Farbe); **grau|blau; Grau|brot**

[1]**grau|en;** mir (seltener: mich) graut [es] vor dir

---

[1] Häufig in eindeutschender Schreibung: Grafik, Grafiker, grafisch

²**grau|en** (allmählich hell, dunkel werden; dämmern); der Morgen graut

Grau|en, das; -s (Schauder, Furcht); **grau|en|er|re|gend; grau|en|haft; grau|en|voll**

grau|len (sich fürchten); es grault mir; (ugs.:) ich graule mich

gräu|lich, (auch:) **grau|lich** [zu: grau]; **grau|me|liert;** das -e Haar

Grau|pe, die; -, -n (meist *Mehrz.*; [Getreide]korn); **Grau|pel,** die; -, -n (meist *Mehrz.*; Hagelkorn); **grau|peln; Grau|pel|schau|er; Grau|pen|sup|pe**

Graus, der; -es (Schrecken); o -!

grau|sam; Grau|sam|keit; grau|sen (sich fürchten); mir (mich) grauste; sich -; **Grau|sen,** das; -s; **grau|sig** (grauenerregend, gräßlich); **graus|lich** bes. österr. (unangenehm, häßlich)

Gra|veur [...*wör*], der; -s, -e (Metall-, Steinschneider, Stecher); **gra|vie|ren** [...*wir*ᵉ*n*] ([in Metall, Stein] [ein]schneiden)

gra|vie|rend (erschwerend; belastend); **Gra|vi|ta|ti|on** [...*zion*], die; - (Schwerkraft, Anziehungskraft); **gra|vi|tä|tisch** (würdevoll)

Gra|zie [...*i*ᵉ] (Anmut), die; -, (für: eine der 3 röm. Göttinnen der Anmut und scherzh. für: anmutige, hübsche junge Dame auch *Mehrz.*:) -n

gra|zil (schlank, geschmeidig)

gra|zi|ös (anmutig)

Green|horn [*grin*...], das; -s, -s (engl. Bez. für: Grünschnabel, Neuling)

Gre|go|ria|nisch (von Gregorius herrührend); der -e Kalender

Greif, der; -[e]s u. -en, -en (Fabeltier [Vogel]; auch: Tagraubvogel)

greif|bar; grei|fen; griff, gegriffen; um sich -; zum Greifen nahe; **Grei|fer**

grei|nen (ugs.: weinen)

Greis, der; -es, -e; **Grei|sin,** die; -, -nen

grell; grellrot usw.

Gre|mi|um, das; -s, ...ien [...*i*ᵉ*n*] (Gemeinschaft, Körperschaft)

Gre|na|dier, der; -s, -e (Infanterist)

Gren|ze, die; -, -n; **gren|zen; gren|zen|los; Grenz_fall,** der, ...**gän|ger,** ...**über|tritt,** ...**verkehr**

Greu|el, der; -s, -; **Greu|el|tat; greu|lich**

Grie|be, die; -, -n (ausgebratener Speckwürfel); **Grie|ben_fett** (das; -[e]s), ...**wurst**

Grie|che, der; -n, -n; **grie|chisch**

grie|nen (ugs.: spöttisch lächeln, grinsen)

Gries|gram, der; -[e]s, -e; **gries|grä|mig**

Grieß, der; -es, -e; **Grieß|brei**

Griff, der; -[e]s, -e; **griff|be|reit**

Grif|fel, der; -s, -

griff|fest [*Trenn.*: griff|fest]; **grif|fig**

Grill, der; -s, -s (Bratrost)

¹**Gril|le,** die; -, -n (Laune); ²**Grille,** die; -, -n (ein Insekt)

gril|len (auf dem Grill braten)

Gri|mas|se, die; -, -n (Fratze)

grimm (veralt.: zornig); **Grimm,** der; -[e]s

grim|mig; Grimm|ig|keit, die; -

Grind, der; -[e]s, -e (Schorf)

grin|sen

Grip|pe, die; -, -n (eine Infektionskrankheit); **Grip|pe_epi|de|mie,** ...**vi|rus,** ...**wel|le**

Grips, der; -es, -e (ugs.: Verstand, Auffassungsgabe)

grob; gröber, gröbste; **Grob|heit; Grob|bi|an,** der; -[e]s, -e (grober Mensch)

Grog, der; -s, -s (heißes Getränk aus Rum [Arrak od. Weinbrand], Zucker u. Wasser); **grog|gy** [...*gi*] (Boxsport: schwer angeschlagen; auch allg. für: zerschlagen, erschöpft)

grö|len (ugs.: schreien, lärmen)

Groll, der; -[e]s; **grol|len**

Gros [*gro*], das; - [*gro*(*ß*)], -

[*groß*] (Hauptmasse [des Heeres]); **Gro|schen**, der; -s, - (österr. Münze; Abk.: g [100 Groschen = 1 Schilling]; ugs. für: dt. Zehnpfennigstück); **Groschen|heft**

groß; größer, größte; großenteils, größer[e]nteils, größtenteils; im großen [und] ganzen; groß und klein (jedermann); die großen Ferien; etwas Großes; Otto der Große (Abk.: d. Gr.), *Wesf.*: Ottos des Großen; **groß|ar|tig; Groß|buch|sta|be; Grö|ße**, die; -, -n; **Groß_el|tern**, die (*Mehrz.*), **...en|kel; Grö|ßen|wahn; größen|wahn|sin|nig; grö|ßer**; vgl. groß; **Groß_grund|be|sitz, ...han|del, ...händ|ler, ...herzog, ...hirn, ...in|du|stri|el|le**

Gros|sist (Großhändler)

groß|jäh|rig (volljährig); **Großjäh|rig|keit**, die; -; **Groß|kopfe|te**, (bes. bayr., österr.:) **Großkopf|fer|te**, der; -n, -n (ugs. abschätzig für: einflußreiche Persönlichkeit); **groß|ma|chen**, sich - (ugs. für: sich rühmen, prahlen); **Groß|macht; Großmanns|sucht**, die; -; **großmut** (die; -); **groß|mü|tig; Groß|mut|ter** (*Mehrz.* ...mütter); **Groß|rei|ne|ma|chen**, das; -s; **groß|schrei|ben** (ugs. für: hochhalten, besonders schätzen); a b e r: **groß schrei|ben** (mit großem Anfangsbuchstaben schreiben); **Groß|schrei|bung; Groß_stadt, ...städ|ter; größte**; vgl. groß; **Groß|teil**, der; **größ|ten|teils; größt|möglich**, dafür besser: möglichst groß; falsch: größtmöglichst; **groß|tun** (prahlen); **Groß|vater; groß|zie|hen** (Lebewesen aufziehen); **groß|zü|gig**

gro|tesk (wunderlich, grillenhaft; überspannt, verzerrt); **Gro|teske**, die; -, -n (phantastische Erzählung; ins Verzerrte gesteigerter Ausdruckstanz)

Grot|te, die; -, -n

Grüb|chen; Gru|be, die; -, -n

Grü|be|lei; grü|beln

Grü|ben_ar|bei|ter, ...un|glück

grüb|le|risch

Gruft, die; -, Grüfte

grün; er ist mir nicht grün (ugs.: gewogen) am grünen Tisch; die grüne Minna (ugs.: Polizeiauto); dasselbe in Grün (ugs.: [fast] genau dasselbe); der Grüne Donnerstag; **Grün**, das; -s, - (ugs.: -s) (grüne Farbe); bei Grün darf man die Straße überqueren; **Grün|an|la|ge** (meist *Mehrz.*)

Grund, der; -[e]s, Gründe; im Grunde; auf Grund[1] [dessen, von]; **Grund_be|sitz, ...buch, ...ei|gen|tum, ...eis; grün|deln** (von Enten: Nahrung unter Wasser suchen); **grün|den**; gegründet (Abk.: gegr.); **Grün|der; grund|falsch; Grund|ge|setz** (Statut); Grundgesetz für die Bundesrepublik Deutschland vom 23. Mai 1949 (Abk.: GG); **grun|die|ren** (Grundfarbe auftragen); **Grund|la|ge; grund|le|gend; gründ|lich; Gründ|lich|keit**, die; -; **grund|los; Grundnah|rungs|mit|tel**

Grün|don|ners|tag

Grund_recht, ...satz; grundsätz|lich; Grund|schu|le, ...stück; Grund und Boden, der; - - -s; **Grün|dung; Grund_was|ser** (*Mehrz.* ...wasser), **...zahl** (für: Kardinalzahl)

[1]**Grü|ne**, das; -n; Fahrt ins -;
[2]**Grü|ne**, der u. die; -n, -n (meist *Mehrz.*; Angehörige[r] einer Gruppierung der Umweltschützer); **grü|nen** (grün werden); **Grün_flä|che, ...kern** (Suppeneinlage), **...kohl** (der; -[e]s), **...schna|bel** (ugs.: unreifer Mensch)

grun|zen

Grün|zeug

Grup|pe, die; -, -n; **Grup|pen_bild, ...füh|rer, ...sex, ...the|ra|pie; grup|pie|ren; Grup|pie|rung;**

---

[1] Häufig auch schon: aufgrund.

Grus, der; -es, -e verwittertes Gestein; zerbröckelte Kohle

gru|se|lig, grus|lig (Furcht erregend); **Gru|sel|mär|chen; gru|seln;** mir od. mich gruselt's

grus|lig vgl. gruselig

Gruß, der; -es, Grüße; **grü|ßen;** grüß [dich] Gott! grüß Gott sagen

Grüt|ze, die; -, -n

G-Sai|te [*ge*...] (Musik)

gucken[1]; vgl. auch: kucken; **Guck|fen|ster; Guck|in|die|luft;** Hans -; **Guck|loch**

Gue|ril|la [*geril(j)a*], die; -, -s (Kleinkrieg) u. der; -[s]; - (meist *Mehrz.*) (Angehöriger einer bewaffneten Bande, die einen Kleinkrieg führt); **Gue|ril|la|krieg**

Gu|gel|hopf schweiz. (svw. Gugelhupf); **Gu|gel|hupf,** der; -[e]s, -e südd., österr. u. seltener schweiz. (eine Art Napfkuchen)

Guil|lo|ti|ne [*giljo*..., auch *gijotin*[e]], die; -, -n (Fallbeil)

Gu|lasch, das (auch: der, österr. nur: das); -[e]s, -e (österr. nur so) u. -s; **Gu|lasch|ka|no|ne** (scherzh.: Feldküche), **...sup|pe**

Gul|den, der, -s, - (niederl. Münzeinheit; Abk.: hfl)

gül|tig; Gül|tig|keit, die; -

Gumt|mi, das (auch, österr. nur: der); -s, -[s], (Radiergummi:) der; -s, -s; **gum|mie|ren** (mit Gummi bestreichen); **Gum|mi|_lö|sung** (ein Klebstoff), **...soh|le, ...stie|fel**

Gunst, die -; zu seinen Gunsten, a b e r : zugunsten der Armen; **gün|stig; Günst|ling**

Gur|gel, die; -, -n; **gur|geln**

Gur|ke, die; -, -n; **Gur|ken|sa|lat**

gur|ren; die Taube gurrt

Gurt, der; -[e]s, -e; **Gür|tel,** der; -s, -; **Gür|tel_li|nie, ...rei|fen**

Guß, der; Gusses, Güsse; **Guß|ei|sen**

Gu|sto, der; -s, -s (veralt.: Geschmack, Geschmacksrichtung;

Neigung) gelegentl. noch üblich in: das ist nach seinem -

gut; besser (vgl. d.), beste (vgl. d.) guten Abend sagen; im guten sagen; jenseits von Gut und Böse; des Guten zuviel tun; etwas Gutes; alles Gute; **Gut,** das; -[e]s, Güter; zugute halten; **Gut|ach|ten,** das; -s, -; **Gut|ach|ter; gut|ar|tig; gut|aus|se|hend; gut|bür|ger|lich; Gut|dün|ken,** das; -s; nach [seinem] -; **Gü|te,** die; -; **Gu|te|nacht|kuß; Gü|ter_bahn|hof, ...zug; gut|ge|hen** (sich in einem angenehmen Zustand befinden; ein gutes Ende nehmen); das ist zum Glück noch einmal gutgegangen; a b e r : **gut ge|hen;** die Bücher werden gut gehen (gut abgesetzt werden); **gut|ge|hend;** ein -es Geschäft; **gut_ge|launt, ...ge|meint, ...gläu|big; gut|ha|ben** (Kaufmannsspr.: zu fordern haben); du hast bei mir noch 10 DM gut; a b e r : **gut ha|ben;** er hat es zu Hause gut gehabt; **Gut|ha|ben,** das; -s, -; **gut|hei|ßen** (billigen); **gut|her|zig; gü|tig; güt|lich** etwas - regeln; sich - tun; **gut|ma|chen** (auf gütlichem Wege erledigen, in Ordnung bringen; erwerben, Vorteil erringen); a b e r : **gut ma|chen** (gut ausführen); er hat seine Sache gut gemacht; **gut|mü|tig; Gut|mü|tig|keit,** die; -, (selten:) -en; **Guts|be|sit|zer; Gut|schein; gut|schrei|ben** (anrechnen); **Gut|schrift** (Eintragung einer Summe als Guthaben); **gut sein** (freundlich gesinnt sein); jmdm. - -; **Gut|sel,** das; -s, - landsch. (Bonbon); **Guts_herr, ...hof; gut|si|tu|iert** (in guten Verhältnissen lebend, wohlhabend); **gut tun** (wohltun); die Wärme hat dem Kranken gutgetan; **gut|un|ter|rich|tet; gut wer|den;** das wird schon - -; **gut|wil|lig**

Gym|na|si|al|leh|rer; Gym|na|si|ast, der; -en, -en (Schüler ei-

---

[1] Trenn.: ...uk|k...

nes Gymnasiums); **Gym|na|si-um,** das; -s, ...ien [...*i*ⁿ*n*] (in Deutschland, Österreich u. der Schweiz: Form der höheren Schule); **Gym|na|stik,** die; - **Gy|nä|ko|lo|ge,** der; -n, -n (Frauenarzt); **Gy|nä|ko|lo|gie,** die; - (Frauenheilkunde); **gy|nä|ko|lo|gisch**

H

H (Buchstabe); das H; des H, die H

h, H, das; -, - (Tonbezeichnung)

ha!; haha!

Haar, das; -[e]s, -e; vgl. aber: Härchen; **Haar|aus|fall; haa-ren;** sich -; der Hund hat sich gehaart; **Haa|res|brei|te,** die; um -; **Haar|far|be, haar|ge|nau; haar|sträu|bend**

Ha|be, die; -; vgl. Hab und Gut; **ha|ben;** hatte, gehabt; ich habe auf dem Tische Blumen stehen (nicht: ... zu stehen); **Ha|ben,** das; -s, -; [das] Soll und [das] -; **Ha|be|nichts,** der; - u. -es, -e; **Ha|ben-sei|te** (eines Kontos); **Hab|gier,** die; -; **hab|gie-rig; hab|haft;** des Diebes - werden

Ha|bicht, der; -s, -e

Ha|bi|li|ta|ti|on [...*zion*], die; -, -en (Erwerb der Lehrberechtigung an Hochschulen); **ha|bi|li-tie|ren,** sich (die Lehrberechtigung an Hochschulen erwerben)

Hab|se|lig|keit, die; -, -en (meist *Mehrz.*) (Besitztum); **Hab-sucht,** die; **-; hab|süch|tig; Hab und Gut,** das; - - -[e]s

hach!

Hach|se, (südd.:) **Ha|xe,** die; -, -n (unteres Bein von Kalb od. Schwein)

Hack_beil, ...bra|ten

¹**Hacke¹,** die; -, -n u. Hacken¹ der; -s, - (Ferse)

²**Hacke¹,** die; -, -n (ein Werkzeug); **hacken¹** (hauen)

Hacken¹ vgl. ¹Hacke

Hacke|pe|ter¹, der; -s - nordd. (ein Gericht aus Gehacktem); **Hack|fleisch; Häck|sel,** das od. der; -s (Schnittstroh)

Ha|der, der; -s (Zank, Streit); **ha-dern**

Ha|des, der; - (Unterwelt)

Ha|fen, der; -s, Häfen (Lande-, Ruheplatz); **Ha|fen_ar|bei|ter, ...stadt**

Ha|fer, der; -s, (fachspr.:) -; **Ha-fer_brei, ...flocken** [*Trenn.*: ...flok|ken], die (*Mehrz.*)

Haff, das; -[e]s, -s od. -e (durch Nehrungen vom Meere abge-trennte Küstenbucht)

Haft, die; - (Gewahrsam); **Haft-be|fehl; haf|ten; haf|ten|blei-ben; haft|fä|hig; Häft|ling; Haft|pflicht; Haft|pflicht|ver-si|che|rung; Haf|tung**

Ha|ge|but|te, die; -, -n

Ha|gel, der; -s; **ha|geln;** es hagelt

ha|ger; Ha|ger|keit, die; -

Ha|ge|stolz, der; -es, -e ([alter] Junggeselle)

haha!, hahaha!

Hä|her, der; -s, - (ein Rabenvo-gel)

Hahn, der; -[e]s, Hähne (in der Technik auch: -en); **Hähn|chen; Hah|nen|fuß** (auch [nur *Einz.*]: Wiesenblume); **Hahn|rei,** der; -[e]s, -e (betrogener Ehemann)

Hai, der; -[e]s, -e (ein Raubfisch)

Hai|fisch

Hain, der; -[e]s, -e (dicht.: Wald, Lustwäldchen); **Hain_bu|che** (ein Baum)

Häk|chen (kleiner Haken); **hä-keln; Hä|kel|na|del; ha|ken; Ha|ken,** der; -s, -; **Ha|ken|kreuz**

halb; es ist halb eins; ein halbes Brot; einen Halben (Schoppen); das ist nichts Halbes und nichts Ganzes; **Halb|dunkel; Hal|be,** der, die, das; -n, -n; **hal|be|hal-be;** [mit jemandem] - machen

---

¹ *Trenn.*: ...k|k...

¹ *Trenn.*: ...k|k...

(ugs. für: teilen); **hal|ber**; mit *Westf.*: gewisser Umstände -; **Halb|fi|na|le** (Sport); **hal|bie|ren**; **Halb|in|sel**; **halb|jäh|rig** (ein halbes Jahr alt, ein halbes Jahr dauernd); **halb|jähr|lich** (jedes Halbjahr wiederkehrend, alle halben Jahre); **Halb_kreis, ...ku|gel**; **halb|links**; er spielt halblinks; **halb|mast** (als Zeichen der Trauer); [Flagge] - hissen; **Halb|mond**; **halb|of|fen**; die halboffene Tür; **halb|part** (zu gleichen Teilen) - machen (teilen); **Halb|pen|si|on**, die; - (Wohnung mit Frühstück u. einer warmen Mahlzeit); **halb|rechts**; er spielt - halbrechts; **Halb_schlaf, ...schuh, ...schwer_ge|wicht** (Körpergewichtsklasse in der Schwerathletik); **halb_staat|lich**; ein -er Betrieb; **Halb|star|ke**, der; -n, -n; **Halb_tags|ar|beit**; **halb|voll**; ein halbvolles Glas; **Halb_wahr_heit, ...wai|se**; **halb|wegs**; **Halb|wis|sen**; **Halb|wüch|si_ge**, der; -n, -n; **Halb|zeit**

Hal|de, die; -, -n

Hälf|te, die; -, -n; bessere - (scherzh. für: Ehefrau, -mann); **hälf|ten**

[1]**Half|ter**, der od. das; -s, (Zaum ohne Gebiß)

[2]**Half|ter**, die; -, -n, auch: das; -s, - (Pistolentasche [am Sattel])

half|tern (das [1]Halfter anlegen)

Hall, der; -[e]s, -e

Hal|le, die; -, -n

hal|le|lu|ja!; **Hal|le|lu|ja**, das; -s, -s (liturg. Freudengesang)

hal|len (schallen)

Hal|len_bad, ...hand|ball

Hal|lig, die; -, -en (kleine nordfries. Insel im Wattenmeer)

Hal|li|masch, der; -[e]s, -e (ein Pilz)

hal|lo! [auch: *halo*]; **Hal|lo** [auch: *halo*], das; -s, -s; mit großem -

Hal|lu|zi|na|ti_on [...*zion*], die; -, -en (Sinnestäuschung)

Halm, der; -[e]s, -e

Hal|ma, das; -s (ein Brettspiel)

Hals, der; -es, Hälse; **Hals|ab_schnei|der**; **hal|sen** (Seemannsspr.: in Segelschiff auf die andere Windseite bringen); **Hals|ket|te**; **Hals-Na|sen-Oh_ren-Arzt** (Abk.: HNO-Arzt); **Hals|schlag|ader**; **hals|star_rig**; **Hals|tuch** (*Mehrz.* ...tücher); **Hals über Kopf**; **Hals-und Bein|bruch!** (ugs.)

[1]**halt** landsch. (eben, wohl, ja, schon)

[2]**halt!**; halt!; **Halt**, der; -[e]s, -e; keinen - haben; **halt|bar**; **Halt_bar|keit**, die; -; **hal|ten**; hielt, gehalten; an sich -; **Hal|te_punkt**

Hal|te|rung (Haltevorrichtung)

Hal|te_stel|le, ...ver|bot (amtl.: Haltverbot); **halt|los**; -este; **Halt|lo|sig|keit**, die; -; **halt_ma|chen**; ich mache halt; **Hal_tung**; **Halt|ver|bot** vgl. Halteverbot

Ha|lun|ke, der; -n, -n (Schuft, Spitzbube)

hä|misch; -ste

Ham|mel, der; -s, - u. Hämmel; **Ham|mel|bein**; jmdm. die -e langziehen (ugs.: jmdn. heftig tadeln; drillen); **Ham|mel_bra_ten, ...sprung** (parlamentar. Abstimmungsverfahren)

Ham|mer, der; -s, Hämmer (auch im Werkzeug); **Häm|mer|chen**; **häm|mern**; **Ham|mer|wer|fen**, das; -s

Ham|mond|or|gel [*häm*ᵉ*nd*...] (elektroakustische Orgel)

Hä|mo|glo|bin, das; -s (roter Blutfarbstoff; Zeichen: Hb); **Hä_mor|rhoi|de**, die; -, -n (meist *Mehrz.*) (aus krankhaft erweiterten Mastdarmvenen gebildeter Knoten)

Ham|pel|mann (*Mehrz.* ...männer); **ham|peln** (zappeln)

Ham|ster, der; -s, - (ein Nagetier); **Ham|ste|rer** (Mensch, der [gesetzwidrig] Vorräte aufhäuft); **ham|stern**

Hand, die; -, Hände; an Hand

(jetzt häufig: anhand) von Unterlagen; das ist nicht von der Hand zu weisen (ist möglich); **Hand|ar|beit; hand|ar|bei|ten;** gehandarbeitet; vgl. aber: handgearbeitet; **Hand|ball; Hand-ball|er** (Handballspieler), **...be-we|gung;hand|breit;** ein handbreiter Saum; **Hand|breit,** die; -, -; eine Handbreit; **Hand-brem|se; Händ|chen; Hän|de-druck** (*Mehrz.* ...drücke), **...klat|schen** (das; -s)

¹**Han|del,** der; -s (Kaufgeschäft); - treiben; ²**Han|del,** der; -s, Händel (Streit)

han|deln; es handelt sich um ...; **Han|deln,** das; -s; **Han|dels-ab-kom|men, ...bi|lanz; han|dels-ei|nig** od. **...eins; Han|dels|ha-fen, ...kam|mer, ...ma|ri|ne, ...schiff, ...schu|le, ...span|ne; han|dels|üb|lich; Han|dels-ver|trag**

Hän|de|ringen, das; -s; **hän|de-rin|gend; Hän|de|wa|schen,** das; -s; **Hand|fer|tig|keit; hand|fest; Hand-feu|er|waf-fe, ...flä|che; Hand|ge|ar|bei-tet;** ein -es Möbelstück; **Hand-ge|men|ge, ...ge|päck; hand-ge|schrie|ben, Hand|gra|na-te; hand|greif|lich;** - werden; **Hand-griff; ...ha|be,** die; -, -n; **hand|ha|ben;** das ist schwer zu handhaben; **Hand|ha|bung**

Han|di|kap [*händikäp*], das; -s, -s (Benachteiligung, Behinderung; Sport: [Wettkampf mit] Ausgleichsvorgabe); **han|di|ka-pen** [...*käp^en*]; gehandikapt

Hand-in-Hand-Ar|bei|ten, das; -s; **Hand-kä|se, ...kuß, ...lan-ger, ...lauf** (an Treppengeländern)

Händ|ler

Hand|le|se|kunst, die; -; **hand-lich**

Hand|lung; Hand|lungs-ab-lauf, ...be|voll|mäch|tig|te, der u. die, **...rei|sen|de, ...wei|se,** die

Hand-schel|le (Fessel; meist

Mehrz.), **...schlag, ...schrift; hand|schrift|lich; Hand-schuh;** ein Paar -e, **...spie|gel, ...streich, ...ta|sche, ...tuch** (*Mehrz.* ...tücher); **Hand|um-dre|hen,** das; -s; im - (im Augenblick); **Hand|voll,** die; -, -; **Hand-werk, ...wer|ker; Hand|werks-be|trieb, ...zeug; Hand-zei|chen, ...zet|tel**

ha|ne|bü|chen (ugs. für: derb, grob, unerhört)

Hanf, der; -[e]s (eine Faserpflanze); **Hänf|ling** (eine Finkenart); **Hanf|sa|me[n]**

Hang, der; -[e]s, Hänge

Han|gar [auch: ...*gar*], der; -s, -s ([Flugzeug]halle)

Hän|ge-bauch, ...brücke [*Trenn.:* ...brük|ke], **...lam|pe; han|geln** (Turnen); **Hän|ge-mat|te;** ¹**hän|gen;** hing, gehangen; der Rock hing an der Wand; mit Hängen und Würgen (ugs. für: mit Müh und Not); ²**hän-gen;** hängte, gehängt; ich hängte den Rock an die Wand; **hän|gen-blei|ben;** er ist an einem Nagel hängengeblieben; von dem Gelernten ist wenig hängengeblieben; **hän|gen|las|sen** (vergessen); er hat seinen Hut hängenlassen; aber: **hän|gen las|sen;** kann ich meinen Hut hier hängen lassen?; **Hän|ger** (eine Mantelform; auch für: [Fahrzeug]anhänger)

Han|se, die; - (mittelalterl. niederd. Kaufmanns- u. Städtebund); **Han|se|at,** der; -en, -en Hansestädter); **han|se|a|tisch**

Hän|se|lei; hän|seln (necken) **Han|se|stadt; han|se|städ-tisch**

Hans|wurst [auch: *hanß*...], der; -[e]s, -e (scherzh. auch: ...würste)

Han|tel, die; -, -n (Handturngerät)

han|tie|ren (umgehen mit ...)

ha|pern; es hapert (geht nicht vonstatten; fehlt [an])

Häpp|chen; Hap|pen, der; -s, -;

hap|pig (gierig; ungewöhnlich stark)

Hap|py-End, (österr. auch:) Hap|py|end [*häpi änd*], das; -[s], -s (guter Ausgang)

Här|chen [zu: Haar]

Hard|ware [*ha'd"ä'*], die; -, -s (Datenverarbeitung: die apparativen [„harten"] Bestandteile der Anlage; Ggs.: Software)

Ha|rem, der; -s, -s (von Frauen bewohnter Teil des islam. Hauses; auch die Frauen darin)

Har|fe, die; -, -n; **Har|fe|nist,** der; -en, -en (Harfenspieler)

Har|ke, die; -, -n nordd. (Rechen); **har|ken** (rechen)

Har|le|kin [*härlekin*], der; -s, -e (Hanswurst; Narrengestalt)

Harm, der; -[e]s; **här|men,** sich: **harm|los; Harm|lo|sig|keit**

Har|mo|nie, die; -, ...ien; **har|mo|nie|ren; Har|mo|ni|ka,** die; -, -s u. ...ken (ein Musikinstrument); **har|mo|nisch; Har|mo|ni|um,** das; -s, ...ien [...*i*ⁿ] od. -s (Tasteninstrument)

Harn, der; -[e]s, -e; **Harn|bla|se; har|nen**

Har|nisch, der; -[e]s, -e ([Brust]panzer); jmdn. in - (in Wut) bringen

Har|pu|ne, die; -, -n (Wurfspeer [für den Walfang])

har|ren

Harsch, der; -[e]s (hartgefrorener Schnee)

hart; härter, härteste; hart auf hart; **Här|te,** die; -, -n; **Här|te.aus|gleich, ...fall,** der; **här|ten;** sich -; **hart|ge|brannt; hart|ge|kocht; Hart|geld,** das; -[e]s; **hart|ge|sot|ten;** -er Sünder; **hart|her|zig; Hart|kä|se; hart|näckig** [*Trenn.*: ...näk|kig]; **Hart|näckig|keit** [*Trenn.*: näk|kig...], die; -

Harz, das; -es, -e (Stoffwechselprodukt einiger Pflanzen); **har|zen** (Harz ausscheiden)

Hasch, das; -s (ugs.: Haschisch)

Ha|schee, das; -s, -s (Gericht aus feinem Hackfleisch)

¹**ha|schen** (fangen)

²**ha|schen** (ugs.: Haschisch rauchen)

Ha|schen, das; -s; - spielen

Häs|chen

Hä|scher (veralt.: Gerichtsdiener)

ha|schie|ren (Haschee machen)

Ha|schisch, das; - (ein Rauschgift)

Ha|se, der; -n, -n; falscher Hase (Hackbraten)

Ha|sel, die; -, -n (ein Strauch); **Ha|sel.busch, ...maus, ...nuß**

Ha|sen|bra|ten, ...fuß, ...klein (das; -s; [Gericht aus] Innereien, Kopf u. Vorderläufen des Hasen), **...pfef|fer** (Hasenklein); **ha|sen|rein; Ha|sen|schar|te**

Haß, der; Hasses; **has|sen; haß|er|füllt; häß|lich; Häß|lich|keit; Haß|lie|be**

Hast, die; -; **ha|sten; ha|stig hät|scheln**

hat|schi!, hat|zi! [auch: *hat*...] (das Niesen nachahmend)

Häub|chen; Hau|be, die; -, -n

Hau|bit|ze, die; -, -n (Flach- u. Steilfeuergeschütz)

Hauch, der; -[e]s, (selten:) -e; **hauch|dünn; hau|chen; hauch|zart**

Hau|de|gen (alter, erprobter Krieger)

Haue, die; - (ugs. für: Hiebe); - kriegen; **hau|en;** haute (für: „mit dem Säbel, Schwert schlagen, im Kampfe verwunden" u. gehoben: hieb), gehauen (landsch.: gehaut); er hat ihm (auch: ihn) ins Gesicht gehauen; **Hau|er** (Bergmann mit abgeschlossener Ausbildung)

Häuf|chen; Hau|fen, der; -s, -; zuhauf; **häu|fen;** sich -; **hau|fen|wei|se**

häu|fig; Häu|fig|keit, die; -, (selten:) -en

Haupt, das; -[e]s, Häupter; **haupt|amt|lich; Haupt.bahn|hof** (Abk.: Hbf.), **...be|ruf; haupt|be|ruf|lich; Haupt|dar|stel|ler; Haup|tes|län|ge;** um -;

Haupt␣fach, ...film, ...ge|bäu-
de; Häupt|ling; Haupt␣mann
(*Mehrz.* ...leute), ...sa|che;
haupt|säch|lich; Haupt␣satz,
...schu|le, ...stadt (Abk.:
Hptst.), ...stra|ße, ...teil, der;
Haupt- und Staats|ak|ti|on;
Haupt␣ver|kehrs|stra|ße, die,
...ver|samm|lung, ...wort (für:
Substantiv; *Mehrz.* ...wörter)
hau ruck!, ho ruck!; Hau|ruck,
das; -s; mit einem kräftigen -
Haus, das; -es, Häuser; außer
Haus; zu, nach Hause (auch:
Haus); von zu Haus[e] (ugs.);
Haus␣an|ge|stell|te, die,
...arzt, ...auf|ga|be; haus-
backen [*Trenn.:* ...bak|ken];
Haus␣bau (*Mehrz.* ...bauten),
...be|set|zer (jmd., der wider-
rechtlich in ein leerstehendes
Haus einzieht), ...be|set|zung,
...be|sit|zer, ...be|woh|ner;
Häus|chen (das; -s, - u. Häuser-
chen); hau|sen; Häu|ser␣block
(*Mehrz.* ...blocks), ...meer;
Haus␣flur, der, ...frau; haus-
ge|macht; -e Nudeln; Haus-
halt, der; -[e]s, -e; haus|hal-
ten; Haus|häl|te|rin, die; -,
-nen; Haus|herr; haus|hoch;
haushohe Wellen; hau|sie|ren
(von Haus zu Haus Handel trei-
ben); Hau|sie|rer; Häus|ler
(Tagelöhner mit kleinem Grund-
besitz); häus|lich; Haus|ma-
cher␣art (die; -; nach -),
...wurst; Haus|manns|kost;
Haus␣mar|ke, ...putz, ...rat
(der; -[e]s), ...schuh, ...stand
(der; -[e]s), ...tier, ...tür;
Haut, die; -, Häute; zum Aus-der-
Haut-Fahren; Haut␣arzt,
...aus|schlag; Häut|chen;
Haut|creme; häu|ten; sich -;
haut|eng; -es Kleid; Haut␣far|be,
...krank|heit; haut|nah
Ha|xe, die; -, -n (südd. Schrei-
bung von: Hachse)
Ha|zi|en|da, die; -, -s (auch
...den) (südamerik. Farm)
he!; heda!
Hea|ring [*hiring*], das; -[s], -s

(öffentliche, parlamentarische
Anhörung)
Heb|am|me, die; -, -n
He|bel, der; -s, -; Hebel␣arm,
...griff; he|ben; hob, gehoben
he|brä|isch; -e Schrift
He|chel, die; -, -n; he|cheln
Hecht, der; -[e]s, -e; hech|ten
(ugs. für: einen Hechtsprung ma-
chen); Hecht|sprung
Heck, das; -[e]s, -e od. -s
(Schiffshinterteil); Heck|an-
trieb; Hecke[1], die; -, -n (Um-
zäunung aus Sträuchern);
Hecken|ro|se[1]
Heck|meck, der; -s (ugs.: Ge-
schwätz, Unsinn)
Heck|mo|tor
he|da!
Heer, das; -[e]s, -e; Hee|res␣be-
richt, ...lei|tung; Hee|res|zug,
Heer|zug; Heer␣füh|rer, ...la-
ger (*Mehrz.* ...lager); Heer|zug,
Hee|res|zug
He|fe, die; -, -n He|fe␣(veralt.,
aber noch landsch.: Hefen␣)ku-
chen, ...teig
Heft, das; -[e]s, -e; hef|ten; ge-
heftet (Abk.: geh.); die Akten
wurden gehentet; Hef|ter (Map-
pe zum Abheften)
hef|tig; Hef|tig|keit
Heft␣klam|mer, ...pfla|ster
He|ge, die; - (alle Maßnahmen
zur Pflege u. zum Schutz des Wil-
des)
He|ge|mo|nie, die; -, ...ien [staat-
liche] Vorherrschaft)
he|gen
Hehl, das (auch: der); kein (auch:
keinen) - daraus machen; heh-
len; Heh|ler; Heh|le|rei
hehr (erhaben; heilig)
hei!; heia|po|peia!, heio|po-
peio!, eia|po|peia!; hei|da!
[auch: *haida*]
[1]Hei|de, der; -n, -n (Nichtchrist;
Nichtjude; der Ungetaufte, auch:
Religionslose; jmd., der nicht an
einen Gott glaubt)
[2]Hei|de, die; -, -n (sandiges, un-

---

[1] *Trenn.:* ...k|k...

bebautes Land; Heidekraut);
Hei|de|kraut, das; -[e]s; **Hei-
del|bee|re**
Hei|den|tum (das; -s), **...volk**
hei|di! [auch: _haidí_] niederd. (lu-
stig!; schnell!)
heid|nisch
Heid|schnucke [_Trenn._: schnuk-
ke] (Schaf einer bestimmten
Rasse)
hei|kel (südd. u. österr. auch für:
wählerisch [beim Essen])
heil; Heil, das; -[e]s; Ski -!; **Hei-
land**, der; -[e]s, -e; **Heil|an-
stalt; heil|bar; Heil|butt** (ein
Fisch); **hei|len; Heil|er|de; heil-
froh; Heil|gym|na|stik; hei|lig**
(Abk.: hl.); das heilige Abend-
mahl; der Heilige Abend; **Hei-
lig|abend; Hei|li|ge**, der u. die;
-n, -n; **hei|li|gen; Hei|li|gen-
_bild, ...schein; Hei|lig|geist-
kir|che; hei|lig|hal|ten** (feiern);
Hei|lig|keit, die; -; Seine - (der
Papst); **hei|lig|spre|chen** (zum
od. zur Heiligen erklären); **Hei-
lig|tum; heil|kräf|tig; Heil-
kun|de**, die; -, -n; **heil|kun|dig;
heil|los; Heil_pflan|ze,
...prak|ti|ker; Heils|ar|mee**,
die; -;
**Hei|lung; Hei|lungs|pro|zeß
Heim**, das; -[e]s, -e; **Heim|ar-
beit; Hei|mat**, die; -, (selten:)
-en; **Hei|mat_ha|fen, ...kun|de**
(die; -), **...land** (_Mehrz._ län-
der); **hei|mat|lich; hei|mat|los;
Hei|mat_stadt, ...ver|trie|be-
ne; heim|be|ge|ben**, sich;
**heim|be|glei|ten; heim|brin-
gen; Heim|chen** (eine Grille);
hei|me|lig (anheimelnd); **heim-
fah|ren; Heim|fahrt; heim-
füh|ren; Heim|gang**, der; -[e]s;
**heim|ge|gan|gen; heim|ge-
hen; -; hei|misch; Heim|kehr**,
die; -; **heim|keh|ren; Heim-
_keh|rer, ...lei|ter**, der; **heim-
leuch|ten**; jmdm. - (ugs.: derb
abfertigen); **heim|lich; Heim-
lich_keit, ...tu|er; heim|lich-
tun**; (geheimnisvoll tun); a b e r :
heim|lich tun; er hat es heimlich

getan; **heim|rei|sen; heim|su-
chen**; er wurde vom Unglück
schwer heimgesucht; **Heim_su-
chung, ...tücke**[1]; **heim-
tückisch**[1]; **Heim_weg** (der;
-[e]s), **...weh** (das; -s); **Heim-
wer|ker** (jmd., der handwerk-
liche Arbeiten zu Hause selbst
macht; Bastler); **heim|zah|len;**
jmdm. etwas -
Hei|ni, der; -s, -s (ugs.: einfältiger
Mensch) ein doofer -
Hein|zel|männ|chen (hilfreicher
Hausgeist)
heio|po|peio!, heia|po|peia!, eia-
po|peia!
Hei|rat, die; -, -en; **hei|ra|ten;
Hei|rats_an|trag, ...an|zei|ge,
...schwind|ler, ...ver|mitt|ler
hei|sa!**, hei|ßa!
hei|schen (geh., dicht.: fordern)
hei|ser; Hei|ser|keit, die; -, (sel-
ten:) -en
heiß; -er, -este; am -esten; jmdm.
die Hölle heiß machen (ugs.:
jmdm. Angst machen); ein heißes
Eisen (ugs.: eine schwierige An-
gelegenheit); heißer Draht ([te-
lefon.] Direktverbindung für
schnelle Entscheidungen)
hei|ßa!, hei|sa!; **hei|ßas|sa!**
**Heiß_be|hand|lung; heiß|blü-
tig**
hei|ßen (befehlen; nennen; einen
Namen tragen); hieß, geheißen
**heiß|er|sehnt; heiß|ge|liebt;
Heiß|hun|ger; heiß|hung|rig;
Heiß|man|gel**, die; **heiß|um-
strit|ten**
hei|ter; Hei|ter|keit, die; -; **Hei-
ter|keits|er|folg**
**hei|zen; Hei|zer; Heiz_gas,
...kis|sen, ...kör|per, ...öl; Hei-
zung**
Hekt|ar [auch: _häk_...], das;
(auch: der); -s, -e (100 Ar; Zeichen: ha)
Hek|tik, die; - fieberhafte Aufre-
gung, nervöses Getriebe); **hek-
tisch** (fieberhaft, aufgeregt)
hek|to|gra|phie|ren (vervielfälti-

---

[1] _Trenn._: tük|ke...

gen); **Hek|to|li|ter** [auch: *häk*...] (100 l; Zeichen: hl)

he|lau! (Fastnachtsruf)

Held, der; -en, -en; **hel|den|haft; Hel|den_mut, ...tat, ...tod, ...tum** (das; -s); **Hel|din,** die; -, -nen

hel|fen; half, geholfen; sich zu - wissen; **Hel|fer; Hel|fers|hel|fer**

He|li|ko|pter, der; -s, - (Hub-schrauber)

He|li|um, das; -s (chem. Grund-stoff, Edelgas; Zeichen: He)

hell; hell|auf; - begeistert; **hell-blau; hell|blond; hell|dun|kel; hel|le** landsch. (aufgeweckt, ge-witzt); [1]**Hel|le,** die; - (Hellig-keit); [2]**Hel|le,** das; -n, (ugs.: ein Glas helles Bier *Mehrz.*:) -n; 3 Helle

Hel|ler, der; -s, - (ehem. Münze); auf - u. Pfennig

hell|hö|rig (feinhörig; auch: schalldurchlässig); **hell|licht** [*Trenn.*: hell|licht] es ist -er Tag; **Hel|lig|keit,** die; -; **hel|li|la** [*Trenn.*: hell|li...]; **hell|se|hen** (nur in der Grundform gebräuch-lich); **Hell|se|her; hell|wach**

Helm, der; -[e]s, -e (Kopfschutz; Turmdach)

hem!, hm!; **hem, hem!;** hm, hm!

Hemd, das; -[e]s, -en; **Hemd-blu|se; Hem|den|knopf; Hem-den|matz** (ugs. für: Kind im Hemd); **Hemds|är|mel** (meist *Mehrz.*); **hemds|är|me|lig**

He|mi|sphä|re, die; -, -n ([Erd]-halbkugel)

hem|men; Hemm|nis, das; -ses, -se; **Hemm|schuh; Hem-mung; hem|mungs|los**

Hendl, das; -s, -n österr. ([jun-ges] Huhn; Back-, Brathuhn)

Hengst, der; -es, -e

Hen|kel, der; -s, -; **Hen|kel|krug**

hen|ken; Hen|ker; Hen|kers-_beil, ...mahl[zeit] (letzte Mahlzeit)

Hen|ne, die; -, -n

He|pa|ti|tis, die; -, ...iti|den (Med.: Leberentzündung)

her (Bewegung auf den Spre-chenden zu); her zu mir!; hin und her!; vgl. hin

her|ab; her|ab|hän|gen; her|ab-las|sen; sich -; **Her|ab|las-sung; her|ab|se|hen;** auf jeman-den -; **her|ab|set|zen; Her|ab-set|zung; her|ab|wür|di|gen; Her|ab|wür|di|gung**

her|an; her|an|bil|den; her|an-fah|ren; her|an|ma|chen, sich (ugs.: sich [mit einer bestimmten Absicht] nähern; beginnen); **her|an|rei|fen** (allmählich reif werden); **her|an|ta|sten,** sich; **her|an|wach|sen; Her|an-wach|sen|de,** der u. die; -n, -n; **her|an|wa|gen,** sich

her|auf; her|auf|be|schwö|ren; her|auf|zie|hen

her|aus; her|aus|be|kom|men; her|aus|fin|den; her|aus|for-dern; Her|aus|for|de|rung; Her|aus|ga|be, die; -; **her|aus-ge|ben; Her|aus|ge|ber** (Abk.: Hg. u. Hrsg); **her|aus|ge|ge|ben** (Abk.: hg. u. hrsg.); - von; **her-aus|ge|hen;** du mußt mehr aus dir -; **her|aus|ha|ben** (ugs.: etw. gelöst haben); **her|aus|hal|ten;** sich -; [1]**her|aus|hän|gen;** vgl. [1]hängen; [2]**her|aus|hän|gen;** vgl. [2]hängen; **her|aus|kom-men;** es wird nichts dabei her-auskommen; **her|aus|neh|men;** sich etwas -; **her|aus|rei|ßen; her|aus|rücken** [*Trenn.*: ...rük-ken]; mit der Sprache - (ugs.); **her|aus|stel|len;** es hat sich her-ausgestellt, daß...; **her|aus-wach|sen**

herb

her|bei; her|bei|las|sen, sich; **her|bei|zi|tie|ren** (ugs.)

her|be|mü|hen; sich -

Her|ber|ge, die; -, -n

Herb|heit, die; -

her|bit|ten; er hat ihn hergebeten

her|brin|gen

Herbst, der; -[e]s, -e; **Herbst-an|fang; Herbst|blu|me; herb-steln** (österr. nur so), **herb|sten** (auch für: Trauben ernten);

Herbst|fe|ri|en, die (*Mehrz.*); herbst|lich; Herbst|ling (ein Pilz); Herbst_ne|bel, ...sturm, ...tag; Herbst|zeit|lo|se, die; -, -en

Herd, der; -[e]s, -e

Her|de, die; -, -n; Her|den_tier, ...trieb (der; -[e]s)

Herd_feu|er, ...plat|te

her|ein; „Herein!" rufen; her|ein|bre|chen; her|ein|brin|gen; her|ein|fah|ren; her|ein|fal|len; her|ein|kom|men; her|ein|las|sen; her|ein|le|gen; her|ein|plat|zen; her|ein|schlei|chen; sich - ; her|ein|schnei|en (ugs.: unvermutet hereinkommen); her|ein|spa|zie|ren

her|fah|ren; Her|fahrt

her|fal|len; über jmdn. -

Her|gang

her|ge|ben; sich -

her|ge|hen; hinter jmdm. -; es ist hoch hergegangen

her|ge|hö|ren

her|ge|lau|fen; Her|ge|lau|fe|ne, der u. die; -n, -n

her|ha|ben (ugs.)

her|hal|ten (büßen)

her|hö|ren; alle mal - !

her|ho|len; das ist weit hergeholt

He|ring, der; -s, -e (ein Fisch; Zeltpflock); He|rings_fi|let, ...sa|lat

her|kom|men; her|kömm|lich

Her|kunft, die; -, (selten:) ...künfte

her|lau|fen; hinter jmdm. -

her|lei|hen österr. (verleihen)

her|lei|ten; sich -

her|ma|chen; sich über etwas -

[1]Her|me|lin, das; -s, -e (großes Wiesel); [2]Her|me|lin, der; -s, -e (ein Pelz)

her|me|tisch ([luft- u. wasser]-dicht)

her|neh|men (ugs.)

her|nie|der

He|ro|in, das; -s (ein Rauschgift); he|ro|isch (heldenmütig, erhaben); He|ro|is|mus, der; -

Herr, der; -n (selten: -en), -en; mein -!; meine -en!; Herr|chen

Her|rei|se

Her|ren_abend, ...aus|stat|ter, ...dop|pel (Sportspr.), ...ein|zel (Sportspr.); her|ren|los; Herr|gott, der; -s; Herr|gotts|frü|he, die; -; in aller -

her|rich|ten; etwas - lassen

Her|rin, die; -, -nen; her|risch; herr|je! herr|je|mi|ne!; herr|lich; Herr|lich|keit; Herr|schaft; herr|schaft|lich; Herr|schafts_an|spruch, ...form; herr|schen; Herr|scher; Herrsch|sucht, die; -; herrsch|süch|tig

her|rüh|ren

her|schau|en (ugs.); da schau her!

her|stel|len; Her|stel|ler; Her|stel|ler_be|trieb, ...fir|ma; Her|stel|lung

her|über

her|um; her|um|är|gern, sich; her|um|drücken [*Trenn.:* ...drük|ken], sich (ugs.); her|um|kom|men; nicht darum -; her|um|krie|gen (ugs. für: umstimmen); her|um|lau|fen; her|um|lun|gern (ugs.); her|um|schla|gen, sich; her|um|sit|zen; her|um|stö|bern; her|um|trei|ben, sich

her|un|ter; her|un|ter|ge|kom|men (armselig; verkommen); her|un|ter|hän|gen; vgl. [1]hän|gen; her|un|ter|krem|peln; die Ärmel - ; her|un|ter|las|sen; her|un|ter|ma|chen (ugs.: abwerten, schlechtmachen; ausschelten); her|un|ter|sein (ugs. für: abgearbeitet, elend sein); her|un|ter|spie|len (ugs.: nicht so wichtig nehmen)

her|vor; her|vor|bre|chen; her|vor|ge|hen; her|vor|he|ben; her|vor|keh|ren; her|vor|ra|gend; her|vor|tun, sich

Her|weg

Herz, das; -ens, *Wemf.* -en, *Mehrz.* -en; von - zu - kommen; herz|al|ler|liebst; Herz_al|ler|lieb|ste, ...an|fall, ...blut; Herz|chen

Her|zens_be|dürf|nis, ...bre-
cher; her|zens|gut; Her|zens_
_gü|te, ...lust (nach -),
...wunsch; herz_er|freu|end,
...er|grei|fend; Herz|feh|ler;
herz_för|mig, ...haft; Herz-
haf|tig|keit, die; -
her|zie|hen; er ist über ihn herge-
zogen (ugs.: hat schlecht von ihm
gesprochen)
her|zig; Herz_in|farkt, ...kam-
mer, ...kir|sche, ...klap|pen-
feh|ler, ...klop|fen (das; -s);
herz|krank; Herz|kranz|ge-
fäß; herz|lich; aufs, auf das -ste;
Herz|lich|keit; herz|los; Herz-
lo|sig|keit; Herz_mas|sa|ge,
...mit|tel, das, ...mus|kel
Her|zog, der; -[e]s, ...zöge (auch:
-e); Her|zo|gin, die; -, -nen;
Her|zog|tum
Herz_pa|ti|ent, ...schlag,
...schritt|ma|cher, ...schwä-
che; herz|stär|kend; Herz-
_still|stand, ...trans|plan|ta-
ti|on
her|zu
Herz|ver|pflan|zung; herz|zer-
rei|ßend
he|te|ro|gen (andersgeartet, un-
gleichartig, fremdstoffig); He|te-
ro|se|xua|li|tät, die; - auf das
andere Geschlecht gerichtetes
Empfinden in Ggs. zur Homose-
xualität); he|te|ro|se|xu|ell
Het|ze, die; -, -n; het|zen; Het-
zer; Het|ze|rei; Hetz|jagd,
...re|de
Heu, das; -[e]s; Heu|bo|den
Heu|che|lei; heu|cheln; Heuch-
ler; heuch|le|risch; Heuch|ler-
mie|ne
heu|en landsch. (Heu machen)
heu|er südd., österr. schweiz. (in
diesem Jahre)
Heu|er, die; -, -n (Löhnung, bes.
der Schiffsmannschaft; Anmu-
sterungsvertrag)
Heu_ern|te, ...fie|ber (das; -s),
...ga|bel
Heul|bo|je; heu|len; Heu|ler;
Heul_krampf,   ...su|se
(Schimpfwort)

Heu|ri|ge, der; -n, -n bes. österr.
(junger Wein)
Heu_schnup|fen, ...schrecke
[*Trenn.*: ...schrek|ke] (die; -, -n;
ein Insekt)
heu|te; - abend; die Frau von -;
Heu|te, das; - (die Gegenwart);
heu|tig; heut|zu|ta|ge
He|xe, die; -, -n; he|xen; He|xen-
_jagd, ...kes|sel, ...mei|ster,
...schuß, ...tanz, ...ver|bren-
nung; He|xer; He|xe|rei
Hi|bis|kus, der; -, ...ken (Eibisch)
Hick|hack, der u. das; -s, -s (ugs.
Streiterei; törichtes, zermürben-
des Hinundhergerede)
Hieb, der; -[e]s, -e; hieb|fest;
hieb- und stichfest
hier¹; - und da; hier|an [auch:
hir*an*, hir*an*]
Hier|ar|chie [*hi-er...*], die; -, ...i|en
(Rangordnung)
hier|auf [auch: hir*auf*, hi*rauf*];
hier|aus [auch: hir*aus*, hi*raus*];
hier|be|hal|ten (behalten, nicht
weglassen); hier|bei¹ [auch:
hir*bai*, hir*bai*]; hier|blei|ben;
hier|durch¹ [auch: hir*durch*,
hir*durch*]; hier|für¹ [auch: hir-
für, hir*für*]; hier|her¹ [auch: hir-
her, hir*her*]; hier|her|ge|hö-
rend, hier|her|ge|hö|rig; hier-
her|kom|men; hier|hin [auch:
hir*hin*, hir*hin*] hier|in [auch: hi-
rin, hi*rin*]; hier|las|sen; hier-
mit¹ [auch: hir*mit*, hir*mit*]
Hie|ro|gly|phe, die; -, -n (Bilder-
schriftzeichen; übertr. für: rätsel-
haftes Schriftzeichen)
hier|sein (zugegen sein); Hier-
sein, das; -s; hier|über [auch:
hir*über*, hi*rüber*]; hie[r] und da;
hier|von¹ [auch: hir*fon*, hir*fon*];
hier|zu¹ [auch: hir*zu*, hir*zu*];
hier|zu|lan|de¹ [auch: hir...]
hie|sig; Hie|si|ge, der u. die; -n,
-n

---

¹ Die Formen ohne „r" gelten in
Norddeutschland als veraltend,
in Süddeutschland, Österr. u. der
Schweiz sind sie noch in lebendi-
gem Gebrauch.

hie|ven [...f^en] (Seemannsspr.: eine Last auf- od. einziehen, hochstemmen)

Hi-Fi [haifí] = High-Fidelity

high [hai] (in gehobener Stimmung nach dem Genuß von Rauschgift); **High-Fi|de|li|ty** [haifidáliti] (Gütebez. für hohe Wiedergabetreue bei Schallplatten u. elektroakustischen Geräten); **High-So|cie|ty** [haißᵉßaiᵉti], die; -, - (die gute Gesellschaft, die große Welt)

Hil|fe, die; -, -n, die Erste Hilfe (bei Verletzungen usw.); **Hil|fe_lei|stung, ...ruf; Hil|fe|stel|lung; hil|fe|su|chend; hilf|los; Hilf|lo|sig|keit**, die; -; **hilf|reich; Hilfs|ar|bei|ter; hilfs|be|reit; Hilfs_be|reit|schaft** (die; -), **...kraft,** die; **...mit|tel,** das, **...schu|le, ...zeit|wort**

Him|bee|re; Him|beer_geist (der;-[e]s;ein Trinkbranntwein), **...saft** (der; -[e]s)

Him|mel, der; -s, -; um [des] -s willen; **him|mel|angst;** es ist mir -; **Him|mel|bett; him|mel|blau; Him|mel|don|ner|wet|ter!; Him|mel|fahrt; him|mel|hoch; Him|mel|reich; him|mel|schrei|end; Him|mels_kör|per, ...rich|tung; Him|mel[s]-schlüs|sel,** der, (auch:) das (Schlüsselblume); **Him|mel[s]-stür|mer; him|mel|wärts; himm|lisch;** -ste

hin (Bewegung vom Sprechenden weg); bis zur Mauer hin

hin|ab; hin|ab_fah|ren, ...stei|gen, ...stür|zen (sich -)

hin|ar|bei|ten; auf eine Sache -

hin_auf; hin|auf_ge|hen, ...klet|tern, ...rei|chen, ...stei|gen, ...zie|hen (sich -)

hin_aus; hin|aus_beu|geln, ...ekeln (ugs.), **...fah|ren, ...ge|hen, ...kom|pli|men|tie|ren, ...lau|fen** (aufs gleiche -), **...schmei|ßen** (ugs.), **...wa|gen,** sich, **...wol|len** (zu hoch -), **...zö|gern**

Hin|blick; in od. im - auf

hin|brin|gen

hin|der|lich; hin|dern; Hin|der-nis, das; -ses, -se; **Hin|der|nis-_lauf, ...ren|nen; Hin|de-rungs|grund**

hin|deu|ten

hin|durch

hin_ein; hin|ein_fal|len, ...flüch-ten (sich -), **...ge|hen, ...ge|ra-ten** (in etwas -), **...re|den, ...schlit|tern** (ugs.), **...stei-gern, ...ver|set|zen** (sich -)

hin|fah|ren; Hin|fahrt

hin|fal|len; hin|fäl|lig; Hin|fäl-lig|keit, die; -

Hin|ga|be, die; -; **hin|ga|be|fä-hig; hin|ge|ben; Hin|ge|bung; hin|ge|bungs|voll**

hin|ge|gen

hin|ge|hen

hin|ge|hö|ren

hin|ge|ris|sen (ugs. für: begeistert)

hin|ge|zo|gen; sich - fühlen

hin|hän|gen; vgl. ²hängen

hin|hal|ten; hinhaltend antworten

hin|hau|en (ugs. für: zutreffen, in Ordnung gehen); sich - (ugs. für: sich schlafen legen)

hin|hor|chen

Hin_ke_bein, ...fuß; hin|ken

hin|krie|gen (ugs.)

hin|läng|lich

Hin|rei|se; hin|rei|sen

hin|rei|ßen; sich - lassen; **hin|rei-ßend**

hin|rich|ten; Hin|rich|tung

hin|sa|gen; das war nur so hingesagt

hin|schau|en

hin|schicken [Trenn.: ...ik|ken]

hin|schla|gen; er ist lang hingeschlagen

hin|schlep|pen; sich -

hin|se|hen

hin|sein (ugs.: völlig kaputt sein; tot sein; hingerissen sein)

hin|set|zen; sich -

hin|sicht|lich

hin|sie|chen

Hin|spiel (Sportspr.: Ggs.: Rück-spiel)

hin|stel|len; sich -

hint|an|stel|len

hin|ten; hin|ten|drauf (ugs.); hin|ten|he|rum

hin|ter

Hin|ter_ach|se, ...an|sicht, ...aus|gang

Hin|ter|blie|be|ne, der u. die; -n, -n

hin|ter|brin|gen (heimlich melden)

hin|ter|drein

hin|ter|ein|an|der; hin|ter|ein-an|der|schal|ten

Hin|ter|ein|gang

hin|ter|fot|zig (ugs. für: hinterlistig, heimtückisch)

hin|ter|fra|gen (nach den Hintergründen von etw. fragen)

Hin|ter|ge|dan|ke

hin|ter|ge|hen (täuschen, betrügen); hintergangen

Hin|ter|grund; hin|ter|grün|dig

hin|ter|ha|ken

Hin|ter|halt, der; -[e]s, -e; hin|ter|häl|tig; Hin|ter|häl|tig|keit

hin|ter|her [auch: hin...]

Hin|ter|hof

Hin|ter|kopf

Hin|ter|land, das; -[e]s

hin|ter|las|sen (zurücklassen; vererben); Hin|ter|las|sen-schaft; Hin|ter|las|sung

hin|ter|le|gen (als Pfand usw)

Hin|ter|list; hin|ter|li|stig

Hin|ter|mann (Mehrz. ...männer)

Hin|tern, der; -s, - (ugs.: Gesäß)

Hin|ter|rad

hin|ter|rücks

Hin|ter|sinn, der; -[e]s (geheime Nebenbedeutung); hin|ter|sin-nig

Hin|ter_teil (Gesäß, das; hinterer Teil, der), ...tref|fen (ins - kommen)

hin|ter|trei|ben (vereiteln)

Hin|ter|trep|pe

Hin|ter|tür

Hin|ter|wäld|ler

hin|ter|zie|hen (unterschlagen)

hin|tre|ten; vor jmdn. -

hin|über; - sein (ugs.: verbraucht, verdorben, gestorben sein)

Hin und Her, das; - - -

hin|un|ter

hin|wärts

hin|weg

Hin|weg

hin|weg_set|zen (sich darüber -), ...täu|schen, ...trö|sten

Hin|weis, der; -es, -e; hin|wei-sen

hin|wen|den; sich -; Hin|wen-dung

hin|wer|fen; sich -

hin|zie|hen (verzögern)

hin|zie|len; auf Erfolg -

hin|zu

hin|zu_fü|gen, ...kommen

hipp, hipp, hurra!

Hip|pie [hipi], der; -s, -s (Jugendlicher, der sich zu einer antibürgerlichen, pazifistischen Lebensform bekennt)

Hirn, das; -[e]s, -e; Hirn|ge-spinst; hirn|ris|sig österr. ugs. (überspannt, verrückt); hirn-ver|brannt (ugs.: unsinnige)

Hirsch, der; -[e]s, -e; Hirsch-_ge|weih, ...kä|fer, ...kalb, ...kuh

Hir|se, die; -, (fachspr.:) -n

Hirt, der; -en, -en; Hir|ten_amt, ...brief (bischöfl. Rundschreiben)

his|sen ([Flagge, Segel] hochziehen)

Hi|stör|chen (Geschichtchen); Hi|sto|rie [...iᵉ], die; -, -n ([Welt]geschichte; früher auch: Erzählung, Bericht, Kunde); Hi-sto|ri|ker (Geschichtsforscher); hi|sto|risch

Hit, der; -[s], -s (ugs.: erfolgreiches Musikstück, Spitzenschlager); Hit|pa|ra|de

Hit|ze, die; -; hit|ze_be|stän|dig, ...frei; Hit|ze|wel|le; hit|zig; Hitz|kopf; hitz|köp|fig; Hitz-schlag

hm!, hem!; hm, hm!, hem, hem!

ho!; ho|ho!; ho ruck!

Hob|by, das; -s, -s (Steckenpferd; Liebhaberei)

Ho|bel, der; -s, -; Ho|bel|bank (Mehrz. ...bänke); ho|beln

185

hoch; höher, höchst
Hoch, das; -s, -s (Hochruf; Meteor.: Gebiet hohen Luftdrucks)
Hoch|ach|tung; hoch|ach|tungs|voll; Hoch|adel; hoch|ak|tu|ell; Hoch_al|tar, ...amt; hoch|an|stän|dig; hoch|ar|bei|ten, sich -
Hoch|bau (Mehrz. ...bauten); hoch|be|gabt; hoch_bei|nig, ...be|tagt; Hoch|be|trieb, der; -[e]s; hoch|be|zahlt; Hoch|blü|te, die; -; Hoch|burg; hoch|bu|sig
hoch|deutsch; hoch|do|tiert; Hoch|druck, der; -[e]s, (für: Erzeugnis im Hochdruckverfahren auch Mehrz.:) ...drucke
Hoch|ebe|ne; hoch|emp|find|lich; hoch|er|freut
hoch|fah|ren; hoch|fein; Hoch|fi|nanz, die; -; hoch|flie|gen (in die Höhe fliegen, auffliegen); hoch|flie|gend; Hoch|form
hoch|ge|bil|det; Hoch|ge|bir|ge; hoch|ge|ehrt; Hoch|ge|fühl; hoch|ge|hen (ugs. auch für: aufbrausen); hoch|ge|mut; Hoch|ge|nuß; hoch_ge|schlos|sen, ...ge|spannt; hoch|ge|steckt; -e Ziele; hoch|ge|stellt; hoch|ge|sto|chen (ugs.: eingebildet); hoch_ge|wach|sen, ...ge|züch|tet
Hoch|glanz; hoch|glän|zend; hoch|gra|dig
hoch|hackig [Trenn.: ...hak|kig]; hoch|hal|ten; Hoch|haus; hoch|he|ben; hoch|herr|schaft|lich; hoch|her|zig
hoch_in|tel|li|gent, ...in|ter|es|sant
hoch|ja|gen (in die Höhe jagen)
hoch|kant; hoch|ka|rä|tig; hoch|kom|men (ugs.); Hoch|kon|junk|tur; hoch|krem|peln; Hoch|kul|tur
Hoch|land (Mehrz. ...länder, auch: ...lande); hoch|le|ben; jmdn. - lassen; hoch|le|gen; Hoch|lei|stung; Hoch|lei|stungs_mo|tor, ...sport; hoch|mo|dern

Hoch_moor, ...mut; hoch|mü|tig; Hoch|mü|tig|keit, die; -
hoch|nä|sig; hoch|neh|men (ugs. für: übervorteilen; hänseln, necken)
Hoch|ofen
hoch|päp|peln (ugs.); Hoch|par|terre; hoch|pro|zen|tig
hoch|qua|li|fi|ziert
hoch|räd|rig; hoch|rap|peln, sich (ugs.); Hoch_rech|nung, ...re|li|ef; hoch|rot; Hoch|ruf
Hoch|sai|son; Hoch|schät|zung (die; -); hoch|schla|gen; Hoch_schu|le, ...schü|ler; Hoch|see|fi|sche|rei; Hoch_sitz (Weidw.), ...som|mer, ...span|nung; Hoch|span|nungs|lei|tung; hoch|spie|len; Hoch|spra|che; hoch|sprach|lich; Hoch|sprung
höchst
Hoch|sta|pe|lei; hoch|sta|peln; Hoch|stap|ler
Höchst|bie|ten|de, der u. die; -n, -n
hoch|ste|hend
höch|stens; Höchst_fall, ...form, ...ge|schwin|dig|keit, ...gren|ze; Hoch|stim|mung; Höchst_lei|stung, ...maß, das; höchst|per|sön|lich; Hoch|stra|ße; höchst|wahr|schein|lich
hoch|tou|rig [...tur...]; hoch|tra|bend; hoch|trei|ben
hoch|ver|ehrt; Hoch_ver|rat, ...ver|rä|ter
Hoch_wald, ...was|ser (Mehrz. ...wasser); hoch|wer|fen; hoch|wer|tig; hoch|wirk|sam; hoch|wohl|ge|bo|ren; Hoch|wür|den
¹Hoch|zeit (Feier der Eheschließung); ²Hoch|zeit (Fest, Glanz, Hochstand); Hoch|zeits_fei|er, ...ge|schenk, ...rei|se, ...tag; hoch|zie|hen
Hocke¹, die; -, -n (eine Turnübung); hocken¹; sich -; Hok|ker¹ (Schemel)

¹ Trenn.: ...k|k...

Höcker[1]**,** der; -s, - (Buckel)

Hockey[1] [*hǫki*], das; -s (eine Sportart)

Ho|de, der; -n, -n od. die; -, -n u. **Ho|den,** der; -s, - (Samendrüse)

Hof, der; -[e]s, Höfe; **Hof|da|me; hof|fä|hig**

Hof|fart, die; - (Hochmut)

hof|fen; hof|fent|lich; Hoffnung; hoff|nungs|los; Hoffnungs|lo|sig|keit, die; -; **hoffnungs|voll**

hof|hal|ten

ho|fie|ren (den Hof machen)

hö|fisch; Hof|knicks

höf|lich; Höf|lich|keit; Höflich|keits_be|such, ...flos|kel

Hof_narr, ...rat (*Mehrz.* ...räte), **...staat** (der; -s)

Hof|tor, das, **...tür**

ho|he; der hohe Berg; das Hohe Haus (Parlament); **Hö|he,** die; -, -n

Ho|heit; Ho|heits_ge|biet, ...ge|wäs|ser (*Mehrz.*)

Hö|hen_an|ga|be, ...flug, ...krank|heit, ...la|ge, ...luft (die; -), **...mes|ser,** der, **...sonne** (als ⓦ: Ultraviolettlampe)

Ho|he|prie|ster, der; Hohenpriesters, Hohenpriester

Hö|he|punkt

hö|her; -e Gewalt; **hö|her|gestellt** vgl. hochgestellt; **hö|herstu|fen**

hohl; Höh|le, die; -, -n; **Höh|len_bär, ...be|woh|ner, ...forschung, ...mensch; Hohl_kugel, ...maß,** das, **...raum, ...saum, ...spie|gel; hohl|wangig; Hohl|weg**

Hohn, der; -[e]s; **höh|nen; höhnisch; hohn|la|chen;** jmdm. -; **hohn|spre|chen;** jmdm. -

Hö|ker (Kleinhändler); **hö|kern**

Ho|kus|po|kus, der; - (Zauberformel der Taschenspieler, Gaukelei; Blendwerk)

hold; hold|se|lig; Hold|se|ligkeit, die; -

---

ho|len (abholen); etwas - lassen

Höl|le, die; -, (selten:) -n; **Höllen_angst, ...fahrt, ...maschi|ne, ...spek|ta|kel; höllisch**

Holm, der; -[e]s, -e (Griffstange des Barrens, Längsstange der Leiter)

holp|rig; Holp|rig|keit

hol|ter|die|pol|ter!

hol|über! (Ruf an den Fährmann)

Ho|lun|der, der; -s, - (ein Strauch)

Holz, das; -es, Hölzer; **Holz_apfel, ...bein, ...bock, ...bo|den; hol|zen; höl|zern** (aus Holz); **Holz_fäl|ler, ...haus; hol|zig; Holz_klotz, ...koh|le, ...pflock, ...scheit, ...schnitzer, ...schuh, ...sta|pel, ...stoß, ...trep|pe; holz|ver|arbei|tend; holz|ver|klei|det; Holz_weg, ...wol|le** (die; -), **...wurm**

Ho|mo, der; -s, -s (ugs.: Homosexueller); **ho|mo|gen** (gleichartig, gleichgeartet; gleichstoffig); **ho|mo|ge|ni|sie|ren** (innig vermischen)

Ho|möo|pa|thie, die; - (ein Heilverfahren); **ho|möo|pa|thisch**

ho|mo|phil (svw. homosexuell); **Ho|mo|phi|lie,** die; - (svw. Homosexualität); **ho|mo|phon; Ho|mo|pho|nie,** die; - (Kompositionsstil mit nur einer führenden Melodiestimme)

Homo sa|pi|ens [- ...*pi-änß*], der; - - (wissenschaftl. Bez. für den vernunftbegabten Menschen)

Ho|mo|se|xua|li|tät, die; - (gleichgeschlechtliche Liebe [bes. des Mannes]); **ho|mo|sexu|ell**

Ho|nig, der; -s, (für: Honigsorten *Mehrz.*:) -e; **Ho|nig_bie|ne, ...ku|chen; ho|nig|süß**

Ho|no|rar, das; -s, -e (Vergütung [für Arbeitsleistung in freien Berufen]); **Ho|no|rar|pro|fes|sor; ho|no|rie|ren** (bezahlen; vergüten)

---

[1] *Trenn.:* ...k|k...

Hop|fen, der; -s, - (eine Kletter-
pflanze; Bierzusatz)
hop|peln; hopp|la!; hops; -
(ugs.: verloren) gehen; **hop|sa!
hop|sa|la!, hop|sa|sa!;** hop|
sen; Hop|ser
**Hör|ap|pa|rat; hör|bar; hor|
chen**
[1]**Hor|de,** die; -, -n (Flechtwerk;
Lattengestell; Rost, Sieb zum
Dörren [von Obst, Gemüse
usw.])
[2]**Hor|de,** die; -, -n ([ungezügelte,
wilde Kriegs]schar)
hö|ren; Hö|ren|sa|gen, das, nur
in: er weiß es vom - vom -; **Hö|rer;
Hör_feh|ler, ...funk** (für: Rund-
funk im Ggs. zum Fernsehen),
...ge|rät
hö|rig; Hö|ri|ge, der u. die; -n,
-n; **Hö|rig|keit,** die; -
Ho|ri|zont, der; -[e]s, -e (schein-
bare Begrenzungslinie zwischen
Himmel u. Erde); **ho|ri|zon|tal**
(waagerecht); **Ho|ri|zon|ta|le,**
die; -, -n
Hor|mon, das; -s, -e (Drüsen-
stoff; körpereigener Wirkstoff);
**hor|mo|nal, hor|mo|nell; Hor|
mon_be|hand|lung, ...haus|
halt, ...prä|pa|rat**
Horn, das; -[e]s, Hörner u.
(Hornarten:) -e; **Hörn|chen;
Hör|ner|schlit|ten; Horn|haut;
hor|nig**
Hor|nis|se [auch: hor...], die; -,
-n (eine Wespenart)
Ho|ro|skop, das; -s, -e
hor|rend (schauderhaft; schreck-
lich; übermäßig); **hor|ri|bel**
(grauenerregend; furchtbar)
Hör|rohr
Hor|ror, der; -s (Schauder, Ab-
scheu)
Hör|saal
Hors|d'oeu|vre [ordǫ́wr⁽ᵉ⁾, auch:
or...], das; -s, -s [ordǫ́wr⁽ᵉ⁾] (Vor-
speise)
Hör|spiel
Horst, der; -[e]s, -e (Raubvogel-
nest; Strauchwerk)
Hort, der; -[e]s, -e; **hor|ten**
([Geld usw.] aufhäufen)

Hor|ten|sie [...i⁽ᵉ⁾], die; -, -n (ein
Zierstrauch)
Hör|wei|te; in -
Hös|chen; Ho|se, die; -, -n; **Ho|
sen_an|zug, ...bund** (der; -[e]s,
...bünde), **...matz, ...schei|ßer**
(derb: ängstlicher Mensch),
...ta|sche, ...trä|ger (meist
Mehrz.)
ho|si|an|na! (Gebets- u. Freu-
denruf)
Hos|pi|tal, das; -s, -e u. ...täler
(früher: Kranken-, Armenhaus,
Altersheim); **hos|pi|tie|ren** (als
Gast [in Schulen] zuhören);
Hos|piz, das; -es (Beherber-
gungsbetrieb [mit christl.
Hausordnung])
Ho|stess, (eingedeutscht auch:)
Ho|steß [hoßtäß u. hoßtäß], die;
-, ...tessen (Begleiterin, Betreue-
rin, Führerin [auf einer Ausstel-
lung]; Auskunftsdame)
Ho|stie [...i⁽ᵉ⁾], die; -, -n (Abend-
mahlsbrot)
Ho|tel, das; -s, -s; **Ho|tel gar|ni**
[hotä́l garní], das; - -, -s -s [hotä́l
garní] (Hotel, das neben der
Übernachtung nur Frühstück ge-
währt); **Ho|tel|zim|mer**
Hub, der; -[e]s, Hube (Weglänge
eines Kolbens usw.)
hü|ben; - und drüben
Hub|raum; Hub|raum|steu|er,
die
hübsch; Hübsch|heit, die; -
Hub|schrau|ber
Hucke¹, die; -, -n niederd., ostmitteld. (Rückenlast); **hucke-
pack¹;** - tragen
Hu|de|lei; hu|de|lig; hu|deln
(nachlässig handeln)
Huf, der; -[e]s, -e; **Huf_ei|sen,
...lat|tich** (Unkraut u. Heilpflan-
ze), **...na|gel; ...schmied**
Hüf|te, die; -, -n; **Hüft_ge|lenk,
...gür|tel, ...hal|ter, ...kno|
chen, ...lei|den**
Hü|gel, der; -s, -; **hü|ge|lig; Hü|
gel_ket|te, ...land** (*Mehrz.*
...länder)

¹ *Trenn.:* ...k|k...

Huhn, das; -[e]s, Hühner; **Hühnchen; Hühner_auge, ...brühe, ...ei, ...fri|kas|see, ...hund hui!,** aber: im Hui

Huld, die; -; **hul|di|gen; Hul|di|gung**

Hül|le, die; -, -n; **hül|len; hül|len|los**

Hül|se, die; -, -n (Kapsel[frucht]); **Hül|sen|frucht**

hu|man (menschlich; menschenfreundlich); **Hu|ma|nis|mus,** der; - (Bildungsideal der gr.-röm. Antike; Humanität); **hu|ma|nistisch;** -es Gymnasium; **hu|ma|ni|tär** (menschenfreundlich; wohltätig); **Hu|ma|ni|tät,** die; - hohe Gesittung; humane Gesinnung)

Hum|bug, der; -s (Schwindel; Unsinn)

Hum|mel, die; -, -n (eine Bienenart)

Hum|mer, der; -s, - (ein Krebs)

Hu|mor, der; -s, (selten:) -e ([gute] Laune); **hu|mo|rig** (launig, mit Humor); **Hu|mo|rist,** der; -en, -en (jmd., der mit Humor schreibt, spricht, vorträgt usw.); **hu|mo|ri|stisch; hu|mor|los; Hu|mor|lo|sig|keit; hu|mor|voll**

hum|peln

Hum|pen, der; -s, -

Hu|mus, der; - (fruchtbarer Bodenbestandteil, organ. Substanz im Boden)

Hund, der; -[e]s, -e (Bergmannsspr. auch: Förderwagen); **Hun_de_art, ...biß; hun|de|elend** (ugs.: sehr elend); **Hun|de|hütte; hun|de|kalt** (ugs.: sehr kalt); **Hun|de_käl|te** (ugs.), **...kuchen; hun|de|mü|de** (ugs.: sehr müde)

hun|dert hundert Menschen; bis hundert zählen; Tempo hundert (für: hundert Stundenkilometer); ein paar Hundert; [1]**Hun|dert,** das; -s, -e; [vier] vom Hundert (Abk.: v. H., p. c.; Zeichen: %); [2]**Hun|dert,** die; -, -en (Zahl); **Hun|der|ter,** der; -s, -; **hun|der-**

ter|lei; hun|dert|fach; **Hundert|fa|che,** das; -n; hun|dert-jäh|rig; hun|dert|mal; **Hundert_mark|schein, ...me|terlauf;** hun|dert|pro|zen|tig; **Hun|dert|schaft;** hun|dertste; **Hun|dert|stel,** das (schweiz. meist: der): -s, -; **Hundert|stel|se|kun|de;** hun|dert-tau|send; hun|dert[und]-ein[s]

Hun_de_sa|lon, ...steu|er, die, **...wet|ter** (das; -s; ugs.: sehr schlechtes Wetter), **...zucht; Hün|din,** die; -, -nen; **hündisch; hunds_föt|tisch, ...gemein, ...mi|se|ra|bel; Hundsveil|chen** (duftloses Veilchen)

Hü|ne, der; -n, -n; **hü|nen|haft**

Hun|ger, der; -s; vor - sterben; **Hun|ger_kur, ...lei|der** (ugs. für: armer Schlucker), **...lohn;** hun|gern; **Hun|gers|not; Hunger|streik; hung|rig**

Hu|pe, die; -, -n (Signalhorn); **hu|pen**

hüp|fen; Hüp|fer (kleiner Sprung)

Hup_kon|zert

Hür|de, die; -, -n (Flechtwerk; südwestd. u. schweiz. für: Obstbehälter, -ständer, Kartoffelkiste); **Hür|de,** die; -, -n ([mit] Flechtwerk [eingeschlossener Raum]; Hindernis beim Hürdenlauf); **Hür|den|lauf**

Hu|re, die; -, -n; **hu|ren; Hu|ren-_bock** (Schimpfwort), **...sohn** (Schimpfwort); **Hu|re|rei**

hur|ra! [auch: *hu*...]; hurra schreien; **Hur|ra** [auch: *hu*...], das; -s, -s

Hur|ri|kan [engl. Ausspr.: *ha-rik^e n*], der; -s, -e u. (bei engl. Ausspr.:) -s (Wirbelsturm in Mittelamerika)

hur|tig; Hur|tig|keit, die; -

husch!; hu|schen

hü|steln; hu|sten; Hu|sten, der; -s, (selten:) -; **Hu|sten_an|fall, ...bon|bon, ...mit|tel,** das, **...reiz**

[1]**Hut,** der; -[e]s, Hüte (Kopfbe-

deckung); ²**Hut,** die; - (Schutz, Aufsicht); auf der - sein; **Hü̱teju̱n|ge,** der; **hü̱|ten;** sich -; **Hü̱ter; Hut_kof|fer, ...krem|pe, ...schach|tel, ...schnur;** das geht über die - (ugs.: das geht zu weit)

Hü̱t|te, die; -, -n; **Hü̱t|ten_arbei|ter, ...werk, ...we|sen** (das; -s)

hut|ze|lig, hutz|lig (dürr, welk; alt)

Hyä̱|ne, die; -, -n (ein Raubtier)

Hya|zinth, der; -[e]s, -e (ein Edelstein); **Hya|zin|the,** die; -, -n (eine Zwiebelpflanze)

Hy̱|dra, die; -, ...dren (ein Süßwasserpolyp)

Hy̱|drant, der; -en, -en (Anschluß an die Wasserleitung, Zapfstelle); **Hy|drau̱|lik,** die; - (Lehre von der Bewegung der Flüssigkeiten); **hy|drau̱|lisch** (mit Flüssigkeitsdruck arbeitend, mit Wasserantrieb)

Hy̱|dro|kul|tur, die; - (Wasserkultur; Pflanzenzucht in Nährlösungen ohne Erde)

Hy|gie̱|ne, die; - (Gesundheitslehre, -fürsorge, -pflege); **hygie̱|nisch**

Hy|gro|me̱|ter, das; -s, - (Luftfeuchtigkeitsmesser)

Hym̱ne, die; -, -n (Festgesang; christl. Lobgesang; Weihelied)

Hy|per|bel, die; -, -n (Math.: Kegelschnitt)

hy|per|kor|rekt (überkorrekt); **hy|per|kri|tisch** (überstreng, tadelsüchtig)

hy|per|mo|dern (übermodern, übertrieben neuzeitlich)

hy|per|sen|si|bel

Hyp|no̱|se, die; -, -n (schlafähnl. Bewußtseinszustand, Zwangsschlaf); **Hyp|no|ti|seur** [...*sö̱r*], der; -s, -e (die Hypnose Bewirkender); **hyp|no|ti|sie̱|ren** (in Hypnose versetzen)

Hy|po|chon|der [...*eh*...], der; -s, - (eingebildeter Kranker); **Hypo|chon|drie̱,** die; - (Einbildung, krank zu sein)

Hy|po|the̱k, die; -, -en (im Grundbuch eingetragenes Pfandrecht an einem Grundstück; übertr. für: ständige Belastung); **Hy|po|the̱|se,** die; -, -n ([unbewiesene] wissenschaftl. Annahme)

Hy|ste|rie̱, die; -, ...ien (abnorme seel. Verhaltensweise); **Hy|ste̱ri|ker; hy|ste̱|risch**

I

I (Buchstabe); das I; des I, die I; der Punkt auf dem i

ich; I̱ch, das; -[s], -[s]; mein anderes -; **I̱ch|be|zo|gen; I̱chform,** die; -; **I̱ch|ge|fühl; I̱chsucht,** die; -; **i̱ch|süch|tig**

ide|a̱l (nur in der Vorstellung existierend; der Idee entsprechend; musterhaft, vollkommen); **Idea̱l,** das; -s, -e (dem Geiste vorschwebendes Muster der Vollkommenheit; Vor-, Wunschbild); **Ide|a̱l_bild, ...fall,** der, **...fi|gur; idea|li|sie̱|ren** (der Idee od. dem Ideal annähern; verklären); **Idea|lis|mus,** der; -, ...men (Wissenschaft von den Ideen; Überordnung der Gedanken-, Vorstellungswelt über die wirkliche [nur *Einz.*]; Streben nach Verwirklichung von Idealen); **Idea|list,** der; -en, -en; **idea|listisch; Ide|a̱l_vor|stel|lung, ...zu|stand; Ide̱e,** die; -, Ideen ([Ur]begriff, Urbild; [Leit-, Grund]gedanke; Einfall, Plan); eine - (ugs. auch für: eine Kleinigkeit); **ide|ell** (nur gedacht, geistig); **ide|en|los; ide|enreich**

Iden|ti|fi|ka|ti|on [...*zio̱n*], die; -, -en (Gleichsetzung, Feststellung der Identität); **iden|ti|fi|zie̱|ren** (einander gleichsetzen; [die Persönlichkeit] feststellen; etwas genau wiedererkennen); sich -; **ideṉ|tisch** ([ein und] derselbe; übereinstimmend; völlig gleich);

Iden|ti|tät, die; - (Wesensein-
heit; völlige Gleichheit)

Ideo|lo|gie, die; -, ...ien (polit.
Grundvorstellung; Weltanschau-
ung; oft abwertend); **ideo|lo-
gisch**

Idi|ot, der; -en, -en; **idio|ten-
haft; Idio|ten|hü|gel** (ugs.
scherzh.: Hügel, an dem Anfän-
ger im Schifahren üben); **idio-
ten|si|cher** (ugs.: so, daß nie-
mand etwas falsch machen
kann); **idio|tisch**

Idol, das; -s, -e (Götzenbild; Ab-
gott; Publikumsliebling,
Schwarm)

Idyll, das; -s, -e (Bereich, Zustand
eines friedl. und einfachen, meist
ländl. Lebens); **idyl|lisch** (das
Idyll betreffend; ländlich; fried-
lich; einfach)

Igel, der; s, -; **Igel|fisch**

Iglu, der od. das; -s, -s (runde
Schneehütte der Eskimos)

Igno|rant, der; -en, -en („Nicht-
wisser"; Dummkopf); **Igno-
ranz,** die; - (Unwissenheit,
Dummheit); **igno|rie|ren** (nicht
wissen [wollen], absichtlich
übersehen, nicht beachten)

ihm; ihn; ih|nen[1]

ihr[1], **ih|re, ihr;** ihres, ihrem, ihren,
ihrer; **ihre**[1], ih|ri|ge[1]; **ih|rer-
seits**[1]; **ih|res|glei|chen**[1]; ih-
ret|we|gen[1]; **ih|ret|wil|len**[1];
um -; **ih|ri|ge**[1]

Iko|ne, die; -, -n (Kultbild der
Ostkirche)

il|le|gal [auch: ...a/] (ungesetz-
lich; unrechtmäßig); **Il|le|ga|li-
tät** [auch: il...], die; -, -en; **il|le-
gi|tim** [auch: ...im] (ungesetz-
lich; unecht; unehelich); **Il|le|gi-
ti|mi|tät** [auch: il...], die; -

il|loy|al [iloajal, auch: ...a/]
(unehrlich; gesetzwidrig; übel-
gesinnt); **Il|loya|li|tät** [auch:
il...], die; -, -en

il|lu|mi|nie|ren (festlich erleuch-
ten; bunt ausmalen); **Il|lu|mi-**

nie|rung, die; -, -en (Festbe-
leuchtung)

Il|lu|si|on, die; -, -en (auf Wün-
schen beruhende Einbildung,
Wahn, Sinnestäuschung); **il|lu-
so|risch** (nur in der Illusion be-
stehend; eingebildet, trügerisch)

Il|lu|stra|ti|on [...zion], die; -, -en
(Erläuterung, Bildbeigabe, Bebil-
derung); **Il|lu|stra|tor,** der; -s,
...oren (Erläuterer [durch Bilder];
Künstler, der ein Buch mit Bildern
schmückt); **il|lu|strie|ren**
([durch Bilder] erläutern; [ein
Buch] mit Bildern schmücken;
bebildern); **il|lu|striert; Il|lu-
strier|te,** die; -n, -n

Il|tis, der; Iltisses, Iltisse (ein
Raubtier; Pelz)

im (in dem); - Grunde [genom-
men]

Image [imidseh], das; -[s], -s
[...dsehis] (vorgefaßtes, festum-
rissenes Vorstellungsbild von einer Einzelperson od. einer Gruppe; Persönlichkeits-, Charakter-
bild); **ima|gi|när** (nur in der Vor-
stellung bestehend; scheinbar)

im all|ge|mei|nen

im Auf|trag, im Auf|tra|ge

im Be|griff, im Be|grif|fe; - -
sein

im be|son|de|ren

Im|biß, der; Imbisses, Imbisse;
**Im|biß_hal|le, ...stand, ...stu-
be**

im Durch|schnitt

im Fall od. **Fal|le[,] daß**

im Grun|de; - - genommen

Imi|ta|ti|on [...zion], die; -, -en
([minderwertige] Nachah-
mung); **imi|tie|ren; imi|tiert**
(nachgeahmt, künstlich, unecht)

im Jah|re (Abk.: i. J.)

Im|ker, der; -s, - (Bienenzüch-
ter); **Im|ke|rei** (Bienenzucht;
Bienenzüchterei)

Im|ma|tri|ku|la|ti|on [...zion],
die; -, -en (Einschreibung in die
Liste der Studierenden, Aufnah-
me an einer Hochschule; **im|ma-
tri|ku|lie|ren**

im|mens (unermeßlich [groß])

---

[1] Als Anrede stets groß geschrieben.

im|mer; - wieder; für -; im|mer|fort; im|mer|grün; im|mer|grün, das; -s, -e (eine Pflanze); im|mer|hin; im|mer|wäh|rend; im|mer|zu (fortwährend)

Im|mi|grant, der; -en, -en (Einwanderer); im|mi|grie|ren

Im|mo|bi|li|en [...*i*ⁿn], die (Mehrz., Grundstücke, Grundbesitz); Im|mo|bi|li|en|händ|ler

im|mun (unempfänglich [für Krankheit], gefeit; unter Rechtsschutz stehend; unempfindlich); im|mu|ni|sie|ren (unempfänglich machen [für Krankheit], feien); Im|mu|ni|sie|rung, die; -, -en; Im|mu|ni|tät, die; - (Unempfindlichkeit gegenüber Krankheitserregern; Persönlichkeitsschutz der Abgeordneten in der Öffentlichkeit)

im nach|hin|ein bes. österr. (nachträglich, hinterher)

Im|pe|ra|tiv [auch: ...*tif*], der; -s, -e [...*w*ᵉ] (Sprachw.: Befehlsform, z. B. „lauf!, lauft!")

Im|per|fekt [auch: ...*fäkt*], das; -s, -e (Sprachw.: erste Vergangenheit)

Im|pe|ria|lis|mus, der; - (Ausdehnungs-, Machterweiterungsdrang der Großmächte); Im|pe|ria|list, der; -en, -en; im|pe|ria|li|stisch; Im|pe|ri|um, das; -s, ...ien [...*i*ⁿn] (Kaiserreich; Weltreich)

imp|fen; Impf|ling; Impf-pflicht, ...schein, ...stoff; Impf|fung; Impf|zwang, der; -[e]s

im|po|nie|ren (Achtung einflößen, [großen] Eindruck machen)

Im|port, der; -[e]s, -e (Einfuhr); Im|por|teur [...*tör*], der; -s, -e ([Waren]einführer im Großhandel); Im|port|ge|schäft, ...han|del; im|por|tie|ren

im|po|sant (eindrucksvoll; großartig)

im|po|tent [auch: ...*tänt*] ([geschlechtlich] unvermögend); Im|po|tenz [auch: ...*tänz*], die; -, -en

im|prä|gnie|ren (feste Stoffe mit Flüssigkeiten zum Schutz vor Wasser, Zerfall u. a. durchtränken; mit Kohlensäure sättigen); Im|prä|gnie|rung, die; -, -en

Im|pres|si|on, die; -, -en (Eindruck; Empfindung; Sinneswahrnehmung)

Im|pro|vi|sa|ti|on [...*wisazion*], die; -, -en (Stegreifdichtung, -rede usw.; unvorbereitetes Handeln; Schnell...); im|pro|vi|sie|ren (etwas aus dem Stegreif tun)

Im|puls, der; -es, -e (Antrieb; Anregung; [An]stoß; Anreiz)

im Ru|he|stand, im Ru|he|stan|de

im stan|de; - sein

im üb|ri|gen

im vor|aus [auch: - *forauß*]

¹in; ich gehe in den Garten; im (in dem); ins (in das)

²in (innen, darin); - sein (dazugehören; zeitgemäß, modern sein)

In|an|griff|nah|me, die; -

In|an|spruch|nah|me, die; -

In|au|gen|schein|nah|me, die; -

in bar

In|be|griff, der; -[e]s (Gesamtheit; die unter einen Begriff gefaßten Einzelheiten; Höchstes)

In|be|sitz|nah|me, die; -, -n

In|be|trieb|nah|me (die; -, -n), ...set|zung

in be|zug

In|brunst, die; -; in|brün|stig

Ind|an|thren ⑭, das; -s, -e (licht- u. waschechter Farbstoff)

in|dem; er diktierte den Brief, indem (während) er im Zimmer umherging

in des, in|des|sen

In|dex, der; -[es], -e u. ...dizes [...*zeß*] (alphabet. Namen-, Sachverzeichnis; Liste verbotener Bücher; statistische Meßziffer)

In|dia|ner, der; -s, - (Angehöriger der Urbevölkerung Amerikas); In|dia|ner_buch, ...ge|schich|te

In|dienst|stel|lung

in|dif|fe|rent [auch: ...änt] (unbestimmt, gleichgültig, teilnahmslos; wirkungslos)

In|di|ka|ti|on [...zion], die; -, -en (Merkmal; Med.: Heilanzeige); **In|di|ka|tiv** [auch: ...tif], der; -s, -e [...we] (Sprachw.: Wirklichkeitsform)

in|di|rekt [auch: ...äkt] (mittelbar; auf Umwegen; abhängig; nicht geradezu)

in|dis|kret [auch: ...krēt] (nicht verschwiegen; taktlos; zudringlich); **In|dis|kre|ti|on** [...zion, auch: in...], die; -, -en (Vertrauensbruch; Taktlosigkeit)

in|dis|ku|ta|bel [auch: ...abel] (nicht der Erörterung wert)

In|di|vi|dua|lis|mus, der; - ([betonte] Zurückhaltung eines Menschen gegenüber der Gemeinschaft); **In|di|vi|dua|list**, der; -en, -en; **in|di|vi|dua|li|stisch** (nur das Individuum berücksichtigend; das Besondere, Eigentümliche betonend); **in|di|vi|du|ell** (dem Individuum eigentümlich; vereinzelt; besonders geartet); **In|di|vi|du|um** [...uum], das; -s, ...duen [...uen] (Einzelwesen, einzelne Person; verächtl. für: Kerl, Lump)

In|diz, das; -es, -ien [...ien] (meist *Mehrz.*; Anzeichen; Verdacht erregender Umstand); **In|di|zes** (*Mehrz.* von: Index); **In|di|zi|en-_be|weis** (auf zwingenden mittelbaren Anzeichen und Umständen beruhender Beweis), **...ket|te, ...pro|zeß**

In|dok|tri|na|ti|on [...zion], die; -, -en ([ideologische] Beeinflussung); **in|dok|tri|nie|ren**

in|du|stria|li|sie|ren (Industrie auf- od. ausbauen); **In|du|stria|li|sie|rung**, die; -; **In|du|strie**, die; -, ...ien; **In|du|strie_an|la|ge, ...be|trieb, ...er|zeug|nis, ...ge|biet, ...ge|werk|schaft** (Abk.: IG), **...kauf|mann, ...land, ...land|schaft; in|du|stri|ell** (die Industrie betreffend); **In|du|stri|el|le**, der; -n,

-n (Inhaber eines Industriebetriebes); **In|du|strie_ma|gnat, ...pro|dukt, ...staat, ...stadt, ...un|ter|neh|men, ...zweig**

in|ein|an|der; die Fäden haben sich ineinander (sich gegenseitig) verschlungen; **In|ein|an|der|grei|fen**, das; -s

in eins; in eins setzen (gleichsetzen); **In|eins|set|zung**

in|fam (niederträchtig, schändlich); **In|fa|mie**, die; -, ...ien

In|fan|te|rie|re|gi|ment (Abk.: IR.); **In|fan|te|rist**, der; -en, -en (Fußsoldat); **in|fan|te|ri|stisch**; **in|fan|til** (kindlich; unentwickelt, unreif); **In|fan|ti|li|tät**, die; -, -en

In|farkt, der; -[e]s, -e (Med.: Absterben eines Gewebeteils infolge Verschlusses von Arterien)

In|fek|ti|on [...zion], die; -, -en (Ansteckung durch Krankheitserreger); **In|fek|ti|ons_ge|fahr, ...herd, ...krank|heit**

in|fer|na|lisch (höllisch; teuflisch); **In|fer|no**, das; -s (Hölle)

in|fil|trie|ren (eindringen; durchtränken)

in|fi|nit [auch: ...nit] (Sprachw.: unbestimmt); **In|fi|ni|tiv** [auch: ...tif], der; -s, -e [...we] (Sprachw.: Grundform [des Zeitwortes], z. B. „erwachen")

in fla|gran|ti (auf frischer Tat); - - ertappen

In|fla|ti|on [...zion], die; -, -en (übermäßige Ausgabe von Zahlungsmitteln; Geldentwertung; übertr. auch: Überangebot); **in|fla|tio|när, in|fla|to|risch** (die Inflation betreffend; Inflation bewirkend)

in|fol|ge; in|fol|ge|des|sen

In|for|mand, der; -en, -en (eine Person, die informiert wird); **In|for|mant**, der; -en, -en (eine Person, die informiert); **In|for|ma|ti|on** [...zion], die; -, -en (Auskunft; Nachricht); **In|for|ma|ti|ons_aus|tausch, ...be|dürf|nis, ...bü|ro, ...ma|te|ri|al, ...quel|le; in|for|ma|tiv** (be-

lehrend; Auskunft gebend; auf-
schlußreich); **In|for|ma|tor,**
der; -s, ...**o**ren (der Unterrichten-
de, Mitteilende); **in|for|mell**
[auch: ...*mäl*] (aufklärend; ohne
Formalitäten); **in|for|mie|ren**
(Auskunft geben; benachrichti-
gen); sich - (sich unterrichten,
Auskünfte, Erkundigungen ein-
ziehen); **In|for|miert|heit,**
die; -

in Fra|ge; - - kommen, stehen
In|fra|rot (unsichtbare Wärme-
strahlen, die im Spektrum zwischen dem roten Licht u. den
kürzesten Radiowellen liegen);
In|fra|rot|hei|zung; In|fra-
struk|tur, die; -, -en (wirtschaft-
lich-organisatorischer Unterbau
einer hochentwickelten Wirt-
schaft; Sammelbezeichnung für
milit. Anlagen [Kasernen, Flug-
plätze usw.])
In|fu|si|on, die; -, -en (Einfie-
ßung; Med.: Einfließenlassen)
In|gang|hal|tung (die; -), ...**set-**
zung (die; -)
In|ge|nieur [*inseheniör*], der; -s,
-e (Abk.: Ing.); **In|ge|nieur-**
aka|de|mie, ...be|ruf, ...bü|ro;
In|ge|nieu|rin, die; -, -nen; **In-**
ge|nieur|schu|le (früher für: In-
genieurakademie)
In|gre|di|enz, die; -, -en (meist
Mehrz.; Zutat; Bestandteil)
In|grimm, der; -[e]s; **in|grim-**
mig
Ing|wer, der; -s (eine Gewürz-
pflanze)
In|ha|ber; In|ha|be|rin, die; -,
-nen
in|haf|tie|ren (in Haft nehmen);
In|haf|tie|rung; In|haft|nah-
me, die; -, -n
in|ha|lie|ren ([zerstäubte] Heil-
mittel einatmen; ugs. für: [beim
Zigarettenrauchen] den Rauch
[in die Lunge] einziehen)
In|halt; in|halt|lich; In|halts|an-
ga|be; in|halt[s]_arm, ...los,
...schwer; In|halts_über-
sicht, ...ver|zeich|nis; in-
halt[s]|voll

in|hu|man [auch: ...*ạn*] (unmen-
schlich; rücksichtslos); **In|hu-**
ma|ni|tät [auch: *in*...], die; -, -en
In|itia|le [*inizia{l[e]}*], die; -, -n
(großer [meist durch Verzierung
u. Farbe ausgezeichneter]
Anfangsbuchstabe); **in|itia|tiv**
(die Initiative ergreifend; rührig);
- werden; **In|itia|ti|ve** [...*w{e}*],
die; - (erste tätige Anregung zu
einer Handlung; auch das Recht
dazu; Entschlußkraft, Unterneh-
mungsgeist; auch für: Volksbe-
gehren [auch *Mehrz.*: -n]); die
- ergreifen; **In|itia|tor,** der; -s,
...**o**ren (Urheber; Anreger; Anstif-
ter)
In|jek|ti|on [...*ziọn*], die; -, -en
(Med.: Einspritzung); **in|ji|zie-**
ren (einspritzen)
In|kauf|nah|me, die; -
in|klu|si|ve [...*w{e}*] (einschließ-
lich, inbegriffen; Abk.: inkl.)
in|ko|gni|to („unerkannt''; unter
fremdem Namen); - reisen
in|kom|pe|tent [auch: ...*ạnt*]
(nicht zuständig, nicht befugt);
In|kom|pe|tenz [auch: ...*ạnz*],
die; -, -en
in|kon|se|quent [auch: ...*ạnt*]
(folgewidrig; widersprüchlich;
wankelmütig; unbeständig); **In-**
kon|se|quenz [auch: ...*ạnz*],
die; -, -en
in|kor|rekt [auch: ...*ạkt*] (unrich-
tig; fehlerhaft [im Benehmen];
unzulässig); **In|kor|rekt|heit**
[auch: ...*ạkt*...]
in Kraft; vgl. Kraft; **In|kraft|set-**
zung; in|kraft|tre|ten (eines
Gesetzes), das; -s
In|ku|ba|ti|ons|zeit (Zeit von der
Infektion bis zum Ausbruch einer
Krankheit)
In|land, das; -[e]s; **In|land|eis;**
In|län|der, der; **In|län|de|rin,**
die; -, -nen; **In|lands_markt,**
...nach|fra|ge, ...preis, ...rei-
se
In|lett, das; -[e]s, -e (Baumwoll-
stoff [für Federbetten u. -kissen])
in|lie|gend; In|lie|gen|de, das; -n
in|mit|ten (geh.)

in|ne|ha|ben

in|nen; von, nach -; - und außen;
In|nen_an|ten|ne, ...ar|chi|tekt, ...ar|chi|tek|tur, ...auf|nah|me, ...aus|stat|tung, ...hof, ...le|ben, ...mi|ni|ster, ...mi|ni|ste|ri|um, ...po|li|tik; in|nen|po|li|tisch; In|nen-_raum, ...stadt

in|ner_be|trieb|lich; ...deutsch; in|ne|re; innerste; zuinnerst; die -e Medizin; -e Angelegenheiten eines Staates; In|ne|re, das; ...r[e]n; das Ministerium des Innern; In|ne|rei, die; -, -en (meist *Mehrz.*; eßbares Tiereingeweide); in|ner|halb; - eines Jahres; in|ner|lich; In|ner|lich|keit, die; -; in|ner|par|tei|lich; In|ner|ste, das; -n

in|ne_sein; in|ne_wer|den; in|ne_woh|nen

in|nig; In|nig|keit, die; -; in|nig|lich; in|nigst

In|nung; In|nungs|mei|ster

in|of|fi|zi|ell [auch: ...*äl*] (nichtamtlich; außerdienstlich; auch: vertraulich)

in pet|to; etwas - - (ugs.: im Sinne, bereit) haben

in punc|to (hinsichtlich)

In|put, das; -s, -s (EDV: in eine Datenverarbeitungsanlage eingegebene Daten)

In|qui|si|ti|on [...*zion*], die; -, -en (früheres kath. Ketzergericht; [strenge] Untersuchung); in|qui|si|to|risch

ins (in das)

In|sas|se, der; -n, -n

ins|be|son|de|re, ins|be|sond|re

In|schrift

In|sekt, das; -[e]s, -en (Kerbtier); In|sek|ten_be|kämp|fung; in|sek|ten|fres|send; In|sek|ten_fres|ser, ...stich, ...ver|til|gungs_mit|tel

In|sel, die; -, -n; In|sel_be|woh|ner, ...grup|pe; in|sel|haft; In|sel_la|ge (die; -), ...land (*Mehrz.* ...länder)

In|se|rat, das; -[e]s, -e (Anzeige [in Zeitungen usw.]); In|se|ra-_ten|teil, der; In|se|rent, der; -en, -en (Aufgeber eines Inserates); in|se|rie|ren (ein Inserat aufgeben)

ins|ge|heim; ins|ge|samt

In|si|der [*inßaid*ᵉ*r*], der; -s, - (jmd., der interne Kenntnisse von etwas besitzt, Eingeweihter)

In|si|gni|en [...*i*ᵉ*n*], die (*Mehrz.*; Kennzeichen staatl. od. ständischer Macht u. Würde)

in|so|fern

in|sol|vent [auch: *insolwänt*] (zahlungsunfähig); In|sol|venz [auch: *insolwänz*], die; -, -en

in|so|weit [auch: *insoweit*]

in spe [- *ßpe*] (zukünftig)

In|spek|ti|on [...*zion*], die; -, -en (Prüfung, Kontrolle, Aufsichtigung, Aufsicht; Behördenstelle, der die Aufsicht obliegt; Aufsichts-, Prüfstelle); In|spek|ti-_ons_fahrt, ...gang der, ...rei-se; In|spek|tor, der; -s, ...oren (Aufseher, Vorsteher, Verwalter; Verwaltungsbeamter)

In|spi|ra|ti|on [*zion*], die; -, -en (Eingebung; Erleuchtung; Beeinflussung); in|spi|rie|ren; In|spi|rie|rung, die; -, -en

in|spi|zie|ren (be[auf]sichtigen); In|spi|zie|rung, die; -, -en

In|stal|la|teur [...*tör*], der; -s, -e (Einrichter u. Prüfer von techn. Anlagen [Heizung, Wasser, Gas]); In|stal|la|ti|on [*zion*], die; -, -en (Einrichtung, Einbau, Anlage, Anschluß [von techn. Anlagen]); in|stal|lie|ren

in|stand_be|set|zen (ein leerstehendes Haus besetzen u. wieder bewohnbar machen); In|stand-_be|set|zer; ...be|set|zung

in|stand_hal|ten; In|stand|hal|tung; In|stand_hal|tungs|ko-sten, die (*Mehrz.*)

in|stän|dig (eindringlich; flehentlich); In|stän|dig|keit, die; -

in|stand_set|zen; In|stand_set|zung

In|stanz, die; -, -en (zuständige Stelle bei Behörden od. Gerichten; Dienstweg)

In|stinkt, der; -[e]s, -e (angeborene Verhaltensweise; sicheres Gefühl); In|stinkt|hand|lung; in|stinkt|tiv (trieb-, gefühlsmäßig); in|stinkt|los; In|stinkt|lo|sig|keit

In|sti|tut, das; -[e]s, -e (Unternehmen; Bildungs-, Forschungsanstalt); In|sti|tu|ti|on [...*zion*], die; -, -en (Einrichtung; Stiftung)

In|struk|ti|on [...*zion*], die; -, -en (Anleitung; [Dienst]anweisung); in|struk|tiv (lehrreich)

In|stru|ment, das; -[e]s, -e; In|stru|men|tal|mu|sik

in|sze|nie|ren (eine Bühnenaufführung vorbereiten); In|sze|nie|rung, die; -, -en

in|takt (unversehrt, unberührt); In|takt|heit, die; -; In|takt|sein, das; -s

in|te|ger (unbescholten; unversehrt); in|te|gral (ein Ganzes ausmachend); In|te|gral, das; -s, -e (Math.: Zeichen: ∫); In|te|gral|helm (Sturzhelm); In|te|gral|rech|nung; in|te|grie|ren (ergänzen; zusammenschließen [in ein übergeordnetes Ganzes]); in|te|grie|rend (unerläßlich, notwendig, wesentlich); In|te|gri|tät, die; - (Unversehrtheit, Unbescholtenheit)

In|tel|lekt, der; -[e]s (Verstand; Erkenntnis-, Denkvermögen); in|tel|lek|tu|ell (den Intellekt betreffend; [einseitig] verstandesmäßig; geistig); In|tel|lek|tu|el|le, der u. die; -n, -n ([einseitiger] Verstandesmensch; geistig Geschulte[r]); in|tel|li|gent (verständig; klug, begabt); In|tel|li|genz, die; -, -en (besondere geistige Fähigkeit, Klugheit; in der *Einz.* auch: Schicht der wissenschaftl. Gebildeten); In|tel|li|genz·prü|fung (Eignungsprüfung), ...quo|ti|ent (Zahlenwert aus dem Verhältnis der bei jmdm. vorhandenen zu der seinem Alter angemessenen Intelligenz; Abk.: IQ), ...test

In|ten|dant, der; -en, -en (Leiter eines Theaters, eines Rundfunkod. Fernsehsenders)

In|ten|si|tät, die; -, (selten:) -en (Stärke, Kraft; Wirksamkeit); in|ten|siv (eindringlich; kräftig; gründlich; durchdringend); in|ten|si|vie|ren [...*wir*e*n*] (verstärken, steigern); In|ten|si|vie|rung, die; -, -en; In|ten|siv·pfle|ge, ...sta|ti|on

In|ten|ti|on [...*zion*], die; -, -en (Absicht; Plan; Vorhaben)

In|ter|ci|ty-Zug [...*ßiti*...] (schneller, zwischen bestimmten Großstädten eingesetzter Eisenbahnzug; Abk.: IC)

in|ter|es|sant; in|ter|es|san|ter|wei|se; In|ter|es|se, das; -s, -n; - an, für etwas haben); in|ter|es|se|hal|ber; in|ter|es|se|los; In|ter|es|se|lo|sig|keit, die; -; In|ter|es|sen·be|reich, ...ge|biet, ...ge|gen|satz, ...ge|mein|schaft (Zweckverband), ...sphä|re (Einflußgebiet); In|ter|es|sent, der; -en, -en; In|ter|es|sen·ver|band, ...ver|tre|tung; in|ter|es|sie|ren (Teilnahme erwecken); sich - (Anteil nehmen, Sinn haben); in|ter|es|siert (Anteil nehmend; beteiligt); In|ter|es|siert|heit, die; -

In|te|rieur [*ängteriör*], das; -s, -s u. -e (Ausstattung eines Innenraumes; einen Innenraum darstellendes Bild)

In|ter|jek|ti|on [...*zion*], die; -, -en (Sprachw.: Ausrufe-, Empfindungswort, z. B. „au", „bäh")

in|ter|kon|ti|nen|tal (Erdteile verbindend); In|ter|kon|ti|nen|tal|ra|ke|te

In|ter|mez|zo, das; -s, -s u. ...zzi (Zwischenspiel, -fall)

in|tern (nur die inneren, eigenen Verhältnisse angehend; vertraulich; [von Schülern:] im Internat wohnend); In|ter|nat, das; -[e]s, -e (Lehranstalt, in der die Schüler wohnen u. essen)

in|ter|na|tio|nal [...*nazional*] (zwischenstaatlich, nicht national begrenzt); -e Vereinbarung; Internationales Rotes Kreuz; **In|ter|na|tio|na|le,** die; -, -n

in|ter|nie|ren (in staatl. Gewahrsam, in Haft nehmen; Kranke isolieren); **In|ter|nier|te,** der u. die; -n, -n; **In|ter|nie|rung,** die; -, -en; **In|ter|nie|rungs|la|ger; In|ter|nist,** der; -en, -en (Facharzt für innere Krankheiten)

In|ter|pret, der; -en, -en (Ausleger, Erklärer, Deuter); **In|ter|pre|ta|ti|on** [...*zion*], die; -, -en; **in|ter|pre|tie|ren**

In|ter|punk|ti|on [...*zion*], die; - (Zeichensetzung); **In|ter|punk|ti|ons_re|gel, ...zei|chen** (Satzzeichen)

In|ter|vall [...*wal*], das; -s, -e (Zeitabstand, Zeitspanne, Zwischenraum; Frist; Abstand [zwischen zwei Tönen])

in|ter|ve|nie|ren (dazwischentreten; vermitteln; sich einmischen); **In|ter|ven|ti|on** [...*zion*], die; -, -en (Vermittlung; staatl. Einmischung in die Angelegenheiten eines fremden Staates)

In|ter|view [...*wju*, auch: *in*...], das; -s, -s (Unterredung [von Reportern] mit [führenden] Persönlichkeiten über Tagesfragen usw.; Befragung); **in|ter|view|en** [...*wju*...]; **In|ter|view|er** [...*wju*...], der; -s, -

In|ter|zo|nen_han|del, ...ver|kehr, ...zug

In|thro|ni|sa|ti|on [...*zion*], die; -, -en (Thronerhebung, feierliche Einsetzung); **in|thro|ni|sie|ren; In|thro|ni|sie|rung,** die; -, -en

in|tim (vertraut; innig; gemütlich; das Geschlechtsleben betreffend); **In|tim_be|reich, ...hy|gie|ne; In|ti|mi|tät** [zu: intim], die; -, -en; **In|tim|sphä|re,** die; - (vertraut-persönlicher Bereich)

in|to|le|rant [auch: ...*ant*] (unduldsam); **In|to|le|ranz** [auch: ...*anz*], die; -, -en

In|to|na|ti|on [...*zion*], die; -, -en (Musik: An-, Abstimmen; Sprachw.: Veränderung des Tones nach Höhe u. Stärke beim Sprechen von Silben oder ganzen Sätzen, Tongebung); **in|to|nie|ren** (anstimmen)

in|tran|si|tiv [auch: ...*if*] (Sprachw.: nicht zum persönlichen Passiv fähig; nichtzielend)

in|tra|ve|nös [...*we*...] (Med.: im Innern, ins Innere der Vene)

In|tri|gant, der; -en, -en; **In|tri|ge,** die; -, -n (Ränke[spiel]); **In|tri|gen_spiel, ...wirtschaft; in|tri|gie|ren**

in|tro|ver|tiert (nach innen gewandt)

In|tui|ti|on [...*zion*], die; -, -en (unmittelbare ganzheitl. Sinneswahrnehmung; unmittelbare, ohne Reflexion entstandene Erkenntnis des Wesens eines Gegenstandes); **in|tui|tiv**

in|tus (inwendig, innen); etwas - haben (ugs. für: etwas im Magen haben od. etwas begriffen haben)

in|va|lid (österr. nur so), **in|va|li|de** ([durch Verwundung od. Unfall] dienst-, arbeitsunfähig); **In|va|li|de,** der; -n, -n (Dienst-, Arbeitsunfähiger); **In|va|li|den_ren|te, ...ver|si|che|rung** (die; -); **in|va|li|di|sie|ren** (jmdn. zum Invaliden erklären; jmdm. eine Alters- od. Arbeitsunfähigkeitsrente gewähren); **In|va|li|di|tät,** die; - (Erwerbs-, Dienst-, Arbeitsunfähigkeit)

In|va|si|on [...*wa*...], die; -, -en ([feindlicher] Einfall)

In|ven|tar [...*wän*...], das; -s, -e (Einrichtungsgegenstände eines Unternehmens; Vermögensverzeichnis; Nachlaßverzeichnis); **in|ven|ta|ri|sie|ren** (Bestand aufnehmen); **In|ven|ta|ri|sie|rung,** die; -, -en; **In|ven|tur,** die; -, -en (Wirtsch.: Bestandsaufnahme des Vermögens eines Unternehmens)

in|ve|stie|ren [...*wä*...] (in ein

Amt einweisen; [Kapital] anlegen); **In|ve|stie|rung,** die; -, -en; **In|ve|sti|ti|on** [*inwäßtizi̯on*], die; -, -en (langfristige [Kapital]anlage); **In|ve|sti|tions|gü|ter,** die (*Mehrz.*; Güter, die zur Produktionsausrüstung gehören); **In|ve|sti|ti|ons|hilfe; In|vest|ment** [*inwäßt...*], das; -s, -s (engl. Bez. für: Investition); **In|vest|ment_fonds** (Effektenbestand einer Kapitalanlagegesellschaft), **...ge|sellschaft** (Kapitalverwaltungsgesellschaft), **...pa|pier** od. **...zerti|fi|kat**
in vi|no ve|ri|tas [- *wi̯no we...*] („im Wein [ist] Wahrheit")
in|wen|dig; in- u. auswendig
in|wie|fern
in|wie|weit
In|zest, der; -[e]s, -e (Blutschande); **In|zest|hem|mung; in|zestu|ös** (blutschänderisch)
In|zucht, die; -
in|zwi|schen
Ion, das; -s, -en (elektr. geladenes atomares od. molekulares Teilchen)
I-Punkt, der; -[e]s, -e
ir|den (aus „Erde"); -e Ware; **Irden_ge|schirr, ...wa|re; irdisch**
ir|gend; wenn irgend möglich; irgend so ein Bettler
Iris, die; -, - (Regenbogen; Regenbogenhaut im Auge; Schwertlilie)
Iro|nie, die; -, ...ien ([versteckter, feiner] Spott, Spöttelei); **ironisch**
irr, ir|re (vgl. d.)
ir|ra|tio|nal [auch: *irazi̯onal*] (verstandesmäßig nicht faßbar; vernunftwidrig; unberechenbar)
ir|re, irr; irr[e] sein, werden; **¹Irre,** die; -; in die - gehen; **²Ir|re,** der u. die; -n, -n
ir|re|al [auch: *...al*] (unwirklich); **Ir|rea|li|tät** [auch: *ir...*], die; -, -en (Unwirklichkeit)
ir|re|füh|ren; Ir|re|füh|rung; irre|ge|hen

ir|re|gu|lär [auch: *...är*] (unregelmäßig, ungesetzmäßig)
ir|re|lei|ten
ir|re|le|vant [auch: *...want*] (unerheblich, belanglos); **Ir|rele|vanz** [auch: *...anz*], die; -, -en
ir|re|ma|chen; er hat mich irregemacht; **ir|ren;** sich -; **Ir|ren_anstalt, ...arzt, ...haus**
ir|re|pa|ra|bel [auch: *...abel*] (unersetzlich, nicht wiederherstellbar)
ir|re|re|den; ir|re sein; Ir|resein, das; -s
ir|re wer|den; Ir|re|wer|den, das; -s; **Irr_fahrt, ...gar|ten, ...glaube[n]; irr|gläu|big; irrig; ir|ri|ger|wei|se**
Ir|ri|ta|ti|on [...*zi̯on*], die; -, -en (Reiz, Erregung); **ir|ri|tie|ren** ([auf]reizen, erregen, beirren, stören, unsicher machen)
Irr_läu|fer (falsch beförderter Gegenstand), **...leh|re, ...licht** (*Mehrz.* ...lichter), **...sinn,** der; -[e]s; **irr|sin|nig; Irr|sin|nigkeit,** die; -; **Irr|tum,** der; -s, ...tümer; **irr|tüm|lich; irr|tüm|licher|wei|se; Irr|tums|quel|le; Irr_weg, ...wisch** (Irrlicht; sehr lebhafter Mensch); **irr|wit|zig**
Is|chi|as [*iß-chi̯aß¹*], der (auch:) das; - (Hüftweh); **Is|chi|asnerv**
Is|lam [auch: *...lam*], der; -s (Lehre Mohammeds)
Iso|la|ti|on [...*zi̯on*], die; - ([politische u. a.] Absonderung; Abkapselung; Getrennthaltung; [Ab]dämmung, Sperrung); **Isola|tor,** der; -s, ...oren (Stoff, der Energieströme schlecht od. gar nicht leitet; Nichtleiter); **Isolier|band,** das (*Mehrz.* ...bänder); **iso|lie|ren** (absondern, abkapseln; getrennt halten; abschließen, [ab]dichten, [ab]dämmen, sperren; einen Isolator anbringen); **Iso|lier_ma|te|rial, ...schicht, ...sta|ti|on; isoliert** (auch für: vereinsamt);

<hr />

¹ Oft auch: *ischiaß*.

Iso|liert|heit, die; -; **Iso|lie-rung,** die; -

Ist-Auf|kom|men, das; -s, - (der tatsächliche [Steuer]ertrag)

ita|lie|nisch; italienischer Salat; **Ita|lie|nisch,** das; -[s] (Sprache)

I-Tüp|fel|chen

J

J [*jot*, österr.: *je*] (Buchstabe); das J; des J, die J

ja; ja und nein sagen; jawohl; ja freilich; zu allem ja und amen sagen (ugs.); mit [einem] Ja antworten; mit Ja oder [mit] Nein stimmen

Jacht, (Seemannsspr. auch:) Yacht, die; -, -en ([luxuriös eingerichtetes] Schiff für Sport- u. Vergnügungsfahrten, auch: Segelboot); **Jacht|klub**

Jacke[1]**,** die; -, -n; **Jacken-kleid**[1]**,** ...ta|sche; **Jacket-kro|ne**[1] [*dschäkit*...] (Porzellanmantelkrone, Zahnkronenersatz); **Jackett**[1] [*seha*...], das; -s, -e u. -s (Jacke von Herrenanzügen); **Jackett|tasche**[1] [*Trenn.:* Jackett|ta|sche[1]

Ja|de, der (auch: die); - (ein Mineral; blaßgrüner Schmuckstein); **ja|de|grün**

Jagd, die; -, -en; **jagd|bar; Jagd-auf|se|her,** ...beu|te, ...ei|fer, ...fie|ber, ...flie|ger, ...flin|te, ...flug|zeug, ...gewehr, ...grün|de (*Mehrz.*; die ewigen -), ...horn (*Mehrz.* ...hörner), ...hund, ...hüt|te; **jagd|lich; Jagd_mes|ser,** das, ...re|vier, ...schein, ...schloß, ...wurst, ...zeit; **ja|gen; Jä|ger; Jä|ge|rei** (Ausübung der Jagd; Gesamtheit der Jäger), die; -; **jä-ger|haft; Jä|ger_la|tein,** ...mei|ster, ...spra|che

---

[1] *Trenn.:* ...k|k...

Ja|gu|ar, der; -s, -e (ein Raubtier)

jäh; Jä|heit, die; -; **jäh|lings**

Jahr, das; -[e]s, -e; im -[e]; zwei, viele -e lang; er ist über (mehr als) 14 -e alt; **jahr|aus, jahr|ein; Jahr|buch; Jähr|chen; jahre-lang; jäh|ren,** sich; **Jah|res--abon|ne|ment,** ...ab|schluß, ...bei|trag, ...ein|kom|men, ...en|de, ...frist (innerhalb -), ...ring (meist *Mehrz.*), ...tag, ...ur|laub, ...wech|sel, ...zahl, ...zeit; **jah|res|zeit|lich; Jahr-gang,** der; Abk.: Jg.; *Mehrz.* ...gänge [Abk.: Jgg.]; **Jahr|hun-dert,** das (Abk.: Jh.); **jahr|hun-der|te|alt; jahr|hun|der|te|lang; Jahr|hun|dert_fei|er,** ...wein, ...wen|de; **jähr|lich** (jedes Jahr wiederkehrend); **Jahr|markt; Jahr|markts|bu-de; Jahr|mil|lio|nen,** die (*Mehrz.*); **Jahr|tau|send,** das; **Jahr|zehnt,** das; -[e]s, -e; **jahr-zehn|te|lang**

Jäh|zorn; jäh|zor|nig

Ja|lou|set|te [*schalu*...], die; -, -n (Jalousie aus Leichtmetall-od. Kunststofflamellen); **Ja|lou-sie** [*schalu*...], die; -, ...ien ([hölzerner] Fensterschutz, Rolladen)

Jam|mer, der; -s; **Jam|mer--bild,** ...ge|stalt, ...lap|pen (ugs.); **jäm|mer|lich; Jäm-mer|lich|keit; Jäm|mer|ling; Jam|mer|mie|ne; jam|mern; jam|mer|scha|de; Jam|mer-tal,** das; -[e]s

Jän|ner, der; -[s] - österr., seltener auch südd., schweiz. (Januar); **Ja|nu|ar,** der; -[s], -e (erster Monat im Jahr; Abk.: Jan.)

jap|sen (ugs.: nach Luft schnappen); du japst (japsest); **Jap|ser**

Jar|gon [*schargong*], der; -s, -s ([schlechte] Sondersprache einer Berufsgruppe od. Gesellschaftsschicht)

Ja|sa|ger

Jas|min, der; -s, -e (Zierstrauch mit stark duftenden Blüten)

jä|ten

Jau|che, die; -, -n; **jau|chen;**

Jau|che[n]-faß, ...gru|be,
...wa|gen
jauch|zen; Jauch|zer
jau|len (klagend winseln, heulen)
ja|wohl
Ja|wort (Mehrz. ...worte)
Jazz [dsehäß, auch: jaz; engl.
Ausspr.: dsehäs], der; - (zeitge-
nöss. Musikstil, der sich aus der
Volksmusik der amerik. Neger
entwickelt hat); Jazz|band
[dsehäsbänd], die (Jazzkapel-
le); Jazz.fe|sti|val, ...ka|pel|le,
...kel|ler, ...trom|pe|te
je; seit je; je drei
Jeans vgl. Blue jeans
je|den|falls; je|der, jede, jedes;
zu - Stunde, Zeit; auf jeden Fall;
alles und jedes (alles ohne Aus-
nahme); je|der|mann; je|der-
zeit (immer); je|des|mal
je|doch
Jeep ⓦ [dsehip], der; -s, -s (kleiner amerik. Kriegs-, Gelände-
kraftwagen)
jeg|li|cher (selten nur für: jeder)
je|her [auch: jeher]; von -
Je|län|ger|je|lie|ber (Geißblatt),
das; -s, -
je|mals
je|mand; Wesf. -[e]s, Wemf. -em
(auch: -), Wenf. -en (auch: -);
irgend jemand; ein gewisser Jemand
je|mi|ne! (ugs.)
je nach|dem; je nachdem[,] ob/
wie
je|ner, jene, jenes; jener war es
jen|sei|tig[1]; Jen|sei|tig|keit[1],
die; -; jen|seits[1]; Jen|seits[1],
das; -; Jen|seits|glau|be[1]
Jer|sey [dsehö'si], der; -[s], -s
(eine Stoffart; für Trikot des
Sportlers: das; -s, -s)
Je|su|it, der; -en, -en (Mitglied
des Jesuitenordens); je|sui-
tisch; Je|sus People [dsehis°ß
pipl], die (Mehrz.; Angehörige
der Jesusbewegung der Jugend)
Jet [dsehät], der; -[s], -s (ugs.
für: Düsenflugzeug); Jet-set

[1] Auch: jän...

[dsehätßät], der; -s (sehr reiche,
einflußreiche Spitze der interna-
tionalen High-Society); jet|ten
[dsehät°n] (mit dem Jet fliegen)
jet|zig; jetzt; bis -; Jetzt, das;
- (Gegenwart, Neuzeit); Jetzt-
-mensch, ...zeit (die; -)
je|wei|lig; je|weils
Jiu-Jit|su [dsehiu-dsehitßu],
das; -[s] (jap. Kunst der Selbst-
verteidigung)
Job [dsehob], der; -s, -s (Be-
schäftigung, Stelle); job|ben
[dsehob°n] (ugs.; sich mit einem
Job Geld verdienen); Job-
sha|ring [...schäring], das; -[s]
(Teilung eines Arbeitsplatzes)
Joch, das; -[e]s, -e; Joch|bein
Jockei [Trenn.: Jok|kei] [dsehö-
ke, engl. Ausspr.: dsehoki, ugs.
auch: dsehokai, jokai], der; -s,
-s (berufsmäßiger Rennreiter);
Jockey vgl. Jockei
Jod, das; -[e]s (chem. Grundstoff; Nichtmetall; Zeichen: J)
jo|deln; Jod|ler
Jod|tink|tur, die; - ([Wund]des-
infektionsmittel)
Jo|ga, Yo|ga, der od. das; -[s]
(ind. philosoph. System)
Jog|ging [dsehọ...], das; -[s]
(Lauftraining in mäßigem Tempo)
Jo|ghurt, der od. das; -s, -s (ge-
gorene Milch)
Jo|gi, der; -s, -s (Anhänger des
Joga)
Jo|han|nis-bee|re, ...feu|er,
...kä|fer, ...tag (am 24. Juni);
Jo|han|ni|ter, der; -s, - (Ange-
höriger eines geistl. Ritterordens)
joh|len
Joint [dseheunt], der; -s, -s (Zigarette, deren Tabak Haschisch
od. Marihuana enthält
Jo|ker [auch: dsehọ...], der; -s,
- (eine Spielkarte)
Jo|kus, der; -s, -se (ugs. für:
Scherz, Spaß)
Jol|le, die; -, -n (kleines [einma-
stiges] Boot)
Jon|gleur [sehonggglör], der; -s,
-e (Geschicklichkeitskünstler);
jon|glie|ren

Jop|pe, die; -, -n (Jacke)
Jot, das; -, - (Buchstabe); **Jo|ta,**
das; -[s], -s (gr. Buchstabe: *I,*
ɩ); kein - (nicht das geringste)
Joule [*dschaul*, auch: *dschul*],
das; -[s], - (Physik: Maßeinheit
für die Energie; Zeichen: J)
Jour|nail|le [*schurnalj°*], die; -
(gewissenlos u. hetzerisch arbei-
tende Tagespresse); **Jour|nal**
[*schurnal*],das; -s, -e (Tagebuch
in der Buchhaltung; Zeitschrift
gehobener Art, bes. auf dem Ge-
biet der Mode); **Jour|na|list,**
der; -en, -en (Zeitungs-, Tages-
schriftsteller); **Jour|na|li|stin,**
die; -, -nen; **jour|na|li|stisch;**
Jour|nal|num|mer (im kauf-
männ. od. behördl. Tagebuch)
jo|vi|al [...*wi*..., österr. auch:*seho-
wi*...] (froh, heiter; leutselig, gön-
nerhaft); **Jo|via|li|tät,** die; -
Ju|bel, der; -s; **Ju|bel-fei|er,**
...jahr; alle -e (ugs. für: ganz
selten); **ju|beln; Ju|bel|ruf; Ju-**
bi|lar, der; -s, -e; **Ju|bi|lä|um,**
das; -s, ...äen; **Ju|bi|lä|ums-**
-aus|ga|be, ...fei|er; ju|bi|lie-
ren (jubeln; auch: ein Jubiläum
feiern)
juch|he!
Juch|ten, der od. das; - (feines,
wasserdichtes Leder); **Juch-**
ten|le|der
juch|zen (Nebenform von: jauch-
zen); **Juch|zer**
jucken[1]; es juckt mich [am Arm];
die Hand juckt mir (seltener:
mich); es juckt mir (seltener:
mich) in den Fingern (ugs. für:
es drängt mich), dir eine Ohrfeige
zu geben; **Juck-pul|ver, ...reiz**
[1]**Ju|do** [österr. meist: *dsch*...],
das; -[s] (sportl. Ausübung des
Jiu-Jitsu); **Ju|do|griff; Ju|do-**
ka, der; -s, -s (Judosportler)
Ju|gend, die; -; **Ju|gend-be-**
kannt|schaft, ...be|we|gung,
...bild, ...er|in|ne|rung; ju-
gend|frei (Prädikat für Filme);
Ju|gend-freund, ...freun|din,

...für|sor|ge; ju|gend|ge|fähr-
dend; Ju|gend-grup|pe,
...her|ber|ge, ...kri|mi|na|li|tät
(die; -); **ju|gend|lich; Ju|gend-**
li|che, der u. die; -n, -n; **Ju-**
gend|lich|keit, die; -; **Ju|gend-**
-lie|be, ...li|te|ra|tur, ...or|ga-
ni|sa|ti| on, ...pfar|rer, ...rich-
ter, ...schutz, ...stil (der;
-[e]s), **...sün|de, ...vor|stel-**
lung, ...zen|trum
Juice [*dschuß*], der od. das; -s,
-s [...*ßis*] (Obst- od. Gemüse-
saft)
Ju|li, der; -[s], -s (der siebte Mo-
nat im Jahr)
jung; jung und alt (jedermann);
mein Jüngster; er ist nicht mehr
der Jüngste; **Jung-aka|de|mi-**
ker, ...brun|nen; [1]**Jun|ge,** der;
-n, -n (ugs. auch: Jungs u. -ns);
[2]**Jun|ge,** das; -n, -n; **Jün|gel-**
chen (oft abschätzig); **Jun-**
gen|ge|sicht; jun|gen|haft;
Jun|gen|haf|tig|keit, die; -;
Jun|gen-klas|se, ...schu|le,
...streich; Jün|ger, der; -s, -;
Jung|fer, die; -, -n; **jüng|fer-**
lich; Jung|fern-fahrt (erste
Fahrt, bes. die eines neuerbauten
Schiffes), **...flug; jung|fern-**
haft; Jung|fern-häut|chen,
...re|de; Jung|frau; jung|frau-
en|haft; jung|fräu|lich; Jung-
fräu|lich|keit, die; -; **Jung|ge-**
sel|le; Jung|ge|sel|len-bu|de
(ugs.), **...da|sein, ...woh|nung;**
Jung|ge|sel|lin, die; -, -nen;
Jung-holz, ...leh|rer; Jüng-
ling; Jüng|lings|al|ter, das; -s;
jüng|ling[s]|haft; Jung|so-
zia|list (Angehöriger einer
Nachwuchsorganisation der
SPD; Kurzw.: Juso); **jüng|ste;**
der Jüngste Tag; **Jung-tier,**
...ver|hei|ra|te|te, ...vo|gel,
...wäh|ler
Ju|ni, der; -[s], -s (der sechste
Monat des Jahres); **Ju|ni|kä|fer**
ju|ni|or (jünger, hinter Namen:
der Jüngere; Abk.: jr. u. jun.);
Karl Meyer junior; **Ju|ni|or,** der;
-s, ...oren (Sohn [im Verhältnis

[1] *Trenn.:* ...k|k...

zum Vater]; Mode, Sport: Jugendlicher etwa zwischen 19 u. 20 Jahren); **Ju̱ni̱|or|chef,** der; -s, -s (Sohn des Geschäftsinhabers); **Ju̱|ni̱o̱|ren_mei̱ster-schaft, ...ren|nen** (Sport); **Ju̱-ni̱|or|part|ner**

Ju̱n|ker, der; -s, -

Ju̱nk|tim, das; -s, -s (Verbindung polit. Maßnahmen, z. B. Gesetzesvorlagen, zur gleichzeitigen Erledigung)

Ju̱n|ta [span. Ausspr.: *ẖṵnta*], die; -, ...ten (Regierungsausschuß, bes. in Südamerika)

Ju̱ra (*Mehrz.* von: Jus); **ju|ri̱-disch** (österr. neben: juristisch); **Ju|ri̱st,** der; -en, -en (Rechtskundiger); **Ju|ri̱sten|deutsch,** das; -[s]; **Ju|ri̱ste|rei̱,** die; - (oft abschätzig für: Rechtswissenschaft, Rechtsprechung); **ju|ri̱-stisch**

Ju̱ry [*ẖüri̱*, auch: *ẖüri̱*; fr. Aussprr.: *ẖüri̱*; engl. Aussprr.: *dsẖ̱u̱e̱ri̱*], die; -, -s (Preisgericht; Schwurgericht [bes. USA]); **Ju̱s** [österr.: *ju̱ß*], das; -, Jura (Recht, Rechtswissenschaft); Jura (die Rechte) studieren

Ju̱so, der; -s, -s (Kurzw. für: Jungsozialist)

ju̱st (veraltend für: eben, gerade; recht); **ju|stie̱ren** (genau einstellen, einpassen, ausrichten); **Ju̱stiz,** die; - (Gerechtigkeit; Rechtspflege); **Ju|stiz_be|am-te, ...irr|tum, ...mi|ni|ster, ...mi|ni|ste|ri̱|um, ...mord** (Verurteilung eines Unschuldigen zum Tode)

Ju̱te, die; - (Faserpflanze u. deren Faser)

[1]**Ju̱|wel,** der od. das; -s, -en (ein Edelstein; Schmuckstück); [2]**Ju̱-wel,** das; -s, -e (etwas Wertvolles, besonders hoch Gehaltenes, auch von Personen); **Ju̱|we|len-dieb|stahl; Ju̱|we|lier,** der; -s, -e (Goldschmied; Schmuckhändler); **Ju̱|we|lier|ge|schäft**

Ju̱x, der; -es, -e (ugs. für: Scherz, Spaß)

K

Vgl. auch **C** und **Z**

K (Buchstabe); das K; des K, die K

Ka̱|ba̱|le, die; -, -n (veralt. für: Intrige, Ränke, böses Spiel)

Ka̱|ba|rett [österr.: ...*re̱*], das; -s, -e od. -s (Kleinkunstbühne); **Ka̱-ba|rett|tist,** der; -en, -en (Künstler an einer Kleinkunstbühne); **ka̱|ba|ret|ti̱|stisch**

Ka̱|bäus|chen westmitteld. (kleines Haus od. Zimmer)

Kab|be|lei̱ bes. nordd. (Zankerei, Streit); **kab|beln,** sich bes. nordd. (zanken, streiten)

Ka̱|bel, das; -s, - (Tau; isolierte elektr. Leitung; Kabelnachricht)

Ka̱|bel|jau, der; -s, -e u. -s (ein Fisch)

ka̱|beln ([über See] drahten); **Ka̱|bel_nach|richt, ...schuh** (Elektrotechnik), **...wort** (*Mehrz.* ...wörter)

Ka̱|bi̱ne, die; -, -n (Schlaf-, Wohnkammer auf Schiffen; Zelle [in Badeanstalten usw.]; Abteil)

Ka̱|bi|nett, das; -s, -e (Gesamtheit der Minister; kleinerer Museumsraum; Geheimkanzlei); **Ka̱|bi|netts_be|schluß, ...bil-dung, ...ent|schei|dung, ...sit|zung, ...mit|glied; Ka̱|bi-nett|wein** (edler Wein)

Ka̱|brio, das; -[s], -s (Kurzform von: Kabriolett); **Ka̱|brio|lett** [österr.: ...*le̱*], das; -s, -s (Pkw mit zurückklappbarem Verdeck; früher: leichter, zweirädriger Wagen)

Ka̱|chel, die; -, -n; **ka̱|cheln; Ka̱-chel|ofen**

Ka̱cke [*Trenn.:* Kak|ke], die; - (derb für: Kot); **ka̱cken** [*Trenn.:* kak|ken] (derb); **Ka̱cker** [*Trenn.:* Kak|ker] (derbes Schimpfwort)

Ka̱|da|ver [...*we̱r*], der; -s, - (toter [Tier]körper, Aas)

Ka̱|der, der (schweiz.: das); -s

(erfahrener Stamm [eines Heeres, einer Sportmannschaft]

Ka|dett, der; -en, -en (Zögling einer für Offiziersanwärter bestimmten Erziehungsanstalt); **Ka|det|ten|an|stalt, ...schu|le**

Ka|di, der; -s, -s (ugs.: Richter)

Kä|fer, der; -s, - (ugs. auch für: Volkswagen)

Kaff, das; -s, -s u. -e (ugs.: Dorf, armselige Ortschaft)

Kaf|fee [auch, österr. nur: *kafe*], der; -s, -s (Kaffeestrauch, Kaffeebohnen; Getränk) u. (selten:) das; -s, -s (Kaffeehaus, meist Café geschrieben); **Kaf|fee_baum, ...boh|ne; kaf|fee|braun; Kaf-fee-Ern|te, Kaf|fee-Er|satz; Kaf|fee|fil|ter; Kaf|fee|haus** österr. (Café); **Kaf|fee|kan|ne, ...kränz|chen, ...ma|schi|ne, ...müh|le, ...satz, ...ser|vice, ...tan|te** (scherzh.)

Kaf|fer, der; -s, - (ugs.: dummer, blöder Kerl)

Kä|fig, der; -s, -e

kahl; - werden; **kahl|fres|sen; Kahl|kopf; kahl|köp|fig; Kahl-köp|fig|keit,** die; -; **kahl|sche-ren; Kahl|schlag** (abgeholztes Waldstück); **kahl|schla|gen**

Kahn, der; -[e]s, Kähne; **Kahn-fahrt**

Kai [österr.: *ke*], der; -s, -e u. -s (gemauertes Ufer, Uferstraße zum Beladen u. Entladen von Schiffen); **Kai|mau|er**

Kai|ser, der; -s, -; **Kai|se|rin,** die; -, -nen; **Kai|ser|kro|ne** (auch: eine Zierpflanze); **kai|ser|lich; Kai|ser_reich, ...schmar|ren** (österr., auch südd.: in kleine Stücke zerstoßener Eierkuchen, oft mit Rosinen)

Kai|ser|schnitt (Entbindung durch einen operativen Schnitt)

Kai|ser|tum, das; -s, -s

Ka|jak, der (seltener: das); -s, -s (einsitziges Männerboot der Eskimos; Sportpaddelboot); **Ka-jak_ei|ner, ...zwei|er**

Ka|jü|te, die; -, -n (Wohn-, Aufenthaltsraum auf Schiffen)

Ka|ka|du [österr.: *...dų*], der; -s, -s (ein Papagei)

Ka|kao [auch: *...kau*], der; -s, (Sorten auch *Mehrz.:*) -s (eine tropische Frucht; Getränk); **Ka-kao_baum, ...boh|ne, ...pul-ver**

Ka|ker|lak, der; -s, u. -en, -en (Schabe [Insekt]; [lichtscheuer] Albino)

Kak|tee, die; -, -n u. **Kak|tus,** der; - (ugs. u. österr. auch: -ses), ...teen (ugs. auch: -se) (eine Pflanze)

Ka|la|mi|tät, die; -, -en ([schlimme] Verlegenheit, Übelstand, Notlage)

Ka|lau|er, der; -s, - (ugs.: alter, nicht sehr geistreicher [Wort]-witz)

Kalb, das; -[e]s, Kälber; **kal|ben** (ein Kalb werfen); **Kalb|fleisch; Kalbs_bra|ten, ...bries** od. **...bries|chen, ...brust; Kalb[s]|fell** (früher auch für: Trommel); **Kalbs_fri|kas|see, ...hach|se** (vgl. Hachse); **Kalb[s]|le|der; Kalbs_milch** (Brieschen), **...nie|ren|bra|ten, ...nuß** (kugelförmiges Stück der Kalbskeule), **...schnit|zel**

Kal|dau|ne, die; -, -n (meist *Mehrz.*) (gereinigter u. gebrühter Magen von frisch geschlachteten Wiederkäuern)

Ka|lei|do|skop, das; -s, -e (optisches Spielzeug)

ka|len|da|risch (nach dem Kalender); **Ka|len|da|ri|um,** das; -s, ...ien [...*i*[superscript]*n*] (Kalender; Verzeichnis kirchl. Fest- u. Gedenktage); **Ka|len|der,** der; -s, -; **Ka-len|der_block** (*Mehrz.* ...blocks), **...jahr, ...mo|nat**

Ka|le|sche, die; -, -n (leichte vierrädrige Kutsche)

Ka|li, das; -s, -s (Sammelbez. für Kalisalze [wichtige Ätz- u. Düngemittel])

Ka|li|ber, der; -s, - (lichte Weite von Rohren; Durchmesser; auch: Meßgerät; übertr. ugs. für: Art, Schlag)

Ka|li|um, das; -s (chem. Grundstoff, Metall; Zeichen: K)

Kalk, der; -[e]s, -e; Kalk_boden, ...bren|ner; kal|ken; Kalk|gru|be; kalk|hal|tig; kalkig; Kalk_man|gel, ...stein

Kal|kül, der (auch:) das; -s, -e ([Be]rechnung, Überschlag); Kal|ku|la|ti|on [...zion], die; -, -en (Ermittlung der Kosten, [Kosten]voranschlag); kal|ku|lie|ren ([be]rechnen; veranschlagen; überlegen)

Kalk|was|ser, das; -s; kalk|weiß

Kal|la, die; -, -s (eine Zierpflanze)

Ka|lo|rie, die; -, ...ien (Grammkalorie; physikal. Maßeinheit für die Wärmemenge; auch: Maßeinheit für den Energieumsatz des Körpers; Zeichen: cal); ka|lo|ri|en|arm; Ka|lo|ri|en|ge|halt

kalt; kalte Ente (ein Getränk); kalter Krieg; kalt|blei|ben (sich nicht erregen); Kalt|blü|ter (Zool.); kalt|blü|tig; Kalt|blü|tig|keit, die; -; Käl|te, die; -; Käl|te_ein|bruch, ...grad, ...tech|nik, ...wel|le; Kalt|front (Meteor.); kalt|her|zig; Kalt|her|zig|keit, die; -; kalt|lä|chelnd; kalt|las|sen; (ugs.: nicht beeindrucken); Kalt|luft (Meteor.); kalt|ma|chen; (ugs.: ermorden); Kalt_mam|sell (Köchin für kalte Speisen), ...scha|le (kalte süße Suppe); kalt|schnäu|zig; Kalt|schnäu|zig|keit, die; -; kalt|stel|len (ugs.: aus einflußreicher Stellung bringen, einflußlos machen)

Kal|zi|um, (fachspr. nur:) Cal|cium, das; -s (chem. Grundstoff, Metall; Zeichen: Ca)

Ka|mel, das; -[e]s, -e (ein Huftier); Ka|mel|haar

Ka|mel|len, die (Mehrz.); olle ~ (ugs.: alte Geschichten; Altbekanntes)

Ka|me|ra, die; -, -s

Ka|me|rad, der; -en, -en; Ka|me|ra|den_dieb|stahl, ...hil|fe; Ka|me|rad|schaft; ka|me|rad-schaft|lich; Ka|me|rad-schaft|lich|keit, die; -; Ka|me|rad|schafts|geist

Ka|me|ra_ein|stel|lung, ...füh|rung, ...mann (Mehrz. ...männer u. ...leute), ...ver|schluß

Ka|mil|le, die; -, -n (eine Heilpflanze)

Ka|min, der (schweiz.: das); -s, -e (offene Feuerung; landsch. für: Schornstein; Alpinistik: steile, enge Felsenspalte); Ka|min_fe|ger (landsch.), ...feu|er, ...keh|rer (landsch.), ...kleid (langes Kleid aus Wollstoff)

Kamm, der; -[e]s, Kämme; käm|men

Kam|mer, die; -, -n; Kam|mer-die|ner; Kam|mer_jä|ger, ...mu|sik, ...or|che|ster, ...sän|ger, ...spiel (in einem kleinen Theater aufgeführtes Stück mit wenigen Rollen), ...spie|le, die (Mehrz.; kleines Theater), ...ton (der; -[e]s; Normalton zum Einstimmen der Instrumente), ...zo|fe

Kamm|garn; Kamm|garn|spin|ne|rei; Kamm|la|ge

Kam|pa|gne [...panje], die; -, -n (Presse-, Wahlfeldzug; polit. Aktion; Wirtsch.: Hauptbetriebszeit)

Käm|pe, der; -n, -n (dicht.: Kämpfer, Krieger)

Kampf, der; -[e]s, Kämpfe; Kampf_ab|stim|mung, ...an|sa|ge, ...bahn (für: Stadion); kämp|fen

Kampf|fer, der; -s (ein Heilmittel)

Kämp|fer (Kämpfender); Kämp|fe|rin, die; -, -nen; kämp|fe|risch (mutig, heldenhaft); Kämp|fer|na|tur; kampf|fä|hig; Kampf_fä|hig|keit (die; -), ...flug|zeug, ...ge|fähr|te, ...geist, ...grup|pe, ...hahn, ...hand|lung (meist Mehrz.), ...kraft, ...lärm; kampf|los; Kampf_lust, ...pau|se, ...platz, ...rich|ter; kampf|un|fä|hig; Kampf|un|fä|hig|keit, die; -

kam|pie|ren ([im Freien] lagern; ugs.: wohnen, hausen)

Ka|na|di|er [*...i°r*], der; -s, - (offenes Sportboot)

Ka|nal, der; -s, ...näle (*Einz.* auch für: Ärmelkanal); **Ka|nal|bau** (*Mehrz.* ...bauten); **Ka|na|li|sa|ti|on** [*...zion*], die; -, -en (Anlage zur Ableitung der Abwässer); **ka|na|li|sie|ren** (eine Kanalisation bauen; Flüsse zu Kanälen ausbauen; übertr.: in eine bestimmte Richtung lenken); **Ka|na|li|sie|rung** (System von Kanälen; Ausbau zu Kanälen)

Ka|na|pee [österr. auch: *...pe*], das; -s, -s (veraltend für: Sitzsofa, Ruhebett)

Kan|da|re, die; -, -n (Gebißstange des Pferdes); jmdn. an die - nehmen (jmdn. streng behandeln)

Kan|de|la|ber, der; -s, - (Standleuchte; Laternenträger)

Kan|di|dat, der; -en, -en (in der Prüfung Stehender; [Amts]bewerber, Anwärter; Abk.: cand.); **Kan|di|da|ten|li|ste; Kan|di|da|tur,** die; -, -en (Bewerbung [um ein Amt, einen Parlamentssitz usw.]); **kan|di|die|ren** (sich [um ein Amt usw.] bewerben)

kan|die|ren ([Früchte] durch Zuckern haltbar machen)

Kan|dis, der; - u. **Kan|dis|zucker** [*Trenn.:* ...zuk|ker] (an Fäden auskristallisierter Zucker)

Kän|gu|ruh [*kängg...*], das; -s, -s (ein Beuteltier)

Ka|nin, das; -s, -e (Kaninchenfell); **Ka|nin|chen**

Ka|ni|ster, der; -s, - (tragbarer Behälter für Flüssigkeiten)

Kann-Bestim|mung

Känn|chen, Kan|ne, die; -, -n; **Kan|ne|gie|ßer** (polit. Schwätzer); **kan|ne|gie|ßern; kan|nen|wei|se;** das Öl wurde - abgegeben

Kan|ni|ba|le, der; -n, -n (Menschenfresser; übertr.: roher, ungesitteter Mensch); **kan|ni|ba|lisch; Kan|ni|ba|lis|mus,** der; - (Menschenfresserei; übertr.: un-

menschliche Roheit; Zool.: Verzehren der Artgenossen)

Kann-Vor|schrift

Ka|non, der; -s, -s (Maßstab, Richtschnur; Regel; Auswahl; Kettengesang; Liste der kirchl. anerkannten bibl. Schriften)

Ka|no|na|de, die; -, -n ([anhaltendes] Geschützfeuer; Trommelfeuer); **Ka|no|ne,** die; -, -n (Geschütz; ugs.: Sportgröße, bedeutender Könner); **Ka|no|nen-boot, ...ku|gel, ...öf|chen, ...rohr, ...schlag** (Feuerwerkskörper), **...schuß; Ka|no|nier,** der; -s, -e (Soldat der Geschützbedienung)

Kan|ta|te, die; -, -n (mehrteiliges, instrumentalbegleitetes Gesangsstück für eine Solostimme oder Solo- und Chorstimmen)

Kan|te, die; -, -n; **kan|ten** (mit Kanten versehen; rechtwinklig behauen; auf die Kante stellen); **Kan|ten,** der; -s, - nordd. (Brotrinde; Anschnitt od. Endstück eines Brotes); **Kant|ha|ken** (ein Werkzeug); (ugs.:) jmdn. beim - kriegen; **Kant|holz; kan|tig**

Kan|ti|ne, die; -, -n (Speisesaal in Betrieben, Kasernen o. ä.); **Kan|ti|nen-es|sen, ...wirt**

Kan|ton, der; -s, -e (Schweiz: Bundesland; Abk.: Kt.; Frankr. u. Belgien: Bezirk, Kreis); **kan|to|nal** (den Kanton betreffend); **Kan|tons.ge|richt, ...rat** (*Mehrz.* ...räte), **...schu|le** (kantonale Maturitätsanstalt), **...spi|tal**

Kan|tor, der; -s, ...oren (Leiter des Kirchenchores, Organist); **Kan|to|rei,** die; -, -en (kleine Singgemeinschaft; ev. Kirchenchor)

Ka|nu [auch, österr. nur: *kanu*], das; -s, -s (ausgehöhlter Baumstamm als Boot; heute zusammenfassende Bez. für: Kajak u. Kanadier)

Ka|nü|le, die; -, -n (Röhrchen; Hohlnadel)

Ka|nu|te, der; -n, -n (Sport: Kanufahrer)

Kanzel

Kan|zel, die; -, -n; **Kanz|lei,** die;
-, -en bes. südd., österr., schweiz.
(Büro); **Kanz|lei|aus|druck,**
...be|am|te, ...spra|che (die; -),
stil (der; -[e]s); **Kanz|ler;**
Kanz|ler|kan|di|dat; Kanz|ler-
schaft, die; -; **Kanz|list,** der;
-en, -en (Schreiber, Angestellter
in einer Kanzlei)
Kap, das; -s, -s (Vorgebirge)
Ka|paun, der; -s, -e ([verschnitte-
ner] Masthahn)
Ka|pa|zi|tät, die; -, -en (Aufnah-
mefähigkeit, Fassungskraft, -ver-
mögen; auch: hervorragender
Fachmann)
Ka|pel|le, die; -, -n (kleiner kirchl.
Raum; Orchester); **Ka|pell|mei-**
ster
Ka|per, die; -, n (meist *Mehrz.*)
([in Essig eingemachte] Blü-
tenknospe des Kapernstrauches)
ka|pern; Ka|pe|rung
ka|pie|ren (ugs. für: fassen, be-
greifen, verstehen)
ka|pi|tal (hauptsächlich; vorzüg-
lich, besonders); **Ka|pi|tal,** das;
-s, -e u. -ien [...*iᵉn*]; **Ka|pi|tal-**
an|la|ge; Ka|pi|ta|le, die; -, -n
(veralt.: Hauptstadt); **Ka|pi|tal-**
er|hö|hung, ...feh|ler (beson-
ders schwerer Fehler); **ka|pi|ta-**
li|sie|ren; Ka|pi|ta|li|sie|rung;
Ka|pi|ta|lis|mus, der; - (Wirt-
schafts- u. Gesellschaftsord-
nung, deren treibende Kraft das
Gewinnstreben einzelner ist);
Ka|pi|ta|list, der; -en, -en (oft
abschätzig: Vertreter des Kapita-
lismus); **ka|pi|ta|li|stisch; ka-**
pi|tal|kräf|tig; Ka|pi|tal-
markt, ...ver|bre|chen
(schweres Verbrechen), **...zins**
(*Mehrz.* ...zinsen)
Ka|pi|tän, der; -s, -e; **Ka|pi|täns-**
ka|jü|te, ...pa|tent
Ka|pi|tel, das; -s, - ([Haupt]-
stück, Abschnitt [Abk.: Kap.];
geistl. Körperschaft [von Dom-
herren, Mönchen])
Ka|pi|tell, das; -s, -e (oberer Säu-
len-, Pfeilerabschluß)
Ka|pi|tel|über|schrift

Ka|pi|tu|la|ti|on [...*zion*], die; -,
-en (Übergabe [einer Truppe od.
einer Festung]); **ka|pi|tu|lie|ren**
Ka|plan, der; -s, ...pläne (kath.
Hilfsgeistlicher)
Ka|pok, der; -s (Samenfaser des
Kapokbaumes, Füllmaterial)
ka|po|res (ugs.: entzwei); - sein
Ka|pott|hut, der
Kap|pa, das; -[s], -s (gr.
Buchstabe: *K, κ*)
Kap|pe, die; -, -n
kap|pen (ab-, beschneiden; ab-
hauen)
Kap|pen|abend (ein Faschings-
vergnügen)
Kap|pes, der; - westdt. (Weiß-
kohl)
Käp|pi, das; -s, -s („Käppchen";
[Soldaten]mütze)
Kapp|naht (eine doppelt genähte
Naht)
Ka|prio|le, die; -, -n (närrischer
Luftsprung; toller Einfall [meist
Mehrz.]; besonderer Sprung im
Reitsport)
ka|pri|zie|ren, sich (eigensinnig
auf etwas bestehen); **ka|pri|zi-**
ös (launenhaft, eigenwillig)
Kap|sel, die; -, -n; **kap|sel|för-**
mig
ka|putt (ugs.: verloren [im Spiel];
entzwei, zerbrochen; matt); -
sein; **ka|putt|ge|hen; ka|putt-**
la|chen, sich; **ka|putt|ma|chen;**
sich -; **ka|putt|schla|gen**
Ka|pu|ze, die; -, -n (Kopf u. Hals
einhüllendes Kleidungsstück);
Ka|pu|zi|ner, der; -s, - (Angehö-
riger eines kath. Ordens); **Ka|pu-**
zi|ner|af|fe, ...kres|se,
...mönch, ...or|den (der; -s;
Abk.: O. [F.] M. Cap.)
Ka|ra|bi|ner, der; -s, - (kurzes Ge-
wehr; österr. auch für: Karabiner-
haken); **Ka|ra|bi|ner|ha|ken**
(federnder Verschlußhaken);
Ka|ra|bi|nie|re, der; -[s], ...ri (it.
Gendarm)
Ka|ra|cho [...*eho*], das; -; (ugs.
meist in:) mit - (mit großer Ge-
schwindigkeit)
Ka|raf|fe, die; -, -n ([geschliffe-

206

ne] bauchige Glasflasche [mit Glasstöpsel])

Ka|ram|bo|la|ge [_asch_^e], die; -, -n (Billardspiel: Treffer [Anstoßen des Spielballes an die beiden anderen Bälle]; übertr. ugs. für: Zusammenstoß; Streit); **ka|ram|bo|lie|ren** (Billardspiel: mit dem Spielball die beiden anderen Bälle treffen; übertr. ugs. für: zusammenstoßen)

Ka|ra|mel, der; -s (gebrannter Zucker); **ka|ra|me|li|sie|ren** (Zucker[lösung]) trocken erhitzen; Karamel zusetzen); **Ka|ra|mel|le,** die; -, -n (meist _Mehrz._) (Bonbon mit Zusatz aus Milch[produkten]); **Ka|ra|mel|pud|ding**

Ka|rat, das; -[e]s, -e (Gewichtseinheit von Edelsteinen; Maß der Feinheit einer Goldlegierung)

Ka|ra|te, das; -[s] (System waffenloser Selbstverteidigung); **Ka|ra|te|ka,** der; -s, -s (Karatekämpfer)

Ka|ra|wa|ne, die; -, -n (Reisegesellschaft im Orient); **Ka|ra|wa|nen_han|del, ...stra|ße**

Kar|bid, das; -[e]s (Kalziumkarbid); (chem. fachspr.:) Car|bid, das; -[e]s, -e (Verbindung aus Kohlenstoff u. einem Metall od. Bor od. Silicium); **Kar|bid|lampe; Kar|bo|li|ne|um,** das; -s (Teerprodukt, Imprägnierungs- und Schädlingsbekämpfungsmittel); **Kar|bo|na|de,** die; -, -n bes. österr. (gebratenes Rippenstück); **Kar|bo|nat,** das; -[e]s, -e (kohlensaures Salz); **Kar|bun|kel,** der; -s, - (Häufung dicht beieinander liegender Furunkel)

Kar|da|mom, der od. das; -s, -e[n] (scharfes Gewürz aus den Samen von Ingwergewächsen)

Kar|dan|an|trieb, ...ge|lenk (Verbindungsstück zweier Wellen, das Kraftübertragung unter einem Winkel durch wechselnde Knickung gestattet) **kar|da-**

nisch; Aufhängung (Vorrichtung, die Schwankungen der aufgehängten Körper ausschließt)

Kar|di|nal, der; -s, ...äle (Titel der höchsten kath. Würdenträger nach dem Papst); **Kar|di|nal_feh|ler, ...fra|ge, ...pro|blem, ...punkt; Kar|di|nals_hut, ...kol|le|gi|um, ...kon|gre|ga|ti|on** (eine Hauptbehörde der päpstlichen Kurie); **Kar|di|nal_tu|gend, ...zahl** (Grundzahl, z. B. „null, eins, zwei")

Ka|renz, die; -, -en (Wartezeit, Sperrfrist); **Ka|renz_frist, ...zeit**

Kar|fi|ol, der; -s südd., österr. (Blumenkohl)

Kar|frei|tag („Klagefreitag"; Freitag vor Ostern)

Kar|fun|kel, der; -s, - (Edelstein); **karg; Karg|heit,** die; -; **kärglich; Kärg|lich|keit,** die; -

ka|riert (gewürfelt, gekästelt)

Ka|ri|es [..._iäß_], die; - (Knochenfraß, bes. Zahnfäule)

Ka|ri|ka|tur, die; -, -en (Zerr-, Spottbild, Fratze); **Ka|ri|ka|tu|rist,** der; -en, -en (Karikaturenzeichner); **ka|ri|ka|tu|ri|stisch; ka|ri|kie|ren** (verzerren, zur Karikatur machen, als Karikatur darstellen)

Ka|ri|tas, die; - ([Nächsten]liebe; Wohltätigkeit); **ka|ri|ta|tiv** (mildtätig; Wohltätigkeits...)

Kar|me|sin, Kar|min, das; -s (roter Farbstoff); **kar|me|sin_rot, kar|min_rot**

Kar|ne|val [..._wal_], der; -s, -e u. -s (Fastnacht[fest]); **Kar|ne|va|list,** der; -en, -en; **kar|ne|va|listisch; Kar|ne|vals_ge|sell|schaft, ...prinz, ...tru|bel, ...zug**

Kar|nickel [_Trenn.:_ ...nik|kel], das; -s, - (landsch. für: Kaninchen; ugs. auch für: Sündenbock)

Ka|ro, das, -s, -s (Raute, [auf die Spitze stehendes] Viereck; eine Spielkartenfarbe)

Ka|ros|se, die; -, -n (Prunkwagen; Staatskutsche); **Ka|ros|se-rie,** die; -, ...ien (Wagenoberbau, -aufbau [von Kraftwagen])

Ka|ro|tin, (fachspr. nur:) Ca|ro-tin, das; -s (pflanzl. Farbstoff, z. B. in Karotten); **Ka|rot|te,** die; -, -n (eine Mohrrübenart)

Karp|fen, der; -s, - (ein Fisch); **Karp|fen_teich, ...zucht**

Kar|re, die; -, -n u. (österr. nur:) Kar|ren, der; -s, -

Kar|ree, das; -s, -s (Viereck; Gruppe von vier; bes. österr. für: Rippenstück)

kar|ren (etwas mit einer Karre befördern); **Kar|ren** vgl. Karre

Kar|rie|re [...*jär^e*], die; -, -n ([bedeutende, erfolgreiche] Laufbahn); **Kar|rie|re|ma|cher; Kar|rie|rist,** der; -en, -en (rücksichtsloser Karrieremacher); **kar|rie|ri|stisch** (nach Art eines Karrieristen)

Kar|sams|tag (Samstag vor Ostern)

Karst, der; -[e]s, Karsterscheinungen (Geol.: Gesamtheit der in löslichen Gesteinen [Kalk, Gips] entstehenden Oberflächenformen); **Karst|höh|le; kar|stig**

Kar|tät|sche, die; -, -n (veraltetes, mit Bleikugeln gefülltes Artilleriegeschoß)

Kar|tau|se, die; -, -n (Kartäuserkloster); **Kar|täu|ser,** der; -s, - (Angehöriger eines kath. Einsiedlerordens; ein Kräuterlikör)

Kärt|chen; Kar|te, die; -, -n; **Kar|tei** (Zettelkasten); **Kar|tell** (Interessenvereinigung in der Industrie); **kar|ten** (ugs. für: Karten spielen); **Kar|ten_le|ge|rin, ...schlä|ge|rin** (die; -, -nen; ugs.: Kartenlegerin), **...spiel, ...[vor|]ver|kauf**

Kar|tof|fel, die; -, -n (mdal., ugs.: -); **Kar|töf|fel|chen**

Kar|to|graph, der; -en, -en (Landkartenzeichner); wissenschaftl. Bearbeiter einer Karte); **kar|to|gra|phisch**

Kar|ton [...*tong,* auch dt. Aussspr.:

...*ton*], der; -s, -s u. (seltener, bei dt. Ausspr. u. österr. auch:) -e; ([leichte] Pappe, Steifpapier; Kasten, Hülle od. Schachtel aus [leichter] Pappe; Vorzeichnung zu einem [Wand]gemälde); **Kar|to|na|gen_fa|brik; kar|to|niert** (in Pappband gebunden)

Ka|rus|sell, das; -s, -s u. -e (sich drehende, der Belustigung von Kindern dienende Vorrichtung mit kleinen Pferden, Fahrrädern u. a., bes. auf Jahrmärkten; [südwestd., schweiz. mdal.:] Reitschule; [österr.: Ringelspiel)

Kar|wo|che (Woche vor Ostern)

Kar|zer, der; -s, - (früher: Schul-, Hochschulgefängnis; verschärfter Arrest)

Kar|zi|nom, das; -s, -e (Med.: Krebs[geschwulst]; Abk.: Ca [Carcinoma])

Ka|sack, der; -s, -e (dreiviertellanges Frauenobergewand)

Kasa|tschok, der; -s, -s (russ. Volkstanz)

Ka|schem|me, die; -, -n (Verbrecherkneipe; schlechte Schenke)

ka|schen (ugs.: ergreifen, verhaften)

Käs|chen

ka|schie|ren (verdecken, verbergen)

Kasch|mir, das; -s, -e (ein Gewebe)

Kä|se, der; -s, -; **Kä|se|rei** (Betrieb für Käseherstellung; auch: Käseherstellung)

Ka|ser|ne, die; -, -n; **ka|ser|nie-ren** (in Kasernen unterbringen)

kä|se|weiß (ugs.: sehr bleich); **kä|sig**

Ka|si|no, das; -s, -s (Gesellschaftshaus; Offiziersheim; Speiseraum)

Kas|ka|de, die; -, -n ([künstlicher] stufenförmiger Wasserfall)

Kas|ko|ver|si|che|rung (Versicherung gegen Schäden an Transportmitteln)

Kas|per, der; -s, - (ugs.: alberner Kerl); **Kas|per|le,** das od. der;

-s, -; **Kas|per|le|thea|ter; kas-
pern** (ugs.: sich wie ein Kasper
benehmen)
Kas|sa, die; -, Kassen (in Öster-
reich gebrauchte it. Form von:
Kasse)
Kas|san|dra|ruf (unheilverkün-
dende Warnung)
Kas|se, die; -, -n (Geldkasten
-vorrat; Zahlraum, -schalter; Bar-
geld; ugs.: Krankenkasse); **Kas-
sen|sturz** (Feststellung des Kas-
senbestandes)
Kas|se|rol|le, die; -, -n (Schmor-
topf, -pfanne)
Kas|set|te, die; -, -n (Kästchen
für Wertsachen; Bauw.: vertieftes
Feld [in der Zimmerdecke];
Schutzhülle für Bücher u. a.; Fotogr.: lichtdichter Behälter für
Platten u. Filme im Aufnahmege-
rät; Behälter für Bild-Ton-Auf-
zeichnungen); **Kas|set|ten|re-
cor|der**
Kas|si|ber, der; -s, - (Gaunerspr.:
heiml. Schreiben [meist in Ge-
heimschrift] von Gefangenen u.
an Gefangene)
Kas|sier, der; -s, -e (österr., südd.
häufig für: Kassierer); **kas|sie-
ren** (Geld einnehmen; [Münzen]
für ungültig erklären); **Kas|sie-
rer**
Ka|sta|gnet|te [kaßtanjät^e], die;
-, -n (Handklapper)
Ka|sta|nie [...i^e], die; -, -n (ein
Baum u. die Frucht)
Ka|ste, die; -, -n ([ind.] Stand;
sich streng abschließende Ge-
sellschaftsschicht)
ka|stei|en; sich - (sich Entbeh-
rungen auferlegen; kirchl. auch:
sich durch Schläge züchtigen,
sich Bußübungen auferlegen);
Ka|stei|ung
Ka|stell, das; -s, -e (fester Platz,
Burg, Schloß)
Ka|sten, der; -s, Kästen u. (heute
selten:) - (südd., österr., schweiz.
auch für: Schrank)
Ka|sten|geist (der; -[e]s) Stan-
desdünkel)
Ka|stra|ti|on [...zion], die; -, -en

(Verschneidung); **ka|strie|ren;
Ka|strie|rung**
Ka|sus, der; -, - [kásuß] (Fall
[auch in der Sprachw.]; Vor-
kommnis)
Ka|ta|kom|be, die; -, -n (meist
Mehrz.) (unterird. Begräbnis-
stätte)
Ka|ta|log, der; -[e]s, -e (Ver-
zeichnis [von Bildern, Büchern,
Waren usw.]); **ka|ta|lo|gi|sie-
ren** ([nach bestimmten Regeln]
in einen Katalog aufnehmen)
Ka|ta|ly|sa|tor, der; -s, ...oren
(Stoff, der eine Reaktion auslöst
od. in ihrem Verlauf bestimmt);
ka|ta|ly|sie|ren (eine chem.
Reaktion auslösen, verlangsamen od. beschleunigen)
Ka|ta|pult, der od. das; -[e]s, -e
(Wurf-, Schleudermaschine im
Altertum; Flugzeugschleuder
zum Starten von Flugzeugen);
ka|ta|pul|tie|ren ([ab]schleu-
dern); sich -
Ka|tarrh, der; -s, -e (Schleim-
hautentzündung); **ka|tar|rha-
lisch**
Ka|ta|ster, der (österr. nur so)
od. das; -s, - (amtl. Verzeichnis
der Grundstücksverhältnisse,
Grundbuch)
ka|ta|stro|phal (verhängnisvoll;
niederschmetternd; entsetzlich);
Ka|ta|stro|phe, die; -, -n (ent-
scheidende Wendung [zum
Schlimmen]; Unglück[sfall];
Verhängnis; Zusammenbruch);
**Ka|ta|stro|phen_alarm, ...ein-
satz, ...schutz**
Ka|te, die; -, -n niederd. (Klein-
bauernhaus)
Ka|te|chet, der; -en, -en (Reli-
gionslehrer, insbes. für die kirchl.
Christenlehre außerhalb der
Schule); **Ka|te|chis|mus,** der; -,
...men (Lehrbuch in Frage u. Antwort, bes. der christl. Religion)
Ka|te|go|rie, die; -, ...ien (Klasse;
Gattung; Begriffs-, An-
schauungsform); **ka|te|go|risch**
(einfach aussagend; unbedingt
gültig; widerspruchslos)

Ka|ter, der; -s, - (männl. Katze; ugs.: Folge übermäßigen Alkoholgenusses)

Ka|the|der, das (auch:) der, -s, - (Pult, Kanzel; Lehrstelle [eines Hochschullehrers]); **Ka|the|der|blü|te** (ungewollt komischer Ausdruck eines Lehrers); **Ka|the|dra|le,** die; -, -n (bischöfl. Hauptkirche)

Ka|the|te, die; -, -n (eine der beiden Seiten im rechtwinkligen Dreieck, die die Schenkel des rechten Winkels bilden)

Ka|the|ter, der; -s, - (med. Röhrchen)

Ka|tho|de[1], die; -, -n (negative Elektrode, Minuspol)

Ka|tho|lik, der; -en, -en (Anhänger der kath. Kirche u. Glaubenslehre); **ka|tho|lisch** (allgemein, umfassend; die kath. Kirche betreffend; Abk.: kath.); **Ka|tho|li|zis|mus,** der; - (Geist u. Lehre des kath. Glaubens)

Ka|to|de vgl. Kathode

ka|to|nisch; -e Strenge (unnachgiebige Strenge)

Kat|tun, der; -s, -e (feinfädiges, leinwandbindiges Gewebe aus Baumwolle od. Chemiefasern); **kat|tu|nen;** -er Stoff

katz|bal|gen, sich (ugs.); ich katzbalge mich; **Katz|bal|ge|rei;** **katz|buckeln** [*Trenn.:* ...buk-keln] (ugs. für: liebedienern); **Kätz|chen; Kat|ze,** die; -, -n; für die Katz (ugs. für: umsonst)

Kat|zel|ma|cher bes. südd., österr. abschätzig (Italiener)

Kat|zen|au|ge (auch: Halbedelstein; Rückstrahler); **kat|zen|freund|lich** (ugs. für: heuchlerisch freundlich); **Kat|zen|zun|gen,** die (*Mehrz.;* Schokoladentäfelchen)

kau|der|welsch; -sprechen (verworrenes Deutsch sprechen, radebrechen); **Kau|der|welsch,** das; -[s]

---

[1] In der Fachsprache auch: Katode.

kau|en

kau|ern (hocken)

Kauf, der; -[e]s, Käufe; in [den] - nehmen; **kau|fen; kau|fens-wert; Käu|fer; Kauf|haus, ...kraft; käuf|lich; Kauf|mann** (*Mehrz.* ...leute); **kauf|män-nisch;** -es Rechnen

Kau|gum|mi, der; -s, -[s]

Kaul|quap|pe (Froschlarve)

kaum; das ist - glaublich; er war - hinausgegangen, da kam ...

kau|sal (ursächlich zusammenhängend; begründend); **Kau|sa|li|tät,** die; -, -en (Ursächlichkeit); **Kau|sal|zu|sam|men-hang**

Kau|ta|bak

Kau|tel, die; -, -en (Vorsichtsmaßregel; Vorbehalt)

Kau|ti|on [...*zion*], die; -, -en (Haftsumme, Bürgschaft, Sicherheit[sleistung]); **Kau|ti-ons|sum|me**

Kau|tschuk, der; -s, -e (Milchsaft des Kautschukbaumes; Rohstoff für Gummiherstellung)

Kau|werk|zeu|ge, die (*Mehrz.*)

Kauz, der; -es, Käuze; **Käuz-chen; kau|zig**

Ka|va|lier [...*wa*...], der; -s, -e; **Ka|va|liers|de|likt; Ka|va-lier[s]|start** (scharfes Anfahren eines Autofahrers); **Ka|val|le|rie** [auch: *ka*...], die; -, ...ien (Reiterei; Reitertruppe); **Ka|val|le|rist** [auch: *ka*...]

Ka|vi|ar [...*wi*...], der; -s, -e (Rogen des Störs); **Ka|vi|ar|bröt-chen**

Ka|zi|ke, der; -n, -n (Häuptling bei den süd- u. mittelamerik. Indianern; auch: indian. Ortsvorsteher)

Keb|se, die; -, -n (Nebenfrau); **Kebs_ehe, ...weib**

keck

Keck|heit; keck|lich (veralt.)

Keep-smi|ling [*kipßmail*...], das; - (das „Immer-Lächeln"; die in einem nordamerik. Schlagwort zum Ausdruck kommende optimistische Lebensanschauung)

Ke|fir, der; -s (aus Kuhmilch gewonnenes gegorenes Getränk)

Ke|gel, der; -s, -; mit Kind und Kegel (eigtl.: uneheliches Kind); **Ke|gel|bahn; ke|gel|för|mig; ke|geln; ke|gel|schie|ben; Kegel|schnitt; Keg|ler**

Kehl|chen; Keh|le, die; -, -n; **keh|lig; Kehl|kopf**

Kehr|aus, der; -; **Kehr|be|sen**

Keh|re, die; -, -n (Wendekurve; turnerische Übung); [1]**keh|ren** (umwenden; ugs.: sich nicht um etwas kümmern)

[2]**keh|ren** (fegen); **Keh|richt,** der, auch: das; -s; **Kehr|ma|schi|ne Kehr|sei|te; kehrt!;** rechtsum kehrt!; **kehrt|ma|chen** (umkehren); **Kehr|wert** (für: reziproker Wert)

kei|fen; Kei|fe|rei

Keil, der; -[e]s, -e; **Kei|le,** die; - (ugs.: Prügel); - kriegen; **kei|len** (ugs.: stoßen; [für eine Studentenverbindung] anwerben); sich - (ugs.: sich prügeln); **Kei|ler** (Eber); **Kei|le|rei** (ugs.: Prügelei); **Keil_rie|men, ...schrift**

Keim, der; -[e]s, -e; **kei|men; keim|frei; Keim|zel|le**

kein, -e, -, *Mehrz.* -e; - and[e]rer; auf -en Fall; -er, -e, -[e]s von beiden; **kei|ner|lei; kei|nes|falls; kei|nes|wegs; kein|mal**

Keks, der od. das; - u. -es, - u. -e (österr.:das; -, -[e] (kleines, trockenes Dauergebäck)

Kelch, der; -[e]s, -e

Ke|lim, der; -[s], -[s] (oriental. Teppich)

Kel|le, die; -, -n

Kel|ler, der; -s, -; **Kel|ler|as|sel; Kel|le|rei; Kel|ler_ge|schoß, ...kind; Kell|ner,** der; -s, -; **Kell|ne|rin,** die; -, -nen

Kel|te, der; -n, -n (Angehöriger eines indogerman. Volkes)

Kel|ter, die; -, -n (Weinpresse); **Kel|te|rei; kel|tern**

kel|tisch; Kel|tisch, das; -[s]

Ke|me|na|te, die; -, -n ([Frauen]-gemach einer Burg)

ken|nen; kannte, gekannt; **ken-**

nen|ler|nen; jmdn. kennen- u. liebenlernen; **Ken|ner; Ken|ner_blick, ...mie|ne; kennt|lich;** -machen; **Kennt|nis,** die; -, -se; von etwas - nehmen; **Kenn_wort** (*Mehrz.* ...wörter), **...zahl, ...zei|chen; kennzeich|nen**

Ken|taur vgl. Zentaur

ken|tern (umkippen [von Schiffen])

Ke|ra|mik, die; -, (für Erzeugnis der [Kunst]töpferei auch *Mehrz.:*) -en ([Kunst]töpferei)

Ker|be, die; -, -n (Einschnitt)

Ker|bel, der; -s (eine Gewürzpflanze); **Ker|bel|kraut,** das; -[e]s

Kerb|holz, fast nur noch in: etwas auf dem - haben (ugs. für: etwas angestellt, verbrochen haben)

Ker|ker, der; -s, - (österr., sonst veralt. für: Zuchthaus); **Ker|ker_mei|ster, ...stra|fe**

Kerl, der; -s, (selten:) -es), -e (ugs. u. verächtl. auch: -s); **Kerl-chen**

Kern, der; -[e]s, -e; **Kern_energie** (Atomenergie), **...ge|häu|se; kern|ge|sund; ker|nig; Kern|kraft|werk; kern|los; Kern_obst, ...phy|sik** (Lehre von den Atomkernen u. -kernreaktionen), **...waf|fen,** die (*Mehrz.*)

Ker|ze, die; -, -n; **ker|zen|ge|ra-de**[1]

keß (ugs.: dreist; draufgängerisch; frech; schneidig; flott)

Kes|sel, der; -s, -; **Kes|sel_stein, ...trei|ben**

Keß|heit

Ketch|up, Catch|up [*kätschap,* engl. Aussprache: *kätsch°p*], der od. das; -[s], -s (pikante Würztunke)

Ket|te, die; -, -n (zusammenhängende Glieder aus Metall u.a.; Weberei: in der Längsrichtung verlaufende Fäden); **ket|teln** ([kettenähnlich] verbinden);

---

[1] Vgl. die Anmerkung zu „gerade".

ket|ten;   Ket|ten.rau|cher,
...re|ak|ti|on
Ket|zer; Ket|ze|rei; ket|ze|risch;
Ket|zer|ver|fol|gung
keuchen; Keuch|hu|sten
Keu|le, die; -, -n; keu|len|för-
mig;   Keu|len.gym|na|stik,
...schwin|gen (das; -s)
Keusch|heit, die; -; Keusch-
heits.ge|lüb|de, ...gür|tel
Kfz = Kraftfahrzeug; Kfz-Fah-
rer
Kha|ki, der; - (gelbbrauner Stoff
[für die Tropenuniform])
Khan, der; -[e]s, -e (mong.-türk.
Herrschertitel)
Kib|buz, der; -, ...uzim od. -e (Ge-
meinschaftssiedlung in Israel)
Ki|cher|erb|se
ki|chern
Kick, der; -[s], -s (ugs.: Tritt, Stoß
[beim Fußball])
kicken[1] (Sport: „stoßen"; Fußball spielen [meist abwertend]);
Kicker[1], der; -s, -[s] (Fußball-
spieler [oft abwertend])
kid|nap|pen [kidnäp°n] (entfüh-
ren, bes. Kinder); Kid|nap|per,
der; -s, - („Kindesräuber", Ent-
führer)
Kie|bitz, der; -es, -e (ein Vogel)
kie|bit|zen (ugs.: zuschauen
beim [Karten-, Schach]spiel); du
kiebitzt
[1]Kie|fer, die; -, -n (ein Nadel-
baum)
[2]Kie|fer, der; -s, - (ein Schädel-
knochen); Kie|fer|höh|le
Kie|ker; jmdn. auf dem - haben
(ugs.: jmdn. streng beobachten;
an jmdm. großes Interesse haben;
jmdn. nicht leiden können)
Kiel, der; -[e]s, -e (Grundbalken
der Wasserfahrzeuge); Kiel-
boot; kiel|oben; - liegen
Kie|me, die; -, -n (Atmungsorgan
der im Wasser lebenden Tiere);
Kie|men|spal|te
Kien, der; -[e]s (harzreiches [Kie-
fern]holz); Kien.apfel, ...span
Kies, der; -es, (für Geröll auch

Mehrz.:) -e (Gaunerspr.: Geld);
Kie|sel, der; -s, -; Kie|sel|stein
kie|sen (geh. für: wählen)
Kies.grube, ...weg
kif|fen (Haschisch od. Marihuana
rauchen); Kif|fer
ki|ke|ri|ki!
kil|le|kil|le; - machen (ugs. für:
unterm Kinn streicheln)
kil|len (ugs.: töten); Kil|ler (ugs.:
Totschläger, Mörder)
Ki|lo, das; -s, -[s] (Kurzform für:
Kilogramm);   Ki|lo|gramm
(1 000 g; Zeichen: kg)
Ki|lo|hertz (1 000 Hertz; Zeichen:
kHz)
Ki|lo|ka|lo|rie (1 000 Kalorien;
Zeichen: kcal)
Ki|lo|me|ter, der (1 000 m; Zei-
chen: km); 80 Kilometer je Stun-
de (Abk.: km/h, km/st); Ki|lo-
me|ter|geld; ki|lo|me|ter|lang
Ki|lo|volt (1 000 Volt; Zeichen:
kV)
Ki|lo|watt (1 000 Watt; Zeichen:
kW)
Kilt, der; -[e]s, -s (Knierock der
Bergschotten)
Kim|me, die; -, -n (Einschnitt;
Kerbe; Teil der Visiereinrichtung)
Ki|mo|no, der; -s, -s [auch: ki...
od. ki...] (weitärmeliges Gewand)
Kind, das; -[e]s, -er; sich bei einem lieb - machen (einschmei-
cheln); Kind|bett, das; -[e]s;
Kind|chen, das; -s, - u. Kinder-
chen;   Kin|de|rei;   kin|der-
freund|lich; Kin|der.gar|ten,
..gärt|ne|rin, ..la|den (autori-
tär geleiteter Kindergar-
ten), ...läh|mung; kin|der-
.leicht; Kin|der|lo|sig|keit, die;
-; kin|der|reich; Kin|der|stu-
be; Kin|des|al|ter; Kind|heit,
die; -; kin|disch; kind|lich
Ki|ne|ma|to|graph, der; -en, -en
(Bez. für den ersten Apparat zur
Aufnahme u. Wiedergabe be-
wegter Bilder; daraus die Kurzform: Kino)
Kin|ker|litz|chen, die (*Mehrz.*:
ugs.: Albernheiten)

---

[1] *Trenn.*: ...k|k...

Kinn, das; -[e]s, -e; **Kinn|ha|ken**
Ki|no (Lichtspieltheater), das; -s,
-s; vgl. Kinematograph; **Ki|no-**
|be|sit|zer, ...pro|gramm
Kin|topp, der od. das; -s, -s u.
...töppe (ugs.: Kino, Film)
Ki|osk [auch: ...o*ßk*], der; -[e]s,
-e (oriental. Gartenhaus; Ver-
kaufshäuschen [für Zeitungen,
Erfrischungen usw.])
Kip|pe, die; -, -n (Spitze, Kante,
Turnübung; ugs. für: Zigaretten-
stummel); **kip|pen; Kipp.fen-**
ster, ...schalter
Kir|che, die; -, -n; **Kir|chen.jahr,**
...mu|sik, ...staat (der; -[e]s),
...steu|er, die; **Kirch|hof;**
kirch|lich; Kirch.turm,
...weih, die; -, -en
kir|re (ugs. für: zutraulich, zahm);
jmdn. - machen
Kirsch (ein Branntwein), der;
-[e]s, -; **Kirsch|baum; Kir-**
sche, die; -, -n; **kirsch|rot;** -
färben; **Kirsch|was|ser** (ein
Branntwein; der; -s, -)
Kiß|chen; Kis|sen, das; -s, -;
Kis|sen|schlacht (ugs.
scherzh.: Hinundherwerfen von
Kissen)
Kis|te, die; -, -n; **ki|sten|wei|se**
Kitsch, der; -[e]s (süßlich-senti-
mentale, geschmacklose Kunst);
kit|schig
Kitt, der; -[e]s, -e
Kitt|chen, das; -s, - (ugs. für:
Gefängnis)
Kit|tel, der; -s, -; **Kit|tel|schür-**
ze
kit|ten
Kitz, das; -es, -e u. **Kit|ze,** die;
-, -n (Junges von Reh, Gemse,
Ziege); **Kitz|chen**
Kitz|el, der; -s; **kit|ze|lig, kitz-**
lig; kit|zeln; Kitz|ler (für: Klito-
ris)
Kla|bau|ter|mann, der; -[e]s,
...männer (ein Schiffskobold)
klack!; klacken [Trenn.: klak-
ken] (klack machen); **klacks!;**
Klacks, der; -es, -e (ugs. für:
kleine Menge; klatschendes Ge-
räusch)

Kla|de (erste Niederschrift; Ge-
schäftsbuch; Heft), die; -, -n
klad|de|ra|datsch! [auch:
...d*atsch*] (krach!); **Klad|de|ra-**
datsch [auch: ...d*atsch*], der;
-[e]s, -e (Krach; übertr. ugs. für:
Zusammenbruch, Mißerfolg)
klaf|fen; kläf|fen; Kläf|fer
Klaf|ter, der od. das; -s, - (selte-
ner:) die; -, -n (Längen-, Raum-
maß)
Kla|ge, die; -, -n; **kla|gen; Klä-**
ger; kläg|lich
Kla|mauk, der; -s (ugs.: Lärm;
Ulk)
klamm (eng, knapp; feucht; steif
[vor Kälte]); **Klam|mer,** die; -,
-n; **klam|mern; klammm|heim-**
lich (ugs.: ganz heimlich)
Kla|mot|te, die; -, -n (ugs.: [Zie-
gel]brocken; minderwertiges
Stück; auch: [alte] Kleidungs-
stücke); meist **Mehrz.**
Klamp|fe, die; -, -n (volkstüml.:
Gitarre)
klang!; kling, klang!; **Klang,** der;
-[e]s, Klänge
klapp!; Klap|pe, die; -, -n (österr.
auch: Nebenstelle eines Tele-
fonanschlusses, svw. Apparat);
klap|pen; Klap|per, die; -, -n;
klap|pe|rig, klapp|rig; **klap-**
pern; klapp|rig, klapp|pe|rig
klaps!; Klaps, der; -es, -e;
Kläps|chen; klap|sen; Klaps-
mühl|e (ugs.: Irrenanstalt)
klar; im - sein sein; klar sein
Klär|an|la|ge; klä|ren
klar|ge|hen (ugs. für: reibungslos
ablaufen)
Klar|heit, die; -
Kla|ri|net|te, die; -, -n (ein Holz-
blasinstrument); **Kla|ri|net|tist,**
der, -en, -en (Klarinettenbläser)
klar|kom|men (ugs. für: zurecht-
kommen); **klar|le|gen** (erklä-
ren); **klar|ma|chen** (deutlich
machen; [Holz] zerkleinern;
[Schiff]fahr-, gefechtsbereit ma-
chen); **Klär|schlamm; klar|se-**
hen (in einer Sache); **Klar-**
sicht|fo|lie; klar|stel|len (Irrtü-
mer beseitigen); **Klar|stel|lung;**

Klar|text, der (entzifferter [dechiffrierter Text]); **Klä|rung;
klar|wer|den** (verständlich werden, einsehen)
klas|se (ugs.: hervorragend,
großartig); **Klas|se** (Abk.: Kl.),
die; -, -n; etwas ist [ganz große]
- (ugs.: etwas ist großartig);
klas|sen|los; -e Gesellschaft;
**Klas|sen.lot|te|rie, ...zim|mer;
Klas|si|fi|zie|rung** (Einteilung,
Einordnung, Sonderung [in Klassen]); **klas|si|fi|zie|ren; Klas|sik,** die; - (Epoche kultureller
Gipfelleistungen u. ihre mustergültigen Werke); **Klas|si|ker**
(maßgebender Künstler od.
Schriftsteller [bes. der antiken u.
der dt. Klassik]); **klas|sisch**
(mustergültig; vorbildlich; die
Klassik betreffend; von Zeugen:
vollgültig; typisch, bezeichnend;
herkömmlich, traditionell); **Klas|si|zis|mus,** der; - (die Klassik
nachahmende Stilrichtung; bes.:
Stil um 1800); **klas|si|zi|stisch**
klatsch!; **Klatsch** (ugs. auch für:
Rederei, Geschwätz); **Klatsch|ba|se; klat|schen;** Beifall -;
Klatsch|mohn; klatsch|naß
(ugs.: völlig durchnäßt);
Klatsch|sucht (die; -)
klau|ben (sondern; mit Mühe
heraussuchen, -bekommen;
österr. allgem. für: pflücken, sammeln)
Klaue, die; -, -n klau|en (ugs.:
stehlen); **Klau|en|seu|che,** die;
-; Maul- u. Klauenseuche
Klau|se, die; -, -n (enger Raum,
Klosterzelle, Einsiedelei; Engpaß)
Klau|sel, die; -, -n (Nebenbestimmung; Einschränkung, Vorbehalt)
Klaus|ner (Bewohner einer Klause, Einsiedler)
Kla|via|tur [...wi...], die; -, -en
(Tasten [eines Klaviers], Tastbrett); **Kla|vier** [...wir], das; -s,
-e; - spielen; **kla|vie|ren** (ugs.:
herumfingern an etwas); **Kla|vier|kon|zert**

kle|ben; kle|ben|blei|ben (ugs.
auch für: sitzenbleiben [in der
Schule]); **Kle|ber** (auch: Bestandteil des Getreideeiweißes);
kleb|rig; Kleb|stoff
kleckern [*Trenn.*: ...ek|k...] (ugs.:
beim Essen od. Trinken Flecke
machen, sich beschmutzen);
Klecks, der; -es, -e; **kleck|sen**
(Kleckse machen)
Klee, der; -s, Kleearten od. -sorten; **Klee|blatt**
Kleid, das; -[e]s, -er (schweiz.
auch: Herrenanzug); **Kleid|chen,** das; -s, - u. Kleiderchen;
**klei|den; Klei|der.bad,
...schrank; kleid|sam; Kleidung; Klei|dungs|stück**
Kleie, die; -, -n (Mühlenabfallprodukt)
klein; ein klein wenig; bis ins
kleinste (sehr eingehend); der
Kleine Bär; klein beigeben (nachgeben); **Klein** (von Gänsen, Hasen, Kohlen), das; -s; **klein|bür|ger|lich; Klei|ne,** der, die, das;
-n, -n (kleines Kind); **Klein.format, ...geld** (das; -[e]s); **klein|gläu|big; Klein|gläu|big|keit,**
die; -; **klein|hacken** [*Trenn.*:
...hak|ken] (zerkleinern); **klein|her|zig; Klei|nig|keit; klein|ka|riert** (auch übertr. für: engherzig,
-stirnig); **Klein.kind, ...kram**
(der; -[e]s); **klein|krie|gen**
(ugs.: zerkleinern; aufbrauchen;
gefügig machen); **klein|laut;
klein|lich; Klein|lich|keit;
klein|ma|chen** (zerkleinern;
ugs.: aufbrauchen, durchbringen; wechseln; erniedrigen);
Klein.mut (der; -[e]s); **klein|mü|tig; Klein|od,** das; -[e]s,
(für: Kostbarkeit *Mehrz.*:) -e,
(für: Schmuckstück *Mehrz.*:)
...odien [...*i°n*]; **Klein.schreibung, ...stadt; kleinst|mög|lich**
Klei|ster, der; -s, -; **klei|stern**
Kle|ma|tis [auch: ...*atiß*], die; -,
- (Waldrebe, Kletterpflanze)
Kle|men|ti|ne, die; -, -n (kernlose
Sorte der Mandarine)

Klem|me, die; -, -n; **klem|men**
Klemp|ner (Blechschmied);
Klemp|ne|rei; **klemp|nern**
(Klempner sein, spielen)
Klep|per, der; -s, - (ugs.: schlech-
tes, abgetriebenes Pferd)
Klep|to|ma|nie, die; - (krankhaf-
ter Stehltrieb); **klep|to|ma-**
nisch
kle|ri|kal (die Geistlichkeit betref-
fend; [streng] kirchlich [ge-
sinnt]); **Kle|ri|ker** (kath. Geist-
licher); **Kle|rus,** der; - (kath.
Geistlichkeit, Priesterschaft)
Klet|te, die; -, -n
Klet|te|rei; Klet|te|rer; Klet|ter-
.max od. **...ma|xe** (der; ...xes,
...xe; ugs.: Einsteigdieb, Fassa-
denkletterer); **klet|tern; Klet-**
ter.ro|se, ...stan|ge
klicken [*Trenn.*: ...k|k...] (einen
dünnen, kurzen Ton geben)
Klicks, der; -es, -e (Schnalzlaut)
Kli|ent, der; -en, -en (im Alter-
tum: Schutzbefohlener; heute:
Auftraggeber [eines Rechtsan-
waltes])
Kli|ma, das; -s, -s u. ...ma|te (Ge-
samtheit der meteorol. Erscheinungen in einem best. Gebiet);
Kli|mak|te|ri|um, das; -s (Med.:
Wechseljahre); **kli|ma|ti|sie|ren**
(Temperatur u. Luftfeuchtigkeit
in geschlossenen Räumen auf
bestimmte konstante Werte bringen)
klim|men (klettern); klomm, ge-
klommen; **Klimm|zug** (eine tur-
nerische Übung)
klim|pern (klingen lassen; ugs.:
[schlecht] auf dem Klavier spielen)
kling!
Klin|ge, die; -, -n
Klin|gel, die; -, -n; **klin|geln**
klin|gen; klang, geklungen
Kli|nik, die; - (für: Krankenanstalt
auch *Mehrz.*) -en ([Spe-
zial]krankenhaus; Unterricht am
Krankenbett); **kli|nisch**
Klin|ke, die; -, -n; **klin|ken**
Klin|ker, der; -s, - (bes. hart ge-
brannter Ziegel); **Klin|ker|bau**

(Bau aus Klinkern; *Mehrz.* ...bau-
ten)
klipp!; klipp u. klar (ugs.: ganz
deutlich)
Klip|pe, die; -, -n
klir|ren
Kli|schee, das; -s, -s (Druck-,
Bildstock; Abklatsch); **Kli-**
schee|vor|stel|lung
Kli|stier, das; -s, -e (Einlauf); **kli-**
stie|ren (einen Einlauf geben)
Kli|to|ris, die; -, - u. ...orides
(Med.: schwellfähiges weibl.
Geschlechtsorgan, Kitzler)
klitsch!; Klit|sche (ugs.: [ärm-
liches] Landgut); **klitsch|naß**
(ugs. für: völlig durchnäßt)
klit|ze|klein (ugs. für: sehr klein)
Klo, das; -s, -s (ugs. Kurzform
von: Klosett)
Kloa|ke, die; -, -n ([unterirdi-
scher] Abzugskanal; Senkgrube)
Klo|ben, der; -s, - (Eisenhaken;
gespaltenes Holzstück; auch für:
unhöflicher Mensch); **klo|big**
klö|nen niederd. (gemütlich plau-
dern; schwatzen)
klop|fen; Klop|fer
Klöp|pel, der; -s, -; **Klöp|pe|lei;**
klöp|peln; Klöpp|le|rin, die; -,
-nen; **Klops,** der; -es, -e
(Fleischkloß); Königsberger
Klopse
Klo|sett, das; -s, -e u. -s
Kloß, der; -es, Klöße; **Kloß|brü-**
he; Klöß|chen
Klo|ster, das; -s, Klöster; **Klo-**
ster|bru|der; klö|ster|lich
Klotz, der; -es, Klötze (ugs.: Klöt-
zer); **Klötz|chen; klot|zen;** -,
nicht kleckern (ugs.: nicht klein-
lich arbeiten, sondern etwas
Richtiges hinstellen); **klot|zig**
(ugs. auch für: sehr viel)
Klub, der; -s, -s ([geschlossene]
Vereinigung, auch deren Räu-
me); **Klub|gar|ni|tur** (Gruppe
von [gepolsterten] Sitzmöbeln)
Kluft, die; -, -en (ugs.: [alte] Kleidung; Uniform)
klug; klüger, klügste; **Klü|ge|lei;**
klü|geln; klu|ger|wei|se; Klug-
heit, die; -

Klümp|chen; klum|pen; der Pudding klumpt; sich - (sich [in Klumpen] ballen); **Klum|pen,** der; -s, -; **Klump|fuß; klump-fü|ßig**

Klün|gel, der; -s, - (verächtl. für: Gruppe, die Vettern-, Parteiwirtschaft betreibt; Sippschaft, Clique)

knab|bern

Kna|be, der; -n, -n; **kna|ben-haft; Knäb|lein**

knack!; Knack, der; -[e]s, -e (mäßiger Knall); **Knäckebrot¹; knacken¹** (aufbrechen; lösen; [beim Betreten] einen Laut geben); **knackig¹; knacks!; Knacks,** der; -es, -e (ugs.: Schaden); **Knack|wurst**

Knall, der; -[e]s, -e; **knal|len; Knall|ef|fekt** (ugs.: große Überraschung); **knall|hart** (ugs.: sehr hart); **knal|lig**

knapp; - sein, sitzen

Knap|pe, der; -n, -n (Edelknabe; Bergmann)

knapp|hal|ten (jmdm. wenig geben); **Knapp|heit,** die; -

knap|sen (ugs.: geizen; eingeschränkt leben)

Knar|re, die; -, -n (Kinderspielzeug; Soldatenspr.: Gewehr); **knar|ren**

Knast, der; -e[s] (ugs. für: Freiheitsstrafe, Gefängnis)

knat|tern

Knäuel, der od. das; -s, -

Knauf, der; -[e]s, Knäufe

knau|se|rig, knaus|rig (ugs.); **knau|sern** (ugs.: sparsam, geizig sein; sparsam mit etwas umgehen)

knaus|rig, knau|se|rig

knaut|schen (knittern); **Knautsch.lack, ...zo|ne** (Kfz)

Kne|bel, der; -s, -; **kne|beln; Kne|be|lung**

Knecht, der; -[e]s, -e; **knech-ten; Knecht Ru|precht,** der; --[e]s, - -e; **Knecht|schaft,** die; -

knei|fen; kniff, gekniffen; **Kneif-zan|ge**

Knei|pe, die; -, -n (student. Trinkabend; ugs. für: [einfaches] Lokal mit Alkoholausschank)

kneip|pen (nach dem Verfahren des kath. Geistlichen u. Heilkundigen Kneipp eine Wasserkur machen); **Kneipp|kur**

knet|bar; kne|ten; Knet|mas|se

Knick, der; -[e]s, -e (nicht völliger Bruch); **Knicke|bein¹** (Eierlikör [als Füllung in Pralinen u.ä.]); **knicken¹**

Knicker|bocker¹ [auch in engl. Ausspr.: *nik^er*...], die (*Mehrz.*; halblange Pumphose)

knicke|rig¹, knick|rig (ugs.); **knickern¹** (ugs.: geizig sein)

knicks!; Knicks, der; -es, -e; **knick|sen**

Knie, das; -s, - [*kni^e*, auch: *kni*]; auf den Knien liegen; **Knie|beu-ge**

Knie|fall, der; **knie|hoch;** der Schnee liegt -; **knien** [*knin*, auch: *kni^en*]; kniete, gekniet; **Knie|strumpf**

Kniff, der; -[e]s, -e; **Knif|fe|lei** (Schwierigkeit); **knif|fe|lig, kniff|lig**

Knig|ge, der; -[s], - (Buch über Umgangsformen)

knips!; Knips, der; -es, -e; **knip-sen**

Knirps, der; -es, -e (auch: ® zusammenschiebbarer Schirm)

knir|schen

kni|stern

Knit|tel|vers

Knit|ter, der; -s, -; **knit|tern**

kno|beln ([aus]losen; würfeln; lange nachdenken)

Knob|lauch [*kno*... u. *kno*...], der; -[e]s (eine Gewürz- u. Heilpflanze); **Knob|lauch|ze|he**

Knö|chel, der; -s, -; **Knö|chel-chen; Kno|chen,** der; -s, -; **Kno|chen.bau** (der; -[e]s), **...mark,** das; **kno|chen-trocken** [*Trenn.:* ...trok|ken]

---

¹ *Trenn.:* ...k|k...

¹ *Trenn.:* ...k|k...

(ugs.: sehr trocken); **knö|che-rig,** knöch|rig (aus Knochen; knochenartig); **knö|chern** (aus Knochen); **knöch|rig** vgl. knöcherig
Knö|del, der; -s, -, südd., österr. (Kloß)
Knöll|chen; Knol|le, die; -, -n u. **Knol|len,** der; -s, -; **Knol|len-blät|ter|pilz**
Knopf, der; -[e]s, Knöpfe (österr. ugs. auch für: Knoten); **Knöpf-chen; knöp|fen; Knopf|loch**
Knor|pel, der; -s, -; **knor|pe|lig**
Knösp|chen; Knos|pe, die; -, -n; **knos|pen; knos|pig**
Knöt|chen; kno|ten; Kno|ten, der; -s, - (auch: Marke an der Logleine, Seemeile je Stunde [Zeichen: kn]); **Kno|ten|punkt**
Know-how [*no͏ʷhau*], das; -[s] (Wissen um die praktische Verwirklichung einer Sache)
knül|len (zerknittern)
Knül|ler (ugs.: [journalist.] Schlager, publikumswirksame Neuheit)
knüp|fen; Knüpf|tep|pich
Knüp|pel, der; -s, -; **knüp|pel-dick** (ugs.: übermäßig dick); **knüp|peln; Knüp|pel|schal-tung**
knur|ren; knur|rig; ein -er Mensch
knus|pe|rig; knusp|rig; knus-pern
Knu|te, die; -, -n (Lederpeitsche; Symbol grausamer Unterdrückung)
knut|schen (ugs.: heftig liebkosen)
ko|ali|e|ren; Ko|ali|ti|on [*...zion*], die; -, -en (Vereinigung, Bündnis; Zusammenschluß [von Staaten]); kleine, große Koalition; **Ko|ali|ti|ons|frei|heit**
Ko|balt, das; -s (chem. Grundstoff, Metall; Zeichen: Co); **ko-balt|blau**
Ko|ben, der; -s, - (Verschlag; Käfig; Stall)
Ko|bold, der; -[e]s, -e (neckischer Geist); **ko|bold|haft**

Ko|bolz, der, nur noch in: - schießen (Purzelbaum schlagen); **ko-bol|zen**
Ko|bra, die; -, -s (Brillenschlange)
Koch, der; -[e]s, Köche; **ko|chen**
Kö|cher, der; -s, - (Behälter für Pfeile)
Kö|chin, die; -, -nen; **Koch-kunst**
Kode, (i. d. Technik meist:) Code [*kod*], der; -s, -s (System verabredeter Zeichen; Schlüssel zu Geheimschriften; Telegrafenschlüssel)
Kö|der, der; -s, - (Lockmittel); **kö|dern**
Ko|edu|ka|ti|on [*...zion*], die; - (Gemeinschaftserziehung beider Geschlechter in Schulen u. Internaten)
Ko|exi|stenz [auch: *ko...*], die; -, -en (gleichzeitiges Vorhandensein mehrerer Dinge od. mehrerer Eigenschaften am selben Ding; friedl. Nebeneinanderbestehen von Staaten mit verschiedenen Gesellschafts- u. Wirtschaftssystemen); **ko|exi|stie|ren**
Kof|fe|in, das; -s (Wirkstoff von Kaffee u. Tee)
Kof|fer, der; -s, -; **Köf|fer|chen; Kof|fer|ra|dio, ...raum**
Ko|gnak [*konjak*], der; -s, -s (volkstüml. für: Schnaps, Weinbrand)
ko|hä|rent (zusammenhängend); **Ko|hä|renz,** die; -
Kohl, der; -[e]s, -e (ein Gemüse)
Kohl|dampf, der; -[e]s (Soldatenspr. u. ugs.: Hunger); - schieben
Koh|le, die; -, -n; **koh|len** (nicht mit voller Flamme brennen, schwelen); **Koh|le[n]|hy|drat** (zucker- od. stärkeartige chem. Verbindung); **Koh|len|säu|re** (die; -), **...stoff** (der; -[e]s; chem. Grundstoff; Zeichen: C); **Köh|ler**
Kohl|mei|se (ein Vogel)
Kohl|ra|be (für: Kolkrabe); **kohl-ra|ben|schwarz**

Kohl|ra|bi, der; -[s], -[s] (eine Pflanze)

Ko|in|zi|denz, die; - (Zusammentreffen zweier Ereignisse)

ko|itie|ren (Med.: den Koitus vollziehen); **Ko|itus,** der; -, - [kó-ituß] (Med.: Geschlechtsakt)

Ko|je, die; -, -n (Schlafstelle [auf Schiffen]; Ausstellungsstand)

Ko|ka|in, das; -s (ein Betäubungsmittel; Rauschgift)

Ko|kar|de, die; -, -n (Abzeichen, Hoheitszeichen an Uniformmützen)

ko|ken (Koks herstellen); **Ko|ke|rei** (Koksgewinnung, -werk)

ko|kett (eitel, gefallsüchtig); **ko|ket|tie|ren**

Ko|kon [...kong, österr.: ...kon], der; -s, -s (Hülle der Insektenpuppen); **Ko|kon|fa|ser**

Ko|kos|mat|te, ...nuß

Ko|kot|te, die; -, -n (Dirne; Halbweltdame)

Koks, der; -es, -e (ein Brennstoff)

Ko|la, die; - (Kolanuß; Samen des Kolastrauches)

Kol|ben, der; -,

Kol|cho|se, die; -, -n (landwirtschaftl. Produktionsgenossenschaft in der Sowjetunion)

Ko|li|bri, der; -s, -s (ein Vogel)

Ko|lik [auch: kolik], die; -, -en (anfallartige heftige Leibschmerzen)

Kolk|ra|be

kol|la|bie|ren (Med.: einen Kollaps erleiden)

Kol|la|bo|ra|teur [...tör], der; -s, -e (mit dem Feind Zusammenarbeitender); **Kol|la|bo|ra|ti|on** [...zion], die; -, -en; **kol|la|bo|rie|ren** (mitarbeiten; mit dem Feind zusammenarbeiten)

Kol|laps [auch: ko...], der; -es, -e (plötzlicher Schwächeanfall)

Kol|leg, das; -s, -s u. -ien [...iᵉn] (akadem. Vorlesung; auch für: Kollegium); **Kol|le|ge,** der; -n, -n; **kol|le|gi|al; Kol|le|gia|li|tät,** die; -; **Kol|le|gi|um,** das; -s, ...ien [...iᵉn] (Amtsgenossenschaft;

Behörde; Lehrkörper; veralt. für: Kolleg)

Kol|lek|te, die; -, -n (Einsammeln freiwilliger Gaben, Sammlung bei u. nach dem Gottesdienst; liturg. Gebet); **Kol|lek|ti|on** [...zion], die; -, -en ([Muster]sammlung [von Waren], Auswahl); **kol|lek|tiv** (gemeinsam, gemeinschaftlich, gruppenweise, umfassend); **Kol|lek|tiv,** das; -s, -e [...wᵉ], (auch:) -s (Arbeits- u. Produktionsgemeinschaft, bes. in der sowjet. Wirtschaft)

kol|li|die|ren (zusammenstoßen; sich überschneiden)

Kol|lier [...iᵉ], das; -s, -s (Halsschmuck)

Kol|li|si|on, die; -, -en (Zusammenstoß; Widerstreit der Pflichten)

Kol|lo|qui|um [auch: ...lo...], das; -s, ...ien [...iᵉn] ([wissenschaftl.] Unterhaltung; österr. auch: kleine Einzelprüfung an der Universität)

Köl|nisch|was|ser [auch: ...waßᵉr], das; -s, **Köl|nisch Was|ser,** das; - -s

ko|lo|ni|al (die Kolonie[n] betreffend; zu Kolonien gehörend; aus Kolonien stammend); **Ko|lo|nia|lis|mus,** der; - (auf Erwerb u. Ausbau von Kolonien ausgerichtete Politik eines Staates); **Ko|lo|nie,** die; -, ...ien ([durch Gewalt angeeignete] auswärtige Besitzung eines Staates)

Ko|lon|na|de (Säulengang, -halle); **Ko|lon|ne,** die; -, -n

Ko|lo|pho|ni|um, das; -s (ein Harzprodukt)

Ko|lo|ra|tur, die; -, -en (Musik: Gesangsverzierung; Läufer, Triller); **Ko|lo|ra|tur|so|pran; ko|lo|rie|ren** (färben; aus-, bemalen); **Ko|lo|rie|rung; Ko|lo|rit,** [auch: ...it], das; -[e]s, -e (Farb[en]gebung, Farbwirkung)

Ko|loß, der; ...losses, ...losse (Riesenstandbild; Riese, Ungetüm); **ko|los|sal** (riesig, gewaltig, Riesen...; übergroß)

Kol|por|ta|ge [*...tasch^e*, österr.: *...tasch*], die; -, -n (veralt.: Hausier-, Wanderhandel mit Büchern; auch: Verbreitung von Gerüchten); **Kol|por|teur** [*...tör*], der; -s, -e (Verbreiter von Gerüchten); **kol|por|tie|ren**
Ko|lum|ne, die; -, -n („Säule"; senkrechte Reihe; Spalte; [Druck]seite); **Ko|lum|nist** (Journalist, dem ständig eine bestimmte Spalte einer Zeitung zur Verfügung steht)
Kom|bi, der; -[s], -s (kombinierter Liefer- u. Personenwagen); **Kom|bi|na|ti on** [*...zion*], die; -, -en (berechnende Verbindung; Vermutung; Vereinigung; Zusammenstellung von Kleidungsstücken, sportl. Disziplinen, Farben u. a.; Sport: planmäßiges, flüssiges Zusammenspiel); **kom|bi|nie|ren** (vereinigen, zusammenstellen; berechnen; vermuten; Sport u. Spiele: planmäßig zusammenspielen)
Kom|bü|se, die; -, -n (Schiffsküche)
Ko|met, der; -en, -en (Schweif-, Haarstern)
Kom|fort [*komfor*, auch: *komfort*], der; -s; **kom|for|ta|bel**
Ko|mik, die; - (Kunst, das Komische darzustellen); **Ko|mi|ker;** **ko|misch** (possenhaft; belustigend, zum Lachen reizend; sonderbar, wunderlich, seltsam)
Ko|mi|tee, das; -s, -s (leitender Ausschuß)
Kom|ma, das; -s, -s u. -ta (Beistrich; Musik: Kleinintervall)
Kom|man|dant, der; -en, -en (Befehlshaber einer Festung , eines Schiffes usw.); **Kom|man|dan|tur,** die; -, -en (Dienstgebäude eines Kommandanten; Befehlshaberamt); **Kom|man|deur** [*...dör*], der; -s, -e (Befehlshaber einer Truppenabteilung); **kom|man|die|ren**
Kom|man|dit|ge|sell|schaft (bestimmte Form der Handelsgesellschaft; Abk.: KG)

Kom|man|do, das; -s, -s (österr. auch: ...den)
kom|men; kam, gekommen; **Kom|men,** das; -s; das - und Gehen
Kom|men|tar, der; -s, -e (Erläuterung[sschrift], Auslegung; ugs.: Bemerkung); **Kom|men|ta|tor,** der; -s, ...oren (Kommentarverfasser); **kom|men|tie|ren**
Kom|mers, der; -es, -e (Studentenspr.: festlicher Trinkabend)
Kom|merz, der; -es (Wirtschaft, Handel u. Verkehr); **kom|mer|zia|li|sie|ren** (kommerziellen Interessen unterordnen)
Kom|mi|li|to|ne, der; -n, -n (Studentenspr.: Studiengenosse)
Kom|miß, der; ...misses (ugs.: [aktiver] Soldatenstand, Heer); **Kom|mis|sar,** der; -s, -e ([vom Staat] Beauftragter; Dienstbez., z. B. Polizeikommissar); **Kom|mis|sa|ri|at,** das; -[e]s, -e (Amt[szimmer] eines Kommissars; österr.: Polizeidienststelle); **kom|mis|sa|risch** (beauftragt); **Kom|mis|si on,** die; -, -en (Ausschuß [von Beauftragten]; Auftrag; Handel für fremde Rechnung)
Kom|mo|de, die; -, -n
kom|mu|nal (die Gemeinde betreffend, Gemeinde..., gemeindeeigen); **Kom|mu|ne,** die; -, -n (Stadt- oder Landgemeinde; Wohngemeinschaft linksgerichteter junger Leute); **Kom|mu|ni|kant,** der; -en, -en (Teilnehmer beim Empfang des Altarsakramentes); **Kom|mu|ni|ka|ti on** [*...zion*], die; -, -en (Mitteilung; Verbindung; Verkehr); **Kom|mu|ni|on,** die; -, -en („Gemeinschaft"; Empfang des Altarsakramentes); **Kom|mu|ni|qué** [*...münike,* auch: *...munike*], das; -s, -s (Denkschrift od. [regierungs]amtliche Mitteilung); **Kom|mu|nis|mus,** der; -; **Kom|mu|nist,** der; -en, -en; **kom|mu|ni|stisch;** das Kommunistische Manifest

Ko|mö|di|ant, der; -en, -en (meist geringschätzig für: Schauspieler); **Ko|mö|die** [...*i*ᵉ], die; -, -n

Kom|pa|gnon [...*panjong*], der; -s, -s (Kaufmannsspr.: [Geschäfts]teilhaber; Mitinhaber)

kom|pakt (gedrungen; dicht; fest); **Kom|pakt|heit,** die; -

Kom|pa|nie, die; -, ...ien (Truppenabteilung; Kaufmannsspr. veralt. für: [Handels]gesellschaft; Abk.: Komp., in Firmen meist: Co., seltener: Cie.)

Kom|pa|ra|tiv [auch: ...*tif*], der; -s, -e [...*w*ᵉ] (Sprachw.: erste Steigerungsstufe, z. B. „schöner")

Kom|par|se, der; -n, -n (Statist, stumme Person [bei Bühne und Film])

Kom|paß, der; ...passes, ...passe (Gerät zur Bestimmung der Himmelsrichtung)

Kom|pen|di|um, das; -s, ...ien [...*i*ᵉ*n*] (Abriß, kurzes Lehrbuch)

Kom|pen|sa|ti|on [...*zion*], die; -, -en (Ausgleich[ung], Entschädigung); **kom|pen|sie|ren** (gegeneinander ausgleichen)

kom|pe|tent (zuständig, maßgebend; befugt); **Kom|pe|tenz,** die; -, -en (Zuständigkeit)

kom|plett (vollständig, abgeschlossen)

kom|plex (zusammengefaßt, umfassend; vielfältig verflochten); **Kom|plex,** der; -es, -e (Zusammenfassung; Inbegriff; Vereinigung, Gruppe; gefühlsbetonte Vorstellungsverknüpfung); **Kom|pli|ka|ti|on** [...*zion*], die; -, -en (Verwicklung; Erschwerung)

Kom|pli|ment, das; -[e]s, -e (Höflichkeitsbezeigung, Gruß; Artigkeit; Schmeichelei)

Kom|pli|ze, der; -n, -n (Mitschuldiger; Mittäter)

kom|pli|ziert (beschwerlich, schwierig, umständlich)

Kom|plott, das (ugs. auch: der); -[e]s, -e (heimlicher Anschlag, Verschwörung)

Kom|po|nen|te, die; -, -n (Teil-, Seitenkraft; Bestandteil eines Ganzen); **kom|po|nie|ren** („zusammensetzen"; ein Kunstwerk aufbauen, gestalten; Musik: vertonen); **Kom|po|nist,** der; -en, -en (Tondichter, -setzer, Vertoner); **Kom|po|si|ti|on** [...*zion*], die; -, -en (Zusammensetzung; Aufbau u. Gestaltung eines Kunstwerkes; Musik: das Komponieren; Tonschöpfung); **Kom|post,** der; -[e]s, -e (Dünger); **kom|po|stie|ren** (zu Kompost verarbeiten); **Kom|pott,** das; -[e]s, -e (gekochtes Obst)

Kom|pres|se, die; -, -n (feuchter Umschlag); **kom|pri|mie|ren** (zusammenpressen; verdichten); **kom|pri|miert**

Kom|pro|miß, der (selten: das); ...misses, ...misse (Übereinkunft; Ausgleich); **kom|pro|mit|tie|ren** (bloßstellen)

Komputer vgl. Computer

Kon|den|sa|ti|on [...*zion*], die; -, -en (Verdichtung; Verflüssigung); **Kon|den|sa|tor,** der; -s, ...oren („Verdichter"; Gerät zum Speichern von Elektrizität); **kon|den|sie|ren** (verdichten, eindikken; verflüssigen); **Kon|dens|milch, ...was|ser** (das; -s, ...wasser u. ...wässer)

Kon|di|ti|on [...*zion*], die; -, -en (Bedingung; [Gesamt]zustand; veralt. für: Stelle, Dienst); **Kon|di|tions|schwä|che**

Kon|di|tor, der; -s, ...oren; **Kon|di|to|rei; Kon|di|tor|mei|ster**

Kon|do|lenz, die; -, -en (Beileid[sbezeigung]); **kon|do|lie|ren;** jmdm. -

Kon|fekt, das; -[e]s, -e (Zuckerwerk; südd., schweiz., österr. auch für: Teegebäck); **Kon|fek|ti|on** [...*zion*], die; -, -en (industrielle „Anfertigung" [von Kleidern]; [Handel mit] Fertigkleidung; Bekleidungsindustrie); **kon|fek|tio|nie|ren** (fabrikmäßig herstellen)

Kon|fe|renz, die; -, -en; **kon|fe-**

rie|ren (eine Konferenz abhalten; als Conférencier sprechen)
Kon|fes|si|on, die; -, -en ([Glaubens]bekenntnis; [christl.] Bekenntnisgruppe); **kon|fes|sio|nell** (zu einer Konfession gehörend); **Kon|fes|si|ons|schu|le** (Bekenntnisschule)
Kon|fet|ti, die (*Mehrz.*), heute meist: das; -[s] (bunte Papierblättchen, die bes. bei Faschingsveranstaltungen geworfen werden)
Kon|fir|mand, der; -en, -en; **Kon|fir|ma|ti|on** [...*zion*], die; -, -en; **kon|fir|mie|ren**
kon|fis|zie|ren
Kon|fi|tü|re, die; -, -n (Marmelade mit noch erkennbaren Obststücken)
Kon|flikt, der; -[e]s, -e („Zusammenstoß"; Zwiespalt, [Wider]streit)
Kon|fö|de|ra|ti|on [...*zion*], die; -, -en („Bündnis"; [Staaten]bund)
kon|form (einig, übereinstimmend); - gehen (einiggehen, übereinstimmen); **Kon|for|mismus,** der; - ([Geistes]haltung, die [stets] um Anpassung bemüht ist); **Kon|for|mist,** der; -en, -en (Vertreter des Konformismus)
Kon|fron|ta|ti|on [...*zion*], die; -, -en (Gegenüberstellung [von Angeklagten u. Zeugen]; [polit.] Auseinandersetzung); **kon|fron|tie|ren;** mit jmdm. konfrontiert werden
kon|fus (verwirrt, verworren, wirr [im Kopf]); **Kon|fu|si|on,** die; -, -en (Verwirrung)
kon|ge|ni|al (geistesverwandt; geistig ebenbürtig); **Kon|ge|nia|li|tät,** die; -
Kon|glo|me|rat, das; -[e]s, -e (Sedimentgestein; Gemisch)
Kon|greß, der; ...gresses, ...gresse ([größere] fachl. od. polit. Versammlung)
kon|gru|ent (übereinstimmend, deckungsgleich); **Kon|gru|enz,**
die; -, (selten:) -en (Übereinstimmung)
Kö|nig, der; -[e]s, -e; die Heiligen Drei -e; **Kö|ni|gin,** die; -, -nen; **Kö|ni|gin|mut|ter** (*Mehrz.* ...mütter); **kö|nig|lich;** das königliche Spiel (Schach); Königliche Hoheit (Anrede eines Kronprinzen); **Kö|nigs|blau, ...ker|ze** (eine Heil- u. Zierpflanze); **Kö|nig|tum**
Kon|ju|ga|ti|on [...*zion*], die; -, -en (Sprachw.: Beugung des Zeitwortes); **kon|ju|gie|ren** ([Zeitwort] beugen); **Kon|junkti|on** [...*zion*], die; -, -en (Sprachw.: Bindewort, z. B. „und, oder"; Astron.: Stellung zweier Gestirne im gleichen Längengrad); **Kon|junk|tiv** [auch: ...*tif*], der; -s, -e [...*wᵉ*] (Sprachw.: Möglichkeitsform; Abk.: Konj.); **Kon|junk|tur,** die; -, -en (wirtschaftl. Gesamtlage von bestimmter Entwicklungstendenz); **kon|junk|tu|rell**
kon|kav (hohl, vertieft, nach innen gewölbt)
Kon|kla|ve [...*wᵉ*], das; -s, -n (Versammlung[sort] der Kardinäle zur Papstwahl)
Kon|kor|danz, die; -, -en (Übereinstimmung); **Kon|kor|dat,** das; -[e]s, -e (Vertrag zwischen Staat u. kath. Kirche; schweiz. für: Vertrag zwischen Kantonen)
kon|kret (körperlich, gegenständlich, sinnfällig, anschaubar, greifbar); **kon|kre|ti|sie|ren** (konkret machen; verdeutlichen; [im einzelnen] ausführen)
Kon|ku|bi|nat, das; -[e]s, -e (Rechtsspr.: dauernde außerehel. Geschlechtsgemeinschaft); **Kon|ku|bi|ne,** die; -, -n (veralt.: im Konkubinat lebende Frau)
Kon|kur|rent; Kon|kur|ren|tin, die; -, -nen; **Kon|kur|renz,** die; -, -en (Wettbewerb; Zusammentreffen zweier Feste in der kath. Liturgie); **kon|kur|rie|ren** (wetteifern; miteinander in Wettbewerb stehen; zusammentref-

fen [von mehreren strafrechtl. Tatbeständen]); **Kon|kurs,** der; -es, -e („Zusammenlauf" [der Gläubiger]; Zahlungseinstellung, -unfähigkeit)

kön|nen; konnte, gekonnt; ich habe das nicht glauben können; **Kön|nen,** das; -s; **Kön|ner**

Kon|rek|tor, der; -s, ...oren (Vertreter des Rektors)

kon|se|quent (folgerichtig; bestimmt; beharrlich, zielbewußt); **Kon|se|quenz,** die; -, -en (Folgerichtigkeit; Beharrlichkeit; Zielstrebigkeit; Folge[rung])

kon|ser|va|tiv; Kon|ser|va|ti|ve [...*iw*ᵉ], der u. die; -n, -n (jmd., der am Hergebrachten festhält; Anhänger[in] einer konservativen Partei); **Kon|ser|va|to|ri|um,** das; -s, ...ien [...*i*ᵉ*n*] (Musik-[hoch]schule); **Kon|ser|ve** [...*w*ᵉ], die; -, -n (haltbar gemachtes Nahrungs- od. Genußmittel; Dauerware; auf Tonband, Schallplatte Festgehaltenes); **kon|ser|vie|ren** (einmachen; haltbar machen; auf Tonband, Schallplatte festhalten); **Kon|ser|vie|rung**

Kon|si|sto|ri|al|rat (*Mehrz.* ...räte; Titel)

Kon|so|le, die; -, -n (Kragstein, Kragträger; Wandgestell; Träger für Gegenstände der Kleinkunst); **kon|so|li|die|ren** (sichern, festigen); **Kon|so|li|die|rung**

Kon|so|nant, der; -en, -en (Sprachw.: „Mitlaut", z. B. p, k)

Kon|sor|ten, die (*Mehrz.;* abwertend für: Mittäter; Mitangeklagte)

Kon|spi|ra|tion [...*zion*], die; -, -en (Verschwörung); **kon|spi|ra|tiv** (verschwörerisch); **kon|spi|rie|ren** (sich verschwören; eine Verschwörung anzetteln)

kon|stant (beharrlich, fest[stehend], ständig, unveränderlich, stet[ig]); **Kon|stan|te,** die; -[n], -n (unveränderbare Größe); **kon|sta|tie|ren** (feststellen)

Kon|stel|la|ti|on [...*zion*], die; -, -en (Stellung der Gestirne zueinander; Zusammentreffen von Umständen; Lage)

kon|ster|niert (bestürzt, betroffen)

kon|sti|tu|ie|ren (einsetzen, festsetzen, gründen); sich - (zusammentreten [zur Beschlußfassung]); **Kon|sti|tu|ti|on** [...*zion*], die; - (Verfassung [eines Staates, einer Gesellschaft], Grundgesetz; Beschaffenheit, Verfassung des [menschl.] Körpers)

kon|stru|ie|ren; Kon|struk|teur [...*tör*], der; -s, -e (Erbauer, Erfinder, Gestalter); **Kon|struk|ti|on** [...*zion*], die; -, -en; **kon|struk|tiv** (die Konstruktion betreffend; folgerichtig; aufbauend)

Kon|sul, der; -s, -n (höchster Beamter der röm. Republik; heute: Vertreter eines Staates zur Wahrnehmung seiner [wirtschaftl.] Interessen in einem anderen Staat); **kon|su|la|risch; Kon|su|lat,** das; -[e]s, -e (Amt[sgebäude] eines Konsuls); **Kon|sul|ta|ti|on** [...*zion*], die; -, -en (Befragung, bes. eines Arztes); **kon|sul|tie|ren** ([den Arzt] befragen; zu Rate ziehen)

Kon|sum, der; -s (Verbrauch); **Kon|su|ment,** der; -en, -en (Verbraucher; Käufer); **Kon|sum|ge|nos|sen|schaft** (Verbrauchergenossenschaft); **kon|su|mie|ren** (verbrauchen; verzehren)

Kon|takt, der; -[e]s, -e (Berührung, Verbindung); **Kon|takt|_ar|mut, ...lin|se**

Kon|ter|ad|mi|ral (Flaggoffizier); **Kon|ter|ban|de,** die; - (Schmuggelware; Bannware); **kon|tern** (Sport: den Gegner im Angriff durch gezielte Gegenschläge abfangen; durch eine Gegenaktion abwehren); **Kon|ter|re|vo|lu|ti|on** (Gegenrevolution)

Kon|ti (*Mehrz.* von: Konto)

Kon|ti|nent [auch: *kon*...], der; -[e]s, -e (Festland; Erdteil); **kon|ti|nen|tal**

Kon|tin|gent [...*ngg*...], das; -[e]s, -e (Anteil; [Pflicht]beitrag; [Höchst]betrag; [Höchst]menge; Zahl der [von Einzelstaaten] zu stellenden Truppen); **kon|tin|gen|tie|ren** (das Kontingent festsetzen; [vorsorglich] ein-, zuteilen)

kon|ti|nu|ier|lich (stetig, fortdauernd, unaufhörlich, durchlaufend); **Kon|ti|nui|tät** [...*nu-i*...], die; - (lückenloser Zusammenhang, Stetigkeit, Fortdauer)

Kon|to, das; -s, ...ten (auch: -s u. ...ti) (Rechnung; Aufstellung über Forderungen u. Schulden); **Kon|tor**, das; -s, -e (Geschäftsraum eines Kaufmanns); **Kon|to|rist**, der; -en, -en

kon|tra (gegen, entgegengesetzt); **Kon|tra**, das; -s, -s (Kartenspiel: Gegenansage); jmdm. - geben; **Kon|tra|baß** (Baßgeige)

Kon|tra|hent, der; -en, -en (Vertragspartner; Gegner)

Kon|tra|in|di|ka|ti|on [...*zion*], die; -, -en (Med.: Gegenanzeige)

Kon|trakt, der; -[e]s, -e (Vertrag, Abmachung); **Kon|trak|ti|on** [...*zion*], die; -, -en (Zusammenziehung; Einschnürung; Schrumpfung)

kon|trär (gegensätzlich; widrig); **Kon|trast**, der; -[e]s, -e ([starker] Gegensatz; auffallender Unterschied, bes. von Farben); **kon|tra|stie|ren** (sich unterscheiden, abstechen, einen [starken] Gegensatz bilden); **kon|tra|stiv** (gegensätzlich; vergleichend)

Kon|trol|le, die; -, -n; **Kon|trol|leur** [...*lör*], der; -s, -e (Aufsichtsbeamter, Prüfer); **kon|trol|lie|ren**

kon|tro|vers [...*wärß*] (streitig, bestritten); **Kon|tro|ver|se**, die; -, -n ([wissenschaftl.] Streit[frage])

Kon|tur, die; -, -en, in der Kunst auch: der, -s, -en (meist *Mehrz.*; Umriß[linie]; andeutende Linie[nführung]); **kon|tu|rie|ren** (die äußeren Umrisse ziehen; umreißen; andeuten)

Kon|ven|ti|on [...*zion*], die; -, -en (Übereinkunft, Abkommen; Herkommen, Brauch, Förmlichkeit); **kon|ven|tio|nell** (herkömmlich, üblich; förmlich)

kon|ver|gent [...*wär*...] (sich zuneigend, zusammenlaufend); **Kon|ver|genz**, die; -, -en (Annäherung, Übereinstimmung); **kon|ver|gie|ren**

Kon|ver|sa|ti|on [...*wärsazion*], die; -, -en (gesellige Unterhaltung, Plauderei); **Kon|ver|sa|ti|ons|le|xi|kon**

kon|ver|tie|ren (umwandeln; umdeuten; umformen, umkehren; ändern; den Glauben wechseln); **Kon|ver|tit**, der; -en, -en (zu einem anderen Glauben Übergetretener)

kon|vex [...*wäkß*] (erhaben, nach außen gewölbt)

Kon|voi [*konweu*, auch: *konweu*], der; -s, -s (Geleitzug, bes. bei Schiffen)

Kon|zen|trat, das; -[e]s, -e (angereicherter Stoff, hochprozentige Lösung; hochprozentiger [Pflanzen-, Frucht]auszug); **Kon|zen|tra|ti|on** [...*zion*], die; -, -en (Gruppierung [um einen Mittelpunkt]; Zusammenziehung [von Truppen]; [geistige] Sammlung); **Kon|zen|tra|ti|ons|la|ger** (Abk.: KZ); **kon|zen|trie|ren** ([Truppen] zusammenziehen, vereinigen; Chemie: anreichern, gehaltreich machen; sich - (sich [geistig] sammeln); **kon|zen|triert** Chemie: angereichert, gehaltreich; übertr. für: gesammelt, aufmerksam)

Kon|zept, das; -[e]s, -e (Entwurf; erste Fassung, Rohschrift); **Kon|zep|ti|on** [...*zion*], die; - (Empfängnis; [künstlerischer] Einfall; Entwurf eines Werkes)

Kon|zern, der; -s, -e (Zusammenschluß wirtsch. Unternehmen)

Kon|zert, das; -[e]s, -e; **kon|zer|tie|ren** (ein Konzert geben; veralt.: besprechen, abstimmen); konzertierte (gemeinsame, abgestimmte) Aktion

Kon|zes|si|on, die; -, -en (Zugeständnis; behördl. Genehmigung)

Kon|zil, das; -s, -e u. -ien [...*i^{e}n*] ([Kirchen]versammlung); **kon|zi|li|ant** (versöhnlich, umgänglich, verbindlich)

kon|zi|pie|ren (verfassen, entwerfen; Med.: empfangen, schwanger werden)

Ko|ope|ra|ti|on [...*zion*], die; - (Zusammenarbeit, Zusammenwirken); **ko|ope|rie|ren** (zusammenwirken, -arbeiten)

Ko|or|di|na|ti|on [...*zion*], die; -; **ko|or|di|nie|ren** (in ein Gefüge einbauen; aufeinander abstimmen; nebeneinanderstellen)

Kö|per, der; -s, - (ein Gewebe); **Kö|per|bin|dung**

Kopf, der; -[e]s, Köpfe; von Kopf bis Fuß; **Köpf|chen; köp|fen; Kopf.hö|rer, ...jä|ger, ...rech|nen** (das; -s) **kopf|ste|hen;** er steht kopf; **Kopf|stein|pfla|ster; kopf|über; Kopf|zer|bre|chen** (das; -s; viel -)

Ko|pie [österr.: *kopi^e*], die; -, ...ien [...*i^{e}n*, österr.: *kopi^{e}n*] (Abschrift; Abdruck; Nachbildung; Film: Abzug); **ko|pie|ren** (eine Kopie anfertigen); **Ko|pier|ge|rät**

Ko|pi|lot (zweiter Flugzeugführer; zweiter Fahrer)

[1]**Kop|pel,** die; -, -n (Riemen; durch Riemen verbundene Tiere; Verbundenes; eingezäunte Weide); [2]**Kop|pel,** das; -s, - u. (österr.:) die; -, -n (Leibriemen); **kop|peln** (verbinden)

kopp|hei|ster niederd. (kopfüber); - schießen (einen Purzelbaum schlagen)

Ko|pro|duk|ti|on [...*zion*], die; -, -en (Gemeinschaftsherstellung [beim Film]); **ko|pro|du|zie|ren**

Ko|pu|la|ti|on [...*zion*], die; - (Biol.: Befruchtung); **ko|pu|lie|ren**

Ko|ral|le, die; -, -n (Nesseltier oder Schmuckstein aus seinem Skelett); **Ko|ral|len|riff**

Korb, der; -[e]s, Körbe; **Korbball|spiel; Körb|chen**

Kord, der; -[e]s, -e (geripptes Gewebe); **Kord|an|zug**

Kor|del, die; -, -n (südwestd.: Schnur)

Kor|don [...*dong,* österr.: ...*don*], der; -s, -s u. (österr.:) -e (Postenkette, Absperrung; Ordensband; Spalierbaum)

Kord|samt

Ko|ri|an|der, der; -s, (selten:) - (Gewürzpflanze)

Ko|rin|the, die; -, -n (kleine Rosinenart); **Ko|rin|then|brot**

Kork, der; -[e]s, -e (Rinde der Korkeiche; Nebenform von: Korken); **Kor|ken,** der; -s, - (Stöpsel aus Kork); **Kor|ken|zie|her**

Kor|mo|ran [österr.: *kor...*], der; -s, -e (ein pelikanartiger Vogel)

[1]**Korn,** das; -[e]s, Körner u. (für Getreideart *Mehrz.:*) -e; [2]**Korn,** das; -[e]s,(selten:) -e (Teil der Visiereinrichtung); [3]**Korn,** der; -[e]s, - (ugs. für: Kornbranntwein); **Korn|blu|me; korn|blu|men|blau; Körn|chen**

Kor|nel|kir|sche, die; -, -n (ein Zierstrauch)

Kör|ner (Werkzeug[maschinenteil])

Kor|nett, das; -[e]s, -e u. -s (ein Blechblasinstrument); **Kor|net|tist,** der; -en, en (Kornettspieler)

Ko|ro|na, die; -, ...nen (,,Kranz", ,,Krone"; Heiligenschein in der Kunst; Strahlenkranz [um die Sonne]; ugs. für: [fröhliche] Runde, [Zuhörer]kreis; auch für Horde)

Kör|per, der; -s, -; **Kör|per|be|hin|der|te,** der u. die; -n, -n **kör|per|lich; Kör|per|schaft kör|per|schaft|lich**

Kor|po|ra|ti|on [...*zion*], die; - -en (Körperschaft, Innung, Per sonenvielheit mit Rechtsfähigkeit; Studentenverbindung); **Korps** [*ko̱r*], das; - [*ko̱rß*], - [*ko̱rß*] (Heeresabteilung; stud. Verbindung); **kor|pu|le̱nt** (beleibt); **Kor|pu|le̱nz,** die; - (Beleibtheit); **Ko̱r|pus,** der; -, ...pusse (ugs. scherzh.: Körper)

kor|re̱kt; kor|re̱k|ter|we̱i|se; Kor|re̱kt|heit, die; -; **Kor|rek-tur,** die; -, -en (Berichtigung [des Schriftsatzes], Verbesserung)

Kor|re|la̱|ti|on [...*zio̱n*], die; -, -en (Wechselbeziehung); **kor|re-lie̱|ren**

kor|re|pe|tie̱|ren (Musik: mit jmdm. eine Gesangspartie vom Klavier aus einüben); **Kor|re|pe-ti̱|tor** (Einüber)

Kor|re|spon|de̱nt, der; -en, -en (auswärtiger, fest engagierter [Zeitungs]berichterstatter; Bearbeiter des kaufmänn. Schriftwechsels); **Kor|re|spon|de̱nz,** die; -, -en (Briefverkehr, -wechsel; ausgewählter u. bearbeiteter Stoff für Zeitungen; veraltend für: Übereinstimmung); **kor|re-spon|die̱|ren** (im Briefverkehr stehen; übereinstimmen)

Kor|ri̱|dor, der; -s, -e ([Wohnungs]flur, Gang; schmaler Gebietsstreifen); **Kor|ri̱|dor|tür**

kor|ri|gie̱|ren (berichtigen; verbessern)

kor|ro|die̱|ren (angreifen, zerstören; der Korrosion unterliegen); **Kor|ro|si̱|on** (Zernagung, Anfressung, Zerstörung usw.)

kor|ru̱pt ([moralisch] verdorben; bestechlich); **Kor|rup|ti̱|on** [...*zio̱n*], die; - ([Sitten]verfall, -verderbnis; Bestechlichkeit; Bestechung)

Kor|se|le̱tt, das; -[e]s, -e u. -s (bequemes, leichtes Korsett); **Kor|se̱tt,** das; -[e]s, -e u. -s (Mieder, Schnürleibchen); **Kor-se̱tt|stan|ge**

Kor|ve̱t|te [...*wät*ᵉ], die; -, -n (leichtes [Segel]kriegsschiff)

Ko|ry|phä̱e, die; -, -n (bedeuten-

de Persönlichkeit, hervorragender Gelehrter, Künstler usw.)

ko|scher (tauglich, sauber, bes. im Hinblick auf die Speisegesetze der Juden; rein, in Ordnung)

ko|sen; Ko|se|na|me

Ko|si̱|nus, der; -, - u. -se (Seitenverhältnis im Dreieck; Zeichen: cos)

Kos|me̱|tik, die; - (Schönheitspflege); **Kos|me̱|ti|ke|rin,** die; -, -nen; **Kos|me̱|ti|kum,** das; -s, ...ka (Schönheitsmittel); **kos-me̱|tisch**

kos|misch (im Kosmos; das Weltall betreffend; All...); **Kos-mo|lo|gie̱,** die; -, ...i̱en (Lehre von der Welt, bes. ihrer Entstehung); **Kos|mo|nau̱t,** der; -en, -en (Weltraumfahrer); **Kos|mo-nau̱|tik,** die; -; **Kos|mo|po|li̱t,** der; -en, -en (Weltbürger); **Kos-mos,** der; - (Weltall, Weltordnung)

Ko̱st, die; -

ko̱st|bar; Ko̱st|bar|keit

¹**ko̱|sten** (schmecken)

²**ko̱|sten** (wert sein); **Ko̱|sten,** die (*Mehrz.*); auf seine -; **ko̱-sten_los, ...pflich|tig**

Ko̱st_gän|ger, ...geld

kö̱st|lich; Kö̱st|lich|keit

Ko̱st|pro|be

ko̱st|spie|lig; Ko̱st|spie|lig-keit, die; -

Ko|stü̱m, das; -s, -e; **ko|stü-mie̱|ren,** sich (sich [ver]kleiden) - machen

Kot, der; -[e]s

Ko|tan|gens, der; -, - (Seitenverhältnis im Dreieck; Zeichen: cot, cotg, ctg)

Ko|tau̱, der; -s, -s (demütige Ehrerweisung); - machen

Ko|te|le̱tt, das; -[e]s, -s u. (selten:) -e („Rippchen"; Rippenstück); **Ko|te|le̱t|ten,** die (*Mehrz.*; Backenbart)

Kö̱|ter, der; -s, - (verächtlich für: Hund)

Ko̱t|flü|gel; ko̱|tig

Ko|til|lon [*kotiljo̱ng*, auch: *kotil-jo̱ng*], der; -s, -s (Gesellschaftsspiel in Tanzform)

¹**Kot|ze,** die; -, -n landsch. (wollene Decke, Wollzeug; wollener Umhang)

²**Kot|ze,** die; - (derb: Erbrochenes); **kot|zen** (derb: sich übergeben); **kotz_jäm|mer|lich, ...übel** (derb)

Krab|be, die; -, -n (Krebs; ugs.: Kind, junges Mädchen); **krab|beln** (ugs.: sich kriechend fortbewegen; kitzeln; jucken)

krach!; Krach, der; -[e]s, -e u. -s (ugs. auch: Kräche [Streitigkeiten]); mit Ach und - (mit Müh und Not); **kra|chen; kra|chig; Krach|le|der|ne,** die; -n, -n bayr. (kurze Lederhose); **kräch|zen; Kräch|zer** (ugs.: gekrächzter Laut; scherzh.: Mensch, der heiser, rauh spricht)

Krad, das; -[e]s, Kräder ([bes. bei Militär u. Polizei] Kurzform für: Kraftrad)

kraft; - meines Wortes; **Kraft,** die; -, Kräfte; in - treten; **Kraft_aus|druck, ...brü|he, ...fahrer, ...fahr|zeug** (Abk.: Kfz); **kräf|tig; kräf|ti|gen; Kraft_mei|er** (ugs.: Kraftmensch), **...rad** (Kurzform: Krad), **...stoff, ...werk**

Krä|gel|chen; Kra|gen, der; -s, - (südd., österr. u. schweiz. auch: Krägen)

Krä|he, die; -, -n; **krä|hen; Krähen|fü|ße,** die (Mehrz.; ugs.: Fältchen in den Augenwinkeln; unleserlich gekritzelte Schrift)

Kra|kau|er, die; -, - (eine Art Plockwurst)

Kra|ke, der; -n, -n (Riesentintenfisch; sagenhaftes Seeungeheuer)

Kra|keel, der; -s (ugs.: Lärm u. Streit; Unruhe); **kra|kee|len** (ugs.)

Kra|kel, der; -s, - (ugs.: schwer leserliches Schriftzeichen); **Krake|lei; kra|ke|lig, krak|lig** (ugs.); **kra|keln** (ugs.)

Kral, der; -s, -e (Runddorf afrik. Stämme)

Kral|le, die; -, -n; **kral|len** (mit den Krallen zufassen; ugs.: unerlaubt wegnehmen)

Kram, der; -[e]s; **kra|men** (ugs.: durchsuchen; aufräumen); **Krämer** (veralt., aber noch landsch. für: Kleinhändler); **Kräm|la|den** (abwertend für: kleiner Laden)

Kram|mets|vo|gel mdal. (Wacholderdrossel)

Kram|pe, die; -, -n (U-förmig gebogener Metallhaken)

Krampf, der; -[e]s, Krämpfe; **Krampf|ader; kramp|fen;** sich -; **krampf|haft**

Kran, der; -[e]s, Kräne (fachspr. auch: Krane; Hebevorrichtung); **Kran|füh|rer**

Kra|nich, der; -s, -e (ein Sumpfvogel)

krank; kränker, kränkste; - sein, liegen; **Kran|ke,** der u. die; -n, -n; **krän|keln; krän|ken** (betrüben); **Kran|ken_schwe|ster, ...ver|si|che|rung, ...wa|gen; krank|fei|ern** (ugs.: der Arbeit fernbleiben, ohne ernstlich krank zu sein; landsch.: arbeitsunfähig sein); er hat gestern krankgefeiert; **krank|haft; Krank|heit; kränk|lich; krank|ma|chen** (svw. krankfeiern); **Krän|kung**

Kranz, der; -es, Kränze; **Kränzchen; krän|zen** (dafür häufiger: bekränzen); **Kranz|nie|der|legung**

Krap|fen, der; -s, - (Gebäck)

kraß (ungewöhnlich; scharf; grell); **Kraß|heit**

Kra|ter, der; -s, - (Mündungsöffnung eines feuerspeienden Berges; Abgrund); **Kra|ter|landschaft**

kratz|bür|stig (widerspenstig); **Krät|ze,** die; - (Hautkrankheit); **Krat|zer** (ugs.: Schramme); **Kratz|fuß** (iron. für: übertriebene Verbeugung); **krat|zig**

Kraul, das; -[s] (Schwimmstil); ¹**krau|len** (im Kraulstil schwimmen)

²**krau|len** (zart krauen, sanft streicheln)

Krau|ler; Kraul|staf|fel

kraus; Krau|se, die; -, -n; **Kräu-sel|krepp; kräu|seln; Kraus-kopf**

Kraut, das; -[e]s, Kräuter (südd., österr. *Einz.* auch für: Kohl); **Kräu|ter,** die (*Mehrz.*; Gewürz-und Heilpflanzen)

Kra|wall, der; -s, -e (Aufruhr; Lärm; Unruhe); **Kra|wall|ma-cher**

Kra|wat|te, die; -, -n ([Hals]bin-de, Schlips); **Kra|wat|ten|na-del**

kra|xeln (ugs.: mühsam steigen; klettern)

Krea|ti|on [*...zion*], die; -, -en (Modeschöpfung; Erschaffung); **krea|tiv** (schöpferisch); **Krea-ti|vi|tät,** die; - (das Schöpferi-sche, Schöpfungskraft); **Krea-tur,** die; -, -en (Lebewesen, Ge-schöpf; Wicht; gehorsames Werkzeug); **krea|tür|lich**

¹**Krebs,** der; -es, -e (Krebstier); ²**Krebs,** der; -es, -e (für Krebsarten *Mehrz.:*) -e (bösartige Ge-schwulst)

kre|den|zen ([ein Getränk] feier-lich anbieten, darreichen, ein-schenken); **Kre|dit,** der; -[e]s, -e (Fähigkeit u. Bereitschaft, Ver-bindlichkeiten ordnungsgemäß u. zum richtigen Zeitpunkt zu be-gleichen; [Ruf der] Zahlungsfä-higkeit; befristet zur Verfügung gestellter Geldbetrag od. Gegen-stand; übertr. für: Glaubwürdig-keit); **kre|dit|wür|dig; Kre|do,** das; -s, -s ("ich glaube"; Glau-bensbekenntnis)

kre|gel bes. nordd. (gesund, munter)

Krei|de, die; -, -n; **krei|de|bleich**

kre|ie|ren ([er]schaffen; etwas erstmals herausbringen od. dar-stellen); **Kre|ie|rung**

Kreis, der; -es, -e (auch: Verwal-tungsgebiet); **Kreis_arzt, ...bahn**

krei|schen

Krei|sel, der; -s, -; **krei|sen; kreis|frei;** -e Stadt

Kreis|lauf; Kreis|lauf|stö|rung

krei|ßen (in Geburtswehen lie-gen); **Krei|ßen|de,** die; -n, -n; **Kreiß|saal** (Entbindungsraum im Krankenhaus)

Kreis_stadt, ...um|fang, ...ver|kehr

Krem, die; -, -s (ugs. auch: der; -s, -e) (feine [schaumige] Süß-speise; seltener auch für: Haut-salbe); vgl. auch: Creme

Kre|ma|to|ri|um, das; -s, ...ien [...i°n] (Einäscherungshalle)

kre|mig [zu: Krem]

Krem|pe, die; -, -n ([Hut]rand); **krem|peln** (die Krempe auf-schlagen)

kre|pie|ren (bersten, platzen, zer-springen [von Sprenggeschos-sen]; derb für: verenden)

Krepp, der; -s, -s u. -e (krauses Gewebe); **Krepp|papier** [*Trenn.*: Krepp|pa...]

Kres|se, die; -, -n (Name ver-schiedener Salat- u. Gewürz-pflanzen)

Kre|thi und Ple|thi (*Mehrz.*; ge-mischte Gesellschaft, allerlei Ge-sindel)

Kre|tin [*...täng*], der; -s, -s (Schwachsinniger); **Kre|ti|nis-mus,** der; - (Med.)

Kreuz, das; -es, -e; das Rote Kreuz; **kreu|zen** (über Kreuz le-gen; paaren; Seemannsspr.: im Zickzackkurs fahren); sich - (sich überschneiden); **Kreu|zer** (ehem. Münze; Kriegsschiff, größere Segeljacht); **Kreu|zes-zei|chen,** Kreuz|zei|chen; **Kreuz_fah|rer, ...feu|er; kreuz|fi|del** (ugs.); **Kreuz-gang; kreu|zi|gen; Kreu|zi-gung; Kreuz|ot|ter,** die; **kreuz und quer; Kreu|zung; kreu-zungs|frei; Kreuz|ver|hör; Kreuz|wort|rät|sel; Kreuz|zei-chen,** Kreu|zes|zei|chen; **Kreuz-zug**

Kre|vet|te [*...wät°*], die; -, -n (Garnelenart)

krib|be|lig, kribb|lig (ugs.: unge-duldig, gereizt); **krib|beln** (ugs.: prickeln, jucken; wimmeln)

Krickel|kra|kel[1], das; -s, - (ugs.: unleserliche Schrift)

Kricket[1], das; - (ein Ballspiel)

krie|chen; kroch, gekrochen; **Krie|cher** (verächtl.); **krie|cherisch** (verächtl.); **Kriech|spur** (Verkehrsw.)

Krieg, der; -[e]s, -e; **krie|gen** (ugs.: erhalten, bekommen); **Krie|ger; Krie|ger|denk|mal** (*Mehrz.*: ...mäler); **krie|gerisch; Kriegs|be|schä|dig|te,** der u. die; -n, -n; **Kriegs|dienstver|wei|ge|rer; Kriegs_fuß;** auf [dem] - mit jmdm. stehen, **...gefan|ge|ne,** **...ge|fan|genschaft**

Kri|mi [auch *kri*...], der; -[s], -[s] (ugs.: Kriminalroman, -film)

kri|mi|nal (Verbrechen, schwere Vergehen, das Strafrecht, das Strafverfahren betreffend); **Krimi|nal|be|am|te; Kri|mi|na|le,** der; -n, -n (ugs.: Kriminalbeamte); er ist ein Kriminaler; **kri|mina|li|sie|ren** (etwas als kriminell hinstellen); **Kri|mi|na|list** (Kriminalpolizist; Strafrechtslehrer); **Kri|mi|na|li|tät,** die; -; **Kri|minal|po|li|zei** (Kurzw.: Kripo); **kri|mi|nell; Kri|mi|nel|le,** der; -n, -n (straffällig Gewordener)

Krims|krams, der; -[es] (ugs.: Plunder, durcheinanderliegendes, wertloses Zeug)

Krin|gel, der; -s, - (ugs.: [kleiner, gezeichneter] Kreis; auch: [Zukker]gebäck); **krin|geln** (ugs.: Kreise zeichnen; Kreise ziehen); sich - (ugs.: sich [vor Vergnügen] wälzen)

Kri|po = Kriminalpolizei

Krip|pe, die; -, -n; **Krip|penspiel** (Weihnachtsspiel)

Kri|se, Kri|sis, die; -, Krisen; **kriseln;** es kriselt; **Kri|sen|herd; Kri|sis** vgl. Krise

[1]Kri|stall, der; -s, -e (fester, regelmäßig geformter, von ebenen Flächen begrenzter Körper); **[2]Kri|stall,** das; -s (geschliffenes

Glas); **Kri|ställ|chen; kri|stallen** (aus, von Kristall[glas]; kristallklar, wie Kristall); **Kri|stallglas** (*Mehrz.* ...gläser); **kristall|klar**

Kri|te|ri|um, das; -s, ...ien [...*i*[e]*n*] (Prüfstein; unterscheidendes Merkmal, Kennzeichen; **Kri|tik,** die; -, -en; **Kri|ti|ker; kri|tisch** ([wissenschaftl., künstler.] streng beurteilend, prüfend, wissenschaftl. verfahrend; oft für: anspruchsvoll; die Wendung [zum Guten od. Schlimmen] bringend; gefährlich, bedenklich); **kri|ti|sie|ren**

Krit|te|lei; Krittl|ler; krit|teln (kleinlich, mäkelnd urteilen; tadeln)

Krit|ze|lei; krit|zeln

Krocket [*Trenn.*: Krok|ket; *krok*[e]*t,* auch: *krokät*], das; -s (ein Rasenspiel)

Kro|kant, der; -s (mit Zucker überzogene Mandeln od. Nüsse; auch Kleingebäck)

Kro|ket|te, die; -, -n (meist *Mehrz.*) (gebackenes längliches Klößchen [aus Kartoffeln, Fisch, Fleisch u. dgl.])

Kro|ko|dil, das; -s, -e (ein Kriechtier); **Kro|ko|dils|trä|ne** (heuchlerische Träne)

Kro|kus, der; -, - u. -se (eine Zierpflanze)

Krön|chen; [1]Kro|ne, die; -, -n (Kopfschmuck usw.); **[2]Kro|ne** (dän., isländ., norw., schwed., tschech. Münzeinheit); **krö|nen; Kro|nen|kor|ken, Kron|korken, Kron_leuch|ter, ...prinz, ...prin|zes|sin; Krö|nung; Kron|zeu|ge** (Hauptzeuge)

Kropf, der; -[e]s, Kröpfe; **kropffig; Kropf|tau|be**

kroß nordwestd. (knusperig, scharf gebacken; spröde, brüchig)

Krö|sus, der; -, auch: -sses, -se (sehr reicher Mann)

Krö|te, die; -, -n; **Krö|ten,** die (*Mehrz.*; ugs.: kleines od. wenig Geld)

---

[1] *Trenn.*: ...k|k...

Krücke [*Trenn.*: ...k|k...], die; -, -n; Krück|stock (*Mehrz.* ...stöcke)

krud, kru|de (rauh, grob, roh)

¹Krug, der; -[e]s, Krüge (ein Gefäß)

²Krug, der; -[e]s, Krüge niederd. (Schenke)

Kru|me, die; -, -n; Krü|mel, der; -s, - (kleine Krume); krü|me|lig; krü|meln

krumm; krumm|bei|nig; krümmen; sich -; Krumm|holz (von Natur gebogenes Holz); krumm|la|chen, sich; (ugs. für: heftig lachen); krumm|neh|men (ugs.: übelnehmen)

krump|fen (einlaufen [von Stoffen]); krumpf_echt, ...frei

Krüp|pel, der; -s, -

Kru|ste, die; -, -n; Kru|sten|tier

Kru|zi|fix [auch: kru...], das; -es, -e (Darstellung des gekreuzigten Christus, Kreuzbild); Kru|zi|fixus (Christus am Kreuz), der; -

Kryp|ta, die; -, ...ten (Gruft, unterirdischer Kirchen-, Kapellenraum); Kryp|ton [auch: ...on], das; -s (chem. Grundstoff, Edelgas)

Kü|bel, der; -s, -; Kü|bel|wa|gen

Ku|ben (*Mehrz.* von: Kubus); Ku|bik|de|zi|me|ter (Zeichen cdm od. dm³); Ku|bik|me|ter (Festmeter; Zeichen: cbm od. m³); Ku|bik|zen|ti|me|ter (Zeichen: ccm od. cm³); ku|bisch (würfelförmig; in der dritten Potenz befindlich); Ku|bis|mus, der; - (Malstil, der in kubischen Formen gestaltet); Ku|bus, der; -, - u. (österr. nur so:) Kuben (Würfel; dritte Potenz)

Kü|che, die; -, -n

Ku|chen, der; -s, -

Kü|chen_chef, ...hil|fe, ...la|tein (scherzh.: schlechtes Latein)

Kü|chen|schel|le, die; -, -n (eine Anemone)

Ku|chen|teig

Kü|chen|zet|tel

¹Küch|lein (Küken)

²Küch|lein (kleine Küche)

³Küch|lein (kleiner Kuchen)

kucken¹ nordd. (gucken)

Kücken¹ österr. (¹Küken)

kuckuck¹; Kuckuck¹, der; -s, -e; Kuckucks¹_ei, ...uhr

Kud|del|mud|del, der od. das; -s (ugs.: Durcheinander, Wirrwarr)

Ku|fe, die; -, -n (Gleitschiene [eines Schlittens])

Kü|fer (südwestd. u. schweiz.: Böttcher; auch: Kellermeister)

Ku|gel, die; -, -n; Ku|gel|blitz; Kü|gel|chen; Ku|gel|ge|lenk; ku|ge|lig, kug|lig; Ku|gel|la|ger; ku|geln; sich -; Ku|gel_schreiber, ...sto|ßen (das; -s); kug|lig, kü|ge|lig

Kuh, die; -, Kühe; Kuh_han|del (ugs.: unsauberes Geschäft), ...haut; das geht auf keine - (ugs.: das ist unerhört)

kühl; Kühl|an|la|ge

Kuh|le niederd., die; -, -n (Grube, Loch)

Küh|le, die; -; küh|len; Küh|ler (Kühlvorrichtung); Küh|ler|hau|be; Kühl_schrank, ...turm; Küh|lung, die; -

Kuh_milch, ...mist

kühn; Kühn|heit

ku|jo|nie|ren (veraltend: verächtlich behandeln; quälen)

Kü|ken, (österr.:) Kücken¹, das; -s, - (Küch|lein, das Junge des Huhnes; kleines Mädchen)

ku|lant (gefällig, entgegenkommend, großzügig [im Geschäftsverkehr]); Ku|lanz, die; -

Ku|li, der; -s, -s (Tagelöhner in [Süd]ostasien; ausgenutzter, ausgebeuteter Arbeiter)

ku|li|na|risch (auf die [feine] Küche, die Kochkunst bezüglich)

Ku|lis|se, die; -, -n (Theater: Seiten-, Schiebewand)

Kul|mi|na|ti|on [...zion], die; - (Erreichung des Höhe-, Scheitel-, Gipfelpunktes); kul|mi|nie|ren (Höhepunkt erreichen, gipfeln)

---

¹ *Trenn.*: ...k|k...

Kult, der; -[e]s, -e u. Kul|tus, der; -, Kulte („Pflege''; [Gottes]-dienst; Verehrung, Hingabe); **kul|tisch; kul|ti|vie|ren** ([Land] bearbeiten, urbar machen; [aus]bilden; sorgsam pflegen); **kul|ti|viert** (gesittet; hochgebildet); **Kul|tur,** die; -, -en; **Kul|tur|beu|tel** (ugs.: Beutel für Toilettenartikel); **kul|tu|rell; Kul|tur|ge|schich|te** (die; -), **...re|vo|lu|ti|on** (sozialistische Revolution auf dem Gebiet der Kultur); **Kul|tus** vgl. Kult; **Kul|tus|mi|ni|ste|ri|um**

Küm|mel, der; -s, - (Gewürzkraut; Branntwein); **Küm|mel|tür|ke** (veralt.: Prahlhans; Philister; heute: leichtes Schimpfwort)

Kum|mer, der; -s; **küm|mer|lich; Küm|mer|ling** (landsch.: schwächlicher Mensch; Zool.: schwächliches Tier); ¹**küm|mern** (in der Entwicklung zurückbleiben); ²**küm|mern;** sich -

Kum|pan, der; -s, -e (ugs.: Kamerad, Gefährte; meist abfällig für: Helfer); **Kum|pa|nei; Kum|pel,** der; -s, - u. (ugs.:) -s (Bergmann; ugs. auch: Arbeitskamerad)

Ku|mu|la|ti|on [...*zion*], die; -, -en (veralt.: Anhäufung); **ku|mu|lie|ren** (anhäufen); sich -

kund; - und zu wissen tun; ¹**Kun|de,** die; -, -n (Kenntnis, Lehre; Botschaft; österr. auch für: Käufer, Kundschaft); ²**Kun|de,** der; -n, -n (Käufer; verächtl.: Kerl, Landstreicher); **Kund|ga|be** (die; -); **kund|ge|ben;** gab kund, kundgegeben; sich -; **Kund|ge|bung; kun|dig; kün|di|gen;** jmdm. [etw.] -; **Kün|di|gung; Kun|din,** die; -, -nen (Käuferin); **Kund|schaft; Kund|schaf|ter; kund|tun;** tut kund, kundgetan; sich -

künf|tig; künf|tig|hin

Kunst, die; -, Künste; **Kün|ste|lei; kün|steln; Kunst_fa|ser, ...ge|schich|te** (die; -), **...ge-**

wer|be (das; -s); **Künst|ler; Künst|le|rin,** die; -, -nen; **künst|le|risch; Künst|ler|pech** (ugs.); **künst|lich;** -e Atmung; **Kunst|stoff; kunst|stop|fen** (nur in der Grundform u. im 2. Mittelwort gebräuchlich); kunstgestopft; **Kunst_stück, ...werk**

kun|ter|bunt (durcheinander, gemischt); **Kun|ter|bunt,** das; -s

Ku|pee, das; -s, -s (eindeutschend für: Coupé)

Kup|fer, das; -s, (für: Bild auch *Mehrz.:*) - (chem. Grundstoff, Metall; Zeichen: Cu); **Kup|fer|mün|ze; kup|fern** (aus Kupfer); **Kup|fer|stich; Kup|fer|stich|ka|bi|nett**

ku|pie|ren ([Ohren, Schwanz bei Hunden oder Pferden] stutzen; Med.: [Krankheit] im Entstehen unterdrücken)

Ku|pon [...*pong,* österr.: ...*pon*], der; -s, -s (eindeutschend für: Coupon; Stoffabschnitt, Renten-, Zinsschein)

Kup|pe, die; -, -n

Kup|pel, die; -, -n; **Kup|pel|bau** (*Mehrz.* ...bauten)

Kup|pe|lei (eigennützige od. gewohnheitsmäßige Begünstigung der Ausübung von Unzucht); **kup|peln** (verbinden; ugs.: zur Ehe zusammenbringen)

kup|pen (die Kuppe abhauen)

Kupp|ler; Kupp|le|rin, die; -, -nen; **Kupp|lung; Kupp|lungs-pe|dal**

Kur, die; -, -en (Heilverfahren; [Heil]behandlung, Pflege)

Kür, die; -, -en (Wahl; Wahlübung beim Turnen und im Sport)

Kü|ras|sier, der; -s, -e (früher: Panzerreiter; schwerer Reiter)

Ku|ra|tor, der; -s, ...oren (Verwalter einer Stiftung; Vertreter des Staates in der Universitätsverwaltung; österr. auch: Treuhänder); **Ku|ra|to|ri|um,** das; -s, ...ien [...*i*e*n*] (Aufsichtsbehörde)

Kur|bel, die; -, -n; **kur|beln**
Kür|bis, der; -ses, -se (eine Kletter- od. Kriechpflanze)
ku|ren bes. schweiz. (eine Kur machen)
kü|ren (geh.: wählen); kürte (seltener: kor), gekürt (seltener: gekoren)
Kur|fürst; kur|fürst|lich
Ku|rier, der; -s, -e
ku|rie|ren (ärztlich behandeln; heilen)
ku|ri|os (seltsam, sonderbar); **Ku|rio|si|tät; Ku|rio|sum,** das; -s, ...sa
Kur|kon|zert
Kür|lauf; Kür|lau|fen, das; -s (Sport)
Kur|mit|tel|haus; Kur|ort (der; -[e]s, -e); **Kur|pfu|scher**
Kur|prinz (Erbprinz eines Kurfürstentums); **kur|prinz|lich**
Kur|rent|schrift (veralt.: Schreibschrift; österr.: deutsche, gotische Schrift)
Kurs, der; -es, -e; **Kurs|buch**
Kur|schat|ten (ugs. scherzh.: Person, die sich während eines Kuraufenthaltes einem Kurgast des anderen Geschlechts anschließt)
Kürsch|ner (Pelzverarbeiter)
kur|sie|ren (umlaufen, im Umlauf sein); **kur|siv** (laufend, schräg); **Kur|siv|schrift; kur|so|risch** (fortlaufend, rasch durchlaufend, hintereinander); **Kur|sus,** der; -, Kurse (Lehrgang, zusammenhängende Vorträge; auch: Gesamtheit der Lehrgangsteilnehmer)
Kur|ta|xe
Kur|ti|sa|ne, die; -, -n (früher: Geliebte am Fürstenhof; Halbweltdame)
Kur|ve [...w^e od. ...f^e], die; -, -n (krumme Linie, Krümmung; Bogen[linie]; [gekrümmte] Bahn; Flugbahn); **kur|ven** [...w^{e}n od. ...f^{e}n]; gekurvt
kurz; kürzer, kürzeste; zu - kommen; - entschlossen; den kürzer[e]n ziehen; sich kurz fassen;

Kurz|ar|beit, die; -; **kurz|ar|bei|ten** (aus Betriebsgründen ein kürzere Arbeitszeit einhalten); **Kur|ze,** der; -n, -n (ugs.: kleines Glas Branntwein; Kurzschluß); **Kür|ze,** die; -; in - ; **Kür|zel,** das; -s, - (festgelegtes [kurzschriftl.] Abkürzungszeichen); **kür|zen;** du kürzt; **kur|zer|hand; kurz|hal|ten** (ugs.: in der Freiheit beschränken); **kürz|lich; kurz|schlie|ßen; kurz-schluß, ...schrift** (Stenographie); **kurz|sich|tig; Kurz-strecken|lauf** [*Trenn.*: ...strek-ken...]; **kurz|tre|ten** (mit kleinen Schritten marschieren; langsamer arbeiten); **Kurz|wa|ren-hand|lung; kurz|weil,** die; -; **Kurz|wel|len|sen|der**
kusch! (Befehl an den Hund: leg dich still nieder!); vgl. kuschen
ku|scheln, sich (sich anschmiegen); **ku|schen** (vom Hund: sich lautlos hinlegen; ugs. auch: stillschweigen, den Mund halten)
Ku|si|ne (eindeutschende Schreibung für: Cousine)
Kuß, der; Kusses, Küsse; **Küß-chen; küs|sen;** du küßt; **Kuß-hand**
Kü|ste, die; -, -n; **Kü|sten|fah-rer** (Schiff)
Kü|ster (Kirchendiener)
Kutsch|bock; Kut|sche, die; -, -n; **Kut|scher; kut|schie|ren**
Kut|te, die; -, -n
Kut|tel, die; -, -n (meist *Mehrz.*) südd., österr., schweiz. (Kaldaune)
Kut|ter, der; -s, - (einmastiges Segelfahrzeug)
Ku|vert [...wär, auch: ...wärt], das; -s u. (bei dt. Ausspr.:) -[e]s, -s u. (bei dt. Ausspr.:) -e ([Brief]-umschlag; [Tafel]gedeck für eine Person); **Ku|ver|tü|re,** die; -, -n ([Schokoladen]überzug)
Ky|ber|ne|tik, die; - (zusammenfassende Bez. für eine Forschungsrichtung, die vergleichende Betrachtungen über Steuerungs- u. Regelungsvor-

gänge in der Technik anstellt);
Ky|ber|ne|ti|ker; ky|ber|ne|tisch
Ky|rie elei|son! [...*ri*^e -], **Ky|ri|eleis!** („Herr, erbarme dich!");
Ky|rie|elei|son, das; -s, -s (Bittruf)
ky|ril|lisch [*kü*...]; -e Schrift
KZ = Konzentrationslager

L

L (Buchstabe); das L; des L, die L
Lab, das; -[e]s, -e (Ferment im [Kälber]magen)
La|be (dicht.), die; -; **la|ben;** sich -
la|bern mitteld. (schwatzen, unaufhörlich u. einfältig reden)
la|bi|al (die Lippen betreffend)
la|bil (schwankend; veränderlich, unsicher); **La|bi|li|tät,** die; -
Lab|kraut, das; -[e]s (eine Pflanzengattung)
La|bor [österr., schweiz. auch: *la*...], das; -s, -s (auch:) -e (Kurzform von: Laboratorium); **La|bo|rant,** der; -en, -en (Laborgehilfe); **La|bo|ran|tin,** die; -, -nen; **La|bo|ra|to|ri|um,** das; -s, ...ien [...*i*^e*n*] (Arbeitsstätte; [bes. chem.] Versuchsraum; Forschungsstätte; Kurzform: Labor); **la|bo|rie|ren** (sich abmühen mit ...; leiden an ...)
Lab|sal, das; -[e]s, -e (österr. auch: die; -, -e)
Labs|kaus, das; - (seemänn. Eintopfgericht)
La|by|rinth, das; -[e]s, -e (Irrgang, -garten; Wirrsal, Durcheinander; Med.: inneres Ohr)
¹**La|che,** die; -, -n (ugs. Gelächter)
²**La|che** [auch: *la*...], die; -, -n (Pfütze)
lä|cheln; la|chen; er hat gut -; **La|chen,** das; -s; **lä|cher|lich; Lach.gas,** ...**mö|we**

Lachs, der; -es, -e (ein Fisch)
Lack, der; -[e]s, -e
Lackel¹, der; -s, - südd., österr. ugs. (grober, auch unbeholfener, tölpelhafter Mensch)
lacken¹ (seltener für: lackieren); **lackie|ren**¹ (mit Lack versehen; ugs.: anführen; übervorteilen)
Läd|chen (kleine Lade; kleiner Laden); **La|de,** die; -, -n
¹**la|den** (aufladen); lud, geladen
²**la|den** (zum Kommen auffordern); lud, geladen
La|den, der; -s, Läden; **La|den_.hü|ter** (schlecht absetzbare Ware), ...**schwen|gel** (abschätzig: junger Verkäufer), ...**toch|ter** (schweiz.: Ladenmädchen, Verkäuferin)
La|de|platz; La|der (Auflader)
lä|die|ren (verletzen; beschädigen); **Lä|die|rung**
La|dung
La|dy [*le'di*], die; -, -s (auch: ...dies [*le'dis*] (Titel der engl. adligen Frau; selten: Dame); **la|dy|like** [*le'dilaik*] (nach Art einer Lady; vornehm)
La|fet|te, die; -, -n (Untergestell der Geschütze)
Laf|fe, der; -n, -n (ugs.: Geck)
La|ge, die; -, -n; zu etw. in der - sein
La|ger, das; -s, - u. (Kaufmannsspr. für: Warenvorräte auch:) Läger; **La|ger.bier,** ...**feu|er; La|ge|rist** (Lagerverwalter); **la|gern;** sich -; **La|ger|statt** (geh.: Bett, Lager)
La|gu|ne, die; -, -n (durch Nehrung vom Meer abgeschnürter flacher Meeresteil)
lahm; lah|men (lahm gehen); **läh|men** (lahm machen); **lahm|le|gen; Läh|mung**
Laib, der; -[e]s, -e landsch. (geformtes Brot od. geformter Käse)
Laich, der; -[e]s, -e (Eier von Wassertieren); **lai|chen** (Laich absetzen)
Laie, der; -n, -n (Nichtpriester;

---

¹ *Trenn.:* ...ak|k...

Nichtfachmann); **Lai|en_bru-
der, ...prie|ster, ...rich|ter**
Lais|ser-al|ler [*läßeale*], das
(das [Sich]gehenlassen); **Lais-
ser-faire** [*...fär*], das; - (das Ge-
währen-, Treibenlassen)
La|kai, der; -en, -en (Kriecher;
früher für: herrschaftl. Diener [in
Livree])
La|ke, die; -, -n (Salzlösung zum
Einlegen von Fisch, Fleisch)
La|ken, das; -s, - niederd., mitteld.
(Bettuch; Tuch)
la|ko|nisch (auch für: kurz u. tref-
fend)
La|krit|ze, die; -, -n (Süßholz-
wurzel; eingedickter Süßholz-
saft)
la|la (ugs.); es ging ihm so - (eini-
germaßen)
lal|len
¹**La|ma,** das; -s, -s (südamerik.
Kamelart; ein Gewebe)
²**La|ma,** der; -[s], -s (buddhist.
Priester od. Mönch in Tibet u.
der Mongolei)
Lamb|da, das; -[s], -s (gr.
Buchstabe: *Λ, λ*)
la|mé [*lame*] (mit Lamé durch-
wirkt); **La|mé,** der; -s, -s (Gewe-
be aus Metallfäden, die mit
[Kunst]seide übersponnen
sind); **La|mel|le,** die; -, -n (Strei-
fen, dünnes Blättchen; Blatt unter dem Hut von Blätterpilzen)
la|men|tie|ren (ugs.: laut klagen,
jammern); **La|men|to,** das; -s,
-s (ugs. für: Gejammer; Musik:
Klagelied)
La|met|ta, das; -s (Metallfäden
[als Christbaumschmuck])
Lamm, das; -[e]s, Lämmer;
Lämm|chen; lam|men ([von
Schafen] Junge gebären); **Läm-
mer|wol|ke** (meist *Mehrz.*);
lamm|fromm (ugs.)
Lämp|chen (kleine Lampe)
Lam|pe, die; -, -n; **Lam|pen|fie-
ber; Lam|pi|on** [*...piong, lam-
piong,* auch: *lampiong,* österr.:
...jon], der (der seltener: das); -s, -s
([Papier]laterne)
lan|cie|ren [*langßir°n*] (in Gang

bringen, in Umlauf setzen; auf
einen vorteilhaften Platz stellen)
Land, das; -[e]s, Länder u.
(dicht.:) Lande; außer Landes
Land|au|er (viersitziger Wagen)
land|auf; -, landab (überall)
land|aus; -, landein (überall);
Länd|chen, das; -s, -; **Lan|de-
bahn; lan|den; län|den** landsch.
(landen, landen machen); **Land-
en|ge; Län|de|rei|en,** die
(*Mehrz.*); **Län|der_kampf**
(Sportspr.), **...kun|de** (die; -;
Wissenschaftsfach), **...spiel**
(Sportspr.); **Lan|des_be|am|te,
...bi|schof, ...gren|ze,
...haupt|stadt, ...re|gie|rung;
Land|fah|rer; land|fein** (See-
mannsspr.); sich - machen;
Land|flucht, die; - (Abwande-
rung der ländl. Bevölkerung in
die [Groß]städte)
Land|frie|dens|bruch, der;
Land_ge|richt (Abk.: LG), **...jä-
ger** (eine bes. Dauerwurst),
**...kar|te, ...kreis; land|läu|fig;
Länd|ler** (ländl. Tanz); **länd-
lich;** -er Blues (Jazz); **Land-
_nah|me** (die; -; hist.: Inbesitz-
nahme von Land durch ein Volk),
...rat (*Mehrz.* ...räte), **...rat|te**
(spött. Seemannsausdruck für:
Nichtseemann); **Land|schaft;
land|schaft|lich; Land|schul-
heim; Land|ser** (ugs. für: Sol-
dat); **Land|sitz; Lands_mann**
(*Mehrz.:* ...leute; Landes-, Hei-
matgenosse), **...män|nin** (die; -,
-nen); **lands|män|nisch; Land-
stör|zer** (veralt.: Fahrender);
**Land_stra|ße, ...strei|cher,
...tag; Land|tags|ab|ge|ord-
ne|te; Lan|dung; Land|wirt-
schaft; land|wirt|schaft|lich;**
-e Nutzfläche
lang; länger, längste; über kurz
od. lang; zehn Meter lang; vgl.
lange; **lang_är|me|lig** od.
**...ärm|lig; lan|ge, lang; länger,
am längsten; lang anhaltender
Beifall; es ist lange her; **Län|ge,**
die; -, -n; längelang (ugs.: der
Länge nach) hinfallen

233

lan|gen (ugs.: ausreichen; [nach etwas] greifen)

län|gen (länger machen); **Län-gen|grad**

län|ger|fri|stig

Lan|get|te, die; -, -n (Randstickerei als Abschluß)

Lan|ge|wei|le, Lang|wei|le, die; aus - u. Langerweile; **Lang|fin-ger** (ugs.: Dieb); **lang|fin|ge-rig; lang|fri|stig, ...ge|hegt; Lang|lauf** (Sportspr.); **lang|le-big, ...le|gen,** sich (ugs.: schlafen gehen); **läng|lich; Lang-mut,** die; -; **Lang|ohr,** das; -[e]s, -en (scherzh. für: Hase; Esel); **längs** (der Länge nach); etwas - trennen; - des Weges

lang|sam; -er Walzer

Lang|spiel|plat|te (Abk.: LP); **längst** (seit langem); **Lang-strecken_bom|ber** [Trenn.: ...strek|ken...], **...lauf**

Lan|gu|ste, die; -, -n (ein Krebs)

Lang|wei|le vgl. Langeweile; **lang|wei|len;** sich -; **Lang|wei-ler** (ugs.: langweiliger Mensch); **lang|wei|lig; Lang|wel|le; lang|wie|rig; lang|zie|hen,** nur in: jmdm. die Hammelbeine - (ugs.: jmdn. heftig tadeln), die Ohren - (jmdn. strafen)

Lan|ze, die; -, -n; **Lan|zet|te,** die; -, -n (chirurg. Instrument); **Lan-zett|fisch; lan|zett|för|mig**

la|pi|dar (kraftvoll, wuchtig; einfach, elementar; kurz u. bündig); **La|pi|da|ri|um,** das; -s, ...ien [...i^en] (Sammlung von Steindenkmälern); **La|pis|la|zu|li,** der; - (Lasurstein)

Lap|pa|lie [...i^e], die; -, -n (Kleinigkeit; Nichtigkeit); **Läpp|chen** (kleiner Lappen); **Lap|pen,** der; -s, -; **lap|pig**

läp|pisch

Lap|sus, der; -, - [lápßuß] ([geringfügiger] Fehler, Versehen); **Lap|sus lin|guae** [- ...guä], der; - -, - - (Sichversprechen)

Lär|che, die; -, -n (ein Nadelbaum)

lar|go (Musik: breit, langsam);

Lar|go, das; -s, -s (auch: ...ghi [...gi])

la|ri|fa|ri! (ugs.: Geschwätz!, Unsinn!); **La|ri|fa|ri,** das; -s

Lärm, der; -s (seltener: -es); **lär-men**

lar|moy|ant [...moajant] (veralt.: weinerlich; rührselig)

Lärm|wall (neben Autostraßen)

Lar|ve [larf^e], die; -, -n (Gespenst, Maske; oft spött. od. verächtl. für: Gesicht; Zool.: Jugendstadium bestimmter Tiere)

lasch (ugs.: schlaff, lässig)

La|sche, die; -, -n (ein Verbindungsstück)

La|ser [meist le's^er], der; -s, - (Physik: Gerät zur Verstärkung von Licht od. zur Erzeugung eines scharf gebündelten Lichtstrahles); **La|ser|strahl**

las|sen; ließ, gelassen; ich habe es gelassen (unterlassen); ich habe dich rufen lassen

läs|sig; **Läs|sig|keit; läß|lich** ([leichter] verzeihlich); -e Sünde

Las|so, das (österr. nur so) od. der; -s, -s (Wurfschlinge)

Last, die; -, -en; zu meinen -en; **la|sten; la|sten|aus|gleich** (Abk.: LA); ¹**La|ster,** der; -s, - (ugs.: Lastkraftwagen)

²**La|ster,** das; -s, -; **la|ster|haft; La|ster|haf|tig|keit; lä|ster-lich; Lä|ster|maul** (ugs.: jmd., der viel lästert); **lä|stern**

La|stex, das; - ([Gewebe aus] Gummifäden, die mit Kunstseiden- od. Chemiefasern umsponnen sind); **La|stex|ho|se**

lä|stig; **Lä|stig|keit**

Last|kraft|wa|gen (Abk.: Lkw, auch: LKW)

last, not least [laßt not lißt] („als letzter [letztes], nicht Geringster [Geringstes]"; zuletzt der Stelle, aber nicht dem Werte nach; nicht zu vergessen)

Last_schrift (Buchhaltung), **...wa|gen** (Lastkraftwagen), **...zug**

La|sur, die; -en (durchsichtige Farbschicht); **La|sur|stein**

las|ziv (schlüpfrig [in sittl. Beziehung]); Las|zi|vi|tät [...wi...], die; -

La|tein, das; -s; la|tei|nisch; -e Schrift

la|tent (versteckt, verborgen; ruhend; gebunden, aufgespeichert); La|tenz, die; -

la|te|ral (seitlich)

La|ter|ne, die; -, -n (Architektur auch: turmartiger Aufsatz); La|ter|nen|ga|ra|ge (ugs.)

la|ti|ni|sie|ren (in lat. Sprachform bringen; der lat. Sprachart angleichen); La|ti|num, das; -s ([Ergänzungs]prüfung im Lateinischen); das kleine, große -

La|tri|ne, die; -, -n (Abort, Senkgrube); La|tri|nen|pa|ro|le (ugs.)

Lat|sche, die; -, -n (Krummholzkiefer, Legföhre)

lat|schen (ugs.: nachlässig, schleppend gehen)

Lat|schen|kie|fer, die

Lat|te, die; -, -n; Lat|ten|zaun

Latz, der; -es, Lätze (österr. auch: Latze) (Kleidungsteil [z. B. Brustlatz]); Lätz|chen; Latz|ho|se

lau

Laub, das; -[e]s; Laub|baum

Lau|be, die; -, -n; Lau|ben|gang, der, ...ko|lo|nie

Laub|frosch, ...sä|ge, ...wald

Lauch, der; -[e]s, -e (eine Zwiebelpflanze)

Lau|da|tio [...zio], die; -, ...ones (Lob[rede])

Lau|er, die; -; auf der - sein, liegen; lau|ern

Lauf, der; -[e]s, Läufe; im Laufe der Zeit; 100-m-Lauf; Lauf|bahn; lau|fen; lief, gelaufen; lau|fend (Abk.: lfd.); -en Monats; am -en Band; Läu|fer; Lauf|feu|er; läu|fig (von der Hündin: brünstig); Lauf.ma|sche, ...paß (nur in ugs.: jmdm. den - geben), ...zet|tel

Lau|ge, die; -, -n (alkal. [wässerige] Lösung; Auszug); lau|gen

Lau|ne, die; -, -n; lau|nen (ver-

alt.: launenhaft sein); gut gelaunt; lau|nen|haft; lau|nig (witzig); lau|nisch (launenhaft)

Laus, die; -, Läuse

Laus|bub (scherzh.); laus|bü|bisch

lau|schen; Lau|scher (Lauschender; Jägerspr.: Ohr des Haarwildes); lau|schig (traulich)

Lau|se.ben|gel od. ...jun|ge; lau|sen; du laust; lau|sig (ugs. auch: äußerst; viel; schlecht); -e Zeiten

¹laut; etwas - werden lassen; ²laut (Abk.: lt.); laut [des] amtlichen Nachweises; laut Befehl; Laut, der; -[e]s, -e; - geben

Lau|te, die; -, -n (ein Saiteninstrument)

lau|ten (tönen, klingen); läu|ten ([von Glocken] klingen; Glocken zum Klingen bringen); es läutet

¹lau|ter (rein, ungemischt; ungetrübt); ²lau|ter (nur, nichts als; viel); - Wasser; läu|tern; Läu|te|rung

laut|hals (aus voller Kehle); laut|lich; Laut.spre|cher, ...stär|ke

lau|warm

La|va [...wa], die; -, Laven (feurigflüssiger Schmelzfluß aus Vulkanen u. das daraus entstandene Gestein); La|va|strom; La|ven (Mehrz. von: Lava)

La|ven|del [...wände^l], der; -s, - (Heil- u. Gewürzpflanze, die zur Gewinnung eines ätherischen Öles benutzt wird)

la|vie|ren [...wir^en] (mit Geschick Schwierigkeiten überwinden; sich durch Schwierigkeiten hindurchwinden)

La|voir [lawoar], das; -s, -s (österr., sonst veralt.: Waschbekken)

La|wi|ne, die; -, -n

lax (schlaff, lässig; locker, lau [von Sitten]); Lax|heit (Schlaffheit; Lässigkeit)

La|za|rett, das; -[e]s, -e; La|za|rett.schiff, ...zug

lea|sen [*lis^e n*] (mieten, pachten); ein Auto -; **Lea|sing** [*lising*], das; -s, -s (Vermietung von [Investitions]gütern; moderne Industriefinanzierungsform)

Le|be|da|me; Le|be|hoch, das; -s, -s; er rief ein herzliches Lebehoch; **le|ben;** leben und leben lassen; **Le|ben,** das; -s, -; am - bleiben; **le|bend|ge|bä|rend; Le|bend|ge|wicht; le|ben|dig; Le|ben|dig|keit,** die; -; **Lebens_abend, ...en|de** (das; -s), **...ge|fahr, ...ge|fähr|te, ...größe; le|bens_lang** (auf -), **...läng|lich** (zu „lebenslänglich" verurteilt werden); **Le|bens_lauf, ...mit|tel,** das (meist *Mehrz.*); **le|bens|mü|de; Lebens_ret|tungs|me|dail|le, ...un|ter|halt, ...ver|si|cherung, ...wan|del, ...zeit** (auf -) **Le|ber,** die; -, -n; **Le|ber_blümchen** (eine Anemonenart), **...fleck, ...kä|se** (bes. in Süddeutschland u. Österreich: Art Hackbraten [mit Beigabe von Leber] in rechteckiger Form), **...tran**

Le|be|we|sen; Le|be|wohl, das; -[e]s, -e u. -s; jmdm. Lebewohl sagen; **leb|haft; Leb|haf|tigkeit,** die; -

Leb|ku|chen

leb|los; Leb|lo|sig|keit, die; -

Leb|tag (ugs.); ich denke mein - daran

Leb|zei|ten, die (*Mehrz.*); zu seinen -

lech|zen; du lechzt

leck (Seemannsspr.: undicht); **Leck,** das; -[e]s, -s (Seemannsspr.: undichte Stelle [bei Schiffen, an Gefäßen, Kraftmaschinen u. a.])

¹le|cken¹ (Seemannsspr.: leck sein)

²le|cken¹ (mit der Zunge berühren); **le|cker¹** (wohlschmekkend); **Lecker|bis|sen¹; Lecke|rei¹** (Leckerbissen)

Lecker|maul¹ (ugs.: jmd., der gern Süßigkeiten ißt)

Le|der, das; -s, -; **Le|der_haut** (Schicht der menschlichen u. tierischen Haut), **...ho|se; le|derig,** led|rig (lederartig); **¹le|dern** (mit einem Lederlappen putzen, abreiben); **²le|dern** (von Leder; zäh, langwielig)

le|dig; - sein; jmdn. seiner Sünden - sprechen; **Le|di|ge,** der u. die; -n, -n; **le|dig|lich**

led|rig vgl. lederig

Lee, die; - (Seemannsspr.: die dem Wind abgekehrte Seite; Ggs.: Luv)

leer; Lee|re, die; -; **lee|ren** (leer machen); sich -; **Leer|lauf; leerste|hend** (unbesetzt); -e Wohnung; **Leer|ta|ste** (bei der Schreibmaschine); **Lee|rung**

Lef|ze, die; -, -n (Lippe bei Tieren)

le|gal (gesetzlich, gesetzmäßig); **le|ga|li|sie|ren** (gesetzlich machen); **Le|ga|li|tät,** die; - (Gesetzlichkeit, Rechtsgültigkeit)

Leg|asthe|nie, die; -, ...ien (Med.: Schwäche, Wörter od. Texte zu lesen od. zu schreiben)

le|gen; gelegt; sich -

le|gen|där (legendenhaft; unwahrscheinlich); **Le|gen|de,** die; -, -n ([Heiligen]erzählung; [fromme] Sage; Umschrift [von Münzen, Siegeln]; Zeichenerklärung [auf Karten usw.])

le|ger [...*sehär*] (ungezwungen)

le|gie|ren (verschmelzen; [Suppen, Tunken] mit Eigelb anrühren, binden); **Le|gie|rung** ([Metall]mischung, Verschmelzung)

Le|gi|on, die; -, -en (röm. Heerreseinheit; in der Neuzeit für: Freiwilligentruppe, Söldnerschar; große Menge)

Le|gis|la|ti|ve [...*w^e*], die; -, -n (gesetzgebende Versammlung, Gewalt); **Le|gis|la|tur|pe|ri|ode** (Amtsdauer einer Volksvertretung); **le|gi|tim** (gesetzlich; rechtmäßig; als ehelich anerkannt; begründet)

Le|hen, das; -s, - (hist.); **Le**

---

¹ *Trenn.:* ...k|k...

hens|we|sen, Lehns|we|sen,
das; - s (hist.)
Lehm, der; -[e]s, -e; **leh|mig**
Leh|ne, die; -, -n; **leh|nen**; sich -
Lehns|we|sen, Le|hens|we|sen,
das; -s (hist.)
[1]**Leh|re**, die; -, -n (Unterricht, Unterweisung); [2]**Leh|re**, die; -, -n
(Meßwerkzeug; Muster, Modell); **leh|ren** (unterweisen);
jmdn. (auch: jmdm.) etwas -; er
hat ihn reiten gelehrt; **Leh|rer**;
Leh|re|rin, die; -, -nen; **Leh|rer-
ko|l|le|gi|um, ...zim|mer**
Lehr-gang, der, **...geld**; **lehr-
haft**; **Lehr|ling** (Auszubildender); **lehr|reich**; **Lehr-satz,
...stel|le, ...stuhl**
Leib, der; -[e]s, -er (Körper; veralt. auch für: Leben); **Leib|chen**
(auch: Kleidungsstück, österr.:
Unterhemd, Trikot); **Leib|ei|ge-
ne**[1], der u. die; -n, -n
lei|ben, nur in: wie er leibt u. lebt;
Lei|bes-er|zie|hung, ...kraft
(aus Leibeskräften); **leib|haf-
tig**[2]; **Leib|haf|ti|ge**[2], der; -n
(Teufel); **leib|lich** (auch für:
dinglich); **Leib-ren|te** (lebenslängliche Rente), **...wäch|ter**
Lei|che, die; -, -n; **Lei|chen-be-
gäng|nis, ...be|schau|er; Lei-
chen|bit|ter|mie|ne** (ugs.: düsterer, grimmiger Gesichtsausdruck); **Lei|chen.fled|de|rer**
(Gaunerspr.: Ausplünderer toter
od. schlafender Menschen),
...schmaus (ugs.); **Leich|nam**,
der; -[e]s, -e
leicht; -es Heizöl; -e Musik;
Leicht|ath|le|tik; **leicht|ent-
zünd|lich**; ein leichtentzündlicher Stoff; **leicht|fal|len** (keine
Anstrengung erfordern); die Arbeit ist ihm leichtgefallen;
leicht|fer|tig; **Leicht|fer|tig-
keit**; **leicht|fü|ßig**; **Leicht|ge-
wicht** (Körpergewichtsklasse in
der Schwerathletik); **leicht-
gläu|big, ...her|zig, ...hin**

Leich|tig|keit; **Leicht|in|du-
strie**; **leicht|ma|chen** (wenig
Mühe machen); du hast es dir
leichtgemacht; **leicht|neh|men**
(nicht ernst nehmen); **Leicht-
sinn** (der; -[e]s); **leicht|sin-
nig**; **leicht|ver|dau|lich**
leid; leid sein, tun, werden; **Leid**,
das; -[e]s; Leid tragen
Lei|de|form (Passiv); **lei|den**;
litt, gelitten; Not -; **Lei|den** (für:
Krankheit), das; -s, -; **lei|dend**;
Lei|den|de, der u. die; -n, -n;
Lei|den|schaft; **lei|den-
schaft|lich**; **Lei|dens|ge|nos-
se**
lei|der; - Gottes
lei|dig (unangenehm)
leid|lich (gerade noch ausreichend)
leid|tra|gend; **Leid|tra|gen|de**,
der u. die; -n, -n; **leid|voll**; **Leid-
we|sen**, das; -s; zu meinem -
(Bedauern)
Lei|er, die; -, -n (ein Saiteninstrument); **Lei|er|ka|sten**; **lei|ern**
lei|hen; lieh, geliehen; **Leih|ga-
be**; **leih|wei|se**
Leim, der; -[e]s, -e; **lei|men**
Lein, der; -[e]s, -e (Flachs); **Lei-
ne**, die; -, -n (Strick); **lei|nen**
(aus Leinen); **Lei|nen**, das; -s,
-; **Lei|ne|we|ber**, Lein|we|ber;
Lein-pfad, ...sa|men, ...tuch
(Mehrz. ...tücher; südd., westd.,
österr., schweiz.: Bettuch),
...wand (die; -); **Lein|we|ber**,
Lei|ne|we|ber
leis, lei|se; leise (geringe) Zweifel;
lei|se vgl. leis; **Lei|se|tre|ter**
Lei|ste, die; -, -n
lei|sten; **Lei|sten**, der; -s, -
Leisten-beu|ge, ...bruch, der
Lei|stung; **lei|stungs|fä|hig;
Lei|stungs-kraft**, die, **...sport,
...ver|mö|gen** (das; -s)
Leit|ar|ti|kel (Stellungnahme der
Zeitung zu aktuellen Fragen);
lei|ten; **Lei|ten|de**, der u. die;
-n, -n; [1]**Lei|ter**, der
[2]**Lei|ter**, die; -, -n (ein Steiggerät); **Lei|ter-spros|se, ...wa-
gen**

---

[1] Auch: *laip-ai*...
[2] Auch: *laip*...

Leit|fa|den; **Leit_mo|tiv,**
...plan|ke
Lei|tung; **Lei|tungs|was|ser**
(*Mehrz.* ...wässer)
Lek|ti|on [...*zion*], die; -, -en
(Unterricht[sstunde]; Lernab-
schnitt, Aufgabe; Zurechtwei-
sung [nur Einz.]); **Lek|tor,** der;
-s, -oren (Lehrer für praktische
Übungen [in neueren Sprachen
usw.] an einer Hochschule; Ver-
lagsw.: wissenschaftl. Mitar-
beiter zur Begutachtung der bei einem Verlag eingehenden Manu-
skripte); **Lek|tü|re,** die; -, -n (Le-
sen [nur *Einz.*]; Lesestoff)
Len|de, die; -, -n; **len|den|lahm**
lenk|bar; **len|ken;** **Len|ker;**
Lenk|rad; Lenk|rad|schloß
Lenz, der; -es, -e [auch für: Jahre]
(dicht.: Frühjahr, Frühling)
Leo|pard, der; -en, -en
(„Löwenpanther", asiat. u. afrik.
Großkatze)
Le|po|rel|lo|al|bum (harmoni-
kaartig zusammenzufaltende Bil-
derreihe)
Le|pra, die; - (Aussatz); **le|prös,**
le|prös (aussätzig); -e Kranke
lep|to|som (schmal-, schlank-
wüchsig); -er Typ; **Lep|to|so-
me,** der u. die; -n, -n (Schmalge-
baute[r])
Ler|che, die; -, -n (ein Vogel)
lern|eif|rig; ler|nen; lesen -; ich
habe gelernt; **Lern|mit|tel,** das
(Hilfsmittel für den Lernenden)
Les|bie|rin [...*bie*...], die; -, -nen;
les|bisch; -e Liebe (Homose-
xualität bei Frauen)
Le|se, die; -, -n (Weinlese); **Le-
se_buch, ...hun|ger; le|sen;** las,
gelesen; **le|sens|wert; Le|ser;
Le|se|rat|te** (ugs.: leidenschaft-
liche[r] Leser[in]); **Le|ser-
_brief, ...kreis; le|ser|lich; Le-
ser|lich|keit,** die; -; **Le|se_saal**
(*Mehrz.* ...säle), **...stoff, ...zei-
chen, ...zir|kel; Le|sung**
le|tal (Med.: tödlich)
Le|thar|gie, die; - (Schlafsucht;
Trägheit, Teilnahms-, Interesse-
losigkeit); **le|thar|gisch**

Lett|kiss, der; - (ein Tanz)
Let|ter, die; -, -n (Druck-
buchstabe)
Lett|ner, der; -s, - (in mittelalterl.
Kirchen: Schranke zwischen
Chor u. Langhaus)
letz|te; das letzte Stündlein; der
Letzte Wille (Testament); letzten
Endes; die zwei letzten Tage des
Urlaubs; die letzten (vergange-
nen) zwei Tage; sein Letztes
[her]geben; der Letzte des Monats; den letzten beißen die Hun-
de; **letz|tens;** **letz|te|re** (der,
die, das letzte von zweien); der
letztere; letzterer; **Letzt|ge-
nann|te,** der u. die; -n, -n; **letzt-
lich; letzt|mög|lich; letzt|wil-
lig;** -e Verfügung
Leu, der; -en, -en (veralt.: Löwe)
Leuch|te, die; -, -n; **leuch|ten;**
leuch|tend; leuchtendblaue Au-
gen; **Leuch|ter; Leucht_far|be,
...re|kla|me, ...turm**
leug|nen; Leug|ner; Leug|nung
Leuk|ämie, die; -, ...ien („Weiß-
blütigkeit" [Blutkrankheit]);
leuk|ämisch (an Leukämie lei-
dend); **Leu|ko|plast,** das; -[e]s,
-e ⓦ (Heftpflaster); **Leu|ko|zyt,**
der; -en, -en (meist *Mehrz.*)
(Med.: weißes Blutkörperchen)
Leu|mund, der; -[e]s (Ruf); **Leu-
munds|zeug|nis**
Leut|chen, die (*Mehrz.*); **Leu|te,**
die (*Mehrz.*)
Leut|nant, der; -s, -s (selten: -e)
(unterster Offiziersgrad)
leut|se|lig; Leut|se|lig|keit
Le|vit [...*wit*]; jmdm. die -en lesen
(ugs.: [ernste] Vorhaltungen machen)
Lev|ko|je [*läf*...], die; -, -n (eine
Zierpflanze)
Lex, die; -, Leges (Gesetz; Gesetz-
zesantrag); - Heinze
Le|xi|ko|graph, der; -en, -en
(Verfasser eines Wörterbuches
od. Lexikons); **Le|xi|kon,** das;
-s, ...ka (...ken) ((alphabe-
tisch geordnetes allgemeines
Nachschlagewerk; auch für:
Wörterbuch)

Li|ai|son [*liäsong*], die; -, -s ([nicht standesgemäße] Verbindung; Liebesverhältnis, Liebschaft)

Lia|ne, die; -, -n (meist *Mehrz.*) (eine Schlingpflanze)

Li|bel|le, die; -, -n („kleine Waage"; Teil der Wasserwaage; Insekt, Wasserjungfer)

li|be|ral (vorurteilslos; freiheitlich, nach Freiheit strebend, freisinnig); **Li|be|ra|le,** der u. die; -n, -n (Anhänger des Liberalismus); **li|be|ra|li|sie|ren** (in liberalem Geiste gestalten, bes. die Wirtschaft); **Li|be|ra|lis|mus,** der; - (Denkrichtung, die das Individuum aus religiösen, polit. u. wirtschaftl. Bindungen zu lösen sucht)

Li|be|ro, der; -s, -s (Fußball: nicht mit Spezialaufgaben betrauter freier Verteidiger, der sich in den Angriff einschalten kann)

Li|bi|do [auch: *li...*], die; - (Begierde, Trieb; Geschlechtstrieb)

Li|bret|tist, der; -en, -en (Verfasser von Librettos); **Li|bret|to,** das; -s, -s u. ...tti (Text[buch] von Opern, Operetten usw.)

licht; ein lichter Wald; -e Weite (Abstand von Wand zu Wand bei einer Röhre u.a.); **Licht,** das; -[e]s, -er (auch Jägerspr.: Augen des Schalenwildes); **Licht_bild** (Fotografie), **...blick, ...druck** (*Mehrz.* ...drucke) **Lich|te,** die; - (Weite); ¹**lich|ten** (licht machen); der Wald wird gelichtet; das Dunkel lichtet sich

²**lich|ten** (Seemannsspr.: leicht machen, anheben); den Anker - **Lich|ter|baum** (Weihnachtsbaum); **lich|ter|loh; Licht-ge|schwin|dig|keit** (die; -), **...ge|stalt; licht|grau; Licht_hu|pe, ...jahr** (astron. Längeneinheit); **Licht|meß** (kath. Fest); Mariä Lichtmeß; **Licht|[putz]sche|re; Licht|spiel** (veralt.: Film; in der *Mehrz.*: Kino); **Licht|spiel|thea|ter; Lich|tung**

Lid, das; -[e]s, -er (Augendeckel)

Li|do, der; -s, -s (auch:) Lidi („Ufer"; Nehrung, bes. die bei Venedig)

lieb; sich bei jmdm. lieb Kind machen; der liebe Gott; [Kirche] Zu Unsrer Lieben Frau[en]; **lieb|äu|geln;** er hat mit diesem Plan geliebäugelt; **Lieb|chen; Lie|be,** die; -, (ugs. für: Liebschaft *Mehrz.:*) -n; **lie|be|die|nern** (unterwürfig schmeicheln); **Lie|be|lei; lie|ben; Lie|ben|de,** der u. die; -n, -n; **lie|bens_wert, ...wür|dig; lie|ber** vgl. gern; **Lie|bes_dienst, ...müh** od. **...mü|he; lie|be|voll; lieb|ge|win|nen; lieb|ge|wor|den;** eine liebgewordene Gewohnheit; **lieb|ha|ben; Lieb|ha|ber; Lieb|ha|be|rei; lieb|ko|sen** [auch, österr. nur: *...ko...*]; **Lieb|ko|sung** [auch, österr. nur: *...ko...*]; **lieb|lich; Lieb|ling; lieb|los; Lieb|reiz,** der; -es; **lieb|rei|zend; Lieb|schaft; Lieb|ste,** der u. die; -n, -n

Lieb|stöckel [*Trenn.*: ...stök|kel], das od. der; -s, - (eine Heil- u. Gewürzpflanze)

Lied, das; -[e]s, -er (Gedicht; Gesang); **Lie|der|abend Lie|der|jan,** der; -[e]s, -e (ugs.: liederlicher, unordentlicher Mensch)

lie|der|lich; Lie|der|lich|keit Lie|fe|rant, der; -en, -en (Lieferer); **Lie|fe|rer; lie|fern; Lie|fe|rung; Lie|fer|wa|gen**

Lie|ge, die; -, -n (Chaiselongue); **lie|gen;** lag, gelegen; ich habe zwanzig Flaschen Wein im Keller liegen; **lie|gen|blei|ben;** die Brille ist liegengeblieben; **lie|gend;** -e Güter; **lie|gen|las|sen** (vergessen, nicht beachten); **Lie|gen|schaft** (Grundbesitz); **Lie|ge_statt** (die; -, ...stätten), **...stütz** (der; -es, -e)

Lift, der; -[e]s, -e u. -s (Fahrstuhl, Aufzug); **Lift|boy** [*...beu*]; **lif|ten** (heben, stemmen)

Li|ga, die; -, ...gen (Bund, Bündnis; Sport: Bez. einer Wettkampf-

klasse); **Li|gist,** der; -en, -en (Angehöriger einer Liga)
Li|gu|ster, der; -s, - (Ölbaumgewächs mit weißen Blütenrispen)
li|ieren (eng verbinden); sich -
Li|kör, der; -s -e (süßer Branntwein)
li|la (fliederblau; ugs.: mittelmäßig); ein lila Kleid; **Li|la,** das; -s, - (ugs.) -s (ein fliederblauer Farbton); **li|la|far|ben; Li|lak,** der; -s, -s (span. Flieder)
Li|lie [...*i*ᵉ], die; -, -n (stark duftende Gartenpflanze in vielen Spielarten); **li|li|en|weiß**
Li|li|pu|ta|ner (kleiner Mensch; Zwerg)
Lim|bur|ger, der; -s, - (ein Käse)
Li|me|rick, der; -[s], -s (fünfzeiliges Gedicht ironischen, grotesk-komischen od. unsinnigen Inhalts)
Li|mit, das; -s, -s u. -e (Grenze, Begrenzung; Kaufmannsspr.: Preisgrenze, äußerster Preis); **li|mi|ted** [*límitid*] (in engl. u. amerik. Firmennamen: „mit beschränkter Haftung"); **li|mi|tie|ren** ([den Preis] begrenzen; beschränken)
Li|mo [auch: *lí*...], die (auch: das); -, -[s] (ugs. Kurzwort für: Limonade); **Li|mo|na|de,** die; -, -n; **Li|mo|ne,** die; -, -n (dickschalige Zitrone)
Li|mou|si|ne [...*mu*...], die; -, -n (geschlossener Pkw, auch mit Schiebedach)
lind; ein -er Regen
Lin|de, die; -, -n; **Lin|den|blü|ten|tee**
lin|dern; Lin|de|rung
lind|grün
Lind|wurm (Drache)
Li|ne|al, das; -s, -e; **li|ne|ar** (geradlinig; auf gerader Linie verlaufend; linienförmig)
Lin|gu|is|tik, die; - (Sprachwissenschaft, -vergleichung)
Li|nie *lat.* [...*i*ᵉ], die; -, -n; - halten (Druckw.); absteigende, aufsteigende Linie (Genealogie); **Li|ni|en‗flug‗zeug,** ...**rich|ter; li|ni-**
en|treu (einer politischen Ideologie genau u. engstirnig folgend); **li|nie|ren** (österr. nur so), **li|ni|ie|ren** (mit Linien versehen; Linien ziehen); **Li|nie|rung** (österr. nur so), **Li|ni|ie|rung**
link; linker Hand; ¹**Lin|ke,** der u. die; -n, -n (ugs.: Angehörige[r] einer linksstehenden Partei od. Gruppe); ²**Lin|ke,** die; -n, -n (linke Hand; linke Seite; Politik.: Bez. für linksstehende Parteien, auch für die linksstehende Gruppe einer Partei); **lin|kisch; links;** - mir; **Links‗ab|bie|ger** (Verkehrsw.); **Links|au|ßen,** der; -, - (Sportspr.); **Links‗ex|tre|mist,** ...**hän|der; links‗hän|dig,** ...**her|um; Links|in|tel|lek|tu|el|le; links|ra|di|kal, links|um** [auch: *linkßúm*]; - kehrt! (milit. Kommando)
Lin|nen (dicht.: Leinen)
Li|no|le|um [...*le-um*], das; -s (ein Fußbodenbelag); **Li|nol‗schnitt** (ein graph. Verfahren u. dessen Ergebnis)
Lin|se, die; -, -n; **lin|sen** (ugs.: schauen, scharf äugen, blinzeln)
Li|piz|za|ner, der; -s, - (Pferd einer bestimmten Rasse)
Lip|pe, die; -, -n; **Lip|pen‗be|kennt|nis,** ...**stift,** der
li|quid, li|qui|de (flüssig; fällig; verfügbar); -e Gelder; **Li|qui|da|ti|on** [...*zion*], die; -, -en (Kostenrechnung, Abrechnung freier Berufe; Auseinandersetzung; Auflösung [eines Geschäftes]); **li|qui|de** vgl. liquid; **li|qui|die|ren** ([eine Forderung] in Rechnung stellen; [Verein, Gesellschaft, Geschäft] auflösen; Sachwerte in Geld umwandeln; einen Konflikt beilegen; jmdn. beseitigen)
Li|ra, die; -, Lire (it. Münzeinheit)
lis|peln
List, die; -, -en
Lis|te, die; -, -n; die schwarze -; **li|sten** (in Listenform bringen); **Lis|ten‗preis,** ...**wahl**
lis|tig; Lis|tig|keit, die; -

Li|ta|nei, die; -, -en (Wechsel-, Bittgebet; eintöniges Gerede; endlose Aufzählung)

Li|ter [auch: *lit*r*], der (schweiz. amtlich nur so) od. das, -s, - (1 Kubikdezimeter; Zeichen: l)

li|te|ra|risch (schriftstellerisch, das [schöne] Schrifttum betreffend); **Li|te|rat,** der; -en, -en (oft abschätzig für: Schriftsteller); **Li|te|ra|tur,** die; -, -en; **Li|te|ra|tur.ge|schich|te,** ...**wis|sen|schaft**

Lit|faß|säu|le (Anschlagsäule)

Li|tho|gra|phie [1], die; -, ...ien (Steinzeichnung; Herstellung von Platten für den Steindruck [nur *Einz.*]; das Ergebnis dieses Druckes); **li|tho|gra|phisch** [1]

Li|tur|gie, die; -, - ...ien (der amtlich od. gewohnheitsrechtlich geregelte öffentl. Gottesdienst); **li|tur|gisch;** -e Gewänder

Lit|ze, die; -, -n

live [*laif*] (von Rundfunk- u. Fernsehübertragungen: direkt, original); etwas - übertragen

Live-Sen|dung [*laif*...] (Rundfunk- od. Fernsehsendung, die bei der Aufnahme direkt übertragen wird; Originalübertragung)

Li|vree [...*wre*], die; -, ...een (uniformartige Dienerkleidung); **li|vriert** (in Livree [gehend])

Li|zenz, die; -, -en ([behördl.] Erlaubnis, Genehmigung, bes. zur Nutzung eines Patents od. zur Herausgabe einer Zeitung, Zeitschrift od. eines Buches)

Lkw, (auch:) **LKW,** der; - (selten: -s), -[s] (= Lastkraftwagen)

Lob, das; -[e]s; - spenden

Lob|by [*lóbi*], die (auch: der); -, -s od. Lobbies [*lóbis*] (Wandelhalle im [engl. od. amerik.] Parlament; auch für: Gesamtheit der Lobbyisten); **Lob|by|ist,** der; -en, -en (jmd., der Abgeordnete für seine Interessen zu gewinnen sucht)

lo|ben; lo|bens|wert; Lo|bes-hym|ne; Lob|hu|de|lei (abschätzig); **lob|hu|deln** (abschätzig: übertrieben loben); **löb|lich; lob|prei|sen;** lobpreiste und lobpreis, gelobpreist u. lobgepriesen; **lob|sin|gen**

Loch, das; -[e]s, Löcher; **lo|chen; Lo|cher** (Gerät zum Lochen; Person, die Lochkarten locht); **lö|che|rig,** löch|rig; **Loch|kar|te; löch|rig,** lö|che-rig; **Loch|sti|cke|rei** [1]

Löck|chen; Locke [1], die; -, -n; [1]**locken** [1] (lockig machen)

[2]**locken** [1] (anlocken)

Locken [1]**kopf,** ...**wickel** [1] od. ...**wick|ler**

locker [1]; **locker|las|sen** [1] (ugs. für: nachgeben); er hat nicht lockergelassen; **locker|ma|chen** [1] (ugs. für: ausgeben); er hat viel Geld lockergemacht; **lockern** [1]

lockig [1]

Lock.spit|zel, ...**vo|gel**

Lo|den, der; -s, - (ein Wollgewebe)

lo|dern

Löf|fel, der; -s, -; **löf|feln**

Log|arith|men|ta|fel; Log-arith|mus, der; -, ...men (math. Größe; Zeichen: log)

Log|buch (Schiffstagebuch)

Lo|ge [*losch*e*], die; -, -n (Pförtnerraum; Theaterraum; [geheime] Gesellschaft); **Lo|gen.bru-der** (Freimaurer)

Log|gia [*lódscha* od. *lódschja*], die; -, ...ien [...*i*n*] ("Laube"; halboffene Bogenhalle; nach einer Seite offener, überdeckter Raum am Haus)

lo|gie|ren [*loschir*n*] ([vorübergehend] wohnen)

Lo|gik, die; - (Denklehre; folgerichtiges Denken)

Lo|gis [*loschi*], das; - [*loschí(ß)*], - [*loschíß*] (Wohnung, Bleibe)

lo|gisch (folgerichtig; denkrichtig; denknotwendig; ugs.: natürlich, selbstverständlich, klar)

---

[1] Auch eindeutschend: Lithografie usw.

---

[1] *Trenn.:* ...k|k...

Lo|he, die; -, -n (Glut, Flamme)

Lohn, der; -[e]s, Löhne; **Lohn-emp|fän|ger; loh|nen;** es lohnt die, der Mühe nicht; sich -; **loh-nens|wert; Lohn_grup|pe, ...steu|er,** die; **Lohn|steu|er-kar|te; Lohn|tü|te**

Lok, die; -, -s (Kurzform von: Lokomotive)

lo|kal (örtlich; örtlich beschränkt); **Lo|kal,** das; -[e]s, -e (Örtlichkeit; [Gast]wirtschaft); **Lo|kal_an|äs|the|sie** (Med.: örtl. Betäubung); **lo|ka|li|sie-ren; Lo|ka|li|tät,** die; -, -en (Örtlichkeit; Raum); **Lo|kal_ko|lo-rit, ...pa|trio|tis|mus**

Lok|füh|rer (Kurzform von: Lokomotivführer)

Lo|ko|mo|ti|ve [...tiwe, auch: ...tife], die; -, -n (Kurzform: Lok); **Lo|ko|mo|tiv_füh|rer** (Kurzform: Lokführer); **Lo|kus,** der; - u. -ses, - u. -se (ugs. für: Abort)

Lom|bard [auch: lombart], der od. das; -[e]s, -e (Kredit gegen Verpfändung beweglicher Sachen)

Long|drink (mit Soda, Eiswasser o. a. verlängerter Drink)

Look [luk], der; -s, -s (bestimmtes Aussehen [in bezug auf die Mode gebraucht])

Loo|ping [lup...], der (auch: das); -s, -s (senkrechter Schleifenflug, Überschlagrolle)

Lor|beer, der; -s, -en (ein Baum; Gewürz); **Lor|beer|kranz**

Lord, der; -s, -s (hoher engl. Adelstitel)

Lo|re, die; -, -n (offener Eisenbahngüterwagen, Feldbahnwagen)

Lor|gnet|te [lornjäte], die; -, -n (Stielbrille); **Lor|gnon** [lornjong], das; -s, -s (Stieleinglas, -brille)

Lo|ri, der; -s, -s (ein Papagei)

los, lo|se; das lose Blatt; eine lose Zunge haben (leichtfertig reden); hier ist nichts los (ugs.: hier geht nichts vor)

Los, das; -es, -e; das Große -

los|bre|chen; ein Unwetter brach los

¹lö|schen; einen Brand löschen

²lö|schen (Seemannsspr.: ausladen)

Lösch_fahr|zeug, ...pa|pier

lo|se vgl. los

Lö|se|geld

los|ei|sen (ugs.: mit Mühe freimachen, abspenstig machen); sich -

lo|sen (das Los ziehen); du lost

lö|sen (auch für: befreien)

los|ge|hen (ugs. auch für: anfangen)

los|kom|men; von etwas, einer Person -

los|las|sen; den Hund von der Kette loslassen

los|le|gen (ugs.: sich ins Zeug legen; beginnen)

lös|lich; Lös|lich|keit, die; -

los|lö|sen; sich von etwas -

los|ma|chen; mach los! (ugs. für: beeile dich!)

los|rei|ßen; sich von etwas -

Löß, der; Lösses, Lösse (Ablagerung der Eiszeit)

los|sa|gen; sich von etwas -

los|spre|chen (von Schuld)

los|steu|ern; auf ein Ziel -

¹Lo|sung (Erkennungswort; Wahl-, Leitspruch)

²Lo|sung, die; - (Jägerspr.: Kot des Wildes u. des Hundes)

Lö|sung; Lö|sungs|mit|tel, das **Lo|sungs|wort,** das (Mehrz. ...worte)

los|wer|den; etwas - (von etwas befreit werden; ugs.: etwas verkaufen)

los|zie|hen; gegen jmdn. - (ugs.: gehässig von ihm reden)

Lot, das; -[e]s, -e (Vorrichtung zum Messen der Wassertiefe u. zur Bestimmung der Senkrechten; [Münz]gewicht; Hohlmaß); **lo|ten** (senkrechte Richtung bestimmen; Wassertiefe messen; Flughöhe bestimmen);

lö|ten (durch Lötmetall verbinden); **Löt|fu|ge**

Lo|ti|on [...zion; engl. Aussprache: *lo"sch^en*], die; -, -en u. (bei engl. Aussprache:) -s (flüssiges Hautpflegemittel)

Löt|kol|ben

Lo|tos (Wasserrose), der; -, -

lot|recht; Lot|rech|te, die; -n, -n

Lot|se, der; -n, -n; **lot|sen;** du lotst

Lot|te|rie, die; -, ...ien (Los-, Glücksspiel, Verlosung)

lot|te|rig, lott|rig (ugs.: unordentlich); **Lot|ter|le|ben**

Lot|to, das; -s, -s (Zahlenlotterie; Gesellschaftsspiel); **Lot|to|zah|len,** die (*Mehrz.*)

lott|rig vgl. lotterig

Lö|we, der; -n, -n; **Lö|wen_an|teil** (ugs. für: Hauptanteil), **...maul** (das; -[e]s; eine Gartenblume), **...zahn** (der; -[e]s; eine Wiesenblume); **Lö|win,** die; -, -nen

loy|al [*loajal*] (gesetzlich, regierungstreu; rechtlich; anständig, redlich); **Loya|li|tät,** die; -

LSD = Lysergsäurediäthylamid (ein Rauschgift)

Luchs, der; -es, -e (ein Raubtier)

Lücke[1], die; -, -n; **Lücken|bü|ßer**[1] (ugs.: Ersatzmann); **lücken|haft**[1]; **lücken|los**[1]

Lu|de, der; -n, -n (Gaunerspr.: Zuhälter)

Lu|der, das; -s, - (Jägerspr.: Köder, Aas [auch als Schimpfwort]); **Lu|der|le|ben,** das; -s

Lu|es, die; - (Syphilis)

Luft, die; -, Lüfte; **Luft_bal|lon, ...brücke** [*Trenn.:* ...brük|ke]; **Lüft|chen; luft|dicht;** - verschließen; **Luft|druck** (der; -[e]s); **lüf|ten; Luft_fahrt, ...fil|ter, ...ge|wehr; luf|tig; Luf|ti|kus,** der; - (auch: -ses), -se (scherzh.: oberflächlicher Mensch); **Luft|kur|ort** (der; -[e]s, ...orte); **Luft_li|nie, ...post, ...schiff, ...schloß, ...schutz; Luft|schutz|kel|ler; Lüf|tung; Luft_ver|schmut|zung**

---

[1] *Trenn.:* ...k|k...

Lug, der; -[e]s (Lüge); [mit] - und Trug

Lü|ge, die; -, -n; jmdn. Lügen strafen (der Unwahrheit überführen)

lü|gen; log, gelogen; **Lü|gen|bold,** der; -[e]s, -e (abschätzig); **Lü|gen_de|tek|tor** (Gerät zur Feststellung unterdrückter affektiver Regungen), **...ge|we|be; Lüg|ner; lüg|ne|risch**

Lu|ke, die; -, -n (kleines Dachod. Kellerfenster; Öffnung im Deck od. in der Wand des Schiffes)

lu|kra|tiv (gewinnbringend)

lu|kul|lisch (üppig, schwelgerisch); -es Mahl

Lu|latsch, der; -[e]s, -e (ugs.: langer Bengel)

lul|len (volkstüml.: leise singen); das Kind in den Schlaf -

Lüm|mel, der; -s, -; **lüm|mel|haft; lüm|meln,** sich (ugs.)

Lump, der; -en, -en (schlechter Mensch; verächtl.: Kerl); **Lum|pa|zi|va|ga|bun|dus** [...*wa*...], der; -, -se u. ...di (Landstreicher); **lum|pen;** sich nicht - lassen (ugs.: freigebig sein; Geld ausgeben); **Lum|pen,** der; -s, - (Lappen); **Lum|pen_pack,** das, **...samm|ler**

Lunch [*lan(t)sch*], der; -[es] od. -s, -e[s] od. -s (engl. Bezeichnung für das um Mittag eingenommene Gabelfrühstück); **lun|chen** [*lan(t)sch^en*]; **Lunch|zeit**

Lun|ge, die; -, -n; eiserne -; **Lun|gen_ent|zün|dung, ...zug**

lun|gern (ugs.)

Lun|te, die; -, -n (Zündmittel; Jägerspr.: Schwanz des Fuchses); - riechen (ugs.: Gefahr wittern)

Lu|pe, die; -, -n (Vergrößerungsglas); **lu|pen|rein** (von Edelsteinen: sehr rein; ganz ohne Mängel; übertr. für: einwandfrei, hundertprozentig)

Lu|pi|ne, die; -, -n (eine Futter-, Zierpflanze)

Lurch, der; -[e]s, -e (Amphibie)

Lust, die; -, Lüste; - haben; **Lust|bar|keit** (veraltend)

Lü|ster, der; -s, - (Kronleuchter; Glanzüberzug auf Glas-, Ton-, Porzellanwaren; glänzendes Gewebe)

lü|stern; er hat -e Augen; der Mann ist -; **Lü|stern|heit**

Lust_ge|winn, ...greis; lu|stig; Lu|stig|keit, die; -; **Lüst|ling; lust|los; Lust|mör|der**

Lust|spiel; lust|wan|deln; er ist gelustwandelt

lu|the|risch [veralt. od. zur Kennzeichnung einer stark orthodoxen Auffassung noch: *lutẹrisch*]; - Kirche

lut|schen (ugs.); **Lut|scher**

Luv [*luf*], die; - (Seemannsspr.: die dem Wind zugekehrte Seite; Ggs.: Lee); **Luv|sei|te**

lu|xu|ri|ös; Lu|xus, der; - (Verschwendung, Prunksucht); **Lu|xus_ar|ti|kel, ...steu|er,** die

lym|pha|tisch (auf Lymphe oder Lymphknoten bezüglich, sie betreffend); **Lymph|drü|se** (fälschlich für: Lymphknoten); **Lym|phe,** die; -, -n (weißliche Flüssigkeit in Gewebe u. Blut; Impfstoff); **Lymph|knoten**

lyn|chen [*lünch°n*, auch: *linch°n, lintsch°n*] (ungesetzliche Volksjustiz ausüben); er wurde gelyncht; **Lynch_ju|stiz, ...mord**

Ly|ra, die; -, ...ren (ein altgr. Saiteninstrument; Leier); **Ly|rik,** die; - ([liedmäßige] Dichtung); **Ly|ri|ker** (lyrischer Dichter); **ly|risch** (der persönlichen Stimmung u. dem Erleben unmittelbaren Ausdruck gebend; gefühl-, stimmungsvoll; liedartig); -es Drama

Ly|ze|um, das; -s, ...een (höhere Lehranstalt für Mädchen)

M

M (Buchstabe); das M; des M, die M

μ = Mikro..., vgl. ²Mikrometer

Mä|an|der, der; -s, - (starke Flußwindung; Zierband); **mä|an|drisch**

Maar, das; -[e]s, -e (kraterförmige Senke)

Maat, der; -[e]s, -e u. -en (mdal.: Genosse; Seemannsspr.: Schiffsmann; Unteroffizier auf Schiffen)

mach|bar; Ma|che, die; - (ugs.); **ma|chen;** gemacht; **Ma|chen|schaft,** die; -, -en (meist Mehrz.); **Ma|cher** (ugs.: Person, die etwas [bedenkenlos] zustande bringt)

Ma|che|te, die; -, -n (Buschmesser)

Macht, die; -, Mächte; alles in unserer Macht Stehende; **Macht|block** (*Mehrz.* ...blöcke, seltener: ...blocks); **Macht|ha|ber; mäch|tig; macht|los; Macht|wort** (*Mehrz.* ...worte)

Mach|werk (schlechte Leistung; Wertloses)

Macker [*Trenn.:* Mak|ker] (ugs.: Kamerad, Freund, Kumpel)

Ma|dam, die; -, -s u. -en (ugs.: Hausherrin; die Gnädige; scherzh.: [dickliche, behäbige] Frau)

Mäd|chen; mäd|chen|haft; Mäd|chen_han|del, ...na|me

Ma|de (Insektenlarve), die; -, -n

made in Ger|ma|ny [*me'd in dschö'm°ni*] („hergestellt in Deutschland"; ein Warenstempel)

Ma|dei|ra [*...dẹra*], **Ma|de|ra,** der; -s, -s (auf Madeira gewachsener Süßwein)

ma|dig; jmdm. etwas - machen (ugs.: verleiden)

Ma|don|na, die; -, ...nnen (Maria, die Gottesmutter [nur *Einz.*]; Mariendarstellung [mit Jesuskind])

Ma|dri|gal, das; -s, -e ([Hirten]-lied; mehrstimmiges Gesangstück)

Mae|stro [*määß...*], der; -s, -s (auch:) ...stri („Meister")

Ma|fia, (auch:) **Maf|fia,** die; -, -s (Geheimbund [in Sizilien])

Ma|ga|zin, das; -s, -e
Magd, die; -, Mägde
Ma|gen, der; -s, Mägen (auch: -); **Ma|gen|bit|ter** (der; -s, -; ein Branntwein); **Ma|gen_fahrplan** (ugs.: für eine bestimmte Zeit aufgestellte Speisekarte mit feststehenden Gerichten), **...geschwür, ...ver|stim|mung**
ma|ger; Ma|ger|sucht (die; -)
Ma|gie, die; - (Zauber-, Geheimkunst); **Ma|gi|er** [...*i^er*] (Zauberer); **ma|gisch;** -es Auge; -es Quadrat
Ma|gi|ster, der; -s, - ("Meister"; akadem. Grad); Magister Artium (akadem. Grad; Abk.: M. A.)
Ma|gi|strat, der; -[e]s, -e (Stadtverwaltung, -behörde)
Ma|gnat, der; -en, -en (Grundbesitzer, Großindustrieller)
Ma|gnet, der; -[e]s u. -en, -e[n]; **Ma|gnet_band** (das; *Mehrz.* ...bänder), **...feld; ma|gnetisch;** -e Feldstärke; -er Pol; **magne|ti|sie|ren** (magnetisch machen; Med.: durch magnetische Kraft behandeln); **Ma|gne|tismus,** der; - (Gesamtheit der magnetischen Erscheinungen; Heilverfahren)
Ma|gno|lie [...*i^e*], die; -, -n (ein Zierbaum)
mäh!; mäh schreien
Ma|ha|go|ni, das; -s (ein Edelholz); **Ma|ha|go|ni|mö|bel**
Ma|ha|ra|dscha, der; -s, -s (ind. Großfürst)
Mäh|dre|scher; ¹**mä|hen** ([Gras] schneiden)
²**mä|hen** (ugs.: mäh schreien)
Mä|her
Mahl, das; -[e]s, -e (älter:) Mähler (Gastmahl)
mah|len (Korn u. a.); **Mahl|zahn**
Mahl|zeit; gesegnete Mahlzeit!
Mäh|ma|sch|ine
Mäh|ne, die; -, -n
mah|nen; Mahn_mal (*Mehrz.* ...male, selten: ...mäler), **...schrei|ben; Mah|nung**
Mahr, der; -[e]s, -e (quälendes Nachtgespenst, ¹Alp)

Mäh|re, die; -, -n ([elendes] Pferd)
Mai, der; -[e]s u. - (dicht. gelegentl. noch: -en), -e (der fünfte Monat des Jahres); **Mai_andacht** (kath.), **...baum** [dicht. auch: Maien...], **...bow|le, ...fei|er, ...glöck|chen** (eine Blume), **...kä|fer**
Mais, der; -es, (für: Maisarten auch *Mehrz.*:) -e; **Mais_brei, ...brot**
Maisch, der; -[e]s, -e u. **Maische,** die; -, -n (Mischung, bes. bei der Bierherstellung)
mais|gelb; Mais|kol|ben
Mai|so|nette, (nach fr. Schreibung auch:) **Mai|son|nette** [*mäsonät;* "Häuschen"], die; -, -s (zweistöckige Wohnung in einem Hochhaus)
Ma|je|stät, die; - (als Titel u. Anrede von Kaisern u. Königen auch *Mehrz.*:) -en (Herrlichkeit, Erhabenheit); Seine -; **ma|je|stätisch** (herrlich, erhaben)
Ma|jo|nä|se (eindeutschend für: Mayonnaise)
Ma|jor, der; -s, -e (unterster Stabsoffizier)
Ma|jo|ran [auch: *maj*...], der; -s, -e (ein[e] Gewürz[pflanze])
ma|jo|ri|sie|ren (überstimmen, durch Stimmenmehrheit zwingen); **Ma|jo|ri|tät,** die; -, -en ([Stimmen]mehrheit)
ma|ka|ber (totenähnlich; unheimlich; schaudererregend; frivol); ma|ka|bres Aussehen
Ma|kel, der; -s, - ([Schand]fleck; Schande); **ma|kel|los; Ma|kello|sig|keit,** die; -
ma|keln (Vermittlergeschäfte machen); **mä|keln** (ugs.: etwas [am Essen usw.] auszusetzen haben, nörgeln)
Make-up [*me'k-ǝp*], das; -s (kosmetische Pflege)
Mak|ka|ro|ni, die (*Mehrz.*; röhrenförmige Nudeln)
Mak|ler (Geschäftsvermittler)
Ma|ko, die; -, -s od. der od. das; -[s], -s (ägypt. Baumwolle)

Ma|kre|le, die; -, -n (ein Fisch)

Ma|kro|kos|mos [auch: *ma-kro...*], der; - (die große Welt, Weltall; Ggs.: Mikrokosmos)

Ma|kro|ne, die; -, -n (ein Gebäck)

Ma|ku|la|tur, die; -, -en (beim Druck schadhaft gewordene u. fehlerhafte Bogen, Fehldruck; Altpapier; Abfall)

mal; acht mal zwei (mit Ziffern [u. Zeichen]: 8 mal 2, 8 × 2 od. 8·2); mal (ugs.: einmal; komm mal her!; **¹Mal,** das; -[e]s, -e; zum ersten Mal[e]; **²Mal,** das; -[e]s, -e u. Mäler (Zeichen, Fleck; Denk-, Merkmal; Sport: Ablaufstelle usw.)

Ma|la|chit [...*chit*], der; -s, -e (ein Mineral); **ma|la|chit|grün**

ma|lad, ma|la|de (ugs.: krank, unpäßlich)

Ma|la|ga, der; -s, -s (ein Süßwein)

Ma|lai|se [*maläs*ᵉ], die; -, -n (Übelkeit, Übelbefinden; Mißstimmung, -behagen)

Ma|la|ria, die; - (Sumpf-, Wechselfieber); **Ma|la|ria|er|re|ger**

Mal|buch

Ma|le|fiz|kerl

ma|len (Bilder usw.); **Ma|ler; Ma|le|rei; ma|le|risch**

Mal|heur [*malör*], das; -s, -e u. -s (veralt.: Unglück, Unfall; ugs.: Pech; Mißgeschick)

ma|li|zi|ös (boshaft, hämisch)

mal|neh|men (Math.: vervielfältigen)

ma|lo|chen (ugs.: schwer arbeiten, schuften)

mal|trä|tie|ren (mißhandeln, quälen); **Mal|trä|tie|rung**

Mal|ve [...*w*ᵉ], die; -, -n (eine Zier-, Heilpflanze); **mal|ven|far|big**

Malz, das; -es; **Malz_bier, ...bon|bon, ...kaf|fee, ...zuk|ker**

Ma|ma [Kinderspr. u. ugs. auch: *mamá*], die; -, -s; **Ma|ma|chen**

Mam|bo, der; -[s], -s (mäßig schneller Tanz im ⁴/₄-Takt)

Mam|mon, der; -s (abschätzig für: Reichtum; Geld)

Mam|mut, das; -s, -e u. -s (Elefant einer ausgestorbenen Art); **Mam|mut|baum**

mamp|fen (ugs.: mit vollen Backen kauen)

man; *Wemf.* einem, *Wenf.* einen; man kann nicht wissen, was einem zustoßen wird

Ma|na|ge|ment [*mänidsch-mᵉnt*], das; -s, -s (Leitung eines Unternehmens [bes. in den USA]); **ma|na|gen** [*mäni-dschᵉn*] (ugs. für: leiten, unternehmen; zustande bringen); **Ma|na|ger** [*mänidschᵉr*], der; -s, - (Leiter [eines großen Unternehmens]; Betreuer [eines Berufssportlers]); **Ma|na|ger|krank|heit**

manch; -er, -e, -es; manches Mal; manch böses Wort, manches böse Wort

man|chen|orts; man|cher|lei; man|cher|orts

Man|che|ster [*mansch...*], der; -s (ein Gewebe)

manch|mal

Man|dant, der; -en, -en (Auftraggeber; Vollmachtgeber [bes. eines Rechtsanwaltes])

Man|da|rin, der; -s, -e (europ. Bez. früherer hoher chin. Beamter); **Man|da|ri|ne,** die; -, -n (kleine apfelsinenähnliche Frucht)

Man|dat, das; -[e]s, -e (Auftrag, Vollmacht; Sitz im Parlament; in Treuhand von einem Staat verwaltetes Gebiet)

Man|del, die; -, -n (Frucht; Drüse); **man|del|äu|gig; Man|del|ent|zün|dung**

Man|do|li|ne, die; -, -n (ein Saiteninstrument)

Ma|ne|ge [*maneschᵉ*], die; -, -n (runde Vorführfläche od. Reitbahn im Zirkus)

Man|ge, die; -, -n mdal. (Mangel); **¹Man|gel,** die; -, -n ([Wäsche]rolle)

²Man|gel, der; -s (für: Fehler

auch *Mehrz*.:) Mängel (das Fehlen); **man|gel|haft; Man|gel|haf|tig|keit,** die; -; **Man|gel|krank|heit;** ¹**man|geln** (nicht [ausreichend] vorhanden sein) ²**man|geln** ([Wäsche] rollen)

man|gels; mangels eindeutiger Beweise; mangels Beweisen

Man|gel|wä|sche

Ma|nie, die; -, ...ien (Sucht; Besessenheit; Leidenschaft; Liebhaberei; Raserei, Wahnsinn)

Ma|nier, die; - (Art u. Weise, Eigenart; Unnatur, Künstelei); **Ma|nie|ren,** die (*Mehrz*.; Umgangsformen, [gutes] Benehmen); **ma|nier|lich** (gesittet; fein; wohlerzogen)

ma|ni|fest (handgreiflich, offenbar, deutlich); **Ma|ni|fest,** das; -es, -e (öffentl. Erklärung, Kundgebung); das Kommunistische -; **Ma|ni|fe|sta|ti|on** [...*zion*], die; -, -en (Offenbarwerden; Rechtsw.: Offenlegung; Bekundung; Med.: Erkennbarwerden [von Krankheiten]; **ma|ni|fe|stie|ren** (offenbaren; kundgeben, bekunden)

Ma|ni|kü|re, die; -, -n (Handpflege; Handpflegerin); **ma|ni|kü|ren;** manikürt

Ma|ni|pu|la|ti|on [...*zion*], die; -, -en (Hand-, Kunstgriff; Verfahren; meist *Mehrz*.: Machenschaft); **ma|ni|pu|la|tiv; ma|ni|pu|lier|bar; Ma|ni|pu|lier|bar|keit,** die; -; **ma|ni|pu|lie|ren**

ma|nisch (tobsüchtig, an Manie leidend)

Man|ko, das; -s, -s (Fehlbetrag; Ausfall; Mangel)

Mann, der; -[e]s, Männer u. (dicht. für Lehnsleute, ritterl. Dienstleute od. scherzh.:) -en; vier - hoch (ugs.); er ist -s genug; **mann|bar; Mann|bar|keit,** die; -; **Männ|chen; Män|ne** (Koseform zu: Mann)

Man|ne|quin [*man°kä͡ng*], das (selten: der); -s, -s (Vorführdame; veralt. für: Gliederpuppe)

Män|ner_chor, der, **...fang**

(meist nur in: auf - ausgehen); **Män|ner|treu,** die; -, - (Name verschiedener Pflanzen)

mann|haft; Mann|haf|tig|keit, die; -

man|nig|fach; man|nig|fal|tig; Man|nig|fal|tig|keit, die; -

männ|lich; -es Hauptwort (für: Maskulinum); **Männ|lich|keit,** die; -; **Manns|bild** (ugs., oft abschätzig); **Mann|schaft; mann|schaft|lich; manns|hoch; Manns|hö|he;** in -

Ma|no|me|ter (Druckmesser), das; -s, -

Ma|nö|ver [...*w°r*], das; -s, - (größere Truppen-, Flottenübung; Bewegung, die mit einem Schiff ausgeführt wird; Kunstgriff, Scheinmaßnahme); **ma|nö|vrie|ren** (Manöver vornehmen; geschickt zu Werke gehen)

Man|sar|de, die; -, -n (Dachgeschoß, -zimmer)

Mansch, der; -es (ugs.: schlechtes Wetter, Schneewasser; Suppe, wässeriges Essen u. a.); **man|schen** (ugs.: mischen; im Wasser planschen)

Man|schet|te, die; -, -n (Ärmelaufschlag; Papierkrause für Blumentöpfe; unerlaubter Würgegriff beim Ringkampf); Manschetten haben (ugs.: Angst haben)

Man|tel, der; -s, Mäntel; **Män|tel|chen**

ma|nu|ell (mit der Hand; Hand...); **Ma|nu|fak|tur,** die; -, -en (veralt.: Handarbeit; früher: gewerblicher Großbetrieb)

Ma|nu|skript, das; -[e]s, -e (hand- od. maschinenschriftl. Ausarbeitung; Urschrift; Satzvorlage)

Mao|is|mus, der; - (kommunist. Ideologie in der chin. Ausprägung von Mao Tse-tung); **Mao|ist,** der; -en, -en (Anhänger des Maoismus)

Mäpp|chen; Map|pe, die; -, -n

Mär, die; -, Mären (veralt., heute noch scherzh.: Nachricht; Sage)

Ma|ra|bu, der; -s, -s (ein Storch-
vogel)
Ma|ra|thon|lauf [auch: *mar...*]
(leichtathletischer Wettlauf über
42,2 km)
Här|chen; mär|chen|haft
Mar|der, der; -s, -; **Mar|der|fell**
Mar|ga|ri|ne, die; -
Mar|ge [*marsch*ᵉ], die; -, -n
(Spielraum, Spanne zwischen
zwei Preisen)
Mar|ge|ri|te, die; -, -n (eine Wie-
senblume)
Ma|ri|en_bild, ...kä|fer
Ma|ri|hua|na [mexik. Ausspr.:
...chuana], das; -s (ein Rauschgift)
Ma|ril|le, die; -, -n bes. österr.
(Aprikose)
Ma|ri|na|de, die; -, -n (in Würz-
tunke od. Öl eingelegte Fische);
Ma|ri|ne, die; -, -n (Seewesen
eines Staates; Flottenwesen;
Kriegsflotte, Flotte); **ma|ri|ne-
blau** (dunkelblau); **ma|ri|nie-
ren** (in Marinade einlegen)
Ma|rio|net|te, die; -, -n (Glieder-
puppe; willenloser Mensch als
Werkzeug anderer)
ma|ri|tim (das Meer, das Seewe-
sen betreffend; Meer[es]...,
See...); -es Klima
¹**Mark,** die; -, *Mehrz.:* - u. Mark-
stücke (ugs. scherzh.: Märker)
(Währungseinheit; Abk.: M)
²**Mark,** die; -, -en (Grenzland)
³**Mark,** das; -[e]s (Med., Bot.;
übertr.: Inneres, das Beste einer
Sache)
mar|kant (bezeichnend; auffal-
lend; ausgeprägt; scharf ge-
schnitten [von Gesichtszügen])
Mar|ke, die; -, -n (Zeichen; Han-
dels-, Waren-, Wertzeichen)
mark|er|schüt|ternd
Mar|ke|ting [*ma'ke*...], das; -s
(Wirtsch.: Ausrichtung der Teil-
bereiche eines Unternehmens auf
das absatzpolit. Ziel u. die Ver-
besserung der Absatzmöglich-
keiten)
mar|kie|ren (be-, kennzeichnen;
eine Rolle o. ä. [bei der Probe]

nur andeuten; ugs. für: vortäu-
schen; so tun, als ob); **Mar|kie-
rung**
mar|kig; Mar|kig|keit, die; -
mär|kisch (aus der ²Mark stam-
mend, sie betreffend)
Mar|ki|se, die; -, -n ([leinenes]
Sonnendach, Schutzdach, -vor-
hang)
Mark|kno|chen
Mark|stück
Markt, der; -[e]s, Märkte; zu -e
tragen; **mark|ten** (abhandeln,
feilschen)
Markt|wirt|schaft (Wirt-
schaftssystem mit freiem Wettbe-
werb); freie -; soziale -
Mar|me|la|de, die; -, -n (Obst-,
Fruchtmus)
Mar|mor, der; -s, -e (Gesteins-
art); **Mar|mor|ku|chen; mar-
morn** (aus Marmor)
ma|ro|de (veralt., aber noch mdal.
für: ermattet, erschöpft)
¹**Ma|ro|ne,** die; -, -n u. ...ni;
(geröstete eßbare Kastanie);
²**Ma|ro|ne,** die; -, -n (ein Pilz);
Ma|ro|ni, die; -, - bes. österr.
(svw. ¹Marone)
Ma|rot|te, die; -, -n (Schrulle,
wunderliche Neigung, Grille)
Mar|quis [...*ki*], der; - [...*ki(ß)*],
- [...*kiß*] („Markgraf"; fr. Titel);
Mar|qui|se, die; -, -n („Mark-
gräfin"; fr. Titel)
marsch!; vorwärts marsch!;
¹**Marsch,** der; -[e]s, Märsche
²**Marsch,** die; -, -en (vor Küsten
angeschwemmter fruchtbarer
Boden)
Mar|schall, der; -s, ...schälle
(„Pferdeknecht"; hohe milit.
Würde; Haushofmeister)
mar|schie|ren
Marsch|land (*Mehrz.* ...länder;
svw. ²Marsch)
Mar|seil|lai|se [*marßäjäß*ᵉ], die;
- (fr. Revolutionslied, dann Na-
tionalhymne)
Mars_mensch, ...son|de
Mar|ter, die; -, -n; **Mar|ter|in-
stru|ment; mar|tern; Mar|ter-
pfahl; Mar|te|rung**

mar|tia|lisch [...*zi*...] (kriegerisch; grimmig; verwegen)
Mar|tin-Horn ⓦ vgl. Martinshorn
Mar|ti|ni, das; - (Martinstag)
Mar|tins_gans, ...horn (als ⓦ: Martin-Horn; *Mehrz.* ...hörner), **...tag** (11. Nov.)
Mär|ty|rer, der; -s, - (Blutzeuge, Glaubensheld); **Mar|ty|ri|um,** das; -s, ...ien [...*i^e n*] (Opfertod, schweres Leiden [um des Glaubens od. der Überzeugung willen])
Mar|xis|mus, der; - (die von Marx u. Engels begründete Theorie des Sozialismus); **Mar|xist,** der; -en, -en; **mar|xi|stisch**
März, der; -[es] (dicht. auch noch: -en), -e [nach dem röm. Kriegsgott Mars] (dritter Monat im Jahr, Frühlingsmonat);
Mar|zi|pan [auch, österr. nur: *mar*...], das (österr., sonst selten: der); -s, -e (Süßware aus Mandeln u. Zucker)
märz|lich; März_nacht, ...re|vo|lu|ti|on (1848), **...son|ne**
Ma|sche, die; -, -n (Schlinge; ugs.: großartige Sache; Lösung; Trick)
Ma|schen|draht (Drahtgeflecht)
Ma|schi|ne, die; -, -n; **ma|schi|nell** (maschinenmäßig [hergestellt]); **Ma|schi|nen_bau** (der; -[e]s), **...ge|wehr** (Abk.: MG); **Ma|schi|ne[n]|schrei|ben** (das; -s); **Ma|schi|ne|rie,** die; -, ...ien (maschinelle Einrichtung; Getriebe); **ma|schi|ne|schrei|ben** ich schreibe Maschine; maschinegeschrieben; **Ma|schi|nist,** der; -en, -en (Maschinenmeister)
ma|sern; Ma|sern, die (*Mehrz.;* eine Kinderkrankheit); **Ma|se|rung** (Zeichnung des Holzes)
Mas|ke, die; -, -n (künstl. Hohlgesichtsform; Verkleidung; kostümierte Person); **Mas|kenball; mas|ken|haft; Mas|ke|ra|de,** die; -, -n (Verkleidung; Maskenfest; Mummenschanz);

mas|kie|ren ([mit einer Maske] unkenntlich machen; verkleiden; verbergen, verdecken); **Maskie|rung**
Mas|kott|chen, das; -s, - (glückbringender Talisman, Anhänger; Puppe u.a. [als Amulett])
mas|ku|lin [auch: *ma*...] (männlich); **Mas|ku|li|num** [auch: *ma*...], das; -s, ...na (Sprachw.: männliches Hauptwort, z.B. „der Wagen")
¹**Maß** [zu: messen], das; -es, -e;
²**Maß,** die; -, -[e] bayr., österr. u. schweiz. (ein Flüssigkeitsmaß); 2 Maß Bier
Mas|sa|ge [...*asch^e*], die; -, -n (Kneten; Knetkur)
Mas|sa|ker, das; -s, - (Gemetzel); **mas|sa|krie|ren** (niedermetzeln); **Mas|sa|krie|rung**
Ma|ße, die; -, -n (veralt. für: Mäßigkeit; Art u. Weise); vgl. Maßen
Mas|se, die; -, -n
Ma|ßen (vgl. Maße); über alle - **mas|sen|haft; mas|sen|wei|se**
Mas|seur [...*ßör*], der; -s, -e (die Massage Ausübender); **Masseu|se** [...*ßös^e*], die; -, -n
Maß|ga|be, die; - (Amtsdt. für: Bestimmung); **maß|ge|bend; maß|geb|lich; maß|hal|ten;** er hält maß
¹**mas|sie|ren** (Truppen zusammenziehen)
²**mas|sie|ren** (Massage ausüben, kneten)
mä|ßig
mas|sig
mä|ßi|gen; sich -; **Mä|ßig|keit,** die; -
Mä|ßi|gung
mas|siv (schwer; voll [nicht hohl]; fest, dauerhaft; roh, grob); **Mas|siv,** das; -s, -e [...*w^e*] (Gebirgsstock); **Mas|si|vi|tät,** die; -
maß|los; Maß|lo|sig|keit; Maß|nah|me, die; -, -n; **Maßneh|men,** das; -s; **Maß|re|gel; maß|re|geln; Maß|re|ge|lung, Maß|reg|lung; Maß|stab; maß|stäb|lich; maß|stab[s]_ge|recht, ...ge|treu; maß|voll**

¹**Mast,** der; -[e]s, -en (auch: -e; Mastbaum)

²**Mast,** die; -, -en (Mästung)

Mast|darm; mä|sten

Ma|stur|ba|ti|on [...*zion*], die; -, -en (geschlechtl. Selbstbefriedigung); **ma|stur|bie|ren**

Ma|ta|dor, der; -s, -e (Hauptkämpfer im Stierkampf; hervorragender Mann

Match [*mätsch*], das; (auch: der); -[e]s, -s (auch: -e; Wettkampf, -spiel)

Ma|te, der; - (ein Tee)

Ma|te|ri|al, das; -s, ...ien [...*i*ᵉ*n*]; **ma|te|ria|li|sie|ren;** sich -; **Ma|te|ria|lis|mus,** der; - (philos. Anschauung, die alles Wirkliche auf Kräfte od. Bedingungen der Materie zurückführt; Streben nach bloßem Lebensgenuß); **Ma|te|ria|list;** der; -en, -en; **ma|te|ria|li|stisch; Ma|te|rie** [...*i*ᵉ], die; -, (für Stoff; Inhalt; Gegenstand [einer Untersuchung] auch *Mehrz.*) -n (Philos.: Urstoff; die außerhalb unseres Bewußtseins vorhandene Wirklichkeit); **ma|te|ri|ell** (stofflich, körperlich; sachlich; handgreiflich, greifbar; auf Gewinn eingestellt; genußsüchtig)

Ma|the|ma|tik [österr. ...*mạtik*] (Wissenschaft von den Raum- u. Zahlengrößen)

Ma|ti|nee [auch: *mạ*...], die; -, ...een (künstler. Morgenunterhaltung; Frühvorstellung)

Mat|jes|he|ring (junger Hering)

Ma|trat|ze, die; -, -n (Bettpolster; Sprungmatte beim Turnen; Uferabdeckung aus Weidengeflecht)

Ma|tro|ne, die; -, -n (ältere, ehrwürdige Frau, Greisin)

Ma|tro|se, der; -n, -n

mạtsch (ugs.: völlig verloren; schlapp, erschöpft); ¹**Matsch,** der; -[e]s, -e (gänzlicher Verlust des Spieles)

²**Mạtsch,** der; -[e]s (ugs.: weiche Masse; nasser Straßenschmutz); **mạt|schig** (ugs.)

mạtt (schwach; kraftlos; glanzlos); jmdn. - setzen (kampf-, handlungsunfähig machen); **Mạtt,** das; -s, -s

¹**Mat|te,** die; -, -n (Decke, Unterlage; Bodenbelag)

²**Mat|te,** die; -, -n (dicht.: Weide [in den Alpen]; schweiz.: Wiese)

Matt|heit, die; -; **mat|tie|ren** (matt, glanzlos machen); **Mat|tie|rung; Mat|tig|keit,** die; -; **Matt|schei|be;** - haben (übertr. ugs. für: begriffsstutzig, benommen, benebelt sein)

Mạtz, der; -es, -e u. Mätze (scherzh.; meist in Zusammensetzungen, z. B. Hosenmatz); **Mätz|chen;** - machen (ugs. für: Ausflüchte machen, sich sträuben)

Mạt|ze, die; -, -n u. **Mạt|zen,** der; -s, - (ungesäuertes Passahbrot der Juden)

mau (ugs. für: schlecht; dürftig), nur in: das ist -; mir ist -

Mau|er, die; -, -n; **Mau|er|blüm|chen** (Mädchen, das auf Bällen usw. nicht od. wenig zum Tanzen aufgefordert wird); **mau|ern**

Maul, das; -[e]s, Mäuler; **Maul|af|fen** *Mehrz.;* - feilhalten (ugs. für: mit offenem Mund dastehen u. nichts tun)

Maul|beer|baum; Maul|bee|re

mau|len (ugs. für: murren, schmollen, widersprechen)

Maul|esel (Kreuzung aus Pferdehengst u. Eselstute)

maul|faul (ugs.); **Maul-held** (ugs.), **...korb, ...schel|le** (ugs.), **...sper|re** (ugs.), **...ta|schen** *Mehrz.* (schwäb. Pastetchen aus Nudelteig)

Maul|tier (Kreuzung aus Eselhengst u. Pferdestute)

Maul- und Klau|en|seu|che

Maul|wurf, der; -[e]s, ...würfe (ein Säugetier; Pelz)

Mau|rer

Maus, die; -, Mäuse; **Mäus|chen; mäus|chen|still; Mau|se|fal|le,** (seltener:) **Mäu|se|fal|le; Mau|se|loch,** (seltener:)

Mäu|se|loch; mau|sen (ugs. scherzh. für: stehlen; landsch. für: Mäuse fangen)

Mau|ser, die; - (jährlicher Ausfall u. Ersatz der Federn bei Vögeln); **mau|sern,** sich; **Mau|se|rung**

mau|se|tot (ugs.); **maus|grau**

mau|sig („nach der Mauser"); sich - machen (ugs. für: übermütig sein)

Maut, die; -, -en (veralt. für: Zoll; bayr., österr. für: Gebühren für Straßen- u. Brückenbenutzung)

ma|xi (von Röcken, Kleidern od. Mänteln: knöchellang); - tragen;

Ma|xi|ma (*Mehrz.* von: Maximum); **ma|xi|mal** (sehr groß, größt..., höchst...); **Ma|xi|me,** die; -, -n (allgemeiner Grundsatz, Hauptgrundsatz); **Ma|xi|mum,** das; -s, ...ma („das Höchste"; Höchstwert, -maß)

Ma|yon|nai|se [*majonäs*e]; die; -, -n (dickflüssige Tunke aus Eigelb u. Öl)

Mä|zen, der; -s, -e (Kunstfreund; freigebiger Gönner)

Me|cha|nik, die; -, (für: Getriebe, Trieb-, Räderwerk auch *Mehrz.*:) -en (Lehre von den Kräften u. Bewegungen); **Me|cha|ni|ker; me|cha|nisch** (den Gesetzen der Mechanik entsprechend; maschinenmäßig; unwillkürlich, gewohnheitsmäßig, gedankenlos); **Me|cha|nis|mus,** der; -, ...men (alles maschinenmäßig vor sich Gehende; [Trieb]werk; [selbsttätiger] Ablauf; Zusammenhang)

Mecke|rei[1]; **Mecke|rer**[1] (ugs. für: Nörgler u. Besserwisser); **Mecker|frit|ze**[1] (ugs. abschätzig); **meckern**[1] (ugs.)

Me|dail|le [...*dalj*e, österr.: ...*dailj*e], die; -, -n (Denk-, Schaumünze); **Me|dail|lon** [...*daljong*], das; -s, -s (große Schaumünze; Bildkapsel; Rundbild[chen]; Kunstwiss.: rundes oder ovales Relief; Gastr.: Fleischschnitte)

Me|di|en (*Mehrz.* von: Medium);

Me|di|ka|ment, das; -[e]s, -e (Heilmittel, Arznei); **me|di|ka|men|tös**

Me|di|ta|ti|on [...*zion*], die; -, -en (Nachdenken; sinnende Betrachtung; religiöse Versenkung); **me|di|tie|ren** (nachdenken; sinnend betrachten; sich versenken)

Me|di|um, das; -s, ...ien [...*i*e*n*] („Mitte"; Mittel[glied]; Mittler[in], Mittelsperson [bes. beim Spiritismus]; Kommunikationsmittel)

Me|di|zin, die; -, -en (Heilkunde; Heilmittel, Arznei); **Me|di|zin|ball** (großer, schwerer, nicht elastischer Lederball); **Me|di|zi|ner** (Arzt; auch: Medizinstudent); **me|di|zi|nisch** (heilkundlich); **Me|di|zin|mann** (*Mehrz.* ...männer)

Meer, das; -[e]s, -e; **Meer|bu|sen; Mee|res|grund** (der; -[e]s), **...spie|gel** (der; -s)

Meer|ret|tich (eine Heil- u. Gewürzpflanze)

Meer|schaum, der; -[e]s; **Meer|schaum|pfei|fe; Meer|schwein|chen; Meer|was|ser** (das; -s)

Mee|ting [*mit*...], das; -s, -s („[Zusammen]treffen"; Versammlung; Sportveranstaltung in kleinerem Rahmen)

Me|ga|phon, das; -s, -e (Sprachrohr)

Me|ga|ton|ne (das Millionenfache der Tonne)

Mehl, das; -[e]s, (für Mehlsorte *Mehrz.*:) -e; **Mehl|schwit|ze** (Einbrenne, gebranntes Mehl); **Mehl|tau,** der (durch bestimmte Pilze hervorgerufene Pflanzenkrankheit)

mehr; - oder weniger (minder); **Mehr,** das; -[s] (auch: Mehrheit); **meh|re|re** (einige, eine Anzahl); **meh|re|res; mehr|er|lei; mehr|fach; Mehr|fa|che,** das; -n; **Mehr|heit; mehr|heit|lich; mehr|jäh|rig; mehr|ma-**

---

[1] *Trenn.:* ...ek|ke...

lig; **mehr|mals**; **mehr_sil|big
...spra|chig,** **...stim|mig;
Meh|rung; Mehr|wert; Mehr-
wert|steu|er,** die; **mehr|wö-
chig; Mehr|zahl;** **Mehr-
zweck_ge|rät**
mei|den
Mei|le, die; -, -n (ein Längen-
maß); **Mei|len|stein** (veralt.);
mei|len|weit
Mei|ler, der; -s, - (zum Verkohlen
bestimmter Holzstoß)
mein; mei|ne
Mein|eid (,,Falsch''eid); **mein-
ei|dig; Mein|ei|dig|keit,** die; -
mei|nen; ich meine es gut mit ihm
mei|ner (*Wesf.* des Fürwortes
,,ich''); **mei|ner|seits; mei|nes-
glei|chen; mei|nes|teils;** mei-
net|hal|ben; mei|net|we|gen;
mei|net|wil|len;** um -; **mei|ni-
ge**
Mei|nung; **Mei|nungs_for-
schung, ...frei|heit** (die; -),
...ver|schie|den|heit
Mei|se, die; -, -n (ein Vogel)
Mei|ßel, der; -s, -; **mei|ßeln**
**meist; meist|bie|tend; Meist-
bie|ten|de,** der u. die; -n, -n;
mei|ste; am -en; **mei|stens;
mei|sten|teils**
**Mei|ster; mei|ster|haft; Mei-
ster|haf|tig|keit,** die; -; **mei-
ster|lich; mei|stern; Mei|ster-
schaft; Mei|ster|werk**
Meist|ge|bot; **meist_ge-
bräuch|lich, ...ge|kauft**
Me|lan|cho|lie [...*langkoli*], die;
-, ...ien (Trübsinn, Schwermut);
**Me|lan|cho|li|ker; me|lan|cho-
lisch**
Me|las|se, die; -, -n (Rückstand
bei der Zuckergewinnung)
mel|den; Mel|de|pflicht; poli-
zeiliche -; **mel|de|pflich|tig;** -e
Krankheit; **Mel|der; Mel|dung**
me|lie|ren (mischen; sprenkeln);
me|liert (scheckig, gescheckt;
gesprenkelt)
Me|lis|se, die; -, -n (eine Heil-
u. Gewürzpflanze)
**mel|ken; Mel|ker; Melk|ma-
schi|ne**

Me|lo|die, die; -, ...ien ([Sing]-
weise; abgeschlossene u. geord-
nete Folge von Tönen); **Me|lo-
dik,** die; - (Lehre von der Melo-
die); **me|lo|di|ös; me|lo|disch**
(wohllautend)
Me|lo|ne, die; -, -n (großes Kür-
bisgewächs wärmerer Gebiete
[zahlreiche Arten]; ugs. scherz-
haft für: runder steifer Hut)
Mel|tau, der (Blattlaushonig, Ho-
nigtau)
Mem|bran, die; -, -en und **Mem-
bra|ne,** die; -, -n (gespanntes
Häutchen; Schwingblatt)
Mem|me, die; -, -n (ugs. verächtl.
für: Feigling)
Me|moi|ren [...*moar^en*], die
(*Mehrz.*; Denkwürdigkeiten; Le-
benserinnerungen); **Me|mo-
ran|dum,** das; -s, ...den u. ...da
(,,Erwähnenswertes''; Denk-
schrift); **me|mo|rie|ren** (aus-
wendig lernen)
Me|na|ge|rie, die; -, ...ien
(Sammlung lebender [wilder]
Tiere in Käfigen)
Me|ne|te|kel, das; -s (Warnungs-
ruf)
Men|ge, die; -, -n
men|gen (mischen)
Men|gen|leh|re (die; -); **men-
gen|mä|ßig** (für: quantitativ)
Me|nis|kus, der; -, ...ken
(,,Möndchen''; gekrümmte
Oberfläche einer Flüssigkeit in
engem Rohr; Linse; Zwischen-
knorpel im Kniegelenk); **Me|nis-
kus|riß** (Sportverletzung)
Me|no|pau|se, die; -, -n (Med.:
Aufhören der Regel in den Wech-
seljahren der Frau)
Men|sa, die; -, -s u. ...sen (Mit-
tags,,tisch'' für Studenten; Altar-
platte); **Men|sa|es|sen**
¹**Mensch,** der; -en, -en;
²**Mensch,** das; -[e]s, -er (verächtl. für: [verdorbene] Frau, Dir-
ne); **Men|schen|freund; men-
schen|freund|lich;** **Men-
schen_ge|den|ken** (seit -),
...hand (von -), **...kennt|nis**
(die; -), **...le|ben; men|schen-**

leer; men|schen|mög|lich; er
hat das -e (alles) getan; men-
schen|scheu; Men|schen-
_scheu, ...see|le (keine -);
Men|schens|kind! (ugs. Aus-
ruf); men|schen|un|wür|dig;
Men|schen|wür|de; men-
schen|wür|dig

Mensch|heit, die; -; mensch-
heit|lich; mensch|lich;
Mensch|lich|keit, die; -;
Mensch|wer|dung, die; -

Men|strua|ti|on [...*zion*] die; -,
-en (Monatsblutung, Regel);
men|stru|ie|ren

Men|sur, die; -, -en („Maß";
Fechterabstand; stud. Zwei-
kampf; Zeitmaß der Noten)

men|tal (geistig; in Gedanken,
heimlich); Men|ta|li|tät, die; -,
-en (Denk-, Anschauungs-, Auf-
fassungsweise; Sinnes-, Gei-
stesart)

Men|thol, das; -s (Bestandteil
des Pfefferminzöls)

Men|tor, der; -s, ...oren (Erzieher;
Ratgeber)

Me|nü, das; -s, -s (Speisenfolge);
Me|nu|ett, das; -[e]s, -e
(auch) -s (ein Tanz)

mer|ci! [*märßí*] (Dank!, danke!)

Me|ri|di|an, der; -s, -e (Mittags-,
Längenkreis)

Me|ri|no, der; -s, -s (Schaf einer
bestimmten Rasse)

merk|bar; mer|ken; Mer|ker
(veralt., aber noch ugs. spött. für:
jmd., der alles bemerkt); merk-
lich; Merk|mal (*Mehrz.* ...ma-
le); merk|wür|dig; merk|wür-
di|ger|wei|se; Merk_wür|dig-
keit (die; -, -en)

Mes|al|li|ance [*mesaljangß*]
die; -, -n (Mißheirat; übertr. für:
unglückliche Verbindung)

me|schug|ge (ugs. für: verrückt)

Mes|ner landsch. (Kirchen-,
Meßdiener)

Meß|band, das (*Mehrz.* ...bän-
der); meß|bar; Meß|bar|keit,
die; -

Meß|die|ner; [1]Mes|se, die; -, -n
(kath. Hauptgottesdienst); Chor-

werk; Großmarkt, Ausstellung);
Mes|se_ge|län|de, ...hal|le

mes|sen

[1]Mes|ser, der [zu: messen]
(Messender, Meßgerät; nur als
2. Bestandteil in Zusammensetzungen, z. B. in: Fiebermesser)

[2]Mes|ser, das; -s, - (ein Schneid-
werkzeug); Mes|ser_bänk-
chen, ...held (abwertend);
mes|ser|scharf; Mes|ser|ste-
che|rei; Mes|ser|stich

Mes|sing, das; -s (Kupfer-Zink-
Legierung); Mes|sing|draht;
mes|sin|gen (aus Messing);
messing[e]ne Platte

Meß|op|fer (kath. Hauptgottes-
dienst)

Meß_schnur (*Mehrz.* ...schnü-
re); Mes|sung; Meß|zy|lin|der
(Maß-, Standglas)

Me|sti|ze, der; -n, -n (Mischling
zwischen Weißen u. Indianern)

Met, der; -[e]s (gegorener Ho-
nigsaft)

Me|tall, das; -s, -e; Me|tal|le|gie-
rung [*Trenn.*: ...tall|le...]; me-
tal|len (aus Metall); Me|tal|ler
(ugs. Kurzw. für: Metallarbeiter);
me|tall|hal|tig; Me|tall|in|du-
strie; me|tal|lisch (metallar-
tig); me|tal|li|sie|ren (mit Metall
überziehen); Me|tall|kun|de,
die; -; me|tall|ver|ar|bei|tend

Me|ta|mor|pho|se, die; -, -n
(meist *Mehrz.*; Umgestaltung,
Verwandlung); Me|ta|pher, die;
-, -n (Sprachw.: Wort mit über-
tragener Bedeutung, bildliche
Wendung, z. B. „Haupt der Fami-
lie"); Me|ta|pho|rik, die; - (Ver-
bildlichung, Übertragung in eine
Metapher); me|ta|pho|risch
(bildlich, im übertragenen Sinne
[gebraucht]); Me|ta|phy|sik
(philos. Lehre von den letzten
Gründen u. Zusammenhängen
des Seins); Me|ta|sta|se, die;
-, -n (Med.: Tochtergeschwulst)

Me|te|or, der (fachspr.: das); -s,
-e (Feuerkugel, Sternschnuppe)

Me|teo|rit, der; -s, -e (Meteor-
stein); Me|teo|ro|lo|ge, der; -n,

-n; **Me|teo|ro|lo|gie**, die; - (Lehre von Wetter u. Klima); **me|teo|ro|lo|gisch**; -e Station (Wetterwarte)

Me|ter, der (schweiz. amtlich nur so) od. das; -s, -s (Längenmaß; Zeichen: m); eine Länge von zehn Metern, (auch:) Meter; **me|ter|dick**; **me|ter|hoch**; **me|ter|lang**; **Me|ter_maß**, das, **...wa|re**; **me|ter|wei|se**; **me|ter|weit**

Me|tho|de, die; -, -n (Verfahren; Absicht; planmäßiges Vorgehen); **Me|tho|dik**, die; -, -en ([Lehr]anweisung, -kunde; Vortrags-, Unterrichtslehre); **Me|tho|di|ker** (planmäßig Verfahrender; Begründer einer Forschungsrichtung); **me|tho|disch** (planmäßig; überlegt, durchdacht); **Me|tho|dist**, der; -en, -en (Angehöriger einer ev. Erweckungsbewegung)

Me|tier [...*tie*], das; -s, -s (jmds. berufliche Aufgabe)

Me|tra, **Me|tren** (*Mehrz.* von: Metrum); **Me|trik**, die; -, -en (Verswissenschaft, -lehre; Musik: Lehre vom Takt); **me|trisch** (die Verslehre, das Versmaß betreffend; in Versen abgefaßt; nach dem Meter)

Me|tro [auch: *me*...], die; -, -s (Untergrundbahn in Paris u. Moskau)

Me|tro|nom, das; -s, -e (Musik: Taktmesser)

Me|tro|po|le, die; -, -n („Mutterstadt"; Hauptstadt, -sitz)

Me|trum, das; -s, ...tren u. (älter:) ...tra (Versmaß; Musik: Takt)

Mett, das; -[e]s niederd. (gehacktes Schweinefleisch)

Met|te, die; -, -n (nächtl. Gottesdienst; nächtl. Gebet)

Mett|wurst

Met|ze, die; -, -n (veralt. für: Dirne)

Met|ze|lei (ugs.); **met|zeln** (veralt., aber noch mdal. für: schlachten; ungeschickt schneiden)

Metz|ger westmitteld., südd., schweiz. (Fleischer); **Metz|ge-**

rei (westmitteld., südd., schweiz.); **Metz|ger|mei|ster**

Meu|chel_mord, **...mör|der**; **meu|cheln**; **Meuch|ler**; **meuch|le|risch**; **meuch|lings**

Meu|te, die; -, -n (Jägerspr.: Anzahl Hunde; übertr. abwertend für: wilde Rotte); **Meu|te|rei**; **Meu|te|rer**; **meu|tern**

Mez|zo|so|pran [auch: ...*pran*] (mittlere Frauenstimme; Sängerin der mittleren Stimmlage)

mi|au!; **mi|au|en**; die Katze hat miaut

mich (*Wenf.* des Fürwortes „ich")

Mi|chel, der; -s, - (Spottname des Deutschen); deutscher -

micke|rig [*Trenn.*: mik|ke...], **mick|rig** (ugs. für: schwach, zurückgeblieben)

Micky|maus [*Trenn.*: Mik|ky...], die; - (groteske Trickfilmfigur)

mi|di (von der Rocklänge; dreiviertellang); - tragen

Mid|life-cri|sis [*midlaifkraißiß*], die; - (Krise in der Mitte des Lebens)

Mie|der, das; -s, -; **Mie|der|wa|ren**, die (*Mehrz.*)

Mief, der; -[e]s (ugs. für: schlechte Luft); **mie|fen** (ugs.)

Mie|ne, die; -, -n (Gesichtsausdruck); **Mie|nen|spiel**

mies (ugs. für: häßlich, übel, schlecht, unangenehm); **Mie|se|pe|ter**, der; -s, - (ugs. für: stets unzufriedener Mensch); **mie|se_pe|te|rig** od. **...pet|rig** (ugs.); **Mie|sig|keit**, die; -; **Mies|ma|cher** (ugs. abwertend für: Schwarzseher); **Mies|ma|che|rei** (ugs.)

Mies|mu|schel (Pfahlmuschel)

¹**Mie|te**, die; -, -n (gegen Frost gesicherte Grube u. a. zur Aufbewahrung von Feldfrüchten)

²**Mie|te**, die; -, -n (Geldbetrag für Wohnung u. a.); **mie|ten**; eine Wohnung -

Mie|ter; **Mie|ter|schutz**; **miet|frei**; **Miets_haus**, **...ka|ser|ne** (abwertend für: großes Mietshaus); **Mie|tung**

Mie|ze, die; -, -n (Kosename für: Katze); **Mie|ze|kat|ze**

Mi|grä|ne, die; -, -n ([halb-, einseitiger] heftiger Kopfschmerz)

Mi|ka|do, das; -s, -s (Geschicklichkeitsspiel mit Holzstäbchen)

Mi|kro|be, die; -, -n (kleinstes, meist einzelliges Lebewesen);

Mi|kro|film; Mi|kro|fon (eindeutschend für: Mikrophon);

Mi|kro|kos|mos [auch: *mikro...*], der; - („die kleine Welt"; Welt im kleinen; Ggs.: Makrokosmos); [1]**Mi|kro|me|ter,** das; -s, - (Feinmeßgerät); [2]**Mi|kro|meter,** das; -s, - (ein millionstel Meter; Zeichen: μm); **Mi|krophon,** (auch:) **Mi|kro|fon,** das; -s, -e (Schallumwandler); **Mikro|skop,** das; -s, -e (optisches Vergrößerungsgerät); **mi|krosko|pisch** (nur durch das Mikroskop erkennbar; verschwindend klein)

Mil|be, die; -, -n (ein Spinnentier)

Milch, die; -, (fachspr.:) -en; **Milch_fla|sche, ...ge|sicht** (spött.: unreifer, junger Bursche); **mil|chig; Milch|ling** (ein Pilz); **Milch|mäd|chen|rechnung** (ugs.: auf Trugschlüssen beruhende Rechnung); **Milchmann** (selten *Mehrz.* ...männer)

mild, mil|de; Mil|de, die; -; **mildern; Mil|de|rung; mild|tä|tig; Mild|tä|tig|keit,** die; -

Mi|lieu [...*liö*], das; -s, -s (Lebensumstände, Umwelt)

mi|li|tant (kämpferisch); [1]**Mi|litär,** der; -s, -s (höherer Offizier); [2]**Mi|li|tär,** das; -s (Soldatenstand; Heerwesen, Wehrmacht); **mi|li|tä|risch; mi|li|ta|ri|sie|ren** (milit. Anlagen errichten, Truppen aufstellen); **Mi|li|ta|rismus,** der; - (Vorherrschen milit. Gesinnung); **Mi|li|ta|rist,** der; -en, -en; **mi|li|ta|ri|stisch; Mi|litär|pflicht** (die; -); **mi|li|tärpflich|tig; Mi|liz,** die; -, -en (kurz ausgebildete Truppen, Bürgerwehr, Volksheer u. dgl. [im

Gegensatz zum stehenden Heer])

Mil|le, das; -, - (Tausend; Zeichen M)

Mil|li|ar|där, der; -s, -e (Besitzer eines Vermögens von mindestens einer Milliarde); **Mil|li|ar|de,** die; -, -n (1000 Millionen; Abk.: Md. u. Mrd.); **mil|li|ard|ste; mil|li|ard|stel; Mil|li|ard|stel**

Mil|li|bar, das; -s, -s (Maßeinheit für den Luftdruck); **Mil|ligramm** ($^1/_{1000}$ g; Zeichen: mg); **Mil|li|me|ter** ($^1/_{1000}$ m; Zeichen: mm); **Mil|li|me|ter|papier**

Mil|li|on, die; -, -en (1000 mal 1000; Abk.: Mill. u. Mio.); **Millio|när,** der; -s, -e (Besitzer eines Vermögens von mindestens einer Million; sehr reicher Mann); **millio|nen|fach; mil|lio|nen|mal; mil|lion|ste; mil|li|on[s]tel; Mil|li|on[s]tel,** das; -s, -

Milz, die; -, -en (Organ); **Milzbrand,** der; -[e]s

Mi|me, der; -n, -n (veralt. für: Schauspieler); **mi|men** (veralt. für: als Mime wirken; übertr. ugs.: so tun, als ob); **Mi|me|sis,** die; -, ...ēsen (Nachahmung); **Mimik,** die; - (Gebärden- u. Mienenspiel [des Schauspielers]); **mi|misch** (schauspielerisch; mit Gebärden)

Mi|mo|se, die; -, -n (Pflanzengattung; Blüte der Silberakazie); **mi|mo|sen|haft** (zart, fein; empfindlich)

Mi|na|rett, das; -s, -e u. -s (Moscheeturm)

min|der; min|der|be|mit|telt; Min|der|be|mit|tel|te, der u. die; -n, -n; **Min|der|heit; minder|jäh|rig; Min|der|jäh|ri|ge,** der u. die; -n, -n; **Min|der|jährig|keit,** die; -; **min|dern; Minde|rung; min|der|wer|tig; Min|der|wer|tig|keit; Minder|wer|tig|keits|ge|fühl, ...kom|plex; min|de|ste;** zum mindesten (wenigstens); **minde|stens**

Mi|ne, die; -, -n (unterird. Gang; Bergwerk; Sprengkörper[gang]; Kugelschreiber-, Bleistifteinlage)

Mi|ne|ral, das; -s, -e u. ...ien [...*i^e*n] (anorgan., chem. einheitl. u. natürlich gebildeter Bestandteil der Erdkruste); **mi|ne|ra|lisch; Mi|ne|ral_öl, ...was|ser** (*Mehrz.* ...wässer)

mini (von Röcken, Kleidern: äußerst kurz); - tragen; **Mi|nia|tur,** die; -, -en (Anfangsbuchstabe, zierliches Bildchen; Kleinmalerei)

Mi|ni|golf (Miniaturgolfanlage; Kleingolfspiel)

Mi|ni|ma [auch: *mi*...] (*Mehrz.* von: Minimum); **mi|ni|mal** (sehr klein, niedrigst, winzig); **Mi|ni|mum** [auch: *mi*...], das; -s, ...ma („das Geringste, Mindeste"; Mindestpreis, -maß, -wert, Kleinstmaß); **Mi|ni|rock**

Mi|ni|ster, der; -s, - („Diener, Gehilfe"; einen bestimmten Geschäftsbereich leitendes Regierungsmitglied); **Mi|ni|ste|ri|al|be|am|te; mi|ni|ste|ri|ell** (von einem Minister od. Ministerium ausgehend usw.); **Mi|ni|ste|ri|um,** das; -s, ...ien [...*i^e*n] (höchste [Verwaltungs]behörde des Staates mit bestimmtem Aufgabenbereich); **Mi|ni|ster_prä|si|dent**

Min|ne, die; - (mhd. Bez. für: Liebe; heute noch altertümelnd scherzh.); **Min|ne|sang; Min|ne|sän|ger**

Mi|no|ri|tät (Minderzahl, Minderheit); **Mi|nu|end,** der; -en, -en (Zahl, von der etwas abgezogen werden soll); **mi|nus** (weniger; Zeichen: − [negativ]); **Mi|nus,** das; -, - (Minder-, Fehlbetrag, Verlust); **Mi|nu|te,** die; -, -n („kleiner Teil"; $^1/_{60}$ Stunde [Zeichen: m, min; Abk.: Min.]); **mi|nu|ti|ös, mi|nu|zi|ös** (peinlich genau; veralt. für: kleinlich)

Min|ze, die; -, -n (Name verschiedener Pflanzenarten)

mir (*Wemf.* des Fürwortes „ich")

Mi|ra|bel|le, die; -, -n (Pflaume einer bestimmten Art)

Mis|an|throp, der; -en, -en (Menschenhasser, -feind)

Misch|ehe (Ehe zwischen Angehörigen verschiedener Religionen, verschiedener christl. Bekenntnisse, verschiedener Volkszugehörigkeit); **mi|schen; Mi|scher; Mi|sche|rei** (ugs.); **Misch|far|be; misch|far|ben, misch|far|big; Misch|ling** (Bastard); **Misch|masch,** der; -[e]s, -e (ugs. für: Durcheinander verschiedener Dinge); **Mi|schung**

mi|se|ra|bel (ugs. für: erbärmlich; nichtswürdig); ...a|bler Kerl; **Mi|se|re,** die; -, -n (Jammer, Not[lage], Elend, Armseligkeit)

Mis|pel, die; -, -n (Obstgehölz, Frucht)

Miß, (in engl. Schreibung:) **Miss,** die; -, Misses [*miβis*] (als Anrede vor dem Eigenn. = Fräulein; engl. Fräulein: Schönheitskönigin, z. B. Miß Australien)

miß|ach|ten; Miß|ach|tung

miß|be|ha|gen; Miß|be|ha|gen; miß|be|hag|lich

miß|bil|den; Miß|bil|dung

miß|bil|li|gen; Miß|bil|li|gung

Miß|brauch; miß|brau|chen; miß|bräuch|lich

mis|sen

Miß|er|folg

Miß|ern|te

Mis|se|tat, ...tä|ter

miß|fal|len; Miß|fal|len, das; -s

Miß|ge|burt

Miß|ge|schick

miß|glücken [*Trenn.:* ...glük|ken]

miß|gön|nen

Miß|griff

Miß|gunst; miß|gün|stig

miß|han|deln; Miß|hand|lung

Mis|si|on, die; -, -en („Sendung"; Bestimmung, Auftrag, Botschaft, [innere] Aufgabe; Heidenbekehrung; diplomatische Vertretung im Ausland);

Mis|sio|nar, der; -s, -e (Sendbote; Heidenbekehrer); **mis|sio|na|risch; mis|sio|nie|ren** (eine Glaubenslehre verbreiten); **Mis|sio|nie|rung**
Miß|klang
Miß|kre|dit, der; -[e]s (schlechter Ruf; mangelndes Vertrauen); jmdn. in - bringen
miß|lich (unangenehm); **Miß|lich|keit**
miß|lie|big (unbeliebt); **Miß|lie|big|keit**
miß|lin|gen; Miß|lin|gen, das; -s
Miß|mut; miß|mu|tig
miß|ra|ten (schlecht geraten; selten für: ab-, widerraten)
Miß|stand
Miß|stim|mung
Miß|ton (*Mehrz.* ...töne)
miß|trau|en; Miß|trau|en, das; -s; **miß|trau|isch**
Miß|ver|gnü|gen, das; -s; **miß|ver|gnügt**
Miß|ver|hält|nis
miß|ver|ständ|lich; Miß|ver|ständ|nis; miß|ver|ste|hen
Miß|wahl [zu: Miß]
Miß|wirt|schaft
Mist, der; -[e]s
Mi|stel, die; -, -n (immergrüne Schmarotzerpflanze)
mi|sten
Mist.fink, der; -en [auch: -s], -en (verächtl. ugs. für: unsauberer Mensch; Zotenreißer); **...hau|fen; mi|stig** landsch. (schmutzig); **Mist|kä|fer**
mit; *Verhältniswort mit Wemf.;* mit dem Hute
Mit|ar|beit; mit|ar|bei|ten; Mit|ar|bei|ter; mit|be|kom|men; mit|be|nut|zen, (bes. südd.:) **mit|be|nüt|zen; Mit.be|nut|zung, ...be|stim|mung** (die; -)
mit|brin|gen; Mit|bring|sel, das; -s, -
Mit|bür|ger
mit|ein|an|der; Mit|ein|an|der [auch: *mit...*], das; -s
Mit|es|ser
mit|fah|ren; Mit|fah|rer
mit|füh|len; mit|füh|lend

mit|füh|ren
mit|ge|ben
Mit|ge|fühl, das; -[e]s
mit|ge|hen
mit|ge|nom|men; er sah sehr - (ermattet) aus
Mit|gift, die; -, -en (Mitgabe; Aussteuer); **Mit|gift|jä|ger** (abschätzig)
Mit|glied; Mit|glied|schaft, die; - **Mit|glieds|kar|te**
mit|ha|ben; alle Sachen -
mit|hal|ten; mit jmdm. -
mit|hel|fen; im Haushalt -
Mit|hil|fe, die; -
mit|hin (somit)
mit|hö|ren; am Telefon -
Mit|in|ha|ber
mit|kom|men
mit|kön|nen; mit jmdm. nicht - (ugs. für: nicht konkurrieren können)
mit|krie|gen (ugs.)
mit|lau|fen; Mit|läu|fer
Mit|laut (für: Konsonant)
Mit|leid, das; -[e]s; **Mit|lei|den,** das; -s; **Mit|lei|den|schaft,** nur in: etwas od. jmdn. in - ziehen; **mit|lei|dig; mit|leid[s]_los, ...voll**
mit|ma|chen (ugs.)
Mit|mensch, der
mit|mi|schen (ugs. für: sich aktiv an etwas beteiligen)
mit|müs|sen; auf die Wache -
Mit|nah|me, die; - (Mitnehmen); **mit|neh|men**
mit|nich|ten
mit|re|den
mit|rei|sen; Mit|rei|sen|de
mit|rei|ßen; mit|rei|ßend; eine -e Musik
mit|samt; mit *Wemf.* (gemeinsam mit): - seinem Eigentum
mit|schlei|fen
mit|schlep|pen
mit|schnei|den (vom Rundf. od. Fernsehen Gesendetes auf Tonband aufnehmen); **Mit|schnitt**
mit|schrei|ben
Mit|schuld; mit|schul|dig
Mit|schü|ler
mit|schwin|gen

mit|sin|gen
mit|spie|len; Mit|spie|ler
Mit|spra|che, die; -; mit|spre-
chen
Mit|strei|ter
¹Mit|tag, der; -[e]s, -e; zu - es-
sen; heute mittag; ²Mit|tag, das;
-[e]s (ugs. für: Mittagessen);
Mit|tag|es|sen; mit|täg|lich;
mit|tags; 12 Uhr -
Mit_tä|ter, ...tä|ter|schaft
Mit|te, die; -, -n; - Dreißig
mit|tei|len; mit|teil|sam; Mit-
tei|lung
Mit|tel, das; -s, -; Mit|tel|al|ter,
das; -s
mit|tel|bar
Mit|tel|ding
mit|tel|eu|ro|pä|isch; -e Zeit
(Abk.: MEZ)
Mit|tel|feld (bes. Sport)
Mit|tel|fin|ger
mit|tel|fri|stig (auf eine mittlere
Zeitspanne begrenzt)
Mit|tel|ge|bir|ge; mit|tel|groß
mit|tel|hoch|deutsch
Mit|tel|klas|se
mit|tel|los
Mit|tel|maß, das; mit|tel|mä-
ßig; Mit|tel|mä|ßig|keit
Mit|tel|ohr, das; -[e]s
mit|tel|präch|tig (ugs. scherzh.
für: mittelmäßig)
Mit|tel|punkt
mit|tels; Verhältnisw. mit Wesf.:
- eines Löffels; besser: mit einem
Löffel
Mit|tel|schu|le (Realschule)
Mit|tels|mann (Vermittler;
Mehrz. ...leute od. ...männer)
Mit|tel|stand, der; -[e]s; mit-
tel|stän|disch; Mit|tel|ständ-
ler
Mit|tel|wort (für: Partizip[ium];
Mehrz. ...wörter)
mit|ten; mitten darin; mit|ten-
drein (ugs. für: mitten hinein);
mit|ten|drin (ugs. für: mitten
darin); mit|ten|durch (ugs. für:
mitten hindurch)
Mit|ter|nacht; mit|ter|nächt-
lich
Mitt|ler (Vermittler; in der Einz.

auch: Christus); mitt|le|re; -
Reife (Schulabschluß der Real-
schule u. der Mittelstufe der höheren Schule)
mitt|ler|wei|le
Mitt|som|mer; Mitt|som|mer-
nacht
mit|tun (ugs.); er hat kräftig mit-
getan
Mitt|woch, der; -[e]s, -e; mitt-
wochs
mit|un|ter (zuweilen)
mit|ver|ant|wort|lich; Mit|ver-
ant|wor|tung
mit|ver|die|nen; - müssen
Mit|welt, die; -
mit|wir|ken; er hat bei diesem
Theaterstück mitgewirkt; Mit-
wir|ken|de, der u. die; -n, -n;
Mit|wir|kung
Mit|wis|ser
mit|zäh|len
mit|zie|hen
Mixed Pickles [míxt píkls], Mix-
pickles [míxpikls], die (Mehrz.;
in Essig eingemachtes Mischge-
müse); mi|xen ([Getränke] mi-
schen); Mi|xer, der; -s, - (Bar-
meister, Getränkemischer; Gerät
zum Mischen); Mix|pickles vgl.
Mixed Pickles; Mix|tur, die; -,
-en (Mischung; mehrere flüssige
Bestandteile enthaltende Arznei;
bestimmtes Orgelregister)
Mob [mǫp], der; -s (Pöbel)
Mö|bel, das; -s, - (meist Mehrz.);
mo|bil (beweglich, munter; ugs.
für: wohlauf; Militär: auf Kriegs-
stand gebracht); Mo|bi|le, das;
-s, -s (durch Luftzug in Schwin-
gung geratendes, von der [Zim-
mer]decke hängendes Gebilde
aus [Metall]blättchen); Mo|bi-
li|ar, das; -s, -e (bewegliche
Habe; Hausrat; Möbel); mo|bi-
li|sie|ren (Militär: auf Kriegs-
stand bringen; Geld flüssigma-
chen; ugs. für: in Bewegung set-
zen); Mo|bil|ma|chung; mö-
blie|ren ([mit Hausrat] einrich-
ten, ausstatten)
Möch|te|gern, der; -[s], -e
(spött.)

mo|dal (die Art u. Weise bezeichnend); **Mo|da|li|tät,** die; -, -en (meist *Mehrz.*; Art u. Weise, Ausführungsart)

Mo|de, die; -, -n („Art und Weise"; Brauch, Sitte; [Tages-, Zeit]geschmack; Kleidung; Putz)

Mo|del, der; -s, - (Backform; Hohlform für Gußerzeugnisse; erhabene Druckform für Zeugdruck); **Mo|dell,** das; -s, -e (Muster, Vorbild, Typ; Entwurf, Nachbildung; nur einmal in dieser Art hergestelltes Kleidungsstück; Person od. Sache als Vorbild für ein Werk der bildenden Kunst; Mannequin); **mo|del|lie|ren** (künstlerisch formen, bilden; ein Modell herstellen); **Mo|dell|kleid**

Mo|de[n]|haus, ...schau

Mo|der, der; -s (Faulendes, Fäulnisstoff)

Mo|de|ra|ti|on [...*zion*], die; -, -en (Rundfunk, Fernsehen: Tätigkeit des Moderators); **Mo|de|ra|tor,** der; -s, ...oren (Rundfunk, Fernsehen: jmd., der eine Sendung moderiert); **mo|de|rie|ren** (Rundfunk, Fernsehen: eine Sendung mit einleitenden u. verbindenden Worten versehen)

mo|de|rig, mod|rig; **[1]mo|dern** (faulen); es modert

[2]mo|dern (modisch, der Mode entsprechend; neu[zeitlich]; Gegenwarts..., Tages...); **mo|der|ni|sie|ren** (modisch machen, erneuern); **mo|disch** (in od. nach der Mode)

mod|rig, mo|de|rig

Mo|dus [auch: *mo*...], der; -, Modi (Art u. Weise; Sprachw.: Aussageweise; ein Begriff der Musik)

Mo|fa, das; -s, -s (Kurzw. für: Motorfahrrad)

Mo|ge|lei (ugs. für: [leichte] Betrügerei [beim Spiel]); **mo|geln** (ugs.)

mö|gen; mochte, gemocht

mög|lich; sein möglichstes tun; im Rahmen des Möglichen; **mög|li|cher|wei|se; Mög|lich-**keit; nach -; **Mög|lich|keits|form** (für: Konjunktiv); **mög|lichst;** - schnell

Mo|gul, der; -s, -n (früher: Beherrscher eines oriental. Reiches)

Mo|hair [...*här*], der; -s, -e (Wolle der Angoraziege)

Mohn, der; -[e]s, -e

Mohr, der; -en, -en (veralt. für: Neger)

Möh|re, die; -, -n (Gemüsepflanze)

Moh|ren.kopf (ein Gebäck), **...wä|sche** (Versuch, einen Schuldigen als unschuldig hinzustellen)

Mohr|rü|be (eine Gemüsepflanze)

Moi|ré [*moare*], der od. das; -s, -s (Gewebe mit geflammtem Muster)

Mo|kas|sin [auch: *mo*...], der; -s, -s u. -e (lederner Halbschuh der nordamerik. Indianer)

mo|kie|ren, sich (sich tadelnd od. spöttisch äußern, sich lustig machen)

Mok|ka, der; -s, -s (Kaffee[sorte])

Mo|le, die; -, -n (Hafendamm)

Mo|le|kül, das; -s, -e (kleinste Einheit einer chem. Verbindung)

Mol|ke, die; - (Käsewasser); **Mol|ke|rei**

Moll, das; -, - („weiche" Tonart mit kleiner Terz); a-Moll

mol|lig (ugs. für: behaglich; angenehm warm; dicklich [von Personen])

Mo|loch [auch: *mo*...], der; -s, -e (Macht, die alles verschlingt)

Mo|lo|tow|cock|tail [...*tof*...] (mit Benzin u. Phosphor gefüllte Flasche)

[1]Mo|ment, der; -[e]s, -e (Augenblick; Zeit[punkt]; kurze Zeitspanne); **[2]Mo|ment,** das; -[e]s, -e ([ausschlaggebender] Umstand; Merkmal; Gesichtspunkt); **mo|men|tan** (augenblicklich; vorübergehend)

Mon|arch, der; -en, -en (legitimer [Allein]herrscher); **Mon|ar-**

chie, die; -, ...ien; Mon|ar|chist (Anhänger der monarchischen Regierungsform)

Mo|nat, der; -[e]s, -e; alle zwei -e; mo|na|te|lang; mo|na|tig; mo|nat|lich; mo|nat[s]|wei|se

Mönch, der; -[e]s, -e („allein" Lebender; Angehöriger eines Ordens mit Klosterleben); mön|chisch

¹Mond, der; -[e]s, -e (ein Himmelskörper); ²Mond, der; -[e]s, -e (veralt. dicht. für: Monat)

mon|dän (nach Art der großen Welt, von auffälliger Eleganz)

mo|ne|tär (das Geld betreffend, geldlich); Mo|ne|ten, die (*Mehrz.*; „Münzen"; ugs. für: [Bar]geld)

Mon|go|le [*monggol*ᵉ], der; -n, -n (Angehöriger einer Völkergruppe in Asien)

mo|nie|ren (mahnen; rügen)

Mo|ni|tor, der; -s, ...oren („Erinnerer"; Kontrollgerät beim Fernsehen; Strahlennachweis- u. -meßgerät)

Mo|no|ga|mie, die; - (Einehe)

Mo|no|gramm, das; -s, -e (Namenszug; Verschlingung der Anfangsbuchstaben eines Namens)

Mon|okel, das; -s, - (Einglas)

Mo|no|log, der; -s, -e (Selbstgespräch)

Mo|no|pol, das; -s, -e (das Recht auf Alleinhandel u. -verkauf; Vorrecht; alleiniger Anspruch); mo|no|po|li|sie|ren (ein Monopol aufbauen, die Entwicklung von Monopolen vorantreiben); Mo|no|pol|stel|lung

mo|no|ton (eintönig; gleichförmig; ermüdend); Mo|no|to|nie, die; -, ...ien

Mon|ster... (riesig, Riesen...); Mon|ster_film, ...schau

Mon|stranz, die; -, -en (Gefäß zum Tragen u. Zeigen der geweihten Hostie)

mon|strös (ungeheuerlich; mißgestaltet; ungeheuer aufwendig); Mon|stro|si|tät, die; -, -en (Mißbildung; Ungeheuerlichkeit); Mon|strum, das; -s, ...ren u. ...ra (Mißbildung; Ungeheuer; Ungeheuerliches)

Mon|sun, der; -s, -e (jahreszeitlich wechselnder Wind, bes. im Indischen Ozean)

Mon|tag, der; -[e]s, -e

Mon|ta|ge [*montasch*ᵉ, auch: *mongtasch*ᵉ], die; -, -n (Aufstellung [einer Maschine], Auf-, Zusammenbau)

mon|tags

mon|tan (Bergbau u. Hüttenwesen betreffend); Mon|tan.in|du|strie (Gesamtheit der bergbaulichen Industrieunternehmen), ...uni|on, die; - (Europäische Gemeinschaft für Kohle u. Stahl)

Mon|teur [*montör*, auch: *mongtör*], der; -s, -e (Montagefacharbeiter)

mon|tie|ren ([eine Maschine, ein Gerüst u. a.] [auf]bauen, aufstellen, zusammenbauen)

Mon|tur, die; -, -en (ugs. für: Arbeitsanzug; veralt. für: Dienstkleidung, Uniform)

Mo|nu|ment, das; -[e]s, -e (Denkmal); mo|nu|men|tal (denkmalartig; gewaltig; großartig)

Moor, das; -[e]s, -e; Moor|bad; moor|ba|den (nur in der Grundform gebräuchlich); moo|rig

¹Moos, das; -es, -e u. (für: Sumpf usw. *Mehrz.*:) Möser (Pflanzengruppe; bayr., österr., schweiz. auch für: Sumpf, Bruch)

²Moos, das; -es (ugs. u. Studenspr.: Geld)

Mop, der; -s, -s (Staubbesen mit [ölgetränkten] Fransen)

Mo|ped [...ät, auch: *mópet*], das; -s, -s (leichtes Motorrad)

Mop|pel, der; -s, - (ugs. für: kleiner dicklicher, rundlicher Mensch)

mop|pen (mit dem Mop reinigen)

Mops, der; -es, Möpse (ein Hund); mop|sen (ugs. für: stehlen); sich - (ugs. für: sich langweilen; sich ärgern); **mops|fi-del** (ugs. für: sehr fidel); **mop-sig** (ugs. für: langweilig; dick [von Personen])

Mo|ral, die; -, (selten) -en (Sittlichkeit; Sittenlehre; sittl. Nutzanwendung); **mo|ra|lisch** (der Moral gemäß; sittlich); **mo-ra|li|sie|ren** (sittl. Betrachtungen anstellen; den Sittenprediger spielen); **Mo|ra|list,** der; -en, -en (Sittenlehrer, -prediger); **Mo|ral|pre|digt** (abschätzig)

Mo|rä|ne, die; -, -n (Gletschergeröll)

Mo|rast, der; -[e]s, -e u. Moräste (sumpfige schwarze Erde, Sumpfland; übertr. für: Sumpf, Schmutz [bes. in sittl. Beziehung]); **mo|ra|stig**

Mo|ra|to|ri|um, das; -s, ...ien [...*i*ⁿ] (vereinbarter Aufschub [einer fälligen Zahlung])

mor|bid (kränklich; morsch)

Mor|chel, die; -, -n (ein Pilz)

Mord, der; -[e]s, -e; **mor|den;** **Mör|der; Mör|der|gru|be;** aus seinem Herzen keine - machen (ugs.: mit seiner Meinung nicht zurückhalten); **mör|de|risch** (ugs. für: furchtbar, z. B. -e Kälte); **Mords..., mords...** (ugs. für: sehr groß, gewaltig); **Mords|ar|beit; mords|mä|ßig** **Mo|res,** die (*Mehrz.*; Sitte[n], Anstand); ich will dich - lehren (ugs. drohend)

mor|gen (am folgenden Tage); die Technik von - (der nächsten Zukunft); ¹**Mor|gen,** der; -s, - (Zeit); guten -! (Gruß); ²**Mor-gen,** der; -s, - [urspr.: Land, das ein Gespann an einem Morgen pflügen kann] (ein Feldmaß); fünf - Land; ³**Mor|gen,** das; -s (die Zukunft); das Heute und das -: **mor|gend|lich** (am Morgen geschehend); **Mor|gen|land,** das; -[e]s (veralt. für: Orient; Land, in dem die Sonne aufgeht; **mor|gens; mor|gig;** der -e Tag **Mo|ri|tat,** die; -, -en („Mordtat"; Abbildung eines Mordes, Un-

glücks usw.; Erklärung einer solchen Abbildung durch Bänkelsänger)

Mor|mo|ne, der; -n, -n (Angehöriger einer nordamerik. Sekte)

Mor|phi|um, das; -s (ein Rauschgift; Schmerzlinderungsmittel); **mor|phi|um|süch|tig**

morsch

Mor|se|al|pha|bet (Alphabet für die Telegrafie); **mor|sen** (den Morseapparat bedienen)

Mör|ser, der; -s, - (schweres Geschütz; schalenförmiges Gefäß zum Zerkleinern)

Mor|se|zei|chen

Mor|ta|del|la, die; -, -s (it. Zervelatwurst)

Mör|tel, der; -s, -; **mör|teln**

Mo|sa|ik, das; -s, -en (auch:) -e (Bildwerk aus bunten Steinchen; Einlegearbeit; auch übertr. gebraucht)

mo|sa|isch (nach Moses benannt; jüdisch); -es Bekenntnis

Mo|schee, die; -, ...scheen (mohammedan. Bethaus)

Mo|schus, der; - (ein Riechstoff)

Mö|se, die; -, -n (derb für: weibl. Geschlechtsteile)

mo|sern landsch. (nörgeln)

Mo|ses, der; -s, -s (Seemannsspr.: Beiboot [kleinstes Boot] einer Jacht; spöttisch für: jüngstes Besatzungsmitglied an Bord, Schiffsjunge)

Mos|ki|to, der; -s, -s (meist *Mehrz.;* eine Stechmücke); **Mos|ki|to|netz**

Mos|lem, der; -s, -s (Anhänger des Islams, Muselman)

Most, der; -[e]s, -e (unvergorener Frucht-, bes. Traubensaft); **mo|sten**

Mo|tel [*mǫt*ᵉ*l,* auch: *motä́l*], das; -s, -s (Hotel an großen Autostraßen, das besonders für die Unterbringung von motorisierten Reisenden bestimmt ist)

Mo|tet|te, die; -, -n (Kirchengesang[stück])

Mo|tiv, das; -s, -e [...*w*ᵉ] ([Beweg]grund, Antrieb, Ursache;

Zweck; Leitgedanke; Gegenstand; künstler. Vorwurf; kleinstes musikal. Gebilde); **Mo|ti|va|ti|on,** die; -, -en (Psych.: das Sich-gegenseitig-Bedingen seel. Geschehnisse; die Beweggründe des Willens); **mo|ti|vie|ren** [...*wir*°*n*] (etwas begründen; jmdn. anregen); **Mo|to-Cross,** das; - (Gelände-, Vielseitigkeitsprüfung für Motorradsportler); **Mo|to|drom,** das; -s, -e (Rennstrecke [Rundkurs]); **Mo|tor**[1], der; -s, ...oren („Beweger''; Antriebskraft erzeugende Maschine; übertr. für: vorwärtstreibende Kraft); **Mo|tor|boot**[1]; **Mo|to-ren|lärm; mo|to|ri|sie|ren** (mit Kraftmaschinen, -fahrzeugen ausstatten)

Mot|te, die; -, -n

Mot|to, das; -s, -s (Denk-, Wahl-, Leitspruch; Kennwort)

mot|zen (ugs. für: verdrießlich sein, schmollen)

Mö|we, die; -, -n (ein Vogel)

Mucke[2] die; -, -n (ugs. für: Grille, Laune; südd. für: Mücke); **Mük-ke**[2], die; -, -n

Mucke|fuck[2]**,** der; -s (ugs.: dünner Kaffee)

mucken[2] (ugs.: leise murren)

Mucker[2] (heuchlerischer Frömmler); **mucke|risch**[2]; **Mucker|tum**[2]**,** das; -s; **Mucks,** der; -es, -e, (auch:) Muck|ser, der; -s, - (ugs.: leiser, halb unterdrückter Laut); **muck|sen** (ugs.: einen Laut geben; eine Bewegung machen); **Muck|ser** vgl. Mucks; **mucks|mäus|chen-still** (ugs. für: ganz still)

mü|de; einer Sache - (überdrüssig) sein; **Mü|dig|keit,** die; -

¹Muff, der; -[e]s niederd. (Schimmel [Pilz], Kellerfeuchtigkeit)

²Muff, der; -[e]s, -e (Handwär-

mer); **Muf|fe,** die; -, -n (Rohr-, Ansatzstück)

Muf|fel, der; -s, - (Jägerspr.: kurze Schnauze; ugs. abschätzig für: brummiger, mürrischer Mensch; jmd., der für etwas nicht zu haben ist); **muf|fe|lig,** mufflig niederd. (den Mund verziehend; mürrisch); **muf|feln** (ugs.: andauernd kauen; mürrisch sein); **¹muf|fig** landsch. (mürrisch)

²muf|fig (nach Muff [Schimmel] riechend)

muff|lig vgl. muffelig

Mü|he, die; -, -n; mit Müh und Not; **mü|he|los**

mu|hen (muh schreien)

mü|hen, sich; **mü|he|voll; Mü-he|wal|tung**

Müh|le, die; -, -n; **Müh|len_rad** od. Mühl|rad, **...stein** od. Mühlstein; **Müh|le|spiel**

Müh|sal, die; -, -e; **müh|sam; Müh|sam|keit,** die; -; **müh|se-lig; Müh|se|lig|keit**

Mu|lat|te, der; -n, -n (Mischling zwischen Schwarzen u. Weißen)

Mul|de, die; -, -n; **mul|den|för-mig**

Mu|li, das; -s, -[s] südd., österr. (Maulesel)

¹Mull, der; -[e]s, -e (ein feinfädiges, weitmaschiges Baumwollgewebe)

²Mull, der; -[e]s, -e (eine Humusform)

Müll, der; -[e]s (Stauberde; Schutt, Kehricht; Technik: nicht verwertbares Restprodukt, z. B. Atommüll)

Mül|ler; Mül|le|rei

Müll|kip|pe

Müll_mann (ugs.; *Mehrz.* ...männer od. Mülleute), **...schlucker** [*Trenn.*: ...schluk|ker], **...ton|ne**

mul|mig (ugs.: bedenklich, faul, z. B. die Sache ist -; übel, unwohl, z. B. mir ist -)

mul|ti|la|te|ral (mehrseitig); -e Verträge; **Mul|ti|mil|lio|när; mul|ti|na|tio|nal** (aus vielen Nationen bestehend; in vielen Staaten vertreten); -e Unternehmen;

---

[1] Auch Betonung auf der zweiten Silbe: Motor (der; -s, -e), Motorboot usw.

[2] *Trenn.*: ...k|k...

mul|ti|pel (vielfältig); ...i|ple
Sklerose (Gehirn- u. Rücken-
markskrankheit); **Mul|ti|pli-
kand,** der; -en, -en (Zahl, die
mit einer anderen multipliziert
werden soll); **Mul|ti|pli|ka|ti|on**
[...*zion*], die; -, -en (Vervielfälti-
gung); **Mul|ti|pli|ka|tor,** der; -s,
...gren (Zahl, mit der eine vorge-
gebene Zahl multipliziert werden
soll); **mul|ti|pli|zie|ren** (verviel-
fältigen, malnehmen, vervielfa-
chen)

Mu|mie [...*i*ᵉ], die; -, -n ([durch
Einbalsamieren usw.] vor Verwe-
sung geschützter Leichnam)

Mumm, der; -s (ugs. für: Mut,
Schneid)

Mum|mel|greis (ugs.: alter
[zahnloser] Mann); **Müm|mel-
mann,** der; -[e]s niederd.
scherzh. (Hase); **mum|meln**
landschaftl. (murmeln; behaglich
kauen, wie ein Zahnloser kauen);
müm|meln (fressen [vom Ha-
sen, Kaninchen])

Mum|men|schanz, der; -es
(Maskenfest)

Mum|pitz, der; -es (ugs.: Unsinn;
Schwindel)

Mumps, der (ugs. meist: die);
- (Med.: Ziegenpeter)

Mund, der; -[e]s, Münder (selten
auch: Munde u. Münde);
Mund|art; mund|art|lich
(Abk.: mdal.)

Mün|del, das (BGB [für beide
Geschlechter]: der); -s, - (in der
Anwendung auf ein Mädchen
selten auch: die; -, -n); **mün|del-
si|cher**

mun|den (schmecken); **mün-
den**

mund|faul; Mund|fäu|le (Ge-
schwüre auf der Mundschleim-
haut u. an den Zahnrändern);
**mund|ge|recht; Mund_ge-
ruch**

mün|dig; Mün|dig|keit, die; -
münd|lich; Münd|lich|keit, die;
-; **Mund_raub** (der; -[e]s),
...stück; mund|tot

Mün|dung; Mund|voll, der; -, -;

ein paar - [Fleisch u. a.] nehmen;
Mund_vor|rat, ...was|ser
(*Mehrz.*: ...wässer), **...werk** (in
festen Wendungen, z. B. ein großes, gutes - haben [ugs. für:
tüchtig, viel reden können])

Mu|ni|ti|on [...*zion*], die; -, -en

mun|keln (ugs.)

Müns|ter, das (selten: der); -s,
- (Stiftskirche, Dom)

**mun|ter; munt[e]rer, -ste; Mun-
ter|keit,** die; -

Münz|au|to|mat; Mün|ze, die; -,
-n (Zahlungsmittel, Geld; Geld-
prägestätte); **mün|zen; Mün-
zen|samm|lung,** Münz|samm-
lung; **Münz_fern|spre|cher,
...samm|lung** od. Mün|zen-
samm|lung, **...tank**

Mu|rä|ne, die; -, -n (ein Fisch)

mürb, (häufiger:) **mür|be;** -s Ge-
bäck; er hat ihn - gemacht (ugs.:
seinen Widerstand gebrochen);
Mür|be, die; -; **Mür|be|teig;
Mürb|heit**

Murks, der; -es (ugs.: unordent-
liche Arbeit; Unangenehmes);
murk|sen (ugs.); **Murk|ser**

Mur|mel, die; -, -n landsch.
(Spielkügelchen)

mur|meln

Mur|mel|tier (ein Nagetier)

mur|ren; mür|risch

Mus, das (landsch.: der); -es, -e

Mu|schel, die; -, -n; **Mu|schel-
bank** (*Mehrz.* ...bänke)

Mu|se, die; -, -n (eine der [neun]
gr. Göttinnen der Künste); die
zehnte - (scherzh. für: Klein-
kunst, Kabarett); **mu|se|al** (zum,
ins Museum gehörend); **Mu-
seums...); **Mu|se|en** (*Mehrz.*
von: Museum)

Mu|sel|man, der; -en, -en (An-
hänger des Islams); **mu|sel|ma-
nisch; Mu|sel|mann** (eindeut-
schend veralt. für: Muselman;
Mehrz. ...männer)

Mu|se|um, das; -s, ...een („Mu-
sentempel"; Sammlung); **mu-
se|ums|reif**

Mu|si|cal [*mjusikᵉl*], das; -s, -s
(aktuelle Stoffe behandelnde,

263

einfache Lied- u. Tanzformen verwendende Sonderform der Operette)

Mu|sik, die; -, (für Komposition, Musikstück *Mehrz*.:) -en (Tonkunst); **mu|si|ka|lisch** (tonkünstlerisch; musikbegabt, musikliebend); **Mu|si|ka|li|tät,** die; - (musikal. Wirkung; musikal. Empfinden od. Nacherleben); **Mu|si|kant,** der; -en, -en (mdal., ugs. gelegentl. abschätzig für: Musiker, der zum Tanz u. dgl. aufspielt); **Mu|si|kan|ten|kno|chen** (ugs. für: schmerzempfindlicher Ellenbogenknochen); **Mu|sik|box** (Schallplattenapparat in Gaststätten); **mu|sik|lie|bend**

mu|sisch (den Musen geweiht; künstlerisch [durchgebildet, hochbegabt usw.]; auch: die Musik betreffend)

mu|si|zie|ren

Mus|kat, der; -[e]s, -e (ein Gewürz); **Mus|ka|tel|ler,** der; -s, - (Rebensorte, Wein); **Mus|kat|nuß**

Mus|kel, der; -s, -n; **mus|ke|lig; Mus|kel|ka|ter** (ugs. für: Muskelschmerzen)

Mus|ke|te, die; -, -n (früher: schwere Handfeuerwaffe); **Mus|ke|tier** („Musketenschütze"; veralt. für: Soldat zu Fuß)

mus|ku|lär (auf die Muskeln bezüglich, sie betreffend); **Mus|ku|la|tur,** die; -, -en (Muskelgefüge, starke Muskeln); **mus|ku|lös** (mit starken Muskeln versehen; äußerst kräftig)

Müs|li, das; -s (ein Rohkostgericht)

Muß, das; - (Zwang); es ist ein - (notwendig)

Mu|ße, die; - (freie Zeit)

Mus|se|lin, der; -s, -e (ein Gewebe)

müs|sen; mußte, gemußt

Mu|ße|stun|de

Muß|hei|rat

mü|ßig; - sein, gehen; **mü|ßi|gen** (veranlassen), nur noch in: sich

gemüßigt sehen; **Mü|ßig.gang** (der; -[e]s), **...gänger**

Mus|sprit|ze (ugs. für: Regenschirm)

Mu|stang, der; -s, -s (ein Steppenpferd)

Mu|ster, das; -s, -; **Mu|ster.ex|em|plar** (meist iron.), **...gat|te** (meist iron.); **mu|ster|gül|tig; Mu|ster|gül|tig|keit,** die; -; **mu|ster|haft; Mu|ster|haf|tig|keit,** die; -; **Mu|ster.kna|be** (iron.), **...kof|fer, mu|stern; Mu|ster.schüler, ...stück** (meist iron.); **Mu|ste|rung**

Mut, der; -[e]s; guten Mut[e]s sein

Mu|ta|ti|on [...*zion*], die; -, -en (Biol.: spontan od. künstlich erzeugte Veränderung im Erbgefüge; Med.: Stimmwechsel)

Müt|chen; an jmdm. sein - kühlen (ugs. für: jmdn. seinen Ärger od. Zorn fühlen lassen); **mu|tig; mut|los; Mut|lo|sig|keit**

mut|ma|ßen (vermuten); **mut|maß|lich; Mut|ma|ßung**

Mut|pro|be

Mutt|chen (landsch. Koseform von: Mutter)

¹Mut|ter, die; -, -n (Schraubenteil)

²Mut|ter, die; -, Mütter; **Mut|ter.er|de** (die; -; besonders fruchtbare Erde), **Mut|ter Got|tes,** die; - -, (auch:) **Mut|ter|got|tes,** die; -; **Mut|ter.korn** (*Mehrz.* ...korne), **...ku|chen** (für: Plazenta), **...land** (*Mehrz.* ...länder); **müt|ter|lich; müt|ter|li|cher|seits; Müt|ter|lich|keit,** die; -; **mut|ter|los; Mut|ter|mal** (*Mehrz.* ...male); **Mut|ter|schaft,** die; -; **Mut|ter.schiff, ...schutz; mut|ter|see|len|al|lein; Mut|ter.söhn|chen** (verächtl. für: verhätschelter Jugendlicher); **...spra|che, ...tag, ...tier, ...witz** (der; -es)

Mut|ti, die; -, -s (Koseform von: Mutter)

mut|voll; Mut|wil|le, der; -ns; **mut|wil|lig; Mut|wil|lig|keit**

Müt|ze, die; -, -n; **Müt|zen-
schild,** das

Myr|rhe, die; -, -n (ein aromat.
Harz); **Myr|te,** die; -, -n (immer-
grüner Baum od. Strauch des
Mittelmeergebietes u. Südame-
rikas); **Myr|ten|kranz**

my|ste|ri|ös (geheimnisvoll; rät-
selhaft); **My|ste|ri|um,** das; -s,
...ien [...*i*ᵉn] ([relig.] Geheimnis;
Geheimlehre, -dienst; insbes. das
Sakrament); **My|stik,** die; - (ur-
sprüngl.: Geheimlehre; relig.
Richtung, die den Menschen
durch Hingabe u. Versenkung zu
persönl. Vereinigung mit Gott zu
bringen sucht); **my|stisch** (ge-
heimnisvoll; dunkel)

my|thisch (sagenhaft, erdichtet);
My|tho|lo|gie, die; -, ...ien (wis-
senschaftl. Behandlung der Göt-
ter-, Helden-, Dämonensage;
Sagenkunde, Götterlehre); **My-
thos,** (älter:) **My|thus,** der; -,
...then (Sage u. Dichtung von
Göttern, Helden u. Geistern; die
aus den Mythen sprechende
Glaubenshaltung; Legendenbil-
dung, Legende)

N

N (Buchstabe); das N; des N, die
N

'n (ugs. für: ein, einen)

na!; na, na!; na ja!; na und?

Na|be, die; -, -n (Mittelhülse des
Rades); **Na|bel,** der; -s, -; **Na-
bel_bruch** (der), **...schnur**
(*Mehrz.* ...schnüre)

Na|bob, der; -s, -s („Statthalter"
in Indien; reicher Mann)

nach; - und -; - wie vor; mit
Wemf.: - ihm; - Hause od. Haus

nach|äf|fen

**nach|ah|men; nach|ah|mens-
wert; Nach|ah|mer; Nach|ah-
mung; Nach|ah|mungs|trieb**

Nach|bar, der; -n u. (weniger ge-
br.:) -s, -n; **Nach|ba|rin,** die; -,
-nen; **nach|bar|lich**

**nach|be|han|deln; Nach|be-
hand|lung**

**nach|be|stel|len; Nach|be|stel-
lung**

nach|be|ten; Nach|be|ter

nach|bil|den; Nach|bil|dung

nach|blicken [*Trenn.:* ...blik|ken]

nach Chri|sti Ge|burt (Abk.: n.
Chr. G.); **nach|christ|lich; nach
Chri|sto, nach Chri|stus**
(Abk.: n. Chr.)

nach|da|tie|ren (etwas mit einem
früheren, [aber auch:] späteren
Datum versehen); **Nach|da|tie-
rung**

nach|dem (landsch., bes. südd.
auch für: da, weil); je -

**nach|den|ken; nach|denk|lich;
Nach|denk|lich|keit,** die; -

Nach|dich|tung

nach|drän|gen

Nach|druck, der; -[e]s, (Druck-
wesen:) ...drucke; **nach-
drucken** [*Trenn.:* ...druk|ken];
**nach|drück|lich; Nach|drück-
lich|keit,** die; -

nach|dun|keln

nach|ei|fern; Nach|ei|fe|rung

nach|ei|len

nach|ein|an|der

nach|emp|fin|den

Na|chen, der; -s, - (landsch. u.
dicht. für: Kahn)

Nach|er|be, der

nach|er|le|ben

nach|ern|te

**nach|er|zäh|len; Nach|er|zäh-
lung**

Nach|fahr, der; -s, -en u. **Nach-
fah|re,** der; -n, -n (selten noch
für: Nachkomme)

nach|fas|sen

**Nach|fol|ge; nach|fol|gen;
nach|fol|gend;** im -en (weiter
unten); **Nach|fol|gen|de,** der u.
die; -n, -n; **Nach|fol|ger; Nach-
fol|ge|rin,** die; -, -nen

**nach|for|dern; Nach|for|de-
rung**

**nach|for|schen; Nach|for-
schung**

Nach|fra|ge; nach|fra|gen

nach|füh|len; nach|füh|lend

nach|fül|len; Nach|fül|lung
nach|ge|ben
Nach|ge|bühr (z. B. Strafporto)
Nach|ge|burt
nach|ge|hen; einer Sache -
nach|ge|ra|de
nach|ge|ra|ten; jmdm. -
Nach|ge|schmack, der; -[e]s
nach|gie|big; Nach|gie|big|keit
nach|gie|ßen
nach|gucken [Trenn.: ...guk|ken]
(ugs.)
Nach|hall; nach|hal|len
nach|hal|tig; Nach|hal|tig|keit,
die; -
nach|hän|gen
nach Haus, Hau|se; Nach|hau-
se|weg
nach|hel|fen; Nach|hel|fer
nach|her [auch: naehher]
Nach|hil|fe; Nach|hil|fe|stun|de
nach|hin|ein; im -
Nach|hol|be|darf; nach|ho|len
Nach|hut, die; -, -en
nach|ja|gen; dem Glück -
Nach|klang; nach|klin|gen
Nach|kom|me, der; -n, -n; nach-
kom|men;   Nach|kom|men-
schaft; Nach|kömm|ling
Nach|kriegs|zeit
Nach|kur
Nach|laß, der; ...lasses, ...lasse u.
...lässe; nach|las|sen; nach|läs-
sig; Nach|läs|sig|keit; Nach-
laß_ver|wal|ter
nach|lau|fen; Nach|läu|fer
nach|le|gen
Nach|le|se; nach|le|sen
nach|lie|fern; Nach|lie|fe|rung
nach|lö|sen
nach|ma|chen (ugs. für: nachah-
men)
nach|mes|sen; Nach|mes|sung
Nach|mit|tag; nach|mit|tags
Nach|nah|me, die; -, -n
Nach|na|me (Familienname)
nach|plap|pern (ugs.)
nach|prü|fen; Nach|prü|fung
nach|rech|nen
Nach|re|de; nach|re|den
Nach|richt, die; -, -en; nach-
richt|lich
nach|rücken [Trenn.: ...rük|ken]

Nach|ruf, der; -[e]s, -e; nach|ru-
fen
nach|sa|gen; jmdm. etwas -
Nach|sai|son
¹nach|schaf|fen (ein Vorbild
nachgestalten);   ²nach|schaf-
fen (nacharbeiten)
nach|schicken [Trenn.: ...schik-
ken]
Nach|schlag, der; -[e]s, Nach-
schläge (Musik; ugs.: zusätzliche
Essensportion);   nach|schla-
gen; er ist seinem Vater nachgeschlagen (nachgeartet); er hat in
einem Buch nachgeschlagen
nach|schlei|chen
Nach|schlüs|sel
Nach|schrift
Nach|schub, der; -[e]s, Nach-
schübe
Nach|schuß (Wirtsch.: Einzah-
lung über die Stammeinlage hinaus; Sportspr.: erneuter Schuß
auf das Tor)
nach|se|hen; jmdm. etwas -;
Nach|se|hen, das; -s
nach|sen|den; Nach|sen|dung
nach|set|zen; jmdm. - (jmdn. ver-
folgen)
Nach|sicht, die; -; nach|sich|tig
Nach|sil|be
nach|sit|zen (ugs.: zur Strafe
nach dem Unterricht noch da-
bleiben müssen)
Nach|som|mer
Nach|spann (Film, Fernsehen:
Abschluß einer Sendung, eines
Films)
Nach|spei|se
Nach|spiel; nach|spie|len
nach|spio|nie|ren (ugs.)
nach|spü|ren
¹nächst; der nächste (erste) beste; das Nächste u. Beste, was
sich ihm bietet; ²nächst (hinter,
gleich nach); mit Wemf.: - ihm;
nächst|bes|ser;   nächst|be-
ste; Nächst|be|ste, der u. die
u. das; -n, -n; Näch|ste, der;
-n, -n (Mitmensch)
nach|ste|hen;   nach|ste|hend;
nachstehendes (folgendes)
nach|stei|gen (ugs.: folgen)

nach|stel|len; Nach|stel|lung
Näch|sten|lie|be; näch|stens;
näch|stes Mal; nächst|fol-
gend; nächst|hö|her; Nächst-
hö|he|re, der u. die u. das; -n,
-n; nächst|lie|gend; Nächst-
lie|gen|de, das; -n; nächst-
mög|lich; zum -en Termin
Nacht, die; -, Nächte; bei, über
-; heute nacht; Nacht|dienst
Nach|teil, der; nach|tei|lig
näch|te|lang; Nacht|es|sen bes.
südd. u. schweiz. (Abendessen);
Nacht.eu|le (übertr. ugs. auch
für: jmd., der bis spät in die Nacht
hinein aufbleibt); Nacht.frost,
...hemd
Nach|ti|gall, die; -, -en („Nacht-
sängerin''; Vogel); näch|ti|gen
(übernachten)
Nach|tisch, der; -[e]s
nächt|lich; Nacht|lo|kal
Nach|trag, der; -[e]s, ...träge;
nach|tra|gen; nach|träg|lich
nach|trau|ern
nachts; Nacht|schat|ten|ge-
wächs; Nacht|schicht;
nacht|schla|fend; zu, bei -er
Zeit; Nacht.schwär|mer
(scherzh. für: jmd., der sich die
Nacht über vergnügt), ...strom
(der; -[e]s), ...tisch, ...topf
nach|tun; es jmdm. -
Nacht.wa|che, ...wäch|ter;
nacht|wan|deln; genachtwan-
delt; nacht|wand|le|risch; mit
-er Sicherheit; Nacht.zeit (zur
-), ...zug
nach|voll|zie|hen
Nach|wahl
Nach|we|hen, die (Mehrz.)
nach|wei|nen
Nach|weis, der; -es, -e; nach-
weis|bar; nach|wei|sen (be-
weisen); nach|weis|lich
Nach|welt, die; -
nach|wer|fen
nach|wie|gen
nach|wir|ken; Nach|wir|kung
Nach|wort (Mehrz. ...worte)
Nach|wuchs, der; -es
nach|zah|len; Nach|zah|lung;
nach|zäh|len; Nach|zäh|lung

Nach|zei|tig|keit, die; -
(Sprachw.)
nach|zie|hen
nach|zot|teln (ugs.: langsam
hinterherkommen)
Nach|zug; Nach|züg|ler
Nacke|dei[1], der; -[e]s, -e u. -s
(scherzh. für: nacktes Kind)
Nacken[1], der; -s, -
nackend[1] landsch. (nackt)
nackig[1] (ugs.: nackt)
nackt; Nackt|ba|den, das; -s;
Nackt|frosch (scherzh.: nack-
tes Kind); Nackt|heit, die; -;
Nackt|kul|tur, die;
Na|del, die; -, -n; Na|del.ar|beit,
...baum, ...holz (Mehrz. ...höl-
zer), ...kis|sen, na|deln (von
Tannen u.a.: Nadeln verlieren);
Na|del.öhr, ...strei|fen (sehr
feiner Streifen in Stoffen),
...wald
Na|gel, der; -s, Nägel; Na|gel-
.bett (Mehrz. ...betten [seltener:
...bette]), ...fei|le; na|gel|fest,
in: niet- u. nagelfest; Na|gel-
lack; na|geln; na|gel|neu
(ugs.); Na|gel.pfle|ge, ...pro-
be, ...sche|re
na|gen; Na|ger; Na|ge|tier
nah; [1]na|he; näher, nächst; Nah-
auf|nah|me; [2]na|he; mit Wemf.:
- dem Flusse; Nä|he, die; -; in
der -; na|he|brin|gen (Verständ-
nis erwecken); na|he|ge|hen
(seelisch ergreifen); na|he|kom-
men (fast gleichen); na|he|le-
gen (empfehlen); na|he|lie|gen
(leicht zu finden sein; leicht verständlich sein); näherliegend,
nächstliegend; na|hen; sich -
nä|hen
nä|her; des näher[e]n (genauer)
auseinandersetzen; Näheres
folgt; nä|her|brin|gen (erklären,
leichter verständlich machen)
Nä|he|rei; Nä|he|rin, die; -, -nen
nä|her|kom|men (Fühlung be-
kommen, verstehen lernen); nä-
her|lie|gen (besser, sinnvoller,
vorteilhafter sein); nä|her|lie-

---

[1] Trenn.: ...k|k...

267

gend; **nä|hern,** sich; **nä|her-
ste|hen** (vertrauter sein); **nä-
her|tre|ten** (vertrauter werden);
**Nä|he|rungs|wert; na|he|ste-
hen** (befreundet, vertraut, ver-
bunden sein); **na|he|ste|hend;**
näherstehend, nächststehend;
na|he|tre|ten (befreundet, ver-
traut werden); **na|he|zu**
Näh_fa|den, ...garn
Nah|kampf
Näh_ma|schi|ne, ...na|del
Nah|ost (Naher Osten); für, in,
nach, über -; **nah|öst|lich**
**Nähr_bo|den, ...creme; näh-
ren; nahr|haft; Nähr_mit|tel**
(die; *Mehrz.*), **...stof|fe** (die;
Mehrz.); **Nah|rung,** die; -; **Nah-
rungs|mit|tel,** das; **Nähr|wert**
Näh|sei|de; Naht, die; -, Nähte;
naht|los; Naht|stel|le
Nah|ver|kehr; nah|ver|wandt
Näh|zeug
Nah|ziel
na|**iv** (natürlich; unbefangen;
kindlich; treuherzig; einfältig, tö-
richt); **Nai|ve** [*...wᵉ*], die; -n, -n
(Darstellerin naiver Mädchenrol-
len); **Nai|vi|tät** [*na-iwi...*], die;
-,-en; **Na|iv|ling** (abschätzig für:
gutgläubiger, törichter Mensch)
na ja!
Na|me, der; -ns, -n; **Na|men,** der;
-s, - (seltener für: Name) **na-
men|los; Na|men|lo|se,** der u.
die; -n, -n; **na|mens** (im Namen,
im Auftrag [von]; mit Namen);
Na|mens_schild (*Mehrz.*
...schilder), **...tag, ...vet|ter; na-
ment|lich; nam|haft;** - machen;
näm|lich; näm|li|che; der, die,
das -; er ist noch der - (derselbe)
na|nu!
Na|palm, das; -s (hochwirksamer
Füllstoff für Benzinbrandbom-
ben); **Na|palm|bom|be**
Napf, der; -[e]s, Näpfe; **Napf-
ku|chen**
Nap|pa, das; - (kurz für: Nappale-
der); **Nap|pa|le|der**
Nar|be, die; -, -n; **nar|ben** (Ger-
berei: [Leder] mit Narben verse-
hen); **nar|big**

Nar|ko|se, die; -, -n (Med.: Be-
täubung); **Nar|ko|ti|kum,** das;
-s, ...ka (Rausch-, Betäubungs-
mittel)
Narr, der; -en, -en; **nar|ren; Nar-
ren|frei|heit; nar|ren|si|cher;
Nar|re|tei; Narr|heit; Där|rin,**
die; -, -nen; **där|risch**
Nar|ziß, der; - u. ...zisses, ...zisse
(eitler Selbstbewunderer); **Nar-
zis|se,** die; -, -n (eine Zwiebel-
pflanze)
na|sal (durch die Nase gespro-
chen, genäselt; zur Nase gehörend)
na|schen; du naschst (naschest);
Na|sche|rei (wiederholtes Na-
schen [nur *Einz.*]; auch für: Nä-
scherei); **Nä|sche|rei** (veraltend
für: Süßigkeit) meist *Mehrz.*;
nasch|haft; Nasch|kat|ze
Na|se, die; -, -n; **na|se|lang** vgl.
nase[n]lang; **nä|seln; Na|sen-
bein, ...blu|ten** (das; -s),
...flü|gel; na|se[n]|lang, nas-
lang (ugs.); alle - (jeden Augen-
blick, kurz hintereinander); **Na-
sen_län|ge, ...spit|ze, ...stü-
ber; na|se|rümp|fend; na|se-
weis; Na|se|weis,** der; -es, -e;
Nas|horn (*Mehrz.* ...hörner);
nas|lang vgl. nase[n]lang
naß; nasser (auch: nässer), nasse-
ste (auch: nässeste); **Naß,** das;
Nasses (dicht. für: Wasser)
Nas|sau|er (ugs.: auf anderer
Leute Kosten Lebender; scherzh.
für: Regenschauer)
Näs|se, die; -; **näs|seln** (ugs. für:
ein wenig naß sein, werden);
näs|sen; du näßt (nässest);
naß|fest; -es Papier; **naß-
forsch** (ugs. für: bes. forsch,
keck, dreist); **naß|kalt**
Na|ti|on [*...zion*], die; -, -en
(Staatsvolk); **na|tio|nal;** -es In-
teresse; **Na|tio|nal_be|wußt-
sein, ...cha|rak|ter, ...elf,
...fei|er|tag, ...flag|ge, ...held,
...hym|ne; Na|tio|na|lis|mus,**
der; -, ...men (übertriebenes Na-
tionalbewußtsein); **Na|tio|na-
list,** der; -en, -en; **na|tio|na|li-**

stisch; **Na|tio|na|li|tät,** die; -, -en (Volkstum; Staatsangehörigkeit; nationale Minderheit); **Na|tio|na|li|tä|ten|staat** (Mehr-, Vielvölkerstaat; *Mehrz.* ...staaten); **Na|tio|nal_li|te|ra|tur, ...mann|schaft; na|tio|nal|so|zia|li|stisch; Na|tio|nal|spie|ler**

NATO, (auch:) **Nato** = North Atlantic Treaty Organization [*no͞'th ˈetlän̳tik tri̳ti o͞'gˈe̳nai̳seˈschᵉn*], die; - (westl. Verteidigungsbündnis)

Na|tron, das; -s (ugs.: doppeltkohlensaures Natrium)

Nat|ter, die; -, -n

Na|tur, die; -, -en; **Na|tu|ral|be|zü|ge,** die (*Mehrz.*; Sachbezüge); **Na|tu|ra|li|en** [...*iᵉn*], die; (*Mehrz.*; Natur-, Bodenerzeugnisse); **Na|tu|ra|li|sa|ti|on** [...*zion*], **Na|tu|ra|li|sie|rung,** die; -, -en (Einbürgerung, Aufnahme in den Staatsverband; allmähl. Anpassung von Pflanzen u. Tieren); **na|tu|ra|li|sie|ren; na|tur|be|las|sen; Na|tur|bur|sche; Na|tu|rell,** das; -s, -e (Veranlagung; Eigenart; Gemütsart); **Na|tur_er|eig|nis, ...er|schei|nung; na|tur|far|ben; Na|tur|freund; na|tur_ge|ge|ben, ...ge|mäß; Na|tur_ge|schich|te** (die; -), **...ge|setz; na|tur_ge|treu, ...haft; Na|tur_heil|kun|de** (die; -), **...ka|ta|stro|phe, ...kun|de** (die; -); **na|tür|lich; na|tur|rein; Na|tur|schutz|ge|biet; na|tur_trüb, ...ver|bun|den; Na|tur|wis|sen|schaft** (meist *Mehrz.*)

Na|vel|oran|ge, (kurz:) **Na|vel** [*nḝ'wᵉl...*] (kernlose Orange, die eine zweite kleine Frucht einschließt)

Na|vi|ga|ti|on [*nawigazion*], die; - (Schiffahrt[skunde]; Schiffs-, Flugzeugführung; Einhaltung des gewählten Kurses)

Na|zi, der; -s, -s (verächtl. für: Nationalsozialist); **Na|zi|zeit**

ne!, nee! (mdal. u. ugs. für: nein!)

'**ne** (ugs.: eine); '**nen** (ugs.: einen)

Ne|an|der|ta|ler [nach dem Fundort Neandertal bei Düsseldorf] (vorgeschichtlicher Mensch)

Ne|bel, der; -s, -; **ne|bel_grau, ...haft; Ne|bel_horn** (*Mehrz.* ...hörner); **ne|be|lig,** neblig; **ne|beln;** es nebelt; **Ne|bel|wand**

ne|ben; *Verhältnisw.* mit *Wemf.* u. *Wenf.*: - dem Hause stehen; - das Haus stellen; **ne|ben|an; ne|ben_bei; ne|ben|be|ruf|lich; Ne|ben_buh|ler; ne|ben|ein|an|der; Ne|ben|ein|an|der** [auch: *neb...*], das; -s; **Ne|ben_ein|künf|te,** (die; *Mehrz.*), **...fluß; ne|ben|her; ne|ben|her_fah|ren; ne|ben|hin;** etwas - sagen; **Ne|ben_ko|sten** (die; *Mehrz.*), **...pro|dukt, ...rol|le, ...sa|che; ne|ben|säch|lich; Ne|ben_säch|lich|keit; Ne|ben|satz** (Sprachw.); **ne|ben|ste|hend; Ne|ben_stra|ße, ...ver|dienst** (der), **...wir|kung**

neb|lig, ne|be|lig

nebst; mit *Wemf.*: - seinem Hunde

ne|bu|los, ne|bu|lös (unklar, verworren, geheimnisvoll)

Ne|ces|saire [*neßäßär*], das; -s, -s ("Notwendiges"; [Reise]behältnis für Toiletten-, Nähutensilien u. a.)

necken[1]; **Necke|rei**[1]; **nek|kisch**[1]

Nef|fe, der; -n, -n

ne|ga|tiv[2] (verneinend; ergebnislos; kleiner als Null; Fotogr.: in den Farben gegenüber dem Original vertauscht); **Ne|ga|tiv**[2], das; -s, -e [...*wᵉ*] (Fotogr.: Gegen-, Kehrbild)

Ne|ger, der; -s, -; **Ne|ger|kuß** (mit Schokolade überzogenes Schaumgebäck)

Ne|gli|gé [...*glische*], das; -s, -s (Hauskleid; Morgenrock)

---

[1] *Trenn.*: ...k|k...

[2] Auch: *negatif, neg...* usw.

neh|men; nahm, genommen

Neh|rung (Landzunge)

Neid, der; -[e]s; **nei|den; Nei-der; Neid|ham|mel** (abwertend: neidischer Mensch); **neidisch; neid|los**

Nei|ge, die; -, -n; zur - gehen; **nei|gen; Nei|gung**

nein; nein sagen; das Ja und das Nein; **Nein|stim|me**

Ne|kro|log, der; -[e]s, -e (Nachruf)

Nek|tar, der; -s (ewige Jugend spendender Göttertrank; zuckerhaltige Blütenabsonderung)

Nel|ke, die; -, -n (Blume; Gewürz)

nen|nen; nannte, genannt; **nennens|wert; Nen|ner; Nennform** (für: Grundform, Infinitiv)

Ne|on, das; -s (chem. Grundstoff, Edelgas)

Nepp, der; -s (ugs. für: das Neppen); **nep|pen** (ugs.: Gäste in Lokalen u. a. übervorteilen)

Nerv [*närf*], der; -s, -en; **Ner|ven.bün|del** [*närf*ᵉ*n*...], **...kli|nik, ...ko|stüm** (ugs. scherzh.), **...sa|che** (úgs.), **...sä-ge** (ugs.), **...zu|sam|men-bruch; ner|vig** [*närw*..., auch: *närf*...] (sehnig, kräftig); **nervlich** (das Nervensystem betreffend); **ner|vös** [*...wöß*] (nervenschwach; reizbar); **Ner|vo|si-tät,** die; -; **nerv|tö|tend**

Nerz, der; -es, -e (Pelz[tier])

Nes|ca|fé (löslicher Kaffee)

¹**Nes|sel,** die; -, -n; ²**Nes|sel,** der; -s, - (kurz für: Nesseltuch); **Nessel.fie|ber, ...sucht** (die; -)

Nest, das; -[e]s, -er

Ne|stel, die; -, -n landsch. (Schnur); **ne|steln**

Nest.flüch|ter, ...häk|chen, ...hocker [*Trenn.*: ...hok|ker]

nett (niedlich, zierlich; freundlich)

net|to (rein, nach Abzug der Verpackung oder der Unkosten)

Netz, das; -es, -e

neu; neuer, neu[e]ste; aufs neue; er ist aufs Neue (auf Neuerun-gen) erpicht; **neu|ar|tig; Neu-.auf|la|ge, ...bau** (*Mehrz.* ...bauten), **neu|er|dings** (kürzlich; von neuem); **Neue|rer; neu|er|lich** (neulich; von neuem); **neu|er|öff|net; Neu-er|schei|nung; Neue|rung; neu|ge|bo|ren; Neu|ge|bo|re-ne,** das; -n, -n (Säugling); **Neu-gier; Neu|gier|de,** die; -; **neu-gie|rig; Neu|heit; neu|hoch-deutsch; Neu|ig|keit; Neu-jahr** [auch: *neujar*]; **Neu|land,** das; -[e]s; **neu|lich; Neu|ling; neu|mo|disch**

Neu|mond, der; -[e]s

neun, (ugs.:) **neu|ne;** alle neun[e]!; wir sind zu neunen od. zu neunt; **Neun,** die; -, -en (Ziffer, Zahl); **Neun.au|ge** (ein Fisch); **Neu|ner** (ugs.); einen - schieben; **neu|ner|lei; neun-fach; neun|hun|dert; neun-mal; neun|mal|klug** (spött. ugs. für: überklug); **neun|tau|send; neun|te; neun|tel; Neun|tel,** das; -s, -; **neun|tens; Neun|tö-ter** (ein Vogel); **neun|zehn; neun|zig**

Neur|al|gie, die; -, ...ien (Med.: in Anfällen auftretender Nervenschmerz); **neur|al|gisch; Neu-ro|lo|gie,** die; - (Lehre von den Nerven und ihren Erkrankungen); **Neu|ro|se,** die; -, -n (Med.: nicht organisch bedingtes Nervenleiden)

Neu.schnee, ...sil|ber (eine Legierung); **neu|stens,** neue-stens; **Neu|tö|ner** (Vertreter neuer Musik)

Neu|tra (*Mehrz.* von: Neutrum); **neu|tral; neu|tra|li|sie|ren; Neu|tra|lis|mus,** der; - (Grundsatz der Nichteinmischung in fremde Angelegenheiten [vor allem in der Politik]); **Neu|tron,** das; -s, ...onen (Physik: Elementarteilchen ohne elektrische Ladung); **Neu|tro|nen|bom|be; Neu|trum,** das; -s, ...tra, (auch:) ...ren (Sprachw.: sächliches Hauptwort, z. B. „das Buch")

neu|ver|mählt; Neu_wahl,
...wert; neu|wer|tig; Neu|zeit,
die; -; neu|zeit|lich
nicht; - wahr?; gar -
Nich|te, die; -, -n
Nicht_ein|hal|tung, ...ge|fal|len
(das; -s); bei -
nich|tig; null u. -; Nich|tig|keit
Nicht_me|tal|le, die (Mehrz.),
...rau|cher; nicht|ro|stend
nichts; für -; zu -; gar -; Nichts,
das; -
Nicht|schwim|mer; nichts|de|-
sto|trotz (ugs.); nichts|de|-
sto|we|ni|ger; Nichts|nutz,
der; -es, -e; nichts|nut|zig;
nichts|sa|gend (inhaltslos, aus-
druckslos); Nichts_tu|er (ugs.),
...tun (das; -s); nichts|wür|dig
Nicht_tänzer; ...zu|tref|fen|de
(Nichtzutreffendes streichen)
[1]Nickel[1], der; -s, -mdal. (mutwil-
liger Knirps); [2]Nickel[1], das; -s
(chem. Grundstoff, Metall)
nicken[1]; Nicker[1] (ugs. für:
Schläfchen); Nicker|chen[1]
(ugs.)
Nicki[1], der; -s, -s (Pullover aus
samtartigem Baumwollstoff)
nie; nie mehr, nie wieder
nie|der; nieder mit ihm!
nie|der|beu|gen; sich -
nie|der|drücken[1]
nie|de|re; das niedere Volk; hoch
und nieder (jedermann)
Nie|der|gang, der; -[e]s; nie|-
der|ge|hen
nie|der|ge|schla|gen (auch für:
traurig)
nie|der|knien; er ist niederge-
kniet
nie|der|knüp|peln
nie|der|kom|men; Nie|der|-
kunft, die; -, ...künfte
Nie|der|la|ge
nie|der|las|sen; Nie|der|las|-
sung
nie|der|le|gen
Nie|der|schlag, der; -[e]s,
...schläge; nie|der|schla|gen;
Nie|der|schlags|men|ge

nie|der|schmet|tern
nie|der|schrei|ben; Nie|der|-
schrift
nie|der|set|zen; ich habe mich
niedergesetzt
nie|der|ste
nie|der|strecken [Trenn.:
...strek|ken]
Nie|der|tracht, die; -; nie|der|-
träch|tig; Nie|der|träch|tig|-
keit
Nie|de|rung
nie|der|wer|fen
nied|lich; Nied|lich|keit
Nied|na|gel (im Nagelfleisch haf-
tender Nagelsplitter; am Nagel
losgelöstes Hautstückchen)
nied|rig; niedrige Beweggründe;
hoch und niedrig (jedermann);
nie|mals
nie|mand; - anders; Nie|mand,
der; -[e]s; der böse - (auch für:
Teufel); Nie|mands|land, das;
-[e]s (Kampfgebiet zwischen
feindlichen Linien; unerforsch-
tes, herrenloses Land)
Nie|re, die; -, -n; künstliche -
(med. Gerät); nie|ren|för|mig;
Nie|ren|stein
nie|seln (ugs.: leise regnen)
nie|sen; Nies|pul|ver
Nieß|brauch, der; -[e]s (Nut-
zungsrecht)
Nies|wurz, die; -, -en (ein Heil-
kraut)
Niet, der (auch: das); -[e]s, -e
(Metallbolzen); [1]Nie|te, die; -,
-n (nichtfachspr. für: Niet)
[2]Nie|te, die; -, -n (Los, das nichts
gewonnen hat; Reinfall, Versa-
ger)
nie|ten; niet- und na|gel|fest
Nig|ger, der; -s, - (verächtl. für:
Neger)
[1]Ni|ko|laus [auch: nik...], der; -,
-e, (volkstümlich:) ...läuse
(als hl. [Bischof] Nikolaus
verkleidete Person; den hl. Niko-
laus darstellende Figur); Ni|ko|-
laus|tag [auch: nik...] (6. De-
zember)
Ni|ko|tin, das; -s (Alkaloid im Ta-
bak); ni|ko|tin|arm

---

[1] Trenn.: ...k|k...

271

Nim|bus, der; -, -se (Heiligenschein, Strahlenkranz; [unverdienter] Ruhmesglanz)

nim|mer landsch. (niemals; nicht mehr); nie und -; **Nim|mer|leins|tag** (spött.); **nim|mer|mehr** (landsch. für: niemals); **nim|mer|mü|de; Nim|mersatt,** der; - u. -[e]s, -e (abwertend für: jmd., der nicht genug bekommen kann); **Nim|mer|wie|der|se|hen,** das; -s; auf - (ugs.)

Nip|pel, der; -s, - (kurzes Rohrstück mit Gewinde)

nip|pen

Nip|pes [*nip^eß*; *nip(ß)*], die (*Mehrz.*; kleine Ziergegenstände [aus Porzellan]); **Nipp|sa|chen,** die (*Mehrz.*; kleine Ziergegenstände)

nir|gend (geh. für: nirgends); **nir|gends; nir|gend[s]|wo; nir|gend[s]|wo|hin**

Ni|sche, die; -, -n

Niß, die; -, Nisse u. **Nis|se,** die; -, -n (Ei der Laus)

ni|sten; Nist|ka|sten

Ni|veau [*niwo*], das; -s, -s (waagerechte Fläche; [gleiche] Höhe, Höhenlage; Rang, Stufe, [Bildungs]stand; Gesichtskreis); **ni|vel|lie|ren** (gleichmachen; ebnen; Höhenunterschiede [im Gelände] bestimmen)

Nix, der; -es, -e (germ. Wassergeist); **Ni|xe,** die; -, -n

no|bel (adlig, edel, vornehm; ugs. für: freigebig); **no|bler** Mensch

No|bel|preis

No|bles|se [*nobläß^e*], die; -, -n (veralt. für: Adel; adelige, vornehme Welt; veraltend nur *Einz.* für: vornehmes Benehmen); **no|blesse ob|lige** [*nobläß oblische*] (Adel verpflichtet)

noch; - nicht; - einmal; **nochmals**

Nockerl[1]**,** das; -s, -n österr. ([Suppen]einlage, Klößchen; naives Mädchen)

---

[1] *Trenn.:* ...k|k...

272

no iron [*no^u air^e n*] (nicht bügeln, bügelfrei [Hinweis an Kleidungsstücken])

No|ma|de, der; -n, -n (Umherschweifender; Wanderhirt; Angehöriger eines Hirten-, Wandervolkes)

No|men, das; -s, ...mina (Name; Sprachw.: Nennwort, Hauptwort, z. B. „Haus"; häufig auch für Eigenschaftswort u. andere deklinierbare Wortarten); **Nomen|kla|tur,** die; -, -en (Zusammenstellung von Fachausdrücken, bes. in Biologie u. Physik); **No|mi|na** (*Mehrz.* von: Nomen); **no|mi|nal** (zum Namen gehörend; zum Nennwert); **No|mi|na|tiv** [auch: ...*tif*], der; -s, -e [...*w^e*] (Sprachw.: Werfall, 1. Fall); **no|mi|nell** ([nur] dem Namen nach [bestehend], vorgeblich; zum Nennwert); **no|mi|nie|ren** (benennen, bezeichnen; ernennen)

Non|cha|lance [*nongschalangß*], die; - ([Nach]lässigkeit, formlose Ungezwungenheit); **non|cha|lant** [...*lang*, als Beifügung: ...*ant*] ([nach]lässig, formlos, ungezwungen)

Non|ne, die; -, -n

Non|plus|ul|tra, das; - („nicht darüber hinaus"; Unübertreffbares, Unvergleichliches)

Non|sens, der; - u. -es (Unsinn; törichtes Gerede)

non|stop (ohne Halt, ohne Pause); - fliegen, spielen; **Nonstop|ki|no** (Kino mit fortlaufenden Vorführungen u. durchgehendem Einlaß)

Nop|pe, die; -, -n (Knoten im Geweben); **nop|pen** (Knoten aus dem Gewebe entfernen, abzupfen)

[1]**Nord** (Himmelsrichtung); bei Ortsnamen: Frankfurt (Nord); [2]**Nord,** der; -[e]s, (selten:) -e (dicht. für: Nordwind); **Nor|den,** der; -s; das Gewitter kommt aus -; gen Norden; **nor|disch** (den Norden betreffend); -e Kälte;

Nord|kap, das; -s (nördlichster Punkt Europas); **Nord|län|der,** der; **nord|län|disch; nörd|lich;** - des Meeres, - vom Meere; **Nord|licht** (*Mehrz.* ...lichter); **Nord|pol,** der; -s; **Nord|sei|te; nord|wärts; Nord|wind**

nör|geln; Nörg|ler

Norm, die; -, -en (Richtschnur, Regel; sittliches Gebot oder Verbot als Grundlage der Rechtsordnung; Größenanweisung der Technik); **nor|mal** (der Norm entsprechend, regelrecht, vorschriftsmäßig; gewöhnlich, üblich, durchschnittlich; geistig gesund); **nor|ma|ler|wei|se; nor|ma|li|sie|ren** (einheitlich gestalten, vereinheitlichen, normen); **nor|ma|tiv** (maßgebend, zur Richtschnur dienend); **Norm|blatt; nor|men** (einheitlich festsetzen, gestalten; [Größen] regeln); **nor|mie|ren** (älter für: normen); **Nor|mung** (einheitliche Gestaltung, [Größen]regelung)

Nost|al|gie, die; - (Med.: Heimweh; Sehnsucht); **nost|al|gisch** (heimwehkrank; sehnsuchtsvoll)

Not, die; -, Nöte; in Not sein; Not leiden

no|ta|be|ne („merke wohl!"; übrigens); **No|tar,** der; -s, -e (Amtsperson zur Beurkundung von Rechtsgeschäften); **No|ta|ri|at,** das; -[e]s, -e (Amt eines Notars); **no|ta|ri|ell** (von einem Notar ausgefertigt und beglaubigt)

Not_aus|gang, ...be|helf

Not|durft, die; -; **not|dürf|tig**

No|te, die; -, -n; **No|ten,** die (*Mehrz.*; ugs. für: Musikalien); **No|ten_bank** (*Mehrz.* ...banken), **...schlüs|sel, ...stän|der**

Not|fall, der; **not|falls; not|ge|drun|gen;   Not_ge|mein|schaft, ...gro|schen; Not|hel|fer;** die Vierzehn - (kath. Heilige)

no|tie|ren (aufzeichnen; vormerken; Kaufmannsspr.: den Kurs eines Papiers, den Preis einer Ware festsetzen)

nö|tig; etwas - haben; das Nötigste; **nö|ti|gen; nö|ti|gen|falls; Nö|ti|gung**

No|tiz, die; -, -en; **No|tiz|block** (*Mehrz.* ...blocks)

Not|la|ge; not|lan|den; Not|lan|dung; not|lei|dend

no|to|risch (offenkundig, allbekannt; berüchtigt)

not|reif; Not|ruf; not|schlach|ten; Not_sitz, ...stand; Not|wehr, die; -; **not|wen|dig** [auch: *notwän...*]; **Not|wen|dig|keit** [auch: *notwän...*]; **Not|zucht** (die; -); **not|züch|ti|gen**

Nou|gat [*nugat*], der (auch: das); -s, -s (Süßware aus Zucker und Nüssen oder Mandeln)

No|vel|le [*nowäle*], die; -, -n (Prosaerzählung; Nachtragsgesetz); **no|vel|lie|ren** (ein Gesetzbuch mit Novellen versehen)

No|vem|ber [...wäm...], der; -[s], - (elfter Monat im Jahr; Abk.: Nov.); **no|vem|ber|lich**

No|vi|tät [*nowi...*], die; -, -en (Neuerscheinung; Neuheit [der Mode u.a.]; veralt. für: Neuigkeit); **No|vi|ze,** der; -n, -n u. die; -, -n (Mönch od. Nonne während der Probezeit; Neuling); **No|vum** [*nowum,* auch: *no...*], das; -s, ...va („Neues"; Neuheit; neuhinzukommende Tatsache, die die bisherige Kenntnis oder Lage [eines Streitfalles] ändert)

Nu, der (sehr kurze Zeitspanne); nur in: im -, in einem -

Nu|an|ce [*nüangße*], die; -, -n (Abstufung; feiner Übergang; Feinheit; Ton, [Ab]tönung; Schimmer, Spur, Kleinigkeit)

nüch|tern

Nuckel[1], der; -s, - (ugs. für: Schnuller); **nuckeln**[1] (ugs. für: saugen)

Nu|del, die; -, -n; **nu|del|dick** (ugs. für: sehr dick); **Nu|del|holz; nu|deln**

---

[1] *Trenn.:* ...k|k...

Nu|dis|mus, der; - (Freikörper-
kultur)
nu|kle|ar (den Atomkern betref-
fend); -e Waffen (Kernwaffen);
Nu|kle|ar|me|di|zin (Teilgebiet
der Strahlenmedizin)
null; - und nichtig; - Fehler haben;
- Uhr; - Komma eins (0,1); [1]**Null,**
die; -, -en (Ziffer; Nullpunkt;
Wertloses); Nummer; das Er-
gebnis der Untersuchungen war
gleich -; in - Komma nichts; er
ist eine reine -; [2]**Null,** der (auch:
das); -[s], -s (Skatspiel: Null-
spiel); **null|acht|fünf|zehn,** in
Ziffern: 08/15 (ugs. für: wie üblich, durchschnittlich, Aller-
welts-); **Null ou|vert** [- _uwär_],
der (selten: das); - -, - -s [-
uwärß] (offenes Nullspiel [beim
Skat]); **Null|punkt** (auf dem -),
...ta|rif (kostenlose Benutzung
der öffentl. Verkehrsmittel)
nu|me|rie|ren (beziffern, [be]-
nummern); **nu|me|risch** (zah-
lenmäßig, der Zahl nach; mit Zif-
fern [verschlüsselt]); **Nu|me|rus**
[auch: _nu_...], der; -, ...ri (Zahl;
Takt; Ebenmaß; Sprachw.: Zahl-
form des Hauptwortes [Singular,
Plural]); **Nu|me|rus clau|sus**
[auch: _nu_...], der; - - („geschlos-
sene Zahl"; zahlenmäßig be-
schränkte Zulassung [zu einem
Beruf, bes. zum Studium])
Nu|mis|ma|tik, die; - (Münzkun-
de)
Num|mer, die; -, -n (Zahl; Abk.:
Nr.); - fünf; etwas ist Gesprächs-
thema - eins; - Sicher (scherzh.
für: Gefängnis)
nun; von - an; **nun|mehr**
Nun|ti|us, der; -, ...ien [..._i^en_]
(„Bote"; ständiger Botschafter
des Papstes)
nur; - mehr (landsch. für: nur
noch)
nu|scheln (ugs.: undeutlich re-
den)
Nuß, die; -, Nüsse; **Nuß|knak-
ker** [_Trenn._: ...knak|ker],
...scha|le (auch spött. für: klei-
nes Schiff)

Nü|ster [auch: _nü_...], die; -, -n
(meist _Mehrz._)
Nut, die; -, -en (in der Technik
nur so) u. **Nu|te,** die; -, -n (Fur-
che, Fuge)
Nu|tria, die; -, -s ([Pelz der] Bi-
berratte)
Nut|te, die; -, -n (derb für: Stra-
ßenmädchen)
nutz; zu nichts - sein (südd.,
österr. für: zu nichts nütze sein);
Nutz, der (veralt. für: Nutzen);
zu Nutz und Frommen; **nutz|bar;**
- machen; **Nutz|bar|ma|chung;**
nutz|brin|gend; nüt|ze [zu]
nichts -; **Nutz|ef|fekt** (Nutzlei-
stung, Wirkungsgrad); **nut|zen;**
du nutzt (nutzest) u. (häufiger:)
nüt|zen; du nützt (nützest); es
nützt mir nichts; **Nut|zen,** der;
-s; es ist von - ; **nütz|lich; Nütz-
lich|keit,** die; -; **nutz|los; Nutz-
nie|ßer; Nutz|pflan|ze; Nut-
zung**
Ny|lon [_nailon_], das; -[s], (für
Strumpf auch _Mehrz._) -s (halt-
bare synthet. Textilfaser)
Nym|phe, die; -, -n („Braut,
Jungfrau"; gr. Naturgottheit;
Zool.: Entwicklungsstufe [der Li-
belle]); **Nym|pho|ma|nie,** die; -
(krankhaft gesteigerter Ge-
schlechtstrieb bei der Frau)

O

O (Buchstabe); das O; des O, die
O
o, (alleinstehend:) oh!; o ja!; o
weh!; o daß ...!; oje!
Ω, ω = Omega
Oa|se, die; -, -n (Wasserstelle in
der Wüste)
[1]**ob;** das Ob und Wann
[2]**ob;** mit _Wemf._ (veralt., aber noch
mdal. für: oberhalb, über), z. B.
- dem Walde, Rothenburg - der
Tauber; mit _Wesf.,_ seltener mit
Wemf. (gehoben für: über, wegen), z. B. ob des Glückes, ob
gutem Fang erfreut sein

Ob|acht, die; -; - geben; in - neh-
men

Ob|dach, das; -[e]s; **ob|dach|los**

Ob|duk|ti|on [...*zion*], die; -, -en
(Med.: Leichenöffnung); **ob|du-
zie|ren**

O-Bei|ne, die (*Mehrz.*); **O-bei-
nig**

Obe|lisk, der; -en, -en (freiste-
hender Spitzpfeiler)

oben; nach -; das - Erwähnte;
- ohne (ugs. für: busenfrei);
oben|an; - stehen; **oben|auf;** -
schwimmen; **oben|drauf**
(ugs.); - liegen; **oben|drein;**
oben|drü|ber (ugs.); **oben-
durch; oben|er|wähnt** (ge-
nannt); der obenerwähnte Dich-
ter; **oben|ge|nannt; oben|her-
ein; oben|hin** (flüchtig); **oben-
hin|aus;** - wollen; **Oben-oh|ne-
Ba|de|an|zug; oben|ste|hend;**
im -en (weiter oben)

ober; vgl. obere

Ober, der; -s, - (Spielkarte;
[Ober]kellner)

**Ober_arm, ...arzt, ...be|klei-
dung, ...bür|ger|mei|ster**

obe|re; -r Stock; die ober[e]n
Klassen; **¹Obe|re,** das; -n
(Höheres); **²Obe|re,** der; -n, -n
(Vorgesetzter)

Ober|flä|che; ober|fläch|lich

ober|gä|rig; -es Bier; **Ober|ge-
schoß**

ober|halb; mit *Wesf.*; - des Dorfes

Ober_hand (die; -), **...hemd**

Obe|rin, die; -, -nen

Ober_kie|fer, ...kör|per

Ober_lauf (der; -[e]s), **...lip|pe,
...schicht, ...schu|le, ...schü-
ler**

oberst; Oberst, der; -en u. -s,
-en (seltener: -e)

ober|ste; oberstes Stockwerk;
das Oberste zuunterst kehren;
Ober|ste, der; -n, -n (Vorgesetz-
ter)

Ober|stüb|chen, meist in: im -
nicht ganz richtig sein (ugs.:
nicht ganz normal sein)

Ober_stu|fe, ...teil (das od. der)

Ober|was|ser, das; -s (auch

übertr. ugs. in den Wendungen:
- haben, bekommen: im Vorteil
sein, in Vorteil kommen)

ob|gleich

Ob|hut, die; -

obig; im -en (weiter oben); der
Obige

Ob|jekt, das; -[e]s, -e (Ziel, Ge-
genstand; Sprachw.: [Sinn-,
Fall]ergänzung); **ob|jek|tiv** (ge-
genständlich; tatsächlich; sach-
lich); **Ob|jek|tiv,** das; -s, -e
[...*wᵉ*] (bei opt. Instrumenten die
dem Gegenstand zugewandte
Linse); **ob|jek|ti|vie|ren** (verge-
genständlichen); **Ob|jek|ti|vi-
tät,** die; - (strenge Sachlichkeit;
Vorurteilslosigkeit; objektive
Darstellung)

Ob|la|te, die; -, -n (ungeweihte
Hostie; dünnes Gebäck; Unterla-
ge für Konfekt, Lebkuchen)

ob|lie|gen [auch *opli...*]; es liegt
mir ob, (daneben, vor allem südd.
u. österr.:) es obliegt mir

ob|li|gat (unerläßlich, erforder-
lich, unentbehrlich); **ob|li|ga|to-
risch** (verpflichtend, bindend;
verbindlich, Zwangs...)

Ob|mann (*Mehrz.* ...männer u.
...leute), **...män|nin**

Oboe, die; -, -n (ein Holzblasin-
strument)

Obo|lus, der; -, - u. -se (kleine
Münze im alten Griechenland;
übertr. für: Scherflein; kleiner
Beitrag)

Ob|rig|keit; von -s wegen

Obrist (veralt. für: Oberst)

ob|schon

Ob|ser|va|to|ri|um, das; -s, ...ien
[...*iᵉn*] ([astronom., meteorolog.,
geophysikal.] Beobachtungssta-
tion); **ob|ser|vie|ren** (Amtsspr.
für: beobachten, prüfen, untersu-
chen)

ob|skur (dunkel; unbekannt; ver-
dächtig; unbekannter Herkunft)

Obst, das; -[e]s, (*Mehrz.*:) Obst-
sorten

Obst|ler, Öbst|ler mdal. (Obst-
händler; aus Obst gebrannter
Schnaps)

ob|szön (unanständig, schamlos, schlüpfrig); **Ob|szö|ni|tät**

Obus, der; Obusses, Obusse (Kurzform von: Oberleitungsomnibus)

ob|wohl; ob|zwar (veraltend)

och! (ugs. für: ach!)

Ochs, der; -en, -en (ugs. u. mdal. für: Ochse); **Och|se,** der; -n, -n; **och|sen** (ugs.: angestrengt arbeiten); du ochst (ochsest); **Och|sen_au|ge** (landsch. auch für: Spiegelei), **...tour** (ugs. für: langsame, mühselige Arbeit, [Beamten]laufbahn)

Ochs|le, das; -s, - (Maßeinheit für das spezif. Gewicht des Mostes); 90° -

Ocker[1], der od. das; -s, - (zur Farbenherstellung verwendete Tonerde)

öd, öde

Ode, die; -, -n (feierliches Gedicht)

öd[e]; Öde, die; -, -n

Odem, der; -s (dicht. für: Atem)

Ödem, das; -s, -e (Gewebewassersucht)

oder

Odi|um, das; -s (Haß, Feindschaft; Makel)

Öd|land (*Mehrz.* ...ländereien)

Odys|see, die; -, - (für: Irrfahrt auch *Mehrz.*) ...sseen (gr. Heldengedicht; übertr. für: Irrfahrt)

Œu|vre [*öwr⁽ᵉ⁾*], das; -, -s [*öwr⁽ᵉ⁾*] (franz. Bez. für: Opus)

Ofen, der; -s, Öfen; **Ofen|bank** (*Mehrz.* ...bänke); **ofen|frisch** (frisch aus dem Backofen);

Off, das; - (Fernsehen: das Unsichtbarbleiben des [kommentierenden] Sprechers); im, aus dem - sprechen

of|fen; off[e]ner, -ste; ein offener Brief; Beifall auf offener Bühne; mit offenen Karten spielen (übertr. für: ohne Hintergedanken handeln); ein offener Wein (vom Faß); - gesagt (frei herausgesagt)

of|fen|bar [auch: ...*bar*]; **of|fen-ba|ren; Of|fen|ba|rung; Of|fen|ba|rungs|eid; of|fen|blei-ben;** of|fen|hal|ten (vorbehalten; offenstehen lassen); **Of-fen|heit; of|fen|her|zig; of-fen|kun|dig** [auch:...*kun*...]; **of-fen|las|sen; of|fen|le|gen;** er hat die letzten Geheimnisse offengelegt; **of|fen|sicht|lich** [auch: ...*sicht*...]

of|fen|siv (angreifend; angriffslustig); **Of|fen|si|ve** [...*wᵉ*], die; -, -n ([militär.] Angriff)

of|fen|ste|hen (geöffnet sein; freistehen, gestattet sein); **öf-fent|lich;** -e Meinung; -e Hand; **Öf|fent|lich|keit,** die; -

of|fe|rie|ren (anbieten, darbieten); **Of|fer|te,** die; -, -n (Angebot, Anerbieten)

of|fi|zi|ell (amtlich; beglaubigt, verbürgt; feierlich, förmlich)

Of|fi|zier, der; -s, -e

off limits! (Eintritt verboten!, Sperrzone!)

öff|nen; sich -; **Öff|nung**

Off|set|druck (Gummidruck-[verfahren]; *Mehrz.* ...drucke)

O-för|mig (in Form eines lat. O)

oft; öfter, öftest; **öf|ter;** des öfter[e]n; **öf|ters** (landsch. für: öfter); **oft|ma|lig; oft|mals**

oh!; vgl. o; **oha!**

Oheim, der; -s, -e (veralt. für: Onkel)

Ohm, das; -[s], - (Maßeinheit für den elektr. Widerstand); 4 -

oh|ne; *Verhältnisw.* mit *Wenf.:* ohne ihren Willen; ohne weiteres; ohne Zögern; oben ohne (ugs. für: busenfrei); **oh|ne|dies; oh-ne|ein|an|der;** - auskommen; **oh|ne|glei|chen; oh|ne|hin**

Ohn|macht, die; -, -en; **ohn-mäch|tig**

oho!; oh, oh!

Ohr, das; -[e]s, -en; **Öhr,** das; -[e]s, -e (Nadelloch); **Öhr|chen** (kleines Ohr; kleines Öhr)

Oh|ren|beich|te; oh|ren|be|täu-bend; Oh|ren_krie|cher (Ohrwurm), **...sau|sen** (das; -s),

---

[1] *Trenn.:* ...k|k...

...**schmalz,** ...**schmaus** (ugs. für: Genuß für die Ohren), ...**schüt|zer,** ...**ses|sel,** ...**zeu|ge; Ohr|fei|ge; ohr|fei|gen; Ohr|fei|gen|ge|sicht** (ugs.); **Ohr.läpp|chen,** ...**mu|schel,** ...**ring,** ...**wurm** (ugs. auch: beliebter Hit, der einem ständig in den Ohren klingt)

oje!; oje|mi|ne!

okay [o̯uké̯] (amerik. für: richtig, in Ordnung), **Okay,** das; -[s], -s; sein - geben

Ok|ka|si|on (veralt. für: Gelegenheit, Anlaß; Kaufmannsspr.: Gelegenheitskauf)

ok|kult (verborgen; geheim)

Ok|ku|pa|ti|on [...zión], die; -, -en (Besetzung [fremden Gebietes] mit od. ohne Gewalt; Rechtsw.: Aneignung herrenlosen Gutes)

Öko|lo|gie, die; - (Lehre von den Beziehungen der Lebewesen zur Umwelt); **öko|lo|gisch**

Öko|no|mie, die; -, ...ien (Wirtschaftlichkeit, sparsame Lebensführung [nur *Einz.*]; Lehre von der Wirtschaft [nur *Einz.*]); **öko|no|misch**

Ok|ta|ve [...we̯], die; -, -n (achter Ton (vom Grundton an])

Ok|to|ber, der; -[s], - (zehnter Monat im Jahr; Abk.: Okt.)

ok|troy|ieren [...troajírⁿn] (aufdrängen, aufzwingen)

oku|lie|ren (Pflanzen durch Okulation veredeln, äugeln)

Öku|me|ne, die; - (die bewohnte Erde; Gesamtheit der Christen); **öku|me|nisch** (allgemein; die ganze bewohnte Erde betreffend, Welt...); -es Konzil (allgemeine kath. Kirchenversammlung)

Ok|zi|dent [auch: ...dänt], der; -s (Abendland; Westen)

Öl, das; -[e]s, -e

Old|ti|mer [o̯uldtaimⁿr], der; -s, - (Auto-, Eisenbahn-, Schiffs-, Flugzeugmodell aus der Frühzeit; auch für: langjähriges Mitglied einer Sportmannschaft od. bewährtes Rennpferd; alter Kämpe)

Ole|an|der, der; -s, - (immergrüner Strauch od. Baum, Rosenlorbeer)

ölen; Öl.far|be, ...**göt|ze** (ugs. für: verständnislos dreinschauender Mensch); **ölig**

oliv (olivenfarben); **Oliv,** das; -s, - (ugs.: -s); ein Kleid in -

Oli|ve [...we̯, österr.: ...fe̯], die; -, -n (Frucht des Ölbaumes)

Ölkrise

Ol|le, der u. die; -n, -n (landsch. für: Alte)

Öl.pa|pier, ...**pest** (Verschmutzung von Meeresküsten durch Rohöl), ...**raf|fi|ne|rie,** ...**sar|di|ne**

Ölung; die Letzte -

Olymp, der; -s (Gebirgsstock in Griechenland; Wohnsitz der Götter; ugs. für: Galerieplatz im Theater); **Olym|pia|de,** die; -, -n (Zeitraum von vier Jahren zwischen zwei Olympischen Spielen; Olympische Spiele); **Olym|pia.mann|schaft,** ...**sieg,** ...**sta|di|on; olym|pisch** (göttlich, himmlisch; die Olympischen Spiele betreffend)

Öl.zeug, ...**zweig**

Oma, die; -, -s (kindersprachl. Koseform von: Großmama)

Om|buds|mann, der; -[e]s, ...männer (jmd., der die Rechte des Bürgers gegenüber den Behörden wahrnimmt)

Omega, das; -[s], -s (gr. Buchstabe [langes O]: Ω, ω)

Omelett [oml...], das; -[e]s, -e u. -s u. **Ome|lette** [...lät], die; -, -n (Eierkuchen)

Omen, das; -s, - u. Omina (Vorzeichen; Vorbedeutung)

omi|nös (von schlimmer Vorbedeutung; bedenklich; anrüchig)

Om|ni|bus, der; -ses, -se („für alle"; vielsitziger Kraftverkehrswagen, Personenbeförderungsmittel; Kurzw.: Bus)

Ona|nie, die; - (Selbstbefriedigung); **ona|nie|ren**

On|dit [ongdí], das; -, -s („man sagt"; Gerücht); einem - zufolge

On|du|la|ti|on [...*zion*], die; -, -en (das Wellen der Haare mit der Brennschere); **on|du|lie|ren**

On|kel, der; -s, - (ugs., bes. nordd. auch: -s); **On|kel|ehe** (volkstüml. für: Zusammenleben einer Witwe mit einem Mann, den sie aus Versorgungsgründen nicht heiraten will); **on|kel|haft**

Onyx, der; -[es], -e (ein Halbedelstein)

Opa, der; -s, -s (kindersprachl. Koseform von: Großpapa)

opak (fachspr. für: nur durchschimmernd, undurchsichtig)

Opal, der; -s, -e (ein Halbedelstein); **Opal|glas** (Mehrz. ...gläser)

Oper, die; -, -n

Ope|ra|teur [...*tör*], der; -s, -e (eine Operation vornehmender Arzt; Kameramann; Filmvorführer); **Ope|ra|ti|on** [...*zion*], die; -, -en (chirurg. Eingriff; [militärische] Unternehmung; Rechenvorgang; Verfahren); **ope|ra|tiv** (auf chirurgischem Wege, durch Operation; planvoll tätig; strategisch)

Ope|ret|te, die; -, -n (heiteres musikal. Bühnenwerk)

ope|rie|ren (einen chirurgischen Eingriff vornehmen; militärische Operationen durchführen; in bestimmter Weise vorgehen; mit etwas arbeiten)

Opern_arie, ...**glas** (Mehrz. ...gläser), ...**gucker** (ugs. für: Opernglas); **opern|haft**

Op|fer, das; -s, -; **Op|fer|be|reit|schaft; op|fern; Op|fer_sinn** (der; -[e]s), ...**stock** (in Kirchen aufgestellter Sammelkasten; Mehrz. ...stöcke)

Opi|at, das; -[e]s -e (opiumhaltiges Arzneimittel); **Opi|um,** das; -s (aus dem Milchsaft des Schlafmohnes gewonnenes Betäubungsmittel u. Rauschgift)

Opos|sum, das; -s, -s (Beutelratte mit wertvollem Fell)

Op|po|nent, der; -en, -en (Gegner [im Redestreit]); **op|po|nie|ren** (entgegnen, widersprechen; sich widersetzen; gegenüberstellen)

op|por|tun (passend, nützlich, angebracht; zweckmäßig); **Op|por|tu|nis|mus,** der; - (Anpassen an die jeweilige Lage, Handeln nach Zweckmäßigkeit); **Op|por|tu|nist,** der; -en, -en

Op|po|si|ti|on [...*zion*], die; -, -en; **op|po|si|tio|nell** (gegensätzlich; gegnerisch; zum Widerspruch neigend)

Op|tik, die; -, (selten:) -en (Lehre vom Licht; die Linsen enthaltender Teil eines opt. Gerätes; optischer Eindruck, optische Wirkung); **Op|ti|ker** (Hersteller od. Verkäufer von optischen Geräten)

op|ti|mal (sehr gut, beste, Best...); **Op|ti|mis|mus,** der; - (Ggs.: Pessimismus); **Op|ti|mist,** der; -en, -en; **op|ti|mistisch; Op|ti|mum,** das; -s, ...tima („das Beste"; das Wirksamste; Bestwert; Biol.: beste Lebensbedingungen)

op|tisch (Licht:.., Augen..., Seh...; die Optik betreffend); -e Täuschung (Augentäuschung)

opu|lent (reich[lich], üppig)

Opus, das; -, Opera ([musikal.] Werk)

Ora|kel, das; -s, - (Ort, an dem Götter geheimnisvolle Weissagungen erteilen; auch: die Weissagung selbst); **ora|keln** (weissagen)

oral (Med.: den Mund betreffend, am Mund gelegen, durch den Mund)

oran|ge [...*angsch*ᵉ] (goldgelb; orangenfarbig); ein - Band; **¹Oran|ge,** die; -, -n (schweiz., bes. südd. u. österr. für: Apfelsine); **²Oran|ge,** das; -, -, (ugs.:) -s (orange Farbe); **Oran|gea|de** [*orangschad*ᵉ], die; -, -n (Getränk aus Orangen- u. Zitronensaft); **Oran|geat** [*orangschat*], das; -s -e (eingezuckerte Apfelsinenschalen); **oran|gen**

[*orangsch*e*n*] (svw. orange); -e
Bänder

Orang-Utan, der; -s, -s („Wald-
mensch"; Menschenaffe)

Ora|to|ri|um, das; -s, ...ien [...*i*e*n*]
(Hauskapelle; opernartiges Mu-
sikwerk [meist mit bibl. Inhalt])

Or|bit, der; -s, -s (Umlaufbahn)

Or|che|ster [*orkä*ß...], auch: *or-
chä*ß...], das; -s, - (Vereinigung
einer größeren Zahl von Instru-
mentalisten; vertiefter Raum vor
der Bühne)

Or|chi|dee [*orchi*...], die; -, -n (ei-
ne exotische Zierpflanze)

Or|den, der; -s, - (Vereinigung
mit bestimmten Regeln; Ehren-
zeichen, Auszeichnung); **or-
dent|lich;** -es (zuständiges Ge-
richt; **Or|der,** die; -, -s od. -n
(veralt., aber noch mdal. für: Befehl; Kaufmannsspr.: Bestellung,
Auftrag); **Or|di|nal|zahl** (Ord-
nungszahl, z. B. „zweite"); **or|di-
när** (gewöhnlich, alltäglich; un-
fein, unanständig); **Or|di|na|ri-
us,** der; -, ...ien [...*i*e*n*] (ordentlicher Professor an einer Hoch-
schule); **ord|nen; Ord|ner;
Ord|nung; ord|nungs.ge-
mäß, ...hal|ber; Ord|nungs-
.hü|ter** (spött. für: Polizist),
...zahl (für: Ordinalzahl)

Or|gan, das; -s, -e (Sinneswerk-
zeug, Körperteil; Sinn, Empfin-
dung, Empfänglichkeit; Stimme;
Beauftragter; Fach-, Vereins-
blatt)

Or|ga|ni|sa|ti|on [...*zion*], die; -,
-en (Anlage, Aufbau, planmäßi-
ge Gestaltung, Einrichtung, Glie-
derung [nur *Einz.*]; Gruppe, Verband mit bestimmten Zielen);
Or|ga|ni|sa|tor, der; -s, *or*en;
**or|ga|ni|sa|to|risch; or|ga-
nisch** (belebt, lebendig; auf ein
Organ od. auf den Organismus
bezüglich, zu ihm gehörend); **or-
ga|ni|sie|ren** (auch ugs. für: sich
etwas auf nicht ganz redliche
Weise verschaffen); **or|ga|ni-
siert** (einer polit. od. gewerk-
schaftl. Organisation angehö-

rend); **Or|ga|nis|mus,** der; -,
...men (Gefüge; einheitliches,
gegliedertes [lebendiges] Ganzes [meist *Einz.*]; Lebewesen);
Or|ga|nist, der; -en, -en (Kir-
chenmusiker, Orgelspieler)

Or|gas|mus, der; -, ...men (Höhe-
punkt der geschlechtl. Erregung)

Or|gel, die; -, -n; **Or|gel|pfei|fe**
(auch übertr. scherzh. ugs. in der
Wendung: wie die -n [der Größe
nach])

Or|gie [...*i*e], die; -, -n (aus-
schweifendes Gelage; Aus-
schweifung)

Ori|ent [*ori-änt*, auch: *ori*ạ*nt*],
der; -s (die vorder- u. mittelasiat.
Länder; östl. Welt; veralt. für:
Osten); **ori|en|ta|lisch** (den
Orient betreffend, östlich); **ori-
en|tie|ren;** sich -; **Ori|en|tie-
rungs|sinn,** der; -[e]s

ori|gi|nal (ursprünglich, echt; ur-
schriftlich); **Ori|gi|nal,** das; -s,
-e (Urschrift; Urbild, Vorlage; Ur-
text; eigentümlicher Mensch,
Sonderling); **ori|gi|nal|ge|treu;
Ori|gi|na|li|ät,** die; -, (für Beson-
derheit, wesenhafte Eigentüm-
lichkeit auch *Mehrz.*) -en (Selbständigkeit; Ursprünglichkeit);
ori|gi|nell (eigenartig, einzigar-
tig; urwüchsig; komisch)

Or|kan, der; -[e]s, -e (stärkster
Sturm)

Or|kus, der; - (Unterwelt)

Or|na|ment, das; -[e]s, -e (Ver-
zierung; Verzierungsmotiv)

Or|nat, der; -[e]s, -e (feierl.
[kirchl.] Amtstracht)

¹**Ort,** der; -[e]s, -e u. (Seemannsspr. u. Math. fachspr.:) Örter (Örtlichkeit; Ortschaft); an -
und Stelle; höher[e]n -[e]s

²**Ort,** das; -[e]s, Örter (Bergmannsspr.: Ende einer Strecke,
Arbeitsort); vor -

or|ten (den augenblicklichen Ort,
Stand [des Flugzeuges] fest-
stellen)

or|tho|dox (recht-, strengglä-
big); **Or|tho|gra|phie,** die; -,
...ien (Rechtschreibung); **Or-**

tho|pä|de, der; -n, -n (Facharzt für Orthopädie); **Or|tho|pä|die,** die; - (Lehre und Behandlung von Fehlbildungen und Erkrankungen der Bewegungsorgane)

ört|lich; Ört|lich|keit; Ort|schaft; Orts|ge|spräch (Telefonw.); **orts|kun|dig; Orts_na|me, ...sinn** (der; -[e]s); **Or|tung** [zu: orten]

Os|car, der; -[s], -[s] (Statuette, die als Filmpreis verliehen wird)

Öse, die; -, -n

[1]**Ost** (Himmelsrichtung); bei Ortsnamen: Frankfurt (Ost); [2]**Ost,** der; -[e]s, (selten) -e (dicht. für: Ostwind); **Osten,** der; -s (Himmelsrichtung); gen Osten

osten|ta|tiv (zur Schau gestellt, betont; herausfordernd, prahlend)

Oster_brauch, ...ei, ...fest, ...glocke [*Trenn.:* ...glok|ke], **...ha|se; öster|lich; Oster|marsch,** der; **Ostern,** das; - (Osterfest); - fällt früh; (in Wunschformeln auch als *Mehrz.:*) fröhliche - !

öst|lich; - des Waldes, - vom Wald

Östro|gen, das; -s, -e (ein Hormon)

ost|wärts; Ost|wind

[1]**Ot|ter,** der; -s, - (eine Marderart); [2]**Ot|ter,** die; -, -n (eine Schlange); **Ot|tern|ge|zücht** (bibl.)

Ot|to|mo|tor (Vergasermotor)

out [*aut*] (unzeitgemäß, unmodern); **Out|si|der** [*autßaid*[e]*r*], der; -s, - („Außenseiter")

Ou|ver|tü|re [*uwär...*], die; -, -n (Eröffnung; Vorspiel [einer Oper u. a.])

oval [*ow...*] (eirund, länglichrund); **Oval,** das; -s, -e (Ei-, Langrund)

Ova|ti|on [*owazion*], die; -, -en (Huldigung, Beifallskundgebung)

Over|all [*o'w*[e]*rål*], der; -s, -s (Schutz-, Überziehanzug für Mechaniker, Sportler u. a.)

Oxer, der; -s, - (Hindernis zwi-

schen Viehweiden; Pferdesport: Hindernis bei Springprüfungen)

Oxy|da|ti|on, Oxy|die|rung (Tätigkeit, auch Ergebnis des Oxydierens); **oxy|die|ren** (sich mit Sauerstoff verbinden; Sauerstoff aufnehmen, verbrennen)

Oze|an, der; -s, -e (Weltmeer; Teile des Weltmeeres); **Oze|an|damp|fer; ozea|nisch** (Meeres...; zu Ozeanen gehörend)

Oze|lot [auch: *oz...*], der; -s, -e (ein Raubtier Nord- u. Südamerikas; auch Bez. für den Pelz)

Ozon, das (ugs.: der); -s (besondere Form des Sauerstoffs)

P

P (Buchstabe); das P; des P, die P

Π, π = [1]Pi; π = [2]Pi

[1]**paar** (einige); ein paar Male; die - Groschen; [2]**paar** (gleich); -e Zahlen; - oder unpaar; **Paar,** das; -[e]s, -e (zwei zusammengehörende Personen od. Dinge); ein - neue[r] Schuhe; mit zwei - neuen Schuhen od. neuer Schuhe; **paa|ren;** sich -; **Paar|lauf; paar|lau|fen** (nur in der Grundform u. im 2. Mittelw. gebr.); **paar|mal;** ein -; **Paa|rung; paar|wei|se**

Pacht, die; -, -en; **pach|ten; Päch|ter; Pacht|ver|trag**

[1]**Pack,** der; -[e]s, -e u. Päcke (Gepacktes; Bündel); [2]**Pack,** das; -[e]s, -e (verächtl.: Pöbel); **Päck|chen; Pack|eis** ([übereinandergeschobenes] Scholleneis in den Polarländern); **pak|ken[1]; Packen[1],** der; -s, -; **Pak|ker[1]; Pack_esel** (verächtl. für: jmd., dem alles aufgepackt wird), **...pa|pier; Packung[1]; Pack|zet|tel**

---

[1] *Trenn.:* ...k|k...

Päd|ago|ge, der; -n, -n (Erzieher; Lehrer; Erziehungswissenschaftler); **Päd|ago|gik,** die; - (Erziehungslehre, -wissenschaft); **päd|ago|gisch** (erzieherisch)

Pad|del, das; -s, - (freihändig geführtes Ruder mit schmalem Blatt); **Pad|del|boot; pad|deln**

Päd|erast, der; -en, -en (der Knabenliebe Ergebener)

Pa|el|la [*paälja*], die; -, -s (span. Reisgericht mit versch. Fleisch- u. Fischsorten, Muscheln u. a.)

paf|fen (ugs.: [schnell u. stoßweise] rauchen)

Pa|ge [*paseh°*], der; -n, -n (früher: Edelknabe; heute: uniformierter junger Diener, Laufbursche); **Pa|gen|kopf**

Pa|go|de, die; -, -n („heiliges Haus"; [buddhist.] Tempel in Indien, China u. Japan)

Pail|let|te [*pajät°*], die; -, -n (meist *Mehrz.*;) glitzerndes Metallblättchen zum Aufnähen, Flitter)

Pa|ket, das; -[e]s, -e; **Pa|ket|kar|te**

Pakt, der; -[e]s, -e (Vertrag, Bündnis); **pak|tie|ren** (Vertrag schließen; gemeinsame Sache machen)

Pa|la|din [auch: *pa*...], der; -s, -e (Angehöriger des Heldenkreises am Hofe Karls d. Gr.; Hofritter; Berater des Fürsten; treuer Gefolgsmann); **Pa|lais** [*palä*], das; - [*paläß*], -[*paläß*] (Palast, Schloß)

Pa|last, der; -es, Paläste (schloßartiges Gebäude)

Pa|la|ver [...*w°r*], das; -s, - ([Neger]versammlung; übertr. ugs. für: endloses Gerede u. Verhandeln); **pa|la|vern;** sie haben palavert

Pa|le|tot [*pal°to*], der; -s, -s (veralt. für: doppelreihiger Herrenmantel mit Samtkragen; heute allg. für: dreiviertellanger Damen- od. Herrenmantel)

Pa|let|te, die; -, -n (Mischbrett für Farben; genormtes Lademittel

für Stückgüter [Eisenbahn]; übertr. für: bunte Mischung)

Pa|li|sa|de, die; -, -n (Hindernis-, Schanzpfahl)

Pa|li|san|der, der; -s, - (brasil. Holzart)

Palm|art, Pal|men|art; Pal|ma|rum (Palmsonntag); **Palm|blatt,** Pal|men|blatt; **Pal|me,** die; -, -n; **Pal|men|art;** Palm|art; **Pal|men|blatt;** Palm|blatt; **Pal|men|hain; Pal|men|zweig,** Palm|zweig; **Palm_kätz|chen,** ...öl (das; -[e]s); **Palm|sonn|tag** [auch: *palm*...]; **Palm|zweig,** Pal|men|zweig

Pamp, Pampf, der; -s landsch. (dicker Brei [zum Essen])

Pam|pa, die; -, -s (meist *Mehrz.*; ebene, baumlose Grassteppe in Südamerika)

Pam|pe, die; - mitteld. (Schlamm, Sand- u. Schmutzbrei)

Pam|pel|mu|se [auch: *pamp°l|muse*], die; -, -n (eine Zitrusfrucht)

Pampf vgl. Pamp

Pam|phlet, das; -[e]s, -e (Flug-, Streit-, Schmähschrift)

pam|pig (mdal. für: breiig; übertr. ugs. für: frech)

Pa|na|de, die; -, -n (Weißbrotbrei zur Bereitung von Füllungen)

Pa|na|ma|hut, der

Pa|nier, das; -s, -e (veralt. für: Banner; übertr. für: Wahlspruch)

pa|nie|ren (in Ei u. Semmelbröseln wenden); **Pa|nier|mehl; Pa|nie|rung**

Pa|nik, die; -, -en (plötzl. Schrecken; Massenangst); **pa|nik|ar|tig; Pa|nik|ma|che; pa|nisch** (lähmend); -er Schrecken

Pan|ne, die; -, -n (ugs. für: Unfall, Schaden, Bruch, Störung [bes. bei Fahrzeugen]; Mißgeschick); **Pan|nen|kurs** (Lehrgang zum Beheben von Autopannen)

Pan|op|ti|kum, das; -s, ...ken („Gesamtschau"; Sammlung von Sehenswürdigkeiten; Wachsfigurenschau); **Pan|ora|ma,** das; -s, ...men (Rundblick;

Rundgemälde; fotogr. Rundaufnahme); **Pan|ora|ma_bus,** **...spie|gel** (Kfz-Wesen)

pan|schen (ugs. für: mischend verfälschen; mit den Händen od. Füßen im Wasser patschen, planschen); du panschst (panschest); vgl. pantschen; **Panscher** (ugs.); **Pan|sche|rei** (ugs.)

Pan|sen, der; -s, - (Magenteil der Wiederkäuer)

Pan|the|is|mus, der; - (Weltanschauung, nach der Gott u. Welt eins sind); **Pan|the|on,** das; -s, -s (Tempel für alle Götter; Ehrentempel)

Pan|ther, der; -s, - (svw. Leopard)

Pan|ti|ne, die; -, -n (meist *Mehrz.;* Holzschuh, -pantoffel)

Pan|tof|fel, der; -s, -n (ugs.: -; meist *Mehrz.;* Hausschuh); **Pan|tof|fel|blu|me;** **Pan|tof|fel_held** (ugs. spött. Bez. für einen Mann, der von der Ehefrau beherrscht wird), **...ki|no** (ugs. scherzh. für: Fernsehen), **...tierchen**

Pan|to|let|te, die; -, -n (meist *Mehrz.;* leichter Sommerschuh ohne Fersenteil)

[1]**Pan|to|mi|me,** die; -, -n (Darstellung einer Szene nur mit Gebärden; stummes Gebärdenspiel); [2]**Pan|to|mi|me,** der; -n, -n (Darsteller einer Pantomime); **pan|to|mi|misch**

pant|schen usw. (Nebenformen von: panschen usw.)

Pan|ty [*pänti*], die; -, ...ties [*päntis*] (Strumpfhose; eigtl.: Miederhöschen)

Pan|zer (Kampffahrzeug; früher: Rüstung, Harnisch; übertr. für: feste Hülle); **Pan|zer_faust,** **...glas, ...hemd** (hist.), **...kreuzer;** **pan|zern;** **Pan|zerschrank**

Pa|pa [ugs. auch: *papa*], der; -s, -s

Pa|pa|gal|lo, der; -[s], -s u. ...lli (it. Halbstarker); **Pa|pa|gei,** der;

-en u. -s, -en (seltener:) -e (ein trop. Vogel); **pa|pa|gei|en|haft;** **Pa|pa|gei|en|krank|heit,** die; -

Pap|chen [auch: *pap...*] (Koseform für: Papagei; niederd. auch für: Papa)

Pa|per [*pe̷|p̷er*], das; -s, -s (Schriftstück; schriftl. Unterlage); **Pa|per|back** [*pe̷|p̷erbäk*], das; -s, -s ("Papierrücken"; kartoniertes Buch, insbes. Taschenbuch)

Pa|pier, das; -s, -e; **Pa|pierdeutsch** (umständliches, geschraubtes, unanschauliches Deutsch); **pa|pie|ren** (aus Papier); papier[e]ner Stil; **Pa|pier_geld** (das; -[e]s), **...korb,** **...krieg** (ugs.); **Pa|pier|ma|ché** [*papiemaché*], das; -s, -s (verformbares Hartpapier); **Pa|pier_sche|re, ...schnit|zel, ...taschen|tuch, ...ti|ger** (übertr. für: nur dem Schein nach starke Person, Macht)

papp; nicht mehr - sagen können (ugs. für: sehr satt sein)

Papp, der; -[e]s, -e landsch. (Brei; Kleister); **Papp|band,** der (in Pappe gebundenes Buch); **Papp|deckel,** Pap|pen|deckel [*Trenn.: ...dek|kel*]; **Pap|pe,** die; -, -n (starker Bogen aus Papiermasse)

Pap|pel, die; -, -n (ein Laubbaum)

pap|peln, päp|peln landsch. ([Kind] füttern); **pap|pen** (ugs. für: kleistern, kleben); **Pap|pendeckel,** Papp|deckel [*Trenn.: ...dek|kel*]

Pap|pen|hei|mer, der; -s, - (Angehöriger des Reiterregiments des dt. Reitergenerals Graf zu Pappenheim); ich kenne meine - (ugs. für: ich kenne diese Leute; ich weiß Bescheid)

Pap|pen|stiel (Stiel der Pappenblume [Löwenzahn]; ugs. für: Wertloses); für einen - bekommen, verkaufen (ugs.)

pap|per|la|papp!

pap|pig; Papp_ka|me|rad (Figur

[meist Polizist] aus Pappe), **...kar|ton; Papp|ma|ché** [...ma-sche] vgl. Papiermaché; **Papp|pla|kat**

Pa|pri|ka, der; -s, -[s] (ein Gewürz [nur *Einz.*]; ein Gemüse); **Pa|pri|ka|scho|te**

Papst, der; -[e]s, Päpste (Oberhaupt der kath. Kirche); **päpst-lich**

Pa|pua [auch: ...pua], der; -[s], -[s] (Eingeborener Neuguineas)

Pa|ra|bel, die; -, -n (Gleichnis[rede]; Kegelschnittkurve); **pa|ra-bo|lisch** (gleichnisweise; parabelförmig gekrümmt); **Pa-ra|bol|spie|gel**

Pa|ra|de, die; -, -n (Truppenschau, prunkvoller Aufmarsch; Reitsport: kürzere Gangart des Pferdes, Anhalten; Fecht- u. Boxsport: Abwehr eines Angriffs; bei Ballspielen: Abwehr durch den Torhüter); **pa|ra|die|ren** (parademäßig vorüberziehen; ein Pferd kurz anhalten; mit etwas prunken)

Pa|ra|dies, das; -es, -e (,,Garten''; Himmel [nur *Einz.*]; Lustgefilde, Ort der Seligkeit; Portalvorbau an mittelalterl. Kirchen); **Pa|ra-dies|ap|fel** (mdal. für: Tomate; auch: Zierapfel); **pa|ra|die|sisch** (wonnig, himmlisch); **Pa|ra-dies|vo|gel**

pa|ra|dox (,,gegen die allgemeine Geltung gehend''; widersinnig; sonderbar); **Pa|ra|dox,** das; -es, -e (widersinnige Behauptung, eine scheinbar zugleich wahre u. falsche Aussage)

Par|af|fin, das; -s, -e (wachsähnlicher Stoff)

Pa|ra|graph, der; -en, -en ([in Gesetzestexten u. wissenschaftl. Werken] fortlaufend numerierter Absatz, Abschnitt; Zeichen: §, *Mehrz.:* §§); **Pa|ra|gra|phen-rei|ter** (abschätzig für: sich überstreng an Vorschriften haltender Mensch)

par|al|lel (gleichlaufend, gleichgerichtet; genau entsprechend);

- schalten (nebenschalten); [mit etwas] - laufen; **Par|al|le|le,** die; -, -n (Gerade, die zu einer anderen Gerade in gleichem Abstand u. ohne Schnittpunkt verläuft; Vergleich, vergleichbarer Fall); vier -[n]; **Par|al|le|li|tät,** die; - (Eigenschaft zweier paralleler Geraden; Gleichlauf); **Par|al|le-lo|gramm,** das; -s, -e (Viereck mit paarweise parallelen Seiten)

Pa|ra|ly|se, die; -, -n (Lähmung; Endstadium der Syphilis, Gehirnerweichung)

pa|ra|mi|li|tä|risch (halbmilitärisch, militärähnlich)

pa|ra|no|isch (geistesgestört, verwirrt)

Pa|ra|nuß (fettreicher Samen eines trop. Baumes)

pa|ra|phie|ren (mit dem Namenszug versehen, zeichnen); **Pa|ra-phie|rung**

Pa|ra|sit, der; -en, -en (Schmarotzer[pflanze, -tier]); **pa|ra|si-tär** (schmarotzerhaft; durch Schmarotzer hervorgebracht)

pa|rat (bereit; [gebrauchs]fertig); etwas - haben

Pa|ra|ty|phus (Med.: dem Typhus ähnliche Erkrankung)

Pär|chen [zu: Paar]

Par|cours [parkur], der; - [...kur(ß)], - [...kurß] (Reitsport: Hindernisbahn für Springturniere)

par|dauz!

Par|don [...dong], der; -s (veralt. für: Verzeihung; Gnade; Nachsicht); - geben; um - bitten; Pardon! (landsch. für: Verzeihung!)

Par|en|the|se, die; -, -n (Redeteil, der außerhalb des eigtl. Satzverbandes steht; Einschaltung; Gedankenstriche; Klammer[zeichen])

par ex|cel|lence [par äkßälangß] (vorzugsweise, vor allem andern, schlechthin)

Par|fum [...föng], das; -s, -s usw. vgl. Parfüm usw.; **Par|füm,** das; -s, -e u. -s (Duft[stoff]); **Par|fü-me|rie,** die; -, ...ien (Betrieb zur

Herstellung oder zum Verkauf von Parfümen); **par|fü|mie|ren** (wohlriechend machen); sich -; **pa|ri** (Bankw.: zum Nennwert; gleich)

¹**pa|rie|ren** ([einen Hieb] abwehren; [Pferd] zum Stehen bringen) ²**pa|rie|ren** (unbedingt gehorchen)

Pa|ri|ser; pa|ri|se|risch (nach Art des Parisers); **pa|ri|sisch** (von [der Stadt] Paris)

Pa|ri|tät, die; - (Gleichstellung, Gleichberechtigung; Austauschverhältnis zwischen zwei od. mehreren Währungen); **pa|ri|tä|tisch** (gleichgestellt, gleichberechtigt)

Park, der; -s, -s (seltener -e) (großer Landschaftsgarten)

Par|ka, die; -, -s od. der; -[s], -s (knielanger, warmer Anorak mit Kapuze)

Park-and-ride-Sy|stem [*pa̱ˀk* *ᵉndra̱id...*] (eine Form der Verkehrsregelung); **Park|an|la|ge; park|ar|tig; par|ken** (Kraftfahrzeuge abstellen); **Par|ker; Par|kett,** das; -[e]s, -e (im Theater meist vorderer Raum zu ebener Erde; getäfelter Fußboden); **par|ket|tie|ren** (mit getäfeltem Fußboden versehen); **Par|kett|sitz; Park_haus, ...licht, ...lücke** [*Trenn.:* ...lük|ke]; **Par|ko|me|ter,** das; -s, - (Parkuhr); **Park_platz, ...uhr**

Par|la|ment, das; -[e]s, -e (Volksvertretung); **Par|la|men|tär,** der; -s, -e (Unterhändler); **Par|la|men|ta|ri|er** [*...i̯ᵉr*], der; -s, - (Abgeordneter, Mitglied des Parlamentes); **par|la|men|ta|risch** (das Parlament betreffend); **Par|la|men|ta|ris|mus,** der; - (Regierungsform, in der die Regierung dem Parlament verantwortlich ist)

par|lie|ren (spött., bes. mdal.: eifrig u. schnell sprechen)

Par|me|san|kä|se

Par|odie, die; -, ...ien (komische Umbildung ernster Dichtung;

scherzh. Nachahmung); **par|odie|ren; par|odi|stisch**

Par|odon|to|se, die; -, -n (älter:) **Pa|ra|den|to|se** (Med.: ohne Entzündung verlaufende Erkrankung des Zahnbettes)

Pa|ro|le, die; -, -n (milit. Kennwort; Losung; auch: Wahlspruch)

Part, der; -s, -e (Anteil; Stimme eines Instrumental- od. Gesangstücks); vgl. halbpart

Par|tei, die; -, -en; **Par|tei-_freund, ...füh|rer, ...ge|nos-se; par|tei|isch** (nicht neutral, nicht objektiv); **par|tei|lich** (im Sinne einer polit. Partei, ihr nahestehend); **Par|tei|li|nie; par|tei|los; Par|tei_mit|glied, ...nah-me** (die; -, -n), **...po|li|tik; par|tei|po|li|tisch; Par|tei_tag, ...vor|sit|zen|de**

par|terre [*...tär*] (zu ebener Erde); **Par|terre,** das; -s, -s (Erdgeschoß; Saalplatz im Theater)

Par|tie [*...ti̱*], die; -, ...ien (Heirat[smöglichkeit]; Abschnitt, Ausschnitt, Teil; einzelne [Gesangs]rolle); **par|ti|ell** [*parzi̱...*] (teilweise [vorhanden]; einseitig, anteilig); -e Sonnenfinsternis; **Par|ti|kel,** die; -, -n (Physik: materielles Teilchen; Sprachw.: unbeugbares Wort, z. B. „dort, in, und"); **par|ti|ku|lar, par|ti|ku|lär** (einen Teil betreffend, einzeln); **Par|ti|ku|la|ris|mus,** der; - (Sonderbestrebungen staatl. Teilgebiete); **Par|ti|san,** der; -s u. -en, -en (bewaffneter Widerstandskämpfer im feindl. Hinterland); **Par|ti|tur,** die; -, -en (Zusammenstellung aller zu einem Tonstück gehörenden Stimmen); **Par|ti|zip,** das; -s, -ien (Sprachw.: Mittelwort); **Par|ti|zi|pa|ti|on** [*...zion*], die; -, -en (Teilnahme); **par|ti|zi|pie-ren** (Anteil haben, teilnehmen); **Part|ner,** der; -s, - (Teilhaber; Teilnehmer; Mitspieler; Genosse); **Part|ne|rin,** die; -, -nen; **Part|ner_land, ...tausch**

par|tout [*...tu*] (ugs.: durchaus; unbedingt; um jeden Preis)

Par|ty [*pa'ti*], die; -, -s u. Parties [*pá'tis*] (geselliges Beisammensein, zwangloses Hausfest)

Par|ze, die; -, -n (meist *Mehrz.*; röm. Schicksalsgöttin)

Par|zel|le, die; -, -n (vermessenes Grundstück, Baustelle); **par|zel|lie|ren** (Großfläche in Parzellen zerlegen)

Pasch, der; -[e]s, -e u. Pásche (Wurf mit gleicher Augenzahl auf mehreren Würfeln)

Pa|scha, der; -s, -s (früherer oriental. Titel; ugs.: rücksichtsloser, herrischer Mann)

Pas de deux [*pa de dö*], der; - - -, - - - (Tanz od. Ballett für zwei)

Pa|so do|ble, der; - -, - - (ein Tanz)

Pas|pel, die; -, -n (selten: der; -s, -) (schmaler Nahtbesatz bei Kleidungsstücken; **pas|pe|lie|ren** (mit Paspeln versehen); **pas|peln**

Paß, der; Passes, Pässe (Bergübergang; Ausweis; Ballabgabe beim Fußball)

pas|sa|bel (annehmbar; leidlich); **Pas|sa|ge** [*...saseh*e], die; -, -n (Durchfahrt, -gang; Lauf, Gang [in einem Musikstück]; fortlaufender Teil einer Rede od. eines Textes); **Pas|sa|gier** [*...ßa-sehir*], der; -s, -e

Pas|sah, das; -s (jüd. Fest); **Pas|sah|fest**

Paß|amt; Pas|sant, der; -en, -en (Fußgänger; Vorübergehender)

Pas|sat, der; -[e]s, -e (gleichmäßig wehender Tropenwind)

pas|sé [*paßé*] (ugs.: vorbei, überlebt); das ist -

Pas|se, die; -, -n (Schulterstück)

pas|sen (sinngemäß entsprechen; Kartenspiel: das Spiel abgeben); **Passe|par|tout** [*paß-party*], das; -s, -s Einfassung aus Karton für Bilder u. ä.)

Paß|form, ...fo|to; Paß|hö|he; pas|sier|bar (überschreitbar);

pas|sie|ren (vorübergehen, -fahren; geschehen; Gastr.: durchseihen)

Pas|si|on, die; -, -en (Leiden[s-geschichte Christi]; Leidenschaft, Vorliebe); **pas|sio|niert** (leidenschaftlich [für etwas begeistert])

pas|siv [auch: *...if*] (leidend; untätig; teilnahmslos; still; seltener für: passivisch); **Pas|siv** [auch: *...if*], das; -s, (selten:) -e [*...we*] (Leideform); **Pas|si|va** [*...wa*], die (*Mehrz.*; Schulden); **pas|si|visch** [*...iwisch*] (das Passiv betreffend); **Pas|si|vi|tät,** die; -; (Teilnahmslosigkeit)

Pa|ste, (auch:) **Pa|sta,** die; -, ...sten (streichbare Masse); **Pa|sta asciut|ta** [*paßta aschuta*], die; - -, ...te ...tte (it. Spaghettigericht); **Pa|stell,** das; -[e]s, -e (mit Pastellfarben gemaltes Bild); **pa|stell|len; Pa|stell|far|be; pa|stell|far|ben**

Pa|ste|te, die; -, -n

Pa|steu|ri|sa|ti|on [*...örisazion*], die; -, -en (Entkeimung); **pa|steu|ri|sie|ren**

Pa|stil|le, die; -, -n (Kügelchen, Plätzchen, Pille)

Pa|stor [auch: *...or*], der; -s, ...oren (Geistlicher); **pa|sto|ral** (seelsorgerisch; feierlich)

Pa|te, der; -n, -n (Taufzeuge, auch: Patenkind); **Pa|ten_ge-schenk, ...kind**

pa|tent (ugs.: geschickt, tüchtig, großartig); **Pa|tent,** das; -[e]s, -e (Urkunde über die Berechtigung, eine Erfindung allein zu verwerten; Bestallungsurkunde eines [Schiffs]offiziers); **pa|ten|tie|ren** (durch Erteilung eines Patents schützen)

Pa|ter, der; -s, Patres, (ugs. auch:) - (kath. Ordensgeistlicher); [1]**Pa|ter|no|ster,** das; -s, - (Vaterunser); [2]**Pa|ter|no|ster,** der; -s, - (umlaufender Aufzug)

pa|the|tisch (ausdrucksvoll; feierlich; salbungsvoll); **Pa|tho|lo|gie,** die; - (allgemeine Lehre von den Krankheiten); **pa|tho|lo|gisch** (krankhaft); **Pa|thos,** das; - ([übertriebene] Gefühlserregung; Schwung)

Pa|ti|ence [*paßjangß*] (Geduldsspiel mit Karten); **Pa|ti|ent** [*paziänt*], der; -en, -en (Kranker in ärztl. Behandlung)

Pa|tin, die; -, -nen

Pa|ti|na, die; - (grünlicher Überzug auf Kupfer, Edelrost)

Pa|tri|arch, der; -en, -en (Erzvater; Titel einiger Bischöfe); **pa|tri|ar|cha|lisch** (altväterlich); **Pa|tri|ot,** der; -en, -en (Vaterlandsfreund); **pa|tri|o|tisch; Pa|tri|o|tis|mus,** der; -

Pa|tri|zi|er [...*i°r*], der; -s, - (vornehmer Bürger [im alten Rom]); **pa|tri|zisch**

Pa|tron, der; -s, -e (Schutzherr, Schutzheiliger; meist verächtl.: armseliger od. unliebsamer Mensch); **Pa|tro|ne,** die; -, -n (Geschoß u. Treibladung; Tintenbehälter im Füllfederhalter; Behälter für Kleinbildfilm)

Pa|trouil|le [*patrulj°*], die; -, -n (Spähtrupp, Streife); **pa|trouil|lie|ren** [*patruljir°n*]

pat|sche|naß, **patsch|naß** (ugs.: sehr naß); **Patsch|hand, Patsch|händ|chen** (Kinderspr.)

patt (Schach: zugunfähig); - sein; **Patt,** das; -s, -s

Pat|te, die; -, -n (Taschenklappe)

pat|zen (ugs.: etwas verderben, ungeschickt tun; klecksen); **Pat|zer** (jmd., der patzt; Fehler); **Pat|ze|rei** (ugs.); **pat|zig** (ugs.: frech, aufgeblasen, grob)

Pau|ke, die; -, -n; (ugs.:) auf die - hauen (ausgelassen sein); **pau|ken** (ugs.: angestrengt lernen); **Pau|ker** (Schülerspr. auch für: Lehrer); **Pau|ke|rei** (ugs.)

Paus|backen[1], die (*Mehrz.*) landsch. (dicke Wangen); **paus|backig[1], paus|bäckig[1]**

pau|schal (alles zusammen; rund); **Pau|scha|le,** die; -, -n,

---

[1] *Trenn.:* ...k|k...

286

(seltener:) das; -s, ...lien [...*i°n*] [latinisierende Bildung zu dt.: Bauschsumme] (geschätzte Summe; Gesamtbetrag, -abfindung); **Pausch|be|trag**

[1]**Pau|se,** die; -, -n (Ruhezeit)

[2]**Pau|se,** die; -, -n (Durchzeichnung); **pau|sen** (durchzeichnen)

pau|sen|los; Pau|sen|zei|chen; pau|sie|ren (eine Pause machen)

Paus.pa|pier, ..zeich|nung

Pa|vi|an [...*wi*...], der; -s, -e (ein Affe)

Pa|vil|lon [*pawiljong,* österr.: ...*wiljong*], der; -s, -s (kleines frei stehendes [Garten]haus)

Pa|zi|fik [auch: *pa*...], der; -s (Großer od. Pazifischer Ozean); **pa|zi|fisch; Pa|zi|fis|mus,** der; - (Ablehnung des Krieges aus religiösen od. ethischen Gründen); **Pa|zi|fist,** der; -en, -en; **pa|zi|fi|stisch**

Pech, das; -s (seltener: -es), (für: Pecharten *Mehrz.:*) -e; **pech|schwarz** (ugs.); **Pech|sträh|ne** (ugs.: Folge von Fällen, in denen man Unglück hat), **...vo|gel** (ugs.: Mensch, der [häufig] Unglück hat)

Pe|dal, das; -s, -e (Vorrichtung zum Übertragen einer Bewegung mit dem Fuß)

Pe|dant, der; -en, -en (ein in übertriebener Weise genauer, kleinlicher Mensch); **Pe|dan|te|rie,** die; -, ...ien; **pe|dantisch**

Ped|dig|rohr (geschältes span. Rohr)

Pe|dell, der; -s, -e (Rektoratsgehilfe einer Hochschule; veralt.: Hausmeister einer Schule)

Pe|di|kü|re, die; -, -n (Fußpflege; Fußpflegerin); **pe|di|kü|ren**

Peep-Show [*pip-*] (Zuschaustellung einer nackten Frau durch das Guckfenster einer Kabine)

Pe|ga|sus, der; - (geflügeltes Roß der gr. Sage; Dichterroß)

Pe|gel, der; -s, - (Wasserstandsmesser); **Pe|gel_hö|he, ...stand**

pei|len (die Himmelsrichtung, Richtung einer Funkstation, Wassertiefe bestimmen)

Pein, die; -; **pei|ni|gen; Pei|ni|ger; Pei|ni|gung; pein|lich; Pein|lich|keit; pein|sam; pein|voll**

Peit|sche, die; -, -n; **peit|schen**

Pe|ki|ne|se, der; -n, -n (Hund einer chin. Rasse)

pe|ku|ni|är (geldlich; in Geld bestehend; Geld...)

Pe|lar|go|nie [...*i*°], die; -, -n (eine Zierpflanze)

Pe|le|ri|ne, die; -, -n ([ärmelloser] Umhang, bes.: Regenmantel)

Pe|li|kan [auch: ...*an*], der; -s, -e (ein Vogel)

Pel|le, die; -, -n landsch. (dünne Haut, Schale); jmdm. auf die - rücken (ugs.: jmdm. energisch zusetzen); **pel|len** landsch. (schälen); **Pell|kar|tof|fel**

Pelz, der; -es, -e; jmdm. auf den - rücken (jmdm. drängen); **pelz|be|setzt; pel|zig; pelz|ge|füt|tert; Pelz_kap|pe, ...kra|gen, ...man|tel, ...mär|te[l]** [nach dem hl. Martin] (bayr., südwestdt., schles.: Knecht Ruprecht), **...müt|ze, ...nickel** [*Trenn.:* ...nik|kel] (vgl. Belznickel), **...tier**

Pe|nal|ty [*pän°lti*], der; -[s] -s (Strafstoß [bes. im Eishockey])

PEN-Club, der; -s (internationale Schriftstellervereinigung)

Pen|dant [*pangdang*], das; -s, -s (Gegen-, Seitenstück; Ergänzung); **Pen|del,** das; -s, - (um eine Achse od. einen Punkt frei drehbarer Körper); **pen|deln** (schwingen; hin- u. herlaufen); **Pend|ler**

pe|ne|trant (durchdringend); **Pe|ne|tranz,** die; -, -en (Aufdringlichkeit)

pe|ni|bel (ugs.: sehr eigen, sorgfältig, genau, empfindlich)

Pe|ni|cil|lin vgl. Penizillin

Pe|nis, der; -, -se u. Penes (männl. Glied)

Pe|ni|zil|lin (fachspr. u. österr.:)

Pe|ni|cil|lin, das; -s, -e (ein antibiotisches Heilmittel)

Pen|nä|ler, der; -s, - (ugs.: Schüler einer höheren Lehranstalt); **pen|nä|ler|haft**

Penn|bru|der (verächtl.); [1]**Pen|ne,** die; -, -n (Gaunerspr. für: einfache Herberge)

[1]**Pen|ne,** die; -, -n (Schülerspr.: höhere Lehranstalt)

pen|nen (ugs.: schlafen); **Pen|ner** (svw. Pennbruder)

Pen|ny [*päni*], der; -s, Pennies [*pänis*] (einzelne Stücke) u. Pence [*pänß*] (Wertangabe; engl. Münze)

Pen|si|on [*pangsion, pang-ßion*[1]], die; -, -en (Ruhestand; Kost u. Wohnung; Ruhe-, Witwengehalt; Fremdenheim); **Pen|sio|när**[1], der; -s, -e (Ruheständler); **Pen|sio|nat**[1] das; -[e]s, -e (Internat, bes. für Mädchen); **pen|sio|nie|ren**[1] (in den Ruhestand versetzen); **Pen|sio|nie|rung**[1]; **Pen|si|ons**[1]_al|ter, ...an|spruch; pen|si|ons|be|rech|tigt**[1]; **Pen|sum,** das; -s, ...sen u. ...sa (zugeteilte Aufgabe, Arbeit; Abschnitt)

Pen|ta|gon [auch: *pän*...], das; -s (das auf einem fünfeckigen Grundriß errichtete amerik. Verteidigungsministerium)

Pent|house [*pänthauß*], das; -, -s [...*sis*] (exklusive Dachterrassenwohnung über einem Etagenhaus)

Pep, der; -[s] (Schwung, Elan); **Pe|pe|ro|ni,** die (*Mehrz.*; (scharfe, kleine [in Essig eingemachte] Pfefferschoten, auch Paprikaschoten)

Pe|pi|ta, der od. das; -s, -s (kariertes Gewebe)

Pep|sin, das; -s, -e (Ferment des Magensaftes; Heilmittel)

per (durch, mit, gegen, für); - Adresse ([Abk.: p. A.]); - Bahn; - Eilboten

---

[1] Südd., österr. meist, schweiz. auch: *pänsion* usw.

perdu

per|du [*pärdü*] (ugs.: verloren, weg, auf u. davon)
per|fekt (vollendet, vollkommen; abgemacht); **Per|fekt** [auch: *...fäkt*], das; -[e]s, -e (Sprachw.: Vorgegenwart, zweite Vergangenheit); **Per|fek|ti|on** [*...zion*], die; -, -en (Vollendung, Vollkommenheit); **per|fek|tio|nie|ren; Per|fek|tio|nis|mus,** der; - (übertriebenes Streben nach Vervollkommnung); **per|fek|tio|ni|stisch** (bis in alle Einzelheiten vollständig, umfassend)
per|fid (österr. nur so), **per|fi|de** (treulos; hinterlistig, tückisch); **Per|fi|die,** die; -, ...ien
Per|fo|ra|ti|on [*...zion*], die; -, -en (Durchbohrung, Durchlöcherung; Lochung; Reiß-, Trennlinie); **per|fo|rie|ren; Per|fo|rier|ma|schi|ne**
Per|ga|ment, das; -[e]s, -e (bearbeitete Tierhaut; alte Handschrift [auf Tierhaut]); **per|ga|men|ten** (aus Pergament); **Per|ga|ment|pa|pier**
Pe|ri|ode (Umlauf[szeit] eines Gestirns, Kreislauf; Zeit[abschnitt, -raum]; Menstruation; Satzgefüge, Glieder-, Großsatz); **pe|ri|odisch** (regelmäßig auftretend, wiederkehrend); **pe|ri|odi|sie|ren** (in Zeitabschnitte einteilen)
pe|ri|pher (am Rande befindlich, Rand...); **Pe|ri|phe|rie,** die; -, ...ien ([Kreis]umfang; Umkreis; Randgebiet [der Großstädte], Stadtrand)
Pe|ri|skop, das; -s, -e (Fernrohr [für Unterseeboote] mit geknicktem Strahlengang); **pe|ri|sko|pisch**
Per|le, die; -, -n; ¹**per|len** (tropfen; Bläschen bilden); ²**per|len** (aus Perlen); **per|len|be|setzt, ...be|stickt; Per|len|fi|scher, ...ket|te, ...kol|lier, ...tau|cher; Perl|garn; perl|grau; Perl|huhn; perl|ig; Perl|mu|schel; Perl|mutt,** das; -s u. **Perl|mut|ter,** das; -s od. die; -

(glänzende Innenschicht von Perlmuschel- u. Seeschneckenschalen); **perl|mut|ter|far|ben; Perl|mut|ter|knopf, Perlmutt|knopf; perl|mut|tern** (aus Perlmutter)
Per|lon ®, das; -s (eine synthet. Textilfaser); **Per|lon|strumpf**
per|ma|nent (dauernd, anhaltend, ununterbrochen, ständig); **Per|ma|nenz,** die; - (Dauer, Ständigkeit)
Per|nod [*...no*], der; -[s], -[s] (ein alkohol. Getränk)
per pe|des (ugs. scherzh.: zu Fuß)
Per|pen|di|kel, das od. der; -s, - (Uhrpendel; Senk-, Lotrechte)
Per|pe|tu|um mo|bi|le [*...u-um* -], das; - -, - -[s] u. ...tua ...bilia (utopische Maschine, die ohne Energieverbrauch dauernd Arbeit leistet)
per|plex (ugs.: verwirrt, verblüfft; bestürzt); **Per|ple|xi|tät,** die; -, -en (Bestürzung, Verwirrung, Ratlosigkeit)
per sal|do (als Rest zum Ausgleich [auf einem Konto])
Per|sen|ning, die; -, -e[n] (Gewebe für Segel, Zelte u. a.)
Per|ser (Bewohner von Persien; Perserteppich)
Per|sia|ner (Karakulschafpelz [früher über Persien gehandelt]); **Per|sia|ner|man|tel**
Per|si|fla|ge [*...flasche*], die; -, -n (Verspottung); **per|si|flie|ren**
Per|si|ko, der; -s, -s (aus Pfirsich- od. Bittermandelkernen bereiteter Likör)
per|sisch; -er Teppich
Per|son, die; -, -en (Mensch; Wesen); **Per|so|na in|gra|ta,** die; - - u. **Per|so|na non gra|ta,** die; - - - (unerwünschte Person; Diplomat, dessen [genehmigter] Aufenthalt vom Gastland nicht mehr gewünscht wird); **per|so|nal** (persönlich; Persönlichkeits...); im -en Bereich; **Per|so|nal,** das; -s (Belegschaft, alle Angestellten [eines Betriebes]);

288

**Per|so|nal_aus|weis, ...bü|ro;
Per|so|na|li|en** [...*i°n*], die
(*Mehrz.*; Angaben über Lebenslauf u. Verhältnisse eines Menschen); **Per|so|nal_po|li|tik,
...pro|no|men** (Sprachw.: persönliches Fürwort, z. B. „er, wir"), **...uni|on** (Vereinigung mehrerer Ämter in einer Person); **per|so|nell** (das Personal betreffend); **Per|so|nen_auf|zug,
...kraft|wa|gen** (Abk.: Pkw, auch: PKW), **...scha|den** (Ggs.: Sachschaden), **...stand** (Familienstand); **Per|so|nen_ver|kehr, ...wa|gen, ...zug; Per|so|ni|fi|ka|ti|on** [...*zion*], die; -, -en, **Per|so|ni|fi|zie|rung** (Verkörperung, Vermenschlichung); **per|so|ni|fi|zie|ren;
per|sön|lich** (in [eigener] Person; selbst); -es Eigentum; -es Fürwort; **Per|sön|lich|keit**
Per|spek|ti|ve [...*w°*], die; -, -n (Darstellung von Raumverhältnissen in der ebenen Fläche; Ausblick, Durchblick; Raumsicht; Aussicht [für die Zukunft]); **per|spek|ti|visch** (die Perspektive betreffend); -e Verkürzung
Pe|rücke [*Trenn.*: ...rük|ke], die; -, -n (Haupthaarersatz, Haaraufsatz); **Pe|rücken|ma|cher**
[*Trenn.*: ...rük|ken]
per|vers [...*wärß*] ([geschlechtlich] verkehrt [empfindend]);
Per|ver|si|on, die; -, -en; **Per|ver|si|tät,** die; -, -en **per|ver|tie|ren** (vom Normalen abweichen, entarten)
pe|sen (ugs.: eilen, rennen)
Pe|se|ta, die; -, ...ten (span. Münzeinheit; Abk.: Pta) **Pe|so,** der; -[s], -[s] (südamerik. Münzeinheit)
Pes|sar, das; -s, -e (Med.: Mutterring; Muttermundverschluß zur Empfängnisverhütung)
Pes|si|mis|mus, der; - (seelische Gedrücktheit; Schwarzseherei; Ggs.: Optimismus); **Pes|si|mist,** der; -en, -en; **pes|si|mi|stisch**

Pest, die; - (eine Seuche); **pest|ar|tig; Pest_beu|le, ...hauch;
Pe|sti|lenz,** die; -, -en (Pest, schwere Seuche); **Pe|sti|zid** (ein Schädlingsbekämpfungsmittel)
Pe|ter|si|lie [...*i°*], die; -, -n (ein Küchenkraut)
Pe|ter|wa|gen (Bez. für: Funkstreifenwagen)
Pe|ti|ti|on [...*zion*], die; -, -en (Bittschrift; Eingabe); **pe|ti|tio|nie|ren; Pe|ti|ti|ons|recht** (Bittrecht, Beschwerderecht)
Pe|tro|che|mie (Wissenschaft von der chem. Zusammensetzung der Gesteine); **pe|tro|che|misch; Pe|trol|che|mie** (auf Erdöl u. Erdgas beruhende techn. Rohstoffgewinnung in der chem. Industrie); **Pe|tro|le|um** [...*le-um*], das; -s (Destillationsprodukt des Erdöls, Leuchtöl); **Pe|tro|le|um_ko|cher, ...lam|pe**
Pet|schaft, das; -s, -e (Handstempel zum Siegeln, Siegel); **pe|tschie|ren** (mit einem Petschaft schließen)
Pet|ti|coat [*pätiko°t*], der; -s, -s (steifer Taillenunterrock)
Pet|ting, das; -s, -s (sexueller Austausch ohne eigentlichen Geschlechtsverkehr, bes. unter Jugendlichen)
pet|to vgl. in petto
Pe|tu|nie [...*i°*], die; -, -n (eine Zierpflanze)
¹**pet|zen** (Schülerspr.: angeben, verraten)
²**pet|zen** landsch. (zwicken)
peu à peu [*pö a pö*] (ugs.: nach und nach, allmählich)
Pfad, der; -[e]s, -e; **Pfäd|chen; Pfad|fin|der; pfad|los**
Pfaf|fe, der; -n, -n (abwertend für: Geistlicher)
Pfahl, der; -[e]s, Pfähle; **Pfahl_bau** (*Mehrz.* ...bauten); **pfäh|len**
Pfand, das; -[e]s, Pfänder; **pfänd|bar; Pfän|der|spiel; Pfand_haus, ...lei|he, ...schein; Pfän|dung**

Pfan|ne, die; -, -n; jmdn. in die
- hauen (ugs.: jmdn. erledigen,
ausschalten); **Pfann|ku|chen**
Pfarr|amt; Pfar|rei; Pfar|rer;
Pfar|re|rin, die; -, -nen; **Pfar-**
rers|toch|ter; Pfarr|haus
Pfau, der; -[e]s od. -en, -en
(österr. auch: -e) (ein Vogel);
Pfau|en|au|ge, ...rad
Pfef|fer, der; -s, - (eine Pflanze;
Gewürz); **Pfef|fer|ku|chen;**
Pfef|fer_minz[1] (Likör; der; -es,
-e; Plätzchen: das; -es, -e),
...min|ze[1], die; - (eine Heil- u.
Gewürzpflanze); **Pfef|fer-**
minz|tee[1]; **pfef|fern; Pfef|fe-**
ro|ni, der; -, - (österr.: Peperoni)
Pfei|fe, die; -, -n; **pfei|fen;** auf
etwas - (ugs.: an etwas uninter-
essiert sein); **Pfei|fer**
Pfeil, der; -[e]s, -e
Pfei|ler, der; -s, -
Pfen|nig, der; -[e]s, -e (Münze;
Abk.: Pf); **Pfen|nig_ab|satz**
(ugs.: hoher, dünner Absatz bei
Damenschuhen), **...be|trag,**
...fuch|ser (ugs.: Geizhals)
Pferch, der; -[e]s, -e (Einhe-
gung, eingezäunte Fläche);
pfer|chen
Pferd, das; -[e]s, -e; zu -e; **Pfer-**
de_ap|fel, ...schwanz (auch für
eine bestimmte Frisur), **...stär-**
ke (techn. Maßeinheit; Abk.: PS)
Pfiff, der; -[e]s, -e
Pfif|fer|ling (ein Pilz; ugs. für:
etwas Wertloses); keinen - wert
pfif|fig; Pfif|fig|keit, die; -;
Pfif|fi|kus, der; - u. -ses, - u.
-se (ugs.: schlauer Mensch)
Pfing|sten, das; -; - fällt früh;
(in Wunschformeln auch als
Mehrz.:) fröhliche -!; **Pfingst-**
fest
Pfir|sich, der; -s, -e (Frucht; Pfir-
sichbaum)
Pflan|ze, die; -, -n; **pflan|zen;**
Pflan|zen_kost, ...schutz;
Pflan|zer; Pflan|zung
Pfla|ster, das; -s, -; ein teures

- (ugs.: Stadt mit teuren Lebens-
verhältnissen); **pfla|stern**
Pflau|me, die; -, -n; **pflau|men**
(ugs.: necken, scherzhafte Be-
merkungen machen)
Pfle|ge, die; -, -n; **Pfle|ge_el-**
tern, ...fall, der, **...geld,**
...heim, ...kind; pfle|ge|leicht;
Pfle|ge|mut|ter; pfle|gen;
Pfle|ger; Pfle|ge|rin, die; -,
-nen; **pfle|ge|risch**
Pflicht, die; -, -en; **pflicht|be-**
wußt; Pflicht_be|wußt|sein,
...ei|fer; pflicht|eif|rig;
pflicht|schul|dig; pflicht|ver-
si|chert; Pflicht|ver|si|che-
rung, ...ver|tei|di|ger; pflicht-
wid|rig
Pflock, der; -[e]s, Pflöcke;
pflöcken [*Trenn.*: ...pflök|ken]
pflücken[1]; **Pflücker**[1]; **Pflücke-**
rin[1], die; -, -nen
Pflug, der; -[e]s, Pflüge; **pflü-**
gen; Pflü|ger
Pfor|te, die; -, -n; **Pfört|ner**
Pfo|sten, der; -s, -; **Pfo|sten-**
schuß (Sport)
Pföt|chen; Pfo|te, die; -, -n
Pfriem, der; -[e]s, -e (ein Werk-
zeug)
Pfropf, der; -[e]s, -e (Nebenform
von: Pfropfen)
¹pfrop|fen (Pflanzen durch ein
Reis veredeln)
²pfrop|fen ([Flasche] verschlie-
ßen); **Pfropfen,** der; -s, - (Kork,
Stöpsel)
Pfrün|de, die; -, -n (in der kath.
Kirche Einkommen durch ein Kir-
chenamt; scherzh. für: [fast] mü-
heloses Einkommen)
Pfuhl, der; -[e]s, -e (große Pfüt-
ze; Sumpf; mdal. für: Jauche)
pfui! [*pfuᶴ*]; - Teufel!; **Pfui|ruf**
Pfund[2], das; -[e]s, -e (Gewicht;
Abk.: Pfd.; Zeichen: ℔); Münzeinheit [vgl. - Sterling]); **pfun-**
dig; -er Kerl (ugs.: ordentlicher,

---

[1] *Trenn.*: ...ük|k...

[2] In Deutschland und in der
Schweiz als amtliche Gewichts-
bezeichnung abgeschafft.

ganzer Kerl); **Pfund Ster|ling,**
das; -[e]s -, - - [- ßtär..., auch:
- schtär...] (brit. Münzeinheit;
Zeichen u. Abkürzung: £)
Pfusch, der; -[e]s (Pfuscherei);
pfu|schen (ugs.); **Pfu|scher**
(ugs.); **Pfu|sche|rei** (ugs.)
Pfüt|ze, die; -, -n
Pha|lanx, die; -, ...langen (ge-
schlossene Schlachtreihe [vor allem in übertr. Sinne])
phal|lisch (den Phallus betref-
fend); **Phal|lus,** der; -, ...lli u.
...llen, (auch:) -se (männl. Glied)
Phä|no|men, das; -s, -e ([Natur]-
erscheinung; ugs. für: seltenes
Ereignis; Wunder[ding]; überaus
kluger Kopf); **phä|no|me|nal**
(ugs.: außerordentlich)
Phan|ta|sie, die; -, ...ien (Vorstel-
lung[skraft], Einbildung[skraft];
Trugbild); vgl. auch: Fantasie;
**phan|ta|sie|los; Phan|ta|sie-
lo|sig|keit;   phan|ta|sie|ren**
(sich der Einbildungskraft hinge-
ben; irrereden); **phan|ta|sie-
voll; Phan|tast,** der; -en, -en
(Träumer, Schwärmer); **phan-
ta|stisch** (schwärmerisch; ver-
stiegen; unwirklich; ugs. für:
großartig, sehr); **Phan|tom,** das;
-s, -e (Trugbild); **Phan|tom-
_bild** (Kriminalistik: nach Zeu-
genaussagen gezeichnetes Por-
trät eines gesuchten Täters)
Pha|rao, der; -s, ...onen (ägypt.
König); **pha|rao|nisch**
Pha|ri|sä|er (Angehöriger einer
altjüd., streng gesetzesfrommen,
religiös-polit. Partei; übertr. für:
selbstgerechter Heuchler); **pha-
ri|sä|er|haft; Pha|ri|sä|er|tum,**
das; -s; **pha|ri|sä|isch**
Phar|ma|zeu|tik, die; - (Arznei-
mittelkunde);   **phar|ma|zeu-
tisch; Phar|ma|zie,** die; - (Lehre
von der Arzneimittelzubereitung)
Pha|se, die; -, -n (Abschnitt einer
[stetigen] Entwicklung, Stufe;
Elektrotechnik: Schwingungszu-
stand beim Wechselstrom)
Phil|an|throp, der; -en, -en
(Menschenfreund)

Phil|ate|lie, die; - (Briefmarken-
kunde); **Phil|ate|list,** der; -en,
-en; **phil|ate|li|stisch**
Phil|har|mo|nie, die; -, ...ien (Na-
me für Gesellschaften zur Förde-
rung des Musiklebens einer Stadt
u. für Konzertsäle); **Phil|har|mo-
ni|ker** (Künstler, der in einem
philharmonischen   Orchester
spielt)
Phi|li|ster, der; -s, - (Angehöriger
des Nachbarvolkes der Israeliten
im A. T.; übertr. für: Spießbürger)
Phi|lo|den|dron, der (auch: das);
-s, ...dren (eine Blattpflanze)
Phi|lo|lo|ge, der; -n, -n (Sprach-
u. Literaturforscher); **Phi|lo|lo-
gie,** die; -, ...ien (Sprach- und
Literaturwissenschaft); **phi|lo-
lo|gisch**
Phi|lo|soph, der; -en, -en (Den-
ker, der nach ursprüngl. Wahrheit, dem letzten Sinn fragt,
forscht); **Phi|lo|so|phie,** die; -,
...ien (Streben nach Erkenntnis
des Zusammenhanges der Dinge
in der Welt; Denk-, Grundwis-
senschaft); **phi|lo|so|phisch**
Phi|o|le, die; -, -n (bauchiges
Glasgefäß mit langem Hals)
Phleg|ma, das; -s ([Geistes]träg-
heit, Gleichgültigkeit, Schwerfäl-
ligkeit); **Phleg|ma|ti|ker** (kör-
perlich träger, geistig wenig reg-
samer   Mensch);   **phleg|ma-
tisch**
Phlox, der; -es, -e (eine Zierpflanze)
Pho|bie, die; -, ...ien (Med.:
krankhafte Angst)
Phon, das; -s, -s (Maßeinheit für
die Lautstärke); 50 -
Phö|nix, der; -[es], -e (Vogel der
altägypt. Sage, der sich im Feuer
verjüngt; christl. Sinnbild der Un-
sterblichkeit)
Pho|no|kof|fer (tragbarer Plat-
tenspieler); **Phon|zahl**
Phos|phat, das; -[e]s, -e (Salz
der Phosphorsäure; wichtiger
techn. Rohstoff [z. B. für Dünge-
mittel]); **Phos|phor,** der; -s
(chem. Grundstoff; Zeichen: P;

Leuchtstoff); **Pos|pho|res|zenz,** die; - (Nachleuchten vorher bestrahlter Stoffe); **phos|pho|res|zie|ren; phos|phor|hal|tig**

Pho|to vgl. Foto; **Pho|to|al|bum** usw. vgl. Fotoalbum usw.; **pho|to|gen** usw. vgl. fotogen usw.; **Pho|to|graph** usw. vgl. Fotograf usw.; **Pho|to|mo|dell** vgl. Fotomodell; **Pho|to|mon|ta|ge** vgl. Fotomontage; **Pho|to|re|por|ter** vgl. Fotoreporter

Phra|se, die; -, -n (Redewendung; selbständiger Abschnitt eines musikal. Gedankens; abschätzig für: leere Redensart); **Phra|sen|dre|sche|rei** (abschätzig); **phra|sen|haft** (abschätzig); **phra|sie|ren** (Musik: ein Tonstück sinngemäß einteilen); **Phra|sie|rung**

Phy|sik, die; - (diejenige Naturwissenschaft, die mit mathematischen Mitteln die Grundgesetze der Natur untersucht); **phy|si|ka|lisch; -e Maßeinheit; Phy|si|ker; Phy|si|kum,** das; -s (Vorprüfung der Medizinstudenten)

Phy|sio|gno|mie, die; -, ...ien (äußere Erscheinung eines Lebewesens, bes. Gesichtsausdruck)

Phy|sio|lo|gie, die; - (Lehre von den Lebensvorgängen); **phy|sio|lo|gisch** (die Physiologie betreffend); **phy|sisch** (in der Natur begründet; natürlich; körperlich)

¹Pi, das; -[s], -s (gr. Buchstabe; *Π, π);* **²Pi,** das; -[s] (Ludolfsche Zahl, die das Verhältnis von Kreisumfang zu Kreisdurchmesser angibt; π = 3,1415...)

Pi|af|fe, die; -, -n (Reitsport: Trab auf der Stelle)

pia|nis|si|mo (Musik: sehr leise; Abk.: pp); **Pia|nist,** der; -en, -en (Klavierspieler, -künstler); **Pia|ni|stin,** die; -, -nen; **pia|no** (Musik: leise; Abk.: p); **Pia|no,** das; -s, -s (Kurzform von: Pianoforte); **Pia|no|for|te,** das; -s, -s (Klavier)

Pi|chel|stei|ner Fleisch, das; - -[e]s (ein Gericht)

Pick vgl. ²Pik

Picke¹, die; -, -n (Spitzhacke); **¹Pickel¹,** der; -s, - (Spitzhacke)

²Pickel¹, der; -s, - (Hautpustel, Mitesser)

Pickel|hau|be¹ (ugs.: früherer [preuß.] Infanteriehelm)

picke|lig¹, pick|lig

pickeln¹ landsch. (mit der Spitzhacke arbeiten)

Pick|nick, das; -s, -e u. -s (Essen im Freien; **pick|nicken¹;** gepicknickt

pi|co|bel|lo [*piko...*] (ugs.: ganz besonders fein)

piek|fein (ugs.: besonders fein), **...sau|ber** (ugs.: besonders sauber)

piep!; Piep, der, nur in ugs. Wendungen wie: einen - haben (nicht recht bei Verstand sein); **pie|pe, piep|egal** landsch. (gleichgültig); das ist mir -; **pie|pen;** es ist zum Piepen (landsch.: es ist zum Lachen); **Pie|pen,** die (*Mehrz.;* ugs.: Geld); **pieps** (ugs.); er kann nicht mehr - sagen; **Pieps,** der; -es, -e (ugs.); keinen - von sich geben; **piep|sen; piep|sig** (ugs.)

Pier, der; -s, -e od. -s (Seemannsspr.:) (Hafendamm; Landungsbrücke)

pie|sacken [*Trenn.:* ...sak|ken] (ugs.: quälen)

Pie|ta, (in it. Schreibung:) **Pie|tà** [*pi-eta*], die; -, -s (Darstellung der Maria mit dem Leichnam Christi auf dem Schoß; Vesperbild); **Pie|tät** [*pi-e...*], die; - (Frömmigkeit; Ehrfurcht, Rücksichtnahme); **pie|tät|los; Pie|tät|lo|sig|keit; pie|tät|voll; Pie|tis|mus** [*pi-e...*], der; - (ev. Erweckungsbewegung; auch für: schwärmerische Frömmigkeit); **Pie|tist; pie|ti|stisch**

Pig|ment, das; -[e]s, -e (Farbstoff, -körper)

---

¹ *Trenn.:* ...ik|k...

¹**Pik,** der; -s, -e u. -s (Bergspitze); vgl. Piz; ²**Pik,** der; -s, -e (ugs.: heimlicher Groll); einen - auf jmdn. haben; ³**Pik,** das; -s, -s (Spielkartenfarbe); **pi|kant** (scharf [gewürzt]; prickelnd; reizvoll; anzüglich; schlüpfrig); -es Abenteuer; **Pi|kan|te|rie,** die; -, ...ien; **pi|kan|ter|wei|se**
Pi|ke, die; -, -n (Spieß); von der - auf dienen (ugs.: im Beruf bei der untersten Stellung anfangen); **Pi|kee,** der (österr. auch: das); -s, -s ([Baumwoll]gewebe); **pi|ken, pik|sen** (ugs.: stechen); **pi|kiert** (etwas beleidigt, verstimmt)
¹**Pik|ko|lo,** der; -s, -s (Kellnerlehrling); ²**Pik|ko|lo,** der (auch: das); -s, -s (svw. Pikkoloflöte); **Pik|ko|lo_fla|sche** (kleine [Sekt]flasche für eine Person), **...flö|te** (kleine Querflöte)
pik|sen vgl. piken
Pil|ger (Wallfahrer; auch: Wanderer); **Pil|ger_chor,** der, **...fahrt; pil|gern**
Pil|le, die; -, -n (Kügelchen; Arzneimittel)
Pi|lot, der; -en, -en (Flugzeugführer)
Pils, das; -, - (ugs. Kurzform von: Pils[e]ner Bier); **Pil|se|ner, Pils|ner,** das; -s, - (Bier)
Pilz, der; -es, -e
Pi|ment, der od. das; -[e]s, -e (Nelkenpfeffer, Küchengewürz)
Pim|mel, der; -s, - (ugs. für: Penis)
pin|ge|lig (ugs.: kleinlich, pedantisch; empfindlich)
Ping|pong, das; -s, -s [österr.: ...pong] (Tischtennis)
Pin|gu|in, der; -s, -e (ein Vogel der Antarktis)
Pi|nie[...iᵉ], die; -, -n (Kiefer einer bestimmten Art)
Pink, das; -s, -s (lichtes Rosa)
Pin|ke, Pin|ke|pin|ke, die; - (ugs. für: Geld)
pin|keln (ugs.: harnen)
Pin|ke|pin|ke vgl. Pinke
Pin|scher, der; -s, - (Hund einer

bestimmten Rasse; übertr. für: einfältiger Mensch)
Pin|sel, der; -s, -; **pin|seln**
Pin|te, die; -, -n landsch. (Wirtshaus, Schenke)
Pin-up-girl [*pin-ₐpgö'l*], das; -s, -s (leichtbekleidetes Mädchen auf Anheftbildern)
Pin|zet|te, die; -, -n (Greif-, Federzange)
Pio|nier, der; -s, -e (Soldat der techn. Truppe; übertr. für: Vorkämpfer, Bahnbrecher; DDR: Angehöriger einer Organisation für Kinder)
Pipe|line [*paiplain*], die; -, -s (Rohrleitung [für Gas, Erdöl]); **Pi|pet|te,** die; -, -n (Saugröhre, Stechheber)
Pi|pi, das; -s (Kinderspr.); - machen
Pips, der; -es (eine Geflügelkrankheit)
Pi|ran|ha [...*nja*], **Pi|ra|ya,** der; -[s], -s (ein Raubfisch)
Pi|rat, der; -en, -en (Seeräuber)
Pi|ra|ya vgl. Piranha
Pi|rol, der; -s, -e (ein Vogel)
Pi|rou|et|te [...*ru...*], die; -, -n (Standwirbel um die eigene Körperachse; Drehung in der Hohen Schule)
Pirsch, die; - (Einzeljagd); **pir|schen**
Piß, der; Pisses u. **Pis|se,** die; - (derb: Harn); **pis|sen** (derb); **Pis|soir** [*pißoar*], das; -s, -e u. -s (veralt.: Bedürfnisanstalt für Männer)
Pi|sta|zie, die; -, -n [...*iᵉ*] (ein Strauch od. Baum; Frucht)
Pi|ste, die; -, -n (Skispur; Ski- od. Radrennstrecke; Rollbahn auf Flugplätzen)
Pi|sto|le, die; -, -n (kurze Handfeuerwaffe); wie aus der - geschossen (ugs.: spontan, sehr schnell, sofort)
pit|to|resk (malerisch)
Piz, der; es, -e (Bergspitze)
Piz|za, die; -, -s (neapolitan. Hefegebäck mit Tomaten, Käse u. Sardellen o. ä.); **Piz|ze|ria,** die;

-, -s (Lokal, in dem Pizzas angeboten werden)
Pkw, (auch:) **PKW,** der; - (selten: -s), -[s] (Personenkraftwagen)
pla|cie|ren [*plazir*e*n*, älter: *pla|ßir*e*n*] usw. vgl. plazieren usw.
Plackerei [*Trenn.*: Plak|ke|rei] (ugs.)
plad|dern niederd. (verschütten; niederströmen, in großen Tropfen regnen); es pladdert
plä|die|ren; Plä|doy|er [*...doaje*], das; -s, -s (zusammenfassende Rede des Strafverteidigers od. Staatsanwaltes vor Gericht)
Pla|ge, die; -, -n; **Pla|ge|geist** (*Mehrz.* ...geister); **pla|gen;** sich -
Pla|gi|at, das; -[e]s, -e (Diebstahl geistigen Eigentums); **Pla|gia|tor,** der; -s, ...oren
Plaid [*ple'd*], das (älter: der); -s, -s ([Reise]decke; auch: großes Umhangtuch aus Wolle)
Pla|kat, das; -[e]s, -e ([öffentl.] Aushang, Werbeanschlag); **Pla|ket|te,** die; -, -n (kleine, eckige [meist geprägte] Platte mit einer Reliefdarstellung)
plan (flach, eben); - geschliffene Fläche
Plan, der; -[e]s, Pläne (Grundriß; Vorhaben)
Pla|ne, die; -, -n ([Wagen]decke)
pla|nen; Pla|ner
Pla|net, der; -en, -en (Wandelstern); **Pla|ne|ta|ri|um,** das; -s, ...ien [*...ie*n] (Instrument zur Darstellung der Bewegung, Lage u. Größe der Gestirne; auch Gebäude dafür)
pla|nie|ren ([ein]ebnen); **Pla|nier|rau|pe, ...schild,** der; **Pla|nie|rung**
Plan|ke, die; -, -n (starkes Brett, Bohle)
Plän|ke|lei; plän|keln
Plank|ton, das; -s (im Wasser schwebende Lebewesen mit geringer Eigenbewegung)
plan|los; Plan|lo|sig|keit; plan|mä|ßig; Plan|mä|ßig|keit

Plansch|becken [*Trenn.*: ...bek|ken]; **plan|schen**
Plan|ta|ge [*...tasch*e, österr.: *...tasch*], die; -, -n ([An]pflanzung, landwirtschaftl. Großbetrieb)
Pla|nung
plap|per|haft (ugs.); **Plap|per|maul** (ugs.), **...mäul|chen** (ugs.); **plap|pern** (ugs.); **Plap|per|ta|sche** (abschätzig ugs.)
plär|ren (ugs.); **Plär|rer** (ugs.)
Plä|sier, das; -s, -e (veralt., scherzh.: Vergnügen; Spaß; Unterhaltung)
Plas|ma, das; -s, ...men (Protoplasma; flüssiger Bestandteil des Blutes; leuchtendes Gasgemisch; Halbedelstein)
[1]**Pla|stik,** die; -, -en (Bildhauerkunst; Bildwerk); [2]**Pla|stik,** das; -s, -s (seltener: die; -, -en) (Kunststoff); **Pla|stik_bom|be, ...ein|band; Pla|sti|lin,** das; -s (Knetmasse zum Modellieren); **pla|stisch** (bildsam; knetbar; körperlich, anschaulich; einprägsam)
Pla|ta|ne, die; -, -n (ein Laubbaum)
Pla|teau [*...to*], das; -s, -s (Hochebene, Hochfläche; Tafelland)
Pla|tin, das; -s (chem. Grundstoff, Edelmetall; Zeichen: Pt)
Pla|ti|tü|de, die; -, -n (Plattheit, Seichtheit)
pla|to|nisch (nach Art Platos; geistig, unsinnlich)
platsch!; plat|schen; plät|schern; platsch|naß (ugs.)
platt (flach); da bist du -! (ugs. für: da bist du sprachlos!); **Platt,** das; -[s] (Niederdeutsche);
platt|deutsch; Plat|te, die; -, -n; **Plat|tei** ([Adrema]plattensammlung); **Plät|tei|sen; plät|ten** nordd. (bügeln); **Plat|ten_ar|chiv, ...le|ger, ...spie|ler; Platt_form, ...fuß**
Platz, der; -es, Plätze (Fläche, Raum); **Platz_angst** (die; -), **...an|wei|se|rin** (die; -, -nen); **Plätz|chen**

plat|zen

Platz.kar|te, ...kon|zert

Platz.pa|tro|ne, ...re|gen;
Platz|wun|de

Plau|de|rei; plau|dern; Plau-
der.stünd|chen, ...ta|sche
(scherzh.)

Plausch, der; [e]s, -e (gemütl.
Plauderei); plau|schen südd.,
österr., schweiz. (gemütl. plau-
dern)

plau|si|bel (annehmbar, ein-
leuchtend, triftig)

Play-back, (auch:) Play|back
[ple̱'bäk], das; - (Film- u. Ton-
bandtechnik: zusätzliche syn-
chrone Bild- od. Tonaufnahme);
Play|boy [ple̱'beu], der; -s, -s
(reicher junger Mann, der nicht
arbeitet u. nur dem Vergnügen
nachgeht)

pla|zie|ren, (auch noch:) pla|cie-
ren (aufstellen, an einen bestimmten Platz stellen; Sport: einen gezielten Schuß od. Wurf
[Ballspiel], Hieb od. Schlag [Bo-
xen] abgeben); Pla|zie|rung,
(auch noch:) Pla|cie|rung

¹Plebs [auch: plepß], der; -es
([niederes] Volk, Pöbel); ²Plebs
[auch: plepß], die; - (das gemeine Volk im alten Rom)

plei|te (ugs.: zahlungsunfähig);
- gehen, sein, werden; Plei|te,
die; -, -n (ugs.); - machen; Plei-
te|gei|er (ugs.)

plem|pern (ugs.: seine Zeit un-
nütz od. mit nichtigen Dingen
hinbringen)

plem|plem (ugs. für: verrückt)

Ple|nar-sit|zung (Vollsitzung),
...ver|samm|lung (Vollver-
sammlung)

Ple|num, das; -s (Gesamtheit
[des Parlaments, Gerichts u. a.],
Vollversammlung)

Pleu|el, der; -s, - (Schubstange);
Pleu|el|stan|ge

Ple|xi|glas ⓦ (ein glasartiger
Kunststoff)

Plis|see, das; -s, -s (in Fältchen
gelegtes Gewebe); plis|sie|ren
(in Falten legen, fälteln)

Plock|wurst

Plom|be, die; -, -n (Bleisiegel,
-verschluß; zollamtl. kurz: Blei;
[Zahn]füllung); plom|bie|ren;
Plom|bie|rung

plötz|lich; Plötz|lich|keit, die; -

Plu|der|ho|se; plu|de|rig, pludr-
rig; plu|dern (sich bauschen,
bauschig schwellen)

Plu|meau [plümo̱], das; -s, -s
(Federdeckbett)

plump; eine -e Falle; plumps!;
Plumps, der; -es, -e (ugs.);
plump|sen (ugs.: dumpf fallen)

Plum|pud|ding [plampud...]
(engl. Rosinenspeise)

Plun|der, der; -s, -n (ugs.: altes
Zeug; Backwerk aus Blätterteig
mit Hefe); Plün|de|rei; Plün|de-
rer; plün|dern; Plün|de|rung

Plün|nen, die (Mehrz.) niederd.
([alte] Kleider)

Plu|ral, der; -s, -e (Sprachw.:
Mehrzahl; Abk.: pl., Pl., Plur.);
Plu|ra|lis|mus, der; - (Vielge-
staltigkeit gesellschaftlicher, po-
litischer u. anderer Phänomene);
plu|ra|li|stisch; -e Gesellschaft;
plus (und; zuzüglich; Zeichen:
+ [positiv]; Ggs.: minus); Plus,
das; -, - (Mehr, Überschuß, Gewinn; Vorteil)

Plüsch [auch: plü...], der; -[e]s,
-e (Florgewebe); Plüsch.dek-
ke [Trenn.: ...dek|ke], ...ses|sel

Plus.pol, ...punkt

Plus|quam|per|fekt [auch:
...fäkt], das; -s, -e (Sprachw.:
Vorvergangenheit, dritte Vergangenheit)

plu|stern; die Federn - (sträuben,
aufrichten)

Plus|zei|chen (Zusammenzähl-,
Additionszeichen); Zeichen: +)

Plu|to|ni|um, das; -s (chem.
Grundstoff, Transuran; Zeichen:
Pu)

Pneu, der; -s, -s (Kurzform für:
Pneumatik); Pneu|ma|tik, der;
-s, -s (österr.: die; -, -en) (Luft-
reifen; Kurzform: Pneu); pneu-
ma|tisch (die Luft, das Atmen
betreffend; durch Luft[druck]

bewegt, bewirkt); -e Bremse (Luftdruckbremse)

Po, der; -s, -s (kurz für: Popo)

Pö|bel, der; -s (Pack, Gesindel); **Pö|be|lei; pö|beln**

Poch, das (auch: der); -[e]s (ein Kartenglücksspiel); **po|chen**

po|chie|ren [*poschirᵉn*] (Gastr.: Speisen, bes. aufgeschlagene Eier, in kochendem Wasser gar werden lassen)

Pocke¹, die; -, -n (Impfpustel); **Pocken¹,** die (*Mehrz.*; eine Infektionskrankheit); **pocken-nar|big¹; Pocken¹.schutz-imp|fung, ...vi|rus**

Po|dest, das od. der; -[e]s, -e ([Treppen]absatz; größere Stufe)

Po|dex, der; -es, -e (scherzh. für: Gesäß)

Po|di|um, das;⸴ -s, ...ien [...*iᵉn*] (trittartige Erhöhung); **Po-di|ums_dis|kus|si|on, ...ge-spräch**

Poe|sie [*po-e...*], die; -, ...ien (Dichtung; Dichtkunst; dicht. Stimmungsgehalt, Zauber); **Poe|sie|al|bum; Po|et,** der; -en, -en (meist spött. für: Dichter); **Poe|tik,** die; -, -en ([Lehre von der] Dichtkunst); **poe|tisch** (dichterisch)

Po|grom, der (auch: das); -s, -e (Hetze, Ausschreitungen gegen nationale, religiöse, rassische Gruppen)

Poin|te [*poängtᵉ*], die; -, -n (überraschendes Ende eines Witzes, einer Erzählung); **poin|tie-ren** [*poängtirᵉn*] (unterstreichen, betonen); **poin|tiert** (betont; zugespitzt)

Po|kal, der; -s, -e (Trinkgefäß mit Fuß; Sportpreis)

Pö|kel, der; -s, - ([Salz]lake); **Pö-kel_fleisch, ...he|ring; pö|keln**

Po|ker, das; -s (ein Kartenglücksspiel); **po|kern**

Pol, der; -s, -e (Drehpunkt; Endpunkt der Erdachse; Math.: Be-

zugspunkt; Elektrotechnik: Aus- u. Eintrittspunkt des Stromes); **po|lar** (am Pol befindlich, die Pole betreffend; entgegengesetzt wirkend); -e Luftmassen; **Po|la-ri|sa|ti|on** [...*zion*] (gegensätzliches Verhalten von Substanzen od. Erscheinungen); **po|la|ri-sie|ren** (der Polarisation unterwerfen); **Po|la|ri|sie|rung; Po-lar_kreis, ...licht** (*Mehrz.* ...lichter)

Po|le|mik, die; -, -en (wissenschaftl., literar. Fehde, Auseinandersetzung; [unsachlicher] Angriff); **Po|le|mi|ker; po|le-misch; po|le|mi|sie|ren**

po|len (an einen elektr. Pol anschließen)

Po|len|te, die; - (Gaunerspr., abschätzig ugs.: Polizei)

Po|li|ce [...*lißᵉ*], die; -, -n (Versicherungsschein)

Po|lier, der; -s, -e (Vorarbeiter der Maurer u. Zimmerleute; Bauführer)

po|lie|ren (glätten, polieren, glänzend, blank machen); **Po|lie|rer**

Po|li|kli|nik [auch: *poli...*] ([Stadt]krankenhaus zur ambulanten Krankenbehandlung)

Po|lio [auch: *po...*], die; - (Kurzform von: Poliomyelitis); **Po|lio-mye|li|tis,** die; - (Med.: Kinderlähmung)

Po|lit|bü|ro (Kurzw. für: Politisches Büro; Zentralausschuß einer kommunistischen Partei)

Po|li|tes|se, die; -, -n (von einer Gemeinde angestellte Hilfspolizistin für bestimmte Aufgaben)

Po|li|tik, die; -, (selten:) -en ([Lehre von der] Staatsführung; Berechnung); **Po|li|ti|ker; po|li-tisch** (die Politik betreffend; staatsmännisch; staatsklug); **po-li|ti|sie|ren** (von Politik reden; politisch behandeln); **Po|li|ti-sie|rung; Po|li|to|lo|gie,** die; - (Wissenschaft von der Politik)

Po|li|tur, die; -, -en (Glätte, Glanz; Poliermittel)

Po|li|zei, die; -, (selten:) -en; **Po-**

---

¹ *Trenn.:* ...ok|k...

li|zei_ak|ti|on, ...be|am|te; po|li|zei|lich; -es Führungszeugnis; po|li|zei|wid|rig; Po|li|zist, der; -en, -en (Schutzmann); Po|li|zi|stin, die; -, -nen

Pol|ka, die; -, -s (Rundtanz)

Pol|len, der; -s, - (Blütenstaub)

Po|lo, das; -s, -s (Ballspiel vom Pferd, Rad od. Boot aus); Po|lo|hemd (kurzärmelige Männerhemdblouse)

Po|lo|nä|se, die; -, -n (polnischer Nationaltanz)

Pol|ster, das u. (österr.:) der; -s, - u. (österr.:) Pölster (österr. auch für: Kissen); Pol|ste|rer; pol|stern; Pol|ste|rung

Pol|ter|abend; pol|tern

Po|ly|ester, der; -s, - (ein Kunststoff)

Po|ly|ga|mie, die; - (Mehr-, Vielehe)

Po|lyp, der; -en, -en (Gestaltform der Nesseltiere; Med.: gestielte Geschwulst, [Nasen]wucherung; ugs. scherzh.: Polizeibeamter); po|ly|pen|ar|tig

po|ly|phon (mehrstimmig, vielstimmig); -er Satz

Po|ly|tech|ni|ker (Besucher des Polytechnikums), ...tech|ni|kum (höhere techn. Fachschule); po|ly|tech|nisch (viele Zweige der Technik umfassend)

Po|ma|de, die; -, -n (wohlriechendes [Haar]fett); po|ma|dig (mit Pomade eingerieben; ugs.: langsam, träge, gleichgültig)

Po|me|ran|ze, die; -, -n (Zitrusfrucht, bittere Apfelsine)

Pommes frites [pomfrit], die (Mehrz.; in Fett gebackene Kartoffelstäbchen)

Pomp, der; -[e]s (Schaugepränge, Prunk; großartiges Auftreten); pomp|haft

Pom|pon [pongpong od. pompong], der; -s, -s (knäuelartige Quaste aus Wolle od. Seide)

pom|pös ([übertrieben] prächtig; prunkhaft)

Pon|cho [pontscho], der; -s, -s (capeartiger [Indianer]mantel)

Pon|ti|fi|kal|amt, das; -[e]s (eine von einem Bischof od. Prälaten gehaltene feierl. Messe)

Pon|ton [pongtong od. pontong, österr.: ponton], der; -s, -s (Brückenschiff); Pon|ton_brücke [Trenn.: ...brük|ke], ...form

Po|ny [poni, selten: poni], (für kleinwüchsiges Pferd:) das; -s, -s, (für eine Damenfrisur:) der; -s, -s; Po|ny_fran|sen, die (Mehrz.), ...fri|sur

Po|panz, der; -es, -e ([vermummte] Schreckgestalt)

Pop-art [popa't], die; - (eine moderne Kunstrichtung)

Pop|corn, das; -s (Puffmais)

Po|pe, der; -n, -n (volkstüml. Bez. des Priesters der Ostkirche)

Po|pel, der; -s, - (landsch. u. ugs. für: verhärteter Nasenschleim; schmutziger kleiner Junge)

po|pe|lig, pop|lig (ugs.: nicht freigebig; minderwertig, armselig)

Po|pe|lin, der; -s, -e u. Po|pe|li|ne [popelin, österr.: poplin], die; -, - (Sammelbez. für feinere ripsartige Stoffe in Leinenbindung)

po|peln (ugs.: in der Nase bohren)

Pop_fe|sti|val, ...kon|zert, ...mo|de, ...mu|sik

Po|po, der; -s, -s (Kinderspr. für: Podex [Gesäß])

pop|pig (mit Stilelementen der Pop-art); ein -es Plakat

po|pu|lär (beliebt; volkstümlich; gemeinverständlich); po|pu|la|ri|sie|ren (gemeinverständlich darstellen; in die Öffentlichkeit bringen); Po|pu|la|ri|tät, die; - (Volkstümlichkeit, Beliebtheit)

Po|re, die; -, -n (feine [Haut]öffnung); po|rig

Por|no, der; -s, -s (Kurzform für: pornograph. Film, Roman u. ä.); Por|no|gra|phie, die; - [Abfassung] pornographische[r] Werke); por|no|gra|phisch (Sexuelles obszön darstellend)

po|rös (durchlässig, löchrig)

Por|ree, der; -s, -s (eine Gemüse- u. Gewürzpflanze)

297

Por|ta|ble [*på̱'t*ᵉ*bᵉ*/], das; -s, -s (tragbares Fernsehgerät)

Por|tal, das; -s, -e ([Haupt]eingang, [prunkvolles] Tor)

Por|te|feuille [*portföj*], das; -s, -s (veralt. für: Brieftasche; Mappe; auch: Geschäftsbereich eines Ministers); **Por|te|mon|naie** [*portmone̱*], das; -s, -s (Geldbeutel, Börse)

Por|tier [...*tie*, österr.: ...*ti̱r*], der; -s, -s, (österr.:) -e (Pförtner; Hauswart); **Por|tie|re**, die; -, -n (Türvorhang); **Por|tiers|frau** [...*tieß*...]

Por|ti|on [...*zio̱n*], die; -, -en ([An]teil, abgemessene Menge); **Por|ti|ön|chen; por|tio|nie|ren** (in Portionen einteilen)

Por|to, das; -s, -s u. ...ti (Beförderungsgebühr für Postsendungen, Postgebühr, -geld); **por|to|frei; por|to|pflich|tig**

Por|trait [...*trä̱*] (veralt. für: Porträt); **Por|trät** [...*trä̱*, oft: ...*trä̱t*], das; -s, -s od. (bei dt. Aussspr.:) das; -[e]s, -e (Bildnis); **Por|trät|auf|nah|me; por|trä|tie|ren; Por|trät_ma|ler, ...stu|die**

Port|wein

Por|zel|lan, das; -s, -e (feinste Tonware); **por|zel|la|nen** (aus Porzellan); **Por|zel|lan|fi|gur**

Po|sau|ne, die; -, -n (ein Blechblasinstrument); **po|sau|nen; Po|sau|nen_blä|ser, ...chor,** der; **Po|sau|nist,** der; -en, -en

Po|se, die; -, -n ([gekünstelte] Stellung; [gesuchte] Haltung); **po|sie|ren** (ein Pose annehmen, schauspielern)

Po|si|ti|on [...*zio̱n*], die; -, -en ([An]stellung, Stelle, Lage; Stück, Teil; Standort eines Schiffes od. Flugzeuges); **Po|si|ti|ons|lam|pe, po|si|tiv**[1] (bejahend, zutreffend; bestimmt, gewiß); ¹**Po|si|tiv**[1], das; -s, -e [...*wᵉ*] (Fotogr.: vom Negativ gewonnenes, seitenrichtiges Bild); ²**Po|si|tiv**[1], der; -s, -e [...*wᵉ*]

[1] Auch: ...*ti̱f*.

(Sprachw.: Grundstufe, ungesteigerte Form); **Po|si|tur,** die; -, -en ([herausfordernde] Haltung); sich in - setzen, stellen

Pos|se, die; -, -n (derbkomisches Bühnenstück)

Pos|sen, der; -s, - (derber, lustiger Streich); - reißen; **pos|sen|haft**

pos|sier|lich (spaßhaft, drollig)

Post, die; -, -en (öffentl. Einrichtung, die gegen Gebühr Nachrichten, Pakete u. a. an einen bestimmten Empfänger weiterleitet; Postgebäude, -amt; Postsendung); **po|sta|lisch** (die Post betreffend, von der Post ausgehend)

Post|amt; post|amt|lich; Post_an|wei|sung, ...bo|te

Pöst|chen (kleiner Posten; Nebenberuf); **Po|sten,** der; -s, - (Waren; Rechnungsbetrag; Amt, Stellung; Wache)

Po|ster [auch: *po̱*ᵘ*ßtᵉr*], das (auch: der); -s, - u. (bei engl. Aussspr.:) -s (plakatartiges, modernes Bild)

Post|fach

po|stie|ren (aufstellen); sich -

Po|stil|li|on [...*tiljo̱n*, auch, österr. nur: *po̱ßtiljon*], der; -s, -e (früher für: Postkutscher)

Post|kar|te; post|la|gernd; -e Sendungen; **Post|leit|zahl; Post|ler** (südd. u. österr. ugs.: Postbeamter, Postangestellter); **Post_pa|ket, ...scheck; Post-scheck_amt** (Abk.: PSchA), **...kon|to; Post_spar|buch, ...spar|kas|se**

Po|stu|lat, das; -[e]s, -e (Forderung); **po|stu|lie|ren**

po|stum (nachgeboren; nachgelassen)

post|wen|dend; Post_wert-zei|chen, ...wurf|sen|dung

Pot, das; -s (ugs. für: Marihuana)

po|tent (mächtig, einflußreich; zahlungskräftig, vermögend; Med.: beischlafs-, zeugungsfähig); **Po|ten|ti|al,** das; -s, -e (Leistungs-, Wirkungsfähigkeit);

po|ten|ti:ell (möglich [im Gegensatz zu wirklich]; der Anlage, der Möglichkeit nach); **Po|tenz,** die; -, -en (Leistungsfähigkeit; Zeugungsfähigkeit; Math.: Produkt aus gleichen Faktoren); **po|ten|zie|ren** (erhöhen, steigern; zur Potenz erheben, mit sich selbst vervielfältigen)

Pot|pour|ri [*potpuri*], österr.: ...*ri*], das; -s, -s (Allerlei, Kunterbunt; Zusammenstellung verschiedener Musikstücke zu einem Musikstück)

Pott, der; -[e]s, Pötte (niederd.: (Topf; auch abschätzig für: [altes] Schiff)

potz Blitz!; potz|tau|send!

Pou|lard [*pular*], das; -s, -s u. **Pou|lar|de** [*pulard*e], die; -, -n (junges, verschnittenes Masthuhn)

pous|sie|ren [*pußir*en] (ugs.: flirten; hofieren, umwerben, um etwas zu erreichen)

Power|play [*pau*erple'], das; -[s] (gemeinsames Anstürmen aller fünf Feldspieler auf das gegnerische Tor beim Eishockey); **Power|slide** [*pau*erßlaid], das; -[s] (im Autorennsport die Technik, mit erhöhter Geschwindigkeit durch eine Kurve zu schliddern)

Pracht, die; -; **präch|tig; Prächtig|keit,** die; -; **pracht|voll**

Prä|de|sti|na|ti:on [...*zion*], die; - (Vorherbestimmung); **prä|de|sti|nie|ren; prä|de|sti|niert** (vorherbestimmt; wie geschaffen [für etwas])

Prä|di|kat, das; -[e]s, -e (grammatischer Kern der Satzaussage; Rangbezeichnung; [gute] Zensur); **prä|di|ka|tiv** (aussagend)

präg|bar; prä|gen; Prä|ge|presse; Prä|ge-stät|te, ...stem|pel, ...stock (der; -[e]s, ...stöcke)

prag|ma|tisch (auf Tatsachen beruhend, sachlich, sach-, fach-, geschäftskundig)

prä|gnant (knapp, aber gehaltvoll); **Prä|gnanz,** die; -

präg|sam; Prä|gung

prä|hi|sto|risch [auch, österr. nur: *prä*...] (vorgeschichtlich)

prah|len; Prah|ler; Prah|le|rei; prah|le|risch

prak|ti|ka|bel (brauchbar; benutzbar; zweckmäßig); **Prak|ti|kant,** der; -en, -en (in praktischer Ausbildung Stehender); **Prak|ti|kan|tin,** die; -, -nen; **Prak|ti|ker,** der; -s, - (Mann der prakt. Arbeitsweise und Erfahrung, Ggs.: Theoretiker); **Prak|ti|kum,** das; -s, ...ka u. ...ken (die zur praktischen Anwendung des Erlernten eingerichtete Übungsstunde, bes. an Hochschulen; vorübergehende praktische Tätigkeit zur Vorbereitung auf den Beruf); **prak|tisch** (auf die Praxis bezüglich, ausübend; zweckmäßig; geschickt; tatsächlich); -er Arzt (nicht spezialisierter Arzt, Arzt für Allgemeinmedizin, Abk.: prakt. Arzt); **prak|ti|zie|ren** (eine Sache betreiben; [Methoden] anwenden; als Arzt usw. tätig sein; ein Praktikum durchmachen)

Prä|lat, der; -en, -en (geistl. Würdenträger)

Pra|line, die; -, -n (schokoladenüberzogene Süßigkeit)

prall (voll; stramm; derb, kräftig); **Prall,** der; -[e]s, -e (kräftiger Stoß; Anprall); **prall|en; prallvoll**

Prä|lu|di:um, das; -s, ...ien [...*i*en] (Musik: Vorspiel)

Prä|mie [...*i*e], die; -, -n (Belohnung, Preis; [Zusatz]gewinn; Vergütung; Versicherungsgebühr, Beitrag); **prä|mi|en|be|gün|stigt;** -es Sparen; **prä|mi|en|spa|ren; Prä|mi|en-spa|ren** (das; -s), ...spar|ver|trag; **prä|mie|ren, prä|mi|ieren; Prä|mie|rung, Prä|mi|ie|rung**

pran|gen

Pran|ger, der; -s, - (früher für: Halseisen; Schandpfahl; heute noch in Redewendungen [an den - stellen])

Pran|ke, die; -, -n (Klaue, Tatze)
Prä|pa|rat, das; -[e]s, -e (kunstgerecht Vor-, Zubereitetes, z. B. Arzneimittel; auch: konservierter Pflanzen- od. Tierkörper [zu Lehrzwecken]); prä|pa|rie|ren; einen Stoff, ein Kapitel - (vorbereiten); sich - (vorbereiten); Körper- od. Pflanzenteile - (dauerhaft, haltbar machen)
Prä|po|si|ti|on [...*zion*], die; -, -en (Sprachw.: Verhältniswort)
Prä|rie, die; -, ...ien (Grasebene [in Nordamerika])
Prä|sens, das; -, ...sentia od. senzien [...*ien*] (Sprachw.: Gegenwart); prä|sent (anwesend; gegenwärtig; bei der Hand); Prä|sent, das; -[e]s, -e (Geschenk; kleine Aufmerksamkeit); prä|sen|tie|ren (überreichen, darbieten; vorlegen, -zeigen; Prä|senz, die; - (Gegenwart, Anwesenheit)
Prä|ser|va|tiv, das; -s, -e [...*we*] (seltener: -s) (Gummiüberzug für das männl. Glied zur mechan. Empfängnisverhütung)
Prä|ses, der; -, ...sides u. ...siden (geistl. Vorstand eines kath. kirchl. Vereins, Vorsitzender einer ev. Synode); Prä|si|dent, der; -en, -en (Vorsitzender; Staatsoberhaupt in einer Republik); Prä|si|den|tin, die; -, -nen; prä|si|die|ren (den Vorsitz führen, leiten); Prä|si|di|um, das; -s, ...ien [...*ien*] (Vorsitz; Amtsgebäude eines [Polizei]präsidenten)
pras|seln
pras|sen (schlemmen)
prä|ten|ti|ös (anspruchsvoll, anmaßend, selbstgefällig)
Prä|ter|itum, das; -s, ...ta (Sprachw.: Vergangenheit)
Prat|ze, die; -, -n (meist übertr. verächtl. für: breite, ungefüge Hand)
Pra|xis, die; -, ...xen (Tätigkeit, Ausübung; tätige Auseinandersetzung mit der Wirklichkeit, Ggs.: Theorie; Beruf, bes. des

Arztes u. des Anwalts; Berufsausübung, bes. des Arztes od. Anwalts; Gesamtheit der Räume für die Berufsausübung dieser Personen)
prä|zis (österr. nur so), prä|zi|se (gewissenhaft; genau; pünktlich; unzweideutig, klar); prä|zi|sie|ren (genau angeben; knapp zusammenfassen); Prä|zi|sie|rung; Prä|zi|si|on, die; - (Genauigkeit)
. pre|di|gen; Pre|di|ger; Pre|digt, die; -, -en
Preis, der; -es, -e (Belohnung; Lob; [Geld]wert); Preis|aus|schrei|ben (das; -s, -); preis|be|gün|stigt
Prei|sel|bee|re
prei|sen; pries, gepriesen
Preis|fra|ge; Preis|ga|be, die; -; preis|ge|ben; preis|ge|krönt; Preis_ge|richt, ...la|ge, ...liste; Preis-Lohn-Spi|ra|le; Preis_nach|laß (für: Rabatt), ...schild, das, ...sen|kung, ...stei|ge|rung, ...trä|ger, ...ver|lei|hung; preis|wert
pre|kär (mißlich, schwierig, bedenklich)
Prell_ball (ein dem Handball ähnliches Mannschaftsspiel), ...bock; prel|len; Prel|lung
Pre|mier [*pr*°*mie*, *premie*], der; -s, -s („Erster“, Erstminister, Ministerpräsident); Pre|mie|re, die; -, -n (Erst-, Uraufführung); Pre|mier|mi|ni|ster [*pr*°*mie*..., *premie*...]
pre|schen (ugs. für: rennen, eilen)
Preß|ball (Sportspr.: von zwei Spielern gleichzeitig getretener Ball)
Pres|se, die; -, -n (Druckpresse, Buchpresse; Gerät zum Auspressen von Obst; ugs.: Schule, die in gedrängter Weise auf Prüfungen vorbereitet; nur *Einz.*: Gesamtheit der period. Druckschriften; Zeitungs-, Zeitschriftenwesen); Pres|se_agen|tur, ...fo|to|graf, ...frei|heit (die; -),

...kon|fe|renz; pres|sen; pres-
sie|ren bes. südd., österr. u.
schweiz. ugs. (drängen, treiben,
eilig sein); Pres|si|on, die; -, -en
(Druck; Nötigung, Zwang);
Preß|luft, die; -; Preß|luft-
_boh|rer, ...ham|mer; Pres-
sung
Pre|sti|ge [...*isch*ᵉ], das; -s (An-
sehen, Geltung)
prickeln[1]; prickelnd[1]; der -e
Reiz der Neuheit
Priel, der; -[e]s, -e (schmaler
Wasserlauf im Wattenmeer)
Priem, der; -[e]s, -e (Stück
Kautabak); prie|men (Tabak
kauen)
Prie|ster, der; -s, -; Prie|ste|rin,
die; -, -nen; prie|ster|lich
pri|ma (ugs.: vorzüglich, prächtig,
wunderbar); ein prima Kerl; Prima, die; -, ...men (als Unter- u.
Oberprima 8. u. 9. Klasse einer
höheren Lehranstalt); Pri|ma-
bal|le|ri|na, die; -, ...nen (erste
Tänzerin); Pri|ma|don|na, die; -,
...nen (erste Sängerin)
Pri|ma|ner, der; -s, - (Schüler der
Prima); Pri|ma|ne|rin, die; -,
-nen; pri|mär (die Grundlage
bildend, wesentlich; ursprüng-
lich, erst...); Pri|mas, der; -, -se
(Solist u. Vorgeiger einer Zigeu-
nerkapelle); ¹Pri|mat, der od.
das; -[e]s, -e (Vorrang, bevor-
zugte Stellung; [Vor]herrschaft;
oberste Kirchengewalt des Pap-
stes); ²Pri|mat, der; -en, -en
(meist *Mehrz.*; Biol.: Herrentier,
höchstentwickeltes Säugetier);
Pri|mel, die; -, -n (Vertreter einer
Pflanzengattung mit zahlreichen
einheimischen Arten [Schlüssel-
blume, Aurikel])
pri|mi|tiv (urzuständlich, urtüm-
lich; geistig unterentwickelt, ein-
fach; dürftig); Pri|mi|ti|ve
[...*w*ᵉ], der u. die; -n, -n (meist
Mehrz.; Angehörige[r] eines Vol-
kes, das auf einer niedrigen Kul-
turstufe steht); Pri|mi|ti|vi|tät;

Pri|miz¹, die; -, -en (erste
[feierl.] Messe eines neugeweih-
ten kath. Priesters); Pri|mus,
der; -, ...mi u. ...se (Erster in einer
Schulklasse); Prim|zahl (nur
durch 1 u. durch sich selbst teil-
bare Zahl)
Prin|te, die; -, -n (meist *Mehrz.*;
ein Gebäck)
Prinz, der; -en, -en; Prin|zen-
paar, das; [e]s, -e (Prinz u. Prin-
zessin [im Karneval]); Prin|zeß,
die; -, ...zessen (für: Prinzessin);
Prin|zes|sin, die; -, -nen; Prin-
zip, das; -s, -ien [...*i*ᵉ*n*] (seltener:
-e) (Grundlage; Grundsatz);
prin|zi|pi|ell (grundsätzlich)
Pri|or, der; -s, Prioren ([Klo-
ster]oberer, -vorsteher); Prio|ri-
tät, die; -, -en (Vor[zugs]recht,
Erstrecht, Vorrang; nur *Einz.*:
zeitl. Vorhergehen)
Pri|se, die; -, -n (soviel [Tabak,
Salz u.a.], wie zwischen zwei
Fingern zu greifen ist)
Pris|ma, das; -s, ...men (kantige
Säule; Licht-, Strahlenbrecher)
Prit|sche, die; -, -n (flaches
Schlagholz; Klapper des Kaspers;
hölzerne Liegestätte)
pri|vat [...*wat*] (persönlich; nicht
öffentlich, außeramtlich; vertrau-
lich; häuslich; vertraut); Pri|vat-
_an|ge|le|gen|heit, ...be|sitz;
pri|va|ti|sie|ren [...*wa*...] (staatl.
Vermögen in Privatvermögen
umwandeln; als Rentner[in] od.
als Privatmann vom eigenen Ver-
mögen leben); Pri|vat_le|ben
(das; -s), ...pa|ti|ent, ...per|son
Pri|vi|leg [...*wi*...], das; -[e]s,
...ien [...*i*ᵉ*n*] (auch: -e) (Vor-,
Sonderrecht)
pro (für; je); - Stück; Pro, das;
- (Für); das - und Kontra (das
Für u. Wider)
Pro|band, der; -en, -en (Testper-
son, an der etwas ausprobiert od.
gezeigt wird); pro|bat (erprobt;
bewährt); Pro|be, die; -, -n;
Pro|be_alarm, ...ex|em|plar;

---

¹ *Trenn.*: ...ik|k...

¹ Auch: ...*miz* usw.

pro|be|fah|ren (meist nur in der Grundform u. im 2. Mittelw. gebr.); probegefahren; **Pro|be|fahrt; pro|ben; pro|be|wei|se; Pro|be|zeit; pro|bie|ren** (versuchen, kosten, prüfen)

Pro|blem, das; -s, -e (zu lösende Aufgabe; Frage[stellung]; unentschiedene Frage; Schwierigkeit); **Pro|ble|ma|tik,** die; - (Fraglichkeit, Schwierigkeit [etwas zu klären]); **pro|ble|ma|tisch**

Pro|dukt, das; -[e]s, -e (Erzeugnis; Ertrag; Folge, Ergebnis [Math.: der Multiplikation]); **Pro|duk|ti|on** [...*zion*], die; -, -en (Herstellung, Erzeugung); **Pro|duk|ti|ons_ko|sten,** die (Mehrz.), **...zweig; pro|duk|tiv** (ergiebig; fruchtbar, schöpferisch); **Pro|duk|ti|vi|tät** [...*wi*...], die; -; **Pro|du|zent,** der; -en, -en (Hersteller, Erzeuger); **pro|du|zie|ren** ([Güter] hervorbringen, [er]zeugen, schaffen); sich - (sich darstellerisch vorführen, sich sehen lassen)

pro|fan (unheilig, weltlich; alltäglich)

Pro|fes|si|on, die; -, -en (veralt. für: Beruf; Gewerbe); **Pro|fes|sio|nal** [in engl. Ausspr.: *profäsch*e*n*e*l*], der; -s, -e u. (bei engl. Aussprache:) -s (Berufssportler; Kurzw.: Profi); **pro|fes|sio|nell** (berufsmäßig); **Pro|fes|sor,** der; -s, ...oren (Hochschullehrer; Titel für verdiente Lehrkräfte, Forscher u. Künstler); **pro|fes|so|ral** (professorenhaft, würdevoll); **Pro|fes|so|rin** [auch: *profäß*...], die; -, -nen (im Titel u. in der Anrede: Frau Professor); **Pro|fes|sur,** die; -, -en (Lehrstuhl, -amt); **Pro|fi,** der; -s, -s (Kurzw. für: Professional); **Pro|fi|bo|xer**

Pro|fil, das; -s, -e (Seitenansicht; Längs- od. Querschnitt; Riffelung bei Gummireifen); **pro|fi|lie|ren** (im Querschnitt darstellen); sich -; **pro|fi|liert** (auch: gerillt, geformt; scharf umrissen;

von ausgeprägter Art); **Pro|fi|lie|rung; pro|fil|los**

Pro|fit, der; -[e]s, -e (Nutzen; Gewinn; Vorteil); **pro|fit|brin|gend; pro|fi|tie|ren** (Nutzen ziehen); **Pro|fit|jä|ger**

pro for|ma (der Form wegen, zum Schein)

pro|fund (tief, tiefgründig; gründlich)

Pro|gno|se, die; -, -n (Vorhersage [des Krankheitsverlaufes, des Wetters usw.]); **pro|gno|stisch** (vorhersagend); **pro|gno|sti|zie|ren; Pro|gno|sti|zie|rung**

Pro|gramm, das; -s, -e (Plan; Darlegung von Grundsätzen; Spiel-, Sende-, Fest-, Arbeits-, Vortragsfolge; Tagesordnung; bei elektron. Rechenanlagen: Rechengang, der der Maschine eingegeben wird); **pro|gram|ma|tisch** (dem Programm gemäß; einführend; richtungweisend; vorbildlich); **pro|gramm|ge|mäß; pro|gram|mie|ren** (auf ein Programm setzen; für elektron. Rechenmaschinen ein Programm aufstellen); **Pro|gram|mie|rer** (Fachmann für die Erarbeitung und Aufstellung von Schaltungen und Ablaufplänen elektron. Datenverarbeitungsmaschinen); **Pro|gram|mie|rung**

Pro|greß, der; ...gresses, ...gresse (Fortschritt); **Pro|gres|si|on,** die; -, -en (Fortschreiten [Stufen]folge, Steigerung); **pro|gres|siv** (stufenweise fortschreitend, sich entwickelnd; fortschrittlich)

Pro|hi|bi|ti|on [...*zion*], die; - (Verbot von Alkoholherstellung u. -abgabe)

Pro|jekt, das; -[e]s, -e (Plan[ung], Entwurf, Vorhaben); **pro|jek|tie|ren; Pro|jek|til,** das; -s, -e (Geschoß); **Pro|jek|ti|on** [...*zion*], die; -, -en (Darstellung auf einer Fläche; Vorführung mit dem Bildwerfer); **Pro|jek|tor,** der; -s, ...oren (Bildwerfer); **pro-**

ji|zie|ren (auf einer Fläche darstellen; mit dem Bildwerfer vorführen)
Pro|kla|ma|ti|on [...zion], die; -, -nen (amtl. Bekanntmachung; Aufruf); **pro|klamie|ren**
Pro|ku|ra, die; -, ...ren (Handlungsvollmacht; Recht, den Geschäftsinhaber zu vertreten); **Pro|ku|rist,** der; -en, -en (Inhaber einer Prokura)
Pro|let, der; -en, -en (ungebildeter, ungehobelter Mensch); **Pro|le|ta|ri|at,** das; -[e]s, -e (Gesamtheit der Proletarier); **Pro|le|ta|ri|er** [...iᵉr], der; -s, - (Angehöriger der wirtschaftlich unselbständigen, besitzlosen Klasse); **pro|le|ta|risch**
Pro|log, der; -[e]s, -e (Einleitung; Vorspruch, -wort, -spiel, -rede)
Pro|me|na|de, die; -, -n (Spaziergang, -weg); **Pro|me|na|den|_deck, ...mi|schung** (ugs. scherzh. für: nicht reinrassiger Hund); **pro|me|nie|ren** (spazierengehen)
pro mil|le (für tausend, für das Tausend, vom Tausend; Abk.: p. m., v. T.; Zeichen: %₀); **Pro|mil|le,** das; -[s], - (das Vomtausend)
pro|mi|nent (hervorragend, bedeutend, maßgebend); **Pro|mi|nen|te,** der u. die; -n, -n (hervorragende, bedeutende Persönlichkeit; Tagesgröße); **Pro|mi|nenz,** die; - (Gesamtheit der Prominenten)
Pro|mo|ter [...moᵘtᵉr], der; -s, - (Veranstalter von Berufssportwettkämpfen); ¹**Pro|mo|ti|on** [...zion], die; -, -en (Erlangung, Verleihung der Doktorwürde); ²**Pro|mo|tion** [promoᵘschᵉn], die; - (Wirtsch.: Absatzförderung durch gezielte Werbemaßnahmen); **pro|mo|vie|ren** [...wirᵉn] ([zur Doktorwürde] befördern; die Doktorwürde erlangen)
prompt (unverzüglich)
Pro|no|men, das; -s, - u. (älter:) ...mina (Sprachw.: Fürwort, z. B. „ich, mein")

Pro|pa|gan|da, die; - (Werbung für polit. Grundsätze, kulturelle Belange u. wirtschaftl. Zwecke); **Pro|pa|gan|dist,** der; -en, -en (jmd., der Propaganda treibt, Werber); **pro|pa|gan|di|stisch; pro|pa|gie|ren** (verbreiten, werben für etwas)
Pro|pan, das; -s (ein Brenn-, Treibgas); **Pro|pan|gas**
Pro|pel|ler, der; -s, - (Antriebsschraube bei Schiffen od. Flugzeugen)
pro|per (eigen, sauber; nett)
Pro|phet, der; -en, -en (Weissager, Seher; Mahner); **Pro|phe|tie,** die; -, ...ien (Weissagung); **pro|phe|tisch** (seherisch, weissagend, vorausschauend); **pro|phe|zei|en** (weis-, voraussagen); **Pro|phe|zei|ung**
pro|phy|lak|tisch (vorbeugend, verhütend)
Pro|por|ti|on [...zion], die; -, -en ([Größen]verhältnis; Eben-, Gleichmaß); **pro|por|tio|nal** (verhältnismäßig; in gleichem Verhältnis stehend; entsprechend); **pro|por|tio|niert** (im [rechten] Verhältnis stehend; ebenmäßig; wohlgebaut); **Pro|porz,** der; -es, -e (bes. österr. u. schweiz.: Verhältniswahlsystem; Verteilung von Sitzen u. Ämtern nach dem Stimmenverhältnis bzw. dem Verhältnis der Partei- oder Konfessionszugehörigkeit)
Propst, der; -[e]s, Pröpste (Kloster-, Stiftsvorsteher; Superintendent)
Pro|sa, die; - (Rede [Schrift] in ungebundener Form; übertr. für: Nüchternheit); **Pro|sa|dich|tung; pro|sa|isch** (in Prosa [abgefaßt]; übertr. für: nüchtern)
pro|sit!, prost! (wohl bekomm's!); **Pro|sit,** das; -s, -s u. Prost, das; -[e]s, -e (Zutrunk)
Pro|spekt, der (österr. auch: das); -[e]s, -e (Werbeschrift; Ansicht [von Gebäuden, Straßen u. a.])

prost! vgl. prosit!; **Prost** vgl. Prosit

Pro|sta|ta, die; -(Vorsteherdrüse)

pro|sten

pro|sti|tu|ieren (veralt. für: bloßstellen); sich - (sich preisgeben); **Pro|sti|tu|ier|te,** die; -n, -n (Dirne); **Pro|sti|tu|ti|on** [...*zion*], die; - (gewerbsmäßige Unzucht; Dirnenwesen)

Pro|te|gé [...*tesche*], der; -s, -s (Günstling; Schützling); **pro|te|gie|ren** [...*teschir*ⁿen]

Pro|te|in, das; -s, -e (einfacher Eiweißkörper)

Pro|tek|ti|on [...*zion*], die; -, -en (Gönnerschaft; Förderung; Schutz); **Pro|tek|tio|nis|mus,** der; - (Günstlingswirtschaft); **pro|tek|tio|ni|stisch; Pro|tek|to|rat,** das; -[e]s, -e (Schirmherrschaft; Schutzherrschaft; das unter Schutzherrschaft stehende Gebiet)

Pro|test, der; -[e]s, -e (Einspruch, Verwahrung); **Pro|test|ak|ti|on; Pro|te|stant,** der; -en, -en (Angehöriger des Protestantismus); **Pro|te|stan|tin,** die; -, -nen; **pro|te|stan|tisch** (Abk.: prot.); **Pro|te|stan|tis|mus,** der; - (Gesamtheit der auf die Reformation zurückgehenden ev. Kirchengemeinschaften); **pro|te|stie|ren** (Einspruch erheben, Verwahrung einlegen); **Pro|test_kund|ge|bung, ...song**

Pro|the|se, die; -, -n (Ersatzglied; Zahnersatz)

Pro|to|koll, das; -s, -e (förml. Niederschrift; Tagungsbericht; Beurkundung einer Aussage, Verhandlung u. a.; Gesamtheit der im diplomat. Verkehr gebräuchl. Formen); **Pro|to|kol|lant,** der; -en, -en ([Sitzungs]schriftführer); **pro|to|kol|la|risch** (durch Protokoll festgestellt, festgelegt); **pro|to|kol|lie|ren** (ein Protokoll aufnehmen; beurkunden)

Pro|to|plas|ma, das; -s, ...men (Lebenssubstanz aller pflanzl.,

tier. u. menschl. Zellen); **Pro|to|typ** [selten: ...*tüp*], der; -s, -en (Muster; Urbild; Inbegriff); **pro|to|ty|pisch** (urbildlich)

Protz, der; -en u. -es, -e[n] (abschätzig: Angeber); **prot|zen; Prot|ze|rei; prot|zig**

Pro|ve|ni|enz [...*weniänz*], die; -, -en (Herkunft, Ursprung)

Pro|vi|ant [...*wi*...], der; -s, (selten:) -e ([Mund]vorrat; Wegzehrung; Verpflegung)

Pro|vinz [...*winz*], die; -, -en (Land[esteil]; Verwaltungsgebiet; iron. abwertend: [kulturell] rückständige Gegend; **pro|vin|zi|ell** (die Provinz betreffend; landschaftlich; hinterwäldlerisch); **Pro|vinz|ler** (iron. abwertend für: Provinzbewohner; [kulturell] rückständiger Mensch)

Pro|vi|si|on [...*wi*...], die; -, -en (Vergütung [für Geschäftsbesorgung], [Vermittlungs]gebühr, [Werbe]anteil); **pro|vi|so|risch** (vorläufig); **Pro|vi|so|ri|um,** das; -s, ...ien [...*iⁿn*] (vorläufige Einrichtung)

pro|vo|kant (herausfordernd); **Pro|vo|ka|teur** [*prowokatör*], der; -s, -e (jmd., der provoziert); **Pro|vo|ka|ti|on** [...*zion*], die; -, -en, **Pro|vo|zie|rung** (Herausforderung; Aufreizung); **pro|vo|ka|tiv, pro|vo|ka|to|risch** (herausfordernd); **pro|vo|zie|ren** (herausfordern; aufreizen)

Pro|ze|dur, die; -, -en (Verfahren, [schwierige, unangenehme] Behandlungsweise)

Pro|zent, das; -[e]s, -e ([Zinsen, Gewinn] vom Hundert, Hundertstel; Abk.: p. c., v. H.; Zeichen: %); **Pro|zent|satz** (Hundert-, Vomhundertsatz); **pro|zen|tu|al** (im Verhältnis zum Hundert, in Prozenten ausgedrückt)

Pro|zeß, der; ...zesses, ...zesse (Vor-, Arbeits-, Hergang, Verlauf, Ablauf; [gerichtl.] Verfahren); **pro|zes|sie|ren** (einen Prozeß führen); **Pro|zes|si|on,** die; -,

-en ([feierl. kirchl.] Umzug, Um- gang, Bitt- od. Dankgang)

prü|de (zimperlich, spröde [in sittl. -erot. Beziehung]); **Prü|de- rie,** die; -, ...ien (Zimperlichkeit, Ziererei)

prü|fen; Prü|fer; Prüf|ling; Prü- fung; Prü|fungs_fra|ge, ...ter- min

¹**Prü|gel,** der; -s, - (Stock); ²**Prü- gel,** die (*Mehrz.;* ugs. für: Schläge); **Prü|ge|lei** (ugs.); **Prü|gel|kna|be** (übertr. für: jmd., der an Stelle des Schuldigen be- straft wird); **prü|geln; Prü|gel- stra|fe**

Prunk, der; -[e]s; **prun|ken; prunk_süch|tig, ...voll**

pru|sten (ugs.: stark schnauben)

Psalm, der; -s, -en ([geistl.] Lied); **psalm|odie|ren** (Psal- men vortragen; eintönig singen)

pseud|onym (unter Decknamen [verfaßt]); **Pseud|onym,** das; -s, -e (Deckname, Künstlerna- me)

Psy|che, die; -, -n (Seele); **psy- che|de|lisch** (in einem [durch Rauschmittel hervorgerufenen] euphorischen, tranceartigen Ge- mütszustand befindlich; Glücks- gefühle hervorrufend); -e Mittel; **Psych|ia|ter,** der; -s, - (Arzt für Gemütskranke); **Psych|ia|trie,** die; - (Lehre von den seelischen Störungen, von den Gei- steskrankheiten); **psych|ia- trisch; psy|chisch** (seelisch); **Psy|cho|ana|ly|se,** die; - (Ver- fahren zur Untersuchung u. Be- handlung seelischer Störungen); **Psy|cho|ana|ly|ti|ker** (die Psy- choanalyse vertretender od. an- wendender Psychologe, Arzt); **psy|cho|ana|ly|tisch; Psy|cho- lo|ge,** der; -n, -n; **Psy|cho|lo- gie,** die; - (Seelenkunde); **psy- cho|lo|gisch** (seelenkundlich); **Psy|cho|path,** der; -en, -en; **Psy|cho|pa|thie,** die; - (Abwei- chen des geistig-seel. Verhaltens von der Norm); **psy|cho|pa- thisch; Psy|cho|se,** die; -, -n

(Seelenstörung; Geistes- od. Nervenkrankheit); **Psy|cho|the- ra|peut,** der; -en, -en (Facharzt für Psychotherapie); **psy|cho- the|ra|peu|tisch; Psy|cho|the- ra|pie,** die; - (seel. Heilbehand- lung)

Pub [*pab*], das; -s, -s (Wirtshaus im engl. Stil, Bar)

pu|ber|tär (mit der Geschlechts- reife zusammenhängend); **Pu- ber|tät,** die; - ([Zeit der eintre- tenden] Geschlechtsreife); **Pu- ber|täts_zeit; pu|ber|tie|ren** (in die Pubertät eintreten, sich in ihr befinden)

Pu|bli|ci|ty [*pablißiti*], die; - (Öf- fentlichkeit; Reklame, öffentl. Verbreitung); **Pu|blic Re|la- tions** [*pablik rile'sch°ns*], die (*Mehrz.;* Bemühungen z.B. eines Unternehmens um Vertrauen in der Öffentlichkeit); **pu|blik** (öf- fentlich; allgemein bekannt); **Pu|bli|ka|ti|on** [...*zion*], die; -, -en (Veröffentlichung; Schrift); **Pu|bli|kum,** das; -s (teilneh- mende Menschenmenge; Zuhö- rer-, Leser-, Besucher[schaft], Zuschauer[menge]); **Pu|bli- kums_er|folg, ...ver|kehr; pu- bli|zie|ren** (ein Werk, einen Auf- satz veröffentlichen; seltener für: publik machen); **Pu|bli|zist,** der; -en, -en (polit. Schriftsteller; Ta- gesschriftsteller; Journalist); **Pu|bli|zi|stik,** die; -; **pu|bli|zi- stisch**

Puck, der; -s, -s (Hartgummi- scheibe beim Eishockey)

Pud|ding, der; -s, -e u. -s (eine Süß-, Mehlspeise); **Pud|ding- pul|ver**

Pu|del, der; -s, - (ein Hund); **Pu- del|müt|ze; pu|del|wohl** (ugs.)

Pu|der, der; -s, - (feines Pulver); **pu|dern;** **Pu|der|zucker** [*Trenn.:* ...zuk|ker]

¹**Puff,** der (auch: das); -s, -s (ugs.: Bordell); ²**Puff,** der; -[e]s, Püffe u. (seltener:) Puffe (ugs.: Stoß); **puf|fen** (bauschen; ugs.: stoßen); **Puf|fer** (federnde,

Druck u. Aufprall abfangende Vorrichtung [an Eisenbahnwagen u. a.]; **Puff_mut|ter, ...reis** (der; -es)

pu|len niederd. (bohren, herausklauben)

Pulk, der; -[e]s, -s (selten auch: -e) (Verband von Kampfflugzeugen od. milit. Kraftfahrzeugen; Anhäufung; Schar; Schwarm)

Pul|le, die; -, -n (ugs.: Flasche)

pul|len niederd. (rudern)

Pul|li, der; -s, -s (ugs. Kurzform von: Pullover); **Pull|over** [...*ow^er*], der; -s, - (gestrickte od. gewirkte Überziehbluse); **Pull|un|der,** der; -s, - (meist kurzer, ärmelloser Pullover)

Puls, der; -es, -e (Aderschlag; Pulsader am Handgelenk); **Puls-ader** (Schlagader); **pul|sen, pul|sie|ren** (schlagen, klopfen; fließen, strömen); **Puls|schlag**

Pult, das; -[e]s, -e

Pul|ver [...*f^er*], das; -s, -; **Pül|ver-chen; Pul|ver_dampf, ...faß; pul|ver|fein;** -er Kaffee; **pul|ve-rig, pulv|rig; pul|ve|ri|sie|ren** (zu Pulver zerreiben); **Pul|ver-schnee; pulv|rig,** pul|ve|rig

Pum|mel, der; -s, - (scherzh.: rundliches Kind); **Pum|mel-chen** (scherzh.); **pum|me|lig, pumm|lig** (scherzh.: dicklich)

Pump, der; -[e]s, -e (ugs. für: Borg); **Pum|pe,** die; -, -n; **pum-pen** (ugs. auch für: borgen)

Pum|per|nickel [*Trenn.:* ...nik-kel], der; -s, - (Schwarzbrot)

Pump|ho|se

Pumps [*pömpß*], der; -, - (meist *Mehrz.*) (ausgeschnittener Damenschuh mit höherem Absatz)

Pun|ching|ball [*pantsching...*] (Übungsball für Boxer)

Punk [*pangk*], der; -[s], -s (Anhänger einer jugendlichen Protestbewegung mit rüdem Auftreten; *Einz.:* Punkrock); **Punk-rock** [*pangk-*] (primitiv-exaltierte Rockmusik der Punks)

Punkt, der; -[e]s, -e (Abk.: Pkt.); **Pünkt|chen; punk|ten; punkt-**

gleich (Sport); **punk|tie|ren** (mit Punkten versehen; tüpfeln; Med.: eine Punktion ausführen); **Punk|ti|on** [...*zion*], Punk|tur, die; -, -en (Med.: Einstich in eine Körperhöhle zur Entnahme von Flüssigkeiten); **pünkt|lich; Pünkt|lich|keit,** die; -; **Punkt-_sieg** (Sport); **...spiel** (Sport); **punk|tu|ell** (punktweise; einzelne Punkte betreffend); **Punk-tum,** nur in: und damit -! (und damit Schluß!); **Punk|tur** vgl. Punktion

Punsch, der; -[e]s, -e (alkohol. Getränk)

Pu|pil|le, die; -, -n (Sehloch)

Püpp|chen; Pup|pe, die; -, -n; **Pup|pen_haus, ...wa|gen; pup|pig** (ugs.: klein u. niedlich)

pur (rein, unverfälscht, lauter); **Pü|ree,** das; -s, -s (Brei); **pü-rie|ren** (zu Püree machen)

pu|ri|ta|nisch (sittenstreng)

Pur|pur, der; -s (hochroter Farbstoff; purpurfarbiges, prächtiges Gewand); **pur|purn** (mit Purpur gefärbt; purpurfarben); **pur|pur-rot**

Pur|zel, der; -s (kleines Kind); **Pur|zel|baum; pur|zeln**

pus|se|lig, püß|lig (ugs.: Ausdauer verlangend); **pus|seln** (ugs.: sich mit Kleinigkeiten beschäftigen); **püß|lig** vgl. pusselig

Pu|ste, die; - (ugs.: Atem; bildl. für: Kraft, Vermögen; Geld)

Pu|stel, die; -, -n (Eiterbläschen)

pu|sten (landsch.)

Pu|te, die; -, -n (Truthenne); **Pu-ter** (Truthahn); **pu|ter|rot**

Putsch, der; -[e]s, -e (polit. Handstreich); **put|schen; Put-schist,** der; -en, -en

Put|te, die; -, -n (bild. Kunst: nackte Kinder-, kleine Engelsfigur)

Putz, der; -es; **put|zen; Putz-frau**

put|zig (drollig; sonderbar; mdal. für: klein); ein -es Mädchen

Putz_lap|pen, ...wol|le

puz|zeln [*paß^eln*] (Puzzlespiele

machen; mühsam zusammenset-
zen); **Puz|zle** [*paß^el*], das; -s,
-s (Geduldsspiel)
Pyg|mäe, der; -n, -n (Angehöri-
ger einer zwergwüchsigen Rasse
Afrikas u. Südostasiens)
Py|ja|ma [*pü(d)sch...*, *pi(d)sch...*,
auch: *püj...*], der; -s, -s
(Schlafanzug)
Py|lon, der; -en, -en (torähn-
licher, tragender Pfeiler einer
Hängebrücke; kegelförmige, be-
wegliche Absperrmarkierung auf
Straßen)
Py|ra|mi|de, die; -, -n (ägypt.
Grabbau; geometr. Körper); **py-
ra|mi|den|för|mig**
Py|ro|ma|ne, der u. die; -n, -n
(an Pyromanie Leidende[r]);
Py|ro...ma|nie (die; -; krankhaf-
ter Brandstiftungstrieb), **...tech-
nik** (die; -; Feuerwerkerei)

Q

Q (Buchstabe) [*ku*; österr.: *kwe*,
in der Math.: *ku*]; das Q; des
Q, die Q
quab|be|lig, quabb|lig niederd.
(vollfleischig; fett); **quab|beln**
(niederd.); **quabb|lig** vgl. quab-
belig
Quack|sal|ber (abschätzig für:
Kurpfuscher); **quack|sal|bern**
Quad|del, die; -, -n (juckende
Anschwellung)
Qua|der, der; -s, - (ein von drei
Paar gegenüberliegenden, gleichen Rechtecken begrenzter
Körper); **Qua|der|stein**
Qua|drat, das; -[e]s, -e (Viereck
mit vier rechten Winkeln u. vier
gleichen Seiten; zweite Potenz
einer Zahl); **qua|dra|tisch;
Qua|drat_ki|lo|me|ter** (Zei-
chen: km², älter: qkm), **...lat-
schen** (ugs. scherzh. für: große,
unförmige Schuhe), **...me|ter**
(Geviertmeter; Zeichen: m², äl-
ter: qm); **Qua|dra|tur,** die; -, -en

(Vierung; Verfahren zur Flächen-
berechnung); **qua|drie|ren**
(Math.: eine Zahl in die zweite
Potenz erheben)
Qua|dro|pho|nie, die; - (Vierka-
nalstereophonie); **qua|dro|pho-
nisch**
quak!; qua|ken; quä|ken
Quä|ker, der; -s (Angehöriger ei-
ner Sekte); **quä|ke|risch**
Qual, die; -, -en; **quä|len;** sich
-; **Quä|le|rei; quä|le|risch;
Quäl|geist,** der; -[e]s, ..geister
(ugs.: Kind, das durch ständiges
Bitten lästig wird)
Qua|li|fi|ka|ti|on [*...zion*], die; -,
-en (Beurteilung; Befähigung[s-
nachweis]; Teilnahmeberechti-
gung); **qua|li|fi|zie|ren** (be-
zeichnen; befähigen); sich -
(sich eignen; sich als geeignet
erweisen); **qua|li|fi|ziert; Qua-
li|tät,** die; -, -en (Beschaffenheit,
Güte, Wert); **qua|li|ta|tiv** (dem
Wert, der Beschaffenheit nach)
Qual|le, die; -, -n (Nesseltier);
qual|lig; eine -e Masse
Qualm, der; -[e]s; **qual|men;
qualm|voll**
Quant, das; -s, -en (Physik: klein-
ste Energiemenge); **Quan|ti|tät,**
die; -, -en (Menge, Masse,
Größe); **quan|ti|ta|tiv** (der
Quantität nach, mengenmäßig);
Quan|tum, das; -s, ...ten (Men-
ge, Anzahl, Maß, Summe, Be-
trag)
Qua|ran|tä|ne [*karant...*], die; -,
-n (Beobachtungszeit, räumliche
Absonderung Ansteckungsver-
dächtiger)
Quark, der; -s (Weißkäse; ugs.:
Unsinn, Wertloses)
Quart, Quarte, die; -, ...ten (Mu-
sik; vierter Ton [vom Grundton
an]); **Quar|ta,** die; -, ...en (dritte
Klasse einer höheren Lehran-
stalt); **Quar|tal,** das; -s, -e (Vier-
teljahr); **Quar|tal|ab|schluß,**
Quar|tals|ab|schluß; **Quar-
tal[s]|säu|fer; Quar|ta|ner**
(Schüler der Quarta); **Quar|ta-
ne|rin,** die; -, -nen; **Quar|te** vgl.

Quart; **Quar|tẹtt,** das; -[e]s, -e
(Musikstück für vier Stimmen od.
vier Instrumente; auch: die vier
Ausführenden; Unterhaltungs-
spiel mit Karten); **Quar|tier,** das;
-s, -e (Unterkunft)

Quarz, der; -es, -e (ein Mineral)

qua|si (gewissermaßen, gleich-
sam, sozusagen)

Quas|se|lei, die; - (ugs.: törichtes
Gerede); **quas|seln** (ugs.: lang-
weiliges, törichtes Zeug reden);
Quas|sel|strip|pe (scherzh.
ugs.: Fernsprecher; auch: jmd.,
der viel redet, erzählt)

Qua|ste, die; -, -n (Troddel,
Schleife)

Quatsch, der; -es (ugs. für: dum-
mes Gerede); **quat|schen**
(ugs.); **Quatsch|kopf** (ugs. ab-
schätzig)

quẹck (für: quick); **Quẹcke,** die;
-, -n [*Trenn.:* Quek|ke] (lästiges
Ackerunkraut); **Quẹck|sil|ber**
(chem. Grundstoff, Metall; Zeichen: Hg)

Quẹll, der; -[e]s, -e (dicht., veralt.
für: Quelle); **Quẹl|le,** die; -, -n;
¹**quẹl|len;** quoll, gequollen (auf-
schwellen; [unter Druck] hervor-
bringen) sprudeln); Wasser
quillt; ²**quẹl|len;** quellte, gequellt
(im Wasser weichen lassen); ich
quelle Bohnen; **quẹll|frisch;**
Quẹll|ge|biet

Quen|ge|lei (ugs.); **quen|ge|lig,**
quẹng|lig (ugs.); **quẹn|geln**
(ugs.: weinerlich-nörgelnd immer wieder um etwas bitten)

Quẹnt|chen (eine kleine Menge)

quer; kreuz und -; **quer|beet**
(ugs.); **quer|durch;** er ist - ge-
laufen; **Que|re,** die; -; in die -
kommen (ugs.)

Que|re|le, die; -, -n (meist
Mehrz.) (Klage; Streit; in der
Mehrz.: Streitigkeiten)

quer|feld|ein; Quer|feld|ein-
.fah|ren (das; -s), **...lauf;**
Quer|flö|te, ...for|mat; quer|ge-
hen (ugs.: mißlingen); **quer|ge-**
streift; Quer|kopf
(abschätzig für: jmd., der immer

anders handelt, der sich nicht ein-
ordnet); **...paß** (Sportspr.),
...schnitt; quer|schnitt[s]-
ge|lähmt; Quer|trei|ber (ab-
schätzig für: jmd., der gegen etwas handelt, etwas zu durch-
kreuzen trachtet)

Que|ru|lạnt, der; -en, -en (Nörg-
ler, Quengler)

Quẹr|ver|bin|dung

Quẹt|sche, die; -, -n (landsch.:
Zwetsche)

quet|schen; Quẹtsch|fal|te,
...kom|mo|de (ugs. scherzh.:
Ziehharmonika); **Quẹt|schung**

Queue [*kö*], das (österr. auch:
der); -s, -s (Billardstock)

quick landsch. (lebendig,
schnell); **quick|le|ben|dig**
(ugs.); **Quick|step** [*kwíkßtäp*],
der; -s, -s (ein Tanz)

quie|ken, quiek|sen

quiet|schen; quietsch|ver-
gnügt (ugs.: sehr vergnügt)

Quint, Quịn|te, die; -, ...ten (Mu-
sik: fünfter Ton [vom Grundton
an]; Fechthieb); **Quịn|ta,** die; -,
...ten (zweite Klasse einer höhe-
ren Lehranstalt); **Quịn|ta|ner**
(Schüler der Quinta); **Quịn|ta-**
ne|rin, die; -, -nen); **Quịn|te** vgl.
Quint; **Quịnt|es|sẹnz,** die; -, -en
(Endergebnis, Hauptgedanke,
-inhalt, Wesen einer Sache);
Quịn|tẹtt, das; -[e]s, -e (Musik-
stück für fünf Stimmen od. fünf
Instrumente; auch: die fünf Ausführenden)

Quirl, der; -[e]s, -e; **quir|len;**
quir|lig (meist übertr. für: leb-
haft, unruhig [vom Menschen])

quitt (ausgeglichen, wett, fertig,
los u. ledig); wir sind - (ugs.)

Quịt|te [österr. auch: *kit⁰*], die;
-, -n (baumartiger Strauch;
Frucht); **quịt|te|gelb** od. **quit-**
ten|gelb

quit|tie|ren ([den Empfang be-
stätigen; Amt niederlegen; übertr. für: zur Kenntnis nehmen, hin-
nehmen); **Quịt|tung** (Emp-
fangsbescheinigung)

Quiz [*kwíß*], das; -, - (Frage-und-

Antwort-Spiel); **Quiz|ma|ster,** der; -s, -

Quo|te, die; -, -n (Anteil [von Personen], der bei Aufteilung eines Ganzen auf den einzelnen od. eine Einheit entfällt); **Quo|ti|ent** [...*ziänt*], der; -en, -en (Zahlenausdruck, bestehend aus Zähler u. Nenner)

R

R (Buchstabe); das R; des R, die R

Ra|batt, der; -[e]s, -e ([vereinbarter od. übl.] Abzug [vom Preis], Preisnachlaß); **Ra|bat|te,** die; -, -n ([Rand]beet); **Ra|batt|mar|ke**

Ra|batz, der; -es (ugs. für: lärmendes Treiben, Unruhe, Krach); **Ra|bau|ke,** der; -n, -n (ugs. für: grober, gewalttätiger junger Mensch, Rohling)

Rab|bi, der; -[s], ...inen (auch: -s) (Ehrentitel jüd. Gesetzeslehrer u.a.); **Rab|bi|ner,** der; -s, - (jüd. Gesetzes-, Religionslehrer, Geistlicher, Prediger)

Ra|be, der; -n, -n; **Ra|ben|aas** (Schimpfwort), **...mut|ter** (*Mehrz.* ...mütter; abwertend für: lieblose Mutter); **ra|ben|schwarz** (ugs.)

ra|bi|at (wütend; grob, roh)

Ra|che, die; -; **Ra|che|akt**

Ra|chen, der; -s, -

rä|chen; sich -

Ra|chen|man|del, ...put|zer (scherzh. ugs.: saurer Wein u.a.)

Rä|cher

Ra|chi|tis [*rach*...], die; (englische Krankheit); **ra|chi|tisch**

Rach|sucht, die; -; **rach|süch|tig**

Racker[1], der; -s, - (Schalk, Schelm, drolliges Kind); **Racke|rei[1]** (ugs.: schwere, mühevolle Arbeit, Schinderei); **rackern[1]**

Racket[1] [*räkᵉt*], das; -s, -s (engl. u. österr. Schreibung von: Rakett)

Rad, das; -[e]s, Räder

Ra|dar [auch, österr. nur: *ra*...], der od. das; -s; **Ra|dar|ge|rät, ...kon|trol|le, ...schirm**

Ra|dau, der; -s (ugs.: Lärm; Unfug)

Rad|ball; Räd|chen, das; -s, - u. Räderchen; **Rad|damp|fer; ra|de|bre|chen; ra|deln** (radfahren); **rä|deln** (mit dem Rädchen [Teig] ausschneiden oder [Schnittmuster] durchdrücken); **Rä|dels|füh|rer; rä|dern; rad|fah|ren** ich fahre Rad; ich weiß, daß er radfährt; **Rad|fah|ren,** das; -s; **Rad|fah|rer**

Ra|di, der; -s, - (bayr. u. österr.: Rettich)

ra|di|al (auf den Radius bezüglich, strahlenförmig; von einem Mittelpunkt ausgehend)

ra|die|ren; Ra|dier|gum|mi, der; **...na|del; Ra|die|rung**

Ra|dies|chen (eine Pflanze); **ra|di|kal** (tief, bis auf die Wurzel gehend; gründlich; rücksichtslos); **Ra|di|ka|le,** der u. die; -n, -n; **Ra|di|ka|lin|ski,** der; -s, -s (ugs. abschätzig für: politischer Radikalist); **ra|di|ka|li|sie|ren** (radikal machen); **Ra|di|ka|li|sie|rung** (Entwicklung zum Radikalen); **Ra|di|ka|lis|mus,** der; -, ...men (rücksichtslos bis zum Äußersten gehende [politische, religiöse usw.] Richtung); **Ra|di|ka|list,** der; -en, -en; **Ra|di|kal|kur** (ugs.)

Ra|dio, das; -s, -s (Rundfunk[gerät]); **ra|dio|ak|tiv; Ra|dio|ak|ti|vi|tät,** die; -, -en (Eigenschaft der Atomkerne gewisser Isotope, sich ohne äußere Einflüsse umzuwandeln und dabei bestimmte Strahlen auszusenden); **Ra|dio|ap|pa|rat; Radio|lo|gie,** die; - (Strahlenkunde); **Ra|dio|pro|gramm; Ra|di|um,** das, -s (ra-

---

[1] *Trenn.:* ...k|k...

dioaktiver chem. Grundstoff, Metall; Zeichen: Ra); **Ra|di|us,** der; -, ...ien [...*i*°*n*] (Halbmesser des Kreises; Abk.: *r, R*)

rad|schla|gen; vgl. radfahren; er kann -; **Rad|schla|gen,** das; -s; **Rad_wech|sel, ...weg**

raf|fen; Raff|gier; raff|gie|rig; raff|fig landsch. (raff-, habgierig) **Raf|fi|na|de,** die; -, -n (gereinigter Zucker); **Raf|fi|ne|ment** [...*fin*°*mang*], das; -s, -s (Überfeinerung; durchtriebene Schlauheit); **Raf|fi|ne|rie,** die; -, ...ien (Anlage zum Reinigen von Zucker od. zur Verarbeitung von Rohöl); **Raf|fi|nes|se,** die; -, -n (Überfeinerung; Durchtriebenheit, Schlauheit); **raf|fi|nie|ren** (Zucker reinigen; Rohöl zu Brenn- od. Treibstoff verarbeiten); **raf|fi|niert** (gereinigt; durchtrieben, schlau, abgefeimt); **Raf|fi|niert|heit**

Ra|ge [*rasch*°], die; -, -n (ugs. für: Wut, Raserei)

ra|gen

Ra|glan, der; -s, -s ([Sport]mantel mit angeschnittenen Ärmeln) **Ra|gout** [*ragu*], das; -s, -s (Mischgericht); **Ra|goût fin** [*ragufäng*], das; - -, -s -s [*ragufäng*] (feines Ragout)

Rah, Ra|he, die; -, ...hen (Seemannsspr.: Querstange am Mast für das Rahsegel)

Rahm, der; -s (Sahne)

rah|men; Rah|men, der; -s, - **rah|mig; Rahm|kä|se**

Rain, der; -[e]s, -e (Ackergrenze) **Ra|ke|te,** die; -, -n (Feuerwerkskörper; Flugkörper); **Ra|ke|ten_an|trieb, ...start, ...stütz|punkt**

Ra|kett, das; -[e]s, -e u. -s ([Tennis]schläger)

Ral|lye, die; -, -s [*rali* od. *räli*] (Autosternfahrt)

ramm|dö|sig (ugs. für: benommen; überreizt); **Ram|me|lei** (ugs.); **ram|meln** (auch Jägerspr.: belegen, decken [bes. von Hasen und Kaninchen]; ram-

men); **ram|men** (ein Schiff oder Hindernis anrennen); **Ramm|ler** (Männchen [bes. von Hasen und Kaninchen])

Ram|pe, die; -, -n (schiefe Ebene zur Überwindung von Höhenunterschieden; Auffahrt; Verladebühne; Theater: Vorbühne); **Ram|pen|licht,** das; -[e]s; **ram|po|nie|ren** (ugs.: stark beschädigen)

¹**Ramsch,** der; -[e]s, (selten:) -e (bunt zusammengewürfelte Warenreste; Schleuderware)

²**Ramsch,** der; -[e]s, -e (Skat: Spiel mit dem Ziel, möglichst wenig Punkte zu bekommen)

¹**ram|schen** (ugs.: Ramschware billig aufkaufen)

²**ram|schen** (Skat: einen ²Ramsch spielen)

Ramsch|la|den (ugs. abschätzig); **Ramsch|wa|re** (ugs. abschätzig)

Ranch [*räntsch*], die; -, -s (nordamerik. Viehwirtschaft, Farm); **Ran|cher,** der; -s, -[s] (nordamerik. Viehzüchter, Farmer)

Rand, der; -[e]s, Ränder

ran|da|lie|ren

Rand_be|mer|kung, ...ge|biet

Rang, der; -[e]s, Ränge; **Rang_ab|zei|chen, ...äl|te|ste**

ran|ge|hen (ugs. für: herangehen; etwas energisch anpacken)

ran|geln mdal. (sich balgen, ringen, sich ungebärdig bewegen)

Ran|gier|bahn|hof [*rangsch*ir..., auch: *rangsch*ir..., *ransch*ir...] (Verschiebebahnhof); **ran|gie|ren** (einen Rang innehaben [vor, hinter jmdm.]; Eisenbahnw.: verschieben)

ran|hal|ten, sich (ugs. für: sich beeilen)

rank (schlank; geschmeidig); - und schlank

Ran|ke, die; -, -n (Gewächsteil) **Rän|ke,** die (*Mehrz.*; Machenschaften, Intrigen); - schmieden **ran|ken;** sich -

Rän|ke_schmied (abwertend), **...spiel**

Ran|zen, der; -s, - (ugs. für: Bukkel, Bauch; Schultertasche)

ran|zig; die Butter ist -

ra|pid, ra|pi|de (reißend, [blitz]-schnell); **Ra|pi|di|tät,** die; -

Rap|pe, der; -n, -n (schwarzes Pferd)

Rap|pel, der; -s, - (ugs.: plötzlicher Zorn; Verrücktheit); **rap-pe|lig, rapp|lig** (ugs.); **rap|peln** (klappern)

Rap|pen, der; -s, - (schweiz. Münze; Abk.: Rp.)

Rap|port, der; -[e]s, -e (Wirtsch.: Bericht, Meldung; Militär veralt.: dienstl. Meldung); **rap|por|tie|ren**

Raps, der; -es, (für Rapsart *Mehrz.*:) -e (Ölpflanze); **Raps|öl**

Ra|pun|zel, die; -, -n (Salatpflanze)

rar (selten); **Ra|ri|tät,** die; -, -en **Ra|ri|tä|ten|ka|bi|nett**

ra|sant (sehr flach [Flugbahn]; ugs.: rasend, sehr schnell, wild bewegt); **Ra|sanz,** die; -

rasch

ra|scheln

Rasch|heit, die; -

ra|sen (wüten; toben; sehr eilig fahren, gehen)

Ra|sen, der; -s, -; **Ra|sen|bank** (*Mehrz.* ...bänke)

ra|send (wütend; schnell)

Ra|sen|flä|che, ...mä|her

Ra|se|rei (ugs.)

Ra|sier|ap|pa|rat; ra|sie|ren; sich -; **Ra|sier|klin|ge, ...pin|sel**

Rä|son [...*song*], die; - (veraltend für: Vernunft, Einsicht); **rä|so|nie|ren** (veraltend, aber noch ugs.: laut, lärmend reden; schimpfen)

Ras|pel, die; -, -n; **ras|peln**

Ras|se, die; -, -n; **Ras|se|hund**

Ras|sel, die; -, -n (Knarre, Klapper); **Ras|sel|ban|de,** die; - (ugs. scherzh.: übermütige Kinderschar); **ras|seln**

Ras|sen|dis|kri|mi|nie|rung; Ras|se|pferd; ras|se|rein; ras|sig (von ausgeprägter Art); -e

Erscheinung; **ras|sisch** (der Rasse entsprechend, auf die Rasse bezüglich); -e Eigentümlichkeiten; **Ras|sis|mus,** der; (übersteigertes Rassenbewußtsein, Rassenhetze); **Ras|sist,** der; -en, -en (Vertreter des Rassismus); **ras|si|stisch**

Rast, die; -, -en; **ra|sten**

Ra|ster, der (Fernsehtechnik: das); -s, - (Glasplatte mit engem Liniennetz zur Zerlegung eines Bildes in Rasterpunkte; Fläche des Fernsehbildschirmes, die sich aus Lichtpunkten zusammensetzt); **ra|stern** (ein Bild durch Raster in Rasterpunkte zerlegen)

Rast|haus; rast|los; Rast|lo|sig|keit, die; -; **Rast|stät|te**

Ra|sur, die; -, -en (Radieren, [Schrift]tilgung; Rasieren)

Rat, der; -[e]s, Räte u. a.: (Auskünfte u. a.:) Ratschläge; sich - holen

Ra|te, die; -, -n ([verhältnismäßiger] Teil, Anteil; Teilzahlung; Teilbetrag)

ra|ten; riet, geraten

Ra|ten|be|trag, ...kauf

Rä|te|re|gie|rung, ...re|pu|blik; Rat|ge|ber; Rat|haus

Ra|ti|fi|ka|ti|on [...*zion*], die; -, -en (Genehmigung; Bestätigung, Anerkennung, bes. von völkerrechtl. Verträgen); **ra|ti|fi|zie|ren; Ra|ti|fi|zie|rung**

Ra|tio [*razio*], die; - (Vernunft; Grund; Verstand); **Ra|ti|on** [...*zion*], die; -, -en (zugeteiltes Maß, [An]teil, Menge); **ra|tio|nal** (die Ratio betreffend; vernünftig, aus der Vernunft stammend); **ra|tio|na|li|sie|ren** ([möglichst] vereinheitlichen; [die Arbeit] zweckmäßig gestalten); **Ra|tio|na|li|sie|rung; Ra|tio|na|lis|mus,** der; - (Geisteshaltung, die das rationale Denken als einzige Erkenntnisquelle ansieht); **Ra|tio|na|list,** der; -en, -en; **ra|tio|na|li|stisch; ra|tio|nell** (verständig; ordnungsgemäß; zweckmäßig; sparsam; haushälterisch); **ra|tio|nie|ren**

(einteilen; abgeteilt zumessen); **Ra|tio|nie|rung**

rat|los; Rat|lo|sig|keit, die; -; **rat|sam; Rat|schlag,** der; -[e]s, ...schläge; **rat|schla|gen**

Rät|sel, das; -s, -; **rät|sel|haft; röt|seln; rät|sel|voll**

rat|su|chend

Rat|te, die; -, -n; **Rat|ten.fal|le, ...fän|ger, ...gift,** das

rat|tern

Rat|ze, die; -, -n (ugs. für: Ratte); **rat|ze|kahl** (volksmäßige Umdeutung aus: radikal)

Raub, der; -[e]s; **Raub|bau,** der; -[e]s - treiben; **rau|ben; Räuber; Räu|ber|ban|de; Räu|be|rei** (ugs.); **räu|be|risch; räubern; Räu|ber.pi|sto|le** (Räubergeschichte), **...zi|vil** (ugs. scherzh.); **Raub.mord, ...tier, ...über|fall**

Rauch, der; -[e]s; **Rauch.ab|zug; rau|chen; Rau|cher; Rauche|rin,** die; -, -nen; **Räu|cher-kam|mer, ...ker|ze; räuchern; Rauch.fah|ne, ...fang** (österr. für: Schornstein); **rauchig; Rauch|ver|zeh|rer**

Rauch|wa|re (meist *Mehrz.*; Pelzware)

Rauch|wa|ren, die (*Mehrz.*; ugs. für: Tabakwaren)

Räu|de, die; -, -n (Krätze; Grind); **räu|dig; Räu|dig|keit,** die; -

rauf (ugs. für: herauf, hinauf)

Rauf|bold, der; -[e]s, -e (abschätzig); **Rau|fe,** die; -, -n; **raufen; Rau|fe|rei; rauf|lu|stig**

rauh; Rauh|bein (ugs.: nach außen grober, aber von Herzen guter Mensch); **rauh|bei|nig** (ugs.); **Rau|heit; Rauh|fa|serta|pe|te; Rauh|haar|dackel** [*Trenn.*: ...dak|kel]; **rauh|haarig; Rauh|reif** (der; -[e]s)

Raum, der; -[e]s, Räume; **räumen; Raum.fahrt, ...for|schung** (die; -), **...in|halt, ...kap|sel; räum|lich; Raum_pfle|ge|rin, ...schiff; Räumung; Räu|mungs.frist, ...kla|ge**

rau|nen (dumpf, leise sprechen; flüstern)

raun|zen landsch. (widersprechen, nörgeln; weinerlich klagen)

Rau|pe, die; -, -n; **Rau|pen.bagger, ...fahr|zeug, ...schlep|per**

raus (ugs. für: heraus, hinaus)

Rausch, der; -[e]s, Räusche (Betrunkensein; Zustand der Erregung, Begeisterung); **rau|schen** (Jägerspr. auch: brünstig sein [vom Schwarzwild]); **Rauschgift,** das; **rausch|gift|süch|tig; Rausch|gift|süch|ti|ge,** der u. die; -n, -n; **Rausch|gold** (dünnes Messingblech)

Räus|pe|rer; räus|pern, sich

Raus|schmei|ßer (ugs.: jmd., der randalierende Gäste aus dem Lokal entfernt; letzter Tanz); **Rausschmiß** (ugs.: Entlassung)

Rau|te, die; -, -n (schiefwinkliges gleichseitiges Viereck, Rhombus)

Ra|vio|li [*rawioli*], die (*Mehrz.*; kleine it. Pasteten aus Nudelteig)

Raz|zia, die; -, ...ien [...*i*ᵉ*n*] u. (seltener:) -s (überraschende Fahndung der Polizei nach verdächtigen Personen)

Rea|genz|glas (*Mehrz.* ...gläser; Prüfglas, Probierglas für [chem.] Versuche); **rea|gie|ren** (aufeinander einwirken); **Re|ak|tion** [...*zion*], die; -, -en (Rück-, Gegenwirkung, Rückschlag; chem. Umsetzung; nur *Einz.*: Rückschritt; Gesamtheit aller nicht fortschrittl. polit. Kräfte); **re|ak|tio|när** (Gegenwirkung erstrebend oder ausführend; abwertend für: nicht fortschrittlich); **Re|ak|tor,** der; -s, ...gren (Vorrichtung, in der eine chemische od. eine Kernreaktion abläuft)

re|al (wirklich, tatsächlich; dinglich, sachlich); **Re|al|gym|na|sium** (Form der höheren Schule); **rea|li|sier|bar; rea|li|sie|ren** (verwirklichen; einsehen, begreifen; Wirtsch.: in Geld umwandeln); **Rea|li|sie|rung; Realis-mus,** der; - ([nackte] Wirklich-keit; Kunstdarstellung des Wirk-lichen; Wirklichkeitssinn); **Rea-list,** der; -en, -en; **rea|li|stisch; Rea|li|tät,** die; -, -en (Wirklich-keit, Gegebenheit); **Real_le|xi-kon** (Sachwörterbuch), **...schu|le** (Schule, die mit der 10. Klasse u. der mittleren Reife abschließt)

Re|be, die; -, -n

Re|bell, der; -en, -en (Aufrührer, Aufständischer); **re|bel|lie|ren; Re|bel|li|on; re|bel|lisch**

Reb|huhn

Reb|laus (ein Insekt)

Re|bus, der od. das; -, -se (Bilder-rätsel)

Re|chaud [*reschō*], der. od. das; -s, -s (Wärmeplatte)

re|chen (harken); **Re|chen,** der; -s, - (Harke)

Re|chen_auf|ga|be, **...feh|ler,** **...ma|schi|ne; Re|chen|schaft,** die; -; **Re|chen_schie|ber,** **...zen|trum** (mit Rechenma-schinen ausgestattetes Institut)

Re|cher|che [*reschärsch*ͤ͜], die; -, -n (meist *Mehrz.;* Nachfor-schung, Ermittlung); **re|cher-chie|ren**

rech|nen; rech|ne|risch; Rech-nung

recht; das ist [mir] durchaus, ganz, völlig recht; rechter Hand; **Recht,** das; -[e]s, -e; mit, ohne Recht; **Rech|te,** die; -n, -n (rechte Hand; rechte Seite; Poli-tik: Bez. für die rechtsstehenden Parteien); **Recht|eck; recht-eckig** [*Trenn.:* ...ek|kig]; **rech-ten; Rech|tens;** es ist -

recht|fer|ti|gen; Recht|fer|ti-gung

recht|gläu|big

Recht|ha|be|rei, die; -; **recht-ha|be|risch**

recht|lich; recht|los; Recht|lo-sig|keit, die; -; **recht|mä|ßig; Recht|mä|ßig|keit,** die; -

rechts; Rechts|ab|bie|ger (Ver-kehrsw.)

Rechts|an|walt

Rechts|aus|la|ge (Sportspr.); **...aus|le|ger** (Sportspr.); **Rechts|au|ßen,** der; -, - (Sport-spr.)

recht|schaf|fen; Recht|schaf-fen|heit, die; -

recht|schrei|ben; er kann nicht rechtschreiben; **Recht|schrei-ben,** das; -s; **recht|schreib-lich; Recht|schreib|re|form; Recht|schrei|bung**

Rechts|hän|der; rechts|hän-dig; rechts|her|um

rechts|kräf|tig; rechts|kun|dig

Rechts|la|ge; Recht|spre-chung

rechts|ra|di|kal; rechts|rhei-nisch (auf der rechten Rheinsei-te)

rechts|staat|lich; Rechts-streit

rechts|um [auch: *rechzum*]; **Rechts|ver|kehr**

Rechts|weg; rechts|wid|rig; Rechts_wis|sen|schaft

recht|win|ke|lig, recht|wink-lig

recht|zei|tig

Reck, das; -[e]s, -e (ein Turnge-rät)

Recke[1], der; -n, -n (altertüml. Be-zeichnung für: Held, Krieger)

recken[1]; sich -

Re|cor|der, der; -s, - (Tonwie-dergabegerät)

Re|dak|teur [*...tör*], der; -s, -e (Schriftleiter; jemand, der Beiträ-ge für die Veröffentlichung bear-beitet); **Re|dak|teu|rin** [*...ȫrin*], die; -, -nen; **Re|dak|ti|on** [*...zion*], die; -, -en (Tätigkeit des Redakteurs; Gesamtheit der Re-dakteure u. deren Arbeitsraum); **re|dak|tio|nell** (die Redaktion betreffend; von der Redaktion stammend); **Re|dak|tor,** der; -s, ...oren (wissenschaftl. Herausge-ber; schweiz. auch svw. Redak-teur)

Re|de, die; -, -n; **re|de|ge|wandt;**

---

[1] *Trenn.:* ...ek|k...

re|den; Re|dens|art; Re|de|rei (ugs.); Re|de|wen|dung

re|di|gie|ren (druckfertig machen; abfassen; bearbeiten; als Redakteur tätig sein)

red|lich; Red|lich|keit, die; - Red|ner; Red|ner|tri|bü|ne; red|se|lig; Red|se|lig|keit, die; -

red|un|dant (überreichlich, üppig; weitschweifig)

re|du|zie|ren (zurückführen; herabsetzen, einschränken; verkleinern, mindern)

Ree|de, die; -, -n (Ankerplatz vor dem Hafen); Ree|der (Schiffseigner); Ree|de|rei (Geschäft eines Reeders)

re|ell (zuverlässig; ehrlich; redlich)

Re|fe|rat, das; -[e]s, -e ([gutachtl. Bericht, Vortrag, [Buch]-besprechung; Sachgebiet eines Referenten); Re|fe|ren|dar, der; -s, -e (Anwärter auf die höhere Beamtenlaufbahn nach der ersten Staatsprüfung); Re|fe|ren|dum, das; -s, ...den u. ...da (Volksabstimmung, Volksentscheid); Re|fe|rent, der; -en, -en (Berichterstatter; Sachbearbeiter); Re|fe|renz, die; -, -en (Beziehung, Empfehlung); re|fe|rie|ren (berichten; vortragen; [ein Buch] besprechen)

re|flek|tie|ren ([zu]rückstrahlen; nachdenken; Absichten haben auf etwas); Re|flex, der; -es, -e (Rückstrahlung zerstreuten Lichts; unwillkürliches Ansprechen auf einen Reiz); Re|flex-be|we|gung; Re|fle|xi|on, die; -, -en (Rückstrahlung von Licht, Schall, Wärme u.a.; Betrachtung); re|fle|xiv (Sprachw.: rückbezüglich); -es Verb

Re|form, die; -, -en (Umgestaltung; Verbesserung des Bestehenden; Neuordnung); Re|for|ma|ti|on [...*zion*], die; - (Umgestaltung; christl. Glaubensbewegung des 16. Jh.s, die zur Bildung der ev. Kirchen führte); Re|for|ma|ti|ons|fest; re-

form|be|dürf|tig; Re|for|mer, der; -s, - (Verbesserer, Erneuerer); Re|form|haus; re|for|mie|ren; re|for|miert; -e Kirche

Re|frain [*r*ᵉ*fräng*], der; -s, -s (Kehrreim)

Re|gal, das; -s, -e ([Bücher-, Waren]gestell mit Fächern)

Re|gat|ta, die; -, ...tten (Bootswettkampf)

re|ge; -sein, werden

Re|gel, die; -, -n; re|gel|mä|ßig; Re|gel|mä|ßig|keit; re|geln; re|gel|recht; Re|ge|lung; re|gel|wid|rig

re|gen; sich -; sich - bringt Segen

Re|gen, der; -s, -; Re|gen|bo|gen; re|gen|bo|gen_far|ben od. ...far|big; Re|gen|bo|gen|pres|se, die; - (unterhaltende, sensationell berichtende Wochenzeitschriften); Re|gen|dach

Re|ge|ne|ra|ti|on, die; -, -en [...*zion*] (Neubildung [tier. od. pflanzl. Körperteile und zerstörter menschl. Körpergewebe]); re|ge|ne|ra|ti|ons|fä|hig; re|ge|ne|rie|ren (wiedererzeugen, erneuern, wieder wirksam machen)

Re|gen|man|tel, ...schirm

Re|gent, der; -en, -en (Staatsoberhaupt; Herrscher);

Re|gen|trop|fen, ...wet|ter (das; -s), ...wol|ke, ...wurm

Re|gie [*reschi*], die; - (Spielleitung [bei Theater, Film, Fernsehen usw.]; Verwaltung)

re|gie|ren (lenken; [be]herrschen; Sprachw.: einen bestimmten Fall fordern); Re|gie|rung; Re|gie|rungs_be|zirk (Abk.: Reg.-Bez.), ...chef (ugs.), ...spre|cher

Re|gime [...*schim*], das; -[s], - [*reschim*ᵉ] (Regierungsform; Herrschaft)

Re|gi|ment, das; -[e]s, -e u. (Truppeneinheiten:) -er (Regierung; Herrschaft; größere Truppeneinheit)

Re|gi|on, die; -, -en (Gegend; Bereich); re|gio|nal (gebietsmäßig, -weise)

Re|gis|seur [*reschißör*], der; -s, -e (Spielleiter [bei Theater, Film, Fernsehen usw.])
Re|gi|ster, das; -s, - ([alphabet. Inhalts]verzeichnis, Sach- oder Wortweiser, Liste; Stimmenzug bei Orgel und Harmonium); **re|gi|strie|ren** (eintragen; selbsttätig aufzeichnen; übertr. für: bewußt wahrnehmen; bei Orgel u. Harmonium: Register ziehen); **Re|gi|strier|kas|se;**
Re|gle|ment [*regl*ᵉ*mang*], das; -s, -s ([Dienst]vorschrift; Geschäftsordnung); **re|gle|men|tie|ren** (durch Vorschriften regeln)
Reg|ler
reg|los
reg|nen; reg|ne|risch
Re|greß, der; ...gresses, ...gresse (Ersatzanspruch, Rückgriff)
re|gu|lär (der Regel gemäß; vorschriftsmäßig, üblich); **re|gu|lie|ren** (regeln, ordnen; [ein]stellen)
Re|gung; re|gungs|los
Reh, das; -[e]s, -e
Re|ha|bi|li|tand, der; -en, -en (jmd., dem die Wiedereingliederung in das berufl. u. gesellschaftliche Leben ermöglicht werden soll); **Re|ha|bi|li|ta|ti|on** [...*zion*], die; -, -en (Gesamtheit der Maßnahmen, die mit der Wiedereingliederung von Versehrten in die Gesellschaft zusammenhängen); **re|ha|bi|li|tie|ren;** sich - (sein Ansehen wiederherstellen); **Re|ha|bi|li|tie|rung** (Wiedereinsetzung; Ehrenrettung)
Reh_bock, ...kitz, ...zie|mer
Rei|be, die; -, -n; **Reib|ei|sen; rei|ben;** rieb, gerieben; **Rei|be|rei** (ugs.: kleine Zwistigkeit); **Rei|bung; rei|bungs|los**
reich
Reich, das; -[e]s, -e
Rei|che, der u. die; -n, -n
rei|chen (hinhalten, geben; sich erstrecken; auskommen; genügen)

reich|hal|tig; reich|lich
Reich|tum, der; -s, ...tümer
Reich|wei|te, die; -, -n
reif (vollentwickelt; geeignet)
¹Reif, der; -[e]s (gefrorener Tau)
²Reif, der; -[e]s, -e (Ring; Spielzeug)
Rei|fe, die; -; **Rei|fe|grad**
¹rei|fen (reif werden)
²rei|fen (¹Reif ansetzen)
Rei|fen, der; -s, - (²Reif); **Rei|fen_pan|ne, ...wech|sel**
Rei|fe|prü|fung; Rei|fe_zeit, ...zeug|nis; reif|lich
Reif|rock (veralt.)
Rei|gen, Rei|hen, der; -s, - (Tanz)
Rei|he, die; -, -n; **rei|hen** (in Reihen ordnen; lose, vorläufig nähen)
Rei|hen_fol|ge, ...haus, rei|hen|wei|se
Rei|her, der; -s, - (ein Vogel)
reih|um; es geht -; **Rei|hung**
Reim, der; -[e]s, -e; **rei|men;** sich -
¹rein (ugs.: herein, hinein)
²rein; - halten, machen; ins reine bringen, kommen, schreiben;
³rein (ugs.: durchaus, ganz, gänzlich); er ist - toll
Rei|ne|ma|che|frau, Rein|ma|che|frau; **Rei|ne|ma|chen,** Rein|ma|chen, das; -s
Rein_er|lös, ...er|trag
Rein|fall, der (ugs.); **rein|fal|len**
Rein_ge|winn, ...hal|tung; Rein|heit, die; -; **rei|ni|gen; Rei|ni|gung; Rein|kul|tur**
rein|le|gen (ugs.)
Rein|lich|keit, die; -; **Rein|ma|che|frau,** Rei|ne|ma|che|frau; **Rein|ma|chen** vgl. Reinemachen; **rein|ras|sig; Rein|schrift; rein|wa|schen,** sich (seine Unschuld beweisen)
Reis, der; -es, (Reisarten:) -e (Getreide); **Reis_brei**
Rei|se, die; -, -n; **Rei|se|bü|ro; rei|se|fer|tig; Rei|se_füh|rer, ...ge|sell|schaft, ...lei|ter,** der; **rei|se|lu|stig; rei|sen; Rei|sen|de,** der u. die; -n, -n; **Rei|se_paß, ...scheck, ...ziel**

315

Rei|sig, das; -s; **Rei|sig|be|sen**
Reis|korn (Mehrz. ...körner)
Reiß|aus, im allg. nur in: - neh-
men (ugs. für: davonlaufen); **rei-**
ßen; riß, gerissen; **rei|ßend;** -er
Strom, -e Schmerzen, -er Absatz;
Rei|ßer (ugs. für: Erfolgsbuch,
-film u.a.); **rei|ße|risch; reiß-**
fest; Reiß|leine (am Fall-
schirm), **...na|gel,** **...ver-**
schluß, ...wolf, der
rei|ten; ritt, geritten; **Rei|ter; Rei-**
te|rei; Rei|te|rin, die; -, -nen
Reit|lehr|rer, ...pferd, ...schu|le
(südwestd. auch für: Karussell),
...stie|fel
Reiz, der; -es, -e; **reiz|bar; Reiz-**
bar|keit, die; -; **rei|zen; reiz-**
end; reiz|los; Rei|zung; reiz-
voll; Reiz|wä|sche
re|ka|pi|tu|lie|ren (wiederholen,
zusammenfassen)
re|keln, sich (sich strecken; sich
flegelig hinlegen)
Re|kla|ma|ti|on [...zion], die; -,
-en (Beanstandung)
Re|kla|me, die; -, -n (Werbung);
re|kla|mie|ren ([zurück]for-
dern; Einspruch erheben,
beanstanden)
re|kon|stru|ie|ren (wiederher-
stellen oder nachbilden; den Ablauf eines früheren Vorganges
oder Erlebnisses wiedergeben)
Re|kon|va|les|zent [...wa...], der;
-en, -en (Genesender)
Re|kord, der; -[e]s, -e
Re|krut, der; -en, -en (Soldat in
der ersten Ausbildungszeit); **re-**
kru|tie|ren (Rekruten ausheben,
mustern); sich - (bildl. für: sich
zusammensetzen, sich bilden);
Re|kru|tie|rung
Rek|tor, der; -s, ...oren (Leiter ei-
ner [Hoch]schule); **Rek|to|rat,**
das; -[e]s, -e (Amt[szimmer] eines Rektors)
Re|lais [rºlä], das; - [rºlä(ß)], -
[rºlä(ß)] (Elektrotechnik:
Schalteinrichtung)
Re|la|ti|on [...zion], die; -, -en
(Beziehung, Verhältnis); **re|la-**
tiv auch: re...] (bezüglich; ver-

hältnismäßig; vergleichsweise;
bedingt); **re|la|ti|vie|ren**
[...wirºn] (in eine Beziehung
bringen; einschränken; **Re|la-**
ti|vi|tät, die; -, -en (Bezüglich-
keit, Bedingtheit)
re|le|vant [...want] (erheblich,
wichtig); **Re|le|vanz,** die; -, -en
Re|li|ef, das; -s, -s u. -e (über
eine Fläche erhaben hervortre-
tendes Bildwerk)
Re|li|gi|on, die; -, -en **Re|li|gi-**
ons|ge|mein|schaft; re|li|giös;
Re|li|gio|si|tät, die; -
Re|likt, das; -[e]s, -e (Überbleib-
sel, Rest[gebiet, -vorkommen])
Re|ling, die; -, -s (seltener auch:
-e) ([Schiffs]geländer, Brü-
stung)
Re|li|quie [...iº], die; -, -n (Über-
rest, Gegenstand von Heiligen;
kostbares Andenken)
Re|mi|nis|zenz, die; -, -en (Erin-
nerung; Anklang)
re|mis [rºmí] (unentschieden);
Re|mit|ten|de, die; -, -n (Buch,
Büchersendung, die vom Sortiment an den Verlag zurückgege-
ben wird)
Rem|mi|dem|mi, das; -s (ugs.:
lärmendes Treiben, Trubel, Unruhe)
Re|mou|la|de [...mu...], die; -, -n
(eine Kräutermayonnaise)
Rem|pe|lei (ugs.); **rem|peln**
(ugs. für: absichtlich stoßen)
Ren [auch: ren], das; -s, -s u.
(bei langer Aussprache:) -e
(Hirschart, Haustier der Lappen)
Re|nais|san|ce [rºnäßan̄ß], die;
-, -n (Erneuerung, bes. die der
antiken Lebensform auf geisti-
gem u. künstlerischem Gebiet
vom 14. bis 16. Jh.)
Ren|dez|vous [rangdewu], das;
- [...wu(ß)], - [...wu(ß)] (Verab-
redung; Begegnung von Raum-
fahrzeugen im Weltall)
Ren|di|te, die; -, -n (Verzinsung,
Ertrag)
Re|ne|klo|de, die; -, -n (Pflaume
einer bestimmten Sorte)
Re|net|te, die; -, -n (ein Apfel)

re|ni|tent (widerspenstig)

Renn|bahn; ren|nen; rannte, gerannt; Ren|nen, das; -s, -; Renn.fahrer, ...pferd

Renn|tier (übliche, aber falsche Bez. für: ¹Ren)

Re|nom|mee, das; -s, -s ([guter] Ruf, Leumund); re|nom|mie-ren (prahlen); re|nom|miert (berühmt, angesehen, namhaft)

re|no|vie|ren [...wir^en] (erneuern, instand setzen); Re|no|vie-rung

ren|ta|bel (zinstragend; einträglich); Ren|ta|bi|li|tät, die; - (Einträglichkeit, Verzinsung[shöhe]); Ren|te, die; -, -n (regelmäßiges Einkommen [aus Vermögen oder rechtl. Ansprüchen]); Ren|ten|emp|fän|ger

Ren|tier (Ren)

ren|tie|ren; sich - (sich lohnen)

Rent|ner; Rent|ne|rin, die; -, -nen

re|pa|ra|bel (wiederherstellbar); Re|pa|ra|ti|on [...$zion$], die; -, -en (Wiederherstellung; nur *Mehrz.*: Kriegsentschädigung); Re|pa|ra|tur, die; -, -en; re|pa-ra|tur.an|fäl|lig, ...be|dürf|tig; re|pa|rie|ren

Re|per|toire [...$toar$], das; -s, -s (Stoffsammlung; Vorrat einstudierter Stücke usw., Spielplan)

re|pe|tie|ren (wiederholen); Re-pe|ti|tor, der; -s; ...oren (Nachhelfer, Einpauker [an Hochschulen])

Re|port, der; -[e]s, -e (Bericht, Mitteilung); Re|por|ta|ge [...$ta-seh^e$], die; -, -n (Bericht[erstattung] über ein aktuelles Ereignis); Re|por|ter, der; -s, - (Zeitungs-, Fernseh-, Rundfunkberichterstatter)

Re|prä|sen|tant, der; -en, -en (Vertreter, Abgeordneter); Re-prä|sen|ta|ti|on [...$zion$], die; -, -en ([Stell]vertretung; standesgemäßes Auftreten, gesellschaftlicher Aufwand); re|prä|sen|ta-tiv (vertretend; würdig, ansehnlich); re|prä|sen|tie|ren

Re|pres|sa|lie [...i^e], die; -, -n (meist *Mehrz.*; (Vergeltungsmaßnahme, Druckmittel); Re-pres|si|on, die; -, -en (Unterdrückung; Abwehr, Hemmung); re|pres|siv (unterdrückend)

Re|pro|duk|ti|on [...$zion$], die; -, -en (Nachbildung; Wiedergabe [durch Druck]; Vervielfältigung); re|pro|du|zie|ren

Rep|til, das; -s, -ien [...i^en] u. (selten:) -e (Kriechtier); Rep|ti-li|en|fonds (spött. für: Geldfonds, über dessen Verwendung hohe Regierungsstellen keine Rechenschaft abzulegen brauchen)

Re|pu|blik, die; -, -en; Re|pu|bli-ka|ner; re|pu|bli|ka|nisch; Re-pu|blik|flucht (DDR)

Re|pu|ta|ti|on [...$zion$], die; - ([guter] Ruf, Ansehen)

Re|qui|em [...$iäm$], das; -s, -s (Toten-, Seelenmesse)

re|qui|rie|ren (herbeischaffen; beschlagnahmen [für Heereszwecke]); Re|qui|sit, das; -[e]s, -en (Theatergerät; Rüst-, Handwerkszeug, Zubehör)

Re|ser|vat [...wat], das; -[e]s, -e (Vorbehalt; Sonderrecht; großes Freigehege für gefährdete Tierarten; auch für: Reservation); Re-ser|va|ti|on [...$zion$], die; -, -en (Vorbehalt; den Indianern vorbehaltenes Gebiet in Nordamerika); Re|ser|ve, die; -, -n (nur *Einz.*: Zurückhaltung, Verschlossenheit; Ersatz; Vorrat; Militär: Ersatz[mannschaft]); re|ser|vie-ren (aufbewahren; vormerken, vorbestellen, [Platz] belegen); re|ser|viert (auch: zurückhaltend, zugeknöpft); Re|ser|viert-heit, die; -; Re|ser|vie|rung; Re|ser|vist, der; -en, -en (Soldat der Reserve); Re|ser|voir [...$woar$], das; -s, -e (Sammelbecken, Behälter, Speicher)

Re|si|denz, die; -, -en (Wohnsitz des Staatsoberhauptes, eines Fürsten, eines hohen Geistlichen; Hauptstadt); re|si|die|ren

317

(seinen Wohnsitz haben [bes. von regierenden Fürsten])

Re|si|gna|ti|on [...*zion*], die; -, -en (Verzichtleistung; Entsagung); **re|si|gnie|ren; re|si|gniert**

re|so|lut (entschlossen, beherzt, tatkräftig, zupackend); **Re|so|lu|ti|on** [...*zion*], die; -, -en (Beschluß, Entschließung)

Re|so|nanz, die; -, -en (Mittönen; bildl. für: Anklang, Verständnis, Wirkung); **Re|so|nanz|bo|den** (Schallboden)

Re|so|zia|li|sie|rung (Rechtsw.: schrittweise Wiedereingliederung von Straffälligen, die ihre Strafe abgebüßt haben, in die Gemeinschaft)

Re|spekt, der; -[e]s (Rücksicht, Achtung, Ehrerbietung); **re|spek|ta|bel** (ansehnlich; angesehen); **re|spek|tie|ren** (achten, in Ehren halten); **re|spekt|los; Re|spekts|per|son; re|spekt|voll**

Res|sen|ti|ment, das; -s, -s (*re-ßangtimang*] (heimlicher Groll, Neid)

Res|sort [...*ßor*], das; -s, -s (Geschäfts-, Amtsbereich)

Rest, der; -[e]s, -e u. (Kaufmannsspr., bes. von Schnittwaren:) -er

Re|stau|rant [*reßtorang*], das; -s, -s (Gaststätte); **¹Re|stau|ra|ti|on** [...*taurazion*], die; -, -en (Wiederherstellung eines Kunstwerkes; Wiederherstellung der alten Ordnung nach einem Umsturz); **²Re|stau|ra|ti|on** [...*torazion*], die; -, -en (veraltend für: Gastwirtschaft); **re|stau|rie|ren** [...*tau*...] (wiederherstellen, ausbessern, bes. von Kunstwerken); **Re|stau|rie|rung** [...*tau*...]

Rest|be|trag; rest|lich; rest|los; Rest|po|sten

Re|sul|tat, das; -[e]s, -e (Ergebnis); **re|sul|tie|ren** (sich als Resultat ergeben)

Re|tor|te, die; -, -n (Destillationsgefäß)

re|tour [*retur*] (österr. u. mdal., sonst veraltend für: zurück); **Re|tour|kut|sche** (ugs. für: Zurückgeben eines Vorwurfs, einer Beleidigung)

ret|ten; Ret|ter; Ret|te|rin, die; -, -nen

Ret|tich, der; -s, -e

Ret|tung; Ret|tungs|boot; ret|tungs|los; Ret|tungs|ring

Re|tu|sche, die; -, -n (Nachbesserung [bes. von Lichtbildern]); **re|tu|schie|ren** (nachbessern [bes. Lichtbilder])

Reue, die; -; **reu|en;** es reut mich; **reue|voll; reu|ig; reu|mü|tig**

Reu|se, die; -, -n (Korb zum Fischfang)

Re|van|che [*rewangsch*ᵉ], die; -, -n (Vergeltung; Rache); **re|van|chie|ren** [*rewangschir*ᵉ*n*] (vergelten; sich rächen; einen Gegendienst erweisen); **Re|van|chist,** der; -en, -en; **re|van|chi|stisch**

Re|ve|renz [...*we*...], die; -, -en (Ehrerbietung; Verbeugung); vgl. aber: Referenz

Re|vers [*rewär*, auch: *r*ᵉ...] (österr. nur:), des - [*rewär(ß)*], - [*rewärß*] (Umschlag od. Aufschlag an Kleidungsstücken)

re|vi|die|ren (nachsehen, überprüfen)

Re|vier [...*wir*], das; -s, -e (Bezirk, Gebiet; Militär.: Krankenstube; Bergw.: Teil des Grubengebäudes, der der Aufsicht eines Reviersteigers untersteht; Forstw.: begrenzter Jagdbezirk; kleinere Polizeidienststelle); **Re|vier|för|ster**

Re|vi|si|on [...*wi*...], die; -, -en (nochmalige Durchsicht; [Nach]prüfung; Änderung [einer Ansicht]; Rechtsw.: Überprüfung eines Urteils); **Re|vi|sio|nis|mus,** der; - (Streben nach Änderung eines bestehenden Zustandes oder eines Programms); **Re|vi|si|ons|ver|hand|lung**

Re|vol|te [...*wolt*ᵉ], die; -, -n (Empörung, Auflehnung, Auf-

ruhr); **re|vol|tie|ren; Re|vo|lu|ti|on,** die; -, -en [...*zion*]; **re|vo|lu|tio|när** ([staats]umwälzend); **Re|vo|lu|tio|när,** der; -s, -e; **re|vo|lu|tio|nie|ren; Re|vo|luz|zer,** der; -s, - (verächtl. für: Revolutionär); **Re|vol|ver** [...*wolwᵉr*], der; -s, - (kurze Handfeuerwaffe); **Re|vol|ver_blatt, ...held**
Re|vue [*rewü*], die; -, -n [...*wüᵉn*] (Zeitschrift mit allgemeinen Überblicken; musikal. Ausstattungsstück); - passieren lassen (vorbeiziehen lassen)
Re|zen|sent, der; -en, -en (Verfasser einer Rezension); **re|zen|sie|ren; Re|zen|si|on,** die; -, -en (kritische Besprechung von Büchern, Theateraufführungen u. a.)
Re|zept, das; -[e]s, -e ([Arznei-, Koch]vorschrift, Verordnung); **re|zept|frei; Re|zep|ti|on** [...*zion*], die; -, -en (Auf-, An-, Übernahme); **re|zept|pflich|tig**
Re|zes|si|on, die; -, -en (Rückgang der Konjunktur)
re|zi|prok (wechsel-, gegenseitig, aufeinander bezüglich); (Math.:) -e Zahlen
Re|zi|tá|ti|on [...*zion*], die; -, -en (Vortrag von Dichtungen); **Re|zi|ta|tiv,** das; -s, -e [...*wᵉ*] (dramat. Sprechgesang); **re|zi|tie|ren**
Rha|bar|ber, der; -s (Gartenpflanze)
Rhap|so|die, die; -, ...ien ([aus Volksweisen zusammengesetztes] Musikstück)
Rhe|sus|fak|tor, der; -s, ...oren (erbliches Merkmal der roten Blutkörperchen; Abk.: Rh-Faktor; Zeichen: Rh = Rhesusfaktor positiv, rh = Rhesusfaktor negativ)
Rheu|ma, das; -s (Kurzw. für: Rheumatismus); **Rheu|ma|ti|ker** (an Rheumatismus Leidender); **rheu|ma|tisch; Rheu|ma|tis|mus,** der; -, ...men (schmerzhafte Erkrankung der Gelenke, Muskeln, Nerven, Sehnen)
Rhi|no|ze|ros, das; - u. -ses, -se

(Nashorn)
Rho|do|den|dron, das (auch: der); -s, ...dren (eine Pflanzengattung der Erikagewächse)
rhom|bisch (rautenförmig); **Rhom|bus,** der; -, ...ben (Raute; gleichseitiges Parallelogramm)
Rhön|rad (ein Turngerät)
rhyth|misch (den Rhythmus betreffend, gleich-, taktmäßig); **Rhyth|mus,** der; -, ...men (Zeit-, Gleich-, Ebenmaß; taktmäßige Gliederung)
Richt|an|ten|ne; rich|ten; sich -; richt't euch! (milit. Kommando); **Rich|ter; Rich|te|rin,** die; -, -nen; **rich|ter|lich**
Richt_fest, ...ge|schwin|dig|keit; rich|tig; rich|tig|ge|hend (von der Uhr; auch ugs. für: ausgesprochen, vollkommen); **Rich|tig|keit,** die; -; **rich|tig|lie|gen;** (ugs. für: eine [von der Regierung o. a.] gewünschte Überzeugung vertreten); **rich|tig|ma|chen; rich|tig|stel|len** (berichtigen); **Rich|tig|stel|lung** (Berichtigung); **Richt_kranz, ...linie** (meist *Mehrz.*), **...preis, ...schnur** (*Mehrz.* ...schnuren); **Rich|tung; rich|tung|ge|bend; Rich|tungs|an|zei|ger; rich|tungs|los; Rich|tungs|wech|sel; rich|tung|wei|send**
Ricke [*Trenn.:* Rik|ke], die; -, -n (weibl. Reh)
rie|chen; roch, gerochen; **Rie|cher** (ugs. für: Nase [bes. im übertr. Sinne]); einen guten - für etwas haben (alles gleich merken)
Ried, das; -[e]s, -e (Schilf; Röhricht)
Rie|ge, die; -, -n (Turnerabteilung)
Rie|gel, der; -s, -
Riem|chen; ¹Rie|men, der; -s, - (Lederstreifen)
²Rie|men, der; -s, - (Ruder)
Rie|se, der; -n, -n (außergewöhnl. großer Mensch; auch: myth. Wesen)

319

Rie|sel|fel|der, die (*Mehrz.*); **rie-seln**
rie|sen|groß; rie|sen|haft; Rie-sen_rad, ...sla|lom; rie|sen-stark; rie|sig (gewaltig groß);
Rie|sin, die; -, -nen
Ries|ling (eine Rebensorte)
Riff, das; -[e]s, -e (Felsenklippe; Sandbank)
rif|feln (aufrauhen); **Rif|fe|lung**
Ri|go|ris|mus, der; - (übertriebene Strenge; strenges Festhalten an Grundsätzen); **ri|go|ros** ([sehr] streng; unerbittlich; hart); **Ri|go|ro|si|tät,** die; -
Rik|scha, die; -, -s (zweirädriger Wagen, der von einem Menschen gezogen wird u. zur Beförderung von Personen dient)
Ril|le, die; -, -n; **ril|len; ril|lig**
Rind, das; -[e]s, -er
Rin|de, die; -, -n; **rin|den|los**
Rin|der|bra|ten, Rinds|braten (österr. nur so); **Rin|der|her|de; Rind|fleisch;** Rinds|braten (österr. nur so), Rin|der|bra|ten; **Rind[s]|le|der; rind[s]|le|dern** (aus Rindsleder); **Rind|vieh** (*Mehrz.* ugs.: Rindviecher)
Ring, der; -[e]s, -e; **Rin|gel,** der; -s, - (kreisförmig Gewundenes); **Rin|gel|chen; rin|ge|lig, ring-lig; rin|geln;** sich -
Rin|gel|piez, der; -[e]s, -e (ugs. scherzh.: Tanzvergnügen); **Rin-gel_rei|gen** od. **...rei|hen**
rin|gen; rang, gerungen; **Rin-gen,** das; -s; **Rin|ger**
Ring|fin|ger; ring|för|mig
Ring_kampf, ...kämp|fer
Ring|rich|ter; rings|her|um; rings|um; rings|um|her
Rin|ne, die; -, -n; **rin|nen;** rann, geronnen; **Rinn|sal,** das; -[e]s, -e; **Rinn|stein**
Ripp|chen; Rip|pe, die; -, -n
rip|pen (mit Rippen versehen); gerippt; **Rip|pen_bruch,** der; **...fell; Rip|pen|fell|ent|zün-dung; Rip|pe[n]|speer,** der od. das; -[e]s (gepökeltes Schweinebruststück mit Rippen); **Rip|pen_stoß, ...stück**

Rips, der; -es, -e (geripptes Gewebe)
Ri|si|ko, das; -s, -s u. ...ken (österr.: Risken); **ri|si|ko|frei; ri|si|ko|los**
ris|kant (gefährlich, gewagt); **ris|kie|ren** (wagen, aufs Spiel setzen)
Ri|sot|to, der; -[s], -s (österr. auch: das; -s, -[s]) (Reisspeise)
Ris|pe, die; -, -n (Blütenstand)
Riß, der; Risses, Risse; **ris|sig**
Rist, der; -es, -e (Fußrücken; Handgelenk)
Ritt, der; -[e]s, -e
Ritt|ber|ger, der; -s, - (klassischer Kürsprung im Eiskunstlauf)
Rit|ter; Rit|ter_burg, ...gut; rit-ter|lich; Rit|ter|lich|keit (die; -); **Rit|ter_sporn** (*Mehrz.* ...sporne; eine Blume), **...tum** (das; -s); **Ritt|lings**
Ri|tu|al, das; -s, -e u. ...ien [...$i^e n$] (gottesdienstl. Brauchtum); **ri-tu|ell** (zum Ritus gehörend; durch den Ritus geboten); **Ri-tus,** der; -, ...ten (gottesdienstlicher [Fest]brauch; Zeremoniell; Übung)
Ritz, der; -es, -e (Kerbe, Schramme, Kratzer; auch für: Ritze); **Rit-ze,** die; -, -n (sehr schmale Spalte od. Vertiefung)
rit|zen
Ri|va|le, der; -n, -n (Nebenbuhler, Mitbewerber); **Ri|va|lin,** die; -, -nen; **ri|va|li|sie|ren** (wetteifern); **Ri|va|li|tät**
Ri|ver|boat|shuffle [*ri̯w*ᵉ*rbo͞ut-schəf*ᵉ*l*], die; -, -s (zwanglose Gesellschaft mit Jazzband auf Binnenwasserschiffen)
Ri|zi|nus|öl, das; -[e]s
Roast|beef [*roßtbif*], das; -s, -s (Rostbraten)
rob|ben (robbenartig kriechen); **Rob|ben_fang, ...fän|ger**
Ro|be, die; -, -n (kostbares, langes [Abend]kleid; Amtstracht, bes. für Richter, Anwälte, Geistliche, Professoren)
ro|bo|ten (ugs. für: schwer arbeiten); **Ro|bo|ter** (Maschinen-

mensch; ugs. für: Schwerarbeiter); **ro|bo|ter|haft**
ro|bust (stark, stämmig; vierschrötig; derb, unempfindlich); **Ro|bust|heit**
Ro|cha|de [*roch*..., auch: *rosch*...], die; -, -n (Schach; ein unter bestimmten Voraussetzungen zulässiger Doppelzug von König u. Turm)
rö|cheln
ro|chie|ren [*roch*..., auch: *rosch*...] (die Rochade ausführen; die Positionen wechseln)
¹Rock, der; -[e]s, Röcke
²Rock, der; -[s] (kurz für: Rock and Roll); **Rock and Roll,** Rock 'n' Roll [auch: *rok*ᵉ*nrol*], engl. Ausspr.: *roknro*ᵘ*l*, der; - - - (stark synkopierter amerik. Tanz)
rocken¹ ([in der Art des] Rock and Roll spielen)
Rocker¹, der; -s, - (Angehöriger einer Bande Jugendlicher [mit Lederkleidung u. Motorrad als Statussymbolen])
Rock|mu|sik; Rock 'n' Roll vgl. Rock and Roll
Rock_saum, ...zip|fel
ro|deln; Ro|del|schlit|ten
ro|den; Ro|dung
Ro|gen, der; -s, - (Fischeier)
Rog|gen, der; -s, (fachspr.:) - (Getreide); **Rog|gen|brot**
roh; Roh_bau (*Mehrz.* ...bauten); **Ro|heit; Roh|kost; Roh|ling**
Rohr, das; -[e]s, -e; **Röhr|chen; Röh|re,** die; -, -n
röh|ren (brüllen [vom Hirsch zur Brunftzeit])
Röh|richt, das; -s, -e
Rohr_spatz (schimpfen wie ein - [ugs.: aufgebracht schimpfen]), **...zucker** [*Trenn.*: ...zuk|ker**]
Roh_sei|de, ...stahl, ...stoff
Ro|ko|ko [auch: *rokoko*, österr.: ...*ko*], das; -s (fachspr. auch: -) ([Kunst]stil des 18. Jh.s)
Roll|laden [*Trenn.*: Roll|laden], der; -s, Rolläden u. (seltener:) -

---

Roll|le, die; -, -n; **roll|len; Roll|ler; roll|lern; Roll_feld, ...mops** (gerollter eingelegter Hering)
Roll|lo [auch, österr. nur: *rolo*], das; -s, -s (eindeutschend für: Rouleau)
Roll|schuh; laufen; **Roll_stuhl, ...trep|pe**
Ro|man, der; -s, -e; **Ro|man|cier** [*romangßie*], der; -s, -s (Romanschriftsteller); **Ro|ma|nik,** die; - ([Kunst]stil vom 11. bis 13. Jh.); **ro|ma|nisch** (im Stil der Romanik); **Ro|ma|nist,** der; -en, -en (Kenner und Erforscher der roman. Sprachen u. Literaturen); **Ro|ma|ni|stik,** die; - (Wissenschaft von den romanischen Sprachen und Literaturen)
Ro|man|tik, die; - (die Kunst- und Literaturrichtung von etwa 1800 bis 1830); **Ro|man|ti|ker** (Anhänger, Dichter usw. der Romantik; Gefühlsschwärmer); **ro|man|tisch** (zur Romantik gehörend; phantastisch, abenteuerlich); **Ro|man|ze,** die; -, -n (erzählendes volkstüml. Gedicht; liedartiges Musikstück mit besonderem Stimmungsgehalt; romantische Liebesepisode)
Rö|mer, der; -s, - (bauchiges Kelchglas für Wein)
rö|misch (auf Rom, auf die Römer bezüglich); -e Ziffern, -es Recht; **rö|misch-ka|tho|lisch** (Abk.: röm.-kath.)
Rom|mé [*rome*, auch: *rome*], das; -s, -s (ein Kartenspiel)
Ron|dell, Rundell, das; -s, -e (Rundteil; Rundbeet); **Ron|do,** das; -s, -s (Musik: Satz mit wiederkehrendem Thema)
rönt|gen [*röntg*ᵉ*n*] (mit Röntgenstrahlen durchleuchten); **Rönt|gen_bild, ...dia|gno|stik**
Ro|que|fort [*rokfor*, auch: *rok*...], der; -s, -s (ein Käse)
ro|sa (blaßrot); rosa Blüten; **Ro|sa,** das; -s, - (ugs.: -s); **ro|sa-far|ben, ro|sa|far|big**
rösch (bes. südd., auch schweiz. mdal. für: knusprig)

Rös|chen (kleine Rose); **Ro|se,**
die; -, -n; **ro|sé** [*rose*] (rosig,
zartrosa); [1]**Ro|sé,** das; -[s]; -[s]
(rosé Farbe); [2]**Ro|sé,** der; -s, -s
(Roséwein)
**Ro|sen|blatt, ...duft; Ro|sen-
kohl** (der; -[e]s), **...kranz**
Ro|sen|mon|tag [auch: *ro...*]
(Fastnachtsmontag); **Ro|sen-
mon|tags|zug**
ro|sen|rot
Ro|set|te, die; -, -n (Verzierung
in Rosenform; Bandschleife;
Edelsteinschliff); **Ro|sé|wein**
[*rose*...] (blaßroter Wein aus hell-
gekelterten Rotweintrauben);
ro|sig
Ro|si|ne, die; -, -n (getrocknete
Weinbeere)
Ros|ma|rin [auch: ...*rin*], der; -s
(immergrüner Strauch, Zier- u.
Gewürzpflanze)
Roß, das; Rosses, Rosse
(landsch.: Rösser) (dicht., geh.
für: edles Pferd; südd., österr. u.
schweiz. für: Pferd)
Roß|ap|fel (landsch. scherzh.
für: Pferdekot), **...brei|ten,** die
(*Mehrz.*; windschwache Zone im
subtrop. Hochdruckgürtel);
Rös|sel|sprung (Rätselart);
Roß|haar
Roß|ka|sta|nie, ...kur (ugs. für:
mit drastischen Mitteln durchge-
führte Kur)
[1]**Rost,** der; -[e]s, -e ([Heiz]gitter;
landsch. für: Stahlmatraze)
[2]**Rost,** der; -[e]s (Zersetzungs-
schicht auf Eisen; Pflanzenkrank-
heit)
rost|braun
ro|sten (Rost ansetzen)
rö|sten [auch: *rö...*] (braten; Brot
u. a. bräunen; Erze u. Hüttenpro-
dukte erhitzen)
rost|far|ben; rost|frei
Rö|sti, die (*Mehrz.*) schweiz.
([grob geraspelte] Bratkartof-
feln)
ro|stig
Röst|kar|tof|feln [auch: *rößt...*],
die (*Mehrz.*) landsch. (Bratkar-
toffeln)

rost|rot; Rost|schutz
rot; röter, röteste (seltener, vor
allem übertragen: roter, roteste);
rote Bete; das Rote Kreuz; die
Rote Armee; **Rot,** das; -s, - (ugs.:
-s) (rote Farbe); bei - ist das
Überqueren der Straße verboten;
die Ampel steht auf -
Ro|ta|ti|on [...*zion*], die; -, -en
(Umdrehung, Umlauf); **Ro|ta|ti-
ons|druck** (*Mehrz.* ...drucke)
Rot|au|ge (ein Fisch); **rot|bak-
kig** [*Trenn.:* ...bak|kig] oder
...bäckig [*Trenn.:* ...bäk|kig];
Rot|barsch; Rö|te, die; -
Rö|teln, die (*Mehrz.*; eine Infekti-
onskrankheit); **Rö|tel|zeich-
nung; rö|ten;** sich -
Rot|fuchs, rot|glü|hend
Rot|grün|blind|heit, die; - (Far-
benfehlsichtigkeit, bei der Rot u.
Grün verwechselt werden); **Rot-
haut** (scherzh.: Indianer); **Rot-
hirsch**
ro|tie|ren (umlaufen, sich um die
eigene Achse drehen)
Rot|käpp|chen, ...kehl|chen
(ein Singvogel), **...kohl,
...kraut** (das; -[e]s), **röt|lich;
Rot|licht,** das; -[e]s
Ro|tor, der; -s, ...oren (sich dre-
hender Teil von [elektr.] Maschi-
nen)
Rot|schwanz od. **...schwänz-
chen** (ein Vogel); **rot|se|hen**
(ugs.: wütend werden)
Rot|te, die; -, -n
Rö|tung
rot|wan|gig; Rot|wein
Rot|wild, ...wurst (landsch. für:
Blutwurst)
Rotz, der; -es, -e; **Rotz|na|se**
(derb; auch übertr. abschätzig:
naseweises, freches Kind)
Rouge [*rusch*], das; -s, -s
(Schminke)
Rou|la|de [*ru...*], die; -, -n (geroll-
te u. gebratene Fleischscheibe);
Rou|leau [...*lo*], das; -s, -s (auf-
rollbarer Vorhang); **Rou|lette**
[*rulät*], das; -s, -s
Rou|te [*rut*e], die; -, -n (Weg-
[strecke], Reiseweg; [Marsch]-

richtung); **Rou|ti|ne,** die; -
([handwerksmäßige] Gewandt-
heit; Fertigkeit, Übung); **rou|ti-
ne|mä|ßig; Rou|ti|ne|un|ter-
su|chung; Rou|ti|nier** [...*nie̱*],
der; -s, -s (jmd., der Routine hat);
rou|ti|niert (gerissen, gewandt)
Row|dy [*ra̱udi*], der; -s, -s (auch:
...dies [*ra̱udis*]) (roher, gewalttä-
tiger Mensch, Raufbold); **Row-
dy|tum,** das; -s
Rü|be, die; -, -n
Ru|bel, der; -s, - (russ. Münzein-
heit; Abk.: Rbl)
rü|ber (ugs. für: herüber, hinüber)
Ru|bin, der; -s, -e (ein Edelstein)
Ru|brik, die; -, -en (Abteilung[s-
linie]; übertr. für: Spalte, Klasse,
Fach)
ruch|bar (durch das Gerücht be-
kannt); das Verbrechen wurde -
ruch|los (niedrig, gemein, böse,
verrucht)
Ruck, der; -[e]s, -e; **ruck|ar|tig**
rück|be|züg|lich; -es Fürwort
(für: Reflexivpronomen); **Rück-
_blen|de, ...blick; rück-
blickend**[1]
rücken[1]; jmdm. zu Leibe -
Rücken[1], der; -s, -; **Rücken**[1]-
_deckung, ...la|ge, ...mark,
das, ...wind
**Rück_er|stat|tung, ...fahr|kar-
te, ...fahrt, ...fall,** der; **rück-
fäl|lig; rück|fra|gen;** er hat noch
einmal rückgefragt; **Rück|grat,**
das; -[e]s, -e, **...halt; rück|halt-
los**
Rück_hand (die; -), **...kehr** (die;
-)
Rück|la|ge (zurückgelegter Be-
trag); **rück|läu|fig**
Ruck|sack
Rück_schlag, ...sei|te
Rück|sicht, die; -, -en; **Rück-
sicht_nah|me,** die; -; **rück-
sichts|los; rück|sichts|voll**
Rück_sitz, ...spie|gel, ...spiel
(Sportspr.), **...spra|che,
...stand** (im - bleiben, in - kom-
men); **rück|stän|dig**

Rück_stau, ...stoß, ...tritt
rück|ver|gü|ten (nur in der
Grundform u. im 2. Mittelwort
gebräuchlich)
rück|ver|si|chern, sich; **Rück-
_wand, ...wan|de|rer**
**rück|wär|tig; rück|wärts;
Rück|wärts|gang,** der; **rück-
wärts|ge|wandt**
ruck|wei|se
**rück|wir|kend; Rück_zah|lung,
...zie|her;** einen - machen (ugs.:
zurückweichen; ein Versprechen
zurückziehen), **...zug, ...zugs-
ge|fecht**
rü|de (roh, grob, ungesittet)
Rü|de, der; -n, -n (männl. Hund,
Hetzhund)
Ru|del, das; -s, -; **ru|del|wei|se**
Ru|der, das; -s, -; ans - (ugs.:
in leitende Stellung) kommen
Ru|der|boot; Ru|de|rer; ru|dern
Ruf, der; -[e]s, -e
ru|fen; riefst (riefest), gerufen;
Ru|fer
Rüf|fel, der; -s, - (Verweis); **rüf-
feln**
Ruf_mord (schwere Verleum-
dung), **...na|me, ...num|mer**
Rug|by [*ra̱gbi*], das; - (ein Ball-
spiel)
Rü|ge, die; -, -n; **rü|gen**
Ru|he, die; -; **Ru|he|bank**
(*Mehrz.* ...bänke); **ru|he|be-
dürf|tig; ru|he|los; ru|hen; ru-
hen|las|sen** ([vorläufig] nicht
bearbeiten); **ru|hen_las|sen**
(ausruhen lassen); **Ru|he_pau-
se, ...stand,** der; -[e]s; **ru|he-
stö|rend; Ru|he_tag, ...zeit;
ru|hig**
Ruhm, der; -[e]s; **rüh|men;** sich
seines Wissens -; nicht viel Rüh-
mens von einer Sache machen;
**rüh|mens|wert; Ruh|mes-
_blatt, ...tat; rühm|lich; ruhm-
los; ruhm|re|dig**
Ruhr, die; -, (selten:) -en (Infektionskrankheit des Darmes)
Rühr|ei; rüh|ren; sich -; **rüh-
rend; rüh|rig**
rühr|se|lig; Rüh|rung, die
Ru|in, der; -s (Zusammenbruch,

---

[1] *Trenn.:* ...k|k...

Untergang, Verfall; Verderb, Verlust [des Vermögens]); **Rui|ne,** die; -, -n (zerfallen[d]es Bauwerk, Trümmer); **rui|nie|ren** (zerstören, verwüsten); sich -; **rui|nös** (schadhaft; verderblich)
rülp|sen (derb); **Rülp|ser** (derb)
rum (ugs. für: herum)
Rum [südd. u. österr. auch: *rum*], der; -s, -s (Branntwein [aus Zuckerrohr])
Rum|ba, die; -, -s (ugs. auch: der; -s, -s) (ein Tanz)
rum|krie|gen (ugs. für: herumkriegen)
Rum|mel, der; -s (ugs.); **Rum|mel|platz** (ugs.)
ru|mo|ren
Rum|pel|kam|mer (ugs.)
Rumpf, der; -[e]s, Rümpfe
rümp|fen; die Nase rümpfen
Rump|steak [*rúmpßtek*], das; -s, -s (gebratenes Rumpfstück)
Run [*ran*], der; -s, -s (Ansturm [auf die Kasse])
rund [im Sinne von: etwa] Abk.: rd.); **Rund.bau** (*Mehrz.* ...bauten), ...**bo|gen; Run|de,** die; -, -n; **run|den** (rund machen); sich -; **rund|er|neu|ert;** -e Reifen; **Rund.fahrt,** ...**funk** (der; -[e]s); **Rund|funk.ap|pa|rat,** ...**ge|bühr,** ...**hö|rer,** ...**pro|gramm,** ...**sen|der, Rund-gang,** der; **rund|her|aus; rund-her|um; Rund|holz; rund|lich; Rund.rei|se,** ...**schrei|ben; rund|um; rund|um|her; Run-dung; rund|weg**
Ru|ne, die; -, -n (germ. Schriftzeichen)
run|ter (ugs. für: herunter, hinunter)
Run|zel, die; -, -n; **run|ze|lig, runz|lig; run|zeln**
Rü|pel, der; -s, -; **Rü|pe|lei; rü-pel|haft**
rup|fen
Ru|pie [...*i*ᵉ], die; -, -n (Münzeinheit in Indien, Ceylon u. a.)
rup|pig
Rü|sche, die; -, -n (gefalteter Besatz)

Rush-hour [*rasch-au*ᵉ*r*], die; -, -s (Hauptverkehrszeit)
Ruß, der; -es
Rus|se, der; -n, -n (Angehöriger eines ostslaw. Volkes in der UdSSR)
Rüs|sel, der; -s, -
ru|ßen
ru|ßig
Rus|sin, die; -, -nen; **rus|sisch;** -e Eier; -er Salat; -es Roulett; **Rus|sisch,** das; -[s] (Sprache); **Rus|sisch Brot** (das; - -[e]s); **Rus|si|sche,** das; -n
rü|sten; sich -
Rü|ster, die; -, -n (Ulme)
rü|stig; Rü|stig|keit, die; -
ru|sti|kal (ländlich, bäuerlich)
Rü|stung; Rü|stungs|in|du-strie; Rüst|zeug
Ru|te, die; -, -n (Stock; früheres Längenmaß; Jägerspr.: Schwanz; allg. für: männl. Glied bei Tieren); **Ru|ten|gän|ger** ([Quellen-, Gestein-, Erz]sucher mit der Wünschelrute)
Rutsch (ugs.); der; -[e]s, -e; **Rutsch|bahn; Rut|sche,** die; -, -n (Gleitbahn); **rut|schen; rutsch|fest; rut|schig; Rutsch|par|tie**
rüt|teln

S

S (Buchstabe); das S, des S, die S
Saal, der; -[e]s; Säle; **Saal|ord-ner**
Saat, die; -, -en; **Saat.gut,** ...**korn** (*Mehrz.* ...körner)
Sab|bat, der; -s, -e (jüd. für: Samstag)
sab|bern (ugs.)
Sä|bel, der; -s, -; **Sä|bel|fech-ten,** das; -s; **sä|beln** (ugs.: ungeschickt schneiden)
Sa|bo|ta|ge [...*taseh*ᵉ, österr.: ...*tasch*], die; -, -n (Störung od. Behinderung von Arbeiten od.

militär. Operationen durch [passiven] Widerstand od. die Beschädigung von Einrichtungen); **Sa|bo|teur** [...*tör*], der; -s, -e; **sa|bo|tie|ren**

Sac|cha|rin, Sa|cha|rin, das; -s (ein Süßstoff)

Sach_be|ar|bei|ter, ...be|schä|di|gung, ...buch; sach|dien|lich; Sa|che, die; -, -n; **Sä|chel|chen**

Sa|cher|tor|te (eine Schokoladentorte)

Sach|ge|biet; sach_ge|mäß, ...ge|recht; Sach|kennt|nis, sach|kun|dig; Sach_la|ge, ...lei|stung; sach|lich (zur Sache gehörend; auch für: objektiv); **säch|lich;** -es Geschlecht; **Sach|scha|den** (Ggs.: Personenschaden)

Sach|se, der; -n, -n (auch:) **säch|seln** (sächsisch sprechen); **Säch|sin,** die; -, -nen; **säch|sisch**

sacht (leise); **sach|te** (ugs.)

Sach|ver|halt (der; -[e]s, -e), **sach|ver|stän|dig; Sach|ver|stän|di|ge,** der u. die; -n, -n;

Sack, der; -[e]s, Säcke; mit - und Pack; **Säck|chen; Säckel[1],** der; -s, - (landschaftl.); **[1]sacken[1]** landsch. (in einen Sack füllen); **[2]sacken[1],** sich (sich senken, sich zu Boden setzen, sinken); **Sack_gas|se, ...hüp|fen,** das; -s

Sa|dis|mus, der; - ([wollüstige] Freude an Grausamkeit); **Sa|dist,** der; -en, -en; **sa|di|stisch; Sa|do|ma|so|chis|mus** [...*chiß*...], der; -, ...men (Verbindung von Sadismus u. Masochismus; sadomasochistische Handlung); **sa|do|ma|so|chi|stisch**

Sa|fa|ri, die; -, -s (Überlandreise [mit Trägerkolonnen] in Afrika; Gesellschaftsreise in Afrika)

Safe [*ße'f*], der (auch: das); -s, -s (Geldschrank, Stahlkammer, Sicherheits-, Bankfach)

Saf|fi|an, der; -s (feines Ziegenleder); **Saf|fi|an|le|der**

Sa|fran, der; -s, -e (Krokus; Farbe; Gewürz)

Saft, der; -[e]s, Säfte; **Säft|chen; saf|tig** (ugs. auch für: derb); **Saft|la|den** (ugs. abwertend für: schlecht funktionierender Betrieb); **saft|los;** saft- und kraftlos; **Saft|pres|se**

Sa|ge, die; -, -n

Sä|ge, die; -, -n; **Sä|ge_blatt, ...bock, ...mehl**

sa|gen

sa|gen|haft; sa|gen|um|wo|ben

Sä|ge_spä|ne (*Mehrz.*), **...werk**

Sa|go, der (österr. meist.: das); -s

Sah|ne, die; -; **Sah|ne_bon|bon, ...tor|te; sah|nig**

Sai|son [*ßäsong,* auch: *säsong, säsong*], die; -, -s (österr. meist.: ...nen) (Hauptbetriebs-, Hauptgeschäfts-, Hauptreisezeit, Theaterspielzeit); **sai|so|nal** [...*so|nal*]; **Sai|son|ar|beit; sai|son|be|dingt; Sai|son|be|ginn**

Sai|te, die; -, -n (gedrehter Darm, gespannter Metallfaden); **Sai|ten_in|stru|ment, ...spiel**

Sak|ko [österr.: ...*ko*], der (auch, österr. nur das); -s, -s (Herrenjacket)

sa|kral (den Gottesdienst betreffend); **Sa|kra|ment,** das; -[e]s, -e (Gnadenmittel); **Sa|kri|leg,** das; -s, -e; **Sa|kri|stei,** die; -, -en (Kirchenraum für den Geistlichen u. die gottesdienstl. Geräte)

Sa|la|man|der, der; -s, - (ein Molch)

Sa|la|mi, die; -, -[s] (schweiz. auch: der; -, -) (eine Dauerwurst)

Sa|lat, der; -[e]s, -e; **Sa|lat_besteck, ...gur|ke, ...öl**

Sal|be, die; -, -n

Sal|bei [auch: ...*bai*], der; -s (österr. nur so) od. die; - (eine Pflanzengattung, Heilpflanze)

sal|bungs|voll

Säl|chen (kleiner Saal)

Sal|chow [...*o*], der; -[s], -s (ein Drehsprung beim Eiskunstlauf)

Sal|do, der; -s, ...den u. -s u. ...di

---

[1] *Trenn.:* ...k|k...

(Unterschied der beiden Seiten eines Kontos)

Sä|le (*Mehrz.* von: Saal)

Sa|li|ne, die; -, -n

Salm, der; -[e]s, -e (ein Fisch)

Sal|mi|ak [auch, österr. nur: *sal...*], der (auch: das), -s (Ammoniakverbindung); **Sal|mi|ak-geist,** der; -[e]s

Sal|mo|nel|len, die (*Mehrz.*; Darmkrankheiten hervorrufende Bakterien)

Sa|lon [*...long,* auch: *...long,* österr.: *...lon*], der; -s, -s (Gesellschafts-, Empfangszimmer; Geschäft besonderer Art; Kunstausstellung); **Sa|lon|da|me** (Theater); **sa|lon|fä|hig; Sa|lon|lö-we, ...wa|gen** (Eisenbahnw.)

sa|lopp (ungezwungen; nachlässig; ungepflegt)

Sal|pe|ter, der; -s (Bez. für einige Salze der Salpetersäure)

Sal|to, der; -s, -s u. ...ti (freier Überschlag); **Sal|to mor|ta|le,** der; - -, - - u. ...ti ...li (gefährlicher Kunstsprung der Artisten)

Sa|lut, der; -[e]s, -e ([milit.] Ehrengruß); **sa|lu|tie|ren** (milit. grüßen)

Sal|ve [*...we*], die; -, -n (gleichzeitiges Schießen von mehreren Feuerwaffen [auch als Ehrengruß])

Salz, das; -es, -e; **Salz|bre|zel; sal|zen;** die Preise sind gesalzen; **Salz|faß, ...gur|ke; salz|hal-tig; Salz|he|ring; sal|zig; Salz-_kar|tof|feln,** die (*Mehrz.*); **salz|los; Salz|was|ser** (*Mehrz.* ...wässer)

Sa|ma|ri|ter (freiwilliger Krankenpfleger, -wärter)

Sam|ba, die; -, -s (ugs. auch u. österr. nur: der; -s, -s) (ein Tanz)

Sa|me, der; -ns, -n; **Sa|men,** der; -s, -; **Sa|men|korn** (*Mehrz.* ...körner); **Sä|me|rei,** die; -, -en (meist *Mehrz.*)

sä|mig mdal. (dickflüssig)

Säm|ling (aus Samen gezogene Pflanze)

Sam|mel_an|schluß (Postw.),

...band, der, **...becken** [*Trenn.*: ...bek|ken], **...be|stel|lung, ...map|pe; sam|meln; Sam-mel|su|ri|um,** das; -s, ...ien [*...i^e n*] (ugs. für: Unordnung, Durcheinander); **Samm|ler; Samm|lung**

Sa|mo|war, der; -s, -e (russ. Teemaschine)

Sams|tag, der; -[e]s, -e (Abk.: Sa.); **sams|tags**

samt; mit *Wemf.*; - und sonders

Samt, der; -[e]s, -e (ein Gewebe); **Samt|band; sam|ten** (aus Samt); **Samt|hand|schuh;** jmdn. mit -en anfassen (jmdn. vorsichtig behandeln); **sam|tig** (samtartig)

sämt|lich; -e Stimmberechtigten (auch: Stimmberechtigte)

Samt|pföt|chen; samt|weich

Sa|na|to|ri|um, das; -s, ...ien [*...i^e n*] (Heilstätte; Heilanstalt; Genesungsheim)

Sanc|tus, das; -, - (Lobgesang in der kath. Messe)

Sand, der; -[e]s, -e

San|da|le, die; -, -n (eine Schuhart [Holz- od. Ledersohle, durch Riemen gehalten]); **San|da|let-te,** die; -, -n (sandalenartiger Sommerschuh)

Sand|bahn|ren|nen (Sport); **Sand_bank** (*Mehrz.* ...bänke), **...dorn,** der; -[e]s (eine Pflanzengattung)

San|del|holz, das; -es (duftendes Holz verschiedener Sandelbaumgewächse)

sand_far|ben od. **...far|big** (beige); **san|dig; Sand_mann** (der; -[e]s; eine Märchengestalt), **...pa|pier, ...sack**

Sand|stein; sand|strah|len; gesandstrahlt, (fachspr. auch:) sandgestrahlt; **Sand|strand**

Sand|wich [*säntwitsch*], der od. das; -[s], -s (belegte Weißbrotschnitte)

sanft; Sanft|mut, die; -; **sanft-mü|tig**

Sän|ger; Sän|ge|rin, die; -, -nen; **sang|los;** sang- u. klanglos (ugs.

für: plötzlich, unbemerkt) abtreten

sa|nie|ren; sich - (ugs.: mit Manipulationen den bestmöglichen Gewinn aus einem Unternehmen od. einer Position herausholen; den Rahm abschöpfen); Sa|nie|rung; sa|ni|tär; Sa|ni|tä|ter (in der Ersten Hilfe Ausgebildeter, Krankenpfleger)

sank|tio|nie|ren (gutheißen)

Sankt-Nim|mer|leins-Tag, der; -[e]s

Sa|phir [auch, österr. nur: ...ir], der; -s, -e (ein Edelstein)

Sar|del|le, die; -, -n (ein Fisch)

Sar|di|ne, die; -, -n (ein Fisch)

Sarg, der; -[e]s, Särge; Sarg|na|gel (ugs. auch für: Zigarette)

Sa|ri, der; -[s], -s (Gewand der Inderin)

Sar|kas|mus, der; -, (selten:) ...men; ([beißender] Spott); sar|ka|stisch (spöttisch; höhnisch)

Sar|ko|phag, der; -s, -e (Steinsarg, [Prunk]sarg)

Sa|tan, der; -s, -e; sa|ta|nisch (teuflisch)

Sa|tel|lit, der; -en, -en (Astron.: Mond der Planeten; künstlicher Erdmond, Raumsonde); Sa|tel|li|ten|bild, ...staat (von einer Großmacht abhängiger, formal selbständiger Staat; *Mehrz.* ...staaten), ...stadt (Trabantenstadt), ...über|tra|gung (Übertragung über einen Fernsehsatelliten)

Sa|tin [*Batäng*], der; -s, -s (Sammelbez. für Gewebe in Atlasbindung mit glänzender Oberfläche)

Sa|ti|re, die; -, -n (iron.-witzige Darstellung menschlicher Schwächen und Laster); sa|ti|risch (spöttisch, beißend)

satt; ich bin od. habe es satt (ugs. für: habe keine Lust mehr); sich an einer Sache - sehen (ugs.); etwas - bekommen, haben (ugs.)

Sat|tel, der; -s, Sättel; Sat|tel|dach; satt|tel|fest (auch: kenntnissicher, -reich); sat|teln; Sat|tel_schlep|per, ...ta|sche

Satt|heit, die; -; sät|ti|gen

Satt|ler; Satt|le|rei

satt|sam (hinlänglich, genug)

Sa|turn|ra|ke|te (amerik. Trägerrakete)

Sa|tyr, der; -s od. -n, -n od.: -e (bocksgestaltiger Waldgeist in der gr. Sage); Sa|tyr|spiel

Satz, der; -es, Sätze; Satz|aus|sa|ge; Sätz|chen; Satz_ge|gen|stand, ...glied; Sat|zung; Satz|zei|chen

Sau, die; -, Säue u. (bes. von Wildschweinen:) -en

sau|ber; sau|ber|hal|ten; Sau|ber|keit, die; -; säu|ber|lich; sau|ber|ma|chen; säu|bern; Säu|be|rung

Sau|boh|ne

Sau|ce [*soße*, österr.: *soß*], die; -, -n; Sau|cie|re [*soßiär*ᵉ, österr.: ...*iär*], die; -, -n (Soßenschüssel, -napf)

sau|dumm (ugs. für: sehr dumm)

sau|er; gib ihm Saures! (ugs. für: prügle ihn!); Sau|er_amp|fer, ...bra|ten

Saue|rei (derb)

Sau|er_kir|sche, ...klee, ...kohl (der; -[e]s), ...kraut (das; -[e]s); säu|er|lich; Sau|er|milch; säu|ern (sauer werden); Sau|er|stoff, der; -[e]s (chem. Grundstoff; Zeichen: O); Sau|er|stoff|fla|sche; Sau|er|stoff|man|gel (der; -s); sau|er|süß; Sau|er|teig; sau|er|töp|fisch (griesgrämig)

sau|fen (derb in bezug auf Menschen); soff, gesoffen; Säu|fer (verächtl. derb); Sau|fe|rei (derb); Sauf_ge|la|ge (ugs.), ...kum|pan (ugs.)

sau|gen; sog, gesogen (auch: gesaugt) (Technik nur: saugte, gesaugt); säu|gen; Säu|ger (Säugetier); Säu|ge|tier; Säug|ling; Säug|lings|pfle|ge

säu|isch (ugs. für: sehr unanständig); sau|kalt (ugs. für: sehr kalt); Sau|kerl (derb)

Säu|le, die; -, -n; Säu|len_hal|le, ...hei|li|ge

327

Saum, der; -[e]s, Säume (Rand; Besatz)

sau|mä|ßig (derb)

¹**säu|men** (mit Rand, Besatz versehen)

²**säu|men** (zögern); **säu|mig; saum|se|lig** (nachlässig)

Sau|na, die; -, -s od. ...nen (finn. Heißluftbad)

Säu|re, die; -, -n; **säu|re.be-stän|dig, ...fest**

Sau|re|gur|ken|zeit, die; -, -en (scherzh. für: die polit. od. geschäftl. meist ruhige Zeit des Hochsommers)

Sau|ri|er [...*iᵉr*], der; -s, - (urweltl. Kriechtier)

Saus, der; -es; in - und Braus; **säu|seln; sau|sen**

Sau|stall (derb); **Sau|wet|ter** (ugs. für: sehr schlechtes Wetter)

Sa|van|ne [...*wa*...], die; -, -n (Steppe mit einzeln od. gruppenweise stehenden Bäumen)

Sa|voir-vi|vre [*ßawoarwįwrᵗᵉ⁾*], das; - (feine Lebensart, Lebensklugheit)

Sa|xo|phon, das; -s, -e (ein Blasinstrument)

S-Bahn, die; -, -en (Schnellbahn)

¹**Scha|be,** Schwa|be, die; -, -n (ein Insekt); ²**Scha|be,** die; -, -n (ein Werkzeug); **Scha|be-fleisch; scha|ben**

Scha|ber|nack, der; -[e]s, -e (übermütiger Streich, Possen)

schä|big (ugs.)

Scha|blo|ne, die; -, -n (ausgeschnittene Vorlage; Muster; herkömmliche Form)

Schach, das; -s, -s (Brettspiel); - spielen, bieten; im od. in - halten (nicht zur Ruhe kommen lassen; jmds. Handeln bestimmen); **Schach|brett**

scha|chern (handeln, feilschen)

Schach|fi|gur; schach|matt

Schacht, der; -[e]s, -e Schächte

Schach|tel, die; -, -n (auch verächtl. für: ältere weibl. Person); **Schäch|tel|chen**

Schach|tel|halm

schäch|ten (nach jüdischer Vorschrift schlachten); **Schäch|ter**

Schach.tur|nier, ...zug

scha|de; es ist -; **Scha|de,** der (veralt. für: Schaden); nur noch in: es soll, wird dein - nicht sein

Schä|del, der; -s, -; **Schä|del-bruch**

scha|den; Scha|den, der; -s, Schäden; (Papierdt.:) zu - kommen; **Scha|den|er|satz** (BGB: Schadensersatz); **Scha|den-freu|de; scha|den|froh; schad|haft; schä|di|gen; Schä|di|gung; schäd|lich**

Schäd|ling; Schäd|lings|be-kämp|fung, die; -; **schad|los;** sich - halten; **Schad|stoff**

Schaf, das; -[e]s, -e; **Schaf-bock; Schäf|chen;** sein Schäfchen ins trockene bringen, im trockenen haben; **Schä|fer; Schä|fer|hund; Schaf|fell**

¹**schaf|fen;** schaffte, geschafft (vollbringen; landsch. für: arbeiten; in [reger] Tätigkeit sein; Seemannsspr.: essen); ²**schaf|fen;** schuf, geschaffen (schöpferisch, gestaltend hervorbringen); **Schaf|fen,** das; -s; **Schaf|fens-kraft** (die; -)

Schaff|ner; Schaff|ne|rin, die; -, -nen; **schaff|ner|los**

Schaf|gar|be, die; -, -n (eine Pflanzengattung); **Schaf.her-de, ...hirt, ...kä|se; Schaf-kopf,** Schafs|kopf, der; -[e]s (ein Kartenspiel); **Schäf|chen**

Scha|fott, das; -[e]s, -e (Blutgerüst, erhöhte Stätte für Hinrichtungen)

Schafs|kopf (Scheltwort); **Schaf[s]|kopf,** der; -[e]s (ein Kartenspiel)

Schaft, der; -[e]s, Schäfte; **Schaft|stie|fel**

Schaf.wei|de, ...zucht

Schah, der; -s, -s (pers. Herrschertitel)

Scha|kal [auch: *scha*...], der; -s, -e (ein hundeähnliches Raubtier)

schä|kern (sich im Spaß [mit Worten] necken)

schal
Schal, der; -s, -s
Schäl|chen (kleine [Trink]scha-
le); ¹Scha|le, die; -, -n (Trink-
schale; südd. u. österr. auch für:
Tasse)
²Scha|le, die; -, -n (Hülle; auch:
Huf beim zweihufigen Wild);
schä|len
Scha|len|ses|sel
Scha|len|wild (Rot-, Schwarz-,
Steinwild)
Schalk, der; -[e]s, -e u. Schälke
(Spaßvogel, Schelm); schalk-
haft
Schall, der; -[e]s, (selten:) -e od.
Schälle; Schall|dämp|fer;
schall|dicht; schal|len; schallte
(seltener: scholl), geschallt;
Schall_ge|schwin|dig|keit,
...mau|er, die; - (große Zunah-
me des Luftwiderstandes bei einem die Schallgeschwindigkeit
erreichenden Flugobjekt),
...plat|te; Schall|wel|le (meist
Mehrz.)
Schal|mei (ein Holzblasinstru-
ment)
Scha|lot|te, die; -, -n (eine kleine
Zwiebel)
schal|ten; Schal|ter; Schal|ter-
_be|am|te, ...stun|den (Mehrz.)
Schal|tier (Muschel; Schnecke)
Schalt_he|bel, ...jahr, ...knüp-
pel, ...tag; Schal|tung
Scha|lung (Bretterverkleidung)
Scha|lup|pe, die; -, -n (Küsten-
fahrzeug; großes [Bei]boot)
Scham, die; -
Scha|ma|ne, der; -n, -n (Zauber-
priester asiat. Naturvölker)
schä|men, sich; Scham|ge|fühl;
scham|haft; Scham|haf|tig-
keit, die; -; scham|los;
Scham|lo|sig|keit
Scha|mott, der; -s (ugs. für:
Kram, Zeug, wertlose Sachen)
Scha|mot|te, die; - (feuerfester
Ton); Scha|mot|te|stein
Scham|pun, das; -s (ein Haar-
waschmittel); vgl. Shampoo;
scham|pu|nie|ren (das Haar mit
Schampun waschen)

Scham|pus, der; - (ugs. für:
Champagner)
scham|rot; Scham|rö|te
schand|bar; Schan|de, die; -;
schän|den; Schand|fleck;
schänd|lich; Schand_mal
(Mehrz. ...male u. ...mäler), ...tat
Schank_tisch, ...wirt|schaft
Schan|ze, die; -, -n (Verteidi-
gungsanlage; Sprungschanze)
Schar, die; -, -en (größere Anzahl, Menge, Gruppe)
Scha|ra|de, die; -, -n (ein Silben-
rätsel)
Schä|re, die; -, -n (meist Mehrz.)
(kleine Felsinsel, Küstenklippe
der skand. u. der finn. Küsten)
scha|ren, sich; scha|ren|wei|se
scharf; schärfer, schärfste; scharf
anfassen, durchgreifen, sehen,
schießen; Scharf|blick, der;
-[e]s; Schär|fe, die; -, -n;
schär|fen; scharf|kan|tig;
scharf|ma|chen (ugs. für: auf-
hetzen, scharfe Maßregeln befür-
worten); Scharf|ma|cher (ugs.
für: Hetzer, Befürworter scharfer
Maßregeln); Scharf_rich|ter,
...schüt|ze; scharf|sich|tig;
Scharf|sinn, der; -[e]s;
scharf|sin|nig
¹Schar|lach, der; -s, -e (lebhaftes
Rot); ²Schar|lach, der; -s (eine
Infektionskrankheit); schar-
lach|rot
Schar|la|tan, der; -s, -e (Schwät-
zer; Quacksalber, Kurpfuscher)
Schar|müt|zel, das; -s, - (kurzes,
kleines Gefecht, Plänkelei)
Schar|nier, das; -s, -e (Drehge-
lenk [für Türen])
Schär|pe, die; -, -n (um Schulter
od. Hüften getragenes breites
Band)
schar|ren
Schar|te, die; -, -n (Einschnitt;
[Mauer]lücke; Hasenscharte);
eine - auswetzen (ugs. für: einen
Fehler wiedergutmachen; eine
Niederlage o. ä. wettmachen)
Schar|te|ke, die; -, -n (wertloses
Buch, Schmöker; abschätzig für:
ältliche Frau)

schar|tig
schar|wen|zeln
Schasch|lik [auch: ...*lik*], der od.
das; -s, -s (am Spieß gebratene
[Hammel]fleischstückchen)
schas|sen (ugs. für: [von der
Schule, der Lehrstätte, aus dem
Amt] wegjagen)
Schat|ten, der; -s, -; schat|ten-
haft; Schat|ten|ka|bi|nett;
schat|ten|los; Schat|ten mo-
rel|le, ...sei|te; schat|ten-
spen|dend; schat|tie|ren
([ab]schatten); Schat|tie|rung;
schat|tig
Scha|tul|le, die; -, -n (Geld-,
Schmuckkästchen; früher für:
Privatkasse des Staatsoberhaup-
tes, eines Fürsten)
Schatz, der; -es, Schätze;
Schätz|chen; schät|zen;
schät|zens|wert; Schatz|mei-
ster; Schät|zung; schät-
zungs|wei|se; Schätz|wert
Schau, die; -, -en (heute bes.
für: Ausstellung, Überblick; Vor-
führung); zur - stellen, tragen;
jmdm. die - stehlen (ugs. für:
ihn um die Beachtung u. Anerkennung der anderen bringen)
Schau|bild, ...bu|de, ...büh|ne
Schau|der, der; -s, -; schau|der-
haft; schau|dern
schau|en
¹Schau|er, der; -s, - (Hafen-,
Schiffsarbeiter)
²Schau|er, der; -s, - (Schreck;
kurzes, plötzliches Unwetter);
Schau|er|ge|schich|te; schau-
er|lich
Schau|er|mann, der; -[e]s, ...leu-
te (Seemannsspr.: Hafen-,
Schiffsarbeiter)
Schau|er|mär|chen; schau|ern;
mir od. mich schauert
Schau|fel, die; -, -n; schau|feln
Schau|fen|ster; Schau|fen-
ster|bum|mel, ...de|ko|ra|ti-
on; Schau|ge|schäft, das;
-[e]s; Schau kampf, ...kasten
Schau|kel, die; -, -n; schau-
keln; Schau|kel pferd,
...stuhl

Schau lau|fen (Eiskunstlauf;
das; -s); Schau|lu|sti|ge, der u.
die; -n, -n
Schaum, der; -[e]s, Schäume;
Schaum|bad; schäu|men;
Schaum|gum|mi; schau|mig;
Schaum|schlä|ger; ...schlä-
ge|rei, ...wein
Schau platz, ...pro|zeß
schau|rig; schaurig-schön
Schau|spiel; Schau|spie|ler;
Schau|spie|le|rei; Schau|spie-
le|rin; schau|spie|le|risch;
schau|spie|lern; Schau|spiel-
haus, ...kunst (die; -);
Schau|stel|ler
Scheck, der; -s, -s (seltener: -e)
(Zahlungsanweisung); Scheck-
buch
Schecke¹, die; -, -n (scheckiges
Pferd od. Rind); scheckig¹
scheel
schef|feln (in großen Mengen
anhäufen); schef|fel|wei|se
Scheib|chen; scheib|chen|wei-
se; Schei|be, die; -, -n; Schei-
ben bremse, ...schie|ßen;
Schei|ben wasch|an|la|ge,
...wi|scher
Scheich, der; -s, -e u. -s (Häupt-
ling eines Beduinenstammes;
Dorfältester); Scheich|tum
Schei|de, die; -, -n
schei|den; schied, geschieden;
Schei|dung
Schein, der; -[e]s, -e; Schein-
asy|lant: zu Unrecht Asyl Be-
anspruchender; schein|bar;
schei|nen; schien, geschie-
nen; schein|hei|lig; Schein-
tod; schein|tot
Schei|ße, die; - (derb); schei-
ßen; schiß, geschissen (derb)
Scheit, das; -[e]s, -e (österr. nur,
schweiz. meist: -er)
Schei|tel, der; -s, -; Schei|tel-
bein (ein Schädelknochen);
schei|teln; Schei|tel|punkt
Schei|ter|hau|fen; schei|tern
Schelf, der od. das; -s, -e (Flach-
meer entlang der Küste)

---

¹ *Trenn.:* ...ek|k...

Schell|lack, der; -[e]s, -e (ein Harz)

[1]**Schel|le,** die; -, -n (Glöckchen; Ohrfeige); [2]**Schel|le,** die; -, -n u. **Schel|len,** das; -, - (eine Spielkartenfarbe); **schel|len; Schel|len|baum** (Instrument der Militärkapelle)

Schell|fisch

Schelm , der; -[e]s, -e; **schel-misch**

Schel|te, die; -, -n (Tadelwort; ernster Vorwurf); **schel|ten;** schilt, gescholten

Sche|ma, das; -s, -s u. -ta (auch: Schemen) (Muster, Aufriß; Entwurf; Plan, Form, Gerippe; bildl. für: vorgeschriebener Weg); nach - F; **schema|tisch; sche-ma|ti|sie|ren** (nach einem Schema behandeln; in eine Übersicht bringen); **Sche|ma|tis|mus,** der; -, ...men

Sche|mel, der; -s, -

Sche|men, der; -s, - (Schatten-[bild]; mdal. für: Maske); **sche-men|haft**

Schen|ke, die; -, -n

Schen|kel, der; -s, -

schen|ken; Schen|kung; Schen|kungs|steu|er, die

schep|pern südd., österr. mdal. u. schweiz. (klappern, klirren)

Scher|be, die; -, -n (Bruchstück)

Scher|ben südd., österr., der; -s, - (Scherbe; Blumentopf; in der Keramik Bez. für den gebrannten Ton)

Sche|re, die; -, -n; [1]**sche|ren** (abschneiden) schor, geschoren (selten: geschert)

[2]**sche|ren,** sich (ugs. für: sich fortmachen; sich um etwas kümmern)

Sche|re|rei ugs. (Unannehmlichkeit, unnötige Schwierigkeit)

Scherf|lein; sein - beitragen

Scher|ge, der; -n, -n (verächtl. für: Vollstrecker der Befehle eines Machthabers, Büttel)

Scher|kopf (am elektr. Rasierapparat)

Scherz, der; -es, -e; aus, im -;

Scherz|ar|ti|kel; scher|zen; Scherz|fra|ge; scherz|haft; Scher|zo [ßkärzo], das; -s, -s u. ...zi (heiteres Tonstück); **Scherz|wort** (Mehrz. ...worte)

scheu; Scheu, die; - (Angst, banges Gefühl) ohne -; **Scheu|che,** die; -, -n (Schreckbild, -gestalt); **scheu|chen; scheu|en;** sich -; **Scheu|er,** die; -, -n (Scheune) **scheu|ern; Scheu|er_sand,** ...tuch (Mehrz. ...tücher)

Scheu|klap|pe (meist Mehrz.)

Scheu|ne, die; -, -n; **Scheu-nen|tor,** das

Scheu|sal, das; -s, -e (ugs.: ...sä-ler); **scheuß|lich; Scheuß-lich|keit**

Schi, Ski, der; -s, -er (selten: -) (Schneeschuh) - fahren, - laufen; Schi u. eislaufen, aber: eis- u. Schi laufen

Schi|bob (einkufiger Schlitten)

Schicht, die; -, -en (Schichtung; Gesteinsschicht; Überzug; Arbeitszeit, bes. des Bergmanns; Belegschaft); **Schicht|ar|beit; schich|ten; Schicht_unter-richt,** ...wech|sel; **schicht-wei|se**

schick (modisch, elegant); **Schick,** der; -[e]s (Eleganz); **schicken** [Trenn.: schik|ken]; sich -; **Schicke|ria** [Trenn.: Schik|ke...], die; - (bes. modebewußte Gesellschaftsschicht); **schick|lich; Schick|sal,** das; -s, -e; **schick|sal|haft; Schick-sals_glau|be,** ...schlag

Schick|se, die; -, -n (ugs. verächtl.: leichtes Mädchen)

Schickung [Trenn.: Schik|kung] (Fügung, Schicksal)

Schie|be_dach, ...fen|ster; **schie|ben;** schob, geschoben; **Schie|ber** (Riegel; Maschinenteil; auch: gewinnsüchtiger [Zwischen]händler); **Schie|be-tür; Schie|bung**

schied|lich (fried|fer|tig); - und friedlich; **Schieds_ge|richt,** ...mann (Mehrz. ...männer), ...rich|ter, ...spruch

schief; - sein, werden, stehen, halten, ansehen
Schie|fer, der; -s, - (ein Gestein);
Schie|fer|dach; schie|fer|grau
schief|ge|hen; schief|ge|wickelt [Trenn.: ...wik|kelt]; (ugs.: im Irrtum); schief|la|chen, sich; (ugs.: heftig lachen); schief|lie|gen; (ugs.: einen falschen Standpunkt vertreten)
schiel|äu|gig; schie|len
Schien|bein; Schie|ne, die; -, -n;
schie|nen; Schie|nen_bus, ...fahr|zeug, ...strang, ...weg
schier; Umstandsw. (bald, beinahe, gar); Eigenschaftsw. (rein)
Schier|ling (eine Giftpflanze)
Schieß_be|fehl, ...bu|de;
Schieß|bu|den|fi|gur (ugs.);
Schieß|ei|sen (ugs. für: Schußwaffe); schie|ßen; schoß, geschossen; schie|ßen|las|sen; (ugs.: aufgeben); Schie|ße|rei;
Schieß_ge|wehr, ...hund, ...schei|be, ...sport
Schiet, der od. das; -s (niederd.: Dreck; übertr.: Unangenehmes)
Schiff, das; -[e]s, -e; Schiff|fahrt [Trenn.: Schiff|fahrt], die; -, -en (Verkehr zu Schiff);
Schiffahrts_li|nie, ...stra|ße;
schiff|bar; Schiff|bar|keit, die; -; Schiff|bau (bes. fachspr.; Mehrz. ...bauten), Schiffs|bau;
Schiff|bruch, der; schiff|brü|chig; Schiff|brü|chi|ge, der u. die; -n, -n; Schiff|brücke [Trenn.: ...brük|ke]; Schiff|chen (auch: milit. Kopfbedeckung);
schif|fen; Schif|fer; Schif|fe|rin, die; -, -nen; Schif|fer_kla|vier (ugs. für: Ziehharmonika);
Schiffs|arzt; Schiff|schau|kel, Schiffs|schau|kel (eine große Jahrmarktsschaukel);
Schiffs_eig|ner, ...jun|ge, ...koch, der; ...tau|fe, ...werft
Schi_ge|biet, ...ge|län|de, ...ha|serl, das; -s, -[n] (ugs. für: ängstlicher Anfänger im Schilaufen; auch: junge Schiläuferin)
Schi|ka|ne, die; -, -n; schi|ka|nie|ren; schi|ka|nös

Schi_lau|fen (das; -s), ...läu|fer,
¹Schild, das; -[e]s, -er (Aushängeschild u.a.); ²Schild, der; -[e]s, -e (Schutzwaffe); Schild|bür|ger (Kleinstädter, Spießer); Sohild|bür|ger|streich;
Schild|drü|se; Schil|der_haus od. ...häus|chen; schil|dern;
Schil|de|rung; Schil|der|wald (ugs.); Schild|krö|te; Schild_laus, ...patt, das; -[e]s (Hornplatte einer Seeschildkröte
Schi|leh|rer
Schilf, das; -[e]s, -e (eine Grasart); Schilf|rohr
Schi|lift
Schil|ler|locke [Trenn.: ...lok|ke] (Gebäck; geräuchertes Fischstück)
schil|lern
Schil|ling, der; -s, -e (österr. Münzeinheit; Abk.: S, öS)
schil|pen (vom Sperling: zwitschern)
Schi|mä|re, die; -, -n (Trugbild, Hirngespinst)
¹Schim|mel, der; -s (verschiedene Pilzarten); ²Schim|mel, der; -s - (weißes Pferd); schim|me|lig, schimm|lig; schim|meln;
Schim|mel|pilz
Schim|mer; schim|mern
Schim|pan|se, der; -n, -n (ein Affe)
Schimpf, der; -[e]s, -e; mit und Schande; schimp|fen; schimpf|lich; Schimpf_na|me, ...wort (Mehrz. ...worte u. ...wörter)
Schin|del, die; -, -n; Schin|del_dach
schin|den; (selten:) schindete; geschunden; Schin|der; Schin|de|rei;
Schind|lu|der; mit jmdm. - treiben (ugs. für: jmdn. schmählich behandeln)
Schin|ken, der; -s, -; Schin|ken_brot, ...wurst
Schi|pi|ste
Schip|pe, die; -, -n; schip|pen;
Schip|pen, das; -, - (eine Spielkartenfarbe)

Schi|ri, der; -s, -s (Schiedsrichter)

Schirm, der; -[e]s, -e; **Schirmherr, ...herr|schaft; Schirmmüt|ze, ...pilz, ...stän|der**

Schi|rok|ko, der; -s, -s (warmer Mittelmeerwind)

schir|ren; Schirr|mei|ster

Schiß, der; Schisses (derb für: Kot; übertr. derb für: Angst)

schi|zo|phren[1] (an Schizophrenie erkrankt); **Schi|zo|phrenie**[1], die; -, ...|en (Med.: Bewußtseinsspaltung, Spaltungsirresein)

schlab|be|rig,   schlabb|rig; schlab|bern

schlach|ten;   Schlach|tenbumm|ler (ugs.); **Schlachter, Schläch|ter** nordd. (Fleischer); **Schlach|te|rei, Schläch|te|rei** nordd. Fleischerei); **Schlacht|haus, ...hof; schlacht|reif; Schlacht|vieh**

Schlacke[2]**,** die; -, -n

schlackern[2] landsch.; mit den Ohren -

Schlack|wurst

Schlaf, der; -[e]s (Schlafen); **Schlaf|an|zug;   Schläf|chen; Schlä|fe,** die; -, -n; **schla|fen;** schlief, geschlafen; schlafen gehen; **Schlä|fen|bein;   Schlafens|zeit;   Schlä|fer;   schläfern; schlaff; Schlaff|heit,** die; -; **Schlaf|ge|le|gen|heit Schla|fitt|chen,** das, ugs.: jmdn. am od. beim - nehmen

Schlaf|krank|heit,   die;   -; Schlaf|lo|sig|keit,   die;   -; Schlaf_mit|tel, das, **...müt|ze; schlaf|müt|zig;   Schlaf_pulver,   ...raum;   schläf|rig; Schläf|rig|keit,** die; -; **Schlafsaal, ...stadt** (Satellitenstadt), **...ta|blet|te; schlaf|trun|ken; Schlaf_wa|gen; schlaf|wandeln; Schlaf|wand|ler; schlafwand|le|risch;   Schlaf|zimmer**

[1] Auch: *ßch...*

[2] *Trenn.:* ...ak|k...

Schlag, der; -[e]s, Schläge; **Schlag_ab|tausch** (Sportspr.), **...ader,   ...an|fall;   schlag|artig;   Schlag_ball;   ...baum, ...boh|rer; schla|gen;** schlug, geschlagen; **Schla|ger; Schläger; Schlä|ge|rei; Schla|gerstar; schlag|fer|tig; Schlagfer|tig|keit** (die; -); **schlagkräf|tig; Schlag|licht** (*Mehrz.* ...lichter); **schlag|licht|ar|tig; Schlag_loch,   Schlag|obers** österr. (Schlagsahne); **Schlagrahm,   ...ring,   ...sah|ne, ...schat|ten, ...sei|te, ...wort** (Ausspruch, der einen bestimmten   Standpunkt   wiedergibt, *Mehrz.:* ...worte, seltener ...wörter), **...zei|le, ...zeug, ...zeu|ger** (Schlagzeugspieler)

Schlaks bes. nordd., der; -es, -e (lang aufgeschossener, ungeschickter Mensch); **schlak|sig**

Schla|mas|sel, der (auch, österr. nur: das); -s, -

Schlamm, der; -[e]s, (selten:) -e u. Schlämme; **schläm|men** (von Schlamm reinigen); **schlammig; Schlämm|krei|de** (die; -); **Schlam|pe,** die; -, -n (ugs. für: unordentliche Frau); **schlampen** (ugs. für: unordentlich sein); **Schlam|pe|rei** (ugs. für: Unordentlichkeit); **schlam|pig** (ugs. für: unordentlich)

Schlan|ge, die; -, -n; **Schlange** stehen; **schlän|geln,   sich; Schlan|gen_biß, ...fraß** (ugs. für: schlechtes Essen); **...li|nie**

schlank; Schlank|heit, die; -; **Schlank|heits|kur;   schlankweg**

schlapp; Schlap|pe, die; -, -n (ugs. für: [geringfügige] Niederlage); **schlap|pen; Schlap|pen,** der; -s, - (ugs.: bequemer Hausschuh);   **Schlapp|heit; schlapp|ma|chen;** (ugs. für: am Ende seiner Kräfte sein u. nicht durchhalten);   **Schlappschwanz** (ugs. für: willensschwacher Mensch)

Schla|raf|fen_land, das; -[e]s)

schlau; Schlau|ber|ger (ugs.
für: Schlaukopf)
Schlauch, der; -[e]s, Schläuche;
Schlauch|boot; schlau|chen
(ugs. für: jemanden scharf her-
nehmen); **schlauch|los**
Schläue, die; - (Schlauheit)
Schlau|fe, die; -, -n (Schleife)
Schlau|heit; Schlau|kopf
(scherzh.), **...mei|er** (scherzh.)
schlecht; im Schlechten und im
Guten; **schlecht|be|ra|ten;**
schlechter beraten, am schlech-
testen beraten; **schlecht|be-
zahlt;** schlechter bezahlt, am
schlechtesten bezahlt; **schlech-
ter|dings** (durchaus);
schlecht|ge|hen; (sich in einer
üblen Lage befinden);
schlecht|ge|launt; schlechter
gelaunt, am schlechtesten ge-
launt; **Schlecht|heit;**
schlecht|hin (durchaus);
**Schlech|tig|keit; schlecht-
ma|chen;** (häßlich reden über
jmdn. od. etw.); **schlecht|weg**
(ohne Umstände; einfach);
Schlecht|wet|ter, das; -s
schlecken[1]**; Schlecke|rei**[1]**;**
Schle|gel, der; -s, - (ein Werk-
zeug zum Schlagen; landsch. für:
[Kalbs-, Reh]keule)
Schleh|dorn (Strauch; *Mehrz.*
...dorne); **Schle|he,** die; -, -n
schlei|chen; schlich, geschli-
chen; **Schleich|.han|del,
...weg** (auf -en), **...wer|bung**
Schlei|er, der; -s, -; **schlei|er-
haft** (ugs. für: rätselhaft; dunkel)
Schlei|fe, die; -, -n
[1]**schlei|fen** (schärfen; Solda-
tenspr.: schinden); schliff, ge-
schliffen; [2]**schlei|fen** (über den
Boden ziehen; sich am Boden
[hin] bewegen; Militär: [Fe-
stungsanlagen] dem Boden
gleichmachen)
Schleif_lack, ...stein
Schleim, der; -[e]s, -e; **schlei-
men; Schleim|haut; schlei-
mig; Schleim|sup|pe**

----

[1] *Trenn.:* ...ek|k...

schlem|men (üppig leben);
**Schlem|mer; Schlem|me|rei;
Schlem|mer|mahl|[zeit]**
schlen|dern; Schlend|ri|an,
der; -[e]s (abwertend für: Säu-
migkeit, Schlamperei)
Schlen|ker (schlenkernde Bewe-
gung, kurzer Gang); **schlen|-
kern**
schlen|zen (Eishockey u. Fußball)
Schlepp|damp|fer; Schlep|pe,
die; -, -n; **schlep|pen; Schlep|-
per; Schlep|pe|rei** (ugs.);
Schlepp_kahn, ...netz, ...tau
(das; -[e]s, -e), **...zug**
Schleu|der, die; -, -n; **Schleu-
der_ball, ...brett** (Sport), **...ho-
nig; schleu|dern; Schleu|der-
_preis, ...sitz** (Flugw.), **...wa|re**
schleu|nig (schnell); **schleu-
nigst** (auf dem schnellsten
Wege)
Schleu|se, die; -, -n; **schleu|sen**
(Schiff durch eine Schleuse brin-
gen); **Schleu|sen_kam|mer,
...tor,** das
Schlich, der; -[e]s, -e (ugs.:
Schleichweg; Kunstgriff, Kniff)
**schlicht; schlich|ten; Schlich|-
ter; Schlicht_heit** (die; -);
**Schlich|tung; Schlich|tungs-
ver|fah|ren; schlicht|weg**
Schlick, der; -[e]s, -e (Schlamm,
Schwemmland)
Schlie|re, die; -, -n (schleimige
Masse; fadenförmige od. streifige
Stelle [im Glas]); **schlie|rig**
(schleimig, schlüpfrig)
Schlie|ße, die; -, -n; **schlie|ßen;**
schloß, geschlossen; **Schlie-
ßer; Schließ_fach, ...korb;
schließ|lich; Schließ_mus|kel**
Schliff, der; -[e]s, -e (Geschliffe-
nes; Geschliffensein; ugs. für: feine
Bildung)
schlimm; schlimm|sten|falls
Schlin|ge, die; -, -n
Schlin|gel, der; -s, -
schlin|gen; schlang, geschlun-
gen
schlin|gern (von Schiffen: um
die Längsachse schwanken)

Schling|ge|wächs, ...**pflan|ze**
Schlips, der; -es, -e (Krawatte)
Schlit|ten, der; -s, -; **Schlit|ten-**
fahrt; Schlit|ter|bahn; schlit-
tern ([auf dem Eise] gleiten);
Schlitt|schuh; - laufen;
Schlitt|schuh_läu|fer
Schlitz, der; -es, -e **Schlitz|au-**
ge; schlitz|äu|gig; schlit|zen;
Schlitz|ohr (ugs.: gerissener
Bursche; Gauner)
schloh|weiß (weiß wie Schlo-
ßen)
Schloß, das; Schlosses, Schlös-
ser; **Schlöß|chen**
Schlo|ße landsch. die; -, -n (Ha-
gelkorn)
Schlos|ser; Schlos|se|rei;
schlos|sern; Schloß_gar|ten,
...**herr,** ...**hof**
schlot|tern
Schlucht, die; -, -en
schluch|zen; Schluch|zer;
Schluck, der; -[e]s, -e u. (seltener:) Schlücke [*Trenn.:* Schlük-
ke]; **Schluck|auf,** der; -s
(krampfhaftes Aufstoßen);
Schluck|be|schwer|den
Mehrz.; **Schlück|chen;**
schlucken[1]; Schlucker[1] (armer Kerl, armer Teufel);
Schluck|imp|fung; schluck-
wei|se
schlu|de|rig, schlud|rig (nach-
lässig); **schlu|dern** (nachlässig
arbeiten)
Schlum|mer, der; -s; **Schlum-**
mer|lied; schlum|mern;
Schlum|mer|rol|le
Schlund, der; -[e]s, Schlünde
schlüp|fen; Schlüp|fer;
Schlupf_loch; schlüpf|rig;
Schlüpf|rig|keit; Schlupf-
_wes|pe, ...**win|kel**
schlur|fen (schleppend gehen);
schlür|fen (hörbar trinken)
Schluß, der; Schlusses, Schlüs-
se; **Schlüs|sel; schlüs|sel,** -;
Schlüs|sel_bein, ...**brett,**
...**bund** (der [österr. nur so] od.
das; -[e]s, -e); **schlüs|sel|fer-**

[1] *Trenn.:* ...uk|ke...

tig (bezugsfertig); **Schlüs|sel-**
_fi|gur, ...**in|du|strie,** ...**kind,**
...**loch,** ...**stel|lung,** ...**wort**
(*Mehrz.* ...wörter); **schluß|end-**
lich; schluß|fol|gern; Schluß-
_fol|ge|rung; schlüs|sig; - sein;
[sich] - werden; **Schluß_ka|pi-**
tel, ...**läu|fer** (Sportspr.),
...**licht** (*Mehrz.* ...lichter),
...**punkt,** ...**strich,** ...**wort**
(*Mehrz.* ...worte)
Schmach, die; -
schmäch|ten; schmäch|tig
schmach|voll
schmack|haft
Schmäh österr. ugs., der; -s, -
(Trick); - führen (Witze machen);
schmä|hen; schmäh|lich;
Schmäh|re|de; Schmä|hung;
Schmäh|wort (*Mehrz.* ...worte)
schmal; schmaler u. schmäler,
schmalste (auch: schmälste);
schmal|brü|stig
schmä|lern; Schmal|film;
Schmal|fil|mer; Schmal|film-
ka|me|ra; Schmal|hans (ugs.;
der; -en, -en u. ...hänse); **schmal-**
_lip|pig, ...**ran|dig; Schmal|reh**
(weibl. Reh vor dem ersten Set-
zen); **Schmal|spur|bahn;**
schmal|spu|rig; Schmal|tier
(weibl. Rot-, Dam- od. Edelwild
vor dem ersten Setzen)
Schmalz, das; -es, -e; **schmal-**
zen; schmäl|zen; Schmalz|ge-
backe|ne [*Trenn.:* ...bak|ke...],
das; -n; **schmal|zig**
Schman|kerl bayr. u. österr., das;
-s, -n (eine süße Mehlspeise;
Leckerbissen)
schma|rot|zen (auf Kosten ande-
rer leben); **Schma|rot|zer**
Schmar|re, die; -, -n (ugs. für:
lange Hiebwunde, Narbe)
Schmar|ren, der; -s, - (bayr. u.
österr.: eine Mehlspeise; ugs. abwertend für: Wertloses)
Schmatz, der; -es, -e landsch.
([lauter] Kuß); **schmat|zen**
schmau|chen
Schmaus, der; -es, Schmäuse
(reichhaltiges u. gutes Mahl);
schmau|sen

schmecken [*Trenn.*: schmek-ken]
Schmei|che|lei; schmei|chel-haft; Schmei|chel_kätz|chen od. ...kat|ze; schmei|cheln; Schmeich|ler; schmeich|le-risch
schmei|ßen (ugs. für: werfen) schmiß; geschmissen; Schmeiß|flie|ge
Schmelz, der; -es, -e; Schmel-ze, die; -, -n; ¹schmel|zen (flüssig werden); schmolz, geschmolzen; ²schmel|zen (flüssig machen); schmolz u. schmelzte, geschmolzen u. geschmelzt; Schmelz_kä|se, ...punkt, ...was|ser (*Mehrz.* ...wasser)
Schmer|bauch (ugs.)
Schmerz, der; -es, -en; schmerz|emp|find|lich; schmer|zen; Schmer|zens-geld, ...laut, ...mut|ter (Darstellung der trauernden Maria; die; -), ...schrei; schmerz|frei; schmerz|haft; schmerz|lich; schmerz|los; schmerz|stil-lend; schmerz|voll
Schmet|ter|ling; Schmet|ter-lings_blüt|ler, ...stil, der; -[e]s (Schwimmstil)
schmet|tern
Schmied, der; -[e]s, -e; Schmie|de, die; -, -n; schmie-de|ei|sern; schmie|den
schmie|gen; sich -; schmieg-sam; Schmieg|sam|keit, die; -
¹Schmie|re, die; -, -n (abwertend: schlechte [Wander]bühne)
²Schmie|re, die; - (Gaunerspr.: Wache)
schmie|ren (ugs. auch: bestechen); Schmier_fink (der; -en [auch: -s], -en), ...geld (meist *Mehrz.*), ...heft; schmie|rig; Schmier_kä|se, ...öl, ...sei|fe
Schmin|ke, die; -, -n; schmin-ken
Schmir|gel, der; -s (ein Schleifmittel); schmir|geln; Schmir-gel|pa|pier
Schmiß (ugs.), der; Schmisses, Schmisse; schmis|sig (ugs.)

Schmö|ker, der; -s, - (ugs.: [altes, minderwertiges] Buch); schmö|kern
schmol|len
Schmol|lis, das; -, -; mit jmdm. - trinken
Schmoll_mund, ...win|kel
Schmon|zes, der; -, - (ugs. für: leeres, albernes Gerede)
Schmor|bra|ten; schmo|ren; Schmor|fleisch
Schmu, der; -s, - (ugs. für: leichter Betrug; betrügerischer Gewinn); - machen
schmuck; Schmuck, der; -[e]s, (selten:) -e; schmücken [*Trenn.*: schmük|ken]; Schmuck|käst|chen
schmuck|los; Schmuck|lo-sig|keit, die; -; Schmuck_sa-chen (*Mehrz.*), ...stück
Schmud|del, der; -s (ugs.: Unsauberkeit); schmud|de|lig, schmudd|lig (ugs. für: unsauber)
Schmug|gel (Schleichhandel), der; -s; schmug|geln; Schmug|gel|wa|re; Schmugg-ler
schmun|zeln
schmur|geln (ugs.: in Fett braten)
Schmus, der; -es (ugs.: leeres Gerede); schmu|sen (ugs.); Schmu|ser (ugs.)
Schmutz, der; -es; schmut|zen; Schmutz_fän|ger, ...fink (der; -en [auch: -s], -en); schmut-zig; Schmutz|schicht
Schna|bel, der; -s, Schnäbel; Schnä|bel|chen; schnä|beln (ugs.: küssen); sich -; schna-bu|lie|ren (ugs.: naschen)
Schnack, der; -[e]s; schnacken [*Trenn.*: schnak|ken] niederdt. (plaudern)
Schna|der|hüp|fel, das; -s, - bayr. u. österr. (volkstümliches vierzeiliges Scherzliedchen)
Schna|ke, die; -, -n (eine Stechmücke); Schna|ken|stich
Schnal|le, die; -, -n (österr. auch: Klinke); Schnal|len|schuh
schnal|zen

schnap|pen; Schnapp_schloß,
...schuß (nicht gestellte Momentaufnahme); Schnaps, der;
-es, Schnäpse; Schnaps|brenne|rei; Schnäps|chen;
Schnaps_glas (Mehrz. ...gläser), ...idee (ugs. für: seltsame,
verrückte Idee); Schnaps|zahl
(ugs.: aus gleichen Ziffern bestehende Zahl)
schnär|chen; Schnär|cher
schnar|ren
schnat|tern
schnau|ben
schnau|fen; Schnau|fer;
Schnau|ferl, das; -s, - (österr.:)
-n (ugs. scherzh.: altes Auto)
Schnauz|bart; schnauz|bär|tig;
Schnau|ze, die; -, -n; schnau|zen; Schnau|zer, der; -s, -
Schnecke¹, die; -, -n (ein Weichtier); schnecken|för|mig¹;
Schnecken¹_haus, ...tem|po
Schnee, der; -s; Schnee|ball;
Schnee|ball_schlacht, ...system, das; -s (eine bestimmte
Form des Warenabsatzes);
schnee|be|deckt; Schnee|besen (ein Küchengerät); schneeblind; Schnee_blind|heit (die;
-), ...decke [Trenn.: ...dek|ke],
...fall, der, ...flocke [Trenn.:
...flok|ke]; schnee|frei;
Schnee_ge|stö|ber, ...glöck|chen; Schnee_ka|no|ne,
...ket|te; Schnee_mann
(Mehrz. ...männer), ...matsch,
...pflug, ...schmel|ze,
...sturm, ...trei|ben, ...verwe|hung, ...wäch|te, ...we|he,
die; schnee|weiß; Schneewitt|chen, das; -s (Märchengestalt)
Schneid (ugs.: Mut; Tatkraft),
der; -[e]s (bayr., schwäb.,
österr.: die; -); Schneid_brenner; Schnei|de, die; -, -n;
schnei|den; schnitt, geschnitten; Schnei|der; Schnei|de|rei;
Schnei|de|rin, die; -, -nen;
schnei|dern; Schneider_pup-

pe, ...werk|statt; Schnei|de_tisch (Filmw.), ...zahn;
schnei|dig (mutig, forsch)
schnei|en
Schnei|se, die; -, -n ([gerader]
Durchhau [Weg] im Walde)
schnell; Schnellläu|fer [Trenn.:
Schnell|läu|fer; Schnell_bahn,
...boot; Schnel|le (Schnelligkeit), die; -, (für: Stromschnelle
Mehrz.:) -n; schnelllebig
[Trenn.: schnell|lebig]; schnellen; Schnel|ler; Schnell_gaststät|te, ...ge|richt, ...hef|ter;
Schnel|lig|keit; Schnell_imbiß, ...koch|topf, ...kraft (die;
-), ...pa|ket; schnell|stens;
schnellst|mög|lich; Schnellstra|ße, ...ver|fah|ren, ...verkehr; Schnell|wä|sche|rei;
Schnell|zug
Schnep|fe, die; -, -n (ein Vogel)
schnet|zeln ([Fleisch] fein zerschneiden)
schneu|zen; sich -
schnic|ken [Trenn.: schnik|ken]
landsch. (schnellen; zucken);
Schnick|schnack, der; -[e]s
([törichtes] Gerede)
schnie|geln; geschniegelt und
gebügelt (ugs.: fein hergerichtet)
Schnipp|chen; jmdm. ein - schlagen (ugs. für: einen Streich spielen); Schnip|pel, der o. das; -s,
- (ugs. für: kleines abgeschnittenes Stück); schnip|peln (ugs.);
schnip|pen
schnip|pisch
Schnip|sel, der od. das; -s, -
(ugs.); schnip|seln (ugs.: in
kleine Stücke zerschneiden)
Schnitt, der; -[e]s, -e; Schnitt_blu|me, ...boh|ne; Schnit|te,
die; -, -n; Schnit|ter; Schnittflä|che; schnit|tig (auch für:
[scharf] ausgeprägt, rassig);
Schnitt_lauch (der; -[e]s),
...mu|ster; Schnitt_punkt;
Schnitt_wun|de; ¹Schnit|zel,
das; -s, - (Rippenstück);
²Schnit|zel, das (österr. nur so)
od. der; -s, - (ugs.: abgeschnittenes Stück); schnit|zeln;

---

¹ Trenn.: ...ek|k...

schnit|zen; Schnit|zer (ugs.: Fehler); Schnit|ze|rei
schnod|de|rig, schnodd|rig (ugs.); Schnod|de|rig|keit, Schnodd|rig|keit (ugs.)
schnö|de, schnöd
Schnor|chel, der; -s, -; schnor|cheln (mit dem Schnorchel tauchen)
Schnör|kel, der; -s, -
schnor|ren (ugs. für: betteln); Schnor|rer (ugs. für: Bettler, Landstreicher; Schmarotzer)
Schnö|sel, der; -s, - (ugs. für: dummfrecher junger Mensch)
schnucke|lig[1] (ugs. für: nett, süß; appetitlich)
schnüf|feln; Schnüff|ler
Schnul|ler (Gummisauger)
Schnul|ze, die; -, -n
schnup|fen; Schnup|fen, der; -s, -; Schnupf|ta|bak
schnup|pe (ugs. gleichgültig)
schnup|pern
Schnur, die; -, Schnüre; Schnür|chen; das geht wie am Schnürchen (ugs. für: das geht reibungslos); schnü|ren (auch von der Gangart des Fuchses); schnur|ge|ra|de[2]; Schnürl|re|gen
Schnurr|bart; schnurr|bär|tig; Schnur|re, die; -, -n (Posse, Albernheit); schnur|ren
Schnür|rie|men (Schuhsenkel); Schnür_schuh, ...sen|kel, ...stie|fel; schnur|stracks; schnurz (ugs. für: gleich[gültig])
Schnüt|chen; Schnu|te, die; -, -n (ugs.)
[1]Schock, das; -[e]s, -e (60 Stück)
[2]Schock, der; -[e]s, -s (selten: -e) (Stoß, Schlag; plötzliche [Nerven]erschütterung); schok|ken[3] (einen Schock versetzen); Schocker[3], der; -s, - (ugs. für: Schauerroman, Schauerfilm); schockie|ren[3]

(einen Schock versetzen, in Entrüstung versetzen)
Schock|schwe|re|not!
schock|wei|se
scho|fel, scho|fe|lig (ugs. für: gemein; geizig); Scho|fel, der; -s, - (ugs.: schlechte Ware)
Schöf|fe, der; -n, -n; Schöf|fen|ge|richt; Schöf|fin, die; -, -nen
Scho|ko|la|de; scho|ko|la|de[n]|braun; Scho|ko|la|de[n]|eis
Schol|le, die; -, -n ([Erd-, Eis]klumpen; Heimat[boden]; Fisch)
schon
schön; auf das od. aufs schönste; schön sein, werden, anziehen, singen usw.
Schö|ne, die; -, -n (schönes Mädchen)
scho|nen; sich -
Scho|ner, der; -s, - (mehrmastiges Segelschiff)
schön|fär|ben; (allzu günstig darstellen); Schön|fär|be|rei
Schön|frist
Schön|geist (Mehrz. ...geister); schön|gei|stig; Schön|heit; Schön|heits_feh|ler, ...ide|al, ...kö|ni|gin, ...sinn (der; -[e]s)
Schon|kost (Diät)
Schön|ling (abwertend); schön|ma|chen (verschönern, herausputzen); sich -; schön|re|den (schmeicheln); Schön|red|ner; schön|schrei|ben (Schönschrift schreiben); Schön|schrift, die; -; schön|stens; schön|tun (sich zieren; schmeicheln)
Scho|nung
scho|nungs|be|dürf|tig; scho|nungs|los; Scho|nungs|lo|sig|keit, die; -
Schon|zeit
Schopf, der; -[e]s, Schöpfe
[1]schöp|fen (Flüssigkeit entnehmen, herausschöpfen)
[2]schöp|fen (veralt.: erschaffen); Schöp|fer (Erschaffer, Urheber); schöp|fe|risch; Schöp|fer|kraft, die

---

[1] Trenn.: ...uk|k...
[2] Vgl. die Anmerkung zu „gerade".
[3] Trenn.: schok|k...

Schöpf|kel|le, ...löf|fel
Schöp|fung; Schöp|fungs|ge-
schich|te
Schöpp|chen (kleiner Schoppen); **Schop|pen,** der; -s, - (Flüssigkeitsmaß [für Bier, Wein]; südd. u. schweiz. auch: Babyflasche)
Schorf, der; -[e]s, -e; **schor|fig**
Schor|le, Schor|le|mor|le, die; -, -n (seltener: das; -s, -s)
Schorn|stein; Schorn|stein|fe-
ger
[1]Schoß, der; -es, Schöße (Mitte des Leibes, das Innere; Teil der Kleidung)
[2]Schoß (junger Trieb), der; Schosses, Schosse
Schöß|chen (an der Taille eines Frauenkleides angesetzter [gekräuselter] Stoffstreifen)
Schoß|hund; ...kind
Schöß|ling (Ausläufer, Trieb einer Pflanze)
Scho|te, die; -, -n; **Scho|ten-**
frucht
Schot|te, der; -n, -n (Bewohner von Schottland)
Schot|ter, der; -s, -; **Schot|ter-**
decke [Trenn.: ...dek|ke]
schot|tisch
schraf|fie|ren (stricheln); **Schraf|fie|rung**
schräg - halten, stehen, stellen; - gegenüber; **Schrä|ge,** die; -, -n; **Schräg|la|ge**
Schram|me, die; -, -n
Schram|mel_mu|sik
schram|men
Schrank, der; -[e]s, Schränke; **Schrank|bett; Schränk|chen; Schran|ke,** die; -, -n; **schran-**
ken|los; Schran|ken|wär|ter; Schrank_fach, ...wand
schrap|pen ([ab]kratzen)
Schräub|chen; Schrau|be, die; -, -n; **schrau|ben; Schrau|ben-**
_mutter (Mehrz. ...muttern), **...schlüs|sel,** **...zie|her; Schraub|stock** (Mehrz. ...stök-ke); **Schraub|ver|schluß**
Schre|ber|gar|ten
Schreck, der; -[e]s, -e u. Schrek-

ken[1], der; -s, -; **Schreck|bild; schrecken**[1] (in Schrecken [ver]setzen; Jägersprache für: schreien); **schrecken|er|re-**
gend[1]; **schreckens**[1]_bleich; **Schreckens**[1]_bot_schaft, **...nachricht; schreck|er|füllt; Schreck|ge|spenst; schreck-**
haft; Schreck|haf|tig|keit, die; -; **schreck|lich; Schreck-**
schuß; Schreck|se|kun|de
Schrei, der; -[e]s, -e
Schreib_block (Mehrz. ...blocks); **Schrei|be,** die; - (Geschriebenes; Schreibstil); **schrei|ben;** schrieb, geschrieben; sage und schreibe (tatsächlich); **Schrei|ben** (Schriftstück), das; -s, -; **Schrei|ber; Schrei-**
be|rei (ugs.); **Schrei|be|rin,** die; -, -nen; **schreib|faul; Schreib_faul|heit** (die), **...feh-**
ler, ...heft, ...kraft, die, **...ma-**
schi|ne, ...pa|pier, ...te|le|fon (eine Art Fernschreiber als Telefon für Gehörlose), **...tisch; Schreib|tisch|tä|ter; Schreib-**
wa|ren (Mehrz.), **...wei|se,** die
schrei|en; schrie, geschrie[e]n; **Schreie|rei** (ugs.); **Schrei|hals**
Schrei|ner südd., westd. (Tischler); **Schrei|ne|rei** (südd., westd.); **schrei|nern** (südd., westd.)
schrei|ten; schritt, geschritten
Schrieb, der; -s, -e (ugs., meist abschätzig für: Brief); **Schrift,** die; -, -en; **Schrift_bild, ...füh-**
rer; schrift|lich; Schrift_set-
zer, ...sprache; Schrift|stel-
ler; Schrift|stel|le|rei, die; -; **schrift|stel|le|risch; schrift-**
stel|lern; Schrift_stück, **...ver|kehr, ...wech|sel**
schrill; schril|len
Schrip|pe berlin., die; -, -n
Schritt, der; -[e]s, -e; **Schritt-**
tem|po [nicht getrennt: Schrittempo]; **Schritt|ma|cher; schritt|wei|se**
schroff; Schroff|heit

---

[1] Trenn.: ...ek|k...

schröp|fen

Schrot, der od. das; -[e]s, -e; **Schrot|brot; schro|ten** (grob zerkleinern); **Schrot|flin|te, ...ku|gel; Schrott,** der; -[e]s, -e (Alteisen); **Schrott|händ|ler; schrott|reif; Schrott|wert**

schrub|ben (mit einem Schrubber reinigen); **Schrub|ber,** der; -s, - ([Stiel]scheuerbürste)

Schrul|le, die; -, -n; **schrul|len|haft; schrul|lig**

schrum|pe|lig, schrump|lig; **schrum|peln; schrump|fen; Schrumpf|kopf** (eine Kopftrophäe); **Schrump|fung**

Schrun|de, die; -, -n (Riß, Spalte); **schrun|dig** (rissig)

Schub, der; -[e]s, Schübe

Schu|ber, der; -s, - (für [Buch]schutzkarton); **Schub_fach, ...kar|re[n], ...ka|sten, ...kraft,** die, **...la|de, ...leh|re** (ein Längenmeßinstrument); **Schubs,** der; -es, -e (Stoß); **Schub|schiff** (Binnenschifffahrt); **schub|sen** ([an]stoßen); **schub|wei|se**

schüch|tern; Schüch|tern|heit, die; -

schuckeln [*Trenn.:* schuk|keln] (ugs. für: wackeln)

Schuft, der; -[e]s, -e

schuf|ten (ugs. für: hart arbeiten); **Schuf|te|rei**

schuf|tig; Schuf|tig|keit

Schuh, der; -[e]s, -e; **Schuh_an|zie|her, ...band** (das; *Mehrz.* ...bänder); **Schüh|chen; Schuh_cre|me, ...grö|ße, ...kar|ton, ...ma|cher; Schuh_ma|che|rei; Schuh_num|mer, ...platt|ler** (ein Volkstanz), **...soh|le, ...werk**

Schu|ko|stecker [*Trenn.:* stek|ker] (Kurzw. für: Stecker mit besonderem Schutzkontakt)

Schul_ab|gän|ger, ...an|fän|ger, ...ar|beit (meist *Mehrz.*), **...arzt, ...at|las, ...auf|ga|be** (meist *Mehrz.*), **...bank** (*Mehrz.* ...bänke), **...bil|dung, ...buch, ...bus**

Schuld, die; -, -en; **Schuld|be|kennt|nis; schuld|be|la|den; schuld|be|wußt; Schuld|be|wußt|sein; schul|den; schul|den|frei** (ohne Schulden); **Schuld|fra|ge; schuld|frei** (ohne Schuld); **Schuld|ge|fühl; schuld|haft**

Schuld|dienst, der; -[e]s

schul|dig; Schul|di|ge, der u. die; -n, -n; **Schul|dig|keit,** die; **Schuld|kom|plex; schuld|los; Schuld|ner; Schuld_spruch, ...ver|schrei|bung**

Schu|le, die; -, -n; **schu|len; schul|ent|las|sen; Schüler; Schüler|aus|tausch; schü|ler|haft; Schü|le|rin,** die; -, -nen; **Schüler|lot|se** (Schüler, der als Verkehrshelfer eingesetzt ist); **Schüler|mit|ver|wal|tung** (Abk.: SMV); **Schü|ler|schaft; Schul|fe|ri|en** *Mehrz.;* **schul|frei; Schul_freund, ...funk, ...geld; Schul|geld|frei|heit,** die; -; **Schul_heft, ...hof; schulisch; Schul_jahr, ...ju|gend, ...ka|me|rad, ...kennt|nis|se** (*Mehrz.*), **...kind, ...klas|se, ...land|heim, ...leh|rer, ...leh|re|rin, ...leiter,** der, **...mäd|chen; schul|mei|stern; Schul_mu|sik, ...pflicht,** die; -; **schul|pflich|tig; Schul_ran|zen, ...rei|fe, ...schiff**

Schul|ter, die; -, -n; **Schul|ter_blatt; schul|ter|frei; Schul|ter|klap|pe; schul|tern**

Schu|lung; Schul_un|ter|richt, ...weg, ...zeit, ...zen|trum, ...zeug|nis

schum|meln (ugs.)

schum|me|rig, schumm|rig; **schum|mern**

Schund, der; -[e]s (Wertloses); **Schund|li|te|ra|tur** (verächtl.)

schun|keln

Schu|po, der; -s, -s (Kurzw. für: Schutzpolizist)

Schup|pe, die; -, -n (Haut-, Hornplättchen)

schup|pen ([Fisch]schuppen entfernen)

Schup|pen, der; -s, - (Raum für
Holz u. a.)

Schup|pen|bil|dung, ...flech-
te; schup|pig

Schups, der; -es, -e südd. (Stoß);
schup|sen südd. ([an]stoßen)

Schur, die; -, -en (Scheren [der
Schafe])

schü|ren

schür|fen; Schür|fung

Schür|ha|ken

schu|ri|geln (ugs.: zurechtwei-
sen)

Schur|ke, der; -n, -n; Schur-
ken|streich; schur|kisch

Schur|wol|le

Schurz, der; -es, -e; Schür|ze,
die; -, -n; schür|zen; Schür-
zen|jä|ger (Mann, der den Frau-
en nachläuft)

Schuß, der; Schusses, Schüsse;
schuß|be|reit

Schüs|sel, die; -, -n; Schüs|sel-
chen

schus|se|lig, schuß|lig (ugs.:
fahrig, unruhig); schus|seln
(ugs. für: fahrig, unruhig sein)

Schuß|fahrt, ...feld, ...li|nie,
...ver|let|zung, ...waf|fe

Schu|ster

Schu|te, die; -, -n

Schutt, der; -[e]s; Schutt|ab|la-
de|platz; Schüt|te, die; -, -n
(Bund Stroh); Schüt|tel|frost;
schüt|teln; Schüt|tel|reim;
schüt|ten

schüt|ter (lose; undicht)

Schutt|hal|de, ...hau|fen

Schutz, der; -es

Schutz|an|strich, ...an|zug;
schutz|be|dürf|tig; Schutz-
be|foh|le|ne, der u. die; -n, -n;
Schutz|blech, ...bril|le

Schüt|ze, der; -n, -n

schüt|zen

Schutz|en|gel

Schüt|zen|gil|de, ...gra|ben,
...haus, ...hil|fe, ...ver|ein

Schüt|zer; Schutz|far|be,
...fär|bung, ...ge|biet, ...ge-
bühr, ...geist (Mehrz. ...gei-
ster), ...ha|fen, ...haft, ...hei-
li|ge, ...herr|schaft, ...hül|le,

...imp|fung; Schütz|ling;
schutz|los; Schutz|lo|sig|keit,
die; -; Schutz.macht, ...mann
(Mehrz. ...männer u. ...leute),
...pa|tron, ...po|li|zei, ...um-
schlag, ...wall

schwab|be|lig, schwabb|lig
(ugs. für: schwammig, fett; wak-
kelnd); schwab|beln (ugs. für:
wackeln; übertr. für: unnötig viel
reden)

schwä|beln (schwäbisch spre-
chen); Schwa|ben.al|ter (das;
-s scherzh. für: 40. Lebensjahr),
...streich

schwach; schwächer, schwäch-
ste; Schwä|che, die; -, -n;
Schwä|che|an|fall; schwä-
chen; Schwach|heit;
Schwach|kopf; schwäch-
lich; Schwäch|ling;
Schwach|ma|ti|kus, der; -, se
u. ...tiker (scherzh.); schwach-
sich|tig; Schwach|sich|tig-
keit, die; -; Schwach|sinn, der;
-[e]s; schwach|sin|nig;
Schwach|strom, der; -[e]s;
Schwä|chung

Schwa|den, der; -s, - (Dampf,
Dunst; schlechte [gefährliche]
Grubenluft)

Schwa|dron, die; -, -en

schwa|dro|nie|ren (prahlerisch
schwatzen)

schwa|feln

Schwa|ger, der; -s, Schwäger;
Schwä|ge|rin, die; -, -nen

Schwälb|chen; Schwal|be, die;
-, -n; Schwal|ben|nest

Schwall, der; -[e]s, -e (Guß
[Wasser])

Schwamm, der; -[e]s, Schwäm-
me; (südd. u. österr. auch für:
Pilz); Schwämm|chen;
Schwam|merl, das; -s, -[n]
bayr. u. österr. ugs. (Pilz);
schwam|mig

Schwan, der; -[e]s, Schwäne

schwa|nen; es schwant mir

Schwa|nen.ge|sang, ...hals

Schwang, der, nur in: im - [e]
(sehr gebräuchlich) sein

schwan|ger; schwän|gern;

341

**Schwan|ger|schaft; Schwan-
ger|schafts_ab|bruch, ...un-
ter|bre|chung**
Schwank, der; -[e]s, Schwänke;
schwan|ken; Schwan|kung
Schwanz, der; -es, Schwänze;
**Schwänz|chen; schwän|zeln;
schwän|zen** (ugs. für: [die
Schule u. a.] absichtlich ver-
säumen); **Schwanz_fe|der,
...flos|se**
schwap|pen (ugs.);
Schwä|re, die; -, -n (Geschwür);
schwä|ren (eitern)
Schwarm, der; -[e]s, Schwärme;
**schwär|men; Schwär|mer;
Schwär|me|rei; schwär|me-
risch**
Schwar|te, die; -, -n (dicke Haut;
ugs.: altes [minderwertiges]
Buch; zur Verschalung dienen-
des rohes Brett); **Schwar|ten-
ma|gen** (eine Wurstsorte)·
schwarz; schwärzer, schwärze-
ste; das Schwarze Meer; das
Schwarze Brett (Anschlagbrett)
Schwarzer Peter (Kartenspiel);
ins Schwarze treffen; **Schwarz,**
das; -[es] (schwarze Farbe);
**Schwarz|ar|beit; schwarz|ar-
bei|ten; schwarz|äu|gig;
schwarz|braun; Schwarz-
bren|ner; Schwarz|brot;
Schwarz_dorn** (Mehrz. ...dor-
ne), **...dros|sel; ¹Schwar|ze,**
der u. die; -n, -n (Neger; dunkel-
häutiger, -haariger Mensch);
²Schwar|ze, das, -n (schwarze
Stelle) ins - treffen; **Schwär|ze,**
die; - (das Schwarzsein) (in der
Bedeutung Farbe zum Schwarz-
machen auch Mehrz.:) -n;
schwär|zen (schwarz färben);
Schwarz|er|de (dunkler Hu-
musboden); **schwarz|fah|ren**
(ugs.); **Schwarz|fah|rer;
schwarz|ge|hen;** (unerlaubt
über die Grenze gehen);
**schwarz|haa|rig; Schwarz-
han|del; Schwarz|händ|ler;
schwarz|hö|ren; Schwarz-
_hö|rer, ...kit|tel** (Wild-
schwein); **schwärz|lich;**

schwarz|ma|len (ugs.: pessi-
mistisch sein); **Schwarz|ma|le-
rei** (ugs. für: Pessimismus);
**Schwarz|markt; Schwarz-
pul|ver; schwarz|rot|gol|den;
schwarz|schlach|ten** (ugs.);
Schwarz|schlach|tung (ugs.);
schwarz|se|hen (ugs.: ungün-
stig beurteilen; ohne amtl. Ge-
nehmigung fernsehen);
Schwarz|se|he|rei (ugs.: Pessi-
mismus); **Schwarz|sen|der;
Schwarz|wäl|der, Schwarz-
weiß; Schwarz_weiß_film,
...ma|le|rei; Schwarz_wild;
Schwarz|wur|zel** (eine Gemü-
sepflanze)
Schwatz, der; -es, -e (ugs. für:
Geplauder, Geschwätz);
**Schwätz|ba|se; Schwätz-
chen; schwat|zen, schwät-
zen; Schwät|zer; schwatz-
haft; Schwatz|haf|tig|keit,**
die; -
Schwe|be, die; -; **Schwe|be-
_bahn, ...bal|ken, schwe|ben**
Schwe|den|plat|te (ein Ge-
richt); **schwe|disch;** -e Gardi-
nen (ugs. für: [Gitterfenster im]
Gefängnis)
Schwe|fel, der; -s (chem. Grund-
stoff; Zeichen: S); **schwe|fel-
_gelb, ...hal|tig; schwe|feln;
Schwe|fel|was|ser|stoff**
Schweif, der; -[e]s, -e **schwei-
fen**
**Schwei|ge_geld, ...marsch;
schwei|gen** (still sein);
schwieg, geschwiegen;
Schwei|gen, das; -s; **Schwei-
ge|pflicht; schweig|sam;
Schweig|sam|keit,** die; -
Schwein, das; -[e]s, -e; kein -
(ugs. für: niemand); **Schwei-
ne_bauch, ...bra|ten,
...fleisch; Schwei|ne|hund**
(ugs. für: Lump); der innere -
(ugs. für: niedrige Gesinnung);
**Schwei|ne|rei; Schwei|ne-
ripp|chen; Schwei|ner|ne,** das;
-n landsch. (Schweinefleisch);
**Schwei|ne_schmalz,
...schnit|zel, ...stall; schwei-**

nisch; **Schweins|bra|ten**
(südd. u. österr. für: Schweine-
braten), **...le|der; schweins|le-
dern; Schweins|ohr** (ein Ge-
bäck)
Schweiß, der; -es, -e (Jägerspr.
auch: Wildblut); **Schweiß|aus-
bruch;** **schweiß|be|deckt;**
Schweiß-bren|ner, ...drü|se;
schwei|ßen (bluten [vom
Wild]; Metalle durch Hämmern
od. Druck bei Weißglut verbin-
den); **Schwei|ßer** (Facharbei-
ter, der Schweißarbeiten macht);
**schweiß|ge|ba|det; Schweiß-
hund; schwei|ßig; schweiß-
trei|bend; schweiß|trie|fend;
Schweiß|trop|fen; Schwei-
ßung**
Schwei|zer (Bewohner der
Schweiz; auch für: Kuhknecht,
Melker; Türhüter; Aufseher in
kath. Kirchen); **Schwei|zer-
deutsch,** das; -[s] (deutsche
Mundart[en] der Schweiz);
Schwei|zer|gar|de
schwe|len (langsam flammenlos
[ver]brennen; glimmen)
schwel|gen; schwel|ge|risch
Schwel|le, die; -, -n
¹schwel|len; schwoll, geschwol-
len (größer, stärker werden, sich
ausdehnen); **²schwel|len,**
schwellte, geschwellt (größer,
stärker machen, ausdehnen)
Schwel|len|angst, die; -
(Psych.: Hemmung eines poten-
tiellen Käufers, ein Geschäft zu
betreten); **Schwel|lung**
Schwem|me, die; -, -n (Bade-
platz für das Vieh; einfacher Gast-
wirtschaftsraum); **schwem-
men; Schwemm|land** (das;
-[e]s)
Schwen|gel, der; -s, -;
Schwenk, der; -[e]s, -s (sel-
ten: -e); **schwenk|bar;
schwen|ken;** **Schwen|ker**
(Kognakglas)
**schwer; Schwer-ar|bei|ter,
...ath|let, ...ath|le|tik;
schwer|be|schä|digt** (durch
gesundheitl. Schädigungen in

der Erwerbsfähigkeit stark be-
schränkt); **Schwer|be|schä-
dig|te,** der u. die; -n, -n;
Schwer|be|waff|ne|te, der u.
die; -n, -n; **schwer|blü|tig;
Schwe|re,** die (Gewicht);
**schwe|re|los; Schwe|re|lo-
sig|keit; schwer|er|zieh|bar;
Schwer|er|zieh|ba|re,** der u.
die; -n, -n; **schwer|fal|len** (Mü-
he verursachen); **schwer|fäl-
lig; Schwer-fäl|lig|keit** (die;
-), **...ge|wicht** (Körperge-
wichtsklasse in der Schwerathle-
tik); **schwer|ge|wich|tig;
schwer|hal|ten** (schwierig
sein); **schwer|hö|rig; Schwer-
hö|rig|keit,** die; -; **Schwer-in-
du|strie, ...kraft** (die; -);
Schwer|kran|ke, der u. die; -n,
-n; **schwer|lich** (kaum);
schwer|ma|chen (Schwierig-
keiten machen); **Schwer|me-
tall; Schwer|mut,** die; -;
**schwer|mü|tig; schwer|neh-
men** (ernst nehmen); **Schwer-
punkt; Schwer|spat** (ein Mi-
neral)
Schwert, das; -[e]s, -er;
Schwert|li|lie
schwer|tun, sich; **Schwer|ver-
bre|cher; schwer|ver|dau|lich;
schwer|ver|letzt;** **schwer-
ver|ständ|lich; schwer|ver-
träg|lich; Schwer|ver|wun-
de|te,** der u. die; -n, -n; **schwer-
wie|gend**
Schwe|ster, die; -, -n; **schwe-
ster|lich;** **Schwe|stern-or-
den, ...tracht**
Schwie|ger-el|tern (*Mehrz.*),
...mut|ter (Mehrz. ...mütter)
Schwie|le, die; -, -n; **schwie|lig**
**schwie|rig; Schwie|rig|keit;
Schwie|rig|keits|grad**
Schwimm-bad, ...becken
[*Trenn.*: ...bek|ken]; **schwim-
men;** schwamm, geschwom-
men; **Schwim|mer; Schwim-
me|rin,** die; -, -nen; **Schwimm-
-flos|se, ...sport, ...we|ste**
Schwin|del, der; -s (ugs. auch
für: unnützes Zeug; Erlogenes);

Schwin|del|an|fall; Schwin|de|lei (ugs.); **schwin|del|er|re|gend, ...frei; Schwin|del|ge|fühl; schwin|del|haft; schwin|de|lig,** schwind|lig; **schwin|deln; schwin|den;** schwand, geschwunden; **Schwind|ler; Schwind|sucht** (die; -); **schwind|süch|tig**
Schwin|ge, die; -, -n; **schwin|gen;** schwang, geschwungen; **Schwin|gung**
Schwipp_schwa|ger (ugs.), **...schwä|ge|rin; Schwips,** der; -es, -e (ugs.: leichter Rausch)
schwir|ren
Schwitz|bad; Schwit|ze, die; -, -n; **schwit|zen; schwit|zig; Schwitz_ka|sten, ...kur**
Schwof, der; -[e]s, -e (ugs.: öffentl. Tanzvergnügen); **schwo|fen** (ugs.)
schwö|ren; schwor, geschworen
schwul (derb für: homosexuell); **schwül; Schwü|le,** die; -; **Schwu|le,** der; -n, -n; **Schwu|li|tät,** die; -, -en (ugs.: Verlegenheit, Klemme)
Schwulst, der; -[e]s, Schwülste; **schwul|stig** (aufgeschwollen, aufgeworfen); **schwül|stig** (überladen)
Schwund, der; -[e]s
Schwung, der; -[e]s, Schwünge; **schwung|haft; Schwung|kraft,** die; -; **schwung|los; Schwung|rad; schwung|voll**
Schwur, der; -[e]s, Schwüre; **Schwur|ge|richt**
Sci|ence-fic|tion [*ßai°nßfiksch°n*], die; -, -s (amerik. Bez. für den naturwissenschaftlichtechnischen utopischen Roman)
Seal [*ßil*], der od. das; -s, -s (Fell der Pelzrobbe; ein Pelz)
Sé|an|ce [*ßeãngß°*], die; -, -n ([spiritistische] Sitzung)
sechs; wir sind zu sechsen od. zu sechst; **Sechs,** die; -, -en (Zahl); **Sechs|eck; sechs|eckig** [*Trenn.: ...ek|kig*]; **sechs|ein|halb; sechs|fach; Sechs|fa|che,** das; -n; **sechs|hun**-

dert; **sechs|mal; sechs|stel|lig; Sechs|ta|ge|ren|nen; sechs|tau|send; sechs|te;** einen sechsten Sinn für etw. haben; **sech|stel; Sech|stel,** das; -s, -; **sech|stens; sechs|und|ein|halb; Sechs|und|sech|zig,** das; - (ein Kartenspiel); **Sechs|zy|lin|der; sech|zehn; sech|zig**
Se|da|tiv, das; -s, -e [...*w°*]; **Se|da|ti|vum** [...*wum*], das; -s, ...va [...*wa*] (Med.: Beruhigungsmittel)
[1]See, der; -s, -n [*se°n*] (Landsee); **[2]See,** die; -, (Meer; für: [Sturz]welle *Mehrz.:*) -n [*se°n*]; **See|ad|ler; See|bad; See-Ele|fant,** der; -n, -n (große Robbe); **see|fah|rend; See|fah|rer, ...fahrt; see|fest; See_gang,** der; -s, ...ha|fen, ...hund; **See|igel; see|klar; see|krank; See|krank|heit** (die; -)
See|le, die; -, -n; **See|len|kun|de** (für: Psychologie; die; -); **See|len|le|ben; see|len|los; See|len_qual, ...ru|he; see|len|ru|hig; See|len|ver|käu|fer; See|len|ver|wandt|schaft; see|len|voll; See|len|wan|de|rung**
see|lisch; Seel|sor|ge, die; -; **Seel|sor|ger; seel|sor|ger|lich**
See_luft, ...mann (*Mehrz.* ...leu|te); **...manns|garn** (das; -[e]s); **See_mei|le** (Zeichen: sm), **...not,** die, **...räu|ber, ...rei|se, ...ro|se, ...sack; see|tüch|tig; See_weg, ...zun|ge** (ein Fisch)
Se|gel, das; -s, -; **Se|gel|boot; se|gel|flie|gen** (nur in der Grundform gebräuchlich); **Se|gel_flie|ger, ...flug|zeug; se|geln; Se|gel_re|gat|ta, ...schiff, ...sport, ...tuch** (*Mehrz.* ...tu|che)
Se|gen, der; -s, -; **se|gens|reich; Se|gens|wunsch**
Seg|ler
Seg|ment, das; -[e]s, -e ([Kreis-, Kugel]abschnitt, Glied)
seg|nen; Seg|nung
se|hen; sah, gesehen; **se|hens_wert, ...wür|dig; Se|hens-**

wür|dig|keit; **Seh.feh|ler,
...kraft,** die
Seh|ne, die; -, -n
seh|nen, sich
Seh|nen|zer|rung
Seh|nerv
seh|nig
sehn|lich; Sehn|sucht, die; -,
...süchte; **sehn|süch|tig; sehn-
suchts|voll**
sehr; - fein (Abk.: ff)
Seh.schär|fe, ...test
**seicht; Seicht|heit, Seich|tig-
keit**
seid (2. Pers. Mehrz. Indikativ
Präs. von ²sein); seid vorsichtig!
Sei|de, die; -, -n (Gespinst; Ge-
webe)
Sei|del, der; -s, - (Gefäß; Flüssig-
keitsmaß)
Sei|del|bast (ein Strauch)
sei|den (aus Seide); **Sei|den.fa-
den, ...glanz, ...pa|pier, ...rau-
pe; sei|den|weich; sei|dig**
Sei|fe, die; -, -n; **Sei|fen.bla|se,
...ki|sten|ren|nen, ...lau|ge,
...was|ser; sei|fig**
Sei|he, die; -, -n (landsch.); **sei-
hen** (durch ein Sieb gießen, fil-
tern); **Sei|her** (Sieb für Flüssig-
keiten)
Seil, das; -[e]s, -e; **Seil|bahn**
Sei|ler; Seil.fäh|re, ...hüp|fen
(das; -s), **...schaft** (die durch
ein Seil verbundenen Bergstei-
ger), **...sprin|gen** (das; -s),
...tan|zen (das; -s); **...tän|zer,
...tän|ze|rin, ...win|de**
¹**sein,** sei|ne, sein; Seine (Abk.:
S[e].), Seiner (Abk.: Sr.) Exzel-
lenz; jedem das Seine
²**sein;** war, gewesen; **Sein,** das;
-s
sei|ne, sei|ni|ge
sei|ner|seits; sei|ner|zeit (da-
mals, dann; Abk.: s. Z.); **sei|ner-
zei|tig; sei|nes|glei|chen; sei-
net|hal|ben; sei|net|we|gen;
sei|ni|ge**
sein|las|sen (ugs.: nicht tun)
Seis|mo|graph, der; -en, -en
(Gerät zur Aufzeichnung von
Erdbeben)

seit; Verhältniswort mit Wemf.:
- dem Zusammenbruch; Bin-
dew.: - ich hier bin; **seit|dem;**
Umstandsw.: seitdem ist er gesund; Bindew.: seitdem (od. seit)
ich hier bin
Sei|te, die; -, -n; **Sei|ten.blick,
...hal|bie|ren|de** (die; -n, -n),
...hieb; sei|ten|lang; sei|tens;
mit Wesf.: - des Angeklagten;
Sei|ten.sprung, ...ste|chen
(das; -s), **...stra|ße; sei|ten-
ver|kehrt; Sei|ten.wa|gen,
...wind**
seit|her (von einer gewissen Zeit
an bis jetzt); **seit|he|rig**
seit|lich; seit|wärts
Se|kret, das; -[e]s, -e (Absonde-
rung); **Se|kre|tär,** der; -s, -e;
Se|kre|ta|ri|at, das; -[e]s, -e
(Kanzlei, Geschäftsstelle;
Schriftführeramt); **Se|kre|tä|rin,**
die; -, -nen
Sekt, der; -[e]s, -e (Schaum-
wein)
Sek|te, die; -, -n (Glaubensge-
meinschaft)
Sekt.fla|sche, ...glas (Mehrz.
...gläser)
Sek|tie|rer, der; -s, - (Anhänger
einer Sekte); **sek|tie|re|risch**
Sek|ti|on [...zion], die; -, -en
(Abteilung, Gruppe, Zweig[ver-
ein]; Med.: Leichenöffnung);
Sek|tor, der; -s, ...en ([Sach]ge-
biet, Bezirk, Teil; [Kreis-, Kugel]-
ausschnitt); **Sek|to|ren|gren|ze**
Se|kun|da, die; -, ...den (als Un-
ter- u. Obersekunda 6. u. 7. Klasse
an höheren Lehranstalten); **Se-
kun|da|ner,** der; -s, - (Schüler
einer Sekunda); **Se|kun|de,** die;
-, -n (¹/₆₀ Minute, Abk.: Sek.
[Zeichen: s, älter: sec, sek]; Musik: zweiter Ton [vom Grundton
an]); **se|kun|den|lang; Se|kun-
den.schnel|le** (in -), **...zei|ger;
se|künd|lich**
Se|ku|rit ⊚, das; -s (nicht split-
terndes Glas)
selb; zur -en Zeit; **sel|ber** (all-
tagssprachl.: selbst); **Sel|ber-
ma|chen,** das; -s; **selbst;**

Selbst, das; -; Selbst|ach|tung
(die; -); selb|stän|dig; Selb-
stän|di|ge, der u. die; -n, -n;
Selb|stän|dig|keit, die; -;
Selbst|auf|op|fe|rung, ...aus-
lö|ser (Fotogr.), ...be|die|nung
(*Mehrz.* selten), Selbst|be|die-
nungs|la|den; Selbst|be|frie-
di|gung, ...be|herr|schung;
...be|stim|mung; Selbst|be-
tei|li|gung, ...be|trug; selbst-
be|wußt; Selbst|be|wußt-
sein, ...bild|nis, ...bio|gra-
phie, ...dis|zi|plin, ...ein-
schät|zung, ...er|fah|rung,
...er|hal|tung (die; -); Selbst-
er|hal|tungs|trieb; Selbst-er-
kennt|nis, ...fah|rer; selbst-
ge|fäl|lig; Selbst|ge|fäl|lig-
keit (die; -), ...ge|fühl (das;
-[e]s); selbst-ge|macht, ...ge-
nüg|sam, ...ge|recht; Selbst-
ge|spräch; selbst|ge|strickt;
selbst|herr|lich; Selbst|ko-
sten|preis; Selbst|kri|tik;
selbst|kri|tisch; Selbst|laut
(Vokal); Selbst|lob; selbst|los;
Selbst|lo|sig|keit, die -;
Selbst-mit|leid, ...mord,
...mör|der; Selbst|por|trät;
selbst|quä|le|risch; selbst|re-
dend (ugs.: selbstverständlich);
selbst|si|cher; Selbst-si-
cher|heit (die; -), ...sucht (die;
-); selbst-süch|tig, ...tä|tig;
Selbst-täu|schung, ...über-
schät|zung, ...über|win|dung,
...un|ter|richt; selbst|ver-
dient; selbst|ver|ges|sen;
Selbst|ver|leug|nung; selbst-
ver|ständ|lich; Selbst-ver-
ständ|lich|keit, ...ver|ständ-
nis, ...ver|trau|en, ...ver|wal-
tung, ...ver|wirk|li|chung;
selbst|zer|stö|re|risch, ...zu-
frie|den; Selbst|zweck
(der; -[e]s)
se|lek|tie|ren (auswählen [für
züchterische Zwecke]); Se|lek-
ti|on [...*zion*], die; -, -en (Ausle-
se; Zuchtwahl)
Self|made|man [*ßälfme'dmän*],
der; -s, ...men [*m°n*] (jmd., der

aus eigener Kraft etwas geworden ist)
se|lig; Se|li|ge, der u. die; -n, -n;
Se|lig|keit; se|lig|spre|chen
Sel|le|rie [österr. nur: ...*ri*], der;
-s, -[s] od. die; -, - (österr.: ...*ri*-
en) (eine Gemüse- und Gewürzpflanze)
sel|ten; Sel|ten|heit; Sel|ten-
heits|wert, der; -[e]s
Sel|ters|was|ser (*Mehrz.* ...wäs-
ser; Mineralwasser)
selt|sam; selt|sa|mer|wei|se
Se|me|ster, das; -s, - ([Studien]-
halbjahr); Se|me|ster|fe|ri|en
(*Mehrz.*)
Se|mi|ko|lon, das; -s, -s u. ...la
(Strichpunkt)
Se|mi|nar, das; -s, -e (kath. Prie-
sterausbildungsanstalt; Hoch-
schulinstitut; Übungskurs im
Hochschulunterricht)
Se|mit, der; -en, -en (Angehöri-
ger einer eine semitische Sprache
sprechenden Völkergruppe); se-
mi|tisch
Sem|mel, die; -, -n; sem|mel-
blond; Sem|mel|brö|sel
Se|nat, der; -[e]s, -e; Se|na|tor,
der; -s, ...oren (Mitglied des Se-
nats; Ratsherr)
Sen|de|fol|ge, ...ge|biet; sen-
den; sandte u. sendete, gesandt
u. gesendet; Sen|de|pau|se;
Sen|der; Sen|dung
Senf, der; -[e]s, -e; Senf-gur-
ke, ...korn (*Mehrz.* ...körner)
sen|gen
Se|ni|or, der; -s, ...oren (Ältester;
Sportler etwa zwischen 20 u. 30
Jahren); Se|nio|ren|klas|se
(Sportspr.)
Senk|blei, das; Sen|ke, die; -,
-n; Sen|kel, der; -s, -; sen|ken;
Senk|fuß; senk|recht; Senk-
rech|te, die; -n, -n; Senk-
recht|star|ter (ein Flugzeug-
typ)
Senn, der; -[e]s, -e u. Sen|ne,
der; -n, -n bayr., österr. und
schweiz. (Bewirtschafter einer
Sennhütte, Almhirt); Sen|ne|rin,
die; -, -nen; Senn|hüt|te

Se|ñor [*ßänjor*], der; -s, -es (Herr); **Se|ño|ra,** die; -, -s (Frau); **Se|ño|ri|ta,** die; -, -s (Fräulein)

Sen|sa|ti|on [...*zion*], die; -, -en (aufsehenerregendes Ereignis); **sen|sa|tio|nell** (aufsehenerregend); **sen|sa|ti|ons|lü|stern**

Sen|se, die; -, -n

sen|si|bel (empfindlich, empfindsam; feinfühlig); **Sen|si|bi|li|tät,** die; - (Empfindlichkeit, Empfindsamkeit; Feinfühligkeit); **sen|si|tiv** (sehr empfindlich; leicht reizbar; feinnervig); **Sen|sor,** der; -s, Sensoren (meist *Mehrz.*) (elektron. Fühler; Signalmesser)

Sen|tenz, die; -, -en (einprägsamer Ausspruch; Sinnspruch)

Sen|ti|men|ta|li|tät, die; -, -en (Empfindsamkeit, Rührseligkeit, Gefühlsseligkeit)

se|pa|rat (abgesondert; einzeln); **Sé|pa|rée** [...*re*], das; -s, -s (Sonderraum, Nische in einer Gaststätte)

Sep|tem|ber, der; -[s], - (der neunte Monat des Jahres; Abk.: Sept.)

Sep|ti|me, die; -, -n (Musik: siebter Ton [vom Grundton an])

Se|quenz, die; -, -n ([Aufeinander]folge; Reihe; kirchl. Chorlied; kleinere filmische Handlungseinheit)

Se|re|na|de, die; -, -n (Abendmusik, -ständchen)

Ser|geant [...*sehant,* engl. Ausspr.: *ßadseh°nt*], der; -en, -en (bei engl. Ausspr.: der; -s, -s)

Se|rie [...*i°*], die; -, -n (Reihe; Folge; Gruppe gleichartiger Dinge); **se|ri|en|mä|ßig; Se|ri|en|pro|duk|ti|on, ...schal|tung** (Reihung, Reihenschaltung); **se|ri|en|wei|se**

se|ri|ös (ernsthaft, gediegen, anständig); **Se|rio|si|tät,** die; -

Ser|mon, der; -s, -e (veralt. für: Rede; heute meist: langweiliges Geschwätz; [Straf]predigt)

Ser|pen|ti|ne, die; -, -n ([in] Schlangenlinie [ansteigender Weg an Berghängen]; Windung, Kehre, Kehrschleife)

Se|rum, das; -s, ...ren u. ...ra (wäßriger Bestandteil des Blutes; Impfstoff)

Ser|ve|la, die od. der; -, -s (mdal.); **Ser|ve|lat|wurst** vgl. Zervelatwurst

¹Ser|vice [...*wiß*], das; - [...*wiß*] u. -s [...*wiß°ß*], - [...*wiß* od. ...*wiß°*] ([Tafel]geschirr); **²Service** [*ßö'wiß*], der od. das; -, -s [...*wiß*] ([Kunden]dienst, Kundenbetreuung; Tennis: Aufschlag[ball]); **ser|vie|ren** [...*wir°n*] (bei Tisch bedienen; auftragen; Tennis: den Ball aufschlagen; einem Mitspieler den Ball [zum Torschuß] genau vorlegen [bes. beim Fußball]); **Ser|vie|re|rin,** die; -, -nen; **Ser|vi|et|te,** die; -, -n (Mundtuch)

ser|vil [...*wil*] (unterwürfig, kriechend, knechtisch)

Ser|vus! [...*wuß*] (ein Gruß)

Ses|sel, der; -s, - (Stuhl mit Armlehnen); **Ses|sel.leh|ne, ...lift**

seß|haft

Set, das od. der; -[s], -s (Satz [= Zusammengehöriges]; Platzdeckchen)

Set|ter, der; -s, - (Hund einer bestimmten Rasse)

set|zen; sich -; **Set|zer** (Schriftsetzer); **Set|ze|rei; Setz|ling** (junge Pflanze zum Auspflanzen; Zuchtfisch)

Seu|che, die; -, -n

seuf|zen; Seuf|zer

Sex, der; -[es] (Geschlecht; Erotik; Sex-Appeal); **Sex-Ap|peal** [...*°pil*], der; -s (sexuelle Anziehungskraft); **Sex|bom|be,** die; -, -n (ugs.: Frau mit starkem sexuellem Reiz [meist von Filmdarstellerinnen])

Sex|ta (erste Klasse einer höheren Schule); **Sex|ta|ner** (Schüler der Sexta); **Sex|ta|ne|rin,** die; -, -nen; **Sex|tett,** das; -[e]s, -e (Musikstück für sechs Stimmen od. sechs Instrumente; auch die sechs Ausführenden)

347

Se|xu|al|er|zie|hung; Sexua|li|tät, die; - (Geschlechtlichkeit); **Se|xu|al|ver|bre|chen** (Sittlichkeitsverbrechen); **se|xu|ell** (geschlechtlich); **se|xy** (ugs.: erotisch-attraktiv)

se|zie|ren ([eine Leiche] öffnen, anatomisch zerlegen)

S-för|mig (in der Form eines S)

Shag [*schäg*, meist: *schäk*], der; -s, -s (ein Tabak); **Shag|pfei|fe**

¹**Shake** [*sche¹k*], der; -s, -s (ein Mischgetränk); ²**Shake,** das; -s, -s (ein bestimmter Rhythmus im Jazz); **Sha|ker** [*sche¹k⁰r*], der; -s, - (Mixbecher)

Sham|poo [*schämpu*], vgl. Schampun

Shan|ty [*schänti*, auch: *schänti*], das; -s, -s u. ...ties [*schäntis*] (Seemannslied)

Sher|ry [*schäri*], der; -s, -s (span. Wein, Jerez)

Shet|land [*schätlant*, engl. Ausspr.: *schätl⁰nd*], der; -[s], -s (ein graumelierter Wollstoff)

Shil|ling [*schil...*], der; -s, -s (Münzeinheit in Großbritannien)

Shop [*schop*], der; -s, -s (Laden, Geschäft); **Shop|ping-Cen|ter** [*schopingßänt⁰r*], das; -s, - (Einkaufszentrum)

Shorts [*schä'z*], die (*Mehrz.*) (kurze Hose)

Show [*scho͟u*], die; -, -s (buntes Unterhaltungsprogramm); **Show|ge|schäft** [*scho͟u...*]; **Show|ma|ster** [*scho͟u...*], der; -s, - (Unterhaltungskünstler)

Shred|der [*schr...*], der; -s, - (Autoreißwolf)

Shrimps [*schr...*], die (*Mehrz.*) (konservierte Krabben)

sich

Si|chel, die; -, -n; **si|chel|för|mig**

si|cher; auf Nummer Sicher sein (ugs.: im Gefängnis sein); auf Nummer Sicher gehen (ugs.: nichts wagen); **si|cher|ge|hen** (Gewißheit haben); **Si|cher|heit; Si|cher|heits.ab|stand, ...bin|dung, ...glas** (*Mehrz.* ...gläser), **...gurt; si|cher|heits-**

hal|ber; Si|cher|heits.na|del, ...schloß, ...vor|keh|rung; si|cher|lich; si|chern; si|cher-stel|len (sichern; feststellen; in polizeil. Gewahrsam geben od. nehmen); **Si|cher|stel|lung; Si|che|rung; si|cher|wir|kend**

Sicht, die; -; **sicht|bar**

¹**sich|ten** (auswählen, ausscheiden)

²**sich|ten** (erblicken); **sicht|lich** (offenkundig)

¹**Sich|tung** (Ausscheidung)

²**Sich|tung** (das Erblicken); **Sicht.ver|hält|nis|se,** die (*Mehrz.*), **...ver|merk; Sicht-wei|te**

sickern¹; **Sicker|was|ser**¹

Side|board [*ßaidbå'd*], das; -s, -s (Anrichte, Büfett)

sie; ¹**Sie** (Höflichkeitsanrede an eine Person od. mehrere Personen gleich welchen Geschlechts); kommen Sie bitte!; jmdn. mit Sie anreden; ²**Sie,** die; -, -s (ugs.: Mensch weibl. Geschlechts); es ist eine Sie

Sieb, das; -[e]s, -e; **sieb|ar|tig;** ¹**sie|ben** (durchsieben)

²**sie|ben** (Ziffer, Zahl); **Sie|ben** (Zahl), die; -, - (auch: -en); **sie|ben|ar|mig; sie|ben|ein|halb; Sie|be|ner; Sie|ben|fa|che,** das; -n; **sie|ben|hun|dert; sie|ben-jäh|rig; sie|ben|mal; Sie|ben-mei|len|stie|fel,** die (*Mehrz.*); **Sie|ben|mo|nats|kind; Sie-ben|sa|chen,** die (*Mehrz.*; ugs.: Habseligkeiten); **Sie|ben-schlä|fer** (Nagetier); **sie|ben-tau|send; sie|ben|te** vgl. siebte; **sie|ben|tel** vgl. siebtel; **Sie|ben-tel** vgl. Siebtel; **sie|ben|tens** vgl. siebtens; **sieb|tens; sie|ben|und|ein|halb,** sie|ben|ein|halb; **sieb|te; sieb-tel; Sieb|tel,** das; -s, -; **sieb-tens; sieb|zehn; sieb|zehn|te; sieb|zig**

Siech|tum, das; -s

sie|deln

sie|den; sott u. siedete, gesotten

---

¹ *Trenn.:* ...ik|k...

u. gesiedet; siedend heiß; **Sie|de|punkt**

Sied|ler; Sied|lung

Sieg, der; -[e]s, -e

Sie|gel, das; -s, - (Stempelabdruck; [Brief]verschluß; Bekräftigung); **sie|geln; Sie|gel|ring**

sie|gen; Sie|ger; Sie|ger|ehrung; Sie|ge|rin, die; -, -nen; **sie|ges_be|wußt, ...ge|wiß; Sie|ges|lauf; Sie|ges|preis; sie|ges_si|cher, ...trun|ken; Sie|ges|zug; sieg|reich**

sie|he oben! (Abk.: s. o.); **sie|he un|ten!** (Abk.: s. u.)

Siel, der od. das; -[e]s, -e (Röhrenleitung für Abwässer; kleine Deichschleuse)

Sie|sta, die; -, ...sten u. -s ([Mittags]ruhe)

sie|zen (ugs.: mit „Sie" anreden)

Sight|see|ing [*ßáit̆ßiing*], das; - (Besichtigung von Sehenswürdigkeiten)

Si|gnal [*signạl*], das; -s, -e (Zeichen mit festgelegter Bedeutung; [Warn]zeichen; Anstoß); **Signal|an|la|ge; si|gna|li|sie|ren** (ein Signal geben; etwas ankündigen); **Si|gna|tur,** die; -, -en (Kurzzeichen als Auf-, Unterschrift); **si|gnie|ren** (mit einer Signatur versehen)

Si|gnor [*ßinjọr*], **Si|gno|re** [*ßinjọre*], der; -, ...ri (Herr); **Si|gnora,** die; -, ...re [*...jọre*] u. -s (Frau); **Si|gno|ri|na,** die; -, -s (Fräulein); **Si|gno|ri|no,** der; -, -s (auch: ..ni; junger Herr)

Sil|be, die; -, -n; **Sil|ben|rät|sel**

Sil|ber, das; -s (chem. Grundstoff, Edelmetall; Zeichen: Ag); **Sil|ber_blick** (ugs.: Schielen), **...fuchs, ...geld; sil|ber_grau, ...haa|rig; Sil|ber_hoch|zeit; Sil|ber|me|dail|le; sil|bern** (aus Silber); **Sil|ber_pa|pier, ...strei|fen** (in: Silberstreifen am Horizont [Zeichen beginnender Besserung])

silb|rig, sil|be|rig

Sil|hou|et|te [*silüät̆e*], die; -n (Schattenbild)

Si|lo, der od. das; -s, -s (Großspeicher [für Getreide, Erz u. a.]; Gärfutterbehälter)

Sil|ve|ster, das; -s, - (letzter Tag im Jahr); **Sil|ve|ster|abend**

sim|pel (einfach, einfältig)

sim|pli|fi|zie|ren (in einfacher Weise darstellen; [stark] vereinfachen)

Sims, der od. das; -es, -e (bandartige Bauform; vorspringender Rand; Leiste)

Si|mu|lant, der; -en, -en ([Krankheits]heuchler); **si|mu|lie|ren** (vorgeben; sich verstellen; übungshalber im Simulator o. ä. nachahmen; ugs. auch für: nachsinnen, grübeln)

Sin|fo|nie, Sym|pho|nie [*süm...*], die; -, ...ien (mehrsätziges Instrumentalmusikwerk); **Sinfo|nie|or|che|ster,** Sym|phonie|or|che|ster

sin|gen; sang, gesungen

¹**Sin|gle** [*ßinggḙl*], das; -, -[s] ([Tisch]tennis: Einzelspiel)

²**Sin|gle** [*ßinggḙl*], die; -, -[s] (kleine Schallplatte)

Sing|sang, der; -[e]s

Sing_spiel, ...stim|me

Sin|gu|lar [auch: *singgulạr*], der; -s, -e (Einzahl; Abk.: Sing.)

Sing|vo|gel

sin|ken; sank, gesunken

Sinn, der; -[e]s, -e; **Sinn|bild; sinn|bild|lich;** sann, gesonnen; **sin|nen|froh; sinnent|stel|lend; Sin|nes_eindruck, ...or|gan, ...täuschung, sinn|ge|mäß; sin|nieren** (ugs. für: in Nachdenken versunken sein); **sin|nig; sinn|lich; Sinn|lich|keit,** die; -; **sinn|los; Sinn|lo|sig|keit; sinn_reich, ...voll**

Sint|flut, die; - („allgemeine, dauernde Flut"); vgl. Sündflut

Si|nus, der; -, - u. -se (Math.: Winkelfunktion im rechtwinkligen Dreieck; Abk.: sin)

Si|phon [*sifọng*], der; -s, -s (Ausschankgefäß mit Schraubverschluß; Geruchverschluß)

Sip|pe, die; -, -n; **Sipp|schaft** (abschätzig)

Sir [ßö′], der; -s, -s (allg. engl. Anrede [ohne Namen]: „Herr″; vor Vorn.: engl. Adelstitel)

Si|re|ne, die; -, -n; **Si|re|nen|geheul**

sir|ren (hell klingen[d surren])

Si|rup, der; -s, -e (dickflüssiger Zuckerrübenauszug; Lösung aus Zucker u. Fruchtsaft)

Si|sal, der; -s; **Si|sal|hanf**

Sit-in [ßi...], das; -[s], -s (demonstratives Sitzen einer Gruppe zum Zeichen des Protestes)

Sit|te, die; -, -n; **sit|ten|los; sitten|wid|rig; sitt|lich; Sitt|lichkeit,** die; -; **Sitt|lich|keitsdelikt,** ...**ver|bre|chen; sitt|sam**

Si|tua|ti|on [...zion], die; -, -en ([Sach]lage, [Zu]stand)

Sitz, der; -es, -e; **Sitz|bad; sitzen;** saß, gesessen; ich habe (südd.: bin) gesessen; einen - haben (ugs.: betrunken sein); **sit|zen|blei|ben** (ugs.: in der Schule nicht versetzt werden; nicht geheiratet werden; nicht verkaufen können); **sit|zen|lassen** (ugs.: in der Schule nicht versetzen; im Stich lassen); **Sitzfleisch** (ugs.), ...**ge|le|genheit,** ...**platz,** ...**streik; Sitzung**

Ska|la, die; -, ...len u. -s (Maßeinteilung [an Meßgeräten]; Tonleiter)

Skalp, der; -s, -e

Skal|pell, das; -s, -e ([kleines chirurg.] Messer [mit feststehender Klinge])

skal|pie|ren (den Skalp nehmen)

Skan|dal, der; -s, -e (Ärgernis; Aufsehen); **skan|da|lös** (ärgerlich; anstößig; unglaublich)

Skat, der; -[e]s, -e u. -s (ein Kartenspiel; zwei verdeckt liegende Karten beim Skatspiel); **Skatbru|der** (ugs.), ...**par|tie**

Skate|board [ßke′tbå′d], das; -s, -s (Rollbrett für Spiel u. Sport)

Ske|lett, das; -[e]s, -e (Knochengerüst, Gerippe)

Skep|sis, die; - (Zweifel, Bedenken); **Skep|ti|ker** (mißtrauischer Mensch); **skep|tisch**

Sketch [ßkätsch], der; -[es], -e[s] od. -s (kurze, effektvolle Bühnenszene im Kabarett od. Varieté); **Sketsch** (eindeutschende Schreibung für: Sketch), der; -[e]s, -e

Ski [schi], Schi, der; -s, -er (selten: -); - fahren, - laufen; Ski u. eislaufen; **Skileh|rer,** ...**lift**

Skiz|ze, die; -, -n ([erster] Entwurf; flüchtige Zeichnung; kleine Geschichte); **skiz|zie|ren** (entwerfen; andeuten)

Skla|ve [...we, auch: ...fe], der; -n, -n (Leibeigener; unfreier, entrechteter Mensch); **Skla|ve|rei; Skla|vin,** die; -, -nen; **sklavisch**

Skle|ro|se, die; -, -n (Med.: Verkalkung, krankhafte Verhärtung von Geweben u. Organen)

Skon|to, der od. das; -s, -s (selten auch: ...ti) ([Zahlungs]abzug, Nachlaß [bei Barzahlungen])

Skoo|ter [ßkuter], der; -s, - ([elektr.] Kleinauto auf Jahrmärkten)

Skor|but, der; -[e]s (Krankheit durch Mangel an Vitamin C)

Skor|pi|on, der; -s, -e

Skript, das; -[e]s, -en u. (für Drehbuch meist:) -s (schriftl. Ausarbeitung; Drehbuch); **Skript|girl** [...gö′l], das; -s, -s (Filmateliersekretärin, die die Einstellung für jede Aufnahme einträgt)

Skru|pel, der; -s, - (meist Mehrz.) (Zweifel, Bedenken; Gewissensbiß); **skru|pel|los**

Skulp|tur, die; -, -en (Bildhauerkunst [nur Einz.]; Bildhauerwerk)

skur|ril (verschroben, eigenwillig; drollig)

Sky|line [ßkailain], die; -, -s (Horizont[linie], Kontur)

Sla|lom, der; -s, -s (Schi- u. Kanusport: Torlauf; auch übertr. für: Zickzacklauf, -fahrt)

Slang [*ßläng*], der; -s, -s (niedere Umgangssprache; Jargon)

Slap|stick [*ßläpßtik*], der; -s,' -s (grotesk-komischer Gag vor allem im [Stumm]film)

Sla|we, der; -n, -n; **Sla|win,** die; -, -nen; **sla|wisch**

Slip, der; -s, -s (beinloser Damenod. Herrenschlüpfer); **Slip|per,** der; -s, - (Schuh mit niedrigem Absatz)

Slo|gan, der; -s, -s [*ßlo͡uge°n*] ([Werbe]schlagwort)

Slow|fox [*ßlo͡u...*], der; -[es], -e (ein Tanz)

Slums [*ßlamß*], die (*Mehrz.;* Elendsviertel)

Sma|ragd, der; -[e]s, -e (ein Edelstein); **sma|ragd|grün**

smart (gewandt; schneidig)

Smog, der; -[s], -s (dicker, undurchdringlicher Nebelrauch über Industriestädten)

Smok|ar|beit (Verzierungsarbeit an Kleidern u. Blusen)

Smo|king, der; -s, -s (Gesellschaftsanzug mit seidenen Revers)

Snack|bar [*ßnäk...*], die; -, -s (engl. Bez. für: Imbißstube)

Snob [*ßnop*], der; -s, -s (vornehm tuender, eingebildeter Mensch, Geck); **Sno|bis|mus,** der; -, ...men; **sno|bi|stisch**

so; - sein, - werden, - bleiben; so daß (immer getrennt)

so|bald; *Bindew.:* sobald er kam; (*Umstandsw.:*) er kam so bald nicht, wie wir erwartet hatten

Socke[1], die; -, -n (meist *Mehrz.*); **Sockel**[1], der; -s, - (unterer Mauervorsprung; Unterbau); **Socken**[1] landsch., der; -s, - (Socke)

So|da, die; - (Natriumkarbonat), das; -s (Sodawasser)

so|dann

so daß (österr.: sodaß)

So|da|was|ser (künstliches, kohlensäurehaltiges Mineralwasser; *Mehrz.* ...wässer)

---

[1] *Trenn.:* Sok|k...

Sod|bren|nen, das; -s

So|do|mie, die; -, ...ien (widernatürliche Unzucht mit Tieren; auch für Päderastie)

so|eben (vor einem Augenblick); er kam soeben

So|fa, das; -s, -s

so|fern (falls); *Bindew.:* sofern er seine Pflicht getan hat, ...

so|fort (in [sehr] kurzer Zeit [erfolgend], auf der Stelle); **so|for|tig**

Soft-Eis [*ßoft...*], das; -es (sahniges Weicheis)

Sog, der; -[e]s, -e

so|gar (noch darüber hinaus)

so|ge|nannt (Abk.: sog.)

so|gleich (sofort)

Soh|le, die; -, -n (Fuß-, Talsohle); **soh|len**

Sohn, der; -[e]s, Söhne; **Söhn|chen; Sohn|nes|lie|be**

Soi|ree [*ßoare*], die; -, ...reen (Abendgesellschaft)

So|ja, die; -, ...ien (eiweiß- u. fetthaltige Nutzpflanze); **So|ja|boh|ne**

so|lang, so|lan|ge (während, währenddessen); *Bindew.:* solang[e] ich krank war, bist du bei mir geblieben

So|la|ri|um, das; -s, ...ien [*...i°n*] (Anlage zur Ganzbräunung durch Höhensonnen)

Sol|bad

solch; -er, -e, -es

Sold, der; -[e]s, -e

Sol|dat, der; -en, -en; **sol|da|tisch; Sold|buch; Söld|ner**

So|le, die; -, -n (kochsalzhaltiges Wasser); **Sol|ei**

so|lid, so|li|de (fest; haltbar; zuverlässig; gediegen); **so|li|da|risch** (gemeinsam, übereinstimmend, eng verbunden); **so|li|da|ri|sie|ren,** sich (sich solidarisch erklären); **So|li|da|ri|tät,** die; - (Gefühl der Zusammengehörigkeit, Gemeinsinn; Übereinstimmung); **so|li|de; So|li|di|tät,** die; - (Festigkeit, Haltbarkeit; Zuverlässigkeit; Mäßigkeit)

So|list, der; -en, -en (Einzelsän-

ger, -spieler); **So|li|stin**, die; -,
-nen; **so|li|stisch**; **So|li|tär**, der;
-s, -e (einzeln gefaßter Edelstein;
Brettspiel für eine Person)
Soll, das; -[s], -[s]; **sol|len**
Söl|ler, der; -s, - (Vorplatz im obe-
ren Stockwerk eines Hauses, of-
fener Dachumgang)
so|lo (ugs. für: allein); - tanzen;
So|lo, das; -s, -s u. ...li (Einzel-
vortrag, -spiel, -tanz); **So|lo-ge-**
sang, ...**in|stru|ment**
sol|vent (zahlungsfähig; tüch-
tig); **Sol|venz**, die; -, -en (Zah-
lungsfähigkeit)
Som|bre|ro, der; -s, -s (breitran-
diger, leichter Tropenhut)
so|mit [auch: *so*...] (mithin, also)
Som|mer, der; -s, -; ...**fahr|plan**,
...**fe|ri|en** (*Mehrz.*), ...**kleid**;
som|mer|lich;   **som|mers**;
Som|mer|spros|se   (meist
Mehrz.);   **som|mer|spros|sig**;
Som|mer[s]|zeit (Jahreszeit),
die; -
So|na|te, die; -, -n (aus drei od.
vier Sätzen bestehendes Musikstück für ein oder mehrere Instru-
mente); **So|na|ti|ne**, die; -, -n
(kleinere Sonate)
Son|de, die; -, -n
son|der (veralt. für: ohne); mit
Wenf.: - Furcht; **Son|der.ab-**
schrei|bung, ...**an|fer|ti|gung**,
...**an|ge|bot**; **son|der|bar**; **Son-**
der.fahrt, ...**fall**, der; **son-**
der|glei|chen;   **son|der|lich**;
Son|der|ling; **son|dern**; **son-**
ders; samt u. -; **Son|der.schu-**
le, ...**stel|lung**
son|die|ren ([mit der Sonde] un-
tersuchen; ausforschen, vorfüh-
len); **Son|die|rung**
Song, der; -s, -s (Sonderform des
Liedes, oft mit sozialkrit. Inhalt)
Sonn|abend, der; -s, -e; **sonn-**
abends; **Son|ne**, die; -, -n;
son|nen; sich -; **Son|nen.auf-**
gang, ...**bad**; **son|nen|ba|den**
(meist nur in der Grundform u.
im 2. Mittelw. gebr.); **Son|nen-**
blu|me;   **Son|nen|blu|men-**
kern; **Son|nen.brand**, ...**bril-**

le, ...**dach**, ...**deck**; **son|nen-**
durch|flu|tet;   **Son|nen|fin-**
ster|nis;   **son|nen|ge|bräunt**;
son|nen|klar (ugs.); **Son|nen-**
.licht   (das;   -[e]s),   ...**schein**
(der;   -[e]s),   ...**schutz**,
...**strahl**, ...**un|ter|gang**; **son-**
nen|ver|brannt;   **Son|nen-**
wen|de; **son|nig**; **Sonn|tag**;
sonn|tä|gig;   **sonn|täg|lich**;
sonn|tags; **Sonn|tags.ar|beit**,
...**fah|rer** (spött.), ...**kind**
sonst; **son|stig**; **sonst|was**
(ugs. für: irgend etwas, wer weiß
was); ich hätte fast - gesagt;
sonst|wer; **sonst|wie**; **sonst-**
wo; **sonst|wo|hin**
so|oft; *Bindew.*: sooft du zu mir
kommst, immer ...
So|pran, der; -s, -e (höchste
Frauen-   od.   Knabenstimme;
Sopransänger[in]); **So|pra|ni-**
stin, die; -, -nen
Sor|ge, die; -, -n; **sor|gen**; sich
-; **sor|gen|frei**; **Sor|gen|kind**;
sor|gen|voll;   **Sor|ge|recht**
(Rechtsw.); **Sorg|falt**, die; -;
sorg|fäl|tig
sorg|lich; **sorg|los** (ohne Sorg-
falt; unbekümmert); **Sorg|lo-**
sig|keit, die; -; **sorg|sam**;
Sorg|sam|keit, die; -
Sor|te, die; -, -n (Art, Gattung;
Wert, Güte); **sor|tie|ren** (son-
dern, auslesen, sichten); **sor-**
tiert (auch für: hochwertig);
Sor|tie|rung; **Sor|ti|ment**, das;
-[e]s, -e (Warenangebot, -aus-
wahl eines Kaufmanns)
so|sehr; *Bindew.*: sosehr ich das
auch billige, ...
so|so (ugs.: nun ja!)
So|ße, die; -, -n (Brühe, Tunke);
So|ßen|löf|fel
Sou [*ßu*], der; -, -s [*ßu*] (fr. Münze im Wert von 5 Centimes)
Sou|bret|te [*ßu*...], die; -, -n
(Sängerin heiterer Sopranpartien
in Oper u. Operette)
Souf|flé [*ßufle*], das; -s, -s
(Gastr.: Eierauflauf); **Souf|fleu-**
se [*ßuflösᵉ*], die; -, -n; **souf-**
flie|ren (flüsternd vorsagen)

Soul [*ßo^ul*], der; -s (bes. Art von Jazz od. Beat mit starker Betonung des Expressiven)

Sound [*ßaund*], der; -s (Musik: Klang[wirkung, -richtung])

so|und|so (ugs. für: unbestimmt wie); **so|und|so viel**; [der] Herr Soundso

Sou|per [*ßupe*], das; -s, -s (festliches Abendessen); **sou|pie|ren**

Sou|ta|ne [*su...*], die; -, -n (Gewand der kath. Geistlichen)

Sou|ter|rain [*sutäräng*, auch: *su...*], das; -s, -s (Kellergeschoß)

Sou|ve|nir [*suw^e...*], das; -s, -s ([kleines Geschenk als] Andenken, Erinnerungsstück)

sou|ve|rän [*suw^e...*] (unumschränkt; selbständig; jeder Lage gewachsen, überlegen); **Sou|ve|rä|ni|tät**, die; -

so wahr; so wahr mir Gott helfe

so was (ugs. für: so etwas)

so|weit; soweit ich es beurteilen kann, wird ...

so|we|nig; ich bin sowenig (ebensowenig) dazu bereit wie du

¹**so|wie** (sobald); sowie er kommt, soll er nachsehen; ²**so|wie** (und, und auch); wissenschaftliche und technische sowie schöne Literatur

so|wie|so

so|wje|tisch

so|wohl; *Bindew.*: sowohl die Eltern als [auch] od. wie [auch] die Kinder

so|zi|al (die Gesellschaft, die Gemeinschaft betreffend, gesellschaftlich; gemeinnützig, wohltätig); **So|zi|al|ab|ga|ben**, die (*Mehrz.*), **...ar|beit**, **...de|mo|krat**, der; -en, -en (Mitglied [od. Anhänger] einer sozialdemokratischen Partei); **so|zi|al|de|mo|kra|tisch**; **So|zi|al|ge|richt**, **...hil|fe**; **So|zia|li|sa|ti|on** [*...zion*], die; - (Prozeß der Einordnung des Individuums in die Gesellschaft); **so|zia|li|sie|ren** (vergesellschaften, verstaatli-

chen); **So|zia|li|sie|rung** (Verstaatlichung, Vergesellschaftung der Privatwirtschaft); **So|zia|list**; **so|zia|li|stisch**; **So|zi|al_part|ner**, **...po|li|tik**, **...pre|sti|ge**, **...staat** (*Mehrz.* ...staaten), **...ver|si|che|rung**; **So|zio|lo|gie**, die; - (Gesellschaftslehre, -wissenschaft); **so|zio|lo|gisch**; **So|zi|us**, der; -, -se (Genosse, Teilhaber; Beifahrer); **So|zi|us|sitz** (Rücksitz auf dem Motorrad)

so|zu|sa|gen (gewissermaßen)

Spach|tel, Spa[tel, der; -s, - od. die; -, -n (kleines spaten- od. schaufelähnl. Werkzeug); **spach|teln** (ugs. auch für: [tüchtig] essen)

Spa|gat, der od. das; -[e]s, -e (Gymnastik: völliges Beinspreizen)

Spa|ghet|ti [*ßpagäti*], die (*Mehrz.*; Fadennudeln)

spä|hen; **Spä|her**

Spa|lier, das; -s, -e (Gitterwand; Doppelreihe von Personen als Ehrengasse); **Spa|lier|obst**

Spalt, der; -[e]s, -e; **spalt|breit**; **Spalt|breit**, der; -; die Tür einen - öffnen; **Spal|te**, die; -, -n; **spal|ten**; gespalten und gespaltet; **spal|ten|lang**

Span, der; -[e]s, -e (oberer Teil, Rist des menschl. Fußes); **Spann|be|ton**; **Span|ne**, die; -, -n (altes Längenmaß); **span|nen**; **span|nend**; **Span|ner**; **Spann|kraft** (die; -); **Span|nung**

Span|platte (Bauw.)

Spar_buch, **...büch|se**; **spa|ren**; **Spa|rer**; **Spar|flam|me**

Spar|gel, der; -s, - (Gemüse-[pflanze])

Spar_gro|schen, **...kas|se**, **...kon|to**; **spär|lich**

Spar|ren, der; -s, - **Spar|ring,** das; -s, -s (Boxtraining); **Spar|rings|kampf** **spar|sam; Spar|sam|keit,** die; - **spar|ta|nisch;** -e (strenge, harte) Zucht **Spar|te,** die; -, -n (Abteilung, Fach, Gebiet; Geschäfts-, Wissenszweig; Zeitungsspalte) **Spaß,** der; -es, Späße; **Späß|chen; spa|ßen; spa|ßes|hal|ber; spaß|haft; spa|ßig; Spaß_ma|cher, ...vo|gel** (scherzh.) **spa|stisch** **spät** **Spa|ten,** der; -s, - **spä|ter; spä|te|stens; Spät_herbst, ...le|se; Spät|nach|mit|tag;** eines ..., a b e r : eines späten Nachmittags; **spät|nach|mit|tags** **Spatz,** der; -en (auch: -es), -en; **Spätz|chen; Spät|zin,** die; -, -nen; **Spätz|le,** die (Mehrz.; schwäb. Mehlspeise) **spa|zie|ren** (sich ergehen); **spa|zie|ren_fah|ren, ...ge|hen; Spa|zier_fahrt, ...gang,** der, **...gän|ger, ...stock** (Mehrz. ...stöcke) **Specht,** der; -[e]s, -e **Speck,** der; -[e]s, -e; **speckig** [Trenn.: spek|kig]; **Speck_schwar|te, ...sei|te** **Spe|di|teur** [...tör], der; -s, -e (Transportunternehmer); **Spe|di|ti|on** [...zion], die; -, -en (gewerbsmäßige Verfrachtung, Versendung [von Gütern]; Transportunternehmen; Versand[abteilung in großen Betrieben]); **Spe|di|ti|ons|fir|ma** **Speer,** der; -[e]s, -e; **Speer|wer|fen** (das; -s) **Spei|che,** die; -, -n **Spei|chel,** der; -s; **Spei|chel_drü|se; spei|cheln** **Spei|cher,** der; -s, -; **spei|chern; Spei|che|rung** **spei|en;** spie, gespie[e]n ¹**Speis** landsch., der; -es (Mörtel); **Spei|se** (auch für: Mörtel), die; -, -n; Speis und Trank; **Spei-**

se_brei, ...eis, ...kam|mer; Spei|se|kar|te; spei|sen; Spei|sen|kar|te; Spei|se_röh|re, ...wa|gen (bei der Eisenbahn) **spei|übel** (ugs.) ¹**Spek|ta|kel,** der; -s, - (ugs. für: Krach, Lärm); ²**Spek|ta|kel,** das; -s, - (geh. für: Schauspiel); **spek|ta|ku|lär** (aufsehenerregend) **Spek|trum,** das; -s, ...tren u. ...tra (durch Lichtzerlegung entstehendes farbiges Band) **Spe|ku|lant,** der; -en, -en (kühner, waghalsiger Unternehmer; bes. jmd., der gewagte Börsengeschäfte macht); **Spe|ku|la|ti|on** [...zion], die; -, -en (Berechnung; Einbildung; gewagtes Geschäft) **Spe|ku|la|ti|us,** der; -, - (ein Gebäck); **spe|ku|lie|ren** (gewagte Geschäfte machen; mit etwas rechnen) **Spe|lun|ke,** die; -, -n (verächtl.: schlechter, unsauberer Wohnraum; verrufene Kneipe) **Spel|ze,** die; -, -n (Teil des Gräserblütenstandes); **spel|zig** **spen|da|bel** (ugs. für: freigebig); **Spen|de,** die; -, -n; **spen|den** (für wohltätige o. ä. Zwecke Geld geben); **Spen|der; spen|die|ren** (in freigebiger Weise für jmdn. bezahlen); **Spen|dier|ho|se,** in: die -n anhaben (ugs. für: freigebig sein) **Speng|ler** westmitteld., südd., österr., schweiz. (Klempner) **Spen|zer,** der; -s, - (kurzes, enganliegendes Jäckchen) **Spe|renz|chen, Spe|ren|zi|en** [...i°n], die (Mehrz.; ugs. für: Umschweife, Schwierigkeiten); - machen **Sper|ling,** der; -s, -e **Sper|ma,** das; -s, ...men u. -ta (Biol.: männl. Samenzellen enthaltende Flüssigkeit) **sperr|an|gel|weit** (ugs.); **Sper|re,** die; -, -n; **sper|ren** (südd., österr. auch für: schließen); **Sperr|holz; sper|rig; Sperr_müll, ...sitz, ...stun|de**

Spe|sen, die (Mehrz.; [Un]kosten; Auslagen); **spe|sen|frei**
spe|zia|li|sie|ren (gliedern, sondern, einzeln anführen, unterscheiden); sich - (sich [beruflich] auf ein Teilgebiet beschränken); **Spe|zia|li|sie|rung; Spe-**
zia|list, der; -en, -en (Facharbeiter, Fachmann; bes. Facharzt);
Spe|zia|li|tät, die; -, -en (Besonderheit; Fachgebiet, Hauptfach; Liebhaberei, Stärke); **Spe-**
zi|al-sla|lom, der; -s, -s (eine Wettbewerbsart im alpinen Schisport); **spe|zi|ell** (besonders, eigentümlich; eigens; einzeln; eingehend); **Spe|zi|es** [...iäß], die; -, - (besondere Art einer Gattung, Tier- od. Pflanzenart); **Spe|zi|fi-**
ka|ti|on [...zion], die; -, -en (Einzelaufzählung); **spe|zi|fisch** (einem Gegenstand seiner Eigenart nach zukommend; kennzeichnend, eigentümlich); **spe|zi|fi-**
zie|ren (einzeln aufführen; zergliedern); **Spe|zi|fi|zie|rung**
Sphä|re, die; -, -n
(Himmelsgewölbe; [Gesichts-, Wirkungs]kreis; [Macht]bereich)
Sphinx, die; - (geflügelter Löwe mit Frauenkopf in der gr. Sage; Sinnbild des Rätselhaften)
spicken [Trenn.: spik|ken] (Fleisch zum Braten mit Speckstreifen durchziehen)
Spick|zet|tel (Schülerspr.: ein zum Abschreiben vorbereiteter Zettel)
Spie|gel, der; -s, -; **Spie|gel|bild;**
spie|gel|bild|lich; Spie|gel|ei;
spie|gel|glatt; spie|geln
Spiel, das; -[e]s, -e; **Spiel-au-**
to|mat, ...ball, ...bein (Sport, bild. Kunst; Ggs. Standbein);
spie|len; Spie|ler; Spie|le|rei;
spie|le|risch (ohne Anstrengung); **Spiel-feld, ...film,**
...ka|me|rad, ...ka|si|no, ...lei-
ter, der, **...platz, ...re|gel, ...sa-**
chen, die (Mehrz.), **...uhr,**
...ver|der|ber, ...wa|ren, die
(Mehrz.), **...zeug, ...zim|mer**

¹**Spieß,** der; -es, -e (Bratspieß)
²**Spieß,** der; -es, -e (Kampf-, Jagdspieß; Soldatenspr.: Hauptfeldwebel, Kompaniefeldwebel);
Spieß|bür|ger (abwertend für: kleinlicher, engstirniger Mensch); **spie|ßen; Spie|ßer;**
Spieß|ge|sel|le (Mittäter);
spie|ßig; Spieß|ru|ten|lau|fen
Spikes [ßpaikß], die (Mehrz.; Rennschuhe; Autoreifen mit Spezialstiften); **Spike[s]|rei-**
fen
spi|nal (die Wirbelsäule, das Rückenmark betreffend); -e Kinderlähmung
Spi|nat, der; -[e]s, -e (ein Gemüse)
Spind, der u. das; -[e]s, -e ([Kleider]schrank; einfaches Behältnis)
Spin|del, die; -, -n
Spi|nett, das; -[e]s, -e (alte Form des Klaviers)
Spin|ne, die; -, -n; **spin|ne|feind** (ugs.); jmdm. - sein; **spin|nen;**
spann, gesponnen; **Spin|nen-**
-ge|we|be, ...netz; Spin|ner;
Spin|ne|rin, die; -, -nen; **Spinn-**
-rad, ...we|be (landsch. für: Spinnengewebe; die; -, -n)
spin|ti|sie|ren (ugs. für: grübeln)
Spi|on, der; -s, -e (Späher, Horcher, heiml. Kundschafter; Spiegel außen am Fenster; Beobachtungsglas in der Tür); **Spio|na|ge**
[...asche], die; - (Auskundschaftung, Späh[er]dienst); **Spio|na-**
ge-ab|wehr, ...netz; spio|nie-
ren; Spio|nin, die; -, -nen
Spi|ra|le, die; -, -n; **Spi|ral|fe-**
der; spi|ra|lig (schrauben-, schneckenförmig)
Spi|ri|tis|mus, der; - (Glaube an vermeintliche Erscheinungen von Seelen Verstorbener); **spi|ri-**
ti|stisch; Spi|ri|tu|al [ßpiritjuel], der od. das; -s, -s (geistliches Volkslied der im Süden Nordamerikas lebenden afrikanischen Neger mit schwermütiger, synkopierter Melodie); **Spi|ri-**
tuo|sen, die (Mehrz.; geistige

[alkohol.] Getränke); **Spi|ri|tus** [*schp...*], der; -, -se (Weingeist, Alkohol); **Spi|ri|tus|ko|cher** [*schp...*]

Spi|tal, das; -s, ...täler (veralt., aber noch landsch. für: Krankenhaus, Altersheim, Armenhaus)

spitz; spitz|be|kom|men (ugs. für: merken, durchschauen); **Spitz|bu|be; spitz|bü|bisch; spit|ze** (vgl. klasse); **Spit|ze,** die; -, -n; **Spit|zel,** der; -s, - (Aushorcher, Spion); **spit|zeln; spit|zen; Spit|zen_er|zeug|nis, ...ge|schwin|dig|keit, ...klas|se, ...lei|stung, ...sport|ler, ...tanz; spitz|fin|dig; Spitz_fin|dig|keit, ...hak|ke** [*Trenn.:* hak|ke]; **spitz|krie|gen** (ugs. für: merken, durchschauen); **Spitz|na|me; spitz|win|ke|lig, spitz|wink|lig**

Spleen (*schp|lin,* seltener *ßp|lin*], der; -s, -e u. -s (Tick; Schrulle; Verschrobenheit; Eingebildetheit); **splee|nig**

splei|ßen, spliß, gesplissen (landsch. für: fein spalten; Seemannsspr.: Tauenden miteinander verflechten)

splen|did (freigebig; glanzvoll; kostbar)

Splitt, der; -[e]s, -e (zerkleinertes Gestein für den Straßenbau; niederd. für: Span, Schindel); **Split|ter,** der; -s, -; **Split|ter|grup|pe; split|te|rig; split|tern; split|ter|nackt** (ugs. für: völlig nackt); **Split|ter|par|tei**

Spö|ken|kie|ker niederd. (Geisterseher, Hellseher)

spon|tan (von selbst; von innen heraus, freiwillig, aus eigenem plötzl. Antrieb); **Spon|ta|nei|tät** [*...ne-i...*], die; -, -en (Selbsttätigkeit ohne äußere Anregung; Unwillkürlichkeit; eigener, innerer Antrieb)

spo|ra|disch (vereinzelt [vorkommend], zerstreut)

Spo|re, die; -, -n (ungeschlechtl. Fortpflanzungszelle der Pflanzen)

Sporn, der; -[e]s, Sporen (meist *Mehrz.*; Rädchen am Reitstiefel); **sporn|streichs**

Sport, der; -[e]s, (selten:) -e (Spiel, Leibesübungen; Liebhaberei); **Sport_art, ...feld, ...flug|zeug, ...hemd; spor|tiv** (sportlich); **Sport|leh|rer; Sport|ler; Sport|le|rin,** die; -, -nen; **sport|lich; Sport_me|di|zin, ...platz, Sports|mann** (*Mehrz.* ...leute, auch: ...männer); **Sport_ver|ein, ...wa|gen**

Spot, der; -s, -s (Werbefilm; in Tonfunksendungen eingeblendeter Werbetext)

Spott, der; -[e]s; **spott|bil|lig** (ugs.); **Spöt|te|lei; spöt|teln; spot|ten; Spöt|ter; spöt|tisch; Spott_lust, ...preis**

Spra|che, die; -, -n; **Sprach_feh|ler, ...ge|brauch, ...la|bor, ...leh|re; sprach|lich; sprach|los; Sprach_rohr, ...schatz, ...wis|sen|schaft**

Spray [*ßpre'*], der od. das; -s, -s (Sprühflüssigkeit); **spray|en**

Sprech_an|la|ge, ...chor, der; **spre|chen;** sprach, gesprochen; **Spre|cher; spre|che|risch; Sprech_er|zie|hung, ...kun|de** (die; -); **...stun|de; Sprech|stun|den|hil|fe; Sprech_wei|se** (die; -, -n), **...zim|mer**

sprei|zen; Spreiz|fuß

Spren|gel, der; -s, - (Amtsgebiet [eines Bischofs, Pfarrers])

spren|gen; Spreng_kör|per, ...la|dung, ...satz, ...stoff; Spren|gung

Spren|kel, der; -s, - (Fleck, Punkt, Tupfen); **spren|keln**

Spreu, die; -

Sprich|wort (*Mehrz.* ...wörter); **sprich|wört|lich**

sprie|ßen; sproß, gesprossen (hervorwachsen)

Spring|brun|nen; sprin|gen; sprang, gesprungen; **Sprin|ger; Spring_flut, ...form** (eine Kuchenform); **spring|le|ben|dig; Spring|seil** (ein Kinderspielzeug)

Sprink|ler, der; -s, - (Beriese-
lungsgerät); **Sprink|ler|an|la|ge**
Sprint, der; -s, -s (Sportspr.:
Kurzstreckenlauf); **sprin|ten;**
Sprin|ter, der; -s, - (Sportspr.:
Kurzstreckenläufer)
Sprit, der; -[e]s, -e (ugs. für:
Treibstoff)
Sprit|ze, die; -, -n; **sprit|zen;**
Sprit|zer; Spritz|ge|backe|ne
[*Trenn.:* ...bak|ke...], das; -n;
sprit|zig; Spritz|tour (ugs.)
spröd, sprö|de
Sproß, der; Sprosses, Sprosse u.
(Jägerspr.:) Sprossen; **Spros-
se,** die; -, -n (Querholz der Leiter;
Hautfleck; auch für: Sproß [Ge-
weihteil]); **spros|sen; Spros-
sen|wand** (ein Turngerät);
Spröß|ling
Sprot|te, die; -, -n (ein Fisch)
Spruch, der; -[e]s, Sprüche;
Spruch|band (das; *Mehrz.*
...bänder)
Spru|del, der; -s, -; **spru|deln**
**Sprüh|do|se; sprü|hen; Sprüh-
_fla|sche, ...re|gen**
Sprung, der; -[e]s, Sprünge;
Sprung|bein; sprung|be|reit;
Sprung_brett, **...fel|der;**
sprung|haft; **Sprung_lauf**
(Schisport), **...schan|ze** (Schi-
sport), **...tuch** (*Mehrz.* ...tücher),
...turm
Spucke [*Trenn.:* Spuk|ke], die;
- (ugs. für: Speichel); **spucken**
[*Trenn.:* spuk|ken] (speien);
Spuck|napf
Spuk, der; -[e]s, (selten:) -e (Ge-
spenst[ererscheinung]); **spu-
ken** (gespensterhaftes Unwesen
treiben); **Spuk|ge|schich|te**
Spül_au|to|mat, **...becken**
[*Trenn.:* ...bek|ken]
Spu|le, die; -, -n; **spu|len**
Spü|le, die; -, -n; **spü|len; Spül-
_ma|schi|ne, ...mit|tel, ...stein;**
Spü|lung; **Spül|was|ser**
(*Mehrz.* ...wässer)
¹Spund, der; -[e]s, Spünde (Faß-
verschluß; Feder; Nut)
²Spund, der; -[e]s, -e (ugs. für:
junger Kerl)

Spur, die; -, -, -en; **spür|bar; Spur-
brei|te; spu|ren;** **spü|ren;**
**Spür|hund; spur|los; Spür|na-
se** (übertr. ugs.); **Spür|sinn,**
der; -[e]s
Spurt, der; -[e]s, -s u. (selten:)
-e (Steigerung der Geschwindig-
keit bei Rennen über eine längere
Strecke, bes. bei der Leichtathle-
tik); **spur|ten**
Spur|wei|te
spu|ten, sich (sich beeilen)
Squaw [*ßkwą̈*], die; -, -s (nord-
amerik. Indianerfrau)
¹Staat, der; -[e]s, -en; **²Staat,**
der; -[e]s (ugs.: Prunk); **staa-
ten|los; staat|lich; Staats-
_akt, ...ak|ti|on, ...an|ge|hö-
rig|keit, ...an|walt, ...be|gräb-
nis, ...be|such, ...bür|ger,
...dienst, ...ex|amen, ...ge-
heim|nis, ...gren|ze, ...ko-
sten,** die (*Mehrz.*), **...mann**
(*Mehrz.* ...männer); **staats-
män|nisch; Staats_ober-
haupt, ...se|kre|tär; Staats-
streich**
Stab, der; -[e]s, Stäbe; **Stäb-
chen;** **Stab|hoch|sprung**
(Sport)
sta|bil (beständig, dauerhaft, fest,
haltbar; [körperlich] kräftig, wi-
derstandsfähig); **sta|bi|li|sie-
ren** (festsetzen; festigen; stand-
fest machen); **Sta|bi|li|sie|rung;**
Sta|bi|li|tät, die; - (Beständig-
keit, Dauerhaftigkeit; [Stand]fe-
stigkeit)
Stab|lam|pe; **Stab|sich|tig-
keit,** die; - (für: Astigmatismus)
Sta|chel, der; -s, -n; **Sta|chel-
bee|re; Sta|chel|draht; Sta-
chel|schwein; stach|lig,** sta-
che|lig
Sta|di|on, das; -s, ...ien [...*iᵉn*]
(Kampfbahn, Sportfeld); **Sta|di-
um,** das; -s, ...ien [...*iᵉn*] ([Zu]-
stand, [Entwicklungs]stufe, Abschnitt)
Stadt, die; -, Städte[1]; **stadt|be-
kannt; Stadt_be|völ|ke|rung,**

---

[1] Auch: *schtą̈...*

...bild; Städt|chen[1]; Städ|te-
bau[1], der; -[e]s (Anlage u.
Planung von Städten); städ|te-
bau|lich[1]; Städ|ter[1]; Stadt-
_ge|spräch, ...gue|ril|la; städ-
tisch[1]; Stadt|kern; Stadt-
_mau|er, ...plan, ...rand, ...rat
(*Mehrz.* ...räte), ...staat (*Mehrz.*
...staaten), ...teil, der, ...vä|ter,
die (*Mehrz.*), ...ver|ord|ne|te,
der u. die; -n, -n, ...ver|wal-
tung, ...vier|tel, ...wer|ke, die
(*Mehrz.*)

Sta|fet|te, die; -, -n (Sport: Staf-
fel, Staffellauf)

Staf|fa|ge [...*aseh°*], die; - (Bei-
werk, Belebung [eines Bildes]
durch Figuren; Nebensächliches,
Ausstattung)

Staf|fel, die; -, -n; 100-m-Staffel;
Staf|fe|lei; Staf|fel|lauf
(Leichtathletik, Skisport); staf-
feln

Sta|gna|ti|on [...*zion*], die; -
(Stockung, Stillstand); sta-
gnie|ren

Stahl, der; -[e]s, Stähle u. (selten:) Stahle (schmiedbares Ei-
sen); stäh|len; stäh|lern (aus
Stahl); stahl_grau, ...hart;
Stahl|helm

stak|sen (ugs.: steifbeinig gehen)

Sta|lag|mit, der; -s u. -en, -e[n]
(Tropfstein vom Boden her, Auf-
tropfstein); Sta|lak|tit, der; -s
u. -en, -e[n] (Tropfstein an Dek-
ken, Abtropfstein)

Sta|li|nis|mus, der; -; sta|li|ni-
stisch

Stall, der; -[e]s, Ställe; Stalla-
ter|ne [*Trenn.*: Stall|la...]; Ställ-
chen; Stall|lung

Stamm, der; -[e]s, Stämme;
Stamm_baum, ...buch
stam|meln
stam|men

Stamm_form, ...gast (*Mehrz.*
...gäste), ...; Stamm|hal|ter;
stäm|mig; Stamm_knei|pe
(ugs.), ...kun|de, der, ...kund-
schaft; ...lo|kal, ...tisch

---

[1] Auch: *schtä*...

358

stamp|fen; Stamp|fer

Stan|dard, der; -s, -s (Normal-
maß, Durchschnittsmuster;
Richtschnur, Norm); Stan-
dard|aus|rü|stung, stan|dar|di-
sie|ren (normen); Stan-
dard_tanz, ...werk (mustergül-
tiges Sach- od. Fachbuch)

Stan|dar|te, die; -, -n (Banner;
Feldzeichen; Fahne berittener u.
motorisierter Truppen; Jägerspr.:
Schwanz des Fuchses)

Stand_bein (Sport, bild. Kunst;
Ggs.: Spielbein), ...bild; Ständ-
chen

Stan|der, der; -s, - (Dienstflagge
am Auto; Seemannsspr.: kurze,
dreieckige Flagge)

Stän|der, der; -s, - (Jägerspr.
auch: Fuß des Federwildes);
Stan|des_amt, ...be|am|te;
stan|des|be|wußt; Stan|des-
_be|wußt|sein, ...dün|kel;
stan|des|ge|mäß; Stan|des-
un|ter|schied; stand|fest;
Stand_fe|stig|keit (die; -),
...ge|richt (Militär); stand-
haft; Stand|haf|tig|keit,
die; -; stand|hal|ten; stän|dig
(dauernd); stän|disch (die
Stände betreffend; nach Ständen
gegliedert); Stand|licht (bei
Kraftfahrzeugen); Stand|ort,
der; -[e]s, -e (auch Militär für:
Garnison); Stand_pau|ke
(ugs.: Strafrede), ...punkt,
...recht (Kriegsstrafrecht)

Stan|ge, die; -, -n (Jägerspr.
auch: Stamm des Hirschgewei-
hes, Schwanz des Fuchses);
Stan|gen_boh|ne, ...holz,
...spar|gel

Stän|k[e|r]er; stän|kern (ugs.)

Stan|ni|ol, das; -s, -e (eine silber-
glänzende Zinnfolie, ugs. auch
für: Aluminiumfolie); Stan|ni-
ol|pa|pier

stan|te pe|de (ugs. scherzh. für:
stehenden Fußes; sofort)

Stan|ze, die; -, -n (Ausschneide-
werkzeug, -maschine für Bleche
u. a.; Prägestempel); stan|zen

Sta|pel, der; -s, - (Platz od. Ge-

bäude für die Lagerung von Waren; aufgeschichteter Haufen); **Sta|pel|lauf; sta|peln**
Stap|fe, die; -, -n u. **Stap|fen,** der; -s, - (Fußspur); **stap|fen**
¹**Star,** der; -[e]s, -e (Augenkrankheit; der graue, grüne, schwarze Star [Augenkrankheiten])
²**Star,** der; -s, -s (berühmte Persönlichkeit [beim Film]; Sportsegelboot)
³**Star,** der; -[e]s, -e (ein Vogel)
Star|figh|ter [*ßtaꞌfaiteʳ*], der; -s, - (amerik. Kampfflugzeug)
stark; stär|ker, stärkste; das -e (männliche) Geschlecht; stark sein; stark erhitzt
Stär|ke, die; -, -n; **stär|ken**
Stark|strom, der; -[e]s; **Stär|kung**
Star|let[t] [*ßtaꞌlät*], das; -s, -s (Nachwuchsfilmschauspielerin)
starr; Star|re, die; -; **star|ren;** von od. vor Schmutz -; **Starr|heit,** die; -; **Starr|kopf** (Eigensinniger); **starr|köp|fig; Starr|krampf,** der; -[e]s; **Starr|sinn,** der; -[e]s; **starr|sin|nig**
Start, der; -[e]s, -s u. (selten:) -e (das Starten; Stelle, von der aus gestartet wird; übertr.: Beginn); **start|be|reit; star|ten** (einen Flug, einen Wettkampf, ein Rennen beginnen [lassen]; übertr.: etwas anfangen [lassen]); **Star|ter** (Sport: Person, die das Zeichen zum Start gibt, Rennwart; jmd., der startet; Anlasser eines Motors)
State|ment [*ßteꞌtmᵉnt*], das; -s, -s (Erklärung, Verlautbarung)
Sta|tik, die; - (Lehre von den Kräften im Gleichgewicht)
Sta|ti|on [*...zion*], die; -, -en (Haltestelle; Bahnhof; Haltepunkt; Krankenhausabteilung; Ort, an dem sich eine techn. Anlage befindet); **sta|tio|när** (standörtlich; bleibend; ortsfest; die Behandlung, den Aufenthalt in einem Krankenhaus betreffend)

sta|tisch (die Statik betreffend; stillstehend, ruhend)
Sta|tist, der; -en, -en (Theater u. übertr.: nur dastehende, stumme Person); **Sta|ti|stik,** die; -, -en ([vergleichende] zahlenmäßige Erfassung von Massenerscheinungen); **sta|ti|stisch** (zahlenmäßig); **Sta|tiv,** das; -s, -e [*...wᵉ*] (Ständer [für Apparate])
statt, an|statt; *Verhältnisw.* mit *Wesf.:* - dessen; **Statt,** die; -; an Eides -; **Stät|te,** die; -, -n; **statt|fin|den;** fand statt, stattgefunden; **statt|ge|ben;** gab statt, stattgegeben; **statt|ha|ben;** hatte statt, stattgehabt; **statt|haft; Statt|hal|ter** (Stellvertreter)
statt|lich (ansehnlich)
Sta|tue [*...uᵉ*], die; -, -n (Standbild); **sta|tu|ieren** (festsetzen); ein Exempel - (ein warnendes Beispiel geben); **Sta|tur,** die; -, -en (Gestalt; Wuchs); **Sta|tus,** der; -, - (Zustand, Bestand, Stand; Vermögensstand); **Status quo,** der; - - (gegenwärtiger Zustand); **Sta|tus|sym|bol; Sta|tut,** das; -[e]s, -en (Satzung, [Grund]gesetz)
Stau, der; -[e]s, -e (auch: -s)
Staub, der; -[e]s, (Technik:) -e u. Stäube; **staub|be|deckt; stau|ben** (vom Staub: aufwirbeln); es staubt; **stäu|ben** (zerstieben); **Staub|ge|fäß; staubig; Staub|lun|ge; Staub sau|gen;** saugte Staub, Staub gesaugt, oder: **staub|sau|gen;** staubsaugte, staubgesaugt; **Staub_sau|ger, ...tuch** (*Mehrz.* ...tücher), **...we|del, ...wol|ke, ...zucker** [*Trenn.:* ...zuk|ker])
stau|chen
Stau|damm; stau|en (fließendes Wasser hemmen; Ladung auf Schiffen unterbringen); das Wasser staut sich
Stau|de, die; -, -n
stau|nen; Stau|nen, das; -s
Stau|pe, die; -, -n (eine Hundekrankheit)

Stau|see, der; **Stau|ung**

Steak [_ßtek_], das; -s, -s (gebratene Fleischschnitte)

Stea|rin, das; -s, -e (Rohstoff für Kerzen)

ste|chen; stach, gestochen; **Stechen** (Sportspr.), das; -s, -; **Stech|flie|ge, ...kar|te** (Karte für die Stechuhr), **...mücke**[1], **...uhr** (eine Kontrolluhr)

Steck|brief; steck|brief|lich; jmdn. - suchen; **Steck|do|se;** **¹stecken**[1]; steckte (geh.: stak), gesteckt (sich irgendwo befinden, dort festsitzen); **²stecken**[1]; steckte, gesteckt (etwas in etwas hineinbringen, etwas festheften); **Stecken**[1], der; -s, - (Stock); **stecken|blei|ben**[1]; blieb stecken, steckengeblieben; **Stecken|pferd**[1]; **Stecker**[1] (elektr. Anschlußteil); **Steck_kis|sen, ...kon|takt; Steck|ling** (Pflanzenteil, der neue Wurzeln bildet); **Steck|na|del**

Steg, der; -[e]s, -e

Steg|reif; aus dem - (unvorbereitet); **Steg|reif|ko|mö|die**

Steh|auf|männ|chen; Steh_bier|hal|le; ste|hen; stand, gestanden; zu Diensten, zu Gebote, zur Verfügung -; das wird dich (auch: dir) teuer zu - kommen; auf jmdn., etwas - (ugs.: für jmdn., etwas eine besondere Vorliebe haben); zum Stehen bringen; **ste|hen|blei|ben;** blieb stehen, stehengeblieben (nicht weitergehen; übriggebleiben); **ste_hend;** -en Fußes; das -e Heer (im Gegensatz zur Miliz); alles in meiner Macht Stehende; **ste|hen|las|sen;** ließ stehen, stehen- [ge]lassen (nicht anrühren; vergessen); **Steh_gei|ger, ...kon|vent** (scherzh.: Gruppe von Personen, die sich stehend unterhalten), **...kra|gen, ...lam|pe**

steh|len; stahl, gestohlen

Steh_platz, ...ver|mö|gen

steif; ein -er Hals; ein -er Grog;

ein -er Wind; - sein, werden, kochen, schlagen; **Stei|fe,** die; -, -n (Steifheit; Stütze); **stei|fen; steif|hal|ten;** hielt steif, steifgehalten (ugs.); die Ohren - (ugs.: sich nicht entmutigen lassen)

Steig, der; -[e]s, -e (steiler, schmaler Weg); **Steig|bü|gel; Stei|ge,** die; -, -n (steile Fahrstraße; Lattenkiste [für Obst]); **stei|gen;** stieg, gestiegen; **Stei_ger** (Aufsichtsbeamter im Bergbau); **stei|gern; Stei|ge|rung** (auch: Komparation); **Stei|gung**

steil; Steil|hang; Steil|kü|ste

Stein, der; -[e]s, -e; **Stein|ad|ler; stein|alt** (ugs.: sehr alt); **Stein_bock, ...brech,** der; -[e]s, -e (Pflanzengattung), **...bruch,** der, **...butt** (ein Fisch); **stei|nern** (aus Stein); ein -es Kreuz; ein -es (mitleidsloses) Herz; **Stein|gut,** das; -[e]s, -e; **stei|nig; stei|ni|gen; Stei_ni|gung; Stein_koh|le, ...metz** (der; -en, -en), **...pilz; stein_reich;** ein -er Mann; **Stein_wurf, ...zeit** (die; -)

Steiß, der; -es, -e; **Steiß|bein**

Stel|la|ge [_schtälasche°_], die; -, -n (Gestell, Ständer)

Stell|dich|ein, das; -[s], -[s] (Verabredung); **Stel|le,** die; -, -n; an - (anstelle) des Vaters; zur Stelle sein; an erster Stelle; **stel|len; Stel|len|an|ge|bot, ...ge|such; stel|len|wei|se; Stel|len|wert; Stel|lung;** - nehmen; **Stel|lung|nah|me,** die; -; **Stel|lungs|krieg; stel|lungs_los; stell|ver|tre|tend;** der -e Vorsitzende; **Stell_ver|tre|ter, ...ver|tre|tung, ...werk**

Stelz|bein (abschätzig); **Stel|ze,** die; -, -n; -n laufen; **stel|zen** (meist iron.)

Stemm|ei|sen; stem|men; sich gegen etwas -

Stem|pel, der; -s, -; **Stem|pel_geld** (ugs.: Arbeitslosenunterstützung), **...kis|sen; stem|peln;** - gehen (ugs.: Arbeitslosenunterstützung beziehen

---

[1] _Trenn.:_ ...k|k...

Sten|gel, der; -s, - (Teil der Pflanze); sten|gel|los

Ste|no, die; - (ugs. Kurzw. für: Stenographie); **Ste|no|graf** usw. (eindeutschende Schreibung von: Stenograph usw.); **Ste|no|gramm,** das; -s, -e (nachgeschriebenes Diktat od. nachgeschriebene Rede in Kurzschrift); **Ste|no|gramm|block** (*Mehrz.* ...blocks); **Ste|no|graph,** der; -en, -en (Kurzschriftler); **Ste|no|gra|phie,** die; -, ...ien (Kurzschrift), **ste|no|gra|phie|ren; Ste|no|kon|to|ri|stin,** die; -, -nen; **Ste|no|ty|pi|stin,** die; -, -nen (Büroangestellte, die Kurzschrift u. Maschinenschreiben beherrscht)

Step, der; -s, -s (ein Tanz)

Stepp|decke [*Trenn.:* ...dek|ke]

Step|pe, die; -, -n (baumlose, wasserarme Pflanzenregion)

¹**step|pen** (Stofflagen zusammennähen)

²**step|pen** (Step tanzen)

Step|per (Steptänzer); **Step|pe|rin,** die; -, -nen (Steptänzerin)

Stepp|ke, der; -[s], -s (ugs., bes. berlin.: kleiner Junge)

Stepp|tanz

Ster|be|bett, ...fall, der, **...geld, ...kas|se; ster|ben;** starb, gestorben; **Ster|ben,** das; -s; im - liegen; es ist zum - langweilig (ugs.: sehr langweilig); **sterbens|krank; Ster|bens|wort, Ster|bens|wört|chen** (ugs.), nur in: kein -; **Ster|be|sa|krament, ...stun|de, ...ur|kun|de; sterb|lich; Sterb|lich|keit,** die; -

Ste|reo, das; -s, -s (Kurzw. für: Stereotypplatte u. Stereophonie); **Ste|reo|an|la|ge** (Anlage für den stereophonen Empfang); **ste|reo|phon; Ste|reo|pho|nie,** die; - (Technik der räuml. wirkenden Tonübertragung); **ste|reo|pho|nisch; Ste|reo|plat|te** (stereophonische Schallplatte); **Ste|reo|skop,** das; -s, -e (Vorrichtung, durch die man Bilder

plastisch sieht); **ste|reo|typ** ([fest]stehend, unveränderlich; übertr.: ständig [wiederkehrend])

ste|ril (unfruchtbar; keimfrei); **Ste|ri|li|sa|ti|on** [...*zion*], die; -, -en (Unfruchtbarmachung; Entkeimung); **ste|ri|li|sie|ren** (haltbar machen [von Nahrungsmitteln]; zeugungsunfähig machen); **Ste|ri|li|sie|rung; Ste|ri|li|tät,** die; - (Unfruchtbarkeit; Keimfreiheit)

Ster|ling [*ßtär*..., od. *ßtö'*..., auch: *schtär*...], der; -s, -e (engl. Münzeinheit); Pfund - (Zeichen u. Abk.: £, £Stg); 2 Pfund -

Stern, der; -[e]s, -e (Himmelskörper); **Stern|bild, ...deutung; Ster|nen|ban|ner, ...zelt,** das; -[e]s (dicht.); **Stern|fahrt** (Rallye); **stern|för|mig; stern|ha|gel|voll** (ugs.: sehr betrunken); **stern|hell; Stern|him|mel; stern|klar; Stern|kun|de,** die; -; **Stern|schnup|pe, ...sin|gen** (das; -s; Volksbrauch zur Dreikönigszeit), **...sin|ger, ...stun|de** (glückliche Schicksalsstunde)

stet; -e Vorsicht

Ste|tho|skop, das; -s, -e (med. Hörröhr)

ste|tig; Ste|tig|keit, die; -; **stets**

¹**Steu|er,** das; -s, - (Lenkvorrichtung); ²**Steu|er,** die; -, -n (Abgabe; Beihilfe); direkte, indirekte -; **Steu|er|be|ra|ter, ...bescheid, ...bord** (das; -[e]s, -e; rechte Schiffsseite), **...er|klärung; steu|er|frei; Steu|er_gel|der,** die (*Mehrz.*), **...hin|ter|zie|hung, ...klas|se, ...knüp|pel; steu|er|lich; Steu|er|mann** (*Mehrz.* ...männer und ...leute); **steu|ern; steu|er|pflich|tig; Steu|er_prü|fer, ...rad, ...ru|der; Steue|rung; Steu|er|zah|ler**

Ste|ven [...*w'n*], der; -s, - (das Schiff vorn u. hinten begrenzender Balken)

Ste|ward [*ßtju͜ᵉrt*], der; -s, -s (Betreuer der Passagiere in Schiffen, Flugzeugen u. Omnibussen); Ste|war|deß [*ßtju͜ᵉrdäß*, auch: ...*däß*], die; -, ...dessen (weiblicher Steward)

sti|bit|zen (ugs.: sich listig aneignen)

Stich, der; -[e]s, -e; im - lassen; Sti|chel, der; -s, - (ein Werkzeug); sti|cheln (auch übertr.: hinterhältige Anspielungen, Bemerkungen machen); stich|fest; hieb- und stichfest; Stich|flam|me; stich|hal|tig; Stich|hal|tig|keit, die; -

Stich|ling (ein Fisch)

Stich.pro|be, ...waf|fe, ...wahl, ...wort (*Mehrz.*: ...wörter: [an der Spitze eines Artikels stehendes] erläutertes Wort od. erläuterter Begriff in Nachschlagewerken; *Mehrz.*: ...worte: einem andern den Einsatz gebendes Wort eines Schauspielers; kurze Aufzeichnung aus einzelnen wichtigen Wörtern)

sticken[1]; Sticke|rei[1]; stickig[1]; Stick|stoff (der; -[e]s; chem. Grundstoff)

stie|ben; stob (auch: stiebte), gestoben (auch: gestiebt)

Stie|fel, der; -s, - (Fußbekleidung; Trinkglas in Stiefelform); stie|feln (ugs.: gehen, stapfen)

Stief.kind, ...mut|ter (*Mehrz.* ...mütter), ...müt|ter|chen (eine Zierpflanze); stief|müt|ter|lich

Stie|ge, die; -, -n (Treppe; Verschlag, Kiste; Zählmaß [20 Stück])

Stieg|litz, der; -es, -e (Distelfink)

Stiel, der; -[e]s, -e (Griff; Stengel); mit Stumpf und -; Stiel|au|ge (ugs. scherzh. in: - n machen)

stier (starr)

Stier, der; -[e]s, -e

stie|ren (starr blicken)

Stier|kampf

[1]Stift, der; -[e]s, -e (Bleistift; Nagel)

[1] *Trenn.*: ...k|k...

[2]Stift, der; -[e]s, -e (ugs.: jüngster Lehrling)

[3]Stift, das; -[e]s, -e u.a. (seltener:) -er (fromme Stiftung; auch: Altersheim); stif|ten

stif|ten|ge|hen (ugs.: sich heimlich entfernen)

Stif|ter; Stif|tung

Stig|ma, das; -s, ...men u. -ta ([Wund-, Brand]mal); stig|ma|ti|sie|ren

Stil, der; -[e]s, -e (Einheit der Ausdrucksformen [eines Kunstwerkes, eines Menschen, einer Zeit]; Darstellungsweise, Art [Bau-, Schreibart usw.]); Stil|ge|fühl, das; -[e]s; stil|ge|recht; sti|li|sie|ren (die Naturformen in ihrer Grundstruktur gestalten); Sti|list, der; -en, -en (jmd., der die sprachl. Formen beherrscht); sti|li|stisch

still; im stillen (unbemerkt); ein stilles Örtchen (ugs. scherzh.: eine Toilette); die Stille Woche (Karwoche); - sein; Stil|le, die; -; in aller, in der -; Stil|le|ben [*Trenn.*: Still|le...], das; -s, - (Malerei: Darstellung lebloser Gegenstände in künstl. Anordnung); stille|gen [*Trenn.*: still|le...] (außer Betrieb setzen); die Fabrik wurde stillgelegt; Stil|le|gung [*Trenn.*: Still|le...]; stil|len (still halten (sich nicht bewegen; erdulden, geduldig ertragen); stil|lie|gen [*Trenn.*: still|lie...] (außer Betrieb sein)

still|los

still|schwei|gen; er hat stillgeschwiegen; still|schwei|gend; still|sit|zen (nicht beschäftigt sein); Still|stand, der; -[e]s; still|ste|hen (aufhören); sein Herz hat stillgestanden; still|ver|gnügt

Stil|mö|bel; stil.voll, ...wid|rig

Stimm.ab|ga|be, ...band (das; *Mehrz.* ...bänder); stimm|be|rech|tigt; Stimm.be|zirk, ...bruch (der; -[e]s); Stim|me, die; -, -n; stim|men; Stim|men|ge|wirr; Stimm|ent|hal|tung;

**Stimm|ga|bel; stimm|ge|wal-
tig; stimm|haft** („weich" aus-
zusprechen); **stim|mig** (pas-
send, richtig, [überein]stim-
mend); **Stimm|la|ge; stimm-
lich; stimm|los** („hart" auszu-
sprechen); **Stim|mung; Stim-
mungs|bild; stim|mungs|voll;
Stimm_vieh** (verächtl.), **...zet-
tel**
Sti|mu|lans, das; -, ...lantia
[...*lanzia*] u. ...lanzien [...*lanzi⁰n*]
(Med.: anregendes Mittel, Reiz-
mittel); **sti|mu|lie|ren; Sti|mu-
lie|rung** (Erregung, Anregung,
Reizung)
Stink|bom|be; stin|ken; stank,
gestunken; **stink|faul** (ugs.);
stin|kig; Stink|tier; Stink|wut
(derb für: große Wut)
Sti|pen|di|at, der; -en, -en (jmd.,
der ein Stipendium erhält); **Sti-
pen|di|um,** das; -s, ...ien [...*i⁰n*]
(Geldbeihilfe für Schüler, Studie-
rende, Gelehrte)
stip|pen (ugs.: tupfen, tunken);
Stipp|vi|si|te (ugs.: kurzer Be-
such)
Stirn, die; -, ...nen
stö|bern (ugs.: ausführlich in et-
was herumsuchen; Jägerspr.:
aufjagen; flockenartig umherflie-
gen)
sto|chern
¹**Stock,** der; -[e]s, Stöcke (Stab
u. a.); über - und Stein; ²**Stock,**
der; -[e]s, - u. Stockwerke
(Stockwerk); das Haus ist zwei
- hoch
stock|dun|kel (ugs.: völlig dun-
kel); **stöckeln**[1] (ugs.: auf hohen
Absätzen laufen); **Stöckel-
schuh**[1] (ugs.); **stocken**[1] (nicht
vorangehen; bayr. u. österr. auch:
gerinnen); ins Stocken geraten;
gestockte Milch (bayr. u. österr.:
Dickmilch)
Stock_ro|se (eine Heil- u. Ge-
würzpflanze), **...schnup|fen;
Stockung** [Trenn.: ...ok|ku...];
Stock|werk

---

[1] *Trenn.:* ...k|k...

Stoff, der; -[e]s, -e
Stof|fel, der; -s, - (ugs.: Tölpel)
stoff|lich (dem Stoffe nach)
Stoff|wech|sel
stöh|nen; ein leises Stöhnen
Stoi|ker (Vertreter des Stoizis-
mus); **sto|isch** (zur Stoa gehö-
rend; unerschütterlich, gleich-
mütig); **Stoi|zis|mus,** der; -
(Lehre der Stoiker; Unerschütter-
lichkeit, Gleichmut)
Sto|la, die; -, ...len (altröm. Ärmel-
gewand; gottesdienstl. Gewand-
stück des kath. Geistlichen; langer, schmaler Umhang)
Stol|le, die; -, -n od. ¹**Stol|len,**
der; -s, - (Weihnachtsgebäck);
²**Stol|len,** der; -s, - (Berg-
mannsspr.: waagerechter Gru-
benbau, der zu Tage ausgeht)
stol|pern (straucheln)
stolz; Stolz, der; -es; **stol|zie-
ren** (stolz einherschreiten)
stop! (halt!) [auf Verkehrsschil-
dern]; im Telegrafenverkehr:
Punkt)
stop|fen; Stop|fen, der; -s, -
landsch. (Stöpsel, Korken);
Stopf|na|del
stopp! (halt!); **Stopp,** der; -s,
-s
Stop|pel, die; -, -n; **Stop|pel-
_bart** (ugs.), **...feld; stop|peln**
stop|pen (anhalten; mit der
Stoppuhr messen); **Stop|per**
(Fußball: Mittelläufer); **Stopp-
uhr**
Stöp|sel, der; -s, -; **stöp|seln**
Stör, der; -[e]s, -e (ein Fisch)
Stör|ak|ti|on
Storch, der; -[e]s, Störche;
Stör|chin, die; -, -nen; **Storch-
schna|bel** (eine Pflanze; Gerät
zum mechan. Verkleinern od.
Vergrößern von Zeichnungen)
Store [*ßtor*, schweiz.: *schtor⁰*],
der; -s, -s (schweiz.: der; -⁰)
(Fenstervorhang; schweiz.: Mar-
kise; Sonnenvorhang aus Segel-
tuch od. aus Kunststofflamellen)
stö|ren (hindern, belästigen);
Stö|ren|fried, der; -[e]s, -e (ab-
wertend); **Stör|ma|nö|ver**

stor|nie|ren (Kaufmannsspr.: Fehler [in der Buchung] berichtigen; rückgängig machen); **Stor|no,** der u. das; -s, ...ni (Berichtigung; Rückbuchung, Löschung)

stör|risch

Stö|rung; stö|rungs|frei (frei von Rundfunkstörungen); **Störungs|stel|le** (für Störungen im Fernsprechverkehr zuständige Abteilung bei der Post)

Sto|ry [*ßtạ̈ri*], die; -, -s ([Kurz]geschichte)

Stoß, der; -es, Stöße; **stoß|empfind|lich; sto|ßen;** stieß, gestoßen; er stößt ihn (auch: ihm) in die Seite; **stoß|fest; Stoß|gebet; Stoß|kraft,** die; -; **Stoßseuf|zer, ...stan|ge, ...trupp** (Militär); **Stoß|zeit**

Stot|te|rer; stot|tern; ins Stottern geraten; etwas auf Stottern (ugs.: auf Ratenzahlung) kaufen

Stöv|chen (niederd.: Kohlenbekken; Wärmevorrichtung für Tee od. Kaffee)

stracks (geradeaus; sofort)

Stra|di|va|ri, die; -, -[s] u. **Stradi|va|ri|us,** die; - (Stradivarigeige); **Stra|di|va|ri|gei|ge**

Straf|an|stalt, ...an|zei|ge, ...ar|beit; straf|bar; -e Handlung; **Straf|be|fehl; Stra|fe,** die; -, -n; **stra|fen**

straff

straff|fäl|lig

straf|fen (straff machen); sich - (sich recken); **Straff|heit**

straf|frei; Straf_frei|heit (die; -), **...ge|fan|ge|ne, ...ge|setzbuch, ...kam|mer, ...ko|lo|nie; sträf|lich;** -er Leichtsinn; **Sträf|ling; Sträf|lings|kleidung; straf|los; Straf_mandat, ...porto, ...raum** (Sport), **...re|gi|ster, ...stoß** (Sport), **...tat, ...ver|fah|ren; straf|ver|set|zen;** nur in der Grundform u. im 2. Mittelwort „strafversetzt" gebr.; **Straf_ver|tei|di|ger, ...voll|zug, ...zet|tel**

Strahl, der; -[e]s, -en; **strah|len**

sträh|len (kämmen)

strah|lend; strah|len|för|mig

Sträh|ne, die; -, -n; **sträh|nig**

stramm; ein -er Junge; stramm-ste|hen; stand stramm, strammgestanden; **stramm|zie|hen;** zog stramm, strammgezogen

Stram|pel|hös|chen; strampeln

Strand, der; -[e]s, Strände; **Strand|bad; stran|den; Strand_gut, ...ha|fer**

Strang, der; -[e]s, Stränge

Stran|gu|la|ti|on [*...zion*], **Stran|gu|lie|rung,** die; -, -en (Erdrosselung; Med.: Abklemmung); **stran|gu|lie|ren**

Stra|pa|ze, die; -, -n ([große] Anstrengung, Beschwerlichkeit); **stra|pa|zie|ren** (übermäßig anstrengen, in Anspruch nehmen; abnutzen); sich - (ugs.: sich [ab] mühen); **stra|pa|zier|fähig; stra|pa|zi|ös** (anstrengend)

Straß, der; - u. Strasses, Strasse (Edelsteinnachahmung aus Bleiglas)

straß|auf, straß|ab

Stra|ße; Stra|ßen_bahn, ...bau (*Mehrz.* ...bauten), **...be|leuchtung, ...ecke** [*Trenn.:* ek|ke], **...gra|ben, ...kreu|zer** (ugs.: großer Pkw), **...kreu|zung, ...la|ter|ne, ...thea|ter**

Stra|te|ge, der; -n, -n (Feldherr, [Heer] führer); **Stra|te|gie,** die; -, ...ien (Kriegskunst); **stra|tegisch**

Stra|to|sphä|re, die; - (die Luftschicht in einer Höhe von etwa 12 bis 80 km)

sträu|ben; sich -; da hilft kein Sträuben

Strauch, der; -[e]s, Sträucher; **strauch|ar|tig; Strauch|dieb** (abschätzig); **strau|cheln**

¹Strauß, der; -es, -e (ein Vogel); Vogel -

²Strauß, der; -es, Sträuße (Blumenstrauß; geh.: Auseinandersetzung)

Strau|ßen_ei, ...farm, ...fe|der

Stre|be, die; -, -n (schräge Stüt-

ze); **stre|ben**; das Streben nach Geld; **Stre|be|pfei|ler; Stre|ber** (abschätzig); **Stre|ber|tum**, das; -s (abschätzig); **streb|sam**
Strecke[1], die; -, -n; zur - bringen (erlegen [fangen u.] kampfunfähig machen); **strecken**[1]; jmdn. zu Boden -; **Strecken**[1]**|wär|ter; strecken|wei|se**[1]; **Streck|kung**[1]; **Streck|ver|band**
Streich, der; -[e]s, -e; **strei|cheln; strei|chen**; strich, gestrichen; **Strei|cher** (Spieler eines Streichinstrumentes); **Streich-holz** (Zündholz); **...in|stru|ment**, **...kä|se**, **...or|che|ster**, **...quar|tett; Strei|chung**
Streif|band, das (Mehrz. ...bänder); **Strei|fe**, die; -, -n (zur Kontrolle eingesetzte kleine Militäroder Polizeieinheit; auch: Fahrt, Gang einer solchen Einheit); **strei|fen; Strei|fen**, der; -s, -; **Strei|fen|wa|gen; strei|fig; Streif|licht** (Mehrz. ...lichter); **Streif_schuß, ...zug**
Streik, der; -[e]s, -s (Arbeitsniederlegung); **strei|ken; Strei|ken|de**, der und die; -n, -n; **Streik_po|sten, ...recht**
Streit, der; -[e]s, -e; **Streit|axt; streit|bar; strei|ten**; stritt, gestritten; **Streit_fall, ...fra|ge; strei|tig**; die Sache ist -; jmdm. etwas - machen; **Strei|tig|kei|ten**, die (Mehrz.); **Streit_kraft** (die; meist Mehrz.), **...macht** (die; -), **...ob|jekt, ...sucht** (die; -); **streit|süch|tig**
streng; streng sein; **Stren|ge**, die; -; **streng|ge|nom|men; streng|gläu|big; streng|stens**
Stre|se|mann, der; -s (bestimmter Gesellschaftsanzug)
Streß, der; ...sses, ...sse (Med.: starke körperliche Belastung, die zu körperlichen Schädigungen führen kann; Überbeanspruchung, Anspannung)
Stretch [ßträtsch], der; -[e]s

[...is] (ein elastisches Gewebe, bes. für Strümpfe)
Streu, die; -, -en; **streu|en; Streu|er** (Streugefäß)
streu|nen (sich herumtreiben)
Streu|sel, das (auch: der); -s, -; **Streu|sel|ku|chen**
Strich, der; -[e]s, -e (südd. u. schweiz. mdal auch: Zitze); **stri|cheln** (feine Striche machen; mit feinen Strichen versehen)
Strick, der; -[e]s, -e (ugs. scherzh. auch: Lausejunge, Spitzbube); **stricken**[1]; **Stricke|rei**[1]
Strie|gel, der; -s, - (Schabeisen [zum Pferdeputzen]); **strie|geln** (ugs. auch: hart behandeln)
Strie|men, der; -s, -
Strie|zel, der; -s, - landsch., bes. südd., österr. (eine Gebäckart)
strie|zen (ugs.: quälen; nordd. ugs. auch: stehlen)
strikt (streng; genau; pünktlich; strikte); **strik|te** (Umstandsw.; streng, genau); etw. - befolgen
strin|gent (bündig, zwingend); **Strin|genz**, die; -
Strip|pe, die; -, -n (ugs.: Band; Bindfaden; Schnürsenkel; scherzh.: Fernsprechleitung)
strip|pen [ßtri...] (ugs.: eine Entkleidungsnummer vorführen); **Strip|tease** [ßtriptis], der (auch: das); - (Entkleidungsvorführung [in Nachtlokalen])
strit|tig; die Sache ist -
Stroh, das; -[e]s; **Stroh|feu|er; stro|hig** (auch: wie Stroh, saftlos, trocken); **Stroh_mann** (vorgeschobene Person; Mehrz. ...männer), **...wit|wer** (ugs.)
Strolch, der; -[e]s, -e
Strom, der; -[e]s, Ströme; der elektrische, magnetische -; es regnet in Strömen; **strom|ab|wärts; strom|auf|wärts; strö|men**
Stro|mer (ugs.: Landstreicher); **stro|mern**
Strom_kreis, ...sper|re; Strö-

---

[1] Trenn.: ...ek|k...

[1] Trenn.: ...ik|ke...

365

mung; **Strom|ver|sor|gung,
...zäh|ler**

Stro|phe, die; -, -n (sich in glei-
cher Form wiederholender Lied-
teil, Gedichtabschnitt); **stro-
phisch** (in Strophen geteilt)

strot|zen; er strotzt vor od. von
Energie

strubb|be|lig, strubb|lig (ugs.);
Strub|bel|kopf

Stru|del, der; -s, - ([Wasser]wir-
bel; Gebäck)

Struk|tur, die; -, -en ([Sinn]ge-
füge, Bau; Aufbau, innere Glie-
derung); **struk|tu|ra|li|stisch**
(den Strukturalismus betref-
fend); **struk|tu|rell; struk|tu-
rie|ren** (mit einer Struktur verse-
hen)

Strumpf, der; -[e]s, Strümpfe;
Strumpf|ho|se

Strunk, der; -[e]s, Strünke

strup|pig; Strup|pig|keit, die; -

Struw|wel|kopf landsch.
(Strubbelkopf); **Struw|wel|pe-
ter,** der; -s, -

Stub|ben, der; -s, - niederd.
([Baum]stumpf)

Stu|be, die; -, -n

Stuck, der; -[e]s (aus einer Gips-
mischung hergestellte Ornamen-
tik)

Stück, das; -[e]s, -e; 5 - Zucker;
[ein] Stücker zehn (ugs.: unge-
fähr zehn)

Stück|ar|beit (Akkordarbeit);
stückeln[1]

stücken[1] (zusammen-, aneinan-
derstücken)

stuckern[1] (holpern, rütteln;
ruckweise fahren)

Stücke|schrei|ber[1] (Schriftstel-
ler, der Theaterstücke, Fernseh-
spiele o. ä. verfaßt); **Stück|gut**
(stückweise verkaufte od. als
Frachtgut aufgegebene Ware)

stuckie|ren[1] ([Wände] mit Stuck
versehen)

**Stück|lohn; stück|wei|se;
Stück_werk, ...zahl** (Kaufmannsspr.)

---

[1] *Trenn.:* ...k|k...

Stu|dent, der; -en, -en (Hoch-
schüler; österr. auch: Schüler ei-
ner höheren Schule); **Stu|den-
tin,** die; -, -nen; **stu|den|tisch;
Stu|die** [...i^e], die; -, -n (Entwurf,
kurze [skizzenhafte] Darstellung;
Vorarbeit [zu einem Werk der
Wissenschaft od. Kunst]; **stu-
die|ren** ([er]forschen, lernen;
die Hochschule [österr. auch:
höhere Schule] besuchen); ein
studierter Mann; **Stu|dier|te,** der
u. die; -n, -n (ugs.: jmd., der
studiert hat); **Stu|di|ker** (ugs.
scherzh.: Student); **Stu|dio,** das;
-s, -s (Arbeitsraum; Atelier; Film-
u. Rundfunk: Aufnahmeraum;
Versuchsbühne); **Stu|dio|sus,**
der; -, ...si (scherzh.: Studieren-
der; Student); **Stu|di|um,** das;
-s, ...ien [...$i^e n$] (wissenschaftl.
[Er]forschung; geistige Arbeit;
Hochschulbesuch, -ausbildung)

Stu|fe, die; -, -n; **stu|fen**

Stuhl, der; -[e]s, Stühle; der Heilige, der Päpstliche -; **Stuhl-
gang,** der; -[e]s

Stuk|ka|teur [...*tör*], der; -s, -e
(Fachmann für Stuckarbeiten);
Stuk|ka|tur, die; -, -en (Stuck-
arbeit)

Stul|le, die; -, -n nordd. (Brot-
schnitte [mit Aufstrich, Belag])

Stül|pe, die; -, -n; **stül|pen;
Stül|pen|stie|fel**

stumm; - sein; **Stum|me,** der u.
die; -n, -n

Stum|mel, der; -s, -

Stumm|film

Stum|pen, der; -s, - (Grundform
des Filzhutes; Zigarre); **Stüm-
per** (ugs.: Nichtskönner);
Stüm|pe|rei (ugs.); **stüm|per-
haft; stüm|pern** (ugs.);
stumpf; Stumpf, der; -[e]s,
Stümpfe; mit - und Stiel;
Stumpf|sinn, der; -[e]s;
stumpf|sin|nig

Stun|de, die; -, -n; eine halbe
-, eine viertel -; von Stund an;
stun|den (Zeit, Frist zur Zahlung
geben); **Stun|den_glas** (Sand-
uhr), **...ki|lo|me|ter** (Kilometer

je Stunde); **stun|den|lang;
Stun|den|lohn, ...plan;
stünd|lich** (jede Stunde);
Stun|dung .

Stunk, der; -s (ugs. (Zank, Unfrieden, Nörgelei)

Stunt|man [*ßtạntmän*], der; -s,
...men (Film: Double für gefährliche, akrobatische o. ä. Szenen)

stu|pend (erstaunlich)

stu|pid (österr. nur so), **stu|pi|de**
(dumm, beschränkt, stumpfsinnig); **Stu|pi|di|tät,** die; -, -en

Stups, der; -es, -e (ugs.: Stoß);
stup|sen (ugs.: stoßen);
Stups|na|se (ugs.)

stur (ugs.: stier, unbeweglich,
hartnäckig); **Stur|heit,** die; -
(ugs.)

Sturm, der; -[e]s, Stürme; -
laufen; - läuten; **stür|men;
Stür|mer; stür|misch; Sturm
und Drang,** der; - - -[e]s u.
- - -

Sturz, der; -es, Stürze u. (für:
Oberschwelle:) Sturze (jäher
Fall; Bauw.: Oberschwelle);
stür|zen

Stuß, der; Stusses (ugs.: Unsinn): - reden

Stu|te, die; -, -n

Stu|ten, der; -s, - niederd. ([längliches] Weißbrot)

Stütz, der; -es, -e (Turnen)
Stütz|bal|ken; Stüt|ze, die; -,
-n

stut|zen (erstaunt, argwöhnisch
sein; verkürzen); **Stut|zen,** der;
-s, - (kurzes Gewehr; Wadenstrumpf; Ansatzrohrstück)

stüt|zen

Stut|zer (schweiz. auch: Stutzen
[Gewehr]); **stut|zer|haft**

stut|zig

Sty|ling [*ßtailing*], das; -s (Formgebung; Karosseriegestaltung)

Sua|da, die; -, ...den (Beredsamkeit, Redefluß)

sub|al|tern (untergeordnet; unselbständig)

Sub|do|mi|nan|te (Musik: die
Quarte vom Grundton aus)

Sub|jekt, das; -[e]s, -e

(Sprachw.: Satzgegenstand;
Philos.: wahrnehmendes, denkendes Wesen; Person [meist
verächtl.]; gemeiner Mensch);
sub|jek|tiv (dem Subjekt angehörend, in ihm begründet; persönlich; einseitig, parteiisch, unsachlich); **Sub|jek|ti|vi|tät**
[...*wi*...], die; - (persönl. Auffassung, Eigenart; Einseitigkeit)

Sub|kon|ti|nent (geogr. geschlossener Teil eines Kontinents, der auf Grund seiner Größe
u. Gestalt eine gewisse Eigenständigkeit hat)

Sub|kul|tur (bes. Kulturgruppierung innerhalb eines übergeordneten Kulturbereichs)

sub|ku|tan (Med.: unter der Haut
befindlich)

**sub|skri|bie|ren; Sub|skrip|ti|
on** [...*zion*], die; -, -en (Vorausbestellung von erst später erscheinenden Büchern [durch
Namensunterschrift])

sub|stan|ti|ell (wesenhaft, wesentlich; stofflich; materiell;
nahrhaft); **Sub|stan|tiv** [auch:
...*tiv*], das; -s, -e [...*w*ᵉ]
(Sprachw.: Hauptwort, Dingwort, Nomen, z. B. ,,Haus, Wald,
Ehre''); **sub|stan|ti|vie|ren**
[...*wir*ᵉ*n*] (Sprachw.: zum
Hauptwort machen; als Hauptwort gebrauchen, z. B. ,,das
Schöne, das Laufen''); **Sub-
stan|ti|vie|rung; sub|stan|ti-
visch** [auch: ...*iwisch*]
(hauptwörtlich); **Sub|stanz,**
die; -, -en (Wesen; körperl. Masse, Stoff, Bestand[teil]; Philos.:
Dauerndes, Beharrendes, bleibendes Wesen, Wesenhaftes, Urgrund, auch: Materie)

Sub|sti|tut, der; -en, -en (Stellvertreter, Ersatzmann, Untervertreter, Verkaufsleiter)

sub|su|mie|ren (ein-, unterordnen)

sub|til (zart, fein, sorgsam; spitzfindig, schwierig)

Sub|tra|hend, der; -en, -en (abzuziehende Zahl); **sub|tra|hie-**

ren (Math.: abziehen, vermindern); **Sub|trak|ti|on** [...*zion*], die; -, -en (Abziehen)

sub|tro|pisch [auch: ...*trø*...] (Geogr.: zwischen Tropen u. gemäßigter Zone gelegen)

Sub|ven|ti|on [...*wänzion*], die; -, -en (zweckgebundene Unterstützung aus öffentl. Mitteln); **sub|ven|tio|nie|ren**

sub|ver|siv [...*wär*...] (zerstörend, umstürzlerisch)

Su|che, die; -, (Jägerspr.:) -n; auf der - sein; auf die - gehen; **su|chen**

Sucht, die; -, Süchte (Krankheit; krankhaftes Verlangen [nach Rauschgift])

Sud, der; -[e]s, -e (Wasser, in dem etwas gekocht worden ist)

Süd (Himmelsrichtung); (bei Ortsnamen:) Frankfurt (Süd)

su|deln (ugs.)

Sü|den, der; -s (Himmelsrichtung); der Wind kommt aus -; gen -

Süd|frucht (meist *Mehrz.*); **süd|län|disch**; **süd|lich**; -er Breite; - des Waldes; - von München

Süd|pol, der; -s; **Süd|see**, die; - (Pazifischer Ozean, bes. der südl. Teil); **Süd|staa|ten**, die (*Mehrz.*) (in den USA); **süd|wärts**; **Süd|wein**; **Süd|we|ster**, der; -s, - (wasserdichter Seemannshut); **Süd|wind**

Suff, der; -[e]s (ugs.); der stille -; **süf|feln** (ugs.: gern trinken); **süf|fig** (ugs.: gut trinkbar, angenehm schmeckend); ein -er Wein **süf|fi|sant** (selbstgefällig; spöttisch)

Suf|fra|get|te, die; -, -n (engl. Frauenrechtlerin)

sug|ge|rie|ren (seelisch beeinflussen; etwas einreden); **Sug|ge|sti|on**, die; -, -en (seelische Beeinflussung); **sug|ge|stiv** (seelisch beeinflussend od. beeinflussen wollend); **Sug|ge|stiv|fra|ge** (Frage, die dem Partner eine bestimmte Antwort in den Mund legt)

Suh|le, die; -, -n (Lache; feuchte Bodenstelle); **suh|len**, sich (Jägerspr. vom Rot- und Schwarzwild: sich in einer Suhle wälzen)

Süh|ne, die; -, -n; **süh|nen**

Sui|te [*ßwit*e], die; -, -n (Gefolge [eines Fürsten]; Folge von [Tanz]sätzen)

Sui|zid, der (auch: das); -[e]s, -e (Selbstmord)

Su|jet [*Büsche*], das; -s, -s (Gegenstand; Stoff; [künstler.] Aufgabe, Thema)

suk|zes|siv (allmählich eintretend); **suk|zes|si|ve** [...*ßiw*e] (*Umstandswort*; allmählich, nach und nach)

Sul|tan, der; -s, -e (mohammedan. Herrscher); **Sul|ta|ni|ne**, die; -, -n (große kernlose Rosine)

Sül|ze, die; -, -n (Fleisch od. Fisch in Gallert); **sül|zen**

sum|ma cum lau|de [- *kum* -] (höchstes Prädikat bei Doktorprüfungen: mit höchstem Lob, ausgezeichnet); **Sum|mand**, der; -en, -en (hinzuzuzählende Zahl); **sum|ma|risch** (kurz zusammengefaßt); **sum|ma sum|ma|rum** (alles in allem); **Sum|me**, die; -, -n

sum|men (leise brummen)

sum|mie|ren (zusammenzählen, vereinigen); sich - (anwachsen)

Summ|ton

Sumpf, der; -[e]s, Sümpfe; **Sumpf|dot|ter|blu|me**; **sump|fen** (veralt.: sumpfig sein, werden; ugs.: liederlich leben); **sump|fig**

Sums, der; -es nordd. u. mitteld. (Gerede); [einen] großen - (ugs. für: viel Aufhebens) machen

Sund, der; -[e]s, -e (Meerenge, bes. die zwischen Ostsee u. Kattegat)

Sün|de, die; -, -n; **Sün|den|ba|bel** (meist scherzh.; das; -s), **...bock** (ugs.), **...fall**, der; **Sün|den|re|gi|ster** (ugs.); **Sün|der**; **Sün|de|rin**, die; -, -nen; **Sünd|flut** (volksmäßige Umdeutung von: Sintflut); **sünd|haft**;

(ugs.:) - teuer (überaus teuer);
sün|dig; **sün|di|gen**

su|per (ugs.: hervorragend, groß-
artig); das war -, eine - Schau;
sie haben - gespielt

sü|perb (vorzüglich; prächtig);
su|per|klug (ugs.); **Su|per|la-
tiv** [auch: ...*tif*], der; -s, -e [...*w°*]
(Sprachw.: 2. Steigerungsstufe,
Höchststufe, Meiststufe, z. B.
„schönste"; bildl.: Übersteige-
rung); **su|per|la|ti|visch** [auch:
...*tiwisch*]; **Su|per|markt** (gro-
ßes Warenhaus mit Selbstbedienung, umfangreichem Sortiment
u. niedrigen Preisen [oft außerhalb der Verkehrszentren gele-
gen]); **su|per|mo|dern** (sehr
modern); **Su|per|star** (bes. gro-
ßer, berühmter Star)

Sup|pe, die; -, -n

Sup|pen-grün (das; -s), **...kas-
per** (ugs.: ein Kind, das seine
Suppe nicht essen will); **sup|pig**

Sup|ple|ment|band, der

Su|re, die; -, -n (Kapitel des Ko-
rans)

Sur|fing [*Bö'fing*], das; -s (Wel-
lenreiten, Brandungsreiten [auf
einem Brett])

Sur|rea|lis|mus [auch: *Bür*...]
(Kunst- u. Literaturrichtung, die
das Traumhaft-Unbewußte
künstlerisch darstellen will);
Sur|rea|list, der; -en, -en; **sur-
rea|li|stisch**

sur|ren

Sur|ro|gat, das; -[e]s, -e (Ersatz-
[mittel, -stoff], Behelf; Rechtsw.:
ersatzweise eingebrachter Ver-
mögensgegenstand)

Su|si|ne, die; -, -n (eine it.
Pflaume)

su|spekt (verdächtig)

sus|pen|die|ren (zeitweilig auf-
heben; [einstweilen] des Dienstes entheben; Med.: schwebend
aufhängen)

süß; **Sü|ße,** die; -; **sü|ßen** (süß
machen); **Süß|holz|rasp|ler**
(ugs.: jmd., der jmdm. mit
schönen Worten schmeichelt);
Sü|ßig|keit; **süß|lich**; **Süß-**

lich|keit, die; -; **süß-sau|er**;
Süß|was|ser (*Mehrz. ...wasser*)

Süt|ter|lin|schrift, die; - (eine
Schreibschrift; nach dem dt.
Pädagogen und Graphiker L.
Sütterlin)

Swim|ming-pool [*Bwíming-
pul*], der; -s, -s (Schwimmbek-
ken)

Swing, der; -[s] (Stil in der mo-
dernen Tanzmusik, bes. im Jazz;
Kreditgrenze bei bilateralen Han-
delsverträgen); **swin|gen;**
swingte, geswingt

Sym|bio|se, die; -, -n (Biol.: Zu-
sammenleben ungleicher Lebewesen zu gegenseitigem Nutzen)

Sym|bol [*süm*...], das; -s, -e
([Wahr]zeichen; Sinnbild; Zeichen für eine physikal. Größe);
sym|bol|haft; **Sym|bo|lik,** die;
- (sinnbildl. Bedeutung od. Darstellung; Bildersprache; Verwen-
dung von Symbolen); **sym|bo-
lisch** (sinnbildlich); **sym|bo|li-
sie|ren** (sinnbildlich darstellen)

Sym|me|trie [*süm*...], die; -, ...ien
(Gleich-, Ebenmaß); **sym|me-
trisch** (gleich-, ebenmäßig)

Sym|pa|thie, die; -, ...ien ([Zu]-
neigung; Wohlgefallen); **Sym-
pa|thi|sant,** der; -en, -en (jmd.,
der einer Gruppe od. einer
Anschauung wohlwollend ge-
genübersteht); **sym|pa|thisch**
(gleichgestimmt; anziehend; an-
sprechend; zusagend); **sym|pa-
thi|sie|ren** übereinstimmen;
gleiche Neigung haben); mit
jemandem, mit einer Partei -

Sym|pho|nie vgl. Sinfonie; **Sym-
pho|nie|or|che|ster** vgl. Sinfo-
nieorchester; Sym|pho|ni|ker vgl.
Sinfoniker; **sym|pho|nisch** vgl.
sinfonisch

Sym|po|si|on, **Sym|po|si|um**
[*süm*...], das; -s, ...ien [...*i°n*]
(Trinkgelage im alten Griechenland; Tagung, auf der in zwang-
losen Vorträgen u. Diskussionen
die Ansichten über eine wissenschaftl. Frage festgestellt werden)

Sym|ptom [süm...], das; -s, -e (Anzeichen; Vorbote; Kennzeichen; Merkmal; Krankheitszeichen); **sym|pto|ma|tisch** (anzeigend, warnend; bezeichnend)
Syn|ago|ge [sün...], die; -, -n (gottesdienstl. Versammlungsstätte der Juden)
syn|chron [sünkron] (gleichzeitig, zeitgleich, gleichlaufend); **Syn|chro|ni|sa|ti|on** [...zion], die; -, -en (Zusammenstimmung von Bild, Sprechton u. Musik im Film; bild- und bewegungsechte Übertragung fremdsprachiger Sprechpartien eines Films); **syn|chro|ni|sie|ren**
Syn|di|kat, das; -[e]s, -e (Amt eines Syndikus; Verkaufskartell; Bez. für geschäftlich getarnte Verbrecherorganisation in den USA); **Syn|di|kus,** der; -, -se u. ...dizi ([meist angestellter] Rechtsbeistand einer Körperschaft)
Syn|drom [sün...], das; -s, -e (Med.: Krankheitsbild)
Syn|ko|pe [sünkop^e], die; -, ...open (Musik: Betonung eines unbetonten Taktwertes); **syn|ko|pie|ren; syn|ko|pisch**
syn|odal (die Synode betreffend); **Syn|oda|le** (Mitglied einer Synode), der od. die; -n, -n; **Syn|ode,** die; -, -n (Kirchenversammlung, bes. die evangelische)
syn|onym (Sprachw.: sinnverwandt); -e Wörter; **Syn|onym,** das; -s, -e (Sprachw.: sinnverwandtes Wort, z. B. „Frühjahr, Lenz, Frühling")
syn|tak|tisch (die Syntax betreffend); -er Fehler (Fehler in bezug auf die Syntax); -e Fügung; **Syn|tax,** die; -, -en (Sprachw.: Lehre vom Satzbau, Satzlehre)
Syn|the|se [sün...], die; -, ...thesen (Aufhebung des sich in These u. Antithese Widersprechenden in eine höhere Einheit; Zusammenfügung [einzelner Teile zu einem Ganzen]; Aufbau [einer

chem. Verbindung]); **Syn|the|si|zer** [ßint^e ßais^e r od. ßinth^e...] (ein elektron. Musikgerät); **Syn|the|tics** [süntetikß], die (Mehrz.) (Sammelbez. für synthet. erzeugte Kunstfasern u. Produkte daraus); **syn|the|tisch** (zusammensetzend; Chemie: künstlich hergestellt)
Sy|phi|lis [sü...], die; - (eine Geschlechtskrankheit)
Sy|stem [sü...], das; -s, -e (Zusammenstellung; Gliederung, Aufbau; Ordnungsprinzip; einheitlich geordnetes Ganzes; Lehrgebäude; Regierungs-, Staatsform; Einordnung [von Tieren, Pflanzen u.a.] in verwandte od. ähnlich gebaute Gruppen; **Sy|ste|ma|tik,** die; -, -en (planmäßige Darstellung, einheitl. Gestaltung); **Sy|ste|ma|ti|ker** (auch: jmd., der alles in ein System bringen will); **sy|ste|ma|tisch** (das System betreffend; in ein System gebracht, planmäßig, folgerichtig); **sy|ste|ma|ti|sie|ren** (in ein System bringen; systematisch behandeln); **sy|stem|los** (planlos); **Sy|stem|zwang**
Sze|ne, die; -, -n (Bühne, Schauplatz, Gebiet; Auftritt als Unterabteilung des Aktes; Vorgang, Anblick; Zank, Vorhaltungen); **Sze|ne|rie,** die; -, ...ien (Bühnenbild, Landschafts[bild], Schauplatz; **sze|nisch** (bühnenmäßig)
Szyl|la [ßzüla] die; - (eindeutschend für lat. Scylla, gr. Skylla; bei Homer Seeungeheuer in einem Felsenriff in der Straße von Messina; zwischen - und Charybdis (in einer ausweglosen Lage)

T

T (Buchstabe); das T; des T, die T
Ta|bak [auch: ta... u. ...ak], der;

-s, (für Tabaksorten:) -e; **Ta-baks|pfei|fe**
ta|bel|la|risch (in der Anordnung einer Tabelle; in Form einer Übersicht); **Ta|bel|le,** die; -, -n
Ta|ber|na|kel, das (auch, bes. in der kath. Kirche: der); -s, - (in der kath. Kirche Aufbewahrungsort der geweihten Hostie [auf dem Altar])
Ta|blett, das; -[e]s, -s (auch: -e); **Ta|blet|te,** die; -, -n (Arzneitäfelchen)
ta|bu (verboten; unverletzlich, unantastbar); nur in der Satzaussage: das ist - (davon darf nicht gesprochen werden); **Ta|bu,** das; -s, -s (bei Naturvölkern die zeitweilige od. dauernde Heiligung eines Menschen oder Gegenstandes mit dem Verbot, ihn anzurühren; allgem.: etwas, wovon man nicht sprechen darf); ein - verletzen; **ta|bu|ie|ren, ta-bui|sie|ren** (z. Tabu machen)
Ta|bu|la ra|sa, die; - - (abgeschabte Tafel; meist übertr.: unbeschriebenes Blatt); tabula rasa machen (reinen Tisch machen, rücksichtslos Ordnung schaffen)
Ta|cho, der; -s, -s (ugs. kurz für: Tachometer); **Ta|cho|me|ter,** der (auch: das); -s, - (Instrument an Maschinen zur Messung der Augenblicksdrehzahl, auch mit Anzeige der Stundenkilometerzahl; Geschwindigkeitsmesser [meist mit einem Kilometerzähler verbunden] bei Fahrzeugen)
Tack|ling [*täk*...; eigtl. Sliding-tackling (*Slaiding*...)], das; -s, -s (im modernen kampfbetonten Fußball kompromißlos-harte Zerstörung eines Angriffs, wobei der Verteidigende in die Füße des Gegners hineinrutscht)
Ta|del, der; -s, -; **ta|del|los; ta-deln; ta|delns|wert**
Ta|fel, die; -, -n; **ta|feln** (speisen); **tä|feln** (mit Steinplatten, Holztafeln bekleiden); **Ta|fel-obst; Tä|fe|lung, Täf|lung**

Taft, der; -[e]s, -e ([Kunst]seidengewebe in Leinwandbindung)
Tag, der; -[e]s, -e; bei Tage; von - zu -; unter Tage; unter Tags (den Tag über); guten - sagen; **tag|aus, tag|ein; Ta|ge-buch, ...dieb** (abschätzig); **ta|ge|lang** (mehrere Tage lang); **Ta|ge|löhner; ta|gen; Ta|ge|rei|se; Ta-ges-decke** [*Trenn.: ...dek|ke*], **...kas|se, ...lauf, ...licht** (das; -[e]s), **...ord|nung, ...po|litik, ...zeit, ...zei|tung); Ta|ge|werk** (früheres Feldmaß; tägliche Arbeit, Aufgabe); **tag-hell; täg|lich** (alle Tage); -es Brot; -e Zinsen; -er Bedarf; **tags;** - darauf, - zuvor; **tags|über; tag|täg|lich; Tag|und|nacht-glei|che,** die; -, -n; **Ta|gung**
Tai|fun, der; -s, -e (Wirbelsturm in den Zonen der Roßbreiten)
Tai|ga, die; - (sibirischer Waldgürtel)
Tail|le [*tal*je, österr.: *tail*je], die; -, -n (schmalste Stelle des Rumpfes; Gürtelweite; Mieder; Kartenspiel: Aufdecken der Blätter für Gewinn oder Verlust); **tail|lie-ren** [*tajir*en]
Ta|ke|la|ge [*...asch*e], die; -, -n (Segelausrüstung eines Schiffes)
¹Takt, der; -[e]s, -e (abgemessenes Zeitmaß einer rhythmischen Bewegung, bes. in der Musik; Bewegung der Töne nach einem zählbaren Zeitmaß; Technik: einer von mehreren Arbeitsgängen im Motor, Hub; - halten; **²Takt,** der; -[e]s (Feingefühl; Lebensart; Zurückhaltung); **¹tak|tie-ren** (den ¹Takt angeben)
²tak|tie|ren (taktisch vorgehen); **Tak|tik,** die; -, -en (Truppenführung; übertr.: kluges Verhalten, planmäßige Ausnutzung einer Lage); **tak|tisch** (die Taktik betreffend); übertr.: planvoll vorgehend)
takt|los; Takt|lo|sig|keit; takt-voll

Tal, das; -[e]s, Täler (dicht. veralt.: -e) zu -[e] fahren

Ta|lar, der; -s, -e (langes Amtskleid)

Ta|lent, das; -[e]s, -e (altgr. Gewicht und Geldsumme; Begabung, Fähigkeit); **ta|len|tiert** (begabt)

Ta|ler, der; -s, - (ehem. Münze)

Talg, der; -[e]s, (Talgarten:) -e (starres [Rinder-, Hammel]fett); **tal|gig**

Ta|lis|man, der; -s, -e (zauberkräftiger, glückbringender Gegenstand)

Talk, der; -[e]s (ein Mineral); **Tal|kum,** das; -s (feiner weißer Talk als Streupulver)

Tal|mi, das; -s (vergoldete [Kupfer-Zink-]Legierung; übertr.: Unechtes)

Tam|bour [...bur], der; -s, -e (schweiz.: ...bouren [...buren] Trommelschläger; Trommel); **Tam|bour|ma|jor** (Leiter eines Spielmannszuges); **Tam|bur,** der; -s, -e (Stickrahmen; Stichfeld); **Tam|bu|rin** [auch: tam...], das; -s, -e (kleine Hand-, Schellentrommel; Stickrahmen)

Tam|pon [fr. Aussprache: tangpong], der; -s, -s (Med.: [Watte-, Mull]bausch; Druckw.: Einschwärzballen für den Druck gestochener Platten) **Tam|tam** [auch: tamtam], das; -s, -s (chinesisches, mit einem Klöppel geschlagenes Becken; Gong; nur *Einz.* ugs.: marktschreierischer Lärm, aufdringliche Reklame)

Tand, der; -[e]s (Wertloses [mit Scheinwert]; Spielzeug; **Tän|de|lei; tän|deln**

Tan|dem, das; -s, -s (Zwei- oder Dreirad mit zwei Sitzen hintereinander)

Tang, der; -[e]s, -e (Bezeichnung mehrerer größerer Arten der Braunalgen)

Tan|gen|te, die; -, -n (Gerade, die eine gekrümmte Linie in einem Punkt berührt); **tan|gie|ren** (berühren [auch übertr.])

Tan|go [tanggo], der; -s, -s (ein Tanz)

Tank, der; -s, -s (seltener: -e); **tan|ken; Tan|ker** (Tankschiff); **Tank_stel|le, ...wart**

Tann, der; -[e]s, -e (dicht.: [Tannen]forst, [Tannen]wald); im -; **Tan|ne,** die; -, -n; **Tan|nen-baum, ...na|del, ...zap|fen**

Tan|ta|lus|qua|len, die (*Mehrz.*)

Tan|te, die; -, -n

Tan|tie|me [tangtiäme], die; -, -n (Kaufmannsspr.: Gewinnanteil, Vergütung nach der Höhe des Geschäftsgewinnes)

Tanz, der; -es, Tänze; **Tanz|bein** (in der Wendung: das - schwingen [ugs.: tanzen]); **tän|zeln; tan|zen; Tän|zer; Tän|ze|rin,** die; -, -nen; **tän|ze|risch**

ta|pe|rig niederd. (unbeholfen, gebrechlich)

Ta|pet, das; -[e]s, -e (veralt. für: [Tisch]decke), noch üblich in: etwas aufs - (ugs.: zur Sprache) bringen; **Ta|pe|te,** die; -, -n (Wandverkleidung); **Ta|pe|ten-wech|sel** (ugs.: [vorübergehender] Wechsel des alten Aufenthaltsortes u. der alten Umgebung); **Ta|pe|zier,** der; -s, -e; **ta|pe|zie|ren; Ta|pe|zie|rer**

tap|fer; Tap|fer|keit, die; -

Ta|pis|se|rie, die; -, ...ien (teppichartige Stickerei; Verkaufsstelle für Handarbeiten)

tap|pen; täp|pisch; tap|rig vgl. taperig; **tap|sen** (ugs.: plump auftreten); **tap|sig** (ugs.)

Ta|ra, die; -, ...ren (die Verpackung u. deren Gewicht)

Ta|ran|tel, die; -, -n (südeurop. Wolfsspinne); **Ta|ran|tel|la,** die; -, -s u. ...llen (südit. Volkstanz)

Ta|rif, der; -s, -e (planvoll geordnete Zusammenstellung von Güter- oder Leistungspreisen, auch von Steuern und Gebühren; Preis-, Lohnstaffel; Gebührenordnung); **ta|rif|lich; Ta|rif-lohn, ...vertrag**

tar|nen; sich -; **Tarn_far|be, ...kap|pe**

Ta|rock, das (österr. nur so) od. der; -s, - (ein Kartenspiel)

Ta|sche, die; -, -n; **Ta|schen-
.lam|pe,** ...**mes|ser,** das, ...**tuch** (*Mehrz.* ...tücher), ...**uhr**

Tas|se, die; -, -n; **Tas|senkopf**

Ta|sta|tur, die; -, -en; **tast|bar;
Ta|ste,** die; -, -n; **ta|sten** (Druckw. auch für: den Taster bedienen)

Tat, die; -, -en; in der -

Ta|tar, das; -[s] und **Ta|tar-
beef|steak,** das; -s (rohes, geschabtes Rindfleisch mit Ei und Gewürzen)

Tat|be|stand; Ta|ten.drang,
...**durst; ta|ten|los; Tä|ter;
Tat|form,** (Aktiv)

tä|tig; tä|ti|gen (Kaufmannsspr.); einen Abschluß - (abschließen); **Tä|tig|keit; Tä|tig-
keits|wort** (Verb; *Mehrz.*
...wörter)

Tat|kraft, die; -; **tat|kräf|tig;
tät|lich;** - werden; **Tät|lich|kei-
ten,** die (*Mehrz.*)

tä|to|wie|ren (Zeichnungen mit Farbstoffen in die Haut einritzen); **Tä|to|wie|rung**

Tat|sa|che; tat|säch|lich [auch: ...*säch*...]

tät|scheln

Tat|ter|greis (ugs.); **Tat|te|rich,** der; -[e]s (ugs.: [krankhaftes] Zittern); **tat|te|rig** (ugs.)

Tat|ter|sall, der; -s, -s (geschäftl. Unternehmen für Reitsport; Reitbahn, -halle)

tatt|rig (ugs.)

Tat|ver|dacht; tat|ver|däch|tig

Tat|ze, die; -, -n (Pfote, Fuß der Raubtiere; ugs.: plumpe Hand)

[1]**Tau,** der; -[e]s (Niederschlag)

[2]**Tau,** das; -[e]s, -e (starkes [Schiffs]seil)

taub; -e (leere) Nuß; -es Gestein (Bergmannsspr.: Gestein ohne Erzgehalt)

[1]**Tau|be,** die; -, -n

[2]**Tau|be,** der u. die; -n, -n

tau|ben|blau (blaugrau)

tau|ben|grau (blaugrau); **Tau-
ben|schlag**

Taub|heit, die; -

Taub|nes|sel (eine Heilpflanze);
taub|stumm; Taub|stum|me

**tau|chen; Tau|cher; Tau|cher-
glocke** [*Trenn.:* ...glok|ke]

Tauch|sie|der

tau|en; es taut

Tau|fe, die; -, -n; **tau|fen; Täu-
fer; Täuf|ling**

Tauf|schein

tau|gen; Tau|ge|nichts, der; - u.
-es, -e; **taug|lich**

Tau|mel, der; -s; **tau|me|lig;
taum|lig; tau|meln**

Tausch, der; -[e]s, -e; **tau-
schen; täu|schen; Tausch-
han|del**

**Täu|schung; Täu|schungs|ma-
nö|ver**

tau|send; Land der - Seen (Finnland); tausend und aber (abermals) tausend; [1]**Tau|send,** die; -, -en (Zahl); [2]**Tau|send,** das; -s, -e (Menge); **tau|send|ein;
tau|send|eins; Tau|sen|der;
Tau|send.**füßer, ...**füß|ler;
tau|send|jäh|rig;** das Tausendjährige Reich (bibl.); das tausendjährige Reich (ironisch für die Zeit der nationalsoz. Herrschaft); (bes. österr. u. schweiz. auch:) **Tau-
send|sas|sa,** der; -s, -[s] (ugs.:
Schwerenöter; leichtsinniger Mensch; auch: Alleskönner, Mordskerl); **tau|send|ste; tau-
send|stel; Tau|send|stel,** das (schweiz. meist: der); -s, -; **tau-
send[und]ein;** ein Märchen aus Tausendundeiner Nacht;
tau|send[und]eins

Tau|to|lo|gie, die; -, ...ien (Fügung, die einen Sachverhalt doppelt wiedergibt, z. B. „runder Kreis, weißer Schimmel"); **tau-
to|lo|gisch**

Tau.wet|ter (das; -s), ...**wind**

Tau|zie|hen, das; -s

Ta|ver|ne [*tawärne*], die; -, -n (it. Weinschenke, Wirtshaus)

Ta|xa|me|ter, der (Fahrpreisanzeiger in Taxis; veralt.: [2]Taxe, Taxi); [1]**Ta|xe,** die; -, -n [Wert]-

schätzung; [amtlich] festgesetzter Preis; Gebühr[enordnung]); ²Ta|xe, die; -, -n u. Ta|xi, das (schweiz. auch: der); -[s], -[s] (Kurzw. für: Taxameter; Mietauto); ta|xie|ren ([ab]schätzen, den Wert ermitteln)

Tb, Tbc = Tuberkulose

Tbc-krank, Tb-krank

Teach-in [*titsch-in*], das; -[s], -s (Protestdiskussion)

Teak|holz [*tik...*] (wertvolles Holz des südostasiat. Teakbaumes)

Team [*tim*], das; -s, -s (Arbeitsgruppe; Sport: Mannschaft, österr. auch: Nationalmannschaft); **Team|work** [*tim"örk*], das; -s (Gemeinschaftsarbeit)

Tech|nik, die; -, -en (Handhabung, Herstellungsverfahren, Arbeitsweise; Hand-, Kunstfertigkeit u. österr. Kurzw. für: techn. Hochschule; nur *Einz.*: Ingenieurwissenschaften); **Tech|ni|ker; Tech|ni|ke|rin,** die; -, -nen; **Tech|ni|kum,** das; -s, ...ka (auch: ...ken) (technische Fachschule, Ingenieurfachschule); **tech|nisch** (die Technik betreffend; [eine] -e Hochschule, Universität; -es Zeichnen; **tech|ni|sie|ren** (für technischen Betrieb einrichten)

Tech|tel|mech|tel, das; -s, - (ugs.: Liebelei)

Teckel [*Trenn.*: Tek|kel], der; -s, - (Dackel)

Ted|dy, der; -s, -s (Stoffbär als Kinderspielzeug); **Ted|dy|bär**

Te|de|um, das; -s, -s (Bez. des altkirchl. Lobgesangs „Te Deum laudamus" = „Dich, Gott, loben wir!")

Tee, der; -s, -s; schwarzer -

Teen|ager [*tine'dsch"r*], der; -s, - (Mädchen im Alter von 13 bis 19 Jahren; gelegentlich auch auf Jungen bezogen)

Teer, der; -[e]s, -e

Teich, der; -[e]s, -e (Gewässer)

Teig, der; -[e]s, -e (dickbreiige Masse); den - gehen lassen

Teil, der od. das; -[e]s, -e; zum -; jedes - (Stück) prüfen; das (selten: der) bessere -; er hat sein - getan; ein gut -; sein[en] - dazu beitragen; ich für mein[en] -; **teil|bar; Teil|chen; tei|len;** zehn geteilt durch fünf ist, macht, gibt zwei; sich -; **Tei|ler;** größter gemeinsamer -; **teil|ha|ben; Teil|ha|ber; teil|haf|tig;** einer Sache - sein, werden; **Teil|nah|me,** die; -; **teil|nah|me|be|rech|tigt; teil|nahms|los; teil|nahms|voll; teil|neh|men; teil|neh|mend; Teil|neh|mer; teils;** - gut, - schlecht; **Tei|lung**

Teint [*täng*], der; -s, -s (Gesichts-, Hautfarbe; [Gesichts]-haut)

Te|le|fon, das; -s, -e; **Te|le|fo|nat,** das; -[e]s, -e (Ferngespräch, Anruf); **te|le|fo|nie|ren; te|le|fo|nisch; Te|le|fo|ni|stin,** die; -, -nen

Te|le|fo|to|gra|fie (fotograf. Fernaufnahme)

te|le|gen (für Fernsehaufnahmen geeignet)

Te|le|graf, der; -en, -en (Apparat zur Übermittlung von Nachrichten durch vereinbarte Zeichen); **Te|le|gra|fie,** die; - (elektrische Fernübertragung von Nachrichten über Kabelleitungen od. drahtlos mit vereinbarten Zeichen); **te|le|gra|fie|ren; te|le|gra|fisch**

Te|le|gramm, das; -s, -e (telegrafisch beförderte Nachricht, Drahtnachricht); **Te|le|gramm|stil;** im -

Te|le|graph usw. vgl. Telegraf usw.

Te|le|kol|leg (Unterricht mit Hilfe des Fernsehens)

Te|le|ob|jek|tiv (Linsenkombination für Fernaufnahmen)

Te|le|pa|thie, die; - (Fernfühlen ohne körperliche Vermittlung)

Te|le|phon usw. vgl. Telefon usw.

Te|le|pho|to|gra|phie vgl. Telefotografie

Te|le|skop, das; -s, -e (Fernrohr)
Te|le|vi|si|on [engl. Ausspr.: *täliwiseh*[e]*n*], die; - (Fernsehen)
Te|lex, das; - (Kurzw. aus engl. teleprinter exchange [*täliprint*[e]*r ikßtsehe'ndseh*]; international übl. Bez. für: Fernschreiber[teilnehmer]netz)
Tel|ler, der; -s, -
Tem|pel, der; -s, -
Tem|pe|ra_far|be (Deckfarbe mit Eigelb, Honig, Leim), **...ma|le|rei**
Tem|pe|ra|ment, das; -[e]s, -e (Wesens-, Gemütsart; nur *Einz.*: Gemütserregbarkeit, Lebhaftigkeit, Munterkeit, Schwung, Feuer); **tem|pe|ra|ment|voll**
Tem|pe|ra|tur, die; -, -en (Wärme[grad, -zustand]; [leichtes] Fieber); **tem|pe|rie|ren** (mäßigen; Temperatur regeln)
Tem|po, das; -s, -s u. ...pi (Zeit-[maß], Takt; nur *Einz.*: Geschwindigkeit, Schnelligkeit, Hast); **tem|po|ral** (zeitlich; das Tempus betreffend) -e Bestimmung (Sprachw.); **tem|po|rär,** (zeitweilig, vorübergehend)
Tem|pus, das; -, ...pora (Sprachw.: Zeitform [des Zeitwortes])
Ten|denz, die; -, -en (Streben nach bestimmtem Ziel, Absicht; Hang, Neigung, Strömung; Zug, Richtung, Entwicklung[slinie]; Stimmung [an der Börse]); **ten|den|zi|ell** (der Tendenz nach, entwicklungsmäßig); **ten|den|zi|ös** (etwas bezweckend, beabsichtigend; parteilich zurechtgemacht, gefärbt); **ten|die|ren** (streben; neigen zu...)
Ten|ne, die; -, -n
Ten|nis, das; - (Ballspiel); - spielen
¹**Te|nor,** der; -s (Haltung; Inhalt, Sinn, Wortlaut); ²**Te|nor,** der; -s, ...nöre (hohe Männerstimme; Tenorsänger)
Tep|pich, der; -s, -e; **Tep|pich|bo|den**
Ter|min, der; -s, -e (Frist; [Liefer-, Zahlungs-, Gerichtsver-

handlungs]tag, Zeit[punkt], Ziel); **Ter|mi|nal** [*tö'min*[e]*l*], der (auch: das, für Datenendstation nur: das); -s, -s (Abfertigungshalle für Fluggäste); **Ter|min|ka|len|der;** **ter|min|lich;** **Ter|mi|nus,** der; -, ...ni (Fachwort, -ausdruck, -begriff)
Ter|mi|te, die; -, -n (meist *Mehrz.*) (ein Insekt)
Ter|pen|tin, das (österr. meist: der); -s, -e (Harz)
Ter|rain [...*räng*], das; -s, -s (Gebiet; [Bau]gelände, Grundstück)
Ter|ra|ri|um, das; -s, ...ien [...*i*[e]*n*] (Behälter für die Haltung kleiner Lurche u. ä.)
Ter|ras|se, die; -, -n; **ter|ras|sen|för|mig**
Ter|ri|er [...*i*[e]*r*], der; -s, - (kleiner bis mittelgroßer engl. Jagdhund)
Ter|ri|ne, die; -, -n ([Suppen]schüssel)
ter|ri|to|ri|al (zu einem Gebiet gehörend, ein Gebiet betreffend); -e Verteidigung; **Ter|ri|to|ri|um,** das; -s, ...ien [...*i*[e]*n*] (Grund; Bezirk; [Herrschafts-, Staats-, Hoheits]gebiet)
Ter|ror, der; -s (Gewaltherrschaft; rücksichtsloses Vorgehen); **ter|ro|ri|sie|ren** (Terror ausüben, unterdrücken); **Ter|ro|ris|mus,** der; - (Schreckensherrschaft), **Ter|ro|rist,** der; -en, -en; **ter|ro|ri|stisch**
Ter|tia [...*zia*], die; -, ...ien [...*i*[e]*n*] („dritte"; als Unter- u. Obertertia 4. u. 5. [in Österr.: 3.] Klasse an höheren Lehranstalten); **Ter|tia|ner** (Schüler der Tertia); **Ter|tia|ne|rin,** die; -, -nen; **ter|ti|är** (die dritte Stelle in einer Reihe einnehmend; das Tertiär betreffend); **Ter|ti|är,** das; -s (Geol.: der ältere Teil der Erdneuzeit)
Terz, die; -, -en (Fechthieb; Musik: dritter Ton [vom Grundton aus]); **Ter|zett,** das; -[e]s, -e (dreistimmiges Gesangstück)
Test, der; -[e]s, -s (auch: -e) (Probe; Prüfung; psycholog. Experiment; Untersuchung)

Te|sta|ment, das; -[e]s, -e (letzt-
willige Verfügung; Bund Gottes
mit den Menschen, danach das
Alte u. das Neue Testament der
Bibel); **te|sta|men|ta|risch**
(durch letztwillige Verfügung,
letztwillig); **Te|stat,** das; -[e]s,
-e (Zeugnis, Bescheinigung)
te|sten [zu: Test]
Te|ta|nus, der; - (Med.: Wund-
starrkrampf)
Tête-à-tête, das; -, -s (Gespräch
unter vier Augen; vertrauliche
Zusammenkunft; zärtliches Bei-
sammensein)
Te|tra|eder, das; -s, - (Vierfläch-
ner, dreiseitige Pyramide)
teu|er; ein teures Kleid; das
kommt mir od. mich teuer zu ste-
hen; **Teue|rung**
Teu|fel, der; -s, -; zum - jagen
(ugs.); zum - ! (ugs.); **Teu|fels-
_aus|trei|bung,** ...**kerl** (ugs.);
teuf|lisch; ein -er Plan
Teu|to|ne, der; -n, -n (Angehöri-
ger eines germ. Volksstammes);
teu|to|nisch (auch abschätzig
für: deutsch)
Text, der; -[e]s, -e (Wortlaut, Be-
schriftung; [Bibel]stelle); **tex-
ten** (einen [Schlager-, Werbe]-
text gestalten); **tex|til|frei**
(scherzh.: nackt); **Tex|ti|li|en**
[...i^en], die (Mehrz.: Gewebe, Fa-
serstofferzeugnisse [außer Pa-
pier]); **Tex|til|in|du|strie;
Text|stel|le**
Thea|ter, das; -s, - (Schaubühne;
Schauspielhaus, Opernhaus;
[Schauspiel-, Opern]auffüh-
rung, Vorstellung, Spiel; ugs. nur
Einz.: Unruhe, Aufregung; Vor-
täuschung); **Thea|ter_stück,
...vor|stel|lung**
thea|tra|lisch (bühnenmäßig;
übertrieben schauspielermäßig;
gespreizt)
The|ke, die; -, -n (Schanktisch;
auch: Ladentisch)
The|ma, das; -s, ...men u. -ta
(Aufgabe, [zu behandelnder]
Gegenstand; Gesprächsstoff;
Grund-, Haupt-, Leitgedanke

[bes. in der Musik]); **The|ma-
tik,** die; -, -en (Themenstellung;
Ausführung eines Themas); **the-
ma|tisch** (dem Thema entspre-
chend, zum Thema gehörend)
Theo|lo|ge, der; -n, -n (Gottesge-
lehrter, wissenschaftl. Vertreter
der Theologie); **Theo|lo|gie,** die;
-, ...ien (Wissenschaft von Gott
u. seiner Offenbarung, von den
Glaubensvorstellungen einer Re-
ligion); **theo|lo|gisch**
Theo|re|ti|ker (Ggs.: Praktiker);
**theo|re|tisch; theo|re|ti|sie-
ren** (etwas rein theoretisch er-
wägen); **Theo|rie,** die; -, ...ien
The|ra|peut, der; -en, -en
(behandelnder Arzt, Heilkundi-
ger); **the|ra|peu|tisch; The|ra-
pie,** die; -, ...ien (Kranken-
behandlung, Heilbehandlung)
Ther|mal_bad (Warm[quell]-
bad), ...**quel|le; Ther|me,** die;
-, -n (warme Quelle); **Ther|mo-
me|ter,** das; -s, - (Temperatur-
meßgerät); **Ther|mos|fla|sche**
Ⓦ (Warmhaltegefäß); **Ther-
mo|stat,** der; -[e]s u. -en, -e[n]
(Temperaturregler; Apparat zur
Herstellung konstanter Temperatur in einem Raum)
The|se, die; -, -n (aufgestellter
[Leit]satz, Behauptung)
Thing, das; -[e]s, -e (germ.
Volksversammlung)
Tho|mas (Apostel); ungläubiger
-, ungläubige Thomasse
Tho|mas|mehl, das; -[e]s (Dün-
gemittel)
Tho|ra [auch, österr. nur: tora],
die; - (die 5 Bücher Mosis, das
mosaische Gesetz)
Thril|ler [thril^er], der; -s, - (ein
ganz auf Spannungseffekte ab-
gestellter, nervenkitzelnder Film,
Roman u. ä.; Reißer)
Throm|bo|se, die; -, -n (Med.:
Verstopfung von Blutgefäßen
durch Blutgerinnsel)
Thron, der; -[e]s, -e; **thro|nen;
Thron_fol|ge,** ...**fol|ger**
Thy|mi|an, der; -s, -e (eine Heil-
pflanze)

Ti̱a̱|ra, die; -, ...ren (dreifache Krone des Papstes)

Ti̱ck, der; -s, -s (wunderliche Eigenart, Schrulle; Fimmel, Stich)

ti̱cken [*Trenn.*: tik|ken]

Ti̱cket [*Trenn.*: Tik|ket], das; -s, -s (engl. Bez. für: Fahr-, Eintrittskarte)

Ti̱|de, die; -, -n (die regelmäßig wechselnde Bewegung der See; Flut); **Ti̱|den,** die (*Mehrz.*; Gezeiten); **Ti̱|den|hub** (Wasserstandsunterschied bei den Gezeiten)

tief; auf das, aufs -ste beklagen; - sein, werden, graben, stehen; ein - ausgeschnittenes Kleid; **Tief,** das; -s, -s (Fahrrinne; Meteor.: Tiefstand [des Luftdrucks]); **Tief|aus|läu|fer** (Meteor.), **...bau** (der; -[e]s); **tief|be|wegt; tief|blau; tief|blickend** [*Trenn.*: ...blik|kend]; **tief|drin|gend; Tief|druck,** der; -[e]s, (Druckw.:) -e; **Tief|druck|ge|bild** (Meteor.); **Tie|fe,** die; -, -n; **Tief|ebe|ne; tief|emp|fun|den; Tie|fen|psy|cho|lo|gie; Tief|flie|ger** (Flugzeug), **...gang** (der; -[e]s); **Tief|ga|ra|ge; tief|ge|kühlt;** tiefgekühltes Gemüse od. Obst; das Obst ist -; **tief|grün|dig; Tief|kühl|fach, ...tru|he; Tief|punkt, ...schlag** ([Box]hieb unterhalb der Gürtellinie); **tief|schür|fend; Tief|see,** die; **Tief|sinn,** der; -[e]s; **tief|sin|nig**

Tie̱|gel, der; -s, -

Ti̱er, das; -[e]s, -e; **Ti̱er.art, ...arzt, ...freund, ...gar|ten; tie̱|risch; Ti̱er|kreis** (Astron.); **Ti̱er|kreis|zei|chen; Ti̱er.kun|de** (für: Zoologie), **...lie|be, ...quä|le|rei, ...reich** (das; -[e]s), **...schutz|ver|ein**

Ti̱|ger, der; -s, -; **ti̱|gern** (bunt, streifig machen; ugs.: eilen)

Ti̱l|de, die; -, -n (span. Aussprachezeichen auf dem n [ñ]; [Druckw.:] Wiederholungszeichen: ∼)

ti̱lg|bar; ti̱l|gen; Ti̱l|gung

Ti̱ll Eu̱|len|spie|gel (niederd. Schalksnarr; auch übertr.)

Ti̱l|si|ter, der; -s, - (ein Käse)

Ti̱m|bre [*tãngbr̥ᵉ*], das; -s, -s (Klangfarbe der Gesangsstimme)

Ti̱|ming [*taiming*], das; -s, -s (Wahl, Festlegung des [für eine Unternehmung günstigen] Zeitpunktes)

ti̱n|geln (ugs.: Tingeltangel spielen; im Tingeltangel auftreten); **Ti̱n|gel|tan|gel,** der u. das; -s, - (ugs.: Musik niederen Ranges; Musikkneipe)

Ti̱nk|tur, die; -, -en ([Arznei]auszug; veralt.: Färbung)

Ti̱n|nef, der; -s (ugs.: Schund, Wertloses; dummes Zeug)

Ti̱n|te, die; -, -n; **Ti̱n|ten|fisch**

Ti̱p, der; -s, -s ([bes. beim Sport:] Wink, Andeutung, Vorhersage)

Ti̱p|pel|bru|der (veralt.: wandernder Handwerksbursche; ugs.: Landstreicher); **ti̱p|peln** (ugs.: beständig [auf der Landstraße] wandern)

¹**ti̱p|pen** niederd., mitteld. (leicht berühren; Dreiblatt spielen); er hat ihn (auch: ihm) auf die Schulter getippt

²**ti̱p|pen** (wetten); er hat richtig getippt

³**ti̱p|pen** (ugs.: maschinenschreiben)

Ti̱pp|feh|ler (ugs.: Fehler beim Maschineschreiben)

Ti̱pp|se, die; -, -n (abwertend ugs.: Maschinenschreiberin)

Ti̱pp|zet|tel (Wettzettel)

Ti̱|ra|de (Worterguß)

ti̱|ri|lie|ren (von Vögeln: pfeifen, singen)

Ti̱sch, der; -[e]s, -e; bei - (beim Essen) sein; am - sitzen; zu - gehen; Gespräch am runden -; **Ti̱sch|decke** [*Trenn.*: ...dek|ke], **Ti̱sch|ler; Ti̱sch|le|rei; ti̱sch|lern; Ti̱sch_ord|nung, ...ten|nis, ...tuch** (*Mehrz.* ...tücher)

¹**Ti̱|tan,** der; -en, -en (meist *Mehrz.*) (einer der riesenhaften, von Zeus gestürzten Götter der

gr. Sage; übertr.: großer, starker Mann); ²**Ti|tan**, das; -s (chem. Grundstoff; Zeichen: Ti)

Ti|tel, der; -s, - (Aufschrift, Überschrift; Amts-, Dienstbezeichnung; [Ehren]anrede[form]; Rechtsgrund; Abschnitt); **Ti|tel .bild, ...blatt, ...held, ...ver|tei|di|ger** (Sportspr.)

Tit|te, die; -, -n (meist *Mehrz.*) (ugs. derb: weibl. Brust)

ti|tu|lie|ren (Titel geben, benennen)

Ti|vo|li, das; -[s], -s (Vergnügungsort; it. Kugelspiel)

Toast [*toßt*], der; -[e]s, -e u. -s (geröstete Weißbrotschnitte; Trinkspruch); **toa|sten** (Weißbrot rösten; einen Trinkspruch ausbringen); **Toa|ster** (elektr. Gerät)

To|bak, der; -[e]s, -e (alte, heute nur noch scherzh. gebrauchte Form von: Tabak); Anno -

to|ben; To|be|rei

Tob|sucht, die; -; **tob|süch|tig; Tob|suchts|an|fall**

Toch|ter, die; -, Töchter (schweiz. auch für: Mädchen, Fräulein, Angestellte); **Tochter.ge|schwulst** (Metastase), **...ge|sell|schaft** (Wirtsch.); **Töch|ter|schu|le** (veralt.); höhere -

Tod, der; -[e]s, (selten:) -e; zu -e fallen, hetzen, erschrecken; **tod.brin|gend, ...ernst** (ugs.); **To|des.angst, ...an|zei|ge, ...fall,** der, **...kampf, ...kan|di|dat; to|des|mu|tig; To|des.op|fer, ...stra|fe, ...ur|teil, ...ver|ach|tung; Tod|feind; tod|krank; töd|lich; tod.mü|de** (ugs.), **...schick** (ugs. für: sehr schick), **...si|cher** (ugs.: so sicher wie der Tod); **Tod|sün|de; tod|un|glück|lich**

Tof|fee [*tofi*], das; -s, -s (eine Weichkaramelle)

Töff|töff, das; -s, -s (veralt. scherzh.: Kraftfahrzeug)

To|ga, die; -, ...gen ([altröm.] Obergewand)

To|hu|wa|bo|hu, das; -[s], -s (Wirrwarr, Durcheinander)

Toi|let|te [*toal...*], die; -, -n (Frisiertisch; [feine] Kleidung; Ankleideraum; Abort u. Waschraum); - machen (sich [gut] anziehen); **Toi|let|ten|was|ser** (*Mehrz.* ...wässer)

toi, toi, toi! [*teu, teu, teu*] (ugs.: unberufen!)

Tö|le (niederd., ugs. verächtl.: Hund, Hündin), die; -, -n

to|le|rant (duldsam; nachsichtig; weitherzig; versöhnlich); **To|le|ranz,** die; -, (Technik:) -en (Duldung, Duldsamkeit; Technik: Unterschied zwischen Größt- und Kleinstmaß, zulässige Abweichung); **to|le|rie|ren** (dulden, gewähren lassen)

toll; toll|dreist

Tol|le, die; -, -n (ugs.: Büschel; Haarschopf; selten: Quaste)

tol|len; Toll|haus; Tol|li|tät, die; -, -en (Fastnachtsprinz od. -prinzessin); **toll|kühn; Toll|wut**

Tol|patsch, der; -[e]s, -e (ugs.: ungeschickter Mensch); **tol|pat|schig** (ugs.)

Töl|pel, der; -s, - (ugs.)

To|ma|hawk [*tŏmahąk,* auch: *...hąk*], der; -s, -s (Streitaxt der [nordamerik.] Indianer)

To|ma|te (Gemüsepflanze; Frucht), die; -, -n; gefüllte -n

Tom|bo|la, die; -, -s, (selten:) ...len (Verlosung bei Festen)

¹**Ton,** der; -[e]s, (Tonsorte *Mehrz.*:) -e (Verwitterungsrückstand tonerdehaltiger Silikate)

²**Ton,** der; -[e]s, Töne (Laut usw.) den - angeben; **to|nal** (auf einen Grundton bezogen); **ton|an|ge|bend; Ton|art**

Ton|band, das (*Mehrz.* ...bänder)

¹**tö|nen** (Farbton geben)

²**tö|nen** (klingen)

Ton|er|de; essigsaure -; **tö|nern** (aus ¹Ton); es klingt - (hohl)

Ton|fall (der; -[e]s), **...film**

To|ni|ka, die; -, ...ken (Grundton eines Tonstücks; erste Stufe der Tonleiter)

To|ni|kum, das; -s, ...ka (Med.: stärkendes Mittel)
Ton.in|ge|nieur; ...lei|ter, die; ton|los; -e Stimme; Ton|mei|ster
Ton|ne, die; -, -n (auch Maßeinheit für Masse: 1 000 kg)
Ton|stück (Musikstück)
Ton|sur, die; -, -en (Haarausschnitt als Standeszeichen der kath. Kleriker)
Ton.ta|fel, ...tau|be (Wurftaube); Ton|tau|ben|schie|ßen, das; -s
Tö|nung (Art der Farbengebung)
To|pas, der; -es, -e (ein Halbedelstein)
Topf, der; -[e]s, Töpfe; Topf|blu|me; Töp|fer; Töp|fe|rei; töp|fern (Töpferwaren machen); Töp|fer|schei|be; Topf|gucker [*Trenn.:* guk|ker]
top|fit [*top-fit*] (gut in Form, in bester körperlicher Verfassung [von Sportlern])
Topf.lap|pen, ...pflan|ze
Top|ma|na|ge|ment [*topmänidsehm^ent*] (Wirtsch.: engl.-amerik. Bez. für: Spitze der Unternehmensleitung)
¹Tor, das; -[e]s, -e (große Tür; Angriffsziel [beim Fußballspiel u. a.])
²Tor, der; -en, -en (törichter Mensch)
To|rea|dor, der; -s u. -en, -e[n] ([berittener] Stierkämpfer)
To|re|ro, der; -[s], -s (nicht berittener Stierkämpfer)
Torf, der; -[e]s (verfilzte, vermoderte Pflanzenreste); Torf.moor, ...mull
Tor|heit
tö|richt; tö|rich|ter|wei|se
tor|keln (ugs.: taumeln)
Tor.lauf (für: Slalom), ...li|nie
Tor|na|do, der; -s, -s (Wirbelsturm im südlichen Nordamerika)
Tor|ni|ster, der; -s, - ([Fell-, Segeltuch]ranzen)
tor|pe|die|ren (mit Torpedo[s] beschießen, versenken; übertr. für: durchkreuzen)

Tor|schluß, der; ...schlusses; vor -; Tor|schluß|pa|nik
Tor|so, der; -s, -s u. ...si (allein erhalten gebliebener Rumpf einer Statue; Bruchstück)
Tört|chen; Tor|te, die; -, -n; Tor|ten.bo|den, ...guß
Tor|tur, die; -, -en (Folter, Qual)
Tor.ver|hält|nis (Sport), ...wart (Sport), ...weg
to|sen; der Sturm to|ste
tot; der tote Punkt; ein totes Gleis
to|tal (gänzlich, völlig; Gesamt...); To|ta|li|sa|tor, der; -s, ...oren (amtliche Wettstelle auf Rennplätzen; Kurzw.: Toto); to|ta|li|tär (die Gesamtheit umfassend, ganzheitlich; vom Staat: alles erfassend u. seiner Kontrolle unterwerfend); To|ta|li|tät, die; - (Gesamtheit, Vollständigkeit, Ganzheit)
To|te, der u. die; -n, -n (jmd., der gestorben ist)
To|tem, das; -s, -s (bes. bei nordamerik. Indianern das Ahnentier u. Stammeszeichen der Sippe)
tö|ten; to|ten.blaß, ...bleich; To|ten.grä|ber, ...sonn|tag; to|ten|still; To|ten.stil|le, ...tanz, ...wa|che; tot|ge|bo|ren; ein totgeborenes Kind; Tot.ge|burt; tot|la|chen, sich (ugs.: heftig lachen); tot|lau|fen, sich (ugs.: von selbst zu Ende gehen); tot|ma|chen (ugs.: töten)
To|to, das (auch:) der; -s, -s (Kurzw. für: Totalisator; Sport-, Fußballtoto)
tot|schie|ßen; Tot|schlag, der; -[e]s, ...schläge; tot|schla|gen; er wurde [halb] totgeschlagen; er hat seine Zeit totgeschlagen (ugs.: nutzlos verbracht); Tot|schlä|ger; tot|schwei|gen; tot|stel|len, sich; Tö|tung; fahrlässige -
Touch [*tᾳtsch*], der; -s, -s (Anstrich; Anflug, Hauch)
Tou|pet [*tupe*], das; -s, -s (Halbperücke; Haarersatz); tou|pie|ren (Haar mit dem Kamm auf-, hochbauschen)

Tour [*tur*], die; -, -en (Umlauf, [Um]drehung, z.B. eines Maschinenteils; Wendung, Runde, z.B. beim Tanz; Ausflug, Wanderung; [Geschäfts]reise, Fahrt, Strecke; ugs.: Art und Weise); in e i n e r - (ugs.: ohne Unterbrechung); auf -en kommen (hohe Geschwindigkeit erreichen; übertr.: mit großem Eifer etwas betreiben); **Tou|ris|mus,** der; - (Fremdenverkehr, Reisewesen); **Tou|rist** (Ausflügler, Wanderer, Bergsteiger, Reisender); **Tou|ri|sten|klas|se,** die; - (preiswerte Reiseklasse auf Dampfern u. in Flugzeugen); **tou|ri|stisch; Tour|ne|dos** [*turn*e*do*], das; - [*turn*e*do*(ß)], - [*turn*e*do*ß] (daumendickes, rundes Lendenschnittchen); **Tour|nee,** die; -, -s u. ...n**e**en (Gastspielreise von Künstlern)

Tower [*tau*e*r*], der; -s, - (ehemalige Königsburg in London [*Einz.*]; Flughafenkontrollturm)

To|xi|kum, das; -s, ...ka (Med.: Gift); **to|xisch**

Trab, der; -[e]s; - laufen, rennen, reiten

Tra|bant, der; -en, -en (früher: Begleiter; Diener; Leibwächter; Astron.: Mond; Technik: künstl. Erdmond, Satellit); **Tra|banten|stadt** (selbständige Randsiedlung einer Großstadt)

tra|ben; Tra|ber (Pferd)

Tracht, die; -, -en; eine - Holz, eine - Prügel

trach|ten

träch|tig

tra|die|ren (überliefern, mündlich fortpflanzen); **Tra|di|ti|on** [...*zion*], die; -, -en ([mündl.] Überlieferung; Herkommen; Brauch); **tra|di|tio|nell** (überliefert, herkömmlich)

Trag|bah|re; trag|bar

trä|ge

tra|gen; trug, getragen; zum Tragen kommen; **Trä|ger; Trä|gerin,** die; -, -nen; **trag|fä|hig; trag|fest; Trag|flä|che**

Träg|heit, die; -

Tra|gik, die; - (Kunst des Trauerspiels; erschütterndes Leid); **tragi|ko|misch** [auch: *tra*...] (halb tragisch, halb komisch); **Tragi|ko|mö|die** [auch: *tra*...] (Schauspiel, in dem Tragisches u. Komisches miteinander verbunden sind); **tra|gisch** (die Tragik betreffend; erschütternd, ergreifend)

Trag|kraft, die; -

Tra|gö|de, der; -n, -n (Heldendarsteller); **Tra|gö|die** [...*i*e], die; -, -n (Trauerspiel; übertr.: Unglück); **Tra|gö|din,** die; -, -nen

Trag|wei|te, die; -

Trai|ner [*trän*... od. *tren*...], der; -s, - (jmd., der Menschen od. Pferde systematisch auf Wettkämpfe vorbereitet; schweiz. auch Kurzform für: Trainingsanzug; **trai|nie|ren; Trai|ning** [*trän*... od. *tren*...], das; -s, -s (systematische Vorbereitung [auf Wettkämpfe]); **Trai|nings.an|zug, ...la|ger** (*Mehrz.* ...lager)

Tra|keh|ner (Pferd)

Trakt, der; -[e]s, -e (Gebäudeteil; Zug, Strang, Gesamtlänge; Landstrich); **Trak|tat,** der od. das; -[e]s, -e ([wissenschaftliche] Abhandlung; bes.: religiöse Schrift usw.; veralt.: Vertrag); **trak|tie|ren** (veralt.: behandeln; bewirten; unterhandeln; ugs.: plagen, quälen, jmdm. übermäßig Essen aufdrängen); **Trak|tor,** der; -s, ...oren (Zugmaschine, Trecker, Schlepper)

Tram, die; -, -s (schweiz.: das; -s, -s) südd. u. österr. veraltend, schweiz. (Straßenbahn[wagen]); **Tram|bahn** südd. (Straßenbahn)

Tramp [*trämp*, älter: *tramp*], der; -s, -s (engl. Bez. für: Landstreicher); **Tram|pel,** der od. das; -s, - (ugs.: plumper Mensch, meist von Frauen gesagt); **tram|peln** (ugs.: mit den Füßen stampfen); **Tram|pel.pfad, ...tier** (Kamel; ugs.: plumper Mensch); **tram-**

pen [*trämpᵉn*] (Autos anhalten u. sich mitnehmen lassen); **Tram|po|lin,** das; -s, -e (Sprunggerät); - springen

Tran, der; -[e]s, (Transorten:) -e (flüssiges Fett von Seesäugetieren, Fischen)

Tran|ce [*tran̆gß⁽ᵉ⁾*], die; -, -n (schlafähnlicher Zustand [in Hypnose])

tran|chie|ren [*...schi̯rᵉn*] ([Fleisch, Geflügel, Braten] zerlegen)

Trä|ne, die; -, -n; **trä|nen; Träneṇ.drü|se, ...gas** (das; -es)

Tran|fun|zel (ugs.: schlecht brennende Lampe)

tra|nig (Tran enthaltend, nach Tran schmeckend; tranähnlich)

Trank, der; -[e]s, Tränke; **Tränke,** die; -, -n (Tränkplatz für Tiere)

Trans|ak|ti|on [*...zi̯on*], die; -, -en (das ein normales Maß überschreitende finanzielle Geschäft)

Trans|fer, der; -s, -s (Zahlung ins Ausland in fremder Währung; Sportspr.: Wechsel eines Berufsspielers zu einem anderen Verein); **trans|fe|rie|ren** (Geld in eine fremde Währung umwechseln)

Trans|for|ma|ti|on [*...zi̯on*], die; -, -en (Umformung; Umwandlung); **Trans|for|ma|tor,** der; -s, ...oren (Umspanner [elektr. Ströme]; **trans|for|mie|ren** (umformen, umwandeln; umspannen)

Trans|fu|si|on, die; -, -en ([Blut]übertragung)

Tran|si|stor, der; -s, ...oren (Elektrotechnik: Teil eines Verstärkers); **Tran|si|stor|ra|dio**

Tran|sit [auch: *...it̯, tran̆sit*], der; -s, -e (Wirtsch.: Durchfuhr); **Tran|sit|han|del; tran|si|tiv** (Sprachw.: zum persönlichen Passiv fähig; zielend); -es Zeitwort

trans|pa|rent (durchscheinend; durchsichtig; auch übertr.); **Trans|pa|rent,** das; -[e]s, -e (durchscheinendes Bild; Spruchband)

Tran|spi|ra|ti|on [*...zi̯on*], die; - (Schweiß; [Haut]ausdünstung; **tran|spi|rie|ren**

Trans|plan|ta|ti|on [*...zi̯on*], die; -, -en (Med.: Überpflanzung von Organen od. Gewebeteilen auf andere Körperstellen od. auf einen anderen Organismus)

Trans|port, der; -[e]s, -e (Versendung, Beförderung; Kaufmannsspr. veralt.: Übertrag [auf die nächste Seite]); **trans|por|tie|ren** (versenden, befördern; Kaufmannsspr. veralt.: übertragen)

Tran|su|se, die; -, -n (ugs. abschätzig: langweiliger Mensch)

Trans|ve|stit, der; -en, -en (jmd., der aus krankhafter Neigung sich wie ein Vertreter des anderen Geschlechts kleidet und benimmt)

tran|szen|dent (übersinnlich, -natürlich); **Tran|szen|denz,** die; - (das Überschreiten der Grenzen der Erfahrung, des Bewußtseins)

Tra|pez, das; -es, -e (Viereck mit zwei parallelen, aber ungleich langen Seiten; Schaukelreck); **Tra|pez|akt** (am Trapez ausgeführte Zirkusnummer); **tra|pez|för|mig**

trap|sen (ugs.: sehr laut auftreten)

Tra|ra, das; -s (ugs.: Lärm; großartige Aufmachung, hinter der nichts steckt; Schwindel)

Tras|se, die; -, -n (im Gelände abgesteckte Linie, bes. im Straßen- u. Eisenbahnbau)

Tratsch, der; -[e]s (ugs.: Geschwätz, Klatsch); **trat|schen** (ugs.)

Trau|be, die; -, -n; **Trau|ben|zucker** [*Trenn.:* zuk|ker]

trau|en; ich traue mich nicht (selten: mir nicht), das zu tun

Trau|er, die; -; **Trau|er.fall,** der; **...kloß** (ugs. scherzh.: langweiliger, energieloser, unlustiger Mensch); **trau|ern**

Trau|fe, die; -, -n; **träu|feln**
trau|lich; - beisammensitzen
Traum, der; -[e]s, Träume
Trau|ma, das; -s, ...men (seeli-
sche Erschütterung; Med.: Wun-
de)
träu|men; ich träumte von
meinem Bruder; mir träumte von
ihm; es träumte mir; das hätte
ich mir nicht - lassen (ugs.: hätte
ich nie geglaubt); **Träu|mer;**
Träu|me|rei; **träu|me|risch;**
traum|haft
trau|rig; Trau|rig|keit, die; -
Trau_ring, ...schein
traut; ein -es Heim
Trau|te, die; - (ugs.: Vertrauen,
Mut); keine - haben
Trau|ung; Trau|zeu|ge
Tra|ve|stie [*wä*...], die; -, ...ien
([scherzhafte] „Umkleidung",
Umgestaltung [eines Gedich-
tes])
Traw|ler [*trå̱l°r*], der; -s, - (Fisch-
dampfer)
Tre|ber, die (*Mehrz.;* Rückstände
[beim Keltern und Bierbrauen])
Treck, der; -s, -s (Zug; Auszug,
Auswanderung); **trecken**
[*Trenn.:* trek|ken] (ziehen);
Trecker [*Trenn.:* Trek|ker]
([Motor]zugmaschine, Traktor)
¹**Treff,** das; -s, -s (Kleeblatt, Ei-
chel [im Kartenspiel])
²**Treff,** der; -s, -s (ugs.: Treffen,
Zusammenkunft)
tref|fen; traf, getroffen; **Tref|fer,**
das; -s, -; **tref|fend; Tref|fer;**
treff|lich; Treff|punkt
trei|ben; trieb, getrieben; zu Paa-
ren -; **Trei|ber; Trei|be|rei;**
Treib|haus; Treib|stoff
trei|deln (ein Wasserfahrzeug
vom Ufer aus stromaufwärts zie-
hen); **Trei|del|pfad** (Leinpfad)
Tre|ma, das; -s, -s u. -ta (Trenn-
punkte, Trennungszeichen [über
einem von zwei getrennt auszusprechenden Selbstlauten, z. B.
fr. naïf „naiv"]
tre|mo|lie|ren (mit Tremolo sin-
gen); **Tre|mo|lo,** das; -s, -s u.
..li (Musik: bei Instrumenten ra-

sche Wiederholung eines Tons
od. Intervalls)
Trench|coat [*trän̲tschkoᵘt*], der;
-[s], -s (Wettermantel)
Trend, der; -s, -s (Grundrichtung
einer Entwicklung)
tren|nen; sich -; **Tren|nung**
trepp|ab; trepp|auf; -, treppab
laufen; **Trep|pe,** die; -, -n; -n
steigen
Trep|pen_ab|satz, ...witz (der;
-es)
Tre|sen, der; -s, - nieder- u. mit-
teld. (Laden-, Schanktisch)
Tre|sor [österr. auch: *tre̱*...], der;
-s, -e (Panzerschrank; Stahlkam-
mer)
Tres|se (Borte), die; -, -n
Tre|ster, die (*Mehrz.;* Rückstän-
de beim Keltern u. Bierbrauen)
tre|ten; trat, getreten; er tritt ihn
(auch: ihm) auf den Fuß; beisei-
te; **Tre|ter,** die (*Mehrz.;* ugs.:
Schuhe); **Tret|müh|le** (ugs.)
treu; zu -en Händen übergeben
([ohne Rechtssicherheit] anver-
trauen, vertrauensvoll zur Aufbe-
wahrung übergeben); - sein,
bleiben; **Treu|bruch,** der;
treu|brü|chig; Treue, die; -; auf
Treu und Glauben; **Treue|prä-**
mie; treu|er|ge|ben; Treu|hän-
der (jmd., dem etwas „zu treuen
Händen" übertragen wird);
treu|her|zig; treu|lich; treu-
los; treu|sor|gend
Tri|an|gel [österr.: ...*ang*...], der;
-s, - (Musik: Schlaggerät)
Tri|bu|nal, das; -s, -e ([hoher]
Gerichtshof); **Tri|bü|ne,** die; -,
-n ([Redner-, Zuhörer-, Zu-
schauer]bühne; auch: Zuhörer-,
Zuschauerschaft); **Tri|but,** der;
-[e]s, -e (Opfer, Beisteuerung;
schuldige Verehrung, Hochach-
tung); **tri|but|pflich|tig**
Tri|chi|ne, die; -, -n (schmarot-
zender Fadenwurm)
Trich|ter, der; -s, -; **trich|ter-**
för|mig; trich|tern
Trick, der; -s, -e u. -s (Kunstgriff;
Kniff; Stich bei Kartenspielen);
Trick|film; trick|sen (ugs.: ei-

nen Gegner geschickt aus-, umspielen [vor allem beim Fußball])
Trieb, der; -[e]s, -e; **Trieb|fe|der; trieb|haft**
trie|fen; triefte (in gewählter Sprache: troff), getrieft (selten noch: getroffen)
trie|zen (ugs.: quälen, plagen)
Trift, die; -, -en (Weide; Holzflößung; auch svw. Drift)
trif|tig ([zu]treffend); -er Grund
Tri|go|no|me|trie, die; - (Dreiecksmessung, -berechnung)
Tri|ko|lo|re, die; -, -n (dreifarbige [fr.] Fahne)
Tri|kot [...*ko*, auch: *triko*], das; -s, -s (enganliegendes gewirktes [auch gewebtes] Kleidungsstück u. der (selten: das): -s, -s (maschinengestricktes Gewebe); **Tri|ko|ta|ge** [...*aschᵉ*, österr.: ...*asch*], die; -, -n (Wirkware)
Tril|ler; tril|lern; Tril|ler|pfei|fe
Tri|lo|gie, die; -, ...ien (Folge von drei [zusammengehörenden] Dichtwerken, Kompositionen u. a.)
Trimm-dich-Pfad; trim|men (Hunden das Fell scheren; ugs.: jmdn. od. etwas [mit besonderer Anstrengung] in einen gewünschten Zustand bringen); ein auf alt getrimmter Schrank; sich -; trimm dich durch Sport!
trin|ken; trank, getrunken; **Trin|ker; trink|fest; Trink|lied**
Trio, das; -s, -s (Musikstück für drei Instrumente, auch: die drei Ausführenden; Dreizahl [von Menschen]; **Trio|le,** die; -, -n (Musik: Figur von 3 Noten an Stelle von 2 oder 4 gleichwertigen)
Trip, der; -s, -s (Ausflug, Reise; Rauschzustand durch Drogeneinwirkung, auch: die dafür benötigte Dosis)
trip|peln (mit kleinen, schnellen Schritten gehen)
Trip|per (eine Geschlechtskrankheit)

trist (traurig, öde, trostlos)
Tritt, der; -[e]s, -e; - halten; **Tritt_brett, ...lei|ter,** die
Tri|umph, der; -[e]s, -e (Siegesfreude, -jubel; großer Sieg, Erfolg); **tri|um|phal** (herrlich, sieghaft); **Tri|umph|bo|gen; tri|um|phie|ren** (als Sieger einziehen; jubeln)
tri|vi|al [...*wi*...] (platt, abgedroschen); **Tri|via|li|tät** (Plattheit), die; -, -en; **Tri|vi|al|li|te|ra|tur**
trocken¹; im Trock[e]nen (auf trockenem Boden) sein; auf dem trock[e]nen sein (ugs.: festsitzen; nicht mehr weiterkommen, erledigt sein); auf dem trock[e]nen sitzen (ugs.: nicht flott, in Verlegenheit sein); sein Schäfchen im trock[e]nen haben, ins trock[e]ne bringen (ugs.: sich wirtschaftlich gesichert haben, sichern); **Trocken¹hau|be; Trocken|heit¹; trocken|le|gen¹** (mit frischen Windeln versehen); **Trocken¹_milch, ...ra|sie|rer** (ugs.); **trocken|ste|hen¹** (keine Milch geben); die Kuh hat mehrere Wochen trokkengestanden; **trock|nen**
Tro|del, die; -, -n (Quaste)
Trö|del, der; -s (ugs.); **Trö|del|kram** (ugs.); **trö|deln** (ugs.); **Tröd|ler**
Trog, der; -[e]s, Tröge
Troi|ka [*treuka*, auch: *troika*], die; -, -s (russ. Dreigespann)
Troll, der; -[e]s, -e (Kobold, Dämon); **troll|en,** sich (ugs.)
Trom|mel, die; -, -n; **Trom|mel_fell, ...feu|er; trom|meln; Trom|mel|wir|bel; Tromm|ler**
Trom|pe|te, die; -, -n; **trom|pe|ten;** er hat trompetet; **Trom|pe|ter**
Tro|pen, die (*Mehrz.*; heiße Zone zwischen den Wendekreisen); **Tro|pen_helm, ...krankheit**
Tropf, der; -[e]s, Tröpfe (ugs.: armer Einfältiger; Dummkopf); **tröp|feln; trop|fen; Trop|fen,**

---

¹ *Trenn.*: ...ok|ke...

der; -s, -; **Trop|fen|fän|ger;
trop|fen|wei|se; tropf|naß;
Tropf|stein|höh|le**
Tro|phäe, die; -, -n (Siegeszeichen; Jagdbeute [z. B. Geweih])
tro|pisch (zu den Tropen gehörend; südlich, heiß)
Troß, der; Trosses, Trosse (der die Truppe mit Verpflegung u. Munition versorgende Wagenpark; übertr.: Gefolge, Haufen);
Tros|se, die; -, -n (starkes Tau; Drahtseil); **Troß|knecht**
Trost, der; -es; **trö|sten;** sich -;
**Trö|ster; tröst|lich; trost|los;
Trost|lo|sig|keit,** die; -; **Trost-
pfla|ster, trost|reich**
Trott, der; -[e]s, -e (ugs.: langweiliger, routinemäßiger [Geschäfts]gang; eingewurzelte Gewohnheit)
Trot|tel, der; -s, - (ugs.: einfältiger Mensch, Dummkopf); **trot-
tel|haft; trot|te|lig**
trot|ten (ugs.: langsam, lässig u. schwerfällig gehen); **Trot|toir**
[...*toar*], das; -s, -e u. -s (landsch.: Bürgersteig, Geh-, Fußweg)
trotz; *Verhältnisw.* mit *Wesf.*: - des Regens; **Trotz,** der; -es; aus -; dir zum -; **trotz|dem** [auch: *trozdem*]; - ist es falsch; (auch schon:) - (älter: - daß) du nicht rechtzeitig eingegriffen hast;
trot|zen; trot|zig
Trotz|kopf; trotz|köp|fig
Trou|ba|dour [*trubadur*, auch: ...*dur*], der; -s, -e u. -s (provenzal. Minnesänger des 12. bis 14. Jh.s)
trüb, trü|be; im trüben fischen
Tru|bel, der; -s
trü|ben; sich -; **Trüb|sal,** die; -, -e; **trüb|se|lig; Trüb|sinn,** der; -[e]s; **trüb|sin|nig**
Truch|seß, der; ...sesses u. (älter:) ...sessen, ...sesse (im Mittelalter Hofbeamter über Küche u. Tafel)
tru|deln (Fliegerspr.: drehend niedergehen, abstürzen; auch landsch.: würfeln)
Trüf|fel, die; -, -n (ugs. meist:

der; -s, -; ein Pilz; kugelförmige Praline aus einer bestimmten Masse mit Schokolade); **trüf-
feln** (mit Trüffeln zubereiten)
Trug, der; -[e]s; Lug und -; **trü-
gen;** trog, getrogen; **trü|ge-
risch; Trug|schluß**
Tru|he, die; -, -n
Trumm, das; -[e]s, Trümmer mdal. (Ende, Stück; Brocken, Fetzen); **Trüm|mer,** die (*Mehrz.*; [Bruch]stücke);
Trüm|mer|feld, ...hau|fen
Trumpf, der; -[e]s, Trümpfe (eine der [wahlweise] höchsten Karten bei Kartenspielen, mit denen Karten anderer Farbe gestochen werden können); **Trumpf-
kar|te**
Trunk, der; -[e]s, (selten:) Trünke; **trun|ken;** er ist vor Freude -; **Trunk|sucht,** die; -
Trupp, der; -s, -s; **Trup|pe,** die; -, -n; **Trup|pen|pa|ra|de**
Trust [meist engl. Aussspr.: *traßt*], der; -[e]s, -e u. -s (Konzern)
Trut|hahn, ...hen|ne, ...huhn
Tscha|ko, der; -s, -s (Kopfbedekkung [der Polizisten])
tschil|pen (vom Sperling: laute Pieptöne hervorbringen)
tschüs! [auch: *tschüß*] (ugs.-fam.: auf Wiedersehen!)
Tse|tse|flie|ge (Überträger der Schlafkrankheit u. a.)
T-Trä|ger, der; -s, -
Tu|ba, die; -, ...ben (Blechblasinstrument; Med.: Eileiter, Ohrtrompete)
Tu|be, die; -, -n (röhrenförmiger Behälter [für Farben u. a.]; Med. auch für: Tuba)
tu|ber|ku|lös (schwindsüchtig);
Tu|ber|ku|lo|se (Schwindsucht; Abk.: Tb, Tbc); **tu|ber|ku-
lo|se|krank** (Abk.: Tbc-krank od. Tb-krank)
Tuch, das; -[e]s, Tücher u. (Tucharten:) -e; **Tuch|bahn**
Tuch|fa|brik, ...füh|lung, die; - (leichte Berührung zwischen zwei Personen), **...han|del**
tüch|tig; Tüch|tig|keit, die; -

Tücke [*Trenn.*: Tük|ke], die; -, -n

tuckern [*Trenn.*: tuk|kern] (vom Motor)

tückisch [*Trenn.*: tük|kisch]; eine -e Krankheit

Tue|rei (ugs.: Sichzieren)

Tuff, der; -s, -e (ein Gestein)

Tüf|te|lei (ugs.); **tüf|teln** (ugs.: mühsam und lange an etwas arbeiten, über etwas nachdenken)

Tu|gend, die; -, -en; **Tu|gend-bold,** der; -[e]s, -e (spött.: tugendhafter Mensch); **tu|gend-haft**

Tu|kan [auch: ...*an*], der; -s, -e (Pfefferfresser [mittel- u. südamerik. spechtartiger Vogel])

Tüll, der; -s, (Tüllarten:) -e (netzartiges Gewebe)

Tül|le, die; -, -n landsch. ([Ausguß]röhrchen; kurzes Rohrstück zum Einstecken)

Tul|pe, die; -, -n (frühblühendes Zwiebelgewächs)

tumb (scherzh. altertümelnd: einfältig)

tum|meln (bewegen); sich - ([sich be]eilen; auch: herumtollen); **Tum|mel|platz; Tümm-ler** (Delphin; Taube)

Tu|mor, der; -s, ...oren (Med.: Geschwulst)

Tüm|pel, der; -s, -

Tu|mult, der; -[e]s, -e (Lärm; Unruhe; Auflauf; Aufruhr); **tu|mul-tua|risch** (lärmend, unruhig, erregt)

tun; tat, getan; **Tun,** das; -s; das - und Lassen; das - und Treiben

Tün|che, die; -, -n; **tün|chen**

Tun|dra, die; -, ...dren (baumlose Kältesteppe jenseits der arktischen Waldgrenze)

Tu|nicht|gut, der; - u. -[e]s, -e

Tu|ni|ka, die; -, ...ken (altröm. Untergewand)

Tun|ke, die; -, -n; **tun|ken**

tun|lich; tunlichst bald

Tun|nel, der; -s, - u. -s

Tun|te, die; -, -n (ugs. abschätzig: langweilige, dumme Person, bes. Frau; Homosexueller); **tun|tig**

Tüp|fel|chen; das - auf dem i; **tüp|feln; tup|fen; Tup|fen,** der; -s, - (Punkt; [kreisrunder] Fleck); **Tup|fer**

Tür, die; -, -en; von - zu -

Tür|an|gel

Tur|ban, der; -s, -e ([mohammedan.] Kopfbedeckung)

Tur|bi|ne, die; -, -n (Kraftmaschine); **tur|bu|lent** (stürmisch, ungestüm); **Tur|bu|lenz,** die; -, -en (ungestümes Wesen; Auftreten von Wirbeln in einem Luft-, Gas-od. Flüssigkeitsstrom)

Tür.drücker [*Trenn.*: drük|ker], ...fül|lung, ...griff, ...hü|ter

Tür|ke, der; -n, -n; einen -n bauen (ugs.: etwas vortäuschen, vorspiegeln); **tür|kis** (türkisfarben); das Kleid ist -; [1]**Tür|kis,** der; -es, -e (ein Edelstein); [2]**Tür-kis,** das; - (türkisfarbener Ton); **tür|kis|far|ben**

Tür|klin|ke

Turm, der; -[e]s, Türme

Tur|ma|lin, der; -s, -e (ein Edelstein)

Turm|bau (*Mehrz.* ...bauten); [1]**tür|men** (aufeinanderhäufen) [2]**tür|men** (ugs.: weglaufen, ausreißen)

Tür|mer; Turm|fal|ke; Turm-_sprin|gen (Sportspr.), **...uhr**

tur|nen; Tur|nen, das; -s; **Tur-ner; tur|ne|risch; Tur|ner-schaft; Turn|hal|le**

Tur|nier, das; -s, -e (früher ritterliches, jetzt sportliches Kampfspiel; Wettkampf)

Turn|schuh

Tur|nus, der; -, -se (Reihenfolge; Wechsel; Umlauf; österr. auch: Arbeitsschicht); im -

Turn|zeug

Tür|spalt

tur|teln (girren); **Tur|tel|tau|be**

Tusch, der; -es, -e (Musikbegleitung bei einem Hoch); einen - blasen

Tu|sche, die; -, -n (Zeichentinte)

tu|scheln (heimlich [zu]flüstern)

tu|schen (mit Tusche zeichnen); **Tusch.far|be, ...ka|sten**

Tü|te, die; -, -n
tu|ten; von Tuten und Blasen keine Ahnung haben (ugs.)
Tu|tor, der; -s, ...oren (jmd., der den Studienanfänger betreut)
Tüt|tel|chen (ugs.: ein Geringstes); kein - preisgeben
Tut|ti|frut|ti, das; -[s], -[s] (Gericht aus allen Früchten; veraltend: Allerlei; auch: Durcheinander)
TÜV [*tüf*], der; - = Technischer Überwachungs-Verein
Tu|wort (Verb; *Mehrz.* ...wörter)
Tweed [*twid*], der; -s, -s u. -e (ein Gewebe)
Twen, der; -[s], -s (junger Mann, auch Mädchen um die Zwanzig)
Twill, der; -s, -s u. -e (Baumwollgewebe [Futterstoff]; Seidengewebe)
Twin|set, der od. das; -[s], -s (Pullover u. Jacke von gleicher Farbe u. aus gleichem Material)
[1]**Twist,** der; -es, -e (mehrfädiges Baumwoll[stopf]garn); [2]**Twist,** der; -s, -s (ein Tanz); **twi|sten** (Twist tanzen)
Two|step [*tußtäp*], der; -s, -s (ein Tanz)
Typ, der; -s, -en (Philosoph.: nur *Einz.*: Urbild, Beispiel; Psychol.: bestimmte psych. Ausprägung; Technik: Gattung, Bauart, Muster, Modell); **Ty|pe,** die; -, -n (gegossener Druckbuchstabe, Letter; ugs.: komische Figur; seltener, aber bes. österr. svw. Typ [Technik])
Ty|phus, der; - (eine Infektionskrankheit)
ty|pisch (gattungsmäßig; kenn-, bezeichnend; ausgeprägt; eigentümlich; üblich; **Ty|po|gra|phie**[1], die; -, ...ien (Buchdruckerkunst); **Ty|pus,** der; -, Typen (svw. Typ [Philos., Psychol.])
Ty|rann, der; -en, -en (Gewaltherrscher, Zwingherr, Unterdrücker; herrschsüchtiger Mensch); **Ty|ran|nei,** die; - (Gewaltherr-

schaft; Willkür[herrschaft]); **ty|ran|nisch** (gewaltsam, willkürlich); **ty|ran|ni|sie|ren** (gewaltsam, willkürlich behandeln; [freiheitliche Regungen] unterdrükken)

U

U (Buchstabe); das U; des U, die U
U-Bahn, die; -, -en (kurz für: Untergrundbahn)
übel; üble Nachrede; übler Ruf; er hat nichts Übles getan; übel sein, werden, riechen; **Übel,** das; -s, -; das ist von (geh.: vom) -; **Übel|keit; übel|lau|nig; übel|neh|men; übel|rie|chend; Übel|tä|ter**
üben; ein Klavierstück -; sich -
über; *Verhältnisw.* mit *Wemf.* u. *Wenf.*: das Bild hängt - dem Sofa; das Bild - das Sofa hängen; - Gebühr; *Umstandsw.*: - und - (sehr; völlig); die ganze Zeit -; **über|all; über|all|her** [auch: ...*al*-*her*, ...*al*her]; **über|all|hin** [auch: ...*al*hin, ...*al*hin]
über|al|tert
Über|an|ge|bot
über|ängst|lich
über|an|stren|gen; sich -; ich habe mich überanstrengt
über|ant|wor|ten (übergeben, überlassen); die Gelder wurden ihm überantwortet
über|ar|bei|ten; sich -; du hast dich völlig überarbeitet; er hat den Aufsatz überarbeitet (nochmals durchgearbeitet)
über|aus [auch: ...*auß*, üb°r*auß*]
über|backen [*Trenn.*: ...bak|ken] (Kochk.); das Gemüse wird überbacken
[1]**Über|bau,** der; -[e]s, -e u. -ten (vorragender Bau, Schutzdach; Rechtsspr.: Bau über die Grundstücksgrenze hinaus); [2]**Über|bau,** der; -[e]s, (selten:) -e

---

[1] Auch eindeutschend: Typografie

(Marxismus: auf den wirtschaftl., sozialen u. geistigen Grundlagen einer Epoche basierende Anschauungen der Gesellschaft u. die entsprechenden Institutionen); **über|bau|en;** er hat den Hof überbaut

über|be|an|spru|chen; er ist über|beansprucht

Über|bein (zystische Geschwulst, die von Gelenkkapseln oder von Sehnenscheiden ausgeht)

über|be|lich|ten (Fotogr.)

Über|be|schäf|ti|gung

Über|be|völ|ke|rung

über|be|wer|ten

Über|be|zah|lung

über|bie|ten; sich -; der Rekord wurde überboten

Über|bleib|sel, das; -s, - (Rest)

Über|blick, der; -[e]s, -e; **über|blicken**[1]; er hat die Vorgänge nicht überblickt

über|brin|gen; er hat die Nachricht überbracht; **Über|brin|ger**

über|brücken[1] (meist bildl.); er hat den Gegensatz überbrückt; **Über|brückung**[1]

über|dachen; der Bahnsteig wurde überdacht; **Über|da|chung**

über|dau|ern; die Altertümer haben Jahrhunderte überdauert

über|deh|nen ([bis zum Zerreißen] stark auseinanderziehen); das Gummiband ist überdehnt

über|den|ken; er hat es lange überdacht

über|deut|lich

über|dies

über|di|men|sio|nal

über|do|sie|ren; Über|do|sis; eine - Schlaftabletten

über|dre|hen; die Uhr ist überdreht

Über|druck, der; -[e]s, (auf Geweben, Papier, Briefmarken u. a.:) ...drucke u. (Technik:) ...drücke (zu starker Druck; nochmaliges Druckverfahren)

Über|druß, der; ...drusses; **über-**

drüs|sig; des Lebens, des Liebhabers - sein; seiner - sein

über|durch|schnitt|lich

über|eck; - stellen

Über|ei|fer; über|eif|rig

über|eig|nen (zu eigen geben); das Haus wird ihm übereignet

über|ei|len; sich -; du hast dich übereilt; **über|eilt** (verfrüht); ein übereilter Schritt

über|ein|an|der; übereinander (über sich gegenseitig) reden

über|ein|kom|men; kam überein, übereingekommen; **Über|ein-kunft,** die; -, ...künfte

über|ein|stim|men

über|emp|find|lich; Über|emp-find|lich|keit

über|fah|ren; das Kind ist - worden; er hätte mich mit seinem Gerede bald - (ugs.: überrumpelt); **Über|fahrt**

Über|fall, der; **über|fal|len** (nach der anderen Seite fallen); **über|fal|len;** man hat ihn -; **über|fäl|lig** (von Schiffen u. Flugzeugen: zur erwarteten Zeit noch nicht eingetroffen); ein -er (verfallener) Wechsel

über|flie|gen; das Flugzeug hat die Alpen überflogen; ich habe das Buch überflogen

über|flie|ßen; das Wasser ist übergeflossen; er ist von Dankesbezeigungen übergeflossen

über|flü|geln; er hat seinen Lehrmeister überflügelt

Über|fluß, der; ...flusses; **über-flüs|sig**

über|flu|ten; der Strom hat die Dämme überflutet

über|for|dern (mehr fordern, als man leisten kann); er hat mich überfordert; **Über|for|de|rung**

über|fra|gen (Fragen stellen, auf die man nicht antworten kann); **über|fragt;** ich bin -

über|frem|den; ein Land ist überfremdet; **Über|frem|dung** (Eindringen Fremder, fremden Volkstums; Eindringen unerwünschter fremder Geldgeber oder Konkurrenten in ein Unternehmen usw.)

---

[1] *Trenn.:* ...k|k...

über|füh|ren, über|füh|ren (an einen anderen Ort führen); die Leiche wurde nach ... übergeführt od. überführt; über|füh|ren (einer Schuld); der Mörder wurde überführt; Über|füh|rung; - der Leiche; - einer Straße; - eines Verbrechers

Über|fül|le; über|fül|len; der Raum ist überfüllt

Über|funk|ti|on; - der Schilddrüse

über|füt|tern; eine überfütterte Katze; Über|füt|te|rung

Über|ga|be

Über|gang, der (auch: Brücke; Besitzwechsel); Über|gangs-.lö|sung, ...man|tel

Über|gar|di|ne (meist Mehrz.)

über|ge|ben; er hat die Festung -; ich habe mich - (erbrochen)

über|ge|hen (hinübergehen); er ist zum Feind übergegangen; das Grundstück ist in andere Hände übergegangen; die Augen sind ihm übergegangen (ugs.: er war überwältigt; geh.: er hat geweint); über|ge|hen (unbeachtet lassen)

über|ge|ord|net

Über|ge|wicht, das; -[e]s

über|glück|lich

über|grei|fen; das Feuer, die Seuche hat übergegriffen; Übergriff

über|groß; Übergröße

über|ha|ben (ugs.: satt haben; überdrüssig sein); er hat die ständigen Wiederholungen übergehabt

über|hand|neh|men; nahm überhand, hat überhandgenommen

Über|hang; - der Felsen; (übertr. auch:) - der Waren; ¹über|hängen; die Felsen hingen über; ²über|hän|gen; er hat den Mantel übergehängt

über|häu|fen; er war mit Arbeit überhäuft; der Tisch ist mit Papieren überhäuft; Über|häu|fung

über|haupt

über|he|ben; sich -; wir sind der Sorge um ihn überhoben; ich

werde mich nicht -, das zu behaupten; über|heb|lich (anmaßend)

über|hei|zen (zu stark heizen); das Zimmer ist überheizt

über|ho|len (hinter sich bringen, lassen; zuvorkommen; übertreffen; Technik, auch allg.: nachsehen, ausbessern, wiederherstellen); er hat ihn überholt; diese Anschauung ist überholt; die Maschine ist überholt worden; Über|hol|ver|bot

über|hö|ren; das möchte ich überhört haben!

über|ir|disch

über|kan|di|delt (ugs.: überspannt)

über|kle|ben; überklebte Plakate

über|ko|chen; die Milch ist übergekocht

über|kom|men; eine überkommene Verpflichtung

über Kreuz; über|kreu|zen; sich -

über|la|den; das Schiff war überladen

über|la|gern; überlagert; sich -

über|lang; Über|län|ge

über|lap|pen; überlappt

über|las|sen (abtreten; anheimstellen; auch: gestatten); er hat mir das Haus -

über|la|stet; Über|la|stung

Über|lauf (Ablauf für überschüssiges Wasser in Badewannen u.a.); über|lau|fen; die Galle ist ihm übergelaufen; über|lau|fen; es hat mich kalt -; Über|läu|fer (Fahnenflüchtiger)

über|laut

über|le|ben; er hat seine Frau überlebt; diese Vorstellungen sind überlebt; über|le|bens-groß

über|le|gen (ugs.: übers Knie legen, verprügeln); der Junge wurde übergelegt; ¹über|le|gen (bedenken); er hat lange überlegt; ich habe mir das überlegt; ²über|le|gen; er ist mir -; mit -er Miene; über|legt (auch: sorgsam); Über|le|gung; mit wenig -

über|lei|ten; diese Sätze leiten schon in das nächste Kapitel über
über|lie|fern; diese Gebräuche wurden uns überliefert; **Über|lie|fe|rung**; schriftliche -
über|li|sten; der Feind wurde überlistet. **Über|li|stung**
überm (ugs. für: über dem); - Haus[e]
Über|macht, die; -; **über|mäch|tig**
über|man|nen; der Feind wurde übermannt; die Rührung hat ihn übermannt
Über|maß, das; -es; im -; **über|mä|ßig**
über|mit|teln (mit-, zuteilen); er hat diese freudige Nachricht übermittelt; **Über|mitt|lung**
über|mor|gen; - abend
über|mü|det; **Über|mü|dung**
Über|mut; **über|mü|tig**
über|nach|ten (über Nacht bleiben); er hat bei uns übernachtet; **über|näch|tig** (österr. nur so, sonst häufiger:) **über|näch|tigt**
Über|nah|me, die; -, -n
über|na|tür|lich
über|neh|men; er hat das Gewehr übergenommen; **über|neh|men**; er hat den Hof übernommen; ich habe mich übernommen
über|ord|nen; er ist ihm übergeordnet
über|par|tei|lich
über|prü|fen; sein Verhalten wurde überprüft
über|quel|len (überfließen); der Eimer quoll über; überquellende Freude, Dankbarkeit
über|que|ren; er hat den Platz überquert. **Über|que|rung**
über|ra|gen; er hat alle überragt
über|ra|schen; **über|ra|schend**; **Über|ra|schung**
über|re|den; er hat mich überredet
über|re|gio|nal
über|rei|chen
über|reif; **Über|rei|fe**
über|rei|zen; seine Augen sind überreizt. **Über|reizt|heit**, die; -
über|ren|nen

Über|rest
über|rol|len
über|rum|peln; der Feind wurde überrumpelt
über|run|den (im Sport); er wurde überrundet
über|sä|en (besäen); übersät (dicht bedeckt); der Himmel ist mit Sternen übersät
über|schat|ten
über|schät|zen
über|schau|bar; **Über|schau|bar|keit**, die; -; **über|schau|en**
über|schäu|men; der Sekt war übergeschäumt; überschäumende Lebenslust
über|schla|fen; das muß ich erst -
Über|schlag, der; -[e]s, ...schläge; **über|schla|gen**; die Stimme ist übergeschlagen; ¹**über|schla|gen**; ich habe die Kosten -; er hat sich -; ²**über|schla|gen**; das Wasser ist überschlagen (lauwarm)
über|schnap|pen; die Stimme ist übergeschnappt; du bist wohl übergeschnappt (ugs.: du hast wohl den Verstand verloren)
über|schnei|den; sich -; ihre Arbeitsgebiete haben sich überschnitten; **Über|schnei|dung**
über|schrei|ben; wie ist das Gedicht überschrieben?; die Forderung ist überschrieben (überwiesen)
über|schrei|en; er hat ihn überschrie[e]n
über|schrei|ten; die Grenze -; das Überschreiten der G[e]leise ist verboten
Über|schrift; **über|schrift|lich**
Über|schuh
Über|schuß; **über|schüs|sig**
über|schüt|ten; er hat mich mit Vorwürfen überschüttet
Über|schwang, der; -[e]s; im - der Gefühle
über|schwap|pen (ugs.: sich über den [Teller]rand ergießen); die Suppe ist übergeschwappt
über|schwem|men; die Uferstraße ist überschwemmt; **Über|schwem|mung**

über|schweng|lich

Über|see (die jenseits des Ozeans liegenden Länder; ohne Geschlechtsw.); nach - gehen; Waren von -; Briefe für -

über|se|hen; einen Fehler -; vom Fenster aus das Tal -

über|sen|den; der Brief wurde ihm übersandt

über|set|zen; ich habe den Wanderer übergesetzt; **über|set|zen** (in eine andere Sprache übertragen); **Über|set|zer**; **Über|set|zung** ([schriftliche] Übertragung; Kraft-, Bewegungsübertragung)

Über|sicht, die; -, -en; **über|sicht|lich** (leicht zu überschauen)

über|sie|deln (auch:) **über|sie|deln** (den Wohnort wechseln); ich sied[e]le über (auch: ich übersied[e]le); ich bin übergesiedelt (auch: übersiedelt)

über|sinn|lich

Über|soll

über|span|nen; den Bogen -; **über|spannt** (übertrieben); -e Anforderungen; -es (halbverrücktes) Wesen

über|spie|len (besser spielen als ein anderer; auf einen Tonträger übertragen)

über|spit|zen (übertreiben; er soll die Sache nicht -; **über|spitzt** (übermäßig)

über|sprin|gen; der Funke ist übergesprungen; **über|sprin|gen**; ich habe eine Klasse übersprungen

über|ste|hen; die Gefahr ist überstanden

über|stei|gen; er hat den Berg überstiegen; das übersteigt meinen Verstand

über|stei|gern (überhöhen); die Preise sind übersteigert

über|stel|len (Amtsspr.: [weisungsgemäß] einer anderen Stelle übergeben)

über|steu|ern (Funk- u. Radiotechnik: einen Verstärker überlasten, so daß der Ton verzerrt wird;

Kraftfahrzeugw.: zu starke Wirkung des Lenkradeinschlags zeigen); **Über|steue|rung**

über|stim|men; er wurde überstimmt; **Über|stim|mung**

über|strö|men; er ist von Dankesworten übergeströmt

über|stül|pen

Über|stun|de; -n machen

über|stür|zen (übereilen); er hat die Angelegenheit überstürzt; die Ereignisse überstürzten sich

über|töl|peln (ugs.); er wurde übertölpelt

über|tö|nen

Über|trag, der; -[e]s, ...träge (Übertragung auf die nächste Seite); **über|trag|bar**; ¹**über|tra|gen** (auftragen; anordnen; übergeben; im Rundfunk wiedergeben); ich habe ihm das Amt -; sich - (übergehen) auf ...; ²**über|tra|gen**; -e Bedeutung

über|tref|fen

über|trei|ben; er hat die Sache übertrieben; **Über|trei|bung**

über|tre|ten (von einer Gemeinschaft in eine andere; Sport: beim Absprung die Absprunglinie überschreiten); er ist zur evangelischen Kirche übergetreten; er hat, ist beim Weitsprung übergetreten; **über|tre|ten**; ich habe das Gesetz -; ich habe mir den Fuß -

Über|tritt

über|trump|fen (überbieten, ausstechen)

über|tün|chen; die Wand -

über|völ|kert; diese Provinz ist -; **Über|völ|ke|rung**

über|voll

über|vor|tei|len; jmdn. -

über|wa|chen (beaufsichtigen); er wurde überwacht

über|wach|sen; mit, von Moos -

über|wäl|ti|gen (bezwingen); der Gegner wurde überwältigt; **über|wäl|ti|gend** (ungeheuer groß)

Über|weg

über|wei|sen (übergeben; [Geld] anweisen); **Über|wei-**

sung (Übergabe; [Geld]anweisung)

über|wer|fen; er hat den Mantel übergeworfen; **über|wer|fen;** wir haben uns überworfen (verfeindet)

über|wie|gen ([an Zahl od. Einfluß] stärker sein); die Mittelmäßigen haben überwogen; **überwie|gend** [auch: *üb...*]

über|win|den (bezwingen); Schwierigkeiten -; sich -

über|win|tern; das Getreide hat gut überwintert

über|wu|chern; das Unkraut hat den Weg überwuchert

Über|wurf (Umhang; Sport: Hebegriff)

Über|zahl; über|zählig

über|zeu|gen; er hat ihn überzeugt; sich -; **über|zeu|gend; Über|zeu|gung; Über|zeugungs|kraft,** die; -

über|zie|hen; er hat den Rock übergezogen; **über|zie|hen;** mit Rost überzogen; er hat seinen Kredit überzogen; **Über|zie|her**

Über|zug

üb|lich; seine Rede enthielt nur das Übliche; es ist das übliche (üblich), daß ...

U-Boot (Unterseeboot)

üb|rig; ein übriges tun (mehr tun, als nötig ist); im übrigen (sonst, ferner); das, alles übrige (andere); übrig haben, sein; **üb|rig|blei|ben;** es ist wenig übriggeblieben; **üb|ri|gens; üb|rig|las|sen;** er hat nichts übriggelassen

Übung

Ufer, das; -s, -; **Ufer|bö|schung; ufer|los;** seine Pläne gingen ins uferlose (allzu weit)

Uhr, die; -, -en; es ist zwei - nachts; es schlägt 12 [Uhr]; **Uhr|ma|cher; Uhr|zei|ger; Uhr|zei|ger|sinn,** der; -[e]s (Richtung des Uhrzeigers; häufig in:) im -; **Uhr|zeit**

Uhu, der; -s, -s (ein Vogel)

Ukas, der; -ses, -se (früher: Erlaß des Zaren; allg.: Verordnung, Vorschrift, Befehl)

UKW = Ultrakurzwelle

Ulk, der; -s (seltener: -es), -e (Spaß; Unfug); **ul|ken; ul|kig**

Ul|me, die; -, -n (ein Laubbaum)

ul|ti|ma|tiv (in Form eines Ultimatums; nachdrücklich); **Ul|ti|ma|tum,** das; -s, ...ten u. -s (letzte, äußerste Aufforderung); **ul|ti|mo** (am Letzten [des Monats]); - März; **Ul|ti|mo,** der; -s, -s (Letzter [des Monats])

Ul|tra, der; -s, -s (abwertend: polit. Fanatiker Rechtsextremist); **ul|tra|kurz; Ul|tra|kurz|wel|le** (elektromagnetische Welle unter 10 m Länge; Abk.: UKW)

ul|tra|ma|rin (kornblumenblau); **Ul|tra|ma|rin,** das; -s

ul|tra|rot (svw. infrarot)

Ul|tra|schall, der; -[e]s (mit dem menschlichen Gehör nicht mehr wahrnehmbarer Schall)

ul|tra|vio|lett [...*wi...*] ([im Sonnenspektrum] über dem violetten Licht); -e Strahlen

um; I. *Verhältniswort* mit *Wenf.*: einen Tag um den anderen; um ... willen (mit *Wesf.*): um jemandes willen. **II.** *Umstandswort:* es waren um [die] (= etwa) zwanzig Mädchen. **III.** *Infinitivkonjunktion:* um zu (mit Grundform); er kommt, um uns zu helfen

um|än|dern; Um|än|de|rung

um|ar|bei|ten; der Anzug wurde umgearbeitet; **Um|ar|bei|tung**

um|ar|men; sich -; **Um|ar|mung**

Um|bau, der; -[e]s, -e u. -ten; **um|bau|en** (anders bauen); das Theater wurde völlig umgebaut

um|be|nen|nen

um|bet|ten; einen Kranken, einen Toten -; **Um|bet|tung**

um|bie|gen; er hat den Draht umgebogen

um|bil|den; das Ministerium wurde umgebildet; **Um|bil|dung**

um|bin|den; sie hat ein Tuch umgebunden

um|blät|tern

um|blicken [*Trenn.:* ...blik|ken], sich -; ich habe mich umgeblickt

um|bre|chen (Druckw.: den

Drucksatz in Seiten einteilen); er
umbricht den Satz; der Satz wird
umbrochen, ist noch zu -
um|brin|gen; sich -
Um|bruch, der; -[e]s, ...brüche
(Druckw.; allg.: [grundlegende]
Änderung)
um|den|ken (von anderen Denk-
voraussetzungen ausgehen)
um|dis|po|nie|ren (seine Pläne
ändern)
um|drän|gen; er wurde von allen
Seiten umdrängt
um|dre|hen; sich -; jeden Pfennig
-; den Spieß - (ugs.: seinerseits
zum Angriff übergehen); ich
habe mich umgedreht; **Um|dre-
hung**
um|ein|an|der; sich - (gegensei-
tig um sich) kümmern
um|fah|ren (fahrend umwerfen;
fahrend einen Umweg machen);
umfah|ren (um etwas herum-
fahren)
um|fal|len; er ist tot umgefallen;
bei der Abstimmung ist er doch
noch umgefallen; ich bin zum
Umfallen müde (ugs.)
Um|fang; um|fan|gen; jmdn. -
halten; **um|fang|reich**
um|fas|sen (umschließen; in sich
begreifen); jmdn. -; hierin ist alles
umfaßt; **um|fas|send**
um|flie|gen (fliegend einen Um-
weg machen; ugs.: hinfallen);
umflie|gen; er hat die Stadt um-
flogen
um|flort (geh.); mit -em (von
Tränen getrübtem) Blick
um|for|men; er hat den Satz um-
geformt
Um|fra|ge; - halten; **um|fra|gen**
um|fül|len; er hat den Wein um-
gefüllt; **Um|fül|lung**
um|funk|tio|nie|ren (die Funk-
tion von etwas ändern; zweck-
entfremdet einsetzen); der Vor-
trag wurde zu einer Protestver-
sammlung umfunktioniert; **Um-
funk|tio|nie|rung**
Um|gang, der; -[e]s; **um|gäng-
lich; Um|gangs_form** (meist
Mehrz.), **...spra|che**

um|gar|nen; sie hat ihn umgarnt
um|ge|ben; von Kindern -; **Um-
ge|bung**
um|ge|hen; er ist umgegangen
(hat einen Umweg gemacht); ich
bin mit ihm umgegangen (bin
mit ihm verkehrt); es geht dort
um (es spukt); **um|ge|hen;** er
hat das Gesetz umgangen; **um-
ge|hend;** mit -er (nächster) Post
um|ge|kehrt; es verhält sich -,
als du denkst
um|ge|stal|ten; die Parkanla-
gen -
um|gra|ben; er hat das Beet um-
gegraben
**um|grup|pie|ren; Um|grup|pie-
rung**
um|gucken [*Trenn.*: ...guk|ken],
sich (ugs.)
um|gür|ten; sich -; mit dem
Schwert umgürtet
um|hal|sen; sie hat ihn umhalst
Um|hang; um|hän|gen; ich habe
mir das Tuch umgehängt; ich
habe die Bilder umgehängt (anders gehängt)
um|hau|en (abschlagen, fällen
usw.); er hieb (ugs. auch: haute)
den Baum um; das hat mich um-
gehauen (ugs.: das hat mich in
großes Erstaunen versetzt)
um|her (im Umkreis); (bald hier-
hin, bald dorthin ...), z. B. **um-
her_blicken** [*Trenn.*: blik|ken],
...fah|ren, ...ge|hen
um|hö|ren, sich; ich habe mich
danach umgehört
um|hül|len; Um|hül|lung
um|ju|beln
um|kämp|fen; die Festung war
hart umkämpft
Um|kehr, die; -; **um|keh|ren;**
sich -; er ist umgekehrt; er hat
die Tasche umgekehrt; umgekehrt! (im Gegenteil!)
um|kip|pen; mit dem Stuhl -; bei
den Verhandlungen - (ugs.:
seinen Standpunkt ändern)
um|klam|mern; er hielt ihre Hän-
de umklammert
um|klei|den, sich; ich habe mich
umgekleidet (anders gekleidet);

um|klei|den (umgeben, umhüllen); umkleidet mit, von ...

um|knicken [*Trenn.*: ...knik|ken]; er ist [mit dem Fuß] umgeknickt

um|kom|men; er ist bei einem Schiffbruch umgekommen; die Hitze ist zum Umkommen (ugs.)

Um|kreis, der; -es; **um|krei|sen**; der Raubvogel hat seine Beute umkreist

um|krem|peln (auch übertr.: verändern)

Um|la|ge (Steuer; Beitrag); **um|la|gern** (umgeben, eng umschließen); umlagert von ...

Um|land (ländliches Gebiet um eine Großstadt), das; -[e]s

Um|lauf; in - geben, sein (von Zahlungsmitteln); **Um|lauf|bahn; um|lau|fen** (laufend umwerfen; weitergegeben werden)

Um|laut (Sprachw.: Veränderung, Aufhellung eines Selbstlautes unter Einfluß eines i oder j der Folgesilbe, z. B. ahd. „turi" wird zu nhd. „Tür")

um|le|gen (derb auch: erlegen, töten)

um|lei|ten (Verkehr auf andere Straßen führen); **Um|lei|tung**

um|ler|nen; er hat umgelernt

um|lie|gend; -e Ortschaften

um|mel|den; ich habe mich polizeilich umgemeldet; **Um|mel|dung**

um|mo|deln

um|nach|tet (geisteskrank); **Um|nach|tung**

um|ne|beln; umnebelt sein

um|pflü|gen (ein Feld mit dem Pflug aufreißen; niedrigen Pflanzenwuchs durch den Pflug vernichten)

um|po|len (Plus- u. Minuspol vertauschen; verändern, umdenken)

um|quar|tie|ren (in ein anderes Quartier legen)

um|rah|men (mit Rahmen versehen, einrahmen); die Vorträge wurden von musikalischen Darbietungen umrahmt

um|ran|den; er hat den Artikel mit Rotstift umrandet; **um|rän|dert**; rot umränderte Augen

um|räu|men; wir haben das Zimmer umgeräumt

um|rech|nen; er hat DM in Schweizer Franken umgerechnet

um|rei|ßen (einreißen; zerstören); er hat den Zaun umgerissen; **um|rei|ßen** (im Umriß zeichnen; andeuten)

um|ren|nen; er hat das Kind umgerannt

um|rin|gen (umgeben); von Kindern umringt

Um|riß

um|rüh|ren

um|sat|teln (übertr. ugs. auch: einen anderen Beruf ergreifen); er hat das Pferd umgesattelt; der Student hat umgesattelt (ein anderes Studienfach gewählt)

Um|satz; Um|satz|steu|er, die

Um|schau, die; -; - halten; **um|schau|en,** sich

um|schich|ten; Heu -; **um|schich|tig** (wechselweise)

Um|schlag (auch: Umladung); **um|schla|gen** (umsetzen; umladen); die Güter wurden umgeschlagen; das Wetter ist umgeschlagen (schweiz. auch: hat umgeschlagen); **Um|schlag|ha|fen**

um|schlie|ßen; von einer Mauer umschlossen

um|schmei|ßen (ugs.); er hat den Tisch umgeschmissen

um|schmel|zen (durch Schmelzen umformen); Altmetall -

um|schnal|len

um|schrei|ben (neu, anders schreiben; übertragen); den Aufsatz -; die Hypothek -; **um|schrei|ben** (mit anderen Worten ausdrücken); er hat die Aufgabe mit wenigen Worten umschrieben

um|schu|len; Um|schu|lung

um|schwär|men

Um|schwei|fe, die (*Mehrz.*); ohne -e (geradeheraus)

um|schwen|ken; er ist plötzlich umgeschwenkt

Um|schwung (schweiz. [nur
Einz.] auch: Umgebung des Hauses; *Wesf.*: -s)
um|se|geln; er hat die Insel umse-
gelt
um|se|hen sich; ich habe mich
danach umgesehen
um|sein (ugs.: vorbei sein); es
ist schade, daß die Zeit um ist
um|sei|tig
um|set|zen (anders setzen; ver-
kaufen); sich -; die Pflanzen wurden umgesetzt; er hat alle Waren
umgesetzt; ich habe mich umgesetzt
Um|sicht; um|sich|tig
um|sie|deln
um|sin|ken; er ist vor Müdigkeit
umgesunken
um so ... (österr.: umso ...); **um
so** (österr.: umso) **eher[,] als;
um so mehr** (österr.: umsomehr
[umso mehr]) [,] **als**
um|sonst
um|sor|gen; von jmdm. umsorgt
werden
um so we|ni|ger (österr.: umso-
weniger [umso weniger]) [,] **als**
um|spie|len; er hat seinen Gegner
umspielt
um|sprin|gen; der Wind ist umge-
sprungen; er ist übel mit dir
umgesprungen
um|spü|len; von Wellen umspült
Um|stand; unter Umständen; in
anderen Umständen (verhüllend
für: schwanger); mildernde Umstände (Rechtsspr.); keine Um-
stände machen; **um|stän|de|-
hal|ber; um|ständ|lich; Um-
stands_be|stim|mung, ...krä-
mer** (ugs.), **...wort** (Adverb;
Mehrz. ...wörter)
um|ste|hen; umstanden von ...;
um|ste|hend; - finden sich die
näheren Erläuterungen
um|stei|gen; er ist umgestiegen
um|stel|len (anders stellen); der
Schrank wurde umgestellt; sich
-; **um|stel|len** (umgeben); die
Polizei hat das Haus umstellt
um|stim|men; er hat sie umge-
stimmt

um|sto|ßen; er hat den Stuhl um-
gestoßen
um|strit|ten
um|struk|tu|rie|ren
um|stül|pen; er hat das Faß um-
gestülpt
Um|sturz (*Mehrz.* ...stürze); **um-
stür|zen;** das Gerüst ist umge-
stürzt; **Um|stürz|ler; um-
stürz|le|risch**
Um|tausch, der; -[e]s, (selten:)
-e; **um|tau|schen**
um|top|fen; sie hat die Blume
umgetopft
um|trei|ben (planlos herumtrei-
ben); umgetrieben; **Um|trieb**
[ungesetzliche] Machenschaf-
ten, meist *Mehrz.*)
Um|trunk
um|tun (ugs.); sich -; ich habe
mich danach umgetan
um|ver|tei|len; die Lasten sollen
umverteilt werden
um|wach|sen; mit Gebüsch -
um|wäl|zen; er hat den Stein um-
gewälzt
um|wan|deln (ändern); er war
wie umgewandelt
Um|weg
**Um|welt; um|welt|be|dingt;
Um|welt_schutz, ...[schutz]-
pa|pier** (Papier aus Altmaterial),
...ver|schmut|zung
um|wen|den; er wandte od. wen-
dete die Seite um, hat sie umge-
wandt od. umgewendet; sich -
um|wer|ben; von vielen umwor-
ben
um|wer|fen; er hat den Tisch um-
geworfen; diese Nachricht hat
ihn umgeworfen (ugs.: erschüt-
tert); **um|wer|fend;** -e Komik
um|wickeln[1]; umwickelt mit ...
um|wit|tern; von Gefahren um-
wittert
um|wöl|ken; seine Stirn war vor
Unmut umwölkt
um|zäu|nen; der Garten wurde
umzäunt
um|zie|hen; sich -; ich habe mich
umgezogen; wir sind umgezogen

[1] *Trenn.*: ...ik|k...

um|zin|geln; der Feind wurde
umzingelt
un|ab|än|der|lich [auch: *un...*];
eine -e Entscheidung
un|ab|ding|bar [auch: *un...*]
**un|ab|hän|gig; Un|ab|hän|gig-
keit,** die; -
un|ab|kömm|lich [auch: *un...*]
un|ab|läs|sig [auch: *un...*]
un|ab|seh|bar [auch: *un...*]; -e
Folgen
un|ab|sicht|lich
un|ab|wend|bar [auch: *un...*]; ein
-es Verhängnis
un|acht|sam; Un|acht|sam|keit
un|an|fecht|bar [auch: *un...*]
un|an|ge|bracht; eine -e Frage
un|an|ge|foch|ten
un|an|ge|mel|det
un|an|ge|mes|sen
un|an|ge|nehm
un|an|greif|bar [auch: *un...*]
un|an|nehm|bar [auch: *un...*];
Un|an|nehm|lich|keit
un|an|sehn|lich
un|an|stän|dig
un|an|tast|bar [auch: *un...*]
un|ap|pe|tit|lich
Un|art; un|ar|tig
un|auf|dring|lich
un|auf|fäl|lig
un|auf|find|bar [auch: *un...*]
un|auf|ge|for|dert
un|auf|halt|sam [auch: *un...*]
un|auf|hör|lich [auch: *un...*]
un|auf|lös|bar [auch: *un...*]; **un-
auf|lös|lich** [auch: *un...*]
un|auf|merk|sam
un|auf|schieb|bar [auch: *un...*]
un|aus|bleib|lich
un|aus|denk|bar [auch: *un...*]
un|aus|ge|füllt
un|aus|ge|gli|chen
un|aus|ge|go|ren
un|aus|ge|setzt
un|aus|ge|spro|chen
un|aus|lösch|lich [auch: *un...*];
ein -er Eindruck
un|aus|rott|bar [auch: *un...*]; ein
-es Vorurteil
un|aus|sprech|lich [auch: *un...*]
un|aus|steh|lich [auch: *un...*]
un|aus|weich|lich [auch: *un...*]

un|bän|dig; -er Zorn
un|bar (bargeldlos)
un|barm|her|zig
un|be|ab|sich|tigt
un|be|ach|tet
un|be|ant|wor|tet
un|be|dacht; eine -e Äußerung
un|be|darft (ugs.: unerfahren;
naiv)
un|be|denk|lich
un|be|deu|tend
un|be|dingt [auch: *...dingt*]
un|be|ein|flußt
un|be|fan|gen
un|be|fleckt; die Unbefleckte
Empfängnis
un|be|frie|di|gend; seine Arbeit
war -; **un|be|frie|digt**
un|be|fugt
un|be|gabt
un|be|greif|lich [auch: *un...*]
un|be|grenzt [auch: *...gränzt*];
-es Vertrauen
un|be|grün|det; ein -er Verdacht
Un|be|ha|gen; un|be|hag|lich
un|be|hel|ligt [auch: *un...*]
un|be|herrscht
un|be|hol|fen
un|be|irr|bar [auch: *un...*]; **un-
be|irrt** [auch: *un...*]
un|be|kannt; [nach] - verzogen;
der große Unbekannte; eine Glei-
chung mit mehreren Unbekann-
ten (Math.); ein Verfahren gegen
Unbekannt
un|be|klei|det
un|be|küm|mert [auch: *un...*]
un|be|lebt; eine -e Straße
un|be|lehr|bar [auch: *un...*]
un|be|liebt; Un|be|liebt|heit,
die; -
un|be|mannt
un|be|merkt
un|be|mit|telt
un|be|nom|men [auch: *un...*]; es
bleibt ihm -
**un|be|quem; Un|be|quem|lich-
keit**
un|be|re|chen|bar [auch: *un...*]
un|be|rech|tigt
un|be|ru|fen! [auch: *un...*]
un|be|rührt; Un|be|rührt|heit,
die; -

un|be|scha|det [auch: *un*...] (ohne Schaden für ...); mit *Wesf*.: - seines Rechtes od. seines Rechtes -; un|be|schä|digt
un|be|schei|den
un|be|schol|ten
un|be|schrankt (ohne Schranken); -er Bahnübergang; un|be|schränkt [auch: *un*...] (nicht eingeschränkt)
un|be|schreib|lich [auch: *un*...]; un|be|schrie|ben
un|be|schwert
un|be|se|hen [auch: *un*...]
un|be|sieg|bar [auch: *un*...]; un|be|siegt [auch: *un*...]
un|be|son|nen; Un|be|son|nen|heit
un|be|sorgt [auch: ...*so*...]
un|be|stän|dig; Un|be|stän|dig|keit
un|be|stä|tigt [auch: *un*...]; nach -en Meldungen
un|be|stech|lich [auch: *un*...]
un|be|stimm|bar [auch: *un*...]; un|be|stimmt; -es Fürwort (für: Indefinitpronomen)
un|be|streit|bar [auch: *un*...]; -e Verdienste; un|be|strit|ten [auch: ...*schtri*...]
un|be|tei|ligt [auch: *un*...]
un|be|trächt|lich [auch: *un*...]
un|be|beug|bar [auch: *un*...]; un|beug|sam [auch: *un*...]; -er Wille
un|be|wacht
un|be|waff|net
un|be|wäl|tigt [auch: ...*wäl*...]; die -e Vergangenheit
un|be|weg|lich [auch: ...*weg*...]; un|be|wegt
un|be|wohn|bar [auch: *un*...]
un|be|wußt; Un|be|wuß|te, das; -n
un|be|zahl|bar [auch: *un*...]
un|be|zähm|bar [auch: *un*...]
un|be|zwing|bar [auch: *un*...]; un|be|zwing|lich [auch: *un*...]
Un|bil|den, die (*Mehrz.*; Unannehmlichkeiten); die - der Witterung; Un|bil|dung (Mangel an Wissen), die; -; Un|bill (Unrecht), die; -

un|blu|tig; eine -e Revolution
un|bot|mä|ßig; Un|bot|mä|ßig|keit
un|brauch|bar
un|bü|ro|kra|tisch
un|buß|fer|tig; Un|buß|fer|tig|keit
un|christ|lich; Un|christ|lich|keit
und; drei - drei ist, macht, gibt sechs; - so weiter; - so fort
Un|dank; un|dank|bar
un|de|fi|nier|bar [auch: *un*...]
un|de|mo|kra|tisch [auch: *un*...]
un|denk|bar; un|denk|lich
Un|der|ground [*and*ᵉ*graund*], der; -s („Untergrund"; avantgardistische Protestbewegung [von Jungfilmern])
Un|der|state|ment [*and*ᵉ*rßte̩'t*mᵉ*nt*], das; -s (das Untertreiben, Unterspielen)
un|deut|lich; Un|deut|lich|keit
Un|ding (Unmögliches; Unsinniges), das; -[e]s, -e; das ist ein -
un|dis|zi|pli|niert (zuchtlos)
un|duld|sam
un|durch|läs|sig
un|durch|sich|tig
un|eben; Un|eben|heit
un|ehe|lich; ein -es Kind
un|eh|ren|haft; un|ehr|er|bie|tig
un|ei|gen|nüt|zig
un|ein|ge|schränkt [auch: ...*ä*...]
un|ei|nig; Un|ei|nig|keit
un|eins; - sein
un|emp|find|lich
un|end|lich; bis ins unendliche (unaufhörlich, immerfort); Un|end|lich|keit, die; -
un|ent|gelt|lich [auch: *un*...]
un|ent|schie|den; Un|ent|schie|den, das; -s, - (Sport u. Spiel)
un|ent|wegt [auch: *un*...]
un|er|bitt|lich [auch: *un*...]
un|er|find|lich [auch: *un*...] (unbegreiflich)
un|er|hört (unglaublich)
un|er|läß|lich [auch: *un*...] (unbedingt nötig, geboten)
un|er|meß|lich [auch: *un*...]; vgl. unendlich

un|er|müd|lich [auch: *un*...]
un|er|sätt|lich [auch: *un*...]
un|er|schöpf|lich [auch: *un*...]
un|er|schüt|ter|lich [auch: *un*...]
un|er|setz|lich [auch: *un*...]
un|er|sprieß|lich [auch: *un*...]
un|er|zo|gen
un|fä|hig; Un|fä|hig|keit
un|fair [...*är*] (unlauter; unsport-
lich; unfein); Un|fair|neß
Un|fall, der; Un|fall|flucht; un|
fall|frei; -es Fahren; un|fall|
träch|tig; eine -e Kurve; Un|
fall.ver|si|che|rung, ...wa|gen
(Wagen, der einen Unfall hatte;
Rettungswagen)
un|faß|bar [auch: *un*...]; un|faß|
lich [auch: *un*...]
un|fehl|bar [auch: *un*...]; Un|
fehl|bar|keit [auch: *Un*...],
die; -
Un|flat, der; -[e]s; un|flä|tig
un|för|mig (formlos, mißgestal-
tet)
un|fran|kiert (unfrei [Gebühren
nicht bezahlt])
Un|fug, der; -[e]s
un|ge|ach|tet [auch: ...*ach*...]
(nicht geachtet); *Verhältniswort*
mit *Wesf.*: - wiederholter Bitten
un|ge|be|ten; -er Gast
un|ge|büh|rend [auch: ...*bür*...];
un|ge|bühr|lich [auch: ...*bür*...]
un|ge|bun|den; ein -es Leben
un|ge|deckt; -er Scheck
un|ge|dient (Militär: ohne ge-
dient zu haben)
Un|ge|duld; un|ge|dul|dig
un|ge|fähr [auch: ...*fär*]; von -
(zufällig); un|ge|fähr|lich
un|ge|früh|stückt (ugs.: ohne
gefrühstückt zu haben)
un|ge|ges|sen (nicht gegessen;
ugs.: ohne gegessen zu haben)
un|ge|hal|ten (ärgerlich)
un|ge|heu|er [auch: ...*heu*...]; ei-
ne ungeheure Verschwendung;
Un|ge|heu|er, das; -s, -
un|ge|ho|belt [auch: ...*ho*...]
(auch übertr. für: ungebildet;
grob)
un|ge|hö|rig; ein -es Benehmen
un|ge|lenk, un|ge|len|kig

un|ge|lernt; ein -er Arbeiter
Un|ge|mach, das; -[e]s (veral-
tend für: Unbequemlichkeit; Un-
behaglichkeit)
un|ge|mein [auch: ...*main*...]
Un|ge|nü|gen, das; -s; un|ge|nü-
gend
un|ge|ra|de; - Zahl (Math.)
un|ge|ra|ten; ein -es Kind
un|ge|reimt (nicht im Reim ge-
bunden; der Wahrheit nicht entsprechend; sinnlos)
un|ge|rupft; er kam - davon (ugs.:
er kam ohne Verlust davon)
un|ge|sagt; vieles blieb -
un|ge|säu|ert; -es Brot
un|ge|sche|hen; etwas - machen
Un|ge|schick|lich|keit; un|ge-
schickt
un|ge|schlacht (plump, grob-
schlächtig); ein -er Mensch
un|ge|schmä|lert (ohne Einbu-
ße)
un|ge|schminkt (auch: rein den
Tatsachen entsprechend)
un|ge|stalt (von Natur aus miß-
gestaltet); -er Mensch
un|ge|straft
un|ge|stüm (schnell, heftig);
Un|ge|stüm, das; -[e]s; mit -
Un|ge|tüm, das; -[e]s, -e
Un|ge|wit|ter
un|ge|wollt
Un|ge|zie|fer, das; -s
un|ge|zo|gen; Un|ge|zo|gen|heit
un|ge|zü|gelt
un|ge|zwun|gen; ein -es Beneh-
men
un|gläu|big; ein ungläubiger Tho-
mas (ugs.: ein Mensch, der an
allem zweifelt); un|glaub|lich
[auch: *un*...]; un|glaub|wür|dig
un|gleich; Un|gleich|heit
Un|glück, das; -[e]s, -e; un-
glück|lich; un|glück|se|lig;
Un|glücks|ra|be (ugs.)
Un|gna|de, die; -; un|gnä|dig
un|gül|tig; Un|gül|tig|keit, die; -
Un|gunst; zu seinen Ungunsten
un|gut; nichts für -
un|halt|bar [auch: ...*ha*...]; -e Zu-
stände
Un|heil; un|heil|bar [auch:

397

...*hail*...]; eine -e Krankheit; **Un|heil|stif|ter; un|heil|voll**
un|heim|lich (nicht geheuer; unbehaglich)
Un|hold, der; -[e]s, -e (böser Geist; Teufel; Wüstling)
uni [*üni*] einfarbig, nicht gemustert
Uni, die; -, -s (stud. Kurzw. für: Universität)
Uni|form [österr.: *uni*...], die; -, -en (einheitl. Dienstkleidung); **Uni|kum** [auch: *u*...], das; -s, ...ka (auch: -s) ([in seiner Art] Einziges, Seltenes ([Sonderling])
Uni|on, die; -, -en (Bund, Vereinigung, Verbindung [bes. von Staaten])
uni|ver|sal [...*wär*...], **uni|ver|sell** (allgemein, gesamt; [die ganze Welt] umfassend); **Uni|ver|sal-er|be,** der, **...ge|schich|te** (Weltgeschichte; die; -); **Uni|ver|si|tät,** die; -, -en („Gesamtheit''; Hochschule; stud. Kurzw.: Uni); **Uni|ver|sum,** das; -s ([Welt]all)
Un|ke, die; -, -n (Froschlurch); **un|ken** (ugs.: Unglück prophezeien)
un|kennt|lich; Un|kennt|nis, die; -
un|klar; im -en (ungewiß) bleiben; **Un|klar|heit**
un|kon|ven|tio|nell
Un|ko|sten, die (*Mehrz.*) sich in - stürzen (ugs.); **Un|ko|sten-bei|trag**
Un|kraut
un|künd|bar [auch: ...*kün*...]
un|lau|ter; er Wettbewerb
un|leid|lich; Un|leid|lich|keit
un|lieb; un|lieb|sam
un|lös|bar [auch: *un*...]
Un|lust, die; -; **un|lu|stig**
Un|maß, das; -es (Unzahl, übergroße Menge)
Un|mas|se (sehr große Masse)
Un|men|ge
Un|mensch, der (grausamer Mensch; Wüterich); **un-mensch|lich** [auch: *un-mänsch*...]

un|merk|lich [auch: *un*...]
un|mit|tel|bar ʻ
un|mög|lich [auch: *unmök*...]
Un|mo|ral; un|mo|ra|lisch
un|mün|dig
Un|mut, der; -[e]s
un|nach|gie|big
un|nah|bar [auch: *un*...]
Un|na|tur, die; -; **un|na|tür|lich**
un|nütz; sich - machen
UNO, die; - (Organisation der Vereinten Nationen)
un|or|ga|nisch;   un|or|ga|ni-siert
un|par|tei|isch (neutral, objektiv)
un|pas|send
un|päß|lich ([leicht] krank; unwohl); **Un|päß|lich|keit**
un|per|sön|lich
un|po|pu|lär
un|prak|tisch
un|pünkt|lich
Un|rast, die; - (Ruhelosigkeit)
Un|rat, der; -[e]s (Schmutz)
un|recht; in die unrechte Kehle kommen; an den Unrechten kommen; **Un|recht,** das; -[e]s; mit, zu Unrecht; es geschieht ihm Unrecht; im Unrecht sein; unrecht bekommen, haben, tun; **un|recht|mä|ßig**
un|red|lich; Un|red|lich|keit
un|re|flek|tiert (ohne Nachdenken [entstanden]; spontan)
un|re|gel|mä|ßig; Un|re|gel|mä-ßig|keit
un|reif; Un|rei|fe
un|rein; ins unreine schreiben
un|ren|ta|bel
un|rett|bar [auch: *un*...]
un|rich|tig
Un|ruh, die; -, -en (Teil der Uhr, des Barometers usw.); **Un|ru|he** (fehlende Ruhe); **Un|ru|he-herd, ...stif|ter; un|ru|hig**
uns
un|sach|ge|mäß; un|sach|lich
un|sag|bar; un|säg|lich
un|sanft
un|sau|ber; Un|sau|ber|keit
un|schäd|lich
un|scharf; Un|schär|fe

un|schätz|bar [auch: _un_...]
un|schein|bar
un|schick|lich (ungehörig)
un|schlüs|sig
un|schön
Un|schuld, die; -; **un|schul|dig;**
Un|schul|di|ge, der u. die; -n,
-n; **Un|schulds_lamm**
(scherzh.), ...**mie|ne**
un|selb|stän|dig
un|se|lig
[1]**un|ser,** uns[e]re, unser _Werf._
(unser Tisch usw.; unser von allen unterschriebener Brief); un-
seres Wissens (Abk.: u. W.); unsere Liebe Frau (Maria, Mutter
Jesu); [2]**un|ser** (_Wesf._ von
„wir"); unser (nicht: unserer)
sind drei; erbarme dich unser;
un|se|re, uns|re, un|se|ri|ge,
uns|ri|ge; die Unser[e]n, Unsren,
Unsrigen; das Uns[e]re, Unsrige;
un|ser|ei|ner, un|ser|eins; un-
se|rer|seits, un|ser|seits; un-
sert|we|gen; un|sert|wil|len;
um -
un|si|cher; Un|si|cher|heit; Un-
si|cher|heits|fak|tor
un|sicht|bar
Un|sinn, der; -[e]s; **un|sin|nig**
Un|sit|te; un|sitt|lich; ein -er An-
trag; **Un|sitt|lich|keit**
un|so|zi|al; -es Verhalten
un|sport|lich; Un|sport|lich-
keit
uns|re vgl. unsere; **uns|ri|ge** vgl.
unsere
un|sterb|lich; Un|sterb|lich-
keit, die; -
Un|stern, der; -[e]s (Unglück)
un|stet; ein -es Leben
un|still|bar [auch: _un_...]
un|stim|mig; Un|stim|mig|keit
un|strei|tig [auch: ..._schtrai_...]
(sicher, bestimmt)
Un|sum|me (große Summe)
un|sym|pa|thisch
Un|tat (Verbrechen)
un|tä|tig; Un|tä|tig|keit, die; -
un|taug|lich
un|teil|bar [auch: _un_...]; -e Zah-
len
un|ten; von - her; - sein, - liegen,

- stehen; **un|ten|an;** - stehen;
un|ten|ste|hend; im -en (weiter
unten); das Untenstehende
un|ter; _Verhältnisw._ mit _Wemf._ u.
Wenf.: - dem Strich (in der Zeitung) stehen, - den Strich setzen
Un|ter, der; -s, - (Spielkarte)
Un|ter|arm
un|ter|be|lich|tet
un|ter|be|wußt; Un|ter|be-
wußt|sein
un|ter|bie|ten; er hat die Rekorde
unterboten
un|ter|bin|den; der Verkehr ist
unterbunden
un|ter|blei|ben; die Buchung ist
leider unterblieben
Un|ter|bo|den|schutz (Kraftfahr-
zeugwesen)
un|ter|bre|chen; er hat die Reise
unterbrochen; jmdn., sich -
un|ter|brei|ten (darlegen); er hat
ihm einen Vorschlag unterbreitet
un|ter|brin|gen; Un|ter|brin-
gung
un|ter|des, un|ter|des|sen
Un|ter|druck, der; -[e]s, ...drük-
ke; **un|ter|drücken;** er hat den
Aufstand unterdrückt
un|te|re; vgl. unterste
un|ter|ein|an|der
un|ter|ent|wickelt[1]
un|ter|er|nährt; Un|ter|er|näh-
rung, die; -
un|ter|fas|sen (ugs.); sie gehen
untergefaßt
un|ter|füh|ren; die Straße wird
unterführt; **Un|ter|füh|rung**
Un|ter|gang, der; -[e]s, (selten:)
...gänge
un|ter|ge|ben; Un|ter|ge|be|ne,
der u. die; -n, -n
un|ter|ge|hen
Un|ter|ge|wicht, das; -[e]s
un|ter|gra|ben; das Rauchen hat
seine Gesundheit -
Un|ter|grund, der; -[e]s; **Un-**
ter|grund_bahn (Kurzform: U-
Bahn), ...**be|we|gung**
un|ter|ha|ken (ugs.); sie hatten
sich untergehakt

---

[1] _Trenn.:_ ...k|k...

un|ter|halb; - des Dorfes
Un|ter|halt, der; -[e]s; un|ter-
hal|ten; ich habe mich gut -;
er wird vom Staat -; un|ter|halt-
sam (fesselnd); Un|ter|halts-
_ko|sten (Mehrz.), ...pflicht;
Un|ter|hal|tung; Un|ter|hal-
tungs|mu|sik
un|ter|han|deln; er hat über den
Vertrag unterhandelt; Un|ter-
händ|ler
Un|ter|hemd
Un|ter|holz, das; -es (niedriges
Gehölz im Wald)
Un|ter|ho|se
un|ter|ir|disch
Un|ter|jacke [Trenn.: ...jak|ke]
un|ter|jo|chen; die Minderheiten
wurden unterjocht
un|ter|ju|beln (ugs.); das hat er
ihm untergejubelt (heimlich zu-
gesteckt, aufgenötigt)
un|ter|kel|lern; das Haus wurde
nachträglich unterkellert
Un|ter|kie|fer, der
Un|ter_kleid, ...klei|dung
un|ter|kom|men; er ist gut un-
tergekommen
un|ter|krie|gen (ugs.: bezwin-
gen; entmutigen); ich lasse mich
nicht -
Un|ter|küh|lung
Un|ter|kunft, die; -, ...künfte
Un|ter|la|ge
un|ter|las|sen; er hat es -; Un-
ter|las|sung
un|ter|lau|fen; er hat ihn unter-
laufen (Ringkampf); es sind einige Fehler unterlaufen
un|ter|le|gen; er hat etwas unter-
gelegt; ¹un|ter|le|gen; der Musik
wurde ein anderer Text unterlegt;
²un|ter|le|gen vgl. unterliegen;
Un|ter|le|gen|heit, die; -
Un|ter|leib; Un|ter|leibs|lei|den
un|ter|lie|gen; er ist seinem Geg-
ner unterlegen
Un|ter|lip|pe
un|term (ugs. für: unter dem);
- Dach
un|ter|ma|len
un|ter|mau|ern; er hat seine Be-
weisführung gut untermauert

Un|ter|mie|te; zur - wohnen; Un-
ter|mie|ter
un|ter|neh|men; er hat viel unter-
nommen; Un|ter|neh|men (das;
-s, -), Un|ter|neh|mung; Un|ter-
neh|mer; un|ter|neh|me|risch;
Un|ter|neh|mung vgl. Unter-
nehmen; Un|ter|neh|mungs-
geist (der; -[e]s); un|ter|neh-
mungs|lu|stig
Un|ter|of|fi|zier
un|ter|ord|nen; er ist ihm unter-
geordnet; Un|ter|ord|nung
Un|terpfand
un|ter|pri|vi|le|giert
un|ter|re|den, sich; du hast dich
mit ihm unterredet; Un|ter|re-
dung
Un|ter|richt, der; -[e]s, (selten:)
-e; un|ter|rich|ten; er ist gut
unter|richtet; sich -; Un|ter-
richts_fach, ...stun|de; Un-
ter|rich|tung
Un|ter|rock
un|ters (ugs.: unter das); - Bett
un|ter|sa|gen; das Rauchen ist
untersagt
Un|ter|satz; fahrbarer - (scherzh.:
Auto)
un|ter|schät|zen; unterschätzt
un|ter|schei|den; die Fälle
müssen unterschieden werden;
sich -; Un|ter|schei|dung
Un|ter|schicht
¹un|ter|schie|ben (darunter-
schieben); er hat ihr ein Kissen
untergeschoben; ²un|ter|schie-
ben, (auch:) un|ter|schie|ben; er
hat ihm eine schlechte Absicht
untergeschoben, (auch:) unter-
schoben
Un|ter|schied, der; -[e]s, -e; zum
- von; im - zu; un|ter|schied-
lich; un|ter|schieds|los
un|ter|schla|gen; mit unterge-
schlagenen Beinen; un|ter-
schla|gen (veruntreuen); er hat
[die Beitragsgelder] unterschla-
gen; Un|ter|schla|gung
Un|ter|schlupf; un|ter|schlüp-
fen od. (für: sich verbergen:) un-
ter|schlup|fen; er ist unterge-
schlupft

un|ter|schrei|ben; ich habe den Brief unterschrieben; **Un|ter|schrift**

un|ter|schwel|lig (unterhalb der Bewußtseinsschwelle [liegend])

Un|ter|see|boot (Abk.: U-Boot)

Un|ter|sei|te

Un|ter|set|zer (Schale für Blumentöpfe u. a.); **un|ter|setzt** (von gedrungener Gestalt)

un|ter|spü|len; die Fluten hatten den Damm unterspült

un|terst vgl. unterste

Un|ter|stand

un|ter|ste; der unterste Knopf; das Unterste zuoberst kehren

un|ter|ste|hen; er hat beim Regen untergestanden; **un|ter|ste|hen;** er unterstand einem strengen Lehrmeister; sich - (wagen); untersteh dich [nicht], das zu tun!

un|ter|stel|len; ich habe den Wagen untergestellt; ich habe mich während des Regens untergestellt; **un|ter|stel|len;** er ist meinem Befehl unterstellt; man hat ihm etwas unterstellt ([fälschlich] von ihm behauptet); **Un|ter|stel|lung**

un|ter|strei|chen; ein Wort -; er hat diese Behauptung nachdrücklich unterstrichen (betont)

Un|ter|stu|fe

un|ter|stüt|zen; ich habe ihn mit Geld unterstützt; **Un|ter|stüt|zung**

un|ter|su|chen; der Arzt hat mich untersucht; **Un|ter|su|chung; Un|ter|su|chungshaft,** die

un|ter|tan (untergeben); **Un|ter|tan,** der; -s u. (älter:) -en, (Mehrz.:) -en; **un|ter|tä|nig** (ergeben)

Un|ter|tas|se; fliegende -

un|ter|tau|chen; der Schwimmer ist untergetaucht; der Verbrecher war schnell untergetaucht (verschwunden)

Un|ter|teil, das od. der; **un|ter|tei|len;** die Skala ist in 10 Teile unterteilt; **Un|ter|tei|lung**

un|ter|trei|ben; er hat untertrieben; **Un|ter|trei|bung**

un|ter|ver|mie|ten

un|ter|ver|si|chern (zu niedrig versichern)

un|ter|wan|dern (sich [als Fremder od. heimlicher Gegner] unter eine Gruppe mischen); das Volk, die Partei wurde unterwandert

Un|ter|wä|sche, die; -

Un|ter|was|ser|ka|me|ra, ...mas|sa|ge

un|ter|wegs (auf dem Wege)

un|ter|wei|sen; er hat ihn unterwiesen; **Un|ter|wei|sung**

Un|ter|welt; un|ter|welt|lich

un|ter|wer|fen; sich -; das Volk wurde unterworfen; **un|ter|wür|fig** [auch: un...]; in -er Haltung

un|ter|zeich|nen; er hat den Brief unterzeichnet; sich -; **Un|ter|zeich|ner; Un|ter|zeich|ne|te,** der u. die; -n, -n; **Un|ter|zeich|nung**

Un|ter|zeug (ugs.), das; -[e]s; un|ter|zie|hen; ich habe eine wollene Jacke untergezogen; un|ter|zie|hen; du hast dich diesem Verhör unterzogen

un|tief (seicht); **Un|tie|fe** (seichte Stelle)

Un|tier (Ungeheuer)

un|trag|bar [auch: un...]

un|treu; **Un|treue**

un|tröst|lich [auch: un...]

Un|tu|gend

un|über|legt; **Un|über|legt|heit**

un|über|sicht|lich

un|über|treff|lich [auch: un...]; un|über|trof|fen [auch: un...]

un|über|wind|lich [auch: un...]

un|um|gäng|lich [auch: un...] (unbedingt nötig)

un|um|wun|den [auch: ...wun...] (offen, freiheraus)

un|un|ter|bro|chen [auch: ...bro...]

un|ver|ant|wort|lich [auch: un...]

un|ver|bes|ser|lich [auch: un...]

un|ver|bil|det

un|ver|bind|lich [auch: ...bin...]

un|ver|blümt [auch: un...] (offen; ohne Umschweife)

un|ver|dau|lich [auch: ...*dau*...];
un|ver|daut [auch: ...*daut*]
un|ver|dient [auch: ...*dint*]
un|ver|dros|sen [auch: ...*dro*...]
un|ver|ein|bar [auch: *un*...]; **Un-**
ver|ein|bar|keit, die; -
un|ver|fäng|lich [auch: ...*fä*...]
un|ver|fro|ren [auch: ...*fro*...]
(keck; frech)
un|ver|ges|sen; un|ver|geß|lich
[auch: *un*...]
un|ver|gleich|lich [auch: *un*...]
un|ver|hält|nis|mä|ßig [auch:
...*hält*...]
un|ver|hei|ra|tet (Zeichen: ○-○)
un|ver|hofft [auch: ...*ho*...]
un|ver|hoh|len [auch: ...*ho*...]
un|ver|kenn|bar [auch: *un*...]
un|ver|meid|bar [auch: *un*...];
un|ver|meid|lich [auch: *un*...]
un|ver|mit|telt
Un|ver|mö|gen, das; -s (Mangel
an Kraft)
un|ver|mu|tet
un|ver|schämt; Un|ver-
schämt|heit
un|ver|se|hens [auch: ...*se*...]
(plötzlich)
un|ver|sehrt [auch: ...*sert*]
un|ver|söhn|lich [auch: ...*söhn*...]
Un|ver|stand; un|ver|stan|den;
un|ver|stän|dig (unklug); un|-
ver|ständ|lich (undeutlich; un-
begreiflich); Un|ver|ständ|nis
un|ver|wandt; -en Blick[e]s
un|ver|wüst|lich [auch: *un*...]
un|ver|zagt
un|ver|zeih|lich [auch: *un*...]
un|ver|züg|lich [auch: *un*...]
un|vor|her|ge|se|hen
un|vor|schrifts|mä|ßig
un|vor|sich|tig; Un|vor|sich-
tig|keit
un|vor|teil|haft
un|wäg|bar [auch: *un*...]
un|wahr; Un|wahr|heit; un|-
wahr|schein|lich
un|weg|sam
un|wei|ger|lich [auch: *un*...]
un|weit; mit *Wesf.* od. mit „von";
- des Flusses od. - von dem Flusse
Un|we|sen, das; -s; er trieb sein
-; un|we|sent|lich

Un|wet|ter
un|wich|tig; Un|wich|tig|keit
un|wi|der|ruf|lich [auch: *un*...]
un|wi|der|steh|lich [auch: *un*...]
Un|wil|le[n], der; Unwillens; un-
wil|lig; un|will|kom|men; un-
will|kür|lich [auch: ...*kür*...]
un|wirk|lich; un|wirk|sam
un|wirsch (unfreundlich)
un|wirt|lich; eine -e Gegend
un|wis|send; Un|wis|sen|heit,
die; -; un|wis|sent|lich
un|wohl; ich bin -; mir ist -;
sein; Un|wohl|sein; wegen -s
Un|zahl (sehr große Zahl), die;
-; un|zähl|bar [auch: *un*...]; un-
zäh|lig [auch: *un*...] (sehr viel);
-e Notleidende
Un|ze, die; -, -n (Gewicht)
un|zeit|ge|mäß
un|zer|reiß|bar [auch: *un*...]
un|zer|trenn|lich [auch: *un*...]
Un|zucht, die; -; un|züch|tig
un|zu|gäng|lich
un|zu|läng|lich
un|zu|läs|sig
un|zu|rech|nungs|fä|hig; Un-
zu|rech|nungs|fä|hig|keit,
die; -
un|zu|rei|chend
un|zu|tref|fend
un|zu|ver|läs|sig
un|zwei|deu|tig
un|zwei|fel|haft [auch: ...*zwai*...]
üp|pig; Üp|pig|keit
up to date [*ap tu de't*] scherzh.
für: zeitgemäß, auf der Höhe
Ur (Auerochs), der; -[e]s, -e
Ur|ab|stim|mung
Ur_ahn, ...ah|ne, der (Urgroßva-
ter; Vorfahr), ...ah|ne, die (Ur-
großmutter)
ur|alt
Uran, das; -s (chem. Grundstoff,
Metall; Zeichen: U)
Ur|auf|füh|rung
Ur|ba|ni|tät, die; - (Bildung;
feines Wesen; Höflichkeit)
ur|bar; - machen
Ur|bild; ur|bild|lich
ur|ei|gen; ur|ei|gen|tüm|lich
Ur|ein|woh|ner
Ur|el|tern

Ur|en|kel; Ur|en|ke|lin
ur|ge|müt|lich
Ur|ge|schich|te (allerälteste Geschichte); ur|ge|schicht|lich
Ur|ge|stein
Ur|ge|walt
Ur|groß|el|tern   (*Mehrz.*),
...groß|mut|ter, ...groß|va|ter
Ur|he|ber; Ur|he|be|rin, die; -,
-nen; Ur|he|ber|recht
urig (urtümlich; komisch)
Urin, der; -s, -e (Harn); uri|nie|ren (harnen)
ur|ko|misch
Ur|kun|de, die; -, -n; Ur|kun|den|fäl|schung; ur|kund|lich
Ur|laub, der; -[e]s, -e; in od. im
- sein; Ur|lau|ber; Ur|laubs|geld
Ur|mensch, der
Ur|ne, die; -, -n ([Aschen]gefäß;
Behälter für Stimmzettel)
Uro|lo|ge, der; -n, -n (Arzt für
Krankheiten der Harnorgane);
Uro|lo|gie, die; - (Lehre von den
Erkrankungen der Harnorgane);
uro|lo|gisch
ur|plötz|lich
Ur|sa|che; ur|säch|lich
Ur|schrift; ur|schrift|lich
Ur|sprung;   ur|sprüng|lich
[auch: ...*schprüng*...]; Ur-
sprungs|land
Ur|strom|tal
Ur|teil, das; -s, -e; ur|tei|len; Ur|teils|be|grün|dung;   ur|teils|fä|hig;   Ur|teils.kraft,
...spruch
Ur|text
Ur|tier|chen (einzelliges tierisches Lebewesen)
ur|tüm|lich (ursprünglich; natürlich); Ur|tüm|lich|keit, die; -
Ur|ur.ahn, ...en|kel
Ur|va|ter (Stammvater); ur|vä|ter|lich; Ur|vä|ter|zeit; seit -en
Ur|viech, Ur|vieh (ugs. scherzh.
für: origineller Mensch)
Ur.wahl, ...wäh|ler
Ur|wald; Ur|wald|ge|biet
Ur|welt; ur|welt|lich
ur|wüch|sig; Ur|wüch|sig|keit,
die; -

Ur|zeit; seit -en; ur|zeit|lich
Ur|zu|stand; ur|zu|ständ|lich
Usam|ba|ra|veil|chen   [auch:
...*ba*...]
Usur|pa|ti|on [...*zion*], die; -, -en
(widerrechtliche Besitz-, Machtergreifung); Usur|pa|tor, der; -s,
...oren (eine Usurpation Erstrebender od. Durchführender;
Thronräuber)
Usus,   der;   -   ([Ge]brauch;
Rechtsbrauch, Sitte)
Uten|sil, das; -s, -ien [...*i°n*]
(meist *Mehrz.*) ([notwendiges]
Gerät, Gebrauchsgegenstand)
Ute|rus, der; -, ...ri (Med.: Gebärmutter)
Uto|pie, die; -, ...ien (als unausführbar geltender Plan ohne reale
Grundlage, Schwärmerei, Hirngespinst); uto|pisch (schwärmerisch; unerfüllbar)
UV-Filter (Fotogr.: Filter zur
Dämpfung   der   ultravioletten
Strahlen); UV-Lam|pe (Höhensonne)
Uz, der; -es, -e (ugs. für: Neckerei); uzen (ugs.); Uz|na|me
(ugs.)

V

V (Buchstabe); das V; des V, die
V
va banque [*wabangk*] („es gilt
die Bank"); - - spielen (alles aufs
Spiel setzen)
vag vgl. vage; Va|ga|bund, der;
-en, -en (Landstreicher); va|ga|bun|die|ren ([arbeitslos] umherziehen, herumstrolchen); va|ge [*wag°*], vag [*wak*] (unbestimmt; ungewiß)
Va|gi|na [*wa*...; auch: *wa*...], die;
-, ...nen (Med.: weibl. Scheide);
va|gi|nal (die Scheide betreffend)
va|kant [*wa*...] (leer; erledigt, unbesetzt, offen, frei); Va|ku|um,
das; -s, ...kua od. ...kuen (nahezu
luftleerer Raum)
Va|len|tins|tag [*wa*...] (14. Febr.)

Va|lu|ta [*wa...*], die; -, ...ten (Währungsgeld; [Gegen]wert)
Vamp [*wämp*], der; -s, -s (verführerische, kalt berechnende Frau); **Vam|pir** [*wạm...* od. *...pịr*], der; -s, -e (blutsaugendes Gespenst; Fledermausgattung; selten für: Wucherer, Blutsauger)
Van|da|le usw. vgl. Wandale usw.
Va|nil|le [*wanịl(j)*^e], die; - (trop. Orchideengattung; Gewürz); **Va|nil|le_eis, ...so|ße, ...zuk|ker; Va|nil|lin,** das; -s (Riechstoff; Vanilleersatz)
va|ria|bel [*wa...*] (veränderlich, [ab]wandelbar, schwankend); ...a|ble Kosten; **Va|ria|bi|li|tät** (Veränderlichkeit); **Va|ria|ble,** die; -n, -n (Math.: veränderliche Größe); **Va|ri|an|te,** die; -, -n (Abweichung, Abwandlung; verschiedene Lesart; Organismus mit abweichender Form, Abart, Spielart); **Va|ria|ti|on** [*...zion*] (Abwechs[e]lung; Abänderung; Abwandlung); **Va|rie|té** [*wariete*], das; -s, -s (Gebäude, in dem ein buntes künstlerisches u. artistisches Programm gezeigt wird); **Va|rie|té|thea|ter; va|ri|ie|ren** (verschieden sein; abweichen; verändern; [ab]wandeln)
Va|sall [*wa...*], der; -en, -en (Lehnsmann)
Va|se [*wạ...*], die; -, -n ([Zier]gefäß)
Va|se|lin, das; -s -s u. **Va|se|li|ne,** die; - [*wa...*] (mineral. Fett; Salbengrundlage)
Va|ter, der; -s, Väter; **Vä|ter|chen; Va|ter_fi|gur, ...land** (*Mehrz.* ...länder); **Va|ter|lands_lie|be, ...ver|tei|di|ger; vä|ter|lich;** ein -er Freund; **vä|ter|li|cher|seits; Va|ter|mör|der** (ugs. auch für: hoher, steifer Kragen); **Va|ter|schaft,** die; -; **Va|ter|un|ser** [auch: *...ụn...*], das; -s, -; **Va|ti,** der; -s, -s (Koseform von: Vater)
Va|ti|kạn [*wa...*], der; -s (Papstpalast in Rom; ugs.: oberste Behörde der kath. Kirche)

Ve|ge|ta|ri|er [*we...i*^e*r*] (Pflanzenkostesser); **ve|ge|ta|risch** (pflanzlich, Pflanzen...); **Ve|ge|ta|ti|on** [*...zion*], die; -, -en (Pflanzenwelt, -wuchs); **ve|ge|ta|tiv** pflanzlich; ungeschlechtlich; Med.: dem Willen nicht unterliegend, unbewußt); -es (dem Einfluß des Bewußtseins entzogenes) Nervensystem; **ve|ge|tie|ren** (kümmerlich, kärglich [dahin]leben)
ve|he|ment [*we...*] (heftig, ungestüm); **Ve|he|menz,** die; -
Ve|hi|kel [*we...*], das; -s, - (ugs. für: schlechtes, altmodisches Fahrzeug)
Veil|chen; veil|chen|blau
Veits|tanz, der; -es (Nervenleiden)
Vek|tor [*wäk...*], der; -s, ...oren (physikal. od. math. Größe, die durch Pfeil dargestellt wird u. durch Angriffspunkt, Richtung und Betrag festgelegt ist)
Ve|lo [*welo*; verkürzt aus: Veloziped], das; -s, -s, schweiz. (Fahrrad) Velo fahren (radfahren)
Ve|lour [*w*^e*lụr*, auch: *welụr*], das; -s, - od. -e; **Ve|lour|le|der; Ve|lours** [*w*^e*lụr*, auch: *welụr*], der; - [*w*^e*lụrß*], - [*w*^e*lụrß*] (Samt; Gewebe mit gerauhter, weicher Oberfläche); **Ve|lours|le|der**
Ve|ne [*we...*], die; -, -n (Blutader); **Ve|nen|ent|zün|dung** [*we...*]
ve|ne|risch [*we...*] (geschlechtskrank; auf die Geschlechtskrankheiten bezogen); -e Krankheiten
ve|nös [*we...*] (Med.: die Vene[n] betreffend; venenreich)
Ven|til [*wän...*], das; -s, -e (Absperrvorrichtung; Luft-, Dampfklappe); **Ven|ti|la|tor,** der; -s, ...oren
ver|ab|re|den; Ver|ab|re|dung
ver|ab|rei|chen
ver|ab|scheu|en; ver|ab|scheu|ungs|wür|dig
ver|ab|schie|den
ver|ach|ten; ver|ächt|lich; Ver|ach|tung, die; -

ver|al|bern (ugs.)
ver|all|ge|mei|nern
ver|al|ten
Ve|ran|da [*we*...], die; -, ...den (überdachter u. an den Seiten verglaster Anbau, Vorbau)
ver|än|der|lich; Ver|än|der|li|che, die; -n, -n (eine mathemat. Größe, deren Wert sich ändern kann); ver|än|dern; sich -; Ver|än|de|rung
ver|äng|sti|gen; ver|äng|stigt
ver|an|kern; Ver|an|ke|rung
ver|an|lagt; Ver|an|la|gung (Einschätzung; Begabung)
ver|an|las|sen; Ver|an|las|sung
ver|an|schla|gen
ver|an|stal|ten; Ver|an|stal|tung
ver|ant|wor|ten; ver|ant|wort|lich; Ver|ant|wor|tung; ver|ant|wor|tungs_be|wußt, ...los
ver|äp|peln (ugs.: verhöhnen)
ver|ar|bei|ten; Ver|ar|bei|tung
ver|är|gern; Ver|är|ge|rung
ver|ar|schen (derb)
ver|arz|ten (ugs. scherzh.: [ärztl.] behandeln)
ver|aus|ga|ben (ausgeben); sich -
ver|äu|ßer|lich (verkäuflich); ver|äu|ßern (verkaufen)
Verb [*wärp*], das; -s, -en (Sprachw.: Zeitwort, Tätigkeitswort, z. B. ,,arbeiten, laufen, bauen''); ver|bal (zeitwörtlich; als Zeitwort gebraucht; wörtlich; mündlich); Ver|bal|in|ju|rie [*wärba̲linjuri͏ᵉ*] (Beleidigung mit Worten)
ver|ball|hor|nen (ugs.: verschlimmbessern)
Ver|band, der; -[e]s, ...bände; Ver|band[s]|ka|sten
ver|ban|nen; Ver|ban|nung
ver|bar|ri|ka|die|ren
ver|bau|en
ver|bei|ßen; die Hunde hatten sich ineinander verbissen; sich den Schmerz -; sich in eine Sache -
ver|ber|gen

ver|bes|sern; Ver|bes|se|rung
ver|beu|gen, sich; Ver|beu|gung
ver|beu|len
ver|bie|gen; Ver|bie|gung
ver|bie|stert (ugs.: verwirrt, verstört, verärgert)
ver|bie|ten
ver|bil|li|gen; Ver|bil|li|gung
ver|bim|sen (ugs.: verprügeln)
ver|bin|den; ver|bind|lich; eine -e Zusage; Ver|bind|lich|keit; Ver|bin|dung
ver|bis|sen
ver|bit|ten; ich habe mir eine solche Antwort verbeten
ver|bit|tern; Ver|bit|te|rung
ver|bla|sen
Ver|bleib, der; -[e]s; ver|blei|ben
Ver|blen|dung
Ver|bli|che|ne, der u. die; -n, -n (Tote)
ver|blüf|fen (bestürzt machen); ver|blüf|fend; Ver|blüf|fung
ver|blü|hen
ver|blümt (andeutend)
ver|blu|ten; sich -; Ver|blu|tung
ver|bohrt; er ist - (ugs. für: starrköpfig)
¹ver|bor|gen (ausleihen)
²ver|bor|gen; eine -e Gefahr
Ver|bot, das; -[e]s, -e; ver|bo|ten; Ver|bots|schild (*Mehrz.* ...schilder)
ver|brä|men (am Rand verzieren; übertr. für: [eine Aussage] verschleiern, verhüllen)
Ver|brauch, der; -[e]s; ver|brau|chen; Ver|brau|cher
ver|bre|chen; Ver|bre|chen, das; -s, -; Ver|bre|cher; Ver|bre|cher|al|bum; ver|bre|che|risch
ver|brei|ten; ver|brei|tern (breiter machen); Ver|brei|te|rung; Ver|brei|tung
ver|bren|nen; Ver|bren|nung
ver|brie|fen ([urkundlich] sicherstellen); ein verbrieftes Recht
ver|brin|gen
ver|brü|dern, sich; ich ...ere mich

ver|brü|hen
ver|bu|chen
ver|bum|meln; er hat seine Zeit
verbummelt (ugs.: nutzlos vertan)
ver|bün|den, sich; Ver|bun|den-
heit, die; -; - mit etwas od.
jmdm.; Ver|bün|de|te, der u. die;
-n, -n
ver|bür|gen; sich -
ver|bü|ßen; eine Strafe -
ver|chro|men [...kro...] (mit
Chrom überziehen)
Ver|dacht, der; -[e]s; ver|däch-
tig; Ver|däch|ti|ge, der u. die;
-n, -n; ver|däch|ti|gen; Ver-
dachts|mo|ment, das; -[e]s, -e
ver|dam|men; Ver|damm|nis,
die; -
ver|damp|fen
ver|dan|ken
ver|dat|tert (ugs.: verwirrt)
ver|dau|en; Ver|dau|ung, die; -
Ver|deck, das; -[e]s, -e; ver-
decken [Trenn.: ...dek|ken]
ver|den|ken; jmdm. etwas -
Ver|derb, der; -[e]s; auf Gedeih
und -; ver|der|ben, verdarb, ver-
dorben; Ver|der|ben, das; -s;
ver|derb|lich; -e Eßwaren
ver|deut|li|chen
ver|dich|ten
ver|die|nen; ¹Ver|dienst (Er-
werb, Lohn, Gewinn), der; -[e]s,
-e; ²Ver|dienst (Anspruch auf
Dank u. Anerkennung), das;
-[e]s, -e; Ver|dienst|aus|fall
Ver|dikt [wär...] (Urteil), das;
-[e]s, -e
ver|dop|peln
ver|dor|ben
ver|dor|ren
ver|drän|gen; Ver|drän|gung
ver|dre|hen; ver|dreht (ugs.:
verschroben)
ver|dre|schen (ugs.: schlagen,
verprügeln)
ver|drie|ßen, verdroß, verdros-
sen; ver|drieß|lich; ver|dros-
sen; Ver|dros|sen|heit
ver|drücken [Trenn.: ...drük|ken]
(ugs. auch für: etwas essen); sich
- (ugs.: sich heimlich entfernen)

Ver|druß, der; ...drusses, ...drusse
ver|duf|ten; sich - (ugs.: sich un-
auffällig entfernen)
ver|dum|men; Ver|dum|mung
ver|dun|keln
ver|dün|nen
ver|dun|sten (zu Dunst werden;
langsam verdampfen); Ver|dun-
stung
ver|dur|sten
ver|dutzt (ugs.: verwirrt); - sein
ver|edeln
ver|ehe|li|chen; sich -; Ver|ehe-
li|chung
ver|eh|ren; Ver|eh|rung
ver|ei|di|gen
Ver|ein, der; -[e]s, -e; ver|ein-
ba|ren; ver|ei|nen
ver|ein|fa|chen;   Ver|ein|fa-
chung
ver|ei|ni|gen; Ver|ei|ni|gung
Ver|eins_elf, die, ...haus, ...lo-
kal (Vereinsraum, -zimmer),
...meie|rei (ugs. abschätzig)
ver|eist
ver|ei|teln
ver|ei|tern; Ver|ei|te|rung
ver|elen|den; Ver|elen|dung
ver|en|den; Ver|en|dung
Ver|er|bung
ver|ewi|gen; sich -
ver|fah|ren; Ver|fah|ren, das;
-s, -
Ver|fall, der; -[e]s; ver|fal|len;
Ver|fall[s]_tag, ...zeit
ver|fäl|schen
ver|fan|gen; sich -; ver|fäng-
lich; eine -e Frage
ver|fär|ben; sich -
ver|fas|sen; Ver|fas|ser; Ver-
fas|sung; Ver|fas|sungs|än-
de|rung, ...ge|richt; ver|fas-
sungs|wid|rig
ver|fech|ten (verteidigen)
ver|fein|den; sich mit jmdm. -
ver|fei|nern; Ver|fei|ne|rung
ver|fer|ti|gen; Ver|fer|ti|gung
ver|fe|sti|gen; Ver|fe|sti|gung
ver|fil|men; Ver|fil|mung
ver|fil|zen; Ver|fil|zung
ver|fin|stern; sich -
ver|flech|ten; Ver|flech|tung
ver|flie|gen; sich -

ver|flixt (ugs.: verflucht; auch: unangenehm, ärgerlich)
ver|flu|chen; Ver|flu|chung
ver|flüch|ti|gen; sich -
ver|fol|gen; Ver|fol|ger; Ver|fol|gung
ver|for|men; Ver|for|mung
ver|frach|ten
ver|frem|den; Ver|frem|dung
ver|fres|sen (ugs.: gefräßig)
ver|fro|ren
ver|früht
ver|füg|bar; ver|fü|gen; Ver|fü|gung
ver|füh|ren; ver|füh|re|risch
Ver|ga|be, die; -, (selten:) -n
ver|gaf|fen, sich (ugs.: sich verlieben)
ver|gäl|len
ver|gam|meln
Ver|gan|gen|heit; ver|gäng|lich
ver|ga|sen; Ver|ga|ser
ver|ge|ben; ver|ge|bens; ver|geb|lich
ver|ge|gen|wär|ti|gen
ver|ge|hen; Ver|ge|hen, das; -s, -
ver|gel|ten; Ver|gel|tung; Ver|gel|tungs|maß|nah|me
ver|ge|sell|schaf|ten
ver|ges|sen, vergaß, vergessen; Ver|ges|sen|heit, die; -; in - geraten; ver|geß|lich
ver|geu|den
ver|ge|wal|ti|gen; Ver|ge|wal|ti|gung
ver|ge|wis|sern, sich
ver|gie|ßen
ver|gif|ten
ver|gil|ben; vergilbte Papiere
Ver|giß|mein|nicht (eine Blume), das; -[e]s, -[e]
ver|gla|sen; ver|glast
Ver|gleich, der; -[e]s, -e; im - mit, zu; ver|gleich|bar; ver|glei|chen
ver|glim|men
ver|glü|hen
ver|gnü|gen, sich; Ver|gnü|gen, das; -s, -; viel -!; ver|gnüg|lich; ver|gnügt; Ver|gnü|gung (meist *Mehrz.*); Ver|gnü|gung[s]|steu|er, die
ver|gol|den; Ver|gol|dung

ver|gön|nen (gewähren)
ver|göt|tern (wie einen Gott verehren); Ver|göt|te|rung
ver|gra|ben
ver|grau|len (ugs.: verärgern [u. dadurch vertreiben])
ver|grei|fen; sich an jmdm., an einer Sache -
ver|grif|fen; das Buch ist - (nicht mehr lieferbar)
ver|grö|ßern; Ver|grö|ße|rung; Ver|grö|ße|rungs|glas
ver|gucken [*Trenn.*: ...guk|ken], sich (ugs.: sich verlieben)
Ver|gün|sti|gung
ver|gü|ten (auch für: veredeln); Ver|gü|tung
ver|hack|stücken [*Trenn.*: ...stük|ken] (ugs.: bis ins kleinste besprechen u. kritisieren)
ver|haf|ten; Ver|haf|te|te, der u. die; -n, -n; Ver|haf|tung
ver|ha|geln; das Getreide ist verhagelt
ver|hal|ten; ein -er (gedämpfter, unterdrückter) Zorn, Trotz); Ver|hal|ten, das; -s; Ver|hal|tens|for|schung, ...wei|se, die; Ver|hält|nis, das; -ses, -se; geordnete Verhältnisse; ver|hält|nis|mä|ßig; Ver|hält|nis|wahl|recht, ...wort (Präposition; *Mehrz.* ...wörter)
ver|han|deln; über etwas -; Ver|hand|lung
ver|han|gen; ein -er Himmel; Ver|häng|nis, das; -ses, -se; ver|häng|nis|voll
ver|harm|lo|sen
ver|härmt
ver|har|ren; Ver|har|rung
ver|har|schen; ver|harscht
ver|här|ten; Ver|här|tung
ver|has|peln; sich - (ugs.: sich beim Sprechen verwirren)
ver|haßt
ver|hät|scheln (ugs.: verzärteln)
Ver|hau, der od. das; -[e]s, -e; ver|hau|en (ugs.: durchprügeln); sich - (ugs.: sich gröblich irren)
ver|he|ben, sich; ich habe mich verhoben; Ver|he|bung

ver|hed|dern (ugs.: verwirren); sich - (beim Sprechen)

ver|hee|ren; **ver|hee|rend;** (ugs.:) das ist - (sehr unangenehm, furchtbar); **Ver|hee|rung**

ver|heh|len; er hat die Wahrheit verhehlt; vgl. verhohlen

ver|hei|len

ver|heim|li|chen

ver|hei|ra|ten; sich -; **ver|hei|ra|tet** (Abk.: verh.: Zeichen: ∞)

ver|hei|ßen; Ver|hei|ßung; ver|hei|ßungs|voll

ver|hei|zen; Kohlen -; jmdn. - (ugs.: jmdn. für eigene Zwecke rücksichtslos einsetzen)

ver|hel|fen; jmdm. zu etwas -; er hat mir dazu verholfen

ver|herr|li|chen; **Ver|herr|li|chung**

ver|het|zen; Ver|het|zung

ver|heult (ugs.: verweint)

ver|he|xen; (ugs.:) das ist wie verhext; **Ver|he|xung**

ver|hin|dern; Ver|hin|de|rung

ver|hoh|len (verborgen); mit kaum verhohlener Schadenfreude

ver|höh|nen; ver|hoh|ne|pi|peln (ugs.: verspotten, verulken)

ver|hö|kern (ugs.: [billig] verkaufen)

Ver|hör, das; -[e]s, -e; **ver|hö|ren**

ver|hül|len; ver|hüllt

ver|hun|gern

ver|hun|zen (ugs.: verderben; verschlechtern)

ver|hü|ten (verhindern)

ver|hüt|ten (Erz auf Hüttenwerken verarbeiten); **Ver|hüt|tung**

Ver|hü|tung; **Ver|hü|tungs|mit|tel**

ver|hut|zeln (zusammenschrumpfen); ein verhutzeltes Männchen

ver|ir|ren, sich; **Ver|ir|rung**

ver|ja|gen

ver|jäh|ren; Ver|jäh|rung

ver|ju|beln (ugs.: [sein Geld] für Vergnügungen ausgeben)

ver|jün|gen; sich -; die Säule verjüngt sich (wird dünner)

ver|ju|xen (ugs.: vergeuden)

ver|kal|ken (auch ugs.: alt werden, die geistige Frische verlieren)

ver|kal|ku|lie|ren, sich (sich verrechnen, falsch veranschlagen)

ver|kannt; ein -es Genie

ver|kappt; ein -er Spion

ver|ka|tert (ugs.: an den Folgen übermäßigen Alkoholgenusses leidend)

Ver|kauf; ver|kau|fen; Ver|käu|fer; Ver|käu|fe|rin, die; -, -nen; **ver|käuf|lich;** **ver|kaufs|of|fen;** -er Sonntag

Ver|kehr, der; -[e]s (seltener: -es), (fachspr.:) -e; **ver|keh|ren; Ver|kehrs_am|pel, ...cha|os, ...hin|der|nis;** **ver|kehrs|si|cher;** **Ver|kehrs_sün|der** (ugs.), **...teil|neh|mer, ...un|fall, ...ver|ein; ver|kehrs|wid|rig; Ver|kehrs|zei|chen; ver|kehrt;** seine Antwort ist -

ver|ken|nen; er wurde von allen verkannt; **Ver|ken|nung**

ver|ket|ten; Ver|ket|tung

ver|ket|zern (schmähen, herabsetzen); **Ver|ket|ze|rung**

ver|kla|gen

ver|klä|ren (ins Überirdische erhöhen); **Ver|klä|rung**

ver|klau|seln u. (österr. nur:) **ver|klau|su|lie|ren** (etwas unübersichtlich machen)

ver|kle|ben; Ver|kle|bung

ver|klei|den; Ver|klei|dung

ver|klei|nern; Ver|klei|ne|rung

ver|klem|men; ver|klemmt

ver|klin|gen

ver|klop|pen (ugs.: schlagen; verkaufen)

ver|knacken [Trenn.: ...knak|ken] (ugs. für: verurteilen)

ver|knack|sen (ugs.: verstauchen; verknacken)

ver|knal|len, sich (ugs. für: sich verlieben)

Ver|knap|pung (Knappwerden)

ver|knei|fen (ugs.); den Schmerz -; sich etwas - (ugs.: entsagen, verzichten); **ver|kniff|fen** (verbittert, verhärtet)

ver|knö|chert (ugs.: alt, ver-
ständnislos)
ver|kno|ten
ver|knüp|fen; Verknüp|fung
ver|koh|len (ugs.: scherzhaft be-
lügen)
ver|kom|men; ein -er Mensch
ver|kon|su|mie|ren (ugs.: aufes-
sen)
ver|kor|ken (mit einem Kork ver-
schließen); ver|kork|sen (ugs.:
verpfuschen)
ver|kör|pern; Ver|kör|pe|rung
ver|kö|sti|gen
ver|kra|chen (ugs.: scheitern);
sich - (ugs.: sich entzweien);
ver|kracht (ugs.); eine -e Exi-
stenz
ver|kraf|ten (ugs.: ertragen kön-
nen)
ver|kramp|fen, sich; ver|
krampft
ver|krat|zen
ver|krie|chen, sich
ver|krü|meln, sich (ugs.: sich un-
auffällig entfernen)
ver|krüp|peln
ver|kru|sten; etwas verkrustet
ver|küh|len, sich; (sich erkälten)
ver|küm|mern; ver|küm|mert
ver|kün|di|gen; Ver|kün|di-
gung, Ver|kün|dung
ver|kup|peln
ver|kür|zen; Ver|kür|zung
ver|la|chen (auslachen)
ver|la|den; vgl. ¹laden; Ver|la|de-
ram|pe
Ver|lag, der; -[e]s, -e (von Bü-
chern usw.); ver|la|gern; Ver-
la|ge|rung; Ver|lags|haus
ver|lan|den (von Seen usw.)
ver|lan|gen; Ver|lan|gen, das;
-s, -
ver|län|gern; Ver|län|ge|rung;
Ver|län|ge|rungs|schnur
ver|lang|sa|men; Ver|lang|sa-
mung
Ver|laß, der; ...lasses; es ist kein
- auf ihn; ¹ver|las|sen; sich auf
eine Sache, einen Menschen -;
²ver|las|sen (vereinsamt); ver-
läß|lich (zuverlässig)
Ver|laub, der, nur noch in: mit -

Ver|lauf; im -; ver|lau|fen; die
Sache ist gut verlaufen; sich -
ver|lau|ten; wie verlautet; nichts
- lassen
ver|le|ben
¹ver|le|gen [zu legen]; ²ver|le-
gen [zu: liegen] (befangen; er
war -; Ver|le|gen|heit; Ver|le-
ger
ver|lei|den (leid machen); es ist
mir verleidet
Ver|leih, der; -[e]s, -e; ver|lei-
hen; er hat das Buch verliehen;
Ver|lei|her; Ver|lei|hung
ver|lei|ten (verführen)
ver|ler|nen
ver|le|sen; er hat den Text verle-
sen; Ver|le|sung
ver|letz|bar; ver|let|zen; er ist
verletzt; ver|let|zend; ver|letz-
lich; Ver|letz|te, der u. die; -n,
-n; Ver|let|zung
ver|leug|nen; Ver|leug|nung
ver|leum|den; Ver|leum|der;
ver|leum|de|risch; Ver|leum-
dung
ver|lie|ben, sich; ver|liebt; Ver-
lieb|te, der u. die; -n, -n; Ver-
liebt|heit
ver|lie|ren; verlor, verloren; Ver-
lie|rer; Ver|lies, das; -es, -e
([unterird.] Gefängnis, Kerker)
ver|lo|ben; sich -; Ver|löb|nis,
das; -ses, -se; Ver|lob|te, der
u. die; -n, -n; Ver|lo|bung
ver|locken [Trenn.: ...lok|ken];
Ver|lockung [Trenn.: ...lok-
kung]
ver|lo|gen (lügenhaft); Ver|lo-
gen|heit
ver|lo|ren; der -e Sohn; auf -em
Posten stehen; - sein; - geben;
sie haben das Spiel verloren ge-
geben; ver|lo|ren|ge|hen; es ist
verlorengegangen
ver|lö|schen; die Kerze verlischt
ver|lo|sen; Ver|lo|sung
ver|lot|tern (ugs.: verkommen)
Ver|lust, der; -es, -e; Ver|lust-
.be|trieb, ...ge|schäft
ver|lu|stie|ren, sich (ugs.
scherzh.: sich vergnügen)
ver|ma|chen (durch letztwillige

Verfügung zuwenden); **Ver|mächt|nis,** das; -ses, -se
ver|mäh|len; sich -; **ver|mählt** (Abk.: verm. [Zeichen: ∞]); **Ver|mäh|lung**
ver|mas|seln (ugs.: verderben, Unglück bringen)
ver|meh|ren; Ver|meh|rung
ver|meid|bar; ver|mei|den; er hat diesen Fehler vermieden)
ver|mei|nen (glauben; oft für: irrtümlich glauben); **ver|meintlich**
ver|men|gen; Ver|men|gung
ver|mensch|li|chen
Ver|merk, der; -[e]s, -e; **vermer|ken;** etwas am Rande -
¹ver|mes|sen; Land -; **²ver|messen;** ein -es (tollkühnes) Unternehmen; **Ver|mes|sen|heit** (Kühnheit); **Ver|mes|sung**
ver|mie|sen (ugs. für: verleiden)
ver|mie|ten; Ver|mie|ter; Vermie|te|rin, die; -, -nen; **Vermie|tung**
ver|min|dern; Ver|min|de|rung
ver|mi|nen (Minen legen; durch Minen versperren); **Ver|minung**
ver|mi|schen; Ver|mi|schung
ver|mis|sen; als vermißt gemeldet; **Ver|mißte,** der u. die; -n, -n
ver|mit|teln; Ver|mitt|ler; Vermitt|lung; Ver|mitt|lungs|gebühr
ver|mö|beln (ugs. für: tüchtig schlagen; vergeuden)
ver|mo|dern
ver|mö|ge; mit *Wesf.*: - seines Geldes; **ver|mö|gen; Ver|mögen,** das; -s, -; **ver|mö|gend; Ver|mö|gens_bil|dung, ...lage; Ver|mö|gen[s]|steu|er**
ver|mum|men; Ver|mum|mung
ver|murk|sen (ugs.: verderben)
ver|mu|ten; ver|mut|lich; Vermu|tung; ver|mu|tungs|weise
ver|nach|läs|si|gen
ver|na|geln; ver|na|gelt (ugs. auch: äußerst begriffsstutzig)
ver|nä|hen; eine Wunde -

ver|nar|ben; Ver|nar|bung
ver|nar|ren; sich -; in jmdn., in etwas vernarrt sein; **Ver|narrtheit**
ver|na|schen
ver|ne|beln
ver|nehm|bar; ver|neh|men; er hat das Geräusch vernommen; der Angeklagte wurde vernommen; **ver|nehm|lich; Ver|nehmung** ([gerichtl.] Befragung); **ver|neh|mungs|fä|hig**
ver|nei|gen, sich; **Ver|nei|gung**
ver|nei|nen; eine verneinende Antwort; **Ver|nei|nung**
ver|nich|ten; Ver|nich|tung
ver|nied|li|chen
Ver|nunft, die; -; **ver|nunft|begabt; ver|nunft|ge|mäß; vernünf|tig; ver|nunft|wid|rig**
ver|öden; Ver|ödung
ver|öf|fent|li|chen; Ver|öf|fentli|chung
ver|ord|nen; Ver|ord|nung
ver|pach|ten; Ver|pach|tung
ver|packen (*Trenn.*: ...ak|k...); **Ver|packung**
¹ver|pas|sen (versäumen); er hat den Zug verpaßt; **²ver|pas|sen** (ugs.: geben; schlagen) die Uniform wurde ihm verpaßt; dem werde ich eins -
ver|pat|zen (ugs.: verderben); er hat die Arbeit verpatzt
ver|pe|sten; Ver|pe|stung
ver|pet|zen (ugs.: verraten); er hat ihn verpetzt
ver|pfän|den; Ver|pfän|dung
ver|pfei|fen; (ugs.: verraten); er hat ihn verpfiffen
ver|pflan|zen; Ver|pflan|zung
ver|pfle|gen; Ver|pfle|gung
ver|pflich|ten; sich -; er ist mir verpflichtet; **Ver|pflich|tung**
ver|pfu|schen (ugs.: verderben); ein verpfuschtes Leben
ver|pla|nen (falsch planen; auch: einplanen)
ver|plap|pern, sich (ugs.: etwas unüberlegt heraussagen)
ver|plau|dern (mit Plaudern verbringen)
ver|plem|pern (ugs.: verschüt-

ten; vergeuden); du verplemperst
dich

ver|pönt ([bei Strafe] verboten,
nicht statthaft)

ver|pras|sen; das Geld -

ver|prel|len (verwirren, ein-
schüchtern)

ver|prü|geln (ugs.)

ver|puf|fen ([schwach] explo-
dieren; auch: ohne Wirkung blei-
ben); **Ver|puf|fung**

ver|pul|vern (ugs.: unnütz ver-
brauchen)

ver|pup|pen, sich; **Ver|pup-
pung** (Umwandlung der Insek-
tenlarve in die Puppe)

Ver|putz (Mauerbewurf); **ver-
put|zen** (eine Mauer bewerfen;
ugs. für: [Geld] durchbringen,
vergeuden; [Essen] verzehren)

ver|quer; mir geht etwas - (ugs.:
es mißlingt mir)

ver|quicken [Trenn.: ...quik|ken]
(vermischen; durcheinander-
bringen)

ver|quol|len; -e Augen; -es Holz

ver|ram|meln, ver|ram|men

ver|ram|schen (ugs.: zu Schleu-
derpreisen verkaufen)

ver|rannt (ugs.: vernarrt; festge-
fahren); in etwas - sein

Ver|rat, der; -[e]s; **ver|ra|ten;**
sich -; **Ver|rä|ter; Ver|rä|te|rei;**
ver|rä|te|risch

ver|rau|chen; ver|räu|chern

ver|rech|nen (in Rechnung brin-
gen); sich - (sich beim Rechnen
irren); **Ver|rech|nung; Ver-
rech|nungs|scheck**

ver|recken [Trenn.: ...rek|ken]
(derb: verenden; elend zugrunde
gehen)

ver|reg|nen; verregnet

ver|rei|ben; Ver|rei|bung

ver|rei|sen (auf die Reise gehen);
er ist verreist

ver|rei|ßen; er hat das Theater-
stück verrissen (ugs.: völlig ne-
gativ beurteilt)

ver|ren|ken; sich den Arm -

ver|rich|ten (ausführen); **Ver-
rich|tung**

ver|rie|geln

ver|rin|gern; Ver|rin|ge|rung

ver|rin|nen

Ver|riß, der; Verrisses, Verrisse;
vgl. verreißen

**ver|ro|hen; ver|roht; Ver|ro-
hung,** die; -

ver|ro|sten

ver|rot|ten (verfaulen, mürbe
werden, zerbröckeln)

ver|rucht; Ver|rucht|heit, die; -

ver|rücken [Trenn.: ...rük|ken];
ver|rückt; Ver|rück|te, der, die,
das; -n, -n; **Ver|rückt|heit; Ver-
rückt|wer|den;** das ist zum -

Ver|ruf (schlechter Ruf), der, nur
noch in: in - bringen, geraten;
ver|ru|fen; sie ist sehr -

ver|ru|ßen; der Kamin ist verrußt

ver|rut|schen

Vers [fărß], der; -es, -e

ver|sacken [Trenn.: ...sak|ken]
(wegsinken; ugs. für: liederlich
leben)

ver|sa|gen; er hat ihr keinen
Wunsch versagt; das Gewehr hat
versagt; menschliches Versagen;
Ver|sa|ger (nicht fähige Person)

ver|sal|zen (auch übertr. ugs.: die
Freude an etwas nehmen); wir
haben ihm das Fest versalzen

ver|sam|meln; Ver|samm|lung

Ver|sand (Versendung), der;
-[e]s; **ver|sand|fer|tig; Ver-
sand.haus, ...ko|sten**
(Mehrz.); **ver|sandt,** ver|sen|det

ver|sau|en (derb: verschmutzen;
verderben)

ver|sau|ern (sauer werden; auch:
die [geistige] Frische verlieren)

ver|sau|fen

ver|säu|men; Ver|säum|nis,
das; -ses, -se

ver|scha|chern (ugs.: verkaufen)

ver|schach|telt; ein -er Satz

ver|schaf|fen; du hast dir Genug-
tuung verschafft

ver|schallen (mit Brettern ver-
schlagen); **Ver|scha|lung**

ver|schämt; - tun

ver|schan|deln (ugs.: verunzie-
ren)

ver|schan|zen, sich; du hast dich
hinter Ausreden verschanzt

ver|schär|fen
ver|schar|ren
ver|schät|zen, sich
ver|schau|keln (ugs.: betrügen, hintergehen)
ver|schen|ken
ver|scher|beln (ugs.: verkaufen)
ver|scher|zen ([durch Leichtsinn] verlieren); sich etwas -
ver|scheu|chen
ver|scheu|ern (ugs.: verkaufen)
ver|schi|cken [*Trenn.*: ...schik|ken]
ver|schie|ben (z. B. Eisenbahnwagen, Waren); die Wagen wurden verschoben
¹ver|schie|den (geh.: gestorben)
²ver|schie|den; verschieden lang; verschiedene (einige) sagen...; verschiedenes (manches) war mit unklar; Ähnliches und Verschiedenes; ver|schie|den|ar|tig; ver|schie|den|far|big; Ver|schie|den|heit; ver|schie|dent|lich
ver|schif|fen; Ver|schif|fung
ver|schim|meln
¹ver|schla|fen; ich habe [mich] verschlafen; er hat den Morgen verschlafen; ²ver|schla|fen; er sieht - aus
Ver|schlag, der; -[e]s, Verschläge; ver|schla|gen ([hinter]listig); ein -er Mensch; Ver|schla|gen|heit, die; -
ver|schlam|pen (ugs.: verkommen lassen)
ver|schlech|tern; sich -
ver|schlei|ern; Ver|schlei|e|rung
ver|schlei|men; ver|schleimt
Ver|schleiß, der; -es, -e (Abnutzung; österr. auch: Kleinverkauf, Vertrieb); ver|schlei|ßen; verschliß, verschlissen ([stark] abnutzen)
ver|schlep|pen; Ver|schlep|pung; Ver|schlep|pungs|tak|tik
ver|schleu|dern
ver|schließ|bar; ver|schlie|ßen
ver|schlimm|bes|sern (ugs.); er hat alles nur verschlimmbessert;

ver|schlim|mern; Ver|schlim|me|rung
ver|schlin|gen
ver|schlos|sen (zugesperrt; verschwiegen); **Ver|schlos|sen|heit**, die; -
ver|schluk|ken [*Trenn.*: ...schluk|ken]; sich -
Ver|schluß; ver|schlüs|seln
ver|schmach|ten
ver|schmä|hen
¹ver|schmel|zen (flüssig werden; ineinander übergehen); vgl. ¹schmelzen; ²ver|schmel|zen (zusammenfließen lassen; ineinander übergehen lassen); vgl. ²schmelzen; Ver|schmel|zung
ver|schmer|zen
ver|schmie|ren
ver|schmitzt (schlau, verschlagen)
ver|schmut|zen
ver|schnau|fen; sich -; Ver|schnauf|pau|se
ver|schnei|den (auch: kastrieren); verschnitten
ver|schneit; -e Wälder
Ver|schnitt (auch: Mischung alkohol. Flüssigkeiten), der; -[e]s
ver|schnör|keln; verschnör|kelt
ver|schnup|fen; ver|schnupft (erkältet; übertr.: gekränkt)
ver|schnü|ren; Ver|schnü|rung
ver|schol|len (als tot betrachtet; längst vergangen)
ver|scho|nen; er hat mich mit seinem Besuch verschont; ver|schö|nern; Ver|schö|ne|rung
ver|schos|sen (ausgebleicht); ein -es Kleid; (ugs.:) in jmdn. - (verliebt) sein
ver|schram|men; verschrammt
ver|schrän|ken; mit verschränkten Armen; Ver|schrän|kung
ver|schrau|ben
ver|schreckt; die -e Konkurrenz
ver|schrei|ben (falsch schreiben; gerichtlich übereignen); sich -; Ver|schrei|bung
ver|schrie|en, ver|schrien; er ist als Geizhals -

ver|schro|ben (seltsam; wunderlich); Ver|schro|ben|heit
ver|schrot|ten (Metallgegenstände zerschlagen, als Altmetall verwerten); Ver|schrot|tung
ver|schrum|peln
ver|schüch|tert
ver|schul|den; Ver|schul|den, das; -s; ohne [sein] -; ver|schul|det; Ver|schul|dung, die; -
ver|schüt|ten
ver|schütt|ge|hen (ugs. für: verlorengehen)
ver|schwä|gert
ver|schwei|gen
ver|schwei|ßen
ver|schwen|den; Ver|schwen|der; ver|schwen|de|risch; Ver|schwen|dung
ver|schwie|gen; Ver|schwie|gen|heit, die; -
ver|schwin|den; Ver|schwin|den, das; -s
ver|schwi|stert (auch: zusammengehörend)
ver|schwit|zen (ugs. auch: vergessen); verschwitzt
ver|schwom|men; -e Vorstellungen; Ver|schwom|men|heit
ver|schwö|ren, sich; Ver|schwö|rer; Ver|schwö|rung
ver|se|hen; er hat seinen Posten treu -; er hat sich mit Geld- (versorgt); er hat sich - (geirrt); Ver|se|hen (Irrtum), das; -s, -; ver|se|hent|lich (aus Versehen)
Ver|sehr|te (Körperbeschädigte), der u. die; -n, -n
ver|selb|stän|di|gen, sich
ver|sen|den; versandt u. versendet; vgl. senden; Ver|sen|dung
ver|sen|gen
ver|senk|bar; Ver|senk|büh|ne; ver|sen|ken (untertauchen, [durch Untertauchen] zerstören); sich [in etwas] - (sich [in etwas] vertiefen); Ver|sen|kung
ver|ses|sen (eifrig bedacht, erpicht); Ver|ses|sen|heit, die; -
ver|set|zen; der Schüler wurde versetzt; er hat sie versetzt (ugs.: vergeblich warten lassen); seine Uhr - (ugs.: ins Pfandhaus bringen); Ver|set|zung
ver|seu|chen; Ver|seu|chung
ver|si|chern; ich versichere dich gegen Unfall; ich versichere dich meines Vertrauens; ich versichere dir, daß ...; Ver|si|cher|te, der und die; -n, -n; Ver|si|che|rung; ver|si|che|rungs|pflich|tig; Ver|si|che|rungs_po|li|ce, ...prä|mie
ver|si|ckern [Trenn.: ...sik|kern]
ver|sie|geln
ver|sie|gen (austrocknen)
ver|siert [wär...]; in etwas - (erfahren) sein
ver|sil|bern (mit Silber überziehen; ugs. scherzh.: veräußern)
ver|sin|ken; versunken
Ver|si|on [wär...], die; -, -en (Fassung; Lesart; Darstellung
ver|skla|ven [...w*e*n, auch: ...f*e*n]; Ver|skla|vung
Vers|leh|re, ...maß, das
ver|snobt (abschätzig für: blasiert und in einem übertriebenen Hang zur Exklusivität)
ver|sof|fen (derb: trunksüchtig)
ver|soh|len (ugs.: verprügeln)
ver|söh|nen; sich -; ver|söhn|lich; Ver|söh|nung
ver|son|nen (träumerisch)
ver|sor|gen; Ver|sor|gung; Ver|sor|gungs|an|spruch; ver|sor|gungs|be|rech|tigt
ver|spä|ten, sich; Ver|spä|tung
ver|spei|sen
ver|spe|ku|lie|ren
ver|sper|ren; Ver|sper|rung
ver|spie|len; ver|spielt
ver|spot|ten; Ver|spot|tung
ver|spre|chen; er hat ihr die Heirat versprochen; sich - (beim Sprechen einen Fehler machen); Ver|spre|chen, das; -s, -; Ver|spre|chung (Verheißung; meist *Mehrz.*)
ver|spren|gen
ver|sprit|zen
ver|sprü|hen (zerstäuben)
ver|staat|li|chen
ver|städ|tern (städtisch machen, werden); Ver|städ|te|rung

Ver|stand, der; -[e]s; **ver|stän-
dig** (besonnen); **ver|stän|di-
gen;** sich -; **Ver|stän|di|gung;
ver|ständ|lich; Ver|ständ-
lich|keit** (Klarheit), die; -; **Ver-
ständ|nis,** das; -ses, (selten:)
-se; **ver|ständ|nis_los, ...voll**
ver|stär|ken; in verstärktem Ma-
ße; **Ver|stär|ker; Ver|stär|ker-
röh|re; Ver|stär|kung**
ver|stau|ben
ver|stau|chen; ich habe mir den
Fuß verstaucht; **Ver|stau-
chung**
ver|stau|en (gut unterbringen)
Ver|steck, das (selten: der);
-[e]s, -e; **ver|stecken¹;** sich -;
Ver|stecken¹, das; -s; Verstek-
ken spielen
ver|ste|hen; verstanden; jmdm.
etwas zu - geben
ver|stei|fen; sich - auf etwas (auf
etwas beharren); **Ver|stei|fung**
ver|stei|gen, sich; er hatte sich
in den Bergen verstiegen; du ver-
stiegst dich zu der übertriebenen
Forderung; vgl. verstiegen
ver|stei|gern; Ver|stei|ge|rung
ver|stei|nern (zu Stein machen,
werden); **Ver|stei|ne|rung**
ver|stell|bar; ver|stel|len; ver-
stellt; sich -
ver|ster|ben
ver|steu|ern; Ver|steue|rung
ver|stie|gen (überspannt)
**ver|stim|men; ver|stimmt;
Ver|stim|mung**
ver|stockt (uneinsichtig, stör-
risch); **Ver|stockt|heit,** die; -
ver|stoh|len
ver|stop|fen; Ver|stop|fung
ver|stor|ben (Zeichen: †); **Ver-
stor|be|ne,** der u. die; -n, -n
ver|stört; Ver|stört|heit, die; -
Ver|stoß; ver|sto|ßen
ver|stre|ben; Ver|stre|bung
ver|strei|chen; die Zeit ist verstri-
chen (vergangen)
ver|streu|en
ver|stricken [*Trenn.:* ...ik|ken]
sich [in Widersprüche] -

**ver|stüm|meln; Ver|stüm|me-
lung; Ver|stümm|lung**
ver|stum|men
Ver|such, der; -[e]s, -e; **ver|su-
chen; Ver|su|cher; Ver|suchs-
_bal|lon, ...ka|nin|chen** (ugs.),
**...per|son; ver|suchs|wei|se;
Ver|su|chung**
ver|sump|fen; Ver|sump|fung
ver|sün|di|gen, sich
ver|sun|ken; in etwas - sein
ver|sü|ßen; Ver|sü|ßung
ver|ta|gen (aufschieben); **Ver-
ta|gung**
ver|tän|deln (nutzlos die Zeit hin-
bringen)
ver|täu|en (mit Tauen festma-
chen); das Schiff ist vertäut
ver|tausch|bar; ver|tau|schen
**ver|tei|di|gen; Ver|tei|di|ger;
Ver|tei|di|gung; Ver|tei|di-
gungs_mi|ni|ster, ...pakt**
**ver|tei|len; Ver|tei|ler; Ver|tei-
ler|netz; Ver|tei|lung**
ver|teu|ern; sich -
ver|teu|feln; jmdn., etwas - (zum
Bösen machen, stempeln); **ver-
teu|felt** (Fluchwort)
ver|tie|fen; sich in eine Sache -;
Ver|tie|fung
ver|ti|kal [*wär*...] (senkrecht, lot-
recht); **Ver|ti|ka|le,** die; -, -n
ver|til|gen
ver|tip|pen (ugs.: falsch tippen);
sich -; vertippt
ver|to|nen; das Gedicht wurde
vertont; **Ver|to|nung**
ver|trackt (ugs.: verwickelt;
peinlich)
Ver|trag, der; -[e]s, ...träge; **ver-
tra|gen;** er hat den Wein gut -;
sich -; **ver|trag|lich** (durch Ver-
trag); **ver|träg|lich** (nicht zän-
kisch; bekömmlich); **Ver|träg-
lich|keit,** die; -; **Ver|trags_ab-
schluß, ...bruch, ver|trags-
brü|chig; ver|trags|ge|mäß;
Ver|trags_part|ner, ...spie|ler**
ver|trau|en; Ver|trau|en, das;
-s; **ver|trau|en|er|weckend**
[*Trenn.:* ...wek|kend]; **Ver|trau-
ens_arzt, ...be|weis, ...mann**
(*Mehrz.* ...männer u. ...leute);

---

¹ *Trenn.:* ...k|ke...

ver|trau|ens_se|lig, ...voll,
...wür|dig
ver|trau|lich; Ver|trau|lich|keit
ver|träu|men; ver|träumt
ver|traut; jmdn., sich mit etwas
- machen; Ver|trau|te, der, die,
das; -n, -n
ver|trei|ben; Ver|trei|bung
ver|tret|bar; ver|tre|ten; Ver-
tre|ter; Ver|tre|tung; in -
Ver|trieb (Verkauf), der; -[e]s,
-e
Ver|trie|be|ne, der u. die; -n, -n
ver|trin|ken
ver|trock|nen
ver|trö|deln (ugs.: [seine Zeit]
unnütz hinbringen)
ver|trö|sten; Ver|trö|stung
ver|trot|teln (ugs.: zum Trottel
werden); ver|trot|telt
ver|tun (ugs.: verschwenden);
vertan
ver|tu|schen (ugs.: verheim-
lichen)
Ver|tu|schung (ugs.)
ver|übeln (übelnehmen)
ver|üben
ver|ul|ken
ver|un|glimp|fen (schmähen)
ver|un|glücken [*Trenn.*: ...glük-
ken]; Ver|un|glück|te, der u.
die; -n, -n
ver|un|rei|ni|gen
ver|un|si|chern (unsicher ma-
chen); Ver|un|si|che|rung
ver|un|stal|ten (entstellen)
ver|un|treu|en (unterschlagen);
Ver|un|treu|ung
ver|un|zie|ren; Ver|un|zie|rung
ver|ur|sa|chen; Ver|ur|sa|cher
ver|ur|tei|len; Ver|ur|tei|lung
ver|viel|fa|chen; ver|viel|fäl|ti-
gen; Ver|viel|fäl|ti|gung
ver|voll|komm|nen; sich -
ver|voll|stän|di|gen
verw. = verwitwet
¹ver|wach|sen; die Narbe ist ver-
wachsen; mit etwas - (innig ver-
bunden) sein; ²ver|wach|sen;
ein -er (verkrüppelter, buckliger)
Mensch
ver|wah|ren; es ist alles wohl ver-
wahrt; sich - gegen ... (etwas

ablehnen); ver|wahr|lo|sen;
Ver|wahr|lo|sung, die; -; Ver-
wah|rung
ver|wai|sen (elternlos werden;
einsam werden); ver|waist
ver|wal|ten; Ver|wal|ter; Ver-
wal|tung; Ver|wal|tungs_be-
zirk, ...ge|bäu|de
ver|wam|sen (ugs.: verprügeln)
ver|wan|deln; Ver|wand|lung;
ver|wandt (zur gleichen Familie
gehörend); Ver|wand|te, der u.
die; -n, -n; Ver|wandt|schaft
ver|war|nen; Ver|war|nung
ver|wa|schen
ver|wäs|sern
ver|wech|seln; zum Verwechseln
ähnlich; Ver|wech|se|lung,
Ver|wechs|lung
ver|we|gen; Ver|we|gen|heit
ver|we|hen; vom Winde verweht
ver|weh|ren; jmdm. etwas - (un-
tersagen); Ver|weh|rung
Ver|we|hung
ver|weich|li|chen
ver|wei|gern; Ver|wei|ge|rung
ver|weint
Ver|weis (ernste Zurechtwei-
sung; Hinweis), der; -es, -e;
¹ver|wei|sen (tadeln); jmdm.
etwas -; ²ver|wei|sen (einen
Hinweis geben; verbannen); die
Fußnote verweist auf eine frühere
Stelle des Buches; der Verbrecher
wurde des Landes verwiesen
ver|wel|ken
ver|wend|bar; Ver|wend|bar-
keit, die; -; ver|wen|den; ich
verwandte od. verwendete, habe
verwandt od. verwendet; Ver-
wen|dung
ver|wer|fen; der Plan wurde ver-
worfen; ver|werf|lich
ver|wert|bar; ver|wer|ten
ver|we|sen (sich zersetzen, in
Fäulnis übergehen); Ver|we-
sung
ver|wickeln¹; ver|wickelt¹;
Ver|wicke|lung¹; Ver|wick-
lung
ver|wil|dern; ver|wil|dert

---

¹ *Trenn.*: ...ik|k...

ver|win|den (über etwas hinwegkommen, überwinden); er hat den Schmerz verwunden

ver|wir|ken; sein Leben -

ver|wirk|li|chen; Ver|wirk|li|chung

ver|wir|ren; ich habe das Garn verwirrt; ich bin ganz verwirrt; Ver|wir|rung

ver|wi|schen

ver|wit|tern (durch die Witterung angegriffen werden); das Holz ist verwittert; Ver|wit|te|rung

ver|wit|wet (Witwe[r] geworden; Abk.: verw.)

ver|wo|ben (eng verknüpft mit ...)

ver|wöh|nen; ver|wöhnt

ver|wor|fen; ein verworfenes Gesindel; Ver|wor|fen|heit, die; -

ver|wor|ren; ein -er Kopf; Ver|wor|ren|heit, die; -

ver|wund|bar; ver|wun|den

ver|wun|der|lich; ver|wun|dern; sich -; Ver|wun|de|rung

ver|wun|det; Ver|wun|de|te, der u. die; -n, -n; Ver|wun|dung

ver|wun|schen (verzaubert); ein -es Schloß; ver|wün|schen (verfluchen; verzaubern); ver|wünscht (verflucht); Ver|wün|schung

ver|wur|steln (ugs.: durcheinanderbringen, verwirren)

ver|wü|sten; Ver|wü|stung

ver|za|gen; ver|zagt

ver|zäh|len, sich

ver|zah|nen (an-, ineinanderfügen); Ver|zah|nung

ver|zap|fen (ausschenken; durch Zapfen verbinden; ugs.: etwas [Übles oder Unsinniges] vorbringen

ver|zär|teln; Ver|zär|te|lung

ver|zau|bern; Ver|zau|be|rung

Ver|zehr (Verbrauch[tes]; Zeche), der; -[e]s; ver|zeh|ren

ver|zeich|nen (vermerken; falsch zeichnen); Ver|zeich|nis, das; -ses, -se

ver|zei|hen; er hat ihr verziehen; ver|zeih|lich; Ver|zei|hung, die; -

ver|zer|ren; Ver|zer|rung

ver|zet|teln (vergeuden); sich -

Ver|zicht, der; -[e]s, -e; - leisten; ver|zich|ten

ver|zie|hen; die Eltern - ihr Kind; er ist nach Frankfurt verzogen; Rüben -; sich -

ver|zie|ren; Ver|zie|rung

ver|zin|sen; Ver|zin|sung

ver|zo|gen; ein -er Junge

ver|zö|gern; Ver|zö|ge|rung

ver|zol|len; die Ware ist verzollt

ver|zücken[1]; ver|zückt; Ver|zückung[1]; in - geraten

Ver|zug, der; im - sein (im Rückstand sein); in - geraten, kommen

ver|zwei|feln; es ist zum Verzweifeln; ver|zwei|felt; Ver|zwei|flung; Ver|zwei|flungs|tat

ver|zwei|gen, sich

ver|zwickt (ugs.: verwickelt, schwierig); eine -e Geschichte

Ves|per [fäß...], die; -, -n (für Imbiß südd.) das; -s, - (Abendandacht; bes. südd. und westösterr.: Imbiß [am Nachmittag]); Ves|per|brot; ves|pern (südd. u. westösterr.: [Nachmittags]imbiß einnehmen)

Ve|te|ran [we...], der; -en, -en (altgedienter Soldat; im Dienst Ergrauter, Bewährter)

Ve|te|ri|när [we...], der; -s, -e (Tierarzt); Ve|te|ri|när|me|di|zin (Tierheilkunde)

Ve|to [weto], das; -s, -s (Einspruch[srecht]); Ve|to|recht

Vet|tel [fätel], die; -, -n (unordentliche [alte] Frau)

Vet|ter, der; -s, -n; Vet|tern|wirt|schaft, die; - (abschätzig)

Ve|xier|bild [wä...]

V-för|mig (in Form eines V)

vgl. = vergleich[e]!

v. H. = vom Hundert

via [wia] ([auf dem Wege] über); - Triest; Via|dukt [wia...], der; -[e]s, -e (Talbrücke, Überführung)

vi|brie|ren [wi...] (schwingen; beben, zittern)

---

[1] *Trenn.:* ...k|k...

Viech (mdal.: Vieh; ugs. als Schimpfwort), das; -[e]s, -er; **Vie|che|rei** (ugs.: Gemeinheit; große Anstrengung); **Vieh**, das; -[e]s; **Vieh_be|stand, ...fut|ter; vie|hisch; Vieh_zeug** (ugs.), **...zucht**

viel; in vielem, um vieles; wer vieles bringt, ...; ich habe viel[es] erlebt; viele sagen ...; viel Gutes od. vieles Gute; **viel|be|schäf|tigt**; ein vielbeschäftigter Mann; **viel|deu|tig; Viel|eck; vie|ler|lei; viel|fach; Viel|fa|che**, das; -n; **Viel|falt**, die; -; **viel|fäl|tig** (mannigfaltig, häufig); **viel|far|big**

Viel|fraß, der; -es, -e (Marderart; ugs.: jmd., der gern u. viel ißt) **viel|ge|stal|tig; viel|leicht viel|ma|lig; viel|mals; viel|mehr** [auch: *fil...*]; er ist nicht dumm, weiß vielmehr gut Bescheid; **viel|sa|gend; viel|sei|tig; viel|ver|spre|chend; Viel|wei|be|rei**, die; -

vier; alle viere von sich strecken (ugs.); wir sind zu vieren oder zu viert; **Vier**, die; -, -en (Zahl); eine Vier würfeln; in Latein eine Vier schreiben; **Vier|eck; vier|eckig** [*Trenn.*:...ek|kig]; **Vie|rer; Vie|rer|bob; vier|fach; Vier|far|ben|druck** (*Mehrz.* ...druk-ke); **vier|fü|ßig; vier|hän|dig**; -spielen; **vier|hun|dert; Vier|kant|ei|sen; Vier|ling; vier|mal; vier|mo|to|rig; vier|schrö|tig** (stämmig); **Vier|sit|zer; vier|stel|lig; vier|stim|mig** (Musik:); **viert** vgl. vier; **vier|tau|send; vier|te;** -e Dimension; **vier|tei|len;** gevierteilt; **vier|tei|lig; vier|tel** [*fir...*]; **Vier|tel** [*fir...*], das (schweiz. meist: der); -s, -; es ist [ein] - vor, nach eins; es hat [ein] - eins geschlagen; es ist fünf Minuten vor drei -; wir treffen uns um - acht, um drei - acht; **Vier|tel|fi|na|le** [*fir...*] (Sportspr.); **Vier|tel|jahr** [*fir...*]; **Vier|tel|li|ter; vier|teln** [*fir...*] (in vier Teile zerlegen);

Vier|tel|pfund [*fir...*, auch: *firt*e*l|pfunt*]; **Vier|tel|stun|de; vier|tens; vier|tü|rig; vier-[und]ein|halb; vier|und|zwan|zig; vier|zehn** [*fir...*]; **vier|zig** [*fir...*] usw.; **Vier|zig|stun|den|wo|che** (mit Ziffern: 40-Stunden-Woche

Vi|kar [*wi...*], der; -s, -e (Stellvertreter in einem geistl. Amt [kath. Kirche]; Kandidat der ev. Theologie nach der ersten Prüfung); **Vi|ka|rin**, die; -, -nen (ev. weibl. Vikar)

Vil|la [*wi|la*], die; -, ...llen (Landhaus, Einzelwohnhaus); **Vil|len-_vier|tel, ...vor|ort**

Vio|la [*wi...*], die; -, -len (Bratsche)

vio|lett [*wi...*] (veilchenfarbig); **Vio|lett**, das; -s, - (ugs.: -s)

Vio|li|ne [*wi...*], die; -, -n (Geige); **Vio|lin_kon|zert, ...schlüs|sel**

Vi|per [*wi...*], die; -, -n (²Otter)

Vi|ren (*Mehrz.* von: Virus)

vir|tu|os [*wir...*] (meisterhaft, technisch vollkommen); **Vir|tuo|se**, der; -n, -n ([techn.] hervorragender Meister, bes. Musiker)

Vi|rus [*wi...*], das (außerhalb der Fachspr. auch: der); -, ...ren (kleinster Krankheitserreger); **Vi|rus|krank|heit**

Vi|sa|ge [*wisaseh*e], die; -, -n (ugs. verächtlich für: Gesicht); **vis-à-vis** [*wisawi*] (gegenüber)

Vi|sier [*wi...*], das; -s -e (Zielvorrichtung); **vi|sie|ren** (nach etwas sehen, zielen)

Vi|si|on [*wi...*], die; -, -en (Erscheinung; Trugbild)

Vi|si|te [*wi...*], die; -, -n (Krankenbesuch des Arztes); **Vi|si|ten|kar|te** (Besuchskarte)

Vi|sum [*wi...*], das; -s, ...sa u. ...sen („Gesehenes"; Sichtvermerk im Paß); **Vi|sum|zwang**

vi|tal [*wi...*] (das Leben betreffend; lebenskräftig, -wichtig; frisch, munter); **Vi|ta|li|tät**, die; - (Lebendigkeit, Lebensfülle, -kraft); **Vit|amin**, das; -s, -e;

([lebenswichtiger] Wirkstoff) - C; des Vitamin[s] C; **Vit|amin-B-hal|tig** [...*be*...]; **vit|amin|reich**

Vi|tri|ne [*wi*...], die; -, -n (gläserner Schauschrank)

Vi|vat [*wiwat*], das; -s, -s (Lebehoch) ein - ausbringen

Vi|ze... [*fiz°*, seltener: *wiz°*] (stellvertretend); **Vi|ze|kanz|ler**

Vlies [*fliß*], das; -es, -e ([Schaf]-fell; Rohwolle des Schafes)

Vo|gel, der; -s, Vögel; **Vo|gel|bau|er**, das (seltener: der); -s, - (Käfig); **Vo|gel|beer|baum; Vö|gel|chen; Vo|gel|fe|der; vo|gel|frei** (rechtlos); **vö|geln** (derb für: Geschlechtsverkehr ausüben); **Vo|gel|schau** (die; -), **...scheu|che; Vo|gel-Strauß-Po|li|tik**, die; -; **Vo|gel|war|te; Vög|lein**

Vogt, der; -[e]s, Vögte (Verwalter; schweiz. auch für: Vormund)

Vo|ka|bel [*wo*...], die; -, -n (österr. auch: das; -s, -) ([einzelnes] Wort); **Vo|ka|bel|heft**

vo|kal [*wo*...] (Musik: die Singstimme betreffend, gesangsmäßig); **Vo|kal**, der; -s, -e (Sprachw.: Selbstlaut, z. B. a, e)

Vo|lant [*wolang*, schweiz.: *wo*...], der (schweiz. meist das); -s, -s (Besatz an Kleidungsstücken; Lenkrad [am Kraftwagen])

Volk, das; -[e]s, Völker; **Völk|chen; Völ|ker|ball** (Ballspiel; der; -[e]s), **...kun|de** (die; -), **...recht**, das; -[e]s; **völ|ker|recht|lich; völ|kisch; volk|reich; Volks|ab|stim|mung, ...be|geh|ren, ...be|lu|sti|gung, ...brauch, ...bü|che|rei, ...de|mo|kra|tie** (Staatsform kommunist. Länder, bei der die gesamte Staatsmacht in den Händen der Partei liegt), **...deut|sche** (der u. die; -n, -n); **volks|ei|gen** (DDR); **Volks|ent|scheid, ...fest, ...glau|be[n], ...hoch|schu|le, ...kun|de** (die; -), **...kunst** (die; -), **...lauf** (Sport), **...lied, ...mär|chen;**

Volks_men|ge, ...mund (der; -[e]s), **...mu|sik, ...red|ner, ...schu|le, ...schü|ler, ...schü|le|rin, ...stamm, ...stück, ...tanz, ...tracht, ...trau|er|tag, ...tum** (das; -s); **volks_tüm|lich, ...ver|bun|den; Volks_ver|mö|gen, ...ver|tre|ter, ...ver|tre|tung, ...wa|gen** Ⓦ, **...wei|se, ...wirt|schaft, ...wirt|schafts|leh|re, ...zäh|lung**

voll; voll[er] Angst; der Saal war voll[er] Menschen; aus dem vollen schöpfen; zehn Minuten nach voll (ugs.: nach der vollen Stunde); voll verantwortlich sein; jmdn. nicht für voll nehmen (ugs.: nicht ernst nehmen); den Mund recht voll nehmen (ugs.: prahlen)

voll|aden [*Trenn.*: voll|la...]

voll|auf [auch: *folauf*]; - genug haben

voll|au|fen [*Trenn.*: voll|lau...]; du hast dich - lassen (ugs.: hast dich betrunken)

voll|au|to|ma|tisch

Voll|bart

Voll|be|schäf|ti|gung

Voll|blut (Pferd aus einer bestimmten Reinzucht); **Voll|blü|ter; Voll|blut|pferd**

voll|brin|gen (ausführen); vollenden); ich vollbringe; vollbracht; zu -; **Voll|brin|gung**

voll|bu|sig

Voll|dampf, der; -[e]s

voll|en|den; ich vollende; vollendet; zu -; **voll|ends**

vol|ler vgl. voll

Völ|le|rei

voll|es|sen, sich (ugs.)

Vol|ley|ball [*woli*...], der; -[e]s (ein dem Korbball ähnliches Spiel; Flugball)

voll|füh|ren; ich vollführe; vollführt; zu -; **Voll|füh|rung**

Voll|gas, das; -es; - geben

voll_ge|propft, ...ge|stopft

voll|gie|ßen

völ|lig

voll|jäh|rig; Voll|jäh|rig|keit, die; -

418

voll|kli|ma|ti|siert
voll|kom|men [auch: *fol...*];
  Voll|kom|men|heit [auch:
fol...]
Voll|korn|brot
voll|ma|chen
Voll|macht, die; -, -en
Voll|milch
Voll|mond; Voll|mond|ge|sicht
  (ugs. scherzh.: rundes Gesicht;
  Mehrz. ...gesichter)
voll|mun|dig; -er Wein
Voll|pen|si|on
voll|reif; Voll|rei|fe
voll|schla|gen; sich den Bauch
  - (ugs.: sehr viel essen)
voll|schlank
voll|schrei|ben
voll|stän|dig
voll|stop|fen
voll|strecken[1]; ich vollstrecke;
  vollstreckt; zu -; **Voll|strek-**
  kung; Voll|streckungs[1]**|be-**
  am|te
voll|tan|ken
Voll|tref|fer
Voll|trun|ken|heit
Voll|ver|samm|lung
Voll|wai|se
voll|wer|tig, ...zäh|lig
voll|zie|hen; ich vollziehe; vollzo-
  gen; zu -; **Voll|zug** (Vollzie-
  hung), der; -[e]s; **Voll|zugs|an-**
  stalt (Gefängnis)
Vo|lon|tär [*wolongtär,* auch: *wo-*
  lontär], der; -s, -e (ohne od. nur
  gegen eine kleine Vergütung zur
  berufl. Ausbildung Arbeitender;
  Anwärter); **vo|lon|tie|ren** (als
  Volontär arbeiten)
Volt [*wolt*], das; - u. -[e]s, - (Einheit der elektr. Spannung; Zeichen: V)
Vo|lu|men [*wo...*], das; -s, - u.
  ...mina (Rauminhalt eines festen,
  flüssigen od. gasförmigen Kör-
  pers); **vo|lu|mi|nös** (umfang-
  reich, stark, massig)
vom (von dem)
von; mit *Wemf.:* - der Art; - [ganz-
  zem] Herzen; - neuem; - nah

u. fern; - Haus[e] aus; **von|ein-**
an|der; etwas voneinander ha-
ben, voneinander wissen, aber:
voneinandergehen (sich trennen)
von Rechts we|gen (Abk.: v. R.
  w.)
von sei|ten; mit *Wesf.:* - - seines
  Vaters
von|stat|ten; - gehen
von|we|gen! (ugs. für: auf keinen
  Fall!)
vor; mit *Wemf.* u. *Wenf.:* vor dem
  Zaun stehen, sich vor den Zaun
  stellen; vor Zeiten; vor sich gehen; vor sich hin brummen usw.
vor|ab (zunächst, zuerst)
Vor.abend, ...ah|nung
vor|an; der Sohn voran, der Vater
  hinterdrein; **vor|an.ge|hen,**
  ...kom|men
Vor.an|schlag, ...an|zei|ge;
  vor|ar|bei|ten; Vor|ar|bei|ter
vor|auf; er war allen vorauf; **vor-**
  auf|ge|hen
vor|aus; im, zum - [auch: *fo...*];
  er war allen voraus; **vor|aus.be-**
  rech|nen, ...be|zah|len, ...ge-
  hen; vor|aus|ge|setzt, daß;
  Vor|aus|sa|ge; **vor|aus.sa-**
  gen, ...se|hen, ...set|zen; Vor-
  aus|set|zung; vor|aus|sicht-
  lich; vor|aus|zah|len; Vor|aus-
  zah|lung
Vor|bau (*Mehrz.* ...bauten); **vor-**
  bau|en (auch ugs. für: vorbeu-
  gen); ein kluger Mann baut vor
Vor|be|din|gung
Vor|be|halt, der; -[e]s, -e; (Be-
  dingung) mit, unter, ohne -; **vor-**
  be|hal|ten; ich behalte es mir vor;
  vor|be|halt|los
vor|bei; vorbei (vorüber) sein;
  vor|bei.be|neh|men, sich (ugs.:
  gegen Sitte u. Anstand versto-
  ßen), **...ge|hen, ...kom|men;**
  bei jmdm. - (ugs.: jmdn. kurz besuchen)
vor|be|la|stet; erblich - sein
Vor|be|mer|kung
vor|be|rei|ten; Vor|be|rei|tung
Vor|be|spre|chung; **vor|be-**
straft

---

[1] *Trenn.:* ...ek|k...

vor|beu|gen
Vor|bild; vor|bild|lich; Vor|bil|dung
Vor|bo|te
vor|brin|gen
vor Chri|sti Ge|burt (Abk.: v. Chr. G.); **vor|christ|lich; vor Chri|stus** (Abk.: v. Chr.)
Vor|der|ach|se, ...an|sicht; vor|de|re; Vor|der|grund; vor|der|grün|dig
vor|der|hand (einstweilen)
Vor|der_haus, ...mann (*Mehrz.* ...männer), **...rad**
vor|derst; zuvorderst; der vorderste [Mann]
vor|drän|gen; sich -; **vor|dring|lich** (besonders dringlich)
Vor|druck (*Mehrz.* ...drucke)
vor|ehe|lich
vor|ei|lig; Vor|ei|lig|keit
vor|ein|an|der; sich voreinander fürchten
vor|ent|hal|ten
Vor|ent|schei|dung
vor|erst [auch: *for̲e̲rst*]
Vor|fahr, der; -en, -en; **vor|fah|ren; Vor|fahrt;** [die] - haben, beachten; **vor|fahrt[s]|be|rech|tigt; Vor|fahrt[s]_re|gel, ...schild,** das
Vor|fall, der; **vor|fal|len**
vor|fin|den
Vor|freu|de
Vor|früh|ling
vor|füh|ren; Vor|füh|rer; Vor|führ|raum; Vor|füh|rung
Vor|ga|be (Sport: Vergünstigung für Schwächere)
Vor|gang; Vor|gän|ger
Vor|gar|ten
vor|ge|ben; vor|geb|lich
vor|ge|fer|tigt; -e Bauteile
vor|ge|hen; Vor|ge|hen, das; -s
Vor|ge|schich|te, die; -; **vor|ge|schicht|lich**
Vor|ge|schmack, der; -[e]s
vor|ge|schrit|ten; in -em Alter
Vor|ge|setz|te, der u. die; -n, -n
vor|ge|stern; vor|gest|rig
vor|grei|fen; Vor|griff
vor|ha|ben; Vor|ha|ben, das; -s, - (Plan, Absicht)

Vor|hal|le
Vor|hal|tung (ernste Ermahnung, meist *Mehrz.*)
Vor|hand, die; - ([Tisch]tennis, Badminton, Hockey: ein bestimmter Schlag; Kartenspieler, der beim Austeilen die erste Karte erhält) in - sein, sitzen; die - haben
vor|han|den; - sein
Vor|hang; vor|hän|gen; Vor|hän|ge|schloß
vor|her; vorher (früher) gehen; **vor|her|be|stim|men** (vorausbestimmen), **...ge|hen** (vorausgehen); **vor|he̲|rig** [auch: *for...*]
Vor|herr|schaft; vor|herr|schen
Vor|her|sa|ge, die; -, -n; **vor|her|sa|gen** (voraussagen)
vor|hin [auch: *...h̲in*]
vor|hin|ein; im - (bes. österr. für: im voraus)
Vor_hof, ...hut, die
vo|rig; vorigen Jahres
Vor|jahr; vor|jäh|rig
Vor|kaufs|recht
Vor|keh|rung ([sichernde] Maßnahme); -[en] treffen
Vor|kennt|nis (meist *Mehrz.*)
vor|knöp|fen (ugs. für: zurechtweisen); ich knöpfe mir ihn vor
vor|kom|men; etwas kommt vor; **Vor|kom|men,** das; -s, -; **Vor|komm|nis,** das; -ses, -se
Vor|kriegs_wa|re, ...zeit
vor|la|den; Vor|la|dung
Vor|la|ge
vor|las|sen
Vor|lauf (Sport: Ausscheidungslauf); **Vor|läu|fer; vor|läu|fig**
vor|laut
vor|le|gen; Vor|le|ge_be|steck; Vor|le|ger (kleiner Teppich)
Vor|lei|stung
vor|le|sen; Vor|le|sung
vor|letzt; zu -; der -e [Mann]
Vor|lie|be, die; -, -n; **vor|lieb|neh|men**
vor|lie|gen; es liegt vor; **vor|lie|gend**
vorm (meist ugs. für: vor dem); - Haus[e]

vor|ma|chen (ugs. für: jmdm. etwas vorlügen; jmdn. täuschen); **Vor|macht; Vor|macht|stel|lung**

vor|ma|lig; vor|mals

Vor|mann (*Mehrz.* ...männer)

Vor|marsch, der

vor|mer|ken; **Vor|mer|kung**

Vor|mit|tag; heute vormittag; vor|mit|tags

Vor|mund, der; -[e]s, -e u. ...münder; **Vor|mund|schaft; Vor|mund|schafts|ge|richt**

vorn, vor|ne; von - beginnen

Vor|na|me

vor|nehm; vornehm tun

vor|neh|men; sich etwas -

Vor|nehm|heit, die; -; **Vornehm|tue|rei** (abschätzig), die; -

vorn|her|ein[1] [auch: *fornhärain*]; von -; vorn|über|ge|beugt[1]

Vor|ort, der; -[e]s, ...orte; **Vorort[s]_ver|kehr, ...zug**

Vor_platz, ...po|sten, ...prüfung

Vor|rang, der; -[e]s; vor|ran|gig; **Vor|rang|stel|lung**

Vor|rat, der; -[e]s, ...räte; vor|rä|tig; **Vor|rats_kam|mer, ...raum**

Vor_raum, ...recht, ...red|ner

vor|rich|ten; **Vor|rich|tung**

vor|rücken [*Trenn.:* ...rük|ken]

Vor|run|de (Sportspr.)

vors (meist ugs. für: vor das); - Haus

vor|sa|gen; **Vor_sai|son, ...sänger**

Vor|satz, der; - es, Vorsätze; vor|sätz|lich

Vor|schein, der, nur noch in: zum - kommen, bringen

vor|schie|ßen (Geld leihen)

Vor|schlag; vor|schla|gen; Vor|schlag|ham|mer

Vor|schluß|run|de (Sportspr.)

vor|schnell; - urteilen

vor|schrei|ben; **Vor|schrift**

Vor|schu|le; Vor|schul|er|zie|hung

---

[1] Ugs.: vorne...

Vor|schuß; vor|schuß|wei|se; Vor|schuß|lor|bee|ren (im vorhinein erteiltes Lob) *Mehrz.*

vor|schüt|zen (als Vorwand angeben)

vor|se|hen; **Vor|se|hung**

vor|set|zen

Vor|sicht; -! (Achtung!); vor|sich|tig; vor|sichts|hal|ber

vor|sin|gen

vor|sint|flut|lich (meist ugs. für: veraltet, unmodern)

Vor|sitz, der; - es; **Vor|sit|zen|de,** der u. die; -n, -n

Vor|sor|ge, die; -; vor|sor|gen; vor|sorg|lich

Vor|spei|se

vor|spie|geln; **Vor|spie|ge|lung, Vor|spieg|lung**

Vor|spiel; vor|spie|len

vor|spre|chen

Vor|sprung

Vor|stadt, vor|städ|tisch

Vor|stand, der; -[e]s, Vorstände (österr. auch svw. Vorsteher); **Vor|stands_mit|glied, ...sit|zung**

vor|ste|hen; **Vor|ste|her**

vor|stell|bar; vor|stel|len; sich etwas -; **Vor|stel|lung**

Vor|stoß; vor|sto|ßen

Vor|stra|fe; Vor|stra|fen|re|gister

Vor|stu|fe

vor|täu|schen; **Vor|täu|schung**

Vor|teil, der; -s, -e; von -; im - sein; vor|teil|haft

Vor|trag, der; -[e]s, ...träge; vor|tra|gen; **Vor|trags|rei|he**

vor|treff|lich

vor|tre|ten; **Vor|tritt,** der

vor|über; es ist alles vorüber; vor|über|ge|hen; vor|über|ge|hend

Vor|ur|teil; vor|ur|teils_frei, ...los

Vor|ver|kauf, der; -[e]s

Vor|wahl; vor|wäh|len; Vor|wähl|num|mer

Vor|wand, der; -[e]s, ...wände (vorgeschützter Grund)

vor|wärts; vor- und rückwärts; vor|wärts|brin|gen (fördern); vor|wärts|ge|hen (besser wer-

den); aber: **vor|wärts ge|hen**
(nach vorn gehen); **vor|wärts-
kom|men** (im Beruf u. a. voran-
kommen)
vor|weg; vor|weg|neh|men
vor|wei|sen
vor|wer|fen
Vor|werk
vor|wie|gend
Vor|witz; vor|wit|zig
Vor|wort, das; -[e]s, -e (Vorrede
in einem Buch)
Vor|wurf; vor|wurfs|voll
Vor|zei|chen; vor|zeich|nen
vor|zei|gen
Vor|zeit; vor|zei|ten; vor|zei|tig
(verfrüht); **vor|zeit|lich** (der
Vorzeit angehörend)
vor|zie|hen
**Vor|zim|mer; Vor|zim|mer|da-
me**
**Vor|zug; vor|züg|lich; Vor-
zugs_milch, ...stel|lung**
Vo|tum [*wo*...], das; -s, -ten und
...ta (Urteil; Gutachten)
vul|gär [*wul*...] (gewöhnlich; ge-
mein; niedrig)
Vul|kan [*wul*...], der; -s, -e (feuer-
speiender Berg); **Vul|kan|aus-
bruch;vul|ka|nisch** (von Vulka-
nen herrührend); **vul|ka|ni|sie-
ren** (Kautschuk durch Schwefel
festigen)

W

W (Buchstabe); das W; des W,
die W
Waa|ge, die; -, -n; **waa|ge|recht,
waag|recht; Waa|ge|rech|te,
Waag|rech|te,** die; -n, -n; vier
-[n]; **Waag|scha|le**
Wa|be, die; -, -n (Zellenbau des
Bienenstockes); **Wa|ben|ho|nig**
wach; wach bleiben, sein, wer-
den; **Wach_ab|lö|sung,
...dienst; Wa|che,** die; -, -n; -
halten, stehen; **wa|chen;** über
jmdn. -; **wach|ha|bend; Wach-
ha|ben|de,** der u. die; -n, -n;

wach|hal|ten (lebendig erhal-
ten); ich habe sein Interesse
wachgehalten; aber: **wach
hal|ten;** er hat sich mühsam
wach gehalten (er ist nicht einge-
schlafen); **Wach_hund,
...mann** (*Mehrz.* ...leute u.
...männer)
Wa|chol|der, der; -s, - (eine
Pflanze)
wach|ru|fen (hervorrufen; in
Erinnerung bringen); **wach|rüt-
teln** (aufrütteln)
Wachs, das; -es, -e; **Wachs|ab-
guß**
wach|sam; Wach|sam|keit,
die; -
**Wachs|bild; wachs|bleich;
Wachs_blu|me, ...boh|ne**
¹wach|sen (größer werden); er
wächst; wuchs, gewachsen
²wach|sen (mit Wachs glätten);
er wächst; gewachst; **wäch-
sern** (aus Wachs); **Wachs_fi-
gur, ...ker|ze**
Wach|stu|be
Wachs|tuch
Wachs|tum, das; -s
Wäch|te, die; -, -n (überhängen-
de Schneemasse; schweiz. auch
für: Schneewehe)
Wach|tel, die; -, -n (ein Vogel)
**Wäch|ter; Wacht_mei|ster,
...po|sten; Wach|traum;
Wacht|turm, Wach|turm;
Wach- und Schließ|ge|sell-
schaft**
**wacke|lig¹, wack|lig; Wackel-
kon|takt¹** (Elektrotechnik);
wackeln¹
wacker¹
wack|lig vgl. wackelig
Wa|de, die; -, -n; **Wa|den_bein,
...krampf, ...wickel¹**
Waf|fe, die; -, -n
Waf|fel, die; -, -n (ein Gebäck);
Waf|fel|ei|sen
**waf|fen|fä|hig; Waf|fen_gat-
tung, ...kam|mer; waf|fen|los;
Waf|fen_schein, ...still|stand**
Wä|gel|chen

---

¹ *Trenn.:* ...k|k...

wallonisch

Wa|ge|mut; wa|ge|mu|tig; wa-
gen
Wa|gen, der; -s, - (südd. auch:
Wägen)
wä|gen (fachspr. u. noch dicht.:
das Gewicht bestimmen; übertr.:
prüfend bedenken, nach der Bedeutung einschätzen); wog, ge-
wogen; (selten: wägte, gewägt)
Wa|gen_he|ber, ...la|dung,
...rad
Wag|gon [...gong, dt. Ausspr.:
...gong; österr.: ...gon], der; -s,
-s (österr. auch: -e) ([Eisen-
bahn]wagen); wag|gon|wei|se
wag|hal|sig, wa|ge|hal|sig
Wag|nis, das; -ses, -se
Wahl, die; -, -en; Wahl|al|ter;
wähl|bar; Wähl|bar|keit, die; -;
wahl|be|rech|tigt; Wahl_be-
tei|li|gung, ...be|zirk; wäh|len;
Wäh|ler; Wahl|er|geb|nis;
wäh|le|risch; Wahl_fach,
...kampf, ...kreis, ...lo|kal,
...lo|ko|mo|ti|ve (als zugkräftig
angesehener Kandidat einer Par-
tei); wahl|los; Wahl_mann
(Mehrz. ...männer), ...pla|kat,
...recht (das; -[e]s), ...sieg,
...spruch, ...ur|ne, ...ver-
samm|lung; wahl|wei|se
Wahn, der; -[e]s; wäh|nen;
Wahn|sinn, der; -[e]s; wahn-
sin|nig; Wahn_vor|stel|lung,
...witz (der; -es); wahn|wit|zig
wahr (wirklich); nicht -?; wahr
machen, bleiben, wer|den, sein;
wah|ren (bewahren); er hat den
Anschein gewahrt
wäh|ren (dauern); wäh|rend;
Bindew.: er las, - sie strickte; Verhältnisw. mit Wesf.: - des Krie-
ges; hochspr. mit Wemf., wenn
der Wesf. nicht erkennbar ist: -
fünf Jahren, a b e r : - zweier, drei-
er Jahre; wäh|rend|dem
wahr|ha|ben; er will es nicht -
(nicht gelten lassen); wahr|haft
(Eigenschaftsw.: wahrheitslie-
bend; Umstandsw.: wirklich);
wahr|haf|tig (wahrhaft; wahr-
lich, fürwahr); Wahr|heit;
wahr|heits_ge|mäß, ...ge-

treu; Wahr|heits|lie|be, die; -;
wahr|lich
wahr|nehm|bar; wahr|neh|men
wahr|sa|gen (prophezeien); du
sagtest wahr od. du wahrsagtest;
er hat wahrgesagt od. gewahr-
sagt; Wahr|sa|ger; Wahr|sa-
ge|rin, die; -, -nen; Wahr|sa-
gung
wahr|schein|lich [auch: war...];
Wahr|schein|lich|keit; Wahr-
schein|lich|keits|rech|nung
Wäh|rung (staatl. Ordnung des
Geldwesens, Geldverfassung ei-
nes Staates); Wäh|rungs-
_block (Mehrz. ...blöcke od.
...blocks), ...ein|heit, ...re|form
Wahr|zei|chen
waid..., Waid... in der Bedeutung „Jagd" vgl. weid..., Weid...
Wai|se, die; -, -n (elternloses
Kind); Wai|sen_geld, ...haus,
...kind, ...kna|be, ...ren|te
Wal, der; -[e]s, -e (Seesäugetier)
Wald, der; -[e]s, Wälder; Wald-
_ar|bei|ter, ...bo|den, ...brand;
Wäld|chen; Wal|des_rand,
Wald|rand; Wald_horn (Mehrz.
...hörner), ...hü|ter; wal|dig;
Wald_lauf, ...lich|tung
Wald|mei|ster, der; -s (Pflanze);
Wald|mei|ster|bow|le
Wald|rand, Wal|des|rand; wald-
reich; Wald|dung; Wald|weg
Wal|fang; Wal|fän|ger; Wal-
fisch vgl. Wal
wal|ken (Textil: verfilzen; ugs.
für: kneten; prügeln)
Walk|man ⓦ [ºåkmºn], der; -s,
...men (kleiner Kassettenrecorder
mit Kopfhörern)
Wall, der; -[e]s, Wälle (Erdauf-
schüttung, Mauerwerk usw.)
Wal|lach, der; -[e]s, -e (ver-
schnittener Hengst)
wal|len (sprudeln, bewegt flie-
ßen)
wall|fah|ren; ich wallfahrte; ge-
wallfahrt; Wall|fah|rer; Wall-
fahrt; wall|fahr|ten (wallfah-
ren); ich wallfahrtete; gewall-
fahrtet; Wall|fahrts|kir|che
wal|lo|nisch; -e Sprache

423

Walm (Dachfläche), der; -[e]s,
-e; **Walm|dach**

Wal|nuß (ein Baum; eine Frucht)

Wal|roß, das; ...rosses, ...rosse,
(Robbe)

wal|ten (wirken; sorgen); Gnade
- lassen

Wal|ze, die; -, -n; **wal|zen; wäl|**
zen; sich -; **wal|zen|för|mig;**
Wal|zer (auch: Tanz); **Wäl|zer**
(ugs. scherzh.: dickleibiges
Buch); **Wal|zer_mu|sik; Walz-**
_stahl, ...werk

Wam|me, die; -, -n (vom Hals
herabhängende Hautfalte [des
Rindes]); **Wam|pe,** die; -, -n
(svw. Wamme; österr. ugs. abschätzig auch für: dicker Bauch);

Wams, das; -es, Wämser (veralt.,
aber noch mdal. für: Joppe);
wam|sen (ugs. für: prügeln)

Wand, die; -, Wände

Wan|da|le, Van|da|le (zerstö-
rungswütiger Mensch); **Wan-**
da|lis|mus, Van|da|lis|mus, der;
- (Zerstörungswut)

Wand_arm, ...be|hang, ...brett

Wan|del, der; -s; **wan|del|bar;**
Wan|del_gang, der, **...hal|le;**
wan|deln; sich -

Wan|der_aus|stel|lung, ...büh-
ne, ...dü|ne; Wan|de|rer; Wan-
der_fahrt, ...fal|ke; Wan|de-
rin; **Wan|der_kar|te, ...lust**
(die; -); **wan|dern; Wan|der-**
_pre|di|ger, ...preis, ...rat|te;
Wan|der|schaft, die; -; **Wan-**
ders|mann (*Mehrz.* ...leute);
Wan|der|stab; **Wan|de|rung;**
Wan|der_vo|gel, ...zir|kus

Wand_ge|mäl|de, ...ka|len|der,
...kar|te

Wand|lung; wand|lungs|fä|hig

Wand|ma|le|rei

Wand_schrank, ...uhr, ...zei-
tung

Wan|ge, die; -, -n

Wan|kel_mo|tor

Wan|kel_mut; wan|kel|mü|tig;
wan|ken

wann

Wan|ne, die; -, -n (Becken u. a.);
Wan|nen|bad

424

Wanst, der; -es, Wänste

Wan|ze, die; -, -n (Wandlaus)

Wap|pen, das; -s, -; **Wap|pen-**
_kun|de (die; -), **...schild,** der
od. das, **...tier; wapp|nen** (be-
waffnen); sich -

Wa|re, die; -, -n; **Wa|ren_an|ge-**
bot, ...haus, ...la|ger, ...pro-
be, ...zei|chen

warm; das Essen warm halten,
machen, stellen; **Warm_blü|ter;**
warm|blü|tig; Wär|me, die; -,
(selten:) -n; **Wär|me|ein|heit;**
wär|me|hal|tig; wär|men; sich
-; **Wär|me_reg|ler, ...tech|nik**
(die; -), **...ver|lust; Wärm|fla-**
sche; warm|hal|ten (ugs.: sich
jmds. Gunst erhalten); **a b e r :**
warm hal|ten (in warmem Zu-
stand erhalten); **warm|her|zig;**
warm|lau|fen; den Motor - las-
sen, **a b e r : sich warm lau|fen**
(ugs.: durch rasches Gehen
warm werden); **Warm|was-**
ser|hei|zung

Warn|blink_an|la|ge, ...leuch-
te; Warn|drei|eck; war|nen;
Warn_ge|rät, ...ruf, ...schuß,
...streik; War|nung

War|te, die; -, -n (Wartturm u. a.);
War|te_frau, ...hal|le, ...li|ste;
war|ten; Wär|ter; War|te-
_raum, ...saal, ...zeit, ...zim-
mer; War|tung; war|tungs-
frei

war|um [auch: *wa*...]; - nicht?

War|ze, die; -, -n; **war|zig**

was; was ist los?; was für ein;
was für einer; (ugs.:) was Neues,
irgendwas; das Schönste, was
ich je erlebt habe; nichts, vieles,
manches, was ..., **a b e r :** das
Werkzeug, das ...

wasch|bar; Wasch_bär, ...bek-
ken [*Trenn.:* ...bek|ken], **...büt-**
te; Wä|sche, die; -, -n; **Wä-**
sche|beu|tel; wasch|echt;
Wä|sche_klam|mer, ...knopf,
...lei|ne; wa|schen; er wäscht;
er wusch, gewaschen; sich -;
Wä|sche|rei; Wä|sche|rin, die;
-, -nen; **Wä|sche_schleu|der,**
...schrank; Wasch_frau,

...kes|sel, ...korb, ...kü|che, ...lap|pen (auch ugs. verächtl. für: Mensch ohne Tatkraft), ...ma|schi|ne, ...mit|tel, das, ...pul|ver, ...raum, ...schüs|sel; Wa|schung; Wasch_was|ser (das; -s), ...weib (derb für: geschwätzige Frau)

Was|ser, das; -s, -u. (für Mineral-, Abwasser u.a. *Mehrz.:*) Wässer; **was|ser|ab|wei|send; Was|ser|ball; Wäs|ser|chen; Was|ser|dampf; was|ser|dicht; Was|ser_fall,** ...far|be, ...floh, ...flug|zeug; **was|ser|ge|kühlt; Was|ser_glas,** ...hahn; **wäs|se|rig,** wäßrig; **Was|ser|jung|fer** (Libelle), ...klo|sett, ...kopf, ...kraft, die, ...lauf; **Wäs|ser|lein; Was|ser_lei|tung,** ...müh|le; **was|sern** (auf das Wasser niedergehen [vom Flugzeug u.a.]); **wäs|sern** (befeuchten); **Was|ser_pflan|ze,** ...rad, ...rat|te (ugs. scherzh. auch für: Seemann, tüchtiger Schwimmer); **was|ser|reich; Was|ser|re|ser|voir,** ...ro|se, ...schei|de; **was|ser|scheu; Was|ser_schlauch,** ...schloß, ...spie|gel, ...sport, ...spü|lung, ...stand; **Was|ser|stoff,** der; -[e]s (chem. Grundstoff; Zeichen: H); **was|ser|stoff|blond; Was|ser|stoff|su|per|oxyd,** das; -[e]s; **Was|ser_strahl,** ...stra|ße, ...tre|ten (das; -s), ...trop|fen, ...turm, ...waa|ge, ...wer|fer, ...werk, ...zei|chen (im Papier); **wäß|rig,** wäs|se|rig

wa|ten; er ist durch den Fluß gewatet

Wat|sche [auch: *wat...*], die; -, -n u. **Wat|schen,** die; -, -(bayr., österr. ugs. Ohrfeige)

wat|scheln [auch: *wat...*] (ugs. für: wackelnd gehen)

[1]**Watt,** das; -s, - (Einheit der elektr. Leistung; Zeichen: W)

[2]**Watt,** das; -[e]s, -en (seichter Streifen der Nordsee zwischen Küste u. vorgelagerten Inseln)

Wat|te, die; -, -n (lockeres Fasergespinst [Verbandstoff u.a.]); **wat|tie|ren** (mit Watte füttern)

wau, wau!; Wau|wau [auch: *wauwau*], der; -s, -s (Kinderspr.: Hund)

WC [*wezé*], das; -[s], -[s] (Wasserklosett)

we|ben; er webte (geh. u. übertr.: wob); gewebt (geh. u. übertr.: gewoben); **We|ber; We|be|rei; We|ber|schiff|chen, Web_schiff|chen; We|ber|vo|gel; Web_pelz,** ...stuhl

Wech|sel, der; -s, -; **Wech|sel_bad,** ...fäl|le (*Mehrz.*), ...fäl|schung, ...geld; **wech|sel|haft; Wech|sel_jah|re** (*Mehrz.*), ...kurs; **wech|seln; Wech|sel_rah|men,** ...rei|te|rei (unlautere Wechselausstellung); **wech|sel|sei|tig; Wech|sel_strom,** ...stu|be; **wech|sel|voll; Wech|sel|wir|kung**

Weck, der; -[e]s, -e u. **Wecken**[1], der; -s, - südd., österr. (Weizenbrötchen; Brot in länglicher Form)

wecken[1]; **Wecker**[1]

We|del, der; -s, -; **we|deln**

we|der; er noch sie haben (seltener: hat) davon gewußt

weg; weg da! (fort); sie ist ganz weg (ugs.: begeistert, verliebt); er war schon weg, als ...

Weg, der; -[e]s, -e; im Weg[e] stehen; wohin des Weg[e]s?

weg|be|kom|men; er hat einen Schlag - (ugs.: erhalten)

Weg|bie|gung; We|ge|la|ge|rer

we|gen; *Verhältnisw.* mit *Wesf.*: - Diebstahls (auch: - Diebstahl), - des Vaters od. (geh.:) des Vaters -; hochspr. mit *Wemf.,* wenn der Wesf. nicht erkennbar ist: - etwas anderem, - Geschäften

We|ge|rich, der; -s, -e (eine Pflanze)

weg_fah|ren, ...fal|len (nicht mehr in Betracht kommen)

Weg_ga|be|lung, ...gab|lung

---

[1] *Trenn.:* ...ek|k...

weg|ge|hen, ...ha|ben; er hat einen weggehabt (ugs.: er war betrunken, nicht ganz bei Verstand; er hat das weggehabt (ugs.: gründlich beherrscht); die Ruhe - (ugs.: langsam sein); **weg|ja|gen, ...kom|men** (ugs.: verschwinden), **...las|sen, ...lau|fen**

weg|los

weg|ma|chen (ugs.: entfernen); den Schmutz -; **weg|müs|sen** (ugs.: weggehen müssen, nicht mehr bleiben können); **Weg|nah|me,** die; -, -n; **weg|neh|men**

Weg|rand

weg|räu|men, ...rei|ßen, ...ren|nen, ...schaf|fen; weg|sche|ren, sich (ugs.: weggehen); scher dich weg!; **weg|schlei|chen,** sich -; **weg|schmei|ßen** (ugs.), **...schnap|pen, ...schnei|den; weg|steh|len;** sich - (heimlich entfernen) **Weg|war|te** (eine Pflanze), **...wei|ser**

weg|wer|fen; sich -; **weg|zie|hen**

¹**weh;** hast du dir weh getan?; er hat einen wehen Finger; es war ihm wehums Herz; **Weh,** das; -[e]s, -e; mit Ach und -; **we|he,** ²**weh;** weh[e] dir!; o weh!; ach und weh schreien; **We|he,** die; -, -n (meist *Mehrz.*) (Schmerz bei der Geburt)

we|hen

Weh|kla|ge; weh|kla|gen; ich wehklage; gewehklagt; zu -; **weh|lei|dig; Weh|mut,** die; -; **weh|mü|tig**

¹**Wehr,** die; -, -en (Befestigung, Verteidigung, kurz für: Feuerwehr); sich zur - setzen; ²**Wehr,** das; -[e]s, -e (Stauwerk); **Wehr|be|auf|trag|te,** der, **...dienst; Wehr|dienst|ver|wei|ge|rer; weh|ren;** sich -; **wehr|fä|hig; wehr|haft; wehr|los; Wehr|macht,** die; - (die gesamte Streitkräfte eines Staates), **...paß, ...pflicht** (die; -;

die allgemeine -); **wehr|pflich|tig**

Weh|weh [auch: *wewe*], das; -s, -s (Kinderspr. für: Schmerz; kleine Wunde)

Weib, das; -[e]s, -er; **Weib|chen,** das; -s, -; **Wei|ber|held** (verächtl.); **wei|bisch; weib|lich;** -es Geschlecht; **Weibs|bild, ...stück** (ugs. verächtl.: weibl. Person)

weich; weich klopfen, kochen ¹**Wei|che,** die; -, -n (Umstellvorrichtung bei Gleisen)

²**Wei|che,** die; -, -n (Weichheit [nur *Einz.*]; Körperteil)

¹**wei|chen** (ein-, aufweichen, weich machen, weich werden)

²**wei|chen;** wich, gewichen (zurückgehen; nachgeben)

Wei|chen_stel|ler, ...wär|ter weich|her|zig; weich|lich; Weich|ling (abschätzig); **weich|ma|chen** (ugs.: zermürben); er wird mich mit seinen Fragen noch -; **Weich_tei|le** (*Mehrz.*)

¹**Wei|de,** die; -, -n (ein Baum)

²**Wei|de,** die; -, -n (Grasland); **Wei|de|land** (*Mehrz.* ...län|der); **wei|den;** sich an etwas -

Wei|den|kätz|chen

Wei|de|platz

weid|ge|recht; weid|lich (gehörig, tüchtig); **Weid|mann** (*Mehrz.* ...männer); **weid|män|nisch; Weid|manns|heil!; Weid|werk,** das; -[e]s

wei|gern, sich; **Wei|ge|rung**

Weih, der; -[e]s, -e u. ¹**Wei|he,** die; -, -n (ein Vogel)

²**Wei|he,** die; -, -n (Weihung); **Wei|he|akt; wei|hen**

Wei|her, der; -s, - (Teich)

Weih|nacht, die; -; **weih|nach|ten;** es weihnachtet; **Weih|nach|ten,** das; - (Weihnachtsfest); - ist bald vorbei; (in Wunschformeln als *Mehrz.*:) fröhliche Weihnachten!; zu -, (landsch., bes. südd. auch:) an -; **weih|nacht|lich; Weih|nachts_abend, ...baum,**

...fest, ...ge|schenk, ...gra|ti-
fi|ka|ti|on, ...lied, ...mann
(*Mehrz.* ...männer), ...zeit (die;
-)
Weih|rauch (duftendes Harz);
Weih|was|ser, das; -s
weil; [all]dieweil (veralt.)
Weil|chen; warte ein - !; Wei|le,
die; -; wei|len (geh.: sich aufhal-
ten)
Wei|ler, der; -s, - (kleines Dorf)
Wein, der; -[e]s, -e; Wein_bau
(der; -[e]s), ...berg; Wein-
berg|schnecke [*Trenn.*:
...schnek|ke]; Wein|brand, der;
-s, ...brände
wei|nen; wei|ner|lich
Wein_es|sig, ...faß, ...fla|sche,
...glas (*Mehrz.* ...gläser), ...gut,
...kar|te, ...kel|ler, ...le|se,
...lo|kal, ...pro|be, ...re|be;
wein_rot, ...se|lig; Wein-
stock (*Mehrz.* ...stöcke), ...stu-
be, ...trau|be
wei|se (klug); ¹Wei|se, der u.
die; -n, -n (kluger Mensch)
²Wei|se, die; -, -n (Art; Singwei-
se); auf diese -
wei|sen; wies, gewiesen (zei-
gen; anordnen); Weis|heit;
Weis|heits|zahn; weis|lich
(wohl erwogen); weis|ma|chen
(ugs. für: vormachen, belügen,
einreden usw.); jmdm. etwas -
weiß (Farbe); etwas schwarz auf
weiß (schriftlich) haben; aus
schwarz weiß machen; eine weiße Weste haben (ugs.); der Weiße Sonntag (Sonntag nach
Ostern); weiß machen, waschen,
werden; Weiß, das; -[e]s, -
(weiße Farbe); in -, mit -; in -
gekleidet; Stoffe in -
weis|sa|gen; ich weissage; ge-
weissagt; zu -; Weis|sa|gung
Weiß_bier, ...blech, ...brot,
...dorn (*Mehrz.* ...dorne); ¹Wei-
ße, die; -, -n (Bierart; auch: ein
Glas Weißbier); ²Wei|ße, der u.
die; -n, -n (Mensch mit heller
Hautfarbe); wei|ßen (weiß ma-
chen; tünchen); Weiß_fisch,
...glut, die; -; weiß|haa|rig;

Weiß_herbst (hell gekelterter
Wein aus blauen Trauben),
...kohl, ...kraut; weiß|lich
(weiß scheinend); Weiß_nä|he-
rin, ...tan|ne, ...wa|ren *Mehrz.*;
weiß|wa|schen; sich, jmdn. -
(ugs.: von einem Verdacht od.
Vorwurf befreien); Weiß_wein,
...wurst
Wei|sung (Auftrag, Befehl);
wei|sungs|ge|bun|den
weit; bei, vor weitem; ohne weiteres; bis auf weiteres; weit u.
breit; so weit, so gut; das Weite
suchen (sich [rasch] fortbege-
ben); alles Weitere demnächst;
weit fahren, springen, bringen;
weit|ab; weit|aus; - größer;
Weit|blick, der; -[e]s; Wei|te,
die; -, -n; wei|ten (weit machen,
erweitern); sich -; wei|ter; wei-
ter gehen; er kann weiter gehen
als ich; weiter helfen; er hat dir
weiter (weiterhin) geholfen
wei|ter|be|ste|hen (fortbeste-
hen); wei|ter|fah|ren (schweiz.
auch neben: fortfahren); in seiner
Rede -; Wei|ter|fahrt, die; -;
wei|ter_ge|ben, ...ge|hen
(vorangehen; fortfahren); wei-
ter|hin; wei|ter_kom|men,
...lei|ten; Wei|ter|rei|se; wei-
ter|rei|sen
wei|ters österr. (weiterhin, fer-
ner)
wei|ter|sa|gen; wei|ter|wol|len
(ugs. für: weitergehen wollen)
weit|ge|hend; das scheint mir zu
weitgehend, aber: eine zu weit
gehende Erklärung; weit|her
(aus großer Ferne); aber: von
weit her; das ist nicht weit her
(nicht bedeutend); weit|hin;
weit|läu|fig; weit|schwei|fig;
Weit|sicht, die; -; weit|sich-
tig; Weit|sich|tig|keit, die; -;
Weit|sprung; weit|ver|brei-
tet
Wei|zen, der; -s, (fachspr.:) -;
Wei|zen_brot, ...mehl
welch; -er, -e, -es; - ein Held;
welches reizende Mädchen;
wel|che (ugs. für: etliche, eini-

ge); es sind - hier; **wel|ches**
(ugs. für: etwas); hat noch jemand Brot? Ich habe -

welk; wel|ken; Welk|heit, die; -

Well|blech; Wel|le, die; -, -n;
wel|len; gewelltes Haar; **Wel-
len_bad, ...bre|cher; wel|len-
för|mig; Wel|len_län|ge, ...li-
nie, ...rei|ten** (Wassersport;
das; -s), **...sit|tich** (ein Vogel);
Well|fleisch; wel|lig (wellen-
artig, gewellt); **Well|pap|pe**

Wel|pe, der; -n, -n (das Junge
von Hund, Fuchs, Wolf)

Wels, der; -es, -e (ein Fisch)

welsch (keltisch, dann: roma-
nisch, französisch, italienisch;
fremdländisch); **Wel|sche,** der
u. die; -n, -n

Welt, die; -, -en; die dritte - (die
Entwicklungsländer); **Welt|all;
welt|an|schau|lich; Welt|an-
schau|ung; welt_be_kannt,
...be|rühmt; Welt|bild; Wel-
ten|bumm|ler**

Wel|ter|ge|wicht (Körperge-
wichtsklasse in der Schwerathletik)

**welt_er|schüt|ternd, ...fern,
...fremd; Welt_frie|de[n],
...ge|schich|te** (die; -); **Welt-
_han|del, ...kar|te; Welt|krieg;**
der erste (häufig bereits als Name: Erste) -, der zweite (häufig
bereits als Name: Zweite) -;
**welt|lich; Welt|macht; welt-
män|nisch; Welt_meer,
...mei|ster, ...mei|ste|rin,
...raum** (der; -[e]s); **Welt-
raum_flug, ...for|schung;
Welt|reich, ...rei|se, ...re-
kord, ...ruf** (Berühmtheit; der;
-[e]s), **...schmerz** (der; -es),
**...stadt, ...un|ter|gang, ...ver-
bes|se|rer; welt|weit; Welt-
_wirt|schafts|kri|se, ...wun-
der**

wem; wen

Wen|de, die; -, -n (Drehung,
Wendung; Turnübung); **Wen-
de|kreis; Wen|del|trep|pe;
wen|den;** wandte u. wendete;
gewandt u. gewendet; in der Be-

deutung „die Richtung ändern"
[z. B. mit dem Auto] u. „umkeh-
ren, umdrehen", z. B. „einen
Mantel, Heu wenden", nur
schwach: er wendete, hat gewendet; sich -; überwiegend
stark: sie wandte sich zu ihm,
hat sich an ihn gewandt; **Wen-
de_platz, ...punkt; wen|dig**
(geschickt, geistig regsam, sich
schnell anpassend); **Wen|dung**

we|nig ein wenig (etwas, ein biß-
chen); das wenige; die wenigen;
mit wenig[em] auskommen; fünf
weniger drei ist, macht, gibt zwei;
wie wenig; das wenigste; am,
zum wenigsten; **We|nig|keit;**
meine -; **we|nig|stens**

wenn; wenn auch; **wenn|schon**

wer (fragendes, bezügliches u.
[ugs.] unbestimmtes Fürw.); wer
ist da?; Halt! Wer da?

**Wer|be_ab|tei|lung, ...agen|tur;
wer|ben;** warb, geworben;
**Wer|be_slo|gan, ...spot,
...text; wer|be|wirk|sam;
Wer|bung**

Wer|de|gang, der; **wer|den;**
wurde, geworden; als Hilfszeit-
wort: er ist gelobt worden; **wer-
dend;** eine werdende Mutter

wer|fen (von Tieren auch: gebä-
ren); warf, geworfen; sich -

Werft, die; -, -en (Anlage zum
Bauen u. Ausbessern von Schif-
fen); **Werft|ar|bei|ter**

Werg, das; -[e]s (Flachs-,
Hanfabfall)

Werk, das; -[e]s, -e; **Werk|bank**
(*Mehrz.* ...bänke); **wer|ken** (tä-
tig sein; [be]arbeiten); **Werk-
hal|le[1]; Werk_lei|tung[1],
...spio|na|ge[1]; Werk|statt,
Werk|stät|te,** die; -, ...stätten;
Werk|tag (Wochentag); **werk-
tags; werk|tä|tig; Werk|tä|ti-
ge,** der u. die; -n, -n; **Werk|zeug;
Werk|zeug_ma|cher**

Wer|mut, der; -[e]s (eine Pflan-
ze; Wermutwein; übertr. für: Bit-

---

[1] Auch, österr. nur: Werks...,
werks...

teres, Bitterkeit); **Wer|mut[s]-
trop|fen**

wert; - sein; es ist nicht der Rede,
Mühe wert; **Wert,** der; -[e]s, -e
(Bedeutung, Geltung); auf etwas
- legen; **Wert|ar|beit** (die; -);
**wert|be|stän|dig;   wer|ten;
Wert|ge|gen|stand; wert|los;
Wert.pa|pier, ...sa|che** (meist
Mehrz.), **...schät|zung; Wer-
tung; Wert|ur|teil; wert|voll**

Wer|wolf (im Volksglauben
Mensch, der sich zeitweise in einen Wolf verwandelt)

We|sen, das; -s, -; viel -[s] ma-
chen; **We|sens.art, ...zug; we-
sent|lich** (wirklich; hauptsäch-
lich); im wesentlichen; nichts
Wesentliches

wes|halb [auch: *wäß*...]
Wes|pe, die; -, -n; **Wes|pen|nest
wes|sen**

West (Abk.: W); Ost u. West;
(bei Ortsnamen:) Frankfurt
(West); vgl. Westen

We|ste, die; -, -n

We|sten, der; -s (Himmelsrich-
tung; Abk.: W) gen -; vgl. West;
Wilder -

We|stern, der; -[s], - (Film, der
während der Pionierzeit im sog.
Wilden Westen [Amerikas]
spielt)

west|lich; - des Waldes, - vom
Wald; **west|wärts**
wes|we|gen

Wett.be|werb (der; -[e]s, -e),
...bü|ro; Wet|te, die; -, -n; um
die - laufen; **Wett.eifer; wett-
ei|fern;** ich wetteifere; gewettei-
fert; zu -; **wet|ten**

Wet|ter, das; -s, -; **Wet|ter.amt,
...be|richt, ...fah|ne; wet|ter-
fest; Wet|ter|frosch; wet|ter-
füh|lig; Wet|ter.hahn, ...kar-
te, ...la|ge; wet|ter|leuch|ten;
es wetterleuchtet; gewetter-
leuchtet; zu -; **Wet|ter|leuch-
ten** (das; -s); **wet|tern** (stür-
men, donnern u. blitzen; laut
schelten); **Wet|ter.vor|her|sa-
ge, ...war|te; wet|ter|wen-
disch**

**Wett.fahrt, ...kampf, ...lauf;
wett|ma|chen** (ausgleichen);
Wett.ren|nen, ...rü|sten (das;
-s), **...spiel, ...streit**

wet|zen; Wetz.stahl, ...stein

Whis|ky [*^uißki*], der; -s, -s
(Trinkbranntwein aus Getreide
od. Mais)

Wichs|bür|ste; Wich|se, die; -,
-n (ugs. für: Schuhwichse; *Einz.*
für: Prügel); - kriegen (geprügelt
werden); **wich|sen**

Wicht, der; -[e]s, -e (Wesen; Kobold; verächtl. für: elender Kerl);
Wich|tel|männ|chen (Heinzel-
männchen)

wich|tig; [sich] - tun; sich - ma-
chen; etwas, sich - nehmen;
Wich|tig|keit

Wicke[1], die; -, -n (eine Pflanze)

Wickel[1], der; -s, -; **Wickel[1].ga-
ma|sche, ...kind; wickeln[1];**

Wid|der, der; -s, - (männl.
Zuchtschaf)

wi|der ([ent]gegen); mit *Wenf.*:
- alles Erwarten; - Willen

wi|der|bor|stig (ugs. für: hart-
näckig widerstrebend)

wi|der|fah|ren; mir ist ein Un-
glück -

Wi|der|ha|ken

Wi|der|hall, der; -[e]s, -e (Echo);
wi|der|hal|len; das Echo hat wi-
dergehallt

wi|der|le|gen; er hat diesen Irrtum
widerlegt; **Wi|der|le|gung**

wi|der|lich; Wi|der|lich|keit

wi|der.na|tür|lich, ...recht|lich

Wi|der|re|de

Wi|der|ruf; bis auf -; **wi|der|ru|-
fen** (zurücknehmen); er hat sein
Geständnis -

Wi|der|sa|cher, der; -s, -

wi|der|set|zen, sich; ich habe
mich dem Plan widersetzt

Wi|der|sinn, der; -[e]s (logische
Verkehrtheit); **wi|der|sin|nig**

**wi|der|spen|stig; Wi|der|spen-
stig|keit**

wi|der|spie|geln; die Sonne hat
sich im Wasser widergespiegelt

---

[1] *Trenn.*: ...ik|k...

wi|der|spre|chen; mir wird widersprochen; **Wi|der|spruch**; wi|der|sprüch|lich

Wi|der|stand; wi|der|stands-fä|hig; Wi|der|stands|kämp-fer, ...kraft; wi|der|stands-los; wi|der|ste|hen; er widerstand der Versuchung

wi|der|stre|ben (entgegenwirken); es hat ihm widerstrebt; **wi|der|stre|bend** (ungern)

wi|der|wär|tig; **Wi|der|wär|tig-keit**

Wi|der|wil|le; wi|der|wil|lig

wid|men; **Wid|mung**

wid|rig (zuwider); übertr. für: unangenehm); ein -es Geschick

wie; wie geht es dir?; sie ist so schön wie ihre Freundin, aber (bei Ungleichheit): sie ist schöner als ihre Freundin

Wie|de|hopf, der; -[e]s, -e (Vogel)

wie|der (nochmals, erneut; zurück); hin und wieder (zuweilen); wieder einmal

Wie|der|auf|bau, der; -[e]s; wie|der|auf|bau|en

Wie|der|auf|nah|me; Wie|der-auf|nah|me|ver|fah|ren (Rechtsspr.); **wie|der|auf|neh-men** (sich mit einer Sache erneut befassen)

wie|der|auf|tau|chen (erneut erscheinen); er ist wiederaufgetaucht

Wie|der|be|ginn

wie|der|be|le|ben (zu neuem Leben erwecken); **Wie|der|be|le-bung; Wie|der|be|le|bungs-ver|such**

wie|der|brin|gen (zurückbringen)

wie|der|ein|fal|len (erneut ins Gedächtnis kommen)

wie|der|er|ken|nen; er hat ihn wiedererkannt

wie|der|er|öff|nen; das Geschäft hat gestern wiedereröffnet; **Wie-der|er|öff|nung**

wie|der|fin|den (zurückerlangen)

Wie|der|ga|be; die - eines Konzertes auf Tonband; **wie|der|ge-ben** (zurückgeben; darbieten)

wie|der|ge|bo|ren; **Wie|der|ge-burt**

wie|der|gut|ma|chen (erneut in Ordnung bringen); er hat seinen Fehler wiedergutgemacht; **Wie-der|gut|ma|chung**

wie|der|ha|ben (ugs. für: zurückbekommen); ich habe das Buch wieder; er hat es wiedergehabt

wie|der|her|stel|len (in den vorigen Zustand versetzen)

wie|der|ho|len (erneut sagen); ich wiederhole; er hat seine Forderungen wiederholt; **wie|der-holt** (noch-, mehrmals); **Wie-der|ho|lung** (nochmaliges Sagen, Tun)

Wie|der|hö|ren; auf -! (Grußformel im Fernsprechverkehr, bes. im Rundfunk)

wie|der|käu|en; die Kuh käut wieder, hat wiedergekäut; **Wie-der|käu|er**

Wie|der|kehr, die; -; wie|der-keh|ren (zurückkommen)

wie|der|kom|men (zurückkommen)

Wie|der|schau|en; auf -!

wie|der|se|hen (erneut zusammentreffen); **Wie|der|se|hen,** das; -s; auf -!; auf - sagen

wie|der|um

Wie|der|ver|ei|ni|gung

Wie|der|ver|käu|fer (Händler)

Wie|der|wahl; wie|der|wäh|len (jmdn. in das frühere Amt wählen); er wurde wiedergewählt

Wie|ge, die; -, -n; **Wie|ge|mes-ser,** das; ¹wie|gen (schaukeln; zerkleinern); wiegte, gewiegt; sich -

²wie|gen (das Gewicht feststellen; Gewicht haben); wog, gewogen

Wie|gen|fest (scherzh.), **...lied**

wie|hern

wie|nern (ugs.: blank putzen)

Wie|se, die; -, -n

Wie|sel, das; -s, - (ein Marder); **wie|sel|flink**

Wie|sen_blu|me, ...grund, ...tal

wie|so
wie|viel [auch: *wi*...]; wieviel
Personen; w<u>ie</u> v<u>ie</u>le Personen;
wie|viel|mal [auch: *wi*...],
ab<u>er</u>: w<u>ie</u> v<u>ie</u>le M<u>a</u>le; **wie|viel|-
te** [auch: *wi*...]; den Wievielten
haben wir heute?
Wig|wam, der; -s, -s („Hütte"
nordamerikanischer Indianer)
Wi|kin|ger [auch: *wi*...]; der; -s,
- („Krieger"; Seefahrer, Norman-
ne); **Wi|kin|ger|schiff**
wild; - wachsen; wilde Ehe; wilder Streik; Wilder Westen; **Wild,**
das; -[e]s; **Wild|bach; Wild-
bret,** das; -s (Fleisch des ge-
schossenen Wildes); **Wild|dieb;**
Wil|de, der u. die; -n, -n; **Wild-
en|te; Wil|de|rer** (Wilddieb);
wil|dern (unbefugt jagen);
Wild|fang (ausgelassenes
Kind); **wild|fremd** (ugs.: völlig
fremd); **Wild_gans, ...hü|ter,
...kat|ze; wild|le|bend; Wild-
le|der** (Rehleder, Hirschleder
u. ä.); **Wild|nis,** die; -, -se;
**Wild|park; wild|ro|man|tisch;
Wild_sau,   ...scha|den,
...schwein; wild|wach|send;
Wild|west** (ohne Geschlechts-
wort); **Wild|west_film**
Wil|le, der; -ns; der Letzte -; wider
-n; **wil|len;** um ... willen; um Got-
tes willen, um deinet-, euretwil-
len; **Wil|len,** der; -s (Nebenform
von: Wille); **wil|len|los; Wil-
lens_frei|heit** (die; -), **...kraft**
(die; -); **wil|lens_schwach,
...stark**
wil|lig (guten Willens; bereit)
will|kom|men; - heißen, - sein;
herzlich - ! **Will|kom|mens-
_gruß, ...trunk**
Will|kür, die; -; **Will|kür_akt,
...herr|schaft; will|kür|lich**
wim|meln; es wimmelt von Amei-
sen
wim|mern
Wim|pel, der; -s, - ([kleine]
dreieckige Flagge)
Wim|per, die; -, -n; **Wim|pern-
tu|sche**
Wind, der; -[e]s, -e; - bekommen

(ugs.: heimlich, zufällig erfah-
ren); **Wind|beu|tel** (hohles Ge-
bäck; übertr. ugs.: leichtfertiger
Mensch); **Wind_bö** od. **...böe**
Win|de, die; -, -n (Hebevorrich-
tung; eine Pflanze)
Win|del, die; -, -n; **win|del-
weich**
win|den (drehen); wand, gewun-
den; sich -
Win|des_ei|le (in, mit -); **wind-
ge|schützt;   Wind_hauch,
...ho|se** (Wirbelsturm)
Wind|hund (auch übertr. ugs. für:
schneller, leichtfertiger Mensch)
win|dig (winderfüllt; übertr. ugs.
für: leer, leichtfertig, prahlerisch);
Wind_jacke [*Trenn.*: ...jak|ke],
...ka|nal, ...müh|le, ...pocken
[*Trenn.*: ...pok|ken] (eine Kin-
derkrankheit; *Mehrz.*), **...rad,
...rich|tung, ...ro|se** (Windrich-
tungs-,   Kompaßscheibe),
...schat|ten, der; -s (windge-
schützter Bereich)
wind|schief (ugs. für: krumm,
verzogen)
**Wind_schutz|schei|be; Wind-
stär|ke; wind|still; Wind_stil-
le, ...stoß**
Win|dung
Wink, der; -[e]s, -e
Win|kel, der; -s, -; **Win|kel_ei-
sen; win|ke|lig,** wink|lig; **Win-
kel_maß,** das, **...mes|ser,** der
win|ken; Win|ker
wink|lig, w<u>in</u>ke|lig
Win|ter, der; -s, -; **Win|ter_an-
fang, ...fahr|plan; win|ter-
fest; Win|ter_gar|ten, ...ge-
trei|de, ...halb|jahr; win|ter-
lich; Win|ter_mo|nat; win-
tern;** es wintert; **Win|ter_rei-
fen; win|ters; Win|ter_saat,
...sa|chen** (Kleidung für den
Winter; *Mehrz.*), **...sai|son;
Win|ters_an|fang;   Win|ter-
_schlaf, ...schluß|ver|kauf,
...sport; Win|ter[s]_zeit,** die; -;
Win|ter|tag
Win|zer, der; -s, -; **Win|zer_ge-
nos|sen|schaft, ...mes|ser**
win|zig; Win|zig|keit

Wip|fel, der; -s, -
Wip|pe, die; -, -n (Schaukel);
wip|pen
wir; - alle, - beide
Wir|bel, der; -s, -; **Wir|bel_säu-
le,** die; ...**sturm,** ...**tier,** ...**wind**
wir|ken; sein segensreiches Wir-
ken; **wirk|lich; Wirk|lich-
keit; wirk|lich|keits_fern,**
...**fremd,** ...**nah; wirk|sam;
Wirk|sam|keit,** die; -; **Wir-
kung; Wir|kungs_be|reich,**
...**kreis; wir|kungs_los,** ...**voll**
wirr; Wir|ren *Mehrz.;* **Wirr|kopf**
(abwertend); **Wirr|warr,** der; -s
Wir|sing, der; -s u. **Wir|sing-
kohl,** der; -[e]s
Wirt, der; -[e]s, -e; **Wir|tin,** die;
-, -nen; **Wirt|schaft; wirt-
schaf|ten; Wirt|schaf|te|rin,**
die; -, -nen; **wirt|schaft|lich;
Wirt|schaft|lich|keit,** die; -;
Wirt|schafts_auf|schwung,
...**be|ra|ter,** ...**geld,** ...**kri|se,**
...**la|ge,** ...**mi|ni|ster,** ...**po|li-
tik,** ...**prü|fer,** ...**wis|sen-
schaft,** ...**wun|der; Wirts-
_haus,** ...**leu|te** (*Mehrz.*)
Wisch, der; -[e]s, -e; **wi|schen;
wisch|fest; Wi|schi|wa|schi,**
das; -s (ugs. für: Gewäsch, Unsinn)
Wi|sent, der; -s, -e (Wildrind)
wis|pern (leise sprechen, flü-
stern)
Wiß|be|gier[|de], die; -; **wiß-
be|gie|rig; wis|sen;** wußte, ge-
wußt; wer weiß!; **Wis|sen,** das;
-s; meines -s ist es so; **Wis|sen-
schaft; Wis|sen|schaft|ler;
wis|sen|schaft|lich; Wis|sen-
schaft|lich|keit,** die; -; **Wis-
sens_drang** (der; -[e]s),
...**durst; wis|sens|dur|stig;
wis|sens|wert; wis|sent|lich**
wit|tern (dem Geruche nachspü-
ren, bemerken; gewittern); **Wit-
te|rung; Wit|te|rungs_ein|fluß**
Wit|we, die; -, -n; **Wit|wen-
_geld,** ...**ren|te,** ...**schlei|er;
Wit|wer**
Witz, der; -es, -e; **Witz_blatt,**
...**blatt|fi|gur,** ...**bold** (der;

-[e]s, -e); **Wit|ze|lei; wit|zeln;
wit|zig; witz|los**
wo; wo ist er?; **wo|an|ders; wo-
an|ders|hin; wo|bei**
Wo|che, die; -, -n; **Wochen-
_bett,** ...**blatt,** ...**en|de; Wo-
chen|end|haus; Wo|chen|kar-
te; wo|chen|lang; Wo|chen-
_lohn,** ...**markt,** ...**schau,**
...**tag; wo|chen|tags; wö-
chent|lich** (jede Woche); **Wo-
chen|zei|tung; Wöch|ne|rin,**
die; -, -nen
Wod|ka, der; -s, -s („Wässer-
chen"; Branntwein)
wo|durch; wo|fern; wo|für
Wo|ge, die; -, -n
wo|ge|gen
wo|gen; Wo|gen_prall,
...**schlag**
**wo|her; wo|hin; wo|hin|auf;
wo|hin|aus; wo|hin|ter; wo-
hin|un|ter**
wohl; besser, beste u. wohler,
wohlste; wohl od. übel (ob er
wollte od. nicht) mußte er
zuhören; das ist wohl das beste;
leben sie wohl!; wohl be-
komm's!; sich wohl fühlen;
Wohl, das; -[e]s; auf dein -!;
zum -!
wohl|an!; wohl|auf!; wohlauf
sein; **Wohl_be|fin|den,** ...**be-
ha|gen; wohl|be|hal|ten;** er kam
- an; **wohl_be|kannt,** ...**durch-
dacht; Wohl|er|ge|hen,** das; -s
Wohl|fahrt, die; -; **Wohl-
fahrts_staat**
wohl|feil; Wohl|ge|fal|len, das;
-s; **wohl|ge|fäl|lig; wohl|ge-
meint;** -er Rat; **wohl|ge-
merkt!; wohl_ge|nährt,** ...**ge-
ra|ten; Wohl_ge|ruch,** ...**ge-
schmack; wohl|ge|sinnt;** er ist
mir -
**wohl|ha|bend; Wohl|ha|ben-
heit,** die; -
wohl|lig; ein -es Gefühl
Wohl|klang, der; -[e]s; **wohl-
_klin|gend,** ...**lau|tend; Wohl-
le|ben,** das; -s; **wohl|rie|chend,**
...**schmeckend** [*Trenn.:*
...**schmek|kend**]

wohl sein; laß es dir wohl sein!; Wohl|sein, das; -s; zum -!

Wohl|stand, der; -[e]s; Wohlstands|ge|sell|schaft

Wohl|tat, ...tä|ter, ...tä|te|rin; wohl|tä|tig; Wohl|tä|tig|keit; wohl|tu|end (angenehm)

wohl.über|legt, ...ver|dient; Wohl|ver|hal|ten; wohl|weislich; er hat sich - gehütet

wohl|wol|len; er hat mir stets wohlgewollt; Wohl|wol|len, das; -s; wohl|wol|lend

Wohn|block (Mehrz. ...blocks); woh|nen; Wohn.ge|bäu|de, ...geld; wohn|haft (wohnend); Wohn.haus, ...heim, ...küche, ...la|ge; wohn|lich; Wohn.ort, ...raum; Wohn.sitz, ...stu|be; Woh|nung; Woh|nungs.amt, ...bau (der; -[e]s); woh|nungs|los, Wohnungs.markt, ...not, ...suche; Woh|nung[s]|su|chende, der u. die; -n, -n; Wohnungs.tausch, ...tür; Wohn.wa|gen, ...zim|mer

wöl|ben; sich -; Wöl|bung

Wolf, der; -[e]s, Wölfe (ein Raubtier); Wöl|fin, die; -, -nen; wöl|fisch; Wolfs.hun|ger (ugs.: großer Hunger), ...milch (eine Pflanze)

Wölk|chen; Wol|ke, die; -, -n; Wol|ken.bruch, der; ...decke [Trenn.: ...dek|ke] (die; -), ...krat|zer (Hochhaus); Wolken|kuckucks|heim [Trenn.: ...kuk|kucks...], das; -[e]s (Luftgebilde, Hirngespinst); wolken|los; wol|kig

Woll.decke [Trenn.: ...dek|ke], Wol|le, die; -, (für: Wollarten Mehrz.:) -n; ¹wol|len (aus Wolle)

²wol|len; ich will; du wolltest; gewollt; ich habe helfen wollen

Woll.garn; wol|lig; Woll.kleid, ...knäu|el, ...stoff

Woll|lust, die; -, Wollüste; wollü|stig

wo|mit; wo|mög|lich (vielleicht); wo|nach; wo|ne|ben

Won|ne, die; -, -n; Won|ne.monat od. ...mond (für: Mai); won|ne.trun|ken, ...voll; won|nig

wor|an; wor|auf; wor|auf|hin; wor|aus; wor|ein; wor|in

Wort, das; -[e]s, Wörter u. Worte; Mehrz. Wörter für: Einzelwort ohne Rücksicht auf den Zusammenhang, z. B. Fürwörter; dies Verzeichnis enthält 100 000 Wörter; Mehrz. Worte für: Äußerung, Erklärung, Begriff, Zusammenhängendes, z. B. Begrüßungsworte; mit guten -en; Wort.art, ...bruch, der; wort|brü|chig; Wört|chen; Wör|ter|buch; Wort.fet|zen, ...füh|rer; wort.ge|treu, ...karg; Wortklau|be|rei (abschätzig); Wortlaut (der; -[e]s); Wört|lein; wört|lich; -e Rede; wort|los; wort|reich; Wort.schatz (der; -es), ...schwall (der; -[e]s), ...spiel, ...wech|sel; wortwört|lich (Wort für Wort)

wor|über; wor|um; ich weiß nicht, - es sich handelt; wor|unter; wo|von; wo|vor; wo|zu

Wrack, das; -[e]s, -s (selten: -e) (gestrandetes od. hilflos treibendes, auch altes Schiff; auch übertr. für: gesundheitlich heruntergekommener Mensch)

wrin|gen (nasse Wäsche auswinden); wrang, gewrungen

Wu|cher, der; -s; Wu|che|rer; Wu|che|rin, die; -, -nen; wuche|risch; wu|chern; Wu|cherung; Wu|cher|zin|sen Mehrz.

Wuchs, der; -es

Wucht, die; -; wuch|ten (ugs. für: schwer heben); wuch|tig

wüh|len; Wühl|maus

Wulst, der; -es, Wülste od. die; -, Wülste; wul|stig

wund; - sein, werden; sich -laufen; Wund|brand; Wun|de, die; -, -n

Wun|der, das; -s, -; - tun, wirken; er glaubt, wunder was getan zu haben; wun|der|bar; Wun|derdok|tor; wun|der|gläu|big;

wun|der|hübsch; Wun|der|kind, ...kur; wun|der|lich (eigenartig); wun|dern; es wundert mich, daß ...; sich -; wun|der|sam, ...schön; Wun|der|tier (scherzh. ugs. auch vom Menschen), ...tüte; wun|der|voll; Wun|der|werk

Wund|fie|ber; wund|lie|gen, sich; Wund_sal|be, ...starr|krampf

Wunsch, der; -[e]s, Wünsche; Wün|schel|ru|te; wün|schen; wün|schens|wert; Wunsch_kind, ...kon|zert; wunsch|los; -glücklich; Wunsch|traum

wupp|dich! (ugs. für: husch!; geschwind!)

Wür|de, die; -, -n; wür|de|los; Wür|den|trä|ger; wür|de|voll; wür|dig; wür|di|gen

Wurf, der; -[e]s, Würfe; Wür|fel, der; -s, -; Wür|fel|be|cher; wür|feln; gewürfeltes Muster; Wür|fel|zucker [Trenn.: ...zuk|ker]; Wür|fel|ge|schoß

Wür|ge_griff, ...mal (Mehrz. ...male, seltener: mäler); wür|gen; mit Hängen und Würgen (ugs.: mit knapper Not)

Wurm, der (für: hilfloses Kind ugs. auch: das); -[e]s, Würmer; Würm|chen; wur|men (ugs. für: ärgern); es wurmt mich; Wurm_fort|satz (am Blinddarm); wurm|sti|chig

Wurst, die; -, Würste; das ist mir -, (auch:) Wurscht (ugs.: ganz gleichgültig); Würst|chen; wur|steln (ugs.: ohne Überlegung u. Ziel, im alten Schlendrian [fort]arbeiten); Wurst|fin|ger (abwertend); wur|stig (ugs.: gleichgültig); Wur|stig|keit, die; - (ugs.); Wurst|zip|fel

Wür|ze, die; -, -n; Wur|zel, die; -, -n (Math. auch: Grundzahl einer Potenz); Wur|zel_be|hand|lung (Zahnmed.), ...bür|ste; Wür|zel|chen; wur|zel|los; wur|zeln; Wur|zel_stock (Mehrz. ...stöcke), ...zei|chen (Math.); wür|zen; wür|zig

Wu|schel|haar (ugs. für: lockiges od. unordentliches Haar); wu|sche|lig (ugs.)

Wust, der; -[e]s (ugs. für: Durcheinander, Schutt, Unrat); wüst; Wü|ste, die; -, -n; Wü|ste|nei; Wüst|ling (ausschweifender Mensch)

Wut, die; -; Wut_an|fall; wü|ten; wü|tend; Wü|te|rich, der; -s, -e; wut|schnau|bend

X

X [ikß] (Buchstabe); das X; des X, die X; jmdm. ein X für ein U vormachen (ugs. für: täuschen)

X, das; -, - (unbekannte Größe)

Xan|thip|pe, die; -, -n (ugs. für: zanksüchtiges Weib)

X-Bei|ne Mehrz.; X-bei|nig

x-be|lie|big; jeder -e

Xe|ro|gra|phie, die; -, ...ien (Druckw.: ein in den USA erfundenes Trockendruckverfahren); xe|ro|gra|phisch; Xe|ro|ko|pie, die; -, ...ien (xerographisch hergestellte Kopie)

x-mal; x-te; zum x-tenmal, zum x-ten Male

Xy|lo|phon, das; -s, -e (ein Musikinstrument)

Y

(Selbstlaut u. Mitlaut)

Y [üpßilon; österr. auch (als math. Unbekannte nur): üpßilon] (Buchstabe); das Y; des Y, die Y

Y (Bez. für eine veränderliche od. unbekannte math. Größe)

Yacht vgl. Jacht
Yen, der; -[s], -[s]; 5 - (Währungseinheit in Japan)
Ye|ti, der; -s, -s (vermuteter Schneemensch im Himalaja)
Yo|ga, Yo|gi vgl. Joga, Jogi
Yp|si|lon [*upßilon*]; vgl. Y
Yu|an, der; -[s], -[s]; 5 Yuan (Währungseinheit der Volksrepublik China)

Z

Vgl. auch **C** und **K**

Z (Buchstabe); das Z; des Z, die Z
Zacke¹ die; -, -n (Spitze); **zakken¹** (mit Zacken versehen); gezackt; **zackig¹** (ugs. auch für: schneidig)
za|gen (geh.); **zag|haft**
zäh; Zä|heit; zäh|flüs|sig; Zähig|keit, die; -
Zahl, die; -, -en; **zahl|bar** (zu [be]zahlen); **zah|len;** Lehrgeld -; **zäh|len;** bis drei -; **Zah|len|folge, ...lot|to; zah|len|mä|ßig; Zah|len|rei|he; Zäh|ler; Zahlkar|te; zahl|los; Zahl|mei|ster; zahl|reich; Zahl|tag; Zah|lung; Zäh|lung; Zah|lungs.aufschub, ...be|fehl; zah|lungsfä|hig; Zah|lungs|frist; zahlungs|un|fä|hig; Zähl|werk; Zahl|wort** (Mehrz. ...wörter)
zahm; zähm|bar; zäh|men
Zahn, der; -[e]s, Zähne; **Zahnarzt; zahn|ärzt|lich; Zahn|bürste; Zähn|chen; Zahn|creme; zäh|ne|flet|schend; Zäh|neklap|pern,** das; -s; **zäh|ne|knirschend; zah|nen** (Zähne bekommen); **Zahn.er|satz, ...fäule, ...fleisch, ...fül|lung, ...klemp|ner** (ugs. scherzh. für: Zahnarzt); **zahn|los; Zahn.lücke** [Trenn.: ...lük|ke] **Zahnme|di|zin, ...pa|sta, ...pa|ste,**

---

¹ *Trenn.:* ...ak|k...

...rad, ...rad|bahn, ...schmerz, ...sto|cher, ...wal, ...weh, ...wur|zel
Zan|ge, die; -, -n; **zan|gen|förmig; Zan|gen|ge|burt; Zänglein**
Zank, der; -[e]s; **Zank|ap|fel,** der; -s; **zan|ken;** sich -; **Zän|kerei** (kleinlicher Streit; meist Mehrz.); **zän|kisch; Zanksucht,** die; -
¹**Zäpf|chen** (Teil des weichen Gaumens); ²**Zäpf|chen** (kleiner Zapfen); **zap|fen; Zap|fen,** der; -s, -; **zap|fen|för|mig; Zap|fenstreich** (Militär: Abendsignal zur Rückkehr in die Unterkunft); der Große -; **Zapf|säu|le** (bei Tankstellen)
zap|pe|lig, zapp|lig; zap|peln
zap|pen|du|ster (ugs. für: sehr dunkel; endgültig vorbei)
Zar, der; -en, -en (ehem. Herrschertitel bei Russen, Serben, Bulgaren); **Za|rin,** die; -, -nen
zart; zart|be|sai|tet; Zart|gefühl, das; -[e]s; **Zart|heit; zärt|lich; Zärt|lich|keit**
Za|ster, der; -s (ugs.: Geld)
Zau|ber, der; -s, -; **Zau|be|rei; Zau|be|rer, Zau|ber-flö|te, ...for|mel; zau|ber|haft; Zaube|rin,** die; -, -nen; **Zau|ber.kunst, ...künst|ler; zau|bern; Zau|ber.spruch, ...stab, ...trank, ...würfel** (zusammengesetzter Würfel, dessen verschiedenfarbige bewegliche Teile zu einer Farbe zu kombinieren sind)
Zau|de|rei; Zau|de|rer; zau|dern
Zaum, der; -[e]s, Zäume (Kopflederzeug bes. für Pferde); **zäumen; Zäu|mung; Zaum|zeug**
Zaun, der; -[e]s, Zäune (Einfriedigung); **Zaun.gast, ...kö|nig** (Vogel), **...pfahl;** mit dem - winken (ugs.: deutlich werden)
zau|sen; zau|sig österr. (zersaust)
z. B. = zum Beispiel
Ze|bra, das; -s, -s (gestreiftes südafrik. Wildpferd); **Ze|bra-**

strei|fen (Kennzeichen von Fußgängerüberwegen)
Ze|che, die; -, -n; die - prellen; ze|chen; Ze|chen|stille|gung [*Trenn.*: Stil|le...]; Ze|cher; Zech.ge|la|ge, ...kum|pan, ...prel|ler
Zecke [*Trenn.*: Zek|ke], die; -, -n (Spinnentier)
Ze|der, die; -, -n (immergrüner Nadelbaum); Ze|dern|holz
Ze|he, die; -, -n (auch:) Zeh, der; -s, -en; die große Zehe, der große Zeh; Ze|hen_spit|ze
zehn; wir sind zu zehnen od. zu zehnt; die Zehn Gebote; Zehn, die; -, -en (Zahl); zehn|ein|halb, zehn|und|ein|halb; Zeh|ner (ugs. auch für: Zehnpfennigstück); zehn|fach; zehn|jäh|rig; Zehn|kampf; zehn|mal; Zehn|mark|schein; Zehn|me|ter|brett; Zehn|pfen|nig|stück; zehn-tau|send; die oberen Zehntau-send; zehn|te; zehn|tel; Zehn-tel, das (schweiz. meist: der); -s, -; Zehn|tel|se|kun|de; zehn-tens
zeh|ren; Zehr|geld
Zei|chen, das; -s, -; Zei|chen-_block (*Mehrz.* blocks), ...brett, ...saal, ...set|zung (Interpunktion; die; -), ...spra-che, ...trick|film; zeich|nen; Zeich|nen, das; -s; Zeich|ner; Zeich|nung
Zei|ge|fin|ger; zei|gen; etwas -; sich [großzügig] -; Zei|ger
Zei|le, die; -, -n; zei|len|wei|se
Zei|sig, der; -s, -e; zei|sig|grün
zeit; mit *Wesf.*: - meines Lebens; Zeit, die; -, -en; zur -; eine Zeit-lang; einige, eine kurze Zeit lang; von Zeit zu Zeit; Zeit_al|ter, ...an|sa|ge, ...auf|wand; zeit-ge|bun|den; Zeit|geist, der; -[e]s; zeit|ge|mäß; Zeit|ge-nos|se; zeit|ge|nös|sisch; Zeit|ge|winn; zei|tig; Zeit|kar-te; zeit|le|bens; zeit|lich; das Zeitliche segnen (sterben); zeit-los; Zeit_lu|pe (die; -), ...maß, das, ...not (die; -), ...punkt,

...raf|fer (Film); zeit|rau|bend; Zeit_raum, ...schrift; zeit|spa|rend; Zeit|takt (Fern-sprechwesen); Zei|tung; Zei-tungs_an|zei|ge, ...be|richt, ...en|te, ...pa|pier, ...ver|käu-fer; Zeit_ver|geu|dung, ...ver-lust, ...ver|treib, der; -[e]s, -e; zeit_wei|lig, ...wei|se; Zeit-wort (*Mehrz.* ...wörter); Zeit-zün|der
Zel|le, die; -, -n; Zell_kern, ...stoff (techn. Zellulose), ...tei|lung; Zel|lu|lo|id [meist: ...*leut*], das; -[e]s (Kunststoff); Zel|lu|lo|se, die; -, -n (Haupt-bestandteil pflanzl. Zellwände)
Zelt, das; -[e]s, -e; Zelt|bahn; zel|ten (in Zelten übernachten); Zelt_he|ring, ...la|ger (*Mehrz.* ...lager), ...platz, ...stan|ge
Ze|ment, der; -[e]s, -e (Binde-mittel; Baustoff; Bestandteil der Zähne); Ze|ment_bo|den; ze-men|tie|ren (mit Zement ausfül-len, verputzen; übertr.: [einen Zustand, Standpunkt] starr u. un-verrückbar festlegen); Ze|ment-_sack, ...si|lo
zen|sie|ren (beurteilen, prüfen, eine Note geben); Zen|sur, die; -, -en ([Schul]zeugnis, Note; nur *Einz.*: behördl. Prüfung [und Ver-bot] von Druckschriften u. a.)
Zen|ti|me|ter ($^1/_{100}$ m; Zeichen: cm); Zent|ner, der; -s, - (100 Pfund = 50 kg; Abk.: Ztr.: Öster-reich: 100 kg [Meterzentner], Zeichen: q); zent|ner|schwer
zen|tral (in der Mitte; im Mittel-punkt befindlich, von ihm ausge-hend; Mittel..., Haupt..., Ge-samt...); Zen|tral|bank; Zen-tra|le, die; -, -n (Mittel-, Aus-gangspunkt; Hauptort, -stelle; Fernsprechvermittlung [in einem Großbetrieb]); Zen|tral_ge-walt, ...hei|zung (Sammelhei-zung); Zen|tra|lis|mus, der; - (Streben nach Zusammenzie-hung [der Verwaltung u. a.]); zen|tra|li|stisch; zen|tri|fu|gal (vom Mittelpunkt wegstrebend,

Flieh...); **Zen|tri|fu|ge,** die; -, -n (Schleudergerät zur Trennung von Flüssigkeiten); **zen|tri|pe|tal** (zum Mittelpunkt hinstrebend); **Zen|trum,** das; -s, ...tren (Mittelpunkt; Innenstadt; Haupt-, Sammelstelle)

Zep|pe|lin, der; -s, -e (Luftschiff)

Zep|ter, das (seltener: der); -s, - (Herrscherstab)

zer|ber|sten

zer|bom|ben

zer|bre|chen; zer|brech|lich

zer|bröckeln [*Trenn.*: ...brök|keln]

zer|drücken [*Trenn.*: ...drük|ken]

Ze|re|mo|nie [auch, österr. nur: ...mo|ni*e*], die; -, ...ien [auch: ...mo|ni*e*n] (feierl. Handlung; Förmlichkeit); **ze|re|mo|ni|ell** (feierlich; förmlich, gemessen; steif, umständlich); **Ze|re|mo|ni|ell,** das; -s, -e ([Vorschrift für] feierliche Handlung[en])

zer|fah|ren (verwirrt; gedankenlos); **Zer|fah|ren|heit,** die; -

Zer|fall, der; -[e]s (Zusammenbruch, Zerstörung); **zer|fal|len**

zer|fet|zen; Zer|fet|zung

zer|fled|dern, **zer|fle|dern** (ugs.: durch häufigen Gebrauch abnutzen, zerfetzen [von Büchern, Zeitungen o. ä.])

zer|flei|schen (zerreißen)

zer|ge|hen

zer|klei|nern; Zer|klei|ne|rung

zer|klüf|tet; -es Gestein

zer|knirscht; ein -er Sünder; **Zer|knir|schung**

zer|knit|tern; zer|knit|tert; nach der Strafpredigt war er ganz - (ugs. für: gedrückt)

zer|knül|len

zer|krat|zen

zer|krü|meln

zer|las|sen; -e Butter

zer|lau|fen

zer|leg|bar; zer|le|gen

zer|le|sen; ein zerlesenes Buch

zer|lumpt (ugs.); -e Kleider

zer|mal|men; Zer|mal|mung

zer|mar|tern, sich; ich habe mir den Kopf zermartert

zer|mür|ben; zer|mürbt; -es Leder

zer|na|gen

zer|pflücken [*Trenn.*: ...pflük|ken]

zer|plat|zen

zer|quet|schen; **Zer|quet|schung**

Zerr|bild

zer|re|den

zer|reib|bar; zer|rei|ben

zer|rei|ßen; sich -; **Zer|reiß|fest; Zer|reiß|pro|be; Zer|rei|ßung**

zer|ren

zer|rin|nen

zer|ris|sen; ein -es Herz; **Zer|ris|sen|heit,** die; -

Zerr|spie|gel; Zer|rung

zer|rüt|ten (zerstören); **zer|rüt|tet;** eine -e Ehe; **Zer|rüt|tung**

zer|schel|len (zerbrechen)

zer|schla|gen; sich -; alle Glieder sind mir wie -

zer|schmet|tern; zer|schmet|tert

zer|set|zen; Zer|set|zung; Zer|set|zungs|pro|zeß

zer|split|tern (in Splitter zerschlagen; in Splitter zerfallen)

zer|sprin|gen

zer|stamp|fen

zer|stäu|ben; Zer|stäu|ber (Gerät zum Versprühen von Flüssigkeiten); **Zer|stäu|bung**

zer|stö|ren; Zer|stö|rer; zer|stö|re|risch; Zer|stö|rung

zer|strei|ten, sich

zer|streu|en, sich - (sich leicht unterhalten, ablenken, erholen); **zer|streut;** ein -er Professor; **Zer|streut|heit; Zer|streu|ung**

zer|stückeln [*Trenn.*: ...stük|keln]

Zer|ti|fi|kat, das; -[e]s, -e ([amtl.] Bescheinigung, Zeugnis, Schein)

zer|tram|peln

zer|tren|nen; Zer|tren|nung

zer|trüm|mern; Zer|trüm|me|rung

Zer|ve|lat|wurst [zärw*e*..., auch: särw*e*...] (eine Dauerwurst)

Zer|würf|nis, das; -ses, -se

zer|zau|sen; Zer|zau|sung

ze|tern (ugs. für: wehklagend schreien)

Zett; vgl. Z (Buchstabe)

Zet|tel, der; -s, - (Streifen, kleines Blatt Papier); Zet|tel|ka|sten

Zeug, das; -[e]s, -e; jmdm. etwas am - flicken (ugs.: an jmdm. kleinliche Kritik üben); Zeu|ge, der; -n, -n; ¹zeu|gen (hervorbringen, erzeugen); ²zeu|gen (bezeugen); es zeugt von Fleiß (es zeigt Fleiß); Zeu|gen_aus|sa|ge, ...be|ein|flus|sung; Zeu|gin, die; -, -nen; Zeug|nis, das; -ses, -se; Zeu|gung; Zeu|gungs|akt; zeu|gungs_fä|hig, ...un|fä|hig

Zicken [Trenn.: Zik|ken] Mehrz. (ugs. für: Dummheiten)

Zick|zack, der; -[e]s, -e; im Zickzack laufen, aber: zickzack laufen; Zick|zack_kurs, ...li|nie

Zie|ge, die; -, -n

Zie|gel, der; -s, -; Zie|gel_bren|ner, ...dach; Zie|ge|lei; zie|gel_rot; Zie|gel|stein

Zie|gen_bart, ...bock, ...kä|se, ...le|der, ...milch

Zieh_brun|nen; zie|hen; zog, gezogen; nach sich -; Zieh_har|mo|ni|ka, ...mut|ter (Pflegemutter); Zie|hung; Zieh|va|ter (Pflegevater)

Ziel, das; -[e]s, -e; ziel|be|wußt; zie|len; Ziel_fern|rohr, ...ge|ra|de (Sport: letztes gerades Bahnstück vor dem Ziel); ziel|los; Ziel|schei|be; ziel|stre|big zie|men; es ziemt sich, es ziemt mir; ziem|lich (fast, annähernd)

Zier, die; -; Zie|rat, der; -[e]s, -e; Zier|de, die; -, -n; zie|ren; sich -; Zier_fisch, ...gar|ten, ...lei|ste; zier|lich; Zier|pup|pe

Zif|fer, die; -, -n (Zahlzeichen); arabische, römische -n; Zif|fer_blatt

-zig (ugs.); -zig Mark; mit -zig Sachen in die Kurve)

Zi|ga|ret|te, die; -, -n; Zi|ga|ret|ten_etui, ...kip|pe, ...pau|se; Zi|ga|ril|lo, das (seltener: der);

-s, -s (kleine Zigarre); Zi|gar|re, die; -, -n; Zi|gar|ren_ki|ste, ...stum|mel

Zi|geu|ner, der; -s, -; Zi|geu|ne|rin, die; -, -nen; Zi|geu|ner_ka|pel|le, ...le|ben (das; -s), ...mu|sik; zi|geu|nern (ugs. für: sich herumtreiben, auch: herumlungern)

zig|fach; zig|mal; zig|tau|send

Zi|ka|de, die; -, -n (ein Insekt)

Zim|mer, das; -s, -; Zim|mer_an|ten|ne; Zim|me|rer; Zim|mer_flucht (zusammenhängende Reihe von Zimmern), ...laut|stär|ke, ...mäd|chen, ...mann (Mehrz. ...leute); zim|mern; Zim|mer|pflan|ze

zim|per|lich

Zimt, der; -[e]s, -e (ein Gewürz)

Zink, das; -[e]s (chem. Grundstoff, Metall; Zeichen: Zn)

Zin|ke, die; -, -n (Zacke; [Gauner]zeichen); Zin|ken, der; -s, - (ugs. für: grobe, dicke Nase)

Zink_sal|be, ...wan|ne

Zinn, das; -[e]s (chem. Grundstoff, Metall; Zeichen Sn); Zinn_be|cher

Zin|ne, die; -, -n (zahnartiger Mauerabschluß)

zin|nern (von, aus Zinn); Zinn|fi|gur

Zin|no|ber, der; -s (eine rote Farbe [österr. nur: das]; ugs. für: Blödsinn); zin|no|ber|rot

Zins, der; -es, -en (Erträge) u. -e (Mieten) (Ertrag; Abgabe; südd. österr. u. schweiz. für: Miete); zin|sen (schweiz., sonst veralt. für: Zins[en] zahlen); Zins_er|hö|hung; Zin|ses|zins (Mehrz. ...zinsen); Zins|fuß (Mehrz. ...füße); zins|los; Zins|satz

Zip|fel, der; -s, -; zip|fe|lig, zipf|lig; Zip|fel|müt|ze

zir|ka (ungefähr)

Zir|kel, der; -s, - (Gerät zum Kreiszeichnen u. Strecken[ab]messen; [gesellschaftlicher] Kreis); Zir|kel_ka|sten, ...schluß; Zir|ku|la|ti|on [...zion], die; -, -en

(Kreislauf, Umlauf); **zir|ku|lie-ren** (in Umlauf sein, umlaufen)
Zir|kus, der; -, -se (großes Zelt od. Gebäude, in dem Tierdressuren u. a. gezeigt werden; ugs. verächtl., nur *Einz.* für: Durcheinander, Trubel); **Zir|kus|zelt**
zir|pen; die Grillen -
zi|scheln; zi|schen; Zisch|laut
Zi|ster|ne, die; -, -n (unterird. Behälter für Regenwasser)
Zi|ta|del|le, die; -, -n (Befestigungsanlage innerhalb einer Stadt)
Zi|tat, das; -[e]s, -e (wörtlich angeführte Belegstelle; bekannter Ausspruch); **Zi|ta|ten|le|xi|kon**
Zi|ther, die; -, -n (Saiteninstrument)
zi|tie|ren ([eine Textstelle] wörtlich anführen; vorladen)
Zi|tro|nat, das; -[e]s, -e (kandierte Fruchtschale einer Zitronenart); **Zi|tro|ne,** die; -, -n; **Zi|tro-nen_baum, ...fal|ter; zi|tro-nen|gelb; Zi|tro|nen_li|mo|na-de, ...säu|re** (die; -), **...was|ser** (das; -s)
zit|te|rig; zit|tern; Zit|ter_pap-pel, ...ro|chen (ein Fisch)
Zit|ze, die; -, -n (Organ zum Säugen bei weibl. Säugetieren)
zi|vil [*ziwil*] (bürgerlich); -e (niedrige) Preise; -er Ersatzdienst; **Zi|vil,** das; -s (bürgerl. Kleidung); **Zi|vil_be|ruf, ...be-völ|ke|rung, ...cou|ra|ge; Zi|vi-li|sa|ti|on** [...*zion*], die; -, -en (die durch den Fortschritt der Wissenschaft u. Technik verbesserten Lebensbedingungen); **zi-vi|li|sie|ren** (der Zivilisation zuführen); **Zi|vi|list,** der; -en, -en (Bürger, Nichtsoldat); **Zi|vil_klei|dung, ...per|son, ...pro-zeß** (Gerichtsverfahren, dem die Bestimmungen des Privatrechts zugrunde liegen)
Zlo|ty [*sloti,* auch: *ßloti*], der; -s, -s; 5 - (Münzeinheit in Polen)
Zo|bel, der; -s, - (Marder; Pelz); **Zo|bel|pelz**
Zo|fe, die; -, -n

Zö|ge|rer; zö|gern
Zög|ling
Zö|li|bat, das (Theologie: der); -[e]s (pflichtmäßige Ehelosigkeit aus religiösen Gründen, bes. bei kath. Geistlichen)
¹**Zoll,** der; -[e]s, Zölle (Abgabe)
²**Zoll,** der; -[e]s, - (Längenmaß; Zeichen: "); 3 - breit
Zoll_ab|fer|ti|gung, ...amt, ...be|am|te, ...be|hör|de; zol-len; jmdm. Achtung, Bewunderung -; **zoll|frei; Zoll_gren|ze; Zöll|ner** (scherzh. für: Zollbeamter); **zoll|pflich|tig; Zoll_schran|ke**
Zoll|stock (Maßstab; *Mehrz.* ...stöcke)
Zo|ne, die; -, -n ([Erd]gürtel; Gebiet[sstreifen])
Zoo [*zo*] (Kurzform für: zoologischer Garten); **Zoo_hand|lung** [*zo...*]; **Zoo|lo|ge** [*zo-o...*] der; -n, -n (Tierforscher); **Zoo|lo|gie,** die; - (Tierkunde); **zoo|lo|gisch** (tierkundlich); -er Garten
Zopf, der; -[e]s, Zöpfe; das ist ein alter - (ugs. für: eine überlebte Gewohnheit, überholte Sache); **Zöpf|chen; zopf|fig**
Zo|res (ugs., bes. südwestdt. für: Wirrwarr, Ärger, Durcheinander)
Zorn, der; -[e]s; **Zorn_ader, ...aus|bruch; zorn_ent-brannt, ...glü|hend; zor|nig; Zorn|rö|te**
Zo|te, die; -, -n (unanständiger Ausdruck; unanständiger Witz); **Zo|ten|rei|ßer; zo|tig**
Zot|tel, die; -, -n (Haarbüschel; Troddel u. a.); **Zot|tel|bär; zot-te|lig, zott|lig**
z. T. = zum Teil
Ztr. = Zentner (50 kg)
zu; mit *Wemf.:* zu dem Garten, zum Bahnhof; zu zwei[e]n, zu zweit; vier zu eins (4 : 1); zu Ende gehen; Zum Löwen, Zur Alten Post (Gasthäuser)
zu|al|ler|erst; zu|al|ler|letzt
zu|bau|en; zugebaut
Zu|be|hör, das (seltener: der); -[e]s, -e (schweiz. auch: -den)

zu|bei|ßen; zugebissen
zu|be|nannt
Zu|ber (Gefäß; altes Hohlmaß)
zu|be|rei|ten; Zu|be|rei|tung
Zu|bett|ge|hen, das; -s; vor dem -
zu|bil|li|gen; Zu|bil|li|gung
zu|blei|ben (ugs. für: geschlossen bleiben); zugeblieben
zu|brin|gen; zugebracht; Zu|brin|ger; Zu|brin|ger_dienst, ...stra|ße
zu|but|tern (ugs. für: [Geld] zusetzen); zugebuttert
Zucht, die; -, (landwirtschaftlich für: Zuchtergebnisse:) -en; Zucht|bul|le; züch|ten; Züch|ter; Zucht_haus, ...häus|ler, ...hengst; züch|tig (sittsam, verschämt); züch|ti|gen; Züch|ti|gung; zucht|los; Zucht|stier; Züch|tung; Zucht|vieh
zuckeln[1] (ugs.: langsam dahintrotten, dahinfahren); zucken[1]; der Blitz zuckt; zücken[1] (ziehen, ergreifen); das Schwert -; das Portemonnaie -
Zucker[1], der; -s, (für Zuckersorten:) -; Zucker[1]_brot, ...fa|brik, ...guß, ...hut, der; zucker|krank[1]; Zuckerl[1], das; -s, -[n] (österr.: Bonbon); zuckern[1] (mit Zucker süßen); Zucker[1]_rohr; ...rü|be; zuk|ker|süß
zu|decken[1]
zu|dem (überdies)
zu|dre|hen
zu|dring|lich; Zu|dring|lich|keit
zu|drücken[1]
zu ei|gen; sich - - machen; zu|eig|nen ([ein Buch] widmen; zu eigen geben)
zu|ein|an|der
zu En|de
zu|er|ken|nen
zu|erst
zu|fä|cheln
Zu|fahrt; Zu|fahrts|stra|ße
Zu|fall, der; zu|fäl|lig; Zu|falls|tref|fer

zu|fas|sen
zu|flie|gen
zu|flie|ßen
Zu|flucht, die; -; Zu|fluchts_ort (der; -[e]s, -e), ...stät|te
Zu|fluß
zu|frie|den; - mit dem Ergebnis; zu|frie|den|ge|ben, sich (sich begnügen); Zu|frie|den|heit, die; -; zu|frie|den_las|sen (in Ruhe lassen), ...stel|len
zu|frie|ren; zugefroren
zu|fü|gen
Zu|fuhr (Herbeischaffen), die; -, -en; zu|füh|ren
Zug, der; -[e]s, Züge; im -e des Wiederaufbaus; - um -; Dreiuhrzug
Zu|ga|be
Zu|gang; zu|gan|ge; - kommen, sein; zu|gäng|lich
Zug|brücke [Trenn.: ...brük|ke]
zu|ge|ben
zu|ge|dacht; diese Auszeichnung war eigentlich ihm -
zu|ge|ge|ben
zu|ge|gen; - bleiben, sein
zu|ge|hen; auf jmdn. -; auf dem Fest ist es sehr lustig zugegangen; der Koffer geht nicht zu; Zu|geh|frau
zu|ge|hö|rig; Zu|ge|hö|rig|keit, die; -
zu|ge|knöpft; er war sehr - (ugs. für: verschlossen)
Zü|gel, der; -s, -; zü|gel|los; -este; Zü|gel|lo|sig|keit; zü|geln
Zu|ge|rei|ste, der u. die; -n, -n
Zu|ge|ständ|nis; zu|ge|ste|hen
zu|ge|tan; er ist ihm herzlich -
Zug_fe|stig|keit (die; -), ...füh|rer
zu|gie|ßen
zu|gig (windig); zü|gig (in einem Zuge; schweiz. auch: zugkräftig); zug|kräf|tig
zu|gleich
Zug|luft, die; -
Zug_ma|schi|ne, ...num|mer, ...pferd, ...pfla|ster
zu|grei|fen; Zu|griff, der; -[e]s, -e

[1] Trenn.: ...k|k...

zu|grun|de; - gehen, liegen; **zu-grun|de|lie|gend**, (auch:) **zu-grun|de lie|gend**
Zug|tier
zu|gucken [*Trenn.:* ...guk|ken] (ugs.)
zu|gun|sten; - bedürftiger Kinder
zu|gu|te; zugute halten, kommen
zu gu|ter Letzt
Zug_ver|bin|dung, ...vo|gel, ...zwang; unter - stehen
zu|hal|ten; Zu|hal|ter
zu|han|den, zu Hän|den
zu Haus, zu Hau|se; vgl. Haus; sich wie zu Hause fühlen; **Zu-hau|se,** das; -; er hat kein - mehr
Zu|hil|fe|nah|me, die; -; unter - von
zu|hö|ren; Zu|hö|rer
zu|ju|beln
zu|keh|ren
zu|knei|fen
zu|knöp|fen
zu|kom|men; zu|kom|men las|sen
Zu|kunft, die; - (selten:) Zukünf-te; **zu|künf|tig; Zu|künf|ti|ge,** der u. die; -n, -n (Verlobte[r]); **Zu|kunfts|aus|sich|ten,** die (*Mehrz.*); **Zu|kunfts|mu|sik** (ugs.); **zu|kunft[s]|wei|send**
zu|lä|cheln
Zu|la|ge
zu|lan|de (daheim); bei uns zu-lande, hierzulande
zu|lan|gen; zu|läng|lich (hinrei-chend)
zu|las|sen; zu|läs|sig (erlaubt); **Zu|las|sung; Zu|las|sungs-stel|le**
Zu|lauf; zu|lau|fen
zu|le|gen
zu|leid, zu|lei|de; - tun
zu|lei|ten
zu|letzt, aber: zu guter Letzt
zu|lie|be; dem -; - tun
zum (zu dem); - ersten Male, aber: - erstenmal
zu|ma|chen (schließen)
zu|mal; - [da]
zum Bei|spiel (Abk.: z. B.)
zu|meist
zu|mes|sen

zu|min|dest, aber: zum minde-sten
zum Teil (Abk.: z.T.)
zu|mut|bar
zu|mu|ten; zugemutet; **Zu|mu-tung**
zu|nächst
Zu|nah|me, die; -, -n
Zu|na|me (Familienname)
Zünd|blätt|chen; zün|den; zün-dend; -ste; **Zün|der; Zünd-_holz, ...ker|ze, ...schlüs|sel, ...schnur; Zün|dung**
zu|neh|men
zu|nei|gen; Zu|nei|gung
Zunft, die; -, Zünfte; **zünf|tig**
Zun|ge, die; -, -n; **zün|geln; Zun-gen|spit|ze**
zu|nich|te; - machen
zu|nut|ze; sich etwas - machen
zu|ord|nen
zu|packen [*Trenn.:* ...pak|ken]
zu|paß, zu|pas|se; zupaß od. zu-passe kommen
zup|fen; Zupf|in|stru|ment
zu|pro|sten
zur (zu der)
zu|rech|nungs|fä|hig; Zu|rech-nungs|fä|hig|keit, die; -
zu|recht_fin|den, sich, **...kom-men, ...le|gen, ...ma|chen** (ugs.), **...rücken** [*Trenn.:* ...rük-ken]
zu|re|den
zu|rei|chend; -e Gründe
zu|rei|ten
zu|rich|ten
zür|nen
zu|rück; - sein
zu|rück|be|hal|ten
zu|rück|bil|den; sich -
zu|rück|blei|ben
zu|rück|blicken [*Trenn.:* ...blik-ken]
zu|rück|brin|gen
zu|rück|däm|men
zu|rück|drän|gen
zu|rück|dre|hen
zu|rück|er|bit|ten
zu|rück|er|hal|ten
zu|rück|er|stat|ten (weniger gut für: erstatten)
zu|rück|fah|ren

zu|rück|fal|len
zu|rück|fin|den
zu|rück|for|dern
zu|rück|füh|ren
zu|rück|ge|ben
zu|rück|ge|hen
Zu|rück|ge|zo|gen|heit, die; -
zu|rück|grei|fen
zu|rück|hal|ten; Zu|rück|hal-
tung
zu|rück|keh|ren
zu|rück|kom|men
zu|rück|las|sen
zu|rück|le|gen
zu|rück|leh|nen, sich
zu|rück|lie|gen
zu|rück|neh|men
zu|rück|ru|fen; rufen Sie bitte zu-
rück!
zu|rück|schal|ten
zu|rück|schla|gen
zu|rück|schrecken[1]
zu|rück|sen|den; zurückgesandt
u. zurückgesendet
zu|rück|set|zen; Zu|rück|set-
zung
zu|rück|stecken[1]
zu|rück|stel|len
zu|rück|sto|ßen
zu|rück|tre|ten
zu|rück|ver|lan|gen
zu|rück|ver|set|zen; sich -
zu|rück|wei|chen
zu|rück|wei|sen
zu|rück|wer|fen
zu|rück|wol|len (ugs.)
zu|rück|zah|len
zu|rück|zie|hen; sich -
Zu|ruf; zu|ru|fen
zur Zeit (Abk.: z. Z.)
Zu|sa|ge, die; -, -n; zu|sa|gen
zu|sam|men; - mit; - sein; Schrei-
bung in Verbindung mit Zeitwörtern: 1. Getrenntschreibung,
wenn „zusammen" bedeutet
„gemeinsam, gleichzeitig", z. B.
zusammen binden (gemeinsam,
gleichzeitig binden); 2. Zusammenschreibung, wenn das mit
„zusammen" verbundene Verb
„vereinigen" bedeutet, z. B. zu-

sammenbinden (in eins binden);
ich binde zusammen; zusam-
mengebunden; zusammenzu-
binden
Zu|sam|men|ar|beit; zu|sam-
men|ar|bei|ten
zu|sam|men|bal|len
zu|sam|men|bei|ßen
zu|sam|men|blei|ben (sich nicht
wieder trennen)
zu|sam|men|brau|en
zu|sam|men|bre|chen
zu|sam|men|brin|gen (vereini-
gen)
Zu|sam|men|bruch, der; -[e]s,
...brüche
zu|sam|men|drän|gen; sich -
zu|sam|men|drücken [Trenn.:
...drük|ken]
zu|sam|men|fah|ren (aufeinan-
derstoßen; erschrecken)
zu|sam|men|fal|len (einstürzen;
gleichzeitig erfolgen)
zu|sam|men|fal|ten
zu|sam|men|fas|sen (raffen);
Zu|sam|men|fas|sung
zu|sam|men|fü|gen
zu|sam|men|füh|ren (zueinan-
der hinführen)
zu|sam|men|ge|hö|ren (eng ver-
bunden sein); zu|sam|men|ge-
hö|rig; Zu|sam|men|ge|hö|rig-
keits|ge|fühl
zu|sam|men|ge|setzt; -es Wort
zu|sam|men|ha|ben (ugs. für:
gesammelt haben)
Zu|sam|men|halt; zu|sam|men-
hal|ten (sich nicht trennen las-
sen; vereinigen)
Zu|sam|men|hang; im od. in -
stehen; zu|sam|men|hän|gen;
zu|sam|men|hän|gend; zu-
sam|men|hang[s]|los
zu|sam|men|hef|ten
zu|sam|men|keh|ren (auf einen
Haufen kehren)
zu|sam|men|klap|pen (falten;
ugs. für: erschöpft sein)
zu|sam|men|knei|fen
zu|sam|men|knül|len
zu|sam|men|kom|men (sich be-
gegnen); Zu|sam|men|kunft,
die; -, ...künfte

---

[1] Trenn.: ...ek|k...

zu|sam|men|läp|pern, sich
zu|sam|men|lau|fen (sich treffen; gerinnen)
Zu|sam|men|le|ben, das; -s
zu|sam|men|le|gen
zu|sam|men|neh|men, sich
Zu|sam|men|prall; zu|sammen|pral|len
zu|sam|men|pres|sen
zu|sam|men|raf|fen
zu|sam|men|rei|ßen, sich (ugs. für: sich zusammennehmen)
zu|sam|men|rot|ten, sich
zu|sam|men|sacken [*Trenn.:* ...sak|ken] (ugs. für: zusammenbrechen)
zu|sam|men|schlie|ßen, sich; Zu|sam|men|schluß
zu|sam|men|schmel|zen
zu|sam|men|schnü|ren
zu|sam|men|schrei|ben; Zu|sam|men|schrei|bung
zu|sam|men|schrump|fen
Zu|sam|men|sein, das; -s
zu|sam|men|set|zen; Zu|sam|men|set|zung
Zu|sam|men|spiel (Sportspr.), das; -[e]s
zu|sam|men|stel|len; Zu|sam|men|stel|lung
Zu|sam|men|stoß; zu|sam|men|sto|ßen
zu|sam|men|strö|men
zu|sam|men|stür|zen (einstürzen)
zu|sam|men|su|chen (von überallher suchend zusammentragen)
zu|sam|men|tra|gen (sammeln)
zu|sam|men|tref|fen (begegnen)
zu|sam|men|wir|ken; Zu|sam|men|wir|ken, das; -s
zu|sam|men|zäh|len (addieren)
zu|sam|men|zie|hen (verengern; vereinigen; addieren)
zu|sam|men|zucken [*Trenn.:* ...zuk|ken]
Zu|satz; Zu|satz_ab|kom|men, ...brems|leuch|te (zusätzliche Bremsleuchte innen an den Seiten des Heckfensters), ...ge|rät; zu|sätz|lich; Zu|satz|zahl

zu|schan|den; - machen, werden
zu|schan|zen (ugs. für: jmdm. zu etwas verhelfen); er hat ihm diese Stellung zugeschanzt
zu|schau|en; Zu|schau|er
zu|schicken [*Trenn.:* ...schik-ken]
Zu|schlag; zu|schlag|pflich|tig
zu|schlie|ßen
zu|schnap|pen
zu|schnei|den; Zu|schnitt
zu|schrei|ben
zu|schul|den; sich etwas - kommen lassen
Zu|schuß; Zu|schuß|be|trieb
zu|schu|stern (ugs. für: jmdm. etwas heimlich zukommen lassen)
zu|se|hen; zu|se|hends
zu|set|zen
zu|si|chern; Zu|si|che|rung
Zu|spiel (Sportspr.), das; -[e]s; zu|spie|len
zu|spit|zen; die Lage hat sich zugespitzt; Zu|spit|zung
Zu|spruch, der; -[e]s (Anklang, Zulauf; Trost)
Zu|stand; zu|stan|de; - bringen, kommen; zu|stän|dig; Zu|stän|dig|keit
zu|stecken [*Trenn.:* ...stek|ken]
zu|ste|hen
zu|stei|gen
zu|stel|len; Zu|stel|lung
zu|stim|men; Zu|stim|mung
zu|sto|ßen
Zu|strom, der; -[e]s
zu|ta|ge; - treten
Zu|tat (meist *Mehrz.*)
zu|teil; - werden; zu|tei|len; zugeteilt; Zu|tei|lung
zu|tiefst (völlig; im Innersten)
zu|tra|gen; sich -
zu|trau|en; Zu|trau|en, das; -s; zu|trau|lich
zu|tref|fen; zu|tref|fend; -ste
Zu|tritt, der; -[e]s
zu|tun (hinzufügen; schließen); ich habe kein Auge zugetan
zu|ver|läs|sig; Zu|ver|läs|sig|keit, die; -
Zu|ver|sicht, die; -; zu|ver|sicht|lich

443

zu|viel
zu|vor (vorher)
zu|vor|kom|men (schneller sein); zu|vor|kom|mend (liebenswürdig)
Zu|wachs, der; -es (Vermehrung, Erhöhung); Zu|wachs|ra|te
zu|we|ge (fertig, gut imstande); - bringen
zu|wei|len
zu|we|nig
zu|wi|der; - sein, werden; Zu|wi|der|hand|lung
zu|zie|hen; sich -; zu|züg|lich (Kaufmannsspr.)
zu|zwin|kern; zugezwinkert
Zwang, der; -[e]s, Zwänge; zwän|gen (bedrängen; klemmen; einpressen; nötigen); sich -; zwang|haft; zwang|los; -este; Zwangs_ar|beit, ...jacke [Trenn.: jak|ke], ...la|ge; zwangs|läu|fig; Zwangs_ver|stei|ge|rung, ...voll|streckung [Trenn.: ...strek|kung]; zwangs|wei|se
zwan|zig; Zwan|zig|mark|schein (mit Ziffern: 20-Mark-Schein); zwan|zig|ste
zwar
Zweck, der; -[e]s, -e (Ziel[punkt]; Absicht; Sinn); zweck|dien|lich; Zwecke [Trenn.: Zwek|ke] die; -, -n (Nagel; Metallstift); Zweck|ent|frem|dung; zweck_ent|spre|chend (-ste), ...los; zweck|mä|ßig
zwei; Wesf. zweier, Wemf. zween, zwei; Zwei (Zahl), die; -, -en; zwei|deu|tig; Zwei|deu|tig|keit; Zwei|drit|tel|mehr|heit; zwei|ei|ig; zwei|ein|halb; zwei|er|lei; zwei|fach
Zwei|fel, der; -s, -; zwei|fel|haft; zwei|feln; Zwei|fels|fall, der; im -[e]
Zwei|fron|ten|krieg
Zweig, der; -[e]s, -e
zwei|glei|sig
Zweig_li|nie, ...stel|le, ...werk
zwei|hun|dert; Zwei|kampf; zwei|mal; Zwei|mark|stück

(mit Ziffer: 2-Mark-Stück); Zwei|rei|her; zwei|rei|hig; zwei|schnei|dig; zwei|sei|tig; Zwei|sit|zer (Wagen, Motorrad u. a. mit zwei Sitzen); zwei|spu|rig; zwei|stim|mig; zwei|stöckig [Trenn.: stök|kig]; Zwei|takt|mo|tor; zwei|tau|send; zwei|te; er hat wie kein zweiter (anderer) gearbeitet; etwas aus zweiter Hand kaufen; zwei|tei|lig; zwei|tens; Zwei|te[r]-Klas|se-Ab|teil; Zweit_fri|sur (Perücke), ...ge|rät; zweit|klas|sig; zwei|tran|gig; Zweit_schrift, ...stim|me, ...wa|gen
Zwerch|fell; zwerch|fell|er|schüt|ternd
Zwerg, der; -[e]s, -e; Zwerg_pu|del, ...staat (Mehrz. ...staaten)
Zwet|sche, die; -, -n; Zwet|schen_mus, ...schnaps; Zwetsch|ge südd., schweiz. (Zwetsche); Zwetsch|ke bes. österr. (Zwetsche)
Zwickel[1], der; -s, - (keilförmiger Stoffeinsatz); zwicken[1] (ugs. für: kneifen); Zwicker[1] (Klemmer, Kneifer; Gerät zum Zwicken); Zwick|müh|le (Stellung im Mühlespiel)
Zwie|back, der; -[e]s, ...bäcke u. -e („zweimal Gebackenes"; geröstetes Weizengebäck)
Zwie|bel, die; -, -n; Zwie|bel_ku|chen, ...mu|ster (das; -s; beliebtes Muster der Meißner Porzellanmanufaktur); zwie|beln (ugs. für: quälen; übertriebene Anforderungen stellen); Zwie|bel_ring, ...scha|le, ...turm
zwie|fach, zwei|fach (vgl. d.); Zwie|ge|spräch; Zwie|licht, das; -[e]s; zwie|lich|tig
Zwie|spalt, der; -[e]s, (selten:) -e u. ...spälte; zwie|späl|tig; Zwie|spra|che; Zwie|tracht, die; -

---

[1] Trenn.: ...ik|k...

Zwil|ling (auch: ⊛), der; -s, -e; **Zwil|lings_bru|der, ...schwester**

Zwing|burg; zwin|gen, zwang, gezwungen; **zwin|gend; Zwinger** (Gang, Platz zwischen innerer u. äußerer Burgmauer; Burggraben; fester Turm; Käfig für wilde Tiere; umzäunter Auslauf für Hunde)

zwin|kern (blinzeln)

zwir|beln (wirbelnd drehen)

Zwirn, der; -[e]s, -e; **Zwirns|faden** (*Mehrz.* ...fäden)

zwi|schen; mit *Wemf.* oder *Wenf.*: - den Tischen stehen, **a b e r** : - die Tische stellen; **Zwischen_be|mer|kung, ...bescheid, ...bi|lanz, ...deck, ...ding; zwi|schen|durch** (ugs.); **Zwi|schen_fall,** der, **...fra|ge; zwi|schen|lan|den;** zwischengelandet; **Zwi|schen_lan|dung, ...lauf** (Sportspr.), **...mahl|zeit; zwi|schenmensch|lich; Zwi|schen_raum, ...spurt; zwi|schenstaat|lich** (auch für: international); **Zwi|schen_sta|ti|on, ...stu|fe, ...wand, ...zeit; zwischen|zeit|lich**

Zwist, der; -es, -e; **zwi|stig** (veralt.); **Zwi|stig|keit** (meist *Mehrz.*)

zwit|schern

Zwit|ter, der; -s, - (Wesen mit männl. u. weibl. Geschlechtsmerkmalen)

zwo vgl. zwei

zwölf; es ist fünf [Minuten] vor zwölf (ugs. auch übertr. für: es ist allerhöchste Zeit); vgl. acht; **Zwölf** (Zahl), die; -, -en; **Zwölffin|ger|darm; zwölf|mal; Zwölf|tel,** das (schweiz. meist: der); -s, -; **zwölf|tens; Zwölfton|ner**

Zy|an|ka|li, das; -s (stark giftiges Kaliumsalz der Blausäure)

Zy|klen (*Mehrz.* von: Zyklus); **zyklisch** [auch: *zü*...] (chem. fachspr.:) cy|clisch (kreisläufig, -förmig; sich auf einen Zyklus beziehend; regelmäßig wiederkehrend); **Zy|klon,** der; -s, -e (Wirbelsturm); **Zy|klop,** der; -en, -en („Rundäugiger"; einäugiger Riese der gr. Sage); **Zyklus** [auch: *zü*...], der; -, Zyklen (Kreis[lauf]; Zusammenfassung; Folge; Reihe)

Zy|lin|der [*zi*..., auch: *zü*...], der; -s, - (Walze; röhrenförmiger Hohlkörper; hoher Herrenhut); **Zy|lin|der_block** (*Mehrz.* ...blöcke), **...hut,** der; **zy|lindrisch** (walzenförmig)

Zy|ni|ker (gemeiner, schamloser, frecher Mensch, bissiger Spötter; über die Wertgefühle anderer Spottender); **zy|nisch** (gemein, spöttisch, frech); -ste; **Zy|nismus,** der; -, (für: Gemeinheit, Schamlosigkeit, Frechheit auch *Mehrz.*:) ...men

Zy|pres|se, die; -, -n (Kiefernpflanze des Mittelmeergebietes)

Zy|ste, die; -, -n (Med.: Blase; Geschwulst)

z. Z., z. Zt. = zur Zeit

FEDERFÜHREND,
WENN'S UM GUTES DEUTSCH GEHT.

Spezialisten – das sind immer diejenigen, die sich in den Besonderheiten auskennen, Sachverhalte bis in die Details aufzeigen und erklären können, weil sie sich auf ihrem Gebiet spezialisiert haben. Wie der DUDEN in 10 Bänden, herausgegeben und bearbeitet vom Wissenschaftlichen Rat der DUDEN-Redaktion. Von der Rechtschreibung bis zur Grammatik, von der Aussprache bis zur Herkunft der Wörter gibt das Standardwerk der deutschen Sprache Band für Band zuverlässig und leicht verständlich Auskunft überall dort, wo es um gutes und korrektes Deutsch geht.

Der DUDEN in 10 Bänden: Rechtschreibung · Stilwörterbuch · Bildwörterbuch · Grammatik · Fremdwörterbuch · Aussprachewörterbuch · Herkunftswörterbuch · Die sinn- und sachverwandten Wörter · Richtiges und gutes Deutsch · Bedeutungswörterbuch.

Jeder Band rund 800 Seiten – und jeder ein DUDEN.

DUDENVERLAG
Mannheim/Wien/Zürich

DER SICHERE WEG,
EINFACH MEHR ZU WISSEN.

Wann heißt es „mahlen", wann „malen"? Was meint der Arzt mit „Placebo", was der Chef mit „Placet"? Wann schreibt man nach dem Doppelpunkt groß, wann klein? Die DUDEN-Taschenbücher sprechen kurz und bündig ein klärendes Wörtchen überall dort, wo Sie schnell und zuverlässig Antwort auf Ihre Fragen suchen.

DUDEN-Taschenbücher. Die praxisnahen Helfer für (fast) alle Fälle: Komma, Punkt und alle anderen Satzzeichen · Wie sagt man noch? · Die Regeln der deutschen Rechtschreibung · Lexikon der Vornamen · Satz- und Korrekturanweisungen · Wann schreibt man groß, wann schreibt man klein? · Wie schreibt man gutes Deutsch? · Wie sagt man in Österreich? · Wie gebraucht man Fremdwörter richtig? · Wie sagt der Arzt? · Wörterbuch der Abkürzungen · mahlen oder malen? · Fehlerfreies Deutsch · Wie sagt man anderswo? · Leicht verwechselbare Wörter · Wie schreibt man im Büro? · Wie diktiert man im Büro? · Wie formuliert man im Büro? · Wie verfaßt man wissenschaftliche Arbeiten?

DUDENVERLAG
Mannheim/Wien/Zürich